Nichtlineare Faseroptik

Rainer Engelbrecht

Nichtlineare Faseroptik

Grundlagen und Anwendungsbeispiele

Rainer Engelbrecht
Lehrstuhl für Hochfrequenztechnik
Friedrich-Alexander-Universität Erlangen-Nürnberg
Erlangen
Deutschland

ISBN 978-3-642-40967-7 ISBN 978-3-642-40968-4 (eBook)
DOI 10.1007/978-3-642-40968-4

Die Deutsche Nationalbibliothek verzeichnet diese Publikation in der Deutschen Nationalbibliografie; detaillierte bibliografische Daten sind im Internet über http://dnb.d-nb.de abrufbar.

Springer Vieweg

Gedruckt auf säurefreiem und chlorfrei gebleichtem Papier

Springer Vieweg ist eine Marke von Springer DE. Springer DE ist Teil der Fachverlagsgruppe Springer Science+Business Media
www.springer-vieweg.de

Vorwort

Faseroptische Komponenten und Systeme verwenden Lichtwellenleiter, um Licht gezielt von einem Ort zu einem anderen zu transportieren. Glasfasern mit einem Durchmesser von Bruchteilen eines Millimeters verbinden dabei höchste Flexibilität in der Anwendung mit besten Übertragungseigenschaften. Der Grund dafür ist die geringe Lichtdämpfung im sichtbaren und im nahen infraroten Spektralbereich, die mit Fasern aus hochreinem Quarzglas erzielt werden kann. Derartige Glasfasern sind wichtige Schlüsselkomponenten in vielen technischen und wissenschaftlichen Anwendungen mit großer Relevanz für das tägliche Leben. Die Übertragung hoher Datenmengen über lange Glasfaserstrecken bildet nicht nur die Grundlage für das weltumspannende Internet, sondern für alle modernen Kommunikationsnetze. In der faseroptischen Messtechnik kann der Einfluss externer physikalischer Größen auf die optischen Übertragungseigenschaften einer Glasfaser gezielt für Sensoranwendungen genutzt werden. Glasfasern können höchste optische Leistungen eines Lasers von der Quelle bis zum Ort der Anwendung transportieren, z. B. in der Materialbearbeitung oder in der Medizintechnik. In Faserlasern wird die Glasfaser selbst zum aktiven Medium zur Erzeugung intensiver Lichtwellen.

Bei allen diesen Anwendungen können nichtlineare optische Effekte auftreten, wenn die Lichtintensität in der Glasfaser sehr groß wird. Durch derartige Effekte werden die Eigenschaften von Lichtwellen in Abhängigkeit von der optischen Leistung in der Glasfaser verändert. Nichtlineare faseroptische Effekte sind die Grundlage für eine Reihe von Anwendungen. So kann zum Beispiel für örtlich verteilte Sensoranwendungen mit Hilfe der stimulierten Brillouin-Streuung die Temperatur und Dehnung entlang einer Glasfaserstrecke gemessen werden. Auf Grundlage der stimulierten Raman-Streuung kann direkt in der Glasfaser eine Lichtverstärkung erzielt werden, um die Reichweite optischer Kommunikationsnetze zu erhöhen. Durch den optischen Kerr-Effekt können Lichtpulse derartig spektral verbreitert werden, dass Weißlichtquellen mit ausgezeichneten optischen Eigenschaften für Anwendungen in der Präzisionsmesstechnik entstehen. Mit Raman-Faserlasern kann Laserstrahlung bei Wellenlängen erzeugt werden, für die keine anderen geeigneten aktiven Medien zur Verfügung stehen.

In anderen Anwendungen machen sich nichtlineare faseroptische Effekte störend bemerkbar, oder müssen zumindest bei der Auslegung berücksichtigt werden. So muss in der optischen Nachrichtentechnik das Wechselspiel zwischen allen linearen und nichtlinearen Effekten in Glasfasern sorgfältig balanciert werden, um größte Datenraten über weite Strecken transportieren zu können. In Transportfasern für Hochleistungslaser oder in den Faserlasern selbst begrenzen stimulierte Raman- und Brillouin-Streuung die maximal mögliche Leistung, die übertragen oder erzeugt werden kann.

Nichtlineare Effekte erfordern in der Regel eine aufwendige physikalische und mathematische Beschreibung. Es ist daher insbesondere für praktische technische Anwendungen wichtig, diese Effekte grundlegend zu verstehen und mit geeigneten theoretischen Methoden zu analysieren. In diesem Buch wird daher nach einem Überblick zunächst die Ausbreitung elektromagnetischer Wellen in einem dielektrischen Medium wie Glas beschrieben. Darauf aufbauend werden die ausbreitungsfähigen Moden und die Eigenschaften von Lichtwellenleitern analysiert. Der Schwerpunkt liegt dabei auf Singlemode-Glasfasern mit Stufenindex-Profil, da diese sich vergleichsweise einfach beschreiben lassen und die prinzipiellen Konzepte auf kompliziertere Fasergeometrien übertragen werden können. Anschließend werden lineare faseroptische Effekte wie Dämpfung, Dispersion und Doppelbrechung in Glasfasern untersucht. Der optische Kerr-Effekt und der nichtlineare Brechungsindex werden als eine zentrale Ursache einer Reihe von nichtlinearen Effekten in Glasfasern vorgestellt. Mit Hilfe der nichtlinearen Schrödinger-Gleichung und dem Split-Step-Fourier-Algorithmus können diese Effekte mathematisch beschrieben und simulativ berechnet werden. Beispiele sind die Selbst- und Kreuzphasenmodulation sowie die Vierwellenmischung, die in optisch-parametrischen Verstärkern und Wellenlängenkonvertern eingesetzt werden kann.

Den Schwerpunkt dieses Buches bilden die stimulierte Raman-Streuung (SRS) und die stimulierte Brillouin-Streuung (SBS). Für beide Streuprozesse werden ausführlich sowohl die Grundlagen als auch die für technische Anwendungen relevanten Merkmale vorgestellt. Beiden Effekten ist ein ausgeprägtes Schwellenverhalten gemeinsam, beschrieben durch eine Schwellenleistung, ab der SRS und SBS aus dem Rauschen heraus unerwünscht in Erscheinung treten. Aktuelle Ergebnisse zur Berechnung, Messung und Beeinflussung insbesondere der SBS-Schwelle werden vorgestellt. Abschließend wird mit dem Raman-Faserlaser ein spezieller Faserlasertyp mit einigen interessanten Merkmalen diskutiert. Zur Beschreibung der spektralen Eigenschaften eines Raman-Faserlasers müssen eine Vielzahl an linearen und nichtlinearen faseroptischen Effekten in einem gemeinsamen Konzept untersucht werden, so dass dies ein gutes Beispiel für die Verkopplung dieser Effekte ist.

Die theoretischen Betrachtungen werden mit zahlreichen praxisbezogenen Zahlenbeispielen und ausgewählten Messergebnissen ergänzt. Anwendungen und Relevanz nichtlinearer faseroptischer Effekte werden direkt im Bezug zu deren theoretischen Grundlagen vorgestellt. Kurze Exkurse greifen Aspekte auf, die Querverbindungen zu anderen Technikgebieten aufzeigen und über den Rahmen dieses Buches hinausgehen. Mit einer Vielzahl an Literaturhinweisen können einzelne Themen selbstständig gezielt vertieft werden.

Danksagung

An erster Stelle möchte ich mich bei Prof. Bernhard Schmauß für die stetige Unterstützung, für den vielfältigen wissenschaftlichen und persönlichen Rat sowie für die Ermutigungen zur Durchführung und zum Abschluss dieser Arbeit bedanken. Besonderer Dank gilt auch meinen weiteren Mentoren Prof. Dr.-Ing. Reinhard Lerch und Prof. Dr.-Ing. Michael Schmidt, die mit ihrer kompetenten Begleitung wesentlich zur Entstehung dieses Buches beigetragen haben.

Dieses Buch entstand während meiner Forschungs- und Lehrtätigkeit am Lehrstuhl für Hochfrequenztechnik (LHFT) an der Technischen Fakultät der Friedrich-Alexander-Universität Erlangen-Nürnberg (FAU). Mein Dank gebührt Prof. Dr.-Ing. Lorenz-Peter Schmidt und Prof. Dr.-Ing. Martin Vossiek für die sehr guten Rahmenbedingungen am LHFT und die wohlwollende Unterstützung dieser Tätigkeiten. Besonders danke ich dem Gründer des Lehrstuhls, Prof. em. Dr.-Ing. habil. Hans Brand, der mich schon als Student für die Quantenelektronik und optische Hochfrequenztechnik begeisterte und mich bis heute mit stets trefflichen fachlichen und menschlichen Ratschlägen unterstützt. Den Kollegen am Lehrstuhl für Hochfrequenztechnik danke ich für die immer kreative und freundschaftliche Zusammenarbeit, insbesondere Dr.-Ing. Johannes Hagen, Dipl.-Ing. Michael Holtmannspötter, Dr.-Ing. Bastian Lins und Dipl.-Ing. Alexander Siekiera für die hervorragenden Beiträge in gemeinsamen Forschungsprojekten und bei der Durchführung von Lehrveranstaltungen. Frau Carmen Neubauer danke ich für das geduldige Korrigieren meiner Tippfehler und für einige didaktische Anregungen aus studentischer Sicht. Schließlich schulde ich großen Dank meiner Frau Kerstin und meiner Familie für die großartige Unterstützung und für den notwendigen Rückhalt für meine Arbeiten.

Erlangen, April 2014 — Rainer Engelbrecht

Inhaltsverzeichnis

Verzeichnis der wichtigsten Formelzeichen, Naturkonstanten und Abkürzungen

Konventionen der Formelsymbole

Symbol	Schreibweise	Beschreibung
X	Kursiv	Skalare Größe, reell- oder komplexwertig
X^*	Kursiv, Stern	Ditto, konjugiert-komplex
$^{\ell}X$	$^{\ell}$Kursiv	Größe mit logarithmischer Zahlenangabe
$\boldsymbol{X}$	Kursiv, fett	Vektor, Matrix oder Tensor
$\boldsymbol{X}^*$	Kursiv, fett, Stern	Ditto, elementweise konjugiert-komplex
$\underset{\sim}{X}$	Kursiv, Tilde	Skalare Größe im Zeitbereich
$\underset{\sim}{\boldsymbol{X}}$	Kursiv, fett, Tilde	Vektorielle Größe im Zeitbereich

Die in diesem Buch verwendeten Definitionen für Größen im Zeit- und im Frequenzbereich, deren komplexer Darstellung sowie die Ansätze für skalare und vektorielle Wellen sind im Anhang A beschrieben.

Naturkonstanten und mathematische Konstanten

Symbol	Zahlenwert	Einheit	Bedeutung
c_0	$2{,}99792458 \cdot 10^{8}$	m/s	Vakuumlichtgeschwindigkeit
ε_0	$8{,}854878 \cdot 10^{-12}$	As/(Vm)	Elektrische Feldkonstante
h	$6{,}626070 \cdot 10^{-34}$	Js	PLANCKsches Wirkungsquantum
k_{B}	$1{,}380649 \cdot 10^{-23}$	J/K	BOLTZMANN-Konstante
μ_0	$4\pi \cdot 10^{-7}$	Vs/(Am)	Magnetische Feldkonstante
q	$1{,}602177 \cdot 10^{-19}$	C	Elementarladung
Z_0	120π	Ω	Vakuum-Feldwellenwiderstand
π	3,1415927		Kreiszahl
e	2,7182818		EULERsche Zahl
j	$\sqrt{-1}$		Imaginäre Einheit

Wichtige Formelzeichen

Symbol	Einheit	Beschreibung
A	$\sqrt{\mathrm{W}}$	Normierte Amplitude
a	m^{-1}	Leistungsbezogener Dämpfungsbelag
$\mathrm{A}_{\mathrm{eff}}$	m^2	Effektive Modenfläche
a_{K}	m	Kernradius
$\boldsymbol{B}$	$\mathrm{Vs/m}^2$	Magnetische Flussdichte, Induktion
B	Hz	Spektrale Bandbreite
B	1	Normierte Ausbreitungskonstante
c	m/s	Lichtgeschwindigkeit im Medium
C	1	Exponentielle Verstärkung
C_{th}	1	Kritischer Faktor
$\boldsymbol{c}$	$\mathrm{N/m}^2$	Elastizitätstensor
$\boldsymbol{D}$	$\mathrm{As/m}^2$	Dielektrische Verschiebungsdichte
$\boldsymbol{E}$	V/m	Elektrische Feldstärke
$\boldsymbol{E}_{\mathrm{J}}$	1	JONES-Vektor der Polarisation
$\boldsymbol{e}$	As/(Vm)	Tensor der elektrostriktiven Koeffizienten
$\boldsymbol{e}_r, \boldsymbol{e}_\varphi, \boldsymbol{e}_z$	1	Zylindrische Einheitsvektoren
$\boldsymbol{e}_x, \boldsymbol{e}_y, \boldsymbol{e}_z$	1	Kartesische Einheitsvektoren
$\boldsymbol{e}_{\mathrm{n}}, \boldsymbol{e}_{\mathrm{t}}$	1	Normalen- und Tangentenvektor
f	Hz	Frequenz
Δf	Hz	Frequenzabstand
G	1	Verstärkung
$\boldsymbol{H}$	A/m	Magnetische Feldstärke
$\boldsymbol{I}$	$\mathrm{W/m}^2$	Intensität, Leistungsdichte
$\boldsymbol{J}_{\mathrm{f}}$	$\mathrm{A/m}^2$	Freie elektrische Stromdichte
k	m^{-1}	Ausbreitungskonstante
$\boldsymbol{k}$	m^{-1}	Wellenvektor
L	m	Länge
$\boldsymbol{M}$	$\mathrm{Vs/m}^2$	Magnetische Polarisierung, Magnetisierung
N	m^{-3}	Teilchendichte, Besetzungsdichte
N_{BE}	1	BOSE-EINSTEIN-Faktor
n	1	Realteil des Brechungsindex, Brechzahl

Symbol	Einheit	Beschreibung
$\boldsymbol{\mathcal{P}}$	$\mathrm{As/m^2}$	Elektrische Polarisierung
P	W	Leistung
p	W/Hz	Spektrale Leistungsdichte
p	C m	Dipolmoment
$\boldsymbol{p}$	$\mathrm{N/m^2}$	Tensor der photoelastischen Koeffizienten
R	1	Reflektivität, leistungsbezogen
s	1	STOKES-Vektor der Polarisation
$\boldsymbol{S}$	1	Dehnung (relative)
t	s	Zeit
T	K	Temperatur
T	1	Transmission, leistungsbezogen
$\boldsymbol{u}$	m	Mechanische Auslenkung
U	1	Modaler Parameter des Kerns
υ	m/s	Schallschnelle
υ_A	m/s	Schallgeschwindigkeit
V	$\mathrm{m^3}$	Volumen
V	1	Normierte Frequenz, Faserparameter
W	1	Modaler Parameter des Mantels
W	J	Energie
w	m	Strahlradius, Modenfeldradius
α	$\mathrm{m^{-1}}$	Feldbezogenes Dämpfungsmaß
β	$\mathrm{m^{-1}}$	Phasenmaß
γ	$\mathrm{W^{-1}\ m^{-1}}$	Faserspezifischer nichtlinearer Koeffizient
γ_e	1	Elektrostriktionskoeffizient
Γ_B	$\mathrm{s^{-1}}$	Bandbreite Kreisfrequenz
Δ	1	Normierte Brechzahldifferenz
$\boldsymbol{\varepsilon}_r$	1	Permittivität, relative Dielektrizitätszahl
$\boldsymbol{\zeta}$	1	Impermittivitätstensor
$\boldsymbol{\eta}$	$\mathrm{N\ s/m^2}$	Viskositätstensor
η	1	Effizienz, Wirkungsgrad
θ	1	Winkel, Phasenwinkel, Fernfeldwinkel
κ	1	Imaginärteil des Brechungsindex
λ	m	Wellenlänge
$\Delta\lambda$	m	Wellenlängenbandbreite

Symbol	Einheit	Beschreibung
ν	1	Querkontraktionszahl
ξ	1	Polarisationsfaktor, Raman- und Brillouin-Streuung
ξ	m^3	Polarisierbarkeit eines Moleküls
ϱ	kg/m^3	Mechanische Dichte
σ	S m	Elektrische Leitfähigkeit
$\boldsymbol{\sigma}$	N/m^2	Mechanische Spannung
τ	s	Zeitkonstante, Zeit
φ	rad	Phasenwinkel, azimutaler Winkel
$\boldsymbol{\chi}$	1	Elektrische Suszeptibilität
Ψ	1	Strukturfunktion
ω	1/s	Kreisfrequenz
Ω	1/s	Kreisfrequenzdifferenz

Wichtige Abkürzungen

Abkürzung	Bedeutung
AK	Auskopplung
AR	Anti-Reflex
ASE	Verstärkte spontane Emission (amplified spontaneous emission)
CPE	Gekoppelte Leistungsgleichungen (Coupled Power Equations)
DBR	Verteilter Bragg-Reflektor (Distributed Bragg Reflector)
DCF	Dispersionskompensierende Faser (dispersion-compensating fiber)
DFB	Verteilte Rückkopplung (Distributed Feedback)
DOP	Polarisationsgrad (degree of polarization)
DSF	Dispersionsverschobene Faser (dispersion-shifted fiber)
EDFA	Erbium-dotierter Faserverstärker
EH	Vektorielle hybride Moden
ErFL	Erbium-dotierter Faserlaser
ESA	Elektrischer Spektrumanalysator
FBG	Faser-Bragg-Grating
FFT	Schnelle Fourier-Transformation (Fast Fourier Transform)
FWHM	Volle Halbwertsbreite (full-width half-maximum)

Abkürzung	Bedeutung
FWM	Vierwellenmischung (Four Wave Mixing)
FT	Fourier-Transformation
GAWBS	Guided acoustic wave Brillouin scattering
GVD	Gruppengeschwindigkeitsdispersion (group velocity dispersion)
HE	Vektorielle hybride Moden
HI	Faser mit großer Brechzahldifferenz (high index)
HNLF	Hochnichtlineare Faser
HR	Hochreflektierend
IFFT	Inverse schnelle Fourier-Transformation (Inverse FFT)
IR	Infrarot
ITU	International Telecommunication Union
KS	Kleinsignal
LD	Laserdiode
LIA	Lock-in-Verstärker (Lock-in Amplifier)
LP	Einheitlich (linear) polarisierte Moden, Skalarmoden
MFD	Modenfelddurchmesser
MI	Modeninterferenz
MI	Modulationsinstabilität
NLSGl	Nichtlineare Schrödinger-Gleichung
OSA	Optischer Spektrumanalysator
PCF	Mikrostrukturierte Faser (photonic crystal fiber)
PD	Photodiode
PM	Polarisationserhaltend (polarization maintaining)
PMD	Polarisationsmodendispersion
RBD	Randbedingungen
RBW	Auflösungsbandbreite (resolution bandwidth)
RFL	Raman-Faserlaser
SBS	Stimulierte Brillouin-Streuung
SEFL	Seltene-Erden dotierter Faserlaser
SHG	Frequenzverdopplung (Second Harmonic Generation)
SMF	Singlemodefaser
SNR	Signal-Rausch-Verhältnis (Signal to Noise Ratio)
SpBS	Spontane Brillouin-Streuung

Abkürzung	Bedeutung
SOP	Polarisationszustand (state of polarization)
SPM	Selbstphasenmodulation
SpRS	Spontane Raman-Streuung
SRS	Stimulierte Raman-Streuung
SSFA	Split-Step-Fourier Algorithmus
SSMF	Standard-Singlemodefaser
SVEA	Näherung der langsam veränderlichen Hüllkurve (slowly varying envelope approximation)
TE	Transversal elektrische Moden
TEM	Transversal elektrisch und magnetisch
TIA	Transimpedanzverstärker (Transimpedance Amplifier)
TM	Transversal magnetische Moden
TLS	Abstimmbare Laserlichtquelle (Tunable Laser Source)
UPA	Näherung des vernachlässigbaren Pumpabbaus (undepleted pump approximation)
UV	Ultraviolett
VSpBS	Stimuliert-verstärkte spontane Brillouin-Streuung
VSpRS	Stimuliert-verstärkte spontane Raman-Streuung
XPM	Kreuzphasenmodulation
YbFL	Ytterbium-dotierter Faserlaser

Glasfasern und nichtlineare optische Effekte: Eine Übersicht

1

In diesem einleitenden Kapitel wird ein Überblick über Begriffe der Lichtwellenleitertechnik und Glasfasern sowie über die nichtlinearen faseroptischen Effekte gegeben. Ergänzt wird dies durch einige Literaturhinweise zu den Grundlagen der Photonik und Faseroptik, die zur Begleitung und Ergänzung dieses Buches geeignet sind.

1.1 Lichtwellenleiter und Singlemode-Glasfasern

Lichtwellenleiter (LWL) sind Strukturen, die durch einen im Querschnitt variablen Brechungsindex $n(x)$ Lichtwellen über größere Strecken führen können. Durch die Wellenleitereigenschaften folgt die Lichtwelle dem Verlauf des LWL selbst bei Biegungen. Gleichzeitig bleibt die Verteilung der elektrischen Feldstärke der Lichtwelle $E(x)$ in einer Querschnittskoordinate x bei der Ausbreitung entlang des Wellenleiters in z-Richtung konstant und im Wesentlichen auf den lichtführenden Kern beschränkt (Abb. 1.1). Dies ist im Gegensatz zu der unvermeidlichen Aufweitung (Divergenz) eines Lichtstrahls bei der Freiraumausbreitung aufgrund der Beugung [1, 2].

Als Materialien für Kern und Mantel eines LWL kommen im Prinzip alle Dielektrika in Frage, die bei der gewünschten Lichtwellenlänge ausreichend verlustfrei und somit transparent sind. Dielektrische Wellenleiter haben bei sehr großen Frequenzen f und kleinen Wellenlängen $\lambda_0 = c_0/f$ eine wesentlich geringere Dämpfung als metallische Wellenleiter (Bandleitung, Hohlleiter), die in der Elektronik und Hochfrequenztechnik verwendet werden. Die Grundlagen der Wellenausbreitung in dielektrischen Medien werden in Kap. 2 beschrieben. Aufgrund der enorm geringen Dämpfung im sichtbaren und im nahen infraroten Spektralbereich ist hochreines SiO_2-Glas (Quarzglas, engl. *fused silica*) das

R. Engelbrecht, *Nichtlineare Faseroptik*,
DOI 10.1007/978-3-642-40968-4_1

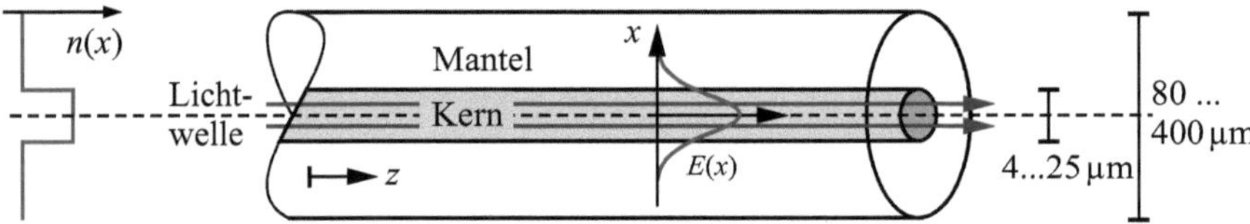

Abb. 1.1 Brechzahlprofil $n(x)$, E-Feldverteilung im Querschnitt x der Grundmode und typische Abmessungen von Singlemode-Glasfasern (SMF)

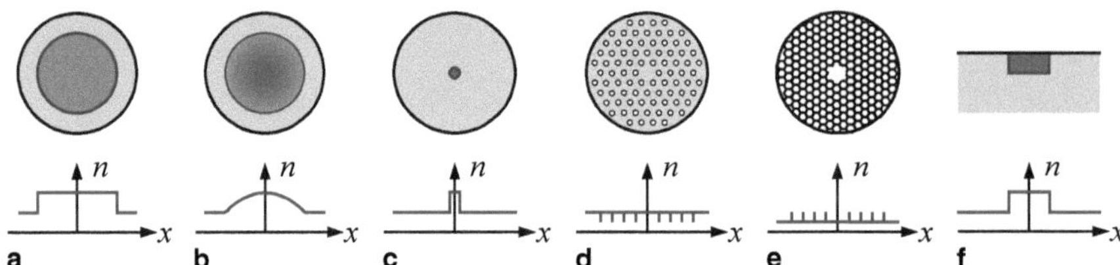

Abb. 1.2 Querschnitt verschiedener Lichtwellenleiter und prinzipieller Verlauf des Brechungsindex n über dem Ort x: **a** Multimodefaser, **b** Gradientenindexfaser, **c** Singlemodefaser, **d** und **e** mikrostrukturierte Fasern, **f** planarer Lichtwellenleiter

Standardmaterial für Glasfasern [3, 4, 5]. Die Variation des Brechungsindex im Querschnitt wird durch bereichsweise Dotierung des SiO_2-Glases mit Germanium in Form von GeO_2 oder anderen Stoffen erreicht. Gläser aus anderen Werkstoffen, z. B. Fluorid-Gläser [6, 7] oder Chalkogenid-Gläser [8] sind derzeit nur für experimentelle Anwendungen relevant, bei denen die große optische Nichtlinearität oder die bessere Transmission im mittleren Infrarot im Vergleich zu Quarzglas ausgenutzt wird. Polymere Werkstoffe und polymere optische Fasern (POF) kommen bevorzugt für LWL über kurze Strecken und für kosteneffiziente Anwendungen zum Einsatz [9]. Mischformen sind Fasern mit Quarzglaskern und Polymermantel (engl. *plastic-clad silica*, PCS).

Abbildung 1.2 zeigt eine Übersicht über die prinzipielle Struktur und den Verlauf des Brechungsindex im Querschnitt von wichtigen LWL-Typen [10–14]. Bis auf den Typ Abb. 1.2e ist allen gemeinsam, dass die Lichtführung in einem Kern mit erhöhtem Brechungsindex im Vergleich zum Mantel stattfindet. Die Typen Abb. 1.2a–e werden als Fasern bezeichnet, da diese sehr dünn (typ. 80 µm bis 1mm) und daher flexibel sind. Im Gegensatz dazu ist der planare LWL Abb. 1.2f in einem größeren, meist starren Substrat integriert. Einfache Stufenindexfasern wie Abb. 1.2a und c bestehen aus einem Kernmaterial mit größeren Brechungsindex n_K als das Mantelmaterial mit n_M. Die Lichtführung im Kern kann dann anschaulich durch vielfach wiederholte Totalreflexion eines Lichtstrahles im Kern an der faserinternen Kern-Mantelgrenzfläche verstanden werden. Ist wie in Abb. 1.2a der Kerndurchmesser sehr viel größer als die Lichtwellenlänge im Medium, so spricht man von Mehrmoden- oder Multimodefasern (MM-Fasern), da sich verschiedene Geometrien der Lichtwelle unter verschiedenen Wegen entlang der Faser ausbreiten können. Gradientenindexfasern (GI-Fasern) wie in Abb. 1.2b dargestellt sind ebenfalls Multimode-Fasern.

Allerdings werden durch das kontinuierliche Brechzahlprofil die Laufzeitunterschiede verschiedener Moden und Lichtausbreitungswege reduziert. Ist der Kerndurchmesser nur wenige Lichtwellenlängen groß, so kann sich nur eine einzige Geometrie der Lichtwelle, Mode genannt, ausbreiten und man spricht von einer Einmoden- oder Singlemodefaser (SMF, Abb. 1.1). Aufgrund der kleinen Kernabmessungen müssen solche LWL mit Hilfe der elektromagnetischen Feldgleichungen beschrieben werden [15–17], ein geometrischer strahlenoptischer Ansatz ist hier nicht mehr möglich. Die Herleitung und die Eigenschaften der Wellenleitermoden in Stufenindexfasern sind Gegenstand von Kap. 3.

Eine besondere Glasfaserart sind mikrostrukturierte Glasfasern, auch photonische Kristall-Fasern (engl. *photonic crystal fiber*, PCF) genannt, die nicht auf homogenen Festkörpern, sondern auf periodische Hohlräume im Querschnitt des Fasermateriales beruhen [18–21]. Dadurch kann mit nur einem einzigen Werkstoff, meist SiO_2-Glas, ohne weitere Dotierung eine Wellenführung erzielt werden. Durch sehr kleine Hohlräume im Abstand deutlich kleiner als die optische Wellenlänge wird der mittlere Brechungsindex des Mantels gegenüber dem soliden Kern reduziert, so dass eine Wellenführung im Kern möglich ist (Abb. 1.2d). Erfüllen die Abstände der periodischen Luft-Glas-Grenzflächen eine bestimmte Bedingung im Vergleich zur Wellenlänge (BRAGG-Bedingung), so kann die Lichtwelle auch dämpfungsarm in einem Hohlkern geführt werden (Abb. 1.2e).

Durch Variationen der beschriebenen Geometrien im Querschnitt sowie durch komplexere Brechzahlstrukturen sowohl bei konventionellen als auch bei mikrostrukturierten Glasfasern können sehr viele weitere Glasfasertypen mit unterschiedlichen linearen und nichtlinearen optischen Eigenschaften realisiert werden [22].

Der Schwerpunkt dieses Buches liegt auf Stufenindex-Singlemodefasern aus Quarzglas (Abb. 1.2c). Dieser Fasertyp wird in der optischen Nachrichtentechnik, in der Sensorik und Messtechnik sowie für Faserlaser am häufigsten eingesetzt. Aufgrund der kleinen lichtführenden Querschnittsfläche sind bei gegebener Lichtleistung die Intensitäten in solchen Fasern besonders groß, so dass nichtlineare optische Effekte auftreten können. Gleichzeitig ist die Dämpfung sehr gering, so dass große Faserlängen verwendet werden können und dadurch selbst kleine nichtlineare Effekte eine große Wirkung entfalten können. Viele Grundlagen der nichtlinearen Faseroptik in Stufenindex-Singlemodefasern können auch auf Spezialfasern, photonische Kristall-Fasern oder integrierte planare Wellenleiter übertragen werden. In Multimode- und Gradientenindex-Fasern sowie in polymeren optischen Fasern spielen nichtlineare Effekte wegen der großen Querschnittsfläche des lichtführenden Kerns eine geringere Rolle.

1.2 Lineare und nichtlineare faseroptische Effekte

Als linear gelten diejenigen Systeme, deren Übertragungseigenschaften von den Eingangsgrößen hin zu den Ausgangsgrößen unabhängig von den Amplituden oder Leistungen dieser Größen sind. Dies gilt sowohl im Zeitbereich für zeitvariable Funktionen als auch im Fre-

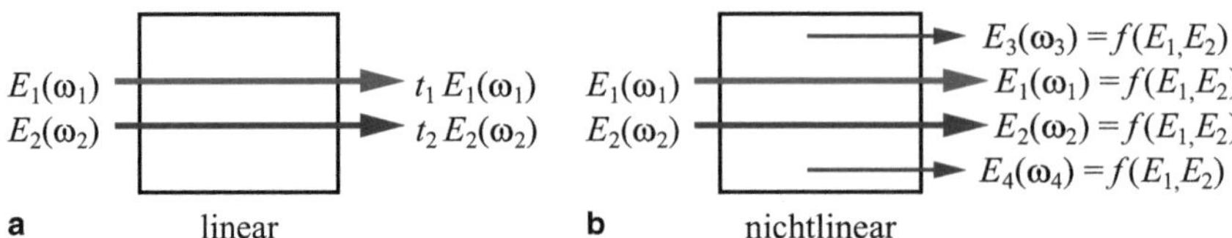

Abb. 1.3 Beispiel der elektrischen Feldstärken E zweier Lichtwellen der Frequenzen ω_1, ω_2 am Eingang und Ausgang einer Glasfaser mit linearen und nichtlinearen Effekten

quenzbereich für die Spektren der Eingangs- und Ausgangsgrößen. Dabei entstehen im Ausgangsspektrum keine neuen Frequenzen, die im Eingangsspektrum nicht vorhanden waren. Es gilt das Superpositionsprinzip, d. h. mehrere Eingangsgrößen überlagern sich unabhängig voneinander am Ausgang. Werden in eine Glasfaser z. B. zwei Lichtwellen mit Frequenzen ω_1, ω_2 und Amplituden E_1, E_2 eingekoppelt (Abb. 1.3a), so setzt sich das Ausgangsspektrum im linearen Fall aus genau diesen beiden Frequenzen zusammen, gewichtet mit linearen, feldstärke- und leistungsunabhängigen Transmissionsfaktoren t_1, t_2. Die faseroptischen Effekte der Dämpfung durch Absorption und RAYLEIGH-Streuung, der Dispersion und der Doppelbrechung bzw. Polarisationsmodendispersion (PMD) erfüllen diese Bedingung und sind daher lineare Effekte. Diese Effekte werden in Kap. 4 beschrieben. Dabei findet keine Wechselwirkung zwischen Lichtwellen mit unterschiedlichen Frequenzen bzw. Wellenlängen, unterschiedlichen Polarisationen oder unterschiedlichen Ausbreitungsrichtungen in der Glasfaser statt.

Im Gegensatz dazu sind nichtlineare Systeme und Effekte dadurch gekennzeichnet, dass die Ausgangsgrößen nicht mehr proportional zu den Eingangsgrößen sind. Es besteht eine Abhängigkeit der Systemeigenschaften von der Amplitude und der Leistung der Eingangsgrößen, und im Ausgangsspektrum entstehen neue, im Eingang nicht vorhandene Spektralanteile (Abb. 1.3b). In Glasfasern entsteht dadurch eine gegenseitige Beeinflussung von Lichtwellen unterschiedlicher Frequenzen bzw. Wellenlängen, Polarisationen und Ausbreitungsrichtungen. So hängen die Ausgangsamplituden der elektrischen Feldstärken der Lichtwellen über eine nichtlineare Funktion $f(E)$ von den Feldstärken E_i aller vorhandenen Lichtwellen ab. Auch eine einzelne Lichtwelle kann durch nichtlineare Effekte auf sich selbst rückwirken und dadurch Veränderungen im zeitlichen Verlauf oder im Spektrum erfahren.

Im Folgenden wird eine Übersicht über wichtige nichtlineare faseroptische Effekte gegeben (s. Abb. 1.4), die Gegenstand dieses Buches sind. Die Ursache einer Reihe von Effekten ist die Abhängigkeit des lokalen Brechungsindex des Mediums n von der lokalen elektrischen Feldstärke E einer Lichtwelle. In Gläsern ist die Brechzahländerung Δn proportional zu $|E|^2$ und damit zur Intensität I der Lichtwelle [23, 24]. Dies wird als optischer KERR-Effekt bezeichnet und in Kap. 5 beschrieben. Die Auswirkungen des Kerr-Effektes, die numerische Beschreibung mit der nichtlinearen SCHRÖDINGER-Gleichung und deren Lösung mit Hilfe des Split-Step-Fourier-Algorithmus werden in Kap. 6 beschrieben.

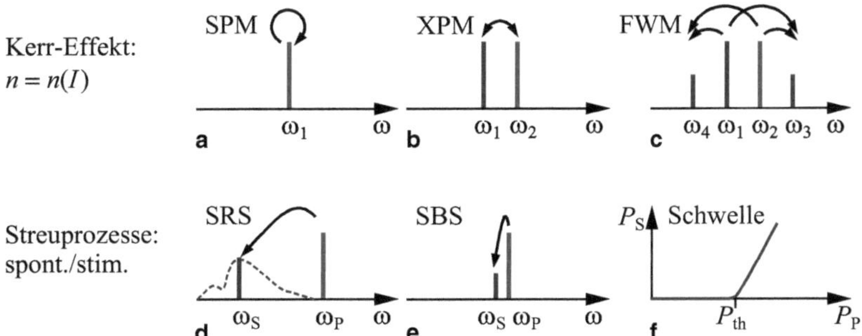

Abb. 1.4 Übersicht nichtlinearer Effekte in Glasfasern, prinzipielle Auswirkungen im Spektrum der Lichtwellen sowie Schwellenverhalten der nichtlinearen Streuprozesse SRS und SBS

Aus dem Kerr-Effekt resultiert z. B. die Selbstphasenmodulation (engl. *self phase modulation*, SPM), bei der eine Lichtwelle ihre Ausbreitungsgeschwindigkeit und damit ihre Ausgangsphase am Faserende in Abhängigkeit ihrer Eingangsleistung verändert (Abb. 1.4a). Als Kreuzphasenmodulation (engl. *cross phase modulation*, XPM) wird die gegenseitige, leistungsabhängige Beeinflussung der Phasen zweier Lichtwellen bezeichnet, die unterschiedliche Wellenlänge, Polarisation oder Ausbreitungsrichtung haben (Abb. 1.4b). Bei der Vierwellenmischung (engl. *four-wave mixing*, FWM) entstehen aus bis zu drei Lichtwellen unterschiedlicher Frequenz eine Lichtwelle bei einer neuen, vierten Frequenz (Abb. 1.4c). Gleichzeitig kann Leistung zwischen den beteiligten Frequenzen übertragen werden. Dieser Prozess wird parametrische Verstärkung genannt. Die Effekte der SPM, XPM und FWM können gleichzeitig auftreten und werden in Kap. 7 weiter diskutiert.

Eine weitere wichtige Klasse an nichtlinearen faseroptischen Effekten sind die stimulierten Streuprozesse. Bei der stimulierten Raman-Streuung (s. Kapitel 8) kommt es zu einer Wechselwirkung der als Pumpe bezeichneten Lichtwelle mit den Vibrationen der Molekülbindungen des Mediums. Dadurch kann Licht einer sogenannten Stokes-Welle verstärkt werden, indem durch Streuung an den Molekülvibrationen Leistung von der Pumpe auf die Stokes-Welle übertragen wird. Charakteristisch ist der materialspezifische Frequenzversatz $\omega_R = \omega_P - \omega_S$ der Stokes-Welle relativ zur Pumpwelle, welcher der Frequenz der Molekülvibrationen des Mediums entspricht (Abb. 1.4d). Aufgrund der großen Bandbreite der Molekülvibrationen in Quarzglas kann durch SRS eine große Bandbreite an Stokes-Frequenzen ω_S verstärkt werden.

Stimulierte Brillouin-Streuung (SBS) entsteht durch die Wechselwirkung von Lichtwellen mit Schallwellen im Medium (Kap. 9). Dadurch kann ebenfalls Leistung von einer Pumpwelle auf eine entgegengesetzt laufende Stokes-Welle übertragen werden, allerdings nur innerhalb eines spektralen Bereiches mit kleiner Bandbreite (Abb. 1.4e). Der charakteristische Frequenzversatz der SBS $\omega_B = \omega_P - \omega_S$ wird dabei durch die Schallgeschwindigkeit im Medium und die akustische Frequenz der beteiligten Schallwelle bestimmt.

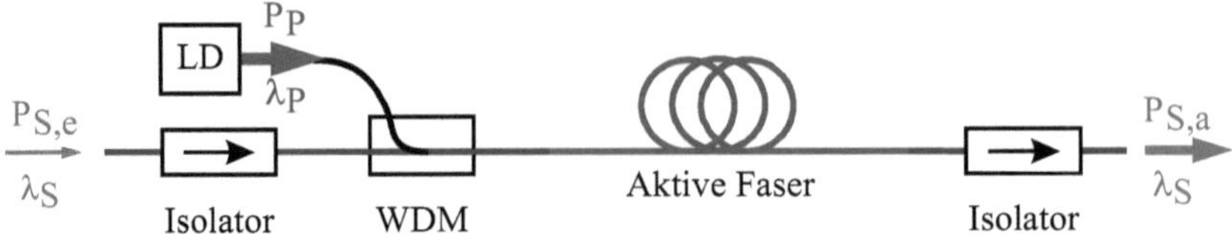

Abb. 1.5 Aufbau eines optischen Faserverstärkers

Beide stimulierte Streuprozesse können auch ohne externe Stokes-Welle aus dem Rauschen der jeweiligen spontanen Streuprozesse entstehen, wenn die Pumpleistung P_P eine bestimmte Schwellenleistung P_{th} überschreitet (SBS/SRS-Schwelle, engl. *threshold*), wie in Abb. 1.4f dargestellt. Sowohl bei der Raman- als auch bei der Brillouin-Streuung, spontan wie stimuliert, gibt es neben der Stokes-Welle noch eine Antistokes-Welle mit geringerer Leistung bzw. mit negativer Verstärkung, mit gleichem Betrag des Frequenzversatzes $|\omega_P - \omega_S|$ zur Pumpe wie die Stokes-Welle, jedoch hin zu höheren Frequenzen. Die spontane und stimulierte Raman- und Brillouin-Streuung sowie die Beschreibung des Schwellenverhaltens dieser Prozesse bilden mit Kap. 8 und 9 einen Schwerpunkt dieses Buches.

1.3 Faserlaser und Faserverstärker

Lineare und nichtlineare faseroptische Effekte spielen nicht nur in passiven, d. h. verlustbehafteten Fasern, sondern auch in aktiven, d. h. lichtverstärkenden Fasern, eine große Rolle. Als aktives Medium können z. B. mit Metallen der Seltenen Erden dotierte Glasfasern verwendet werden, die mit dem Licht eines Pumplasers angeregt und durch stimulierte Emission eine Signallichtwelle verstärken können. Abbildung 1.5 zeigt das Prinzip eines optischen Faserverstärkers. Das Licht einer Pumplaserdiode (LD) mit Wellenlänge λ_P wird über einen wellenlängenselektiven Koppler (engl. *wavelength-division multiplexer*, WDM) dem Licht einer Signallichtwelle der Wellenlänge λ_S überlagert. In der aktiven Faser findet die Lichtverstärkung durch stimulierte Emission statt. Optische Richtungsleitungen (Isolatoren) verhindern unerwünschte Selbstoszillationen durch parasitäre Reflexionen zu beiden Seiten des Aufbaus, sowie die Ausbreitung der spontanen Emission in Gegenrichtung zur Signallichtwelle.

Der bekannteste Vertreter ist der Erbium-dotierte Faserverstärker (engl. *erbium-doped fiber amplifier*, EDFA), da Er^{3+}-Ionen in Glas Licht bei Wellenlängen um 1550 nm verstärken können [25]. Bei dieser Wellenlänge haben Glasfasern ihre minimale Dämpfung. Daher findet die hochbitratige optische Datenübertragung über große Strecken bei dieser Wellenlänge statt, mit EDFAs zwischen den Streckenabschnitten zur optischen Verstärkung. Alternativ kann zur Lichtverstärkung die in Kap. 7.3 beschriebene parametrische

Abb. 1.6 Aufbau eines Faserlasers

Verstärkung durch FWM genutzt werden [26], oder die in Kap. 8.3 und 8.4 diskutierte stimulierte Raman-Streuung [27].

Wird die Verstärkung des aktiven Mediums bei der Signalwellenlänge λ_S beidseitig durch Spiegel, z. B. den in Kap. 10.4 beschriebenen Faser-Bragg-Gittern (FBGs), rückgekoppelt, so entsteht eine selbstständige Laser-Oszillation bei der Signalwellenlänge λ_S. Abbildung 1.6 zeigt das Prinzip eines derartigen Faserlasers. Der bekannteste Vertreter ist der Ytterbium-Faserlaser (YbFL), der sich bei einer Laserwellenlänge λ_S um 1080 nm durch sehr große mögliche Ausgangsleistungen von bis zu 1kW und einen hohen Wirkungsgrad auszeichnet [28–31]. Auch mit Erbium oder mit anderen Metallen der Seltenen Erden dotierten Faser können Faserlaser realisiert werden, wobei die Laserwellenlänge λ_S durch den jeweiligen Dotierstoff festgelegt ist. Im Gegensatz dazu kann mit Raman-Faserlasern im Prinzip bei beliebigen Wellenlängen λ_S Laserstrahlung erzeugt werden, wenn die Pumpwellenlänge λ_P entsprechend des Raman-Frequenzversatzes gewählt wird [32]. Raman-Faserlaser und die darin auftretende spektrale Verbreiterung durch Vierwellenmischung sind Gegenstand von Kap. 10.

Mit Faserverstärkern und Faserlasern können sehr große optische Leistungen in Glasfasern erzeugt werden. Dabei ist das Überschreiten der SRS- sowie der SBS-Schwelle zu vermeiden, da sonst unerwünschte spektrale Veränderungen der Laserstrahlung oder Schäden an optischen Komponenten entstehen können. Das Schwellenverhalten der SRS und SBS sowie Maßnahmen zur SBS-Unterdrückung werden in Kap. 8.5, 9.6 und 9.8 eingehend besprochen.

1.4 Auswirkungen und Anwendungen der nichtlinearen Effekte

Nichtlineare Effekte sind in vielen faseroptischen Systemen einerseits störend, können aber andererseits in vielen Anwendungen nützlich sein. So vielfältig und komplex die Auswirkungen der nichtlinearen faseroptischen Effekte sind, so vielfältig sind auch die Anwendungsaspekte. Nachfolgend werden beispielhaft einige Auswirkungen und Anwendungen der nichtlinearen faseroptischen Effekte vorgestellt.

In der optischen Nachrichtentechnik zur Übertragung großer Datenraten über lange Glasfaserstrecken spielen nichtlineare optische Effekte eine große Rolle. Einige Beispiele sind:

- Durch SPM in Verbindung mit der Dispersion entstehen bei ausreichender Lichtleistung stabile optische Pulsformen, die sich über große Längen ohne Formänderung ausbreiten können, sogenannte **Solitonen**. Auch wenn diese nicht direkt in der optischen Nachrichtentechnik eingesetzt werden, so ist die Abstimmung der Sende- und Verstärkerausgangsleistungen und der resultierenden nichtlinearen Effekte mit der Verteilung der Dispersion und der Dispersionskompensation entlang der Faserstrecke eine wichtige Aufgabe bei der Auslegung eines Übertragungssystems. Dies wird als **Dispersionsmanagement** bezeichnet. Dadurch kann unter Einbeziehung der SPM die Übertragungsqualität sogar besser sein als im Vergleich zu rein linearen Übertragungsstrecken.
- Mit SPM und FWM in Verbindung mit Interferometern und optischen Filtern können leistungs- und phasenabhängige Übertragungsfunktionen realisiert werden. Damit ist eine **rein optische Regeneration** von verrauschten und verzerrten Signalwellen möglich.
- Durch XPM und FWM entsteht ein leistungsabhängiges rauschartiges **Übersprechen** zwischen den einzelnen Kanälen eines Wellenlängenmultiplex-Systems mit vielen Übertragungswellenlängen (engl. *wavelength-division multiplex*, **WDM**). Dies kann zu **erhöhten Bitfehlerraten** führen.
- Bei Verwendung von modernen mehrstufigen Modulationsformaten mit simultaner Amplituden- und Phasenmodulation entstehen durch SPM **Verzerrungen im Konstellationsdiagramm**, die ab einer gewissen Stärke die Bitfehlerrate stark ansteigen lassen.
- Überschreitet die Sendeleistung die **SBS-Schwelle**, so wird ein erheblicher Teil der Sendeleistung nicht mehr transmittiert, sondern reflektiert. Dies führt zu massiven Einbußen der Übertragungsqualität. Dies kann besonders dann auftreten, wenn das Sendespektrum starke schmalbandige Anteile enthält.
- Durch SRS einer kräftigen Pumplichtwelle kann die Dämpfung der Signallichtwelle in einer Übertragungsfaser über große Streckenlängen teilweise oder vollständig kompensiert werden. Dies wird **verteilte Raman-Verstärkung** genannt (engl. *distributed Raman amplification*). Dadurch werden längere Streckenlängen möglich. **Raman-Faserverstärker** können auch lokal eingesetzt werden, z. B. in faserbasierten Modulen zur Dispersionskompensation.
- In einem WDM-Übertragungssystem mit vielen Signalwellenlängen wird durch SRS Leistung von den kürzeren Wellenlängen auf die längeren Wellenlängen übertragen. Dadurch entsteht eine unerwünschte **spektrale Verkippung** im Gesamtspektrum.
- **Parametrische Verstärker** auf Basis der FWM können Lichtwellen sehr rauscharm verstärken. Mit **parametrischen Wellenlängenumsetzern** kann ein Datensignal mit beliebigem Modulationsformat von einer Signalwellenlänge auf eine andere Wellenlänge übertragen werden. Dies könnte für das Routing von Datenströmen auf verschiedenen Wellenlängenkanälen genutzt werden.

- Nichtlineare Effekte können in Systemen, die eine **kohärente Detektion** der transmittierten Lichtwelle nach Betrag und Phase verwenden, nachträglich durch **digitale Signalverarbeitung** teilweise kompensiert werden.

Für messtechnische Aufgaben in der faseroptischen Sensorik können einige nichtlineare Effekte folgendermaßen genutzt werden:

- Das Leistungsverhältnis der Stokes- zur Antistokes-Lichtwelle der spontanen Raman-Streuung ist temperaturabhängig. Das kann für **verteilte Raman-Temperatursensoren** (Raman DTS, engl. *distributed temperature sensing*) entlang der Faser verwendet werden.
- Der Frequenzversatz der Brillouin-Streuung ist abhängig von der Temperatur und der Dehnung der Glasfaser. Damit ist eine **verteilte Temperatur- und Dehnungssensorik** möglich, z. B. zur **Strukturüberwachung** von Bauwerken.
- SBS wirkt als schmalbandiger optischer Verstärker. Mit frequenzselektiven und **aktiven optischen Filtern** auf Basis von SBS können Brillouin-basierte **optische Spektralanalysatoren** (BOSA) für die Lichtwellenmesstechnik realisiert werden.

Durch SPM, FWM und SRS entsteht eine starke spektrale Verbreiterung kurzer, leistungsstarker Lichtpulse:

- Durch geeignete Abstimmung der nichtlinearen Effekte mit der Dispersion der Faser, z. B. in mikrostrukturierten Fasern, kann durch die spektrale Verbreiterung ein **weißlichtartiges Spektrum** entstehen (engl. *white-light source*). Derartige faserbasierte Lichtquellen vereinen das breite, kontinuierliche Spektrum einer thermischen Lichtquelle mit der hohen Strahlqualität eines Faserlasers. Sie werden daher **Superkontinuum-Lichtquellen** genannt.
- Mit derartigen Weißlichtquellen ist eine **spektral breitbandige Messtechnik** möglich, z. B. zur spektralen **Charakterisierung von optischen Komponenten** oder zur **Gasanalyse** mit Absorptionsspektroskopie.
- Die Kombination von laserartig guter Fokussierbarkeit mit geringer Divergenz und gleichzeitig breitem Spektrum mit sehr kleiner Kohärenzlänge machen Superkontinuum-Lichtquellen gut geeignet für ein interferometrisches Messverfahren, das **optische Kohärenz-Tomographie (OCT)** genannt wird. Damit können hochaufgelöste Schnittbilder dünner Zellschichten für **medizintechnische Anwendungen** gewonnen werden, z. B. der Hornhaut oder der Netzhaut des menschlichen Auges.
- Das gepulste Superkontinuum-Spektrum ausgehend von einem modengekoppelten Kurzpulslaser hat eine Vielzahl an äquidistanten und genau definierten Spektrallinien und wird als **optischer Frequenzkamm** bezeichnet. Durch ein geschicktes optisches und optoelektronisch heterodynes Mischverfahren kann eine direkte und phasenstarre Anbindung des optischen Frequenzkammes an hochstabile Frequenznormale im Mikrowellenbereich erfolgen (Cäsium- oder Rubidium-Frequenznormale, sog. Atomuhren).

Ist der optische Frequenzkamm seinerseits an ein noch präziseres **optisches Frequenznormal** einer extrem schmalbandigen optischen Atom-Absorptionslinie angebunden, so kann die Präzision des optischen Frequenznormals auf elektronische Zeitnormale und Uhren übertragen werden. Dies dient zur **extrem präzisen Zeitmessung**, z. B. für zukünftige Navigationssysteme oder zum experimentellen Testen von Vorhersagen der theoretischen Physik.

Schließlich spielen nichtlineare optische Effekte eine Rolle in optischen Faserverstärkern und Faserlasern:

- In Faserverstärkern und Faserlasern mit sehr großen Leistungen **begrenzen** die Schwellenleistungen der SRS und SBS **die maximal mögliche Ausgangsleistung**.
- Die SRS kann in **Raman-Faserlasern** zur Erzeugung von Laserstrahlung bei Wellenlängen genutzt werden, die mit anderen Lasermedien nicht möglich sind.
- Durch FWM kann in Faserlasern, insbesondere in Raman-Faserlasern, eine unerwünschte **spektrale Verbreiterung** entstehen.
- SPM, XPM und FWM können in Verbindung mit der Dispersion das unvermeidbare Rauschen auf einer zeitlich kontinuierlichen Lichtleistung so verstärken, dass eine schnelle periodische Modulation der Lichtleistung bis hin zur **Selbstpulsation** der Lichtwelle entsteht. Dieses Phänomen wird **Modulationsinstabilität** genannt.

Für das Verständnis und die Beherrschung dieser Anwendungen und Probleme sind fundierte Kenntnisse der Grundlagen und der Zusammenhänge der nichtlinearen Faseroptik erforderlich. In den folgenden Kapiteln wird daher zunächst die Wellenausbreitung in dielektrischen Medien und in Glasfasern beschrieben. Nach einer Betrachtung der linearen faseroptischen Effekte bilden die nichtlinearen Effekte und insbesondere die stimulierten Streuprozesse den Hauptteil dieses Buches. Auf Aspekte der hier beschriebenen Anwendungen wird an der jeweils geeigneten Stelle eingegangen.

Literatur

1. G. Reider, *Photonik*, 3. Aufl. (Springer, Wien, 2012)
2. B. Saleh, M. Teich, *Grundlagen der Photonik*, 2. Aufl. (Wiley-VCH, Weinheim, 2008)
3. T. Izawa, S. Sudo, Advances in Optoelectronics, in *Optical Fibers: Materials and Fabrication*, Hrsg. von T. Okoshi. (KTK Scientific Publishers, Tokyo, 1987)
4. F. Mitschke, *Glasfasern* (Elsevier-Spektrum Akademischer Verlag, Heidelberg, 2005)
5. K. Oh, U.-C. Paek, *Silica Optical Fiber Technology for Devices and Components: Design, Fabrication, and International Standards* (Wiley, Hoboken, 2012)
6. J.-L. Adam, Fluoride glass research in France: Fundamentals and applications. J. Fluor. Chem. **107**(2), 265–270, (2001)

7. M. Saad, Fluoride glass fiber: State of the art. Conf. Fiber Optic Sensors and Applications VI. Bd. 7316. *Proceedings SPIE-The International Society for Optical Engineering*. Orlando, FL, USA, 2009, 73160N.
8. A. Zakery, S. Elliott, Optical properties and applications of chalcogenide glasses: A review. J. Non-Cryst. Solids. **330**(1–3), 1–12 (2003)
9. O. Ziemann, J. Krauser, P. Zamzow, W. Daum, *POF-Handbuch*, 2. Aufl. (Springer, Berlin, 2007)
10. G. Grau, W. Freude, *Optische Nachrichtentechnik*, 3. Aufl. (Springer, Berlin, 1991)
11. R. Kersten, *Einführung in die optische Nachrichtentechnik, Physikalische Grundlagen, Einzelelemente und Systeme* (Springer, Berlin, 1983)
12. W. Bludau, *Lichtwellenleiter in Sensorik und optischer Nachrichtentechnik* (Springer, Berlin, 1998)
13. E. Voges, K. Petermann (Hrsg.), *Optische Kommunikationstechnik* (Springer, Berlin, 2002)
14. R. Noé, *Essentials of Modern Optical Fiber Communication* (Springer, Berlin, 2010)
15. D. Marcuse, *Light Transmission Optics*. Bell Laboratories Series (Van Nostrand, New York, 1972)
16. A.W. Snyder, J. Love, *Optical Waveguide Theory* (Chapman and Hall, London, 1983)
17. J. Bures, *Guided Optics* (Wiley-VCH, Weinheim, 2009)
18. P. Russell, Photonic crystal fibers. Science **299**(5605), 358–362 (2003)
19. C.J. Knight, Photonic crystal fibres. Nature **424**, 847–851 (2003)
20. P. Russell, Photonic-Crystal Fibers. J. Lightw. Technol. **24**(12), 4729–4749 (2006)
21. A. Bjarklev, J. Broeng, A. Sanchez Bjarklev, *Photonic Crystal Fibres* (Springer Netherlandes-Kluwer Academic Publishers, Boston, 2003)
22. A. Mendez, T. Morse (Hrsg.), *Specialty Optical Fibers Handbook* (Academic Press, Oxford, 2007)
23. W.R. Boyd, *Nonlinear Optics*. 3. Aufl. (Academic Press, Amsterdam, 2008)
24. G. Agrawal, *Nonlinear Fiber Optics*. 5. Aufl. (Academic Press, Amsterdam, 2013)
25. E. Desurvire, *Erbium-Doped Fiber Amplifiers: Principles and Applications* (Wiley, New York, 1994)
26. M. Marhic, *Fiber Optical Parametric Amplifiers, Oscillators and Related Devices* (Cambridge University Press, Cambridge, 2008)
27. M. Islam (Hrsg.), *Raman Amplifiers for Telecommunications 1 und 2*. Springer Series in Optical Sciences (Springer, New York, 2004)
28. A. Tünnermann, T. Schreiber, F. Röser u. a. The renaissance and bright future of fibre lasers. J. Phys. B: At. Mol. Opt. Phys. **38**(9), 681–693 (2005)
29. J. Limpert, F. Röser, S. Klingebiel et al. The rising power of fiber lasers and amplifiers. IEEE J. Sel. Top. Quantum Electron. **13**(3), 537–545 (2007)
30. O.G. Okhotnikov (Hrsg.), *Fiber Lasers*. (Wiley-VCH, Weinheim, 2012)
31. V.V. Ter-Mikirtychev (Hrsg.), *Fundamentals of Fiber Lasers and Fiber Amplifiers*. Bd. 181. Springer Series in Optical Sciences (Springer International Publishing, Cham, 2014)
32. C. Headley, M. Mermelstein, J.-C. Bouteiller, Raman fiber lasers, in *Raman Amplifiers for Telecommunications 2*. Hrsg. von M. Islam (Springer, New York, 2004), 353–382.

2 Wellenausbreitung in dielektrischen Medien

Die mathematische Beschreibung der Ausbreitung elektromagnetischer Wellen in Medien basiert auf den MAXWELLschen Gleichungen mit zugeordneten Materialgleichungen. In diesem Kapitel werden die Maxwell-Gleichungen im Zeitbereich sowie im Frequenzbereich allgemein vorgestellt. Mit geeigneten Annahmen der Materialeigenschaften wird dann die Wellengleichung für dielektrische Medien hergeleitet. Der dielektrischen Polarisierung $\mathcal{P}$ im Medium sowie der elektrischen Suszeptibilität χ als materialspezifisches Maß für die Polarisierbarkeit eines dielektrischen Mediums kommt eine besondere Bedeutung zu. Daher werden lineare und nichtlineare Effekte basierend auf der Suszeptibilität χ ausführlich vorgestellt. Die Wellengleichung wird dann zunächst für den einfachen Fall linearer, homogener isotroper Medien mit dem Ansatz einer ebenen Welle beispielhaft gelöst. Damit werden wichtige Größen der Wellenausbreitung definiert. Anschließend werden die Wellengleichungen im Zeit- und im Frequenzbereich für Wellen in optisch nichtlinearen Medien hergeleitet. Vorbereitend für inhomogene Medien wie Wellenleiter werden dann die Stetigkeitsbedingungen der Felder an Grenzflächen beschrieben. Abschließend wird der Brechungsindex verschieden dotierter Quarzgläser als Grundmaterial für Glasfasern behandelt. Mit diesem Kapitel werden somit die allgemeinen theoretischen Grundlagen vorgestellt, die für die Behandlung der Wellenausbreitung in Glasfasern in den weiteren Kapiteln benötigt werden. Eine allgemeine und grundlegende Einführung in die Elektrodynamik und Wellenausbreitung ist begleitend in Standardwerken zu finden [1–4]. Zu beachten sind Unterschiede in der Definition der komplexen Darstellung zeitharmonischer Größen. Die in diesem Buch gewählten Konventionen sind in Anhang A.1 erläutert.

R. Engelbrecht, *Nichtlineare Faseroptik*,
DOI 10.1007/978-3-642-40968-4_2

2.1 Feldgleichungen in dielektrischen Medien

2.1.1 Feldgleichungen im Zeitbereich

2.1.1.1 Maxwell-Gleichungen im Zeitbereich

Die MAXWELL-Gleichungen für beliebig zeitvariable elektrische und magnetische Felder lauten in differentieller Form an jedem Ort im Raum

$$\nabla \times \underset{\sim}{\boldsymbol{E}} = -\frac{\partial}{\partial t}\underset{\sim}{\boldsymbol{B}}, \tag{2.1a}$$

$$\nabla \times \underset{\sim}{\boldsymbol{H}} = \frac{\partial}{\partial t}\underset{\sim}{\boldsymbol{D}} + \underset{\sim}{\boldsymbol{J}}_{\mathrm{f}}, \tag{2.1b}$$

$$\nabla \cdot \underset{\sim}{\boldsymbol{D}} = \varrho_{\mathrm{f}}, \tag{2.1c}$$

$$\nabla \cdot \underset{\sim}{\boldsymbol{B}} = 0. \tag{2.1d}$$

Darin ist $\underset{\sim}{\boldsymbol{E}}$ die elektrische Feldstärke, $\underset{\sim}{\boldsymbol{B}}$ die magnetische Induktion (magn. Flussdichte), $\underset{\sim}{\boldsymbol{H}}$ die magnetische Feldstärke, $\underset{\sim}{\boldsymbol{D}}$ die dielektrische Verschiebungsdichte und $\underset{\sim}{\boldsymbol{J}}_{\mathrm{f}}$ die freie elektrische Stromdichte. ϱ_{f} ist die Dichte der freien elektrischen Ladungen.

Ergänzt werden die Maxwell-Gleichungen durch folgende Materialgleichungen in ruhenden Medien:

$$\underset{\sim}{\boldsymbol{J}}_{\mathrm{f}} = \boldsymbol{\sigma}\underset{\sim}{\boldsymbol{E}}, \tag{2.2a}$$

$$\underset{\sim}{\boldsymbol{B}} = \mu_0\underset{\sim}{\boldsymbol{H}} + \underset{\sim}{\boldsymbol{M}}, \tag{2.2b}$$

$$\underset{\sim}{\boldsymbol{D}} = \varepsilon_0\underset{\sim}{\boldsymbol{E}} + \underset{\sim}{\boldsymbol{\mathcal{P}}}. \tag{2.2c}$$

Hierbei ist μ_0 die magnetische Feldkonstante und ε_0 die elektrische Feldkonstante. $\boldsymbol{\sigma}$ ist die elektrische Leitfähigkeit, die im Allgemeinen einen tensoriellen Charakter haben kann.

Für sogenannte dielektrische Medien wie z. B. Gläser, die für die Faseroptik relevant sind, können einige Vereinfachungen vorgenommen werden. Dielektrische Medien sind nicht magnetisierbar, daher wird die Magnetisierung (magnetische Polarisierung) $\underset{\sim}{\boldsymbol{M}}$ zu Null gesetzt. Weiterhin gibt es in solchen Medien keine freien Ladungen, also gilt $\varrho_{\mathrm{f}} = 0$. Obwohl auch die elektrische Leitfähigkeit $\boldsymbol{\sigma}$ und damit die freie Stromdichte $\underset{\sim}{\boldsymbol{J}}_{\mathrm{f}}$ in Dielektrika extrem gering ist, werden diese im Weiteren nicht zu Null gesetzt. Diese Größen bieten eine elegante Möglichkeit, dielektrische Verluste in harmonischen Wechselfeldern mit Hilfe einer äquivalenten Leitfähigkeit in der Zeitbereichsdarstellung zu berücksichtigen. Zusammengefasst werden also folgende Näherungen für dielektrische Medien wie Gläser gemacht:

$$\varrho_{\mathrm{f}} = 0, \tag{2.3a}$$

$$\underset{\sim}{\boldsymbol{B}} = \mu_0\underset{\sim}{\boldsymbol{H}}. \tag{2.3b}$$

Von den Materialeigenschaften ist dann im Wesentlichen die dielektrische Polarisierung im Medium $\underset{\sim}{\mathcal{P}}$ zu berücksichtigen. Diese wichtige Eigenschaft eines Dielektrikums wird in Kap. 2.2 weiter diskutiert.

Setzt man die so genäherten Materialgleichungen in die Maxwell-Gleichungen ein, erhält man

$$\nabla \times \underset{\sim}{\boldsymbol{E}} = -\mu_0 \frac{\partial}{\partial t} \underset{\sim}{\boldsymbol{H}}, \tag{2.4a}$$

$$\nabla \times \underset{\sim}{\boldsymbol{H}} = \frac{\partial}{\partial t} \left(\varepsilon_0 \underset{\sim}{\boldsymbol{E}} + \underset{\sim}{\mathcal{P}} \right) + \sigma \underset{\sim}{\boldsymbol{E}}, \tag{2.4b}$$

$$\nabla \cdot \left(\varepsilon_0 \underset{\sim}{\boldsymbol{E}} + \underset{\sim}{\mathcal{P}} \right) = 0, \tag{2.4c}$$

$$\nabla \cdot \underset{\sim}{\boldsymbol{H}} = 0. \tag{2.4d}$$

Durch bilden von $\nabla \times (\nabla \times \underset{\sim}{\boldsymbol{E}}) = \nabla(\nabla \cdot \underset{\sim}{\boldsymbol{E}}) - \nabla^2 \underset{\sim}{\boldsymbol{E}}$ und Einsetzen von Gl. (2.4b) in Gl. (2.4a) lässt sich das $\underset{\sim}{\boldsymbol{H}}$-Feld eliminieren und man erhält eine Differentialgleichung, die die räumliche und zeitliche Entwicklung des elektrischen Feldes in dielektrischen Medien beschreibt:

$$-\nabla(\nabla \cdot \underset{\sim}{\boldsymbol{E}}) + \nabla^2 \underset{\sim}{\boldsymbol{E}} - \sigma \mu_0 \frac{\partial}{\partial t} \underset{\sim}{\boldsymbol{E}} - \varepsilon_0 \mu_0 \frac{\partial^2}{\partial t^2} \underset{\sim}{\boldsymbol{E}} = \mu_0 \frac{\partial^2}{\partial t^2} \underset{\sim}{\mathcal{P}}. \tag{2.5}$$

Analog erhält man für die magnetische Feldstärke $\underset{\sim}{\boldsymbol{H}}$

$$-\nabla(\nabla \cdot \underset{\sim}{\boldsymbol{H}}) + \nabla^2 \underset{\sim}{\boldsymbol{H}} - \sigma \mu_0 \frac{\partial}{\partial t} \underset{\sim}{\boldsymbol{H}} - \varepsilon_0 \mu_0 \frac{\partial^2}{\partial t^2} \underset{\sim}{\boldsymbol{H}} = -\nabla \times \frac{\partial}{\partial t} \underset{\sim}{\mathcal{P}}. \tag{2.6}$$

Dies sind die allgemeinen Wellengleichungen in leitfähigen, nichtmagnetischen Medien. Ein Ansatz im Zeitbereich ist insbesondere dann notwendig, wenn die zeitliche Entwicklung eines Lichtpulses während der Wellenausbreitung gesucht ist. Beispielsweise wird in Kap. 7 die sog. nichtlineare Schrödinger-Gleichung zur Beschreibung der Pulsausbreitung in Glasfasern aus Gl. (2.5) abgeleitet. Im Folgenden werden zwei wichtige Sonderfälle betrachtet, die für die weiteren Kapitel relevant sind: Inhomogene nichtleitende Medien sowie homogene Medien mit Leitfähigkeit.

2.1.1.2 Inhomogene nichtleitende Medien im Zeitbereich

Für viele Probleme wie z. B. bei der Herleitung der ausbreitungsfähigen Moden in dielektrischen Wellenleitern können Materialverluste und damit die Leitfähigkeit eines Mediums vernachlässigt werden:

$$\sigma = 0. \tag{2.7}$$

Damit ergibt sich aus Gl. (2.5) und (2.6)

$$-\nabla(\nabla \cdot \underset{\sim}{\boldsymbol{E}}) + \nabla^2 \underset{\sim}{\boldsymbol{E}} - \varepsilon_0 \mu_0 \frac{\partial^2}{\partial t^2} \underset{\sim}{\boldsymbol{E}} = \mu_0 \frac{\partial^2}{\partial t^2} \underset{\sim}{\boldsymbol{\mathcal{P}}}, \tag{2.8a}$$

$$-\nabla(\nabla \cdot \underset{\sim}{\boldsymbol{H}}) + \nabla^2 \underset{\sim}{\boldsymbol{H}} - \varepsilon_0 \mu_0 \frac{\partial^2}{\partial t^2} \underset{\sim}{\boldsymbol{H}} = -\nabla \times \frac{\partial}{\partial t} \underset{\sim}{\boldsymbol{\mathcal{P}}}. \tag{2.8b}$$

Gleichungen (2.8a) und (2.8b) sind die allgemeinen Wellengleichungen für nichtleitende Medien im Zeitbereich, gekennzeichnet durch eine Summe aus Termen, die eine zweite Ableitung nach dem Ort und Termen, die eine zweite Ableitung nach der Zeit der Feldgrößen $\underset{\sim}{\boldsymbol{E}}$ und $\underset{\sim}{\boldsymbol{H}}$ enthalten. In dieser Form enthalten die Wellengleichungen noch keine Voraussetzungen bezüglich Linearität, Isotropie, Homogenität oder zeitlichem Zusammenhang zwischen den Feldern $\underset{\sim}{\boldsymbol{E}}$, $\underset{\sim}{\boldsymbol{H}}$ und $\underset{\sim}{\boldsymbol{\mathcal{P}}}$ und somit auch keine einschränkenden Annahmen bezüglich der dielektrischen Materialeigenschaften, außer den in Gl. (2.3a)–(2.3b) sowie Gl. (2.7) getroffenen Näherungen für nichtleitende Dielektrika.

2.1.1.3 Homogene leitfähige Medien im Zeitbereich

Für viele Ausbreitungsvorgänge von elektromagnetischen Wellen können die Eigenschaften eines dielektrischen Mediums als homogen, d. h. nicht ortsabhängig angenommen werden. Beispiele sind ebene Wellen in räumlich unbeschränkten Medien sowie Wellen innerhalb von Bereichen konstanter dielektrischer Eigenschaften in Wellenleitern. In diesem Fall ist die relative Dielektrizitätszahl ε_r nach Kap. 2.2 als wichtige Beschreibungsgröße dielektrischer Medien ortsunabhängig und es gilt Gl. (2.18) mit $\underset{\sim}{\boldsymbol{D}} = \varepsilon_0 \varepsilon_\mathrm{r} \underset{\sim}{\boldsymbol{E}}$:

$$\nabla \cdot \underset{\sim}{\boldsymbol{E}} = \nabla \cdot \left(\frac{1}{\varepsilon_0 \varepsilon_\mathrm{r}} \underset{\sim}{\boldsymbol{D}} \right) = \frac{1}{\varepsilon_0 \varepsilon_\mathrm{r}} (\nabla \cdot \underset{\sim}{\boldsymbol{D}}) = 0. \tag{2.9}$$

In homogenen sowie allgemein in nichtmagnetischen Medien gilt zusätzlich die Beziehung

$$\nabla \cdot \underset{\sim}{\boldsymbol{H}} = \nabla \cdot \left(\frac{1}{\mu_0} \underset{\sim}{\boldsymbol{B}} \right) = \frac{1}{\mu_0} (\nabla \cdot \underset{\sim}{\boldsymbol{B}}) = 0. \tag{2.10}$$

Daraus folgen die Wellengleichungen in homogenen Dielektrika, deren Verluste im Wechselfeld durch eine Leitfähigkeit $\boldsymbol{\sigma}$ berücksichtigt werden:

$$\nabla^2 \underset{\sim}{\boldsymbol{E}} - \boldsymbol{\sigma} \mu_0 \frac{\partial}{\partial t} \underset{\sim}{\boldsymbol{E}} - \varepsilon_0 \mu_0 \frac{\partial^2}{\partial t^2} \underset{\sim}{\boldsymbol{E}} = \mu_0 \frac{\partial^2}{\partial t^2} \underset{\sim}{\boldsymbol{\mathcal{P}}}, \tag{2.11a}$$

$$\nabla^2 \underset{\sim}{\boldsymbol{H}} - \boldsymbol{\sigma} \mu_0 \frac{\partial}{\partial t} \underset{\sim}{\boldsymbol{H}} - \varepsilon_0 \mu_0 \frac{\partial^2}{\partial t^2} \underset{\sim}{\boldsymbol{H}} = -\nabla \times \frac{\partial}{\partial t} \underset{\sim}{\boldsymbol{\mathcal{P}}}. \tag{2.11b}$$

2.1.2 Maxwell-Gleichungen im Frequenzbereich

Oft interessiert eine Lösung der Maxwell-Gleichungen für den Fall, dass alle Felder mit gleicher Frequenz f harmonisch schwingen. Dies ist gegeben, wenn die Ausbreitung einer kontinuierlichen und monofrequenten elektromagnetischen Welle wie z. B. das Licht eines idealen Lasers in einer Glasfaser untersucht wird. In diesem Fall können an einem Punkt im Raum alle Komponenten der Felder allein durch Betrag und Phase einer harmonischen Schwingung mit Kreisfrequenz $\omega = 2\pi f$ beschrieben werden. Im Weiteren werden die Definitionen für Größen im Zeit- und Frequenzbereich gemäß Anhang A.1 verwendet. Beim Übergang von harmonischen Zeitverläufen im Zeitbereich zu komplexen Amplituden im Frequenzbereich wird die Zeitableitung $\mathrm{d}/\mathrm{d}t$ durch eine Multiplikation mit $\mathrm{j}\omega$ ersetzt (s. Anhang A.1).

Verluste in dielektrischen Medien können im Frequenzbereich elegant durch komplexwertige Materialparameter wie der relativen Dielektrizitätszahl ε_r beschrieben werden, wie in Kap. 2.2.3 gezeigt. Eine elektrische Leitfähigkeit σ ist hierzu nicht notwendig. Die Maxwell-Gleichungen für die komplexwertigen Vektorzeiger zeitharmonischer elektrischer und magnetischer Felder in ladungsfreien, nichtleitenden dielektrischen Medien lauten dann

$$\nabla \times \boldsymbol{E} = -\mathrm{j}\omega\mu_0\boldsymbol{H}, \tag{2.12a}$$

$$\nabla \times \boldsymbol{H} = \mathrm{j}\omega\,(\varepsilon_0\boldsymbol{E} + \boldsymbol{\mathcal{P}}), \tag{2.12b}$$

$$\nabla \cdot (\varepsilon_0\boldsymbol{E} + \boldsymbol{\mathcal{P}}) = 0, \tag{2.12c}$$

$$\nabla \cdot \boldsymbol{H} = 0. \tag{2.12d}$$

Daraus resultieren die allgemeinen Wellengleichungen im Frequenzbereich in dielektrischen Medien

$$-\nabla(\nabla \cdot \boldsymbol{E}) + \nabla^2\boldsymbol{E} + \omega^2\varepsilon_0\mu_0\boldsymbol{E} = -\,\omega^2\mu_0\boldsymbol{\mathcal{P}}, \tag{2.13a}$$

$$-\nabla(\nabla \cdot \boldsymbol{H}) + \nabla^2\boldsymbol{H} + \omega^2\varepsilon_0\mu_0\boldsymbol{H} = -\,\mathrm{j}\omega\nabla \times \boldsymbol{\mathcal{P}}. \tag{2.13b}$$

Auch hier entfallen in homogenen Medien die Terme $-\nabla(\nabla \cdot \boldsymbol{E})$ und $-\nabla(\nabla \cdot \boldsymbol{H})$.

2.1.3 Bedeutung der Polarisierung für die Wellenausbreitung

In homogenen Medien verschwinden in den Wellengleichungen die Terme $-\nabla(\nabla \cdot \boldsymbol{E})$ und $-\nabla(\nabla \cdot \boldsymbol{H})$. Die linken Seiten der Wellengleichungen Gl. 2.8, oder 2.13 entsprechen dann der bekannten Wellengleichung im Vakuum. Die rechten Seiten der Gleichungen beinhalten in dieser Form mit der Polarisierung $\boldsymbol{\mathcal{P}}$ alle linearen und nicht-linearen Materialeigenschaften des dielektrischen Mediums. Ohne bereits an dieser Stelle die Wellengleichung unter Berücksichtigung aller Effekte zu lösen, kann folgendes angemerkt werden:

- Die dielektrische Polarisierung $\boldsymbol{\mathcal{P}}$ des Mediums wirkt in der Wellengleichung als Quellterm für elektromagnetische Felder, die sich den ungestörten Feldern der Vakuum-Wellenausbreitung überlagern.

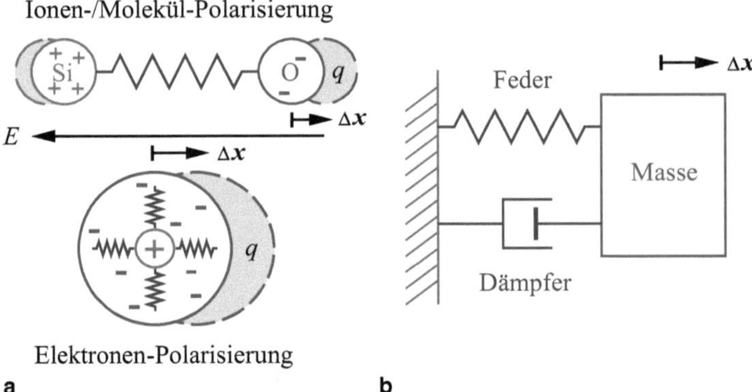

Abb. 2.1 Modellvorstellung der Ionen- bzw. der Molekülpolarisierung und der Elektronenpolarisierung sowie mechanisches Analogon

- In linearen Medien oszilliert die Polarisierung $\mathcal{P}$ mit der gleichen Frequenz einer harmonischen Anregung. Die Überlagerung der gleichfrequenten, aber zeitverzögerten Beiträge aus der Polarisierung mit den Feldern der Vakuum-Ausbreitung bewirken die im Vergleich zur Vakuum-Lichtgeschwindigkeit c_0 reduzierte Phasengeschwindigkeit c der Welle im Medium.
- In nichtlinearen Medien oszilliert die Polarisierung $\mathcal{P}$ auch mit Vielfachen und Linearkombinationen aller anregenden Frequenzen. Die Polarisierung im Medium stellt dann eine Quelle für elektromagnetische Felder bei genau diesen Frequenzen dar. Dadurch können Lichtwellen bei diesen Frequenzen verstärkt oder neu erzeugt werden, selbst wenn diese in der Anregung nicht enthalten sind. Weiterhin kann in solchen Medien eine Welle ihre eigene komplexe Amplitude nach Betrag und Phase verändern.

Aufgrund der zentralen Bedeutung für die Wellenausbreitung in Glasfasern werden nun in Kap. 2.2 und in Kap. 2.3 relevante Materialeffekte der dielektrischen Polarisierung $\mathcal{P}$ vorgestellt.

2.2 Materialparameter linearer dielektrischer Medien

Als klassischer Ansatz zum Verständnis der Wechselwirkung elektromagnetischer Felder mit dielektrischen Medien wird das LORENTZ-Modell verwendet [5]. Demnach werden in dielektrischen Medien unter dem Einfluss eines elektrischen Feldes $\boldsymbol{E}$ an Atome gebundene Ladungen q auf mikroskopischer Ebene um $\Delta\boldsymbol{x}$ verschoben. Dies erzeugt makroskopisch durch Summierung über eine mittlere Teilchendichte pro Volumen N eine dielektrische

Polarisierung im Medium

$$\underset{\sim}{\mathcal{P}} = Nq\Delta\underset{\sim}{\boldsymbol{x}}\,. \tag{2.14}$$

Bei Frequenzen im optischen Spektralbereich ist dies im Wesentlichen die Verschiebung der Elektronenhülle gegenüber den Atomkernen (Abb. 2.1a). Im geringeren Umfang tragen auch Veränderungen der Bindungsabstände polarer Molekülbindungen dazu bei. Die Orientierungspolarisierung, die beispielsweise für die starke Polarisierbarkeit von flüssigem Wasser bei tiefen Frequenzen bis in den Mikrowellenbereich verantwortlich ist, spielt für optische Frequenzen keine Rolle. Im Lorentz-Modell wird jede Polarisierungsart durch jeweils eine Schwingungsdifferentialgleichung beschrieben, in Analogie zu einem gedämpften Feder-Masse-System (Abb. 2.1b). Ganz allgemein ist die Polarisierung $\underset{\sim}{\mathcal{P}}$ somit abhängig von der elektrischen Feldstärke $\underset{\sim}{\boldsymbol{E}}$:

$$\underset{\sim}{\mathcal{P}} = f(\underset{\sim}{\boldsymbol{E}})\,. \tag{2.15}$$

Nachfolgend werden verschiedene Effekte der Polarisierung in Abhängigkeit von der elektrischen Feldstärke untersucht.

2.2.1 Lineare, verlustfreie, isotrope Medien

Zunächst wird der einfache Sonderfall eines linearen, verlustfreien, frequenzunabhängigen und isotropen Dielektrikums untersucht. Nur dann besteht zwischen elektrischer Feldstärke und Polarisierung im Medium sowohl im Zeitbereich wie auch in der komplexen Darstellung im Frequenzbereich ein einfacher linearer Zusammenhang mit einer in beiden Beschreibungsformen identischen, reellwertigen und skalaren Proportionalitätskonstante, der Suszeptibilität $\chi = \underset{\sim}{\chi}$:

$$\underset{\sim}{\mathcal{P}}(t) = \varepsilon_0 \underset{\sim}{\chi} \underset{\sim}{\boldsymbol{E}}(t) \qquad \text{im Zeitbereich,} \tag{2.16}$$

$$\mathcal{P} = \varepsilon_0 \chi \boldsymbol{E} \qquad \text{im Frequenzbereich.} \tag{2.17}$$

Eingesetzt in Gl. (2.2c) ergibt sich die dielektrische Materialgleichung

$$\boldsymbol{D} = \varepsilon_0(1+\chi)\boldsymbol{E} = \varepsilon_0\varepsilon_\mathrm{r}\boldsymbol{E}, \tag{2.18}$$

mit der relativen Dielektrizitätszahl oder Permittivität ε_r. In der Optik wird stattdessen üblicherweise eine andere Materialkenngröße verwendet, die Brechungsindex n oder Brechzahl genannt wird:

$$n = \sqrt{\varepsilon_\mathrm{r}} = \sqrt{(1+\chi)}. \tag{2.19}$$

Die drei Materialparameter χ, ε_r oder n können äquivalent zur Charakterisierung der dielektrischen Eigenschaften eines Mediums verwendet werden. Je nach Sachverhalt und mathematischem Zusammenhang ist der eine oder andere Parameter vorteilhaft und in der Literatur üblich. Die Beziehung zwischen den Parametern nach Gl. (2.19) gilt selbst dann, wenn die Materialparameter frequenzabhängig oder komplexwertig sind, und gilt elementweise, wenn die Parameter keine Skalare, sondern Tensoren sind. Genau solche Fälle treten auf, wenn das dielektrische Medium eine der vereinfachenden Annahmen wie Linearität, Verlustfreiheit, Frequenzunabhängigkeit oder Isotropie nicht mehr erfüllt. Alle diese Fälle treten auch in Glasfasern auf. Viele der in den weiteren Kapiteln diskutierten linearen und nichtlinearen faseroptischen Effekte haben ihren Ursprung in den dielektrischen Materialeigenschaften der verwendeten Gläser. Daher werden in den nächsten Abschnitten wichtige von den vereinfachenden Annahmen abweichende Effekte überblicksartig vorgestellt.

2.2.2 Frequenzabhängigkeit, Dispersion

Die Modellvorstellung der dielektrischen Polarisierung basiert auf der Verschiebung von massebehafteten Ladungsträgern (Elektronenhülle, Ionen, polare Molekülbindungen), die durch federartige Bindungskräfte an eine Ruhelage gebunden sind. Wie beim mechanischen Analogon nach Abb. 2.1 zeigen solche Feder-Masse-Systeme im Lorentz-Oszillatormodell ausgeprägte Resonanzen und somit eine starke Frequenzabhängigkeit, die als Materialdispersion bezeichnet wird. Die dielektrischen Materialgleichungen für mit ω zeitharmonische Felder lauten

$$\boldsymbol{D}(\omega) = \varepsilon_0\varepsilon_{\mathrm{r}}(\omega)\boldsymbol{E}(\omega), \text{ oder} \tag{2.20}$$

$$\boldsymbol{\mathcal{P}}(\omega) = \varepsilon_0\chi(\omega)\boldsymbol{E}(\omega). \tag{2.21}$$

Insbesondere muss natürlich auch Gl. (2.19) stets bei gleicher Frequenz aller drei Materialparameter ausgewertet werden.

Beispiel 2.1

Ein Extrembeispiel ist flüssiges Wasser, das bei tiefen Frequenzen ($f = 1$ MHz) aufgrund der Orientierungspolarisierbarkeit der polaren Wassermoleküle eine große Permittivität von $\varepsilon_{\mathrm{r}} = 80$ hat. Bei optischen Frequenzen ($f = 509$ THz, entsprechend $\lambda_0 = 589$ nm, gelbe Natrium-D Linie) beträgt $\varepsilon_{\mathrm{r}} = 1{,}77$, was einen Brechungsindex von nur $n = 1{,}33$ ergibt.

Mit dem Modell eines gedämpften Feder-Masse-Systems kann gezeigt werden, dass die Verschiebung der Ladungsträger und damit die Polarisierung im Zeitbereich nicht instantan der Erregung durch das elektrische Feld folgt. Es ergeben sich ausgeprägte Ein- oder Ausschwing-Vorgänge. Fasst man die frequenzabhängige Suszeptibilität $\chi(\omega)$ als dielektrische Übertragungsfunktion auf, so kann durch Fourier-Rücktransformation in den Zeitbereich eine Impulsantwort der elektrischen Suszeptibilität definiert werden:

$$\underset{\sim}{\chi}(t) = \frac{1}{2\pi}\int_{-\infty}^{\infty} \chi(\omega)\,\mathrm{e}^{\mathrm{j}\omega t}\mathrm{d}\omega. \tag{2.22}$$

Mit dem Faltungssatz der Fourier-Transformation ergibt sich aus Gl. (2.21) folgender Zusammenhang zwischen dem Zeitverlauf der Polarisierung $\underset{\sim}{\mathcal{P}}(t)$ und der elektrischen Feldstärke $\underset{\sim}{\boldsymbol{E}}(t)$:

$$\underset{\sim}{\mathcal{P}}(t) = \varepsilon_0 \int_{-\infty}^{\infty} \underset{\sim}{\chi}(t)\underset{\sim}{\boldsymbol{E}}(t-\tau)\,\mathrm{d}\tau. \tag{2.23}$$

Diese Darstellung impliziert zunächst, dass alle Werte der elektrischen Feldstärke $\underset{\sim}{\boldsymbol{E}}(t)$ zu allen Zeiten in der Vergangenheit und Zukunft einen Einfluss auf die Polarisierung $\underset{\sim}{\mathcal{P}}(t)$ zu einem Zeitpunkt t haben. Dabei ist aber zu berücksichtigen, dass die dielektrische Impulsantwort $\underset{\sim}{\boldsymbol{\chi}}(t)$ eines realen Dielektrikums kausal ist, d. h. es gilt

$$\underset{\sim}{\chi}(t) = 0 \quad \text{für} \quad t < 0. \tag{2.24}$$

Dann kann Gl. (2.23) umgestellt werden zu

$$\underset{\sim}{\mathcal{P}}(t) = \varepsilon_0 \int_{-\infty}^{t} \underset{\sim}{\chi}(t-\tau)\underset{\sim}{\boldsymbol{E}}(\tau)\,\mathrm{d}\tau. \tag{2.25}$$

Daraus wird klar, dass natürlich nur die elektrische Feldstärke der Vergangenheit bis zu einem Zeitpunkt t einen Einfluss auf die momentane Polarisierung $\underset{\sim}{\mathcal{P}}(t)$ hat. Man spricht von einer Art Gedächtnis, das umso weiter in die Vergangenheit reicht, je zeitlich länger die dielektrische Impulsantwort $\underset{\sim}{\chi}(t)$ eine signifikante Amplitude hat. Die Näherung einer einfachen Multiplikation gemäß Gl. (2.16) kann nur verwendet werden, wenn die Veränderung des elektrischen Feldes sehr langsam gegenüber der Abklingzeit der dielektrischen Impulsantwort ist. Dann kann die dielektrische Impulsantwort mit einem Dirac-Impuls genähert werden:

$$\underset{\sim}{\chi}(t) \approx \delta(t)\,\underset{\sim}{\chi}. \tag{2.26}$$

Aus der Faltung Gl. (2.25) resultiert dann Gl. (2.16). Dies ist aber nur in engen Spektralbereichen und bei entsprechend langen Pulsdauern der Welle der Fall.

Da die Auswertung des Faltungsintegrals im Zeitbereich für weitere Rechnungen sehr unhandlich ist, werden schnelle zeitveränderliche Vorgänge in Medien mit frequenzabhängigen Materialparametern besser nach Fouriertransformation der Feldgrößen im Frequenzbereich behandelt. Linearität vorausgesetzt, können dann die einzelnen Frequenzanteile wieder mit einer einfachen Gleichung gemäß Gl. (2.21) behandelt werden.

2.2.3 Komplexwertige Suszeptibilität, dielektrische Verluste

Wir betrachten nun wieder das mechanische Analogon eines Feder-Masse-Oszillators nach Abb. 2.1, jetzt insbesondere unter dem Einfluss einer Art von Reibung der Ladungsträger-Bewegung, die eine Dämpfung der Schwingung verursacht. Eine harmonische Erregung

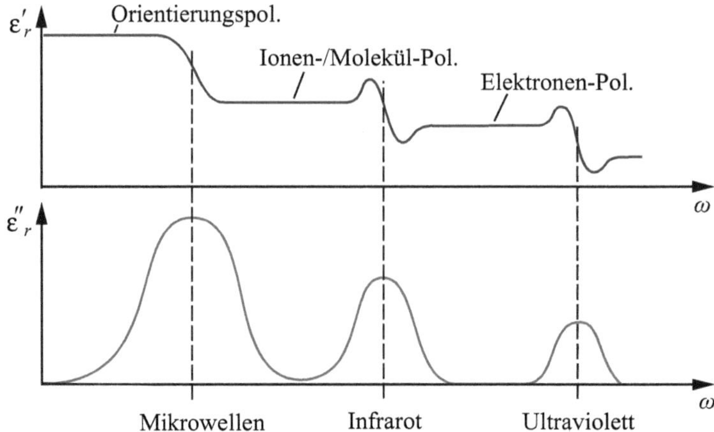

Abb. 2.2 Qualitativer Frequenzgang von Real- und Imaginärteil der relativen Dielektrizitätszahl sowie dominierende Polarisierungsmechanismen in einem dielektrischen Medium

wird aufgrund der Reibung einerseits zu einem Energietransport von der Erregung zu den Verlusten im Oszillatorsystem führen, und andererseits wird die Auslenkung des Oszillators der Erregung mit verzögerter Phase folgen. Übertragen auf harmonische Felder in einem Dielektrikum bedeutet dies, dass die Suszeptibilität im Frequenzbereich $\chi(\omega)$ komplexwertig ist, und dass der Imaginärteil von $\chi(\omega)$ ein Maß für die dielektrischen Verluste aufgrund von Absorption im Medium ist. Damit sind nach Gl. (2.19) aber auch die Permittivität ε_r und der Brechungsindex komplexwertig. Hierbei hat sich folgende Definition der Real- und Imaginärteile etabliert, die von den üblichen Konventionen komplexer Zahlen abweicht:

$$\chi(\omega) = \chi'(\omega) - \mathrm{j}\chi''(\omega), \tag{2.27}$$

$$\varepsilon_\mathrm{r}(\omega) = \varepsilon'_\mathrm{r}(\omega) - \mathrm{j}\varepsilon''_\mathrm{r}(\omega). \tag{2.28}$$

Sinn dieser Definition mit dem negativen Vorzeichen des Imaginärteils ist, dass bei der hier gewählten elektrotechnischen Definition der komplexen Darstellung zeitharmonischer Größen gemäß Gl. (A.3a) der Zahlenwert der Größen $\chi''(\omega)$ und $\varepsilon''_\mathrm{r}(\omega)$ in üblichen verlustbehafteten Medien positiv ist. Abbildung 2.2 zeigt qualitativ einen beispielhaften Frequenzgang der relativen Dielektrizitätszahl sowie die dominierenden Polarisierungsmechanismen in dielektrischen Medien in unterschiedlichen Spektralbereichen. Immer dann, wenn bei einem Polarisierungsmechanismus die Relaxations- bzw. Resonanz-Frequenz erreicht wird, werden auch erhöhte dielektrische Verluste beobachtet.

Für den komplexen Brechungsindex hat sich abweichend von Gl. (2.19) das Formelsymbol $\tilde{n}$ etabliert:

$$\tilde{n}(\omega) = \sqrt{\varepsilon'_\mathrm{r}(\omega) - \mathrm{j}\varepsilon''_\mathrm{r}(\omega)} = n(\omega) - \mathrm{j}\kappa(\omega)\,. \tag{2.29}$$

Darin ist der Realteil n der Brechungsindex, der auch immer dann gemeint ist, wenn nicht explizit vom komplexen Brechungsindex $\tilde{n}$ gesprochen wird. Wie in Kap. 2.4 diskutiert, gibt der Realteil n das Verhältnis von Vakuum-Lichtgeschwindigkeit c_0 zur Phasengeschwindigkeit c einer Lichtwelle im Medium an. Der Imaginärteil des Brechungsindex κ ist wie ebenfalls in Kap. 2.4 hergeleitet, direkt proportional zum Dämpfungskoeffizienten der Wellenausbreitung a. Für den Real- und Imaginärteil des Brechungsindex ergibt sich durch Auflösen

$$n = \sqrt{\tfrac{1}{2}\varepsilon_r' \left(1 + \sqrt{1 + (\varepsilon_r''/\varepsilon_r')^2}\right)}, \quad \kappa = \frac{\varepsilon_r''}{2n}. \tag{2.30}$$

In schwach verlustbehafteten Medien wie bei optischen Gläsern im sichtbaren Spektralbereich und im nahen Infrarot kann aufgrund von $\varepsilon_r'' \ll \varepsilon_r'$ folgende Näherung verwendet werden:

$$n \approx \sqrt{\varepsilon_r'}, \quad \kappa = \frac{\varepsilon_r''}{2\sqrt{\varepsilon_r'}}. \tag{2.31}$$

Beispiel 2.2

Typische Zahlenwerte für hochreines SiO_2-Glas im nahen Infrarot sind $\varepsilon_r' = 2{,}1$ und $\varepsilon_r'' = 0{,}5 \cdot 10^{-10}$. Daraus ergibt sich für den Realteil des Brechungsindex $n = 1{,}45$ und für den Imaginärteil $\kappa = 1{,}7 \cdot 10^{-11}$. Dies entspricht bei einer Frequenz von 190 THz einer Leistungsdämpfung durch Absorption von ${}^{\ell}a = 0{,}1$ dB/km, wie in Kap. 2.4.6 beschrieben.

Für eine Berücksichtigung der dielektrischen Verluste im Zeitbereich müsste die Faltung mit der Impulsantwort $\underset{\sim}{\chi}(t)$ verwendet werden. Alternativ können für spektral schmalbandige Rechnungen die dielektrischen Verluste auch in eine äquivalente Leitfähigkeit umgerechnet werden:

$$\sigma(\omega) = \omega\varepsilon_0\varepsilon_r''(\omega). \tag{2.32}$$

Damit können die Wellengleichungen Gl. (2.11) aus Kap. 2.1.1.3 unter Verwendung der äquivalenten Leitfähigkeit $\sigma(\omega)$ verwendet werden, um die Wellenausbreitung in verlustbehafteten Dielektrika zu berechnen.

Beispiel 2.3

Mit $\varepsilon_r'' = 0{,}5 \cdot 10^{-11}$ ergibt sich für SiO_2-Glas bei einer Frequenz von $f = 190$ THz im nahen Infrarot eine zu den dielektrischen Verlusten äquivalente Leitfähigkeit von $\sigma(f) = 8{,}4 \cdot 10^{-8}$ S/m. Zum Vergleich: Bei Gleichstrom wird für SiO_2-Glas eine Leitfähigkeit aufgrund freier Ladungsträger von $\sigma(0) = 10^{-16}$ S/m spezifiziert [6].

2.2.4 Kramers-Kronig-Relation

Die dielektrische Impulsantwort $\underset{\sim}{\chi}(t)$ ist gemäß Gl. (2.24) kausal. Sie ist weiterhin reellwertig, da im Zeitbereich das elektrische Feld sowie die Polarisierung reellwertige Observable sind. Real- und Imaginärteil der Fouriertransformierten $\chi(\omega)$ sind dann nicht mehr unabhängig voneinander, sondern bilden zueinander ein Paar bezüglich der HILBERT-Transformation. Daraus folgt die in der Optik sogenannte KRAMERS-KRONIG-Relation [7]

$$\chi'(\omega) = \frac{2}{\pi} \int_0^\infty \frac{\Omega \chi''(\Omega)}{\Omega^2 - \omega^2} \mathrm{d}\Omega, \tag{2.33a}$$

$$\chi''(\omega) = \frac{2}{\pi} \int_0^\infty \frac{\omega \chi'(\Omega)}{\omega^2 - \Omega^2} \mathrm{d}\Omega. \tag{2.33b}$$

Diese Beziehungen für die Suszeptibilität gelten unverändert auch für den Brechungsindex, wenn $\chi'(\omega)$ durch $n(\omega)-1$ und $\chi''(\omega)$ durch κ ersetzt werden.

Die Verknüpfung von Real- und Imaginärteil der dielektrischen Materialeigenschaften ist auch in Abb. 2.2 zu erkennen. Auch aus dem LORENTZ-Modell folgt ein derartiger Verlauf von $\chi'(\omega)$ und $\chi''(\omega)$, wenn für jeden Polarisierungsmechanismus ein entsprechendes Feder-Masse-Äquivalent mit zugehöriger Differentialgleichung angesetzt wird [5]. Immer dann, wenn sich in der Nähe einer Resonanz- oder Relaxationsfrequenz eines Polarisierungsmechanismus der Realteil $\chi'(\omega)$ über der Frequenz schnell ändert, sind damit erhöhte Verluste und somit ein großer Betrag des Imaginärteils $\chi''(\omega)$ verbunden.

Die numerische Auswertung der Kramers-Kronig-Relation mit Messdaten aus der Praxis ist jedoch problematisch, da Zahlenwerte über einen sehr großen Frequenzbereich der einen Größe den Zahlenwert bei einer bestimmten Frequenz der anderen Größe beeinflussen. Beispielsweise besitzt Quarzglas Maxima von $\chi''(\omega)$ mit entsprechender Absorption im ultravioletten Spektralbereich und im mittleren Infrarot. Diese beeinflussen den Zahlenwert von $\chi'(\omega)$ und damit die Dispersion des Brechungsindex $n(\omega)$ noch im sichtbaren Spektralbereich und nahen Infrarot, also in Bereichen sehr geringer Absorption, fernab der absorbierenden Resonanzen der Polarisierungsmechanismen. Dies ermöglicht aber auch, durch Einbringen von Stoffen, die in einem Spektralbereich absorbieren, den Brechungsindex in einem ganz anderen Spektralbereich zu beeinflussen, ohne dort selbst übermäßige Absorption zu verursachen. Beispielsweise erhöht eine Dotierung von reinem SiO_2-Quarzglas mit Germanium erheblich die UV-Absorption und gleichzeitig bei nur sehr geringer zusätzlicher Absorption den Brechungsindex im nahen Infrarot.

2.2.5 Sellmeier-Gleichung

Gläser für optische Anwendungen haben im sichtbaren Spektralbereich und im nahen Infrarot sehr geringe dielektrische Verluste, so dass der Realteil des Brechungsindex n und dessen Frequenzgang $n(\omega)$ die wichtigste Beschreibungsgröße ist. Dabei wird in der Optik die Dispersion des Brechungsindex messtechnisch üblicherweise in Abhängigkeit von der Wellenlänge λ als $n(\lambda)$ bestimmt. Hierbei wird mit λ stets die Wellenlänge im Vakuum bezeichnet. Die Messdaten können im Transparenz-Bereich eines Materiales durch die

Abb. 2.3 Feder-Masse-Modell einer anisotropen Polarisierbarkeit der Elektronenhülle

Sellmeier-Gleichung sehr gut beschrieben werden:

$$n(\lambda) = \sqrt{1 + \sum_{i=1}^{3} \frac{A_i \lambda^2}{\lambda^2 - \lambda_i^2}}. \tag{2.34}$$

Die freien Parameter der Sellmeier-Gleichung A_i und λ_i sind keine rein numerischen Größen zur Kurvenanpassung, sondern können ebenso wie die Form der Gl. (2.34) mit dem Lorentz-Oszillatormodell physikalisch motiviert werden. Bei den Resonanzfrequenzen und zugeordneten Resonanzwellenlängen λ_i dieser Oszillatoren entsteht eine starke Absorption der Welle. Über die Kramers-Kronig-Relation beeinflussen diese Absorptionsresonanzen auch den Realteil des Brechungsindex $n(\lambda)$. In ausreichendem spektralen Abstand von den Absorptionsresonanzen kann dieser dann durch die Sellmeier-Gleichung beschrieben werden. Die Parameter A_i können dann als sogenannte Oszillatorstärken der Resonanz interpretiert werden [8]. Zahlenbeispiele der Sellmeier-Koeffizienten von Gläsern für optische Fasern sind in Kap. 2.8 zu finden.

2.2.6 Anisotrope Medien, tensorielle Beschreibung

Ist der Zahlenwert der Suszeptibilität χ und damit auch der Permittivität ε_r sowie des Brechungsindex n abhängig von der räumlichen Richtung der elektrischen Feldstärke, spricht man von Anisotropie. Im Modell nach Abb. 2.3 kann das durch unterschiedlich große Federkonstanten in den unterschiedlichen Raumrichtungen veranschaulicht werden, mit denen die Elektronenhülle an ihre Ruhelage gebunden ist. Dies kann im Festkörper z. B. aus verschiedenartigen Nachbaratomen mit entsprechend anisotropen Bindungsverhältnissen in unterschiedlichen Richtungen resultieren. Die dielektrischen Materialparameter werden dann durch Tensoren 2. Stufe beschrieben, z. B. durch den Suszeptibilitätstensor

$$\boldsymbol{\chi} = \begin{pmatrix} \chi_{11} & \chi_{12} & \chi_{13} \\ \chi_{21} & \chi_{22} & \chi_{23} \\ \chi_{31} & \chi_{32} & \chi_{33} \end{pmatrix}. \tag{2.35}$$

In beliebigen Koordinatensystemen sind im Allgemeinen alle neun Elemente des Suszeptibilitätstensors ungleich Null. Durch eine Drehung des Koordinatensystems, genannt Hauptachsentransformation, kann erreicht werden, dass $\boldsymbol{\chi}$ eine Diagonalform annimmt. Die Lage des Hauptachsen-Koordinatensystems wird in anisotropen Medien vom Medium selbst vorgegeben. Die Ausbreitungsrichtung einer Lichtwelle kann diesbezüglich eine beliebige Richtung $\boldsymbol{e}_k$ einnehmen, die in der Regel von der z-Achse abweicht, welche in isotropen Medien häufig als Ausbreitungsrichtung der Lichtwelle definiert wird.

Sind in Hauptachsenform alle drei Diagonalelemente gleich, so entspricht dies dem isotropen Fall. Ist nur ein Diagonalelement unterschiedlich zu den anderen beiden, per Konvention das Element χ_{33}, dann spricht man von einachsiger Doppelbrechung. Sind alle drei Diagonalelemente unterschiedlich zueinander, so nennt man dies zweiachsige Doppelbrechung.

Als Folge der Anisotropie ist der Vektor der Polarisierung $\mathcal{P}$ nicht mehr zwingend parallel zur elektrischen Feldstärke $\boldsymbol{E}$, z. B. in rechtwinkligen Koordinaten:

$$\mathcal{P} = \varepsilon_0 \boldsymbol{\chi} \boldsymbol{E} = \varepsilon_0 \begin{pmatrix} \chi_x & 0 & 0 \\ 0 & \chi_y & 0 \\ 0 & 0 & \chi_z \end{pmatrix} \boldsymbol{E}. \tag{2.36}$$

Somit ist auch die dielektrische Verschiebungsdichte $\boldsymbol{D}$ ebenfalls im Allgemeinen nicht mehr parallel zu $\boldsymbol{E}$ oder $\mathcal{P}$:

$$\boldsymbol{D} = \varepsilon_0 \boldsymbol{E} + \mathcal{P} = \varepsilon_0 \boldsymbol{\varepsilon}_\mathrm{r} \boldsymbol{E} = \varepsilon_0 \begin{pmatrix} \varepsilon_\mathrm{r,x} & 0 & 0 \\ 0 & \varepsilon_\mathrm{r,y} & 0 \\ 0 & 0 & \varepsilon_\mathrm{r,z} \end{pmatrix} \boldsymbol{E}. \tag{2.37}$$

Mit elementweiser Anwendung von Gl. (2.19) ergibt sich für den Brechungsindex-Tensor

$$\boldsymbol{n} = \begin{pmatrix} n_x & 0 & 0 \\ 0 & n_y & 0 \\ 0 & 0 & n_z \end{pmatrix} = \begin{pmatrix} \sqrt{\varepsilon_\mathrm{r,x}} & 0 & 0 \\ 0 & \sqrt{\varepsilon_\mathrm{r,y}} & 0 \\ 0 & 0 & \sqrt{\varepsilon_\mathrm{r,z}} \end{pmatrix}. \tag{2.38}$$

Obwohl die meisten Gläser ebenso wie Flüssigkeiten, Gase oder kubische Kristalle in der Regel isotrop sind, kann auch in Gläsern z. B. durch mechanische Spannungen eine Anisotropie entstehen. Die allgemeine Beschreibung der Ausbreitung von Lichtwellen in anisotropen Medien ist in der Literatur ausführlich beschrieben [9]. Eine wichtige Auswirkung der Anisotropie in mechanisch verspannten Glasfasern ist die Änderung des Polarisationszustands einer Lichtwelle, oder die Polarisationserhaltung in speziellen Glasfasern. Dies wird in Kap. 2.6 sowie insbesondere in Kap. 4.3 diskutiert.

2.3 Eigenschaften nichtlinearer dielektrischer Medien

2.3.1 Skalare nichtlineare Suszeptibilität

Der lineare Zusammenhang zwischen der Polarisierung $\boldsymbol{\mathcal{P}}$ und der elektrischen Feldstärke $\boldsymbol{E}$ gemäß Gl. (2.16) ist eine Näherung für kleine Feldstärken, die aber häufig in der Praxis vorherrschen. Im Modell der Auslenkung der Elektronenhülle gegenüber den Atomkernen kann man sich vorstellen, dass diese Auslenkung nicht beliebig großen Feldstärken folgen kann. Dies wird makroskopisch durch einen nichtlinearen Zusammenhang zwischen elektrischer Feldstärke und dielektrischer Polarisierung im Medium beschrieben. Betrachten wir zunächst isotrope, verlust- und dispersionsfreie Medien, so ist eine skalare Beschreibung mit der zeitabhängigen elektrischen Feldstärke $\underset{\sim}{E}$ sowie einer instantan folgenden Polarisierung $\underset{\sim}{\mathcal{P}}(t)$ möglich. Es wird auch weiterhin davon ausgegangen, dass alle Feldwirkungen rein lokal sind. Die nichtlineare Kennlinie $\underset{\sim}{\mathcal{P}}(\underset{\sim}{E})$ kann dann in eine TAYLOR-Reihe um den Nullpunkt bei $\underset{\sim}{E} = 0$ entwickelt werden:

$$\underset{\sim}{\mathcal{P}}(\underset{\sim}{E}) = \varepsilon_0 \left(\underset{\sim}{\chi}^{(1)}\underset{\sim}{E} + \underset{\sim}{\chi}^{(2)}\underset{\sim}{E}^2(t) + \underset{\sim}{\chi}^{(3)}\underset{\sim}{E}^3(t) + \ldots\right) \tag{2.39a}$$

$$= \underset{\sim}{\mathcal{P}}^{(1)}(t) + \underset{\sim}{\mathcal{P}}^{(2)}(t) + \underset{\sim}{\mathcal{P}}^{(3)}(t) + \ldots \tag{2.39b}$$

$$= \underset{\sim}{\mathcal{P}}^{(1)}(t) + \underset{\sim}{\mathcal{P}}^{(\mathrm{NL})}(t)\,. \tag{2.39c}$$

Hierbei ist $\underset{\sim}{\chi}^{(1)}$ die lineare Suszeptibilität, die auch stets gemeint ist, wenn für lineare Betrachtungen das Symbol $\underset{\sim}{\chi}$ ohne weitere Kennzeichnung verwendet wird. $\underset{\sim}{\chi}^{(2)}$ ist die nichtlineare quadratische Suszeptibilität oder nichtlineare Suszeptibilität zweiter Ordnung, $\underset{\sim}{\chi}^{(3)}$ die nichtlineare kubische Suszeptibilität oder nichtlineare Suszeptibilität dritter Ordnung. $\underset{\sim}{\mathcal{P}}^{(i)}(t)$ sind die korrespondierenden Polarisierungen der Ordnungen i. Die Terme höherer Ordnung sind unter praktischen Bedingungen betragsmäßig so klein, dass alle relevanten nichtlinearen optischen Prozesse mit $\underset{\sim}{\chi}^{(2)}$ und $\underset{\sim}{\chi}^{(3)}$ beschrieben werden können. Allgemein kann die durch das elektrische Feld erzeugte Polarisierung in einen linearen Anteil $\underset{\sim}{\mathcal{P}}^{(1)}(t)$ und einen nichtlinearen Anteil $\underset{\sim}{\mathcal{P}}^{(\mathrm{NL})}(t)$ zerlegt werden.

Hierbei kann zwischen inversionssymmetrischen und nicht-inversionssymmetrischen Medien unterschieden werden. Ein Medium ist dann inversionssymmetrisch, wenn dessen Struktur punktsymmetrisch ist. Dies ist bei einigen Kristallen wie z. B. denjenigen der kubischen Kristallklasse der Fall, sowie im räumlichen Mittel bei isotropen amorphen Festkörpern wie Gläsern. Dann ändert eine Vorzeichen- bzw. Richtungsumkehr des elektrischen Feldes nichts an der Polarisierbarkeit, und es gilt $\underset{\sim}{\mathcal{P}}(-\underset{\sim}{E}) = -\underset{\sim}{\mathcal{P}}(\underset{\sim}{E})$. Die $\underset{\sim}{\mathcal{P}}(\underset{\sim}{E})$-Kennlinie ist dann wie in Abb. 2.4b dargestellt punktsymmetrisch zum Ursprung und die Taylor-Reihe in Gl. (2.39a) enthält keine Terme mit geraden Potenzen. Die quadratische Suszeptibilität $\underset{\sim}{\chi}^{(2)}$ ist dann gleich Null. Nichtlineare optische Prozesse in Glasfasern wie der nichtlineare Brechungsindex, der Kerr-Effekt (s. Kap. 5) sowie stimulierte Raman-Streuung (SRS, s. Kap. 8)

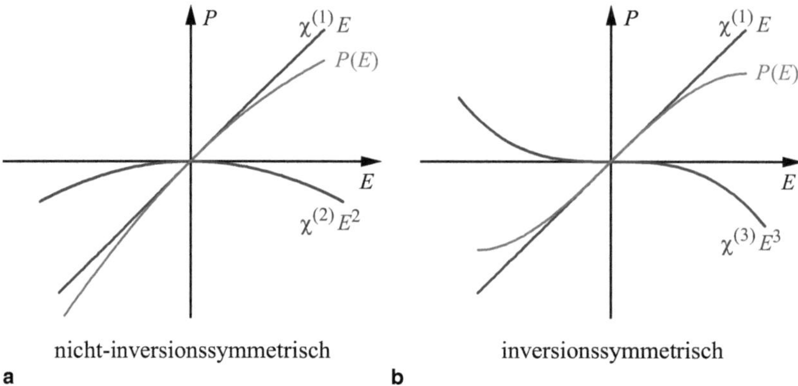

Abb. 2.4 Kennlinie der nichtlinearen Polarisierung $\underset{\sim}{\mathcal{P}}(\underset{\sim}{E})$ sowie dominierende Terme der Taylor-Reihenentwicklung für Medien mit unterschiedlicher Symmetrie

und stimulierte Brillouin-Streuung (SBS, s. Kap. 9) können dann mit Hilfe der kubischen nichtlinearen Suszeptibilität $\underset{\sim}{\chi}^{(3)}$ beschrieben werden.

Die Kristallgitter vieler Kristallklassen sind jedoch nicht-inversionssymmetrisch. Somit ist bei diesen die Polarisierbarkeit des Mediums abhängig vom Vorzeichen der elektrischen Feldstärke, entsprechend einem Richtungswechsel entlang einer Achse des Koordinatensystems. Die Taylor-Reihenentwicklung enthält dann wie in Abb. 2.4a dargestellt auch Terme mit geradzahliger Ordnung, wobei die quadratische nichtlineare Suszeptibilität $\underset{\sim}{\chi}^{(2)}$ gegenüber allen anderen Termen betragsmäßig dominiert. Technisch genutzte Effekte wie die optische Frequenzverdopplung (s. Kap. 10.6) oder der Pockels-Effekt basieren daher auf einer alleine durch $\underset{\sim}{\chi}^{(2)}$ ausreichend beschriebenen Nichtlinearität.

2.3.2 Tensordarstellung der nichtlinearen Suszeptibilität

Ebenso wie im linearen Fall müssen auch nichtlineare Vorgänge in Dielektrika im Allgemeinen vektoriell beschrieben werden. Die nichtlinearen Suszeptibilitäten $\underset{\sim}{\chi}^{(i)}$ sind selbst in isotropen Medien tensorielle Größen. Setzt man zunächst wiederum eine instantane Wirkung der Felder voraus, vernachlässigt man also verzögert auftretende lineare und nichtlineare dielektrische Polarisierungen aufgrund von Dämpfung und Dispersion, so kann im Zeitbereich geschrieben werden:

$$\underset{\sim}{\mathcal{P}}(t) = \varepsilon_0 \underset{\sim}{\boldsymbol{\chi}}^{(1)} \cdot \underset{\sim}{\boldsymbol{E}} + \varepsilon_0 \underset{\sim}{\boldsymbol{\chi}}^{(2)} : \underset{\sim}{\boldsymbol{E}}\underset{\sim}{\boldsymbol{E}} + \varepsilon_0 \underset{\sim}{\boldsymbol{\chi}}^{(3)} \vdots \underset{\sim}{\boldsymbol{E}}\underset{\sim}{\boldsymbol{E}}\underset{\sim}{\boldsymbol{E}} + \dots \tag{2.40a}$$

$$= \underset{\sim}{\mathcal{P}}^{(1)}(t) + \underset{\sim}{\mathcal{P}}^{(2)}(t) + \underset{\sim}{\mathcal{P}}^{(3)}(t) + \dots, \tag{2.40b}$$

Tab. 2.1 Beziehungen zwischen den Elementen des Tensors der kubischen nichtlinearen Suszeptibilität $\chi^{(3)}$ bei inversionssymmetrischen isotropen Medien

$$\chi^{(3)}_{xxyy} = \chi^{(3)}_{yyxx} = \chi^{(3)}_{xxzz} = \chi^{(3)}_{zzxx} = \chi^{(3)}_{yyzz} = \chi^{(3)}_{zzyy}$$
$$\chi^{(3)}_{xyxy} = \chi^{(3)}_{yxyx} = \chi^{(3)}_{xzxz} = \chi^{(3)}_{zxzx} = \chi^{(3)}_{yzyz} = \chi^{(3)}_{zyzy}$$
$$\chi^{(3)}_{xyyx} = \chi^{(3)}_{yxxy} = \chi^{(3)}_{xzzx} = \chi^{(3)}_{zxxz} = \chi^{(3)}_{yzzy} = \chi^{(3)}_{zyyz}$$
$$\chi^{(3)}_{xxxx} = \chi^{(3)}_{yyyy} = \chi^{(3)}_{zzzz}$$

Alle anderen Komponenten sind gleich Null.

Es gilt: $\chi^{(3)}_{xxxx} = \chi^{(3)}_{xxyy} + \chi^{(3)}_{xyxy} + \chi^{(3)}_{xyyx}$

wobei $\chi^{(n)}$ Tensoren der Stufe $n+1$ mit 3^{n+1} Elementen sind. Die Operatoren $\cdot$, $:$ und $\vdots$ symbolisieren die entsprechenden Tensormultiplikationen. Dies kann alternativ in einer Summationsschreibweise für die Raumkomponenten formuliert werden:

$$\underset{\sim}{\mathcal{P}}_i = \varepsilon_0 \sum_j \underset{\sim}{\chi}^{(1)}_{ij} \underset{\sim}{E}_j + \varepsilon_0 \sum_{jk} \underset{\sim}{\chi}^{(2)}_{ijk} \underset{\sim}{E}_j \underset{\sim}{E}_k + \varepsilon_0 \sum_{jkl} \underset{\sim}{\chi}^{(3)}_{ijkl} \underset{\sim}{E}_j \underset{\sim}{E}_k \underset{\sim}{E}_l + \ldots, \tag{2.41}$$

wobei die Indizes i, j, k, l aus allen Raumrichtungskoordinaten x, y, z zu wählen sind. Wie bereits in Kap. 2.2.6 beschrieben, kann durch geeignete Wahl des Koordinatensystems stets erreicht werden, dass der Tensor der linearen Suszeptibilität $\underset{\sim}{\chi}^{(1)}$ Diagonalform annimmt und somit nur die Tensorelemente $\underset{\sim}{\chi}^{(1)}_{xx}$, $\underset{\sim}{\chi}^{(1)}_{yy}$ und $\underset{\sim}{\chi}^{(1)}_{zz}$ ungleich Null sind. Aufgrund von Symmetrieüberlegungen sind in diesem Koordinatensystem dann je nach Kristallsymmetrieklasse auch viele Elemente der nichtlinearen Suszeptibilitätstensoren $\underset{\sim}{\chi}^{(2)}$ und $\underset{\sim}{\chi}^{(3)}$ gleich Null, und viele der von Null verschiedenen Tensorelemente sind gleich bzw. linear voneinander abhängig [10].

Für den speziellen Fall inversionssymmetrischer isotroper Medien wie z. B. bei Gläsern sind alle Diagonalelemente von $\underset{\sim}{\chi}^{(1)}$ gleich und der Tensor kann durch eine skalare lineare Suszeptibilität $\underset{\sim}{\chi}$ ersetzt werden. Alle Elemente des Tensors $\underset{\sim}{\chi}^{(2)}$ der quadratischen Suszeptibilität sind gemäß Kap. 2.3.1 dann wieder gleich Null. Interessanterweise hat aber auch in isotropen Medien unabhängig von der Wahl des Koordinatensystems die kubische nichtlineare Suszeptibilität $\underset{\sim}{\chi}^{(3)}$ weiterhin tensoriellen Charakter, wenn auch aufgrund von Symmetrieüberlegungen viele der 81 Elemente $\underset{\sim}{\chi}^{(3)}_{ijkl}$ gleich Null sind, und es gemäß Tab. 2.1 nur drei linear unabhängige von Null verschiedene Elemente $\underset{\sim}{\chi}^{(3)}_{xxyy}$, $\underset{\sim}{\chi}^{(3)}_{xyxy}$ und $\underset{\sim}{\chi}^{(3)}_{xyyx}$ gibt [10].

2.3.3 Nichtlineare Suszeptibilität im Zeitbereich

Nichtlineare optische Effekte aufgrund der Nichtlinearität der Elektronenpolarisierbarkeit werden oft als quasi instantan betrachtet, da die Zeitkonstanten der Elektronen-Impulsantwort kleiner als 10^{-15} s sind. Effekte der nichtlinearen Polarisierbarkeit von Molekülbindungen, aus denen beispielsweise die stimulierte Raman-Streuung (s. Kapitel 8) resultiert, zeigen jedoch im Zeitbereich eine Verzögerung bzw. ein gedächtnisbehaftetes

Verhalten, das ebenso wie das Dispersions- und Absorptionsverhalten der linearen Suszeptibilität nicht durch Gl. (2.39a)–(2.41) beschrieben werden kann. Wie im linearen Fall muss die resultierende Polarisierung im Zeitbereich $\underset{\sim}{\mathcal{P}}$ durch eine Faltung des Zeitverlaufs der beteiligten $\underset{\sim}{\boldsymbol{E}}$-Feldkomponenten mit den Impulsantworten sowohl der linearen als auch der nichtlinearen Suszeptibilitäten berechnet werden. Die entsprechende Reihenentwicklung eines kontinuierlichen nichtlinearen Systems mit einem Eingang (hier: $\underset{\sim}{\boldsymbol{E}}$-Feld) und einem Ausgang (hier: Polarisierung $\underset{\sim}{\mathcal{P}}$) wird gemäß der Systemtheorie durch eine Volterra-Reihe beschrieben [11]:

$$\begin{aligned}\underset{\sim}{\mathcal{P}}(t) &= \varepsilon_0 \int_{-\infty}^{t} \underset{\sim}{\chi}^{(1)}(t-\tau)\underset{\sim}{\boldsymbol{E}}(\tau)\,\mathrm{d}\tau \\ &+ \varepsilon_0 \int_{-\infty}^{t}\int_{-\infty}^{t} \underset{\sim}{\chi}^{(2)}(t-\tau_1, t-\tau_2) : \underset{\sim}{\boldsymbol{E}}(\tau_1)\underset{\sim}{\boldsymbol{E}}(\tau_2)\,\mathrm{d}\tau_1\,\mathrm{d}\tau_2 \\ &+ \varepsilon_0 \int_{-\infty}^{t}\int_{-\infty}^{t}\int_{-\infty}^{t} \underset{\sim}{\chi}^{(3)}(t-\tau_1, t-\tau_2, t-\tau_3) \vdots\, \underset{\sim}{\boldsymbol{E}}(\tau_1)\underset{\sim}{\boldsymbol{E}}(\tau_2)\underset{\sim}{\boldsymbol{E}}(\tau_3)\,\mathrm{d}\tau_1\,\mathrm{d}\tau_2\,\mathrm{d}\tau_3 \\ &+ \ldots\end{aligned} \tag{2.42}$$

Diese allgemeine Darstellung ist häufig zu komplex für weitere Rechnungen. In vielen Fällen kann näherungsweise mit dem instantanen Formalismus nach Gl. (2.39a)–(2.41) gearbeitet werden, um praktisch verwendbare Ergebnisse zu erzielen, z. B. wenn die zeitlichen Änderungen der Felder langsam sind gegenüber den typischen Zeitkonstanten τ der Impulsantworten der linearen und nichtlinearen Suszeptibilität. Ein Beispiel hierfür ist der extrem schnelle Kerr-Effekt ($\tau < 1\,\mathrm{fs}$) in Kap. 5 aufgrund der nichtlinearen Polarisierbarkeit der Elektronenhülle. Für den langsameren Effekt der stimulierten Raman-Streuung ($\tau \approx 30\,\mathrm{fs}$) muss insbesondere bei kurzen optischen Lichtpulsen ein Ansatz mit einer Impulsantwort nach Gl. (2.42) verwendet werden (s. Kap. 8.3.4). Stimulierte Brillouin-Streuung ist aufgrund der Lebensdauer akustischer Phononen in Quarzglas ($\tau \approx 10\,\mathrm{ns}$) ein noch langsamerer Effekt, der dynamisch im Zeitbereich beschrieben werden muss (s. Kap. 9.5).

2.3.4 Nichtlineare Suszeptibilität im Frequenzbereich

Eine Vereinfachung gegenüber Gl. (2.42) ergibt sich, wenn für das elektrische Feld statt beliebiger Zeitverläufe eine Überlagerung einer oder mehrerer harmonischer Schwingungen mit Frequenzen ω_n angenommen wird, die jeweils mit einem komplexwertigen Vektorzeiger der elektrischen Feldstärke $\boldsymbol{E}(\omega_n)$ beschrieben werden. Im Frequenzbereich werden die Faltungsoperationen in Gl. (2.42) zu Multiplikationen mit den jeweiligen frequenzabhängigen Suszeptibilitäten $\boldsymbol{\chi}^{(i)}(\omega)$, die den Fourier-Transformationen der Impulsantworten der

Tab. 2.2 Übersicht möglicher Frequenzkomponenten ω_m aufgrund der quadratischen nichtlinearen Suszeptibilität $\chi^{(2)}$ bei Erregung mit zwei Frequenzen ω_1 und ω_2

ω_m	Auswirkung
$2\omega_1, 2\omega_2$	Optische Frequenzverdopplung, engl. *second harmonic generation* (SHG)
$\omega_1 + \omega_2$	Summenfrequenzbildung, engl. *sum frequency generation* (SFG)
$\omega_1 - \omega_2$	Differenzfrequenzbildung, engl. *difference frequency generation* (DFG)
0	Optische Gleichrichtung, engl. *optical rectification*
$\omega = \omega + 0$	Linearer elektrooptischer Effekt (Pockels-Effekt)

linearen und nichtlinearen Suszeptibilitäten $\underset{\sim}{\boldsymbol{\chi}}^{(i)}(t)$ im Zeitbereich entsprechen:

$$\boldsymbol{\chi}^{(2)}(\omega_1, \omega_2) = \int_{-\infty}^{\infty}\int_{-\infty}^{\infty} \underset{\sim}{\boldsymbol{\chi}}^{(2)}(t_1, t_2)\,\mathrm{e}^{-\mathrm{j}\omega_1 t_1}\mathrm{e}^{-\mathrm{j}\omega_2 t_2}\,\mathrm{d}t_1\,\mathrm{d}t_2, \tag{2.43a}$$

$$\boldsymbol{\chi}^{(3)}(\omega_1, \omega_2, \omega_3) = \int_{-\infty}^{\infty}\int_{-\infty}^{\infty}\int_{-\infty}^{\infty} \underset{\sim}{\boldsymbol{\chi}}^{(3)}(t_1, t_2, t_3)\,\mathrm{e}^{-\mathrm{j}\omega_1 t_1}\mathrm{e}^{-\mathrm{j}\omega_2 t_2}\mathrm{e}^{-\mathrm{j}\omega_3 t_3}\,\mathrm{d}t_1\,\mathrm{d}t_2\,\mathrm{d}t_3. \tag{2.43b}$$

Die Zahlenwerte der nichtlinearen Suszeptibilitäten im Frequenzbereich können wie im linearen Fall komplexwertig sein. So kann beispielsweise die stimulierte Raman-Streuung durch einen Imaginärteil von $\boldsymbol{\chi}^{(3)}$ dargestellt werden (s. Kap. 8). Weiterhin sind die Zahlenwerte von $\boldsymbol{\chi}^{(i)}$ von allen beteiligten Frequenzen $\omega_1, \omega_2, \omega_3$ abhängig.

Es wäre zunächst naheliegend, Gl. (2.40) oder Gl. (2.41) auch im Frequenzbereich mit den Vektorzeigern $\boldsymbol{E}(\omega)$ der elektrischen Feldstärke, der Polarisierung $\boldsymbol{\mathcal{P}}(\omega)$ und den entsprechenden Suszeptibilitäten $\boldsymbol{\chi}(\omega)$ zu interpretieren. Es stellt sich jedoch die Frage, bei welchen Frequenzen die einzelnen Felder, Suszeptibilitäten und die Polarisierung anzusetzen sind. Um dies zu diskutieren, setzt man zunächst wieder im Zeitbereich eine Überlagerung der einzelnen harmonischen Felder an:

$$\begin{aligned}\underset{\sim}{\boldsymbol{E}}(t) &= \sum_n \mathrm{Re}\left\{\boldsymbol{E}(\omega_n)\,\mathrm{e}^{\mathrm{j}\omega_n t}\right\}\\ &= \tfrac{1}{2}\sum_n \left(\boldsymbol{E}(\omega_n)\,\mathrm{e}^{\mathrm{j}\omega_n t} + \boldsymbol{E}^*(\omega_n)\,\mathrm{e}^{-\mathrm{j}\omega_n t}\right).\end{aligned} \tag{2.44}$$

Setzt man dieses Gesamtfeld nun in Gl. (2.40) ein und multipliziert die Terme aus, so entstehen durch die Multiplikationseigenschaften der Exponential-Funktion zahlreiche Frequenzanteile ω_m bei Linearkombinationen der erregenden Frequenzen. Es ist daher in der komplexen Darstellung notwendig, für jede resultierende Frequenzkomponente der Polarisierung $\boldsymbol{\mathcal{P}}(\omega_m)$ eine eigene Gleichung aufzustellen, zumal auch die Zahlenwerte der nichtlinearen Suszeptibilitäten von allen beteiligten Frequenzen abhängig sind.

Betrachten wir zunächst Effekte aufgrund der quadratischen Suszeptibilität $\chi^{(2)}$. Durch diese entstehen Mischprodukte aus bis zu zwei Frequenzen. Tabelle 2.2 gibt eine Übersicht möglicher Mischprozesse. Für die jeweiligen Frequenzanteile des Vektors der quadratischen nichtlinearen Polarisierung $\mathcal{P}^{(2)}(\omega_{\mathrm{m}})$ ergibt sich dann in Komponentenschreibweise

$$\mathcal{P}_i^{(2)}(\omega_m) = \varepsilon_0 \, \tfrac{1}{2} D^{(2)} \sum_{jk} \chi_{ijk}^{(2)}(\omega_{\mathrm{m}}; \omega_1, \omega_2) \, E_j(\omega_1) \, E_k(\omega_2) \, . \tag{2.45}$$

Dabei sind ω_1 und ω_2 zwei beliebige Frequenzen der erregenden Frequenzen ω_n, die auch gleich sein können. Die Schreibweise der Frequenzen im Argument von χ_{ijk} orientiert sich an [10]:

- Der Zahlenwert der nichtlinearen Suszeptibilität ist nicht nur abhängig von den erregenden Frequenzen, sondern auch von der resultierenden Frequenz ω_m. Da mehrere Frequenzen durch den nichtlinearen Prozess entstehen können, muss explizit eine resultierende Frequenz angegeben werden.
- Die Summe aller Frequenzen rechts vom Semikolon im Argument von χ_{ijk} ergibt die resultierende Frequenz der nichtlinearen Polarisierung ω_m.
- Frequenzen können auch mit negativem Vorzeichen eingetragen werden, wenn gleichzeitig die entsprechende Feldgröße konjugiert komplex in Gl. (2.45) eingesetzt wird, da für reale und damit im Zeitbereich reellwertige physikalische Größen gilt: $E(-\omega) = E^*(\omega)$.
- Dadurch ist ein Mischprozess mit genau einer resultierenden Frequenz eindeutig bezeichnet, z. B. ist $\chi_{ijk}^{(2)}(\omega_m; \omega_1, -\omega_2)$ die Suszeptibilität einer Differenzfrequenzbildung mit $\omega_m = \omega_1 - \omega_2$. $\chi_{ijk}^{(2)}(2\omega_1; \omega_1, \omega_1)$ beschreibt die Suszeptibilität für eine Frequenzverdopplung, und $\chi_{ijk}^{(2)}(0; \omega_1, -\omega_1)$ die einer optischen Gleichrichtung.
- Die Reihenfolge der Felder muss in Gl. (2.45) der Reihenfolge der Indizes und Frequenzen von $\chi_{ijk}^{(2)}$ entsprechen.

Der Entartungsfaktor $D^{(2)}$ trägt der Tatsache Rechnung, dass beim Ausmultiplizieren von Gl. (2.44) in Gl. (2.40) unterschiedlich viele Anteile bei einer Frequenz ω_m entstehen. $D^{(2)}$ nimmt folgende Werte an:

$$D^{(2)} = \begin{cases} 1, & \text{für nicht-unterscheidbare Felder,} \\ 2, & \text{für unterscheidbare Felder.} \end{cases} \tag{2.46}$$

Zwei Felder gelten dann als unterscheidbar, wenn sie physikalisch unterscheidbar sind, also entweder aus Wellen unterschiedlicher Ausbreitungsrichtung resultieren oder unterschiedliche Frequenzen haben. Dabei gelten auch die Frequenzen ω_n und $-\omega_n$ als unterschiedlich. Für den Sonderfall der optischen Gleichrichtung $\omega_m = 0$ ist zu beachten, dass der Zahlenwert der tatsächlichen Polarisierung im Medium nur halb so groß ist wie der Fourier-Koeffizient $\mathcal{P}_i^{(2)}(0)$ gemäß Gl. (2.45).

Die nichtlineare Polarisierung $\mathcal{P}^{(i)}(\omega_m)$ ist in den Wellengleichungen Gl. (2.13) der Antrieb für eine Welle bei der Frequenz ω_m. Für die wichtige Anwendung der optischen Frequenzverdopplung (engl. *second harmonic generation*, SHG) einer Frequenz ω ergibt

Tab. 2.3 Mögliche Frequenzkomponenten ω_m aufgrund der kubischen nichtlinearen Suszeptibilität $\chi^{(3)}$ bei Erregung mit bis zu drei Frequenzen ω_1, ω_2 und ω_3. Bei den Prozessen SRS und SBS bezeichnet der Index P eine Pumpwelle und der Index *S* eine Stokes-Welle

ω_m	Auswirkung
	Realteil von $\chi^{(3)}$
3ω	Optische Frequenzverdreifachung engl. *third harmonic generation* (THG)
$\omega = \omega + \omega - \omega$	Selbstphasenmodulation engl. *self phase modulation* (SPM)
$\omega = \omega + \omega_2 - \omega_2 \cdots$	Kreuzphasenmodulation engl. *cross phase modulation* (XPM)
$\omega_4 = \omega_1 + \omega_2 - \omega_3$ $\omega_4 = 2\omega_1 - \omega_2 \cdots$	Vierwellemischung, parametrische Verstärkung engl. *four wave mixing* (FWM), parametric gain
$\omega = \omega + 0 + 0$	quadratischer elektrooptischer Effekt (elektrooptischer Kerr-Effekt)
$2\omega = \omega + \omega + 0$	Gleichfeld-induzierte Frequenzverdopplung
	Imaginärteil von $\chi^{(3)}$
$\omega = \omega + \omega_P - \omega_P$	Stimulierte Raman-Streuung (SRS) Stimulierte Brillouin-Streuung (SBS)
$\omega = \omega + \omega - \omega$	Sättigbare Absorption Sättigbare Verstärkung

sich folgende nichtlineare Polarisierung bei der doppelten Frequenz 2ω:

$$\mathcal{P}_i^{(2)}(2\omega) = \tfrac{1}{2}\varepsilon_0 \chi_{ijk}^{(2)}(-2\omega; \omega, \omega)\, E_j(\omega)\, E_k(\omega). \tag{2.47}$$

Darin sind $E_j(\omega)$ und $E_k(\omega)$ Feldkomponenten der Grundwelle $\boldsymbol{E}(\omega)$. Durch $\boldsymbol{\mathcal{P}}^{(2)}(2\omega)$ entsteht ein Feld bei der doppelten Frequenz $\boldsymbol{E}(2\omega)$, das als frequenzverdoppelter Lichtstrahl genutzt werden kann (s. Kap. 10.6).

Mit analogen Definitionen kann auch die kubische nichtlineare Polarisierung $\chi(\omega_m)$ wie folgend geschrieben werden:

$$\mathcal{P}_i^{(3)}(\omega_m) = \varepsilon_0\, \tfrac{1}{4} D^{(3)} \sum_{jkl} \chi_{ijkl}^{(3)}(\omega_m; \omega_1, \omega_2, \omega_3)\, E_j(\omega_1)\, E_k(\omega_2)\, E_l(\omega_3), \tag{2.48}$$

mit dem Entartungsfaktor

$$D^{(3)} = \begin{cases} 1, & \text{für drei nicht-unterscheidbare Felder,} \\ 3, & \text{für zwei nicht-unterscheidbare Felder,} \\ 6, & \text{für drei unterscheidbare Felder.} \end{cases} \tag{2.49}$$

In Tab. 2.3 sind die wichtigsten möglichen Mischprozesse aufgeführt, die aus der nichtlinearen Suszeptibilität dritter Ordnung $\chi^{(3)}$ resultieren. In Glas und insbesondere in Glasfasern ist $\chi^{(3)}$ die dominierende Ursache für nichtlineare optische Effekte. Diese werden in Kap. 5 und Folgende detailliert behandelt.

2.4 Wellengleichung in linearen, isotropen Medien

2.4.1 Vektorielle Wellengleichung in inhomogenen Medien

In vielen Fällen können die Materialeigenschaften von dielektrischen Medien als linear und isotrop angenommen werden. Dann sind die Materialkenngrößen ε_r und n reellwertige, zeitunabhängige Skalare. Zunächst sollen diese aber abhängig vom Ort $\boldsymbol{r}$ sein können, um z. B. geschichtete dielektrische Wellenleiter oder Wellenleiter mit einem Gradienten-Indexprofil beschreiben zu können:

$$\varepsilon_\mathrm{r} = \varepsilon_\mathrm{r}(\boldsymbol{r}), \quad n = n(\boldsymbol{r}). \tag{2.50}$$

Setzt man die Materialgleichung linearer, isotroper und verlustfreier Dielektrika Gl. (2.17) in die allgemeine Wellengleichung Gl. (2.13a) ein, so erhält man:

$$-\nabla(\nabla \cdot \boldsymbol{E}) + \nabla^2 \boldsymbol{E} + \omega^2 \mu_0 \varepsilon_0 \varepsilon_\mathrm{r} \boldsymbol{E} = 0\,. \tag{2.51}$$

Die Wirkung der linearen Polarisierung $\mathcal{P}$ wird also im Folgenden durch die Permittivität ε_r berücksichtigt.

Nun untersuchen wir den Ausdruck $-\nabla(\nabla \cdot \boldsymbol{E})$ etwas näher. Mit Gl. (2.18) können wir unter Verwendung der Produktregel der Differentiation sowie mit $\nabla \cdot \boldsymbol{D} = 0$ schreiben:

$$-\nabla(\nabla \cdot \boldsymbol{E}) = -\nabla\left(\nabla \cdot \left(\frac{1}{\varepsilon_0 \varepsilon_\mathrm{r}} \boldsymbol{D}\right)\right) \tag{2.52a}$$

$$= -\nabla\left(\nabla\left(\frac{1}{\varepsilon_0 \varepsilon_\mathrm{r}}\right) \cdot \boldsymbol{D} + \frac{1}{\varepsilon_0 \varepsilon_\mathrm{r}} \nabla \cdot \boldsymbol{D}\right) \tag{2.52b}$$

$$= -\nabla\left(\nabla\left(\frac{1}{\varepsilon_0 \varepsilon_\mathrm{r}}\right) \cdot \varepsilon_0 \varepsilon_\mathrm{r} \boldsymbol{E}\right). \tag{2.52c}$$

Mit Hilfe der Kettenregel

$$\nabla g(f(\boldsymbol{r})) = \frac{\mathrm{d}g}{\mathrm{d}f} \nabla f(\boldsymbol{r}) \tag{2.53}$$

erhalten wir

$$-\nabla(\nabla \cdot \boldsymbol{E}) = -\nabla\left(-\frac{1}{(\varepsilon_0 \varepsilon_\mathrm{r})^2} (\nabla \varepsilon_0 \varepsilon_\mathrm{r}) \cdot \varepsilon_0 \varepsilon_\mathrm{r} \boldsymbol{E}\right) \tag{2.54a}$$

$$= \nabla\left(\boldsymbol{E} \cdot \frac{1}{\varepsilon_\mathrm{r}} \nabla \varepsilon_\mathrm{r}\right). \tag{2.54b}$$

Mit der Identität $\nabla \ln f(\boldsymbol{r}) = \frac{1}{f(\boldsymbol{r})} \nabla f(\boldsymbol{r})$ aufgrund der Kettenregel und mit $\varepsilon_\mathrm{r} = n^2$ ergibt sich

$$-\nabla(\nabla \cdot \boldsymbol{E}) = \nabla(\boldsymbol{E} \cdot \nabla \ln n^2)\,. \tag{2.55}$$

Damit können wir die exakte vektorielle Wellengleichung in inhomogenen Medien mit ortsvariablen Brechungsindex $n(\boldsymbol{r})$ angeben:

$$\nabla^2\boldsymbol{E} + \nabla(\boldsymbol{E}\cdot\nabla\ln n^2) + \omega^2\varepsilon_0\mu_0 n^2\boldsymbol{E} = 0\,. \tag{2.56}$$

Für das magnetische Feld ergibt sich nach analoger Rechnung

$$\nabla^2\boldsymbol{H} + (\nabla\ln n^2)\times(\nabla\times\boldsymbol{H}) + \omega^2\varepsilon_0\mu_0 n^2\boldsymbol{H} = 0\,. \tag{2.57}$$

Diese Gleichungen sind Ausgangspunkt für die Berechnung von dielektrischen Wellenleitern.

2.4.2 Homogene Medien und skalare Wellengleichung

Ein homogenes Medium zeichnet sich dadurch aus, dass die Materialeigenschaften ortsunabhängig sind. In homogenen Dielektrika sind ε_r sowie n keine Funktion des Ortes $\boldsymbol{r}$. Der Term $\nabla\ln n^2$ wird somit zu Null. Die Wellengleichungen lauten dann mit $n^2 = \varepsilon_\mathrm{r}$ im Zeitbereich

$$\nabla^2\underset{\sim}{\boldsymbol{E}} - \varepsilon_0\varepsilon_\mathrm{r}\mu_0\frac{\partial^2}{\partial t^2}\underset{\sim}{\boldsymbol{E}} = 0, \tag{2.58a}$$

$$\nabla^2\underset{\sim}{\boldsymbol{H}} - \varepsilon_0\varepsilon_\mathrm{r}\mu_0\frac{\partial^2}{\partial t^2}\underset{\sim}{\boldsymbol{H}} = 0. \tag{2.58b}$$

und entsprechend in der komplexen Darstellung oder im Frequenzbereich

$$\nabla^2\boldsymbol{E} + \omega^2\varepsilon_0\varepsilon_\mathrm{r}\mu_0\,\boldsymbol{E} = 0, \tag{2.59a}$$

$$\nabla^2\boldsymbol{H} + \omega^2\varepsilon_0\varepsilon_\mathrm{r}\mu_0\,\boldsymbol{H} = 0. \tag{2.59b}$$

Während im allgemeinen Fall die einzelnen Raumkomponenten der Felder über die Maxwell-Gleichungen wechselseitig verkoppelt sind, lösen in homogenen Medien unter der Voraussetzung der Verwendung kartesischer Koordinaten alle Komponenten des elektrischen und magnetischen Feldes die folgende skalare Gl. (2.60), da der Operator ∇^2 in kartesischen Koordinaten keine Produkte zwischen Differentialoperatoren sowie Einheitsvektoren unterschiedlicher Komponenten enthält:

$$\nabla^2\Psi + \omega^2\varepsilon_0\varepsilon_\mathrm{r}\mu_0\Psi = 0\,. \tag{2.60}$$

Diese Gleichung wird skalare HELMHOLTZ-Gleichung oder skalare Wellengleichung genannt. Darin ist ∇^2 der skalare Laplace-Operator $\triangle$. In zylindrischen Koordinaten gilt Gl. (2.60) nur für die z-Komponente, die ebenfalls die skalare Helmholtz-Gleichung erfüllt. Zusammengefasst kann die skalare Feldgröße Ψ in Gl. (2.60) folgende Feldkomponenten beschreiben:

$$\Psi \in \begin{cases} \{E_x, E_y, E_z, H_x, H_y, H_z\} & \text{, in kartesischen Koordinaten,} \\ \{E_z, H_z\} & \text{, in zylindrischen Koordinaten.} \end{cases} \tag{2.61}$$

2.4.3 Wellenausbreitungskonstanten in homogenen Medien

Beispielhaft soll nun die Wellengleichung Gl. (2.59a) für den einfachen Fall linearer, isotroper und homogener Medien gelöst werden. Verluste sollen durch komplexwertige Materialparameter berücksichtigt werden. Betrachtet wird ein stationärer Zustand mit seit langer Zeit harmonisch mit nur einer Frequenz ω schwingenden Feldern. Einschwingvorgänge und Dispersion müssen dann nicht berücksichtigt werden. Als einfachster Lösungsansatz wird daher für das elektrische Feld eine räumlich harmonische Funktion verwendet:

$$\boldsymbol{E}(\boldsymbol{r}) = \boldsymbol{E}_0 \, \mathrm{e}^{-\mathrm{j}\boldsymbol{k}\cdot\boldsymbol{r}}, \tag{2.62}$$

mit dem Vektorzeiger der elektrischen Feldstärke $\boldsymbol{E}_0$ am Ort $\boldsymbol{r} = 0$ und dem in Ausbreitungsrichtung $\boldsymbol{e}_k$ zeigenden Wellenvektor $\boldsymbol{k} = k\,\boldsymbol{e}_k$ mit zunächst unbekanntem Betrag k, im Folgenden Ausbreitungskonstante genannt. Bildet man die Ortsableitung dieses Ansatzes, so wird folgende Korrespondenz ersichtlich:

$$\nabla \leftrightarrow -\mathrm{j}\boldsymbol{k}. \tag{2.63}$$

Eingesetzt in Gl. (2.59a) ergibt sich für die Ausbreitungskonstante

$$\boldsymbol{k}^2 = k^2 = \omega^2 \varepsilon_0 \varepsilon_\mathrm{r} \mu_0, \tag{2.64}$$

$$k = \pm\omega\sqrt{\varepsilon_0 \varepsilon_\mathrm{r} \mu_0} = \pm(\beta - \mathrm{j}\alpha). \tag{2.65}$$

Aus der Mehrdeutigkeit des Vorzeichens bei der Wurzelbildung ergeben sich zwei Lösungen, wobei das positive Vorzeichen für eine sich in $+z$-Richtung ausbreitende Welle steht (vorlaufende Welle), und das negative Vorzeichen für eine in $-z$-Richtung ausbreitende Welle (rücklaufende Welle).

Im Allgemeinen ist die relative Dielektrizitätszahl ε_r komplexwertig und somit auch die Ausbreitungskonstante k. Der Realteil von k wird Phasenmaß β genannt, der Imaginärteil ist das feldbezogene Dämpfungsmaß α:

$$\beta = \mathrm{Re}\{k\} = \omega\,\mathrm{Re}\left\{\sqrt{\varepsilon_\mathrm{r}}\right\}\sqrt{\varepsilon_0\mu_0} = \frac{\omega}{c_0} n, \tag{2.66}$$

$$\alpha = -\mathrm{Im}\{k\} = -\omega\,\mathrm{Im}\left\{\sqrt{\varepsilon_\mathrm{r}}\right\}\sqrt{\varepsilon_0\mu_0} = \frac{\omega}{c_0} \kappa. \tag{2.67}$$

Das Vorzeichen von α in der Definition nach Gl. (2.65) ist analog zu der Definition der komplexen Dielektrizitätszahl ε_r in Gl. (2.28) so gewählt, dass verlustbehaftete Medien ein positives Dämpfungsmaß α haben.

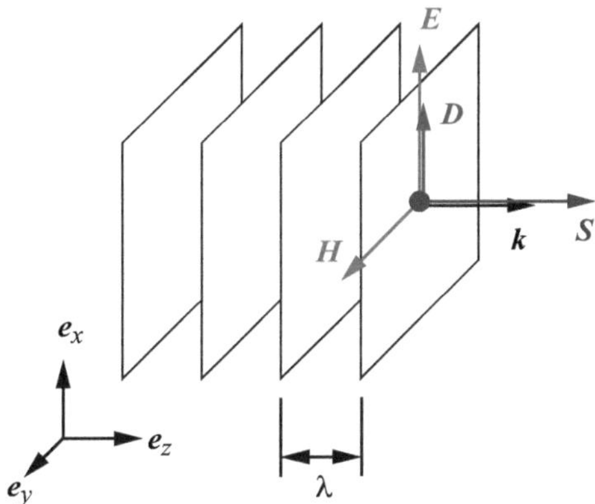

Abb. 2.5 Phasenfronten und Vektoren einer ebenen Welle

Exkurs 2.1
Anstelle der Bezeichnung Ausbreitungskonstante für k kann auch Kreiswellenzahl verwendet werden, in bewusster sprachlicher Unterscheidung zu der in der Spektroskopie üblichen Wellenzahl $\nu = 1/\lambda$. Dies wird allerdings in der Literatur nicht konsequent eingehalten. Weiterhin wird häufig in der Literatur das Symbol k ausschließlich für die Ausbreitungskonstante im Vakuum verwendet, im Unterschied zur Definition gemäß Gl. (2.64) als komplexwertige Ausbreitungskonstante im Medium.

Für das Vakuum ergibt sich eine reellwertige Ausbreitungskonstante

$$k_0 = \omega\sqrt{\varepsilon_0\mu_0} = \frac{\omega}{c_0}, \tag{2.68}$$

mit der Vakuum-Lichtgeschwindigkeit c_0.

2.4.4 Ebene Wellen in verlustfreien Medien

In verlustfreien Medien sind die Größen ε_r und k reellwertig, und die Ausbreitungskonstante k entspricht dann dem Phasenmaß β. Wir suchen nun Orte $\boldsymbol{r}_0$ konstanter Phase zu einem beliebigen Zeitpunkt t, die sogenannten Phasenfronten, für die unter Berücksichtigung der linear von der Zeit abhängigen Phase der Welle ωt gilt:

$$\omega_0 t - \boldsymbol{k} \cdot \boldsymbol{r}_0 = \omega_0 t - \beta\, \boldsymbol{e}_k \cdot \boldsymbol{r}_0 = \text{const.} \tag{2.69}$$

Dies sind offensichtlich Ebenen senkrecht zum Wellenvektor $\boldsymbol{k}$ bzw. zur Ausbreitungsrichtung $\boldsymbol{e}_k$ mit $\boldsymbol{e}_k \cdot \boldsymbol{r}_0 = 0$, wie in Abb. 2.5 dargestellt. Dementsprechend wird diese Lösung der Wellengleichung ebene Welle genannt.

Um die Ausbreitungsgeschwindigkeit der Phasenfronten zu bestimmen, bilden wir die zeitliche Ableitung von Gl. (2.69)

$$\omega - \beta\, \boldsymbol{e}_k \frac{\partial}{\partial t} \boldsymbol{r}_0 = 0. \tag{2.70}$$

Damit erhalten wir die Phasengeschwindigkeit

$$v_{\mathrm{ph}} = \left| \frac{\partial}{\partial t} \boldsymbol{r}_0 \right| = \frac{\omega}{\beta} = \frac{1}{\sqrt{\varepsilon_0 \varepsilon_{\mathrm{r}} \mu_0}}. \tag{2.71}$$

Im Vakuum mit $\varepsilon_{\mathrm{r}} = 1$ wird die Phasengeschwindigkeit als Vakuum-Lichtgeschwindigkeit c_0 bezeichnet:

$$c_0 = \frac{1}{\sqrt{\varepsilon_0 \mu_0}}. \tag{2.72}$$

Somit ist in einem Medium die Phasengeschwindigkeit v_{ph}, oft auch mit dem Symbol c als Lichtgeschwindigkeit im Medium bezeichnet, im Verhältnis zur Vakuum-Lichtgeschwindigkeit gegeben durch:

$$v_{\mathrm{ph}} = \frac{c_0}{\sqrt{\varepsilon_{\mathrm{r}}}} = \frac{c_0}{n} = c, \tag{2.73}$$

wobei n immer der Realteil des Brechungsindex ist. Als Wellenlänge λ wird der Abstand zweier benachbarter Ebenen gleicher Phase bezeichnet. Aus der entsprechenden Bedingung $k\lambda = 2\pi$ folgt mit Gl. (2.65)

$$\lambda = \frac{2\pi}{\beta} = \frac{2\pi\, v_{\mathrm{ph}}}{\omega} = \frac{c_0}{n \cdot f} = \frac{\lambda_0}{n}, \tag{2.74}$$

mit der bekannten Beziehung zwischen Vakuum-Wellenlänge $\lambda_0 = c_0/f$ und Frequenz f.

Exkurs 2.2
Die Angabe einer Wellenlänge λ ist streng genommen ohne gleichzeitiger Angabe eines Mediums, in dem diese Wellenlänge auftritt, unvollständig. Ohne Angabe eines Mediums wird in der Regel die Vakuum-Wellenlänge λ_0 gemeint. Bereits in Luft mit $n \approx 1{,}003$ (s. a. Kap. 2.8) ergeben sich davon Abweichungen ab der dritten signifikanten Stelle. In diesem Buch wird stets die Vakuum-Wellenlänge verwendet, sofern nicht explizit auf eine Wellenlänge in einem Medium hingewiesen wird.

Die Maxwell-Gleichungen lassen sich mit Hilfe der Korrespondenz $\nabla \leftrightarrow -\mathrm{j}\boldsymbol{k}$ für die Ortsableitung schreiben als

$$\boldsymbol{k} \times \boldsymbol{E} = \omega \mu_0 \boldsymbol{H}, \tag{2.75}$$

$$\boldsymbol{k} \times \boldsymbol{H} = -\omega \boldsymbol{D} = -\omega\varepsilon_0\varepsilon_r \boldsymbol{E}. \tag{2.76}$$

Die Vektoren $\boldsymbol{D}$, $\boldsymbol{H}$ und $\boldsymbol{k}$ bilden also ein orthogonales und in dieser Reihenfolge rechtshändiges Dreibein. In isotropen Medien mit skalarem ε_r gilt zusätzlich $\boldsymbol{E} \parallel \boldsymbol{D}$. Da elektrisches und magnetisches Feld nur in einer Ebene transversal zur Ausbreitungsrichtung schwingen (Abb. 2.5), wird die ebene Welle auch als TEM-Welle bezeichnet (transversal elektrisch und magnetisch).

Wir wählen als Beispiel für eine ebene Welle die $+z$-Achse als Ausbreitungsrichtung und ein linear in x-Richtung polarisiertes elektrisches Feld $\boldsymbol{E}_0$ mit Amplitude $\hat{E}_{x0}$ und Phase φ_{x0} am Ort $z = 0$

$$\boldsymbol{E}(z) = \hat{E}_{x0}\, \mathrm{e}^{\mathrm{j}\varphi_{x0}}\, \mathrm{e}^{-\mathrm{j}\beta z}\, \boldsymbol{e}_x. \tag{2.77}$$

Dies beschreibt eine sich in $+z$-Richtung ungedämpft ausbreitende Welle. Die entsprechende Funktion im Zeitbereich lautet

$$\underset{\sim}{\boldsymbol{E}}(z,t) = \hat{E}_{x0} \cos\left(\omega t - \beta z + \varphi_{x0}\right)\, \boldsymbol{e}_x. \tag{2.78}$$

Die Gültigkeit von Gl. (2.78) kann leicht bewiesen werden, indem man diese in die Wellengleichung im Zeitbereich Gl. (2.58a) einsetzt.

Exkurs 2.3

Die Polarisation als Schwingungsrichtung einer Lichtwelle wird per Konvention in isotropen Medien durch die Richtung des Vektors der elektrischen Feldstärke $\boldsymbol{E}$ definiert. In anisotropen Medien ist die Richtung des Vektors der dielektrischen Verschiebungsdichte $\boldsymbol{D}$ maßgeblich.

Die magnetische Feldstärke $\boldsymbol{H}$ kann nun mit Gl. (2.75) aus der elektrischen Feldstärke bestimmt werden. Für das gewählte Beispiel einer in x-Richtung polarisierten ebenen Welle ergibt sich

$$\boldsymbol{H} = \frac{1}{\omega\mu_0}\boldsymbol{k} \times \boldsymbol{E} = \frac{k}{\omega\mu_0}\boldsymbol{e}_z \times E_x\boldsymbol{e}_x \tag{2.79a}$$

$$= \sqrt{\frac{\varepsilon_r\varepsilon_0}{\mu_0}} E_x\boldsymbol{e}_y = \frac{\tilde{n}}{Z_0} E_x\boldsymbol{e}_y, \tag{2.79b}$$

mit dem komplexwertigen Brechungsindex $\tilde{n}$ und dem Vakuum-Feldwellenwiderstand

$$Z_0 = \sqrt{\frac{\mu_0}{\varepsilon_0}} = \frac{1}{\varepsilon_0 c_0} 120\pi\Omega \approx 377\Omega. \tag{2.80}$$

Für verlustfreie Medien mit reellwertigem Brechungsindex $\tilde{n} = n$ sind elektrisches und magnetisches Feld einer rein fortschreitenden Welle in Phase. Dies gilt nicht mehr in verlustbehafteten Medien mit komplexwertigen Größen k, ε_r und $\tilde{n}$.

2.4.5 Leistungstransport und Intensität

Der Leistungstransport der elektromagnetischen Welle wird durch den POYNTING-Vektor $\boldsymbol{S}$ beschrieben:

$$\boldsymbol{S} = \tfrac{1}{2}\left(\boldsymbol{E} \times \boldsymbol{H}^*\right). \tag{2.81}$$

Der Poynting-Vektor steht also senkrecht auf $\boldsymbol{E}$ und $\boldsymbol{H}$ und ist in isotropen Medien parallel zur Ausbreitungsrichtung der Welle, definiert durch den Wellenvektor $\boldsymbol{k}$. Der Realteil des Poynting-Vektors gibt die Richtung und den Zeitmittelwert des Energietransports an. Der Betrag des Realteils ist die Leistungsdichte oder Intensität I der Welle. Diese ist im Fall von ebenen Wellen gegeben durch

$$I = |\mathrm{Re}\{\boldsymbol{S}\}| = \left|\tfrac{1}{2}\mathrm{Re}\{\boldsymbol{E} \times \boldsymbol{H}^*\}\right| \tag{2.82a}$$

$$= n\frac{\boldsymbol{E} \cdot \boldsymbol{E}^*}{2Z_0} = n\frac{|\hat{E}|^2}{2Z_0} = \tfrac{1}{2}c_0\varepsilon_0 n|\hat{E}|^2. \tag{2.82b}$$

Diese Beziehung zwischen elektrischer Feldstärke und Intensität wird häufig auch dann näherungsweise verwendet, wenn die betrachtete Welle nicht exakt einer ebenen Welle entspricht, wie beispielsweise bei den Wellenleitermoden einer Glasfaser. Im Übrigen gilt Gl. (2.82) aber auch für dielektrische Medien mit beliebigen Verlusten, da $\mathrm{Re}\{\tilde{n}^*\} = n$ gilt.

2.4.6 Ebene Wellen in verlustbehafteten Medien

Sollen dielektrische Verluste in der Wellengleichung berücksichtigt werden, so ist bei harmonischer Anregung und Verwendung der Wellengleichung im Frequenzbereich keine Änderung an Gl. (2.59a) erforderlich, da die Verluste durch eine komplexwertige Permittivität ε_r berücksichtigt werden können. Der Ansatz einer ebenen Welle nach Gl. (2.62) beinhaltet ebenfalls auch dielektrische Materialverluste, wenn komplexwertige Größen ε_r und k zugelassen werden. Die Gleichungen aus Kap. 2.4.4 behalten ihre Gültigkeit mit folgenden Ersetzungen und Anmerkungen:

- $\sqrt{\varepsilon_\mathrm{r}} \to \mathrm{Re}\{\sqrt{\varepsilon_\mathrm{r}}\}$ in Gl. (2.71) und (2.73),
- $\boldsymbol{k} \to \mathrm{Re}\{\boldsymbol{k}\}$ in Gl. (2.69),
- Die Größen n und β bleiben unverändert, da dies bereits Realteile der entsprechenden komplexwertigen Größen sind.

Elektrische und magnetische Feldstärke sowie Wellenvektor stehen weiterhin jeweils senkrecht aufeinander, der Poynting-Vektor ist weiterhin parallel zu $\boldsymbol{k}$ und damit zur Ausbreitungsrichtung der Welle. An den Beziehungen zu Leistungstransport und Intensität nach Kap. 2.4.5 ändert sich nichts. Als Lösungen der Wellengleichung ergeben sich dann bei harmonischer Anregung exponentiell gedämpfte Wellen, z. B. bei Ausbreitung in $+z$-Richtung

$$\boldsymbol{E}(z) = \hat{E}_{x0}\,\mathrm{e}^{\mathrm{j}\varphi_{x0}}\,\mathrm{e}^{-\alpha z}\,\mathrm{e}^{-\mathrm{j}\beta z}\,\boldsymbol{e}_x, \tag{2.83}$$

oder alternativ in der Zeitbereichsdarstellung

$$\underset{\sim}{\boldsymbol{E}}(z,t) = \hat{E}_{x0}\,\mathrm{e}^{-\alpha z}\cos\left(\omega_0 t - \beta z + \varphi_{x0}\right)\,\boldsymbol{e}_x. \tag{2.84}$$

Betrachtet man die Intensität $I \sim |E|^2$ einer in $+z$-Richtung fortschreitenden Welle, so ergibt sich aus Gl. (2.82) und (2.83) das bekannte LAMBERT-BEERsche Absorptionsgesetz

$$I(z) = I_0\,\mathrm{e}^{-az}. \tag{2.85}$$

Darin ist I_0 die Intensität der Welle am Ort $z = 0$. a ist der leistungsbezogene Dämpfungskoeffizient, auch Dämpfungsbelag oder oft kurz Dämpfung genannt, der mit dem feldbezogenen Dämpfungsmaß α in folgender Beziehung steht:

$$a = 2\alpha. \tag{2.86}$$

Exkurs 2.4
Die Verwendung der Symbole a und α für leistungs- und feldbezogene Dämpfungen ist in der Literatur nicht konsistent und häufig auch nicht explizit definiert. Es ist daher bei einem Vergleich von Formeln stets der Kontext zu beachten, in dem diese Symbole verwendet werden.

Die Dämpfung a steht mit den komplexwertigen Materialparametern in folgendem Zusammenhang:

$$a = 2\frac{\omega}{c_0}\kappa = \frac{\omega\varepsilon_\mathrm{r}''}{c_0 n}. \tag{2.87}$$

In vielen nur schwach verlustbehafteten Medien werden die Wellengleichungen eines Wellenleiters zunächst für den verlustfreien Fall gelöst. Die dielektrischen Verluste werden dann anschließend durch einen frequenzabhängigen Dämpfungsbelag $a(\omega)$ der Wellenausbreitung berücksichtigt, unter Vernachlässigung möglicher Feldlinienverzerrungen durch die Verluste. Im häufigen Fall der linearen und isotropen optischen Medien sind dann die wichtigsten Materialparameter der frequenzabhängige Brechungsindex $n(\omega)$ sowie der Dämpfungsbelag $a(\omega)$.

2.4.7 Wellengleichung in linearen verlustbehafteten Medien im Zeitbereich

Im Zeitbereich können Verluste auch in dielektrischen Medien durch eine effektive Leitfähigkeit σ in der Wellengleichung gemäß Gl. (2.11a) beschrieben werden. Voraussetzung ist, dass alle Feldkomponenten harmonisch mit einer bekannten Frequenz ω oszillieren. Die in der Zeitbereichsdarstellung rein reellwertigen Materialkenngrößen χ und ε_r sind dann Konstanten. Unter Verwendung der Polarisierung in linearen isotropen Medien $\underset{\sim}{\mathcal{P}} = \varepsilon_0 \chi \underset{\sim}{\boldsymbol{E}} = \varepsilon_0(\varepsilon_\mathrm{r}-1)\underset{\sim}{\boldsymbol{E}}$ gemäß Gl. (2.21) erhält man

$$\nabla^2 \underset{\sim}{\boldsymbol{E}} - \sigma\mu_0 \frac{\partial}{\partial t}\underset{\sim}{\boldsymbol{E}} - \varepsilon_0\varepsilon_\mathrm{r}\mu_0 \frac{\partial^2}{\partial t^2}\underset{\sim}{\boldsymbol{E}} = 0 \tag{2.88}$$

Setzt man die bekannte Lösung einer gedämpften ebenen Welle nach Gl. (2.84) in Gl. (2.88) ein, so ergibt sich die effektive Leitfähigkeit aus dem leistungsbezogenen Dämpfungskoeffizienten a oder dem Imaginärteil der Permittivität ε_r'':

$$\sigma = a\sqrt{\frac{\varepsilon_0\varepsilon_\mathrm{r}'}{\mu_0}} = \varepsilon_0\varepsilon_\mathrm{r}''\omega, \tag{2.89}$$

in Übereinstimmung mit Gl. (2.32). Wegen der Frequenzabhängigkeit der Umrechnung sowie von ε_r'' selbst ist der Zahlenwert von σ nur in einem engen Spektralbereich gültig (s. Bsp. 2.3).

Zusammen mit den Näherungen für schwach verlustbehaftete Dielektrika $\varepsilon_\mathrm{r} \approx \varepsilon_\mathrm{r}'$ und $n \approx \sqrt{\varepsilon_\mathrm{r}'}$ sowie mit $c_0 = 1/\sqrt{\varepsilon_0\mu_0}$ ergibt sich die Wellengleichung im Zeitbereich

$$\nabla^2 \underset{\sim}{\boldsymbol{E}} - \frac{an}{c_0}\frac{\partial}{\partial t}\underset{\sim}{\boldsymbol{E}} - \frac{n^2}{c_0^2}\frac{\partial^2}{\partial t^2}\underset{\sim}{\boldsymbol{E}} = 0. \tag{2.90}$$

Diese Form der Wellengleichung in schwach verlustbehafteten linearen Dielektrika ist vorteilhaft, weil sie mit der Leistungsdämpfung a und dem reellwertigen Brechungsindex n ausschließlich in der Faseroptik übliche Materialkenngrößen beinhaltet. Spektral sehr breitbandige Lichtpulse oder Dispersionseffekte können damit jedoch nicht berechnet werden, da die Materialparameter in Gl. (2.90) als frequenzunabhängig angenommen werden. Diese Effekte können aber für bandbreitenbegrenzte Lichtpulse mit der linearen SCHRÖDINGER-Gleichung erfasst werden, wie in Kap. 6 beschrieben.

2.5 Wellengleichungen in nichtlinearen Medien

Nachfolgend werden die Wellengleichungen der Wellenausbreitung in nichtlinearen Medien vorgestellt.

2.5.1 Nichtlineare Wellengleichung im Frequenzbereich

Die allgemeine Wellengleichung Gl. (2.59a) enthält auf der linken Seite die Effekte der linearen Polarisierung inklusive der Dämpfung. Ein Vergleich mit Gl. (2.13a) und Ergänzung der rechten Seite mit dem nichtlinearen Anteil der Polarisierung im Medium ergibt

$$\nabla^2 \boldsymbol{E} + \omega^2 \varepsilon_0 \varepsilon_{\mathrm{r}} \mu_0 \boldsymbol{E} = -\omega^2 \mu_0 \boldsymbol{\mathcal{P}}^{(\mathrm{NL})}(\boldsymbol{E}). \tag{2.91}$$

Dabei beschreibt diese Gleichung alle Größen bei einer gemeinsamen Frequenz ω. Setzt sich das elektrische Gesamtfeld aus mehreren Frequenzen ω_i zusammen, so ist für jede Frequenz ω_i sowie allen nichtlinearen Mischprodukten ω_m (s. Kap. 2.3.4) eine eigene Gleichung gemäß Gl. (2.91) anzusetzen. Für die nichtlineare Polarisierung $\boldsymbol{\mathcal{P}}^{(\mathrm{NL})}$ ist dann aus Gl. (2.45) oder (2.48) stets der entsprechende Anteil bei diesen Frequenzen einzusetzen. Durch die nichtlineare Polarisierung, die im Allgemeinen von den E-Feldern bei allen Frequenzen beeinflusst wird, entsteht eine nichtlineare Verkopplung der Wellengleichungen der einzelnen Frequenzen. Beispielsweise ergibt sich für einen nichtlinearen Prozess unter Beteiligung von genau zwei Frequenzen ω_1 und ω_2 mit Feldstärken $\boldsymbol{E}_1$ und $\boldsymbol{E}_2$ das gekoppelte Differentialgleichungssystem

$$\nabla^2 \boldsymbol{E}_1 + \omega_1^2 \varepsilon_0 \varepsilon_{r,1} \mu_0 \boldsymbol{E}_1 = -\omega_1^2 \mu_0 \boldsymbol{\mathcal{P}}^{(\mathrm{NL})}(\omega_1, \boldsymbol{E}_1, \boldsymbol{E}_2), \tag{2.92a}$$

$$\nabla^2 \boldsymbol{E}_2 + \omega_2^2 \varepsilon_0 \varepsilon_{r,2} \mu_0 \boldsymbol{E}_2 = -\omega_2^2 \mu_0 \boldsymbol{\mathcal{P}}^{(\mathrm{NL})}(\omega_2, \boldsymbol{E}_1, \boldsymbol{E}_2). \tag{2.92b}$$

Das System ist zu erweitern mit zusätzlichen Gleichungen für alle möglichen Mischprodukte ω_m. Die Verkopplung aller beteiligter Felder durch die nichtlineare Polarisierung ist die Grundlage für viele nichtlineare optische Effekte, die ab Kap. 5 diskutiert werden.

2.5.2 Nichtlineare Wellengleichung im Zeitbereich

Im Zeitbereich ergibt sich aus Gl. (2.90) durch Ergänzen der nichtlinearen Polarisierung die nichtlineare Wellengleichung

$$\nabla^2 \underset{\sim}{\boldsymbol{E}} - \frac{an}{c_0} \frac{\partial}{\partial t} \underset{\sim}{\boldsymbol{E}} - \frac{n^2}{c_0^2} \frac{\partial^2}{\partial t^2} \underset{\sim}{\boldsymbol{E}} = \mu_0 \frac{\partial^2}{\partial t^2} \underset{\sim}{\boldsymbol{\mathcal{P}}}^{(\mathrm{NL})}(\boldsymbol{E}). \tag{2.93}$$

Darin ist $\underset{\sim}{\boldsymbol{E}}$ der Vektor der gesamten elektrischen Feldstärke zu einem Zeitpunkt. Da die Frequenzabhängigkeit der Materialparameter in Gl. (2.93) nicht berücksichtigt werden kann, darf das Gesamtfeld keine stark abweichenden Frequenzanteile enthalten. Dies ist zum Beispiel bei der stimulierten Brillouin-Streuung der Fall. In Kap. 9.4 wird ausgehend von Gl. (2.93) die gegenseitige Wechselwirkung zweier Lichtwellen sowie einer durch Elektrostriktion erzeugten Schallwelle beschrieben.

2.5.3 Näherung der langsam veränderlichen Hüllkurve

Lösungen der Wellengleichung im Zeitbereich sind elektromagnetische Wellen mit beliebigen Frequenzen. Aus der Überlagerung einer Vielzahl unterschiedlicher Frequenzen können prinzipiell beliebige Zeitfunktionen des elektromagnetischen Feldes entstehen. In der Optik interessiert bei Wellenausbreitungsvorgängen häufig nur die Veränderung der Amplitude und Phase einer Welle mit gegebener Frequenz ω. Typischerweise ändern sich Amplitude und Phase nur langsam im Vergleich zur zeitlichen harmonischen Oszillation des Feldes oder zur räumlichen Ausbreitung mit Lichtgeschwindigkeit. Diese Tatsache wird bei der Näherung der langsam veränderlichen Hüllkurve (engl. *slowly varying envelope approximation, SVEA*) ausgenutzt. Für das elektrische Feld am Ort $\boldsymbol{r}$ einer in $+z$-Richtung fortschreitenden Welle setzen wir dazu an:

$$\underset{\sim}{\boldsymbol{E}}(t,\boldsymbol{r}) = \tfrac{1}{2}\left(\boldsymbol{E}(t,\boldsymbol{r})\,\mathrm{e}^{\mathrm{j}(\omega t-kz)} + \boldsymbol{E}^{*}(t,\boldsymbol{r})\,\mathrm{e}^{-\mathrm{j}(\omega t-kz)}\right). \tag{2.94}$$

Darin ist $\boldsymbol{E}(t,\boldsymbol{r})$ ein komplexer Vektorzeiger, der mit Betrag und Phase die komplexwertige Hüllkurve der Welle darstellt. Der allgemeine vektorielle Ansatz ermöglicht dabei sowohl beliebige Polarisationszustände als auch von der ebenen Welle abweichende Feldgeometrien. Zugunsten einer kompakten Schreibweise wird im Weiteren die Abhängigkeit der komplexen Amplitude $\boldsymbol{E}$ von (t,z) während der Wellenausbreitung und von den Koordinaten (x,y) der Transversalebene nicht explizit ausgeschrieben.

Nur Anteile der nichtlinearen Polarisierung $\underset{\sim}{\mathcal{P}}^{(\mathrm{NL})}$, die mit gleicher Frequenz ω wie das elektrische Feld $\underset{\sim}{\boldsymbol{E}}(t,z)$ oszillieren, tragen im zeitlichen und räumlichen Mittel zu diesem Feld bei. Die Polarisierung wird daher als Welle mit gleicher Frequenz ω angesetzt. Diese entsteht angetrieben durch die lokale elektrische Gesamtfeldstärke und zeigt keine eigenen Wellenausbreitungsvorgänge. Die Variation der Phase von $\underset{\sim}{\mathcal{P}}^{(\mathrm{NL})}$ über dem Ort z ergibt sich vielmehr aus Linearkombinationen der Ausbreitungskonstanten k_i der erzeugenden Lichtwellen. Die resultierende Ausbreitungskonstante k_{NL} kann von der Ausbreitungskonstante des einen hier untersuchten E-Feldes k abweichen:

$$\underset{\sim}{\mathcal{P}}^{(\mathrm{NL})}(t,z) = \tfrac{1}{2}\left(\mathcal{P}^{(\mathrm{NL})}\,\mathrm{e}^{\mathrm{j}(\omega t-k_{\mathrm{NL}}z)} + \mathcal{P}^{(NL)*}\,\mathrm{e}^{-\mathrm{j}(\omega t-k_{\mathrm{NL}}z)}\right), \tag{2.95}$$

mit dem komplexwertigen Vektorzeiger $\mathcal{P}^{(\mathrm{NL})}$ als Hüllkurve der Polarisierung.

Die komplexen Hüllkurvenamplituden $\boldsymbol{E}$ und $\mathcal{P}$ sind nun in ihrer räumlichen und zeitlichen Veränderung während der Wellenausbreitung zu bestimmen. Dazu setzen wir den Ansatz Gl. (2.94) und (2.95) in die Wellengleichung Gl. (2.93) ein. Bei der Bildung der zweiten Ableitung nach Ort und Zeit entstehen nach der Kettenregel der Differentiation z. B. für das E-Feld folgende Terme:

$$\frac{\partial^2}{\partial t^2}\underset{\sim}{\boldsymbol{E}} = \frac{1}{2}\left\{\left(\frac{\partial^2}{\partial t^2}\boldsymbol{E} + 2\mathrm{j}\omega\frac{\partial}{\partial t}\boldsymbol{E} - \omega^2\boldsymbol{E}\right)\mathrm{e}^{\mathrm{j}(\omega t - kz)} + \text{c.c.}\right\}, \tag{2.96a}$$

$$\frac{\partial^2}{\partial z^2}\underset{\sim}{\boldsymbol{E}} = \frac{1}{2}\left\{\left(\frac{\partial^2}{\partial z^2}\boldsymbol{E} - 2\mathrm{j}k\frac{\partial}{\partial z}\boldsymbol{E} - k^2\boldsymbol{E}\right)\mathrm{e}^{\mathrm{j}(\omega t - kz)} + \text{c.c.}\right\}. \tag{2.96b}$$

Dabei bedeutet c.c. die konjugiert-komplexe Ergänzung. Für die zweite Zeitableitung von $\mathcal{P}^{(\mathrm{NL})}$ entstehen analoge Terme.

Betragsmäßig haben bei langsam zeit- und ortsveränderlichen Hüllkurven der elektromagnetischen Welle die Terme mit zweiten Ableitungen deutlich kleinere Beträge als die anderen Terme. Es gilt z. B. für die zweite Ableitung der elektrischen Feldstärke

$$\left|\frac{\partial^2}{\partial t^2}\boldsymbol{E}\right| \ll \left|2\omega\frac{\partial}{\partial t}\boldsymbol{E}\right| \ll \left|\omega^2\boldsymbol{E}\right|, \left|\frac{\partial^2}{\partial z^2}\boldsymbol{E}\right| \ll \left|2k\frac{\partial}{\partial z}\boldsymbol{E}\right| \ll \left|k^2\boldsymbol{E}\right|. \tag{2.97}$$

Gleiches gilt für die zweite Ableitung nach der Zeit für die nichtlineare Polarisierung. Bei der SVAE werden daher die zweiten Ableitungen nach z und t vernachlässigt und es ergibt sich folgende vereinfachte Gleichung für die Ausbreitung der Hüllkurve der elektromagnetischen Welle:

$$\frac{\mathrm{j}}{2k}\nabla_{\mathrm{t}}^2\boldsymbol{E} + \frac{\partial}{\partial z}\boldsymbol{E} + \frac{n}{c_0}\frac{\partial}{\partial t}\boldsymbol{E} + \frac{a}{2}\boldsymbol{E} = -\mathrm{j}\frac{\omega}{2cn\varepsilon_0}\mathcal{P}^{(\mathrm{NL})}\mathrm{e}^{\mathrm{j}(k-k_{\mathrm{NL}})z}. \tag{2.98}$$

Für in $-z$-Richtung laufende Wellen ergibt sich das gleiche Ergebnis, lediglich die Vorzeichen der verbleibenden Ortsableitungen sowie des Exponenten jkz müssen invertiert werden. $\nabla_{\mathrm{t}} = \left(\frac{\partial^2}{\partial x^2} + \frac{\partial^2}{\partial y^2}\right)$ ist der transversale Nabla-Operator. Dieser beschreibt eine Veränderung der Geometrie der Welle im Querschnitt durch Beugung. Er entfällt für ebene Wellen sowie für geführte Wellen in längshomogenen Wellenleitern, sofern $\boldsymbol{E}$ die komplexe Amplitude einer geführten Wellenleitermode bezeichnet:

$$\frac{\partial}{\partial z}\boldsymbol{E} + \frac{n}{c_0}\frac{\partial}{\partial t}\boldsymbol{E} + \frac{a}{2}\boldsymbol{E} = -\mathrm{j}\frac{\omega}{2cn\varepsilon_0}\mathcal{P}^{(\mathrm{NL})}\mathrm{e}^{\mathrm{j}(k-k_{\mathrm{NL}})z}. \tag{2.99}$$

Der Phasenterm mit der Wellenzahldifferenz $(k - k_{\mathrm{NL}})$ entscheidet, ob sich Beiträge der nichtlinearen Polarisierung über große Längen z stets mit gleicher Phasenlage mit der E-Feldwelle überlagern. Dies ist nur der Fall falls die Wellenzahldifferenz verschwindet:

$$k - k_{\mathrm{NL}} = 0. \tag{2.100}$$

Dieser Zustand wird als Phasenanpassung bezeichnet und ist eine Bedingung dafür, dass nichtlineare Effekte über große Längen und damit mit großer Wirkung auftreten können.

In dieser Form wird die Hüllkurvengleichung z. B. für die Herleitung der stimulierten Brillouin-Streuung in Kap. 9.4 verwendet. Eine ähnliche Näherung mit langsam veränderlichen Hüllkurven ist in Kap. 6 die Grundlage der linearen und nichtlinearen Schrödinger-Gleichung zur Beschreibung der Ausbreitung von Lichtwellen in Wellenleitern.

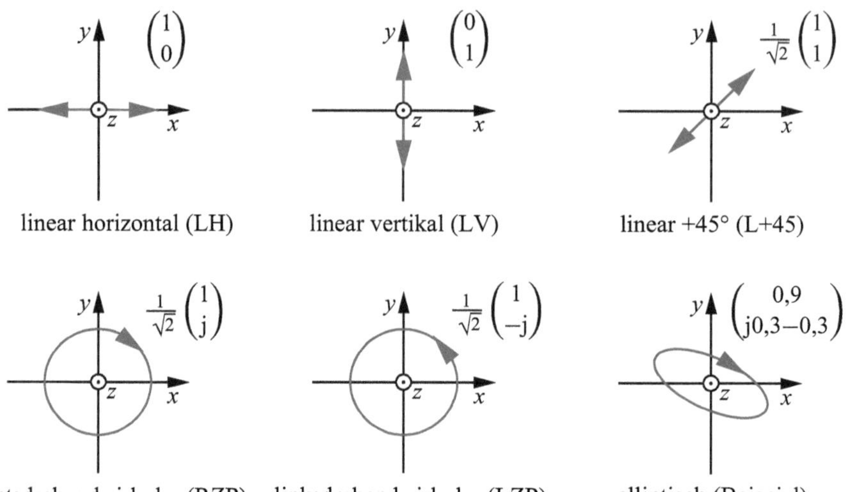

Abb. 2.6 Beispiele für Jones-Vektoren einiger Polarisationszustände. Dargestellt ist die Ortskurve der Spitze des E-Feldvektors $\underset{\sim}{\boldsymbol{E}}$ während einer Schwingungsperiode in der Transversalebene mit Blickrichtung entgegen der Ausbreitungsrichtung der Welle

2.6 Polarisation, anisotrope Medien und Doppelbrechung

Das Beispiel aus Kap. 2.4.4 einer linear in x-Richtung polarisierten und sich in $+z$-Richtung ausbreitenden ebenen Welle ist ein Sonderfall eines Polarisationszustands. Im Allgemeinen kann die Welle in beiden transversalen Raumrichtungen (x, y) Feldanteile mit unterschiedlichen Beträgen und Phasen haben:

$$\boldsymbol{E} = \begin{pmatrix} \hat{E}_x \mathrm{e}^{\mathrm{j}\varphi_x} \\ \hat{E}_y \mathrm{e}^{\mathrm{j}\varphi_y} \\ 0 \end{pmatrix}. \tag{2.101}$$

Um einen Polarisationszustand zu charakterisieren, wird der sogenannte Jones-Vektor $\boldsymbol{E}_\mathrm{J}$ verwendet. Ausgehend vom Vektor $\boldsymbol{E}$ wird die Komponente in Ausbreitungsrichtung z weggelassen, da diese bei der ebenen Welle ohnehin Null ist. Der Betrag des Jones-Vektors wird auf 1 normiert und als Referenzphase wird meist die Phase der x-Komponente definiert:

$$\boldsymbol{E}_\mathrm{J} = \frac{1}{\sqrt{\hat{E}_x^2 + \hat{E}_y^2}} \begin{pmatrix} \hat{E}_x \\ \hat{E}_y \mathrm{e}^{\mathrm{j}(\varphi_y - \varphi_x)} \end{pmatrix}. \tag{2.102}$$

Einige Beispiele für verschiedene Polarisationszustände und deren Jones-Vektoren sind in Abb. 2.6 dargestellt. Beim Durchgang der Welle durch ein optisches Element kann der Polarisationszustand verändert werden. Dies kann durch eine Jones-Matrix $\boldsymbol{J}$ mit 2×2

Tab. 2.4 Beispiele der Jones-Matrix für ausgewählte optische Elemente

Jones-Matrix $\boldsymbol{J}$	Bedeutung
$\begin{pmatrix} 1 & 0 \\ 0 & 1 \end{pmatrix}$	Isotropes Medium
$\begin{pmatrix} 1 & 0 \\ 0 & 0 \end{pmatrix}$	Polarisationsfilter, für lineare horizontale Polarisation
$\begin{pmatrix} 1 & 0 \\ 0 & \mathrm{j} \end{pmatrix}$	λ/4-Verzögerungsplättchen, langsame Achse unter Winkel 0 Grad zur x-Achse
$\frac{1}{\sqrt{2}}\begin{pmatrix} \mathrm{e}^{\mathrm{j}\pi/4} & \mathrm{e}^{-\mathrm{j}\pi/4} \\ \mathrm{e}^{-\mathrm{j}\pi/4} & \mathrm{e}^{\mathrm{j}\pi/4} \end{pmatrix}$	λ/4-Verzögerungsplättchen, langsame Achse unter Winkel 45 Grad zur x-Achse

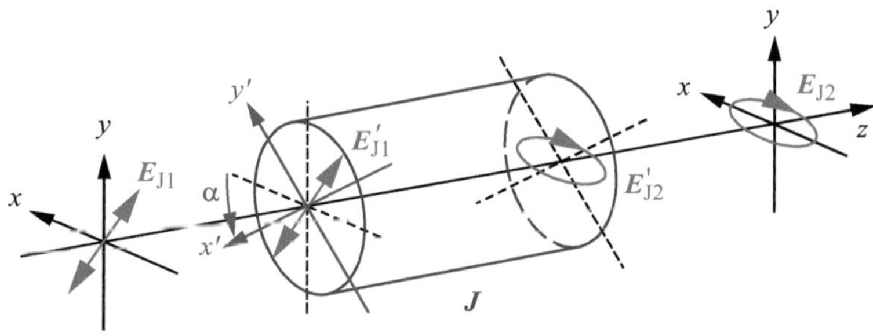

Abb. 2.7 Transformation eines Jones-Vektors $\boldsymbol{E}_{\mathrm{J1}}$ in das Koordinatensystem $x'y'$ eines um den Winkel α rotierten optischen Elementes mit Jones-Matrix $\boldsymbol{J}$

Elementen beschrieben werden, die den Polarisationszustand nach dem Element $\boldsymbol{E}_{J2}$ mit dem Eingangspolarisationszustand $\boldsymbol{E}_{J1}$ vor dem optischen Element verknüpft:

$$\boldsymbol{E}_{\mathrm{J2}} = \begin{pmatrix} J_{11} & J_{12} \\ J_{21} & J_{22} \end{pmatrix} \boldsymbol{E}_{\mathrm{J1}} = \boldsymbol{J}\,\boldsymbol{E}_{\mathrm{J1}}. \tag{2.103}$$

Beispiele für Jones-Matrizen ausgewählter Elemente sind in Tab. 2.4 aufgeführt. Wird ein optisches Element gegenüber dem Bezugskoordinatensystem xy des Eingangs-Jones-Vektors um den Winkel α um eine Achse in Ausbreitungsrichtung verdreht, so muss der Jones-Vektor am Eingang $\boldsymbol{E}_{\mathrm{J1}}$ mit Hilfe einer Transformationsmatrix der Rotation $\boldsymbol{T}(\alpha)$ in das neue Koordinatensystem $x'y'$ des Elements transformiert werden:

$$\boldsymbol{E}'_{\mathrm{J1}} = \begin{pmatrix} \cos\alpha & \sin\alpha \\ -\sin\alpha & \cos\alpha \end{pmatrix} \boldsymbol{E}_{\mathrm{J1}} = \boldsymbol{T}(\alpha)\boldsymbol{E}_{\mathrm{J1}}\,. \tag{2.104}$$

Gleichung (2.104) entspricht einer Projektion auf ein gedrehtes Koordinatensystem, wie in Abb. 2.7 dargestellt. Nach Durchgang durch das optische Element muss der Jones-Vektor am Ausgang $\boldsymbol{E}'_{\mathrm{J2}}$ mit der inversen Rotationsmatrix $\boldsymbol{T}^{-1}(\alpha)$ in das ursprüngliche

Koordinatensystem xy zurück transformiert werden, um den resultierenden Jones-Vektor $\boldsymbol{E}_{\mathrm{J}2}$ zu erhalten. Insgesamt folgt daraus für die Jones-Matrix $\boldsymbol{J}(\alpha)$ eines um den Winkel α rotierten optischen Elementes

$$\boldsymbol{J}(\alpha) = \boldsymbol{T}^{-1}(\alpha)\boldsymbol{J}\,\boldsymbol{T}(\alpha)\,. \tag{2.105}$$

In isotropen Medien ist der Brechungsindex n skalar und für alle räumlichen Feldkomponenten gleich. Somit ist die Phasengeschwindigkeit unabhängig vom Polarisationszustand, der dann bei der Ausbreitung erhalten bleibt. Die Jones-Matrix eines solchen Mediums ist eine Einheitsmatrix.

In anisotropen Medien ist die Polarisierbarkeit und somit der Brechungsindex für unterschiedliche Komponenten der elektrischen Feldstärke unterschiedlich. Zudem ist für eine Hauptachsenform des Brechungsindex-Tensors das Koordinatensystem durch das Medium vorgegeben. Die Ausbreitungsrichtung einer Welle ist dann im Allgemeinen nicht parallel zu einer der Achsen des Koordinatensystems. Es ergeben sich komplizierte Verhältnisse für die Wellenausbreitung, die unter Stichworten wie Doppelbrechung und Wellenausbreitung in anisotropen Medien in der Literatur ausführlich beschrieben sind [9]. Als eine wichtige Konsequenz ergibt sich die kontinuierliche Veränderung des Polarisationszustands einer Welle entlang der Ausbreitungsrichtung. Für eine gegebene Länge eines anisotropen Mediums kann dies wiederum durch eine Jones-Matrix $\boldsymbol{J}$ beschrieben werden. Diese ist abhängig sowohl von der Länge des Mediums, der Wellenlänge der Lichtwelle als auch von der Lage der Ausbreitungsrichtung der Welle bezüglich des Hauptachsen-Koordinatensystems im anisotropen Medium.

Für den Fall der Wellenausbreitung in doppelbrechenden Glasfasern ergeben sich aufgrund der Längshomogenität in Wellenausbreitungsrichtung einige Vereinfachungen im Vergleich zum allgemeinen anisotropen Fall. So ist eine Hauptachse des Koordinatensystems des Mediums stets parallel zur Ausbreitungsrichtung der Welle orientiert. Die anderen beiden Hauptachsen sind dann stets in der Transversalebene der Welle. Das elektrische Feld eines beliebigen Polarisationszustands $\boldsymbol{E}_J$ kann dann mit Hilfe von Gl. (2.104) auf diese Hauptachsen projiziert werden und damit ist eine vergleichsweise einfache Beschreibung der Lichtausbreitung in doppelbrechenden Glasfasern möglich. Dies wird in Kap. 4.3 weiter diskutiert.

2.7 Bedingungen an Grenzflächen zweier Dielektrika

Neben den ebenen Wellen gibt es auch in homogenen Medien eine Vielzahl weiterer analytischer Lösungen der Wellengleichung, wie z. B. Kugelwellen, zylindrische Wellen oder Dipolwellen ausgehend von elektrischen oder magnetischen Elementardipolen. Die Lösungen unterscheiden sich im gewählten Ansatz mit dazu passender Wahl des Koordinatensystems oder durch die Berücksichtigung der Dipole als Quellen. Die Ergebnisse haben allesamt den Charakter einer ungeführten Wellenausbreitung im Raum.

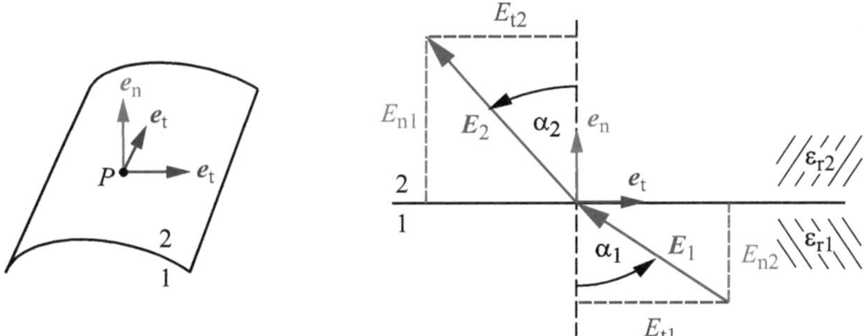

Abb. 2.8 Normal- und Tangentialvektoren sowie elektrische Feldstärken an einer Grenzfläche zweier dielektrischer Medien

In inhomogenen Medien entsteht ein neuer Typ an Lösungen der Wellengleichung: Geführte Wellen an Grenzflächen zweier Medien. Um die Maxwell-Gleichungen für eine vorgegebene Geometrie z. B. eines Wellenleiters lösen zu können, sind Stetigkeitsbedingungen erforderlich. Die Stetigkeitsbedingungen für die elektrischen und magnetischen Felder sind an jedem Punkt P auf einer Grenzfläche zwischen zwei beliebigen Medien gegeben durch

$$\boldsymbol{e}_\mathrm{n} \cdot (\boldsymbol{D}_2 - \boldsymbol{D}_1) = \sigma_\mathrm{f}, \tag{2.106a}$$

$$\boldsymbol{e}_\mathrm{n} \times (\boldsymbol{E}_2 - \boldsymbol{E}_1) = \boldsymbol{0}, \tag{2.106b}$$

$$\boldsymbol{e}_\mathrm{n} \cdot (\boldsymbol{B}_2 - \boldsymbol{B}_1) = 0, \tag{2.106c}$$

$$\boldsymbol{e}_\mathrm{n} \times (\boldsymbol{H}_2 - \boldsymbol{H}_1) = \boldsymbol{K}_\mathrm{f}. \tag{2.106d}$$

Darin bezeichnen die Indizes $\{1, 2\}$ die Felder in den gegenüberliegenden Raumbereichen der Grenzfläche zweier Medien und $\boldsymbol{e}_\mathrm{n}$ den Normalen-Vektor an einem Punkt auf der Grenzfläche (Abb. 2.8). Statt dem Operator $\boldsymbol{e}_\mathrm{n}\times$ kann auch $\boldsymbol{e}_\mathrm{t}\cdot$ geschrieben werden, mit einem beliebigen Einheitsvektor $\boldsymbol{e}_\mathrm{t}$ aus der Tangentialebene. σ_f ist die freie Flächenladungsdichte und $\boldsymbol{K}_\mathrm{f}$ ist die freie Flächenstromdichte an diesem Punkt.

Im weiteren werden nun ausschließlich dielektrische Medien betrachtet. σ_f und $\boldsymbol{K}_\mathrm{f}$ sind dann gleich Null. Daraus folgt zunächst, dass die Normalkomponenten von $\boldsymbol{D}$ und $\boldsymbol{B}$ sowie die Tangentialkomponenten von $\boldsymbol{E}$ und $\boldsymbol{H}$ an dielektrischen Grenzflächen stetig sind. Setzt man nun die Materialgleichungen für den linearen Fall $\boldsymbol{D} = \varepsilon_0 \boldsymbol{\varepsilon}_\mathrm{r} \cdot \boldsymbol{E}$ sowie $\boldsymbol{B} = \mu_0 \boldsymbol{H}$ in die Stetigkeitsbedingungen Gl. (2.106) ein, so erhält man für isotrope Medien mit skalarem ε_r, in denen $\boldsymbol{n} \cdot (\boldsymbol{\varepsilon}_\mathrm{r} \boldsymbol{E}) = \varepsilon_\mathrm{r} \boldsymbol{E}_\mathrm{n}$ gilt, folgende Stetigkeitsbedingungen für Grenzflächen zweier Dielektrika:

$$\varepsilon_{\mathrm{r}2} E_{\mathrm{n}2} = \varepsilon_{\mathrm{r}1} E_{\mathrm{n}1}, \tag{2.107a}$$

$$E_{\mathrm{t}2} = E_{\mathrm{t}1}, \tag{2.107b}$$

$$\boldsymbol{H}_2 = \boldsymbol{H}_1. \tag{2.107c}$$

Die Tangentialkomponenten E_t des elektrischen Feldes sowie der gesamte magnetische Feldstärkevektor $\boldsymbol{H}$ sind stetig, und die Normalkomponenten E_n des elektrischen Feldes verhalten sich umgekehrt wie die relativen Dielektrizitätszahlen der Medien. Daraus kann ein Brechungsgesetz für die Winkel α_1 und α_2 der elektrischen Feldlinien bezüglich der Flächennormalen gemäß Abb. 2.8 abgeleitet werden:

$$\frac{\tan\alpha_1}{\tan\alpha_2} = \frac{\varepsilon_{r1}}{\varepsilon_{r2}} = \frac{\sqrt{n_1}}{\sqrt{n_2}}. \tag{2.108}$$

Exkurs 2.5
Das Brechungsgesetz der Feldlinien an der Grenzfläche zweier Dielektrika darf nicht mit dem bekannten SNELLIUS*schen* Brechungsgesetz für Lichtstrahlen verwechselt werden.

Die Stetigkeitsbedingungen Gl. (2.107) werden in Kap. 3 verwendet, um die Wellenleiter-Moden von Stufenindex-Glasfasern herzuleiten. Für zeitveränderliche Felder ist dabei Gl. (2.107a) automatisch erfüllt, wenn die Stetigkeit der tangentialen Feldkomponenten erfüllt ist [12].

2.8 Materialien für Singlemode-Glasfasern

Abschließend für dieses Kapitel werden einige Eigenschaften des Grundmaterials für Glasfasern vorgestellt. Diese bestehen zum überwiegenden Teil aus hochreinem Quarzglas, also aus SiO_2 in amorpher Form. Die Grundstruktur von Quarzglas sind Tetraeder, in denen ein jedes Silizium-Atom von vier Sauerstoff-Atomen umgeben ist. Im Gegensatz zu einkristallinen Formen wie kristalliner Quarz (engl. *quartz*) fehlt bei Quarzglas (engl. *fused silica*) eine regelmäßige Anordnung über größere Raumbereiche. Abbildung 2.9 zeigt schematisch eine Darstellung des Bindungsnetzwerks in einer gedachten Ebene. Folgt man einem Weg entlang der Netzstruktur, so wechseln sich Si- und O-Atome stets ab. Die Si-O-Si-Bindungskette ist daher maßgeblich für einige Effekte, wie z. B. der Raman-Streuung aufgrund der Vibration dieser Bindung.

Im optischen Spektralbereich ist der Brechungsindex n die übliche Beschreibungsgröße der dielektrischen Eigenschaften eines Mediums. Mechanisch unverspannte Gläser sind isotrop, SiO_2-Glas hat im sichtbaren Spektralbereich und im nahen Infrarot sehr geringe dielektrische Verluste, und die Nichtlinearität ist ebenfalls sehr klein. Bei vielen Fragestellungen der Wellenausbreitung und der Optik kann daher mit einem skalaren, reellwertigen und feldstärkeunabhängigen Brechungsindex n gerechnet werden. Die Frequenz- bzw. die Wellenlängenabhängigkeit des Brechungsindex, also die Materialdispersion $n(\lambda)$, muss

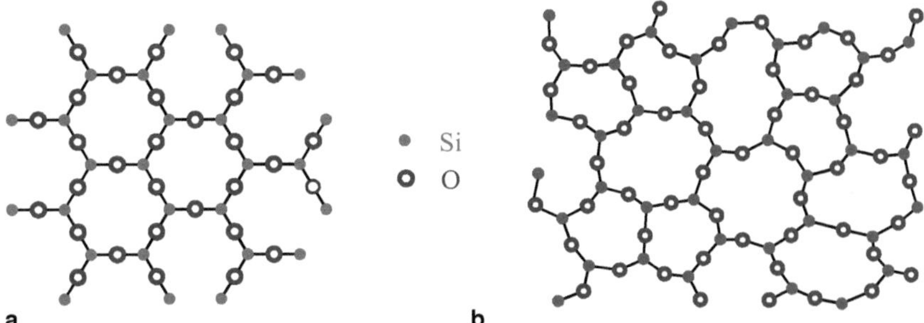

Abb. 2.9 Schematisches Netzwerk für **a** kristallinen Quarz und **b** Quarzglas, projiziert in eine Ebene nach [13]. Si-O-Bindungen zu anderen Ebenen sind zur besseren Übersicht nicht dargestellt

Tab. 2.5 Sellmeier-Koeffizienten A_i und λ_i für verschiedene Gläser sowie Gültigkeitsbereich λ_{min} bis λ_{max}

Material	SiO_2 [14]	GeO_2 [15]	Einheit
A_1	0,6961663	0,80686642	
A_2	0,4079426	0,71815848	
A_3	0,8974794	0,85416831	
λ_1	0,0684043	0,068972606	µm
λ_2	0,1162414	0,15396605	µm
λ_3	9,896161	0,11841931	µm
λ_{min}	0,214	0,36	µm
λ_{max}	3,71	4,3	µm

aber in vielen optischen Anordnungen und in der Faseroptik häufig berücksichtigt werden. Die Beschreibung der Dispersion erfolgt oft mit einer SELLMEIER-Gleichung, wie in Kap. 2.2.5 beschrieben:

$$n(\lambda) = \sqrt{1 + \sum_{i=1}^{3} \frac{A_i \lambda^2}{\lambda^2 - \lambda_i^2}}\,. \tag{2.109}$$

In Tab. 2.5 sind die Sellmeier-Koeffizienten für hochreines SiO_2-Glas bei einer Temperatur von 20 °C aufgelistet. Die Zahlenwerte basieren auf Messungen im Spektralbereich von 0,21 µm bis 3,7 µm Wellenlänge [14]. Die zwei Resonanzen λ_1 und λ_2 bei kleinen Wellenlängen können als elektronische Banden der UV-Absorption interpretiert werden, die Resonanz bei der großen Wellenlänge λ_3 als Bande aufgrund von Vibrationsschwingungen der SiO_2-Moleküle. Es sei darauf hingewiesen, dass je nach verwendetem Spektralbereich der Messung und der Methode der numerischen Anpassung auch andere Sätze an Sellmeier-Koeffizienten eine gute Beschreibung des Brechungsindex ergeben [6].

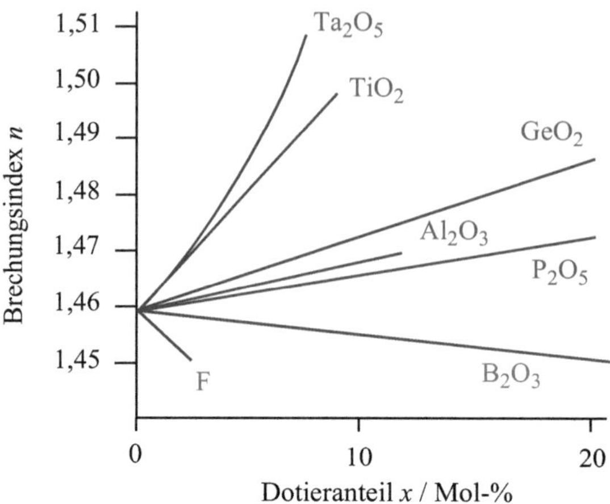

Abb. 2.10 Brechungsindex von Quarzglas bei unterschiedlicher Dotierung nach [16]

Der Brechungsindex von reinem SiO_2-Quarzglas kann durch Dotierung mit Fremdstoffen sowohl vergrößert als auch verkleinert werden. In Abb. 2.10 ist der prinzipielle Verlauf des Brechungsindex in Abhängigkeit des molaren Stoffmengenanteils x einiger Dotierstoffe nach [16] dargestellt. Um das typische Stufenindex-Profil vieler Standardfasern zu erzeugen, könnte beispielsweise der Mantel der Faser mit Fluor dotiert werden und somit der Mantelindex n_M gegenüber dem Kernindex n_K abgesenkt werden (engl. *depressed cladding fiber*). Üblicherweise wird jedoch der Kernindex durch Dotierung mit Germanium erhöht, da sich dieses als Germaniumoxid (GeO_2) aufgrund sehr ähnlicher chemischer Eigenschaften gut in die SiO_2-Matrix des Quarzglases einbaut.

Auch für reines GeO_2-Glas kann der Brechungsindex und die Dispersion $n_{Ge}(\lambda)$ durch Sellmeier-Koeffizienten beschrieben werden (Tab. 2.5). Für SiO_2-Glas, das mit einem prozentualen Stoffmengenanteil x_{Ge} mit Germanium dotiert wurde, ergibt sich der Brechungsindex in sehr guter Übereinstimmung mit Messungen durch lineare Überlagerung der Brechungsindizes der beiden Materialien [15]:

$$n(\lambda) = n_{Si}(\lambda) + x_{Ge}\,(n_{Ge}(\lambda) - n_{Si}(\lambda)). \tag{2.110}$$

Für Dotierung mit anderen Stoffen als Ge können sich auch nichtlineare Abhängigkeiten vom Stoffmengenanteil x ergeben, wenn sich der jeweilige Dotierstoff aufgrund anderer chemischer Bindungseigenschaften nicht so nahtlos in die SiO_2-Glasmatrix integriert wie Germanium. Alternativ zu Gl. (2.110) wird in [15] vorgeschlagen, eine lineare Interpolation der Sellmeier-Koeffizienten aus Tab. 2.5 je nach Ge-Anteil x_{Ge} vorzunehmen und die Ergebnisse in die Sellmeier-Gleichung Gl. (2.34) einzusetzen. Ein Vergleich mit häufig verwendeten Literaturangaben für verschieden Ge-dotierte SiO_2-Gläser [17, 18] sowie mit

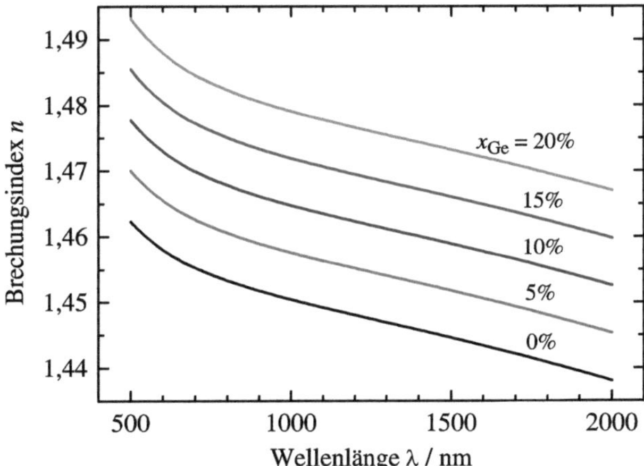

Abb. 2.11 Wellenlängenabhängigkeit des Brechungsindex n von SiO_2-Glas mit verschiedenen molaren Anteilen x_{Ge} an GeO_2

neueren Messungen [19] ergibt jedoch eine sehr gute Übereinstimmung mit der Interpolation der Brechungsindizes nach Gl. (2.110), aber eine weniger gute Übereinstimmung unter Verwendung der Interpolation der Sellmeier-Koeffizienten. Daher wird für alle weiteren Rechnungen in diesem Buch die Interpolation der Brechungsindizes nach Gl. (2.110) verwendet. In Abb. 2.11 ist beispielhaft der Brechungsindexverlauf von SiO_2-Glas mit verschiedenen molaren Anteilen der Germanium-Dotierung dargestellt.

Die Sellmeier-Koeffizienten aus Tab. 2.5 nach [14] und [15] und daraus abgeleitete Brechungsindizes geben nicht den absoluten Brechungsindex, sondern den Brechungsindex gegenüber Luft an. Dies hat historische Gründe in der Definition des Brechungsindex sowie in den verwendeten Messaufbauten. Diese Zahlenwerte werden auch in anderen Literaturquellen zur Faseroptik verwendet [20–22], und auch Datenblätter von Quarzglas-Herstellern spezifizieren den Brechungsindex gegen Luft [6]. Um korrekte Absolutwerte des Brechungsindex zu erhalten, müssen diese Indizes noch mit dem Brechungsindex von Luft n_{air} multipliziert werden. Dann ergibt sich eine gute Übereinstimmung mit neueren Absolutmessungen des Brechungsindex von Glas gegenüber Vakuum [23]. Der Brechungsindex von Luft selbst ist keine Konstante, sondern ist primär abhängig von Druck und Temperatur und sekundär von Feuchte und CO_2-Gehalt [24–26]. Er beträgt für trockene Luft unter Standard-Bedingungen ($p = 1013{,}25\,\text{hPa}, T = 293{,}15\ \text{K}, x_{CO_2} = 400\,\text{ppm}$) $n_{air} = 1{,}000269$ bei einer Vakuum-Wellenlänge von $\lambda = 1550\,\text{nm}$. Für die Geometrie der Moden in Glasfasern ist das kaum relevant, da hier weniger die Absolutwerte, sondern relative Brechungsindexdifferenzen eine Rolle spielen. Weitere geringfügige Abweichungen des Brechungsindex von Glas entstehen durch Dichtevariationen je nach thermischer Vorgeschichte während der Glasherstellung sowie durch herstellungsbedingte Verunreinigungen durch OH-Gruppen oder durch Chlor [27].

Beispiel 2.4

Bei einer Vakuum-Wellenlänge von $\lambda = 1550\,\text{nm}$ hat reines SiO_2-Glas einen absoluten Brechungsindex von $n = 1{,}4444$. Bei einer Dotierung mit $x_{Ge} = 3{,}55\%$ Germanium ist $n = 1{,}4495$, dies entspricht einer typischen Dotierung im Kern einer Standard-Singlemode-Glasfaser. Reines GeO_2-Glas hat bei dieser Wellenlänge einen Brechungsindex $n = 1{,}5876$.

Literatur

1. D.J. Jackson, *Classical Electrodynamics*, 3. Aufl. (Wiley, New York, 1998)
2. J.D. Griffiths, *Elektrodynamik: Eine Einführung* (Pearson, München, 2011)
3. F. Träger (Hrsg.), *Handbook of Lasers and Optics*, 2. Aufl. (Springer, Berlin, 2012)
4. H. Meinke, F. Gundlach, *Taschenbuch der Hochfrequenztechnik: Band 1: Grundlagen*, 5. Aufl. (Springer, Berlin, 1992)
5. H. Weber, Einführung, in *Bergmann, Schaefer: Lehrbuch der Experimentalphysik, Bd. 3: Optik*, 10. Aufl. Hrsg. von L. Bergmann, C. Schaefer (Berlin: De Gruyter, 2004), 3–36
6. Heraeus Produktinformation, Quarzglas für die Optik-Daten und Eigenschaften. Techn. Ber. Heraeus Quarzglas GmbH Co. KG 2011
7. G. Reider, *Photonik*, 3. Aufl. (Springer, Wien, 2012)
8. Brinkmann et al. Optical Materials and their Properties, in *Handbook of Lasers and Optics*, 2. Aufl. Hrsg. von F. Träger (Springer, Berlin, 2012), 254–259.
9. K. Werber, Polarisation und Doppelbrechung des Lichtes, in *Bergmann, Schaefer: Lehrbuch der Experimentalphysik, Band 3: Optik*, 10. Aufl. Hrsg. von L. Bergmann, C. Schaefer (De Gruyter, Berlin, 2004), 481–632.
10. R. Sutherland, *Handbook of Nonlinear Optics*. (Marcel Dekker, New York, 1996)
11. R. Unbehauen, *Systemtheorie – Bd.2, Mehrdimensionale, adaptive und nichtlineare Systeme*, 7. Aufl. (Oldenbourg, München, 1998)
12. D. Marcuse. *Light Transmission Optics*. Bell Laboratories Series (Van Nostrand, New York, 1972)
13. T. Brown, H. LeMay, B. Bursten, *Chemie* (Pearson, München, 2007)
14. I. Maltison, Interspecimen comparison of the refractive index of fused silica. J. Opt. Soc. Am. **55**(10), 1205–1208 (1965)
15. J. Fleming, Dispersion in GeO_2–SiO_2 glasses. Appl. Opt. **23**(24), 4486–4493 (1984)
16. K. Kemeter, Herstellungsverfahren von Lichtwellenleitern, in *Optische Kommunikationstechnik*. Hrsg. von E. Voges, K. Petermann (Springer, Berlin, 2002), 261–276.
17. T. Izawa, S. Sudo, Advances in Optoelectronics, in *Optical Fibers: Materials and Fabrication*, Hrsg. von T. Okoshi. (KTK Scientific Publishers, Tokyo, 1987)
18. N.D. Nikogosyan, Multi-photon high-excitation-energy approach to fibre grating inscription. Meas. Sci. Technol **18**(1), R1–R18 (2007)
19. O. Butov, K. Golant, A. Tomashuk, M. van Stralen, A. Breuls, Refractive index dispersion of doped silica for fiber optics. Opt. Commun. **213**(4–6), 301–308 (2002)
20. G. Agrawal, *Nonlinear Fiber Optics*, 5. Aufl. (Academic Press, Amsterdam, 2013)
21. E. Voges, K. Petermann (Hrsg.), *Optische Kommunikationstechnik* (Springer, Berlin, 2002)
22. R. Kashyap, *Fiber Bragg Gratings*. 2. Aufl. (Academic Press, Burlington MA, 2010)

23. D. Leviton, J. Bradley, Temperature-dependent absolute refractive index measurements of synthetic fused silica. Conf. Optomechanical Technologies for Astronomy. Bd. 6273II. *Proceedings SPIE-International Society Optical Engineering*, Orlando, FL, USA, 2006, 62732K.
24. B. Edlen, The refractive index of air. Metrologia **2**(2), 71–80 (1966)
25. P. Ciddor, Refractive index of air: New equations for the visible and near infrared. Appl. Opt. **35**(9), 1566–1573 (1996)
26. J. Zhang, Z. Lu, L. Wang, Precision refractive index measurements of air, N_2, O_2, Ar, and CO_2 with a frequency comb. *Appl. Opt.* Bd. 47(17) (2008), 3143–3151.
27. N. Kitamura, K. Fukumi, J. Nishii, N. Ohno, Relationship between refractive index and density of synthetic silica glasses. J. Appl. Phys. **101**(12), 123533, 1–7 (2007)

Moden in Stufenindex-Glasfasern

3

In diesem Kapitel werden basierend auf den Wellengleichungen die geführten Wellenleitermoden in rotationssymmetrischen zylindrischen Wellenleitern vorgestellt. Wegen der großen technischen Bedeutung beschränken sich hier die Ausführungen auf Stufenindex-Glasfasern. Zur Diskussion nichtlinearer faseroptischer Effekte sind dabei Einmodenfasern (engl. *singlemode fiber*) besonders wichtig. In einigen neuen Anwendungen werden zukünftig auch Fasern eine Rolle spielen, in denen definiert einige wenige Moden ausbreitungsfähig sind (engl. *fewmode fiber*). Daher wird nachfolgend eine Übersicht sowohl über die Theorie der exakten Vektormoden als auch der Näherung der LP-Skalarmoden gegeben (Abb. 3.1). Abschließend werden die Eigenschaften der Grundmode einer beispielhaften Glasfaser vorgestellt. Zur Herleitung der Moden werden in diesem Kapitel ausschließlich einfrequente elektromagnetische Felder in verlustfreien linearen Medien betrachtet. Die Darstellung folgt grundlegenden Literaturquellen zum Thema dielektrischer Wellenleiter [1–4].

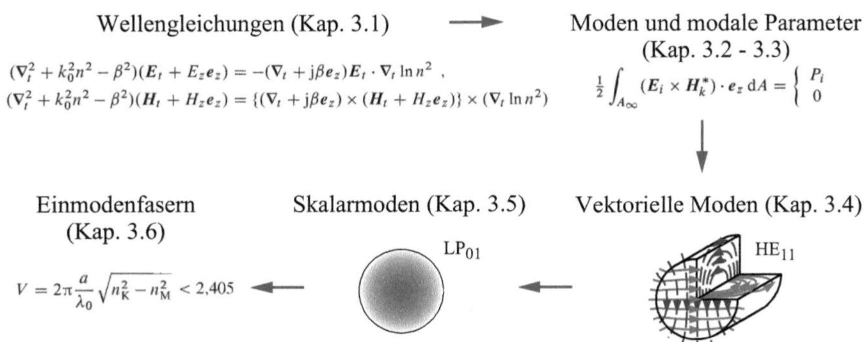

Abb. 3.1 Schematische Übersicht zum Aufbau von Kap. 3

R. Engelbrecht, *Nichtlineare Faseroptik*,
DOI 10.1007/978-3-642-40968-4_3

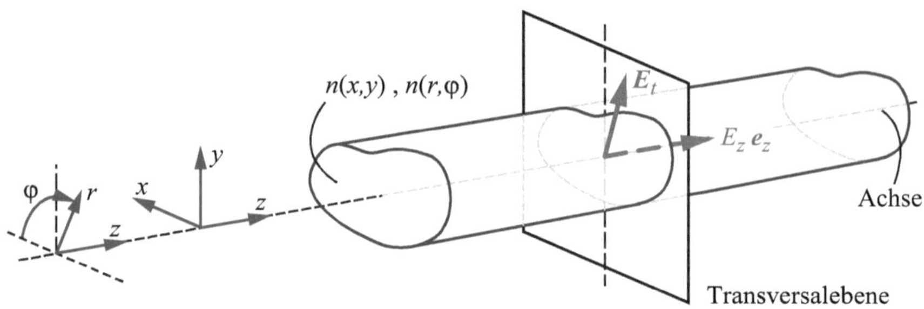

Abb. 3.2 Skizze eines in z-Richtung gleichförmigen dielektrischen Wellenleiters mit im Querschnitt beliebig variablem Brechungsindex n

3.1 Wellengleichung in zylindrischen Wellenleitern

Zylindrische dielektrische Wellenleiter haben entlang der Zylinderachse ein gleichförmiges Querschnittsprofil des Brechungsindex n. Der Zylinderachse wird im Folgenden die z-Koordinate zugeordnet. Die Querschnittsebene, auch Transversalebene genannt, steht senkrecht auf der Zylinderachse. In der Transversalebene können kartesische Koordinaten (x, y) oder zylindrische Koordinaten (r, ϕ) verwendet werden, je nach Geometrie des Wellenleiters. Im Folgenden werden ausschließlich elektromagnetische Felder betrachtet, die zeitharmonisch mit der Frequenz ω oszillieren. Daher wird ein komplexer Ansatz für die Feldgrößen gewählt. Lösungen der Wellengleichung, die bei der Ausbreitung entlang der Wellenleiterachse ihre geometrische Struktur des elektromagnetischen Feldes beibehalten, werden geführte Wellenleiter-Moden genannt. In Richtung der $+z$-Koordinate ändern sich bei diesen Moden lediglich die Phasen der Felder mit dem Phasenterm der Wellenausbreitung $\mathrm{e}^{-\mathrm{j}\beta z}$. Dabei ist β das für jede Mode zu bestimmende Phasenmaß. Aufgrund der zylindrischen Geometrie ist es weiterhin sinnvoll, alle Feldkomponenten in einen transversalen Anteil und einen longitudinalen Anteil in z-Richtung zu separieren, wie in Abb. 3.2 dargestellt. Diese Feldkomponenten $\boldsymbol{E}_t$, $\boldsymbol{H}_t$ sowie E_z und H_z sind nur abhängig von den Koordinaten der Transversalebene, aber nicht mehr von z. Wir setzen an:

$$\boldsymbol{E} = (\boldsymbol{E}_t + E_z \boldsymbol{e}_z)\, \mathrm{e}^{-\mathrm{j}\beta z}, \tag{3.1a}$$

$$\boldsymbol{H} = (\boldsymbol{H}_t + H_z \boldsymbol{e}_z)\, \mathrm{e}^{-\mathrm{j}\beta z}. \tag{3.1b}$$

Entsprechend lässt sich auch der Nabla-Operator ∇ separieren:

$$\nabla = \nabla_t + \boldsymbol{e}_z \frac{\partial}{\partial z}. \tag{3.2}$$

Ziel ist es nun, die geometrische Struktur der Wellenleitermoden, beschrieben durch $\boldsymbol{E}_t$, $\boldsymbol{H}_t$ und E_z und $\boldsymbol{H}_z$, sowie deren Phasenmaß β zu bestimmen. Dazu setzen wir die Ansätze nach Gl. (3.1a) und (3.1b) unter Verwendung von Gl. (3.2) in die exakten vektoriellen Wellengleichungen in inhomogenen Medien Gl. (3.3a) und (3.3b) ein [3]:

$$(\nabla_t^2 + k_0^2 n^2 - \beta^2)(\boldsymbol{E}_t + E_z \boldsymbol{e}_z) = -(\nabla_t + \mathrm{j}\beta \boldsymbol{e}_z)\boldsymbol{E}_t \cdot \nabla_t \ln n^2, \tag{3.3a}$$

$$(\nabla_t^2 + k_0^2 n^2 - \beta^2)(\boldsymbol{H}_t + H_z \boldsymbol{e}_z) = \{(\nabla_t + \mathrm{j}\beta \boldsymbol{e}_z) \times (\boldsymbol{H}_t + H_z \boldsymbol{e}_z)\} \times (\nabla_t \ln n^2). \tag{3.3b}$$

Darin ist $k_0 = \omega/c_0$ die Ausbreitungskonstante im Vakuum und n der im Querschnitt beliebig variable Brechungsindex $n(x, y)$ oder $n(r, \phi)$.

Alternativ kann der Ansatz nach Gl. (3.1a) und (3.1b) auch direkt in die Maxwell-Gleichungen Gl. (2.60) eingesetzt werden. Nach einigen Umformungen lassen sich die transversalen Feldgrößen in Abhängigkeit der longitudinalen Anteile darstellen [2, 3]:

$$\boldsymbol{E}_t = -\frac{\mathrm{j}}{n^2 k_0^2 - \beta^2}\left(\beta \nabla_t E_z - \sqrt{\frac{\mu_0}{\varepsilon_0}} k_0 \boldsymbol{e}_z \times \nabla_t H_z\right), \tag{3.4a}$$

$$\boldsymbol{H}_t = -\frac{\mathrm{j}}{n^2 k_0^2 - \beta^2}\left(\beta \nabla_t H_z + \sqrt{\frac{\varepsilon_0}{\mu_0}} k_0 n^2 \boldsymbol{e}_z \times \nabla_t E_z\right). \tag{3.4b}$$

Ohne weitere Rechnungen können aus Gl. (3.3a)–(3.4b) folgende allgemeine Aussagen getroffen werden:

- Der Term $\nabla_t \ln n^2$ in Gl. (3.3a) und (3.3b) koppelt in inhomogenen dielektrischen Medien, insbesondere in Wellenleitern, die transversalen und longitudinalen Feldkomponenten. Die Lösungen der Wellengleichung haben dann im Allgemeinen sowohl transversale als auch longitudinale Komponenten der Felder $\boldsymbol{E}$ und $\boldsymbol{H}$ und werden als Hybrid-Moden HE oder EH bezeichnet, wenn alle Feldkomponenten vorhanden sind. Sonderfälle, die keine longitudinale Komponente des Magnetfeldes haben, werden TM-Moden genannt (transversal magnetisch), bzw. TE-Moden, falls kein longitudinales elektrisches Feld vorhanden ist (transversal elektrisch). Nur in homogenen dielektrischen Medien können reine TEM-Wellen (transversal elektromagnetisch) als Lösungen existieren, die nur Transversalkomponenten von $\boldsymbol{E}$ und $\boldsymbol{H}$ haben, aber keine longitudinalen Komponenten besitzen.
- Auch in inhomogenen Medien müssen Gl. (3.3a) und (3.3b) nur für die longitudinalen Anteile E_z und H_z gelöst werden. Die transversalen Feldkomponenten können daraus stets mit Gl. (3.4a) und (3.4b) berechnet werden.
- Longitudinal- und Transversalkomponenten sind räumlich und zeitlich um $\pi/2$ phasenverschoben. In verlustfreien Medien haben das magnetische und elektrische Feld einer fortschreitenden Welle an einem Ort stets gleiche Phasen. Per Konvention setzen wir die Transversalkomponenten rein reellwertig an, die Longitudinalkomponenten sind dann rein imaginärwertig.

Diese Aussagen gelten unabhängig von der konkreten Geometrie oder Berandung eines Wellenleiters sowie unabhängig von der Wahl des Koordinatensystems.

3.2 Moden in Wellenleitern

Löst man die Wellengleichung unter Verwendung von Rand- und Stetigkeitsbedingungen geführter Wellen in einem Wellenleiter, so erhält man aufgrund der Lösungsmannigfaltigkeit einer charakteristischen Eigenwertgleichung (s. Kap. 3.4 und 3.5) eine Vielzahl an diskreten Lösungsfunktionen für die Felder $\boldsymbol{E}_i$ und $\boldsymbol{H}_i$ mit zugehörigem Phasenmaß β_i. Diese Lösungen werden Wellenleiter-Moden genannt. Jeder Mode wird ein Modenindex i zugeordnet, wobei ein positiver Modenindex $+i$ eine vorlaufende Welle in $+z$-Richtung bezeichnet, und $-i$ die entsprechende entgegengesetzt laufende Welle. Die von einer Mode i in $+z$-Richtung im zeitlichen Mittel transportierte Leistung P_i ergibt sich aus dem Satz von POYNTING zu

$$P_i = \iint \mathrm{Re}\,\{\boldsymbol{S}_i\} \cdot \boldsymbol{e}_z \,\mathrm{d}x\,\mathrm{d}y \tag{3.5a}$$

$$= \frac{1}{2} \iint (\boldsymbol{E}_i \times \boldsymbol{H}_i^*) \cdot \boldsymbol{e}_z \,\mathrm{d}x\,\mathrm{d}y \tag{3.5b}$$

$$= \mathrm{sgn}(i)\, |A_i|^2, \tag{3.5c}$$

wobei die Integration über die unendlich ausgedehnte Transversalebene auszuführen ist. Die Realteilbildung entfällt in verlustfreien Medien beim Übergang von Gl. (3.5a) zu (3.5b), da nur die per Konvention reellwertigen Transversalkomponenten zum Leistungstransport in z-Richtung beitragen und sich der Phasenterm der Wellenausbreitung stets aufhebt. Formal erhält man für rücklaufende Wellen negative Leistungen bzgl. der Zählrichtung in $+z$. A_i ist die Modenamplitude, die oft stellvertretend für die Feldamplituden verwendet wird und deren Betrag sich gemäß $|A_i| = \sqrt{P_i}$ einfach aus der Leistung einer Mode ergibt.

Zwei Moden i und k erfüllen die Orthonormierungs-Bedingung

$$\frac{1}{2} \iint_{A_\infty} (\boldsymbol{E}_i \times \boldsymbol{H}_k^*) \cdot \boldsymbol{e}_z \,\mathrm{d}x\,\mathrm{d}y = \begin{cases} P_i & \text{für} \quad i = k, \\ 0 & \text{für} \quad i \neq k. \end{cases} \tag{3.6a}$$

Moden mit unterschiedlichem Modenindex sind also im mathematischen Sinne orthogonal. Die Moden bilden somit eine Basis für einen Satz an Funktionen, mit denen eine beliebige Feldverteilung $\boldsymbol{E}$ im Querschnitt des Wellenleiters als Reihenentwicklung der Moden dargestellt werden kann. Die Entwicklungskoeffizienten sind dabei die Modenamplituden A_i gemäß

$$\boldsymbol{E} = \sum_i (A_i \boldsymbol{E}_{+i} + A_{-i} \boldsymbol{E}_{-i}) + \boldsymbol{E}_{\mathrm{rad}}. \tag{3.7}$$

$\boldsymbol{E}_{\mathrm{rad}}$ sind Feldanteile, die nicht im eigentlichen Wellenleiter geführt werden, sondern als nicht geführte Wellen abgestrahlt oder in einem den Wellenleiter umgebenden Mantel geführt werden. Solche Anteile können z. B. bei der Lichteinkopplung in den Wellenleiter oder an Störungen des Wellenleiters angeregt werden.

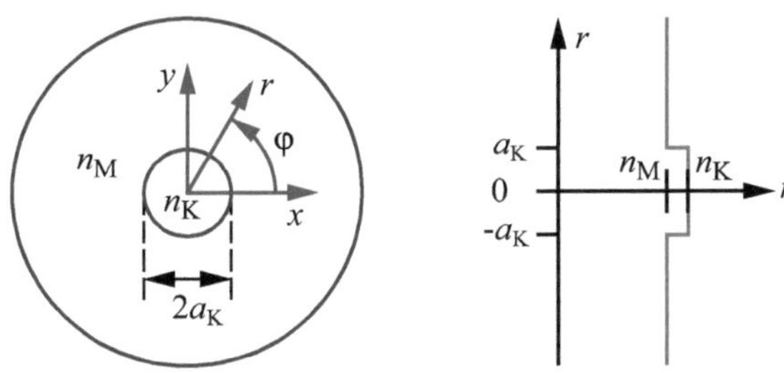

Abb. 3.3 Parameter und Brechzahlprofil einer rotationssymmetrischen Stufenindex-Faser

3.3 Definitionen der modalen Parameter

Einfache rotationssymmetrische Stufenindex-Wellenleiter sind durch die Kern- und Mantelbrechungsindizes n_K und n_M sowie durch den Kernradius a_K vollständig beschrieben. Der Mantel wird zur Berechnung der im Kern geführten Moden als unendlich ausgedehnt angenommen. Derartige Wellenleiter besitzen einen radialen Brechzahlverlauf $n(r)$ gemäß Abb. 3.3:

$$n(r) = \begin{cases} n_K & r \leq a_K, \quad \text{im Kern,} \\ n_M & r > a_K, \quad \text{im Mantel.} \end{cases} \tag{3.8}$$

Für eine vereinheitlichte Betrachtung verschiedener Kernradien und Brechzahlen werden folgende normierte Größen eingeführt [5]:

- Normierte radiale Koordinate: $R = r/a_K$.
- Normierte Brechzahldifferenz Δ:

$$\Delta = \frac{n_K^2 - n_M^2}{2n_K^2}. \tag{3.9}$$

- Normierte Frequenz, auch Faserparameter V genannt:

$$V = \frac{\omega}{c_0} a_K \sqrt{n_K^2 - n_M^2} = k_0\, a_K n_K \sqrt{2\Delta} = 2\pi \frac{a_K}{\lambda_0} n_K \sqrt{2\Delta}. \tag{3.10}$$

  Wie noch gezeigt wird, kann sich für $V < 2{,}405$ nur eine Mode in der Faser ausbreiten, man spricht dann von einer Einmoden- oder Singlemode-Glasfaser.
- Effektiver Brechungsindex n_{eff} und normierte Ausbreitungskonstante B:

$$n_{\text{eff}} = \beta/k_0, \tag{3.11}$$

$$B = \frac{\beta^2/k_0^2 - n_M^2}{n_K^2 - n_M^2} = \frac{n_{\text{eff}}^2 - n_M^2}{n_K^2 - n_M^2}. \tag{3.12}$$

  Geführte Moden besitzen einen effektiven Brechungsindex n_{eff} in den Grenzen $n_M < n_{\text{eff}} < n_K$. Für $B = 0$ entsprechen der effektive Brechungsindex und das Phasenmaß den Werten des Mantels, die zugeordnete Mode würde dann nicht vom Kern geführt werden. Für $B = 1$ entsprechen der effektive Brechungsindex und das Phasenmaß den Werten des Kerns, die zugeordnete Mode wird dann vollständig im Kern geführt.

- Modale Parameter U und W:

$$U = a_\mathrm{K}\sqrt{k_0^2 n_\mathrm{K}^2 - \beta^2} = V\sqrt{1-B}, \tag{3.13}$$

$$W = a_\mathrm{K}\sqrt{\beta^2 - k_0^2 n_\mathrm{M}^2} = V\sqrt{B}, \tag{3.14}$$

$$\text{mit} \quad V^2 = U^2 + W^2. \tag{3.15}$$

Für reellwertig positive Werte des modalen Mantel-Parameters W klingt die Amplitude der Welle umso rascher mit zunehmendem radialen Abstand vom Kern ab, je größer der Betrag von W ist. Dies ist ein Kennzeichen geführter Moden, wie in Kap. 3.4 diskutiert. Damit W reellwertig positiv ist, muss für den modalen Kern-Parameter $U < V$ gelten. Der Grenzfall $U = V_\mathrm{c}$ markiert damit die normierte Grenzfrequenz (engl. *cut-off*), oberhalb der eine bestimmte Mode ausbreitungsfähig ist.

Beispiel 3.1

Für die Brechzahlen bei der Wellenlänge $\lambda_0 = 1550$ nm aus Bsp. 2.4 ergibt sich eine normierte Brechzahldifferenz Δ von 0,00355 für Standard-Singlemodefasern. Wäre der Kern zu 100 % aus GeO_2-Glas, wäre $\Delta = 0{,}0861$. Eine runde homogene Faser aus reinem SiO_2-Glas hätte gegenüber Luft mit $n = 1{,}0003$ eine normierte Brechzahldifferenz von $\Delta = 0{,}26$.

Ziel der weiteren Rechnungen ist bei bekannten Parametern V, n_K, n_M neben der Berechnung der Feldgeometrie der Moden die Bestimmung der normierten Ausbreitungskonstante B und damit des effektiven Brechungsindex n_eff sowie des Phasenmaßes β für jede der ausbreitungsfähigen Moden.

3.4 Vektorielle Moden in Stufenindex-Fasern

Zu lösen sind nun die exakten vektoriellen Wellengleichungen in inhomogenen Medien nach Gl. (3.3a) und (3.3b). Aufgrund des Brechzahlsprungs an der Kern-Mantel-Grenzschicht besitzt der Term $\nabla_t \ln n^2$ dort eine Singularität. Daher werden die Gleichungen Gl. (3.3a) und (3.3b) in den bereichsweise homogenen Medien des Kerns und des Mantels getrennt gelöst und mit Hilfe der Stetigkeitsbedingungen der Felder zu einer Gesamtlösung kombiniert. Die Stetigkeitsbedingungen nach Gl. (2.107) beinhalten in diesem Fall die Information über die stufenweise Inhomogenität des Brechungsindex. Die Lösungen werden als Vektormoden bezeichnet, da deren elektrische und magnetische Felder Vektoren mit ortsvariablem Betrag und Richtung sind.

3.4.1 Lösungsansatz

Zunächst bestimmen wir die longitudinalen Feldkomponenten E_z und H_z, um daraus später mit Hilfe von Gl. (3.4a) und (3.4b) die transversalen Komponenten und damit das Gesamtfeld zu berechnen. E_z und H_z erfüllen wie in Kap. 2.4.2 beschrieben sowohl in kartesischen als auch in zylindrischen Koordinaten in den bereichsweise homogenen Kern- und Mantelbereichen die skalare Wellengleichung

$$(\nabla_t^2 + k_0^2 n^2 - \beta^2)\Psi_z = 0. \tag{3.16}$$

Darin ist Ψ_z eine Strukturfunktion, welche die Amplitude der z-Komponente des $\boldsymbol{E}$- oder $\boldsymbol{H}$-Feldes in Abhängigkeit der transversalen Koordinaten angibt.

Mit den modalen Parametern aus Kap. 3.3 kann die skalare Wellengleichung Gl. (3.16) für die longitudinalen Feldkomponenten unter Verwendung des Operators ∇_t in zylindrischen Koordinaten für den Kern- und Mantelbereich geschrieben werden:

$$\left\{\frac{\partial^2}{\partial R^2} + \frac{1}{R}\frac{\partial}{\partial R} + \frac{1}{R^2}\frac{\partial^2}{\partial \varphi^2} + U^2\right\}\Psi_z = 0; \quad 0 \le R < 1, \tag{3.17a}$$

$$\left\{\frac{\partial^2}{\partial R^2} + \frac{1}{R}\frac{\partial}{\partial R} + \frac{1}{R^2}\frac{\partial^2}{\partial \varphi^2} - W^2\right\}\Psi_z = 0; \quad 1 \le R < \infty. \tag{3.17b}$$

Diese Differentialgleichungen lassen sich mit einem Produktansatz in radiale Lösungsfunktionen $Z(R)$ und in azimutale Lösungsfunktionen $\Phi(\varphi)$ separieren:

$$\Psi(R,\varphi) = Z(R)\,\Phi(\varphi). \tag{3.18}$$

Die azimutale Lösung muss mit 2π periodisch sein. Man erhält als Lösungen die harmonischen Funktionen

$$\Phi(\varphi) = \mathrm{e}^{\pm \mathrm{j}\nu\varphi+\theta};\ \nu = 0, 1, 2, 3\dots. \tag{3.19}$$

Die azimutale Ordnungszahl ν ist dabei der erste Modenindex, der eine bestimmte Wellenleitermode kennzeichnet. Wir setzen für die azimutalen Strukturfunktionen des E-Feldes $f_\nu(\varphi)$ und H-Feldes $g_\nu(\varphi)$ an:

$$\Phi(\varphi) = f_\nu(\varphi) = \cos(\nu\varphi + \theta_f); \quad E\text{-Feld}, \tag{3.20a}$$

$$\Phi(\varphi) = g_\nu(\varphi) = \cos(\nu\varphi + \theta_g); \quad H\text{-Feld}, \tag{3.20b}$$

mit noch unbestimmten azimutalen Nullphasen θ_f und θ_g.

Die verbleibenden Differentialgleichungen für den radialen Anteil sind die bekannten BESSELschen Differentialgleichungen

$$\left\{\frac{\partial^2}{\partial R^2} + \frac{1}{R}\frac{\partial}{\partial R} + \left(U^2 - \frac{\nu^2}{R^2}\right)\right\} Z(R) = 0; \quad 0 \le R < 1, \tag{3.21a}$$

$$\left\{\frac{\partial^2}{\partial R^2} + \frac{1}{R}\frac{\partial}{\partial R} - \left(W^2 + \frac{\nu^2}{R^2}\right)\right\} Z(R) = 0; \quad 1 \leq R < \infty. \tag{3.21b}$$

Die zugehörigen radialen Lösungsfunktionen $Z(R)$ sind die Bessel-Funktionen im Kern und modifizierten Bessel-Funktionen im Mantel. Aus den möglichen Bessel-Funktionen werden im Kern die Bessel-Funktionen erster Gattung $J_\nu(UR)$ gewählt, da allein diese die Randbedingung erfüllen, bei $R = 0$ keine Singularität zu besitzen. Im Mantel werden die modifizierten Bessel-Funktionen zweiter Gattung $K_\nu(WR)$ verwendet, da diese für die gesuchten im Kern geführten Moden die Randbedingung einer im Mantelbereich abklingenden Feldstärke gewährleisten. Ähnlich der Funktion e^{-WR} klingen diese umso schneller über dem Radius R ab, je größer der Betrag eines reellwertig positiven modalen Mantel-Parameters W ist.

Unter Verwendung der Stetigkeitsbedingungen bei $R = 1$ können die longitudinalen Feldkomponenten wie folgend geschrieben werden [3]:

$$E_z = C_E \frac{J_\nu(UR)}{J_\nu(U)} f_\nu(\varphi), \qquad H_z = C_H \frac{J_\nu(UR)}{J_\nu(U)} g_\nu(\varphi), \qquad 0 \leq R < 1, \tag{3.22a}$$

$$E_z = C_E \frac{K_\nu(WR)}{K_\nu(W)} f_\nu(\varphi), \qquad H_z = C_H \frac{K_\nu(WR)}{K_\nu(W)} g_\nu(\varphi), \qquad 1 \leq R < \infty. \tag{3.22b}$$

Mit diesen longitudinalen Feldkomponenten können mit Gl. (3.4a) und (3.4b) die transversalen Komponenten $\boldsymbol{E}_t$ und $\boldsymbol{H}_t$ analytisch berechnet werden. Dabei können sowohl kartesische wie auch zylindrische Einheitsvektoren für die transversalen Feldkomponenten verwendet werden. Entsprechende Lösungsfunktionen sind in [3–4] tabelliert. Bis auf das Phasenmaß β, den noch unbestimmten Konstanten C_E und C_H des Ansatzes sowie den azimutalen Nullphasen θ_f und θ_g sind somit die Geometrien der Felder $\boldsymbol{E}$ und $\boldsymbol{H}$ funktional bestimmt.

3.4.2 Eigenwertgleichung

Die Gesamtfelder $\boldsymbol{E}$ und $\boldsymbol{H}$ müssen die Stetigkeitsbedingungen an der Kern-Mantel-Grenzfläche bei $R = 1$ erfüllen. Vorteilhaft wird dafür eine Beschreibung der transversalen Feldkomponenten mit Einheitsvektoren eines zylindrischen Koordinatensystems $\boldsymbol{e}_r$ und $\boldsymbol{e}_\varphi$ verwendet, da diese auf der Kern-Mantel-Grenzfläche den Normal- und Tangentialkomponenten entsprechen. Aus den Stetigkeitsbedingungen ergibt sich ein lineares Gleichungssystem zur Bestimmung der noch unbekannten Konstanten C_E und C_H. Dieses ist nur lösbar, wenn die Determinante der Koeffizientenmatrix des Gleichungssystems zu Null wird. Daraus ergibt sich zunächst eine Bedingung für die Nullphasen der azimutalen Strukturen [1]:

$$\frac{\sin(\nu\varphi + \theta_f)\sin(\nu\varphi + \theta_g)}{\cos(\nu\varphi + \theta_f)\cos(\nu\varphi + \theta_g)} = \pm 1. \tag{3.23}$$

Diese Bedingung ist nur dann erfüllt, wenn gilt:

$$\theta_g = \theta_f \pm \pi/2. \tag{3.24}$$

Wird also z. B. für die azimutale Strukturfunktion des $\boldsymbol{E}$-Feldes eine Sinus-Funktion gewählt, muss für die des $\boldsymbol{H}$-Feldes eine Cosinus-Funktion verwendet werden, und umgekehrt. Es ergeben sich folgende zwei zueinander mathematisch orthogonale azimutale Ausrichtungen einer Mode für eine in $+z$-Richtung laufende Welle [3, 4]:

$$f_\nu^g(\varphi) = \cos(\nu\varphi), \qquad g_\nu^g(\varphi) = -\sin(\nu\varphi) \qquad \text{für gerade Moden (g),} \tag{3.25a}$$

$$f_\nu^u(\varphi) = \sin(\nu\varphi), \qquad g_\nu^u(\varphi) = \cos(\nu\varphi) \qquad \text{für ungerade Moden (u).} \tag{3.25b}$$

Die geraden und ungeraden Moden unterscheiden sich geometrisch lediglich in einer Rotation des Feldbildes um $\pi/(2\nu)$ um die Faserachse z. Im Weiteren werden nur die geraden Moden betrachtet, alle Überlegungen gelten auch immer für die ungeraden Moden.

Der verbleibende winkelunabhängige Teil der Determinante ergibt die Eigenwertgleichung der Vektormoden [1]

$$\left(\frac{J_\nu'(U)}{UJ_\nu(U)} + \frac{K_\nu'(W)}{WK_\nu(W)}\right)\left(\frac{J_\nu'(U)}{UJ_\nu(U)} + \frac{n_\mathrm{M}^2}{n_\mathrm{K}^2}\frac{K_\nu'(W)}{WK_\nu(W)}\right) = \left(\frac{\nu\beta}{k_0 n_\mathrm{K}}\right)^2\left(\frac{V}{UW}\right)^4. \tag{3.26}$$

Die Parameter V, n_K, n_M der Faser sind dabei bekannt. Gesucht ist das Phasenmaß β so, dass die daraus abgeleiteten normierten Parameter B, U, W die Eigenwertgleichung Gl. (3.26) erfüllen. Da in allen Termen das Phasenmaß β quadratisch eingeht, ist mit $-\beta$ stets auch eine rücklaufende Welle eine Lösung.

Die Lösung der Eigenwertgleichung Gl. (3.26) muss numerisch erfolgen. Eine grafische Lösung erhält man, wenn man die Termwerte der linken Seite von Gl. (3.26) in Abhängigkeit von B mit L_ν bezeichnet und mit den Termwerten der rechten Seite R_ν in ein gemeinsames Diagramm einzeichnet. Aus den Abszissen der Schnittpunkte der Kurven gleicher Ordnung ν erhält man die normierten Ausbreitungskonstanten B der jeweiligen Moden. Abbildung 3.4 zeigt ein Beispiel einer grafischen Lösung für eine normierte Frequenz $V = 5$ bei einer normierten Brechzahldifferenz $\Delta = 0{,}3$. Daraus ist ersichtlich, dass es für eine bestimmte azimutale Ordnung ν mehrere Lösungen geben kann. Für die weitere Diskussion werden nun die azimutalen Ordnungen $\nu = 0$ und $\nu > 0$ getrennt betrachtet.

3.4.3 TM- und TE-Moden, $\nu = 0$

Zunächst betrachten wir Moden der azimutalen Ordnung $\nu = 0$. Die Eigenwertgleichung vereinfacht sich dann mit den Eigenschaften der Bessel-Funktionen $J_0'(U) = -J_1(U)$ und $K_0'(W) = -K_1(W)$ zu

$$\left(\frac{J_1(U)}{UJ_0(U)} + \frac{K_1(W)}{WK_0(W)}\right)\left(\frac{J_1(U)}{UJ_0(U)} + \frac{n_\mathrm{M}^2}{n_\mathrm{K}^2}\frac{K_1(W)}{WK_0(W)}\right) = 0. \tag{3.27}$$

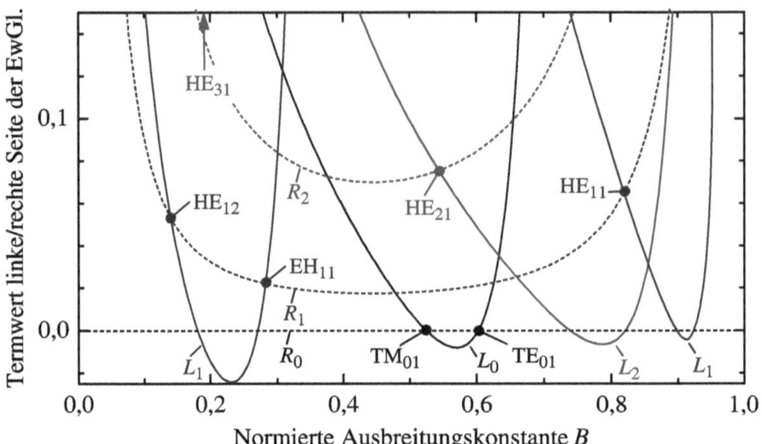

Abb. 3.4 Grafische Lösung der vektoriellen Eigenwertgleichung Gl. (3.26). Dargestellt ist jeweils der Termwert der linken Seite L_ν und der rechten Seite R_ν für die azimutalen Modenordnungen $\nu \in \{0, 1, 2\}$. Aus dem m-ten Schnittpunkt der Kurven gleicher azimutaler Ordnung ν ergibt sich die normierte Ausbreitungskonstante B einer vektoriellen Mode νm. Aus Gründen der Übersichtlichkeit sind die Kurven für $\nu = 3$ nicht dargestellt, lediglich die Abszisse des einzigen sich ergebenden Schnittpunktes ist mit einem Pfeil markiert

Lösungen ergeben sich entweder aus den Nullstellen der linken oder der rechten Klammer. Weiterhin ergibt sich aus Gl. 3.25a und 3.25b, dass für $\nu = 0$ entweder die Funktion $f_0(\varphi)$ oder $g_0(\varphi)$ zu Null wird:

$$f_0(\varphi) = 1, \qquad g_0(\varphi) = 0 \qquad \text{für TM-Moden,} \tag{3.28a}$$

$$f_0(\varphi) = 0, \qquad g_0(\varphi) = 1 \qquad \text{für TE-Moden.} \tag{3.28b}$$

Für $g_0 = 0$ verschwindet das longitudinale Magnetfeld, es ergeben sich daraus TM-Moden, und analog für $f_0 = 0$ TE-Moden. Da es keine Abhängigkeit vom Winkel φ gibt, sind diese Moden rotationssymmetrisch und können nicht mehr in gerade oder ungerade Moden unterschieden werden.

Mit Hilfe der Stetigkeitsbedingungen kann gezeigt werden, dass Lösungen der Eigenwertgleichung Gl. (3.27) aus Nullstellen der rechten Klammer mit den TM-Moden korrespondieren, und Nullstellen der linken Klammer mit TE-Moden. Aufgrund des oszillierenden Verhaltens der Bessel-Funktion $J_1(U)$ ergeben sich als Lösungen eine Vielzahl an diskreten Nullstellen mit dem radialen Modenindex $m = 1, 2, 3 \ldots$, die als $\text{TM}_{0\text{m}}$- und $\text{TE}_{0\text{m}}$-Moden bezeichnet werden. Durch die Nullstellen der Eigenwertgleichung sind diskrete Zahlenwerte für die modalen Parameter U und W und somit der normierten Ausbreitungskonstanten B bestimmt, aus denen sich die zugehörigen Phasenmaße β_i und effektiven Brechungsindizes $n_{\text{eff,i}}$ dieser Moden ergeben. Es gilt

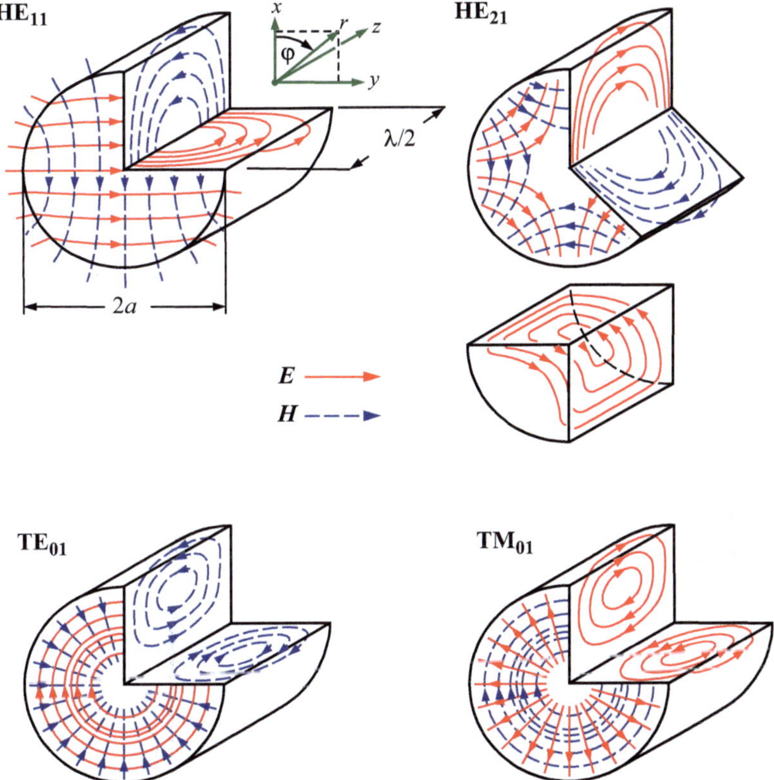

Abb. 3.5 Feldlinienbilder einiger Vektormoden niedriger Ordnung in einer Stufenindexfaser nach [6]. Dargestellt ist jeweils ein Fasersegment der Länge $\lambda/2$, die schwarze Konturlinie ist der Rand des Faserkerns

$$n_{\text{eff}}(\text{TM}_{01}) > n_{\text{eff}}(\text{TM}_{02}) > n_{\text{eff}}(\text{TM}_{03})\ldots, \tag{3.29a}$$

$$n_{\text{eff}}(\text{TE}_{01}) > n_{\text{eff}}(\text{TE}_{02}) > n_{\text{eff}}(\text{TE}_{03})\ldots, \tag{3.29b}$$

$$n_{\text{eff}}(\text{TE}_{0m}) \geq n_{\text{eff}}(\text{TM}_{0m}). \tag{3.29c}$$

Damit ist die Struktur und das Phasenmaß aller TE- und TM-Moden vollständig bestimmt. Die Konstanten des Ansatzes C_E für TM-Moden und C_H für TE-Moden werden abschließend so bestimmt, dass die Normierungsbedingung bzgl. der Leistung nach Gl. (3.5b) erfüllt ist. Eine Tabelle der resultierenden Strukturfunktionen für alle Feldkomponenten der Moden ist in [3] zu finden. Die Konstanten C_E und C_H sind in [4] übersichtlich zusammengestellt. Eine grafische Darstellung einiger Vektormoden nach [6] ist in Abb. 3.5 abgebildet.

3.4.4 HE- und EH-Moden, $\nu > 0$

Aufgrund des oszillierenden Verhaltens der Bessel-Funktionen J_ν ergibt sich auch für $\nu > 0$ eine Vielfalt an Lösungen, die sich wiederum in zwei Familien einteilen lassen, da die Eigenwertgleichung den Charakter einer quadratischen Gleichung hat. Zur weiteren Diskussion werden nach [4] folgende Abkürzungen eingeführt:

$$x = \frac{J'_\nu(U)}{UJ_\nu(U)}, \qquad b = \frac{K'_\nu(W)}{WK_\nu(W)}, \qquad c = \left(\frac{\nu\beta}{k_0 n_\mathrm{K}}\right)^2 \left(\frac{V}{UW}\right)^4. \tag{3.30}$$

Die Eigenwertgleichung lautet damit

$$x^2 + \left(1 + \frac{n_\mathrm{M}^2}{n_\mathrm{K}^2}\right) bx + \left(\frac{n_\mathrm{M}^2}{n_\mathrm{K}^2} b^2 - c\right) = 0. \tag{3.31}$$

Diese quadratische Gleichung in x hat zwei Lösungsfamilien x_EH und x_HE. Diese lauten unter Verwendung der normierten Brechzahldifferenz Δ und mit Hilfe der Identität $n_\mathrm{M}^2/n_\mathrm{K}^2 = 1 - 2\Delta$

$$x_\mathrm{EH,HE} = -b(1 - \Delta) \pm \sqrt{b^2\Delta^2 + c}. \tag{3.32}$$

Lösungen für das $+$-Zeichen sind per Konvention die Familie der EH-Moden , diejenigen für das $-$-Zeichen Lösungen aus der Familie der HE-Moden. Zu jedem azimutalen Modenindex ν können aufgrund des oszillierenden Verhaltens der Bessel-Funktionen in jeder Familie mehrere Lösungen existieren, die mit dem ganzzahligen Modenindex $m = 1, 2, 3\ldots$ numeriert werden. Jede mögliche Lösung entspricht genau einer Mode $\mathrm{EH}_{\nu m}$ oder $\mathrm{HE}_{\nu m}$, mit zugeordnetem Phasenmaß $\beta(\mathrm{EH}_{\nu m})$ oder $\beta(\mathrm{HE}_{\nu m})$ als Eigenwert. Über die modalen Parameter $U(\beta)$ und $W(\beta)$ ist damit auch die radiale Struktur aller Moden gemäß Gl. (3.22a) und (3.22b) bestimmt. Die Phasenmaße β sowie die effektiven Brechungsindizes $n_\mathrm{eff} = \beta/k_0$ der Moden folgen innerhalb einer radialen Ordnung ν stets der Sequenz

$$n_\mathrm{eff}(\mathrm{HE}_{\nu 1}) > n_\mathrm{eff}(\mathrm{HE}_{\nu 2}) > n_\mathrm{eff}(\mathrm{HE}_{\nu 3})\ldots, \tag{3.33a}$$

$$n_\mathrm{eff}(\mathrm{EH}_{\nu 1}) > n_\mathrm{eff}(\mathrm{EH}_{\nu 2}) > n_\mathrm{eff}(\mathrm{EH}_{\nu 3})\ldots, \tag{3.33b}$$

$$n_\mathrm{eff}(\mathrm{HE}_{\nu m}) > n_\mathrm{eff}(\mathrm{EH}_{\nu m}). \tag{3.33c}$$

Daraus kann abgeleitet werden, dass Moden mit niedrigerer Ordnung m das elektrische Feld stärker im Kern konzentrieren als höhere Moden, da der Kern im Vergleich zum Mantel einen größeren Brechungsindex besitzt. Insbesondere werden HE-Moden stärker im Kern geführt als EH-Moden gleicher Ordnung.

Bei den HE- und EH-Moden haben sowohl das E- als auch das H-Feld eine longitudinale Komponente, daher werden diese Moden als Hybridmoden bezeichnet. C_E und C_H in Gl. (3.22) sind dann beide ungleich Null. Aus den Stetigkeitsbedingungen lässt sich das Verhältnis dieser Konstanten ableiten:

$$\frac{C_H}{C_E} = \nu\,\frac{n_\mathrm{eff}}{Z_0} \left(\frac{V}{UW}\right)^2 \left(\frac{J'_\nu(U)}{UJ_\nu(U)} + \frac{K'_\nu(W)}{WK_\nu(W)}\right)^{-1}. \tag{3.34}$$

Tab. 3.1 Bestimmung der normierten Grenzfrequenzen V_c der Vektormoden

Mode	Grenzfrequenz V_c	Bemerkung
HE_{11}	0-te Nullstelle von $J_1(U)$	$V_c = 0$
HE_{1m}	$(m-1)$-te Nullstelle von $J_1(U)$	$\nu = 1$
$HE_{\nu m}$	m-te Nullstelle von $\frac{UJ_{\nu-2}(U)}{(\nu-1)J_{\nu-1}(U)} + \frac{2\Delta}{1-2\Delta}$	$\nu \geq 2$
$EH_{\nu m}$	m-te Nullstelle von $J_\nu(U)$	$\nu \geq 1$
TE_{0m},TM_{0m}	m-te Nullstelle von $J_0(U)$	$\nu = 0$

Dieses Verhältnis ist für jede Mode i separat zu bestimmen, unter Verwendung der bisherigen Ergebnisse für das Phasenmaß β_i und den abgeleiteten Größen $n_{\text{eff},i}$, U_i, W_i aus der Eigenwertgleichung. Die Absolutwerte für C_E und C_H werden schließlich so bestimmt, dass die Normierungsbedingung für die Strukturfunktionen erfüllt ist. Eine Tabelle der resultierenden Strukturfunktionen für alle Feldkomponenten der Moden ist wiederum in [3] zu finden, die Normierungskonstanten sind ebenfalls in [4] übersichtlich zusammengestellt.

Eine grafische Darstellung der Feldlinien einiger Vektormoden ist in Abb. 3.5 abgebildet. Dabei ist stets zu beachten, dass es zu jeder azimutalen Ordnung $\nu > 0$ mit den Varianten gerade und ungerade genau zwei mathematisch orthogonale azimutale Feldgeometrien gibt, die sich um eine azimutale Drehung um $\pi/(2\nu)$ unterscheiden. Betrachtet man Feldlinien des Realteils in der Transversalebene, so sind die Felder an jedem Ort im Querschnitt linear polarisiert. Die Polarisationsrichtung ist aber im Querschnitt variabel, im Gegensatz zu den einheitlich polarisierten LP-Moden (s. Kap. 3.5).

3.4.5 Grenzfrequenzen und effektive Brechungsindizes

Damit bei einer bestimmten normierten Frequenz V eine Mode i vom Kern geführt und damit ausbreitungsfähig ist, muss deren modaler Parameter $U_i < V$ sein, denn nur dann klingt die Welle im Mantel wegen $W_i > 0$ mit zunehmender Entfernung vom Kern ab. Die Bedingung $U_{c,i} = V_{c,i}$ markiert also eine Grenzfrequenz $V_{c,i}$ (cut-off), oberhalb derer eine bestimmte Mode i ausbreitungsfähig ist. Um V_c zu bestimmen, werden asymptotische Lösungen U_c der Eigenwertgleichungen gesucht, wenn gleichzeitig $W \to 0$ geht. Eine Übersicht der resultierenden Bestimmungsgleichungen für die normierten Grenzfrequenzen V_c nach [2] ist in Tab. 3.1 zu finden. Beispielhafte Zahlenwerte sind in Tab. 3.2 aufgelistet. Für die Grenzfrequenzen gilt:

Tab. 3.2 Normierten Grenzfrequenzen V_c der Vektormoden einer Stufenindexfaser mit normiertem Brechungsindex $\Delta = 0{,}3$

	Grenzfrequenz V_c			Moden
	$m = 1$	$m = 2$	$m = 3$	
$\nu = 0$	2,405	5,520	8,654	TM,TE
$\nu = 1$	0,000	3,832	7,016	HE
$\nu = 1$	3,832	7,016	10,173	EH
$\nu = 2$	2,853	5,769	8,837	HE
$\nu = 2$	5,136	8,417	11,620	EH

- Die HE_{11}-Mode besitzt als einzige eine Grenzfrequenz $V_c = 0$ und ist stets ausbreitungsfähig. Sie wird daher als Grundmode bezeichnet. Unterhalb der normierten Frequenz $V = 2{,}405$ ist nur die HE_{11}-Mode ausbreitungsfähig. Dies ist die bekannte Bedingung für eine Singlemode-Faser

$$V = 2\pi \frac{a_K}{\lambda_0} n_K \sqrt{2\Delta} < 2{,}405. \tag{3.35}$$

- Die Moden TM_{0m} und TE_{0m} besitzen die gleiche Grenzfrequenz, haben aber für $V > V_c$ unterschiedliche Ausbreitungskonstanten. TM_{01} und TE_{01} sind die beiden ersten höheren Moden, die nach dem HE_{11} ausbreitungsfähig sind.
- Die Moden $HE_{1(m+1)}$ und EH_{1m} haben ebenfalls die gleiche Grenzfrequenz.
- Die Grenzfrequenzen der Moden vom Typ $HE_{\nu m}$ sind für $\nu \geq 2$ abhängig von der normierten Brechzahldifferenz Δ, im Gegensatz zu den anderen Moden, deren normierte Grenzfrequenzen allgemeingültig sind.

Beispiel 3.2

In Tab. 3.2 sind die normierten Grenzfrequenzen V_c und in Abb. 3.6 der Verlauf der normierten Ausbreitungskonstante B in Abhängigkeit von der normierten Frequenz V für eine normierte Brechzahldifferenz $\Delta = 0{,}3$ dargestellt. Obwohl diese Brechzahldifferenz gemäß Bsp. 3.1 mit Quarzglasfasern nicht erreichbar ist, ist der Zahlenwert geeignet, die Unterschiede der dargestellten Größen für Vektormoden deutlich zu erkennen.

Die normierte Ausbreitungskonstante B bewegt sich für ausbreitungsfähige Moden zwischen null und eins, und somit nimmt der effektive Brechungsindex n_{eff} einer Mode Werte zwischen n_M und n_K an. Die Abhängigkeit der normierten Ausbreitungskonstante $B(V)$ und des effektiven Brechungsindex $n_{eff}(V)$ von der Frequenz selbst bei konstanten Materialparametern n_K und n_M wird als Wellenleiterdispersion bezeichnet. Daraus resultiert eine Abweichung des Frequenzgangs des Phasenmaßes β von einem linearen Anstieg $\beta \sim \omega$ über der Frequenz. Der Unterschied der Ausbreitungsgrößen n_{eff} bzw. β zwischen den Moden ist die Modendispersion. Dispersionseffekte werden in Kap. 4.2 weiter diskutiert.

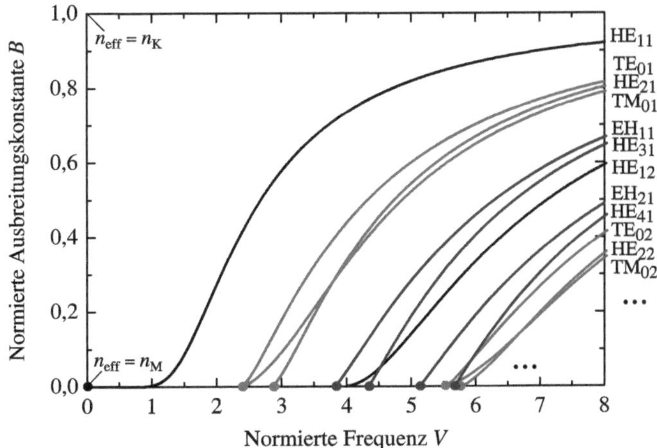

Abb. 3.6 Berechnete normierte Ausbreitungskonstante B einiger Vektormoden in Abhängigkeit von der normierten Frequenz V für $\Delta = 0{,}3$

Selbst für den Fall großer Brechzahldifferenzen Δ zeigen z. B. die Modengruppen TE_{01}, HE_{21}, TM_{01} oder EH_{11}, HE_{31} ein ähnliches Verhalten in Abb. 3.6. Für $\Delta \to 0$ entarten die Moden innerhalb einer solchen Gruppe und besitzen gleiche Ausbreitungsgrößen. Überlagerungen der Vektormoden zeigen dann entlang der Ausbreitung konstante Feldlinienbilder, die sogenannten LP-Moden, die im nächsten Abschnitt behandelt werden.

3.5 Skalare LP-Moden in schwach führenden Fasern

Übliche Stufenindex-Glasfasern auf Basis Germanium-dotierter Quarzglas-Fasern haben gemäß Bsp. 3.1 eine sehr kleine normierte Brechzahldifferenz Δ. In solchen Fasern können die Wellenleitermoden in sehr guter Näherung durch im Querschnitt homogen linear polarisierte Moden, den LP-Moden, beschrieben werden. Die skalaren Strukturfunktionen der LP-Moden geben lediglich die Feld- und damit die Intensitätsverteilung der Lichtwelle an, unabhängig von der Richtung des E-Feldvektors in der Transversalebene. Daher werden die LP-Moden auch als Skalarmoden bezeichnet.

Ähnlich zu ebenen TEM-Wellen in vollständig homogenen Medien besitzen die LP-Moden in schwach inhomogenen Wellenleitern vernachlässigbare longitudinale Feldkomponenten (z-Komponenten), und es existieren für jede Mode zwei orthogonale Polarisationszustände (E-Feld hat entweder nur x- oder y-Komponente) in transversaler Richtung mit gleichen Ausbreitungseigenschaften. Im Unterschied zur ebenen Welle ist die Feldstärke einer vom Wellenleiter geführten Mode aber eine Funktion der transversalen Koordinaten, z. B. r und φ für rotationssymmetrische Wellenleiter.

3.5.1 Skalare Wellengleichung und Lösungsfunktionen

Für das linear polarisierte und rein transversale elektrische Feld in rotationssymmetrischen Wellenleitern setzen wir für die beiden orthogonalen Polarisationszustände an:

$$\boldsymbol{E}_t^x(r,\varphi,z) = E(r,\varphi)\,\mathrm{e}^{-\mathrm{j}\beta z}\boldsymbol{e}_x, \quad \text{für } x\text{-Polarisation,} \tag{3.36a}$$

$$\boldsymbol{E}_t^y(r,\varphi,z) = E(r,\varphi)\,\mathrm{e}^{-\mathrm{j}\beta z}\boldsymbol{e}_y, \quad \text{für } y\text{-Polarisation.} \tag{3.36b}$$

Dies entspricht den beiden linear polarisierten, orthogonalen Polarisationsmoden jeder LP-Mode. Darin ist $E(r,\varphi)$ eine noch zu bestimmende skalare Strukturfunktion des $\boldsymbol{E}$-Feldes einer Mode, die unabhängig von dem Polarisationszustand die Amplituden der Felder in der Transversalebene angibt. β ist das Phasenmaß der Wellenausbreitung, das ebenfalls bestimmt werden muss. Dieser Ansatz löst die exakte Wellengleichung Gl. (3.3a) näherungsweise, wenn für den Fall kleiner lokaler Brechzahländerungen zwischen Kern und Mantel der Term $\nabla \ln n^2$ vernachlässigt wird. Nicht vernachlässigt wird aber die generelle Ortsabhängigkeit des Brechungsindex $n(r)$. Da der Ansatz kartesische Feldkomponenten (x oder y) verwendet, erfüllen auch die transversalen Komponenten des Ansatzes die skalare Wellengleichung Gl. (2.60). Darin eingesetzt ergeben die Ansätze für beide Polarisationszustände die folgende Differentialgleichung für die skalare Strukturfunktion $E(r,\varphi)$:

$$(\nabla_t^2 + k_0^2 n(r)^2 - \beta^2)E(r,\varphi) = 0. \tag{3.37}$$

Diese Gleichung muss an jedem Ort inklusive der Kern-Mantel-Grenzfläche bei $r = a_\mathrm{K}$ erfüllt sein. Wie bei den Vektormoden wählen wir einen Separationsansatz für die radiale und azimutale Abhängigkeit der Strukturfunktion:

$$E_\ell(r,\varphi) = Z_\ell(r)\begin{cases}\cos(\ell\varphi), & \text{für gerade Moden,}\\ \sin(\ell\varphi), & \text{für ungerade Moden.}\end{cases} \tag{3.38}$$

Darin ist ℓ der azimutale Modenindex mit Werten $\ell = 0, 1, 2, \ldots$, der sich aus der Periodizität der Lösungen über den Umfang ergibt. Zu jeder Lösung ℓ ergeben sich also mit Ausnahme der rotationssymmetrischen Moden mit $\ell = 0$ neben den zwei räumlich orthogonalen Polarisationszuständen auch jeweils zwei mathematisch orthogonale Lösungen der Strukturfunktion, die sich lediglich durch eine Rotation der Feld- und Intensitätsverteilung um $\pi/(2\ell)$ um die Faserachse unterscheiden. Dies ist in Abb. 3.7 am Beispiel der LP_{11}-Modengruppe dargestellt.

Mit dem Differentialoperator ∇_t in zylindrischen Koordinaten ergibt sich für die radiale Strukturfunktion $Z_\ell(r)$ wie bei den Vektormoden die BESSELsche Differentialgleichung

$$\frac{\mathrm{d}^2}{\mathrm{d}r^2} Z_\ell(r) + \frac{1}{r}\frac{\mathrm{d}}{\mathrm{d}r} Z_\ell(r) + \left(k^2 n(r)^2 - \beta^2 - \frac{l^2}{r^2}\right) Z_\ell(r) = 0. \tag{3.39}$$

Von allen möglichen Lösungsfunktionen $Z_\ell(r)$ werden aus gleichen Gründen wie bei den Vektormoden in Kap. 3.4.1 im Kern die Bessel-Funktionen erster Gattung $J_\ell(UR)$ gewählt,

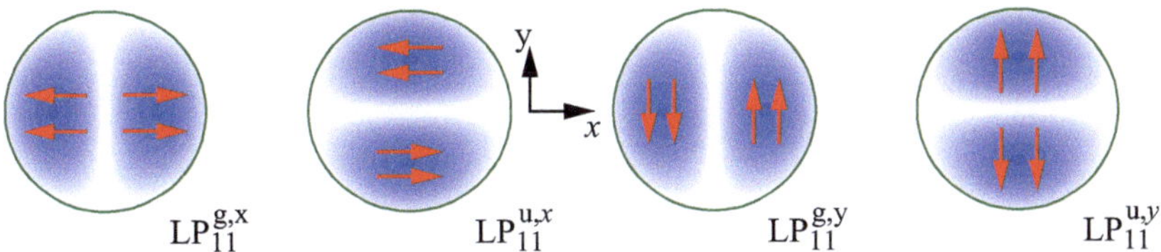

Abb. 3.7 Gerade (g) und ungerade (u) sowie in x- und in y-Richtung polarisierte Moden der LP_{11}-Modengruppe. Schattiert: Intensitätsverteilung; Pfeile: E-Feld

im Mantel die modifizierten Bessel-Funktionen zweiter Gattung $K_\ell(WR)$. Mit den Normierungen aus Kap. 3.3 ist $R = r/a_K$ wieder die normierte radiale Koordinate, U und W sind die modalen Parameter. Bekannt darin ist die normierte Frequenz V sowie die Kern- und Mantelbrechungsindizes. Gesucht ist wiederum der effektive Brechungsindex n_{eff} und damit das Phasenmaß β der Moden einer azimutalen Ordnung ℓ.

3.5.2 Eigenwertgleichung der LP-Moden

Damit Gl. (3.39) an allen Orten inklusive der Kern-Mantel-Grenzfläche unter Berücksichtigung des Sprungs im Brechungsindex $n(r)$ an dieser Stelle erfüllt ist, müssen sowohl die radiale Strukturfunktion $Z_\ell(r)$ als auch deren erste Ableitung $\mathrm{d}Z_\ell(r)/\mathrm{d}r$ stetig sein. Nur dann kann die zweite Ableitung $\mathrm{d}^2Z_\ell(r)/\mathrm{d}r^2$ bei $r = a_K$ einen endlich großen Sprung haben, der den Sprung des Brechungsindex $n(r)$ in Gl. (3.39) bei $r = a_K$ mathematisch ausgleicht. Im Fall eines Sprungs in der ersten Ableitung oder der Funktion selbst hätte die zweite Ableitung an dieser Stelle eine Singularität, und Gl. (3.39) wäre bei $r = a_K$ nicht erfüllbar. Die Stetigkeitsbedingungen der skalaren LP-Moden an der Kern-Mantel-Grenzschicht lauten also

$$\lim_{r\to a_K-} Z_\ell(r) = \lim_{r\to a_K+} Z_\ell(r), \qquad \lim_{r\to a_K-} \frac{\mathrm{d}}{\mathrm{d}r} Z_\ell(r) = \lim_{r\to a_K+} \frac{\mathrm{d}}{\mathrm{d}r} Z_\ell(r). \tag{3.40}$$

Die Stetigkeit der Lösungsfunktionen für Kern und Mantel bei $r = a_K$ bzw. $R = 1$ kann durch folgende Normierung der Bessel-Funktionen gewährleistet werden:

$$Z_\ell(R) = \begin{cases} \dfrac{J_\ell(UR)}{J_\ell(U)} & 0 \le R \le 1 \text{ (Kern)}, \qquad (3.41a) \\[2ex] \dfrac{K_\ell(WR)}{K_\ell(W)} & 1 < R < \infty \text{ (Mantel)}. \qquad (3.41b) \end{cases}$$

Die Stetigkeit der ersten Ableitung bei $R = 1$ führt zu einer Eigenwertgleichung zur Bestimmung der modalen Parameter U und W:

$$U\,\frac{J'_\ell(U)}{J_\ell(U)} = W\,\frac{K'_\ell(W)}{K_\ell(W)}. \tag{3.42}$$

Mit den Eigenschaften der Bessel-Funktionen kann dies in folgende zwei äquivalente Formen gebracht werden:

$$U\frac{J_{\ell+1}(U)}{J_\ell(U)} = W\frac{K_{\ell+1}(W)}{K_\ell(W)}, \tag{3.43a}$$

$$U\frac{J_{\ell-1}(U)}{J_\ell(U)} = -W\frac{K_{\ell-1}(W)}{K_\ell(W)}. \tag{3.43b}$$

Bei gegebener normierter Frequenz V ergeben sich aus den Lösungen der skalaren Eigenwertgleichung die modalen Parameter U und W und damit gemäß Gl. (3.13) und (3.14) die normierten Ausbreitungskonstanten der LP-Moden. Die Lösung der transzendenten Gleichung muss im Allgemeinen numerisch erfolgen. Eine grafische Lösung erhält man, wenn man die Termwerte der linken Seite in Abhängigkeit von B mit L_ℓ bezeichnet und mit den Termwerten der rechten Seite R_ℓ in ein gemeinsames Diagramm einzeichnet. Aus den Abszissen der Schnittpunkte der Kurven gleicher Ordnung ℓ erhält man die normierten Ausbreitungskonstanten B der jeweiligen Moden. Abbildung 3.8 zeigt zwei Beispiele einer grafischen Lösung für normierte Frequenzen $V = 2$ und $V = 5$.

Aufgrund des oszillierenden Verhaltens der Bessel-Funktionen sowie deren Nullstellen, die im Nenner der Eigenwertgleichung Polstellen der Termwerte erzeugen, ergibt sich für jede azimutale Modenordnung ℓ prinzipiell eine Mannigfaltigkeit an Lösungen $B_{\ell m}$ der Eigenwertgleichung, die in absteigender Reihenfolge sortiert und mit dem radialen Modenindex m numeriert werden. Jeder Mode $LP_{\ell m}$ ist damit bei gegebener normierter Frequenz V ein effektiver Brechungsindex $n_{\text{eff}}(\ell m)$ und ein Phasenmaß $\beta(\ell m)$ zugeordnet. Je nach Zahlenwert der normierten Frequenz V sind aber nur bestimmte Moden ausbreitungsfähig.

3.5.3 Grenzfrequenzen der LP-Moden

Für im Kern geführte Moden muss der modale Parameter $U \leq V$ sein, damit W reellwertig ist und die Feldstärke im Mantel schnell mit zunehmender radialer Koordinate r abklingt. Dies ist bei gegebener normierten Frequenz V nur für bestimmte ausbreitungsfähige Moden erfüllt. Die Bedingung $U_c = V_c$ markiert wie bei den Vektormoden eine normierte Grenzfrequenz V_c, oberhalb der eine bestimmte Mode $LP_{\ell m}$ ausbreitungsfähig ist. Für $U \to V$ geht $W \to 0$, und mit den Eigenschaften der Bessel-Funktionen kann gezeigt werden, dass dann die rechten Seiten der Gl. (3.43a) und (3.43b) ebenfalls gegen Null gehen. Die linke Seite muss dann auch Null sein, und als Grenzfrequenzen ergeben sich damit diejenigen Nullstellen der Bessel-Funktionen J im Zähler, für die nicht auch der Nenner gleichzeitig zu Null wird. In Tab. 3.3 sind die resultierenden Bestimmungsgleichungen der Grenzfrequenzen zusammengestellt, in Tab. 3.4 die Zahlenwerte der normierten Grenzfrequenzen V_c für einige LP-Moden. Daraus können folgende Erkenntnisse gewonnen werden:

- Die LP_{01}-Mode hat eine Grenzfrequenz von Null und ist stets ausbreitungsfähig. Diese wird daher als Grundmode bezeichnet.

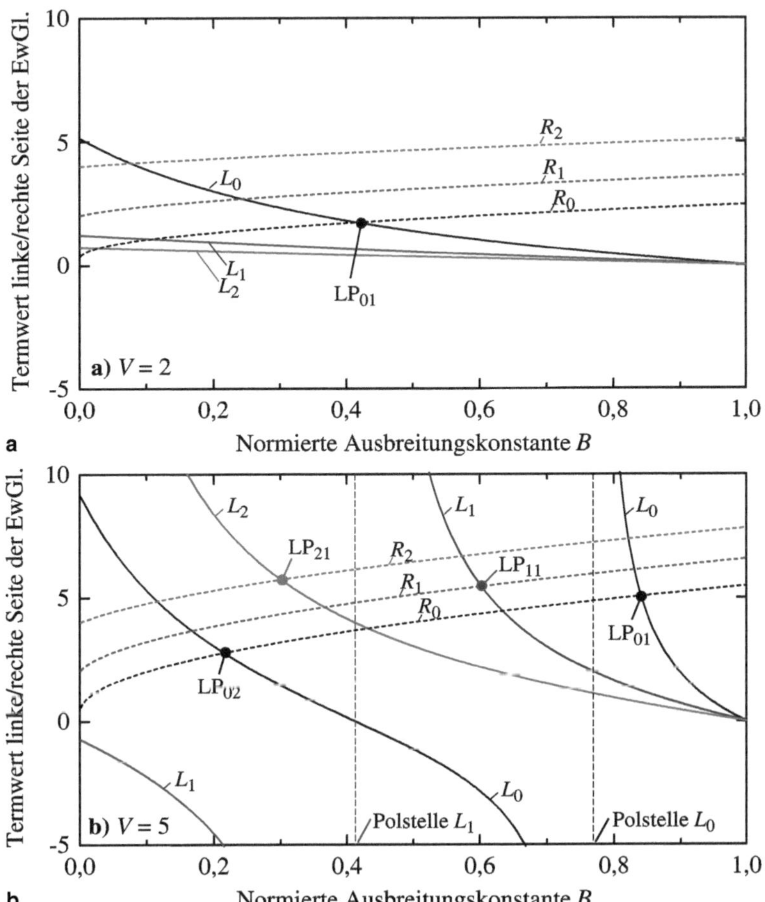

Abb. 3.8 Grafische Lösung der Eigenwertgleichung (EwGl.) der Skalarmoden. Dargestellt ist jeweils der Termwert der linken Seite L_ℓ und der rechten Seite R_ℓ der Eigenwertgleichung (EwGl.) Gl. (3.43a). Aus dem m-ten Schnittpunkt der Kurven gleicher azimutaler Ordnung ℓ ergibt sich die normierte Ausbreitungskonstante B einer Mode $\mathrm{LP}_{\ell m}$. **a** Normierte Frequenz $V = 2$. Es ergibt sich nur ein Schnittpunkt für $\ell = 0$. Dies ist die Grundmode LP_{01}. **b** Normierte Frequenz $V = 5$. Unter diesen Bedingungen sind vier LP-Moden ausbreitungsfähig, wie es auch in Tab. 3.4 zu erkennen ist

- Wie bei den exakten Vektormoden ist bis zu einer normierten Frequenz $V = 2{,}405$ nur die Grundmode ausbreitungsfähig. Die Singlemode-Bedingung ist also für Vektor- und Skalarmoden identisch:

$$V = 2\pi \frac{a_\mathrm{K}}{\lambda_0} n_\mathrm{K} \sqrt{2\Delta} < 2{,}405. \tag{3.44}$$

- Die normierten Grenzfrequenzen für alle LP-Moden sind allgemein gültig, sind also nicht selbst von der Brechzahldifferenz abhängig, solange die skalare Näherung für kleine Brechzahldifferenzen Δ verwendet wird.

Tab. 3.3 Bestimmung der normierten Grenzfrequenzen V_c der $LP_{\ell m}$-Moden

Moden	Grenzfrequenz V_c	Bemerkung
LP_{01}	$U = V_c = 0$	Grundmode
LP_{0m}	$(m-1)$-te Nullstelle von $J_1(U)$	$\ell = 0$
LP_{1m}	m-te Nullstelle von $J_0(U)$	$\ell = 1$
$LP_{\ell m}$	m-te Nullstelle von $J_{\ell-1}(U)$	$\nu > 1$

Tab. 3.4 Normierte Grenzfrequenzen V_c der skalaren LP-Moden

	Grenzfrequenz V_c			Moden
	$m=1$	$m=2$	$m=3$	
$\ell=0$	0	3,832	7,016	LP_{0m}
$\ell=1$	2,405	5,520	8,654	LP_{1m}
$\ell=2$	3,832	7,016	10,173	LP_{2m}
$\ell=3$	5,136	8,417	11,620	LP_{3m}

Für alle ausbreitungsfähigen Moden kann schließlich mit Hilfe der Eigenwertgleichung aus den Lösungen $U_{\ell m}$ das Phasenmaß $\beta(\ell m)$ und der effektive Brechungsindex $n_{\text{eff}}(\ell m)$ bestimmt werden. Die Lösung der transzendenten Eigenwertgleichung Gl. (3.42) muss numerisch erfolgen. Alternativ können folgende analytische Näherungsformeln für die normierte Ausbreitungskonstante B verwendet werden:

- Grundmode LP_{01}, $1{,}5 < V < 2{,}5$, Fehler kleiner 0,4 % nach [5, 7, 8]:

$$B_{01} \approx (1{,}1428 - 0{,}996/V)^2. \tag{3.45}$$

- Grundmode LP_{01}, $0 < V < \infty$, Fehler kleiner 1,3 %, exakt an den Grenzen, nach [5, 6, 9]:

$$B_{01} = 1 - U_{01}^2/V^2 \quad \text{mit} \quad U_{01} \approx \frac{2{,}405\ V}{1 + \left(3{,}897 + V^4\right)^{1/4}}. \tag{3.46}$$

- Höhere Moden $LP_{\ell m}$, $0 < V < \infty$, Fehler für U kleiner 2 % an den Grenzen nach [5, 6, 9]:

$$U_{\ell m} = V_c(\ell, m) \exp\left\{\frac{1}{s}\left(\arcsin\left(\frac{s}{V_c(\ell, m)}\right) - \arcsin\left(\frac{s}{V}\right)\right)\right\}, \tag{3.47}$$

  mit $s = \left(V_c(\ell, m)^2 - \ell^2 - 1\right)^{1/2}$ und der normierten Grenzfrequenz $V_c(\ell, m)$ einer Mode $LP_{\ell m}$.

Abbildung 3.9 zeigt einen Vergleich der numerischen Lösung der Eigenwertgleichung mit den analytischen Näherungslösungen zur Bestimmung der normierten Ausbreitungskonstante $B(V)$. Wie bei den Vektormoden ist daraus sowohl die Wellenleiterdispersion innerhalb einer Mode als auch die Modendispersion ersichtlich. Im Gegensatz zu den

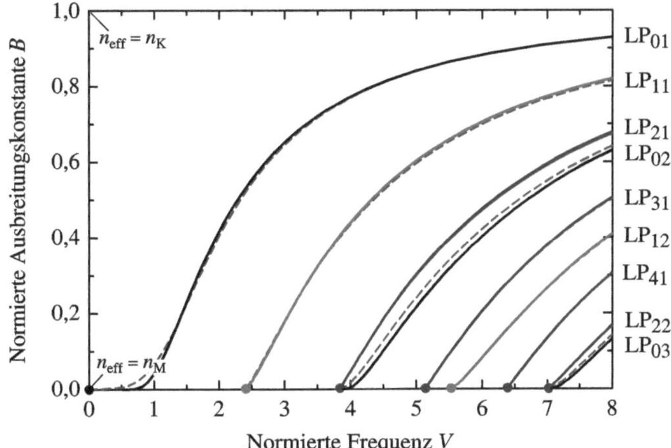

Abb. 3.9 Normierte Ausbreitungskonstante B einiger LP-Moden in Abhängigkeit von der normierten Frequenz V. Durchgezogen: Numerische Lösung der Eigenwertgleichung Gl. (3.42). Gestrichelt: Analytische Näherungen Gl. (3.45)– (3.47)

Vektormoden ist das Dispersionsdiagramm für die Skalarmoden allgemeingültig für alle Kern- und Mantelbrechzahlen, solange die normierte Brechzahldifferenz klein ist, als Voraussetzung für die Gültigkeit der Näherung der Skalarmoden.

3.5.4 Intensitätsverteilung der LP-Moden

Mit den Ergebnissen der vorhergehenden Unterkapitel sind wir nun in der Lage, die transversale elektrische Feldstärke der $\mathrm{LP}_{\ell m}$-Moden analytisch anzugeben. Für gerade Moden mit x-Polarisation erhalten wir

$$\boldsymbol{E}_{t,\ell m}(r,\varphi,z) = \boldsymbol{e}_x E_{0,\ell m}\,\mathrm{e}^{-\mathrm{j}\beta z}\cos(\ell\varphi)\begin{cases}\dfrac{J_\ell(U_{\ell m}r/a_\mathrm{K})}{J_\ell(U_{\ell m})} & 0 < r \leq a_\mathrm{K}\ \text{(Kern)},\\[2ex] \dfrac{K_\ell(W_{\ell m}r/a_\mathrm{K})}{K_\ell(W_{\ell m})} & r > a_\mathrm{K}\ \text{(Mantel)}.\end{cases} \tag{3.48}$$

Die reellwertig definierte Amplitude $E_{0,\ell m}$ ist gemäß Gl. (3.5b) so bestimmt, dass $P_{\ell m}$ der Leistung einer Mode $\mathrm{LP}_{\ell m}$ entspricht. Das transversale magnetische Feld $\boldsymbol{H}_t$ kann für LP-Moden näherungsweise wie bei der ebenen Welle mit Gl. (2.79a) berechnet werden, die Intensität I ergibt sich ebenfalls näherungsweise aus Gl. (2.82). Als Brechungsindex wird dabei der ortsunabhängige effektive Brechungsindex n_eff der jeweiligen Mode verwendet. In Abb. 3.10 sind einige Intensitätsverteilungen der LP-Moden dargestellt.

Die z-Komponenten der Felder können mit Hilfe der Maxwell-Gleichungen aus den transversalen Feldkomponenten berechnet werden. Sie sind aber um mehr als eine Größenordnung kleiner als die Transversalkomponenten und tragen nicht zum Energietransport in z-Richtung bei. Die LP-Moden können daher als quasi-TEM-Wellen betrachtet werden.

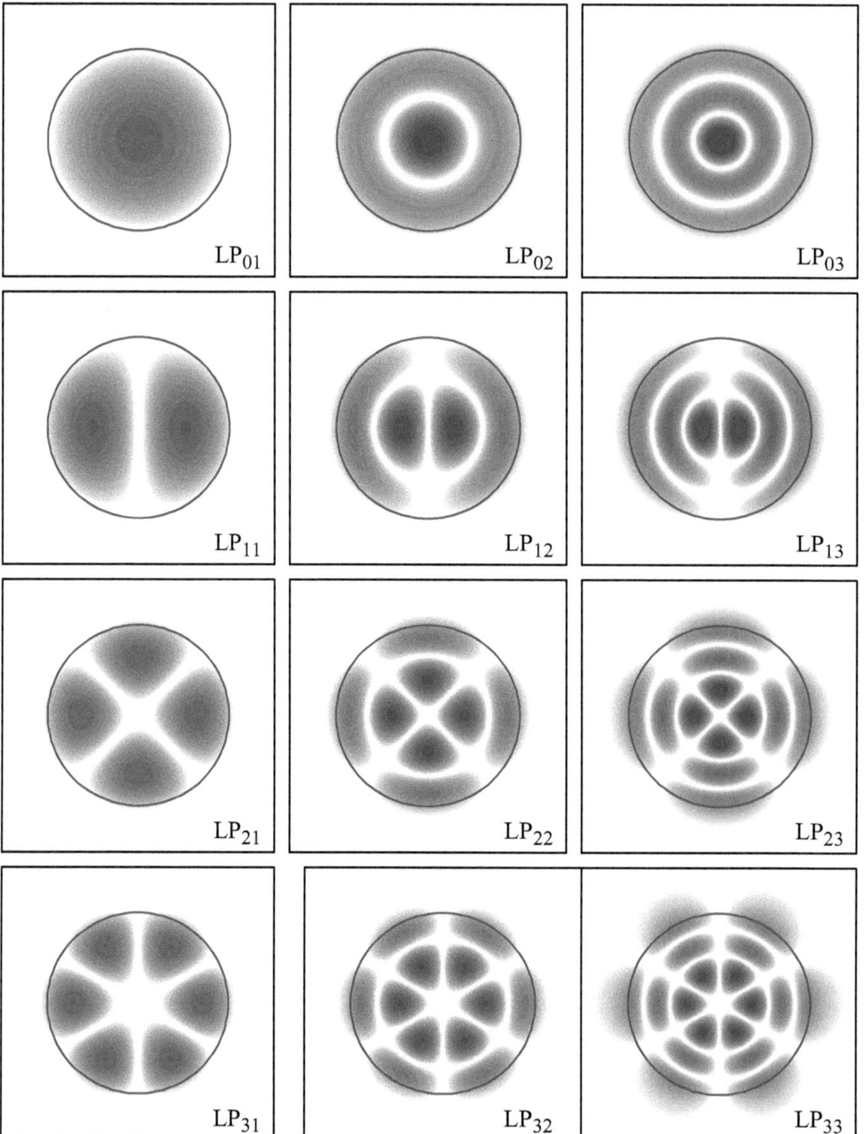

Abb. 3.10 Intensitätsverteilung einiger Skalarmoden, berechnet für $V = 12$. Die Kern-Mantel-Grenze ist jeweils mit einer durchgezogenen Linie dargestellt

Eine Mode $\mathrm{LP}_{\ell m}$ hat 2ℓ Intensitätsmaxima verteilt über einen vollständigen azimutalen Umlauf, und m Maxima in radialer Richtung ausgehend von der Mitte, inklusive des Maximums bei $r = 0$ für die LP_{0m}-Moden. Mit Ausnahme der rotationssymmetrischen LP_{0m}-Moden gibt es zu jeder Mode neben den dargestellten geraden Moden noch eine mathematisch orthogonale ungerade Mode, deren Intensitätsverteilung um $\phi = \pi/(2\ell)$ in azimutaler Richtung gedreht ist. Weiterhin gibt es zu jeder Mode zwei orthogonale

Polarisationszustände des elektrischen Feldes E, entweder in x- oder in y-Richtung. Die Polarisation ist dabei homogen in der gesamten Transversalebene. Dies gilt auch für beliebige Linearkombinationen der x- und y-Zustände einer Mode, z. B. eine allgemein elliptische Polarisation der Welle. Dies kann im Ansatz der Skalarmoden Gl. (3.48) beschrieben werden, indem der Einheitsrichtungsvektor $\boldsymbol{e}_x$ durch einen dem Polarisationszustand entsprechenden Jones-Vektor $\boldsymbol{E}_\mathrm{J}$ gemäß Kap. 2.6 ersetzt wird. Die LP-Moden sind also nicht zwangsläufig linear polarisiert, sondern besitzen im Gegensatz zu den Vektormoden einen im Querschnitt einheitlichen Polarisationszustand. Eine entsprechende Bezeichnung als EP-Moden (einheitlich polarisiert) hat sich jedoch nicht durchgesetzt.

Zu beachten ist weiterhin, dass das Vorzeichen der elektrischen Feldstärke beim Überschreiten einer Knotenlinie (Nullstelle des Feldes) stets wechselt. In Abb. 3.11 sind beispielhaft alle vier Varianten innerhalb der LP_{11}-Modengruppe dargestellt. Alle vier Varianten innerhalb einer Modengruppe besitzen in der skalaren Näherung die gleiche Ausbreitungskonstante β.

3.5.5 LP-Moden als Linearkombination entarteter Vektormoden

Der Ansatz homogen linear polarisierter Moden in Gl. (3.36) erscheint zunächst willkürlich, widerspricht dies doch den Vorbemerkungen zu inhomogenen Wellenleitern in Kap. 3.1 sowie den Feldlinienbildern der höheren Vektormoden in Abb. 3.5. Lediglich für die HE_{11}-Vektormode , die offensichtlich der LP_{01}-Skalarmode entspricht, erscheint die Vernachlässigung der Knicke der Feldlinien an der Kern-Mantelgrenzfläche plausibel, wenn man das Brechungsgesetz für elektrische Feldlinien Gl. (2.108) im Grenzfall sehr kleiner Brechzahlunterschiede betrachtet.

Wie bereits am Ende von Kap. 3.4.5 angedeutet, entarten Gruppen von Vektormoden für sehr kleine Brechzahldifferenzen $\Delta \to 0$ und besitzen dann eine näherungsweise gleiche Ausbreitungskonstante. Verschiedene Linearkombinationen der Vektormoden breiten sich dann mit konstantem Feldbild aus und können als neue Moden aufgefasst werden, die eine weitgehend homogene Polarisation im Querschnitt aufweisen und den skalaren LP-Moden entsprechen. Abbildung 3.11 zeigt am Beispiel von Linearkombinationen der Modengruppe TE_{01}, HE_{21}, TM_{01} die Überlagerung zu den vier Variationen der LP_{11}-Modengruppe. Andere mögliche Linearkombinationen der Vektormoden ergeben keine neuen orthogonalen Moden, sondern Feldbilder, die aus den dargestellten LP_{11}-Variationen zusammengesetzt werden können. Es ergeben sich folgende Korrespondenzen zwischen Gruppen an Vektor- und LP-Moden:

$$\mathrm{HE}_{1m} \Leftrightarrow \mathrm{LP}_{0m} \tag{3.49}$$

$$\left.\begin{aligned} \mathrm{TE}_{0m} \pm \mathrm{HE}_{2m} \\ \mathrm{TM}_{0m} \pm \mathrm{HE}_{2m} \end{aligned}\right\} \Leftrightarrow \mathrm{LP}_{1m} \tag{3.50}$$

$$\mathrm{HE}_{(\ell+2)m} \pm \mathrm{EH}_{\ell m} \Leftrightarrow \mathrm{LP}_{(\ell+1)m} \tag{3.51}$$

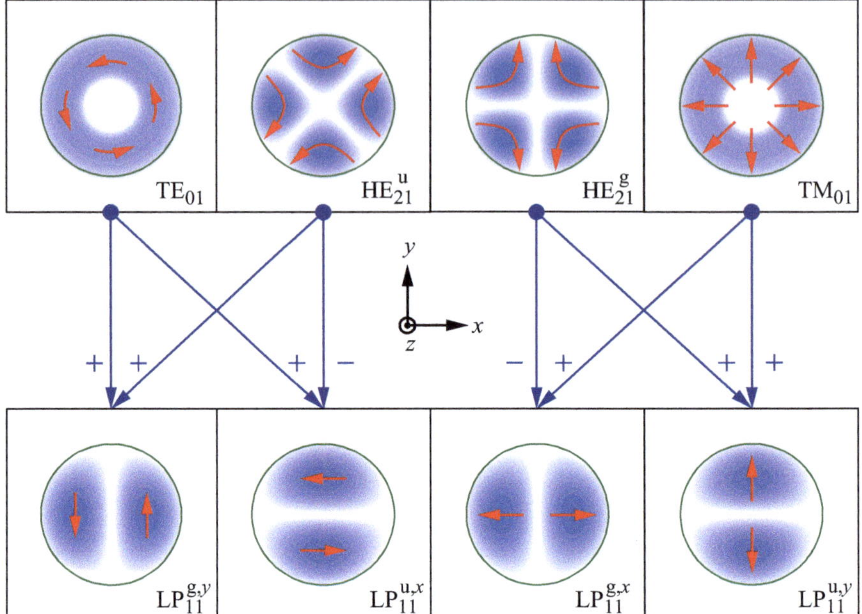

Abb. 3.11 Kombinationen der Vektormoden ergeben die skalaren LP-Moden, am Beispiel der LP_{11}-Modengruppe

Die zwei Varianten der HE_{1m}-Moden gerade/ungerade entsprechen den x- und y-polarisierten Varianten der LP_{0m}-Moden, ansonsten entsprechen die jeweils vier möglichen Kombinationen zweier Vektormoden den vier Varianten einer LP-Modengruppe. Dies bedeutet, dass es unter Berücksichtigung der geraden/ungeraden Modenvarianten sowie der linearen x/y-Polarisationsmoden stets gleich viele ausbreitungsfähige Skalar- wie Vektormoden gibt.

Da die effektiven Brechungsindizes n_{eff} und die Phasenmaße β der Vektormoden einer Modengruppe für $\Delta \neq 0$ aber nur näherungsweise gleich sind, laufen die Phasen der zu einer LP-Mode kombinierten Vektormoden entlang der Ausbreitungsrichtung z auseinander [6]. Nach genau einer modalen Schwebungslänge Λ_{M} sind die Phasen wieder gleich:

$$\Lambda_{\text{M}} = \frac{2\pi}{\Delta\beta} = \frac{\lambda_0}{\Delta n_{\text{eff}}}. \tag{3.52}$$

Die Schwebungslänge ist am kleinsten in der Nähe der Grenzfrequenz einer LP-Mode. Nach einer halben Schwebungslänge beträgt der Phasenversatz genau π, was einem Vorzeichenwechsel eines der Vektormoden entspricht. Aus Abb. 3.11 wird deutlich, dass dies einer Rotation des Feldbildes der entsprechenden LP-Mode um $\pi/2$ entspricht. Aufgrund der Schwebung rotieren also mit Ausnahme der LP_{01}-Mode die Feldbilder aller LP-Moden während der Ausbreitung kontinuierlich um die Faserachse.

Beispiel 3.3

In [4] sind effektive Brechungsindizes für die sieben Vektormoden angegeben, die sich in einer Standard-Singlemodefaser (SSMF) [10] bei der roten Wellenlänge des HeNe-Lasers von $\lambda_0 = 632{,}8$ nm ausbreiten können. Die Schwebungslängen der Moden LP_{11} betragen $\Lambda_M = 34{,}8$ cm ($TE_{01} \pm HE_{21}$) bzw. $\Lambda_M = 121$ cm ($TM_{01} \pm HE_{21}$) sowie $\Lambda_M = 28{,}8$ cm für die LP_{21}-Moden ($\pm HE_{31} \pm EH_{11}$).

3.6 Singlemodefasern

In vielen technischen und wissenschaftlichen Anwendungen werden häufig Singlemodefasern eingesetzt, wenn die Ausbreitung mehrerer Moden unerwünscht ist. Gründe dafür sind z. B.:

- In der optischen Nachrichtentechnik müssen Pulsverzerrungen vermieden werden, die durch unterschiedliche Laufzeiten aufgrund der Modendispersion bei der Ausbreitung mehrerer Moden entstehen würden.
- In der faseroptischen Messtechnik verursacht die Modeninterferenz eine wellenlängenabhängige Intensitätsverteilung im Faserquerschnitt. Dies verursacht unerwünschte Leistungsvariationen, wenn mit einem Lichtdetektor nicht die gesamte aus der Faser austretende Intensitätsverteilung erfasst wird.
- Für Faserlaser wird ein Betrieb in der LP_{01}-Mode bevorzugt, da diese bei Auskopplung aus der Faser eine sehr gute Strahlqualität besitzt.
- In Systemen, die nichtlineare optische Effekte aufgrund hoher optischer Leistungsdichten ausnutzen, können in Singlemodefasern maximale Leistungsdichten bei gegebener optischer Leistung realisiert werden.

Nachfolgend werden die wichtigsten Kenngrößen und typische Merkmale von Singlemodefasern beschrieben.

3.6.1 Die LP_{01}-Grundmode in typischen Singlemodefasern

Die Grundmode in einer einfachen Stufenindexfaser nach Abb. 3.3 ist in der skalaren Näherung die LP_{01}-Mode. Für die elektrische Feldstärke ergibt sich mit Gl. (3.48)

$$\boldsymbol{E}(r,z) = \boldsymbol{E}_J \, e^{-j\beta z} E(r) = \boldsymbol{E}_J \, e^{-j\beta z} E_a \begin{cases} \dfrac{J_0(U_{01} r/a_K)}{J_0(U_{01})}, & 0 < r \le a_K \\[2ex] \dfrac{K_0(W_{01} r/a_K)}{K_0(W_{01})}, & r > a_K . \end{cases} \tag{3.53}$$

Darin ist $\boldsymbol{E}_J$ der Jones-Vektor mit Betrag eins, der den im Querschnitt homogenen, aber

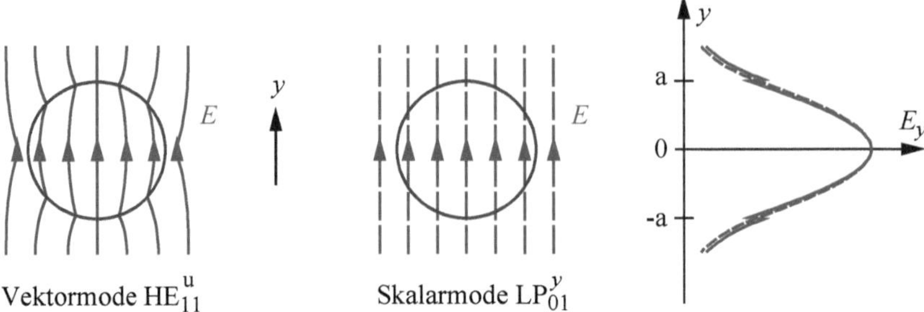

Abb. 3.12 Prinzipskizze zum Vergleich der transversalen E-Feldkomponenten der Vektormode HE_{11}^{u} mit der entsprechenden skalaren Näherung LP_{01}^{y}

beliebigen Polarisationszustand beschreibt. $E(r)$ ist die skalar- und reellwertige radiale Feldverteilung. Die Amplitude E_a wird so bestimmt, dass die Leistungsnormierung Gl. (3.6a) erfüllt ist. Aufgrund der durch die Stetigkeitsbedingungen vorgegebenen Normierung in Gl. (3.41) entspricht E_a der elektrischen Feldstärke an der Kern-Mantel-Grenzfläche $r = a_K$. Wie in Abb. 3.12 für den Fall einer y-Polarisation dargestellt, werden für die skalare LP_{01}-Mode durch die Annahme einer homogenen Polarisation die Knicke der Feldlinien der exakten Lösung der HE_{11}-Vektormode vernachlässigt. Gleiches gilt für den Sprung der Amplitude der E-Feldkomponente normal zur Kern-Mantel-Grenzfläche. Dies ist für kleine Brechzahldifferenzen gerechtfertigt, wenn die Knickwinkel gemäß Gl. (2.108) und die Amplitudensprünge gemäß Gl. (2.107a) ebenfalls klein sind.

Damit sich nur die LP_{01}-Mode ausbreiten kann, muss die Singlemode-Bedingung erfüllt sein:

$$V = 2\pi \frac{a_K}{\lambda_0} \sqrt{n_K^2 - n_M^2} = 2\pi \frac{a_K}{\lambda_0} n_K \sqrt{2\Delta} < 2{,}405. \quad (3.54)$$

Für eine gute Wellenführung sollte die normierte Frequenz V gleichzeitig aber nicht kleiner als 1,5 sein. Ansonsten werden Verluste durch anwendungsbedingte Biegungen der Faser zu groß, wie in Kap. 4.1.4 beschrieben. Um in der Praxis beide Bedingungen zu erfüllen, müssen Kernradius a_K bzw. Kerndurchmesser $2a_K$ sowie die normierte Brechzahldifferenz Δ aufeinander abgestimmt werden. Abbildung 3.13 zeigt einen Überblick der Möglichkeiten.

Beispielsweise kann der Kernradius a_K klein gemacht werden (wenige Wellenlängen), wenn gleichzeitig der Brechzahlunterschied Δ vergrößert wird. Dies kann gemäß Gl. (2.110) durch eine starke Dotierung des Kerns mit Germanium erreicht werden. Solche Fasern werden oft als HI-Fasern (engl. *high index*) bezeichnet und weisen eine geringe Zunahme der Dämpfung bei Biegung auf (engl. *bend insensitive fiber*). Dabei ist die kleine Querschnittsfläche des Kerns zu beachten, in dem ein Großteil der optischen Leistung geführt wird. Die resultierende große Intensität hat starke nichtlineare optische Effekte zur Folge. Als sogenannte HNLF (engl. *highly nonlinear fiber*) werden derartige Fasern zum gezielten Ausnutzen von nichtlinearen optischen Effekten verwendet, z. B. in Raman-Faserverstärkern (s. Kap. 8).

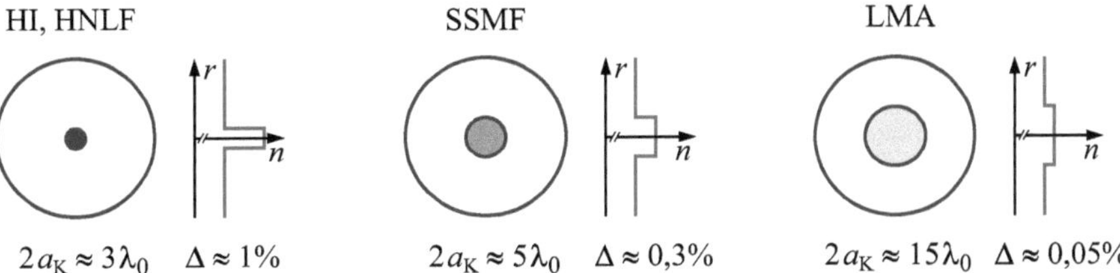

Abb. 3.13 Typische Parameter von Singlemodefasern. *HNLF* Hochnichtlineare Faser, *SSMF* Standard-Singlemodefaser, *LMA* Large Mode-Area Faser. Die Zahlenbeispiele gelten für $n_K = 1{,}45$

Tab. 3.5 Typische Daten einer Standard-Singlemodefaser (SSMF) für optische Kommunikationssysteme [10, 11]

Parameter	Symbol	Zahlenwert	Einheit
Kerndurchmesser	$2a_K$	8,2	µm
Brechzahldifferenz	Δ	0,36	%
Modenfelddurchmesser (1310 nm)	$2w_{ITU}$	$9{,}2 \pm 0{,}4$	µm
Modenfelddurchmesser (1550 nm)	$2w_{ITU}$	$10{,}4 \pm 0{,}5$	µm
Kabel-Grenzwellenlänge	λ_{cc}	< 1260	nm
Numerische Apertur (1 %)	$A_{N,1\,\%}$	0,14	
Ge-Anteil Kern	x_{Ge}	$\approx 3{,}5$	mol-%

Alternativ kann der Kernradius a_K auch größer gemacht werden, wenn gleichzeitig Δ reduziert wird. Es ist jedoch technisch schwierig, den dann notwendigen kleinen normierten Brechzahlunterschied Δ durch eine sehr kleine Ge-Dotierung reproduzierbar einzustellen. Auch sind dann Biegungsverluste deutlich größer. Solche Fasern werden als LMA-Fasern bezeichnet (engl. *large mode-area*) und kommen dann zum Einsatz, wenn trotz großer Lichtleistungen nur kleine nichtlineare Effekte auftreten sollen, z. B. in mit Seltenerdmetallen dotierten Faserlasern.

Als ein guter Kompromiss, auch im Hinblick auf die Dispersionseigenschaften, hat sich im Wellenlängenbereich der optischen Kommunikationssysteme zwischen 1300 nm und 1600 nm die sogenannte Standard-Singlemodefaser (SSMF) etabliert. Wesentliche zu erfüllende Daten sind in der ITU-T-Empfehlung G.652 spezifiziert [11], wobei die Parameter und deren Messmethoden in den Empfehlungen G.650.1 und G.650.2 definiert sind [12, 13]. Wie diese Daten erreicht werden, z. B. durch welchen Brechzahlverlauf und welche Materialien, ist darin nicht festgelegt. Diese herstellerspezifischen Parameter werden auch von Faserherstellern meist nicht publiziert.

In Tab. 3.5 sind ausgewählte Daten einer häufig verwendeten SSMF zusammengefasst [10]. Der Mantel dieser Faser besteht aus reinem SiO_2-Glas. Fasereigenschaften, die mit der angegebenen Kerndotierung x_{Ge} unter Verwendung der Sellmeier-Koeffizienten aus Kap. 2.8 und der Theorie der Skalar-Moden aus Kap. 3.5 berechnet wurden, stimmen sehr gut mit den Angaben im Hersteller-Datenblatt überein.

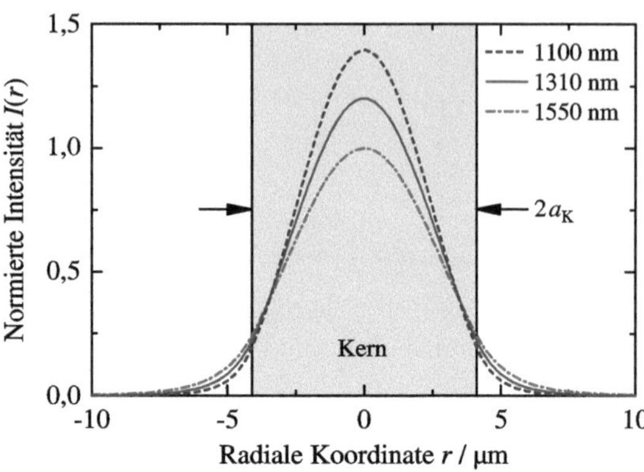

Abb. 3.14 Radiale Intensitätsverteilung $I(r)$ der LP_{01}-Mode in einer Standard-Singlemodefaser, berechnet für drei verschiedene Wellenlängen. Die Verteilungen wurden auf gleiche Leistung normiert

Mit diesen Angaben können die Feld- und Intensitätsverteilung $E(r)$ sowie $I(r)$ der LP_{01}-Mode dieser SSMF bei verschiedenen Wellenlängen berechnet werden. Im Ergebnis Abb. 3.14 ist zu erkennen, wie sich mit abnehmender Wellenlänge die Lichtleistung zunehmend im Kernbereich konzentriert, stets aber auch Leistungsanteile außerhalb des Kerns geführt werden.

3.6.2 Cut-off Wellenlänge

Mit Gl. (3.54) kann die Grenzwellenlänge λ_c (engl. *cut-off*) bestimmt werden, oberhalb derer nur eine Mode, die Grundmode LP_{01}, ausbreitungsfähig ist:

$$\lambda_c = 2\pi \frac{a_K}{V_c} n_K \sqrt{2\Delta}. \tag{3.55}$$

Darin ist V_c die normierte Grenzfrequenz für die erste höhere Mode LP_{11}, die sich als erste Nullstelle der Bessel-Funktion J_0 zu $V_c \approx 2{,}405$ ergibt.

Aus den Daten der Tab. 3.5 sowie den Brechzahlen aus Kap. 2.8 resultiert beispielsweise für eine SSMF rechnerisch ein Zahlenwert $\lambda_c \approx 1300$ nm, der nahe an einer üblichen Betriebswellenlänge von 1310 nm dieser Faser ist. Der Zahlenwert λ_c hängt jedoch empfindlich von den Brechungsindizes sowie von der geometrischen Abmessung des Faserkerns ab, die jedoch nicht beliebig genau bekannt sind, so dass die rechnerische Bestimmung der Grenzwellenlänge mit Unsicherheiten verbunden ist.

In der Praxis erfolgt der Übergang vom Singlemode-Betrieb zu einem mehrmodigen Betrieb beim Unterschreiten der Grenzwellenlänge λ_c nicht abrupt, sondern man beobachtet mit zunehmendem Abstand von λ_c eine steigende Leistung, die abhängig von der Faserverlegung in einem höheren Mode geführt wird. Die nächsthöhere ausbreitungsfähige Mode für $V > 2{,}405$ ist die LP_{11}-Mode. Ist die normierte Frequenz nur knapp oberhalb $V_c = 2{,}405$ oder die Wellenlänge im Fall der SSMF nur wenig unterhalb $\lambda_c \approx 1300$ nm, so ist die LP_{11}-Mode theoretisch ausbreitungsfähig. Allerdings ist die Wellenführung für diese Mode unter diesen Bedingungen nur sehr schwach. Bereits geringe Störungen der

Faser durch Biegung oder Inhomogenitäten koppeln diese Mode in Mantelmoden, was zu einer starken Dämpfung dieser Mode führt. Dafür sind bereits kleine Biegungen durch das Verkabeln der Faser oder bei der Kabelverlegung ausreichend. In der Praxis ist eine Faser daher auch für Wellenlängen etwas unterhalb λ_c noch effektiv einmodig. Dies gilt insbesondere dann, wenn die Faser auf einer Trommel aufgewickelt ist.

Um diesem Sachverhalt Rechnung zu tragen, wird in der ITU-T Norm G.650.1 eine effektive Grenzwellenlänge λ_{cc} sowie verschiedene Messmethoden definiert, die für verkabelte und verlegte Fasern repräsentativ sind. [12] . Eine Messanordnung der Vorschrift sieht z. B. ein 22 m langes verkabeltes Faserstück vor, das an beiden Enden eine Faserschleife mit 40 mm Radius aufweist. Bei der effektiven Grenzwellenlänge λ_{cc} dann die Dämpfung der LP_{11}-Mode um 19,3 dB größer als bei der Grundmode LP_{01}. Der so messtechnisch bestimmte Zahlenwert $\lambda_{cc} = 1260$ nm einer SSMF ist laut Datenblatt [10] deutlich kleiner als der theoretische Wert $\lambda_c \approx 1300$ nm und hat ausreichend Abstand zu einer möglichen Betriebswellenlänge von 1310 nm.

3.6.3 Modenfeldradien und Fernfeld

Wie in Abb. 3.14 zu sehen, erstreckt sich die Lichtwelle über die Kern-Mantel-Grenze hinaus in den Mantel. Der geometrische Kernradius ist nur ein grober Anhaltswert für den effektiven Radius der Lichtwelle, der mangels eindeutiger Grenze mathematisch definiert werden muss. Dazu sind für rotationssymmetrische Felder wie der LP_{01}-Mode verschiedene Definitionen möglich. Der sogenannte Petermann-I Modenfeldradius ist definiert in Anlehnung an die Standardabweichung einer rotationssymmetrischen Intensitätsverteilung $I(r) \sim E(r)^2$ mit dem Betrag der Feldstärke $E(r)$ der LP_{01}-Mode [14]:

$$w_{\mathrm{PI}}^2 = 2\frac{\displaystyle\int_0^\infty E^2(r)\, r^3 \,\mathrm{d}r}{\displaystyle\int_0^\infty E^2(r)\, r \,\mathrm{d}r}. \tag{3.56}$$

Diese Definition entspricht auch der Definition des Radius eines Laserstrahls gemäß der Momentenmethode nach Norm DIN EN ISO 11146 [15]. w_{PI} wird auch als Nahfeldradius bezeichnet und ist maßgeblich für die Berechnung von Mikrobiegungsverlusten oder für die Koppeldämpfung verkippter Faserenden [14].

Meist wird zur Charakterisierung des Modenfeldradius die sogenannte Petermann-II Definition verwendet [16]:

$$w_{\mathrm{PII}}^2 = 2\frac{\displaystyle\int_0^\infty E^2(r)\, r \,\mathrm{d}r}{\displaystyle\int_0^\infty \left[\frac{\mathrm{d}E(r)}{\mathrm{d}r}\right]^2 r \,\mathrm{d}r}. \tag{3.57}$$

Dieser Modenfeldradius ist relevant für die Berechnung der Koppeldämpfung bei seitlichem Versatz zweier Glasfasern sowie zur Berechnung von Dispersionseigenschaften

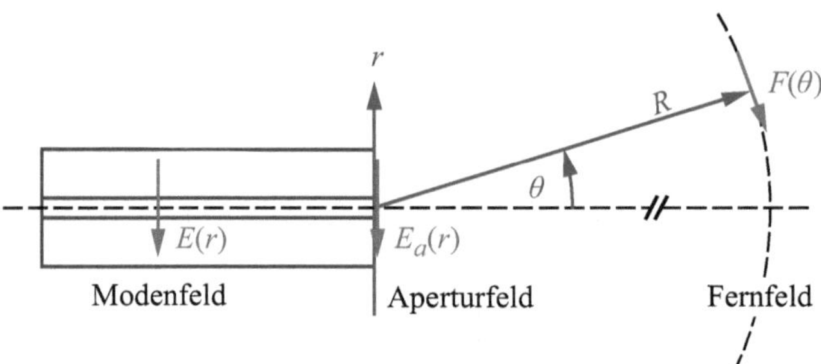

Abb. 3.15 Modenfeld $E(r)$ in der Faser, Aperturfeld $E_a(r)$ unmittelbar nach dem Faserende und Fernfeld $|\Psi(R,\theta)| \sim F(\theta)$ auf einer Halbkugel in großer Entfernung R vom Faserende

[16]. Für gaußähnliche Feldverteilungen $E(r)$ ist w_{PII} auch ein sehr guter Näherungswert zur Berechnung der für nichtlineare Effekte maßgeblichen effektiven Modenfläche A_{eff} (s. Kap. 3.6.6). Die Definition Gl. (3.57) kann auch als ein Maß für die betragsmäßige Ebenmäßigkeit des Feldes interpretiert werden, bestimmt durch die Ableitung im Nenner. Zur theoretischen Berechnung von w_{PII} der $\mathrm{LP}_{\ell m}$-Moden kann diese Ableitung im Nenner analytisch ausgewertet werden.

In der Praxis ist das elektrische Modenfeld $E(r)$ nicht direkt messbar. Unmittelbar am Ende einer plan gebrochenen Glasfaser ist das Aperturfeld $E_a(r)$ zugänglich (Abb. 3.15). Es berechnet sich unter Berücksichtigung der Reflexion am Faserende (ca. 3,5 % an einem Übergang Glas-Luft) aus dem Modenfeld $E(r)$ einer vorlaufenden Welle in der Faser:

$$E_a(r) \approx E(r)\frac{2n_{\mathrm{eff}}}{n_{\mathrm{eff}}+n}, \tag{3.58}$$

mit dem effektiven Brechungsindex der Mode n_{eff} und dem Brechungsindex n der Umgebung, z. B. Luft mit $n \approx 1$. Die Näherung besteht darin, dass statt mit einem ortsabhängigen Brechungsindex $n(r)$ mit n_{eff} gerechnet wird. Bei üblichen sehr kleinen Brechzahldifferenzen zwischen Kern und Mantel ist dies gerechtfertigt, die Geometrieveränderung des Feldes bei der Reflexion und Transmission am Faserende kann vernachlässigt werden. In [17] sowie in [12] werden Nahfeld-Messmethoden für das Aperturfeld $E_a(r)$ beschrieben, um damit die Modenfeldradien w_{PI} oder w_{PII} berechnen zu können.

Eine alternative und praktikable Messmethode für w_{PII} basiert auf einer Fernfeldmessung der winkelabhängigen Intensitätsverteilung $I_{\mathrm{F}}(\theta)$ des aus der Glasfaser austretenden Lichts [17, 18]. Abbildung 3.15 zeigt die hierfür verwendeten Definitionen. Betrachtet man die von einem Faserende abgestrahlte Welle auf einer Kugeloberfläche mit Radius R in großer Entfernung ($R \gg w^2/\lambda$), so ist auf der Kugeloberfläche zunächst die skalare Amplitude der elektrischen Feldstärke im Fernfeld $\Psi(R,\theta)$ definiert. Zwischen diesem elektrischen Fernfeld $\Psi(R,\theta)$, der sogenannten Winkelverteilung des Fernfeldes $F(\theta)$ und der messbaren Intensität im Fernfeld $I_{\mathrm{F}}(\theta)$ besteht der einfache Zusammenhang $|\Psi(R,\theta)|^2 \sim F^2(\theta) \sim I_{\mathrm{F}}(\theta)$.

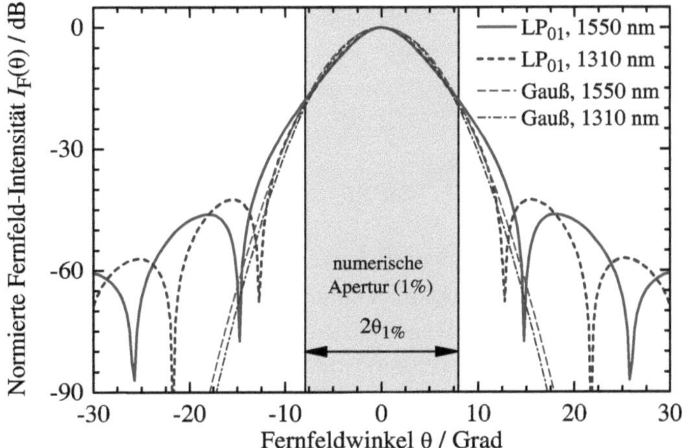

Abb. 3.16 Berechnete Intensitätsverteilung im Fernfeld $I_F(\theta)$ einer SSMF für zwei verschiedene Wellenlängen. Im Gegensatz zu der Gauß-Näherung besitzen die LP_{01}-Moden lokale Minima bei bestimmten Winkeln θ in Abhängigkeit vom Modenfelddurchmesser. Schattiert ist der Bereich innerhalb der numerischen Apertur $A_{N,1\,\%}$, bei der die Intensität auf 1 % des Maximums bei $\theta = 0$ abgefallen ist

Das Fernfeld $\Psi(R,\theta)$ ist für rotationssymmetrische Felder und in Kugelkoordinaten über folgendes Beugungsintegral $E_a(r)$ mit dem Aperturfeld verknüpft [18]:

$$\Psi(R,p) = \frac{k\,O(\theta)}{\mathrm{j}R}\mathrm{e}^{\mathrm{j}kR}\int_0^\infty E_a(r)\,J_0(rp)\,r\,\mathrm{d}r. \tag{3.59}$$

Darin ist $k = 2\pi n/\lambda$ die Wellenzahl im Medium mit Brechzahl n außerhalb der Faser, J_0 die Bessel-Funktion erster Gattung nullter Ordnung und $p(\theta) = k\sin\theta$ die Raumfrequenz zur Beschreibung der Abhängigkeit vom Winkel θ im Fernfeld. Der Term $O(\theta) = \cos\theta$ ist der sogenannte Schielfaktor (engl. *obliquity factor*). Betrachtet man den relativen Betrag der Feldstärke $F(p)$ in gegebener Entfernung R, so ergibt sich

$$|\Psi(R,p)| \sim F(p) = O(\theta)\int_0^\infty E_a(r)\,J_0(rp)\,r\,\mathrm{d}r = O(\theta)\mathcal{H}\{E_a(r)\}. \tag{3.60}$$

Dabei bezeichnet $\mathcal{H}\{E_a(r)\}$ die Hankel-Transformierte des Aperturfeldes. Abbildung 3.16 zeigt berechnete Fernfeld-Intensitätsverteilungen $I_F(\theta)$ der LP_{01}-Mode aus einer Standard-Singlemodefaser für verschiedene Wellenlängen im Vergleich mit einer Gauß-Näherung nach Kap. 3.6.4.

Ist die Fernfeldverteilung $I_F(\theta)$ messtechnisch bestimmt, so kann damit das Aperturfeld $E_a(r)$ mit Hilfe der inversen Hankel-Transformation unter Berücksichtigung des Schielfaktors $O(\theta)$ bestimmt werden. Daraus kann dann der Modenfeldradius berechnet werden. Diese direkte Berechnung ist aber aufwendig, da zunächst numerisch die inverse Hankel-Transformierte zu berechnen ist, und mit dem Ergebnis dann Gl. (3.56) oder (3.57) wiederum numerisch ausgewertet werden muss.

Eine Vereinfachung ergibt sich, wenn zunächst die Streuung p_{f} der Winkelverteilung der Intensität im Fernfeld bestimmt wird:

$$p_{\mathrm{f}}^2 = 2\,\frac{\displaystyle\int_0^\infty F^2(p)\,p^3\,\mathrm{d}p}{\displaystyle\int_0^\infty F^2(p)\,p\,\mathrm{d}p} = 2\,\frac{\displaystyle\int_0^\infty I_{\mathrm{F}}(p)\,p^3\,\mathrm{d}p}{\displaystyle\int_0^\infty I_{\mathrm{F}}(p)\,p\,\mathrm{d}p}. \tag{3.61}$$

Für die nun folgenden Betrachtungen wird der Schielfaktor $O(\theta)$ vernachlässigt. Dies ist für kleine Winkel θ gerechtfertigt. Bildet man dann den Kehrwert von Gl. (3.61) und berücksichtigt Eigenschaften der Hankel-Transformation sowie Gl. (3.60), so liefert ein Vergleich mit Gl. (3.57) folgende näherungsweise Bestimmung des Petermann-II Modenfeldradius w_{PII} [17, 19]:

$$w_{\mathrm{PII}}^2 \approx w_{\mathrm{ITU}}^2 = 2\,\frac{\displaystyle\int_0^\infty I_{\mathrm{F}}(p)\,p\,\mathrm{d}p}{\displaystyle\int_0^\infty I_{\mathrm{F}}(p)\,p^3\,\mathrm{d}p} = \frac{\lambda^2}{2\pi^2}\,\frac{\displaystyle\int_0^{\pi/2} I_{\mathrm{F}}(\theta)\cos\theta\,\sin\theta\,\mathrm{d}\theta}{\displaystyle\int_0^{\pi/2} I_{\mathrm{F}}(\theta)\cos\theta\,\sin^3\theta\,\mathrm{d}\theta}, \tag{3.62}$$

wobei die Näherung sehr gut für kleine Winkelbereiche im Fernfeld $\theta < 18°$ ist [17]. Die Konvergenz der Integrale in Zähler und Nenner ist gut, da die Integranten Nullstellen an den Rändern des Integrationsbereiches haben. Somit ist die Bestimmung des Modenfeldradius durch eine Messung der winkelabhängigen Intensitätsverteilung $I_{\mathrm{F}}(\theta)$ im Fernfeld möglich. Der Petermann-II Modenfeldradius w_{PII} wird daher auch Fernfeldradius genannt. Wegen der einfachen Messbarkeit und Auswertung wurde der Modenfeldradius bzw. der Modenfeldurchmesser $\mathit{MFD} = 2w_{\mathrm{ITU}}$ in der Norm ITU-T G.650.1 [12] wie in Gl. (3.62) definiert, wobei der Näherungscharakter dieser Definition ignoriert wird.

Die Vernachlässigung des Schielfaktors $O(\theta)$ ist jedoch nicht zulässig bei Fasern mit sehr kleinen Modenfeldradien und stark strukturierten Modenfeldern, die daher eine deutlich breitere Winkelverteilung der Intensität im Fernfeld im Vergleich zur SSMF haben. Beispiele sind hochnichtlineare Fasern (HNLF) oder dispersionskompensierende Fasern (DCF) mit komplexen radialen Index- und Modenfeld-Profilen $n(r)$ und $E(r)$. In [20] und [21] werden korrekte Formeln für die Berechnung des Petermann-II-Modenfeldradius w_{PII} aus einer Fernfeldmessung $I_{\mathrm{F}}(\theta)$ unter Berücksichtigung des Schielfaktors angegeben:

$$w_{\mathrm{PII}}^2 = \frac{\lambda^2}{2\pi^2}\,\frac{\displaystyle\int_0^{\pi/2} I_{\mathrm{F}}(\theta)\tan\theta\,\mathrm{d}\theta}{\displaystyle\int_0^{\pi/2} I_{\mathrm{F}}(\theta)\tan\theta\,\sin^2\theta\,\mathrm{d}\theta}. \tag{3.63}$$

Allerdings divergieren die Integranten in Gl. (3.63) sowohl im Zähler als auch im Nenner für $\theta \to \pi/2$, was eine numerische Auswertung erschwert. Daher wurde die näherungsweise Definition w_{ITU} nach ITU-T G.650.1 beibehalten, auch wenn diese systematische Abweichungen vom eigentlich zu bestimmenden Modenfeldradius w_{PII} aufweist.

Beispiel 3.4

Die Abweichung ($w_{\mathrm{ITU}} - w_{\mathrm{PII}}$) zwischen der Näherung gemäß ITU-Norm und dem wahren Modenfeldradius wird in [20] mit 25 nm für eine SSMF und mit 100 nm für eine HNLF angegeben. Dies ist deutlich kleiner als übliche Toleranzangaben in Datenblättern und daher in der Praxis wenig relevant.

3.6.4 Gauß-Näherung

Betrachtet man die Intensitätsverteilung der LP_{01}-Mode in Abb. 3.14, so liegt eine Annäherung des Modenfeldes mit einem GAUSS-Profil $E_{\mathrm{G}}(r)$ nahe [22]:

$$E_{\mathrm{G}}(r) = E_{\max} \mathrm{e}^{-(r/w_{\mathrm{G}})^2}, \tag{3.64}$$

mit dem Maximum der elektrischen Feldstärke in der Fasermitte E_0 und dem gaußschen Feldradius w_{G}. Als ein Maß für die Übereinstimmung zwischen dem Modenfeld $E(r)$ der Grundmode und der Gauß-Näherung $E_{\mathrm{G}}(r)$ wird die Anregungseffizienz η_{G} als Koppelintegral definiert:

$$\eta_{\mathrm{G}} = \frac{\left[\displaystyle\int_0^\infty E(r) E_{\mathrm{G}}(r)\, r\, \mathrm{d}r\right]^2}{\displaystyle\int_0^\infty E(r)^2 r\, \mathrm{d}r \int_0^\infty E_{\mathrm{G}}(r)^2 r\, \mathrm{d}r}. \tag{3.65}$$

Der Gauß-Feldradius w_{G} wird nun für jede normierte Frequenz V so bestimmt, dass η_{G} maximal wird. In [23] wird eine empirische Näherungsformel für w_{G} in Stufenindex-Fasern für verschiedene normierte Frequenzen V angegeben:

$$\frac{w}{a} = 0{,}65 + \frac{1{,}619}{V^{3/2}} + \frac{2{,}879}{V^6}. \tag{3.66}$$

Für $V = 2{,}8$ erreicht die Anregungseffizienz mit $\eta_{\mathrm{G}} = 0{,}998$ ein absolutes Maximum und bleibt im gesamten Bereich $V = 1{,}5\ldots4{,}0$ größer als 0,96. Das bedeutet, dass durch die TEM_{00}-Mode eines Gauß-Strahls [24] aus dem Freiraum die Grundmode LP_{01} in der Faser sehr effizient angeregt werden kann. Voraussetzung ist, dass der Gauß-Strahl so auf das Faserende fokussiert wird, dass die Taille des Gauß-Strahls mit einem Radius von genau w_{G} auf der Faserendfläche liegt. Umgekehrt erzeugt die Lichtemission aus einer Stufenindex-Singlemodefaser in sehr guter Näherung die TEM_{00}-Mode eines Gauß-Strahls im Freiraum. Das ist gleichbedeutend mit einer fast bestmöglichen Strahlqualität und ein wesentlicher Grund für die große Bedeutung von Singlemode-Faserlasern.

Setzt man das Gauß-Profil $E_{\mathrm{G}}(r)$ in die Definitionen der Petermann-Feldradien Gl. (3.56) oder (3.57) ein, so erhält man analytisch exakt den gaußschen Feldradius w_{G}. Für gaußähnliche Felder wie der LP_{01}-Mode in einer SSMF sind die Petermann-Modenfeldradien

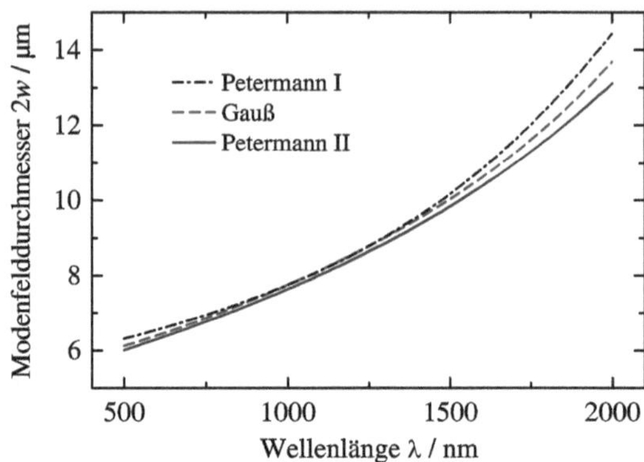

Abb. 3.17 Berechnete Modenfelddurchmesser $2w$ einer SSMF mit den Definitionen Petermann I w_{PI}, Gaussnäherung w_{G} und Petermann II w_{PII}

ungefähr gleich groß wie w_{G}, so dass Gl. (3.66) als Näherung stellvertretend für alle Definitionen der Modenfeldradien verwendet werden kann. Wie in Abb. 3.17 zu sehen, gilt stets:

$$w_{\mathrm{PII}} < w_{\mathrm{G}} < w_{\mathrm{PI}}. \tag{3.67}$$

Beispiel 3.5

Mit Brechungsindex-Daten aus Bsp. 2.4 ergeben sich für eine SSMF gemäß Tab. 2.4 bei $\lambda = 1550\,\mathrm{nm}$ folgende theoretisch berechneten Modenfelddurchmesser: $2w_{\mathrm{PII}} = 10{,}1\,\mu\mathrm{m}$, $2w_{\mathrm{G}} = 10{,}3\,\mu\mathrm{m}$ und $2w_{\mathrm{PI}} = 10{,}5\,\mu\mathrm{m}$, in guter Übereinstimmung mit Herstellerangaben [10].

3.6.5 Divergenzwinkel und numerische Apertur

Betrachtet man die Lichtemission aus einer Singlemodefaser, so kann mit Gl. (3.61) eine Streuung p_{f} der Winkelverteilung im Fernfeld bestimmt werden. Mit der Beziehung $p = k \sin\theta$ erhält man damit einen Divergenzwinkel, der dem Divergenzwinkel θ_{D} nach DIN EN ISO11146 für Laserstrahlen entspricht [15]:

$$\theta_{\mathrm{D}} = \arcsin\left(\frac{p_{\mathrm{f}}}{k}\right) \approx \frac{p_{\mathrm{f}}}{k} = \frac{\lambda p_{\mathrm{f}}}{2\pi n} \approx \frac{\lambda}{\pi n w_{\mathrm{PII}}}. \tag{3.68}$$

Exkurs 3.1
Der so definierte Divergenzwinkel ist der halbe Öffnungswinkel, also von der Faserachse aus zu einer Seite der Lichtemission gemessen.

Für gaußähnliche Felder entspricht dies den bekannten Beziehungen zwischen Taillenradius w_G und Divergenzwinkel θ_G eines TEM_{00} Gauß-Strahls [24]

$$\theta_G = \arctan\left(\frac{\lambda}{\pi n w_G}\right) \approx \frac{\lambda}{\pi n w_G}. \tag{3.69}$$

Für gaußähnliche Modenfelder gilt also $\theta_D \approx \theta_G$.

Die numerische Apertur A_N ist bei Multimode-Fasern über den Akzeptanzwinkel θ_A der Lichteinkopplung definiert:

$$A_N = \sin\theta_A = \frac{1}{n}\sqrt{n_K^2 - n_M^2}, \tag{3.70}$$

Darin ist n der Brechungsindex außerhalb der Faser, für übliche Spezifikationen also Luft mit $n \approx 1$. Für Singlemodefasern kann zwar mit den Brechungsindizes von Kern n_K und Mantel n_M formal ebenfalls eine numerische Apertur A_N berechnet werden, die aber nur einen groben Rückschluss auf die Winkelbreite der Lichtemission aus der Faser zulässt. Ein besseres Maß für die numerische Apertur der Lichtemission aus einer Singlemodefaser ist die numerische Apertur $A_{N,G}$ eines äquivalenten Gauß-Strahls, die mit Hilfe des Divergenzwinkels θ_G der Gauß-Näherung definiert werden kann:

$$A_{N,G} = \sin\theta_G. \tag{3.71}$$

Allerdings wird auch im Winkelbereich außerhalb von θ_G ein signifikanter Anteil der Lichtleistung transportiert, der in der Gauß-Näherung 14 % der Gesamtleistung beträgt. Zur Auslegung z. B. einer Kollimationsoptik, um den divergenten Strahl aus einer Faser zu kollimieren, muss daher eine Linse mit größerer numerischer Apertur verwendet werden. Eine gute Abschätzung ist der Winkel $\theta_{1\%}$, bei dem die Intensität im Fernfeld auf 1% bzgl. des Maximums abgesunken ist (s. Abb. 3.16). Für gaußähnliche Felder ist dieser um den Faktor $(\frac{1}{2}\ln 0{,}01)^{1/2} \approx 1{,}52$ größer als θ_G:

$$\theta_{1\,\%} = \arctan(1{,}52\tan\theta_G) \approx 1{,}52\,\theta_G. \tag{3.72}$$

Innerhalb dieses Winkels befinden sich in der Gauß-Näherung mehr als 99 % der Gesamtleistung. Somit ergibt sich die numerische Apertur $A_{N,1\%}$, die eine Kollimationsoptik mindestens haben sollte, zu

$$A_{N,1\,\%} = \sin\theta_{1\,\%} \approx 1{,}52\,A_{N,G}. \tag{3.73}$$

Beispiel 3.6

Für eine SSMF ergibt sich bei $\lambda = 1310$ nm aus dem Brechzahlunterschied zwischen Kern und Mantel eine formale numerische Apertur $A_N = 0{,}121$, mit der Divergenz eines Gauß-Strahls ergibt sich $A_{N,G} = 0{,}092$, und zur Auslegung einer Kollimationsoptik ist mindestens $A_{N,1\,\%} = 0{,}138$ zu verwenden.

Exkurs 3.2

Die numerische Apertur einer Linse ist gegeben durch $A_{N,L} = \sin\alpha_L$, wobei $\alpha_L = \arctan[D/(2f)]$ der Grenzwinkel ist, unter dem ein Lichtstrahl aus dem Brennpunkt im Abstand der Brennweite f gerade noch von einer Linse mit Durchmesser D erfasst wird. Für nicht zu große Winkel bzw. bis zu etwa $A_{N,L} < 0{,}3$ kann die numerische Apertur der Linse mit $A_{N,L} \approx D/(2f)$ gut genähert werden.

3.6.6 Effektive Modenfläche

Für nichtlineare optische Effekte in Glasfasern ist die lokale Intensität $I(r) \sim E^2(r)$ der Lichtwelle maßgeblich. Unter Verwendung der Gauß-Näherung nach Gl. (3.64) kann für die LP_{01}-Mode die maximale Intensität I_{max} und elektrische Feldstärke E_{max} in der Fasermitte bei $r = 0$ angegeben werden:

$$I_{max} = \frac{2P}{\pi w_G^2}, \tag{3.74}$$

$$E_{max} = \sqrt{\frac{4Z_0 P}{n_K \pi w_G^2}}, \tag{3.75}$$

wobei P die Gesamtleistung der Lichtwelle ist.

Beispiel 3.7

Für eine SSMF ergeben sich bei $\lambda = 1550\,$nm und einer Leistung von $P = 1\,$mW in der Fasermitte eine maximale Intensität $I_{max} = 23{,}9\,\text{MW/m}^2$ und eine Feldstärke von $E_{max} = 111{,}5\,\text{kV/m}$. Zum Vergleich: Die maximale Intensität der Sonne beträgt auf Meereshöhe $I_S \approx 1\,\text{kW/m}^2$.

Außerhalb der Fasermitte herrschen geringere Leistungsdichten, so dass nichtlineare optische Effekte in geringerem Maße auftreten. Daher wird eine effektive Intensität I_{eff}

eingeführt:

$$I_{\text{eff}} = \frac{P}{A_{\text{eff}}}, \tag{3.76}$$

mit der effektiven Modenfläche, die für beliebige skalare Moden mit transversaler E-Feldverteilung $E(r,\theta)$ wie folgend definiert ist [25]:

$$A_{\text{eff}} = \frac{\left(\iint |E(r,\theta)|^2\, r\, \mathrm{d}r\, \mathrm{d}\theta\right)^2}{\iint |E(r,\theta)|^4 r\, \mathrm{d}r\, \mathrm{d}\theta}, \tag{3.77}$$

wobei die Integration über die gesamte Querschnittsfläche auszuführen ist. Für radialsymmetrische Moden wie die skalare Grundmode LP_{01} kann die umfangsseitige Integration über θ direkt ausgeführt werden, und es ergibt sich folgende Definition, die für Singlemodefasern empfohlen wird [13]:

$$A_{\text{eff}} = \frac{2\pi \left(\int_0^\infty |E(r)|^2 r\, \mathrm{d}r\right)^2}{\int_0^\infty |E(r)|^4 r\, \mathrm{d}r} = \frac{2\pi \left(\int_0^\infty I(r)\, r\, \mathrm{d}r\right)^2}{\int_0^\infty I(r)^2 r\, \mathrm{d}r}. \tag{3.78}$$

Diese effektive Modenfläche ist maßgeblich für die Beschreibung der nichtlinearen optischen Effekte in Glasfasern, die ab Kap. 5 diskutiert werden. Dabei wird das Licht in der Faser durch eine ebene Welle genähert und die Leistung der Lichtwelle mit der faserspezifischen effektiven Modenfläche in eine effektive Intensität umgerechnet. Je kleiner A_{eff} ist, um so größer ist bei gegebener Leistung der Lichtwelle P die effektive Intensität I_{eff} und damit die Stärke der intensitätsabhängigen nichtlinearen Effekte.

Für exakt gaußförmige Feldverteilungen ergibt sich analytisch

$$A_{\text{eff,G}} = \pi w_{\text{G}}^2. \tag{3.79}$$

Bei gaußähnlichen Modenfeldern kann die effektive Modenfläche näherungsweise mit dem Petermann-II Modenfeldradius w_{PII} berechnet werden. Für nicht-gaußähnliche Modenfelder, z. B. bei dispersionsverschobenen oder dispersionskompensierenden Fasern, muss Gl. (3.79) mit einem zusätzlichen Korrekturfaktor k versehen werden [26, 27]:

$$A_{\text{eff}} = k\pi w_{\text{PII}}^2. \tag{3.80}$$

Die Zahlenwerte für k bewegen sich auch bei deutlich unterschiedlichen Fasern mit $k =$ 0,94 ... 0,98 in einem Bereich nahe an eins [13, 27].

Beispiel 3.8

Für eine SSMF beträgt bei $\lambda = 1550\,\text{nm}$ die theoretisch berechnete effektive Modenfläche $A_{\text{eff}} = 78{,}2\,\mu\text{m}^2$. Die Gauß-Näherung ergibt $A_{\text{eff,G}} = 83{,}7\,\mu\text{m}^2$. Verwendet man den Petermann-II Modenfeldradius wie in Gl. (3.80), so ist ein Korrekturfaktor $k = 0,\,974$ zu verwenden.

Abschließend kann nun auch eine effektive Feldstärke definiert werden, die für nichtlineare Effekte maßgeblich ist:

$$E_{\text{eff}} = \sqrt{\frac{2I_{\text{eff}}}{c_0\varepsilon_0 n_{\text{K}}}} = \sqrt{\frac{2Z_0 P}{n_{\text{K}} A_{\text{eff}}}}. \tag{3.81}$$

Beispiel 3.9

Nach Bsp. 3.7 ergeben sich bei einer Leistung von $P = 1\,\text{mW}$ eine effektive Intensität $I_{\text{eff}} = 12{,}79\,\text{MW}/\text{m}^2$ und eine effektive Feldstärke von $E_{\text{eff}} = 81{,}7\,\text{kV/m}$.

Exkurs 3.3

Die Definition der effektiven Modenfläche nach Gl. (3.78) basiert auf der Näherung der Skalarmoden und vernachlässigt daher die z-Komponente der elektrischen Feldstärke sowie generell den vektoriellen Charakter der elektromagnetischen Felder. In einigen Fasern mit sehr großem Indexkontrast oder in mikrostrukturierten Fasern, den sog. photonischen Kristallfasern (engl. *photonic crystal fiber*, PCF), ist diese Näherung nicht mehr zulässig. Eine alternative Definition der effektiven Modenfläche, die auch zur Berechnung nichtlinearer Effekte in solchen Fasern anwendbar ist, wird in [28] gegeben.

Literatur

1. E. Snitzer, Cylindrical dielectric waveguide modes. J. Opt. Soc. Am. **51**(5), 491–498 (1961)
2. D. Marcuse, *Light Transmission Optics*. Bell Laboratories Series. (Van Nostrand, New York, 1972)
3. A.W. Snyder, J. Love. *Optical Waveguide Theory* (Chapman and Hall, London, 1983)
4. J. Bures, *Guided Optics* (Wiley-VCH, Weinheim, 2009)
5. H. Renner, R. Ulrich. J.-P., C. Glingener, Einmodenfasern, in *Optische Kommunikationstechnik*, Hrsg. von E. Voges, K. Petermann (Springer, Berlin, 2002), 81–213

6. G. Grau, W. Freude, *Optische Nachrichtentechnik*, 3. Aufl. (Springer, Berlin, 1991)
7. H.-D. Rudolph, E. Neumann, Approximation for the eigenvalues of the fundamental mode of a step index glass fiber waveguide. Nachrichtentechnische Ztg. **29**, 328–329 (1976)
8. C. Hussey, F. Martinez, Approximate analytic forms for the propagation characteristics of single-mode fibers. Electron. Lett. **21**(23), 1103–1104 (1985)
9. D. Gloge, Weakly guiding fibers. Appl. Opt. **10**(10), 2252–2258 (1971)
10. Produktinformation Fa., Corning. *SMF-28e Optical Fiber*. Techn. Ber. (2005)
11. Recommendation ITU-T G.652: Characteristics of a single-mode optical fibre and cable. Telecommunication Standardization Sector of ITU (International Telecommunication Union) (2009)
12. Recommendation ITU-T G.650.1: Definitions and test methods for linear, deterministic attributes of single-mode fibre and cable. Telecommunication Standardization Sector of ITU (International Telecommunication Union) (2010)
13. Recommendation ITU-T G.650.2: Definitions and test methods for statistical and non-linear related attributes of single-mode fibre and cable. Telecommunication Standardization Sector of ITU (International Telecommunication Union) (2007)
14. K. Petermann, Microbending loss in monomode fibres. Electron. Lett. **12**(4), 107–109 (1976)
15. Norm DIN EN ISO 11146-1: Laser und Laseranlagen - Prüfverfahren für Laserstrahlabmessungen, Divergenzwinkel und Beugungsmaßzahlen. 2005–04. DIN EN ISO 11146-2:2005–05. Deutsches Institut für Normung (2005)
16. K. Petermann, Constraints for the fundamental-mode spot size for broadband dispersion-compensated single-mode fibres. Electron. Lett. **19**(18), 712–714 (1983)
17. M. Artiglia, P. Coppa, P. Di Vita, M. Potenza, A. Shrama, Mode field diameter measurements in single-mode optical fibers. J. Lightwave Technol. **7**(8), 1139–1152 (1989)
18. W. Freude, A. Sharma, Refractive-index profile and modal dispersion prediction for a single-mode optical waveguide from its far-field radiation pattern. J. Lightwave Technol. **3**(3), 628–634 (1985)
19. C. Pask, Physical interpretation of Petermann's strange spot size for single-mode fibres. Electron. Lett. **20**(3), 144–145 (1984)
20. M. Young, Mode-field diameter of single-mode optical fiber by far-field scanning. Appl. Opt. **37**(24), 5605–5619 (1998)
21. R. Billington, *Effective Area of Optical Fibres-Definition and Measurement Techniques* Techn. Ber (National Physical Laboratory, Teddington, 2003)
22. D. Marcuse, Excitation of the dominant mode of a round fiber by a Gaussian Beam. Bell Syst. Tech. J. **49**(8), 1695–1703 (1970)
23. D. Marcuse, Loss analysis of single-mode fiber splices. Bell Syst. Tech. J. **56**(5), 703–718 (1977)
24. H.-J. Eichler, J. Eichler, *Laser: Bauformen, Strahlführung, Anwendungen*, 7. Aufl. (Springer, Berlin, 2010)
25. G. Agrawal. *Nonlinear Fiber Optics*, 5. Aufl. (Academic, Amsterdam, 2013)
26. Y. Namihira, Relationship between nonlinear effective area and modefield diameter for dispersion shifted fibers. Electron. Lett. **30**(3), 262–263 (1994)
27. Y. Namihira, Wavelength dependence of correction factor on effective area and mode field diameter for various singlemode optical fibers. Electron. Lett. **33**(17), 1483–1485 (1997)
28. V.S. Afshar, T.M. Monro, M.C. Sterke, Understanding the contribution of mode area and slow light to the effective Kerr nonlinearity of waveguides. Opt. Expr. **21**(15), 18558–18571 (2013)

Lineare faseroptische Effekte

4

Faseroptische Effekte werden als linear bezeichnet, wenn sie nicht von der Amplitude der elektromagnetischen Felder und damit nicht von der Leistung der Lichtwellen in der Glasfaser abhängen. Ein weiteres Kennzeichen linearer Effekte ist, dass bei der Ausbreitung der Lichtwellen in der Faser keine neuen Frequenzen oder Spektralanteile entstehen.

In diesem Kapitel werden mit der Dämpfung, der Dispersion und der Doppelbrechung bzw. Polarisationsmodendispersion die wichtigsten linearen faseroptischen Effekte vorgestellt. Dabei wird das elektromagnetische Feld einer Mode durch die komplexwertige Modenamplitude nach Betrag und Phase sowie ihrem Polarisationszustand beschrieben. Änderungen der Modengeometrie durch die linearen Effekte werden in der Regel vernachlässigt, da diese sehr klein sind. Allerdings hat die Modengeometrie sehr wohl Auswirkungen auf lineare Effekte wie Dämpfung durch Biegung sowie Moden- und Wellenleiterdispersion. Daher werden bei Bedarf neben den Eigenschaften der Grundmode auch die der höheren Moden diskutiert, z. B. im Hinblick auf deren Bedeutung in Faserlasern.

4.1 Dämpfung

Bei der Wellenausbreitung entlang einer Glasfaser in $+z$-Richtung kommt es zu einer Dämpfung der Lichtwelle, die gemäß des Lambert-Beerschen Gesetzes Gl. (2.85) durch einen Dämpfungsbelag a der Leistung P beschrieben wird:

$$P(z) = P(0)\,\mathrm{e}^{-az}. \tag{4.1}$$

Üblicherweise wird der Dämpfungsbelag oder kurz die Dämpfung logarithmisch als ${}^{\ell}a$ in dB/km angegeben:

R. Engelbrecht, *Nichtlineare Faseroptik*,
DOI 10.1007/978-3-642-40968-4_4

$$^{\ell}a = -\frac{1}{L} 10 \log \left(\frac{P(L)}{P(0)} \right), \tag{4.2}$$

$$^{\ell}a = -\frac{1}{L} 10 \log \mathrm{e}^{-aL} = \frac{10}{\ln 10} a \approx 4{,}343\, a, \tag{4.3}$$

wobei in Gl. (4.3) $^{\ell}a$ und a stets auf die gleiche Länge L zu beziehen sind, üblicherweise $L = 1\,\mathrm{km}$ für dämpfungsarme Glasfasern oder $L = 1\,\mathrm{m}$ für Wellenleiter mit größerer Dämpfung.

Beispiel 4.1

Eine typische Standard-Singlemodefaser hat bei $\lambda = 1550\,\mathrm{nm}$ einen Dämpfungsbelag von $^{\ell}a = 0{,}2\,\mathrm{dB/km}$, entsprechend $a = 0{,}046\,\mathrm{km}^{-1}$.

Man unterscheidet zwischen folgenden Dämpfungsursachen:

- Intrinsische Dämpfung: Verluste aufgrund von Absorption a_{V} und RAYLEIGH-Streuung a_{S} in der Faser selbst.
- Extrinsische Dämpfung: Zusatzverluste a_{Z}, die durch das Verlegen der Faser entstehen, z. B. durch Biegungen.

Die gesamte Dämpfung a_{g} ergibt sich aus der Summe der Einzelbeiträge. Einige wichtige Dämpfungsmechanismen werden nachfolgend diskutiert.

4.1.1 Absorption

Die Verluste in dielektrischen Medien können durch den Imaginärteil des Brechungsindex κ gemäß Gl. (2.29) beschrieben werden. Aufgrund der enorm kleinen Verluste in üblichen Materialien für Glasfasern müssen diese nicht schon bei der Lösung der Maxwell-Gleichungen des Wellenleiters berücksichtigt werden. Durch die Absorption erfolgt also keine signifikante Änderung der Geometrie der Moden. Die Absorptionsverluste können wie in Kap. 2.4.6 beschrieben nachträglich durch eine Dämpfung $a_{\mathrm{V}}(\lambda)$ bei der Modenausbreitung gemäß Gl. (4.1) berücksichtigt werden.

Die Dämpfung durch Absorption ist auch in hochreinem Quarzglas wellenlängenabhängig (Abb. 4.1). Im ultravioletten Spektralbereich (UV) entsteht die Absorption durch die Anregung von höheren elektronischen Energiezuständen der Atome und Moleküle. Im Festkörper werden diese Energiezustände durch ein Bändermodell beschrieben [2]. Photonen mit einer Energie

$$W_{\mathrm{p}} = hf = \frac{hc}{\lambda} > W_{\mathrm{B}} \tag{4.4}$$

größer als der Bandabstand W_{B} können Elektronen aus dem Valenz- in das Leitungsband anheben und werden dabei absorbiert. Aus dem Bandabstand von reinem $\mathrm{SiO_2}$-Glas von

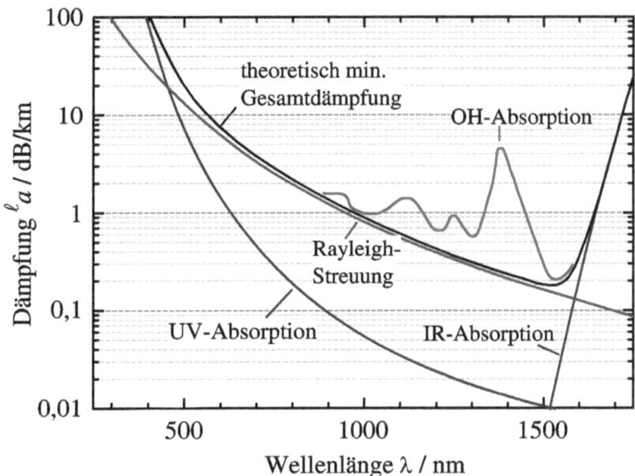

Abb. 4.1 Dämpfungsmechanismen in SiO_2-Glasfasern nach [1]

$W_B \approx 9$ eV resultiert eine sehr starke Absorption für Wellenlängen $\lambda < 140$ nm. Aufgrund der amorphen Natur eines Glases sowie durch Fehlstellen im Molekülgefüge existieren aber auch viele Zustände mit kleinerer Energiedifferenz, so dass die Absorption bereits ab 180 nm signifikant ansteigt [3, 4]. Spektrale Ausläufer der UV-Absorption durch elektronische Übergänge reichen bis in den sichtbaren Bereich, werden dort aber durch die RAYLEIGH-Streuung (s. Kap. 4.1.3) überdeckt. Durch Dotierung mit Germanium wird der Bandabstand auf ca. 7 eV bei $x_{Ge} = 5\,\%$ reduziert, gleichzeitig entsteht ein absorbierender Übergang bei 242 nm aus Sauerstoff-Fehlstellen in GeO_2 mit Bandabstand $W_B \approx 5$ eV [5, 6]. Die erhöhte UV-Absorption durch Ge-Dotierung im Faserkern ist Grundlage für das Einschreiben von sogenannten Faser-Bragg-Gittern (FBG) mit UV-Lasern in den Kern einer Glasfaser [7] (s. a. Kap. 10.4).

Im infraroten Spektralbereich (IR) erfolgt Absorption durch Anregung von SiO_2-Molekülvibrationen, deren fundamentalen Absorptionsbanden bei Wellenlängen $\lambda > 9\,\mu$m liegen [8]. Diskrete Kombinations- und Oberschwingungsbanden der fundamentalen Vibrationsschwingungen können mit geringerer Absorption bis hin zu Wellenlängen $\lambda > 3\,\mu$m identifiziert werden. Bei Wellenlängen $\lambda < 3\,\mu$m überlappen diese Banden so stark, dass dort keine ausgeprägten Absorptionswellenlängen beobachtet werden, sondern eine zu kleineren Wellenlängen kontinuierlich fallende IR-Absorption. Für Wellenlängen unterhalb von 1600 nm überwiegt in der Dämpfung der Beitrag der Rayleigh-Streuung.

Zusätzliche Absorptionsbanden können durch Verunreinigungen mit Metall-Ionen entstehen. In modernen tiegelfreien Herstellungsverfahren durch Abscheiden von SiO_2 aus der Gasphase (engl. *chemical vapour deposition*, CVD) können solche Verunreinigungen unter 1 ppb gehalten werden, so dass diese für Singlemode-Fasern keine Rolle spielen. Zu beachten sind aber Absorptionsbanden durch Vibrationen des OH^--Radikals (Hydroxyl-Ion). Diese können bei der Quarzglas-Herstellung durch geringe Verunreinigungen der Prozessgase mit Wasserdampf oder Wasserstoff entstehen, oder nachträglich durch Eindiffusion dieser Stoffe in die Glasmatrix. Durch den stark polaren Charakter der O–H-Bindung entstehen starke Absorptionsbanden sowohl bei der Fundamentalen $\lambda_0 = 2{,}72\,\mu$m als auch bei deren Oberwellen bei 1,38 µm und 0,945 µm. Durch Kombinationsschwingungen mit Vibrationsmoden der SiO_2-Moleküle resultieren weitere Absorptionsbanden bei $\lambda_0 = 2{,}22\,\mu m, 1{,}90\,\mu m, 1{,}24\,\mu m, 1{,}13\,\mu m$ und $0{,}88\,\mu m$ [1, 8]. Die klassischen Übertragungsbänder der Faseroptik liegen in Fenstern zwischen den OH-Banden bei $\lambda_0 = 850\,nm, 1310\,nm$ und $1550\,nm$. Durch verbesserte moderne Herstellungsverfahren können die OH-Banden im Dämpfungsspektrum aber weitgehend vermieden werden, so dass die ITU-T Empfehlung G.652.D auch bei 1,38 µm nur eine maximale Dämpfung von 0,4 dB/km vorsieht. Dadurch steht eine erweiterte spektrale Bandbreite für die Datenübertragung zur Verfügung.

4.1.2 Thermische Zerstörung

Die pro Volumen absorbierte Lichtenergie wird in Wärmeenergie umgesetzt. Aufgrund der äußerst geringen Absorption in weiten Wellenlängenbereichen, insbesondere zwischen ca. 600 nm und 1600 nm, ist eine thermische Zerstörung der Glasfaser im Volumen unwahrscheinlich. Kritisch sind jedoch Faserendflächen, z. B. von Steckverbindern oder freie Faserendflächen in Kollimatoroptiken für Faserlaser. Zum einen sind die Zerstörschwellen der Energiedichte an der Oberfläche geringer als im Volumen, zum anderen ist die Endfläche äußeren Einflüssen ausgesetzt. Bereits kleine Verunreinigungen im Kernbereich können lokal die Absorption und Temperatur stark erhöhen. Da die Absorption in Glas mit zunehmender Temperatur annähernd exponentiell steigt, kann dies zur Ausbildung eines lokal auf den Kernbereich begrenzten Plasmas führen [9]. Die Plasmawolke verdrängt das Glasmaterial, erlischt dann, und hinterlässt einen kleinen Hohlraum im Glasvolumen. Durch die hohen Temperaturen wird auch an einem Ort vor der Gasblase entgegen der Lichtausbreitungsrichtung die Absorption so erhöht, dass dort die nächste Plasmawolke entsteht. Der Vorgang frisst sich periodisch entgegen der Lichtausbreitungsrichtung in den Kernbereich der Glasfaser. Zurück bleiben perlenschnurartige Hohlräume im Faserkern, die unter einem Lichtmikroskop beobachtet werden können (Abb. 4.2). Dieser sogenannte katastrophale Faserbrand (engl. *catastrophic fiber-fuse*) breitet sich mit ca. 1 m/s aus und ist mit einem visuell sichtbaren Lichtpunkt des Plasmas verbunden. Ausgelöst von Verunreinigungen an Faserendflächen, kann ein solcher Faserbrand bereits ab einer Leistung von ca. 1 W in einer Standard-Faser zünden und sich ausbreiten [10].

Neben dem Faserbrand im Kern ist ein Verschmoren des Polymermantels, der viele Glasfasern zum Schutz umgibt, ein bekannter thermischer Schädigungsmechanismus [12]. Dieser kann entstehen, wenn sehr große Lichtleistungen in den Fasermantel eindringen und an der Mantelgrenzfläche vom Polymer absorbiert werden, z. B. bei zu starker Biegung einer Faser, nach ungeeignet fokussierter Einkopplung eines Freistrahls in die Faser oder bei zu großer Pumpleistung im Pumpmantel eines Faserlasers (s. Abb. 10.3 in Kap. 10.1.3). Weiterhin können insbesondere bei gepulsten Lasern die Endflächen der Fasern zerstört werden, wenn die Energiedichte bestimmte Schwellwerte überschreitet [13, 14]. Unter Vermeidung solcher Grenzflächeneffekte sind es eher nichtlineare optische Effekte wie

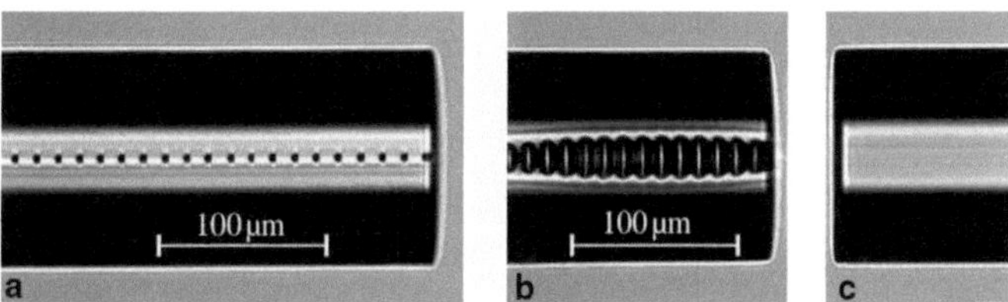

Abb. 4.2 Durchlicht-Mikroskopbilder zweier Singlemodefasern (HI-Faser, [11]) nach Faserbränden **a** und **b**, ausgelöst von verschmutzten Endflächen bei einer Leistung von ca. 2 W bei 1100 nm, sowie unbeschädigte Faser **c**

der KERR-Effekt sowie stimulierte RAMAN- und BRILLOUIN-Streuung, die die maximale Leistungsdichte z. B. eines Faserlasers begrenzen, aber nicht die Volumenabsorption [15].

4.1.3 Rayleigh-Streuung

Im roten und im nahinfraroten Spektralbereich von 600 nm bis 1550 nm stellt die RAYLEIGH-Streuung die theoretische Grenze der Dämpfung dar. In der amorphen Glasmatrix sind prinzipiell unvermeidbare mikroskopische Dichte- und damit Brechzahlfluktuationen mit kleinsten Strukturgrößen deutlich kleiner als die Wellenlänge vorhanden. An diesen wird die Lichtwelle mit einer Dipol-Charakteristik gestreut. Die gestreuten Lichtanteile fehlen in der in Vorwärtsrichtung übertragenen Leistung und können durch einen Dämpfungsbelag der Streuung a_S berücksichtigt werden. Gemäß einer Dipol-Charakteristik ist die gestreute Leistung $\sim\lambda_0^{-4}$, so dass die Dämpfung durch Rayleigh-Streuung ebenfalls dieser Gesetzmäßigkeit gehorcht (s. a. Kap. 8.2.1). Theoretisch ist die Rayleigh-Streuung in reinem SiO_2-Glas abhängig von einer fiktiven Temperatur T_f, die ein Maß für die im erstarrten Glas eingefrorenen Dichtefluktuationen ist. T_f und damit die Dämpfung durch Rayleigh-Streuung sind umso größer, je größer die Temperaturen bei der Faserherstellung sind [16]. Dotierungen mit Fremdstoffen erzeugen zusätzliche mikroskopische Dichte- und Brechungsindex-Fluktuationen, die zur gesamten Dämpfung durch Rayleigh-Streuung ${}^{\ell}a_S$ im Fall der üblichen Ge-Dotierung wie folgend beitragen [16]:

$$\frac{{}^{\ell}a_S}{\mathrm{dB/km}} = A_{\mathrm{SiO_2}}\,(1 + 62\Delta_{\mathrm{Ge}})\,\frac{1}{(\lambda_0/\mu\mathrm{m})^4}. \tag{4.5}$$

Darin ist Δ_{Ge} die normierte Brechzahldifferenz zu reinem SiO_2-Glas aufgrund einer Ge-Dotierung, und $A_{SiO_2} = 0{,}65 \ldots 0{,}7$ ist der von der thermischen Vorgeschichte abhängige Rayleigh-Koeffizient von reinem SiO_2-Glas [16].

Beispiel 4.2

Für eine Standard-Singlemodefaser mit einer angenommenen normierten Brechzahldifferenz $\Delta_{Ge} = 0{,}36\,\%$ ergibt sich bei $\lambda_0 = 1550$ nm eine Dämpfung von ${}^{\ell}a_S = 0{,}14$ dB/km durch Rayleigh-Streuung. Dies ist die theoretische Untergrenze für die Dämpfung von Quarzglasfasern, die von modernen Fasern fast erreicht wird.

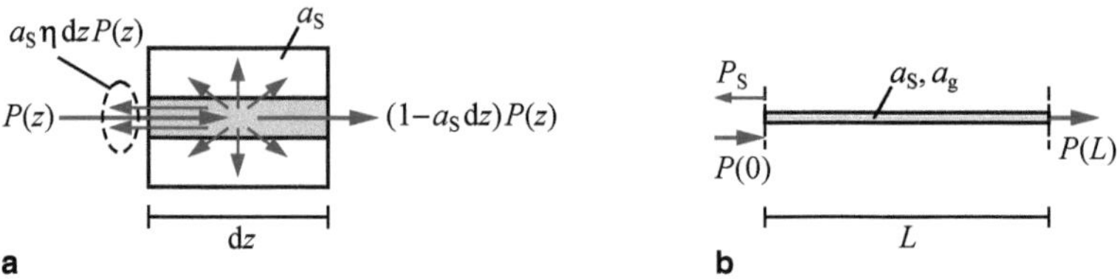

Abb. 4.3 Rayleigh-Streuung: **a** Kurzes Fasersegment der Länge dz, nur ein Bruchteil η der gestreuten Leistung wird in Rückwärtsrichtung in der Faser geführt. **b** Leistungsdefinitionen an einer langen Faser der Länge L

Exkurs 4.1
Die Rayleigh-Streuung wird als elastische Streuung bezeichnet, da im Teilchenbild die gestreuten Photonen eine andere Richtung, aber die gleiche Energie wie vor dem Streuprozess haben. Dabei entstehen im Volumen keine Verluste. Für Rayleigh-Streuung gilt also: Das Licht ist nicht weg, es ist nur wo anders.

Ein kleiner Teil der gestreuten Lichtleistung wird in Rückwärtsrichtung wieder in geführte Wellenleitermoden eingekoppelt. Für Singlemodefasern kann die Sammeleffizienz η_S unter Annahme einer im Querschnitt homogenen Streuung sowie unter Annahme einer Dipol-Richtcharakteristik des Streuprozesses berechnet werden [17, 18]:

$$\eta_S = \frac{3\lambda_0^2}{8\pi n_{\text{eff}}^2 A_{\text{eff}}}, \tag{4.6}$$

mit dem effektiven Brechungsindex n_{eff} und der effektiven Modenfläche A_{eff}. Eine allgemeingültige Analyse ist in [19, 20] zu finden. In einem kurzen Fasersegment dz wird also ein Anteil $a_S \eta_S\, dz$ der an diesem Ort vorhandenen vorlaufenden Leistung $P(z)$ in Rückwärtsrichtung gestreut (Abb. 4.3a). Durch Integration über eine Länge L und unter Berücksichtigung der Gesamtdämpfung a_g sowohl der vorlaufenden als auch der rückgestreuten Welle ergibt sich das Leistungsverhältnis der eingestrahlten Leistung $P(0)$ zur gesamten rückgestreuten Leistung P_S (Abb. 4.3b) zu

$$\frac{P_S}{P(0)} = a_S \eta_S \frac{1 - e^{-2a_g L}}{2a_g}. \tag{4.7}$$

Beispiel 4.3

Mit Zahlenwerten für eine SSMF aus Kap. 3.6 ergibt sich bei einer Wellenlänge von $\lambda_0 = 1550\,\text{nm}$ eine Sammeleffizienz $\eta_S = 0{,}16\,\%$. Mit einem Dämpfungsbelag der Rayleigh-Streuung von ${}^{\ell}a_S = 0{,}14\,\text{dB/km}$ und einem Gesamtdämpfungsbelag ${}^{\ell}a_g = 0{,}18\,\text{dB/km}$ ergibt sich für ein kurzes Faserstück von $L = 1$ m ein Leistungsverhältnis

$\ell(P_S/P(0)) = -73\,\text{dB}$. Die rückgestreute Leistung ist für kleine Faserlängen mit $L \ll (2a_g)^{-1} = 12\,\text{km}$ proportional zur Faserlänge L. Für sehr große Faserlängen $L \gg (2a_g)^{-1}$ nähert sich das Leistungsverhältnis dem Grenzwert $-32\,\text{dB}$ an.

Dies gilt unter der Voraussetzung einer kontinuierlichen Lichtquelle. Für kurze Lichtpulse mit einer Zeitdauer T_p gilt für die am Ort z gestreute und am Fasereingang gemessene Leistung der Rückstreuung

$$P_S(z) = a_S \eta_S T_p \upsilon_g P(0)\, e^{-2a_g z}, \tag{4.8}$$

mit der Gruppengeschwindigkeit υ_g nach Kap. 4.2.2. Durch zeitaufgelöste Messung der rückgestreuten Leistung (engl. *optical time-domain reflectometry*, OTDR) kann mit der Rayleigh-Streuung die Dämpfung entlang der Faserstrecke und Verluste an Spleißstellen gemessen werden, zusätzlich zu FRESNEL-Reflexionen an Steckverbindern [21].

Exkurs 4.2
Es erscheint zunächst gegen die Intuition, dass die Sammeleffizienz der Streuung η_S indirekt proportional zur Modenfläche A_{eff} ist. Betrachtet man aber Fasern, die eine kleine Modenfläche A_{eff} haben, so haben diese eine größere Winkelbreite der Lichtverteilung im Fernfeld und können anschaulich Streulicht aus einem größeren Winkelbereich aufnehmen und im Kern weiterführen (s. Gl. (3.68) in Kap. 3.6.5). In OTDR-Messungen können daher Fasern mit unterschiedlichen effektiven Modenflächen entlang einer Faserstrecke an der Stärke der Rayleigh-Streuung in Rückwärtsrichtung unterschieden werden.

Da die Sammeleffizienz η_s proportional zu λ_0^2 und der Dämpfungsbelag a_S proportional zu λ_0^{-4} ist, ist die in der Faser geführte rückgestreute Leistung P_S näherungsweise zu λ_0^{-2} proportional, wobei zusätzlich die Wellenlängenabhängigkeit der effektiven Fläche A_{eff} berücksichtigt werden muss.

Exkurs 4.3
Die hier beschriebene Rayleigh-Streuung ist im Sinne der Klassifizierung der Streuprozesse in Kap. 8.1.1 ein spontaner Streuprozess. Werden durch ortsvariable thermische Effekte aufgrund der Lichtabsorption im Medium zusätzliche Brechzahlfluktuationen induziert, so wird dadurch die Rayleigh-Streuung erhöht. Dieser Prozess kann als stimulierte Rayleigh-Streuung bezeichnet werden und kann in Hochleistungs-Faserlasern eine Rolle spielen [22, 23].

4.1.4 Biegung

In gebogenen Fasern entstehen zusätzliche Verluste im Vergleich zu den intrinsischen Verlusten einer idealen geradlinigen Faser. Man unterscheidet Mikro- und Makrobiegungsverluste. Mikrobiegungsverluste entstehen durch sehr kleine statistisch verteilte Biegungen, die als regellose Störung z. B. während der Faserherstellung entstehen können. Bei modernen Fasern sind diese Mikrobiegungsverluste in der Regel vernachlässigbar.

Makrobiegungsverluste entstehen durch eine externe Biegung der Faser mit einem Krümmungsradius R_K, z. B. durch Aufwickeln auf eine Trommel oder bei der Faserverlegung während der Installation. Durch die Biegung verlängert sich die optische Weglänge auf der Außenseite und verkürzt sich auf der Innenseite der Biegung. Die resultierende in der Transversalebene variable Phasenänderung einer Lichtwelle kann näherungsweise durch eine äquivalente lineare Scherung des Brechzahlprofiles beschreiben werden [24, 25]:

$$n'(x,y) = n(x,y)\left(1 + \frac{x}{R_K}\right) \tag{4.9}$$

Darin ist $n(x,y)$ das Brechzahlprofil der ungebogenen Faser und R_K ist der geometrische Krümmungsradius. Zusätzlich entstehen durch die Biegung im Faserquerschnitt Bereiche mit Druckspannungen auf der Innenseite und Zugspannungen auf der Außenseite. Die durch den photoelastischen Effekt (s. Kap. 9.2.2) verursachten Brechungsindexänderungen wirken dem Effekt der unterschiedlichen Weglängen entgegen. Dies kann in Quarzglasfasern durch einen effektiven Krümmungsradius $R_{eff} \approx 1{,}28\ R_K$ berücksichtigt werden [26, 27].

Mit zunehmender Biegung lösen sich Wellen radial vom Kern ab. Setzt man die von einem ringförmig gebogenen Faserkern radial abgestrahlte Welle als Überlagerung von harmonischen Zylinderwellenfunktionen an, so können deren Amplituden aus den Stetigkeitsbedingungen an der Kern-Mantelgrenzfläche bestimmt werden [28]. Aus der damit berechenbaren abgestrahlten Leistung kann die längenbezogene Leistungsdämpfung a_Z einer gebogenen Faser berechnet werden. Für schwach führende Fasern mit homogenem Kern ergibt sich daraus folgende Formel für die zusätzliche Dämpfung durch Makrobiegungsverluste [27, 28]:

$$a_Z = \frac{1}{2}\sqrt{\frac{\pi}{a_K R_{eff} W^3}}\,\frac{U^2}{V^2 K_{\ell+1}(W) K_{\ell-1}(W)}\exp\left(-\frac{4R_{eff} K W^3 \Delta}{3\ V^2 a_K}\right). \tag{4.10}$$

Darin ist a_K der Kernradius, U und W sind die modalen Parameter des Kerns und Mantels für eine bestimmte Mode $LP_{\ell m}$, V ist die normierte Frequenz, und Δ die normierte Brechzahldifferenz der Faser. $K_\ell(W)$ ist die modifizierte Bessel-Funktion zweiter Gattung der Ordnung ℓ, die dem azimutalen Modenindex einer Mode $LP_{\ell m}$ entspricht. Die Form von Gl. (4.10) angelehnt an [29] stimmt mit [27, 28] unter Verwendung der Näherung für das Phasenmaß aller Moden $\beta \approx n_k k_0$ überein. In [30] ist eine Erweiterung des Ansatzes für Fasern mit beliebigen Brechungsindexprofilen zu finden. In Abb. 4.4 sind mit Gl. (4.10) berechnete Biegungsverluste für verschiedene Moden und beispielhafte Wellenlängen dargestellt. Deutlich zu erkennen ist, dass die Verluste bei Unterschreitung eines

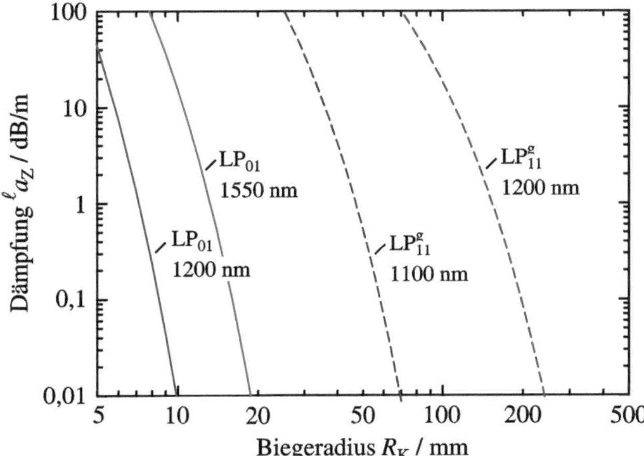

Abb. 4.4 Mit Gl. (4.10) berechnete Dämpfungen einer SSMF durch kreisförmige Biegung für verschiedene Wellenlängen und Moden. Die dabei gemachten Annahmen liefern jedoch nur für die Grundmode im Singlemode-Betrieb (hier: LP_{01} bei 1550 nm) quantitativ zuverlässige Ergebnisse

bestimmten kritischen Krümmungsradius stark ansteigen. Dieser kritische Krümmungsradius ist umso größer, je näher eine Mode an ihrer Grenzwellenlänge λ_c betrieben wird. Dies bietet die Möglichkeit für eine effektive Unterdrückung höherer Moden in leicht multimodigen Fasern, die mit definiertem Krümmungsradius auf eine Trommel aufgewickelt werden. Leistungsstarke Faserlaser können mit dieser Methode Fasern mit großem Kernquerschnitt (engl. *large mode-area*, LMA) verwenden, und trotzdem effektiv einmodig betrieben werden.

Die berechneten Verluste aus Gl. (4.10) stimmen mit Messungen und Feldsimulationen für die Grundmode in Singlemodefasern mit $V < 2{,}405$ gut überein, wenn wie hier der effektive Krümmungsradius R_{eff} zur Berücksichtigung des photoelastischen Effekts verwendet wird [27]. Für mehrmodige Fasern ergeben sich teilweise beträchtliche Abweichungen von Gl. (4.10), die verschiedene Ursachen haben:

- Gleichung (4.10) gilt nur für gerade Moden, z. B. der Mode LP^g_{11} und einer Krümmung in der Ebene $y = 0$ nach Abb. 3.11. Die ungeraden Moden hätten im Ansatz nach [28] verschwindende Biegungsverluste. Tatsächlich wurden auch experimentell drastisch unterschiedliche Verluste je nach Ausrichtung der LP_{11}-Mode bezüglich der Krümmungsebene beobachtet [31]. Theoretische Modelle auf Basis der Beugungstheorie nach [32] können diesen Effekt nur qualitativ besser beschreiben als die einfache Formel Gl. (4.10). In langen mäßig gekrümmten Fasern ergibt sich ein Mittelwert durch die Drehung der Ausrichtung einer Mode entlang der Ausbreitung gemäß Gl. (3.52).
- Signifikante Abweichungen ergeben sich auch für die Grundmode LP_{01} in mehrmodigen Fasern und bei sehr kleinen Krümmungsradien. Dies liegt daran, dass der Ansatz aus [28] Verzerrungen des Modenfeldes durch die Scherung des Brechzahlprofiles gemäß Gl. (4.9) vernachlässigt. Der Schwerpunkt der Feldverteilung einer geführten Mode wird tatsächlich aber in Richtung der Außenseite der Krümmung verschoben. Weiterhin findet

eine räumliche Stauchung des Modenfeldes höherer Moden statt. Interessanterweise führt dies dazu, dass die realen Verluste in mehrmodigen Fasern deutlich kleiner sind als mit Gl. (4.10) berechnet [27, 33].

- In gekrümmten Fasern wird die Entartung der geraden und ungeraden Varianten innerhalb einer Modengruppe aufgehoben. Das kann dazu führen, dass gerade und ungerade Moden vollständig entkoppeln und die Mittelung der Dämpfung zwischen diesen Moden nicht mehr auftritt. Bestimmte höhere Moden können sich dann trotz Biegung dämpfungsarm ausbreiten. Dies kann die Modendiskriminierung zur Unterdrückung höherer Moden erheblich beeinträchtigen [27].

Zusätzlich erschweren zwei weitere Effekte die Berechnung der Dämpfung in gekrümmten Fasern [29]:

- Die Theorie nach [28] geht von einem unendlich ausgedehnten Mantel aus. In realen Fasern können aber auch im Mantel Wellen geführt werden. Dies gilt insbesondere dann, wenn Fasern mit niedrigbrechendem sekundären Mantel verwendet werden, wie z. B. Double-Clad-Fasern für Faserlaser. Nach einer bestimmten Faserlänge können die Mantelmoden konstruktiv zurück in den Kern überkoppeln. Im Ergebnis ist dann dem Dämpfungsverlauf in Abb. 4.4 eine periodische Schwankung mit einer Amplitude von bis zu einer Größenordnung überlagert.
- Durch die Scherung des Brechzahlprofiles entsteht ein radialer Versatz des Modenfeldes. Beim abrupten Übergang von einem geraden zu einem konstant gekrümmten Faserstück entsteht ein Koppelverlust ähnlich wie bei einem seitlichen Versatz zweier Fasern. Bei großen Krümmungsradien kann diese Übergangsdämpfung größer sein als die eigentliche Biegungsdämpfung, dann aber mit insgesamt niedrigen Absolutwerten der Dämpfung.

Zusammenfassend stellt die verbreitete Formel Gl. (4.10) nur eine gute Abschätzung der Biegungsdämpfung für die Grundmode in Singlemode-Fasern dar, und eine Tendenz für die Verluste höherer Moden. In [27] werden Ergebnisse aus Messungen und Feldsimulationen mit einer verbesserten, aber numerisch aufwändig zu lösenden Formel zur Bestimmung der Biegungsverluste in mehrmodigen Fasern verglichen, mit im Ergebnis sehr guter Übereinstimmung. Diese können dann auch für mehrmodige Fasern, wie z. B. in LMA-Fasern für Faserlaser verwendet werden.

4.1.5 Typische Dämpfungsdaten von Standardfasern

In Tab. 4.1 sind typische Dämpfungsdaten einer Standard-Singlemodefaser zusammengefasst. Die Dämpfung liegt nahe an der durch die Rayleigh-Streuung vorgegebenen theoretischen Grenze. Es ist die enorm geringe Dämpfung und hervorragende Wellenführung über große Strecken, die Glasfasern zu einem so interessanten Medium für viele

Tab. 4.1 Typische Dämpfungsdaten (Maximalwerte) einer Standard-Singlemodefaser (SSMF) [34]

Wellenlänge λ/nm	Dämpfung (log.) $^{\ell}a$/(dB/km)	Dämpfung (lin.) a/(1/m)	Effektive Länge L_{eff}^{∞}/km
1310	0,35	$8{,}06 \cdot 10^{-5}$	12,4
1383	0,35	$8{,}06 \cdot 10^{-5}$	12,4
1550	0,2	$4{,}61 \cdot 10^{-5}$	21,7
1625	0,23	$5{,}30 \cdot 10^{-5}$	18,9

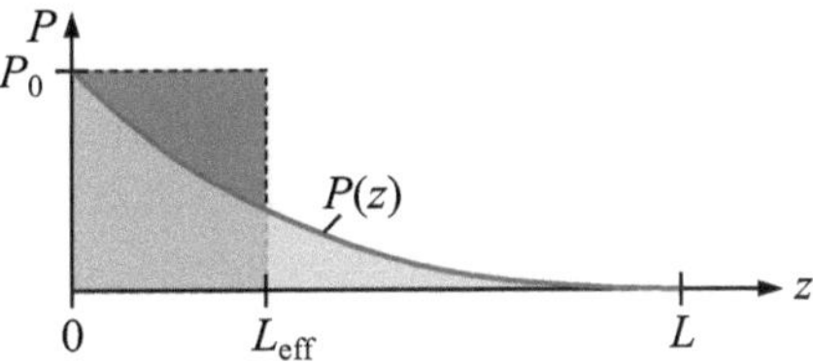

Abb. 4.5 Definition der effektiven Länge L_{eff} aus dem Leistungsverlauf $P(z)$ in einer Faser mit Dämpfung

Anwendungen macht. Nichtlineare optische Effekte sind dabei je nach Anwendung störend oder werden gezielt ausgenutzt. Obwohl Glas verglichen mit anderen Medien eine eher geringe optische Nichtlinearität des Brechungsindex aufweist, können nichtlineare Effekte in Glasfasern aufgrund der geringen Dämpfung, der großen nutzbaren Längen und der kleinen effektiven Modenfläche trotzdem eine große Rolle spielen. Nichtlineare Effekte in Glasfasern sind in der Regel proportional zur Leistung der Lichtwelle $P(z)$, die gemäß Gl. (4.1) über dem Ort z exponentiell abnimmt, wobei sich nichtlineare Effekte, hier ohne nähere Spezifikation mit NL bezeichnet, über der Faserkoordinate z akkumulieren:

$$NL \sim \int_0^L P(0)\,\mathrm{e}^{-az}\,\mathrm{d}z \stackrel{!}{=} P(0)\,L_{\text{eff}}. \tag{4.11}$$

Um bei gegebener Eingangsleistung $P(0)$ in eine Faser der Länge L den Einfluss nichtlinearer Effekte unter Berücksichtigung der Dämpfung a einfach quantifizieren zu können, wird eine effektive Länge L_{eff} definiert:

$$L_{\text{eff}}(L) = \int_0^L \mathrm{e}^{-az}\,\mathrm{d}z = \frac{1-\exp(-aL)}{a}. \tag{4.12}$$

Anschaulich hat ein Rechteck mit Seitenlängen P_0 und L_{eff} den gleichen Flächeninhalt wie die Fläche unter dem exakten Leistungsverlauf $P(z)$ in Abb. 4.5. Für sehr große Faserlängen nähert sich die effektive Länge dem Grenzwert $L_{\text{eff}}^{\infty} = 1/a$ an. Für kleine Faserlängen $L \ll L_{\text{eff}}^{\infty}$ entspricht die effektive Länge näherungsweise der tatsächlichen Faserlänge. Zahlenbeispiele sind in Tab. 4.1 zu finden.

4.2 Dispersion

Als Dispersion wird in Wellenleitern die Abhängigkeit der Ausbreitungsgeschwindigkeit der Lichtwelle von verschiedenen Parametern bezeichnet. Man unterscheidet zwischen Modendispersion und chromatischer Dispersion.

4.2.1 Modendispersion

Die Modendispersion bezeichnet die Tatsache, dass sich unterschiedliche Wellenleitermoden bei gleicher Frequenz ω bzw. gleicher normierter Frequenz V mit unterschiedlichem Phasenmaß β ausbreiten, wie bereits in Kap. 3 beschrieben. Da diese unterschiedlichen Laufzeiten der einzelnen Moden in einem Modengemisch zu Verzerrungen der Form eines übertragenen Lichtpulses führen, verwendet man für hochbitratige Übertragungsstrecken Singlemodefasern.

Neuere Arbeiten untersuchen auch Übertragungssysteme, die schwach multimodige Fasern verwenden (engl. *few-mode fiber*) [37, 38]. Durch Moden-Multiplex, auch engl. *space-division multiplex* (SDM) genannt, wird versucht, die übertragbare Datenmenge pro Zeit zu vergrößern. Laufzeitunterschiede und Übersprechen zwischen den Moden müssen dann mit elektronischen Entzerrern kompensiert werden. Algorithmen hierzu sind von Mobilfunksystemen mit Mehrwege-Ausbreitung oder allgemein von Systemen mit mehreren Ein- und Ausgängen (engl. *multiple in - multiple out*, MIMO) bekannt. Die Herausforderung besteht zum einen darin, diese Algorithmen schnell und effizient bei den sehr hohen Datenraten der optischen Übertragungssysteme in Echtzeit auf Prozessoren zu implementieren. Zum anderen müssten alle Komponenten einer optischen Übertragungsstrecke auf Mehrmodenbetrieb umgerüstet werden.

Wenn sich unterschiedliche Moden in einer Glasfaser ausbreiten, überlagern sich deren Modenfelder je nach Phasenlage im Querschnitt partiell konstruktiv oder destruktiv. Resultierende Veränderungen der Intensitätsverteilung im Querschnitt werden als Modeninterferenz (MI) bezeichnet. Misst man nur die Leistung innerhalb eines Ausschnittes der transversalen Intensitätsverteilung, so kann die Modeninterferenz als Leistungsänderung je nach Phasenlage der einzelnen Moden beobachtet werden. Dies kann in sogenannten Modeninterferenz-Sensoren (MI-Sensor) ausgenutzt werden (Abb. 4.6). Dabei verändern äußere Einflüsse wie Temperatur und Dehnung oder Parameter der Lichtwelle wie die Wellenlänge die Phasenlage verschiedener Moden in unterschiedlicher Weise, so dass die Messgröße als wellenlängenabhängige Leistungsänderung am Ausgang des MI-Sensors beobachtet werden kann, wie in Abb. 4.7 beispielhaft dargestellt [35, 36, 39].

Einen Sonderfall der Modendispersion stellt die Polarisationsmodendispersion dar. Dabei besitzen unterschiedliche Mitglieder einer Modengruppe, die sich in azimutaler Ausrichtung (gerade/ungerade) oder durch den Polarisationszustand unterscheiden, verschiedene Ausbreitungsgeschwindigkeiten. Dies wird in Kap. 4.3 weiter beschrieben.

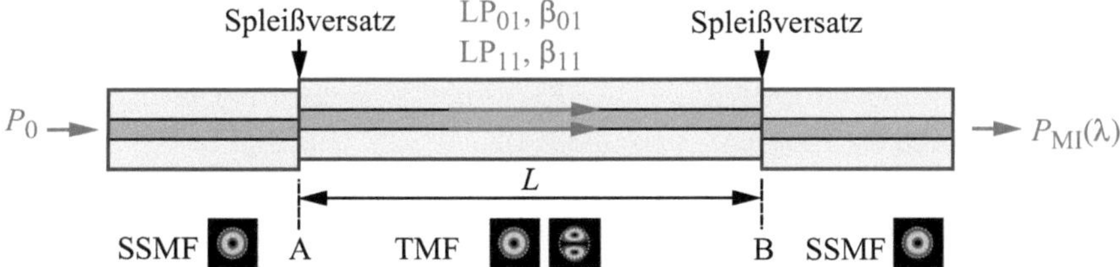

Abb. 4.6 Prinzip eines Modeninterferenz-Sensors: Ein Segment der Länge L einer Faser, in der sich zwei Moden ausbreiten können (engl. *two mode fiber*, TMF), wird zwischen zwei Standard-Singlemodefasern (SSMF) gespleißt. Durch einen kleinen transversalen Spleißversatz werden bei A beide ausbreitungsfähigen Moden in der TMF angeregt. Diese haben nach Durchlaufen der TMF einen Phasenversatz von $(\beta_{01} - \beta_{11})L$. Je nach relativer Phase der beiden Moden wird bei B mehr oder weniger Leistung $P_{\mathrm{MI}}(\lambda)$ in den Grundmode der SSMF gekoppelt. Das Leistungsverhältnis der Modeninterferenz $P_{\mathrm{MI}}(\lambda)/P_0$ ist abhängig von der Wellenlänge der Lichtquelle und von äußeren Einflüssen wie Dehnung und Temperatur, die sowohl die Länge L als auch die Phasenmaßdifferenz der Moden $(\beta_{01} - \beta_{11})$ verändern [35, 36]

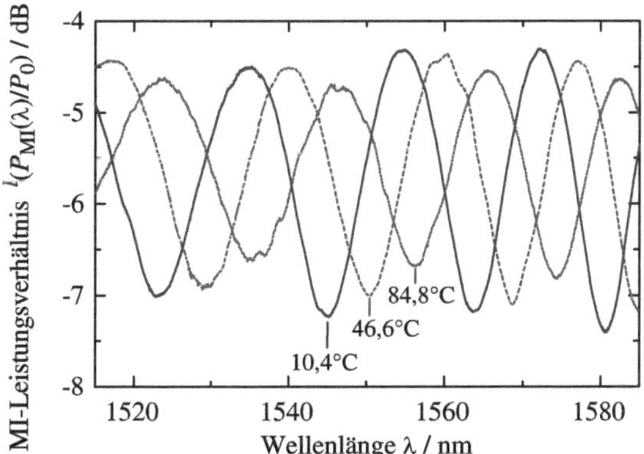

Abb. 4.7 Gemessenes Leistungsverhältnis der Modeninterferenz (MI) für verschiedene Temperaturen eines $L = 20\,\mathrm{cm}$ langen MI-Sensors gemäß Abb. 4.6. In Kombination mit einem Faser-Bragg-Gitter (FBG) basierten Sensor können damit faseroptisch simultan Temperatur und Dehnung gemessen werden [36, 39]

4.2.2 Chromatische Dispersion

Mit chromatischer Dispersion wird die Abhängigkeit der Ausbreitungsgeschwindigkeit einer bestimmten Mode von der Vakuum-Wellenlänge bzw. der Frequenz der Lichtwelle bezeichnet. Dies kann in äquivalenter Weise durch die Frequenzabhängigkeit der Phasengeschwindigkeit $v_{\mathrm{ph}}(\omega)$, des Phasenmaßes $\beta(\omega)$ oder des effektiven Brechungsindex $n_{\mathrm{eff}}(\omega)$ der jeweiligen Mode beschrieben werden. Zwischen den Größen besteht folgende Beziehung:

$$v_{\mathrm{ph}}(\omega) = \frac{c_0}{n_{\mathrm{eff}}(\omega)} = \frac{\omega}{\beta(\omega)}. \tag{4.13}$$

Die Ursache der chromatischen Dispersion kann in zwei Teile aufgespalten werden. Der eine Beitrag, die Materialdispersion , resultiert aus der Frequenzabhängigkeit des Brechungsindex $n(\omega)$ der verwendeten Materialien des Kerns und Mantels. Für Germanium-dotierte Quarzglasfasern kann die Frequenz- bzw. die Wellenlängenabhängigkeit des Brechungsindex wie in Kap. 2.2.5 diskutiert durch die Sellmeier-Gleichung beschrieben werden. Der zweite Beitrag, die Wellenleiterdispersion, resultiert aus der Abhängigkeit der Geometrie des Modenfeldes und damit des effektiven Brechungsindex $n_{\text{eff}}(\omega)$ von der Frequenz, selbst unter Annahme frequenzunabhängiger Brechungsindizes der Materialien des Wellenleiters (s. Kap. 3.4.5).

Häufig interessiert nicht der Verlauf der Ausbreitungseigenschaften in einem großen Frequenzbereich, sondern nur schmalbandig um eine mittlere Frequenz ω_0. Beispiele sind die optische Datenübertragung mittels modulierter Lichtwellen oder Faserlaser. Zur weiteren Diskussion der Frequenzabhängigkeit entwickeln wir daher das Phasenmaß β in eine TAYLOR-Reihe um eine mittlere Frequenz ω_0:

$$\beta(\omega) = n_{\text{eff}}(\omega)\,\frac{\omega}{c_0} = \beta_0 + \beta_1 \cdot (\omega - \omega_0) + \frac{1}{2!}\,\beta_2 \cdot (\omega - \omega_0)^2 + \frac{1}{3!}\,\beta_3 \cdot (\omega - \omega_0)^3 + \ldots, \tag{4.14}$$

mit

$$\beta_m = \frac{\mathrm{d}^m}{\mathrm{d}\omega^m}\,\beta(\omega)\bigg|_{\omega_0}, \quad m = 0, 1, 2, 3, \ldots. \tag{4.15}$$

Um in einem weiten Frequenzbereich die Dispersionseigenschaften zu beschreiben, könnte als Taylor-Reihe ein Polynom hoher Ordnung verwendet werden. Üblicherweise werden aber nur Koeffizienten bis zur dritten oder in Spezialfällen bis zur vierten Ordnung verwendet, da die betrachteten Fragestellungen oft eine beschränkte Bandbreite haben. Diese Koeffizienten sind dann selbst frequenzabhängig und müssen jeweils bei der interessierenden Mittenfrequenz ω_0 gemäß Gl. (4.15) bestimmt und in Gl. (4.14) eingesetzt werden. Nachfolgend diskutieren wir die Bedeutung der einzelnen Koeffizienten.

Der Koeffizient β_0 entspricht dem Phasenmaß der Lichtwelle exakt bei der Frequenz ω_0. Er steht mit der Phasengeschwindigkeit v_{ph} im Zusammenhang $v_{\text{ph}}(\omega_0) = \omega_0/\beta_0$. Betrachtet man eine pulsförmig modulierte Lichtwelle mit Trägerfrequenz ω_0, so bestimmt β_0 die Phasengeschwindigkeit der Trägerlichtwelle. Die Hüllkurve des Pulses breitet sich jedoch mit der Gruppengeschwindigkeit $v_{\text{g}}(\omega_0)$ aus. Der Name ergibt sich aus der Gruppe an Frequenzen in der Nachbarschaft von ω_0, die ein solcher Puls im Spektrum enthält. Nur in dispersionsfreien Medien oder in Wellenleitern mit direkt proportionalem Zusammenhang $\beta \sim \omega$ wäre die Phasengeschwindigkeit v_{ph} gleich der Gruppengeschwindigkeit v_{g}.

Der Koeffizient β_1 ist der Kehrwert der Gruppengeschwindigkeit v_g und steht mit dem Gruppenindex n_{g} sowie dem effektiven Brechungsindex n_{eff} einer Mode in folgendem Zusammenhang:

$$\beta_1 = \frac{1}{v_{\text{g}}} = \frac{n_{\text{g}}}{c_0} = \frac{1}{c_0}\left(n_{\text{eff}}(\omega) + \omega\frac{\mathrm{d}}{\mathrm{d}\omega}n_{\text{eff}}(\omega)\right)\bigg|_{\omega_0}. \tag{4.16}$$

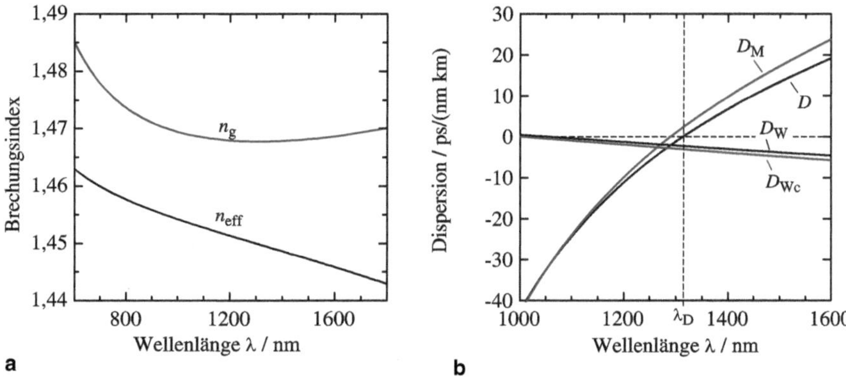

Abb. 4.8 Berechneter effektiver Brechungsindex und Gruppenindex (**a**) sowie Dispersionsparameter (**b**) einer Standard-Singlemodefaser

Mit β_1 oder dem Gruppenindex n_g lässt sich direkt die Gruppenlaufzeit t_g eines Pulses mit Trägerfrequenz ω_0 durch eine Faser der Länge L bestimmen:

$$t_g = \beta_1 L = \frac{n_g}{c_0} L. \tag{4.17}$$

In Abb. 4.8a sind beispielhaft der berechnete effektive Brechungsindex n_{eff} sowie der Gruppenindex n_g einer Standard-Singlemodefaser dargestellt, unter Berücksichtigung sowohl der Material- als auch der Wellenleiterdispersion. Zur Berechnung wurden die Parameter einer SSMF gemäß Tab. 3.5, Brechzahldaten gemäß Kap. 2.2.5 sowie die Theorie der Skalarmoden gemäß Kap. 3.5 verwendet.

Eine besondere Bedeutung für die Pulsausbreitung hat der Koeffizient

$$\beta_2 = \frac{1}{c_0} \left(2 \frac{d}{d\omega} n_{eff}(\omega) + \omega \frac{d^2}{d\omega^2} n_{eff}(\omega) \right) \bigg|_{\omega_0}. \tag{4.18}$$

β_2 beschreibt die Änderung der Gruppengeschwindigkeit mit zunehmendem Abstand von der Mittenfrequenz ω_0. Dieser Effekt wird Gruppengeschwindigkeitsdispersion genannt (engl. *group velocity dispersion*, GVD) und ist verantwortlich für die Pulsverbreiterung während der Ausbreitung entlang eines Wellenleiters. Im Zusammenhang mit Glasfasern wird häufig genau dieser Sachverhalt gemeint, wenn der Begriff Dispersion verwendet wird. Der Gruppenlaufzeitunterschied Δt_g zweier Frequenzen mit Abstand $\Delta\omega$ in der Nähe von ω_0 nach einer Faserstrecke L beträgt

$$\Delta t_g = \beta_2 \, \Delta\omega \, L. \tag{4.19}$$

Alternativ zu dem als GVD-Parameter bezeichneten Koeffizienten β_2 wird häufig der Dispersionsparameter D verwendet:

$$D = \frac{d\beta_1}{d\lambda} = -\frac{2\pi c_0}{\lambda^2} \beta_2 = -\frac{\lambda}{c_0} \frac{d^2 n_{eff}}{d\lambda^2}. \tag{4.20}$$

Tab. 4.2 Merkmale der normalen und anomalen Dispersion

Dispersion	Parameter	rel. Gruppengeschwindigkeit	
		„blau“	„rot“
normal	$D < 0, \beta_2 > 0$	langsam	schnell
anomal	$D > 0, \beta_2 < 0$	schnell	langsam

Analog zu Gl. (4.19) kann mit dem Dispersionsparameter D der Laufzeitunterschied Δt_g zweier benachbarter Wellenlängen im Abstand $\Delta\lambda$ bei gegebener Faserlänge L berechnet werden:

$$\Delta t_g = D\ \Delta\lambda\ L. \tag{4.21}$$

Beispiel 4.4

Ein typischer Zahlenwert des Dispersionsparameters einer SSMF bei einer Wellenlänge von $\lambda = 1550\,\text{nm}$ ist $D \approx 17\ \text{ps/(nm km)}$.

In Abb. 4.8b ist der Verlauf des Dispersionsparameters $D(\lambda)$ in Abhängigkeit von der Wellenlänge dargestellt. Bereiche mit $D < 0$ werden als normaler Dispersionsbereich bezeichnet, da dieses Verhalten dem Brechzahlverlauf vieler Gläser im historisch zuerst untersuchten sichtbaren Spektralbereich entspricht. Dort nimmt sowohl der Brechungsindex als auch der Gruppenindex mit abnehmender Wellenlänge von rot nach blau zu. Spektrale Anteile mit kleinerer Wellenlänge („blau“) breiten sich also langsamer aus als die mit größerer Wellenlänge („rot“). Das Verhalten in Bereichen mit $D > 0$ heißt dementsprechend anomale Dispersion. Dies gilt für den Gruppenindex in Glasfasern im infraroten Spektralbereich bei Wellenlängen oberhalb der Dispersionsnullstelle λ_D. Obwohl dann von Farben im eigentlichen Sinn nicht gesprochen werden kann, ist auch hier die Bezeichnung „blau“ bzw. „rot“ für kurzwellige bzw. langwellige Gruppen eines Spektrums üblich. Merkmale des Dispersionsverhaltens sind in Tab. 4.2 zusammengefasst.

Mit dem Dispersionsparameter D können nun die Einzelbeiträge von Materialdispersion D_M und Wellenleiterdispersion D_W untersucht werden:

$$D(\lambda) = D_M(\lambda) + D_W(\lambda). \tag{4.22}$$

Die Materialdispersion $D_M(\lambda)$ erhalten wir, wenn wir in Gl. (4.20) anstelle des effektiven Brechungsindex n_{eff}, der alle Effekte des Materials und des Wellenleiters berücksichtigt, nur den Brechungsindex des Kerns $n_K(\lambda)$ einsetzen. Wie in Abb. 4.8b zu erkennen ist, liefert die Materialdispersion den weitaus größten Anteil am Gesamtdispersionsverlauf. Die Materialdispersion von Quarzglas hat eine Nullstelle im Bereich von $\lambda = 1270\,\text{nm} \ldots 1290\,\text{nm}$, je nach Germanium-Dotierung des Kerns. Subtrahiert man die so berechnete Materialdispersion $D_M(\lambda)$ von der Gesamtdispersion $D(\lambda)$, so erhält man den Beitrag der

Tab. 4.3 Typische Dispersionseigenschaften einer Standard-Singlemodefaser (SSMF): Vergleich zwischen Datenblatt [34] und Berechnung

Parameter	Symbol	Datenblatt	Rechnung	Einheit
Kerndurchmesser	$2a_K$	8,2		μm
Ge-Anteil Kern	x_{Ge}		3,55	mol-%
Brechzahldifferenz	Δ	0,36	0,35	%
Gruppenindex (1310 nm)	n_g	1,4677	1,46774	%
Gruppenindex (1550 nm)	n_g	1,4682	1,46836	%
Koeffizienten β_m (1550 nm)	β_1		4,898	ns/m
	β_2		$-20{,}923$	ps^2/km
	β_3		0,129	ps^3/km
Dispersionsnullstelle	λ_D	1313	1313,6	nm
Disp.-Parameter (1550 nm)	D	< 18	16,4	ps/(nm km)
Disp.-Steigung (1313 nm)	S_0	0,086	0,0856	$ps/(nm^2\ km)$

Wellenleiterdispersion $D_W(\lambda)$. Durch die Wellenleiterdispersion wird die Nullstelle der Gesamtdispersion zu $\lambda_D = 1313{,}6\,nm$ in diesem Rechenbeispiel einer SSMF verschoben.

Die so bestimmte Wellenleiterdispersion D_W enthält jedoch implizit noch Effekte der Materialdispersion, da in die Berechnung von n_{eff} und damit D der Grundmode eine wellenlängenabhängige normierte Brechzahldifferenz zwischen Kern und Mantel $\Delta(\lambda)$ eingeht, die durch den nachträglichen Abzug der Materialdispersion allein des Kerns nicht kompensiert wird. Alternativ kann man eine Wellenleiterdispersion D_{Wc} definieren, wenn der effektive Brechungsindex $n_{eff,c}$ der Grundmode aus der Eigenwertgleichung Gl. (3.42) unter Annahme konstanter Brechungsindizes für Kern und Mantel bestimmt wird. In Abb. 4.8b ist ein berechnetes Beispiel eingezeichnet, unter Verwendung konstanter Zahlenwerte der Brechungsindizes für Kern und Mantel bei $\lambda_c = 1550\,nm$. Der Unterschied von D_{Wc} zu D_W ist zwar klein, jedoch erfüllt D_{Wc} Gl. (4.22) mit den gemachten Definitionen nur näherungsweise.

Beispiel 4.5

In Tab. 4.3 werden relevante Dispersionseigenschaften einer SSMF verglichen, zum einen berechnet mit Brechungsindizes nach Kap. 2.8 und der skalaren Modentheorie gemäß Kap. 3.5, zum anderen mit Herstellerangaben aus dem Datenblatt [34].

Exkurs 4.4
Die Dispersionsnullstelle bei $\lambda_D \approx 1310\,\text{nm}$ ist zusammen mit der damaligen Verfügbarkeit von Sendelasern der Grund, warum frühere hochbitratige Übertragungssysteme bei dieser Wellenlänge betrieben wurden. Moderne Systeme arbeiten im Dämpfungsminimum bei 1550 nm, da heute die Dispersion mit Elementen entgegengesetzter Dispersion kompensiert werden kann. Das Wechselspiel der Dispersion mit nichtlinearen Effekten gemäß Kap. 7 macht dabei eine sorgfältige Planung des Dispersions- und Leistungsverlaufs entlang des Gesamtübertragungssystems notwendig (engl. dispersion management) [40].

Aufgrund der Dominanz der Materialdispersion kann in einfachen Stufenindex-Glasfasern die Dispersionsnullstelle λ_D nur geringfügig verschoben werden. Für dispersionsverschobene Fasern (engl. *dispersion shifted fiber*, DSF) mit Nullstelle bei $\lambda_D \approx 1550\,\text{nm}$ oder für dispersionskompensierende Fasern (engl. *dispersion compensating fiber*, DCF) mit großer normaler Dispersion bei 1550 nm werden daher kompliziertere und mehrstufige Brechzahlprofile eingesetzt [41].

Im Bereich der Dispersionsnullstelle λ_D sowie bei der Ausbreitung ultrakurzer Pulse mit entsprechend breitem Spektrum werden Dispersionseffekte höherer Ordnung wichtig, beschrieben in nächster Ordnung durch den Koeffizienten β_3. Alternativ wird die Dispersionssteigung S verwendet (engl. *dispersion slope*):

$$S = \frac{\mathrm{d}D}{\mathrm{d}\lambda} = \frac{4\pi c_0}{\lambda^4}\left(\lambda\beta_2 + \pi c_0\beta_3\right). \tag{4.23}$$

4.2.3 Pulsausbreitung in dispersiven Fasern

Die chromatische Dispersion spielt in der optischen Datenübertragung eine große Rolle, da durch Dispersion eine unerwünschte Pulsverbreiterung erfolgen kann. Um dies zu diskutieren, betrachten wir einen Puls mit gaußförmiger Hüllkurvenamplitude $A_e(t)$, aufmoduliert auf eine Trägerlichtwelle der Frequenz ω_0 [29, 42]. Die elektrische Feldstärke eines solchen Pulses am Eingang einer Faser können wir dann wie folgend schreiben:

$$\underset{\sim}{E}_e(t) = N\,\mathrm{Re}\left\{A_e(t)\,\mathrm{e}^{\mathrm{j}\omega_0 t}\right\}, \tag{4.24}$$

mit der Hüllkurvenamplitude

$$A_e(t) = A_0 \exp\left(-\frac{t^2}{2T_e^2}\right). \tag{4.25}$$

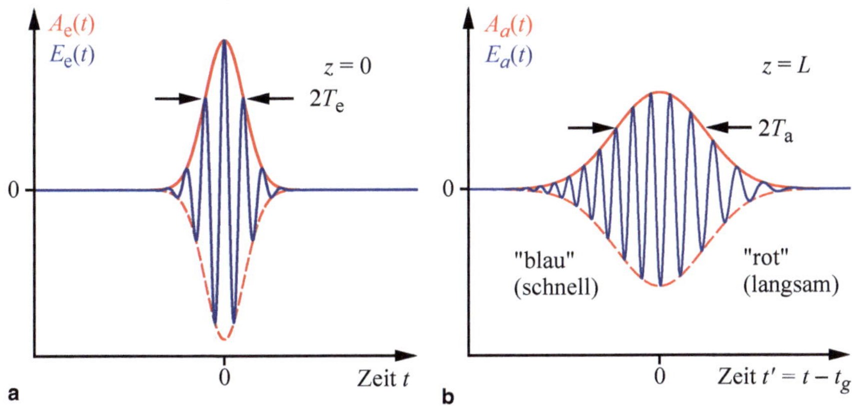

Abb. 4.9 Hüllkurvenamplitude $A(t)$ (rot) sowie elektrisches Feld $\underset{\sim}{E}(t)$ einer pulsmodulierten Trägerlichtwelle am Fasereingang bei $z = 0$ (**a**) und am Ausgang bei $z = L$ (**b**) nach Durchlaufen einer anomal dispersiven Faserstrecke. Neben einer Pulsverbreiterung bewirkt die Dispersion einen zeitabhängigen Frequenzverlauf der Trägerlichtwelle (engl. *chirp*) sowie eine Phasenverschiebung zwischen Trägerlichtwelle und Hüllkurvenamplitude

Dabei ist T_e die Pulsdauer des Eingangspulses, wie in Anhang A.3.4 definiert. $A(t)$ ist die leistungsnormierte momentane Modenamplitude gemäß Kap. 3.2, und N ein entsprechender Normierungsfaktor (Abb. 4.9).

Unter der Annahme einer ideal monochromatischen Trägerlichtwelle ist die spektrale Bandbreite des Pulses nur durch die Pulsform bestimmt. Man spricht dann von einer (Fourier-)transformationsbegrenzten Bandbreite und Pulsdauer. Durch Fourier-Transformation der Hüllkurvenamplitude erhalten wir daher das Spektrum des Eingangspulses $A_e(\omega)$ im Basisband (s. Anhang A.3), also zentriert um die Frequenz $\omega = 0$:

$$A_e(\omega) = \int_{-\infty}^{\infty} A_e(t)\, e^{-j\omega t} dt = \sqrt{2\pi}\, A_0 T_e \exp\left(-\frac{1}{2}\omega^2 T_e^2\right). \tag{4.26}$$

Das Spektrum ist wiederum gaußförmig, und umso breiter, je kleiner die Pulsdauer im Zeitbereich T_e ist. Gaußsche Pulse zeichnen sich dabei gegenüber allen anderen Pulsformen durch eine minimale spektrale Bandbreite bei gegebener Pulsdauer aus.

Das Spektrum des elektrischen Feldes $E_e(\omega)$ des pulsmodulierten ideal monochromatischen Trägers ergibt sich aus dem Basisbandspektrum zu

$$E_e(\omega) = \tfrac{1}{2} N\, A_e\,(\omega - \omega_0) + \tfrac{1}{2}\, N\, A_e^*(-\omega + \omega_0). \tag{4.27}$$

Um das Spektrum des Ausgangspulses $E_a(\omega)$ nach Durchlaufen einer Faserstrecke $z = L$ unter Vernachlässigung von Verlusten zu berechnen, müssen wir gemäß Gl. (3.1a) jede Frequenzkomponente mit dem entsprechenden Phasenterm multiplizieren:

$$E_a(\omega) = E_e(\omega)\, e^{-j\beta(\omega)L}. \tag{4.28}$$

Für das Phasenmaß $\beta(\omega)$ kann jetzt die Taylor-Reihenentwicklung gemäß Gl. (4.14) eingesetzt werden. Meist interessiert man sich jedoch nicht für die Phase des Trägers oder die Laufzeit des Pulses, sondern man betrachtet nur die Hüllkurvenamplitude des Ausgangspulses $A_a(t')$ mit einer um die Gruppenlaufzeit $t_g = \beta_1 L$ verschobenen Zeitachse $t' = t - t_g$. Weiterhin wollen wir für diese einleitende Betrachtung Effekte höherer Dispersionsordnungen vernachlässigen und setzen alle Koeffizienten β_i mit $i > 2$ zu null. Dies ist gerechtfertigt für Wellenlängen abseits der Dispersionsnullstelle einer Faser und für nicht zu kurze Pulse mit $\beta_2 T_e \gg \beta_3$. Für das korrespondierende Spektrum des Ausgangspulses $A_a(\omega)$ im Basisband erhalten wir (s. a. Kap. 6.1)

$$A_a(\omega) = A_e(\omega)\, e^{-j\frac{1}{2}\beta_2\omega^2 L}. \tag{4.29}$$

Durch Fourier-Rücktransformation erhalten wir nach einiger Zwischenrechnung die Hüllkurvenamplitude des Ausgangspulses

$$A_a(t') = \frac{1}{2\pi}\int_{-\infty}^{\infty} A_a(\omega)\, e^{j\omega t}\, d\omega \tag{4.30a}$$

$$= A_0 \frac{T_e}{(T_e^2 + j\beta_2 L)^{1/2}} \exp\left(-\frac{t'^2}{2(T_e^2 + j\beta_2 L)}\right). \tag{4.30b}$$

Schließlich erhalten wir damit das elektrische Feld des Ausgangspulses

$$\underset{\sim}{E}_a(t) = N\,\mathrm{Re}\left\{A_a(t')\, e^{j(\omega_0 t - \beta_0 L)}\right\} \tag{4.31a}$$

$$= N\,\mathrm{Re}\left\{A_a(t')\, e^{j[\omega_0(t' - t_g) - \beta_0 L]}\right\} \tag{4.31b}$$

$$= N\,\mathrm{Re}\left\{A_a(t')\, e^{j\omega_0 t'}\, e^{-j(\beta_1\omega_0 - \beta_0)L}\right\}. \tag{4.31c}$$

Exkurs 4.5
Aufgrund der elektrotechnisch üblichen Konvention für die komplexe Darstellung zeitharmonischer Felder (s. Kap. A.1) ist das Ergebnis in Gl. (4.31) konjugiert-komplex im Vergleich zu [42], S. 55 oder [29] S. 103. Nur so ergibt sich mit Gl. (4.31) der korrekte Chirp des Ausgangspulses.

Wir erhalten somit folgende Ergebnisse der Ausbreitung gaußförmiger Pulse in dispersiven Glasfasern:

- Die zeitvariable Phase der Hüllkurvenamplitude in Gl. (4.30b) ergibt eingesetzt in Gl. (4.31) eine linear zeitabhängige Ausgangsfrequenz der Lichtwelle (engl. *chirp*). Dies ist eine direkte Folge der Frequenzabhängigkeit der Gruppengeschwindigkeit sowie der spektralen Breite einer pulsmodulierten Trägerlichtwelle.

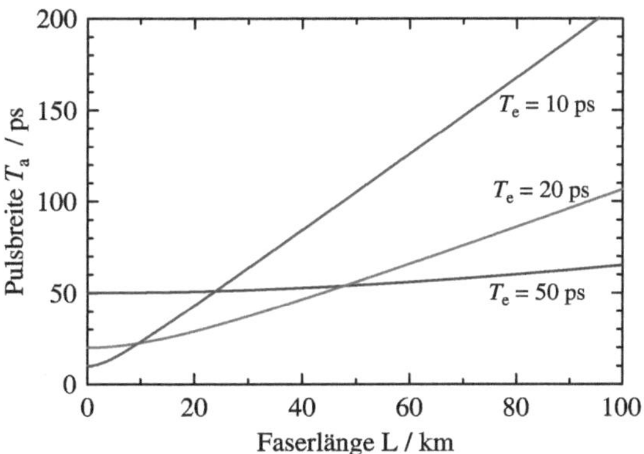

Abb. 4.10 Ausgangspulsbreiten T_a einer SSMF über der Faserlänge L bei verschiedenen Eingangspulsbreiten T_e. Verwendete Parameter: Wellenlänge $\lambda = 1550\,\text{nm}$, Dispersionsparameter $D = 16{,}4\,\text{ps/(km nm)}$, entspricht $\beta_2 = -20{,}9\,\text{ps}^2/\text{km}$

- Detektiert man z. B. mit einer Photodiode die momentane Leistung des Ausgangspulses $P_a(t') \sim |A_a(t')|^2$, so beobachtet man wieder einen gaußförmigen Puls, allerdings mit einer vergrößerten Pulsbreite

$$T_a = T_e\sqrt{1 + \frac{|\beta_2 L|^2}{T_e^4}} = T_e\sqrt{1 + \frac{L^2}{L_D^2}}, \tag{4.32}$$

  mit der Dispersionslänge $L_D = T_e^2/|\beta_2|$, bei der sich ein Eingangspuls um den Faktor $\sqrt{2}$ verbreitert hat. Je länger der Eingangspuls und je kleiner der GVD-Parameter β_2 ist, umso länger ist L_D. Für Faserlängen deutlich kleiner als L_D ist die Pulsbreite näherungsweise konstant. Für sehr große Faserlängen $L \gg L_D$ ergibt sich eine linear mit der Länge anwachsende Pulsdauer $T_a \approx \beta_2 L/T_e$, die umso größer ist, je kürzer der Eingangspuls war (Abb. 4.10).
- Abschließend erkennt man im Term $(\beta_1\omega_0 - \beta_0)L$ in Gl. (4.31c) die mit der Länge zunehmende Phasenverschiebung zwischen der Trägerlichtwelle und der Einhüllenden des Pulses aufgrund des Unterschiedes zwischen der Phasengeschwindigkeit und der Gruppengeschwindigkeit.

Beispiel 4.6

In Abb. 4.10 ist die Pulsbreitendispersion in einer SSMF für gaußförmige Eingangspulse verschiedener Breiten T_e dargestellt. Für die gewählten Pulsbreiten ergeben sich mit Daten aus Tab. 4.3 folgende Zahlenwerte für die Dispersionslänge L_D: $L_D(50\,\text{ps}) = 119{,}5\,\text{km}$, $L_D(20\,\text{ps}) = 19{,}1\,\text{km}$ und $L_D(10\,\text{ps}) = 4{,}78\,\text{km}$.

Exkurs 4.6
Die zeitliche Aufweitung von gaußschen Pulsen in einem dispersiven Medium, beschrieben durch einen quadratischen Koeffizienten β_2, korrespondiert mathematisch mit der räumlichen Aufweitung eines Gauß-Strahls (Grundmode TEM_{00}) im Freiraum. Die Korrespondenzen sind: Ausgangspulsbreite - Strahlradius, Eingangspulsbreite - Taillenradius, Dispersionslänge - Rayleigh-Länge.

Aus Gründen der einfachen analytischen Berechenbarkeit wurden hier gaußförmige Pulse gewählt. Diese zeichnen sich aufgrund ihrer geringen Bandbreite bei gegebener Pulsdauer durch eine minimal mögliche Pulsverbreiterung bei gegebener Dispersion aus. Die prinzipiellen Aussagen bleiben aber für beliebige Pulsformen gültig. Insbesondere werden chromatische Dispersionseffekte bevorzugt im Frequenzbereich gemäß Gl. (4.29) behandelt, wie z. B. im sogenannten Split-Step-Fourier-Algorithmus (s. Kap. 6.3). Eine weiterführende Diskussion der Pulsausbreitung unter dem Einfluss von Dispersionseffekten höherer Ordnung sowie von nicht-monochromatischen Trägerlichtwellen erfolgt z. B. in [42].

4.3 Polarisation und Doppelbrechung

4.3.1 Ursachen der Doppelbrechung

In Kap. 3 wurden die Modenfelder und Ausbreitungseigenschaften in rotationssymmetrischen Wellenleitern unter Verwendung isotroper Medien vorgestellt. Als Konsequenz gibt es in solchen Glasfasern keine Anisotropie bzw. Doppelbrechung und damit keine Vorzugsrichtung für die Ausrichtung der elektrischen Feldstärke. Die geraden und die ungeraden Variationen einer beliebigen Vektormode $\mathrm{HE}_{mn}^{\mathrm{g}}$ und $\mathrm{HE}_{mn}^{\mathrm{u}}$ bzw. $\mathrm{EH}_{mn}^{\mathrm{g}}$ und $\mathrm{EH}_{mn}^{\mathrm{u}}$ sowie die beiden Polarisationsvarianten der skalaren Grundmode LP_{01}^{x} und LP_{01}^{y} haben dann das gleiche Ausbreitungsmaß β und sind somit entartet. Beliebige Polarisationszustände durch Überlagerung zweier orthogonaler Variationen würden dann bei der Ausbreitung entlang der Faser erhalten bleiben. Die Jones-Matrix $\mathbf{J}$ (Kap. 2.6) einer solchen Faser wäre dann eine Einheitsmatrix wie in isotropen Medien.

Exkurs 4.7
Im Rahmen der Näherung der skalaren Modentheorie gilt diese Entartung auch für alle Varianten (gerade/ungerade, x/y, s. Abb. 3.11) einer beliebigen höheren LP-Mode LP_{lm}. Wie bereits in Kap. 3 diskutiert, rotieren diese Moden jedoch auch in perfekt rotationssymmetrischen und isotropen Glasfasern während der Ausbreitung um die

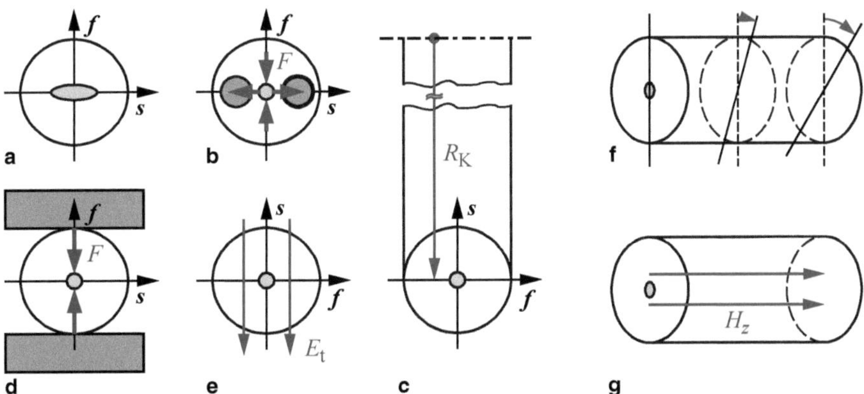

Abb. 4.11 Skizze intrinsische Doppelbrechung (**a**)+(**b**) sowie extrinsische Doppelbrechung (**c**)–(**g**) mit Ursachen. Linear: (**a**) nicht-rotationssymmetrischer Kern, (**b**) interne Zug-/Druckspannung, (**c**) Biegung, (**d**) externe Druckspannung, (**e**) externes transversales E-Feld. Zirkular: (**f**) Torsion, (**g**) longitudinales H-Feld

Faserachse, da die jeweils zwei erzeugenden Vektormoden leicht unterschiedliche Phasenmaße haben.

In doppelbrechenden Fasern wird die Entartung orthogonaler Modenvarianten aufgehoben. Die Doppelbrechung kann sowohl durch äußere Einflüsse erzeugt werden, oder bereits innerhalb der Faser vorhanden sein (Abb. 4.11):

- **Intrinsische Doppelbrechung** kann durch eine nicht-rotationssymmetrische Kerngeometrie entstehen, z. B. durch einen elliptischen Kern, oder aufgrund des photoelastischen Effektes durch permanente innere mechanische Spannungen, z. B. durch bereichsweise Verwendung von Materialien mit unterschied-licher Wärmeausdehnung.
- **Extrinsische Doppelbrechung** entsteht in ansonsten isotropen Glasfasern aufgrund des photoelastischen Effektes durch äußere Kräfte auf die Faser. Beispiele sind seitlicher Druck, Biegung oder Torsion. Auch äußere elektrische und magnetische Felder können Doppelbrechung induzieren.

Für die in der Praxis oft kleinen Abweichungen von der Rotationssymmetrie oder der Isotropie können die Ausbreitungseigenschaften der Moden durch eine Störungsrechnung ausgehend von den Moden in nicht-doppelbrechenden Wellenleitern bestimmt werden [43, 44]. Dabei werden Änderungen der Feldstruktur der Moden meist vernachlässigt. Ergebnisse der Störungsrechnung sind zwei orthogonale Polarisations-Eigenzustände, die sich mit unterschiedlichen Phasenmaßen β_a und β_b ausbreiten. Eine erweiterte Darstellung und Formeln zur Berechnung der Doppelbrechung aufgrund der verschiedenen Ursachen sind in [45] zu finden. Die Doppelbrechung einer mit Zugkraft auf eine Trommel gewickelten Faser wird in Kap. 9.8.2.4 untersucht.

Für die weitere Diskussion der Lichtausbreitung in doppelbrechenden Fasern muss zwischen linearer und zirkularer Doppelbrechung unterschieden werden.

4.3.2 Lineare Doppelbrechung

Lineare Doppelbrechung wird durch zwei räumlich orthogonale Hauptachsen in der transversalen Ebene beschrieben. Die Achse, in der für eine dazu parallele E-Feld-Komponente der größere effektive Brechungsindex wirksam ist, wird als langsame Achse bezeichnet (engl. *slow*, mit Index s gekennzeichnet), da sich eine entsprechend polarisierte Welle langsamer im Vergleich zur orthogonalen Polarisation ausbreitet. Der langsamen Achse wird der Einheitsvektor $\boldsymbol{s}$ zugeordnet. Entsprechend wird die andere Achse mit niedrigerem Brechungsindex schnelle Achse genannt (engl. *fast*, Index f), mit Einheitsvektor $\boldsymbol{f}$. Lineare Doppelbrechung entsteht wie in Abb. 4.11 dargestellt durch eine nicht-rotationssymmetrische Brechzahlverteilung, durch Biegung, durch innere und äußere mechanische Spannungen sowie durch transversale äußere elektrische Felder (elektrooptischer KERR-Effekt).

In linear doppelbrechenden Medien und Wellenleitern sind diejenigen LP-Moden Eigenzustände, die linear und parallel zu den Hauptachsen polarisiert sind [43]. Diese Polarisationsmoden breiten sich dann unter Erhaltung ihrer Polarisation im Wellenleiter aus. Die Entartung der Varianten innerhalb einer Modengruppe LP_{mn} wird dadurch aufgehoben. Die orthogonalen Varianten z. B. der Grundmode $\mathrm{LP}_{01}^{\mathrm{s}}$ und $\mathrm{LP}_{01}^{\mathrm{f}}$ haben dann unterschiedliche Phasenmaße β_s und β_f bzw. unterschiedliche effektive Brechungsindizes n_s bzw. n_f. Der für die Doppelbrechung maßgebliche Unterschied dieser Größen $\Delta\beta = \beta_\mathrm{s}-\beta_\mathrm{f}$ bzw. $\Delta n = n_\mathrm{s}-n_\mathrm{f}$ wird oft in Form einer Schwebungslänge der Polarisation Λ_P (engl. *beat length*) angegeben:

$$\Lambda_\mathrm{P} = \frac{2\pi}{\Delta\beta} = \frac{\lambda}{\Delta n}. \tag{4.33}$$

λ ist darin die Vakuum-Wellenlänge der Lichtwelle. Unter Verwendung der Einheitsvektoren der langsamen und der schnellen Achse als Basis eines Bezugs-Koordinatensystems kann mit dem JONES-Formalismus nach Kap. 2.6 die Jones-Matrix $\boldsymbol{J}$ eines Faserstücks der Länge Δz angegeben werden:

$$\boldsymbol{E}_\mathrm{J}^{(\mathrm{e})} = \begin{pmatrix} E_\mathrm{s} \\ E_\mathrm{f} \end{pmatrix}, \tag{4.34}$$

$$\boldsymbol{J}^{(\mathrm{e})} = \begin{pmatrix} \mathrm{e}^{-\mathrm{j}\Delta z\Delta\beta/2} & 0 \\ 0 & \mathrm{e}^{+\mathrm{j}\Delta z\Delta\beta/2} \end{pmatrix}. \tag{4.35}$$

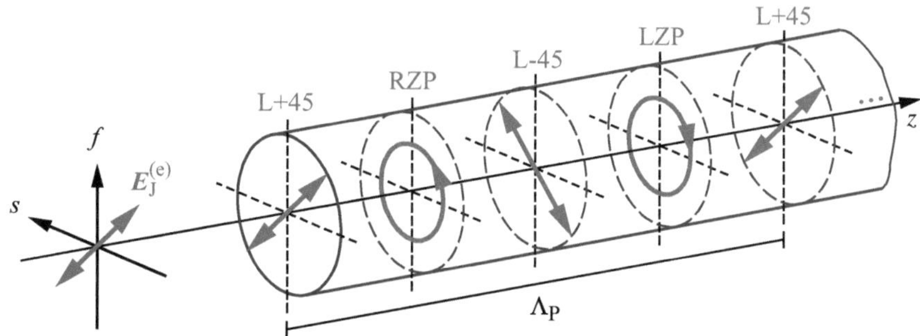

Abb. 4.12 Beispiel für die Entwicklung eines Polarisationszustandes, der nicht einem Eigenzustand entspricht, in einer linear doppelbrechenden Faser

Dabei kennzeichnet das Superskript $^{(e)}$, dass diese Jones-Vektoren und Matrizen auf das Koordinatensystem der Eigenzustände bzw. der Achsen $\boldsymbol{s}$ und $\boldsymbol{f}$ bezogen sind. Polarisationszustände $\boldsymbol{E}_\mathrm{J}$, die in einem davon abweichenden Koordinatensystem in der Transversalebene angegeben sind, können analog zu Abb. 2.7 mit Gl. (2.104) in das Koordinatensystem des doppelbrechenden Fasersegmentes projiziert werden.

Polarisationszustände $\boldsymbol{E}_\mathrm{J}^{(e)}$, die nicht einem Eigenzustand entsprechen, ändern sich kontinuierlich während der Ausbreitung. Beispielsweise wird ein unter einem Winkel von 45° bezüglich der langsamen Achse linear polarisierter Zustand nacheinander folgende Zustände annehmen: L + 45, RZP, L-45, LZP, L + 45, ... (Abb. 4.12). Zwischen diesen Stufen ist der Übergang kontinuierlich über elliptische Zustände. Alle Polarisationszustände reproduzieren sich periodisch nach Durchlaufen jeweils einer Schwebungslänge Λ_P. Dies gilt aber nur für den Fall, dass die Doppelbrechung entlang der Ausbreitungsrichtung homogen ist. Dies ist in der Praxis z. B. für stark doppelbrechende Fasern der Fall, wie in Kap. 4.3.5 beschrieben.

Exkurs 4.8

Die primäre Kenngröße der Doppelbrechung ist der Unterschied der effektiven Brechungsindizes der langsamen und der schnellen Mode $\Delta n = n_\mathrm{s} - n_\mathrm{f}$. Diese Differenz ist trotz Material- und Wellenleiterdispersion nur schwach wellenlängenabhängig. Die Phasenmaßdifferenz $\Delta\beta$ sowie die Schwebungslänge Λ_P sind als abgeleitete Größen gemäß Gl. (4.33) stark wellenlängenabhängig. Spezifikationen dieser Größen müssen daher immer eine Wellenlänge beinhalten. Wegen der Wellenlängenabhängigkeit der Schwebungslänge ist auch der allgemeine Polarisationszustand am Ende eines doppelbrechenden Fasersegmentes mit fester Länge L wellenlängenabhängig, wie z. B. mit Hilfe von Abb. 4.13 und mit Gl. 4.35 leicht eingesehen werden kann.

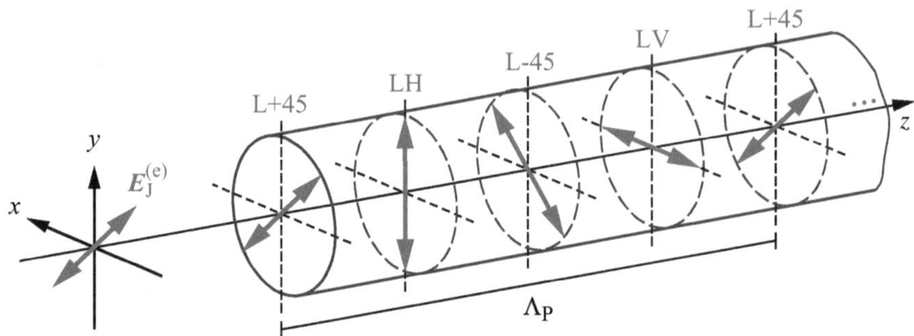

Abb. 4.13 Entwicklung eines linearen Polarisationszustandes in einer zirkular doppelbrechenden Faser

4.3.3 Zirkulare Doppelbrechung

Zirkulare Doppelbrechung entsteht durch Torsion der Faser um die Faserachse (Abb. 4.11f) sowie durch äußere longitudinale magnetische Felder (FARADAY-Effekt, Abb. 4.11g). Die Eigenzustände der zirkularen Doppelbrechung sind die rechtsdrehend (RZP) und die linksdrehend (LZP) zirkularen Polarisationszustände der LP-Moden [44]. Diese unterscheiden sich im Phasenmaß um die Differenz $\Delta\beta = \beta_R - \beta_L$. Analog zur linearen Doppelbrechung kann auch die zirkulare Doppelbrechung durch eine Schwebungslänge sowie durch den Jones-Formalismus beschrieben werden, wenn als Basisvektoren rechts- und linksdrehend zirkulare Zustände verwendet werden. Alle anderen Zustände (lineare oder beliebig elliptische) können auch in dieses System an Basisvektoren projiziert werden.

Beispiel 4.7

Ein linear polarisierter Zustand enthält mit gleichen Amplituden einen rechts- und einen linksdrehend zirkularen Anteil. Die relative Phasenlage zwischen den zirkularen Anteilen bestimmt den Winkel der linearen Polarisation bezüglich einer festen transversalen Achse. Durch zirkulare Doppelbrechung bleibt der lineare Zustand während der Wellenausbreitung linear, wird aber kontinuierlich bezüglich einer festen Raumachse gedreht (Abb. 4.13). Jeweils nach einer Schwebungslänge reproduzieren sich wieder alle Polarisationszustände.

Exkurs 4.9

Die zirkulare Doppelbrechung entspricht der optischen Aktivität vieler chiraler organischer Stoffe in wässerigen Lösungen, wie z. B. Zuckerlösungen.

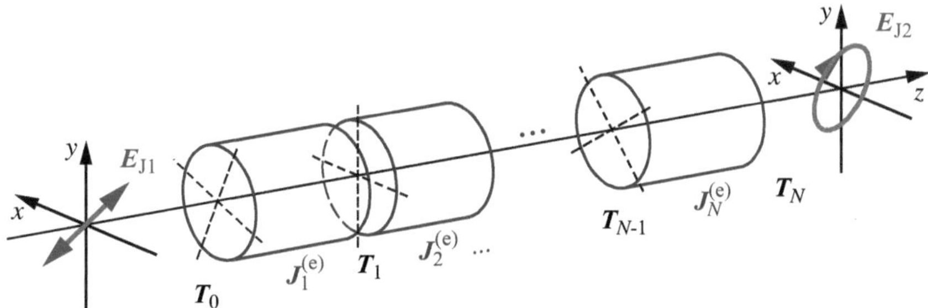

Abb. 4.14 Kette aus Segmenten mit statistischer Doppelbrechung, beschrieben durch individuelle Jones-Matrizen $\boldsymbol{J}_i^{(e)}$, sowie Transformationsmatrizen $\boldsymbol{T}_i$ zwischen den Basisvektoren der Doppelbrechung der Segmente

4.3.4 Statistisch verteilte Doppelbrechung

Moderne Standard-Glasfasern haben nach der Herstellung eine sehr geringe intrinsische Doppelbrechung. Häufig dominiert die extrinsische Doppelbrechung durch Biegung, Druck und Torsion während der Verkabelung, der Verlegung oder der Installation, sowohl im Labor wie auch im Feld. Mit Ausnahme von definierten geometrischen Anordnungen wie z. B. dem Aufwickeln auf eine Trommel, entstehen dadurch N Segmente mit variabler Länge und mit zufällig in Art, Stärke und Orientierung variabler Doppelbrechung. Jedes Segment wird durch eine eigene Jones-Matrix $\boldsymbol{J}_i^{(e)}$ mit individuell orientierten Eigenzuständen als Basisvektoren beschrieben (Abb. 4.14). Diese können segmentweise linear, zirkular oder durch Überlagerung beider Doppelbrechungseffekte in einem Segment auch allgemein elliptisch sein.

Daraus ergeben sich während der Ausbreitung entlang einer statistisch längsinhomogen doppelbrechenden Faser entsprechend statistisch variable Polarisationszustände [46]. Ist die zufallsverteilte Doppelbrechung stationär, so ergibt sich ein zeitlich konstanter und deterministischer Zusammenhang zwischen dem Polarisationszustand am Eingang $\boldsymbol{E}_{\text{J1}}$ und am Ausgang $\boldsymbol{E}_{\text{J2}}$ über eine zeitlich konstante Gesamt-Jones-Matrix $\boldsymbol{J}_\text{g}$. Sie wird berechnet aus der Kettenmultiplikation der Jones-Matrizen der Segmente $\boldsymbol{J}_i^{(e)}$ sowie Transformationsmatrizen $\boldsymbol{T}_i$, die die Basisvektoren eines Segmentes in die des nächsten bzw. in das Bezugskoordinatensystem am Anfang und Ende der Faser projizieren:

$$\boldsymbol{E}_{\text{J2}} = \boldsymbol{J}_\text{g}\boldsymbol{E}_{\text{J1}} = \boldsymbol{T}_N\boldsymbol{J}_N^{(e)} \dots \boldsymbol{T}_2\boldsymbol{J}_2^{(e)}\boldsymbol{T}_1\boldsymbol{J}_1^{(e)}\boldsymbol{T}_0\boldsymbol{E}_{\text{J1}}. \tag{4.36}$$

Die Stationarität und Determiniertheit erlaubt es, durch Einbringen eines festen Polarisationsstellers an einem beliebigen Ort entlang der Strecke, einen konstanten, aber beliebigen Eingangszustand in einen wählbaren und ebenso konstanten Ausgangszustand zu transformieren. Der Polarisationssteller kann dabei durch eine oder mehrere lokal gezielt in die Faser eingebrachte Doppelbrechungen realisiert werden. In Laboraufbauten mit definiert und fest verlegten Standardfasern nicht zu großer Länge kann so ein bestimmter Polarisationszustand am Ausgang einer Faserstrecke dauerhaft realisiert werden, obwohl keine polarisationserhaltenden Glasfasern verwendet werden.

Über längere Faserstrecken, z. B. eines Übertragungssystems oder in einem komplexeren Laboraufbau, sowie bei beweglichen Glasfasern bewirken aber bereits sehr kleine Temperatur- oder Lageveränderungen der Glasfaser beträchtliche Variationen der Gesamt-Jones-Matrix $\boldsymbol{J}_{\mathrm{g}}$. Der Zusammenhang zwischen Eingangs- und Ausgangspolarisation ist zwar immer noch deterministisch, aber nicht mehr zeitlich konstant. Dadurch ergeben sich in der Regel nicht-vorhersagbare Variationen des Ausgangspolarisationszustandes, da die Temperatur- und Lageveränderungen entlang der Faserstrecke in der Regel nicht genau genug bekannt sind. Eine stabile Ausgangspolarisation wäre dann nur mit einem adaptiv geregelten Polarisationssteller in der Faserstrecke möglich.

4.3.5 Polarisationserhaltende Glasfasern

Wie in Kap. 4.3.4 besprochen, ist durch die extrinsische Doppelbrechung aufgrund äußerer Einflüsse der Polarisationszustand am Ausgang von Standardfasern nicht stabil, selbst wenn die verwendete Faser an sich eine sehr geringe intrinsische Doppelbrechung hat. Viele Anwendungen erfordern aber eine stabile und definierte Polarisation der Lichtwelle am Ende einer Glasfaser. Einige Beispiele sind:

- **Interferometer**, da nur parallele Feldanteile zur Interferenz gebracht werden können.
- **Optische Modulatoren**, da die Modulationseffizienz bei vielen Modulatoren abhängig vom Polarisationszustand ist.
- **Nichtlineare Faseroptik**, da für parallele Feldkomponenten maximale Effekte z. B. der stimulierten Raman- oder Brillouin-Streuung erzielt werden.
- **Optische Frequenzverdoppelung**, z. B. von Faserlasern, da Materialien zur faserexternen optischen Frequenzverdoppelung nur bei einer bestimmten Polarisation eine maximale Konversionseffizienz erreichen.
- **Photo-Mixing**, ein Verfahren zur Erzeugung von elektrischen Frequenzen im GHz- oder THz-Bereich durch Mischung zweier Lichtwellen im entsprechenden Frequenzabstand an einer schnellen Photodiode.

Es gibt allerdings keine Glasfasern, die beliebige Polarisationszustände ohne Veränderung transportieren können. In Fasern mit starker intrinsischer linearer Doppelbrechung können jedoch die beiden orthogonalen Eigenzustände, die entweder parallel zur schnellen oder zur langsamen Hauptachse polarisiert sind, auch über größere Strecken unter weitgehender Erhaltung des linearen Polarisationszustandes bezüglich eines faserinternen Koordinatensystems transportiert werden. Hierzu muss die intrinsische Doppelbrechung deutlich größer sein als die extrinsische Doppelbrechung, so dass sich durch äußere Einflüsse die Orientierung der Hauptachsen sowie deren Eigenpolarisationszustände nicht signifikant verändern.

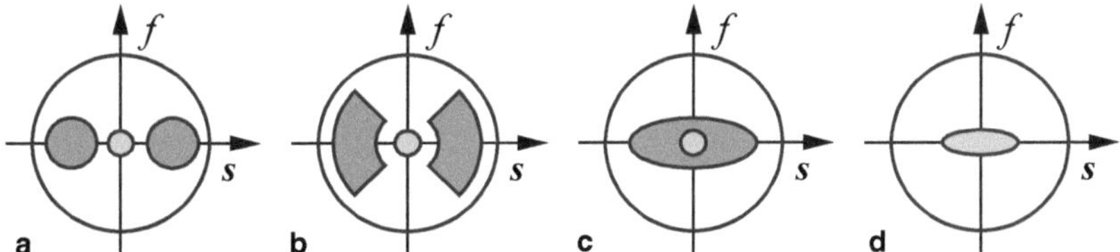

Abb. 4.15 Querschnitt einiger Beispiele für polarisationserhaltende Fasern mit langsamer (s) und schneller (f) Hauptachse. Hellgrau: Kern, dunkelgrau: Spannungselemente. Fasern mit Spannungsdoppelbrechung: Panda (**a**), Bow-Tie (**b**) und unrunder innerer Mantel (**c**). Faser mit elliptischem Kern: (**d**)

Besonders interessant ist dabei das Verhalten während einer Torsion einer linear doppelbrechenden Faser, da sich hier zunächst die Effekte der linearen und zirkularen Doppelbrechung überlagern [44]. Die Torsion wird beschrieben durch einen Drehwinkel zwischen Faseranfang und -ende φ_t. Die Torsionsrate τ ergibt sich mit der tordierten Faserlänge L zu $\tau = \varphi_t/L$. Wenn die Phasenmaßdifferenz der linearen Doppelbrechung $\Delta\beta$ deutlich größer als der Betrag der Torsionsrate $|\tau|$ ist, so folgt ein linearer Polarisationszustand parallel zu einer der Hauptachsen geometrisch der Torsion und der Drehung des Faserkoordinatensystems, ohne wesentliche zusätzliche Beeinflussung durch zirkulare Doppelbrechung [44]. In Fasern mit großer linearer Doppelbrechung können also sowohl in der schnellen als auch in der langsamen Hauptachse lineare Polarisationszustände trotz Biegung und Torsion stabil geführt werden. Diese Fasern werden polarisationserhaltende Glasfasern (engl. *polarization maintaining fiber*, PMF) genannt. In der Praxis hat sich dabei die Einkopplung und Führung der Lichtwelle in der langsame Achse als Konvention ergeben, da diese eine stabilere Polarisationserhaltung aufweist.

Zur Realisierung einer starken linearen Doppelbrechung für PM-Fasern haben sich einige Faserstrukturen besonders bewährt [45, 47]. Ein Konzept beruht auf dem Einbau von hohen inneren Spannungen. Durch besondere Elemente im Querschnitt mit größerem Wärmeausdehnungskoeffizienten (z. B. B_2O_3-dotiertes Glas) als das umgebende Quarzglas entstehen während der Faserherstellung beim Erkalten der Faser Bereiche mit definierten Zug- und Druckspannungen. Diese Spannungselemente (engl. *stress members*) können wie in Abb. 4.15 dargestellt als „Panda" - oder „Bow-Tie"-Struktur im Querschnitt eingebracht werden, oder als ein zusätzlicher unrunder innerer Mantel um den lichtführenden Kern. Wegen der günstigeren Herstellbarkeit haben sich kommerziell Panda- und Bow-Tie-Typen durchgesetzt.

Ein anderes Konzept verwendet einen elliptischen Kernquerschnitt. Übliche Längenverhältnisse der Haupt- zur Nebenachse reichen von 3:2 bis 2:1. Dabei nimmt die Doppelbrechung bei festem Achsenverhältnis überproportional mit der Brechzahldifferenz zwischen Kern und Mantel zu [48]. Um eine vergleichbare Doppelbrechung wie unter Verwendung von Spannungselementen zu erreichen und um einen Einmoden-Betrieb zu gewährleisten, muss der Kern hochdotiert und klein im Vergleich zu Standardfasern sein. Die damit einhergehende kleine effektive Modenfläche macht derartige PM-Fasern interessant, um nichtlineare optische Effekte auszunutzen. So werden in Kap. 10 Raman-Faserlaser auf Basis von PM-Fasern mit elliptischen Querschnitt untersucht. Sind diese nichtlinearen Effekte nicht erwünscht, werden Panda- oder Bow-Tie-Typen für PM-Fasern bevorzugt.

Beispiel 4.8

Eine typische Panda-PM-Faser für den Wellenlängenbereich um 1550 nm ist mit einer Schwebungslänge $\Lambda_\mathrm{P} \leq 4{,}5\,\mathrm{mm}$ der Polarisationsmoden spezifiziert [49]. Dies entspricht einer Phasenmaßdifferenz $\Delta\beta = 1{,}4 \cdot 10^3\,\mathrm{m}^{-1}$ sowie einer Brechzahldifferenz zwischen langsamer und schneller Achse von $\Delta n = 3{,}4 \cdot 10^{-4}$. Das Übersprechen zwischen den orthogonalen Moden wird mit $\leq -30\,\mathrm{dB}$ bei einer Faserlänge von 100 m angegeben. Starke Torsionen oder viele Biegungen mit kleinen Radien können das Übersprechen deutlich vergrößern.

Für viele nichtlineare Effekte in Glasfasern spielt die relative Polarisation zweier Lichtwellen mit Frequenz f_1 und f_2 eine Rolle. Aufgrund des Frequenzunterschiedes erfahren beide Wellen bei der Ausbreitung im doppelbrechenden Medium leicht unterschiedliche Transformationen der Polarisationszustände. Dabei kann eine weitere Schwebungslänge Λ_F definiert werden, nach der beide Wellen periodisch wieder die gleiche relative Polarisation zueinander aufweisen [50]:

$$\Lambda_\mathrm{F} = \frac{c_0}{\Delta n F}, \tag{4.37}$$

mit dem Brechzahlunterschied Δn zwischen schneller und langsamer Achse der PM-Faser. Der Frequenzparameter F nimmt für in gleicher Richtung laufende Wellen den Wert $f_1 - f_2$ an, für gegenläufige Wellen $f_1 + f_2$. Der Unterschied resultiert daraus, dass gegenläufige Wellen bei gleicher Doppelbrechung auch bei gleicher Frequenz eine entgegengesetzte Polarisationsänderung erfahren.

Beispiel 4.9

Mit den Zahlenwerten aus Bsp. 4.8 ergibt sich bei einem typischen Frequenzunterschied bei der stimulierten Raman-Streuung $f_\mathrm{P} - f_\mathrm{S} = 13{,}2\,\mathrm{THz}$ im Falle gleichlaufender Wellen eine Schwebungslänge der Frequenzen $\Lambda_\mathrm{F} = 6{,}6\,\mathrm{cm}$, bis beide Frequenzen wieder einen zueinander gleichen Polarisationszustand einnehmen. Bei einer Stokes-Wellenlänge $\lambda_S = 1550\,\mathrm{nm}$ ergibt sich für gegenläufige Wellen eine Schwebungslänge von nur $\Lambda_\mathrm{F} = 2{,}2\,\mathrm{mm}$.

4.3.6 Polarisationsmodendispersion

Die Doppelbrechung hat neben einer Veränderung des Polarisationszustandes auch Auswirkungen auf die Pulsausbreitung in Glasfasern. Da sich beide Eigenpolarisationszustände der Doppelbrechung mit unterschiedlicher Geschwindigkeit ausbreiten, kann es zu einer zeitlichen Verbreiterung und Formverzerrung optischer Pulse kommen. Dieser Effekt wird allgemein Polarisationsmodendispersion (PMD) genannt.

Im Fall einer längshomogenen Doppelbrechung einer Faser der Länge L kann der Laufzeitunterschied eines Pulses in der langsamen und der schnellen Achse als Gruppenlaufzeitdifferenz $\Delta\tau$ angegeben werden [51]:

$$\Delta\tau = \frac{L}{c_0}\left(\Delta n + \omega\frac{\mathrm{d}\Delta n}{\mathrm{d}\omega}\right). \tag{4.38}$$

Die Frequenzabhängigkeit der Brechzahldifferenz kann dabei vernachlässigt werden, wenn überwiegend spannungsinduzierte Doppelbrechung vorliegt [51]. Für Fasern mit elliptischen Kern gilt dies nur näherungsweise, wenn die Faser mit einer normierten Frequenz $V > 2$ betrieben wird.

Beispiel 4.10

Für eine typische Panda-PM-Faser nach [49] mit großer definierter Doppelbrechung ergibt sich bei einer Faserlänge von $L = 1\,\mathrm{km}$ eine Pulslaufzeit-Differenz von $\Delta\tau = 1{,}15\,\mathrm{ns}$.

Dieser Spezialfall der PMD in einer Faser mit längshomogener Doppelbrechung verursacht somit eine zeitliche Aufspaltung eines Pulses in zwei Pulse in den beiden Hauptachsen.

Für den Fall einer statistisch zufällig verteilten Doppelbrechung entlang der Faser ist die Analyse aufwendiger [45, 46, 52]. Das Ergebnis ist eine statistische Verteilung der Gruppenlaufzeit, die durch eine charakteristische Breite τ_{PMD} beschrieben werden kann. Größere Teile der Pulsenergie durchlaufen im Mittel fast gleichviele Segmente sowohl in einem langsamen als auch einem schnellen Polarisationszustand, und haben im Mittel eine nur geringe gegenseitige Laufzeitdifferenz. Diese Anteile bilden den Schwerpunkt der mittleren Laufzeitverteilung. Kleine Teile der Pulsenergie durchlaufen die Segmente aber auch überwiegend nur in langsamen oder nur in schnellen Polarisationszuständen. Diese Anteile bilden die Flügel der Laufzeitverteilung. Ähnlich wie in Multimode-Fasern mit starker Modendurchmischung nimmt dabei die Breite der Laufzeitverteilung nur mit der Wurzel der Länge L zu:

$$\tau_{\mathrm{PMD}} = D_{\mathrm{P}}\sqrt{L}, \tag{4.39}$$

mit dem PMD-Parameter D_{P} als Maß für die Polarisationsmodendispersion.

Beispiel 4.11

Für eine moderne Standard-Singlemodefaser ohne äußere Einflüsse wird im Datenblatt ein PMD-Parameter $D_{\mathrm{P}} = 0{,}02\,\mathrm{ps/km^{-1/2}}$ angegeben [34].

Diese Art der PMD mit zufallsverteilter Doppelbrechung stellt in höchstbitratigen optischen Kommunikationssystemen über große Längen eine der wesentlichen Schwierigkeiten dar [53]. Zufällige Fluktuationen der Doppelbrechung durch mechanische und thermische Einflüsse entlang der Faserstrecke führen zu zeitlich instabilen Polarisationszuständen und variabler Pulsverbreiterung durch PMD am Ende der Faserstrecke. Dies kann nur dynamisch ausgeregelt und kompensiert werden, z. B. mit kohärenten Empfängern, die zwei orthogonale Polarisationen der Lichtwelle getrennt nach Betrag und Phase detektieren, und mit nachfolgender digitaler Signalverarbeitung [54].

In optisch-parametrischen Verstärkern sowie in Raman-Faserverstärkern interessiert die relative Polarisation zweier Wellen mit verschiedenen Frequenzen ω_1 und ω_2. Durchlaufen unterschiedliche Frequenzen ein doppelbrechendes Fasersegment, so erfahren diese unterschiedliche Transformationen des Polarisationszustandes. Bei über große Längen zufällig verteilter Doppelbrechung geht dadurch die Korrelation zwischen den Polarisationszuständen der beiden Frequenzen verloren. Hierfür kann eine charakteristische Diffusionslänge Λ_d definiert werden, nach der die beiden Wellen bezüglich der Polarisation dekorreliert sind [55, 56]:

$$\Lambda_\mathrm{d} = \frac{3}{D_\mathrm{P}^2 \Omega^2}, \tag{4.40}$$

mit dem Frequenzparameter $\Omega = \omega_1 - \omega_2$ für zwei gleichlaufende Wellen und $\Omega = -(\omega_1 + \omega_2)$ für gegenläufige Wellen.

Beispiel 4.12

Mit dem Zahlenbeispiel aus Bsp. 4.11 und einem Frequenzabstand der stimulierten Ramanstreuung $\Delta\omega = 2\pi \cdot 13{,}2\,\mathrm{THz}$ ergibt sich eine Diffusionslänge $\Lambda_\mathrm{d} = 1{,}09\,\mathrm{km}$ bei gleichlaufenden Wellen. Bei gegenläufigen Wellen ergibt sich bei einer Stokeswellenlänge $\lambda_\mathrm{S} = 1550\,\mathrm{nm}$ dagegen nur eine Diffusionslänge $\Lambda_\mathrm{d} = 1{,}19\,\mathrm{m}$.

Die sehr viel kleinere Diffusionslänge bei gegenläufigen Wellen ergibt sich aus der Tatsache, dass entgegengesetzt laufende Wellen bei gleicher Doppelbrechung auch eine gegenläufige Polarisationsänderung erfahren. Dadurch werden Effekte, die durch Unterschiede des Polarisationszustandes entstehen, schnell ausgemittelt. Eine weitere Diskussion des Einflusses der Polarisation und der Doppelbrechungseigenschaften von Glasfasern auf die stimulierte Raman- und Brillouin-Streuung erfolgt in Kap. 8.3.8 und 9.5.9.

Literatur

1. G. Grau, W. Freude, *Optische Nachrichtentechnik*, 3. Aufl. (Springer, Berlin, 1991)
2. U. Scherz, L. Bergmann, C. Schaefer, Grundlagen der Festkörperphysik, in *Festkörper*, Hrsg. von R. Kassing. Lehrbuch der Experimentalphysik, Bd. 6, 2. Aufl. (de Gruyter, Berlin, 2005), 3–110

3. D. Griscom, Optical properties and structure of defects in silica glass. J. Ceram. Soc. Jpn. **99**(10), 923–942 (1991)
4. K. Saito, A.J. Ikushima, Absorption edge in silica glass. Phys. Rev. B **62**(13), 8584–8587 (2000)
5. H. Hosono, Y. Abe, D.L. Kinser, R.A. Weeks, K. Muta, H. Kawazoe, Nature and origin of the 5-eV band in SiO_2:GeO_2 glasses. Phys. Rev. B **46**(18), 11445–11451 (1992)
6. D.N. Nikogosyan, Multi-photon high-excitation-energy approach to fibre grating inscription. Meas. Sci. Technol. **18**(1) R1–R18 (2007)
7. R. Kashyap, *Fiber Bragg Gratings*, 2. Aufl. (Academic, Burlington, 2010)
8. T. Izawa, S. Sudo, *Optical Fibers: Materials and Fabrication*, Hrsg. von T. Okoshi. Advances in Optoelectronics (KTK Scientific, Tokyo, 1987)
9. D. Hand, P. Russell, Solitary thermal shock waves and optical damage in optical fibers: The fiber fuse. Opt. Lett. **13**(9), 767–769 (1988)
10. Y. Shuto, S. Yanagi, S. Asakawa, M. Kobayashi, R. Nagase, Fiber fuse phenomenon in step-index single-mode optical fibers. IEEE J. Quantum Electron. **40**(8), 1113–1121 (2004)
11. Produktinformation Fa. Corning, *Corning HI 1060 FLEX & RC HI 1060 FLEX Specialty Optical Fibers*. Techn. Ber. 2010
12. Y. Jeong, J. Sahu, D. Payne, J. Nilsson, Ytterbium-doped large-core fiber laser with 1.36 kW continuous-wave output power. Opt. Express **12**(25), 6088–6092 (2004)
13. B.C. Stuart, M.D. Feit, A.M. Rubenchik, B.W. Shore, M.D. Perry, Laser-induced damage in dielectrics with nanosecond to subpicosecond pulses. Phys. Rev. Lett. **74**(12), 2248–2251 (1995)
14. G. Mann, J. Vogel, R. Preuß et al., Nanosecond laser damage resistance of differently prepared semi-finished parts of optical multimode fibers. Appl. Surf. Sci. **254**(4), 1096–1100 (2007)
15. J. Limpert, F. Röser, S. Klingebiel et al., The rising power of fiber lasers and amplifiers. IEEE J. Sel. Top. Quantum Electron. **13**(3), 537–545 (2007)
16. K. Tsujikawa, K. Tajima, M. Ohashi, Rayleigh scattering reduction method for silica-bsed optical fiber. J. Lightwave Technol. **18**(11), 1528–1532 (2000)
17. E. Brinkmeyer, Analysis of the backscattering method for single-mode optical fibers. J. Opt. Soc. Am. **70**(8), 1010–1012 (1980)
18. J. Streckert, F. Wilczewski, Relationship between nonlinear effective core area and backscattering capture fraction for singlemode optical fibres. Electron. Lett. **32**(8), 760–761 (1996)
19. M. Nakazawa, Rayleigh backscattering theory for single-mode optical fibers. J. Opt. Soc. Am. **73**(9), 1175–1180 (1983)
20. A. Hartog, M. Gold, On the theory of backscattering in single-mode optical fibers. J. Lightwave Technol. **2**(2), 76–82 (1984)
21. D. Derickson (Hrsg.), *Fiber Optic Test and Measurement*. Hewlett-Packard Professional Books (Prentice-Hall, Upper Saddle River, 1998)
22. T. Zhu, X. Bao, L. Chen, H. Liang, Y. Dong, Experimental study on stimulated Rayleigh scattering in optical fibers. Opt. Express **18**(22), 22958–22963 (2010)
23. L. Dong, Stimulated thermal Rayleigh scattering in optical fibers. Opt. Express **21**(3), 2642–2656 (2013)
24. M. Heiblum, J. Harris, Analysis of curved optical waveguides by conformal transformation. IEEE J. Quantum Electron. **11**(2), 75–83 (1975)
25. K. Nagano, S. Kawakami, S. Nishida, Change of the refractive index in an optical fiber due to external forces. Appl. Opt. **17**(13), 2080–2085 (1978)
26. A. Sharma, A.-H. Al-Ani, S. Halme, Constant-curvature loss in monomode fibers: An experimental investigation. Appl. Opt. **23**(19), 3297–3301 (1984)
27. R. Schermer, J. Cole, Improved bend loss formula verified for optical fiber by simulation and experiment. IEEE J. Quantum Electron. **43**(10), 899–909 (2007)
28. D. Marcuse, Curvature loss formula for optical fibers. J. Opt. Soc. Am. **66**(3), 216–220 (1976)

29. H. Renner, R. Ulrich. J.-P., C. Glingener, Einmodenfasern, in *Optische Kommunikationstechnik*, Hrsg. von E. Voges, K. Petermann (Springer, Berlin, 2002), 81–213
30. J. Sakai, T. Kimura, Bending loss of propagation modes in arbitrary-index profile optical fibers. Appl. Opt. **17**(10), 1499–1506 (1978)
31. C. Poole, S.-C. Wang, Bend-induced loss for the higher-order spatial mode in a dual-mode fiber. Opt. Lett. **18**(20), 1712–1714 (1993)
32. D. Marcuse, Bend loss of slab and fiber modes computed with diffraction theory. IEEE J. Quantum Electron. **29**(12), 2957–2961 (1993)
33. D. Marcuse, Field deformation and loss caused by curvature of optical fibers. J. Opt. Soc. Am. **66**(4), 311–320 (1976)
34. Produktinformation Fa. Corning. *SMF-28e Optical Fiber*. Techn. Ber. 2005
35. S. Tripathi, A. Kumar, R. Varshney, Y. Kumar, E. Marin, J.-P. Meunier, Strain and temperature sensing characteristics of single-mode-multimode-single-mode structures. J. Lightwave Technol. **27**(13), 2348–2356 (2009)
36. A. Siekiera, R. Engelbrecht, L. Buethe, B. Schmauss, Simultaneous sensing of temperature and strain by combined FBG and mode-interference sensors. Bragg Gratings, Photosensitivity, and Poling in Glass Waveguides Conf. (BGPP), Colorado Springs, BTu2E.6, 2012
37. R. Ryf, S. Randel, A. Gnauck et al., Mode-division multiplexing over 96 km of few-mode fiber using coherent 6 × 6 MIMO processing. J. Lightwave Technol. **30**(4), 521–531 (2012)
38. H. Bülow, H. Al-Hashimi, B. Schmauss, Coherent multimode-fiber MIMO transmission with spatial constellation modulation. European Conference on Optical Communication (ECOC), Genf, Schweiz, Tu.5.B.3, 2011
39. A. Siekiera, *Faser-Bragg-Gitter in Multimodefasern zur simultanen Messung von Dehnung und Temperatur*. Dissertation, Technische Fakultät, Friedrich-Alexander-Universität Erlangen-Nürnberg. In: Optische Hochfrequenztechnik und Photonik; Hrsg. von B. Schmauss, R. Engelbrecht. (Shaker, Aachen, 2015)
40. B. Konrad, K. Petermann, J. Berger et al., Impact of fiber chromatic dispersion in high-speed TDM transmission systems. J. Lightwave Technol. **20**(12), 2129–2135 (2002)
41. L. Gruener-Nielsen, M. Wandel, P. Kristensen et al., Dispersion-compensating fibers. J. Lightwave Technol. **23**(11), 3566–3579 (2005)
42. G. Agrawal, *Nonlinear Fiber Optics*, 5. Aufl. (Academic, Amsterdam, 2013)
43. A. Snyder, W. Young, Modes of optical waveguides. J. Opt. Soc. Am. **68**(3), 297–309 (1978)
44. R. Ulrich, A. Simon, Polarization optics of twisted single-mode fibers. Appl. Opt. **18**(13), 2241–2251 (1979)
45. R. Ulrich, Ursachen der Doppelbrechung, in *Optische Kommunikationstechnik*, Hrsg. von E. Voges, K. Petermann (Springer, Berlin, 2002), 152–187
46. C. Poole, R. Wagner, Phenomenological approach to polarisation dispersion in long single-mode fibres. Electron. Lett. **22**(19), 1029–1030 (1986)
47. J. Noda, O. Katsunari, Y. Sasaki, Polarization-maintaining fibers and their applications. J. Lightwave Technol. **4**(8), 1071–1089 (1986)
48. A.W. Snyder, J. Love, *Optical Waveguide Theory* (Chapman and Hall, London, 1983)
49. OFS Specialty Photonics Division Produktinformation, *Truephase 1550 Fibers*. Techn. Ber. 2013
50. R.H. Stolen, Polarization effects in fiber Raman and Brillouin lasers. IEEE J. Quantum Electron. **15**(10), 1157–1160 (1979)
51. I. Kaminov, Polarization in optical fibers. IEEE J. Quantum Electron. **17**(1), 15–22 (1981)
52. G. Foschini, C. Poole, Statistical theory of polarization dispersion in single mode fibers. J. Lightwave Technol. **9**(11), 1439–1456 (1991)
53. R. Noé, *Essentials of Modern Optical Fiber Communication* (Springer, Berlin, 2010)

54. J. Geyer, *Effiziente echtzeitfähige Algorithmen zur Implementierung kohärenter optischer Empfänger*. Dissertation, Technische Fakultät, Friedrich-Alexander-Universität Erlangen-Nürnberg. In: Optische Hochfrequenztechnik und Photonik; Hrsg. von B. Schmauss, R. Engelbrecht. (Shaker, Aachen, 2011)
55. Q. Lin, G.P. Agrawal, Vector theory of stimulated Raman scattering and its application to fiber-based Raman amplifiers. J. Opt. Soc. Am. B **20**(8), 1616–1631 (2003)
56. Q. Lin, G.P. Agrawal, Effects of polarization-mode dispersion on fiber-based parametric amplification and wavelength conversion. Opt. Lett. **29**(10), 1114–1116 (2004)

Nichtlinearer Brechungsindex 5

Eine Reihe von nichtlinearen optischen Effekten in Glasfasern hat den nichtlinearen Brechungsindex als Ursache. Der nichtlineare Brechungsindex beschreibt die Abhängigkeit des Brechungsindex von der lokalen Feldstärke und damit von der Intensität einer Lichtwelle. Zur Beobachtung dieses Effektes sind sehr große optische Leistungsdichten erforderlich, die nach der Erfindung des Lasers im Jahr 1960 experimentell zugänglich wurden. Bald darauf folgten ausführliche theoretische [1, 2] und experimentelle [3] Beschreibungen der Effekte des nichtlinearen Brechungsindex. In Anlehnung an die 1875 von J. Kerr entdeckte Abhängigkeit des Brechungsindex von der Energiedichte eines äußeren statischen elektrischen Feldes [4] wird der Effekt des intensitätsabhängigen Brechungsindex auch optischer Kerr-Effekt genannt. Sobald dämpfungsarme Glasfasern zur Verfügung standen, wurde dieser Effekt auch in optischen Wellenleitern beobachtet [5]. Allgemeine Darstellungen der nichtlinearen Optik sind in [6–8] zu finden. In diesem Kapitel werden die Grundlagen des nichtlinearen Brechungsindex in Glasfasern vorgestellt. Dies dient als Grundlage für die Herleitung der nichtlinearen Schrödinger-Gleichung in Kap. 6 sowie für die Diskussion der resultierenden nichtlinearen faseroptischen Effekte in Kap. 7.

5.1 Grundlagen des nichtlinearen Brechungsindex

Wie bereits in Kap. 2.3 diskutiert, ist die Ursache der nichtlinearen optischen Effekte die nichtlineare Abhängigkeit der im Medium erzeugten elektrischen Polarisierung $\mathcal{P}$ von der lokalen elektrischen Feldstärke $\boldsymbol{E}$. Zur einführenden Beschreibung der nichtlinearen Polarisierung $\mathcal{P}(\boldsymbol{E})$ in Glas verwenden wir ein Polynom, das neben der linearen Suszeptibilität

R. Engelbrecht, *Nichtlineare Faseroptik*,
DOI 10.1007/978-3-642-40968-4_5

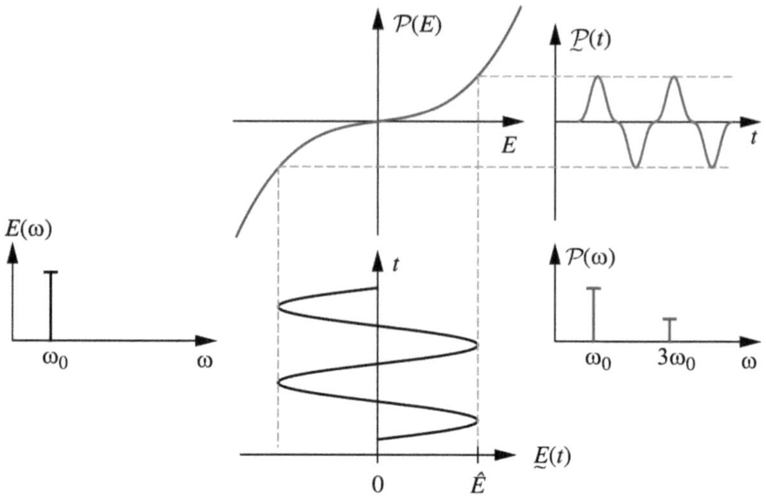

Abb. 5.1 Beispiel für eine Kennlinie der nichtlinearen Polarisierung $\mathcal{P}(E)$ mit linearer sowie kubischer Suszeptibilität. Bei harmonischer Aussteuerung mit einem elektrischen Feld $\underset{\sim}{E}(t)$ entstehen in der Polarisierung $\underset{\sim}{\mathcal{P}}(t)$ Spektralanteile bei der Grundwelle sowie höheren Harmonischen

$\chi^{(1)}$ einen kubischen Term mit $\chi^{(3)}$ enthält. In einem einfachen skalaren Ansatz gilt damit

$$\mathcal{P}(E) = \varepsilon_0 \chi^{(1)} E + \varepsilon_0 \chi^{(3)} E^3. \tag{5.1}$$

Wird diese Kennlinie wie in Abb. 5.1 dargestellt mit einem harmonischen elektrischen Wechselfeld $\underset{\sim}{E}(t)$ der Frequenz ω_0 gemäß

$$\underset{\sim}{E}(t) = \hat{E} \cos(\omega_0 t) \tag{5.2}$$

mit großer Amplitude $\hat{E}$ ausgesteuert, so entsteht in der Polarisierung $\mathcal{P}$ neben der Grundwelle bei ω_0 auch ein Spektralanteil $\hat{\mathcal{P}}(3\omega_0)$ bei der dreifachen Frequenz $3\omega_0$:

$$\underset{\sim}{\mathcal{P}}(t) = \varepsilon_0 \left(\chi^{(1)} + \frac{3}{4} \chi^{(3)} \hat{E}^2 \right) \hat{E} \cos(\omega_0 t) + \varepsilon_0 \frac{1}{4} \chi^{(3)} \hat{E}^3 \cos(3\omega_0 t) \tag{5.3a}$$

$$= \hat{\mathcal{P}}(\omega_0) \cos(\omega_0 t) + \hat{\mathcal{P}}(3\omega_0) \cos(3\omega_0 t). \tag{5.3b}$$

Weiterhin besitzt auch der Grundanteil der Polarisierung $\hat{\mathcal{P}}(\omega_0)$ bei ω_0 aufgrund des Terms $\frac{3}{4}\chi^{(3)}\hat{E}^2$ eine andere Amplitude als im linearen Fall aufgrund von $\chi^{(1)}$ alleine oder im Vergleich zu einer Aussteuerung mit sehr kleiner Feldamplitude $\hat{E}$. Dies ist die Grundlage für den nichtlinearen optischen Kerr-Effekt sowie für den nichtlinearen Brechungsindex in Glas, der im Weiteren quantitativ untersucht wird.

Exkurs 5.1
In der Beispielkennlinie $\mathcal{P}(E)$ in Abb. 5.1 ist die Nichtlinearität stark übertrieben dargestellt. Weiterhin erscheint die überproportionale Zunahme der Polarisierung bei hohen Feldstärken entgegen der Intuition zu sein, die bei großer Aussteuerung wie bei anderen Systemen im Großsignalbetrieb eher eine Sättigung der Polarisierung erwarten ließe. Tatsächlich nimmt in Glas auch in der Realität die effektive Suszeptibilität und damit der Brechungsindex aufgrund des optischen Kerr-Effektes mit steigender Amplitude des E-Feldes und damit mit steigender Intensität der Lichtwelle zu, in Übereinstimmung mit dieser Beispielkennlinie.

5.2 Nichtlineare Polarisierbarkeit in Glas

Zur weiteren Diskussion des nichtlinearen Brechungsindex wird zunächst wiederum eine skalare Betrachtung gewählt. Hierzu wird angenommen, dass alle beteiligten vektoriellen Größen wie elektrische Feldstärken $\boldsymbol{E}$ oder die dielektrische Polarisierung $\boldsymbol{\mathcal{P}}$ jeweils nur eine transversale und zueinander parallele Komponente haben. Die Materialeigenschaften werden als isotrop angenommen.

Um die Wechselwirkung und Entstehung von Lichtwellen unterschiedlicher Frequenzen zu untersuchen, wird eine Darstellung im Zeitbereich gewählt. Das elektrische Gesamtfeld $\underset{\sim}{E}$ ist dann durch die zeitliche und räumliche Überlagerung beliebig vieler (hier: N) Wellen mit Amplitude $\hat{E}_n$, Frequenz ω_n und Phasenmaß $\beta_n = \beta(\omega_n)$ beschrieben:

$$\underset{\sim}{E}(t, z) = \sum_{n=0}^{N} \hat{E}_n \cos(\omega_n t - \beta_n z). \tag{5.4}$$

Zur vollständigen Beschreibung der nichtlinearen Effekte im Zeitbereich müsste der Ansatz Gl. (5.4) nun in die Volterra-Reihe gemäß Gl. (2.42) eingesetzt werden. Allerdings ist diese Darstellung für weitere Diskussionen zu kompliziert und kann durch übliche und realistische Annahmen vereinfacht werden. Die Born–Oppenheimer-Näherung besagt, dass die Schwingungen der Elektronenhüllen und die Vibrationen der Molekülbindungen aufgrund stark unterschiedlicher Massen der Elektronen einerseits und der Atomkerne andererseits getrennt voneinander betrachtet werden können [9–11]. Für den nichtlinearen Brechungsindex aufgrund des Kerr-Effektes ist überwiegend die nichtlineare Polarisierbarkeit der Elektronenhülle verantwortlich. Diese reagiert aufgrund ihrer kleinen Masse extrem schnell auf elektrische Felder, die Zeitkonstanten der Impulsantwort sind deutlich kleiner als 10^{-15} s. Daher kann im infraroten und im sichtbaren Spektralbereich von einer näherungsweise instantanen Reaktion der Elektronenhülle auf das Feld der Lichtwelle ausgegangen werden. Ein zusätzlicher kleinerer Beitrag zum nichtlinearen Brechungsindex resultiert aus Molekülvibrationen oder allgemein aus der Bewegung der schwereren

Atomkerne, sowie durch Elektrostriktion. Diese Prozesse sind deutlich langsamer als die Elektronenpolarisierung und müssen daher über entsprechende Faltungen mit deren Impulsantworten berücksichtigt werden, wie in Kap. 2.3.3 beschrieben. Da die Polarisierbarkeit der Elektronenhülle aber den Hauptanteil zum nichtlinearen Brechungsindex liefert, wird in diesem Kapitel die nichtlineare Polarisierung als instantan angenommen. Nichtlineare optische Effekte aufgrund der Molekülvibration werden dann in Kap. 8 zur Raman-Streuung besprochen, die Elektrostriktion führt zur stimulierten Brillouin-Streuung in Kap. 9.

Weiterhin hat Glas als inversionssymmetrisches Medium wie in Kap. 2.3.1 besprochen keinen quadratischen Anteil in der Reihenentwicklung der Polarisierung. Es dominiert der kubische Anteil $\chi^{(3)}$ der nichtlinearen Suszeptibilität , höhere Ordnungen können vernachlässigt werden. Die Polarisierung $\underset{\sim}{\mathcal{P}}(t,z)$ kann dann wie folgend geschrieben werden:

$$\underset{\sim}{\mathcal{P}}(t,z) = \varepsilon_0\chi^{(1)}\underset{\sim}{E}(t,z) + \varepsilon_0\chi^{(3)}\underset{\sim}{E}^3(t,z) \tag{5.5a}$$

$$= \underset{\sim}{\mathcal{P}}^{(1)}(t,z) + \underset{\sim}{\mathcal{P}}^{(3)}(t,z). \tag{5.5b}$$

Darin ist $\underset{\sim}{\mathcal{P}}^{(1)}$ der lineare Anteil, und $\underset{\sim}{\mathcal{P}}^{(3)}$ die nichtlineare Polarisierung. Setzt man nun das Gesamtfeld mit N Wellen nach Gl. (5.4) in Gl. (5.5a) ein, so erhält man nach Ausmultiplizieren und nach Sortieren der Frequenzanteile für die nichtlineare Polarisierung die Gl. (5.6).

$$\underset{\sim}{\mathcal{P}}^{(3)}(t,z) = \frac{\varepsilon_0\chi^{(3)}}{4}\sum_{a=1}^{N}\hat{E}_a^3\cos(3\omega_a t - 3\beta_a z) \tag{5.6a}$$

$$+ \frac{3\varepsilon_0\chi^{(3)}}{4}\sum_{a=1}^{N}\sum_{b\neq a}\hat{E}_a^2\hat{E}_b\cos((2\omega_a+\omega_b)t - (2\beta_a+\beta_b)z) \tag{5.6b}$$

$$+ \frac{3\varepsilon_0\chi^{(3)}}{4}\sum_{a=1}^{N}\hat{E}_a^2\hat{E}_a\cos(\omega_a t - \beta_a z) \tag{5.6c}$$

$$+ \frac{6\varepsilon_0\chi^{(3)}}{4}\sum_{a=1}^{N}\sum_{b\neq a}\hat{E}_b^2\hat{E}_a\cos(\omega_a t - \beta_a z) \tag{5.6d}$$

$$+ \frac{3\varepsilon_0\chi^{(3)}}{4}\sum_{a=1}^{N}\sum_{a\neq b}\hat{E}_a^2\hat{E}_b\cos((2\omega_a-\omega_b)t - (2\beta_a-\beta_b)z) \tag{5.6e}$$

$$+ \frac{6\varepsilon_0\chi^{(3)}}{4}\sum_{a=1}^{N}\sum_{b>a}\sum_{c>b}\hat{E}_a\hat{E}_b\hat{E}_c\cdot$$

$$\cdot\{\ \cos((\omega_a+\omega_b+\omega_c)t - (\beta_a+\beta_b+\beta_c)z) \tag{5.6f}$$

$$+\cos((\omega_a+\omega_b-\omega_c)t - (\beta_a+\beta_b-\beta_c)z) \tag{5.6g}$$

$$+\cos((\omega_a-\omega_b+\omega_c)t - (\beta_a-\beta_b+\beta_c)z) \tag{5.6h}$$

$$+\cos((\omega_a-\omega_b-\omega_c)t - (\beta_a-\beta_b-\beta_c)z)\ \} \tag{5.6i}$$

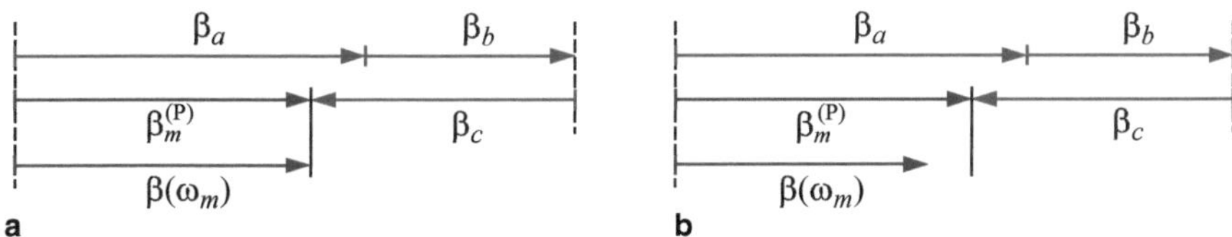

Abb. 5.2 Bei Phasenanpassung (**a**) hat die Polarisierungswelle mit $\beta_m^{(\mathrm{P})}$ das gleiche Phasenmaß wie die aus dem Mischprozess resultierende Lichtwelle mit $\beta(\omega_m)$. Bei Phasenfehlanpassung (**b**) ist dies nicht der Fall

Dabei ist zu beachten, dass die Indizes $\{a, b, c\}$ in dieser skalaren Betrachtung nicht verschiedene Raumkoordinaten, sondern verschiedene Frequenzanteile $\{0 \ldots N\}$ des Gesamtfeldes bezeichnen. Die nichtlineare Polarisierung $\underset{\sim}{\mathcal{P}}^{(3)}$ hat Frequenzanteile bei Frequenzen ω_m, für die allgemein gilt:

$$\omega_m = \omega_a \pm \omega_b \pm \omega_c, \tag{5.7}$$

wobei die Indizes $\{a, b, c\}$ alle Werte, auch zueinander gleiche, aus $\{0 \ldots N\}$ annehmen können. Es entstehen sowohl Anteile bei den ursprünglichen Frequenzen ω_n als auch neue Spektralanteile, die im anregenden Feld noch nicht enthalten waren.

Die nichtlineare Polarisierung kann somit als Überlagerung vieler Wellen bei den Frequenzen ω_m dargestellt werden:

$$\underset{\sim}{\mathcal{P}}^{(3)}(z, t) = \sum_m \hat{\mathcal{P}}_m \cos(\omega_m t - \beta_m^{(\mathrm{P})} z), \tag{5.8}$$

mit den Phasenmaßen der Polarisierungswellen

$$\beta_m^{(\mathrm{P})} = \beta_a \pm \beta_b \pm \beta_c. \tag{5.9}$$

Da die Polarisierungswelle sich nicht selbstständig ausbreiten kann, sondern stets instantan durch die anregenden elektromagnetischen Wellen erzeugt wird, ist das Phasenmaß der Polarisierungswelle keine unabhängige Größe, sondern ist stets gemäß Gl. (5.9) durch die Phasenmaße der anregenden Wellen gegeben. Zur Unterscheidung von den Phasenmaßen elektromagnetischer Wellen wird das Phasenmaß der Polarisierungswelle mit dem hochgestellten Index (P) gekennzeichnet.

Die nichtlineare Polarisierung ist gemäß Kap. 2.1.3 ein zusätzlicher Quellterm in der Wellengleichung im Zeitbereich Gl. (2.8a) sowie im Frequenzbereich Gl. (2.13a). Damit die Polarisierungswelle bei einer Frequenz ω_m über große Längen und Zeiten eine elektromagnetische Welle der Frequenz ω_m anregen kann, müssen sich beide mit gleicher Phase und Geschwindigkeit im Medium ausbreiten:

$$\beta_m^{(\mathrm{P})} = \beta(\omega_m). \tag{5.10}$$

Diese Bedingung wird Phasenanpassungsbedingung (engl. *phase matching condition*) genannt (Abb. 5.2). Sie entscheidet darüber, welche Frequenzanteile der nichtlinearen

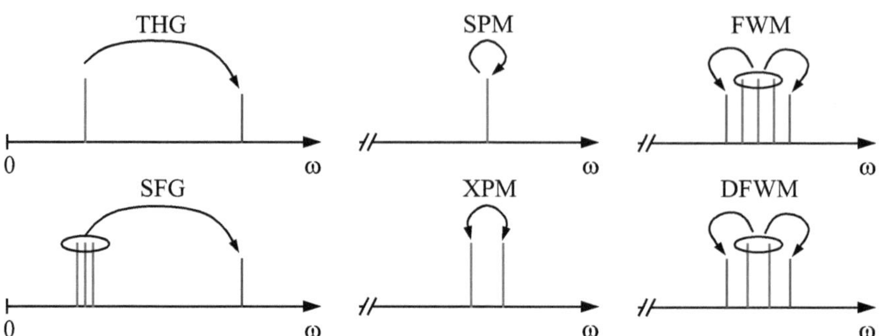

Abb. 5.3 Skizze der Spektren von Frequenzverdreifachung (*THG*), Summenfrequenzbildung (*SFG*), Selbstphasenmodulation (*SPM*), Kreuzphasenmodulation (*XPM*), Vierwellenmischung (*FWM*) und entarteter Vierwellenmischung (*DFWM*)

Polarisierung in Gl. (5.6) bzw. in Gl. (5.8) eine signifikante Wirkung entfalten. Hierbei kommt der Dispersion des Mediums bzw. des Wellenleiters eine große Rolle zu.

Häufig befinden sich die ursprünglichen Frequenzen ω_n innerhalb eines schmalen Frequenzbereiches, z. B. innerhalb eines Übertragungsbandes in optischen Kommunikationssystemen oder innerhalb der spektralen Bandbreite eines Faserlasers. Dann können die resultierenden Frequenzanteile der nichtlinearen Polarisierung ω_m sowie die einzelnen Summanden in Gl. (5.6) folgendermaßen klassifiziert werden, wie auch in Abb. 5.3 dargestellt:

- **Frequenzverdreifachung**: Der erste Summand Gl. (5.6a) beinhaltet Frequenzen $\omega_m = 3\omega_a$ und wird Frequenzverdreifachung (engl. *third harmonic generation*, THG) genannt. Da bei Anregung mit Licht im NIR-Bereich die THG-Produkte im grünen, blauen oder UV-Spektralbereich liegen, ist aufgrund des großen Frequenzunterschiedes unter Berücksichtigung der Dispersion eine Phasenanpassung schwer möglich. In Glasfasern spielt dieser Term keine Rolle.
- **Summenfrequenzbildung**: Gleiches wie für die THG gilt für die Terme der Summenfrequenzbildung (engl. *sum frequency generation*, SFG) in Gl. (5.6b) und (5.6f), die Frequenzanteile bei $\omega_m = 2\omega_a + \omega_b$ und $\omega_m = \omega_a + \omega_b + \omega_c$ beinhalten.
- **Selbstphasenmodulation**: Die nichtlineare Polarisierung aus dem Term Gl. (5.6c) schwingt gemäß $\omega_a = \omega_a + \omega_a - \omega_a$ jeweils mit einer der ursprünglichen Frequenzen. Der Beitrag der nichtlinearen Polarisierung überlagert sich dem der linearen Polarisierung. Daraus resultiert wie in Kap. 5.3 beschrieben eine Modulation des Brechungsindex und damit der Phase einer Lichtwelle proportional zu ihrer eigenen momentanen und lokalen Intensität (engl. *self phase modulation*, SPM). Dieser Prozess ist stets phasenangepasst und ist bei jeder Frequenz und unabhängig von der Dispersion effizient. Die SPM ist eine der wichtigsten nichtlinearen optischen Effekte in Glasfasern und wird in Kap. 7.1 weiter diskutiert.

- **Kreuzphasenmodulation**: Wie die SPM liefert auch der Term Gl. (5.6d) gemäß $\omega_a = \omega_a + \omega_b - \omega_b$ und $\omega_b = \omega_b + \omega_a - \omega_a$ Anteile bei ursprünglichen Frequenzen. Er bewirkt wie in Kap. 7.2 beschrieben eine gegenseitige Phasenmodulation zweier Lichtwellen (engl. *cross phase modulation*, XPM). Auch dieser Term ist stets phasenangepasst. Aufgrund der Dispersion und der unterschiedlichen Gruppengeschwindigkeiten sind über große Strecken aber nur die mittleren Leistungen von intensitätsmodulierten Lichtwellen bezüglich der XPM wirksam.
- **Vierwellenmischung**: Die Terme Gl. (5.6g), (5.6h) und (5.6i) beschreiben den allgemeinen Fall der Vierwellenmischung (engl. *four wave mixing*, FWM) mit $\omega_m = \omega_a \pm \omega_b \mp \omega_c$, wobei alle vier Frequenzen unterschiedlich sind. Da dabei neue Frequenzen ω_m entstehen, ist aufgrund der Dispersion die Erfüllung der Phasenanpassung nicht automatisch gewährleistet. Sind ω_a, ω_b und ω_c eng benachbarte Frequenzen, so ist auch ω_m im gleichen Spektralbereich. Trotz Dispersion kann dann FWM auch über größere Längen effizient sein. FWM wird in Kap. 7.3 weiter diskutiert und ist die Ursache der spektralen Verbreiterung in Raman-Faserlasern in Kap. 10.5.
- **Einfach entartete Vierwellenmischung**: Im Term Gl. (5.6e) entstehen gemäß $\omega_m = 2\omega_a - \omega_b$ ebenfalls Frequenzanteile, die in den ursprünglichen Feldern nicht enthalten sind. Der Prozess kann als ein Sonderfall der Vierwellenmischung mit zwei gleichen Frequenzen ω_a und einer weiteren Frequenz ω_b angesehen werden und wird daher als entartete Vierwellenmischung bezeichnet (engl. *degenerate FWM*, DFWM). Wie die FWM ist auch dieser Prozess empfindlich bezüglich der Phasenanpassung, die im Falle ähnlicher Frequenzen wieder näherungsweise gegeben ist.

Aus dem Ansatz aller beteiligter Felder und dem Ergebnis nach Gl. (5.6) wird deutlich, dass alle diese Effekte eine gemeinsame Ursache haben: die nichtlineare Polarisierbarkeit der Elektronenhülle, beschrieben durch die nichtlineare Suszeptibilität dritter Ordnung $\chi^{(3)}$. Für die weitere Diskussion ist jedoch eine Separation der einzelnen Frequenzanteile sinnvoll, z. B. um mit komplexwertigen Amplituden im Frequenzbereich zu arbeiten. Unter Berücksichtigung vektorieller und tensorieller Eigenschaften der beteiligten Größen ergibt sich für eine beliebige einzelne Frequenzkomponente ω_m der lokalen nichtlinearen Polarisierung $\mathcal{P}^{(3)}$ folgende Darstellung mit den in Kap. 2.3.4 beschriebenen Konventionen:

$$\mathcal{P}_i^{(3)}(\omega_m) = \varepsilon_0 \, \tfrac{1}{4} D^{(3)} \sum_{jkl} \chi_{ijkl}^{(3)}(\omega_m; \omega_1, \omega_2, \omega_3) E_j(\omega_1) E_k(\omega_2) E_l(\omega_3), \tag{5.11}$$

wobei die Indizes $\{i,j,k,l\} \in \{x,y,z\}$ alle Raumkoordinaten repräsentieren können. $D^{(3)}$ ist der Entartungsfaktor gemäß Gl. (2.49), der auch im direkten Vergleich von Gl. (5.11) mit Gl. (5.6) ersichtlich ist:

$$D^{(3)} = \begin{cases} 1, & \text{für drei nicht-unterscheidbare Felder,} \\ 3, & \text{für zwei nicht-unterscheidbare Felder,} \\ 6, & \text{für drei unterscheidbare Felder.} \end{cases} \tag{5.12}$$

Dabei ist wieder zu beachten, dass zwei Felder auch dann als unterscheidbar gelten, wenn ein und das selbe physikalische Feld einmal mit positiven und einmal mit negativem Vorzeichen der Frequenz ω in Gl. (5.7) eingeht. Aufbauend darauf können die verschiedenen Effekte in Kap. 7 weiter untersucht werden. Zunächst betrachten wir aber den nichtlinearen Brechungsindex in Glas sowie den nichtlinearen Koeffizienten von Glasfasern, die beide üblicherweise anstelle der nichtlinearen Suszeptibilität verwendet werden.

5.3 Nichtlinearer Brechungsindex in Glas

Zur Herleitung des nichtlinearen Brechungsindex betrachten wir zunächst die lokale Wirkung eines monofrequenten elektrischen Feldes mit Frequenz ω. Die Polarisation des Feldes soll linear in x-Richtung sein, mit Amplitude $E_x(\omega)$. Wenn wir wie üblich die THG vernachlässigen, so erhalten wir nur einen Frequenzanteil der nichtlinearen Polarisierung, der mit gleicher Frequenz ω wie die anregende Welle schwingt. In isotropen Medien erhalten wir dann für die gesamte Polarisierung inklusive linearer und nichtlinearer Anteile

$$\mathcal{P}_x(\omega) = \varepsilon_0 \chi_{xx}^{(1)} E_x(\omega) + \frac{3\varepsilon_0}{4} \mathrm{Re}\{\chi_{xxxx}^{(3)}(-\omega; \omega, -\omega, \omega)\} E_x(\omega) E_x^*(\omega) E_x(\omega). \tag{5.13}$$

Exkurs 5.2
Die Realteilbildung gewährleistet, dass der Beitrag der nichtlinearen Polarisierung die gleiche Phase hat wie die lineare Polarisierung in einem verlustfreien Medium. Dies entspricht der instantanen Wirkung im Zeitbereich. Nur damit sind die folgenden Anmerkungen zum nichtlinearen Brechungsindex gültig. Abseits von Resonanzfrequenzen der Elektronenhülle oder der Molekülbindungen und bei monofrequenten Lichtwellen ist $\chi^{(3)}(-\omega; \omega, -\omega, \omega)$ ohnehin in sehr guter Näherung reellwertig, wie z. B. im sichtbaren und nahinfraroten Spektralbereich in Glas. Um den Unterschied zur stimulierten Raman- und Brillouin-Streuung deutlich zu machen, die durch den Imaginärteil von $\chi^{(3)}(-\omega; \omega, -\omega_P, \omega_P)$ unter dem Einfluss einer Pumpwelle der Frequenz ω_P beschrieben werden können (s. Tab. 2.3), wird aber hier explizit die Realteilbildung beibehalten.

Da alle hier beteiligten Felder in gleicher Richtung schwingen, gehen wir zu einer skalaren Schreibweise der Felder über und lassen den Index x weg. Unter der Voraussetzung, dass nur ein E-Feld mit einer Frequenz ω vorhanden ist, ist in isotropen Medien dessen Richtung ohnehin unerheblich, selbst unter Berücksichtigung des Tensor-Charakters von $\chi^{(3)}$ (s. Tab. 2.1). Relevant ist in diesem Fall nur das Element $\chi_{xxxx}^{(3)}$.

Durch Ausklammern von $E(\omega)$ in Gl. (5.13) können wir eine wirksame Suszeptibilität $\chi(E)$ definieren, die sich aus einem linearen Anteil $\chi^{(1)}$ und einem nichtlinearen Anteil $\chi^{(\mathrm{NL})}(E)$ zusammensetzt:

$$\mathcal{P}(\omega) = \varepsilon_0 \chi(E)\, E(\omega) = \varepsilon_0 \left(\chi^{(1)} + \chi^{(\mathrm{NL})}(E)\right) E(\omega), \tag{5.14}$$

mit

$$\chi^{(\mathrm{NL})}(E) = \frac{3}{4} \mathrm{Re}\left\{\chi^{(3)}_{xxxx}(-\omega; \omega, -\omega, \omega)\right\} |E(\omega)|^2. \tag{5.15}$$

Die wirksame Suszeptibilität steigt somit ausgehend von der linearen Suszeptibilität proportional mit dem Betragsquadrat der elektrischen Feldstärke an. Dabei müssen wir berücksichtigen, dass in Quarzglas der Zahlenwert der nichtlinearen Suszeptibilität dritter Ordnung in der Größenordnung $\chi^{(3)}_{xxxx} \approx 10^{-22}\,\mathrm{m}^2/\mathrm{V}^2$ liegt und der Effekt selbst bei sehr großen Feldstärken klein gegenüber dem konstanten linearen Anteil in der Größenordnung $\chi^{(1)} \approx 1$ ist.

Statt der Suszeptibilität χ wird in der Optik üblicherweise der Brechungsindex n verwendet, der durch den optischen Kerr-Effekt ebenfalls feldstärkeabhängig wird:

$$n(E) = \sqrt{1 + \chi(E)} \tag{5.16a}$$

$$= \sqrt{1 + \chi^{(1)} + \chi^{(\mathrm{NL})}(E)} \tag{5.16b}$$

$$= n_0 \sqrt{1 + \chi^{(\mathrm{NL})}(E)/n_0{}^2} \tag{5.16c}$$

$$\approx n_0 + \frac{1}{2n_0} \chi^{(\mathrm{NL})}(E), \tag{5.16d}$$

mit dem linearen Brechungsindex $n_0 = \sqrt{1+\chi^{(1)}}$ sowie der Näherung $\sqrt{1+x} \approx 1+\frac{1}{2}x$, die aufgrund der sehr kleinen Zahlenwerte von $\chi^{(\mathrm{NL})}(E)$ eine sehr gute Approximation darstellt. Der Brechungsindex $n(E)$ wird nun zerlegt in einen konstanten linearen Anteil n_0 sowie einen feldstärkeabhängigen nichtlinearen Anteil $\Delta n(E)$:

$$n(E) = n_0 + \Delta n(E) = n_0 + n_2\, |E(\omega)|^2, \tag{5.17}$$

mit dem feldbezogenen nichtlinearen Brechzahlkoeffizienten

$$n_2 = \frac{3}{8n_0} \mathrm{Re}\{\chi^{(3)}_{xxxx}(-\omega; \omega, -\omega, \omega)\} \tag{5.18}$$

unter Verwendung von Gl. (5.15). Der Brechungsindex ist somit linear abhängig vom Betragsquadrat der elektrischen Feldstärke, das wiederum zur Intensität I einer Lichtwelle proportional ist. Daher wird häufig ein intensitätsbezogener nichtlinearer Brechzahlkoeffizient n_2^I verwendet:

$$n(I) = n_0 + \Delta n(I) = n_0 + n_2^I\, I, \tag{5.19}$$

mit

$$n_2^I = \frac{2n_2}{\varepsilon_0 c_0 n_0} = \frac{3}{4\varepsilon_0 c_0 n_0^2} \mathrm{Re}\{\chi_{xxxx}^{(3)}(-\omega; \omega, -\omega, \omega)\}. \tag{5.20}$$

Exkurs 5.3
Setzt man in Gl. (5.17) anstelle von $E(\omega)$ ein Gleichfeld $E(0)$ ein, so erhält man den quadratischen elektrooptischen Effekt, der 1875 von dem schottischen Physiker John Kerr entdeckt wurde [4]. Der nach ihm benannte (elektrooptische) Kerr-Effekt beschreibt die Erzeugung einer Brechzahländerung, speziell einer Doppelbrechung in isotropen Medien, die mit dem Quadrat der Feldstärke des Gleichfeldes zunimmt. In Anlehnung daran wird der Effekt des intensitätsabhängigen Brechungsindex auch optischer Kerr-Effekt genannt. Die gemeinsame Grundlage beider Effekte ist die nichtlineare Suszeptibilität dritter Ordnung $\chi^{(3)}$.

Der intensitätsabhängige Brechungsindex ist verantwortlich für die Selbstphasenmodulation (SPM). Auch weitere nichtlineare faseroptische Effekte wie XPM und FWM können mit ihm beschrieben werden. Diese Effekte werden in Kap. 6 und 7 ausführlich besprochen.

In der Lasertechnik ist der intensitätsabhängige Brechungsindex verantwortlich für das Phänomen der Selbstfokussierung von Strahlen mit einem radialen Intensitätsgradienten [12–14]. Durch den Intensitätsgradienten entsteht im ansonsten isotropen Material eine Gradientenindex-Linse, die den Strahl fokussiert und die Intensität lokal weiter erhöht. Dies kann zur lokalen Zerstörung eines eigentlich verlustfreien Mediums führen, wenn bei zunehmender Selbstfokussierung die Feldstärke der Lichtwelle die elektrische Durchbruchfeldstärke des Materials überschreitet (Abb. 5.4). Die zur katastrophalen Selbstfokussierung erforderlichen Leistungen sind allerdings extrem groß und bewegen sich unabhängig von der Querschnittsfläche eines Strahles bzw. der effektiven Modenfläche einer Faser im Bereich einiger MW [15]. Derartige Leistungen treten in der Faseroptik nur in wenigen Fällen auf, z. B. in gepulsten Faserlasern mit sehr hohen Pulsenergien, und bewegen sich im Bereich der Zerstörschwelle optischer Fasern [16].

Die Literaturangaben der Zahlenwerte von n_2^I für Quarzglas variieren beträchtlich [17]. Dabei hat für Volumenglas die Dichte des Materials je nach Herstellungsprozess einen erheblichen Einfluss [18]. Außerdem ist n_2^I wellenlängenabhängig. Eine Dotierung mit Germanium erhöht den nichtlinearen Brechzahlkoeffizienten signifikant. Typische Zahlenwerte bei $\lambda = 1550$ nm in Abhängigkeit vom molaren Ge-Stoffmengenanteil x_{Ge} sind nach [19]

$$n_2^I = (2{,}44 + 5{,}52 \cdot x_{\mathrm{Ge}}) 10^{-22}\,\mathrm{m}^2/\mathrm{W}. \tag{5.21}$$

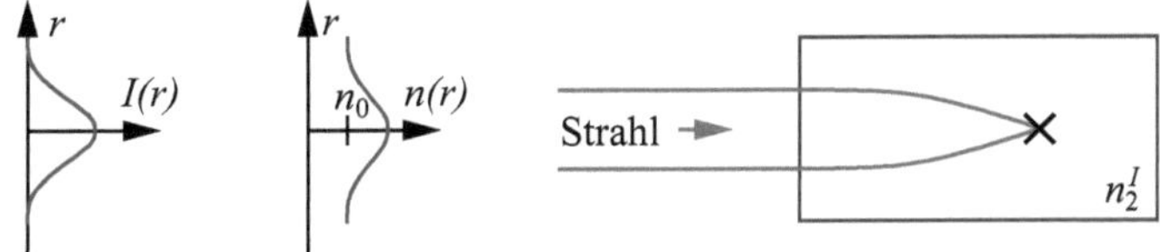

Abb. 5.4 In einem Medium mit nichtlinearem Brechungsindex n_2^I erzeugt ein Lichtstrahl mit einer z. B. gaußförmigen radialen Intensitätsverteilung $I(r)$ ein radiales Brechzahlprofil $n(r)$. Dieses wirkt als Gradientenindex-Linse und fokussiert den Strahl (Selbstfokussierung). Bei ausreichend großer Intensität liegt der Fokus noch innerhalb des Materials, und es kann ein optischer Felddurchbruch (Kreuz) mit lokaler Materialzerstörung erfolgen

Beispiel 5.1

Für undotiertes SiO_2-Glas erhält man aus *Gl.* (5.21) bei $\lambda = 1550$ nm einen intensitätsbezogenen nichtlinearen Brechzahlkoeffizienten $n_2^I = 2{,}44 \cdot 10^{-22}\,\text{m}^2/\text{W}$. Dies entspricht einer nichtlinearen Suszeptibilität dritter Ordnung $\chi^{(3)}_{\text{xxxx}} = 1{,}81 \cdot 10^{-22}\,\text{m}^2/\text{V}^2$.

5.4 Nichtlinearer Koeffizient von Glasfasern

Bisher haben wir den nichtlinearen Brechungsindex lokal ohne Berücksichtigung der Geometrie einer Welle betrachtet. Zur Diskussion des nichtlinearen Brechungsindex setzen wir für das skalare elektrische Feld in einer Glasfaser gemäß Gl. (A.20) in Anhang A.3.1 an:

$$\underset{\sim}{E}(\boldsymbol{r}, t) = \text{Re}\left\{N\,A(t,z)\,\Psi(x,y)\,\text{e}^{-\text{j}\beta z}\text{e}^{\text{j}\omega t}\right\}. \qquad (5.22)$$

Darin ist $\Psi(x, y)$ eine normierte transversale Strukturfunktion einer Mode, β ist das Phasenmaß der Mode bei der Kreisfrequenz ω im linearen Fall. $A(t, z)$ entspricht der Einhüllenden einer modulierten Trägerlichtwelle. N ist ein von der Geometrie der Mode abhängiger Normierungsfaktor, so dass für die Leistung der Lichtwelle $P(t, z) = |A(t, z)|^2$ zu jedem Zeitpunkt und an jedem Ort gilt.

Zunächst betrachten wir eine unmodulierte Lichtwelle mit zeitlich konstanter Amplitude $|A(0)|^2 = P_0$ am Eingang einer Glasfaser. Mit den Zahlenwerten aus Bsp. 5.3 ist die Änderung des Brechungsindex Δn aufgrund der Kerr-Nichtlinearität bei realistischen Leistungen bzw. Intensitäten in einer Glasfaser sehr gering, selbst im Vergleich zur an sich kleinen Kern-Mantel-Brechzahldifferenz. In einer Störungsrechnung erster Ordnung kann somit der Einfluss des nichtlinearen Brechungsindex auf die Geometrie einer Mode und der Strukturfunktion $\Psi(x, y)$ vernachlässigt werden. Das Phasenmaß β wird jedoch durch den optischen Kerr-Effekt um $\Delta\beta$ verändert. Der Einfluss des nichtlinearen Brechungsindex ist dann nur eine Phasenverschiebung $\Delta\phi_{NL}$ der Lichtwelle nach Durchlaufen einer

Faserstrecke L in Abhängigkeit der Eingangsleistung P_0:

$$\Delta\phi_{NL} = -\Delta\beta L_{\text{eff}} \tag{5.23a}$$

$$= -\frac{2\pi}{\lambda}\Delta n L_{\text{eff}} \tag{5.23b}$$

$$= -\frac{\omega}{c_0} n_2^F \frac{P_0}{A_{\text{eff}}} L_{\text{eff}}. \tag{5.23c}$$

Darin ist L_{eff} die effektive Länge einer Faserstrecke L gemäß Gl. (4.12), welche die Dämpfung berücksichtigt. A_{eff} ist die in Gl. (3.78) definierte effektive Modenfläche. Das Vorzeichen berücksichtigt, dass durch den Kerr-Effekt die Brechzahl erhöht und damit die Phasengeschwindigkeit reduziert wird. Das negative Vorzeichen spiegelt gemäß der in diesem Buch gewählten Konventionen (s. Kap. A.1.1) eine resultierende nacheilende Phase wieder.

n_2^F ist der intensitätsabhängige nichtlineare Brechzahlkoeffizient einer Faser, der die inhomogene Ge-Dotierung x_{Ge} in Kern und Mantel berücksichtigt [19] und dadurch von n_2^I in einem homogenen Material abweicht. Gemäß Gl. (5.21) ergibt sich eine inhomogene Verteilung des nichtlinearen Koeffizienten $n_2^I(x,y)$ im Faserquerschnitt, die an jedem Ort mit der Strukturfunktion $\Psi(x,y)$ gemäß folgender Formel zu gewichten ist:

$$n_2^F = \frac{\displaystyle\int_{-\infty}^{\infty} n_2^I(x,y)|\Psi(x,y)|^4 \mathrm{d}x\ \mathrm{d}y}{\displaystyle\int_{-\infty}^{\infty} |\Psi(x,y)|^4 \mathrm{d}x\ \mathrm{d}y} = \frac{\displaystyle\int_0^{\infty} n_2^I(r)|\Psi(r)|^4 r\ \mathrm{d}r}{\displaystyle\int_0^{\infty} |\Psi(r)|^4 r\ \mathrm{d}r}, \tag{5.24}$$

wobei der rechte Term für radialsymmetrische Verteilungen gilt. Daraus wird ersichtlich, dass der nichtlineare Brechzahlkoeffizient einer Faser nicht nur von der Ge-Dotierung absolut abhängt, sondern auch von der relativen örtlichen Verteilung der Ge-Dotierung in Verbindung mit der Geometrie einer Wellenleitermode. Für nur schwach dotierte Stufenindexfasern gilt aber in guter Näherung $n_2^F \approx n_2^I(r=0)$, entspricht also dem nichtlinearen Koeffizienten des Faserkerns. Da es bei allen beteiligten Größen Unsicherheiten aufgrund nicht vollständig bekannter Faserparameter sowie nicht einheitlicher Definitionen z. B. von A_{eff} gibt, wird häufig ein faserspezifischer nichtlinearer Koeffizient γ bevorzugt:

$$\Delta\phi_{NL} = -\gamma P_0 L_{\text{eff}}, \tag{5.25}$$

mit

$$\gamma = \frac{\omega n_2^F}{c_0 A_{\text{eff}}} \approx \frac{3\omega}{4\varepsilon_0 c_0^2 n_0^2}\frac{1}{A_{\text{eff}}}\mathrm{Re}\{\chi_{xxxx}^{(3)}(-\omega;\omega,-\omega,\omega)\}. \tag{5.26}$$

Dabei wird im rechten Term von Gl. (5.26) die Näherung $n_2^F \approx n_2^I(0)$ für Stufenindexfasern verwendet. Der nichtlineare Koeffizient γ kann z. B. nach Gl. (5.25) direkt messtechnisch bestimmt werden und charakterisiert die nichtlinearen Eigenschaften einer bestimmten Faser, ohne dass weitere Informationen zum Dotierprofil oder der Modengeometrie erforderlich sind (Abb. 5.5).

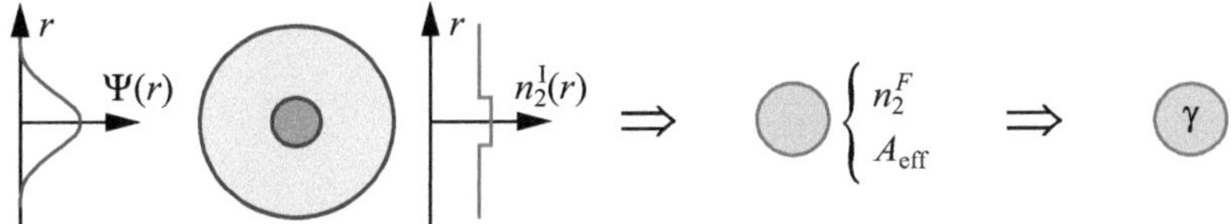

Abb. 5.5 Mit bekannter Strukturfunktion der Feldverteilung $\Psi(r)$ sowie räumlicher Verteilung des nichtlinearen Brechzahlkoeffizienten $n_2^I(r)$ aufgrund der Fasergeometrie und -dotierung kann eine effektive Modenfläche A_{eff} sowie ein faserspezifischer Brechzahlkoeffizient n_2^F bestimmt werden. Diese Größen repräsentieren dann die nichtlinearen Fasereigenschaften unter Annahme einer homogenen Leistungsverteilung im Querschnitt. Alternativ dazu kann der faserspezifische nichtlineare Koeffizient γ verwendet werden, der keine Kenntnisse bezüglich Faserstruktur und Feldverteilung voraussetzt

Exkurs 5.4
Mit Hilfe von Gl. (5.24) kann bei bekannter Strukturfunktion der Feldverteilung $\Psi(x, y)$ auch ein effektiver nichtlinearer Brechzahlkoeffizient n_2^F von mikrostrukturierten Fasern, den sogenannten photonischen Kristallfasern (engl. photonic crystal fiber, PCF) bestimmt werden. Diese weisen im Querschnitt periodische Hohlkammern auf, die von Quarzglas umschlossen sind [20]. Sind die Hohlkammern luftgefüllt, so haben diese einen gegenüber Quarzglas vernachlässigbar kleinen nichtlinearen Brechzahlkoeffizienten. Je nach Auslegung resultieren Wellenleiter, bei denen die Lichtwelle überwiegend in den Hohlräumen geführt wird oder die Lichtwelle in unterschiedlich großen Bereichen A_{eff} im Quarzglas konzentriert ist. Durch diese Strukturvariabilität können PCFs wahlweise sehr große oder sehr kleine nichtlineare Koeffizienten γ im Vergleich zu Standard-Stufenindexfasern haben.

Ebenso wie für Volumenmaterial gibt es in der Literatur auch für die nichtlinearen Eigenschaften bestimmter Glasfasertypen teils erhebliche Schwankungen der Zahlenwerte. In [21] wird der Einfluss unterschiedlicher Pulsdauern und Messmethoden auf gemessene nichtlineare Koeffizienten auf der Basis zahlreicher Literaturquellen diskutiert. Bei langen Pulsdauern > 10 ns sowie im cw-Betrieb liefern die im Vergleich zur Elektronenpolarisierbarkeit langsamen Effekte wie Elektrostriktion und stimulierte Raman-Streuung größere Beiträge zu n_2^F als bei sehr kurzen Pulsen im fs-Bereich. Abhängig von den verwendeten Pulsdauern T_0 werden in [21] folgende Zahlenwerte für den nichtlinearen Brechzahlkoeffizienten einer Faser mit reinem SiO_2-Glaskern bei einer Wellenlänge von $\lambda = 1550$ nm angegeben:

$$n_2^F(\text{SiO}_2) = \begin{cases} 2{,}75 \cdot 10^{-20}\,\text{m}^2/\text{W}, & \text{für } T_0 > 10\,\text{ns oder cw-Betrieb,} \\ 2{,}2 \cdot 10^{-20}\,\text{m}^2/\text{W}, & \text{für } 1\,\text{ps} < T_0 < 1\,\text{ns,} \\ 1{,}8 \cdot 10^{-20}\,\text{m}^2/\text{W}, & \text{für } T_0 < 100\,\text{fs.} \end{cases} \tag{5.27}$$

Gemäß [22] sind diese Zahlenwerte für Ge-dotierte Fasern mit folgender Formel zu erhöhen:

$$n_2^F(\text{Ge}) = n_2^F(\text{SiO}_2) + 50 \cdot 10^{-20}\text{m}^2/\text{W} \cdot \Delta, \tag{5.28}$$

wobei Δ die normierte Brechzahldifferenz aus Gl. (3.9) aufgrund der Ge-Dotierung ist.

Beispiel 5.2

Mit der normierten Brechzahldifferenz $\Delta = 0{,}36\,\% = 0{,}0036$ ergibt sich für eine SSMF bei cw-Betrieb ein Zahlenwert $n_2^F = 2{,}93 \cdot 10^{-20}\,\text{m}^2/\text{W}$. Mit einer effektiven Modenfläche $A_{\text{eff}} = 80\ \mu\text{m}^2$ folgt daraus ein nichtlinearer Koeffizient der Faser von $\gamma = 1{,}5\ \text{W}^{-1}\,\text{m}^{-1}$. Eine Eingangsleistung von $P_0 = 1\text{W}$ verursacht in einer Faser der Länge $L = 1$ km $\approx L_{\text{eff}}$ also durch SPM eine nichtlineare Phasendrehung von etwa $\pi/2$.

Exkurs 5.5

Die Definition des nichtlinearen Brechzahlkoeffizienten einer Faser in Gl. (5.24) sowie die Definition eines faserspezifischen nichtlinearen Koeffizienten in Gl. (5.26) beruhen auf der Näherung der Skalarmoden, die den vektoriellen Charakter der elektromagnetischen Felder vernachlässigt. In Fasern mit großen Brechzahlgradienten ist das nicht mehr zulässig. Eine Erweiterung des Konzepts der effektiven Modenfläche und des nichtlinearen Koeffizienten auf solche Fasern ist in [23] zu finden.

Literatur

1. J.A. Armstrong, N. Bloembergen, J. Ducuing, P.S. Pershan, Interactions between light waves in a nonlinear dielectric. Phys. Rev. **127**(6), 1918–1939 (1962)
2. N. Bloembergen, Y.R. Shen, Quantum-theoretical comparison of nonlinear susceptibilities in parametric media, lasers, and Raman lasers. Phys. Rev. **133**(1A), A37–A49 (1964)
3. P.D. Maker, R.W. Terhune, Study of optical effects due to an induced polarization third order in the electric field strength. Phys. Rev. **137**(3A), A801–A818 (1965)
4. J. Kerr, A new relation between electricity and light: Dielectrified media birefringent. Philos. Mag. J. Sci. (Forth Series) **50**(332), 337–348 (1875)
5. R. Stolen, A. Ashkin, Optical Kerr effect in glass waveguide. Appl. Phys. Lett. **22**(6), 294–297 (1973)
6. R.W. Boyd, *Nonlinear Optics*, 3. Aufl. (Academic Press, Amsterdam, 2008)
7. Y. Shen, *The Principles of Nonlinear Optics* (Wiley-Interscience, New York, 1984). (Reprint 2003)
8. R. Sutherland, *Handbook of Nonlinear Optics* (Marcel Dekker, New York, 1996)
9. M. Born, R. Oppenheimer, Zur Quantentheorie der Molekeln. Annalen der Physik (Vierte Folge) **84**(20), 457–484 (1927)

10. W. Demtröder, *Experimentalphysik 3: Atome, Moleküle und Festkörper*, 4. Aufl. (Springer Spektrum, Berlin, 2010)
11. I. Cacciari, Third-order optical susceptibility: A comparison among various terms. Opt. **121**(1), 94–96 (2010)
12. R.Y. Chiao, E. Garmire, C.H. Townes, Self-trapping of optical beams. Phys. Rev. Lett. **13**(15), 479–482 (1964)
13. A. Feldman, D. Horowitz, R.M. Waxler, Mechanisms for self-focusing in optical glasses. IEEE J. Quantum Electron. **9**(11), 1054–1061 (1973)
14. J. Marburger, Self-focusing: Theory. Prog. Quantum Electron. **4**(1), 35–110 (1975)
15. R.L. Farrow, D.A.V. Kliner, G.R. Hadley, A.V. Smith, Peak-power limits on fiber amplifiers imposed by self-focusing. Opt. Lett. **31**(23), 3423–3425 (2006)
16. A.V. Smith, B.T. Do, G.R. Hadley, R.L. Farrow, Optical damage limits to pulse energy from fibers. IEEE J. Sel. Top. Quantum Electron. **15**(1), 153–158 (2009)
17. D. Milam, Review and assessment of measured values of the nonlinear refractive-index coefficient of fused silica. Appl. Opt. **37**(3), 546–550 (1998)
18. S. Santran, L. Canioni, L. Sarger, T. Cardinal, E. Fargin, Precise and absolute measurements of the complex third-order optical susceptibility. J. Opt. Soc. Am. B **21**(12), 2180–2190 (2004)
19. A. Wada, S. Okude, T. Sakai, R. Yamauchi, GeO_2 concentration dependence of nonlinear refractive index coefficients of silica-based optical fibers. Electron. Commun. Jpn. (Part 1) **79**(11), 12–19 (1996)
20. P. Russell, Photonic-crystal fibers. J. Lightwave Technol. **24**(12), 4729–4749 (2006)
21. G. Agrawal, *Nonlinear Fiber Optics*, 5. Aufl. (Academic Press, Amsterdam, 2013)
22. K. Nakajima, M. Ohashi, Dopant dependence of effective nonlinear refractive index in GeO_2- and F-doped core single-mode fibers. IEEE Photon Technol. Lett. **14**(4), 492–494 (2002)
23. V.S. Afshar, T.M. Monro, C.M. de Sterke, Understanding the contribution of mode area and slow light to the effective Kerr nonlinearity of waveguides. Opt. Express **21**(15), 18558–18571 (2013)

Nichtlineare Schrödinger-Gleichung 6

Die Beschreibung der Ausbreitung von Lichtpulsen oder allgemein von zeitvariablen Lichtfeldern in Wellenleitern mit nichtlinearem Brechungsindex kann durch die nichtlineare SCHRÖDINGER-Gleichung (NLSGl) erfolgen. Diese wird nachfolgend hergeleitet und erläutert. Lösungsverfahren wie der Split-Step-Fourier-Algorithmus (SSFA) werden vorgestellt.

6.1 Ansatz und Herleitung

Wir suchen eine mathematische Beschreibung für die Entwicklung der Hüllkurve $A(t, z)$ oder des Spektrums $A(\omega, z)$ einer modulierten Lichtwelle während der Ausbreitung in einem Wellenleiter, speziell einer Glasfaser. Dazu betrachten wir zunächst allgemein die Pulsausbreitung in Wellenleitern, anschließend wird daraus die lineare Ausbreitungsgleichung und die nichtlineare Schrödinger-Gleichung abgeleitet.

Für eine beliebig amplituden- und phasenmodulierte Lichtwelle der Frequenz ω_0 wählen wir im Zeitbereich mit Definitionen und Normierungen gemäß Anhang A.3 folgenden Ansatz:

$$\underset{\sim}{E}(t, \boldsymbol{r}) = N \hat{A}(t, z) \Psi(x, y) \cos(\omega_0 t - \beta_0 z + \varphi(t, z)), \tag{6.1}$$

mit der bekannten transversalen Strukturfunktion einer Mode $\Psi(x, y)$, ihrem Phasenmaß β_0 bei der Frequenz ω_0, der zeit- und ortsvariablen Amplitude $\hat{A}(t, z)$ und Phase $\varphi(t, z)$ sowie dem Leistungsnormierungsfaktor N. Die korrespondierende Darstellung mit der komplexwertigen Amplitude der Hüllkurve $A(t, z) = \hat{A}(t, z)\, \mathrm{e}^{\,\mathrm{j}\varphi(t,z)}$ lautet

$$\underset{\sim}{E}(t, \boldsymbol{r}) = \mathrm{Re}\left\{N A(t, z) \Psi(x, y)\, \mathrm{e}^{-\mathrm{j}\beta_0 z}\, \mathrm{e}^{\mathrm{j}\omega_0 t}\right\}. \tag{6.2}$$

R. Engelbrecht, *Nichtlineare Faseroptik*,
DOI 10.1007/978-3-642-40968-4_6

Für die Darstellung im Frequenzbereich setzen wir an:

$$E(\omega,\boldsymbol{r}) = N\,A(\omega-\omega_0,z)\,\Psi(x,y)\,\mathrm{e}^{-\mathrm{j}\beta_0 z}, \tag{6.3}$$

mit dem Spektrum der Hüllkurve im Basisband $A(\omega,z)$, zentriert um die Frequenz $\omega = 0$, gemäß Gl. (A.22) in Anhang A.3.

Exkurs 6.1
In Gl. (6.3) werden wie in Gl. (A.24) im Anhang A.3.2 nur Spektralanteile bei positiven Frequenzen berücksichtigt, da für reellwertige Größen wie die elektrische Feldstärke im Zeitbereich die negativen Spektralanteile keine zusätzliche Information enthalten.

6.1.1 Pulsausbreitung in linearen Wellenleitern

Mit der Abkürzung $\Delta\omega = \omega-\omega_0$ setzen wir den Ansatz für eine modulierte Welle

$$E(\omega,\boldsymbol{r}) = N\,A(\Delta\omega,z)\,\Psi(x,y)\,\mathrm{e}^{-\mathrm{j}\beta_0 z} \tag{6.4}$$

in die skalare Wellengleichung gemäß Gl. (2.60) ein:

$$\nabla^2 E(\omega,\boldsymbol{r}) + k_0^2 n^2(\omega) E(\omega,\boldsymbol{r}) = 0, \tag{6.5}$$

mit dem Ausbreitungsmaß einer ebenen Welle im Vakuum $k_0 = \omega_0/c_0$ bei der Mittenfrequenz ω_0. Hierbei werden Effekte der Absorption oder der Nichtlinearität zunächst vernachlässigt, da diese Effekte in Glasfasern betragsmäßig sehr klein sind und keinen signifikanten Einfluss auf die Struktur der Moden haben. Die Materialdispersion ist aber im Brechungsindex $n(\omega)$ enthalten, die Wellenleiterdispersion ergibt sich aus den Lösungen von Gl. (6.5). Nach Sortieren der Differentiale erhalten wir

$$\begin{aligned} &A(\Delta\omega,z)\,\mathrm{e}^{-\mathrm{j}\beta_0 z}\,\nabla_t^2\Psi(x,y) \\ &+\Psi(x,y)\frac{\partial^2}{\partial z^2}\left(A(\Delta\omega,z)\,\mathrm{e}^{-\mathrm{j}\beta_0 z}\right) \\ &+k_0^2 n^2(\omega) A(\Delta\omega,z)\,\Psi(x,y)\,\mathrm{e}^{-\mathrm{j}\beta_0 z} = 0. \end{aligned} \tag{6.6}$$

Für die doppelte partielle Ableitung nach z ergibt sich

$$\begin{aligned} \frac{\partial^2}{\partial z^2}\left(A(\Delta\omega,z)\,\mathrm{e}^{-\mathrm{j}\beta_0 z}\right) = &\frac{\partial^2}{\partial z^2} A(\Delta\omega,z)\,\mathrm{e}^{-\mathrm{j}\beta_0 z} \\ &- 2\mathrm{j}\beta_0 \frac{\partial}{\partial z} A(\Delta\omega,z)\,\mathrm{e}^{-\mathrm{j}\beta_0 z} \\ &- \beta_0^2\,A(\Delta\omega,z)\,\mathrm{e}^{-\mathrm{j}\beta_0 z}. \end{aligned} \tag{6.7}$$

Eingesetzt in Gl. (6.6) erhalten wir nach Kürzen des Phasenterms und Umsortieren

$$\begin{aligned} &A(\Delta\omega, z)\left\{\nabla_t^2 + k_0^2 n^2(\omega) - \beta_0^2\right\}\Psi(x,y) \\ &+ \Psi(x,y)\left(\frac{\partial^2}{\partial z^2}A(\Delta\omega,z) - 2\mathrm{j}\beta_0\frac{\partial}{\partial z}A(\Delta\omega,z)\right) = 0. \end{aligned} \tag{6.8}$$

Für die weitere Rechnung ist es vorteilhaft, einen neutralen Term $[\beta^2(\omega) - \beta^2(\omega)]\Psi(x,y)A(\Delta\omega,z)$ zu ergänzen. Nach Umsortieren ergibt sich

$$\begin{aligned} &A(\Delta\omega, z)\overbrace{\left\{\nabla_t^2 + k_0^2 n^2(\omega) - \beta^2(\omega)\right\}\Psi(x,y)}^{=0 \text{ nach Gl. (3.37)}} \\ &+ \Psi(x,y)[\beta^2(\omega) - \beta_0^2]A(\Delta\omega,z) \\ &+ \Psi(x,y)\left(\frac{\partial^2}{\partial z^2}A(\Delta\omega,z) - 2\mathrm{j}\beta_0\frac{\partial}{\partial z}A(\Delta\omega,z)\right) = 0. \end{aligned} \tag{6.9}$$

Die transversale Struktur des Modenfeldes $\Psi(x,y)$ ist eine Lösung der skalaren transversalen Wellengleichung Gl. (3.37), die wir in Gl. (6.9) in dem Term erkennen, der mit der vertikalen Klammer gekennzeichnet ist. Dadurch kann nun die transversale Struktur des Modenfeldes $\Psi(x,y)$ von der longitudinalen Ausbreitung der Hüllkurve $A(\Delta\omega,z)$ separiert werden. Als verbleibende Differentialgleichung für die Entwicklung des Spektrums der Hüllkurve entlang z erhalten wir

$$\frac{\partial^2}{\partial z^2}A(\Delta\omega,z) - 2\mathrm{j}\beta_0\frac{\partial}{\partial z}A(\Delta\omega,z) + [\beta^2(\omega) - \beta_0^2]\,A(\Delta\omega,z) = 0. \tag{6.10}$$

Wir machen jetzt Gebrauch von der Voraussetzung, dass sich die Hüllkurvenamplitude und deren Spektrum in Ausbreitungsrichtung nur langsam im Vergleich zur Trägerlichtwelle nach Betrag und Phase ändern soll (Näherung der langsam veränderlichen Hüllkurve, engl. *slowly varying envelope approximation*, SVEA). Dann gilt

$$\left|\frac{\partial^2}{\partial z^2}A(\Delta\omega,z)\right| \ll \left|2\mathrm{j}\beta_0\frac{\partial}{\partial z}A(\Delta\omega,z)\right|, \tag{6.11}$$

und wir erhalten als Bestimmungsgleichung für die Ausbreitung der Hüllkurve

$$\frac{\partial}{\partial z}A(\Delta\omega,z) + \frac{\mathrm{j}}{2\beta_0}\left[\beta^2(\omega) - \beta_0^2\right]A(\Delta\omega,z) = 0. \tag{6.12}$$

Dieser Formalismus gilt allgemein für die Pulsausbreitung in Wellenleitern. Eine Rechnung mit vektoriellen Modenfeldern (z. B. EH/HE-Moden in dielektrischen Wellenleitern oder Moden in metallischen Hohlleitern) führt zum gleichen Ergebnis.

6.1.2 Lineare Ausbreitungsgleichung

Zur Berücksichtigung der Dispersion verwenden wir in einem ersten Schritt die TAYLOR-Reihenentwicklung des frequenzabhängigen Phasenmaßes um die Mittenfrequenz ω_0 nach Gl. (4.14):

$$\beta(\omega) = \beta_0 + \beta_1\,\Delta\omega + \frac{1}{2}\beta_2\,(\Delta\omega)^2 + \frac{1}{6}\beta_3\,(\Delta\omega)^3 + \ldots \tag{6.13}$$

$$= \beta_0 + \Delta\beta_D(\omega). \tag{6.14}$$

Die Dispersion war bereits im Ansatz von Gl. (6.5) enthalten, so dass bezüglich der Strukturfunktion keine Näherung zur Berücksichtigung sowohl der Material- als auch der Wellenleiterdispersion notwendig ist. Für die weitere Rechnung ist aber folgende Näherung für den Term $\beta^2(\omega) - \beta_0^2$ in Gl. (6.12) sinnvoll [1]:

$$\begin{aligned}\beta^2(\omega) - \beta_0^2 &= [\beta_0 + \Delta\beta_D(\omega)]^2 - \beta_0^2 \\ &= \beta_0^2 + 2\beta_0\,\Delta\beta_D(\omega) + \Delta\beta_D^2(\omega) - \beta_0^2 \\ &\approx 2\beta_0\Delta\beta_D(\omega) = 2\beta_0\,(\beta(\omega) - \beta_0).\end{aligned} \tag{6.15}$$

Dabei wird ausgenutzt, dass in dem betrachteten Spektralbereich um ω_0 die frequenzabhängige Änderung des Phasenmaßes $\Delta\beta_D(\omega)$ klein gegenüber β_0 ist. Die Ausbreitungsgleichung für die Hüllkurve lautet dann

$$\frac{\partial}{\partial z}A(\Delta\omega, z) + \mathrm{j}\,[\beta(\omega) - \beta_0]\,A(\Delta\omega, z) = 0. \tag{6.16}$$

Zur Berücksichtigung der Dämpfung ergänzen wir nun das bisher reellwertige Phasenmaß $\beta(\omega)$ mit einem Imaginärteil, der nach Gl. (2.65) die Verluste beschreibt, zu einer komplexen Ausbreitungskonstante $k(\omega)$:

$$k(\omega) = \beta(\omega) - \mathrm{j}\frac{a_0}{2}, \tag{6.17}$$

wobei a_0 der leistungsbezogene Dämpfungsbelag bei ω_0 ist, wie in Gl. (2.86) definiert. Im Rahmen einer Störungsrechnung wird angenommen, dass durch die sehr kleine Dämpfung in Glasfasern die Strukturfunktion und damit die Lösung von Gl. (6.5) nicht anderweitig beeinflusst wird. Weiterhin wird die Dämpfung als frequenzunabhängig im betrachteten Spektralbereich angenommen. Setzen wir nun $k(\omega)$ anstelle von $\beta(\omega)$ unter Verwendung der ersten vier Terme der Taylor-Reihe Gl. (6.13) in Gl. (6.16) ein, so erhalten wir

$$\begin{aligned}&\frac{\partial}{\partial z}A(\Delta\omega, z) \\ &+\mathrm{j}\left(\beta_1\,\Delta\omega + \frac{1}{2}\beta_2\,(\Delta\omega)^2 + \frac{1}{6}\beta_3\,(\Delta\omega)^3\right)A(\Delta\omega, z) \\ &+ \frac{a_0}{2}A(\Delta\omega, z) = 0.\end{aligned} \tag{6.18}$$

Hiermit haben wir eine Bestimmungsgleichung für die Entwicklung des Spektrums der Hüllkurve $A(\Delta\omega, z)$ entlang der Glasfaser unter Berücksichtigung linearer Effekte wie Dämpfung und Dispersion. Die Lösung ist einfach mit Exponential-Funktionen möglich. Dies wurde bereits in Gl. (4.14) am Beispiel nur der Dämpfung a_0 oder in Gl. (4.29) am Beispiel nur der Gruppengeschwindigkeitsdispersion β_2 verwendet. Auch für das Split-Step-Fourier-Verfahren in Kap. 6.3 zur Lösung der nichtlinearen Schrödinger-Gleichung erfolgt die Lösung des linearen Teiles im Frequenzbereich. Zur Betrachtung nichtlinearer Effekte ist aber eine Beschreibung im Zeitbereich vorteilhaft. Hierzu verwenden wir die Fourier-Rücktransformation des Amplitudenspektrums in den Zeitbereich, wie in Anhang A.1.2 definiert:

$$A(t,z) = \frac{1}{2\pi}\int_{-\infty}^{\infty} A(\Delta\omega, z)\,\mathrm{e}^{\,\mathrm{j}\Delta\omega t}\mathrm{d}\Delta\omega \tag{6.19}$$

Bei der Rücktransformation entspricht mit den hier gewählten elektrotechnischen Konventionen die Multiplikation mit $\Delta\omega$ im Frequenzbereich einer zeitlichen Ableitung im Zeitbereich:

$$(\Delta\omega)^n \multimap (-\,\mathrm{j})^n \frac{\partial^n}{\partial t^n}. \tag{6.20}$$

Damit erhalten wir für die zeitliche und räumliche Entwicklung der Hüllkurve $A(t,z)$ im Zeitbereich

$$\begin{aligned} &\frac{\partial}{\partial z}A(t,z) \\ &+\beta_1\frac{\partial}{\partial t}A(t,z) - \frac{\mathrm{j}}{2}\beta_2\frac{\partial^2}{\partial t^2}A(t,z) - \frac{1}{6}\beta_3\frac{\partial^3}{\partial t^3}A(t,z) \\ &+\frac{a_0}{2}A(t,z) = 0. \end{aligned} \tag{6.21}$$

Abschließend führen wir eine verschobene Zeitachse t' ein, indem wir ein mit der Gruppengeschwindigkeit v_g bei der Mittenfrequenz ω_0 mitbewegtes Koordinatensystem verwenden, wie in Abb. 6.1 skizziert:

$$t' = t - \frac{z}{v_g} = t - \beta_1 z. \tag{6.22}$$

Setzen wir diese Transformation in Gl. (6.21) ein, so ergibt sich die Ausbreitungsgleichung für die Pulsform

$$\frac{\partial}{\partial z}A(t',z) - \frac{\mathrm{j}\beta_2}{2}\frac{\partial^2}{\partial t'^2}A(t',z) - \frac{\beta_3}{6}\frac{\partial^3}{\partial t'^3}A(t',z) + \frac{a_0}{2}A(t',z) = 0. \tag{6.23}$$

Aus Gründen der Übersichtlichkeit wird im Weiteren auf die Kennzeichnung der verschobenen Zeit t' mit einem Strich verzichtet, wenn klar ist, dass ein mitbewegtes Koordinatensystem für die Pulsausbreitung zu verwenden ist. Gleichung (6.23) wird gelegentlich auch lineare SCHRÖDINGER-Gleichung genannt, in Unterscheidung zur nichtlinearen Schrödinger-Gleichung.

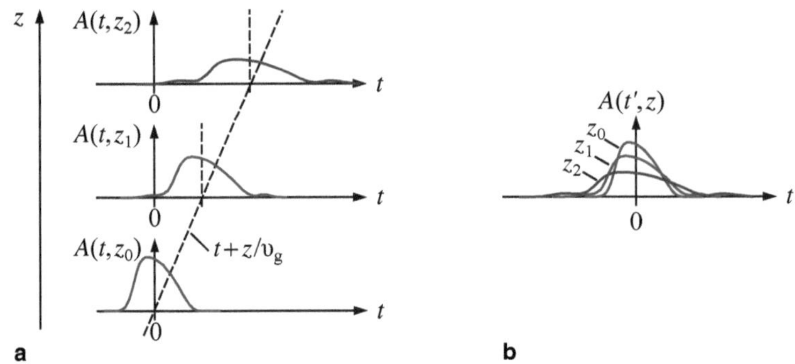

Abb. 6.1 Räumliche und zeitliche Entwicklung der Hüllkurvenamplitude $A(t,z)$ eines Lichtpulses während der Ausbreitung (**a**) sowie Entwicklung im mitbewegten zeitlichen Koordinatensystem t' (**b**)

6.1.3 Nichtlineare Schrödinger-Gleichung

Im nächsten Schritt ergänzen wir das Ausbreitungsmaß $k(\omega)$ aus Gl. (6.17) mit einem nichtlinearen, intensitätsabhängigen Beitrag $\Delta\beta_{\mathrm{NL}}$ gemäß

$$k(\omega) = \beta(\omega) + \Delta\beta_{\mathrm{NL}} - \mathrm{j}\frac{a_0}{2}, \tag{6.24}$$

mit

$$\begin{aligned}\Delta\beta_{\mathrm{NL}} &= \frac{\omega_0}{c_0}\Delta n_{\mathrm{NL}}(\omega_0)\\ &= \frac{\omega_0}{c_0} n_2^F(\omega_0)\frac{P(t,z)}{A_{\mathrm{eff}}(\omega_0)}\\ &= \gamma_0|A(t,z)|^2.\end{aligned} \tag{6.25}$$

Darin ist n_2^F der nichtlineare Brechzahlkoeffizient einer bestimmten Faser nach Gl. (5.24), $P(t,z)$ die momentane lokale Leistung der Lichtwelle und A_{eff} die effektive Modenfläche nach Gl. (3.78). Wiederum wird im Rahmen einer Störungsrechnung angenommen, dass die sehr kleine nichtlineare Brechzahländerung $\Delta n_{\mathrm{NL}}(\omega_0)$ außer dem Phasenmaß keine Änderungen der Strukturfunktion erzeugt. Daraus ergibt sich der nichtlineare Koeffizient der Glasfaser γ_0, der im betrachteten Frequenzbereich um ω_0 als frequenzunabhängig angenommen wird. Damit erhalten wir mit dem gleichen Formalismus wie in Gl. (6.18)–(6.23) folgende Ausbreitungsgleichung der Hüllkurvenamplitude $A = A(t,z)$ unter Berücksichtigung linearer und nichtlinearer Effekte im mitbewegten Koordinatensystem:

$$\frac{\partial A}{\partial z} - \frac{\mathrm{j}\beta_2}{2}\frac{\partial^2 A}{\partial t^2} - \frac{\beta_3}{6}\frac{\partial^3 A}{\partial t^3} + \frac{a_0}{2}A = -\mathrm{j}\gamma(\omega_0)|A|^2 A. \tag{6.26}$$

Diese Gleichung wird als nichtlineare SCHRÖDINGER-Gleichung (NLSGl) bezeichnet, da sie mathematisch eine ähnliche Struktur wie die nichtlineare Schrödinger-Gleichung der Quantenmechanik mit amplitudenabhängiger Potentialfunktion hat, allerdings mit vertauschten Orts- und Zeitableitungen [2].

Exkurs 6.2
Es muss betont werden, dass Gl. (6.26) die Ausbreitung einer klassischen elektromagnetischen Welle ausgehend von den Maxwell-Gleichungen beschreibt, im Gegensatz zu quantenmechanischen Wellenfunktionen der eigentlichen Schrödinger-Gleichung. Weiterhin gilt die Bezeichnung Schrödinger-Gleichung streng genommen nur unter Vernachlässigung der Dämpfung a_0.

Die NLSGl Gl. (6.26) kann erweitert werden, um z. B. die Frequenzabhängigkeit der Dämpfung $a(\omega)$ oder des nichtlinearen Koeffizienten $\gamma(\omega)$ der Faser zu berücksichtigen [1, 3, 4]. Dies kann ähnlich wie bei der Dispersion durch eine Taylorreihe im Frequenzbereich und entsprechende Zeitdifferentiale im Zeitbereich erfolgen. Weiterhin kann im Zeitbereich eine verzögerte Reaktion der Polarisierung im Medium wie z. B. bei der Raman-Streuung durch eine Faltung des nichtlinearen Terms auf der rechten Seite mit einer Impulsantwort $h_R(t)$ der nichtlinearen Polarisierung erfolgen, wie in Gl. (8.53) in Kap. 8.3.4 dargestellt. Derartige Ergänzungen sind erforderlich, um die Ausbreitung ultrakurzer Lichtpulse oder extrem breitbandiger Spektren zu beschreiben. Für viele Anwendungen ist aber die NLSGl in der Form von Gl. (6.26) ausreichend.

Die NLSGl ist Ausgangspunkt für die Diskussion einer Vielzahl von linearen und nichtlinearen faseroptischen Effekten, sowohl in der optischen Nachrichtentechnik als auch in Faserlasern oder Spezialanwendungen wie die Superkontinuum-Erzeugung. Für einige Spezialfälle, insbesondere wenn einzelne Effekte allein betrachtet werden, ist eine analytische Lösung möglich. Häufig müssen aber numerische Methoden zur Lösung verwendet werden, wie z. B. die Split-Step-Fourier-Methode, die in Kap. 6.3 vorgestellt wird. Alternativ kann die Finite-Differenzen-Methode (FD) zur Integration der NLSGl verwendet werden. In [1] wird eine kurze Übersicht mit Literaturhinweisen zu wichtigen FD-Verfahren gegeben. Ein guter Einstiegspunkt für die Recherche zu FD-Verfahren ist auch [5].

6.2 Gekoppelte Schrödinger-Gleichungen

Breiten sich mehrere Lichtwellen gleichzeitig in einer Glasfaser aus, so kann die Ausbreitung durch ein System gekoppelter nichtlinearer Schrödinger-Gleichungen beschrieben werden. Da das Feld jeder Lichtwelle mit einer eigenen Gleichung beschrieben wird,

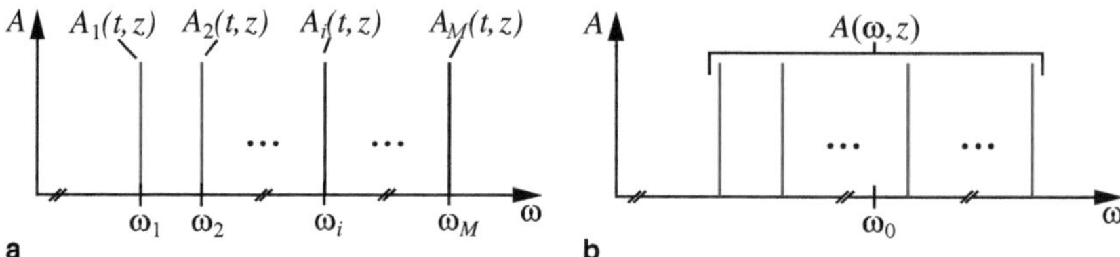

Abb. 6.2 Ausbreitung mehrerer Lichtwellen mit unterschiedlichen Frequenzen in einer Glasfaser: Ansatz mit getrennten Feldern (**a**) und Gesamtfeldansatz (**b**)

spricht man von einem Ansatz mit getrennten Feldern (engl. *separate field approach* oder engl. *single channel approach*), wie in Abb. 6.2a dargestellt. Werden in eine Glasfaser N Lichtwellen mit Frequenzen ω_n eingekoppelt, so entstehen durch nichtlineare Effekte wie der Vierwellenmischung zusätzliche diskrete Frequenzen, die ebenfalls mit einer eigenen Gleichung erfasst werden müssen. Es ergeben sich $M > N$ gekoppelte NLSGl, die die Ausbreitung der Hüllkurvenamplituden $A_i = A_i(t,z)$ mit $i \in \{0 \ldots M\}$ in einem mitbewegten Koordinatensystem beschreiben.

Zur Herleitung kann z. B. die nichtlineare Polarisierung bei der Überlagerung einer Reihe von Feldern gemäß Gl. (5.7) unter Verwendung von Gl. (5.26) in den Störungsansatz des nichtlinearen Brechungsindex in Gl. (6.25) eingesetzt werden. Die resultierenden gekoppelten Schrödinger-Gleichungen Gl. (6.27) enthalten aber im Gegensatz zu Gl. (5.7) nur diejenigen Terme, die zu einer bestimmten Frequenz ω_i mit $i \in \{0 \ldots M\}$ beitragen. Weiterhin sind Terme, die in weit abliegenden Spektralbereichen entstehen würden, wie z. B. die Frequenzverdreifachung, ebenfalls nicht enthalten:

$$\frac{\partial A_i}{\partial z} - \frac{\mathrm{j}\beta_2}{2}\frac{\partial^2 A_i}{\partial t^2} - \frac{\beta_3}{6}\frac{\partial^3 A_i}{\partial t^3} + \frac{a_0}{2}A_n = \tag{6.27a}$$

$$- \mathrm{j}\gamma |A_i|^2 A_i \tag{6.27b}$$

$$- 2\mathrm{j}\gamma \sum_{a \neq i} |A_a|^2 A_i \tag{6.27c}$$

$$- \mathrm{j}\gamma \sum_{2a-b} A_a^2 A_b^* \,\mathrm{e}^{-\mathrm{j}\Delta\beta' z} \tag{6.27d}$$

$$- 2\mathrm{j}\gamma \sum_{a+b-c,\, b\neq c} A_a A_b A_c^* \,\mathrm{e}^{-\mathrm{j}\Delta\beta z}. \tag{6.27e}$$

Wie in Gl. (5.7) können die einzelnen Terme bestimmten Effekten zugeordnet werden. Gleichung 6.27a enthält neben der Ortsableitung den linearen Teil, und Gl. (6.27b) die Selbstphasenmodulation, wie bei der einfachen NLSGl. Gleichung 6.27c ist die Kreuzphasenmodulation durch alle anderen M Lichtwellen mit $\omega_a \neq \omega_i$. Die Abkürzung $2a-b$ bei der Summation im Term der einfach entarteten Vierwellenmischung Gl. (6.27d) kennzeichnet, dass über alle möglichen Frequenzkombinationen zu summieren ist, für die $\omega_i = 2\omega_a - \omega_b$ gilt. $\Delta\beta' = 2\beta_a - \beta_b$ ist die entsprechende Phasenmaßdifferenz dieser Frequenzen, die auch in Gl. (5.7) enthalten ist. Schließlich bezeichnet $a+b-c, b \neq c$ in Gl. (6.27e) die Summation über alle Terme der Vierwellenmischung, für die $\omega_i = \omega_a + \omega_b - \omega_c$ ist. Entsprechend ist die Phasenmaßdifferenz $\Delta\beta = \beta_a + \beta_b - \beta_c$ definiert. Gleichung 6.27 gilt unter der Voraussetzung, dass alle beteiligten Frequenzen annähernd gleiche effektive Modenflächen und damit annähernd gleiche nichtlineare Faserparameter γ haben.

Mit dem Gleichungssystem Gl. (6.27) können einige wichtige Effekte wie die Kreuzphasenmodulation (XPM) (s. Kap. 7.2) oder die Vierwellenmischung (s. Kap. 7.3) vorteilhaft analytisch untersucht werden, indem andere Effekte vernachlässigt werden. Für nichtmodulierte Lichtwellen resultieren aus Gl. (6.27) die gekoppelten Amplitudengleichungen (engl. *coupled amplitude equations*), z. B. zur Diskussion der Vierwellenmischung.

Exkurs 6.3

Der Begriff gekoppelte Schrödinger-Gleichungen für Gl. (6.27) wird gelegentlich nur speziell für zwei gekoppelte Schrödinger-Gleichungen verwendet, welche die Ausbreitung orthogonaler Feldkomponenten gleicher Frequenz in doppelbrechenden Medien beschreiben [6]. In Kombination mit den doppelbrechenden Eigenschaften der Faser im Jones-Formalismus kann damit die MANAKOV-Gleichung zur Beschreibung der Pulsausbreitung und Polarisationsmodendispersion in nichtlinearen und doppelbrechenden Fasern abgeleitet werden [7, 8].

Eine allgemeine analytische Lösung des nichtlinear gekoppelten Differentialgleichungssystems Gl. (6.27) existiert nicht. Die Lösung kann durch numerische Integration erfolgen, z. B. mit der bereits erwähnten Finite-Differenzen-Methode. Dabei ist klar, dass der numerische Aufwand schnell mit der Anzahl M der betrachteten Frequenzen ω_i anwächst. Ein alternativer Ansatz berücksichtigt alle relevanten Frequenzkomponenten im Feld einer einzigen breitbandigen Lichtwelle.

6.3 Der Split-Step-Fourier-Algorithmus

Alternativ zu einem Ansatz mit getrennten Feldern kann das Gesamtfeld aus der Überlagerung mehrerer Lichtwellen sowohl im Zeitbereich $A(t, z)$ oder im Frequenzbereich $A(\omega, z)$ betrachtet werden. Dies ist der sogenannte Gesamtfeldansatz (engl. *total field approach*), wie in Abb. 6.2b dargestellt. Bei der Lösung der NLSGl muss dann nicht zwischen der Ausbreitung einer oder mehrerer Lichtwellen unterschiedlicher Frequenz oder Modulation unterschieden werden. Jedoch ist auch in diesem Fall die NLSGl nicht allgemein analytisch lösbar. Als effizientes Lösungsverfahren hat sich das sogenannte Split-Step-Fourier-Verfahren (SSF) etabliert [1, 5, 9, 10, 11]. Bei diesem wird schrittweise und getrennt voneinander der lineare Anteil der NLSGl im Frequenzbereich und der nichtlineare Anteil der NLSGl im Zeitbereich gelöst. Die Transformation zwischen Zeit- und Frequenzbereich erfordert pro Schritt eine Fourier-Transformation (FT) sowie eine inverse FT. Dieses Verfahren wird nachfolgend vorgestellt.

6.3.1 Prinzip der Split-Step-Fourier-Methode

Zur numerischen Lösung der NLSGl Gl. (6.26) wird diese in einen linearen und einen nichtlinearen Teil aufgespalten:

$$\frac{\partial A(t,z)}{\partial z} = \{\mathcal{L} + \mathcal{N}(t,z)\}A(t,z), \tag{6.28}$$

mit dem konstanten linearen Operator

$$\mathcal{L} = \frac{\mathrm{j}\beta_2}{2}\frac{\partial^2}{\partial t^2} + \frac{\beta_3}{6}\frac{\partial^3}{\partial t^3} - \frac{a_0}{2} \tag{6.29}$$

sowie dem zeit- und ortsvariablen nichtlinearen Operator

$$\mathcal{N}(t,z) = -\mathrm{j}\gamma|A(t,z)|^2. \tag{6.30}$$

Eine analytisch exakte Lösung von Gl. (6.28) kann durch örtliche Integration innerhalb eines Fasersegmentes Δz erfolgen:

$$A(t,z+\Delta z) = \left\{\exp\left(\int_z^{z+\Delta z}[\mathcal{L} + \mathcal{N}(t,z')]\,\mathrm{d}z'\right)\right\}A(t,z), \tag{6.31}$$

wobei $\{\ldots\}A$ hier stets die Anwendung des Operators $\{\ldots\}$ auf A bedeutet, und keine einfache Multiplikation. Für kleine Schrittweiten Δz kann der Integrand $\mathcal{N}(t,z')$ als näherungsweise konstant angenommen werden:

$$A(t,z+\Delta z) \approx \left\{\mathrm{e}^{[\mathcal{L}+\mathcal{N}(t,z)]\Delta z}\right\}A(t,z). \tag{6.32}$$

Da der nichtlineare Operator $\mathcal{N}$ von der lokalen Amplitude $A(t,z)$ selbst abhängt, wären sehr kleine Schrittweiten Δz zur Vermeidung von Fehlern bei der Integration mit einer Finite-Differenzen-Methode notwendig. Auch die zeitlichen Ableitungen des linearen Operators $\mathcal{L}$ im Exponenten wären pro Schritt numerisch aufwändig zu bestimmen. Eine effizientere Näherungslösung ergibt sich, wenn für kleine Schrittweiten der lineare und der nichtlineare Operator als unabhängig und vertauschbar angenommen werden:

$$A(t,z+\Delta z) \approx \{\mathrm{e}^{\mathcal{L}\Delta z}\}\{\mathrm{e}^{\mathcal{N}(t,z)\Delta z}\}A(t,z) \tag{6.33a}$$

$$\approx \{\mathrm{e}^{\mathcal{N}(t,z)\Delta z}\}\{\mathrm{e}^{\mathcal{L}\Delta z}\}A(t,z). \tag{6.33b}$$

Unter diesen Annahmen können pro Segment Δz der lineare und der nichtlineare Teil der NLSGl unabhängig voneinander und mit vertauschbarer Reihenfolge berechnet werden, z. B. zuerst ein linearer und dann ein nichtlinearer Schritt wie in Abb. 6.3 dargestellt, oder umgekehrt. Pro Segment Δz werden also nacheinander folgende Differentialgleichungen gelöst:

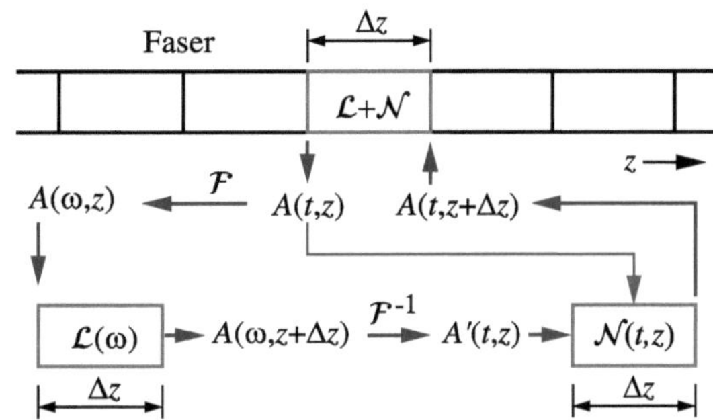

Abb. 6.3 Split-Step-Fourier-Algorithmus: Örtliche Diskretisierung Δz, Fouriertransformation $\mathcal{F}$, Lösung des linearen Operators $\mathcal{L}$ im Frequenzbereich (ω), inverse Fouriertransformation $\mathcal{F}^{-1}$, dann Lösung des nichtlinearen Operators $\mathcal{N}$ im Zeitbereich (t)

$$\frac{\partial A(t,z)}{\partial z} = \mathcal{L}A(t,z), \tag{6.34a}$$

$$\frac{\partial A(t,z)}{\partial z} = \mathcal{N}(t,z)A(t,z). \tag{6.34b}$$

Der lineare Operator wird vorteilhaft im Frequenzbereich gelöst. Dazu wird zunächst durch eine Fouriertransformation das Amplitudenspektrum der Hüllkurve im Basisband $A(\Delta\omega, z) = \mathcal{F}\{A(t,z)\}$ bestimmt. $\Delta\omega = \omega - \omega_0$ ist hierbei wieder der Frequenzabstand zur Mittenfrequenz ω_0 der Taylor-Reihenentwicklung des Phasenmaßes, gleichzeitig ist ω_0 die Mitte des Frequenzbereichs im Spektrum. Die dann aus Gl. (6.34a) resultierende Differentialgleichung

$$\frac{\partial A(\Delta\omega,z)}{\partial z} = \left\{-\frac{a_0}{2} - \mathrm{j}\frac{\beta_2}{2}(\Delta\omega)^2 - \mathrm{j}\frac{\beta_3}{6}(\Delta\omega)^3\right\} A(\Delta\omega,z) \tag{6.35}$$

hat die exakte Lösung

$$A(\Delta\omega, z+\Delta z) = A(\Delta\omega,z)\exp\left\{\left(-\frac{a_0}{2} - \mathrm{j}\frac{\beta_2}{2}(\Delta\omega)^2 - \mathrm{j}\frac{\beta_3}{6}(\Delta\omega)^3\right)\Delta z\right\}. \tag{6.36}$$

Anschließend wird das Ergebnis mit einer inversen Fouriertransformation $A'(z,t) = \mathcal{F}^{-1}\{A(\Delta\omega, z+\Delta z)\}$ wieder in den Zeitbereich überführt. Die Differentialgleichung des nichtlinearen Operators

$$\frac{\partial A'(t,z)}{\partial z} = -\mathrm{j}\gamma\,|A(z,t)|^2\,A'(t,z) \tag{6.37}$$

hat die wiederum exakte Lösung

$$A(t,z+\Delta z) = A'(t,z)\exp\left\{-\mathrm{j}\gamma\,|A(t,z)|^2\Delta z\right\}. \tag{6.38}$$

Gemäß Gl. (6.33b) wird zur einfachen Approximation des nichtlinearen Operators $\mathcal{N}(t,z)$ das Betragsquadrat der Hüllkurvenamplitude am Anfang des Segmentes $A(t,z)$ verwendet, und nicht das derjenigen nach Durchlaufen eines linearen Schrittes $A'(z, t)$. Dieses Verfahren wird als unsymmetrischer Split-Step-Fourier-Algorithmus bezeichnet.

Der Algorithmus wird für die nächsten Fasersegmente wiederholt, bis das Ende der zu berechnenden Faserstrecke erreicht ist. Durch Verwendung des FFT-Algorithmus (schnelle Fourier-Transformation, engl. *fast Fourier transform*) für die Fouriertransformation kann ein beträchtlicher Geschwindigkeitsvorteil bei vergleichbarer Genauigkeit gegenüber Finite-Differenzen-Methoden zur direkten Integration der NLSGl erzielt werden [5, 11].

6.3.2 Fehlerbetrachtung

6.3.2.1 Zeitdiskretisierung und Fourier-Transformation

Zur Berechnung der schnellen Fouriertransformation (FFT) muss die Hüllkurvenamplitude $A(t, z)$ mit einer Schrittweite Δt im Zeitbereich diskretisiert werden. Dabei ist das NYQUIST-Kriterium [12] für die Abtastrate F_S einzuhalten:

$$f_{Ny} = \frac{F_S}{2} = \frac{1}{2\Delta t} > |f_g| \approx \frac{B}{2}. \tag{6.39}$$

Zur Vermeidung von Fehlern (Alias-Effekt, engl. *Aliasing*) bei der Abtastung muss die Nyquist-Frequenz f_{Ny} größer als die größte Frequenz $|f_g|$ mit signifikanten Anteilen des Spektrums der Hüllkurve im Basisband $A(\Delta\omega, z)$ sein. Dabei sind sowohl positive als auch negative Frequenzen zu betrachten, da das Basisbandspektrum $A(\omega, z)$ nicht notwendigerweise symmetrisch zur Mitte bei $\omega = 0$ ist. B ist die Bandbreite des Spektrums im Originalbereich, die z. B. über die Halbwertsbreite der spektralen Energiedichte definiert wird. Da auch außerhalb von B noch signifikante Spektralanteile vorhanden sein können, und da durch nichtlineare Effekte eine spektrale Verbreiterung stattfinden kann, ist ein ausreichender Abstand durch entsprechend kleine Wahl der zeitlichen Schrittweite Δt einzuhalten. Alternativ kann der Eingangspuls $A(t, z)$ zunächst mit hoher zeitlicher Auflösung abgetastet werden, und nach geeigneter Filterung zur Bandbegrenzung auf eine angemessene Abtastrate F_S dezimiert werden.

Die Länge des betrachteten Zeitintervalls T_S ergibt sich mit der Anzahl der Abtastpunkte im Zeitbereich N zu

$$T_S = N\Delta t. \tag{6.40}$$

Dabei ist für eine effiziente Ausnutzung des FFT-Algorithmus zur Fourier-Transformation die Anzahl der Abtastpunkte gemäß $N = 2^n$ mit einer ganzen Zahl n zu wählen. Nach Fourier-Transformation verteilen sich die N Abtastpunkte auf eine Bandbreite $2f_{Ny}$, so dass für die spektrale Auflösung Δf_S gilt:

$$\Delta f_S = \frac{2f_{Ny}}{N} = \frac{1}{T_S}. \tag{6.41}$$

Je länger das betrachtete Zeitintervall T_S ist, umso größer ist die spektrale Auflösung. Dies ist nicht spezifisch für den SSF-Algorithmus, sondern eine grundlegende Eigenschaft der Fourier-Transformation.

Zur Simulation der Ausbreitung eines Einzelpulses sind Zeitintervalle mit dem 10- bis 20-fachen der Pulsdauer üblich. Zu beachten ist, dass die Abtastung eine periodische Fortsetzung des Zeitintervalls im Zeitbereich zur Folge hat. Teile der Pulsenergie, die z. B. durch Dispersion auf der einen Seite des Zeitintervalls an den Rand und darüber hinaus wandern, treten auf der anderen Seite des Zeitintervalls wieder ein. Dies kann zu unphysikalischen Ergebnissen und zu numerischen Instabilitäten führen. Zur Vermeidung kann eine Fensterung im Zeitbereich zur Simulation absorbierender Grenzen an den Rändern des Zeitintervalls verwendet werden, auch wenn dadurch Teile der Pulsenergie verloren gehen. Die Fensterung erfolgt dabei durch Multiplikation der Zeitfunktion mit einer Funktion, die an den Rändern des Zeitintervalls sehr kleine Werte annimmt.

Für optische Kommunikationssysteme werden jedoch keine Einzelpulse, sondern ganze Pulsfolgen mit pseudozufälligen Symbolfolgen simuliert. Hier sind absorbierende Grenzen oder eine zeitliche Fensterung nicht sinnvoll, simuliert wird dann die periodische Wiederholung der Symbolfolge mit Länge T_S. Je länger diese ist, desto aussagekräftiger sind in der Regel die Ergebnisse in Hinblick auf Übertragungsfehler in Kommunikationssystemen durch besonders ungünstige Symbolsequenzen.

Gleiches gilt für die Simulation zeitlicher und spektraler Veränderungen bei der Ausbreitung kontinuierlicher Wellen, z. B. von cw-Faserlasern. Diese haben ein bandbegrenztes Spektrum mit korrespondierenden Fluktuationen der momentanen Leistung um die mittlere Leistung des Lasers. Auch hier ist eine Fensterung im Zeitbereich nicht geeignet, da eine kontinuierliche Fortsetzung des simulierten Zeitintervalls physikalisch sinnvoll ist. Weitere Aspekte zur Simulation eines Faserlasers mit dem Split-Step-Fourier-Algorithmus werden in Kap. 10.5 am Beispiel eines Raman-Faserlasers diskutiert.

Durch nichtlineare Effekte entsteht eine spektrale Verbreiterung des Amplitudenspektrums $A(\omega, z)$, die Energie bis an die Ränder des erfassten Spektralbereichs von $[-f_{Ny}, f_{Ny}]$ transportiert. Auch im Spektralbereich findet eine zyklische Fortsetzung statt, die wiederum zu unphysikalischem Verhalten und zu numerischen Instabilitäten führen kann. Dabei sind bereits sehr kleine spektrale Energiedichten an den Rändern problematisch, die bei einer üblichen Abschätzung der notwendigen Bandbreite $2f_{Ny}$ gemäß des Nyquist-Kriteriums ausgehend von dem Spektrum vor der Ausbreitung nicht als kritisch erkannt werden können. Wie im Zeitbereich kann dieses Problem mit einer Fensterung im Frequenzbereich reduziert werden, um entstehende Spektralanteile an den Rändern des Simulationsbereichs zu absorbieren.

Werden diese Kriterien beachtet, so entsteht durch die Diskretisierung im Zeitbereich kein prinzipieller Fehler. Die FFT sowie die inverse FFT (IFFT) sind dann exakte und eindeutige Realisierungen der Fourier-Transformation. Durch die Länge des Vektors im Zeit- und Frequenzbereich N ist der Rechenaufwand der FFT bestimmt. Dieser nimmt mit der zu simulierenden Bandbreite $B \sim N$ bei gegebener Zeitfensterlänge T_S leicht überproportional zu, da die Anzahl der Rechenoperationen bei der FFT $N \operatorname{ld} N$ beträgt.

Bei der Rechnerimplementierung der FFT und IFFT entstehen aufgrund der endlichen Länge der digitalen Zahlendarstellung Rundungsfehler. Da der SSF-Algorithmus eine Vielzahl an FFT- und IFFT-Operationen erfordert, können sich diese Rundungsfehler akkumulieren. Dadurch entsteht ein mit der Anzahl der Iterationen ansteigender Rauschsockel im Spektrum. Durch Verwendung einer längeren digitalen Darstellung der Zahlen (z. B. 32bit statt 16bit) kann dieses Problem auf Kosten des Rechenaufwandes reduziert werden. Auch sollte die räumliche Schrittweite Δz nicht unnötig klein gewählt werden. Bei zu kleiner Schrittweite Δz steigt nicht nur die Rechenzeit unnötig an, durch die hohe Zahl an FFT/IFFT-Operationen können durch numerische Rundungsfehler auch Rauschartefakte im Spektrum entstehen. Die Wahl der räumlichen Schrittweite wird nach einer Fehlerbetrachtung der Split-Step-Methode in Kap. 6.3.3 diskutiert.

6.3.2.2 Fehlerbetrachtung der Split-Step-Methode

Wir betrachten zunächst den Fehler, der durch die Annahme der Unabhängigkeit und Vertauschbarkeit des linearen Operators $\mathcal{L}$ und des nichtlinearen Operators $\mathcal{N}$ entsteht. Dazu vergleichen wir die exakte Lösung für kleine Schrittweiten Gl. (6.32) mit der Näherung unter Annahme vertauschbarer und unabhängiger Operatoren nach Gl. (6.33) mit Hilfe der BAKER–CAMPBELL–HAUSDORFF-Formel für Operatoren im Exponenten [13]:

$$\mathrm{e}^{\mathcal{L}\Delta z}\,\mathrm{e}^{\mathcal{N}\Delta z} = \mathrm{e}^{(\mathcal{L}+\mathcal{N})\Delta z+\frac{1}{2}[\mathcal{L},\mathcal{N}]\Delta z^2+\frac{1}{12}[\mathcal{L}-\mathcal{N},[\mathcal{L},\mathcal{N}]]\Delta z^3\ldots}, \tag{6.42}$$

mit dem Kommutator zweier Operatoren

$$[\mathcal{L},\mathcal{N}] = \mathcal{L}\mathcal{N} - \mathcal{N}\mathcal{L}. \tag{6.43}$$

Wären die Operatoren $\mathcal{L}$ und $\mathcal{N}$ in der Anwendung auf $A(t,z)$ vertauschbar, so wäre der Kommutator $[\mathcal{L},\mathcal{N}] = 0$ und Gl. (6.33) wäre exakt. Tatsächlich sind linearer und nichtlinearer Operator aber nicht vertauschbar, da der nichtlineare Operator von der Auswirkung des linearen Operators auf $A(t,z)$ abhängt. Daher entsteht in Gl. (6.33) durch Vernachlässigung des Terms $\frac{1}{2}[\mathcal{L},\mathcal{N}]\Delta z^2$ und Folgende aus Gl. (6.42) ein lokaler Fehler der Ordnung $\mathcal{O}(\Delta z^2)$. Da die Anzahl der benötigten Schritte für eine bestimmte Faserlänge umgekehrt proportional zur Schrittweite Δz ist, nimmt der globale Fehler nur mit der Ordnung $\mathcal{O}(\Delta z)$ ab.

Eine Reduktion der Fehlerordnung kann durch die symmetrische Form des SSF-Algorithmus erfolgen. Dabei wird der nichtlineare Schritt zwischen zwei halbe lineare Schritte eingebettet [14]:

$$A(t,z+\Delta z) = \left\{\mathrm{e}^{\mathcal{L}\frac{\Delta z}{2}}\right\}\left\{\mathrm{e}^{\mathcal{N}(t,z)\Delta z}\right\}\left\{\mathrm{e}^{\mathcal{L}\frac{\Delta z}{2}}\right\}A(t,z). \tag{6.44}$$

Zu beachten ist wieder, dass der nichtlineare Operator durch die Hüllkurvenamplitude zu Beginn eines Segmentes bestimmt wird, wie in Abb. 6.4 dargestellt. Lediglich die Anwendung des nichtlinearen Operators erfolgt in der Mitte des Segments symmetrisch zwischen zwei halben linearen Rechenschritten. Durch zweimalige Anwendung von Gl. (6.42) kann

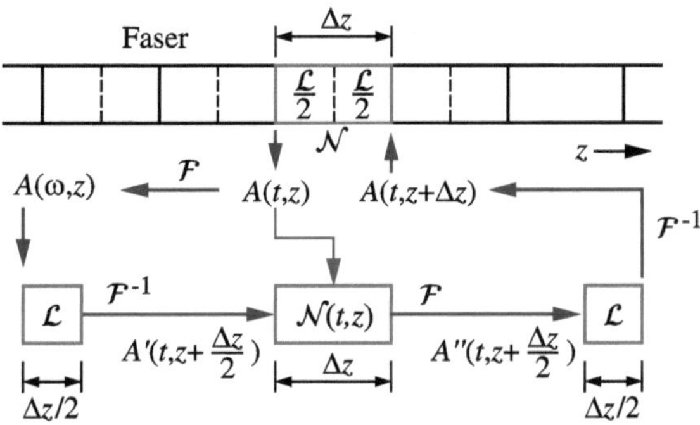

Abb. 6.4 Symmetrischer Split-Step-Fourier-Algorithmus: Der nichtlineare Rechenschritt wird symmetrisch zwischen zwei halbe lineare Rechenschritte eingebettet. Pro Segment Δz werden zwei FFT und IFFT-Operationen benötigt

gezeigt werden, dass der verbleibende größte Fehlerterm der doppelte Kommutator in Gl. (6.42) ist [1]. Die lokale Fehlerordnung ist somit von der Ordnung $\mathcal{O}(\Delta z^3)$ in der örtlichen Schrittweite, und von der globalen Ordnung $\mathcal{O}(\Delta z^2)$. Damit kann eine schnellere Konvergenz der Rechnung zu einem Ergebnis mit geringem Fehler bei der Reduktion der Schrittweite Δz erfolgen. Allerdings sind doppelt so viele FFT/IFFT-Operationen erforderlich im Vergleich zum unsymmetrischen SSF-Algorithmus.

Betrachtet man Abb. 6.4, so erkennt man, dass durch Zusammenfassen der halben linearen Rechenschritte jeweils zweier aufeinander folgender Segmente jeweils eine FFT/IFFT-Operation eingespart werden kann. Abwechselnd können ganze lineare und nichtlineare Schritte gerechnet werden. Lediglich zu Anfang und zu Ende der Faserstrecke müssen halbe lineare Schritte gerechnet werden. Dieses Verfahren wird reduziertes symmetrisches Split-Step-Verfahren genannt. Im Unterschied zu den bisherigen Verfahren wird der nichtlineare Operator jetzt aber mit der Hüllkurvenamplitude nach einem halben Schritt $A(t, z+\Delta z/2)$ definiert, da die eigentlich benötigte Hüllkurve $A(t, z)$ im reduzierten Verfahren nicht mehr zur Verfügung steht (Abb. 6.5). In [11] wurde untersucht, dass das reduzierte symmetrische SSF-Verfahren für einige Testsignale eine schlechtere Approximation bei gleicher Schrittweite darstellt als das vollständige symmetrische SSF-Verfahren. Im allgemeinen Fall ist aber das reduzierte symmetrische Verfahren vorzuziehen, da es aufwandsgünstiger zu implementieren ist.

6.3.3 Schrittweitenbestimmung

6.3.3.1 Konvergenz bei Schrittweitenreduktion

Der Wahl der Schrittweite der räumlichen Diskretisierung Δz kommt eine wichtige Rolle bei den SSF-Algorithmen zu. Einfache Verfahren verwenden eine konstante Schrittweite in Ausbreitungsrichtung. Eine zu große Schrittweite erzeugt zu große Fehler der Split-Step-Approximation Gl. (6.33) sowie bei der Bestimmung des nichtlinearen Operators in Gl. (6.38). Eine einfache Methode zur Überprüfung der gewählten Schrittweite ist wiederholtes Berechnen mit jeweils reduzierter Schrittweite. Das SSF-Verfahren hat aufgrund

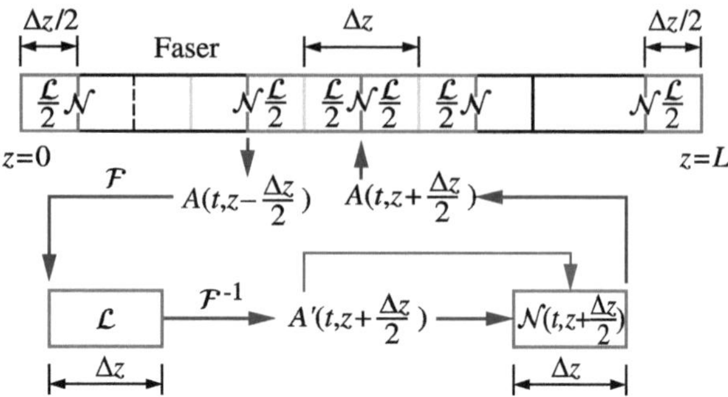

Abb. 6.5 Reduzierter symmetrischer Split-Step-Fourier-Algorithmus: Jeweils zwei halbe lineare Rechenschritte werden zusammengefasst, um jeweils eine FFT/IFFT einzusparen. Lediglich am Faseranfang und -ende sind noch halbe Schritte erforderlich

der globalen Fehlerordnung $\mathcal{O}(\Delta z^2)$ eine gute Konvergenz, so dass ab einer bestimmten kleinen Schrittweite keine signifikante Veränderung des Ergebnisses (Hüllkurvenamplitude, Spektrum) bei weiterer Schrittweitenreduktion entsteht. Zu beachten ist jedoch, dass bei extrem kleinen Schrittweiten numerische Probleme aufgrund von Rundungsfehlern der FFT/IFFT entstehen können.

Derartige Konvergenzuntersuchungen können für die Simulation einzelner Systeme durchgeführt werden, z. B. einzelne Faserlaser-Konfigurationen wie in Kap. 10.5. Sie sind aber ungeeignet, um eine große Zahl an Systemkonfigurationen mit stark veränderlichen Parametern durchzuführen, wie z. B. für optische Übertragungssysteme. Daher sind systematische Richtlinien für die korrekte Wahl der Schrittweite erforderlich [11, 15–17]. Einige werden in den nächsten Abschnitten vorgestellt.

6.3.3.2 Künstliche Vierwellenmischung

Ein wichtiges Kriterium für die Wahl der Schrittweite der räumlichen Diskretisierung Δz ist die Vermeidung einer künstlichen Vierwellenmischung (FWM). Wie in Kap. 7.3 ausführlich diskutiert, entstehen durch entartete FWM aus zwei Frequenzen f_1 und f_2 im Abstand $\Delta f = f_2 - f_1$ neue Frequenzen bei $f_3 = 2f_1 - f_2 = f_1 - \Delta f$ und $f_3' = 2f_2 - f_1 = f_2 + \Delta f$. Die Effizienz der FWM hängt dabei von der Phasenmaßdifferenz $\Delta\beta$ der beteiligten Wellen ab, die sich im beschriebenen Fall der entarteten FWM näherungsweise berechnet (s. Kap. 7.3.2) gemäß

$$\Delta\beta = 4\pi^2 \beta_2 \Delta f^2, \tag{6.45}$$

mit dem GVD-Parameter der Dispersion β_2. Durch die Dispersion verändert sich permanent die Phasenbeziehung der an FWM beteiligten Wellen, so dass sich über große Längen konstruktive und destruktive Überlagerung der FWM-Produkte bei f_3 abwechseln. In der Summe ist für große Faserlängen L und für große Frequenzabstände Δf die Effizienz η der FWM gering:

$$\eta = \frac{a^2}{a^2 + \Delta\beta^2}\left(1 + \frac{4\,\mathrm{e}^{-aL}\sin^2(\Delta\beta L/2)}{(1 - \mathrm{e}^{-aL})^2}\right), \tag{6.46}$$

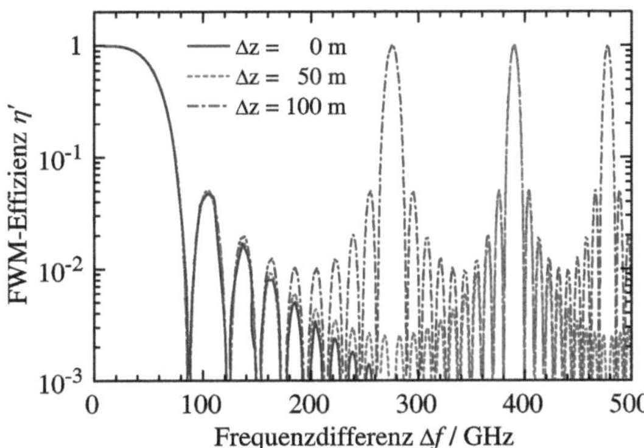

Abb. 6.6 Berechnete Effizienz der künstlichen Vierwellenmischung in einer 1 km langen SSMF bei $\lambda = 1550$ nm für unterschiedliche Schrittweiten Δz des SSF-Algorithmus. Für $\Delta z = 0$ entspricht der Verlauf der physikalischen Effizienz nach Abb. 7.9, für Schrittweiten Δz von 50 m und 100 m ergeben sich im dargestellten Frequenzbereich resonanzartige künstliche Maxima der FWM-Effizienz

wobei a der lineare Dämpfungskoeffizient der Leistung ist. Jeweils nach einer Kohärenzlänge L_{coh} der Vierwellenmischung sind die Wellen wieder gleichphasig:

$$L_{\text{coh}} = \frac{2\pi}{|\Delta\beta|}. \tag{6.47}$$

Sind innerhalb einer Kohärenzlänge ausreichend viele räumliche Diskretisierungsschritte mit Weite Δz vorhanden, so wird durch die SSF-Methode die abwechselnd konstruktive und destruktive Überlagerung der FWM-Produkte bei f_3 richtig erfasst, und es entstehen keine unrealistischen FWM-Produkte. Der ungünstigste Fall (engl. *worst case*, Index *wc*) tritt auf, wenn die Schrittweite ein ganzzahliges Vielfaches m der Kohärenzlänge beträgt:

$$\Delta z_{\text{wc}} = mL_{\text{coh}} = \frac{2\pi\, m}{|\Delta\beta|}, m \in \mathbb{N}. \tag{6.48}$$

In diesem Fall überlagern sich FWM-Produkte stets phasengleich. Dadurch kann eine künstlich große Effizienz und eine unrealistisch große Amplitude der FWM-Produkte entstehen [18]. In [16] wird angegeben, wie die Effizienz η' der künstlichen FWM von der Schrittweite Δz abhängt:

$$\eta' = \frac{1 + \mathrm{e}^{-2a\Delta z} - 2\,\mathrm{e}^{-a\Delta z}}{1 + \mathrm{e}^{-2a\Delta z} - 2\,\mathrm{e}^{-a\Delta z}\cos\Delta\beta\Delta z} \cdot \frac{1 + \mathrm{e}^{-2aL} - 2\,\mathrm{e}^{-aL}\cos\Delta\beta L}{1 + \mathrm{e}^{-2aL} - 2\,\mathrm{e}^{-aL}}. \tag{6.49}$$

Die künstliche FWM hat resonanzartige Maxima bei den Frequenzen f_m, die auch in Abb. 6.6 zu erkennen sind und als Geistermoden bezeichnet werden:

$$f_m = \sqrt{\frac{m}{2\pi|\beta_2|\Delta z}}, m \in \mathbb{N}. \tag{6.50}$$

Sollen innerhalb einer Simulationsbandbreite B künstliche FWM-Mischprodukte vermieden werden, so ist die Schrittweite Δz deutlich kleiner als die Kohärenzlänge der FWM für einen maximalen Frequenzabstand $\Delta f = B/2$ zu wählen:

$$\Delta z < \frac{2}{\pi|\beta_2|B^2}. \tag{6.51}$$

In [15] wird empfohlen, die Schrittweite Δz um den Faktor 5 kleiner als die Kohärenzlänge zu wählen.

Beispiel 6.1

Bei einer Wellenlänge von $\lambda = 1550\,\text{nm}$ entspricht eine zu simulierende Bandbreite $\Delta\lambda = 20\,\text{nm}$ einer Frequenzbandbreite von $B = 2{,}5\,\text{THz}$. Für eine SSMF mit $\beta_2 = -20{,}9\ \text{ps}^2/\text{km}$ ergibt sich eine Kohärenzlänge $L_{\text{coh}} = 4{,}87\,\text{m}$. Die Schrittweite Δz darf dann nur etwa 1m betragen, um künstliche FWM zu vermeiden.

Das Kriterium der Vermeidung der künstlichen FWM nach Gl. (6.51) greift vor allem bei der Simulation breitbandiger Systeme abseits der Dispersionsnullstelle λ_D (s. Kap. 4.2.2). Für die Simulation von Faserlasern mit Faserlängen im Bereich einiger 10 m bis 100 m sind solche kurzen räumlichen Diskretisierungsschritte kein Problem. Bei der Simulation optischer Übertragungssysteme mit Streckenlängen im Bereich von vielen 100 km führen derart kleine äquidistante Schritte zu einem erheblichen Rechenaufwand. Daher wurden alternative Verfahren entwickelt, die künstliche FWM zu reduzieren [11, 16, 17, 19].

6.3.3.3 Logarithmische Schrittweiten

Eine Methode besteht darin, die Schrittweite größer als Gl. (6.51) zu wählen und zufallsgesteuert so zu variieren, dass im Mittel alle Phasen innerhalb $[0, 2\pi]$ der FWM-Produkte gleich häufig auftreten und sich ausmitteln. Andere Verfahren verwenden ebenfalls nicht äquidistante Schrittweiten, wie z. B. die Methode einer logarithmisch zunehmenden Schrittweite, motiviert durch den exponentiellen Leistungsabfall und damit einhergehender Reduktion nichtlinearer Effekte aufgrund der Dämpfung [16].

Exkurs 6.4

Diese Methode entspricht formal einer konstanten nichtlinearen Phasendrehung pro räumlichem Diskretisierungsschritt Δz wie in Kap. 6.3.3.5 beschrieben. Allerdings wird bei der logarithmischen Schrittweitensteuerung die vorab bekannte mittlere Lichtleistung $P(z)$ zur Bestimmung der Schrittweite verwendet, anstelle der aktuellen maximalen Leistung $P_{\text{max}}(z)$ der Zeitfunktion in jedem einzelnen Simulationsschritt.

Die Dimensionierungsvorschrift nach [16] bietet dabei einen einstellbaren Grad an Unterdrückung von FWM-Geistermoden. Für die Simulation der spektralen Verbreiterung in Raman-Faserlasern wird in Kap. 10.5 ein ähnliches Verfahren vorgestellt, das anstelle der Dämpfung die Verstärkung durch stimulierte Raman-Streuung zur adaptiven Schrittweitensteuerung mit kontrolliertem lokalen Fehler verwendet.

6.3.3.4 Laufzeitunterschied und Pulskollisionen

Betrachtet man zwei Trägerlichtwellen mit Frequenzen ω_1 und ω_2, so breiten sich darauf aufmodulierte Pulse gemäß Gl. (4.16) mit unterschiedlicher Gruppengeschwindigkeit v_{g1} und v_{g2} aus. Dies hat zur Folge, dass gleichzeitig eingekoppelte Pulse mit unterschiedlichen Trägerfrequenzen zeitlich auseinander laufen (engl. *walk-off*). Außerdem kann es zur räumlichen Überlappung („Kollision") von nicht-gleichzeitig gestarteten Pulsen kommen, wenn ein Puls den anderen überholt. Als Walk-off-Parameter wird definiert:

$$d_{12} = \frac{1}{v_{g1}} - \frac{1}{v_{g2}} = \beta_1(\omega_1) - \beta_1(\omega_2) \approx \beta_2 \cdot (\omega_1 - \omega_2). \tag{6.52}$$

Daraus ergibt sich mit einer Dauer der Pulse T_0 die Walk-off-Länge

$$L_W = \frac{T_0}{|d_{12}|}, \tag{6.53}$$

die wie folgend interpretiert werden kann: Nach einer Walk-off-Länge haben zwei Pulse aufgrund der Dispersion einen Zeitversatz von genau einer Pulsdauer T_0. In der Zeitspanne bzw. in dem Fasersegment, in dem sich die Pulse gerade überlappen, findet eine gegenseitige nichtlineare Phasenmodulation statt, die Kreuzphasenmodulation (XPM) genannt wird (s. Kap. 7.2). Um diese ausreichend erfassen zu können, müssen innerhalb der Walk-off-Länge L_W einige räumliche Diskretisierungsschritte Δz vorhanden sein. Betrachtet man die beiden am weitesten separierten Frequenzen ω_1 und ω_2 in einem zu simulierenden Spektrum, so entspricht deren Differenz der Simulationsbandbreite $2\pi B$. Ordnet man einem Puls der Dauer T_0 eine spektrale Bandbreite $B_P \approx 1/T_0$ zu, so ergibt sich eingesetzt in Gl. (6.53) mit

$$\Delta z < \frac{1}{2\pi|\beta_2|B_P B} \tag{6.54}$$

ein ähnliches Kriterium wie zur Vermeidung der künstlichen FWM. Das Walk-off-Kriterium ist zusätzlich zu prüfen, wenn Verfahren mit nicht-äquidistanten Schrittweiten zur Vermeidung der künstlichen FWM eingesetzt werden.

6.3.3.5 Nichtlineare Phasendrehung

Der Fehler der Split-Step-Approximation ist gemäß Gl. (6.42) umso größer, je größer der Kommutator $[\mathcal{L}, \mathcal{N}]$ zwischen linearem und nichtlinearem Operator ist. Während der lineare Operator für eine bestimmte Glasfaser konstant ist und mit den bereits vorgestellten Methoden der Schrittweitenbestimmung untersucht werden kann, ist der nichtlineare Operator $\mathcal{N}$ abhängig von der lokalen und instantanen Amplitude $A(t,z)$ bzw. Leistung $P(t,z)$ der Lichtwelle innerhalb des simulierten Zeitfensters:

$$\mathcal{N}(t,z) = -\mathrm{j}\gamma |A(t,z)|^2 = -\mathrm{j}\gamma P(t,z). \tag{6.55}$$

Vergleicht man das mit der nichtlinearen Phasendrehung ϕ_{NL} innerhalb eines Schrittes Δz

$$\phi_{NL}(t,z) = -\gamma P(t,z)\Delta z, \tag{6.56}$$

so erkennt man, dass durch Vorgabe einer maximalen nichtlinearen Phasendrehung ϕ_{max} pro Schritt eine obere Grenze für den nichtlinearen Operator und damit für den Fehler des SSF-Algorithmus gesetzt werden kann. Bezeichnet man mit $P_{\mathrm{max}}(z)$ die maximale Leistung der zeitlich variablen Hüllkurve an einem Ort z gemäß

$$P_{\mathrm{max}}(z) = \max_t \left\{ |A(t,z)|^2 \right\}, \tag{6.57}$$

so kann eine maximal zulässige Schrittweite Δz definiert werden:

$$\Delta z < \frac{\phi_{\mathrm{max}}}{\gamma P_{\mathrm{max}}(z)}, \tag{6.58}$$

wenn vorab eine maximal zulässige nichtlineare Phasendrehung ϕ_{max} pro Schritt festgelegt wurde, z. B. $\phi_{\mathrm{max}} = 10^{-3}$ rad. Da entlang z neben einer monotonen Abnahme der Amplitude $A(t,z)$ durch Dämpfung auch örtlich und zeitlich lokale Leistungsspitzen aufgrund des Wechselspiels zwischen Dispersion und nichtlinearen Effekten entstehen, liefert dieses Kriterium eine über z variable Schrittweite, die von Schritt zu Schritt sowohl zunehmen als auch abnehmen kann. Damit ist eine adaptive Anpassung der Schrittweite während der Simulation möglich und erforderlich, da die Entwicklung von $|A(t,z)|^2$ in Ausbreitungsrichtung vorab nicht bekannt ist.

Das Kriterium der maximalen Phasendrehung wurde ursprünglich für die Berechnung der Ausbreitung von Solitonen mit Hilfe des SSF-Algorithmus entwickelt [17]. Es wird in vielen Simulationsprogrammen verwendet, da durch ausreichend kleine Vorgabe der maximalen Phasendrehung im Bereich $\phi_{\mathrm{max}} = 10^{-2}$ rad bis 10^{-4} rad, je nach gewünschter Genauigkeit und Rechenzeit, in der Regel eine ausreichend genaue Lösung der Schrödinger-Gleichung ohne vorherige Festlegung der Schrittweite möglich ist. Allerdings ist dieses Verfahren nach [17] nicht immer recheneffizient, da an vielen Orten eine lokal zu kleine Schrittweite gewählt wird, obwohl auch bei größerer Schrittweite ein ausreichend kleiner globaler Fehler zu erzielen wäre. Bei einfachen Verfahren mit konstanter Schrittweite kann das Phasenkriterium auch a posteriori geprüft werden, um bei Überschreitung eine Warnung vor möglicherweise zu großen Fehlern auszugeben.

6.3.3.6 Lokale und globale Fehlerbegrenzung

Mit den Kriterien nach Kap. 6.3.3.2 bis Kap. 6.3.3.5 ist eine physikalisch sinnvolle Wahl der Schrittweite möglich. Keines der Kriterien gibt aber eine direkte Aussage über den verbleibenden Fehler der SSF-Methode. Als Fehlerkriterium der berechneten Hüllkurve $A(t,z)$ kann der relative Fehler $\delta(z)$ am Ort z nach [17] als normierte Standardabweichung definiert werden:

$$\delta(z) = \sqrt{\frac{\int |A(t,z) - A_{\mathrm{ref}}(t,z)|^2 \,\mathrm{d}t}{\int |A(t,z)|^2 \,\mathrm{d}t}}, \tag{6.59}$$

wobei $A_{\mathrm{ref}}(t,z)$ eine Referenzlösung ist. Diese Referenzlösung könnte mit sehr kleiner Schrittweite Δz berechnet werden oder analytisch bekannt sein. Im Allgemeinen ist diese ideale Referenz während einer Simulation aber nicht vorhanden. In [17] wird ein Lösungsverfahren zweiter Ordnung vorgestellt, bei dem zunächst eine grobe Lösung mit doppelter Schrittweite $2\Delta z$ und eine feine Lösung mit einfacher Schrittweite Δz bestimmt wird. Grobe und feine Lösung werden unterschiedlich gewichtet und zu einer verbesserten Lösung mit geringerer Fehlerordnung kombiniert. Diese Lösung wird mit der feinen Lösung als Schätzwert für die Referenz gemäß Gl. (6.59) verglichen. Die Schrittweite wird adaptiv von Schritt zu Schritt so angepasst, dass der relative lokale Fehler $\delta(z)$ innerhalb vorgegebener Grenzen bleibt, z. B. im Intervall $0{,}5 \cdot 10^{-4}$ bis $2 \cdot 10^{-4}$. Simulativ wurde in [17] gezeigt, dass damit insbesondere bei hohen Genauigkeitsanforderungen ein geringerer Rechenaufwand im Vergleich zu anderen Verfahren zur Schrittweitenwahl erforderlich ist.

In [19] werden Skalierungsregeln für die Schrittweite Δz vorgeschlagen, die intuitiv aus der Baker–Campbell–Hausdorff-Formel Gl. (6.42) abgeleitet werden. Damit kann in einem weiten Parameterbereich der System- und Fasereigenschaften eine Schrittweite Δz so bestimmt werden, dass der globale Fehler nach Gl. (6.59) am Faserende bei $z = L$ konstant unter einem bestimmten Wert bleibt.

6.3.4 Modifizierte Split-Step-Verfahren

Abschließend werden zwei ausgewählte Verfahren vorgestellt, die mit modifizierten Split-Step-Algorithmen eine besonders effiziente Lösung der NLSGl ermöglichen können.

6.3.4.1 Digitale Filter zur Approximation der Dispersion

Der Hauptrechenaufwand des Split-Step-Fourier-Algorithmus entsteht durch die wiederholten Fourier-Transformationen zwischen Zeit- und Frequenzbereich, um den linearen Operator $\mathcal{L}$ im Frequenzbereich lösen zu können. Die Multiplikation des Amplitudenspektrums $A(\omega, z)$ mit einer frequenzabhängigen Phase $\beta(\omega)\Delta z$ in Gl. (6.36) kann als eine Allpass-Filterung aufgefasst werden. Im Zeitbereich können solche Filter in diskreter digitaler Form durch IIR-Filter (engl. *infinite impulse response*) sehr effizient implementiert werden. Dadurch entfallen die Fourier-Transformationen, da sowohl linearer als auch nichtlinearer Operator im Zeitbereich gelöst werden können. Ein derartiges Verfahren wird daher Split-Step-Algorithmus genannt. In [11, 20, 21] wird gezeigt, wie die Dispersion in Glasfasern, beschrieben durch die Dispersionskoeffizienten β_2 und β_3, durch ein IIR-Filter mit insgesamt acht Koeffizienten $a_1 \ldots d_1$ approximiert werden kann. Eine Repräsentation des IIR-Filters ist in Abb. 6.7 dargestellt. Die zeitlichen Abtastwerte mit laufendem Index i und Abstand Δt der Hüllkurvenamplitude $A(t_i, z)$ am Eingang eines Segmentes werden nacheinander durch das IIR-Filter prozessiert. Man erhält die Hüllkurvenamplitude nach dem linearen Schritt $A'(t_i, z{+}\Delta z)$, die dann mit dem nichtlinearen Operator dieses Fasersegmentes weiter verarbeitet wird.

Für Verfahren mit konstanter Schrittweite müssen diese Koeffizienten nur einmal bestimmt werden. Aufgrund des geringen Rechenaufwandes für das IIR-Filter im Zeitbereich im Vergleich zur FFT/IFFT und Multiplikation im Frequenzbereich kann eine deutliche

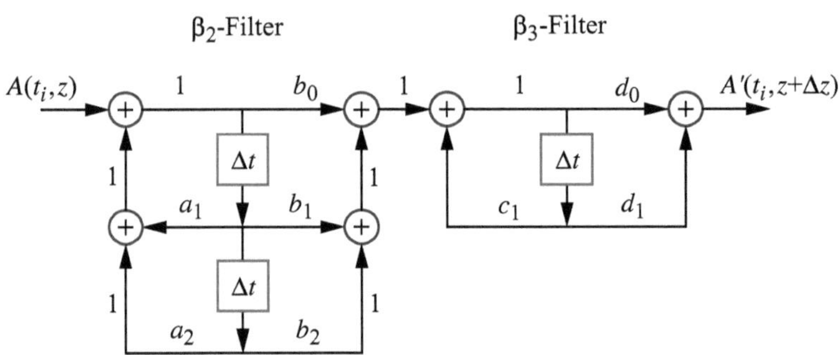

Abb. 6.7 Repräsentation eines IIR-Filters zur Approximation der Dispersion mit acht Filterkoeffizienten $a_1 \dots d_1$ sowie drei Verzögerungselementen Δt nach [11]

Beschleunigung des Split-Step-Algorithmus erfolgen [21]. Für Verfahren mit variablen Schrittweiten müssen die Filterkoeffizienten vor jedem Schritt neu bestimmt werden, was allerdings nur eine geringe Rechenzeit in Anspruch nimmt.

Ein Nachteil dieses Verfahrens ist, dass die Filterapproximation zu den Rändern des simulierten Spektralbereiches schlechter wird. Auch nimmt der Fehler der Approximation mit zunehmender Schrittweite Δz zu. In [20] wird daher vorgeschlagen, bei Split-Step-Verfahren mit variabler Schrittweitensteuerung die IIR-Filter-Approximation für Bereiche mit kleinen Schrittweiten zu wählen, und bei großen Schrittweiten Δz auf die Behandlung der Dispersion im Frequenzbereich mit FFT/IFFT-Operationen umzuschalten.

6.3.4.2 Approximation des nichtlinearen Operators

Eine weitere Modifikation des Split-Step-Algorithmus besteht in einer besseren Approximation des nichtlinearen Operators in Gl. (6.31). In den bisher vorgestellten Split-Step-Algorithmen wird der nichtlineare Operator $\mathcal{N}$ einfach durch die Hüllkurvenamplitude $A(t,z)$ zu Beginn eines Schrittes Δz bestimmt und gemäß Gl. (6.30) mit $\mathcal{N}(z) = -\mathrm{j}\gamma |A(t,z)|^2$ genähert. Alternativ dazu kann der nichtlineare Operator mit Hilfe der Trapezregel bestimmt werden [22]:

$$\int_z^{z+\Delta z} \mathcal{N}(t,z')\,\mathrm{d}z' \approx \frac{\Delta z}{2}\big(\mathcal{N}(t,z) + \mathcal{N}(t,z+\Delta z)\big). \tag{6.60}$$

Da die Hüllkurvenamplitude $A(t,z{+}\Delta z)$ zur Bestimmung von $\mathcal{N}(t,z{+}\Delta z)$ a priori nicht bekannt ist, muss diese in einem ersten Schritt mit der einfachen Näherung Gl. (6.32) und mit Hilfe des Split-Step-Fourier-Algorithmus berechnet werden. Dann kann in einem zweiten Schritt für das gleiche Fasersegment Δz eine verbesserte Approximation des nichtlinearen Operators $\mathcal{N}$ unter Verwendung von Gl. (6.60) bestimmt werden. Dabei fallen doppelt so viele FFT/IFFT-Operationen an wie im Vergleich zum einfachen SSF-Algorithmus. Ob der dadurch erzielte Genauigkeitsgewinn und die mögliche größere Schrittweite den Aufwand rechtfertigen, muss im Einzelfall geprüft werden [11].

Literatur

1. G. Agrawal, *Nonlinear Fiber Optics*, 5. Aufl. (Academic, Amsterdam, 2013)
2. D.J. Griffiths, *Quantenmechanik: Eine Einführung*, 2. Aufl. (Pearson, München, 2012)
3. S. Chernikov, P. Mamyshev, Femtosecond soliton propagation in fibers with slowly decreasing dispersion. J. Opt. Soc. Am. B **8**(8) (1991), 1633–1641
4. H. Renner, R. Ulrich, J.-P. Elbers, C. Glingener, Einmodenfasern, in *Optische Kommunikationstechnik*, Hrsg. von E. Voges, K. Petermann (Springer, Berlin, 2002), 81–213
5. T. Taha, M. Ablowitz, Analytical and numerical aspects of certain nonlinear evolution equations. II. Numerical, nonlinear Schrödinger equation. J. Comput. Phys. **55**(2), 203–230 (1984)
6. C. Menyuk, Pulse propagation in an elliptically birefringent Kerr medium. IEEE J. Quantum Electron. **25**(12), 2674–2682 (1989)
7. D. Marcuse, C. Manyuk, P. Wai, Application of the Manakov-PMD equation to studies of signal propagation in optical fibers with randomly varying birefringence. J. Lightwave Technol. **15**(9), 1735–1746 (1997)
8. A. Galtarossa, C.R. Menyuk (Hrsg.), *Polarization Mode Dispersion* (Springer, New York, 2005)
9. A. Hasegawa, F. Tappert, Transmission of stationary nonlinear optical pulses in dispersive dielectric fibers. I. Anomalous dispersion. Appl. Phys. Lett. **23**(3), 142–144 (1973)
10. R. Hardin, F. Tappert, Applications of the split-step Fourier method to the numerical solution of nonlinear and variable coefficient wave equations. Soc. Ind. Appl. Math. Rev. Chron. **15**(2), 243 (1973)
11. M. Plura, Schnelle Simulationsmethoden zur Lösung der nichtlinearen Schrödinger-Gleichung. Dissertation, Fakultät für Elektrotechnik und Informationstechnik, Universität Dortmund, 2004
12. K.-D. Kammeyer, *Nachrichtenübertragung*, Hrsg. von M. Bossert, N. Fliege, 5. Aufl. (Vieweg, Wiesbaden, 2011)
13. Y. Bakhturin, Campbell-Hausdorff formula, in *Encyclopedia of Mathematics*, Hrsg. von U. Rehmann, et al. Online Wiki http://www.encyclopediaofmath.org (Springer, Heidelberg, 2013)
14. J. Fleck, J. Morris, M. Feit, Time-dependent propagation of high energy laser beams through the atmosphere. Appl. Phys. **10**(2), 129–160 (1976)
15. F. Francia, Constant step-size analysis in numerical simulation for correct four-wave-mixing power evaluation in optical fiber transmission systems. IEEE Photon. Technol. Lett. **11**(1), 69–71 (1999)
16. G. Bosco, A. Carena, V. Curri, R. Gaudino, P. Poggiolini, S. Benedetto, Suppression of spurious tones induced by the split-step method in fiber systems simulation. IEEE Photon. Technol. Lett. **12**(5), 489–491 (2000)
17. O. Sinkin, R. Holzlöhner, J. Zweck, C. Menyuk, Optimization of the split-step Fourier method in modeling optical-fiber communications systems. J. Lightwave Technol. **21**(1), 61–68 (2003)
18. F. Forghieri, Modeling of wavelength multiplexed lightwave systems, Optical Fiber Communication Conference (OFC), Dallas, TX, USA, 1997, TuG1
19. Q. Zhang, M. Hayee, Symmetrized split-step Fourier scheme to control global simulation accuracy in fiber-optic communication systems. J. Lightwave Technol. **26**(2), 302–316 (2008)
20. M. Plura, J. Kissing, M. Gunkel et al., Improved split-step method for efficient fibre simulations. Electron. Lett. **37**(5), 286–287 (2001)
21. M. Plura, J. Kissing, J. Lenge, D. Schulz, E. Voges, Analysis of an improved split-step algorithm for simulating optical transmission systems. Int. J. Electron. Commun. (AEÜ) **56**(6), 361–366 (2002)
22. M. Lax, J. Batteh, G. Agrawal, Channeling of intense electromagnetic beams. J. Appl. Phys. **52**(1), 109–125 (1981)

7 Effekte der Kerr-Nichtlinearität in Glasfasern

Der nichtlineare Brechungsindex aufgrund des KERR-Effekts erzeugt in Glasfasern eine Reihe von wichtigen nichtlinearen optischen Effekten, die eine gemeinsame Beschreibung zur Grundlage haben. Die wesentliche Kenngröße ist dabei der faserspezifische nichtlineare Koeffizient γ. Die Beschreibung der Effekte erfolgt über die nichtlineare Phasendrehung sowie mit Hilfe der nichtlinearen Schrödinger-Gleichung. In diesem Kapitel werden darauf aufbauend die Effekte der Selbstphasenmodulation (SPM), der Kreuzphasenmodulation (XPM), der Vierwellenmischung (FWM) sowie der Modulationsinstabilität (MI) beschrieben.

7.1 Selbstphasenmodulation

Der Effekt der Phasendrehung einer Lichtwelle durch ihre eigene optische Leistung wie in Kap. 5.4 beschrieben wird Selbstphasenmodulation (engl. *self phase modulation*, SPM) genannt. Änderungen der Phase können in phasensensitiven Strukturen wie faserbasierten Resonatoren (z. B. Faser-Ringresonatoren, linearen Resonatoren zwischen Reflexionsstellen) oder Interferometern (z. B. MACH-ZEHNDER- oder Verzögerungsleitungs-Interferometer) in eine Änderung von transmittierter oder reflektierter Leistung umgesetzt werden. Damit sind leistungsabhängige Transmissionskennlinien realisierbar, die z. B. zur Amplituden- und Phasenregeneration in der optischen Nachrichtentechnik verwendet werden können [1]. Die SPM kann in solchen Interferometern auch mit cw-Lichtquellen beobachtet werden. Eine besondere Bedeutung kommt der SPM aber bei der Ausbreitung von Lichtpulsen in der Glasfaser zu. Dies betrachten wir zunächst ohne dem Einfluss von Dispersion, und dann in Wechselwirkung mit Dispersion.

R. Engelbrecht, *Nichtlineare Faseroptik*,
DOI 10.1007/978-3-642-40968-4_7

7.1.1 Selbstphasenmodulation ohne Dispersionseinfluss

Bei einer zeitveränderlichen Hüllkurvenamplitude $A_e(t)$ der Trägerwelle am Eingang einer Faserstrecke resultiert aus der dann zeitvariablen nichtlinearen Phasendrehung $\Delta\phi_{NL}$ ein ebenfalls zeitabhängiger Frequenzversatz der Trägerlichtwelle

$$\Delta f_{NL}(t) = \frac{1}{2\pi}\frac{\mathrm{d}}{\mathrm{d}t}\Delta\phi_{NL}(t) \tag{7.1a}$$

$$= -\frac{1}{2\pi}\gamma L_{\text{eff}}\frac{\mathrm{d}}{\mathrm{d}t}|A_e(t,0)|^2. \tag{7.1b}$$

Darin ist γ der faserspezifische nichtlineare Koeffizient, wie in Gl. (5.26) definiert. Die dynamische Frequenzänderung aufgrund der Selbstphasenmodulation wird nichtlinearer Chirp genannt. Aus dem Vorzeichen wird ersichtlich, dass eine zeitlich ansteigende Leistung eine Rotverschiebung der Trägerlichtwelle zu kleineren Frequenzen zur Folge hat, während eine fallende Leistung eine Blauverschiebung zu größeren Frequenzen bedeutet. Die Frequenzänderung ist umso größer, je schneller die zeitliche Änderung der Leistung ist.

Als Beispiel betrachten wir eine Trägerlichtwelle, deren Amplitude mit gaußförmigen ($m = 1$) oder mit supergaußförmigen ($m > 1$) Impulsen moduliert ist:

$$A_{\text{e}}(t) = A_0 \exp\left[-\frac{1}{2}\left(\frac{t}{T_{\text{e}}}\right)^{2m}\right]. \tag{7.2}$$

$A_0 = \sqrt{P_0}$ ist darin die maximale Amplitude mit der Pulsspitzenleistung P_0. T_{e} ist die $1/\text{e}$-Halbwertsbreite der Leistung, wie im Anhang A.3.4 beschrieben. Damit kann Gl. (7.1b) analytisch gelöst werden:

$$\Delta f_{NL}(t) = \frac{1}{2\pi}\gamma L_{\text{eff}}|A_0|^2\frac{2m}{T_{\text{e}}}\left(\frac{t}{T_{\text{e}}}\right)^{2m-1}\exp\left[-\left(\frac{t}{T_{\text{e}}}\right)^{2m}\right]. \tag{7.3}$$

Wie in Abb. 7.1 mit beispielhaften Parametern dargestellt, erfährt die ansteigende Flanke eine Rotverschiebung, die abfallende eine Blauverschiebung. Bei supergaußförmigen Pulsen oder allgemein bei Pulsen mit steileren Flanken sowie flacheren Pulsdächern im Vergleich zu Gaußpulsen ist der nichtlineare Chirp im Wesentlichen auf die Pulsflanken konzentriert. Die maximale Frequenzabweichung kann durch Bestimmung der lokalen Extrema von Gl. (7.3) erfolgen und beträgt für gaußförmige Pulse [2]

$$\Delta f_{NL,max} = \frac{0{,}86}{2\pi}T_{\text{e}}\gamma P_0 L_{\text{eff}}. \tag{7.4}$$

Für Supergaußpulse ist $\Delta f_{NL,max}$ überschlagsweise um den Faktor m größer.

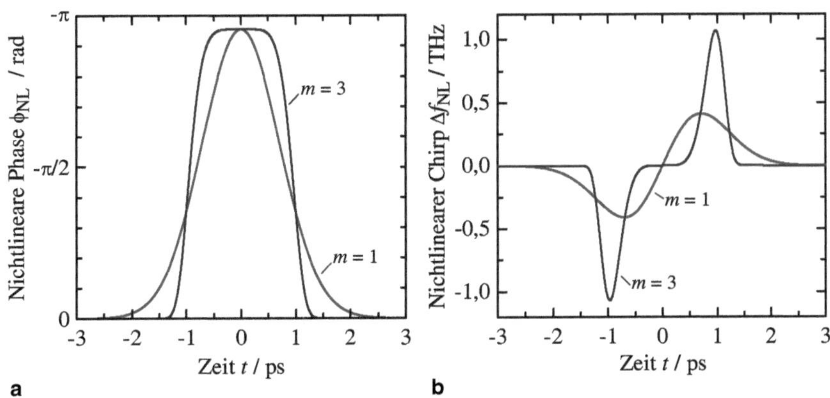

Abb. 7.1 Nichtlineare Phase (**a**) und Chirp (**b**) eines gaußförmigen ($m = 1$) und supergaußförmigen ($m = 3$) Pulses aufgrund der SPM. Beispielhafte Parameter: $P_0 = 1\,\mathrm{W}$, $T_e = 1\,\mathrm{ps}$, $\gamma = 1{,}5\,\mathrm{W}^{-1}\mathrm{m}^{-1}$ und $L_{eff} = 2\,\mathrm{km}$

Beispiel 7.1

Für das Zahlenbeispiel aus Abb. 7.1 mit $P_0 = 1\,\mathrm{W}$, $T_e = 1\,\mathrm{ps}$, $\gamma = 1{,}5\,\mathrm{W}^{-1}\mathrm{m}^{-1}$ und $L_{eff} = 2\,\mathrm{km}$ ergibt sich ein maximaler nichtlinearer Chirp $\Delta f_{NL,max} = 411\,\mathrm{GHz}$ für gaußförmige Pulse. Für den Supergaußpuls mit $m = 3$ ist in Abb. 7.1 ein fast dreimal so großer maximaler Chirp zu erkennen.

Zur Diskussion der Änderungen im Pulsspektrum durch SPM betrachten wir zunächst die nichtlineare Schrödinger-Gleichung (NLSGl) gemäß Gl. (6.26) aus Kap. 6.1.3 ohne Dispersion und Dämpfung

$$\frac{\partial A}{\partial z} + \frac{a_0}{2} A = -\mathrm{j}\gamma \left|A\right|^2 A. \tag{7.5}$$

Für einen Eingangspuls $A_e(t)$ bei $z = 0$ erhalten wir als Ausgangspuls $A_a(t)$ bei $z = L$ die Lösung

$$A_a(t) = A_e(t)\, \mathrm{e}^{-\mathrm{j}\gamma L_{eff} |A_e(t)|^2}, \tag{7.6}$$

wobei die Dämpfung der Faser bezüglich der nichtlinearen Phasendrehung durch die effektive Länge berücksichtigt werden kann. Bildet man die Leistungshüllkurve $P_a(t) = |A_a(t)|^2$, so wird klar, dass die zeitliche Pulsform durch Selbstphasenmodulation ohne Dispersion nicht verändert wird. Gleichwohl ergeben sich durch die Phasenmodulation Änderungen im Pulsspektrum, das für einen Einzelpuls gemäß Anhang A.3.3 als Energiedichtespektrum $S_a(\omega)$ aus dem Betragsquadrat der Fourier-Transformierten von $A_a(t)$ definiert ist.

Abbildung 7.2 zeigt mit beispielhaften Daten das Spektrum des Ausgangspulses $S_a(\omega)$ für verschiedene effektive Faserlängen L_{eff}. Durch SPM wird der Puls spektral verbreitert. Die lokalen Minima in der Form des Spektrums entstehen durch destruktive Interferenz

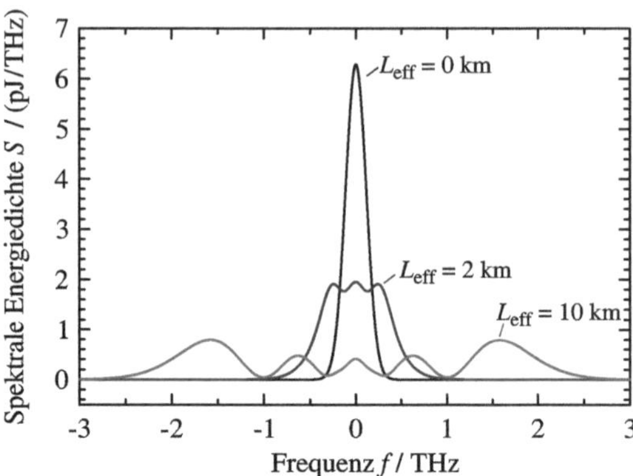

Abb. 7.2 Spektrale Verbreiterung eines gaußförmigen ($m = 1$) Pulses durch SPM für verschiedene effektive Faserlängen L_{eff}. Parameter wie in Abb. 7.1: $P_0 = 1\,\mathrm{W}$, $T_{\mathrm{e}} = 1\,\mathrm{ps}$ und $\gamma = 1{,}5\,\mathrm{W}^{-1}\mathrm{m}^{-1}$.

von Spektralanteilen, die zu verschiedenen Zeiten im Puls entstehen. Die Form des Spektrums sowie der Grad der Verbreiterung sind stark abhängig von der Pulsform sowie von Frequenzänderungen während des Pulses, die bereits von der Lichtquelle selbst kommen (z. B. dynamischer Chirp einer Laserdiode). Die dargestellten Spektren eines gaußförmigen Pulses dienen daher nur zur Illustration der spektralen Auswirkung der SPM. Beliebige Pulsverläufe können durch Lösen der nichtlinearen Schrödinger-Gleichung z. B. mit dem Split-Step-Fourier-Algorithmus numerisch untersucht werden.

Abschließend betrachten wir die Auswirkungen der SPM auf die Pulsenergie. Für die gesamte Energie eines Pulses W_{P} gilt mit Hilfe des PARSEVALschen Theorems

$$W_{\mathrm{P}} = \int_{-\infty}^{\infty} |A(t)|^2 \mathrm{d}t = \frac{1}{2\pi} \int_{-\infty}^{\infty} |A(\omega)|^2 \mathrm{d}\omega = \frac{1}{2\pi} \int_{-\infty}^{\infty} S(\omega)\,\mathrm{d}\omega. \tag{7.7}$$

Beispiel 7.2

Für die Beispielparameter $P_0 = 1\,\mathrm{W}$, $T_{\mathrm{e}} = 1\,\mathrm{ps}$ aus Abb. 7.1 und Abb. 7.2 ergibt sich für gaußförmige Pulse eine Pulsenergie $W_{\mathrm{P}} = 1{,}77\,\mathrm{pJ}$.

Setzt man $A_{\mathrm{a}}(t)$ aus Gl. (7.6) oder $S_{\mathrm{a}}(\omega)$ in Gl. (7.7) ein, so erkennt man, dass durch SPM die Pulsenergie nicht verändert wird. Die Energie wird lediglich auf größere Spektralbereiche verteilt. Vergleicht man die Effekte Dispersion und Selbstphasenmodulation während der Pulsausbreitung, so ergeben sich folgende Ähnlichkeiten und Unterschiede:

- Dispersion und SPM lassen die Pulsenergie unverändert.
- Dispersion bewirkt eine zeitliche Verbreiterung ungechirpter Lichtpulse, SPM lässt die zeitliche Leistungshüllkurve dagegen unverändert.
- Dispersion bewirkt keine Änderungen im Energiedichtespektrum, die SPM dagegen bewirkt eine spektrale Verbreiterung.
- Dispersion kann durch eine Multiplikation mit einer frequenzabhängigen Phase am einfachsten im Frequenzbereich beschrieben werden, SPM durch eine Multiplikation mit einer Phase, die im Zeitbereich von der Momentanleistung abhängt.

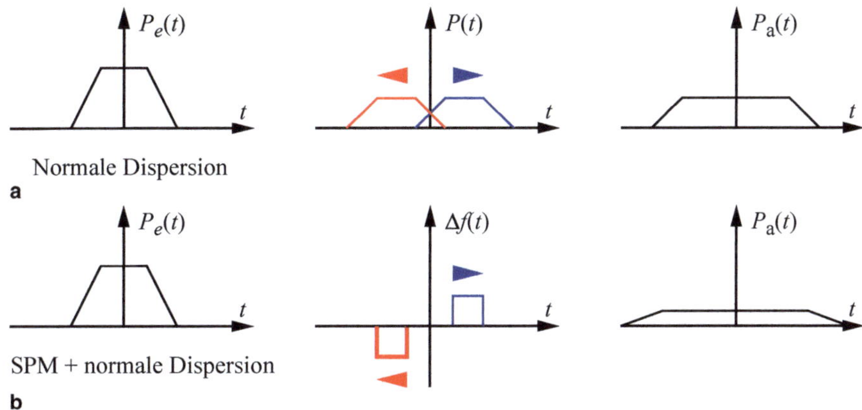

Abb. 7.3 Pulsausbreitung (Prinzipdarstellung) bei normaler Dispersion (**a**) sowie bei Selbstphasenmodulation mit normaler Dispersion (**b**). Links: Eingangspuls, Mitte: Dispersion der Spektralanteile bzw. nichtlinearer Chirp, rechts: Ausgangspuls. Beide Effekte bewirken einen gleichartigen Chirp, die Effekte addieren sich zu einer in Summe größeren zeitlichen und spektralen Pulsverbreiterung.

Diese Aussagen gelten, wenn Dispersion und SPM getrennt betrachtet werden. Real treten beide Effekte gleichzeitig auf, wie im nächsten Abschnitt diskutiert.

7.1.2 Selbstphasenmodulation und Dispersion

Die Selbstphasenmodulation ist zunächst unabhängig von der Phase der Lichtwelle, da sie nur von der lokalen Momentanleistung der Lichtwelle abhängt. Durch die Betragsquadratbildung spielt die Phase der Hüllkurvenamplitude keine Rolle. Die Bedingungen für die Phasenanpassung nach Gl. (5.9) und (5.10) sind automatisch immer erfüllt.

Die spektrale Verbreiterung hat jedoch im Wechselspiel mit der Dispersion Auswirkungen auf die optische Pulsausbreitung auf Glasfasern. Hier muss zwischen Bereichen mit normaler ($\beta_2 > 0$) und anomaler ($\beta_2 < 0$) Dispersion unterschieden werden. Wir betrachten zunächst den Fall der normalen Dispersion, bei dem sich niederfrequentere „rote" Spektralanteile eines Pulses schneller ausbreiten als hochfrequente „blaue", wie in Abb. 7.3 dargestellt. Durch SPM entsteht an der vorauslaufenden Flanke ($t < 0$) eine Rotverschiebung, an der nacheilenden Flanke ($t > 0$) eine Blauverschiebung. Bei normaler Dispersion werden die neuen Spektralanteile an den Flanken zeitlich auseinander gezogen, so dass durch SPM die normale Dispersion bezüglich der Pulsverbreiterung sowohl zeitlich als auch spektral verstärkt wird.

Im Gegensatz dazu ist bei anomaler Dispersion der Chirp des Pulses durch Auseinanderlaufen von Spektralanteilen aufgrund der Dispersion entgegengesetzt zu dem nichtlinearen Chirp an den Pulsflanken aufgrund der SPM, wie in Abb. 7.4 dargestellt. Beide Effekte können sich teilweise oder vollständig aufheben, oder auch einzeln dominieren, in Abhängigkeit von der Eingangspulsdauer T_e und der Pulsspitzenleistung P_0 sowie den Fasereigenschaf-

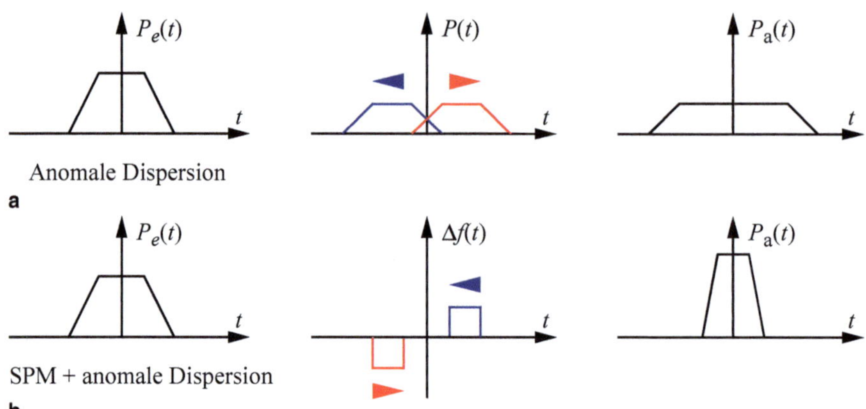

Abb. 7.4 Pulsausbreitung (Prinzipdarstellung) bei anomaler Dispersion (**a**) sowie bei Selbstphasenmodulation mit anomaler Dispersion (**b**). Links: Eingangspuls, Mitte: Dispersion der Spektralanteile bzw. nichtlinearer Chirp, rechts: Ausgangspuls. Beide Effekte bewirken einen entgegengesetzten Chirp. Durch SPM ist bei anomaler Dispersion eine Pulskompression möglich, die der Dispersion entgegen wirkt.

ten Dämpfung a, GVD-Parameter β_2 und nichtlinearem Koeffizienten γ. Vergleicht man die Dispersionslänge

$$L_\mathrm{D} = \frac{T_\mathrm{e}}{|\beta_2|} \tag{7.8}$$

mit der nichtlinearen Länge

$$L_\mathrm{NL} = \frac{1}{\gamma P_0} \tag{7.9}$$

sowie der effektiven Faserlänge

$$L_\mathrm{eff} = \frac{1 - \exp(-aL)}{a}, \tag{7.10}$$

so können folgende Bereiche unterschieden werden:

- $L_\mathrm{eff} \ll L_\mathrm{D}$ und $L_\mathrm{eff} \ll L_\mathrm{NL}$: Der Puls breitet sich ohne signifikanten Einfluss von Dispersion und SPM aus, lediglich die Dämpfung beeinflusst die Pulsamplitude.
- $L_\mathrm{eff} > L_\mathrm{D}$ und $L_\mathrm{eff} < L_\mathrm{NL}$: Pulsaufweitung durch Dispersion dominiert.
- $L_\mathrm{eff} < L_\mathrm{D}$ und $L_\mathrm{eff} > L_\mathrm{NL}$: Pulskompression durch SPM in Verbindung mit anomaler Dispersion dominiert.
- $L_\mathrm{D} = L_\mathrm{NL} < L_\mathrm{eff}$ und $L < L_\mathrm{eff}$: Die Wirkung der SPM und der anomalen Dispersion auf die zeitliche Pulsform sowie auf das Spektrum heben sich gegenseitig auf. Wird $L > L_\mathrm{eff}$, so wird aufgrund der Dämpfung die Dispersion am Ende der Faserstrecke dominieren, da für SPM nicht mehr genug Leistung vorhanden ist.

Besonders interessant ist der letzte Fall mit $L_\mathrm{D} = L_\mathrm{NL}$. Eine erweiterte Analyse mit Hilfe der nichtlinearen Schrödinger-Gleichung Gl. (6.26) zeigt, dass sich unter diesen Bedingungen Pulse mit einer Sekans-Hyperbolicus-Form (sech-Form, s. Anhang A.3.4)

$$A_\mathrm{e}(t) = \sqrt{P_0}\,\mathrm{sech}(t/T_\mathrm{e}) \tag{7.11}$$

ohne Änderung der Hüllkurvenamplitude sowie des Spektrums ausbreiten können [2–4]. Diese besondere, sich selbst erhaltende Pulsform als Lösung einer nichtlinearen Ausbreitungsgleichung wird Soliton genannt. Bedingung dafür ist eine Pulsspitzenleistung P_0, die bei gegebener Pulsdauer T_e folgende Beziehung erfüllen muss:

$$P_0 = \frac{|\beta_2|}{\gamma T_\mathrm{e}^2}. \tag{7.12}$$

Beispiel 7.3

Für eine SSMF mit Parametern $a = 0{,}2\,\mathrm{dB/km}$, $\beta_2 = -20{,}9\,\mathrm{ps^2/km}$ und $\gamma = 1{,}5\,\mathrm{W^{-1}km^{-1}}$ ergibt sich für eine sech-Pulsdauer $T_\mathrm{e} = 10\,\mathrm{ps}$ eine benötigte Leistung von $P_0 = 139\,\mathrm{mW}$ für die Ausbildung von Solitonen-Pulsen. Die nichtlineare Länge und die Dispersionslänge betragen dann $L_\mathrm{D} = L_\mathrm{NL} = 4{,}8\,\mathrm{km}$.

Diese Leistung P_0 ist vergleichsweise hoch für übliche Leistungspegel in optischen Kommunikationssystemen. Durch Einsatz von dispersionsverschobenen Fasern (DSF) mit geringerer anomaler Dispersion und höherem nichtlinearen Koeffizienten kann die Leistung in Bereiche gesenkt werden, die mit üblichen Laserdioden und optischen Verstärkern erreicht wird. Trotzdem hat sich eine reine Solitonen-Übertragung nicht durchgesetzt, da die Solitonen-Bedingung nach Gl. (7.12) schwer über große Faserlängen einzuhalten ist. Stattdessen wird eine teilweise Kompensation der Dispersion durch SPM bei der Streckenauslegung mit einbezogen, bei Leistungen deutlich unterhalb der Solitonen-Bedingung. In periodisch abwechselnden Streckenabschnitten mit unterschiedlicher Dispersion können Solitonen-ähnliche Ausbreitungsbedingungen realisiert werden (engl. *dispersion-managed soliton*) [5–7]. Bei längeren Pulsdauern wird die Solitonen-Leistung zwar formal deutlich geringer, allerdings würden sich diese langen Pulse auch ohne Effekte der SPM über große Strecken ohne signifikante Aufweitung im Vergleich zum Eingangspuls ausbreiten.

7.1.3 Superkontinuum-Erzeugung

Die Selbstphasenmodulation spielt zusammen mit den anderen nichtlinearen Effekten eine wichtige Rolle bei der Erzeugung von extrem breitbandigen weißlichtähnlichen Spektren durch fortgesetzte spektrale Verbreiterung bei hohen Leistungsdichten in Glasfasern [8–11]. Die sogenannten Superkontinuum-Lichtquellen vereinen eine laserartige Strahlqualität aus einer einmodigen Glasfaser („Super") mit einem breitbandigen Spektrum eines thermischen Strahlers („Kontinuum"). Diese Eigenschaften sind z. B. wichtig für die hochaufgelöste Bildgebung mittels optischer Kohärenz-Tomografie (OCT) [12]. Eine weitere wichtige Anwendung ist die Erzeugung extrem breitbandiger optischer Frequenzkämme durch spektrale Verbreiterung modengekoppelter Femtosekundenlaser. Damit können ultrastabile optische Frequenzstandards direkt an elektrische Frequenznormale im Mikrowellenbereich (z. B. eine Cäsium-Atomuhr) angebunden werden [13], um extrem stabile Zeitnormale für Uhren zu realisieren.

7.2 Kreuzphasenmodulation

Breiten sich zwei verschiedene Lichtwellen in einer Glasfaser aus, so wird der Brechungsindex nicht nur von der Leistung der einen Lichtwelle, sondern wechselseitig von beiden beeinflusst. Dies ist die Grundlage für die Kreuzphasenmodulation (engl. *cross phase modulation*, CPM oder XPM). Für die wechselseitige nichtlineare Polarisierung $\mathcal{P}^{\mathrm{X}}$ zweier parallel polarisierter Lichtwellen $E(\omega_1)$ und $E(\omega_2)$ ergibt sich aus Gl. (5.7) im Frequenzbereich

$$\mathcal{P}^{\mathrm{X}}(\omega_1) = \frac{6\varepsilon_0}{4}\mathrm{Re}\left\{\chi^{(3)}_{xxxx}(-\,\omega_1;\omega_2,-\omega_2,\omega_1)\right\} E(\omega_2)E^*(\omega_2)E(\omega_1), \tag{7.13a}$$

$$\mathcal{P}^{\mathrm{X}}(\omega_2) = \frac{6\varepsilon_0}{4}\mathrm{Re}\left\{\chi^{(3)}_{xxxx}(-\,\omega_2;\omega_1,-\omega_1,\omega_2)\right\} E(\omega_1)E^*(\omega_1)E(\omega_2). \tag{7.13b}$$

Für Frequenzen ω_1 und ω_2 im gleichen Spektralbereich kann die Dispersion der nichtlinearen Suszeptibilität $\chi^{(3)}_{xxxx}$ im Weiteren vernachlässigt werden. Für senkrecht polarisierte Lichtwellen $E_x(\omega_1)$ und $E_y(\omega_2)$ müssen anstelle von $\chi^{(3)}_{xxxx}$ die Suszeptibilitäten $\chi^{(3)}_{xyyx}$ und $\chi^{(3)}_{yxxy}$ verwendet werden, wobei für die hier dominierenden elektronischen nichtlinearen Polarisierbarkeiten in isotropen Medien gilt [2]

$$\chi^{(3)}_{xyyx} = \chi^{(3)}_{yxxy} = \frac{1}{3}\chi^{(3)}_{xxxx}. \tag{7.14}$$

Der Effekt der XPM zwischen orthogonalen Feldkomponenten ist also um ein Drittel kleiner als zwischen parallelen Feldkomponenten. Im Folgenden werden nur parallele Felder betrachtet. Analog zu Kap. 5.3 kann jetzt der wirksame Brechungsindex $n(E)$ für beide Felder angegeben werden:

$$n(\omega_1) = n_0 + n_2\left(|E(\omega_1)|^2 + 2|E(\omega_2)|^2\right), \tag{7.15a}$$

$$n(\omega_2) = n_0 + n_2\left(|E(\omega_2)|^2 + 2|E(\omega_1)|^2\right). \tag{7.15b}$$

Dabei ist n_0 der lineare Brechungsindex, und n_2 der feldbezogene nichtlineare Brechzahlkoeffizient nach Gl. (5.18). Der erste Summand in der Klammer auf der rechten Seite resultiert aus der SPM, der zweite Summand aus der XPM. Der Einfluss der XPM ist bei gleicher Leistung doppelt so groß wie bei der SPM, eine Konsequenz aus der Anzahl der Terme gleicher Frequenz beim Ausmultiplizieren und Herleiten von Gl. (5.7) in Kap. 5.

Wir gehen nun von lokalen Beziehungen im Medium zur Wellenausbreitung in Glasfasern über. Der faserspezifische nichtlineare Koeffizient γ_{ik} zweier Wellen i und k für die Kreuzphasenmodulation ist gegeben durch [2]

$$\gamma_{ik} = \frac{\omega_i}{c_0} \frac{\iint_{-\infty}^{\infty} n_2^I(x,y)|\Psi_i(x,y)|^2|\Psi_k(x,y)|^2 \mathrm{d}x\mathrm{d}y}{\left(\iint_{-\infty}^{\infty} |\Psi_i(x,y)|^2 \mathrm{d}x\mathrm{d}y\right)\left(\iint_{-\infty}^{\infty} |\Psi_k(x,y)|^2 \mathrm{d}x\mathrm{d}y\right)}. \tag{7.16}$$

Darin ist $n_2^I(x,y)$ der im Querschnitt durch Dotierung ortsvariable intensitätsbezogene nichtlineare Brechzahlkoeffizient, und $\Psi_i(x,y)$ sowie $\Psi_k(x,y)$ sind die Strukturfunktionen der Wellenleitermoden der an XPM beteiligten beiden Wellen. Sind beide Wellen in der gleichen Mode, und sind die Frequenzen ω_i und ω_k nur wenig unterschiedlich, so können die Unterschiede der Strukturfunktionen vernachlässigt werden, und es ergibt sich für die XPM der gleiche nichtlineare Faserkoeffizient γ_i wie bei der SPM nach Gl. (5.26).

Wir betrachten nun zwei in gleicher Richtung $+z$ laufende Wellen mit zeitunveränderlichen (cw), leistungsnormierten Amplituden $A_i = \sqrt{P_i}$ und mit Frequenzen ω_i. In den gekoppelten nichtlinearen Schrödinger-Gleichungen Gl. (6.27) für zwei Wellen entfallen dann alle Zeitableitungen und wir erhalten folgende gekoppelte Amplitudengleichungen der beiden Wellen über der Ausbreitungskoordinate z:

$$\frac{\mathrm{d}A_1}{\mathrm{d}z} = -\frac{a_1}{2}A_1 - \mathrm{j}\gamma_1\left(|A_1|^2 + 2|A_2|^2\right)A_1, \tag{7.17a}$$

$$\frac{\mathrm{d}A_2}{\mathrm{d}z} = -\frac{a_2}{2}A_2 - \mathrm{j}\gamma_2\left(|A_2|^2 + 2|A_1|^2\right)A_2. \tag{7.17b}$$

Darin sind a_i die leistungsbezogenen Dämpfungen bei den Frequenzen ω_i, und γ_i die entsprechenden nichtlinearen Faserkoeffizienten. Die lineare Phasendrehung der Amplituden entlang der Ausbreitungsrichtung ist hier nicht enthalten, da die Amplituden wie üblich in einem mit der Welle mitbewegten Koordinatensystem definiert sind. Als Lösungen ergeben sich

$$A_1(z=L) = A_1(z=0)\,\mathrm{e}^{-\frac{1}{2}a_1L}\,\mathrm{e}^{-\mathrm{j}\gamma_1\left(|A_1|^2+2|A_2|^2\right)L_{\mathrm{eff}}}, \tag{7.18a}$$

$$A_2(z=L) = A_2(z=0)\,\mathrm{e}^{-\frac{1}{2}a_2L}\,\mathrm{e}^{-\mathrm{j}\gamma_2\left(|A_2|^2+2|A_1|^2\right)L_{\mathrm{eff}}}. \tag{7.18b}$$

Wie bei der SPM findet auch durch XPM nur eine reine Phasenmodulation, aber keine Leistungsübertragung von der einen Welle zur anderen statt. Durch die Betragsquadratbildung ist die Wirkung der Amplitude A_i auf die jeweils andere Amplitude A_k unabhängig von der Phase der Amplitude A_i. XPM ist somit stets gemäß Gl. (5.9) und Gl. (5.10) phasenangepasst, unabhängig von der Dispersion der Faser. Die gesamte nichtlineare Phasendrehung durch SPM und XPM ergibt sich zu

$$\Delta\phi_1 = -\mathrm{j}\gamma_1\left(|A_1|^2 + 2|A_2|^2\right)L_{\mathrm{eff}}, \tag{7.19a}$$

$$\Delta\phi_2 = -\mathrm{j}\gamma_2\left(|A_2|^2 + 2|A_1|^2\right)L_{\mathrm{eff}}. \tag{7.19b}$$

Diese Gleichungen können leicht auf mehr als zwei Wellen erweitert werden, indem über alle XPM-Beiträge zwischen jeweils zwei unterschiedlichen Wellen analog zu Gl. (5.7d) aufsummiert wird. Komplizierter sind die Verhältnisse bei der Ausbreitung zeitlich modulierter Lichtwellen unter dem Einfluss der XPM. Diese müssen dann durch Lösung der gekoppelten nichtlinearen Schrödinger-Gleichungen Gl. (6.27) mit allen Zeitableitungen beschrieben werden [2, 14]. Für eine große Dispersion und für große Frequenzabstände sind es aber im Wesentlichen die zeitgemittelten Leistungen der beteiligten Wellen, die eine gegenseitige Phasenmodulation bewirkt.

7.3 Vierwellenmischung

7.3.1 Frequenzen der Vierwellenmischung

Die Vierwellenmischung (engl. *four wave mixing*, FWM) ist der allgemeine Fall der Frequenzmischung durch die nichtlineare Suszeptibilität dritter Ordnung $\chi^{(3)}$, die gemäß Gl. (5.7) bis zu drei elektrische Felder gleicher oder unterschiedlicher Frequenzen $\omega_1, \omega_2, \omega_3$ zu einer nichtlinearen Polarisierung bei einer vierten Frequenz ω_4 verknüpfen kann. Die SPM, bei der alle vier Frequenzen gleich sind, und die XPM, bei der jeweils zwei der vier Frequenzen gleich sind, können auch als stark entartete Sonderfälle der FWM aufgefasst werden. Durch SPM oder XPM werden aber keine neuen Frequenzen erzeugt oder Leistung auf eine andere Frequenz übertragen, im Gegensatz zur eigentlichen FWM. Weiterhin werden Prozesse, bei denen stark von $\omega_1, \omega_2, \omega_3$ abweichende Frequenzen ω_4 entstehen, wie z. B. die Frequenzverdreifachung oder kombinierte Frequenzverdopplung und Summenfrequenzbildung, üblicherweise nicht mit FWM bezeichnet.

Bei der schwach oder einfach entarteten FWM (engl. *degenerate four-wave mixing*, DFWM), erzeugen zwei Frequenzen ω_a und ω_b zwei mögliche neue Frequenzen

$$\omega_{aab} = 2\omega_a - \omega_b, \tag{7.20a}$$

$$\omega_{bba} = 2\omega_b - \omega_a. \tag{7.20b}$$

In Abb. 7.5a sind die beiden möglichen neuen Frequenzen dargestellt.

Als nicht-entartete FWM oder kurz FWM wird die Entstehung neuer Frequenzen ausgehend von drei Frequenzen ω_a, ω_b und ω_c bezeichnet. Hierfür gibt es drei unterscheidbare Möglichkeiten

$$\omega_{abc} = \omega_a + \omega_b - \omega_c, \tag{7.21a}$$

$$\omega_{acb} = \omega_a - \omega_b + \omega_c, \tag{7.21b}$$

$$-\omega_{bca} = \omega_a - \omega_b - \omega_c. \tag{7.21c}$$

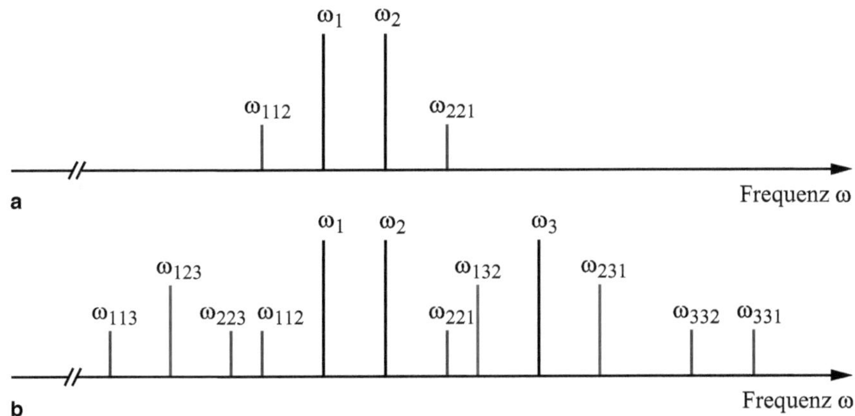

Abb. 7.5 Frequenzen bei der Vierwellenmischung zweier Frequenzen (**a**) und dreier Frequenzen (**b**) zu neuen Frequenzen f_{abc}.

Andere Permutationen erzeugen keine neuen Frequenzen, sondern fallen auf bereits beschriebene Komponenten. Dieser zusätzliche Beitrag ist in den Entartungsvorfaktoren vor den Summenzeichen in Gl. (5.7) sowie in der Höhe der Spektrallinien in der Prinzipdarstellung Abb. 7.5b bereits berücksichtigt. Neben den nichtentarteten FWM-Produkten entstehen bei der Mischung dreier verschiedener Frequenzen auch noch einfach entartete FWM-Produkte jeweils zweier Frequenzen. Sind die ursprünglichen Frequenzen im gleichen Frequenzbereich, so sind auch alle FWM-Produkte bei ähnlichen Frequenzen. Allgemein entstehen durch n Frequenzen m neue Frequenzen:

$$m = [n^2(n-1)]/2. \tag{7.22}$$

Stets entstehen dabei auch Mischprodukte, die außerhalb des Intervalls zwischen kleinster und größter ursprünglicher Frequenz liegen. Da die Anzahl der möglichen Mischprodukte mit der Anzahl der vorhandenen Frequenzen ansteigt, und neu gebildete Frequenzen ihrerseits am FWM-Prozess beteiligt sind, kann durch kaskadierte FWM eine signifikante spektrale Verbreiterung des ursprünglichen Spektrums entstehen. Dies wird bei der Erzeugung eines ultrabreitbandigen Spektrums, eines sog. Superkontinuums, gezielt ausgenutzt. Störend macht sich die Verbreiterung durch FWM in Faserlasern bemerkbar, wie in Kap. 10.5 diskutiert.

Ein Sonderfall sind äquidistante Abstände Δf der ursprünglichen Frequenzen, z. B. der Frequenzkanäle in optischen Übertragungssystemen mit Wellenlängenmultiplex (engl. *wavelenghth division multiplex*, WDM) [15], oder der Eigenfrequenzen in Resonatoren von Faserlasern (s. Kap. 10). Viele der FWM-Mischprodukte landen dann genau auf benachbarten ursprünglichen Frequenzen und erzeugen neben einer Verbreiterung des Gesamtspektrums einen Leistungsaustausch zwischen den ursprünglichen Frequenzen, wie in Abb. 7.6 dargestellt. Dieses Übersprechen ist in WDM-Übertragungssystemen störend [16, 17]. In Faserlasern führt dies zu einer spektralen Verbreiterung, die numerisch durch ein diskretes Spektrum an äquidistanten Frequenzen beschrieben werden kann (s. Kap. 10.5).

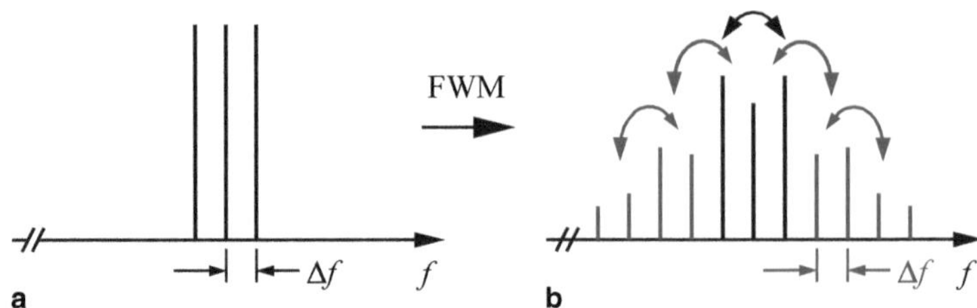

Abb. 7.6 Übersprechen und Verbreiterung ausgehend von Frequenzen mit äquidistantem Abstand Δf (**a**) durch kaskadierte FWM (**b**). Die Pfeile zeigen nur schematisch die Richtung des Energietransportes zu den Rändern des Spektrums, tatsächlich werden durch FWM jeweils drei oder vier beliebige Frequenzen verkoppelt.

7.3.2 Phasenanpassung

7.3.2.1 Definition der Phasenanpassung

Für die vier beteiligten Frequenzen eines FWM-Prozesses gilt immer

$$\omega_1 + \omega_2 = \omega_3 + \omega_4. \tag{7.23}$$

Stets befinden sich alle Frequenzen symmetrisch zu einer mittleren Frequenz $\omega_0 = (\omega_1+\omega_2+\omega_3+\omega_4)/4$, wie auch in Abb. 7.7 dargestellt. Dabei sollen nun die Frequenzen ω_1, ω_2 und ω_3 ursprüngliche Frequenzen sein. Durch deren Mischung entsteht im Medium eine nichtlineare Polarisierungswelle bei der Frequenz ω_4 mit Phasenmaß $\beta^{(\mathrm{P})}(\omega_4)$ gemäß

$$\beta(\omega_1) + \beta(\omega_2) = \beta(\omega_3) + \beta^{(\mathrm{P})}(\omega_4). \tag{7.24}$$

Im Falle idealer Phasenanpassung hat die Polarisierungswelle mit $\beta^{(\mathrm{P})}(\omega_4)$ das gleiche Phasenmaß $\beta(\omega_4)$ wie eine Lichtwelle der Frequenz ω_4, die dann über beliebige Längen der Glasfaser von der Polarisierungswelle erzeugt und verstärkt werden kann (Abb. 7.8a). Aufgrund der Dispersion des effektiven Brechungsindex $n_{\mathrm{eff}}(\omega)$ entsteht aber in der Regel eine Phasenfehlanpassung $\Delta\beta$ (Abb. 7.8b):

$$\beta(\omega_1) + \beta(\omega_2) = \beta(\omega_3) + \beta(\omega_4) - \Delta\beta, \tag{7.25a}$$

$$\omega_1 n_{\mathrm{eff}}(\omega_1) + \omega_2 n_{\mathrm{eff}}(\omega_2) = \omega_3 n_{\mathrm{eff}}(\omega_3) + \omega_4 n_{\mathrm{eff}}(\omega_4) - c_0\Delta\beta. \tag{7.25b}$$

Als Folge laufen während der Ausbreitung die Polarisierungswelle und die Lichtwelle bei der Frequenz ω_4 in der Phase auseinander. Konstruktive und destruktive Überlagerung wechseln sich ab, so dass der Effekt der FWM teilweise oder ganz ausgelöscht werden kann. Als Kohärenzlänge der FWM wird diejenige Länge definiert, nach der beide Wellen wieder gleichphasig sind:

$$L_{\mathrm{coh}} = \frac{2\pi}{|\Delta\beta|}. \tag{7.26}$$

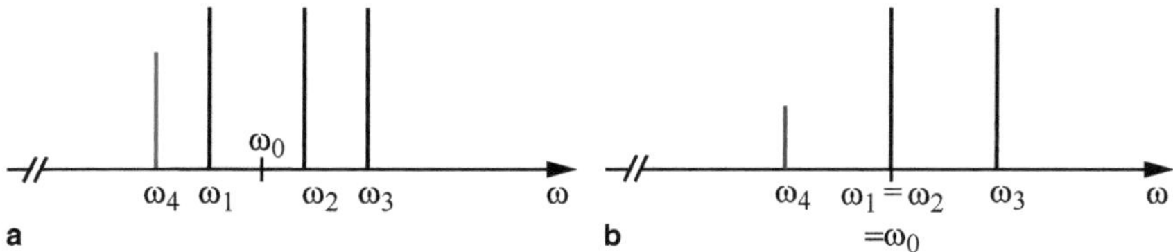

Abb. 7.7 Konvention für die Frequenzen bei der FWM (**a**) und der entarteten FWM (**b**).

Abb. 7.8 Ideale Phasenanpassung (a) und Phasenfehlanpassung (b) bei der Vierwellenmischung.

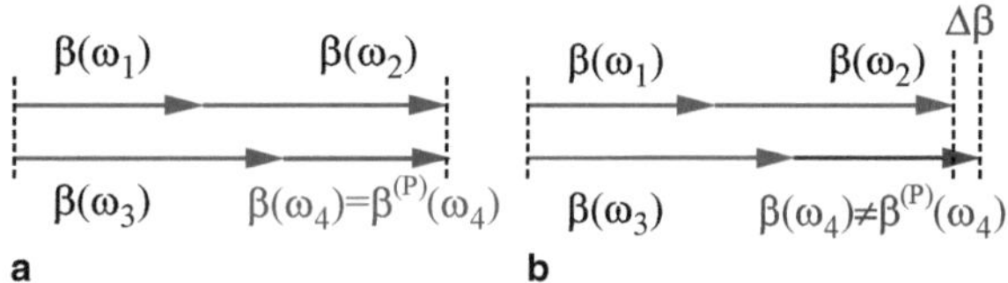

Für Wellen, die sich in $-z$-Richtung ausbreiten, muss das Vorzeichen des Phasenmaß in Gl. (7.25a) invertiert werden. Bei einer oder zwei gegenläufigen Wellen ist keine Frequenzkombination der FWM oder DFWM zu finden, bei der gleichzeitig Gl. (7.23) und Gl. (7.24) erfüllt ist. Durch gegenläufige Wellen entstehen also keine neuen Frequenzen durch FWM, wohl aber sind die entarteten Prozesse SPM und XPM möglich.

7.3.2.2 Phasenfehlanpassung durch Dispersion

Befinden sich alle beteiligten Frequenzen in einem ähnlichen Spektralbereich um die Mittenfrequenz ω_0, so kann das Phasenmaß um ω_0 in eine Taylor-Reihe gemäß Gl. (5.26) entwickelt werden. Die Phasenfehlanpassung kann damit mit Hilfe der Frequenzabstände und der Dispersionskoeffizienten sehr gut genähert werden [18] zu

$$\Delta\beta = \beta_2(\omega_1-\omega_3)(\omega_2-\omega_3) + \frac{\beta_4}{12}\left[(\omega_3-\omega_0)^4-(\omega_1-\omega_0)^4\right]. \quad (7.27)$$

Darin ist β_2 der GVD-Parameter und β_4 der Koeffizient der Dispersion vierter Ordnung, jeweils bei der Mittenfrequenz ω_0. Die Frequenzen sind aufsteigend gemäß Abb. 7.7 zu indizieren. Insbesondere bei einer Mittenfrequenz ω_0 in der Nähe der Dispersionsnullstelle einer Faser ω_D oder bei großen Abständen der beteiligten Frequenzen ist der Term mit β_4 zu berücksichtigen, ansonsten kann β_4 auch vernachlässigt werden, da dann der GVD-Parameter β_2 dominiert. Für $\omega_0 = \omega_D$ herrscht stets gute Phasenanpassung, selbst wenn der Term mit β_4 berücksichtigt wird. Befindet man sich im Bereich normaler Dispersion mit $\beta_2 > 0$, so gilt auch $\Delta\beta > 0$, während im Bereich mit anomaler Dispersion $\beta_2 < 0$ entsprechend $\Delta\beta < 0$ resultiert.

Exkurs 7.1

Die Entwicklung des Phasenmaßes in eine Taylor-Reihe um die Mittenfrequenz ω_0, zu der alle beteiligten Frequenzen der FWM symmetrisch sind, hat zur Folge, dass nur gerade Dispersionskoeffizienten in die Bestimmung der Phasenfehlanpassung $\Delta\beta$ eingehen. Gleichung (7.27) ist durch Berücksichtigung eines Koeffizienten vierter Ordnung eine sehr gute Approximation des exakten Ergebnisses aus Gl. (7.25a), auch in der Nähe der Dispersionsnullstelle und selbst bei großen Bandbreiten über 100 nm. Andere Definitionen aus der Literatur, die Koeffizienten nur bis zur dritten Ordnung verwenden (β_2 und β_3 bzw. Dispersionsparameter D und Dispersionssteigung S) machen entweder nicht vollständig klar, bei welcher Frequenz bzw. Wellenlänge die Dispersionsparameter zu verwenden sind [14], oder liefern schlechtere Näherungen [19, 20].

Für den Sonderfall äquidistanter Frequenzabstände Δf der beteiligten Wellen kann für benachbarte Frequenzen die Phasenmaßdifferenz folgendermaßen bestimmt werden:

$$\Delta\beta = \xi\beta_2 4\pi^2 \Delta f^2 = -\xi \frac{2\pi\,\lambda_0^2}{c_0} D(\lambda_0)\Delta f^2. \tag{7.28}$$

Darin ist der Entartungsfaktor $\xi = 2$ für FWM und $\xi = 1$ für entartete FWM, D ist der Dispersionsparameter und λ_0 die Mittenwellenlänge.

7.3.2.3 Phasenanpassung durch Doppelbrechung

In den beiden vorangegangenen Abschnitten wurde die Phasenfehlanpassung für den Fall kollinear polarisierter Wellen in isotropen Wellenleitern diskutiert. Für nicht kollineare Wellen und in doppelbrechenden Medien muss eine vektorielle Beschreibung der FWM erfolgen [2]. Aber auch ohne aufwendige Rechnungen kann eingesehen werden, dass in doppelbrechenden Fasern die Phasenfehlanpassung aufgrund der Dispersion durch eine entgegengesetzte Polarisationsmodendispersion kompensiert werden kann, wenn sich die an der FWM beteiligten Wellen in unterschiedlichen Hauptachsen einer linear doppelbrechenden Faser ausbreiten [21]. Dadurch kann FWM trotz Dispersion effizient sein.

Ist Δn der Brechzahlunterschied zwischen schneller und langsamer Achse (s. Kap. 4.3.2), so ist in der langsamen Achse (slow, Index s) das Phasenmaß um $\Delta\beta_s(\omega) = \Delta n\,\omega/c_0$ größer als in der schnellen. Wir betrachten zunächst bei entarteter FWM (Abb. 7.7b) den Fall, dass die Welle bei der Frequenz ω_0 in der langsamen Achse ausgerichtet ist, die Wellen bei $\omega_3 = \omega_0 + \Omega$ und bei $\omega_4 = \omega_0 - \Omega$ in der schnellen Achse. Dabei ist $\Omega = 2\pi\,\Delta f$ der Frequenzabstand zur Mittenfrequenz ω_0. Wir setzen in die Gleichung für die Phasenmaßdifferenz

$$\begin{aligned}\Delta\beta &= \beta(\omega_3) + \beta(\omega_4) - 2\beta_s(\omega_0)\\ &= \beta(\omega_3) + \beta(\omega_4) - 2\big(\beta(\omega_0) + \Delta\beta_s(\omega)\big)\end{aligned} \tag{7.29}$$

Tab. 7.1 Phasenanpassung der entarteten FWM in linear doppelbrechenden Fasern. s: Welle in langsamer Achse, f: Welle in schneller Achse.

Prozess	ω_0	ω_3	ω_4	Dispersion	Ω_s
I	s/s	f	f	normal ($\beta_2>0$)	Gl. (7.31)
II	f/f	s	s	anomal ($\beta_2<0$)	Gl. (7.31)
III	s/f	s	f	normal ($\beta_2>0$)	Gl. (7.33)
IV	s/f	f	s	anomal ($\beta_2<0$)	Gl. (7.33)

die Taylor-Reihenentwicklung für die Dispersion um die Frequenz ω_0 ein, berücksichtigen Terme bis zur zweiten Ordnung, und erhalten

$$\Delta\beta = \beta_2\Omega^2 - 2\Delta n\frac{\omega_0}{c_0}. \tag{7.30}$$

Damit bestimmen wir den Frequenzabstand Ω_0, bei dem die Phasenmaßdifferenz $\Delta\beta$ zu Null wird, für den Fall normaler Dispersion mit $\beta_2>0$ zu

$$\Omega_0 = \sqrt{\frac{4\pi\Delta n}{|\beta_2|\lambda_0}}, \tag{7.31}$$

mit der Mittenwellenlänge $\lambda_0 = c_0/\omega_0$. Das gleiche Ergebnis erhält man für anomale Dispersion mit $\beta_2<0$, wenn ω_0 in der schnellen und ω_3 sowie ω_4 in der langsamen Achse geführt werden.

Andere Verhältnisse erhält man, wenn sich ω_0 sowohl in der schnellen als auch in der langsamen Achse ausbreitet, und wenn ω_3 in der langsamen Achse und ω_4 in der schnellen Achse läuft:

$$\begin{aligned}\Delta\beta &= \beta_s(\omega_3) + \beta(\omega_4) - \beta_s(\omega_0) - \beta(\omega_0)\\ &= \big(\beta(\omega_3) + \Delta\beta_s(\omega_3)\big) + \beta(\omega_4) - \big(\beta(\omega_0) + \Delta\beta_s(\omega_0)\big) - \beta(\omega_0)\\ &= \beta_2\Omega^2 - \Delta n\frac{\Omega}{c_0},\end{aligned} \tag{7.32}$$

mit perfekter Phasenanpassung für den Fall normaler Dispersion mit $\beta_2>0$ bei der Frequenz

$$\Omega_0 = \frac{\Delta n}{|\beta_2|c_0}. \tag{7.33}$$

Wiederum das gleiche Ergebnis erhält man für anomale Dispersion ($\beta_2<0$) mit ω_3 sowie ω_4 in vertauschten Achsen. Eine Übersicht der dabei möglichen Verteilung der Wellen auf unterschiedliche Achsen (s: slow, f: fast) der doppelbrechenden Faser ist in Tab. 7.1 zu finden. Diese Ergebnisse sind bei der Diskussion der FWM bei Verwendung stark doppelbrechender Fasern zu berücksichtigen.

7.3.3 Analytische Bestimmung der Amplituden, parametrische Verstärkung

Die quantitative Beschreibung der FWM kann mit der nichtlinearen Schrödinger-Gleichung erfolgen. Dabei kann ein Ansatz mit getrennten Feldern (engl. *separate field approach*) verwendet werden, um neben numerischen Lösungen auch analytische Lösungen für einige Spezialfälle abzuleiten. Diese können dann mit der numerischen Lösung eines Gesamtfeldansatzes (engl. *total field approach*) unter Verwendung des Split-Step-Fourier-Algorithmus verglichen werden.

7.3.3.1 Gekoppelte Amplitudengleichungen

Von den vielen möglichen Mischprodukten der Vierwellenmischung in Abb. 7.5 greifen wir nun eines heraus. Für die Frequenzen ω_i und die Phasenmaßdifferenzen $\Delta\beta$ der beteiligten vier Wellen gilt

$$\omega_1 = -\omega_2 + \omega_3 + \omega_4 \qquad -\beta_1 - \beta_2 + \beta_3 + \beta_4 = \Delta\beta, \tag{7.34a}$$

$$\omega_2 = -\omega_1 + \omega_3 + \omega_4 \qquad -\beta_1 - \beta_2 + \beta_3 + \beta_4 = \Delta\beta, \tag{7.34b}$$

$$\omega_3 = \omega_1 + \omega_2 - \omega_4 \qquad \beta_1 + \beta_2 - \beta_3 - \beta_4 = -\Delta\beta, \tag{7.34c}$$

$$\omega_4 = \omega_1 + \omega_2 - \omega_3 \qquad \beta_1 + \beta_2 - \beta_3 - \beta_4 = -\Delta\beta. \tag{7.34d}$$

Dabei wäre Gl. (7.34a) alleine ausreichend, um die Beziehung zwischen den Frequenzen zu definieren. Aus Gl. (7.34a) bis Gl. (7.34d) ist aber sofort ersichtlich, welche der Frequenzen ein negatives Vorzeichen hat und in der entsprechenden Amplitudengleichung Gl. (7.35) konjugiert-komplex eingesetzt werden muss. Die Vorzeichen der Phasenmaße bei der Bildung der Phasenmaßdifferenz folgen stets den Vorzeichen der jeweiligen Frequenzen. Die Frequenzen seien weiterhin so gewählt, dass Produkte der entarteten FWM $2\omega_1 - \omega_2$ usw. nicht wieder auf eine der vier betrachteten Frequenzen fallen.

Für quasi-stationäre Bedingungen im skalaren Fall für kollineare Felder und unter Vernachlässigung der Dämpfung ergeben sich aus den gekoppelten NLSGls Gl. (6.27) für quasi-stationäre, unmodulierte Lichtwellen folgende gekoppelten Amplitudengleichungen (engl. *coupled-amplitude equations*):

$$\frac{\mathrm{d}A_1}{\mathrm{d}z} = -\mathrm{j}\gamma|A_1|^2 A_1 - 2\mathrm{j}\gamma \sum_{i\neq 1} |A_i|^2 A_1 - 2\mathrm{j}\gamma A_2^* A_3 A_4\, \mathrm{e}^{\mathrm{j}\Delta\beta z}, \tag{7.35a}$$

$$\frac{\mathrm{d}A_2}{\mathrm{d}z} = -\mathrm{j}\gamma|A_2|^2 A_2 - 2\mathrm{j}\gamma \sum_{i\neq 2} |A_i|^2 A_2 - 2\mathrm{j}\gamma A_1^* A_3 A_4\, \mathrm{e}^{\mathrm{j}\Delta\beta z}, \tag{7.35b}$$

$$\frac{\mathrm{d}A_3}{\mathrm{d}z} = -\mathrm{j}\gamma|A_3|^2 A_3 - 2\mathrm{j}\gamma \sum_{i\neq 3} |A_i|^2 A_3 - 2\mathrm{j}\gamma A_1 A_2 A_4^*\, \mathrm{e}^{-\mathrm{j}\Delta\beta z}, \tag{7.35c}$$

$$\frac{\mathrm{d}A_4}{\mathrm{d}z} = \underbrace{-\mathrm{j}\gamma|A_4|^2 A_4}_{\text{SPM}} \underbrace{-2\mathrm{j}\gamma \sum_{i\neq 4} |A_i|^2 A_4}_{\text{XPM}} \underbrace{-2\mathrm{j}\gamma A_1 A_2 A_3^*\, \mathrm{e}^{-\mathrm{j}\Delta\beta z}}_{\text{FWM}}. \tag{7.35d}$$

Darin enthalten ist neben der SPM und der XPM ein Mischterm der FWM. Ohne weitere Rechnung können aus Gl. (7.35) einige wichtige Schlüsse gezogen werden. Die Terme der SPM und der XPM sind immer um $-\pi/2$ zur Amplitude der jeweiligen Welle phasenverschoben, und können daher nur die Phase der jeweiligen Welle beeinflussen. Im Gegensatz dazu kann die FWM je nach Phasenlage der komplexen Amplituden $A_i = \hat{A}\,e^{j\phi_i}$ Energie zwischen den Wellen umverteilen. Um dies zu verdeutlichen, setzen wir zunächst ideale Phasenanpassung voraus ($\Delta\beta = 0$) und vernachlässigen SPM und XPM. Wir betrachten als Beispiel den Fall, dass die lokalen Phasen ϕ_i die Werte $\phi_1 = \phi_2 = \phi_4 = 0$, $\phi_3 = -\pi/2$ haben. Die FWM-Terme der Amplitudengleichungen Gl. (7.35a) und Gl. (7.35b) der Amplituden A_1 und A_2 sind dann negativ reellwertig. Diese beiden Wellen verlieren somit bei Ausbreitung in $+z$-Richtung an Leistung. Der FWM-Term in Gl. (7.35d) für A_4 ist positiv reellwertig, so dass diese Welle durch FWM an Amplitude und Leistung gewinnt. Das Gleiche gilt für die Amplitude A_3, denn hier ist in Gl. (7.35c) der FWM-Term negativ imaginärwertig, und somit in Phase zur Amplitude A_3. Diese Verstärkung durch Vierwellenmischung wird auch als parametrische Verstärkung bezeichnet [22–24]. Unter gleichen beispielhaften Bedingungen würde z. B. auch eine Welle bei ω_4 neu entstehen, selbst wenn diese bei $z = 0$ noch gar nicht vorhanden wäre. Derartige Systeme zur Erzeugung einer neuen Lichtwelle werden auch als optisch-parametrische Oszillatoren (OPO) bezeichnet. Sind ω_1 und ω_2 cw-Pumplichtwellen, so würde eine modulierte Lichtwelle mit Frequenz ω_3 eine gleichartig modulierte, jedoch phasenkonjugierte Lichtwelle bei ω_4 erzeugen. Diese Anwendung wird als parametrische Frequenzumsetzung oder Phasenkonjugation bezeichnet [22, 25]. Einen Überblick über Anwendungen gibt [26].

Im Gegensatz zu SPM und XPM ist FWM ein phasensensitiver Prozess. Kehrt man beispielsweise nur die Phase der Welle ω_3 zu $\phi_3 = \pi/2$ um, so resultiert ein umgekehrter Energiefluss von ω_3 und ω_4 nach ω_1 und ω_2. Aus diesem Grund wird ein derartiger parametrischer Verstärker auch als phasensensitiver Verstärker (PSA) bezeichnet.

Exkurs 7.2

Im Gegensatz zu den meisten anderen optischen Verstärkungsmechanismen ist die FWM in einem PSA in der Lage, nur die gewünschte Signallichtwelle mit bekannter und definierter Phase selektiv zu verstärken, während überlagertes optisches Rauschen mit undefinierter Phase im zeitlichen Mittel weniger verstärkt wird. In der Praxis ist es jedoch schwierig, eine stabile Phasenbeziehung der komplexen Amplituden von vier Lichtwellen aus unabhängigen Quellen dauerhaft zu gewährleisten.

Unter Berücksichtigung der Phasenfehlanpassung $\Delta\beta$ aufgrund der Dispersion sowie der zusätzlichen Phasendrehungen aller Wellen durch SPM und XPM kann dabei ein periodisches Pendeln der Leistung zwischen den beteiligten Wellen resultieren.

Für die entartete Vierwellenmischung mit $\omega_1 = \omega_2 = \omega_0$ und $A_0 = \sqrt{P_0}$ ergibt sich analog:

$$2\omega_0 = \omega_3 + \omega_4 \qquad -2\beta_0 + \beta_3 + \beta_4 = \Delta\beta', \tag{7.36a}$$

$$\omega_3 = 2\omega_0 - \omega_4 \qquad 2\beta_0 - \beta_3 - \beta_4 = -\Delta\beta', \tag{7.36b}$$

$$\omega_4 = 2\omega_0 - \omega_3 \qquad 2\beta_0 - \beta_3 - \beta_4 = -\Delta\beta', \tag{7.36c}$$

mit den gekoppelten Amplitudengleichungen

$$\frac{\mathrm{d}A_0}{\mathrm{d}z} = -\mathrm{j}\gamma|A_0|^2A_0 - 2\mathrm{j}\gamma\sum_{i\neq 0}|A_i|^2A_0 - \mathrm{j}\gamma A_0^*A_3A_4\,\mathrm{e}^{\mathrm{j}\Delta\beta' z}, \tag{7.37a}$$

$$\frac{\mathrm{d}A_3}{\mathrm{d}z} = -\mathrm{j}\gamma|A_3|^2A_3 - 2\mathrm{j}\gamma\sum_{i\neq 3}|A_i|^2A_3 - \mathrm{j}\gamma A_0^2A_4^*\,\mathrm{e}^{-\Delta\beta' z}, \tag{7.37b}$$

$$\frac{\mathrm{d}A_4}{\mathrm{d}z} = \underbrace{-\mathrm{j}\gamma|A_4|^2A_4}_{\text{SPM}}\underbrace{-2\mathrm{j}\gamma\sum_{i\neq 4}|A_i|^2A_4}_{\text{XPM}}\underbrace{-\mathrm{j}\gamma A_0^2A_3^*\,\mathrm{e}^{-\mathrm{j}\Delta\beta' z}}_{\text{DFWM}}. \tag{7.37c}$$

Die Lösung der gekoppelten Amplitudengleichungen Gl. (7.35) und Gl. (7.37) muss numerisch erfolgen, da für derartige nichtlinear gekoppelte Differentialgleichungssysteme keine umfassenden analytischen Lösungen existieren. Eine Näherungslösung kann für Spezialfälle gefunden werden, von denen zwei in den nächsten beiden Abschnitten vorgestellt werden.

7.3.3.2 Drei Pumpwellen und Erzeugung einer neuen Frequenz

In vielen Anwendungen wie z. B. WDM-Übertragungssystemen oder im Raman-Faserlaser ist die Entstehung neuer Frequenzen durch FWM unerwünscht. Es interessiert daher, welche Leistung bei ω_4 durch FWM von ω_1, ω_2 und ω_3 entsteht. Dazu nehmen wir deren Leistung mit P_1, P_2 und P_3 als bezüglich der FWM konstant an, da die Leistung des FWM-Produktes P_4 im Vergleich dazu klein sein soll. Sind die Leistungen P_1, P_2 und P_3 in der gleichen Größenordnung, bewirken die Phasenterme der SPM und XPM für alle Wellen eine ähnliche Phasendrehung, so dass diese hier vernachlässigt wird. Auch die Phasenfehlanpassung und die Dämpfung soll zunächst zu Null gesetzt werden. Für die Amplitude des FWM-Produktes A_4 ergibt sich dann

$$\frac{\mathrm{d}A_4}{\mathrm{d}z} = -2\mathrm{j}\gamma A_1A_2A_3^*, \tag{7.38}$$

mit der einfachen Lösung

$$A_4(z) = (-2\mathrm{j}\gamma A_1A_2A_3^*)\,z. \tag{7.39}$$

Daraus kann die Leistung P_4 des Vierwellenmischproduktes durch Betragsquadratbildung bestimmt werden. Die Eingangsphasen der Wellen ϕ_1,ϕ_2 und ϕ_3 haben bei der Erzeugung

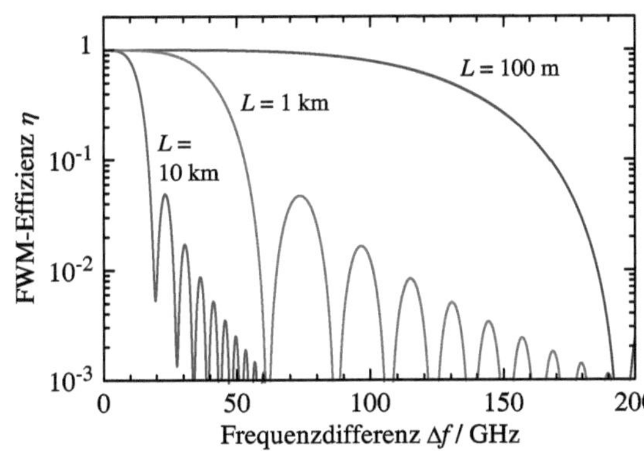

Abb. 7.9 Berechnete FWM-Effizienz einer SSMF ($a = 0{,}2\,\mathrm{dB/km}$, $\beta_2 = -20{,}9\,\mathrm{ps^2/km}$, $\gamma = 1{,}5\,\mathrm{W^{-1}km^{-1}}$) bei $\lambda = 1550\,\mathrm{nm}$ in Abhängigkeit vom Frequenzabstand Δf äquidistanter Frequenzen für verschiedene Faserlängen L.

einer neuen Frequenz keinen Einfluss auf deren Leistung, da diese stets mit passender Phase entsteht.

Eine genauere Analyse unter Berücksichtigung der Dämpfung a und der Phasenfehlanpassung $\Delta\beta$ liefert folgende Gleichung für die Leistung P_4 nach einer Faserlänge L [17, 19, 20, 27]:

$$P_4(z = L) = \eta(\gamma \xi L_{\mathrm{eff}})^2 P_1 P_2 P_3 \,\mathrm{e}^{-aL}, \tag{7.40}$$

mit dem Entartungsfaktor

$$\xi = \begin{cases} 2 & \omega_1 \neq \omega_2, \text{nicht-entartete FWM}, \\ 1 & \omega_1 = \omega_2, \text{entartete FWM}, \end{cases} \tag{7.41}$$

und mit der FWM-Effizienz

$$\eta = \frac{a^2}{a^2 + \Delta\beta^2}\left(1 + \frac{4\,\mathrm{e}^{-aL}\sin^2(\Delta\beta L/2)}{(1-\mathrm{e}^{-aL})^2}\right). \tag{7.42}$$

Neben der Dämpfung hat erwartungsgemäß die Phasenfehlanpassung $\Delta\beta$ einen großen Einfluss auf die Leistung der FWM-Produkte. Ohne Dämpfung und Dispersion wäre $\eta = 1$. Abbildung 7.9 zeigt ein Beispiel der FWM-Effizienz η für eine SSMF verschiedener Längen. Je länger die Faser ist, desto kleiner ist der Frequenzbereich, innerhalb der FWM effizient statt findet.

Beispiel 7.4

Vier äquidistante Frequenzen im Abstand von $\Delta f = 50\,\mathrm{GHz}$ haben bei $\lambda = 1550\,\mathrm{nm}$ in einer SSMF ($a = 0{,}2\,\mathrm{dB/km}$, $\beta_2 = -20{,}9\,\mathrm{ps^2/km}$, $\gamma = 1{,}5\,\mathrm{W^{-1}km^{-1}}$) eine Phasenmaßdifferenz $\Delta\beta = -4{,}13\,\mathrm{km^{-1}}$. Dies entspricht einer Kohärenzlänge von $L_{\mathrm{coh}} = 1{,}52\,\mathrm{km}$. Ein Faserstück mit $L = 1\,\mathrm{km}$ hat mit diesen Zahlenwerten eine FWM-Effizienz $\eta = 0{,}182$. Betragen die Eingangsleistungen der drei Pumpwellen

$P_1 = P_2 = P_3 = 10\,\text{mW}$, so ergibt sich am Faserende eine Leistung des FWM-Produktes $P_4 = 1{,}6\,\mu\text{W}$.

Ist die Phasenfehlanpassung $\Delta\beta$ klein, und sind die Leistungen der Pumpwellen sehr groß, so ist der Einfluss der SPM und XPM auf die relativen Phasen der Teilwellen nicht mehr vernachlässigbar. Daher werden in einem erweiterten Ansatz im nächsten Abschnitt diese Effekte mit berücksichtigt.

7.3.3.3 Zwei Pumpwellen, parametrische Signalverstärkung und Idler

Ein weiterer interessanter Spezialfall ist die gezielte Ausnutzung der FWM zur Verstärkung einer Signalwelle. Wir betrachten hierzu die Frequenzen ω_1 und ω_2 als zwei leistungsstarke Pumpwellen und untersuchen die mögliche Verstärkung oder Erzeugung zweier im Vergleich dazu leistungsschwacher Wellen bei ω_3 und ω_4. Damit ergibt sich zunächst für die Pumpwellen mit den Eingangsleistungen $P_1 = |A_1|^2$ und $P_2 = |A_2|^2$ folgende Lösung [2, 22, 24]:

$$A_1(z) = \sqrt{P_1}\,\mathrm{e}^{-\mathrm{j}\gamma(P_1+2P_2)z}, \tag{7.43a}$$

$$A_2(z) = \sqrt{P_2}\,\mathrm{e}^{-\mathrm{j}\gamma(P_2+2P_1)z}. \tag{7.43b}$$

Dabei wurde der kleine Leistungsübertrag durch FWM auf ω_3 und ω_4 vernachlässigt, die Pumpwellen erfahren in diesem Ansatz keine Schwächung durch FWM (engl. *undepleted pump approximation*, UPA).

Exkurs 7.3
Die Eingangsphasen der Pumpwellen $\phi_1(0)$ und $\phi_2(0)$ wurden hierbei willkürlich zu Null gewählt. Obwohl die Phasen der Teilwellen großen Einfluss auf die Richtung des Leistungsübertrags zwischen den Wellen haben, sind die nachfolgenden Überlegungen auch auf beliebige Phasen der Pumpwellen übertragbar.

Das Produkt A_1A_2 in Gl. (7.35c) und Gl. (7.35d) kann jetzt geschrieben werden als

$$A_1A_2 = \sqrt{P_1P_2}\,\mathrm{e}^{-3\mathrm{j}\gamma(P_1+P_2)z}. \tag{7.44}$$

Damit ergeben sich folgende Gleichungen für die Signalamplituden A_3 und A_4, wobei bei diesen Wellen mit geringer Leistung die SPM und gegenseitige XPM gegenüber XPM und FWM durch die Pumpwellen bei ω_1 und ω_2 vernachlässigt werden kann:

$$\frac{\mathrm{d}A_3}{\mathrm{d}z} = -2\mathrm{j}\gamma(P_1+P_2)A_3 - 2\mathrm{j}\gamma\sqrt{P_1P_2}A_4^*\,\mathrm{e}^{-\mathrm{j}\theta z}, \tag{7.45a}$$

$$\frac{\mathrm{d}A_4^*}{\mathrm{d}z} = 2\mathrm{j}\gamma(P_1+P_2)A_4^* + 2\mathrm{j}\gamma\sqrt{P_1P_2}A_3\,\mathrm{e}^{\mathrm{j}\theta z}, \tag{7.45b}$$

mit $\theta = \Delta\beta + 3\gamma(P_1 + P_2)$. Zur Vereinfachung der Schreibweise führen wir die gesamte Pumpleistung $P_0 = P_1 + P_2$ ein und berücksichtigen die XPM von ω_3 und ω_4 durch ω_1 und ω_2 mit folgenden Transformationen:

$$B_i = A_i \, \mathrm{e}^{2\mathrm{j}\gamma P_0}, \quad i = 3,4. \tag{7.46}$$

Damit ergibt sich folgendes Differentialgleichungssystem für die Signalwellen:

$$\frac{\mathrm{d}B_3}{\mathrm{d}z} = -2\mathrm{j}\gamma\sqrt{P_1 P_2} B_4^* \, \mathrm{e}^{-\mathrm{j}\kappa z}, \tag{7.47a}$$

$$\frac{\mathrm{d}B_4^*}{\mathrm{d}z} = 2\mathrm{j}\gamma\sqrt{P_1 P_2} B_3 \, \mathrm{e}^{\mathrm{j}\kappa z}, \tag{7.47b}$$

mit der effektiven Phasenfehlanpassung

$$\kappa = \theta - 2\gamma P_0 = \Delta\beta + \gamma P_0. \tag{7.48}$$

Maximale Effizienz der Vierwellenmischung wird erreicht, wenn die effektive Phasenfehlanpassung $\kappa = 0$ ist. Dabei kann offensichtlich ein Teil der Phasenfehlanpassung $\Delta\beta$ aufgrund der Dispersion durch einen leistungsabhängigen Beitrag γP_0 durch SPM und XPM kompensiert werden, wenn man sich im Bereich anomaler Dispersion befindet, in dem stets $\Delta\beta < 0$ gilt. Trotzdem ist zur Realisierung breitbandiger parametrischer Verstärker eine Verwendung von Glasfasern mit einer Dispersionsnullstelle innerhalb des gewünschten Frequenzbereichs der Verstärkung erforderlich [24].

Aus Gl. (7.47) wird ersichtlich, dass zur Verstärkung der jeweils einen Signalwelle ein von Null verschiedene Amplitude der anderen Signalwelle erforderlich ist. Soll z. B. die Frequenz ω_3 als eine Signalwelle durch die Leistung der Pumpwellen ω_1 und ω_2 parametrisch verstärkt werden, ist zusätzlich eine Hilfswelle (engl. *idler*) bei ω_4 erforderlich, und umgekehrt. Interessanterweise kann diese Hilfswelle durch FWM der Signal- mit den Pumpwellen von selbst mit passender Phase entstehen, ohne dass die Hilfswelle von außen zugeführt wird. Durch Ableiten von Gl. (7.47a) nach dem Ort z und Einsetzen von Gl. (7.47b) erhält man

$$\frac{\mathrm{d}^2 B_3}{\mathrm{d}z^2} + \mathrm{j}\kappa\frac{\mathrm{d}B_3}{\mathrm{d}z} - (4\gamma^2 P_1 P_2) B_3 = 0. \tag{7.49}$$

Das gleiche Ergebnis erhält man für B_4^*. Die allgemeinen Lösungen lauten [2, 22]

$$B_3(z) = (a_3 \, \mathrm{e}^{gz} + b_3 \, \mathrm{e}^{-gz}) \, \mathrm{e}^{-\mathrm{j}\kappa z/2}, \tag{7.50a}$$

$$B_4^*(z) = (a_4 \, \mathrm{e}^{gz} + b_4 \, \mathrm{e}^{-gz}) \, \mathrm{e}^{\mathrm{j}\kappa z/2}. \tag{7.50b}$$

Darin sind a_3, b_3, a_4, b_4 noch zu bestimmende, komplexwertige Konstanten. Der parametrische Gewinnkoeffizient g ist definiert zu

$$g = \sqrt{4\gamma^2 P_1 P_2 - (\kappa/2)^2} = \sqrt{(\gamma P_0 r)^2 - (\kappa/2)^2}, \tag{7.51}$$

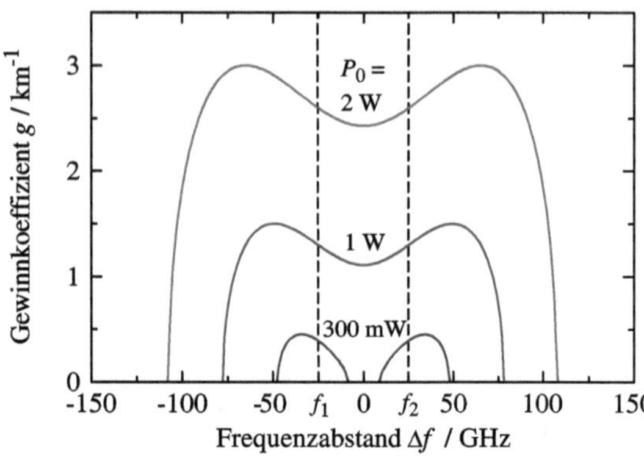

Abb. 7.10 Berechneter Frequenzgang des FWM-Gewinns g in einer SSMF bei $\lambda = 1550\,\text{nm}$ unter Verwendung zweier gleichstarker Pumpwellen mit Frequenzen f_1 und f_2 im Abstand von 50 GHz in Abhängigkeit von der Gesamtpumpleistung P_0.

mit der Gesamtleistung der Pumpen $P_0 = P_1 + P_2$ und dem dimensionslosen Verhältnisfaktor

$$r = 2\frac{\sqrt{P_1 P_2}}{P_1 + P_2}. \tag{7.52}$$

Das Maximum der parametrischen Verstärkung wird für $r_{\max} = 1$ mit gleich großen Pumpleistungen $P_1 = P_2$ erreicht:

$$g_{\max} = \gamma P_0, \tag{7.53}$$

wenn die effektive Phasenfehlanpassung $\kappa = 0$ ist.

Beispiel 7.5

In einer SSMF mit einem nichtlinearen Koeffizienten von $\gamma = 1{,}5\,\text{W}^{-1}\text{km}^{-1}$ beträgt bei einer Gesamtpumpleistung $P_0 = P_1 + P_2 = 2\,\text{W}$ der maximale parametrische Gewinnkoeffizient $g_{\max} = 3\,\text{km}^{-1}$. Der maximale Gewinn wird aufgrund der Dispersion sowie der SPM und XPM leistungsabhängig einige 10 GHz oberhalb der Pumpfrequenz f_2 bzw. unterhalb der Pumpfrequenz f_1 erreicht, wie in Abb. 7.10 zu sehen ist.

Die Konstanten a_3, b_3, a_4, b_4 ergeben sich durch folgende Randbedingungen am Fasereingang bei $z = 0$:

$$B_3(0) = \sqrt{P_3}\,\text{e}^{\text{j}\phi_3}, \qquad B_4(0) = \sqrt{P_4}\,\text{e}^{\text{j}\phi_4}, \tag{7.54a}$$

$$\left.\frac{\text{d}B_3}{\text{d}z}\right|_{z=0} = -2\text{j}\gamma\sqrt{P_1 P_2}B_4^*(0), \qquad \left.\frac{\text{d}B_4^*}{\text{d}z}\right|_{z=0} = 2\text{j}\gamma\sqrt{P_1 P_2}B_3(0), \tag{7.54b}$$

wobei eine der beiden Wellen am Fasereingang auch Null sein kann. Als Lösung ergibt sich nach [22, 24]

$$B_3(z) = \left\{B_3(0)\left[\cosh(gz) + \frac{\text{j}\kappa}{2\,g}\sinh(gz)\right] - 2\text{j}C_0 B_4^*(0)\sinh(gz)\right\}\text{e}^{-\text{j}\frac{\kappa}{2}z}, \tag{7.55a}$$

$$B_4^*(z) = \left\{B_4^*(0)[\cosh(gz) - \frac{\mathrm{j}\kappa}{2g}\sinh(gz)] + 2\mathrm{j}C_0 B_3(0)\sinh(gz)\right\}\mathrm{e}^{\mathrm{j}\frac{\kappa}{2}z}, \tag{7.55b}$$

mit der Konstante $C_0 = (\gamma/g)\sqrt{P_1 P_2}$.

Damit können allgemeine Vierwellenprozesse untersucht werden, solange die Voraussetzungen der konstanten Pumpleistung und der Vernachlässigung der Dämpfung gelten. Wir betrachten jetzt den Sonderfall idealer Phasenanpassung mit $\kappa = 0$. In diesem Fall gilt

$$B_3(z) = B_3(0)\cosh(gz) - \mathrm{j}B_4^*(0)\sinh(gz), \tag{7.56a}$$

$$B_4^*(z) = B_4^*(0)\cosh(gz) + \mathrm{j}B_3(0)\sinh(gz). \tag{7.56b}$$

Soll eine Signalwelle der Frequenz ω_3 verstärkt werden, so müsste für maximale Verstärkung die Hilfswelle (Idler) bei ω_4 mit einer Phasendifferenz von $-\pi/2$ relativ zur Phase ϕ_3 bei ω_3 zugeführt werden, wenn $\phi_1(0) = \phi_2(0) = 0$ gilt, wie im Ansatz verwendet. Dann würden sowohl ω_3 als auch ω_4 die maximale Verstärkung erfahren. Dies entspricht dem bereits diskutierten phasensensitiven optischen Verstärker (PSA) [23]. Diese Phasenbeziehung zwischen vier Wellen ist in der Praxis schwer stabil realisierbar. Verzichtet man auf die Zufuhr der Hilfswelle ω_4 von außen und gilt somit $B_4(0) = 0$, so wird diese gemäß Gl. (7.56b) durch FWM stets genau mit der Phase erzeugt, die im weiteren Verlauf über z zu einer Verstärkung von ω_3 führt [28]. Dies gilt unabhängig von der Phase der Pumpwellen. Damit ist eine Verstärkung einer Signalwelle beliebiger Phase möglich. Die Amplitudengleichungen sind dann entkoppelt, die Leistungen der Wellen ergeben sich zu

$$P_3(z) = P_3(0)\cosh^2(gz), \tag{7.57a}$$

$$P_4(z) = P_3(0)\sinh^2(gz). \tag{7.57b}$$

Exkurs 7.4

Diese Gleichungen enthalten die Ergebnisse aus Gl. (7.40) in Kap. 7.3.3.2 für $\eta = 1$ in der Näherung kleiner Beträge von gz, so dass $\cosh^2(gz) \approx 1$ und $\sinh^2(gz) \approx g^2 z^2$ gilt.

Beispiel 7.6

Wir betrachten die parametrische Verstärkung einer Signalwelle $P_3(z)$ und die Erzeugung einer Hilfswelle (Idler) $P_4(z)$ in einer SSMF mit zwei Pumpwellen $P_1 = P_2 = 1\,\mathrm{W}$. Die effektive Phasenfehlanpassung κ wird aufgrund SPM und XPM bei einem Frequenzabstand aller Frequenzen von $\Delta f = 43\,\mathrm{GHz}$ zu Null. Abbildung 7.11 zeigt einen

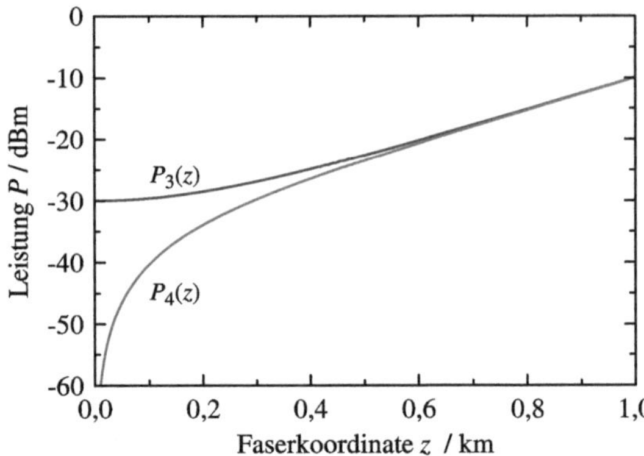

Abb. 7.11 Berechnete Verstärkung einer Signalwelle $P_3(z)$ und Erzeugung einer Hilfswelle (Idler) $P_4(z)$ in einer SSMF mit Pumpleistungen $P_1 = P_2 = 1$ W. Weitere Daten siehe Beispiel 7.6

damit berechneten beispielhaften Leistungsverlauf. Eine Signalwelle mit Eingangsleistung $P_3(0) = 1\,\mu$W erzeugt innerhalb der ersten 100 m Faserlänge eine ausreichend starke und phasenrichtige Hilfswelle, so dass im weiteren Verlauf die Signalwelle um 20 dB innerhalb einer Faserlänge $L = 1$ km verstärkt wird.

Der Formalismus aus diesem Kap. 7.3.3.2 kann auf die entartete FWM $\omega_1 = \omega_2 = \omega_0$ übertragen werden, wenn $P_1 = P_2 = P_0/2$ und $\kappa = \Delta\beta' - 2\gamma P_0$ verwendet wird. Dies entspricht dem Fall nur einer starken Pumpwelle und weiterhin schwacher Signal- und Idlerwellen.

7.3.3.4 Vierwellenmischung und Polarisation

Alle Berechnungen der Amplituden der skalaren FWM gingen in diesem Kapitel bisher von linear und parallel polarisierten elektrischen Feldern der Wellen über die ganze Faserlänge aus. Sind die beteiligten Felder nicht parallel zueinander orientiert, oder ist die Faser anisotrop, so muss die FWM vektoriell betrachtet werden [2, 29]. Im Fall einer zufallsverteilten Doppelbrechung entlang der Faser müssen zusätzlich statistische Verfahren angewandt werden. Als Folge wird je nach Polarisationszustand der beteiligten Wellen zueinander und je nach Statistik der Doppelbrechung die FWM-Effizienz mit einem Faktor zwischen 0 und 1 gewichtet [30, 31].

Beispielsweise betrachten wir zunächst den Fall der entarteten FWM. Hier erzeugen linear polarisierte, zueinander orthogonale Pump- und Signalwellen in perfekt isotropen Fasern nur 1/9 der FWM-Leistung im Vergleich zur parallelen Polarisation beider Wellen [27]. Entgegengesetzt zirkular polarisierte Pump- und Signalwellen erzeugen in isotropen Medien gar keine FWM. In langen Fasern mit kleiner, aber zufällig verteilter Doppelbrechung ergibt sich gemittelt über alle möglichen Polarisationszustände von Signal und Pumpe ein Faktor von 1/2. Davon abweichende Ergebnisse ergeben sich wiederum in stark doppelbrechenden Fasern sowie für die nicht-entartete FWM. Eine ausführliche Darstellung der komplexen Interaktion von Doppelbrechung und Vierwellenmischung in Abhängigkeit von der Polarisation der Lichtwellen erfolgt z. B. in [29, 31].

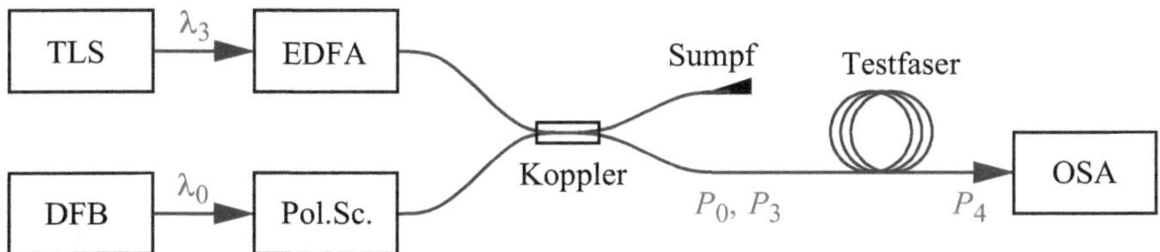

Abb. 7.12 Aufbau zur Messung der entarteten Vierwellenmischung.

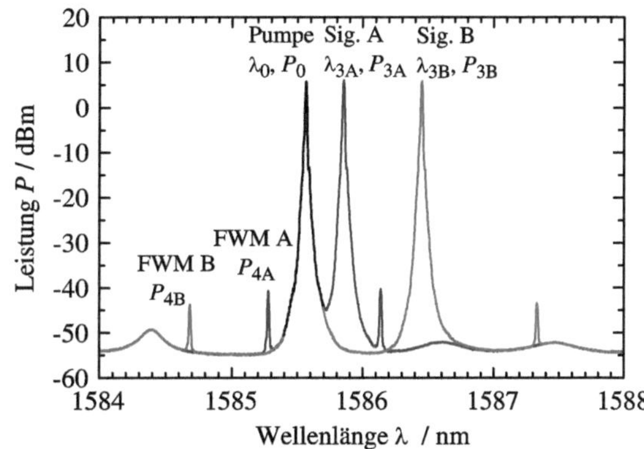

Abb. 7.13 Gemessene FWM-Spektren mit einer Pumpe und nacheinander zwei verschiedenen Signalwellenlängen in einer HI-Faser [33].

Exkurs 7.5
Die Polarisationsabhängigkeit der FWM kann dazu genutzt werden, bevorzugt eine Feldkomponente einer Signalwelle zu verstärken. Damit ist auch eine Polarisationsangleichung an die Pumpwellen möglich (engl. *polarization pulling*) [32].

7.3.3.5 Messung der Vierwellenmischung

Abbildung 7.12 zeigt ein Beispiel eines Messaufbaus zur Charakterisierung der Vierwellenmischung. Eine wellenlängenabstimmbare Laserdiode (engl. *tunable laser source*, TLS) wird mit einem erbium-dotierten Faserverstärker (engl. *erbium-doped fiber amplifier*, EDFA) verstärkt und dient als Lichtquelle für eine Signalwelle bei λ_3. Als Pumpe der entarteten FWM dient hier eine DFB-Laserdiode mit fester Wellenlänge λ_0. Zur Reduktion der Polarisationsabhängigkeit wird die Pumpe mit einem schnellen Polarisationsscrambler (Pol.Sc.) im zeitlichen Mittel in alle möglichen Polarisationszustände überführt. Beide Quellen werden über einen 3 dB-Koppler in eine Testfaser eingekoppelt. Mit einem optischen Spektralanalysator (OSA) wird das Spektrum am Ausgang der Faser gemessen und die Leistung von Pump- und Signalwelle P_0 und P_3 am Fasereingang sowie eines FWM-Mischproduktes P_4 am Ausgang bestimmt.

Als Testfaser wurde eine Faser mit großer Brechzahldifferenz verwendet (engl. *high index*, HI-Faser, [33]). Aus dem Datenblatt sowie mit einer Rechnung basierend auf der

Tab. 7.2 Gemessene und berechnete Leistungen der FWM in einer Testfaser.

Parameter	Symbol	Sig. A	Sig. B	Einheit
Leistung Pumpe	P_0	5,81	5,73	dBm
Leistung Signal	P_3	6,04	5,88	dBm
Frequenzabstand	Δf	35	106	GHz
Kohärenzlänge	L_{coh}	8,0	0,88	km
FWM gemessen	P_4	−40,7	−43,8	dBm
FWM berechnet	P_4	−35,4	−40,4	dBm

skalaren Theorie von Stufenindexfasern wurden für die Faser folgende Parameter berechnet: $a = 0{,}5\,\text{dB/km}$, $\beta_2 = 16{,}2\,\text{ps}^2/\text{km}$, $\gamma = 4{,}21\,(\text{W km})^{-1}$ bei einer Wellenlänge $\lambda = 1585\,\text{nm}$. Abbildung 7.13 zeigt ein Beispiel für ein Messergebnis. Die Spektrallinien der Laser sowie der FWM-Produkte sind durch die minimale Auflösungsbandbreite des OSA (0,015 nm) verbreitert. Der Rauschsockel resultiert aus spontanem Rauschen des EDFA sowie Rauschen und Nebenmoden der DFB-LD. Nacheinander wurden Messungen mit zwei Signalwellenlängen (Sig. A und Sig. B) in unterschiedlichem Abstand zur Pumpe eingekoppelt. Die gemessenen Leistungen sowie weitere Parameter sind in Tab. 7.2 zusammengestellt. Zum Vergleich wurden die erwarteten Leistungen der FWM-Mischprodukte P_4 aus einer Rechnung nach Kap. 7.3.3.2 eingetragen. Vergleicht man gemessene und berechnete Leistungen, so sind die gemessenen Leistungen kleiner als berechnet. Die Ursache liegt zum einen in der zeitlichen Mittelung über verschiedene relative Polarisationszustände zwischen Pump- und Signalwelle. Der Unterschied ist jedoch größer als 3 dB, der für sehr lange Fasern mit zufälliger kleiner Doppelbrechung zu erwarten wäre [30, 31]. Der verbleibende Unterschied kann zum anderen auf Unsicherheiten der berechneten Fasereigenschaften β_2 und γ und einer nicht vollständigen Polarisationsdurchmischung durch zufällige Doppelbrechung aufgrund der mäßig langen Faser zurückgeführt werden. Gut zu erkennen ist an der Leistung P_4 die mit zunehmendem Frequenzabstand der Signalwelle zur Pumpe abnehmende FWM-Effizienz aufgrund der Dispersion.

7.3.3.6 Vergleich mit Simulationen

Neben einem Verständnis für die Vorgänge bei der FWM dienen die analytischen Näherungslösungen der FWM auch zur Verifikation von numerischen Lösungsverfahren der NLSGl, z. B. im Hinblick auf den Einfluss der FWM in Raman-Faserlasern (Kap. 10.5). Hierzu wurden einige typische Zahlenwerte ausgewählt, wie sie in Raman-Faserlasern auftreten können. Die Phase und Leistung der FWM-Produkte wurde zum einen analytisch mit den hier vorgestellten Formeln berechnet und zum anderen mit einem Split-Step-Fourier-Algorithmus (SSFA) gemäß Kap. 6.3 sowie einem kommerziellen System-Simulationsprogramm verglichen [34]. Betrachtet wurde FWM in einem Faserstück der Länge $L = 10$ m einer polarisationserhaltenden, hochnichtlinearen Faser vom Typ PM-Raman [35]. Wesentliche Faserparameter bei einer Wellenlänge eines Raman-

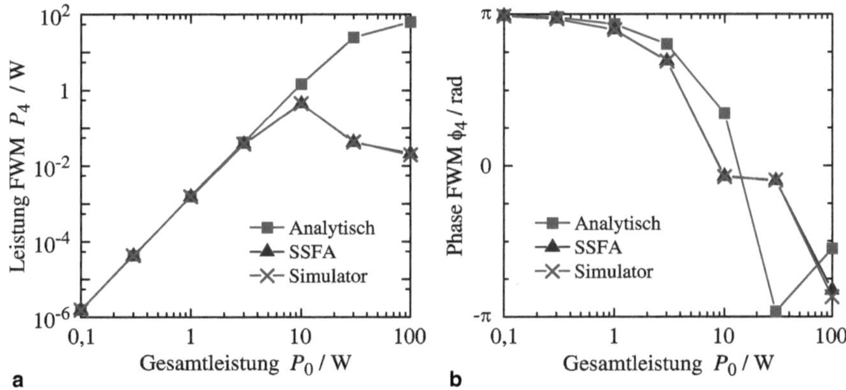

Abb. 7.14 Vergleich zwischen analytisch berechneter und simulierter Leistung P_4 sowie Phase ϕ_4 eines FWM-Produktes in einer 10 m langen hochnichtlinearen PM-Faser.

Faserlasers von $\lambda = 1155$ nm sind: $a = 1{,}82$ dB/km, $\beta_2 = 47$ ps^2/km, $\gamma = 21{,}4$ (W km)$^{-1}$. Alle Wellen wurden kollinear in der langsamen Achse der PM-Faser angenommen. Analytische Rechnungen und Simulationen wurden für verschiedene Leistungs- und Frequenzverhältnisse verglichen. Für die Beispielergebnisse in Abb. 7.14 wurde die Gesamtleistung $P_{ges} = P_1 + P_2 + P_3$ im Verhältnis $P_1{:}P_2{:}P_3 = 15{:}10{:}1$ aufgeteilt. Die Frequenz $f_1 = 259{,}6$ THz entspricht der Wellenlänge eines Raman-Faserlasers bei $\lambda = 1155$ nm. Die Frequenzen $f_2 = f_1 + 5\Delta f$ und $f_3 = f_1 - \Delta f$ wurden so gewählt, dass das untersuchte FWM-Produkt bei f_4 keine zusätzlichen Anteile durch entartete FWM enthält. $\Delta f = 10{,}27$ MHz ist in diesem Beispiel der Eigenfrequenzabstand eines Raman-Faserlasers mit Resonatorlänge $L = 10$ m. Die Eingangsphasen wurden gemäß $\phi_1 = \phi_2 = 0$, $\phi_3 = \pi/2$ gewählt.

Wie in Abb. 7.14 zu sehen, stimmen analytische Rechnung und Simulationen bis zu einigen Watt Gesamteingangsleistung sehr gut überein. Ab 10 W ergeben sich Abweichungen, da die analytische Rechnung eine Abnahme der Pumpleistungen durch Leistungsübertrag auf FWM-Produkte nicht berücksichtigt. Weitere FWM-Produkte durch entartete FWM oder kaskadierte FWM sind ebenfalls nicht in der analytischen Näherung enthalten. Das Split-Step-Verfahren (SSFA) sowie der kommerzielle Simulator [34] erfassen diese Prozesse korrekt im Rahmen eines Gesamtfeldansatzes. Bei anderen Leistungs- und Frequenzverhältnissen ergeben sich ähnlich gute Übereinstimmungen.

7.4 Modulationsinstabilität

Breitet sich eine cw-Welle mit sehr großer Intensität in einem optisch nichtlinearen Wellenleiter aus, so kann es unter bestimmten Bedingungen zu einer Selbstpulsation der Welle kommen. Dieser Effekt wird als Modulationsinstabilität (engl. *modulation instability*, MI) bezeichnet (Abb. 7.15). MI ist dabei kein prinzipiell neuer Effekt, sondern kann quantitativ mit Hilfe der SPM oder XPM sowie der nichtlinearen Schrödinger-Gleichung beschrieben werden. Eine anschauliche Beschreibung ist auch durch die FWM möglich. Nachfolgend werden beispielhaft zwei MI-Prozesse vorgestellt.

7.4.1 Skalare MI im Bereich anomaler Dispersion

Wir betrachten kollineare Wellen in einem isotropen Wellenleiter und können hierfür eine skalare Beschreibung verwenden. Unter Verwendung der Phasenfehlanpassung $\Delta\beta = \beta_2\Omega^2$ äquidistanter Frequenzen mit einem Abstand Ω zur Mittenfrequenz ω_0 können wir die effektive Phasenfehlanpassung κ bei entarteter FWM schreiben als

$$\kappa = \beta_2\Omega^2 + 2\gamma P_0, \tag{7.58}$$

mit der Leistung der cw-Welle P_0. Durch Selbstphasenmodulation kann bei anomaler Dispersion $\beta_2 < 0$ eine perfekte Phasenanpassung $\kappa = 0$ für genau zwei Seitenbänder im Abstand Ω_0 entstehen [21]:

$$\Omega_0 = \sqrt{\frac{2\gamma P_0}{-\beta_2}}. \tag{7.59}$$

Bei diesen Frequenzabständen können um die Mittenfrequenz der Pumpwelle bei ω_0 zwei starke Seitenbänder entstehen, indem Photonen aus dem thermischen Rauschen durch FWM phasenstarr zur Pumpe parametrisch verstärkt werden. Im Zeitbereich entspricht dies einer Amplitudenmodulation mit einer Periode $T_0 = 2\pi/\Omega_0$.

Das gleiche Ergebnis erhält man, wenn man im Zeitbereich die nichtlineare Schrödinger-Gleichung unter Berücksichtigung der Selbstphasenmodulation untersucht [36]. Eine Analyse der Ausbreitung einer kleinen Störung ΔP auf einer cw-Welle mit P_0 zeigt, dass im Bereich anomaler Dispersion diese Störung nichtlinear verstärkt wird. Die Verstärkung ist dabei maximal für periodische Störungen mit einer Frequenz Ω_0 gemäß Gl. (7.59). Eine cw-Welle ist im Bereich anomaler Dispersion in einem nichtlinearen Medium keine stabile Lösung, sondern kann bei hohen Leistungen durch Modulationsinstabilität in eine sehr schnell gepulste Welle übergehen. Die in Kap. 10 vorgestellten Raman-Faserlaser arbeiten allerdings im Bereich normaler Dispersion, so dass dieser Effekt dort nicht auftritt.

7.4.2 Vektorielle MI in doppelbrechenden Fasern

In doppelbrechenden Fasern kann Modulationsinstabilität auch im Bereich normaler Dispersion ($\beta_2 > 0$) entstehen. Breitet sich eine leistungsstarke Welle zu etwa gleichen Teilen in der schnellen und der langsamen Achse einer Δn stark doppelbrechenden, z. B. polarisationserhaltenden Glasfaser aus, so herrscht gemäß Prozess IV aus Tab. 7.1 perfekte

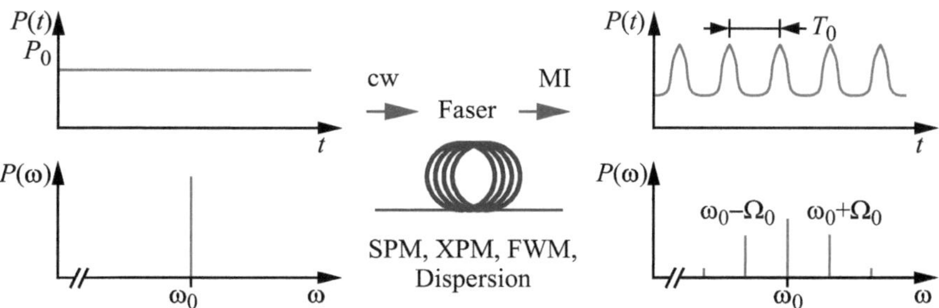

Abb. 7.15 Selbstpulsation einer cw-Welle durch Modulationsinstabilität (MI).

Phasenanpassung für FWM mit Seitenbändern im Abstand

$$\Omega = \frac{\Delta n}{\beta_2 c_0}. \qquad (7.60)$$

Durch SPM und XPM, die in Gl. (7.60) noch nicht berücksichtigt sind, wird der Frequenzabstand geringfügig verkleinert. Auch hier können durch parametrische Verstärkung von thermischen Rauschen kräftige Seitenbänder und damit eine Selbstpulsation entstehen.

Wiederum ist eine Analyse im Zeitbereich möglich, wobei hier ein vektorieller Ansatz gewählt werden muss [37]. Beschreibt man die Selbst- und Kreuzphasenmodulation der beiden orthogonalen Moden der Pumpwelle durch separate Schrödinger-Gleichungen, so entsteht ein gekoppeltes Gleichungssystem Gl. (6.27) unter spezieller Betrachtung der XPM der beiden Polarisationsmoden. Eine Stabilitätsanalyse zeigt auch hier die Möglichkeit zur Modulationsinstabilität, deren Frequenz für kleine Pumpleistungen der Frequenz aus Gl. (7.60) entspricht.

Für die Raman-Faserlaser in Kap. 10 werden polarisationserhaltende Fasern mit starker Doppelbrechung im Bereich normaler Dispersion verwendet. Unter solchen Bedingungen ist Modulationsinstabilität möglich und wurde z. B. in einem Raman-Leistungsverstärker beobachtet, wie in Kap. 8.6 beschrieben.

Literatur

1. A. Striegler, M. Meissner, K. Cvečk, K. Sponsel, G. Leuchs, B. Schmauss, NOLM-based RZ-DPSK signal regeneration. IEEE Photonics Technol. Lett. **17**(3), 639–641 (2005)
2. G. Agrawal, *Nonlinear Fiber Optics*, 5. Aufl. (Academic, Amsterdam, 2013)
3. A. Hasegawa, F. Tappert, Transmission of stationary nonlinear optical pulses in dispersive dielectric fibers. I. Anomalous dispersion. Appl. Phys. Lett. 23(3), 142–144 (1973)
4. L. Mollenauer, J. Gordon, *Solitons in Optical Fibers*. (Elsevier/Academic, Amsterdam/Boston, 2006)
5. B. Konrad, K. Petermann, J. Berger, et al., Impact of fiber chromatic dispersion in high-speed TDM transmission systems. J. Lightwave Technol. **20**(12), 2129–2135 (2002)

6. A. Striegler, B. Schmauss, Compensation of intrachannel effects in symmetric dispersion-managed transmission systems. J. Lightwave Technol. **22**(8), 1877–1882 (2004)
7. S. Turitsyn, B. Bale, M. Fedoruk, Dispersion-managed solitons in fibre systems and lasers. Phys. Rep. **512**(4), 135–203 (2012)
8. J. Nicholson, A. Abeeluck, C. Headley, M. Yan, C. Jørgensen, Pulsed and continuous-wave supercontinuum generation in highly nonlinear, dispersion-shifted fibers. Appl. Phys. B **77**(2–3), 211–218 (2003)
9. J. Dudley, G. Genty, S. Coen, Supercontinuum generation in photonic crystal fiber. Rev. Modern Phys. **78**(4), 1135–1184 (2006)
10. G. Genty, S. Coen, J. Dudley, Fiber supercontinuum sources. J. Opt. Soc. Am. B **24**(8), 1771–1785 (2007)
11. M. Gonzalez-Herraez, S. Martin-Lopez, P. Corredera, M. Hernanz, P. Horche, Supercontinuum generation using a continuous-wave Raman fiber laser. Opt. Commun. **226**(1–6), 323–328 (2003)
12. W. Drexler, J. Fujimoto (Hrsg.), *Optical Coherence Tomography*. (Springer, Berlin, 2008)
13. T. Udem, R. Holzwarth, T. Hänsch, Optical frequency metrology. Nature **416**(6877), 233–237 (2002)
14. H. Renner, R. Ulrich, J.-P. Elbers, C. Glingener, Einmodenfasern, in *Optische Kommunikationstechnik*, Hrsg. von E. Voges, K. Petermann (Springer, Berlin, 2002), 81–213
15. International Telecommunication Union, *Recommendation ITU-T G.694.1: Spectral Grids for WDM Applications: DWDM Frequency Grid* (Telecommunication Standardization Sector of ITU, Geneva, 2012)
16. M. Maeda, W. Sessa, W. Way, The effect of four-wave mixing in fibers on optical frequency-division multiplexed systems. J. Lightwave Technol. **8**(9), 1402–1408 (1990)
17. R. Tkach, A. Chraplyvy, F. Forghieri, A. Gnauck, R. Derossier, Four-photon mixing and high-speed WDM systems. J. Lightwave Technol. **13**(5), 841–849 (1995)
18. M. Marhic, Y. Park, F. Yang, L. Kazovsky, Broadband fiber-optical parametric amplifiers and wavelength converters with low-ripple Chebyshev gain spectra. Opt. Lett. **21**(17), 1354–1356 (1996)
19. N. Shibata, R. Braun, R. Waarts, Phase-mismatch dependence of efficiency of wave generation through four-wave mixing in a single-mode optical fiber. IEEE J. Quantum Electron. **23**(7), 1205–1210 (1987)
20. K. Inoue, Four-wave mixing in an optical fiber in the zero-dispersion wavelength region. J. Lightwave Technol. **10**(11), 1553–1561 (1992)
21. P. Morgan, J. Liu, Parametric four-photon mixing followed by stimulated Raman scattering with optical pulses in birefringent optical fibers. IEEE J. Quantum Electron. **27**(4), 1011–1021 (1991)
22. R. Stolen, J. Bjorkholm, Parametric amplification and frequency conversion in optical fibers. IEEE J. Quantum. Electron. **18**(7), 1062–1072 (1982)
23. J. Hansryd, P. Andrekson, M. Westlund, J. Lim, P.-O. Hedekvist, Fiber-based optical parametric amplifiers and their applications. IEEE J. Select. Topics Quantum Electron. **8**(3), 506–520 (2002)
24. M. Marhic, *Fiber Optical Parametric Amplifiers, Oscillators and Related Devices* (Cambridge University Press, Cambridge, 2008)
25. K. Inoue, H. Toba, Wavelength conversion experiment using fiber four-wave mixing. IEEE Photonics Technol. Lett. **4**(1), 69–72 (1992)
26. S. Radic, Parametric amplification and processing in optical fibers. Laser Photonics Rev. **2**(6), 498–513 (2008)
27. K. Hill, B. Johnson, D.C. Kawasaki, R. MacDonald, cw three-wave mixing in single-mode optical fibers. J. Appl. Phys. **49**(10), 5098–5106 (1978)
28. K. Inoue, T. Mukai, Signal wavelength dependence of gain saturation in a fiber optical parametric amplifier. Opt. Lett. **26**(1), 10–12 (2001)

29. Q. Lin, G.P. Agrawal, Effects of polarization-mode dispersion on fiber-based parametric amplification and wavelength conversion. Opt. Lett. **29**(10), 1114–1116 (2004)
30. K. Inoue, Polarization effect on four-wave mixing efficiency in a single-mode fiber. IEEE J. Quantum Electron. **28**(4), 883–894 (1992)
31. C. McKinstrie, H. Kogelnik, R. Jopson, S. Radic, A. Kanaev, Four-wave mixing in fibers with random birefringence. Opt. Express **12**(10), 2033–2055 (2004)
32. S. Pitois, J. Fatome, G. Millot, Polarization attraction using counter-propagating waves in optical fiber at telecommunication wavelengths. Opt. Express **16**(9), 6646–6651 (2008)
33. Produktinformation Fa. Corning, *Corning HI 1060 FLEX & RC HI 1060 FLEX Specialty Optical Fibers*. Techn. Ber. 2010
34. Optiwave Systems Inc., *OptiSystem Produktinformation*. Techn. Ber. 2009
35. Produktinformation Fa. OFS Specialty Fibers, *PM-Raman Polarization-Maintaining Raman Fiber*. Techn. Ber. 2008
36. K. Tai, A. Hasegawa, A. Tomita, Observation of modulational instability in optical fibers. Phys. Rev. Lett. **56**(2), 135–139 (1986)
37. J. Rothenberg, Modulational instability for normal dispersion. Phys. Rev. A **42**(1), 682–685 (1990)

Stimulierte Raman-Streuung

8

Raman-Streuung beruht auf der Streuung einer Lichtwelle an vibrierenden Molekülbindungen. Dabei entsteht ein materialspezifischer Frequenzversatz der gestreuten Lichtwelle. Dies kann für die chemische Analytik verwendet werden, um verschiedene Stoffe anhand charakteristischer Raman-Streuspektren zu erkennen. Während bei der spontanen Raman-Streuung nur ein kleiner Bruchteil der eingestrahlten Leistung gestreut wird, kann durch stimulierte Raman-Streuung ein großer Leistungsanteil auf eine Welle bei der Raman-verschobenen Frequenz übertragen werden. Dies ist die Grundlage für Raman-Faserlaser und Raman-Faserverstärker, die eine große Rolle in der modernen optischen Nachrichtentechnik spielen. Historisch wurde der Effekt der Raman-Streuung von A. Smekal bereits 1923 theoretisch vorhergesagt [1]. Experimentell wurde der Effekt erstmalig 1928 von C.V. Raman an Flüssigkeiten [2, 3] und davon unabhängig von G. Landsberg und L. Mandelstam an Kristallen [4] beschrieben. Für die etwas frühere Publikation erhielt alleine C.V. Raman 1930 den Nobelpreis in Physik für den nach ihm benannten Effekt [5, 6]. Stimulierte Raman-Streuung in Glasfasern wurde erstmalig in [7, 8] ausführlich beschrieben.

In diesem Kapitel werden nach einer Übersicht der Streuprozesse die theoretischen Grundlagen der spontanen und stimulierten Raman-Streuung vorgestellt. Anschließend wird diese Theorie am Beispiel von Glasfasern aus Quarzglas konkretisiert und mit Zahlenwerten und Messungen erläutert.

8.1 Raman-Streuung: Eine Übersicht

8.1.1 Klassifizierung der Streuprozesse

Ein Lichtstrahl in einem Medium kann an dessen Atomen und Molekülen gestreut werden. Abbildung 8.1 zeigt eine Übersicht wichtiger Streuprozesse. Der einfallende Lichtstrahl

R. Engelbrecht, *Nichtlineare Faseroptik*,
DOI 10.1007/978-3-642-40968-4_8

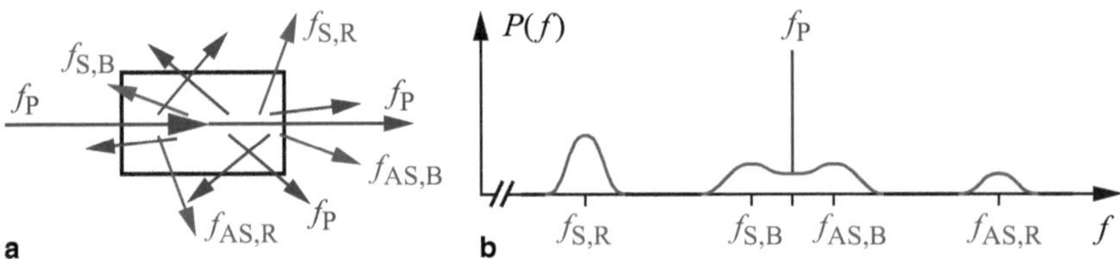

Abb. 8.1 Spontane Streuung von Licht einer Frequenz f_P in einem Medium (**a**) und Streulicht-Spektrum (**b**). f_P: Rayleigh-Streuung, f_B: Brillouin-Streuung, f_R: Raman-Streuung. Index S: Stokes-Linie bei kleineren Frequenzen, AS: Antistokes-Linie bei größeren Frequenzen als f_P

wird im Vorgriff auf die Beschreibung stimulierter Streuprozesse als Pumplichtwelle mit Frequenz f_P bezeichnet. Man unterscheidet:

- **Elastische Streuprozesse** wie die Rayleigh-Streuung, bei der die Frequenz des gestreuten Lichtes gleich derjenigen der einfallenden Welle ist.
- **Inelastische Streuprozesse** wie Brillouin- und Raman-Streuung, bei denen die gestreute Lichtwelle eine andere Frequenz als die einfallende Lichtwelle hat.

Folgende Streuprozesse spielen eine große Rolle in der Lasertechnik und Faseroptik:

- Die **Rayleigh-Streuung** ist betragsmäßig der stärkste Streuprozess. Die Rayleigh-Streuung wurde bereits in Kap. 4.1.3 diskutiert.
- Die **Brillouin-Streuung** ist eine Streuung von Licht an akustischen Wellen im Medium. Dabei entsteht ein Frequenzversatz $f_B = f_P - f_{S,B}$ des Streulichtes relativ zur Pumpfrequenz, der abhängig vom Brechungsindex, dem Streuwinkel und der Schallgeschwindigkeit im Medium typischerweise im GHz-Bereich liegt. Die Brillouin-Streuung wird in Kap. 9 ausführlich behandelt.
- Die **Raman-Streuung** resultiert aus der Streuung an vibrierenden Molekülbindungen, wobei der Frequenzversatz $f_R = f_P - f_{S,R}$ der Raman-Streuung einer Vibrationsfrequenz des Moleküls entspricht und typischerweise im Bereich einiger THz liegt. Die Raman-Streuung wird in diesem Kapitel beschrieben.

Bei beiden inelastischen Streuprozessen können sowohl zu größeren als auch zu kleineren Frequenzen bezüglich f_P verschobene Streulichtanteile entstehen. Angelehnt an die Stokessche Regel der Fluoreszenz bezeichnet man

- mit **Stokes**-Wellen die Anteile bei kleineren Frequenzen (Index S),
- mit **Antistokes**-Wellen die Anteile bei größeren Frequenzen (Index AS).

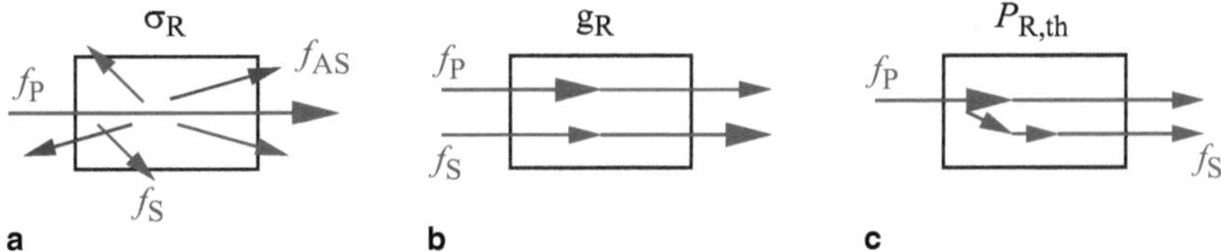

Abb. 8.2 Raman-Prozesse. **a** spontane Raman-Streuung. **b** stimulierte Raman-Streuung. **c** stimuliert verstärkte spontane Raman-Streuung

Die Streuprozesse können auftreten als:

- **Spontane Streuung**, die bei geringen Leistungsdichten der Pumplichtwelle dominiert. Das Streulicht ist ungerichtet, die Intensität ist proportional zur Pumpwelle. Allen spontanen Streuprozessen ist gemeinsam, dass die Intensität der Streuung proportional zur Frequenz f_P^4 bzw. zur Wellenlänge λ_P^{-4} der Pumpwelle ist.
- **Stimulierte Streuung**, bei der die Leistung einer Welle bei der Streufrequenz durch die Leistung einer Pumpwelle verstärkt wird. Die Abstrahlung des Streulichtes erfolgt abhängig von der Ausbreitungsrichtung der Pumpwelle in einer Vorzugsrichtung. Die Intensität des Streulichtes hängt stark nichtlinear von der des Pumplichtes ab. Die Intensitäten der stimulierten Streuprozesse sind im Gegensatz zu den spontanen Streuprozessen nur proportional zu f_P bzw. λ_P^{-1} der Pumpwelle.

Alle Streuprozesse treten bei prinzipiell beliebigen Frequenzen f_P der eingestrahlten Lichtwelle auf, sind also nicht an schmale Frequenzbereiche gebunden.

8.1.2 Raman-Streuprozesse

Folgende Raman-Streuprozesse spielen in Glasfasern eine wichtige Rolle:

- **Spontane Raman-Streuung (SpRS)**: Dabei wird wie in Abb. 8.2a gezeigt eine Lichtwelle an Molekülvibrationen gestreut, und es entsteht eine Stokes-Welle sowie eine schwächere Antistokes-Welle. Wichtige Beschreibungsgrößen sind der Raman-Frequenzversatz oder kurz die Raman-Frequenz f_R, der Raman-Streukoeffizient σ_R sowie die Rauschleistungen hf_SB bzw. $hf_{AS}B$ in einer Bandbreite B. SpRS bestimmt das Rauschen eines Raman-Faserverstärkers und liefert die Startphotonen zum Anschwingen eines Raman-Faserlasers.
- **Stimulierte Raman-Streuung (SRS)**: Durch stimulierte Raman-Streuung kann eine starke Pumpwelle der Frequenz f_P eine Stokes-Welle bei der Frequenz $f_S = f_P - f_R$ verstärken (Abb. 8.2b). Wichtige Kenngrößen sind der materialspezifische Raman-Gewinnkoeffizient g_R sowie der faserspezifische Raman- oder SRS-Koeffizient γ_R. Die Raman-Verstärkung ist proportional zu diesen Größen. SRS ist die Grundlage

für Raman-Faserverstärker für die optische Nachrichtentechnik sowie für Raman-Faserlaser.

- **Stimuliert verstärkte spontane Raman-Streuung (VSpRS)**: Eine kräftige Lichtwelle bei f_P erzeugt zunächst durch SpRS eine sehr kleine Stokes- und Antistokes-Lichtwelle. Die Stokes-Lichtwelle kann im weiteren Verlauf durch SRS kräftig verstärkt werden, so dass am Faserausgang ein erheblicher Teil der Leistung bei der Raman-verschobenen Frequenz $f_S = f_P - f_R$ austritt (Abb. 8.2c). Eine wichtige Beschreibungsgröße ist die Leistung der Raman- oder SRS-Schwelle $P_{R,th}$, ab der VSpRS signifikant auftritt. Dieser Effekt kann gezielt zur Frequenzverschiebung der Lichtemission eines anderen Lasers verwendet werden. In mit Seltenerdmetallen dotierten Faserlasern sowie in Transportfasern für Leistungslaser stellt VSpRS jedoch eine Grenze für die mögliche Ausgangsleistung ohne unerwünschte Frequenzverschiebung dar.

SpRS ist ein zwar inelastischer, aber leistungsmäßig linearer Streuprozess, da die meist sehr kleine gestreute Leistung proportional zur Pumpleistung ist. SRS sowie VSpRS sind nichtlineare Effekte, sowohl bezüglich der Abhängigkeit von der Leistung der Pumpwelle als auch im Sinne einer signifikanten Übertragung von Leistung zwischen Lichtwellen mit verschiedenen Frequenzen.

8.2 Spontane Raman-Streuung

8.2.1 Placzek-Modell, klassische Elektrodynamik

Die spontane Raman-Streuung resultiert aus der Streuung von Licht an vibrierenden Molekülbindungen. Ein anschauliches Modell, das PLACZEK-Modell [9], basierend auf klassischer Elektrodynamik, ist in Abb. 8.3 dargestellt. Wir betrachten z. B. ein zweiatomiges Molekül, dessen Atomkerne eine harmonische Vibrationsschwingung mit Frequenz ω_V und Amplitude $\hat{q}$ um den Ruheabstand q_0 ausführen. Dabei ist q eine verallgemeinerte Koordinate der Vibrationsschwingung. Durch diese Vibration wird die Polarisierbarkeit ξ der Elektronenhülle zeitlich moduliert, die mit einer TAYLOR-Reihe approximiert werden kann:

$$\underset{\sim}{\xi}(t) = \xi_0 + \hat{q}\frac{\partial \xi}{\partial q} \cos \omega_V t + \ldots, \tag{8.1}$$

mit der Polarisierbarkeit eines einzelnen Moleküls $\xi = \chi / N$ in einem Medium der Moleküldichte N und der Suszeptibilität χ. Für die weiteren Betrachtungen ist der Term erster Ordnung ausreichend. Unter dem Einfluss des elektrischen Wechselfeldes der Pumpwelle mit Amplitude $\hat{E}_P$ und Frequenz ω_P wird in dem Molekül ein Dipolmoment $\underset{\sim}{p}(t)$ induziert:

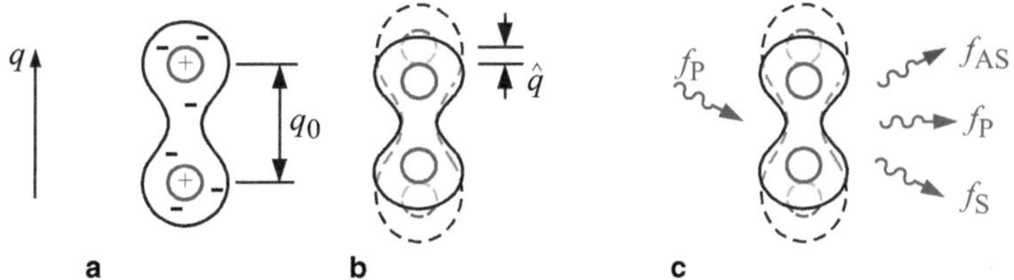

Abb. 8.3 Zweiatomiges Molekül: **a** Ruheabstand q_0, **b** Vibration mit Amplitude $\hat{q}$, **c** Streuprozesse am vibrierenden Molekül

$$\underset{\sim}{p}(t) = \varepsilon_0 \left(\xi_0 + \hat{q}\frac{\partial \xi}{\partial q}\cos\omega_V t\right) \hat{E}_P \cos(\omega_P t) \tag{8.2a}$$

$$= \varepsilon_0 \xi_0 \hat{E}_P \cos(\omega_P t) \tag{8.2b}$$

$$+ \varepsilon_0 \hat{q}\frac{\partial \xi}{\partial q}\frac{\hat{E}_P}{2}\cos[(\omega_P - \omega_V)t] \tag{8.2c}$$

$$+ \varepsilon_0 \hat{q}\frac{\partial \xi}{\partial q}\frac{\hat{E}_P}{2}\cos[(\omega_P + \omega_V)t]. \tag{8.2d}$$

Das induzierte Dipolmoment $p(t)$ ist eine Quelle für elektromagnetische Wellen. Dabei entspricht der Term Gl. (8.2b) bei ω_P der normalen linearen Polarisierbarkeit im regelmäßigen Kristallgitter sowie der Rayleigh-Streuung an Inhomogenitäten, der Term Gl. (8.2c) der Raman-Stokes-Welle bei $\omega_S = \omega_P - \omega_V$ und der Term Gl. (8.2d) der Raman-Antistokes-Welle mit $\omega_{AS} = \omega_P + \omega_V$. Das elektrische Fernfeld eines harmonischen Dipols ist proportional zur zweiten zeitlichen Ableitung von $\underset{\sim}{p}(t)$ und somit zu den Frequenzen ω^2 der gestreuten Wellen [10]. Daraus folgt direkt die Proportionalität der Intensitäten der spontanen Streuprozesse zu ω^4. Entscheidend für die Raman-Streuung ist dabei die Änderung der Polarisierbarkeit während der Vibration, so dass im Placzek-Modell für die Intensitäten I_S und I_{AS} der Stokes- und Antistokes-Welle der spontanen Raman-Streuung gilt:

$$I_S \sim I_P \left(\frac{\partial \xi}{\partial q}\right)^2 \omega_S^4 \hat{q}^2, \quad I_{AS} \sim I_P \left(\frac{\partial \xi}{\partial q}\right)^2 \omega_{AS}^4 \hat{q}^2. \tag{8.3}$$

Darin ist I_P die Intensität der einfallenden Pumpwelle.

Der Raman-Frequenzversatz (engl. *raman shift*) $\omega_R = |\omega_P - \omega_{S,AS}|$ zwischen einfallender Lichtwelle und den Stokes/Antistokes-Wellen entspricht der Frequenz der Molekülvibration ω_V. Diese ist molekülspezifisch und unabhängig von der Frequenz der einfallenden Lichtwelle. Damit kann durch Auswertung des Raman-Frequenzversatzes ω_R eine spektroskopische Analyse chemischer Verbindungen erfolgen. Typische Vibrationsfrequenzen liegen im THz-Bereich. In SiO_2-Quarzglas ist das Maximum der Raman-Streuung bei einem Raman-Versatz von ca. 13 THz zu beobachten, wobei in einem amorphen Glas eine starke spektrale Verbreiterung entsteht. Dies wird in Kap. 8.3.7 weiter diskutiert.

Exkurs 8.1
Eine Änderung der Polarisierbarkeit $\partial\xi/\partial q$ der Elektronenhülle während der Vibration ist auch bei Molekülen ohne permanentem Dipolmoment gegeben, wie z. B. bei den homonuklearen Molekülen N_2, O_2 oder H_2. Daher zeigen diese Moleküle Raman-Streuung, obwohl sie keine Infrarot-Absorption und -Emission aufgrund der Molekülvibration aufweisen, da dies ein permanentes Dipolmoment erfordert. Bei komplexeren heteronuklearen Molekülen mit internem Dipolmoment wie CO_2, H_2O oder CH_4 mit mehreren Vibrationsmoden zeigen einige der Vibrationsmoden IR-Absorption und -Emission, andere dagegen Raman-Streuung. Dies wird in der Spektroskopie ausgenützt, da IR-Absorption und Raman-Streuung komplementäre Informationen über die Molekülstruktur liefern [11, 12]. In Gläsern zeigen die Vibrationsmoden der polaren Si–O-Bindungsketten (s. Abb. 2.9 b) sowohl IR-Absorption als auch Raman-Streuung.

8.2.2 Quantenelektronisches Modell

Im Placzek-Modell wäre die Intensität der Stokes- und Antistokes-Welle gleich, wenn man von kleinen Unterschieden aufgrund der f^4-Abhängigkeit absieht. Experimentell wird aber eine sehr viel stärkere Streuung in die Stokes-Welle als in die Antistokes-Welle beobachtet. Dies kann im klassischen Placzek-Modell nicht erklärt werden, sondern hierfür ist eine quantenelektronische (QE) Betrachtung erforderlich. Dazu wird das Modell eines sogenannten harmonischen Oszillators verwendet. Hierfür betrachten wir zunächst ein einfaches zweiatomiges Molekül nach Abb. 8.3 mit nur einer einzigen linearen Vibrationsschwingung der Frequenz f_V. Auf der Ebene molekularer Abmessungen kann die Vibrationsenergie nur diskrete Zahlenwerte W_υ annehmen:

$$W_\upsilon = hf_V\left(\upsilon + \frac{1}{2}\right) = \Delta W_V\left(\upsilon + \frac{1}{2}\right), \quad \upsilon = 0, 1, 2, 3 \ldots, \tag{8.4}$$

mit der Vibrationsquantenzahl v, die als ein Maß für die Vibrationsamplitude eines einzelnen Moleküls angesehen werden kann. Selbst für die niedrigst mögliche Quantenzahl $\upsilon = 0$ ist das Molekül nicht vollständig in Ruhe. Diese niedrigst mögliche Vibrationsenergie ist aber nicht austauschbar, daher wird der Nullpunkt der Energieskala in Diagrammen auf den Grundzustand W_0 gesetzt. Die Energieniveaus sind im Modell des harmonischen Oszillators äquidistant mit Energiedifferenz ΔW_υ. Mehratomige Moleküle haben eine Vielzahl an Vibrationsmoden, die jeweils einzeln als harmonischer Oszillator beschrieben werden. Durch Verkopplung der Vibrationsmoden, durch Wechselwirkung mit Energiezuständen der Elektronenhülle sowie durch anharmonische Effekte entstehen Abweichungen von

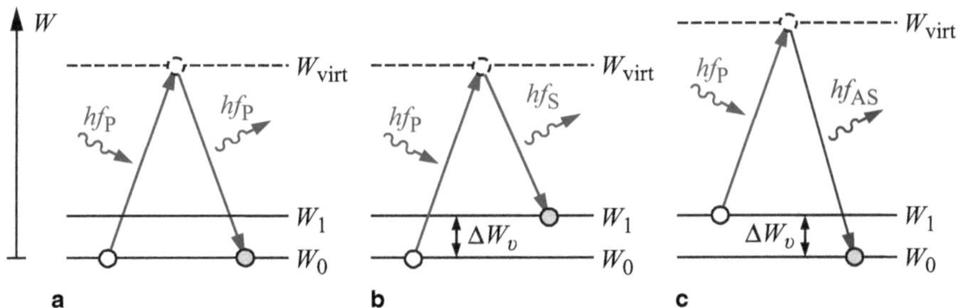

Abb. 8.4 Quantenelektronisches Modell der Streuprozesse: **a** Rayleigh-Streuung, **b** Raman-Stokes-Streuung, **c** Raman-Antistokes-Streuung

Gl. (8.4), die zu komplizierten Schemata der Energieniveaus führen können [12]. Insbesondere in Festkörpern ist die Verkopplung so stark, dass statt diskreter Energieniveaus breite Energiebänder entstehen [13].

Mit Hilfe der Energieniveaus W_υ können nun die Streuprozesse in einem semiklassischen quantenelektronischen Modell beschrieben werden, wie in Abb. 8.4 dargestellt. Relevant dafür sind die beiden Vibrations-Energieniveaus W_0 und W_1. Unter dem Einfluss einer elektromagnetischen Welle der Frequenz f_P wird das Molekül aus dem Grundzustand W_0 zu einer Vibration mit f_P gezwungen. Dies entspricht im QE-Modell der Anhebung des Moleküls auf ein virtuelles Energieniveau $W_{virt} = hf_P$ durch Absorption eines Photons mit gleicher Energie. Das virtuelle Energieniveau relaxiert quasi instantan durch Emission eines Photons der Energie hf in eines der darunter liegenden Vibrationsniveaus. Dabei entspricht Relaxation zurück in den Grundzustand W_0 der Rayleigh-Streuung. Relaxation in das Niveau W_1 entspricht der Raman-Stokes-Streuung mit einer Frequenz der gestreuten Welle f_S. Befindet sich das Molekül bereits in einem angeregten Zustand W_1, so kann es von der gleichen Frequenz f_P auf ein anderes induziertes virtuelles Niveau angehoben werden, und von dort in den Grundzustand W_0 relaxieren. Dies entspricht der Raman-Antistokes-Streuung mit Frequenz f_{AS}.

Das virtuelle Energieniveau ist keine Eigenschaft des Moleküls an sich, sondern es entsteht durch den Einfluss des Pumpphotons bzw. der Pumpwelle genau bei dem Energieabstand $\Delta W_{virt} = hf_P$ zu einem anderen Niveau, der durch die Frequenz f_P der Pumpwelle vorgegeben wird. Daher kann diesem Niveau auch keine eigene Lebensdauer oder Besetzungsdichte im üblichen Sinn zugeordnet werden. Die quantenelektronische Wellenfunktion des virtuellen Niveaus kann nur durch eine Überlagerung der tatsächlichen Wellenfunktionen der Vibrationen und der elektronischen Zustände des Moleküls dargestellt werden. Damit ist eine Beschreibung der zeitlichen Entwicklung dieses virtuellen Niveaus möglich [14, 15]. Ohne dem Einfluss der Pumpwelle geht das Molekül in sehr kurzer Zeit wieder in genau einen erlaubten Eigenzustand der Molekülvibration über. Die charakteristische Zeit für diesen Übergang kann als Lebensdauer τ_{virt} des virtuellen Niveaus interpretiert werden. Die hier betrachteten Raman-Prozesse sind nicht-resonant, d. h. das virtuelle Energieniveau ist nicht in der Nähe eines realen Energieniveaus der Vibrati-

Abb. 8.5 Beispielhafte Besetzungsdichten (Phononendichten) N_0 und N_1 zweier Vibrationsenergieniveaus W_0 und W_1 im thermodynamischen Gleichgewicht

on oder elektronisch angeregten Zustände. Bei Pumpfrequenzen f_P im nahen Infrarot und $W_{virt} = hf_P \approx 1$ eV sind die nächsten Energieniveaus diejenigen der Vibration des Moleküls, die nur eine geringe Energie $W_i \approx 0{,}1$eV haben. Die elektronischen Zustände in SiO_2-Glas sind dagegen mit Energien von $W_i > 5$ eV deutlich weiter von dem virtuellen Niveau entfernt. Für nicht-resonante Raman-Streuung gilt für die Lebensdauer des virtuellen Niveaus [16, 17]

$$\tau_{virt} \approx \max\left\{\frac{h}{2\pi|W_{virt} - W_i|}\right\} \approx \frac{1}{2\pi f_P}. \tag{8.5}$$

Damit ergeben sich für τ_{virt} Zahlenwerte in der Größenordnung von 1fs. Diese sehr kurze Lebensdauer führt dazu, dass die Streuprozesse als quasi-instantan betrachtet werden können.

Exkurs 8.2

Die sehr kurze Lebensdauer des virtuellen Energieniveaus ist letztendlich eine Konsequenz der HEISENBERGschen Unschärfe-Relation, aus der direkt Gl. (8.5) folgt. Wäre die Lebensdauer des virtuellen Niveaus ohne Einwirkung des Pumplichtes länger als τ_{virt}, so könnte mit einer Messung dessen Energie so genau bestimmt werden, dass daraus gefolgert werden könnte, dass das Molekül sich in einem anderen als den quantenelektronisch erlaubten Zuständen W_i befindet. Dies kann ohne äußeren Einfluss jedoch nicht sein.

Über die relative Stärke der Stokes- und Antistokes-Streuung entscheidet das Verhältnis der Besetzungsdichten N_1 und N_0 der Niveaus W_1 und W_0, das im thermodynamischen Gleichgewicht durch die BOLTZMANN-Verteilung gegeben ist:

$$\frac{N_1}{N_0} = e^{-(hf_V/k_B T)}, \tag{8.6}$$

mit der Boltzmann-Konstante k_B und der Temperatur des Mediums T. Für alle realen Temperaturen ist die Besetzungsdichte im Niveau N_1 kleiner als im Niveau N_0 (Abb. 8.5), so dass die Intensität der Antistokes-Streuung stets kleiner ist als die der Stokes-Streuung. Für sehr kleine Temperaturen $T \to 0$ verschwindet die Antistokes-Streuung komplett, für sehr hohe Temperaturen nähern sich die Intensitäten von Antistokes- und Stokes-Welle an.

Beispiel 8.1

Bei Raumtemperatur $T = 296\,K$ und einer Energiedifferenz $\Delta W_\upsilon = 0{,}054$ eV entsprechend einer Vibrationsfrequenz $f_\mathrm{V} = 13$ THz der Si–O–Si-Bindung in Quarzglas ergibt sich ein Besetzungsdichteverhältnis von $N_1/N_0 = 0{,}121$.

In Festkörpern liegen keine einzelnen Moleküle vor, sondern alle Atome sind durch räumliche Bindungskräfte vernetzt. Dementsprechend kann nicht mehr von Vibrationen einzelner unabhängiger Moleküle ausgegangen werden. Statt dessen wird das Modell quantisierter Gitterschwingungen verwendet, denen als Quasiteilchen sogenannte optische Phononen zugeordnet werden [13]. Die Raman-Streuung kann als Streuung von Photonen an diesen Phononen interpretiert werden, wobei der Stokes-Fall der Erzeugung eines Phonons und der Antistokes-Fall der Vernichtung eines Phonons der Energie ΔW_υ entspricht. Die Verteilungsfunktion der Phononen auf bestimmte Energien und damit Vibrationsfrequenzen f_v wird durch die dimensionslose Bose-Einstein-Verteilung beschrieben [13, 18]:

$$N_\mathrm{BE}(f_\mathrm{v}) = \frac{1}{\mathrm{e}^{hf_\mathrm{v}/k_\mathrm{B}T} - 1}. \tag{8.7}$$

$N_\mathrm{BE}(f_\mathrm{v})$ wird auch als Bose-Einstein-Faktor oder thermischer Populationsfaktor der Phononen bezeichnet. Dabei erfüllt das Verhältnis

$$\frac{N_\mathrm{BE}(f_\mathrm{v})}{N_\mathrm{BE}(f_\mathrm{v}) + 1} = \mathrm{e}^{-(hf_\mathrm{v}/k_\mathrm{B}T)} = \frac{N_1}{N_0} \tag{8.8}$$

die Boltzmann-Verteilung N_1/N_0 aus Gl. (8.6). Weiterhin gilt mit

$$N_\mathrm{BE}(-f_\mathrm{v}) + 1 = -N_\mathrm{BE}(f_\mathrm{v}) \tag{8.9}$$

eine Beziehung, die für den quantitativen Zusammenhang der Intensitäten von spontaner und stimulierter Raman-Streuung im Stokes und Antistokes-Fall benötigt wird. Der Bose-Einstein-Faktor ist in Abb. 8.6 in Abhängigkeit von der molekülspezifischen Vibrationsfrequenz f_V und der Temperatur dargestellt.

Für die gestreuten Intensitäten I_S der Raman-Stokes- und I_AS der Antistokes-Welle ergeben sich mit dem Bose-Einstein-Faktor folgende Abhängigkeiten:

$$I_\mathrm{S} \sim I_\mathrm{P} \left(\frac{\partial \xi}{\partial q}\right)^2 f_\mathrm{S}^4 \,(N_\mathrm{BE}(f_\mathrm{v}) + 1), \tag{8.10a}$$

$$I_\mathrm{AS} \sim I_\mathrm{P} \left(\frac{\partial \xi}{\partial q}\right)^2 f_\mathrm{AS}^4 \,N_\mathrm{BE}(f_\mathrm{v}). \tag{8.10b}$$

Ein Vergleich mit Gl. (8.3) zeigt, dass im QE-Modell die thermischen Bose-Einstein-Faktoren anstelle der klassischen Vibrationsamplitude treten. Damit werden die experimentellen Intensitätsverhältnisse zwischen Stokes- und Antistokes-Welle der spontanen Raman-Streuung korrekt wiedergegeben.

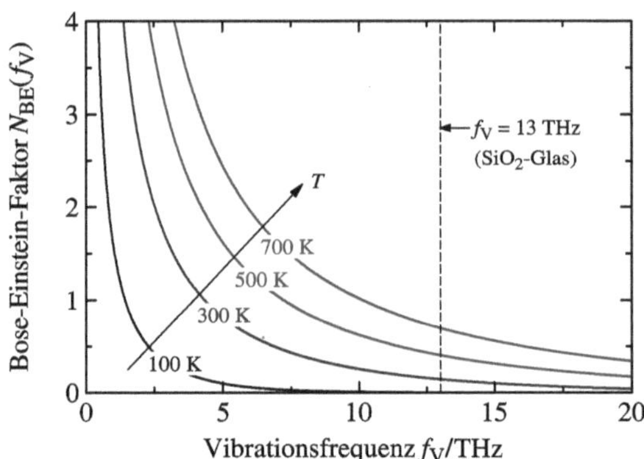

Abb. 8.6 Abhängigkeit des Bose-Einstein-Faktors N_{BE} der Phononendichte in Abhängigkeit von der Vibrationsfrequenz f_V und der Temperatur T

Prinzipiell nimmt die Phononendichte für alle Vibrationsfrequenzen mit zunehmender Temperatur zu. Dies entspricht der zunehmenden thermischen Anregung der Gitterschwingungen. Damit einher geht eine Zunahme der Intensität der SpRS mit steigender Temperatur. Die relative Änderung der Intensität macht sich bei der Stokes-Streuung nicht so stark bemerkbar wie bei der Antistokes-Streuung, da die Streuintensität im Stokes-Fall in Gl. (8.10a) proportional zu $N_{BE}(f_v, T) + 1$ ist. Daher entsteht Stokes-Streuung auch bei sehr tiefen Temperaturen des Mediums, obwohl für den BE-Term $N_{BE}(f_v) \to 0$ für $T \to 0$ gilt. Stokes-SpRS macht sich z. B. in Raman-Faserverstärkern als temperaturabhängiges Rauschen bemerkbar [19], wobei der Anstieg mit der Temperatur bei kleinen Frequenzabständen von der Pumpe stärker ausgeprägt ist. Im Gegensatz zur Stokes-Streuung nimmt die Intensität der Antistokes-Streuung bei sinkender Temperatur stark ab, da in Gl. (8.10b) der BE-Term $N_{BE}(f_v)$ sehr klein und für $T \to 0$ zu Null wird. Bei einem Temperaturanstieg ist die relative Änderung der Antistokes-Intensität größer als bei der Stokes-Intensität. Das Verhältnis der Intensität zwischen spontaner Antistokes- und Stokes-Streuung kann daher gut für verteilte faseroptische Temperatursensoren verwendet werden [20, 21]:

$$\frac{I_{AS}}{I_S} = \frac{f_{AS}^4}{f_S^4} e^{-(hf_V/k_B T)} = \left(\frac{f_P + f_v}{f_P - f_v}\right)^4 e^{-(hf_V/k_B T)}. \tag{8.11}$$

Systeme, die auf Basis der Raman-Streuung die Temperatur entlang einer Glasfaser messen, werden auch als Raman-DTS bezeichnet (engl. *distributed temperature sensing*, DTS). Zur Ortsauflösung kommen Pulslaufzeitverfahren und Frequenzmodulationsverfahren ähnlich wie bei Brillouin-Sensoren (Kap. 9.7.3) zum Einsatz.

Beispiel 8.2

Mit den Zahlenwerten aus Bsp. 8.1 ergibt sich in Quarzglas bei Raumtemperatur mit einer Pumpwellenlänge $\lambda_P = 1550\,\text{nm}$, entsprechend $f_P = 193{,}4\,\text{THz}$ ein Intensitätsverhältnis $I_{AS}/I_S = 0{,}207$.

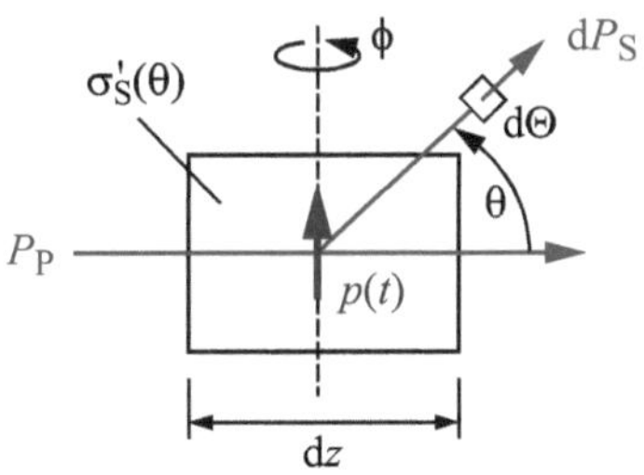

Abb. 8.7 Zur Definition des winkelabhängigen Raman-Streukoeffizienten $\sigma'_S(\theta)$

8.2.3 Makroskopische Streukoeffizienten

Makroskopisch kann pro Streckenlänge dz des Mediums, pro Frequenzintervall df und Raumwinkelelement $d\Theta$ eine Teilleistung dP_S der spontanen Raman-Streuung gemessen werden (Abb. 8.7), die über einen winkelabhängigen Raman-Streukoeffizient $\sigma'_S(\theta)$ mit der eingestrahlten Leistung der Pumpwelle P_P zusammenhängt:

$$\frac{dP_S}{dz\,df\,d\Theta} = P_P\,\sigma'_S\,(\theta, \Delta f). \tag{8.12}$$

Ein Vergleich von Gl. (8.12) mit Gl. (8.10a) zeigt, dass auch der Streukoeffizient folgende Abhängigkeiten aufweisen muss:

$$\sigma'_S(\theta) \sim \left(\frac{\partial \xi}{\partial q}\right)^2 f_S^4\,(N_{BE}(f_v) + 1). \tag{8.13}$$

Das Streulicht hat die Richtcharakteristik einer Dipolstrahlung mit Maximum σ_0 bei einem Streuwinkel $\theta = 0$:

$$\sigma'_S(\theta) = \sigma_0 \cos^2\theta. \tag{8.14}$$

Integriert über den vollen Raumwinkel ergibt sich der totale Raman-Streukoeffizient der gestreuten Welle

$$\sigma_S = \int_{4\pi} \sigma_0 \cos^2\theta\, d\Theta = \frac{8\pi}{3}\sigma_0. \tag{8.15}$$

Schließlich erfährt die einfallende Lichtwelle eine Dämpfung gemäß

$$\frac{dP_P}{dz} = -\sigma_P P_P, \tag{8.16}$$

mit dem totalen Raman-Streukoeffizient der Pumplichtwelle

$$\sigma_P = \frac{f_P}{f_S}\sigma_S \tag{8.17}$$

aufgrund des Energieverhältnisses von einfallenden und gestreuten Photonen.

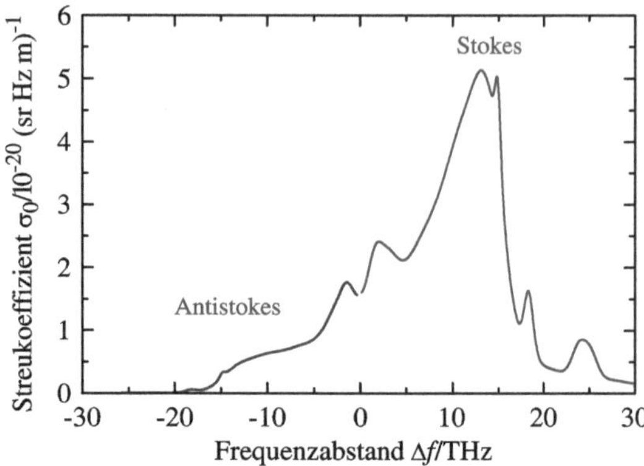

Abb. 8.8 Berechneter Raman-Streukoeffizient von reinem Quarzglas nach Gl. (8.21) und Daten aus [22], für eine einfallende Pumpwelle bei $\lambda_P = 1000$ nm und einer Temperatur $T = 296$ K. Δf ist der Frequenzabstand der Stokes-Welle zur Pumpwelle

Mit diesen Definitionen können die Raman-Streukoeffizienten verschiedener Stoffe experimentell bestimmt werden. Bei gegebener Pumpwellenlänge bzw. Pumpfrequenz f_P wird die Raman-gestreute spektrale Leistungsdichte in Abhängigkeit von der Streufrequenz f_S gemessen und daraus der Raman-Streukoeffizient in Abhängigkeit des Frequenzabstandes $\Delta f = f_P - f_S$ berechnet. Aufgrund verschiedener Verbreiterungsmechanismen in den Medien sowie durch verschiedene Vibrationsmöglichkeiten von Molekülen entsteht Raman-Streuung nicht nur bei genau einem Frequenzversatz $\Delta f = f_V$ relativ zur Pumpwelle, sondern es ergibt sich ein für jedes Material charakteristisches Streuspektrum über einen größeren Wertebereich von Δf. Abbildung 8.8 zeigt als Beispiel den Raman-Streukoeffizient von Quarzglas. Wie im nächsten Kapitel gezeigt, kann daraus auch der materialspezifische Gewinnkoeffizient der stimulierten Raman-Streuung $g_R(\Delta f)$ eines Stoffes berechnet werden.

Exkurs 8.3
Der in Abb. 8.8 dargestellte Streukoeffizient von Quarzglas wurde mit Gl. (8.21) aus dem materialspezifischen Raman-Gewinnkoeffizienten $g_R(\Delta f)$ berechnet. Hierzu wurden Daten nach [22] verwendet, die eine sehr gute Modellierung des Frequenzgangs des Raman-Gewinnkoeffizienten $g_R(\Delta f)$ aus [23, 24] darstellen. Dieser wiederum wurde aus Messungen der spontanen Raman-Streuung abgeleitet und wird in vielen Publikationen als Referenz verwendet.

8.2.4 Spontane Raman-Streuung in Glasfasern

Gesucht ist nun eine quantitative Beschreibung der Leistung der spontanen Raman-Streuung in Glasfasern. Für kleine Pumpleistungen P_P wird die stimulierte Raman-Streuung zunächst vernachlässigt. Weiterhin wird zur besseren Übersicht die Faserdämpfung vernachlässigt. Betrachtet man ein kurzes Segment einer Glasfaser mit Länge dz, so kann die Zunahme der Lichtleistung der spontanen Raman-Streuung P_S in Vorwärtsrichtung im klassischen Modell wie folgend geschrieben werden [25]:

$$\frac{\mathrm{d}P_S}{\mathrm{d}z} = \eta\sigma_S(\Delta f)BP_P, \tag{8.18}$$

mit der Leistung der Pumpwelle P_P und dem frequenzabhängigen totalen Raman-Streukoeffizienten $\sigma_S(\Delta f)$ nach Gl. (8.15). B ist die Bandbreite des betrachteten Frequenzintervalls, und η ist die gleiche Sammeleffizienz wie im Fall der Rayleigh-Streuung nach Gl. (4.6), da die spontane Raman-Streuung ebenso wie die Rayleigh-Streuung eine Dipol-Richtcharakteristik aufweist:

$$\eta = \frac{3\lambda_S^2}{8\pi n^2 A_{\mathrm{eff}}}. \tag{8.19}$$

Zum betragsmäßig gleichen Ergebnis gelangt man für die in Rückwärtsrichtung spontan gestreute Stokes-Welle.

Exkurs 8.4
Wie bei der Rayleigh-Streuung ist auch bei SpRS die in der Faser geführte gestreute Leistung wegen der λ_S^2-Abhängigkeit der Sammeleffizienz nur proportional zu λ_S^{-2} bzw. f_S^2, wobei zusätzlich die Wellenlängenabhängigkeit der effektiven Modenfläche A_{eff} berücksichtigt werden muss.

Eine quantenelektronische Beschreibung der spontanen Raman-Streuung geht von einem anderen Ansatz aus [25–28]. Das Quantenrauschen der Stokes-Welle kann mit einer spektralen Leistungsdichte hf_S, entsprechend einem Photon pro transversaler und longitudinaler Mode des elektromagnetischen Feldes in der Glasfaser, beschrieben werden. Dieses wird durch Wechselwirkung mit thermisch angeregten Phononen mit einem Populationsfaktor $(1 + N_{\mathrm{BE}}(\Delta f))$ stimuliert verstärkt, angetrieben von der Pumpwelle mit Leistung P_P:

$$\frac{\mathrm{d}P_S}{\mathrm{d}z} = hf_S\,B\big(1 + N_{\mathrm{BE}}(\Delta f)\big)\,g_R(\Delta f)\,\frac{P_P}{A_{\mathrm{eff,R}}}, \tag{8.20}$$

mit dem materialspezifischen Raman-Gewinnkoeffizienten $g_R(\Delta f)$ und der effektiven Modenfläche $A_{\mathrm{eff,R}}$ der stimulierten Raman-Streuung aus Kap. 8.3. Bei bekanntem Raman-Gewinnkoeffizienten $g_R(\Delta f)$ kann Gl. (8.20) verwendet werden, um den Einfluss des Rauschens durch spontane Raman-Streuung z. B. in Raman-Faserverstärkern zu berücksichtigen [19]. In Raman-Faserlasern liefert dieses Rauschen die notwendigen Startphotonen zum Anschwingen des Lasers.

Ein Vergleich von Gl. (8.18) und (8.20) unter Verwendung der Sammeleffizienz nach Gl. (4.6) führt zu folgendem Zusammenhang zwischen den Materialparametern der spontanen und der in Kap. 8.3 beschriebenen stimulierten Raman-Streuung [25, 29]:

$$\sigma_0(\Delta f) = g_\mathrm{R}(\Delta f)\frac{hn^2}{c_0^2}\big(1 + N_\mathrm{BE}(\Delta f)\big)f_\mathrm{S}^3. \tag{8.21}$$

Darin ist n^2 eine Näherung für das Produkt der Brechungsindizes von Pumpe und Stokes-Welle $n_\mathrm{P}n_\mathrm{S}$. Die Beziehung nach Gl. (8.21) ist in Übereinstimmung mit Ergebnissen zur Raman-Streuung eines Freistrahl-Lasers in Volumenmaterialien, auch außerhalb von Wellenleitern [30–32]. Zahlenbeispiele zur spontanen Raman-Streuung in Glasfasern werden in Kap. 8.5.1 gegeben.

8.3 Stimulierte Raman-Streuung

Durch stimulierte Raman-Streuung (SRS) kann eine Signalwelle durch eine kräftige Pumpwelle verstärkt werden. Zunächst wird der zugrunde liegende Mechanismus mit einer quantenelektronischen Betrachtung untersucht und die Temperaturabhängigkeit mit derjenigen der spontanen Raman-Streuung verglichen. Anschließend wird mit einem klassischen elektrodynamischen Modell die Frequenzabhängigkeit abgeleitet. Damit können wesentliche Eigenschaften des makroskopisch beobachtbaren materialspezifischen Raman-Gewinnkoeffizienten $g_\mathrm{R}(\Delta f)$ erklärt werden.

8.3.1 Quantenelektronische Betrachtung der SRS

Raman-Streuung kann stimuliert erfolgen, wenn sowohl ein Stokes- bzw. Antistokes-Photon als auch ein Pumpphoton gleichzeitig auf ein Molekül treffen. Abbildung 8.9 zeigt die möglichen Prozesse der stimulierten Raman-Streuung (SRS). Unter Einwirkung und Absorption eines Photons wird das Molekül in einen kurzlebigen virtuellen Zustand gehoben. Ein weiteres Photon mit passender Energie kann durch stimulierte Emission ein zweites energie- und impulsgleiches Photon erzeugen und dadurch eine Verstärkung einer Welle bei entsprechender Frequenz auslösen. Voraussetzung ist wie bei der SpRS, dass die Energiedifferenz der beiden einfallenden Photonen gemäß $\Delta W_\upsilon = h|f_\mathrm{P} - f_\mathrm{S,AS}|$ dem Energieabstand der Vibration entspricht. Ebenso wie bei der SpRS muss das Molekül eine Änderung der Polarisierbarkeit bei einer Änderung des Kernabstandes während der Vibration aufweisen. Wir betrachten zunächst die stimulierte Emission und stimulierte Absorption von Stokes-Photonen. Die Rate der Prozesse ist dabei proportional zum Produkt der Photonendichten $N_\mathrm{P}N_\mathrm{S}$ der Pump- und Stokes-Welle sowie der jeweiligen Phononendichten im Ausgangsniveau, bestimmt durch den Bose-Einstein-Faktor [28, 30]:

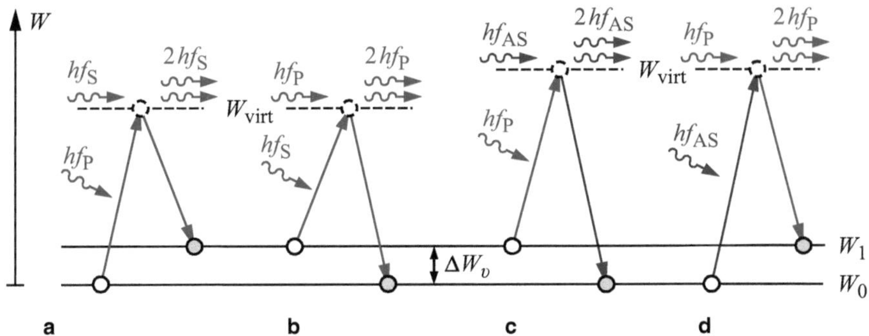

Abb. 8.9 Stimulierte Raman-Streuung (SRS): Stimulierte Emission (**a**) und stimulierte Absorption (**b**) eines Stokes-Photons sowie stimulierte Emission (**c**) und stimulierte Absorption (**d**) eines Antistokes-Photons

$$\left.\frac{dN_S}{dt}\right|_{Em.} \sim \left(\frac{\partial \xi}{\partial q}\right)^2 N_P N_S \big(1 + N_{BE}(\Delta f)\big), \tag{8.22a}$$

$$\left.\frac{dN_S}{dt}\right|_{Abs.} \sim -\left(\frac{\partial \xi}{\partial q}\right)^2 N_S N_P\, N_{BE}(\Delta f). \tag{8.22b}$$

Bildet man die Bilanz aus spontaner Emission und Absorption von Stokes-Photonen, so hebt sich der Term mit dem Bose-Einstein-Faktor auf, und es gilt

$$\frac{dN_S}{dt} \sim \left(\frac{\partial \xi}{\partial q}\right)^2 N_P\, N_S. \tag{8.23}$$

Durch stimulierte Emission wächst also die Dichte der Stokes-Photonen N_S über der Zeit an, und zwar proportional zur Pumpphotonendichte N_P. Für die Bilanz der Prozesse mit Antistokes-Photon erhält man analog eine zeitliche Abnahme der Dichte

$$\frac{dN_{AS}}{dt} \sim -\left(\frac{\partial \xi}{\partial q}\right)^2 N_P\, N_{AS}. \tag{8.24}$$

Bei Ausbreitung der Photonen in $+z$-Richtung ergibt sich mit Hilfe der Lichtgeschwindigkeit im Medium c_0/n_{eff} folgende Umrechnung zwischen Zeit- und Ortsableitung der Photonendichten:

$$\frac{dN_i}{dt} = \frac{dN_i}{dz}\frac{dz}{dt} = \frac{dN_i}{dz}\frac{c_0}{n_{eff}} \sim \frac{dP_i}{d_z} \sim \frac{dI_i}{d_z}. \tag{8.25}$$

Da Lichtleistung P_i und Intensität I_i proportional zur Photonendichte N sind, resultiert also nur für die Stokes-Welle, bei der f_S kleiner als die Pumpfrequenz f_P ist, eine Verstärkung entlang der Ausbreitungsrichtung. Im Antistokes-Fall, bei dem die Frequenz der Antistokes-Welle f_{AS} größer als die der Pumpe ist, resultiert eine Absorption. In diesem Fall kann die

Antistokes-Welle auch als eigentliche Pumpe für eine Verstärkung bei der Frequenz f_P aufgefasst werden.

Im Gegensatz zur spontanen Raman-Streuung ist die Verstärkung und Absorption durch stimulierte Raman-Streuung nicht temperaturabhängig, da sich der Bose-Einstein-Faktor in der Bilanz für Stokes- und Antistokes-Welle aufhebt. Die Phononendichte spielt für diese Prozesse keine Rolle, wie auch experimentell beobachtet [33].

8.3.2 Elektrodynamische Betrachtung der SRS

Zur anschaulichen Herleitung der Frequenzabhängigkeit der SRS verwendet man einen klassischen elektrodynamischen Ansatz, aufbauend auf dem PLACZEK-Modell der Raman-Streuung [11]. Gesucht ist das Verhalten eines Moleküls unter dem gleichzeitigen Einfluss einer harmonischen Pumpwelle mit Frequenz ω_P und Amplitude E_P und einer harmonischen Stokes-Welle mit Frequenz ω_S und Amplitude E_S. Dazu bestimmen wir in einem skalaren Ansatz die potentielle Energie W_{pot} eines polarisierbaren Modellmoleküls nach Abb. 8.3

$$\underset{\sim}{W}_{pot}(t) = -\frac{1}{2}\,\underset{\sim}{p}(t)\,\underset{\sim}{E}(t), \tag{8.26}$$

mit dem induzierten Dipolmoment $\underset{\sim}{p}(t) = \varepsilon_0 \xi \underset{\sim}{E}(t)$, der Polarisierbarkeit eines Moleküls ξ und der gesamten elektrischen Feldstärke $\underset{\sim}{E}(t) = \underset{\sim}{E}_p(t) + \underset{\sim}{E}_S(t)$. Die Kraft $\underset{\sim}{F}(t)$ auf ein Molekül erhält man nach Einsetzen von $\underset{\sim}{p}(t)$ und Ableiten nach einer Raumkoordinate der Molekülvibration q gemäß

$$\underset{\sim}{F}(t) = -\frac{\mathrm{d}\underset{\sim}{W}_{pot}(t)}{\mathrm{d}q} = \frac{1}{2}\,\varepsilon_0\,\frac{\mathrm{d}\xi}{\mathrm{d}q}\,\langle\underset{\sim}{E}(t)\rangle^2. \tag{8.27}$$

Dabei bezeichnet $\langle\underset{\sim}{E}(t)^2\rangle$ eine zeitliche Mittelung von $\underset{\sim}{E}(t)^2$ über einige Schwingungsperioden, da im Rahmen der BORN-OPPENHEIMER-Näherung die Atomkerne aufgrund ihrer Massenträgheit nicht der Oszillation des Feldes bei optischen Frequenzen folgen können [34, 35]. Dadurch sind in $[\underset{\sim}{E}_P(t) + \underset{\sim}{E}_S(t)]^2$ nach Ausmultiplizieren nur diejenigen Terme relevant, die mit der Differenzfrequenz $\omega_P - \omega_S$ oszillieren. Für die Kraft $\underset{\sim}{F}(t)$ ergibt sich damit:

$$\underset{\sim}{F}(t) = \frac{1}{2}\,\varepsilon_0\,\frac{\mathrm{d}\xi}{\mathrm{d}q}\,\mathrm{Re}\left\{E_P E_S^*\,\mathrm{e}^{\mathrm{j}(\omega_P - \omega_S)t}\right\}. \tag{8.28}$$

Das Molekül beschreiben wir als mechanisches Feder-Masse-System mit Vibrationsresonanzfrequenz ω_V und einer Dämpfungskonstante Γ. Damit ergibt sich unter dem Einfluss der Kraft aufgrund der externen Felder folgende Differentialgleichung für den Kernabstand $\underset{\sim}{q}(t)$:

$$\frac{\mathrm{d}^2}{\mathrm{d}t^2}\,\underset{\sim}{q}(t) + \Gamma\frac{\mathrm{d}}{\mathrm{d}t}\,\underset{\sim}{q}(t) + \omega_V^2\,\underset{\sim}{q}(t) = \frac{\underset{\sim}{F}(t)}{m}, \tag{8.29}$$

mit der effektiven Molekülmasse m. Unter dem Einfluss der externen Kraft wird das Molekül zu einer harmonischen Schwingung $\underset{\sim}{q}(t)$ des Kernabstandes mit der Frequenz $\Delta\omega = \omega_P - \omega_S$ gezwungen. Für die komplexwertige stationäre Amplitude $q = \hat{q}\,\mathrm{e}^{\mathrm{j}\phi_q}$ der Schwingung erhält man nach Lösen der Differentialgleichung Gl. (8.29)

$$q = \frac{\varepsilon_0}{2m\,[\omega_V^2 - \Delta\omega^2 + \mathrm{j}\Gamma\Delta\omega]} \left(\frac{\mathrm{d}\xi}{\mathrm{d}q}\right) E_P E_S^*. \tag{8.30}$$

Exkurs 8.5
Damit ist schon an dieser Stelle eine anschauliche Erklärung der stimulierten Raman-Streuung möglich: Entspricht die Frequenz $\Delta\omega$ der Schwebung aus der Überlagerung von Pump- und Stokes-Welle der Resonanzfrequenz ω_V der Molekülvibration, so wird das Molekül zu einer Vibration mit großer Amplitude $\hat{q}$ angeregt. Dadurch wird nun deutlich mehr Pumplicht in Stokes-Licht gestreut, als es bei spontaner Raman-Streuung mit allein thermisch angeregter Molekülvibration der Fall wäre. Zusätzlich erfolgt die Streuung mit einer festen Phasenbeziehung zur Stokes-Welle, so dass eine kohärente Überlagerung des Streulichts mit der einfallenden Stokes-Welle entsteht.

Durch die erzwungene Vibration wird gemäß Gl. (8.1) die Polarisierbarkeit $\underset{\sim}{\xi}(t)$ eines Moleküls moduliert. Die gesamte Polarisierung im Medium ergibt sich mit der Moleküldichte N zu

$$\underset{\sim}{P}(t) = N\underset{\sim}{p}(t) = N\varepsilon_0\underset{\sim}{\xi}(t)\underset{\sim}{E}_P(t) = N\varepsilon_0\left(\xi_0 + \underset{\sim}{q}(t)\frac{\mathrm{d}\xi}{\mathrm{d}q}\right)\underset{\sim}{E}_P(t). \tag{8.31}$$

Nach Einsetzen, Ausmultiplizieren und Sortieren nach Frequenzen erhält man für die komplexe Amplitude der nichtlinearen Polarisierung $\mathcal{P}_S^{(3)}$ bei der Stokes-Frequenz ω_S

$$\mathcal{P}_S^{(3)} = \frac{\varepsilon_0^2\,N}{4m\,[\omega_V^2 - \Delta\omega^2 - \mathrm{j}\Gamma\Delta\omega]} \left(\frac{\mathrm{d}\xi}{\mathrm{d}q}\right)^2 E_P E_P^* E_S. \tag{8.32}$$

Vergleicht man dies mit Gl. (7.13a), so erkennt man eine Ähnlichkeit zur Kreuzphasenmodulation (XPM). Wie bei dieser gilt für die Frequenzen der beteiligten vier Felder $\omega_S = \omega_P - \omega_P + \omega_S$, und wie bei XPM spielt die Phase der Pumpwelle relativ zur Signalwelle durch die Betragsquadratbildung $|E_P|^2 = E_P E_P^*$ in Gl. (8.32) keine Rolle. SRS ist wie XPM somit immer phasenangepasst, unabhängig von Dispersion oder Ausbreitungsrichtung der Wellen. Im Gegensatz zur XPM ist die Verkopplung der Wellen aber stark abhängig vom Frequenzabstand $\Delta\omega$ und beeinflusst neben der Phase auch den Betrag der Signalwelle, da ein Vergleich mit Gl. (7.13a) im Fall der SRS eine komplexwertige und stark frequenzabhängige nichtlineare Suszeptibilität der stimulierten Raman-Streuung $\chi_{\mathrm{R}}^{(3)}(\Delta\omega)$ liefert:

$$\chi_{\mathrm{R}}^{(3)}(\Delta\omega) = \frac{\varepsilon_0 N}{6m\left[\omega_{\mathrm{V}}^2 - \Delta\omega^2 - \mathrm{j}\Gamma\Delta\omega\right]}\left(\frac{\mathrm{d}\xi}{\mathrm{d}q}\right)^2, \tag{8.33}$$

mit der gesamten Polarisierung bei der Stokes-Frequenz ω_{S}:

$$\mathcal{P}_{\mathrm{S}} = \varepsilon_0\chi^{(1)}E_{\mathrm{S}} + \varepsilon_0\frac{6}{4}\chi_{\mathrm{R}}^{(3)}(\Delta\omega)|E_{\mathrm{P}}|^2E_{\mathrm{S}}. \tag{8.34}$$

Für Real- und Imaginärteil der Raman-Suszeptibilität erhält man

$$\mathrm{Re}\left\{\chi_{\mathrm{R}}^{(3)}(\Delta\omega)\right\} = \frac{\varepsilon_0 N\left(\omega_{\mathrm{V}}^2 - \Delta\omega^2\right)}{6m\left[(\omega_{\mathrm{V}}^2 - \Delta\omega^2)^2 + \Gamma^2\Delta\omega^2\right]}\left(\frac{\mathrm{d}\xi}{\mathrm{d}q}\right)^2, \tag{8.35a}$$

$$\mathrm{Im}\left\{\chi_{\mathrm{R}}^{(3)}(\Delta\omega)\right\} = \frac{\varepsilon_0 N\,\Gamma\Delta\omega}{6m\left[(\omega_{\mathrm{V}}^2 - \Delta\omega^2)^2 + \Gamma^2\Delta\omega^2\right]}\left(\frac{\mathrm{d}\xi}{\mathrm{d}q}\right)^2. \tag{8.35b}$$

Real- und Imaginärteil der Raman-Suszeptibilität sind wie im linearen Fall gemäß Gl. (2.33) über die KRAMERS-KRONIG-Relation verknüpft. Dies wird ausgenutzt, um über die gut messbare Raman-Verstärkung zunächst den Imaginärteil, und dann mit Hilfe der HILBERT-Transformation den Realteil der nichtlinearen Suszeptibilität zu bestimmen. In Analogie zu Gl. (5.16) betrachten wir nun die Auswirkung der Raman-Suszeptibilität auf den komplexwertigen Brechungsindex $\tilde{n}$:

$$\tilde{n}_{\mathrm{S}} = \sqrt{1 + \chi^{(1)} + \frac{6}{4}\chi_{\mathrm{R}}^{(3)}(\Delta\omega)\,|E_{\mathrm{P}}|^2} \tag{8.36a}$$

$$\approx n_{\mathrm{S}} + \frac{3}{4n_{\mathrm{S}}}\chi_{\mathrm{R}}^{(3)}(\Delta\omega)\,|E_{\mathrm{P}}|^2 = n_{\mathrm{S}} + \Delta\tilde{n}_{\mathrm{R}}(\Delta\omega), \tag{8.36b}$$

mit dem linearen Brechungsindex der Stokes-Frequenz n_{S} und der durch SRS erzeugten Änderung $\Delta\tilde{n}_{\mathrm{R}}(\Delta\omega)$. Wir untersuchen nun Realteil $\Delta n_{\mathrm{R}}(\Delta\omega)$ und negativen Imaginärteil $\Delta\kappa_{\mathrm{R}}(\Delta\omega)$ dieser Änderung, wie in Gl. (2.29) definiert:

$$\Delta n_{\mathrm{R}}(\Delta\omega) = \frac{3}{4n_{\mathrm{S}}}\mathrm{Re}\left\{\chi_{\mathrm{R}}^{(3)}(\Delta\omega)\right\}|E_{\mathrm{P}}|^2 \tag{8.37a}$$

$$= \frac{3}{2c_0\varepsilon_0 n_{\mathrm{S}} n_{\mathrm{P}}}\mathrm{Re}\left\{\chi_{\mathrm{R}}^{(3)}(\Delta\omega)\right\}I_{\mathrm{P}} \tag{8.37b}$$

$$= \frac{N}{4c_0 n_{\mathrm{S}} n_{\mathrm{P}} m}\left(\frac{\mathrm{d}\xi}{\mathrm{d}q}\right)^2\frac{\omega_{\mathrm{V}}^2 - \Delta\omega^2}{(\omega_{\mathrm{V}}^2 - \Delta\omega^2)^2 + \Gamma^2\,\Delta\omega^2}I_{\mathrm{P}} \tag{8.37c}$$

$$= n_{\mathrm{R}}^{I}(\Delta\omega)\,I_{\mathrm{P}}, \tag{8.37d}$$

mit der Intensität der Pumpwelle

$$I_{\mathrm{P}} = \frac{1}{2}\varepsilon_0 c_0 n_{\mathrm{P}}|E_{\mathrm{P}}|^2. \tag{8.38}$$

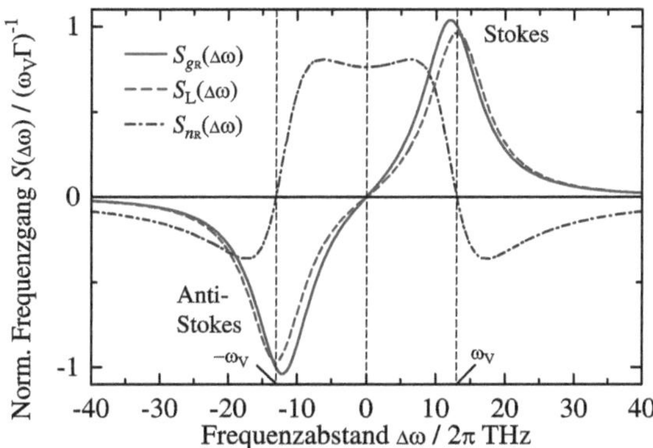

Abb. 8.10 Normierter theoretischer Frequenzgang des materialspezifischen Raman-Gewinnkoeffizienten S_{g_R}, der Lorentz-Näherung S_L sowie des nichtlinearen Raman-Brechungsindex S_{n_R} über dem Frequenzabstand von Pump- und Signalwelle $\Delta\omega = \omega_P - \omega_S$. Modellparameter: $\omega_V/2\pi =$ 13,05 THz, $\Gamma/2\pi = 9{,}95$ THz, angelehnt an Materialeigenschaften von Quarzglas [39]

Die stimulierte Raman-Streuung liefert also einen frequenzabhängigen Beitrag $n_R^I(\Delta\omega)$ zum nichtlinearen Brechzahlkoeffizienten n_2^I aus Gl. (5.20). Der Frequenzgang des nichtlinearen Raman-Brechungsindex wird durch folgende Profilfunktion beschrieben:

$$S_{n_R}(\Delta\omega) = \frac{\omega_V^2 - \Delta\omega^2}{(\omega_V^2 - \Delta\omega^2)^2 + \Gamma^2\,\Delta\omega^2}. \tag{8.39}$$

Dieser Beitrag ist auch für $\Delta\omega = 0$ vorhanden, wenn Pump- und Stokes-Welle gleiche Frequenz haben und somit nicht unterscheidbar sind. Ein beispielhafter normierter Frequenzgang ist in Abb. 8.10 dargestellt.

Für den Imaginärteil $\Delta\kappa_R$ erhält man

$$\Delta\kappa_R(\Delta\omega) = -\frac{3}{4n_S}\mathrm{Im}\left\{\chi_R^{(3)}(\Delta\omega)\right\}|E_P|^2 \tag{8.40a}$$

$$= -\frac{3}{2c_0\varepsilon_0 n_S n_P}\mathrm{Im}\left\{\chi_R^{(3)}(\Delta\omega)\right\} I_P \tag{8.40b}$$

$$= -\frac{N}{4c_0 n_S n_P m}\left(\frac{\mathrm{d}\xi}{\mathrm{d}q}\right)^2 \frac{\Gamma\Delta\omega}{(\omega_V^2 - \Delta\omega^2)^2 + \Gamma^2\,\Delta\omega^2} I_P \tag{8.40c}$$

$$= \kappa_R^I(\Delta\omega)\, I_P. \tag{8.40d}$$

Ein negativer Zahlenwert von $\Delta\kappa$ entspricht einem lichtverstärkenden Medium. Die Verstärkung pro Länge ist proportional zur Intensität der Pumpwelle I_P. Gemäß Gl. (2.67) ist auch die Änderung des feldbezogenen Dämpfungsmaßes $\Delta\alpha_R$ durch SRS negativ. Damit kann die Verstärkung der Stokes-Welle durch SRS auch im elektrodynamischen Modell hergeleitet werden. Als leistungsbezogenen materialspezifischen Raman-Gewinnkoeffizienten $g_R(\Delta\omega)$ definieren wir

$$g_R(\Delta\omega) = -2\Delta\alpha_R = -2\frac{\omega_S}{c_0}\kappa_R^I(\Delta\omega) \tag{8.41a}$$

$$= \frac{3\omega_\mathrm{S}}{c_0^2 \varepsilon_0 n_\mathrm{S} n_\mathrm{P}} \mathrm{Im}\left\{\chi_\mathrm{R}^{(3)}(\Delta\omega)\right\} \tag{8.41b}$$

$$= \frac{\omega_\mathrm{S} N}{2c_0^2 n_\mathrm{S} n_\mathrm{P} m}\left(\frac{\mathrm{d}\xi}{\mathrm{d}q}\right)^2 \frac{\Gamma\,\Delta\omega}{(\omega_\mathrm{V}^2 - \Delta\omega^2)^2 + \Gamma^2\,\Delta\omega^2}, \tag{8.41c}$$

mit dem theoretischen Frequenzgang des materialspezifischen Raman-Gewinnkoeffizienten

$$S_{g_\mathrm{R}}(\Delta\omega) = \frac{\Gamma\,\Delta\omega}{(\omega_\mathrm{V}^2 - \Delta\omega^2)^2 + \Gamma^2\,\Delta\omega^2}. \tag{8.42}$$

Exkurs 8.6

Aufgrund unterschiedlicher Definitionen findet man in der Literatur unterschiedliche Formeln für die wichtige Größe $g_\mathrm{R}(\Delta\omega)$. So wird in einem umfangreichen und grundlegenden Übersichtsartikel [36] eine andere Definition der Lorentz-Funktion verwendet, die zu einem Faktor von $4\pi^2$ im Zähler von Gl. (8.41c) führt. In [37] wird bei der Definition der Polarisierbarkeit ξ sowie deren Änderung über dem Ort $\mathrm{d}\xi/\mathrm{d}q$ die Vakuum-Permittivität ε_0 mit einbezogen, so dass ein Faktor ε_0^2 im Nenner resultiert. In [28, 38] schließlich wird die physikalische Definition des Phasenterms der Wellenausbreitung verwendet, der konjugiert-komplex zur elektrotechnischen Schreibweise nach Anhang A.2 ist. In Konsequenz ist dort das Vorzeichen des Imaginärteils der Raman-Suszeptibilität invertiert.

Der Raman-Gewinnkoeffizient der stimulierten Raman-Streuung g_R ist ebenso wie der Streukoeffizient der spontanen Raman-Streuung σ_S proportional zur Änderung der Polarisierbarkeit des Moleküls $\mathrm{d}\xi/\mathrm{d}q$ während einer Änderung des Kernabstandes. Beide Effekte resultieren somit aus der gleichen Moleküleigenschaft. Setzt man den Raman-Gewinnkoeffizienten nach Gl. (8.41a) in Gl. (2.85) für den Intensitätsverlauf einer Welle in Medien mit komplexwertigen dielektrischen Konstanten ein, so erhält man für die Intensität der Stokes-Welle $I_\mathrm{S}(z)$ unter Annahme einer konstanten Intensität der Pumpwelle I_P:

$$I_\mathrm{S}(z) = I_\mathrm{S}(0)\,\mathrm{e}^{g_\mathrm{R}(\Delta\omega) I_\mathrm{P} z}. \tag{8.43}$$

Für positive Zahlenwerte von $g_\mathrm{R}(\Delta\omega)$ ergibt sich also eine Verstärkung einer Stokes-Welle, angetrieben von einer Pumpwelle. Dies ist immer dann der Fall, wenn $\Delta\omega = \omega_\mathrm{P} - \omega_\mathrm{S} > 0$ ist, also im Stokes-Fall.

8.3.3 Frequenzabhängigkeit der SRS

Die Abhängigkeit des Raman-Gewinnkoeffizienten $g_\mathrm{R}(\Delta\omega)$ vom Frequenzabstand $\Delta\omega$ zwischen Pump- und Signalwelle wird auf kleinen Frequenzskalen durch den theoretischen

Frequenzgang $S_{g_R}(\Delta\omega)$ beschrieben. Dieser kann durch eine LORENTZ-Profilfunktion mit Maximum bei der Molekülvibrationsfrequenz ω_V und einer Halbwertsbreite Γ (FWHM) genähert werden, wobei jeweils für den Stokes- und Antistokes-Fall eine Lorentz-Funktion angesetzt werden muss:

$$S_{g_R}(\Delta\omega) \approx \frac{1/(\Gamma\omega_V)}{\left(\frac{\omega_V - \Delta\omega}{\Gamma/2}\right)^2 + 1} - \frac{1/(\Gamma\omega_V)}{\left(\frac{\omega_V + \Delta\omega}{\Gamma/2}\right)^2 + 1} = S_L(\Delta\omega). \tag{8.44}$$

Die Lorentz-Profilfunktion ist charakteristisch für alle homogen verbreiterten Übergänge zwischen zwei Energieniveaus, bei denen die Ursache der Verbreiterung für alle beteiligten Moleküle im Gesamtvolumen gleich ist. Im Fall der SRS ist dies die Dämpfung der Molekülvibration im klassischen Modell beziehungsweise die endliche Lebensdauer der beteiligten Energieniveaus im quantenelektronischen Modell.

In Abb. 8.10 ist der Frequenzgang des Raman-Gewinnkoeffizienten $S_{g_R}(\Delta\omega)$ theoretisch exakt und mit der Lorentz-Näherung $S_L(\Delta\omega)$ dargestellt. Aufgrund der großen Breite Γ ist die Lorentz-Näherung im Fall der SRS in Quarzglas nur eine mäßig gute Näherung.

Wie bereits im quantenelektronischen Modell abgeleitet, resultiert für die Antistokes-Welle eine Absorption, die betragsmäßig gleich groß ist wie die Verstärkung für die Stokes-Welle. Im elektrodynamischen Modell überlagert sich im Stokes-Fall der Beitrag der nichtlinearen Raman-Polarisierung konstruktiv mit dem der linearen Polarisierung, im Antistokes-Fall destruktiv. Dies ist z. B. in Gl. (8.41c) am Term $\Delta\omega$ im Zähler zu erkennen, der im Stokes-Fall positiv und Antistokes-Fall negativ ist. Die Verstärkung durch SRS ist maximal, wenn die Frequenzdifferenz zwischen Pumpe und Stokes-Welle $\Delta\omega$ in der Nähe der Molekülvibrationsfrequenz ω_V liegt. Sind Pump- und Stokesfrequenz gleich ($\Delta\omega = 0$), so erfährt die Welle keine Veränderung der Leistung durch SRS. Es verbleibt aber ein Beitrag zum nichtlinearen Brechungsindex Δn_R, der eine intensitätsabhängige Phasenmodulation der Stokes-Welle durch SRS bewirkt.

Der materialspezifische Raman-Gewinnkoeffizient g_R ist auf großen Frequenzskalen weiterhin proportional zur Stokes-Frequenz ω_S, wie in Gl. (8.41c) zu erkennen. Vergleicht man Zahlenwerte für g_R in unterschiedlichen Spektralbereichen, so skalieren die Zahlenwerte gemäß des Verhältnisses der jeweiligen Stokes-Frequenzen:

$$g_R(\omega_{S2}) = \frac{\omega_{S2}}{\omega_{S1}} g_R(\omega_{S1}) = \frac{\lambda_{S1}}{\lambda_{S2}} g_R(\omega_{S1}). \tag{8.45}$$

Exkurs 8.7
Häufig wird anstelle des Verhältnisses der Stokes-Frequenzen in Gl. (8.45) näherungsweise das Verhältnis der Pumpfrequenzen verwendet, um den Raman-Gewinnkoeffizienten zu skalieren. Dies entspricht dem experimentellen Vorgehen bei der Messung der Raman-Verstärkung mit konstanter Pumpfrequenz und variabler Signalfrequenz. Der Unterschied zwischen Pump- und Signalwellenlänge ist eine Größenordnung kleiner als die Absolutwerte dieser Frequenzen. Der resultierende Fehler ist im Bereich einiger Prozent und damit im Bereich üblicher Messunsicherheiten bei der Bestimmung der nichtlinearen Fasereigenschaften.

8.3.4 Impulsantwort der SRS

Durch Fourier-Rücktransformation des Frequenzgangs der Raman-Suszeptibilität $\chi_{\mathrm{R}}^{(3)}(\Delta\omega)$ erhält man die Impulsantwort $h_{\mathrm{R}}(t)$ der SRS im Zeitbereich

$$\underset{\sim}{h}_{\mathrm{R}}(t) = C\frac{1}{2\pi}\int_{-\infty}^{\infty}\chi_{\mathrm{R}}^{(3)}(\Delta\omega)\,\mathrm{e}^{\,\mathrm{j}\Delta\omega t}\mathrm{d}\,\Delta\omega, \tag{8.46}$$

wobei die Normierungskonstante C so gewählt wird, dass gilt [40]:

$$\int_{-\infty}^{\infty}\underset{\sim}{h}_{\mathrm{R}}(t)\,\mathrm{d}t = 1. \tag{8.47}$$

Diese normierte Raman-Impulsantwort $\underset{\sim}{h}_{\mathrm{R}}(t)$ bildet zusammen mit der normierten nichtlinearen Impulsantwort $\delta(t)$ der Elektronenhülle, die als instantan angenommen und daher durch einen Dirac-Impuls beschrieben wird, die gesamte normierte nichtlineare Impulsantwort

$$\underset{\sim}{h}(t) = (1 - x_{\mathrm{R}})\delta(t) + x_{\mathrm{R}}\underset{\sim}{h}_{\mathrm{R}}(t). \tag{8.48}$$

Darin ist x_{R} das Verhältnis des durch SRS induzierten nichtlinearen Brechzahlkoeffizienten $n_{\mathrm{R}}^{I}(0)$ zum gesamten nichtlinearen Brechzahlkoeffizienten n_2^{I}. Die gesamte Impulsantwort der nichtlinearen Suszeptibilität (s. Kap. 2.3.3) ergibt sich zu

$$\underset{\sim}{\chi}^{(3)}(t) = \chi_S^{(3)}[(1 - x_{\mathrm{R}})\delta(t) + x_{\mathrm{R}}\underset{\sim}{h}_{\mathrm{R}}(t)], \tag{8.49}$$

wobei $\chi_S^{(3)}$ die statische nichtlineare Suszeptibilität für eine cw-Welle ist. Die nichtlineare Polarisierung $\underset{\sim}{\mathcal{P}}_S^{(3)}(t)$ im Medium lässt sich damit in skalarer Betrachtung wie folgend schreiben [41]:

$$\underset{\sim}{\mathcal{P}}_S^{(3)}(t) = \varepsilon_0\chi_S^{(3)}\underset{\sim}{E}(t)\int_{-\infty}^{t}\underset{\sim}{h}(t - t')|\underset{\sim}{E}(t')|^2\,\mathrm{d}t'. \tag{8.50}$$

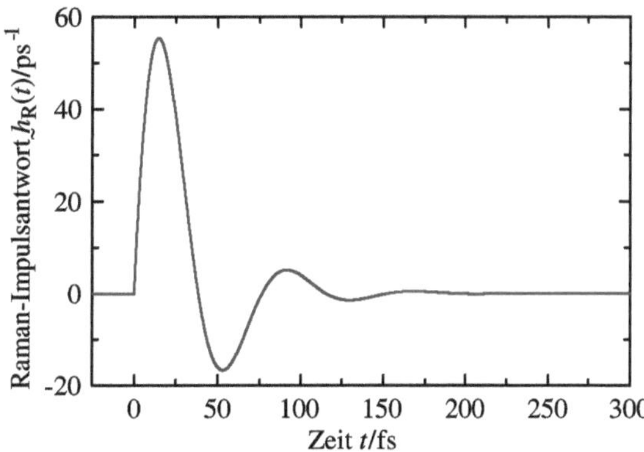

Abb. 8.11 Berechnete Raman-Impulsantwort $\underset{\sim}{h}_R(t)$ unter Verwendung der Lorentz-Näherung des Frequenzgangs der SRS. Zahlenwerte angelehnt an Materialeigenschaften von Quarzglas

Unter Verwendung der Annäherung des Raman-Frequenzgangs durch ein Lorentz-Profil erhält man für die Raman-Impulsantwort eine exponentiell abklingende Schwingung im Zeitbereich, wie in Abb. 8.11 dargestellt:

$$\underset{\sim}{h}_R(t) = \tau_1^{-1}\left(\frac{1}{\tau_1^2} + \frac{1}{\tau_2^2}\right) \mathrm{e}^{-t/\tau_2} \sin(t/\tau_1), \tag{8.51}$$

wobei die Zeitkonstanten τ_1 und τ_2 mit der Mittenfrequenz ω_V und der Halbwertsbreite Γ des Lorentz-Profils wie folgend zusammenhängen:

$$\omega_V = \frac{1}{\tau_1}, \quad \Gamma = \frac{2}{\tau_2}. \tag{8.52}$$

Eine erweiterte analytische Modellierung der Raman-Impulsantwort in Quarzglas wird in [39] beschrieben.

Exkurs 8.8

Die Zeitkonstante τ_2 kann im quantenelektronischen Modell nach Abb. 8.9 nicht als Lebensdauer des virtuellen Energieniveaus W_{virt} bei stimulierter Raman-Streuung interpretiert werden. τ_2 ist vielmehr durch die Dämpfung und damit durch das zeitliche Abklingen der Molekülvibration gegeben, die durch Überlagerung der Pump- und Stokes-Welle kohärent angeregt wird. Die Lebensdauer τ_2 wird zum einen durch Relaxation des angeregten Vibrationszustandes W_1 in den Grundzustand W_0 bestimmt, zum anderen durch Dephasierung der angeregten Vibrationen aufgrund der Wechselwirkung mit anderen Molekülen aus der Umgebung.

Beispiel 8.3

Für Quarzglas liefern nach [39, 41] die Zahlenwerte $\tau_1 = 12{,}2$ fs und $\tau_2 = 32$ fs abgeleitet aus $\omega_V/2\pi = 13{,}05$ THz und $\Gamma/2\pi = 9{,}95$ THz eine gute Annäherung an den Frequenzgang der SRS. Abbildung 8.11 zeigt eine beispielhafte Raman-Impulsantwort $\underset{\sim}{h}_R(t)$ mit diesen Zahlenwerten. Für den relativen Anteil x_R der SRS am nichtlinearen Brechungsindex findet man in der Literatur je nach Modellannahmen verschiedene Zahlenwerte um $x_R \approx 0{,}2$ [39].

Die Impulsantwort $\underset{\sim}{h}(t)$ bildet die Basis, um SRS für schnell veränderliche Lichtpulse in Glasfasern in der nichtlinearen Schrödinger-Gleichung nach Gl. (6.26) zu berücksichtigen [40]:

$$\frac{\partial A}{\partial z} - \frac{\mathrm{j}\beta_2}{2}\frac{\partial^2 A}{\partial t^2} - \frac{\beta_3}{6}\frac{\partial^3 A}{\partial t^3} + \frac{a_0}{2}A = -\mathrm{j}\gamma A \int_{-\infty}^{t} \underset{\sim}{h}(t-t')|A(t')|^2\,\mathrm{d}t'. \tag{8.53}$$

Damit kann insbesondere der Einfluss der SRS auf die Ausbreitung sehr kurzer Lichtpulse (Intrapuls-SRS) beschrieben werden. Allerdings ist die mathematische Berechnung aufwendig. In [40] werden Näherungen für Pulse mit Pulsbreiten $>$ 100 fs vorgestellt, die eine einfachere Berechnung ermöglichen. Für cw-Wellen und unter Vernachlässigung spektraler Veränderungen durch den nichtlinearen Brechungsindex kann die SRS mit den gekoppelten Leistungsgleichungen berechnet werden, wie in Kap. 8.4.1 beschrieben.

8.3.5 Zusammenhang zwischen stimulierter und spontaner Raman-Streuung

Der Raman-Gewinnkoeffizient kann auch aus einer Messung des Streukoeffizienten der spontanen Raman-Streuung bestimmt werden, wie in Kap. 8.2.4 beschrieben:

$$g_R(\Delta f) = \sigma_0(\Delta f)\,\frac{c_0^2}{hn^2 f_S^3\big(1+N_{BE}(\Delta f)\big)}. \tag{8.54}$$

Da der spontane Streukoeffizient proportional zu f_S^4 und zum thermischen Bose-Einstein-Faktor $(1+N_{BE}(\Delta f))$ ist, ist $g_R(\Delta f)$ proportional zu f_S und unabhängig von der Temperatur, in Übereinstimmung der Überlegungen aus dem QE- und dem elektrodynamischen Modell.

8.3.6 Lichtverstärkung durch SRS

Durch SRS kann gemäß Gl. (8.43) eine Pumpwelle mit Frequenz ω_P eine Stokes-Welle als Signallichtwelle bei ω_S verstärken. Die Frequenzabhängigkeit der SRS-Verstärkung wird dabei im wesentlichen durch den materialspezifischen Raman-Gewinnkoeffizienten $g_R(\Delta\omega)$ vorgegeben. Durch die Wahl der Pumpfrequenz ω_P kann der Frequenzbereich der Verstärkung durch SRS eingestellt werden. Dieser ergibt sich mit der Bandbreite Γ grob zu

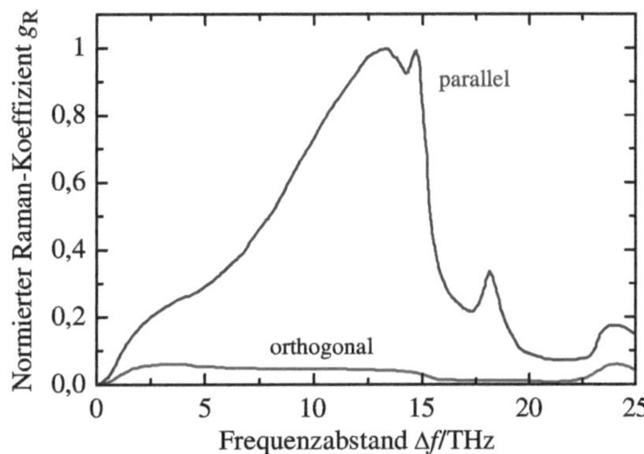

Abb. 8.12 Normierter materialspezifischer Raman-Gewinnkoeffizient g_R über dem Frequenzabstand Δf von Pump- und Stokes-Welle in reinem Quarzglas nach [23, 39]

$$\Delta\omega = \omega_P - \omega_S = \left(\omega_V - \frac{\Gamma}{2}\right) \ldots \left(\omega_V + \frac{\Gamma}{2}\right). \tag{8.55}$$

Darin ist ω_V die materialspezifische Frequenz der Molekülvibration, die gleich dem beobachteten Raman-Frequenzversatz ω_R ist.

Dadurch ist es möglich, bei prinzipiell beliebigen Frequenzen ω_S optische Verstärker oder Laser zu realisieren. Dies ist ein wesentlicher Vorteil von Raman-Verstärkern oder Raman-Lasern gegenüber anderen optischen Verstärkern oder Lasern, deren Absolutfrequenz z. B. an die elektronischen Übergänge in Metallen der Seltenen Erden gebunden ist (Erbium-dotierter Faserverstärker bei $\lambda \approx 1535$ nm, Ytterbium-Faserlaser bei $\lambda \approx 1080$ nm). Für Raman-Verstärker und -Laser werden entweder Medien mit großem materialspezifischen Raman-Gewinnkoeffizienten g_R benötigt, oder alternativ mit sehr geringer Absorption zur Realisierung großer Wechselwirkungslängen. Beispiele für Medien mit großem Raman-Gewinn sind Gase wie H_2 unter hohem Druck, Flüssigkeiten wie CS_2 oder Kristalle wie $Ba(NO_3)_2$ und $KGd(WO_4)_2$ [37, 42]. Ebenfalls gut geeignet sind Glasfaser-Wellenleiter mit sehr geringen Verlusten, so dass große Verstärkerlängen möglich sind.

8.3.7 Stimulierte Raman-Streuung in Glasfasern

8.3.7.1 Raman-Streuung in reinem Quarzglas

Aufgrund der enorm geringen Verluste sind Glasfasern aus Quarzglas ein attraktives Medium für die Lichtverstärkung durch stimulierte Raman-Streuung, selbst wenn der Absolutwert des materialspezifischen Raman-Gewinnkoeffizienten g_R im Vergleich zu speziellen Raman-aktiven Kristallen eher klein ist. Abbildung 8.12 zeigt ein Spektrum des Raman-Gewinnkoeffizienten $g_R(\Delta f)$ für reines Quarzglas, das experimentell aus der spontanen Raman-Streuung in einer Glasfaser mit Kern aus reinem SiO_2-Glas bestimmt wurde. Maximale SRS wird für parallel polarisierte Pump- und Stokes-Wellen erzielt, mit einem Maximum bei einem Frequenzversatz von $\Delta f = f_R = 13{,}2$ THz. Die Zahlenwerte in

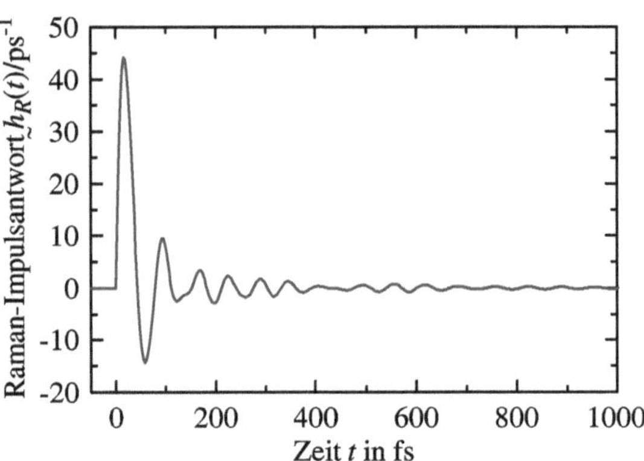

Abb. 8.13 Berechnete Raman-Impulsantwort $\underset{\sim}{h}_{\mathrm{R}}(t)$ für Quarzglas mit einem Modell unter Verwendung vieler Vibrationsmoden nach [22]

Abb. 8.12 sind auf dieses Maximum normiert. Für orthogonal polarisierte Pump- und Stokes-Wellen ist der Raman-Gewinnkoeffizient deutlich kleiner und wird in vielen Betrachtungen ganz vernachlässigt. Eine weitere Diskussion der Polarisationsabhängigkeit erfolgt in Kap. 8.3.8.

Beispiel 8.4

Der typische Literaturwert für das Maximum des materialspezifischen Raman-Gewinnkoeffizienten in reinem Quarzglas beträgt $g_{\mathrm{R,max}} = 1 \cdot 10^{-13}\,\mathrm{m/W}$ bei einer Referenz-Pumpwellenlänge von $\lambda_{\mathrm{P,ref}} = 1000\,\mathrm{nm}$ [18]. Die Skalierung auf andere Pumpwellenlängen erfolgt üblicherweise gemäß $\lambda_{\mathrm{P,ref}}/\lambda_{\mathrm{P}}$, wobei ein kleiner Fehler im Vergleich zur korrekten Skalierung mit dem Verhältnis der Stokes-Wellenlängen in Kauf genommen wird. Der korrespondierende Beitrag der SRS zum nichtlinearen Brechungsindex bei $\Delta f = 0$ entspricht $n_{\mathrm{R}}^{I}(0) = 0,57 \cdot 10^{-20}\,\mathrm{m^2/W}$.

Der dominierende Beitrag zur Raman-Streuung in Quarzglas wird durch die symmetrische Schwingung der Si-O-Si-Bindung verursacht [43]. Setzt man hierfür nur eine einzelne Vibrationsmode an, so kann mit den Parametern aus Abb. 8.10 und mit Hilfe einer Lorentz-Profilfunktion nur eine näherungsweise Beschreibung des Raman-Spektrums erfolgen, was aber für viele Rechnungen ausreicht. Tatsächlich kommt diese Bindung in einem amorphen Glas in verschiedenen Umgebungen vor, wie bereits in Abb. 2.9 dargestellt. Dabei entstehen durch Verkopplung benachbarter Bindungsbrücken eine Vielzahl an möglichen Vibrationsmoden der Glasmatrix [43]. Es ist daher einsichtig, dass das Raman-Spektrum mit einer Vielzahl an überlagerten Profilfunktionen dargestellt werden kann. Da Glas eine auf kleinen Skalen inhomogene Netzstruktur hat, unterscheiden sich die Vibrationsmoden auch zueinander, was einer inhomogenen Verbreiterung entspricht. In [22] wird ein empirisches Modell bestehend aus 13 Vibrationsmoden vorgestellt, das eine sehr gute Anpassung an das experimentelle Raman-Spektrum in Abb. 8.12 bietet. Die einzelnen Vibrationsmoden sind dabei sowohl homogen als auch inhomogen verbreitert, beschrieben durch entsprechende lorentz- und gaußförmige Profilfunktionen. Abbildung 8.13 zeigt eine damit berechnete Raman-Impulsantwort für Quarzglas. Diese hat jedoch nur einen beispielhaften Charakter,

Tab. 8.1 Raman-Streuung in verschiedenen Oxid-Gläsern nach [44]

Glas	$n(\lambda = 514\,\text{nm})$	f_R (THz)	σ/σ_{SiO_2}
SiO_2	1,46	13,2	1
GeO_2	1,60	12,6	9,2
B_2O_2	1,48	24,2	4,7
P_2O_5	1,55	19,2	5,7
		41,7	3,5

da in fast allen Glasfasern sowohl das Raman-Spektrum als auch die Raman-Impulsantwort durch Dotierung des Kerns z. B. mit Germanium verändert wird.

8.3.7.2 Einfluss der Dotierung

Die Materialzusammensetzung und Dotierung der Glasfaser hat einen großen Einfluss auf das Raman-Spektrum. In [44] wurden spontane Raman-Streukoeffizienten σ_S verschiedener reiner Oxid-Gläser relativ zu SiO_2-Glas untersucht. Tabelle 8.1 fasst wichtige Daten zusammen. P_2O_5- und B_2O_3-Glas zeichnen sich durch einen großen Raman-Frequenzversatz f_R aus, während GeO_2-Glas den höchsten Streukoeffizient hat. Dieser ist im Maximum über neunmal so groß wie in SiO_2-Glas [45]. Der materialspezifische Raman-Gewinnkoeffizient g_R ist nach Gl. (8.54) proportional zum spontanen Streukoeffizient σ_0, dabei ist jedoch noch die Abhängigkeit von der Brechzahl gemäß $\sim n^{-2}$ zu berücksichtigen. Daher ist in GeO_2-Glas der SRS-Gewinnkoeffizient nur um etwa den Faktor 7,6 größer als in SiO_2-Glas. Obwohl mit GeO_2- und P_2O_5-basierten Fasern beachtliche Fortschritte erzielt wurden [46, 47], werden aufgrund geringerer Dämpfung und kommerzieller Verfügbarkeit überwiegend SiO_2-basierte Glasfasern mit moderater GeO_2-Dotierung im Kern für Raman-Anwendungen eingesetzt.

Da der Raman-Frequenzversatz f_R in GeO_2-Glas fast gleich wie bei SiO_2-Glas ist, kann die Wirkung einer Ge-Dotierung mit relativem molaren Anteil x_{GeO_2} auf den Raman-Gewinnkoeffizienten im Maximum mit einer einfachen linearen Skalierung beschrieben werden [45]:

$$g_{R,max}(x_{GeO_2}) = (1 + C_{Ge} x_{GeO_2}) g_{R,max}(SiO_2). \qquad (8.56)$$

Beispiel 8.5

Für den Faktor C_{Ge} ergeben sich in der Literatur unter Berücksichtigung der Brechzahlvariation durch Ge-Dotierung Zahlenwerte von $C_{Ge} \approx 6{,}7$ [48]. Die alternative Berechnung von $g_{R,max}(x_{GeO_2})$ nach [49, 50] auf Basis der normierten Brechzahldifferenz $\Delta(x_{GeO_2})$ in Abhängigkeit von der Ge-Dotierung führt zum Ergebnis $C_{Ge} \approx 8$.

Bei diesen Untersuchungen wird linear zwischen dem Raman-Gewinn in SiO_2-Glas und GeO_2-Glas interpoliert.

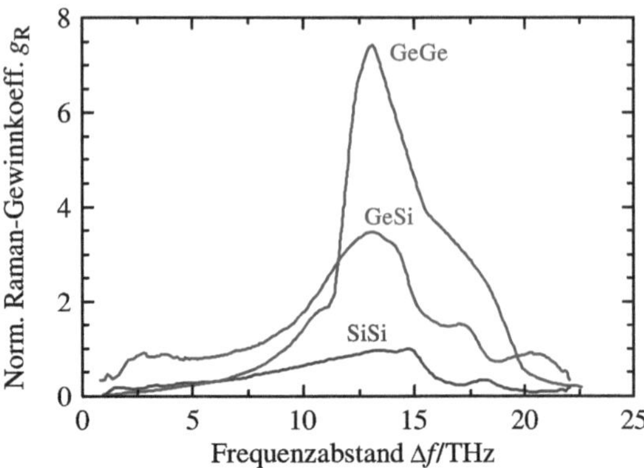

Abb. 8.14 Auf das Maximum in SiO_2-Glas normierte Raman-Gewinnkoeffizienten $g_R(\Delta f)$ in reinem SiO_2-Glas (SiSi), reinem GeO_2-Glas (GeGe) sowie Beitrag der Si–O–Ge-Bindungen (GeSi) in moderat Ge-dotierten $SiO_2 \cdot GeO_2$-Mischgläsern nach [38]

Zu etwas anderen Ergebnissen führen Messergebnisse aus [51]. Für moderate Ge-Dotierung mit $x_{GeO_2} < 0,5$ entstehen im Glas deutlich mehr Si–O–Ge-Bindungen als Ge–O–Ge-Bindungen, wie sie in reinem GeO_2-Glas vorhanden sind. Das Verhältnis von Si–O–Si-Bindungen zu Ge–O–Si-Bindungen beträgt dann näherungsweise $(1 - 2x_{GeO_2}) : 2x_{GeO_2}$. In [38, 51] werden gemessene Raman-Spektren von Fasern mit verschiedener Ge-Dotierung in einen Anteil $g_{SiSi}(\Delta f)$ und einen Anteil $g_{GeSi}(\Delta f)$ zerlegt. Abbildung 8.14 zeigt die Raman-Gewinnspektren der einzelnen Beiträge relativ zum Maximum des Raman-Gewinnkoeffizienten in reinem SiO_2-Glas. Durch die Si–O–Ge-Bindungen entstehen Strukturen im Raman-Spektrum, die weder in reinem SiO_2- noch in reinem GeO_2-Glas vorhanden sind, in Übereinstimmung mit. Bei gegebenem molaren Anteil x_{GeO_2} wird das resultierende Spektrum des Raman-Gewinnkoeffizienten wie folgend berechnet:

$$g_R(\Delta f, x_{GeO_2}) = (1 - 2x_{GeO_2}) g_{SiSi}(\Delta f) + 2x_{GeO_2} g_{GeSi}(\Delta f). \tag{8.57}$$

Beispiel 8.6

Als Zahlenwerte für die Maxima der jeweiligen Raman-Gewinnkoeffizienten ergeben sich aus [38, 51] $g_{SiSi,max} = 0{,}78 \cdot 10^{-13}\,\mathrm{m/W}$ und $g_{GeSi,max} = 2{,}76 \cdot 10^{-13}\,\mathrm{m/W}$. Dabei wurden diese Zahlenwerte ausgehend von den Literaturdaten auf eine Pumpwellenlänge von $\lambda_P = 1000$ nm umskaliert sowie mit einem Faktor 2 multipliziert, da bei der Messung unpolarisierte Lichtquellen verwendet wurden (s. Kap. 8.3.8). Weiterhin wurde die ungewöhnliche Flächen- und Leistungsnormierung in [51] auf die üblicherweise verwendeten Definitionen umgerechnet. Der Zahlenwert für reines SiO_2-Glas ist demnach um mehr als 20 % kleiner als der bekannte Zahlenwert $g_{SiSi,max} = 1 \cdot 10^{-13}$ m/W nach [18] in Bsp. 8.4. Berechnet man aus Gl. (8.57) eine lineare Steigung mit zunehmender Ge-Konzentration wie in Gl. (8.56), so ist die damit bestimmte Steigung mit $C_{Ge} = 5$ ebenfalls kleiner als in [48].

Eigene Messungen der Raman-Verstärkung an verschiedenen Testfasern sind in guter Übereinstimmung mit den Zahlenwerten aus Bsp. 8.6 und Gl. (8.57). Zusammenfassend ergibt sich durch Dotierung mit Germanium eine deutliche Erhöhung des materialspezifischen Raman-Gewinnkoeffizienten sowie eine leichte Verschiebung des Maximums zu kleineren Frequenzabständen von Pumpe und Stokes-Welle. Für die in Kap. 10 beschriebenen Raman-Faserlaser werden daher Fasern mit hohem Ge-Anteil im Kern verwendet.

8.3.7.3 Einfluss der Modenstruktur und des Dotierprofiles

Der bisher diskutierte materialspezifische Raman-Gewinnkoeffizient g_R ist gültig für ein homogenes Material und bekannter Intensität der Lichtwelle. In Glasfasern liegt jedoch eine radial variable Verteilung der Dotierung sowie der Intensität vor. Zur Beschreibung verwenden wir eine radiale Abhängigkeit des materialspezifischen Gewinnkoeffizienten $g_\mathrm{R}(\Delta f, r)$ sowie die Strukturfunktionen $\Psi(f_\mathrm{P},r)$ und $\Psi(f_\mathrm{S},r)$ einer LP-Mode bei der Frequenz der Pump- sowie der Stokes-Welle. Damit kann ein faserspezifischer Raman-Koeffizient (kurz: Raman- oder SRS-Koeffizient) $\gamma_\mathrm{R}(f_\mathrm{P},f_\mathrm{S})$ einer bestimmten Faser definiert werden:

$$\gamma_\mathrm{R}(f_\mathrm{P},f_\mathrm{S}) = \frac{\int_0^\infty |\Psi(f_\mathrm{P},r)|^2\, g_\mathrm{R}(\Delta f,r)\, |\Psi(f_\mathrm{S},r)|^2 r\mathrm{d}r}{2\pi \int_0^\infty |\Psi(f_\mathrm{P},r)|^2 r\mathrm{d}r \int_0^\infty |\Psi(f_\mathrm{S},r)|^2 r\mathrm{d}r}. \tag{8.58}$$

Dies ist äquivalent zu der alternativen Definition

$$\gamma_\mathrm{R}(f_\mathrm{P},f_\mathrm{S}) = \frac{g_\mathrm{R,eff}(f_\mathrm{P},f_\mathrm{S})}{A_\mathrm{R,eff}(f_\mathrm{P},f_\mathrm{S})}, \tag{8.59}$$

mit dem effektiven materialspezifischen Raman-Gewinnkoeffizienten

$$g_\mathrm{R,eff}(f_\mathrm{P},f_\mathrm{S}) = \frac{\int_0^\infty |\Psi(f_\mathrm{P},r)|^2\, g_\mathrm{R}(\Delta f, r)\, |\Psi(f_\mathrm{S},r)|^2 r\mathrm{d}r}{\int_0^\infty |\Psi(f_\mathrm{P},r)|^2 |\Psi(f_\mathrm{S},r)|^2 r\mathrm{d}r}, \tag{8.60}$$

sowie der effektiven Modenfläche der SRS

$$A_\mathrm{R,eff}(f_\mathrm{P},f_\mathrm{S}) = \frac{2\pi \int_0^\infty |\Psi(f_\mathrm{P},r)|^2 r\mathrm{d}r \int_0^\infty |\Psi(f_\mathrm{S},r)|^2 r\mathrm{d}r}{\int_0^\infty |\Psi(f_\mathrm{P},r)|^2\, |\Psi(f_\mathrm{S},r)|^2 r\mathrm{d}r}. \tag{8.61}$$

Der effektive materialspezifische Raman-Gewinnkoeffizient $g_\mathrm{R,eff}$ kann bei einem Stufenindex-Profil näherungsweise durch den Raman-Gewinnkoeffizienten des Kerns $g_\mathrm{R,K}$ ersetzt werden, da dort die größten Intensitäten herrschen. Die effektive Modenfläche der SRS kann auch durch den Mittelwert der effektiven Modenflächen nach Gl. (3.78) bei den jeweiligen Frequenzen angenähert werden:

$$A_\mathrm{R,eff}(f_\mathrm{P},f_\mathrm{S}) \approx \frac{A_\mathrm{eff}(f_\mathrm{P}) + A_\mathrm{eff}(f_\mathrm{S})}{2}, \tag{8.62}$$

wobei diese Näherung für gaußförmige Modenfelder den exakten Raman-Modenfelddurchmesser ergibt [52].

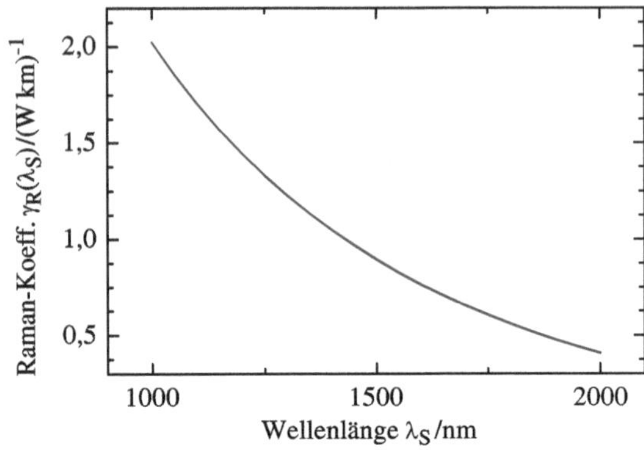

Abb. 8.15 Berechneter Raman-Koeffizient γ_R einer Standard-Faser in Abhängigkeit der Stokes-Wellenlänge λ_S. Die Pumpwellenlänge λ_P wurde jeweils so gewählt, dass sich ein maximaler Raman-Gewinn ergibt

Beispiel 8.7

Für eine Standardsinglemodefaser (SSMF) mit Modell-Parametern aus Tab. 4.3 ergeben sich für $\lambda_P = 1450\,\text{nm}$ und $\lambda_S = 1550\,\text{nm}$ folgende Raman-Eigenschaften für parallel polarisierte Lichtwellen: Der effektive materialspezifische Raman-Gewinnkoeffizient $g_{R,\text{eff}} = 6{,}19 \cdot 10^{-14}\,\text{m/W}$ ist nur unwesentlich kleiner als der des Kernmaterials $g_{R,K} = 6{,}25 \cdot 10^{-14}\,\text{m/W}$. Die effektive Raman-Modenfläche ergibt sich zu $A_{R,\text{eff}} = 74{,}7\,\mu\text{m}^2$, im Vergleich zu den Modenflächen $A_{\text{eff}}(f_P) = 71{,}0\,\mu\text{m}^2$ und $A_{\text{eff}}(f_S) = 78{,}4\,\mu\text{m}^2$. Damit ergibt sich ein berechneter faserspezifischer Raman-Koeffizient $\gamma_R = 0{,}83\,\text{W}^{-1}\,\text{km}^{-1}$. Für in Ausbreitungsrichtung zufällige relative Polarisationszustände von Pump- und Stokes-Welle, wie sie in einer SSMF über große Längen zu erwarten sind, halbiert sich der Zahlenwert näherungsweise.

Bei Veränderung der Pump- und Stokes-Wellenlängen ist also nicht nur der materialspezifische Raman-Gewinnkoeffizient g_R mit dem Verhältnis der Stokes-Wellenlängen bezüglich einer Referenz gemäß Gl. (8.45) umzuskalieren, sondern für den faserspezifischen Raman-Koeffizienten γ_R ist zusätzlich die Wellenlängenabhängigkeit der effektiven Modenfläche $A_{R,\text{eff}}$ zu berücksichtigen [28]. Ein berechnetes Beispiel zeigt Abb. 8.15. Bei einer Änderung der Wellenlänge λ_S bzw. der Frequenz der Stokes-Welle um den Faktor 2 ändert sich der Raman-Koeffizient γ_R um mehr als den Faktor 4. Der Einfluss des Modenfelddurchmessers $A_{R,\text{eff}}$ ist somit in etwa gleich groß wie die indirekt proportionale Abhängigkeit der SRS von der Wellenlänge. Dagegen können weitere Einflüsse wie die Wellenlängenabhängigkeiten des Brechungsindex $n(\lambda)$ oder der Polarisierbarkeit $\chi(\lambda)$, die gemäß Gl. (8.41c) ebenfalls den Raman-Gewinnkoeffizienten beeinflussen, vernachlässigt werden.

8.3.8 Einfluss der Polarisation

In der skalaren Herleitung der stimulierten Raman-Streuung spielt der vektorielle Charakter der beteiligten Felder keine Rolle. In einem einfachen elektrodynamischen Modell mit einem vibrierenden linearen Dipol nach Abb. 8.3 wäre die gestreute Lichtwelle stets parallel zur einfallenden Lichtwelle polarisiert. In realen Molekülen kann durch die Vibration aber auch eine Modulation der Polarisierbarkeit senkrecht zu der Feldstärke einer anregenden Lichtwelle erfolgen. Daher muss die stimulierte Raman-Streuung wie ganz allgemein die nichtlineare Suszeptibilität nach Kap. 2.3.2 bis 2.3.4 vektoriell beschrieben werden. Die theoretischen Grundlagen dafür sind in [53] ausführlich beschrieben, eine weiterführende vektorielle Betrachtung der SRS erfolgt in [54].

Auch aus dem normierten Frequenzgang des experimentell in Quarzglas bestimmten materialspezifischen Raman-Gewinnkoeffizienten Abb. 8.12 ist ersichtlich, dass der Raman-Koeffizient stark von der relativen Polarisation zwischen Pump- und Stokes-Lichtwelle abhängt. Für zueinander orthogonal polarisierte Pump- und Stokes-Wellen ist der Raman-Gewinn im Bereich des Maximums bei $\Delta f \approx 13$ THz zwar deutlich kleiner als für parallele Polarisation, aber ungleich null. Bei kleinem Frequenzabstand Δf zwischen Pumpe und Stokes-Welle ist der SRS-Gewinn für beide relativen Polarisationszustände sogar vergleichbar.

Nach [34, 38, 53, 54] lässt sich der Raman-Gewinn in isotropen Medien wie Gläsern in einen isotropen Anteil $g_A(\Delta f)$ und einen anisotropen Anteil $g_B(\Delta f)$ aufspalten. Diese Anteile stehen mit dem Raman-Gewinn für parallele ($\|$) und orthogonale ($\perp$) Polarisation in folgendem Zusammenhang:

$$g_{R,\|}(\Delta f) = g_A(\Delta f) + g_B(\Delta f), \qquad g_{R,\perp}(\Delta f) = \frac{g_B(\Delta f)}{2}. \tag{8.63}$$

So ist beispielsweise das in der Literatur als Bosonen-Peak bezeichnete Maximum des anisotropen Anteils bei $\Delta f = 3$ THz für die Beule an gleicher Stelle im Frequenzgang im Falle paralleler Polarisation verantwortlich [39]. Im Folgenden sind die Ergebnisse einer vektoriellen Betrachtung der SRS für wichtige Sonderfälle zusammengefasst.

8.3.8.1 SRS in definiert doppelbrechenden Fasern

In polarisationserhaltenden Fasern (PM-Fasern) mit einer definierten und starken intrinsischen Doppelbrechung nach Kap. 4.3.5 können Pump- und Stokes-Welle stabil mit zueinander entweder paralleler oder senkrechter Polarisation geführt werden. Ein maximaler Raman-Gewinnkoeffizient $g_{R,\|}$ ergibt sich, wenn beide Wellen entweder in die schnelle oder die langsame Hauptachse der PM-Faser eingekoppelt werden. Für den Fall, dass Pump- und Stokes-Wellen exakt in orthogonalen Hauptachsen eingekoppelt werden, ergibt sich der deutlich kleinere Raman-Gewinnkoeffizient $g_{R,\perp}$.

Ein anderer Sonderfall ergibt sich, wenn die Pumpwelle linear polarisiert, aber unter einem Winkel von 45° relativ zu den Hauptachsen eingekoppelt wird. Wir betrachten nun eine ebenfalls linear polarisierte Stokes-Welle, die entweder parallel oder senkrecht zu dieser Pumpwelle eingekoppelt wird. Wie bereits in Kap. 4.3.5 beschrieben, erfahren beide Wellen aufgrund des Frequenzunterschiedes bei der Ausbreitung in der doppelbrechenden Faser unterschiedliche Transformationen der Polarisationszustände. Dabei kann eine Schwebungslänge Λ_F definiert werden, nach der beide Wellen periodisch wieder die gleiche relative Polarisation zueinander aufweisen [55]:

$$\Lambda_{\mathrm{F}} = \frac{c_0}{\Delta n F}, \tag{8.64}$$

mit dem Brechzahlunterschied Δn zwischen schneller und langsamer Achse der PM-Faser. Der Frequenzparameter F nimmt für in gleicher Richtung laufende Wellen den Wert $f_{\mathrm{P}} - f_{\mathrm{S}}$ an, für gegenläufige Wellen $f_{\mathrm{P}} + f_{\mathrm{S}}$. Ist die Länge der Faser $L \ll \Lambda_{\mathrm{F}}$, so ergeben sich für parallele und senkrechte Polarisation der Stokes-Welle relativ zur Pumpwelle wiederum die Extrema $g_{\mathrm{R},\parallel}$ und $g_{\mathrm{R},\perp}$. Ist hingegen die Faserlänge $L \gg \Lambda_{\mathrm{F}}$, so durchlaufen Pump- und Stokes-Welle im Mittel gleich viele zueinander parallele und orthogonale Polarisationszustände. Es ergibt sich dann unabhängig von der Polarisation der Stokes-Welle ein effektiver Raman-Gewinnkoeffizient:

$$g_{\mathrm{R,eff}} = \frac{g_{\mathrm{R},\parallel} + g_{\mathrm{R},\perp}}{2} \approx \frac{g_{\mathrm{R},\parallel}}{2}, \tag{8.65}$$

wobei die Näherung $g_{\mathrm{R},\perp} \approx 0$ insbesondere im Maximum des Raman-Gewinnkoeffizienten verwendet werden kann. Da nach Bsp. 4.9 die Schwebungslänge Λ_{F} für typische PM-Fasern im Bereich einiger cm liegt, werden in diesem Fall Unterschiede in der Verstärkung verschiedener Polarisationszustände der Stokes-Welle bereits nach sehr kurzen Faserlängen ausgemittelt.

8.3.8.2 SRS in zufallsverteilt doppelbrechenden Fasern

In nicht-polarisationserhaltenden Standardfasern existiert keine globale Vorzugsrichtung der Doppelbrechung über große Längen. Durch intrinsische Asymmetrien oder durch extrinsische Einflüsse entstehen Fasersegmente mit lokalen Eigenschaften der Doppelbrechung, die im allgemeinen eine statistische Verteilung bezüglich Ausrichtung der Achsen und der lokalen Schwebungslänge aufweisen (s. Kap. 4.3.4). Durchlaufen Pump- und Stokes-Welle mit einem Frequenzabstand $\Delta\omega$ eine derartige Faser, so ergeben sich ebenfalls statistisch verteilte Polarisationszustände der beiden Wellen zueinander. In einem heuristischen Ansatz nach [55] resultiert daraus bei großen Faserlängen der gleiche effektive Raman-Koeffizient wie in Gl. (8.65), der etwa halb so groß ist wie im Fall stabil parallel polarisierter Pump- und Stokes-Wellen.

Eine vektorielle Analyse der Polarisationsabhängigkeit der stimulierten Raman-Streuung unter Berücksichtigung statistisch verteilter Doppelbrechung erfolgt in [54]. Dabei spielt die bereits in Kap. 4.3.6 definierte Diffusionslänge Λ_{d} eine Rolle, nach der die Polarisationszustände zweier Wellen mit unterschiedlicher Frequenz dekorreliert sind:

$$\Lambda_{\mathrm{d}} = \frac{3}{D_{\mathrm{P}}^2 \Omega^2}, \tag{8.66}$$

mit dem Frequenzparameter $\Omega = \omega_{\mathrm{P}} - \omega_{\mathrm{S}}$ für gleichlaufende Pump- und Stokes-Wellen und $\Omega = -(\omega_{\mathrm{P}} + \omega_{\mathrm{S}})$ für gegenläufige Wellen. D_{P} ist der PMD-Parameter als Maß für die Polarisationsmodendispersion. Nach Bsp. 4.12 ergeben sich für typische PMD-Werte einer Standardfaser von $D_{\mathrm{P}} = 0{,}02\ \mathrm{ps/km}^{-1/2}$ Diffusionslängen im km-Bereich für gleichlaufende Wellen und im m-Bereich für gegenläufige Wellen.

Ist die Faser deutlich länger als die Diffusionslänge Λ_d, so folgt auch aus dem statistischen vektoriellen Modell nach [54] der gleiche Wert des effektiven Raman-Koeffizienten nach Gl. (8.65), der etwa halb so groß ist wie für konstant parallel polarisierte Wellen. Dabei wird der Raman-Koeffizient unabhängig von der Polarisation der Wellen am Eingang der Glasfaser. Für Fasern deutlich kürzer als Λ_d besteht eine starke Abhängigkeit von der Eingangspolarisation, mit Extremwerten des Raman-Koeffizienten zwischen $g_{R,\parallel}$ und $g_{R,\perp}$.

8.3.8.3 Effektiver faserspezifischer Raman-Koeffizient

Bei der Herleitung des faserspezifischen Raman-Koeffizienten in Kap. 8.3.7.3 wurde von parallel polarisierten Pump- und Stokes-Wellen ausgegangen. Damit ergibt sich ein maximaler materialspezifischer Raman-Gewinnkoeffizient g_R sowie ein maximaler faserspezifischer Raman-Koeffizient γ_R. Durch den Einfluss der Doppelbrechung und der resultierenden Polarisationsänderung ergibt sich je nach Fasereigenschaften und Faserlänge ein geringerer effektiver faserspezifischer Raman-Koeffizient $\gamma_{R,eff}$. Dies kann durch einen Polarisationsfaktor ξ berücksichtigt werden:

$$\gamma_{R,eff} = \frac{\gamma_R}{\xi}. \tag{8.67}$$

Im Idealfall konstant parallel polarisierter Pump- und Stokes-Wellen ist $\xi = 1$, für den Fall einer Gleichverteilung aller relativen Polarisationszustände gemittelt über die Faserlänge L gilt $\xi \approx 2$. Für orthogonale Pump- und Stokes-Wellen nimmt ξ große und somit $\gamma_{R,eff}$ kleine Zahlenwerte an. Es sei darauf hingewiesen, dass ξ keine intrinsische Eigenschaft einer Faser ist, sondern von der Länge L und Beschaffenheit der Faser sowie den Polarisationszuständen von Pumpe und Stokes-Welle am Fasereingang abhängt, wie in den beiden vorangegangenen Abschnitten diskutiert.

In den folgenden Abschnitten können Polarisationseffekte dadurch berücksichtigt werden, indem der faserspezifische Raman-Koeffizient γ_R durch den jeweiligen effektiven Zahlenwert $\gamma_{R,eff}$ ersetzt wird.

Exkurs 8.9

Der Raman-Koeffizient γ_R geht exponentiell in die Verstärkung G der Stokes-Welle nach Gl. (8.43) ein. Vergleicht man die Verstärkung $G_{par} \sim \exp(\gamma_R)$ für den Fall stets parallel polarisierter Pump- und Stokes-Wellen (z. B. in einer PM-Faser) einerseits mit der Verstärkung $G_{ver} \sim \exp(\gamma_R/2)$ für im Mittel gleichverteilte relative Polarisationszustände (z. B. in einer langen SSMF) andererseits, so gilt $G_{par} = G_{ver}^2$. Für die Verstärkung im logarithmischen Maß gilt somit ${}^{\ell}G_{par} = 2\,{}^{\ell}G_{ver}$.

Tab. 8.2 Typische Faserdaten und Zahlenwerte des faserspezifischen Raman-Koeffizienten in ausgewählten Fasern. Raman-Koeffizient aus eigenen Messungen und Rechnungen, soweit nicht anders angegeben. Zahlenwerte in Klammern: Schätzwerte wegen unbekanntem Dotierprofil

Fasertyp	$\frac{2a_K}{\mu m}$	x_{Ge}	$\frac{\lambda_S}{nm}$	$\frac{A_{R,eff}}{\mu m^2}$	$\frac{\gamma_{R,eff}}{W \cdot km^{-1}}$	ξ
SSMF [61, 62]	8,2	3,55	1550	75	0,42	2
HI 1060 Flex [63]	3,45	10	1553	(28)	1,7	2
HI 1060 Flex [63]	3,45	10	1155	(14,5)	3,8	2
DCF [64]	W-Profil		1550	14	3,7 [64]	2
PM-980 [65]	5,5	3,4	1155	44	2,2	1
PM-HNLF [66]	(3,5)	(20)	1155	(6)	15,4	1
PM-Raman [67]	(2,7)	(18)	1155	(8)	17	1
LMA 25 [68]	25	1	1130	360	0,1	2

Durch die Bevorzugung einer Polarisationsrichtung wird bei großen Raman-Verstärkungen ein beliebiger Polarisationszustand der Stokes-Welle in Richtung des Polarisationszustandes der Pumplichtwelle verändert. Dies wird als Polarisationsangleichung (engl. *polarization pulling*) bezeichnet [56–58].

8.3.9 Vergleich der SRS in verschiedenen Fasertypen

Fasereigenschaften wie die Materialzusammensetzung, die Abmessungen des Kerns sowie das Dotierungsprofil haben wie beschrieben erheblichen Einfluss auf den faserspezifischen Raman-Koeffizienten γ_R. Tabelle 8.2 zeigt eine Übersicht der für die SRS relevanten Eigenschaften einiger Fasertypen. Dabei kann man bei konventionellen (d. h nicht mikrostrukturierten) Fasern im Vergleich zu Standardfasern (SSMF) zwei Extremfälle unterscheiden:

- **Fasern mit großem Raman-Koeffizienten**: Fasern mit hoher Germanium-Dotierung, beschrieben durch den molaren Anteil x_{Ge} im Kern, haben dort einen hohen materialspezifischen Raman-Gewinnkoeffizienten g_R. Gleichzeitig entsteht durch die starke Ge-Dotierung auch eine große normierte Brechzahldifferenz Δ. Um trotzdem die Einmoden-Bedingung Gl. (3.54) einzuhalten, muss der geometrische Kernradius a_K klein gewählt werden. Daraus resultiert eine kleine effektive Modenfläche A_{eff}, so dass insgesamt Fasern mit großem faserspezifischen Raman-Koeffizienten γ_R im Vergleich zu einer Standardfaser entstehen. Nachteilig sind die erhöhten Absorptions- und Streuverluste durch die Ge-Dotierung. Typische Vertreter sind Fasern geringer Biegeempfindlichkeit (engl. *bend insensitive fibers, high-index fibers*, HI), dispersionsverschobene (DSF) oder dispersionskompensierende Fasern (DCF) sowie Fasern,

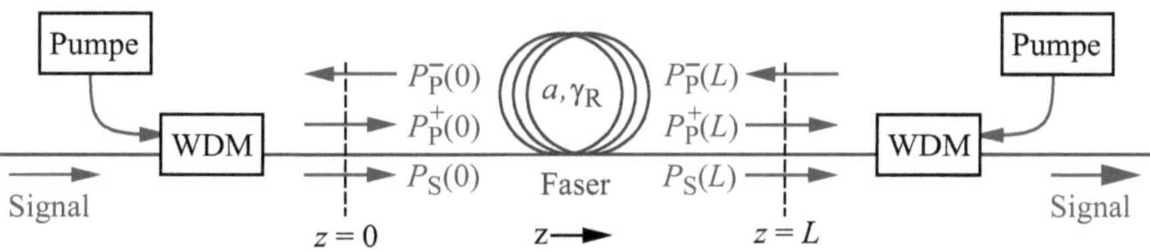

Abb. 8.16 Skizze eines Raman-Faserverstärkers und Definitionen der Pump- und Stokes-Leistungen

die explizit für Raman-Anwendungen und für große nichtlineare Effekte (engl. *highly nonlinear fiber*, HNLF) gefertigt werden. Extreme Vertreter dieses Fasertyps sind experimentelle Fasern, die einen Kern aus reinem GeO_2-Glas besitzen [46, 47]. Alternativ kann auch mit einer Phosphor -Dotierung eine hohe Raman-Verstärkung erzielt werden [59]. Derartige Fasern mit großem Raman-Koeffizienten werden bevorzugt für Raman-Verstärker und Raman-Faserlaser verwendet.

- **Fasern mit kleinem Raman-Koeffizienten**: Im Gegensatz dazu haben Fasern mit kleiner Ge-Dotierung einen kleinen materialspezifischen Raman-Koeffizienten g_R und damit auch eine kleine normierte Brechzahldifferenz Δ. Um die Biegungsverluste für die Grundmode gering zu halten, muss nach Kap. 4.1.4 der geometrische Kernradius a_K vergrößert werden. Die resultierenden Fasern haben somit eine große effektive Modenfläche A_{eff} (engl. *large mode-area*, LMA). In Summe haben diese einen deutlich kleineren faserspezifischen Raman-Koeffizienten γ_R als Standardfasern. LMA-Fasern werden bevorzugt für Transportfasern und für Seltenerdmetall-dotierte Faserlaser und Faserverstärker für große optische Leistungen eingesetzt, um eine unerwünschte Raman-Streuung sowie andere nichtlineare Effekte zu vermeiden [60].

Mit mikrostrukturierten Fasern, den sog. photonischen Kristall-Fasern, können durch die Struktur der Hohlräume im Querschnitt sowohl Fasern mit sehr kleiner als auch sehr großer Modenfläche und entsprechendem faserspezifischen Raman-Koeffizienten realisiert werden [69]. Ein Extremfall sind die sog. Hohlkern-Fasern (engl. *hollow-core*), auch photonic-bandgap Fasern genannt, bei denen die Lichtführung fast ausschließlich in einem zentralen Hohlraum der Faserstruktur statt findet und in denen somit nur sehr geringe nichtlineare Effekte auftreten.

8.4 Raman-Faserverstärker

Abbildung 8.16 zeigt eine Prinzipskizze eines Raman-Faserverstärkers (engl. *raman fiber amplifier*, RFA). Ohne Beschränkung der Allgemeinheit nehmen wir an, dass sich die zu verstärkende Signallichtwelle als Stokes-Welle in $+z$-Richtung ausbreitet. Die Pumpwelle kann sich sowohl in gleicher Richtung wie auch in Gegenrichtung ausbreiten, da Verstärkung durch SRS in beiden Fällen stattfindet. Als Pumplichtquellen werden üblicherweise Laserdioden verwendet, für leistungsstarke Faserverstärker können Faserlaser als Pumpe zum Einsatz kommen. Über einen wellenlängenselektiven Koppler (engl. *wavelength division multiplexer*, WDM) werden Pump- und Signalwelle in eine gemeinsame Faser eingekoppelt.

Derartige Raman-Faserverstärker werden in optischen Kommunikationssystemen über große Streckenlängen zur optischen Verstärkung eingesetzt [70–73]. Dabei besteht die Möglichkeit, die in der Strecke verlegte Übertragungsfaser direkt als Raman-aktives Medium zu verwenden. Dies wird verteilte Raman-Verstärkung genannt. Alternativ dazu können lokale faseroptische Raman-Verstärkermodule zwischen zwei Streckenabschnitten (engl. *spans*) eingefügt werden. Da dispersionskompensierende Fasern (DCF) einen hohen Raman-Koeffizienten haben (s. Tab. 8.2), sind DCF-Module zwischen den Streckenabschnitten gut geeignet, um die Dispersion eines Streckenabschnittes zu kompensieren und gleichzeitig eine breitbandige Raman-Verstärkung bereit zu stellen. In der Lasertechnik können Raman-Faserverstärker eingesetzt werden, um das Licht einer schwachen Quelle auf hohe Leistungen zu verstärken (engl. *master-oscillator power amplifier*, MOPA, s. Kap. 10.5.7).

Zwei Merkmale der SRS sind dabei für alle Anwendungen vorteilhaft:

- Es können normale Quarzglas-Fasern mit üblicher Ge-Dotierung im Kern verwendet werden.
- Durch Wahl der Pumpwellenlänge λ_P ist der Wellenlängenbereich λ_S der Raman-Verstärkung einstellbar. Die Verstärkung ist durch das Material nicht an bestimmte Wellenlängen gebunden.

Raman-Faserverstärker werden daher bevorzugt dort eingesetzt, wo eine örtlich verteilte Verstärkung in bereits vorhandenen Standardfasern benötigt wird, oder in Wellenlängenbereichen, in denen keine Faserverstärker auf Basis von Seltenerdmetall-dotierten Fasern vorhanden sind.

8.4.1 Gekoppelte Leistungsgleichungen

In Raman-Faserverstärkern und Raman-Faserlasern interessiert oft nur die Entwicklung der mittleren Leistungen $P_P(z)$ und $P_S(z)$ der beteiligten Pump- und Stokes-Wellen über der Ausbreitungsrichtung z. Zur Berechnung der Leistungsverläufe und Ausgangsleistungen werden die gekoppelten Leistungsgleichungen (engl. *coupled power equations*, CPE) verwendet:

$$\frac{\mathrm{d}P_P^\pm}{\mathrm{d}z} = \mp a_P P_P^\pm \mp \gamma_R \frac{f_P}{f_S} \left(P_S^+ + P_S^-\right) P_P^\pm , \tag{8.68a}$$

$$\frac{\mathrm{d}P_S^\pm}{\mathrm{d}z} = \mp a_S P_S^\pm \pm \gamma_R (P_P^+ + P_P^-) P_S^\pm . \tag{8.68b}$$

Darin sind a_P und a_S die Dämpfungsbeläge für die Leistung von Pump- und Stokes-Welle. γ_R ist der Raman-Koeffizient $\gamma_\mathrm{R}(f_\mathrm{P}, f_\mathrm{S})$ bei den Frequenzen der Pump- und Stokes-Welle. Der Faktor $f_\mathrm{P}/f_\mathrm{S}$ in Gl. (8.68a) ergibt sich aus dem Verhältnis der Energien von Pump- zu Stokes-Photonen. Die hochgestellten Indizes markieren Wellen mit Ausbreitung in $+z$- oder $-z$-Richtung.

Bei der Lösung der CPE müssen die vorgegebenen Anfangswerte der Leistungen für Pump- und Stokes-Wellen bei $z = 0$ oder $z = L$ berücksichtigt werden. Dieses Anfangswertproblem kann im Allgemeinen nur numerisch gelöst werden, für einige Sonderfälle gibt es auch analytische Lösungen. Die CPE können weiterhin mit gegenläufigen Stokes-Wellen, Stokes-Wellen höherer Ordnung sowie Termen zur Berücksichtigung des Rauschens der spontanen Raman-Streuung erweitert werden. Nachfolgend werden einige Sonderfälle diskutiert.

8.4.2 Kleinsignalverstärkung

8.4.2.1 Vorwärts gepumpter Raman-Verstärker

Wir betrachten nun den Fall eines vorwärts gepumpten Raman-Faserverstärkers. Die Stokes-Leistung soll klein gegenüber der Pumpleistung in der gesamten Faser sein, so dass der Abbau der Pumpleistung durch SRS vernachlässigt werden kann (engl. *undepleted pump approximation*, UPA). Die resultierenden CPE

$$\frac{\mathrm{d}P_\mathrm{P}^+}{\mathrm{d}z} = -a_\mathrm{P} P_\mathrm{P}^+, \tag{8.69a}$$

$$\frac{\mathrm{d}P_\mathrm{S}^+}{\mathrm{d}z} = -a_\mathrm{S} P_\mathrm{S}^+ + \gamma_\mathrm{R} P_\mathrm{P}^+ P_\mathrm{S}^+ \tag{8.69b}$$

haben dann die Lösung

$$P_\mathrm{P}^+(z) = P_\mathrm{P}^+(0)\,\mathrm{e}^{-a_\mathrm{P} z}, \tag{8.70a}$$

$$P_\mathrm{S}^+(z) = P_\mathrm{S}^+(0)\,\mathrm{e}^{-a_\mathrm{S} z}\,\mathrm{e}^{\gamma_\mathrm{R} P_\mathrm{P}^+(0) L_\mathrm{eff}(z)}, \tag{8.70b}$$

mit der effektiven Länge $L_\mathrm{eff}(z)$ der Pumpwelle aus Gl. (4.12)

$$L_\mathrm{eff}(z) = \frac{1 - \mathrm{e}^{-a_\mathrm{P} z}}{a_\mathrm{P}}. \tag{8.71}$$

Als Kleinsignalverstärkung bei einer Faserlänge L definieren wir

$$G_\mathrm{R0} = \mathrm{e}^{\gamma_\mathrm{R} P_\mathrm{P}^+(0) L_\mathrm{eff}(L)} = \frac{P_\mathrm{S}(L, P_\mathrm{P}^+(0))}{P_\mathrm{S}(L, 0)}. \tag{8.72}$$

Messtechnisch kann die Raman-Verstärkung G_R durch das Verhältnis der Stokes-Ausgangsleistung $P_\mathrm{S}(L, P_\mathrm{P}^+(0))$ mit Pumpe zu der Ausgangsleistung ohne Pumpe $P_\mathrm{S}(L, 0)$ bestimmt werden (engl. *on-off gain*) [74].

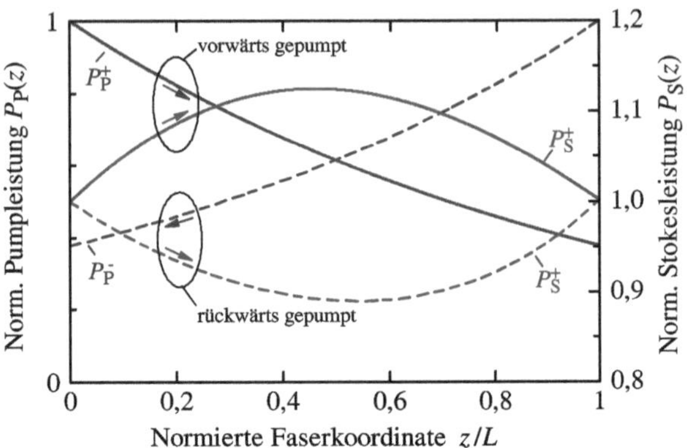

Abb. 8.17 Verlauf der Pump- und Stokes-Leistung, normiert auf die eingekoppelten Leistungen an den Faserenden, für einen vorwärts und einen rückwärts gepumpten Raman-Faserverstärker. Zahlenwerte nach Bsp. 8.1, so dass die Länge L entdämpft wird

Beispiel 8.8

Wir betrachten eine SSMF mit einer Dämpfung von ${}^{\ell}a = 0{,}23\,\text{dB/km}$ und einem Raman-Koeffizienten $\gamma_{\text{R,eff}} = 0{,}415\,(\text{W}\cdot\text{km})^{-1}$ unter Annahme zufällig verteilter Polarisationszustände in Ausbreitungsrichtung (Polarisationsfaktor $\xi = 2$). Bei einer Eingangspumpleistung von $P_{\text{P}}^{+}(0) = 200\,\text{mW}$ ergibt sich eine differentielle Raman-Verstärkung pro Länge ${}^{\ell}(\gamma_{\text{R}} P_{\text{P}}) = 0{,}36\,\text{dB/km}$, die größer als die Dämpfung ist und somit eine Netto-Verstärkung ermöglicht. Dies gilt allerdings nur unmittelbar zu Beginn der Faser, da im weiteren Verlauf die Pumpe durch Dämpfung an Leistung verliert. Mit diesen Zahlenwerten wäre nach einer Länge $L = 18{,}4\,\text{km}$ die Ausgangsleistung der Stokes-Welle $P_{\text{S}}(L)$ gleich der Eingangsleistung $P_{\text{S}}(0)$, diese Faserlänge wäre also effektiv entdämpft. Ein normierter Leistungsverlauf ist in Abb. 8.17 dargestellt.

Beispiel 8.9

Bei einer Pumpleistung von $P_{\text{P}}^{+}(0) = 1\,\text{W}$ hat der gleiche Fasertyp bei einer Länge $L = 10\,\text{km}$ eine Raman-Verstärkung von $G_{\text{R0}} = 25{,}1$ oder ${}^{\ell}G_{\text{R0}} = 14\,\text{dB}$, wobei noch die Dämpfung von 2,3 dB abgezogen werden muss, um eine Netto-Verstärkung am Faserausgang von 11,7 dB zu erhalten.

Bei vorwärts gepumpten Raman-Faserverstärkern laufen Pump- und Signalwelle mit gleicher Geschwindigkeit entlang der Faser, sofern die Dispersion vernachlässigt wird. Unvermeidbare Leistungsfluktuationen der Pumpe, z. B. Intensitätsrauschen eines leistungsstarken Pumplasers (engl. *relative intensity noise*, RIN), erzeugen dann lokale Minima oder Maxima der Pumpleistung, die sich synchron zu der Stokes-Welle ausbreiten. Diese erfährt somit zeitvariabel eine kleinere oder größere Verstärkung. Dadurch überträgt sich das Intensitätsrauschen der Pumpe auf die Stokes-Welle [75]. Dies ist in der optischen Nachrichtentechnik unerwünscht und kann mit rückwärts gepumpten Raman-Verstärkern vermieden werden.

8.4.2.2 Rückwärts gepumpter Raman-Verstärker

In einem rückwärts gepumpten Raman-Verstärker haben die CPE unter Vernachlässigung des Pumpabbaus

$$\frac{dP_P^-}{dz} = +a_P P_P^-, \tag{8.73a}$$

$$\frac{dP_S^+}{dz} = -a_S P_S^+ + \gamma_R P_P^- P_S^+ \tag{8.73b}$$

die Lösung

$$P_P^-(z) = P_P^-(L)\, e^{-a_P(L-z)}, \tag{8.74a}$$

$$P_S^+(z) = P_S^+(0)\, e^{-a_S z}\, e^{\gamma_R P_P^-(z) L_{eff}(z)}. \tag{8.74b}$$

Für die Kleinsignalverstärkung nach einer Länge $z = L$ ergibt sich der gleiche Zahlenwert wie für vorwärts gepumpte Verstärker nach Gl. (8.72), wenn die Pumpleistung $P_P^+(0)$ durch $P_P^-(L)$ ersetzt wird. Die gleiche Formel erhält man für beidseits gepumpte Verstärker unter Verwendung der Summe der Pumpleistungen $P_P^+(0) + P_P^-(L)$.

Beispiel 8.10

Mit den Zahlenwerten aus Bsp. 8.1 ergibt sich die gleiche Verstärkung für rückwärts gepumpte Raman-Faserverstärker, eine Faserlänge $L = 18{,}4$ km wird entdämpft. Ein Unterschied ergibt sich jedoch im Leistungsverlauf wie in Abb. 8.17 dargestellt. Bei gleicher Verstärkung besitzt die Stokes-Welle sowohl im Mittel als auch an allen Orten eine kleinere Leistung als in einem vorwärts gepumpten Verstärker. Dies ist zu berücksichtigen, wenn andere nichtlineare Effekte (SPM, XPM, FWM, SBS) eine Rolle spielen.

In einem rückwärts gepumpten RFA mitteln sich schnelle Leistungsfluktuationen der Pumpe aus, da die Stokes-Welle dieser entgegen läuft und im Mittel gleich oft Maxima und Minima der Pumpwelle durchläuft. Der geringere RIN-Transfer von der Pumpe auf die als Signal genutzte Stokes-Welle ist vorteilhaft für optische Übertragungssysteme [75]. Ein weiterer Vorteil besteht darin, dass bei gegenläufigen Wellen in nicht-polarisationserhaltenden Fasern mit kleiner, statistisch verteilter Doppelbrechung eine Ausmittelung der relativen Polarisationen bereits über kurze Faserlängen erfolgt, wie in Kap. 8.3.8.2 diskutiert. Dadurch ist die Verstärkung weniger abhängig vom Polarisationszustand der Stokes-Welle, auch die Auswirkungen statistischer Fluktuationen der Doppelbrechung entlang der Faserstrecke sind dann geringer [54].

Größere Verstärkungen können mit Spezialfasern mit größerem Raman-Koeffizienten erzielt werden, die eine höhere Ge-Dotierung und eine kleinere effektive Modenfläche haben, z. B. dispersionsverschobene oder dispersionskompensierende Fasern. Im Vergleich zu Erbium- oder Ytterbium-dotierten Faserverstärkern [76, 77] werden für Raman-Faserverstärker jedoch größere Faserlängen und höhere Pumpleistungen benötigt, um eine bestimmte Verstärkung zu realisieren.

8.4.3 Großsignalverstärkung

8.4.3.1 Vorwärts gepumpter Raman-Verstärker

Bei großen Beträgen der Raman-Verstärkung oder bei hohen Eingangsleistungen der Stokes-Welle kann der Leistungsabbau der Pumpwelle durch Leistungsübertragung auf die Stokes-Welle nicht vernachlässigt werden. Für den Fall eines vorwärts gepumpten Raman-Faserverstärkers lauten die CPE

$$\frac{\mathrm{d}P_\mathrm{P}^+}{\mathrm{d}z} = -a_\mathrm{P}P_\mathrm{P}^+ - \gamma_\mathrm{R}\frac{f_\mathrm{P}}{f_\mathrm{S}}P_\mathrm{P}^+P_\mathrm{S}, \tag{8.75a}$$

$$\frac{\mathrm{d}P_\mathrm{S}^+}{\mathrm{d}z} = -a_\mathrm{S}P_\mathrm{S}^+ + \gamma_\mathrm{R}P_\mathrm{P}^+P_\mathrm{S}^+. \tag{8.75b}$$

Unter der Annahme, dass die Dämpfung $a_\mathrm{P} = a_\mathrm{S} = a$ für Pump- und Stokes-Welle gleich ist, kann eine analytische Lösung gefunden werden [26, 40]. Wir definieren als Sättigungsparameter

$$s = \frac{f_\mathrm{P}}{f_\mathrm{S}}\frac{P_\mathrm{S}^+(0)}{P_\mathrm{P}^+(0)}G_\mathrm{R0}, \tag{8.76}$$

mit der Kleinsignalverstärkung G_R0 aus Gl. (8.72). Eine Sättigung der Verstärkung tritt auf, wenn der Sättigungsparameter s sich dem Wert eins annähert oder überschreitet. Dies ist der Fall, wenn sich die Stokes-Ausgangsleistung unter Annahme des Kleinsignalfalls der Pumpleistung annähert. Für die Großsignalverstärkung unter Berücksichtigung des Pumpabbaus erhält man

$$G_\mathrm{R} = \frac{s + G_\mathrm{R0}}{s + {G_\mathrm{R0}}^{-s/G_\mathrm{R0}}}. \tag{8.77}$$

Für einen Sättigungsparameter $s = 1$ und großer Kleinsignalverstärkung $G_\mathrm{R0} \gg 1$ erhält man eine gesättigte Verstärkung $G_\mathrm{R} \approx \frac{1}{2}G_\mathrm{R0}$, die nur noch halb so groß ist wie im Kleinsignalfall.

Damit kann nun die Stokes-Ausgangsleistung berechnet werden:

$$P_\mathrm{S}(L) = P_\mathrm{S}(0)G_\mathrm{R}\,\mathrm{e}^{-aL}. \tag{8.78}$$

Beispiel 8.11

Wir betrachten eine Spezialfaser mit großem Raman-Koeffizienten $\gamma_\mathrm{R} = 10\,\mathrm{W^{-1}km^{-1}}$ und einer vergleichsweise großen Dämpfung von ${}^{\ell}a = 2\,\mathrm{dB/km}$ aufgrund starker Ge-Dotierung. Bei einer Faserlänge von $L = 50\,\mathrm{m}$ und einer Pumpleistung $P_\mathrm{P}^+(0) = 10\,\mathrm{W}$ ergibt sich eine Kleinsignalverstärkung von $G_\mathrm{R0} = 140{,}2$. Bei einer Eingangsleistung von $P_\mathrm{S}^+(0) = 100\,\mathrm{mW}$ beträgt der Sättigungsparameter $s = 1{,}47$. Die gesättigte Verstärkung beträgt dann $G_\mathrm{R} = 58{,}5$ und die Stokes-Ausgangsleistung ist $P_\mathrm{S}(L) = 5{,}7\,\mathrm{W}$.

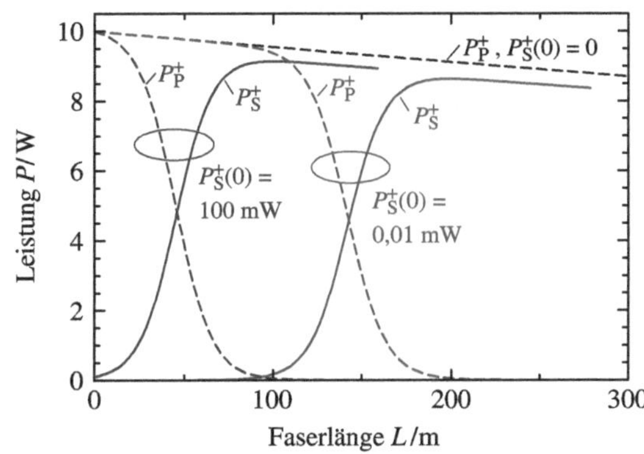

Abb. 8.18 Verlauf der Pump- und Stokes-Leistung in einem gesättigten Raman-Faserverstärker für zwei verschiedene Stokes-Eingangsleistungen $P_S^+(0)$. Faserparameter: $\gamma_R = 10\ \mathrm{W^{-1}\ km^{-1}}$, ${}^{\ell}a = 2$ dB/km, Pumpleistung $P_P^+(0) = 10$ W

Für die verbleibende Pumpleistung am Faserausgang erhält man aus einer Leistungsbilanz

$$P_P^+(L) = \left(P_P^+(0) - \frac{f_P}{f_S} P_S^+(0)\,(G_R - 1)\right) e^{-aL}. \tag{8.79}$$

Abbildung 8.18 zeigt berechnete Leistungsverläufe der Pump- und Stokes-Welle über der Faserlänge für verschiedene Stokes-Eingangsleistungen und für Faserdaten aus Bsp. 8.11. Trotz der vergleichsweise großen Faserdämpfung kann ein Großteil der Pumpleistung auf die Stokes-Leistung übertragen werden. Je nach Eingangsleistung der Stokes-Welle ist eine bestimmte Länge der Verstärkerfaser optimal hinsichtlich maximaler Ausgangsleistung bei der Stokes-Welle. Für eine Eingangsleistung von $P_S^+(0) = 100$ mW wäre dies eine Länge von 100 m bei einer Ausgangsleistung von 9,1 W.

Die analytische Lösung nach Gl. (8.78) enthält keinen Beitrag der spontanen Raman-Streuung sowie keine höheren Stokes-Ordnungen. Breitet sich die verstärkte Stokes-Welle mit großer Leistung über große Faserstrecken aus, so wird diese selbst zur Pumpe einer nächsthöheren Stokes-Ordnung, die aus dem Rauschen der spontanen Raman-Streuung entsteht und verstärkt wird. Dies wird in Kap. 8.5 ausführlich besprochen. Der Leistungsverlauf der Stokes-Wellen ist daher in Abb. 8.18 jeweils nur für bestimmte Längen dargestellt, da sich für größere Längen starke Abweichungen von der analytischen Rechnung ergeben.

Die gekoppelten Leistungsgleichungen können für den Fall des vorwärts gepumpten Raman-Faserverstärkers alternativ zu der analytischen Lösung auch numerisch gelöst werden. Dies ist z. B. erforderlich, wenn sich die Dämpfungen der Pump- und Stokes-Welle a_P und a_S deutlich unterscheiden. Sind die Anfangswerte der Pump- und Stokes-Welle bei $z = 0$ gegeben, so kann das resultierende Anfangswertproblem vergleichsweise einfach durch schrittweise numerische Integration der CPE in $+z$-Richtung gelöst werden. Eine Möglichkeit hierfür ist der Algorithmus `ode45` des Mathematik-Softwarepaketes MATLAB©, der Runge-Kutta-Verfahren vierter und fünfter Ordnung verwendet. Die damit erhaltenen Lösungen sind im Rahmen der numerischen Präzision identisch zu den analytischen Lösungen in Abb. 8.18. Die numerische Lösung hat dabei den Vorteil, auch Rauschen

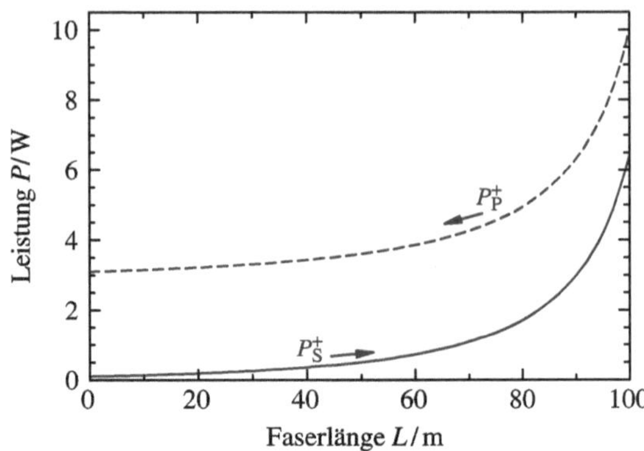

Abb. 8.19 Verlauf der Pump- und Stokes-Leistung in einem rückwärts gepumpten Raman-Faserverstärker. Faserparameter: $\gamma_R = 10\,\mathrm{W}^{-1}\,\mathrm{km}^{-1}$, ${}^{\ell}a = 2\,\mathrm{dB/km}$, Pumpleistung $P_P^-(L) = 10\,\mathrm{W}$, Stokes-Eingangsleistung $P_S^+(0) = 100\,\mathrm{mW}$

der spontanen Raman-Streuung und höhere Stokes-Ordnungen erfassen zu können, wie in Kap. 8.5.7 beschrieben.

8.4.3.2 Rückwärts gepumpter Raman-Verstärker

Die CPE für rückwärts gepumpte Raman-Verstärker lauten

$$\frac{\mathrm{d}P_P^-}{\mathrm{d}z} = +a_P P_P^- + \gamma_R \frac{f_P}{f_S} P_P^- P_S, \tag{8.80a}$$

$$\frac{\mathrm{d}P_S^+}{\mathrm{d}z} = -a_S P_S^+ + \gamma_R P_P^- P_S^+. \tag{8.80b}$$

Ist die Pumpleistung $P_P^-(L)$ und die Stokes-Leistung $P_S^+(0)$ an den entgegengesetzten Faserenden gegeben, so ergibt sich mathematisch ein Randwertproblem. Hierfür existieren im Großsignalfall keine analytischen Lösungen. Auch numerisch können diese CPE nicht durch einfache Aufintegration in einer Richtung gelöst werden, da sich die Pump- und Stokes-Leistungen an unterschiedlichen Orten gegenseitig beeinflussen. Die Lösung muss iterativ bestimmt werden. Bekannte Algorithmen sind das Schießverfahren, Finite-Differenzen- oder Finite-Elemente-Methoden oder Kollokationsmethoden. Eine gut zur Lösung der Raman-CPE geeignete Implementierung eines Kollokationsverfahrens ist das Programmpaket `bvp4c` in MATLAB© [78]. Abbildung 8.19 zeigt ein berechnetes Beispiel. Wir betrachten eine Faser mit Eigenschaften wie in Bsp. 8.11 und mit einer Faserlänge von $L = 100\,\mathrm{m}$. Bei einer Pumpleistung $P_P = 10\,\mathrm{W}$ wäre diese Länge im Fall eines vorwärts gepumpten Raman-Faserverstärkers optimal. Bei rückwärtigem Pumpen ergibt sich nach 100 m jedoch eine geringere Stokes-Ausgangsleistung von 6,4 W im Vergleich zu Abb. 8.16 mit einer Stokes-Leistung von 9,1 W. Dies erklärt sich aus der Tatsache, dass bei rückwärts gepumpten Verstärkern der Abbau der Leistung der Pumpwelle im Wesentlichen am Faserende statt findet. Daher steht über große Strecken ausgehend von $z = 0$ weniger Pumpleistung zur Verstärkung zur Verfügung. Mit längeren Verstärkerfasern kann eine ähnlich gute Leistungskonversion wie im Fall der vorwärts gepumpten Verstärker erreicht werden. Bemerkenswert an dem Leistungsverlauf in Abb. 8.19 ist, dass hohe Leistungen der

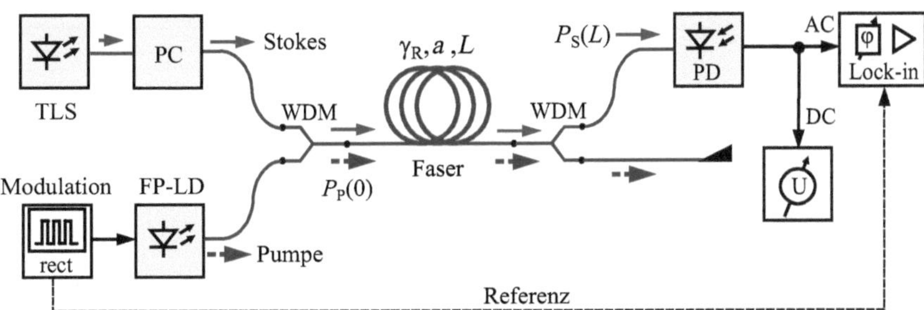

Abb. 8.20 Messaufbau zur Bestimmung des faserspezifischen Raman-Koeffizienten

Stokes-Welle ebenfalls erst zum Faserende hin auftreten. Dies bietet Vorteile, wenn nichtlineare Effekte ausgelöst von der Stokes-Welle wie z. B. Vierwellenmischung, stimulierte Brillouin-Streuung oder die Erzeugung höherer Stokes-Ordnungen reduziert werden sollen.

8.4.4 Messung des faserspezifischen Raman-Koeffizienten

Zur Bestimmung des faserspezifischen Raman-Koeffizienten kann eine Verstärkungsmessung im Kleinsignalfall verwendet werden, wie in Abb. 8.20 gezeigt. In diesem Beispiel wird eine Leistungslaserdiode (LD) bei einer Wellenlänge $\lambda_P = 1480$ nm mit einer spektralen Breite $\Delta\lambda = 0{,}5$ nm als Pumpe verwendet. Die verfügbare Pumpleistung am Eingang der Testfaser beträgt $P_P(0) = 105$ mW. Als Lichtquelle für eine zu verstärkende Stokes- oder Signalwelle (engl. *probe*) wird eine schmalbandige gitterabstimmbare Laserdiode (engl. *tunable laser source*, TLS) im Bereich von 1490 nm bis 1580 nm verwendet. Beide Wellen werden mit einem WDM-Koppler (engl. *wavelength division multiplex*, WDM) in die Testfaser eingekoppelt. Am Faserausgang wird die restliche Pumpleistung mit einem weiteren WDM abgetrennt und die Signalleistung mit einer Photodiode detektiert. Durch periodisches An- und Ausschalten der Pumplichtwelle und dazu synchroner, laufzeitverschobener Detektion mit einem Lock-In-Verstärker kann selektiv die pumpabhängige Raman-Verstärkung unabhängig von der Grunddämpfung der Faser und unabhängig von anderen Einflüssen bestimmt werden. Aus dem vom Lock-In gemessenen Wechselanteil des Photodiodenstroms und dem Gleichanteil (DC) ergibt sich das Verhältnis der Leistungen der Signalwelle $P_S(L, P_P)/P_S(L, 0)$ mit und ohne Pumpe und damit die Kleinsignalverstärkung G_{R0} in Gl. (8.72). Bei bekannter Faserlänge und Dämpfung kann damit der faserspezifische Raman-Koeffizient γ_R berechnet werden.

Abbildung 8.21 zeigt gemessene effektive Raman-Koeffizienten $\gamma_{R,\text{eff}}$ einer 25 km langen SSMF [61] und einer 500 m langen HI-Faser mit großer Kern-Mantel-Brechzahldifferenz [63]. Die untere dargestellte Wellenlängengrenze ergibt sich aus der Kantenwellenlänge des WDM-Kopplers, die obere Grenze aus dem Abstimmbereich der TLS. Beide Fasern zeigen typische Spektren der stimulierten Raman-Streuung, wie in Kap. 8.3.7 beschrieben. Das Maximum ist beim HI-Fasertyp deutlich größer als bei

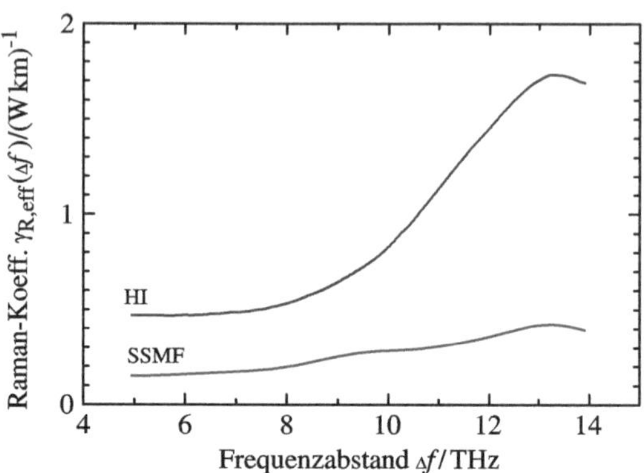

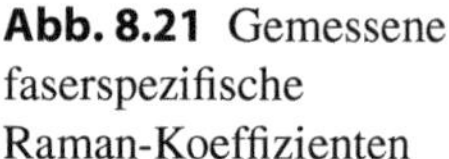
Abb. 8.21 Gemessene faserspezifische Raman-Koeffizienten

einer SSMF, was an einer höheren Ge-Dotierung des Kerns und einer kleineren effektiven Modenfläche im Vergleich zu einer SSMF liegt (s. Tab. 8.2). Gleichzeitig ist die Form des Spektrums bei dieser Faser stärker durch das Raman-Spektrum der Si–O–Ge-Molekülvibrationen aus Abb. 8.14 geprägt. Bei der 25 km langen SSMF war kein Einfluss des Polarisationsstellers (PC in Abb. 8.20) festzustellen, so dass in dieser Faser von komplett zufallsverteilten Polarisationszuständen der Pump- und Stokes-Welle ausgegangen werden kann, wie in Kap. 8.3.8.2 diskutiert. Auch bei der 500 m langen HI-Faser war der Einfluss des Polarisationsstellers gering, so dass diese Annahme auch hier gilt. Der Polarisationsfaktor aus Gl. (8.67) ist dann $\xi = 2$. Für konstant parallele Polarisationen der Pump- und Stokes-Lichtwelle wäre der Raman-Koeffizient γ_R doppelt so groß. Dies kann in längeren Fasern dieser Typen aufgrund der zufallsverteilten Doppelbrechung und aufgrund des Wellenlängenunterschiedes beider Wellen nicht realisiert werden.

8.5 Stimuliert-verstärkte spontane Raman-Streuung

Läuft eine Pumpwelle durch eine Glasfaser, so erzeugt diese an allen Orten in Ausbreitungsrichtung spontane Raman-Streuung (SpRS). Ein kleiner Teil der spontanen Raman-Streuung wird von der Glasfaser eingefangen und in $+z$- sowie $-z$-Richtung geführt. Da die spontane Raman-Streuung ein breites Spektrum hat und keine feste Phasenbeziehung zu einer eventuell vorhandenen Stokes-Welle z. B. in einem Raman-Verstärker aufweist, wird die spontane Raman-Streuung auch als Rauschen bezeichnet. Dieses Rauschen der spontanen Raman-Streuung wird während der Ausbreitung in der Glasfaser durch stimulierte Raman-Streuung (SRS) verstärkt, so dass die stimuliert verstärkte spontane Raman-Streuung (VSpRS) am Faserausgang eine signifikante Leistung haben kann. Dadurch entsteht beispielsweise unerwünschtes Rauschen in Raman-Faserverstärkern für die optische Nachrichtentechnik. Die VSpRS ist äquivalent zum verstärkten Rauschen der

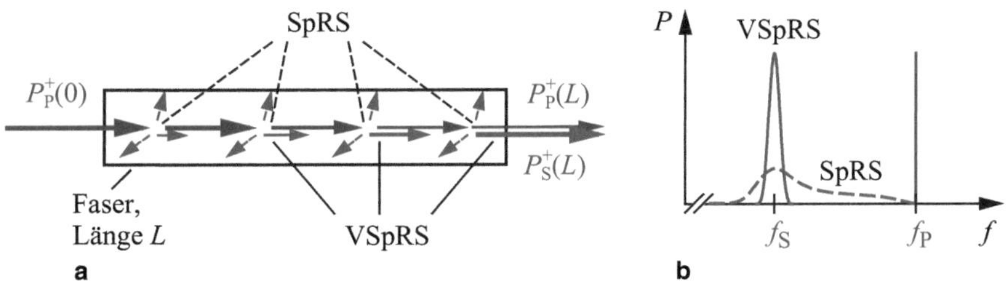

Abb. 8.22 **a** Eine Pumpwelle mit Eingangsleistung $P_P^+(0)$ erzeugt an allen Orten in der Faser spontane Raman-Streuung (SpRS). Diese wird in der Faser durch stimulierte Raman-Streuung (SRS) verstärkt und kann am Faserende mit signifikanter Leistung $P_S^+(L)$ als stimuliert verstärkte Raman-Streuung (VSpRS) austreten. **b** Das Spektrum der VSpRS ist bei großen Pumpleistungen deutlich schmaler als das der SpRS

spontanen Emission in einem Erbium-dotierten Faserverstärker (EDFA), das dort als ASE bezeichnet wird (engl. *amplified spontaneous emission*).

Selbst wenn keine Stokes-Welle am Eingang anliegt, kann bei großer Pumpleistung $P_P^+(0)$ ein signifikanter Teil der Pumpleistung auf eine aus dem Rauschen entstehende Stokes-Welle der VSpRS übertragen werden, wie in Abb. 8.22 in Vorwärtsrichtung dargestellt. Die VSpRS hat unter diesen Bedingungen ein deutlich schmaleres Spektrum als die SpRS, da diese mit dem exponentiell gewichteten Frequenzgang des Raman-Koeffizienten $\gamma_R(f)$ verstärkt wird, der ein Maximum bei $f_S = f_P - f_R$ hat, wobei f_R der Raman-Frequenzversatz ist.

Wird eine bestimmte Schwellpumpleistung $P_{R,th}$, die sog. Raman- oder SRS-Schwelle, überschritten, so ist die Stokes-Leistung am Ausgang $P_S^+(L)$ größer als die verbleibende Pumpleistung $P_P^+(L)$. Diese Schwellenleistung der SRS kann wie folgend abgeschätzt werden:

$$P_{R,th} \approx C_{R,th} \frac{1}{\gamma_0 L_{eff}}. \tag{8.81}$$

Für den kritischen Faktor $C_{R,th}$ der SRS-Schwelle wird in der Literatur ein Bereich von $15 \ldots 17$ angegeben [18], sehr häufig findet man auch den Zahlenwert $C_{R,th} = 16$ aus [8] und [40]. Tatsächlich ist die Variation von $C_{R,th}$ abhängig von Fasereigenschaften und Faserlänge aber größer, wie in Kap. 8.5.4 ausführlich diskutiert.

Nachfolgend wird der Effekt der stimuliert verstärkten spontanen Raman-Streuung (VSpRS) quantitativ beschrieben. Dabei ist es ausreichend, ausschließlich die Stokes-Streuung zu berücksichtigen und die Antistokes-Streuung zu vernachlässigen. Zum einen ist die Leistung der Antistokes-Streuung deutlich kleiner als im Stokes-Fall, zum anderen wird die Antistokes-Welle bei weiterer Ausbreitung in der Faser durch die Pumpe gedämpft, und nicht wie die Stokes-Welle verstärkt.

Tab. 8.3 Formelsymbole für Leistung und verschiedene Leistungsdichten

Größe	Symbol	Definition	Einheit
Leistung, absolut	P		W
Spektrale Leistungsdichte	p	$P/\mathrm{d}f$	W/Hz
Leistung pro Länge	P'	$P/\mathrm{d}z$	W/m
Spektrale Leistungsdichte pro Länge	p'	$P/(\mathrm{d}f\,\mathrm{d}z)$	W/(Hz m)

8.5.1 Quantitative Beschreibung der spontanen Raman-Streuung

Im Folgenden werden zur Beschreibung neben Absolutleistungen auch verschiedene Leistungsdichten pro Frequenzintervall $\mathrm{d}f$ und Längenelement $\mathrm{d}z$ benötigt. Die hier verwendeten Konventionen für Formelzeichen sind in Tab. 8.3 zusammengefasst.

8.5.1.1 Definitionen der Leistungsdichten der SpRS

Bei der bisherigen Beschreibung der SRS durch gekoppelte Leistungsgleichungen (CPE) wurde von schmalbandigen Pump- und Stokes-Wellen mit wohldefinierten Frequenzen f_P und f_S ausgegangen, für die gemäß Gl. (8.58) ein eindeutiger Raman-Koeffizient $\gamma_\mathrm{R} = \gamma_\mathrm{R}(f_\mathrm{P}, f_\mathrm{S})$ definiert ist. Im Gegensatz dazu besitzt die spontane Raman-Streuung eine breite spektrale Verteilung, deren spektrale Leistungsdichte p'_Sr pro Längenelement $\mathrm{d}z$ und Frequenzintervall $\mathrm{d}f$ aus Gl. (8.20) abgeleitet werden kann:

$$p'_\mathrm{Sr}(f, z) = P_\mathrm{P}(z)\,\gamma_\mathrm{R}(f_\mathrm{P}, f_\mathrm{S})\,hf_\mathrm{S}(1 + N_\mathrm{BE}(\Delta f)). \tag{8.82}$$

$P_\mathrm{P}(z)$ ist darin die Leistung der Pumpe am Ort z, die sich gegebenenfalls aus der Summe der Leistungen zweier entgegengesetzt laufender Pumpwellen zusammensetzt. Die spektrale Form der spontanen Raman-Streuung wird im Wesentlichen durch den Frequenzgang des Raman-Koeffizienten $\gamma_\mathrm{R}(f_\mathrm{P}, f_\mathrm{S})$ bestimmt. Zusätzlich beeinflusst der Bose-Einstein-Faktor $N_\mathrm{BE}(\Delta f)$ nach Gl. (8.7) die spektrale Form dahingehend, dass bei kleinen Frequenzabständen $\Delta f = f_\mathrm{P} - f_\mathrm{S}$ das Rauschen im Vergleich zur Verstärkung angehoben wird.

Beispiel 8.12

Für eine Stokes-Wellenlänge von 1550 nm, entsprechend einer Stokes-Frequenz $f_\mathrm{S} =$ 193,4 THz, einem angenommenen Raman-Koeffizienten von $\gamma_\mathrm{R,max} = 1\ (\mathrm{W{\cdot}km})^{-1}$ im Maximum bei einem Frequenzabstand von Pump- zu Signalfrequenz $\Delta f = 13.2$ THz sowie einer Pumpleistung $P_\mathrm{P} = 1$ W ergibt sich bei Raumtemperatur $T = 296$ K eine spektrale Leistungsdichte der SpRS pro Länge zu $p'_\mathrm{Sr} = 1{,}45 \cdot 10^{-22}\ \mathrm{W/(Hz\,m)}$.

Häufig wird in der Literatur der Bose-Einstein-Faktor N_BE in Gl. (8.82) vernachlässigt, da bei Raumtemperatur im Maximum des Raman-Koeffizienten in Quarzglas bei

$\Delta f \approx 13\,\text{THz}$ der Zahlenwert des Terms $1 + N_{\text{BE}}(\Delta f) = 1{,}13$ nur unwesentlich größer als eins ist. Für kleinere Frequenzabstände von Pump- und Signalwellenlänge ist dies aber nicht mehr zulässig.

Beispiel 8.13

Wir betrachten nun die Zahlenwerte aus Bsp. 8.12 bei einem Frequenzabstand $\Delta f = 2\,\text{THz}$. Mit dem typischen Frequenzgang des Raman-Koeffizienten nach Abb. 8.12 und unter Vernachlässigung des Einflusses der Modenflächen beträgt der Raman-Koeffizient der Faser dann nur noch $\gamma_{\text{R}} = 0{,}2\,(\text{W}\cdot\text{km})^{-1}$. Gleichzeitig steigt aber der Bose-Einstein-Faktor auf $N_{\text{BE}}(\Delta f) = 2{,}61$ an, so dass er nicht mehr vernachlässigt werden kann. Es ergibt sich eine Leistungsdichte der SpRS von $p'_{\text{Sr}} = 0{,}70 \cdot 10^{-22}\,\text{W}/(\text{Hz m})$. Ausgehend vom Maximum der Raman-Verstärkung hin zu kleineren Frequenzabständen von Pump- und Signalwellenlänge nimmt also das Rauschen der SpRS weniger stark ab als die Verstärkung durch SRS (s. Kap. 8.5.6).

Um die längenbezogene Leistungsdichte P'_{Sr} zu erhalten, muss die spektrale Leistungsdichte pro Länge $p'_{\text{Sr}}(f)$ in einem betrachteten Stokes-Frequenzintervall $[f_1, f_2]$ aufintegriert werden:

$$P'_{\text{Sr}} = \int_{f_1}^{f_2} p'_{\text{Sr}}(f)\,\mathrm{d}f = P_{\text{P}} \int_{f_1}^{f_2} \gamma_{\text{R}}(f_{\text{P}}, f)\, hf\, \big(1 + N_{\text{BE}}(\Delta f(f))\big)\,\mathrm{d}f, \tag{8.83}$$

wobei sowohl f_1 als auch f_2 im Stokesfall kleiner als die Pumpfrequenz f_{P} sind. Ohne spektrale Einschränkung ist dabei der Frequenzbereich $[0, f_{\text{P}}]$ zu betrachten, in der Praxis genügt für das Raman-Spektrum von Quarzglas ein Bereich $[f_{\text{P}} - 50\,\text{THz}, f_{\text{P}}]$.

Beispiel 8.14

Integriert über alle Stokes-Frequenzen ergibt sich mit den Zahlenwerten aus Bsp. 8.12 und Bsp. 8.13 eine Leistung der SpRS pro Faserlänge von $P'_{\text{Sr}} = 2{,}1\,\text{nW/m}$.

8.5.1.2 Näherung für kleine Bandbreiten

In vielen Anwendungen wird nur ein kleiner Frequenzbereich mit Bandbreite B um eine Mittenfrequenz f_{S} betrachtet. Beispiele sind optische Empfänger in der optischen Nachrichtentechnik mit durch optische Filter festgelegte Bandbreiten oder Raman-Faserlaser mit schmalen Bandbreiten der als Resonator-Spiegel eingesetzten Faser-Bragg-Gitter (FBG). Ist innerhalb dieser Bandbreite B der faserspezifische Raman-Koeffizient sowie der Bose-Einstein-Faktor näherungsweise konstant, kann die Leistung der SpRS pro Längenelement Δz genähert werden:

$$P'_{\text{Sr}} \approx \gamma_{\text{R}}(f_{\text{P}}, f_{\text{S}})\, hf_{\text{S}} B\, (1 + N_{\text{BE}}(\Delta f))\, P_{\text{P}} = R_{\text{sp}}(f_{\text{P}}, f_{\text{S}}) P_{\text{P}}. \tag{8.84}$$

Dabei wird mit $R_{\text{sp}}(f_{\text{P}}, f_{\text{S}})$ ein Rauschkoeffizient der SpRS eingeführt, um die Schreibweise für die nachfolgenden Differentialgleichungen zu vereinfachen.

8.5.2 Spontane Raman-Streuung in den gekoppelten Leistungsgleichungen

Für eine weitere Betrachtung müssen wir nun unterscheiden, ob je nach betrachteter Bandbreite die Näherung nach Gl. (8.84) gültig ist oder nicht, und ob in der Stokes-Welle zwischen Leistungsanteilen einer von außen eingekoppelten Signalwelle und dem in der Faser entstehenden Rauschen unterschieden werden soll.

8.5.2.1 Kleine Bandbreite, Trennung der Stokes-Welle in Signal und Rauschen

Unterscheidet man bei der Stokes-Welle zwischen der Leistung eines Signals P_S und der Rauschleistung der SpRS P_Sr, z. B. bei einem Raman-Faserverstärker, so müssen für beide Größen eigene Differentialgleichungen verwendet werden:

$$\frac{\mathrm{d}P_\mathrm{P}^\pm}{\mathrm{d}z} = \mp a_\mathrm{P} P_\mathrm{P}^\pm \mp \gamma_\mathrm{R} \frac{f_\mathrm{P}}{f_\mathrm{S}} P_\mathrm{P}^\pm (P_\mathrm{S}^+ + P_\mathrm{S}^- + P_\mathrm{Sr}^+ + P_\mathrm{Sr}^-), \tag{8.85a}$$

$$\frac{\mathrm{d}P_\mathrm{S}^\pm}{\mathrm{d}z} = \mp a_\mathrm{S} P_\mathrm{S}^\pm \pm \gamma_\mathrm{R} (P_\mathrm{P}^+ + P_\mathrm{P}^-) P_\mathrm{S}^\pm, \tag{8.85b}$$

$$\frac{\mathrm{d}P_\mathrm{Sr}^\pm}{\mathrm{d}z} = \mp a_\mathrm{S} P_\mathrm{Sr}^\pm \pm \gamma_\mathrm{R} (P_\mathrm{P}^+ + P_\mathrm{P}^-) P_\mathrm{Sr}^\pm \pm R_\mathrm{sp} (P_\mathrm{P}^+ + P_\mathrm{P}^-). \tag{8.85c}$$

Das Rauschen entsteht verteilt entlang der Länge der Faser durch SpRS der Pumpe. Sowohl dieses Rauschen als auch das Signal werden in gleicher Weise durch SRS von der Pumpe verstärkt. Zwar wird der Pumpe auch durch SpRS Leistung entzogen, da dieser Verlust aber sehr viel kleiner als die lineare Faserdämpfung oder durch die Signalwelle ist, kann dies auch vernachlässigt werden, wie in Gl. (8.85a) bereits erfolgt. Eine weitere Diskussion des Rauschens in Faserverstärkern erfolgt in Kap. 8.5.6.

8.5.2.2 Kleine Bandbreite, Stokes-Welle entsteht aus dem Rauschen

Bei Raman-Faserlasern, bei Raman-Superstrahlern und bei der Berechnung der SRS-Schwelle gibt es bei der Stokes-Frequenz keine extern eingekoppelte Signalwelle. Spontane Raman-Streuung (SpRS) sowie deren stimulierte Verstärkung (SRS) erzeugen dort die Stokes-Welle, die zusammen mit der Pumpwelle durch folgendes Gleichungssystem beschrieben wird:

$$\frac{\mathrm{d}P_\mathrm{P}^\pm}{\mathrm{d}z} = \mp a_\mathrm{P} P_\mathrm{P}^\pm \mp \gamma_\mathrm{R} \frac{f_\mathrm{P}}{f_\mathrm{S}} P_\mathrm{P}^\pm (P_\mathrm{S}^+ + P_\mathrm{S}^-), \tag{8.86a}$$

$$\frac{\mathrm{d}P_\mathrm{S}^\pm}{\mathrm{d}z} = \mp a_\mathrm{S} P_\mathrm{S}^\pm \pm \gamma_\mathrm{R} (P_\mathrm{P}^+ + P_\mathrm{P}^-) P_\mathrm{S}^\pm \pm R_\mathrm{sp} (P_\mathrm{P}^+ + P_\mathrm{P}^-). \tag{8.86b}$$

Für den Rauschkoeffizient R_sp ist nach Gl. (8.84) eine geeignete Bandbreite zu wählen. Daher gilt dieses Gleichungssystem nur für kleine Bandbreiten der Stokes-Welle, z. B. in Raman-Faserlasern mit schmalbandig reflektierenden Faser-Bragg-Gittern (FBGs). Durch

Verwendung einer effektiven Bandbreite B_{eff} aus der analytischen Lösung nach Gl. (8.105) kann mit Gl. (8.86) aber auch die Leistung der stimuliert-verstärkten Raman-Streuung in einem Superstrahler und damit die SRS-Schwelle bestimmt werden.

8.5.2.3 Große Bandbreite, Stokes-Welle entsteht aus dem Rauschen

Bei der Beschreibung der SRS-Schwelle und für Raman-Superstrahler besteht a priori keine Einschränkung der Bandbreite der Stokes-Welle innerhalb des Raman-Spektrums. Betrachtet man große Bandbreiten der Stokes-Welle, so sind die Voraussetzungen der Näherungen für Gl. (8.84) nicht mehr gegeben. Eine Beschreibung durch gekoppelte Leistungsgleichungen wie in Gl. (8.86) ist dennoch näherungsweise möglich, wenn eine effektive Bandbreite B_{eff} verwendet wird. Betrachtet man die gesamte Rauschleistung über alle Stokes-Frequenzen, so ist für kleine Stokes-Leistungen die Halbwertsbreite des Hauptmaximums nach Abb. 8.12 mit $B_{\text{eff}} \approx 10\,\text{THz}$ eine bewährte Näherung. Mit zunehmender Leistung der VSpRS tragen jedoch nur noch Rauschanteile bei Frequenzen um das Maximum des Raman-Koeffizienten zur VSpRS bei, so dass die effektive Bandbreite leistungsabhängig abnimmt. Eine dementsprechende Definition der effektiven Bandbreite B_{eff} wird bei der Herleitung der SRS-Schwelle in Kap. 8.5.4 eingeführt.

Eine bessere Beschreibung erfolgt durch Aufteilung der Leistung der Stokes-Welle in n schmale Frequenzintervalle der Breite B, in denen die Näherung Gl. (8.84) wieder gültig ist. Für die Leistung $P_{\text{S},i}$ jeder Stokes-Teilwelle i muss dann eine eigene Differentialgleichung zum Gleichungssystem Gl. (8.86) hinzugefügt werden. Neben der Verstärkung der Leistung $P_{\text{S},i}$ in einem Frequenzintervall i durch die Pumpleistung P_{P} muss im Allgemeinen auch die Wechselwirkung durch SRS mit der Leistung $P_{\text{S},j}$ in jedem anderen Intervall j berücksichtigt werden. Es ergibt sich dann ein gekoppeltes Gleichungssystem, das vorteilhaft in Matrixform formuliert werden kann:

$$\frac{\mathrm{d}\boldsymbol{P}^{\pm}}{\mathrm{d}z} = \mp \boldsymbol{a}^{D}\boldsymbol{P}^{\pm} \pm \boldsymbol{P}^{D\pm}\boldsymbol{\gamma}_{\text{R}}(\boldsymbol{P}^{+}+\boldsymbol{P}^{-}) \pm \boldsymbol{R}_{\text{sp}}(\boldsymbol{P}^{+}+\boldsymbol{P}^{-}). \tag{8.87}$$

Darin ist $\boldsymbol{P} = (P_{\text{P}}, P_{\text{S1}}, P_{\text{S2}}, \ldots, P_{\text{S},n})^{T}$ der Vektor aller Leistungen der Pumpe und Teil-Stokes-Wellen, $\boldsymbol{P}^{D}$ ist die dazu korrespondierende Diagonalmatrix mit $P_{ii}^{D} = P_i$ und dem laufenden Index $i = 1 \ldots n+1$. Die Superskripte $^{\pm}$ kennzeichnen wie bisher vor- und rücklaufende Wellen. Weiterhin sind Pump- und Stokes-Teilwellen nach fallenden Mittenfrequenzen f_i der Intervalle geordnet, so dass $f_j < f_i$ für $j > i$ gilt. $\boldsymbol{a}^{D}$ ist eine Diagonalmatrix mit den Dämpfungen der jeweiligen Wellen a_{P} sowie $a_{S,i}$ als Diagonalelemente. $\boldsymbol{\gamma}_{\text{R}}$ ist die Matrix mit den Raman-Koeffizienten zwischen den Teilwellen, deren Elemente folgendermaßen definiert sind:

$$\gamma_{\text{R},ij} = \begin{cases} -\frac{f_i}{f_j}\gamma_{\text{R}}(f_i, f_j), & \text{für} \quad i < j, \\ 0, & \text{für} \quad i = j, \\ \gamma_{\text{R}}(f_j, f_i), & \text{für} \quad i > j. \end{cases} \tag{8.88}$$

$\boldsymbol{R}_{\mathrm{sp}}$ ist die Matrix der Rauschkoeffizienten der SpRS, die folgendermaßen definiert sind:

$$R_{\mathrm{sp},ij} = \gamma_{\mathrm{R},ij}\, hf_i\, B\, (1 + N_{\mathrm{BE}}(f_j - f_i)). \tag{8.89}$$

Für $i > j$ entspricht dies der spontanen Raman-Stokes-Streuung von der Welle j zur Welle i. Dieser Leistungsanteil wird dann aufgrund SRS durch die Welle j weiter verstärkt. Da für $i < j$ die Frequenzdifferenz $f_j - f_i < 0$ ist, ist auch der BE-Term $1 + N_{\mathrm{BE}}(f_j - f_i)$ kleiner Null, und zusammen mit dem dann ebenfalls negativen Raman-Koeffizienten $\gamma_{\mathrm{R},ij}$ ergibt sich die spontane Raman-Antistokes-Streuung von der Welle j zur Welle i mit ebenfalls positivem Leistungsbeitrag. Dieser Beitrag kann aber auch vernachlässigt werden, da dieser Leistungsanteil durch stimulierte Raman-Absorption (s. Abb. 8.9) bzw. durch Verstärkung der Welle j durch die Welle i wieder in die Welle j zurück fließt.

Gleichung (8.87) stellt die allgemeine Formulierung der gekoppelten Leistungsgleichungen für die Raman-Streuung im stationären Zustand, d. h. ohne zeitliche Variation, dar. Die Formulierung mit Matrizen eignet sich gut für eine numerische Lösung auf Rechnern.

8.5.3 Beispielsimulationen zur verstärkten spontanen Raman-Streuung

Ein Sonderfall der stimuliert-verstärkten spontanen Raman-Streuung (VSpRS) ergibt sich für eine Pumpe in Vorwärtsrichtung, wenn keine Stokes-Welle am Eingang bei $z = 0$ vorhanden ist. Bei ausreichend großer Pumpleistung $P_{\mathrm{P}}^{+}(0)$ erreicht an einem bestimmten Ort $z = L_{\mathrm{th}}$ die Leistung der VSpRS in Vorwärtsrichtung den gleichen Zahlenwert wie die restliche Pumpleistung an diesem Ort. Diese sogenannte Raman- oder-SRS-Schwelle wird für spontane Streuung in Vorwärtsrichtung eher erreicht als für Rückwärtsstreuung, da in Vorwärtsrichtung die Verstärkung im Großsignalfall größer ist. Es ist daher ausreichend, in Gl. (8.87) ausschließlich die vorwärts laufenden Wellen zu berücksichtigen.

Als Simulationsbeispiel für die stimuliert-verstärkte spontane Raman-Streuung betrachten wir eine Faser mit einem Raman-Koeffizienten $\gamma_{\mathrm{R,max}} = 10\,\mathrm{W}^{-1}\mathrm{km}^{-1}$ und einer als frequenzunabhängig angenommenen Dämpfung $a = 2\,\mathrm{dB/km}$. Diese Zahlenwerte sind stellvertretend für Fasern mit hohem Raman-Koeffizienten. Für die spektrale Form des Raman-Spektrums wird zum einen ein theoretisches Lorentz-Profil nach Gl. (8.44) wie in Abb. 8.10 eingesetzt, mit einer Mittenfrequenz $f_{\mathrm{V}} = 13{,}05\,\mathrm{THz}$ und einer Breite $B_{\mathrm{L}} = \Gamma/2\pi = 9{,}95\,\mathrm{THz}$. Zum anderen wird alternativ ein Frequenzgang abgeleitet aus Messungen an SiO_2-Glas nach [23] wie in Abb. 8.12 verwendet. Als Fasertemperatur wurde $T = 296\,\mathrm{K}$ zur Berechnung des Rauschens angesetzt, als Pumpwellenlänge wird $\lambda_{\mathrm{P}} = 1100\,\mathrm{nm}$ angenommen. Die Länge der simulierten Faser beträgt $L = 300\,\mathrm{m}$ bei einer Pumpleistung $P_{\mathrm{P}}^{+}(0) = 10\,\mathrm{W}$. Außer der Pumpleistung werden alle Leistungen der Stokes-Teilwellen bei $z = 0$ zu null gesetzt.

Mit diesen Parametern wird das CPE-Gleichungssystem Gl. (8.87) aufgestellt und mit dem Runge-Kutta-Verfahren numerisch gelöst. Der simulierte Frequenzbereich beträgt $3f_{\mathrm{R}} = 39{,}6\,\mathrm{THz}$, aufgeteilt auf 200 Stokes-Teilwellen. Die Bandbreite einer Stokes-Teilwelle beträgt somit $B_i = 198\,\mathrm{GHz}$. Als Ergebnis erhält man die Leistungsverteilung und

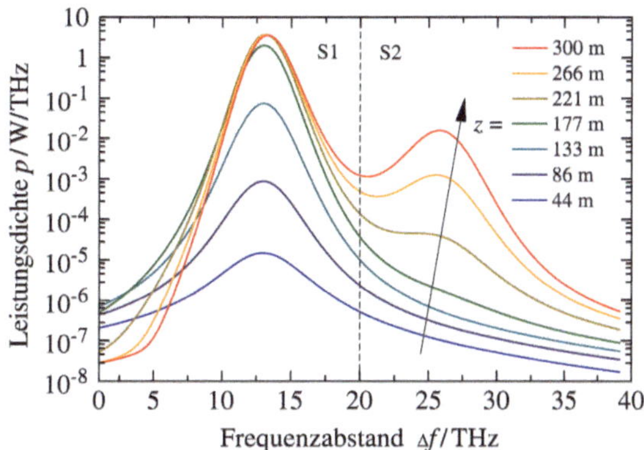

Simulation mit einem theoretischen Lorentz-Profil.

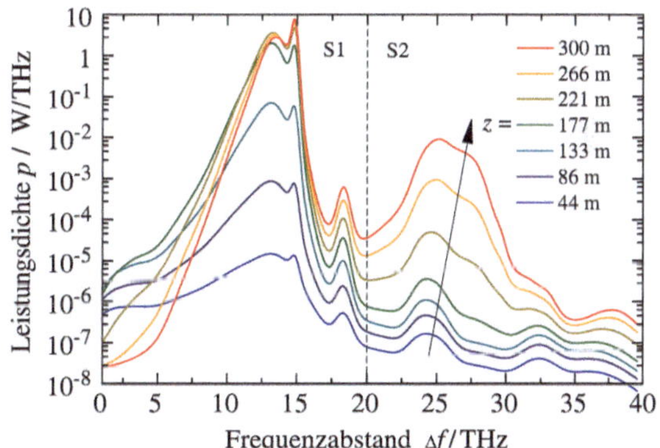

Simulation mit einem Raman-Spektrum von SiO_2-Glas nach [8.23].

Abb. 8.23 Simulierte Stokes-Spektren der verstärkten spontanen Raman-Streuung unter Verwendung zweier verschiedener Frequenzgänge der SRS. Spektralanteile links der gestrichelten Linie werden zur 1. Stokes-Ordnung S1 gezählt, rechts davon zur 2. Stokes-Ordnung S2. Parameter: $\gamma_{R,max} = 10\,W^{-1}\,km^{-1}$, $a = 2\,dB/km$, $T = 296\,K$, $\lambda_P = 1100\,nm$, $P_P^+(0) = 10\,W$, $L = 300\,m$. **a** Simulation mit einem theoretischen Lorentz-Profil. **b** Simulation mit einem Raman-Spektrum von SiO_2-Glas nach [8.23].

somit das Spektrum der Stokes-Welle in Abhängigkeit der Ortskoordinate z entlang der Faser. Abbildung 8.23 zeigt die simulierten Spektren für das theoretische Lorentz-Profil sowie für das Raman-Spektrum von SiO_2-Glas. Die Leistungen der Teilwellen $P_{S,i}$ wurden dabei auf die Bandbreite der Intervalle B_i bezogen, um unabhängig von der gewählten Diskretisierung n des Gesamtspektrums vergleichbare Leistungsdichten $p(\Delta f)$ zu erhalten. Eine Darstellung der monochromatisch angenommenen Pumpleistung im gleichen Diagramm ist dadurch nicht sinnvoll.

Mit zunehmender Faserkoordinate z nimmt die Leistung der Stokes-Welle zunächst stark zu, gleichzeitig wird das Spektrum der Stokes-Welle schmaler und konzentriert sich um das Maximum des Raman-Frequenzversatzes bei $f_R \approx 13\,THz$. Dabei sind die Ergebnisse unter Verwendung zweier verschiedener Raman-Spektren prinzipiell sehr ähnlich. In der Simulation mit dem SiO_2-Glas Raman-Spektrum ergibt sich als Besonderheit ein schmales Maximum bei $\Delta f = 14{,}8\,THz$. Im Spektrum des Raman-Koeffizienten γ_R ist dieses nur ein Nebenmaximum, das betragsmäßig etwas kleiner als das Hauptmaximum bei

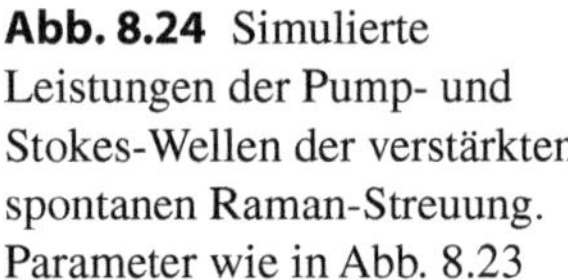

Abb. 8.24 Simulierte Leistungen der Pump- und Stokes-Wellen der verstärkten spontanen Raman-Streuung. Parameter wie in Abb. 8.23

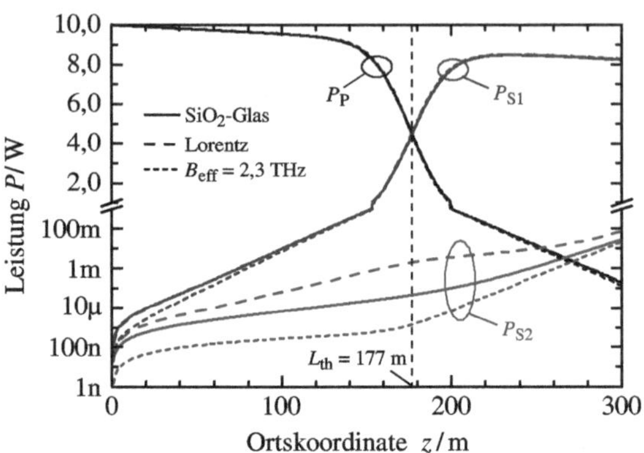

$f_R \approx 13$ THz ist. Da jedoch nicht nur die Pumpe, sondern auch alle Stokes-Frequenzen mit kleineren Abständen zur Pumpe alle Frequenzen mit größeren Abständen verstärken, hat dieses Nebenmaximum mit zunehmender Länge der Faser einen Vorteil und bildet daher die größte Leistung aus. Die daraus resultierende Rotverschiebung ist eine typische Auswirkung der SRS auf die Ausbreitung breiter Spektren in einer Glasfaser.

Bei großen Ausbreitungslängen sättigt die Leistungsdichte in den Bereichen der 1. Stokes-Ordnung S1, da diese selbst zur Pumpe für eine 2. Stokes-Ordnung S2 bei $2f_R \approx 26$ THz wird. Eine weitere Diskussion der kaskadierten Raman-Streuung erfolgt in Kap. 8.5.7. Aufgrund der großen Bandbreite der Stokes-Ordnungen erscheint auch die gewählte Trennung des Frequenzbereichs zwischen den Stokes-Ordnungen bei $\Delta f =$ 20 THz nicht eindeutig, allerdings tragen in der logarithmischen Skalierung grafisch kleine Leistungen kaum zur Gesamtleistung der Ordnungen bei. Um die Gesamtleistung der Stokes-Ordnungen zu bestimmen, muss die spektrale Leistungsdichte in den Bereichen S1 und S2 aufintegriert werden. Die Pumpwelle wurde als monochromatisch angenommen, und ergibt sich direkt aus dem ersten Element des Vektors $\boldsymbol{P}$ aus Gl. (8.87).

In Abb. 8.24 sind die Leistungsverläufe dargestellt. Zwischen der Simulation mit dem Lorentz-Spektrum und dem SiO_2-Glasspektrum ergeben sich keine Unterschiede beim Leistungsverlauf der Pumpwelle $P_P(z)$ und der 1. Stokes-Ordnung $P_{S1}(z)$. Die Stokes-Welle entsteht aus dem Rauschen der spontanen Raman-Streuung und wird zunächst exponentiell verstärkt, bis ein signifikanter Leistungsabbau der Pumpe statt findet. Bei einer Faserkoordinate von $z = 177$ m sind Pump- und Stokes-Leistung gleich, hier ist definitionsgemäß die SRS-Schwelle erreicht. Danach wächst die Stokes-Leistung nur noch langsam an, bis ein Großteil der Pumpleistung auf die 1. Stokes-Ordnung übertragen ist. Bei dem Leistungsverlauf $P_{S2}(z)$ der 2. Stokes-Ordnung ergeben sich Abweichungen zwischen den Simulationen aufgrund der unterschiedlichen Form der Spektren und der gewählten Frequenzgrenze zur Trennung von 1. und 2. Stokes-Ordnung. Zusätzlich ist in Abb. 8.24 eine Simulation ohne spektraler Auflösung der Stokes-Welle mit einem einfachen Ansatz nach Gl. (8.86) eingezeichnet, der gemäß Gl. (8.137) erweitert wurde, um kaskadierte SRS in eine zweite Stokes-Ordnung zu berücksichtigen. Als effektive Bandbreite für die Stokes-Wellen wurde hier $B_{eff} = 2{,}3$ THz gewählt. Mit dieser Bandbreite ergeben sich bei relevanten Leistungen

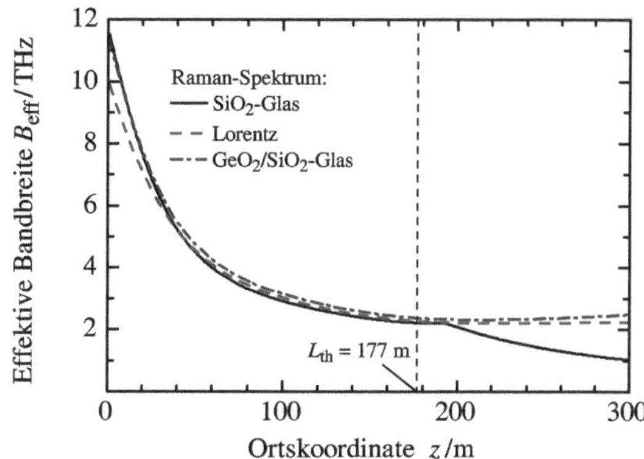

Abb. 8.25 Effektive Bandbreite der 1. Stokes-Ordnung für verschiedene Raman-Spektren. Simulationsparameter wie in Abb. 8.23

der 1. Stokes-Welle nur minimale Abweichungen zu den spektral aufgelösten Simulationen. Die Wahl dieser Bandbreite wird auch durch die Auswertung der effektiven Bandbreite der spektral aufgelösten Simulationen sowie durch analytische Rechnungen in Kap. 8.5.4 bestätigt (s. Gl. (8.105) und Bsp. 8.15).

Als effektive Bandbreite B_{eff} der ersten Stokes-Ordnung wird definiert:

$$B_{\text{eff}} = \frac{1}{p_{\max}} \int_{S1} p(\Delta f)\,\mathrm{d}f, \tag{8.90}$$

mit der maximalen Leistungsdichte $p_{\max}$ innerhalb des Integrationsfrequenzbereichs S1 der 1. Stokes-Ordnung. Abbildung 8.25 zeigt die so berechneten Bandbreiten der Simulationen. Anfänglich dominiert die Bandbreite der spontanen Raman-Streuung von ca. 10 THz. Durch zunehmende stimulierte Verstärkung werden die Leistungsanteile um das Maximum der Raman-Verstärkung immer stärker gewichtet und die effektive Bandbreite wird kleiner. Bis zu der SRS-Schwelle nähern sich die Bandbreiten auch für verschiedene Modellspektren einem Wert von $B_{\text{eff}} = 2{,}3$ THz an. Bei Verwendung des Raman-Spektrums von SiO_2-Glas ergibt sich als Besonderheit eine Reduktion der Bandbreite oberhalb der SRS-Schwelle aufgrund des schmalen Nebenmaximums bei $\Delta f = 14{,}8$ THz in den Spektren nach Abb. 8.23. In stärker mit Ge-dotierten Fasern ist dieses Nebenmaximum nicht so stark ausgeprägt, wie aus Abb. 8.14 abgeleitet werden kann. Eine Vergleichssimulation mit einem entsprechenden Raman-Spektrum eines GeO_2/SiO_2-Glases zeigt diese spektrale Verengung nicht.

Abschließend kann noch die SRS-Schwelle der Simulationen mit dem Literaturwert nach Gl. (8.81) verglichen werden. Bei einer Pumpleistung von $P_{\text{P}}(0) = 10$ W wird in den Simulationen bei einer Faserlänge von $L = 177$ m die SRS-Schwelle erreicht. Bei einer Dämpfung von $a = 2$ dB/km entspricht dies einer effektiven Länge $L_{\text{eff}} = 170$ m. Mit dem verwendeten Raman-Koeffizienten von $\gamma_{\text{R,max}} = 10\,(\text{W}\cdot\text{km})^{-1}$ ergibt sich ein Zahlenwert von $C_{\text{R,th}} = 17{,}0$ für den kritischen Faktor in Gl. (8.81). Dies ist abweichend von dem häufig verwendeten Literaturwert $C_{\text{R,th}} = 16$, aber noch innerhalb des Bereiches, der in [18] angegeben wird. Nachfolgend wird der Zahlenwert dieses kritischen Faktors mit analytischen Methoden untersucht.

8.5.4 Analytische Bestimmung der SRS-Schwelle

In Kap. 8.5.3 wurde mit beispielhaften Simulationen die SRS-Schwelle für eine bestimmte Konfiguration berechnet. Die Ergebnisse weichen von den üblicherweise verwendeten Zahlenwerten für den kritischen Faktor der SRS-Schwelle nach Gl. (8.81) mit $C_{\mathrm{R,th}} = 16$ ab. Daher wird nun die Herleitung der SRS-Schwelle auf Basis der analytischen Berechnungen nach [8] und [26] näher untersucht.

8.5.4.1 Analytische Beschreibung

In der numerischen Simulation in Kap. 8.5.2.3 wird die Stokes-Welle spektral aufgelöst betrachtet. Für die folgende analytische Rechnung ersetzen wir die diskreten Leistungen der Teilwellen durch eine kontinuierliche spektrale Leistungsdichte der Stokes-Welle $p_{\mathrm{S}}(f, z)$ in Abhängigkeit von der Stokesfrequenz f. Allerdings wird hier die stimulierte Raman-Streuung zwischen jeweils zwei Frequenzen der Stokes-Welle vernachlässigt, da dieser Beitrag bis zum Erreichen der SRS-Schwelle deutlich kleiner ist als die SRS durch die leistungsstarke Pumpwelle. Die Pumpwelle wird als schmalbandig angenommen und wird nur mit ihrer Gesamtleistung $P_{\mathrm{P}}(z)$ angesetzt. Wiederum werden nur vorlaufende Wellen betrachtet, daher entfällt im Weiteren der hochgestellte Index $^{+}$ zur besseren Übersicht. Beschrieben wird diese Situation durch folgende CPE:

$$\frac{\mathrm{d}P_{\mathrm{P}}}{\mathrm{d}z} = -a_{\mathrm{P}}P_{\mathrm{P}} - P_{\mathrm{P}} \int \gamma_{\mathrm{R}}(f)\frac{f_{\mathrm{P}}}{f} p_{\mathrm{S}}(f)\,\mathrm{d}f, \tag{8.91a}$$

$$\frac{\mathrm{d}p_{\mathrm{S}}(f)}{\mathrm{d}z} = -a_{\mathrm{S}}p_{\mathrm{S}}(f) + \gamma_{\mathrm{R}}(f)P_{\mathrm{P}}p_{\mathrm{S}}(f) + r_{\mathrm{sp}}(f)P_{\mathrm{P}}. \tag{8.91b}$$

Darin ist $r_{\mathrm{sp}}(f)$ ein Faktor für die spektrale Leistungsdichte der spontanen Raman-Streuung pro Längenelement

$$r_{\mathrm{sp}}(f) = \gamma_{\mathrm{R}}(f)\,hf\,(1 + N_{\mathrm{BE}}(f)). \tag{8.92}$$

$\gamma_{\mathrm{R}}(f) = \gamma_{\mathrm{R}}(f_{\mathrm{P}}, f)$ ist der Raman-Koeffizient und $N_{\mathrm{BE}}(f) = N_{\mathrm{BE}}(f_{\mathrm{P}}, f)$ der Bose-Einstein-Faktor in Abhängigkeit der Stokes-Frequenz f für eine feste Pumpfrequenz f_{P}. Sofern keine Mehrdeutigkeit besteht, wird diese Frequenzabhängigkeit im Folgenden nicht mehr explizit ausgeschrieben.

8.5.4.2 Analytische Lösung und dabei verwendete Näherungen

Ziel ist es nun, die Gesamtleistung der stimuliert-verstärkten Raman-Streuung am Ende einer Faser der Länge L bei gegebener Pumpleistung $P_0 = P_{\mathrm{P}}(0)$ zu bestimmen. Dazu berechnen wir zunächst allgemein die spektrale Leistungsdichte $p_{\mathrm{S}}(L)$ am Ausgang. Die an jedem Ort in Ausbreitungsrichtung z durch spontane Raman-Streuung erzeugte Stokes-Leistungsdichte wird entlang der restlichen Strecke in Ausbreitungsrichtung $L - z$ durch stimulierte Raman-Streuung verstärkt. Die gesamte Leistungsdichte der Stokes-Welle an einem Ort L ergibt sich dann zu [8]

$$p_\mathrm{S}(L) = \gamma_\mathrm{R}\, hf(1+N_\mathrm{BE}) \int_0^L P_\mathrm{P}(z) \exp\left\{-a_\mathrm{S}(L-z) + \gamma_\mathrm{R} \int_z^L P_\mathrm{P}(\zeta)\mathrm{d}\zeta\right\} \mathrm{d}z. \tag{8.93}$$

Diese Gleichung gilt allgemein auch für beliebige Verläufe der Pumpleistung unter Berücksichtigung des Pumpabbaus durch die Stokes-Welle. Für eine einfache Lösung wird nun aber angenommen, dass die Pumpwelle lediglich durch die Faserdämpfung an Leistung verliert, nicht aber durch SRS an die Stokes-Welle. Gleichung (8.91a) und (8.91b) sind dann entkoppelt, und für die Pumpwelle ergibt sich

$$P_\mathrm{P}(z) = P_0\, \mathrm{e}^{-a_\mathrm{P} z}, \tag{8.94}$$

mit der Pumpleistung am Fasereingang P_0. Dieser Ansatz nach [8] war historisch durch die große Dämpfung der zu dieser Zeit verfügbaren Glasfasern gerechtfertigt. Wie im Anschluss diskutiert, bleibt die daraus abgeleitete Formel für die SRS-Schwelle auch für dämpfungsarme moderne Fasern und unter Einbeziehung des Pumpabbaus gültig. Als weitere Näherung wird nun angenommen, dass die Dämpfungen für die Pump- und Stokes-Welle gleich sind: $a_\mathrm{P} = a_\mathrm{S} = a$. Eingesetzt in Gl. (8.93) erhält man nach kurzer Rechnung

$$p_\mathrm{S}(L) = \gamma_\mathrm{R}\, hf(1+N_\mathrm{BE})P_0 \int_0^L \exp\left\{\frac{\gamma_\mathrm{R}}{a} P_0(\mathrm{e}^{-az} - \mathrm{e}^{-aL})\right\} \mathrm{d}z\, \mathrm{e}^{-aL}. \tag{8.95}$$

Für üblicherweise kleine Faserdämpfungen a und insbesondere für die kleinen Ortskoordinaten $z < L$ verwenden wir jetzt die Näherung $\mathrm{e}^{-az} \approx 1 - az$. Eingesetzt und nach Ausklammern aller von z unabhängigen Terme vor das Integral ergibt sich

$$p_\mathrm{S}(L) = \gamma_\mathrm{R}\, hf(1+N_\mathrm{BE})P_0\, \mathrm{e}^{\gamma_\mathrm{R} P_0 L_\mathrm{eff}} \int_0^L \mathrm{e}^{-\gamma_\mathrm{R} P_0 z} \mathrm{d}z\, \mathrm{e}^{-aL}, \tag{8.96}$$

mit der effektiven Länge $L_\mathrm{eff} = (1 - \mathrm{e}^{-aL})/a$. Für das verbleibende Integral erhalten wir

$$\int_0^L \mathrm{e}^{-\gamma_\mathrm{R} P_0 z} \mathrm{d}z = \frac{1}{\gamma_\mathrm{R} P_0}\left(1 - \mathrm{e}^{-\gamma_\mathrm{R} P_0 L}\right) \approx \frac{1}{\gamma_\mathrm{R} P_0}, \tag{8.97}$$

wobei diese Näherung für eine große Raman-Verstärkung gültig ist, die z. B. bei der SRS-Schwelle auftritt. Eingesetzt in Gl. (8.96) erhält man für die spektrale Leistungsdichte der stimuliert-verstärkten spontanen Raman-Streuung am Ausgang einer Faser der Länge L bei großer Raman-Verstärkung

$$p_\mathrm{S}(L) = hf(1+N_\mathrm{BE})\, \mathrm{e}^{\gamma_\mathrm{R} P_0 L_\mathrm{eff}} \mathrm{e}^{-aL}. \tag{8.98}$$

Vergleicht man dies mit Gl. (8.70b), so erkennt man, dass die VSpRS im Grenzfall einer sehr großen Kleinsignalverstärkung $G_\mathrm{R0} = \mathrm{e}^{\gamma_\mathrm{R} P_0 L_\mathrm{eff}}$ durch einen gedachten rauschfreien Raman-Verstärker mit einer effektiven Leistungsdichte am Eingang

$$p_\mathrm{S,eff}(0) = hf(1+N_\mathrm{BE}) \tag{8.99}$$

modelliert werden kann, so dass gilt:

$$p_S(L) = p_{S,\mathrm{eff}}(0)\, G_{R0}\, \mathrm{e}^{-aL}. \tag{8.100}$$

Exkurs 8.10
Die spektrale Leistungsdichte hf entspricht im quantenelektronischen Bild der Energie von einem Photon pro longitudinaler und transversaler Mode des elektromagnetischen Feldes in einem Wellenleiter beliebiger Länge L. Durch den Faktor $1+N_{BE}$ wird die thermische Besetzung der beteiligten Energieniveaus berücksichtigt, so dass die effektive Anzahl der Photonen pro Mode etwas größer als eins ist (s. Kap. 8.5.1, Faktor 1,13 bei Raumtemperatur). In der ursprünglichen Herleitung der SRS-Schwelle nach [8] wird dieser Faktor vernachlässigt.

Um die gesamte Stokes-Leistung $P_S(L)$ zu bestimmen, muss die spektrale Leistungsdichte der Stokes-Welle über alle Frequenzen aufintegriert werden:

$$P_S(L) = \int_0^\infty p_S(L,f)\mathrm{d}f = \int_0^\infty hf\,(1+N_{BE}(f))\,\mathrm{e}^{\gamma_R(f)P_0L_{\mathrm{eff}}}\,\mathrm{d}f\,\mathrm{e}^{-aL}. \tag{8.101}$$

Dieses Integral kann mit Hilfe der im Anhang A.4 beschriebenen Sattelpunktnäherung (engl. *method of steepest decent*, MSD) abgeschätzt werden zu [8]

$$P_S(L) \approx hf_0\,(1+N_{BE}(f_0))\,\mathrm{e}^{\gamma_0 P_0 L_{\mathrm{eff}}}\sqrt{\frac{2\pi}{P_0L_{\mathrm{eff}}\left|\frac{\mathrm{d}^2}{\mathrm{d}f^2}\gamma_R(f)\right|_{f_0}}}\,\mathrm{e}^{-aL}. \tag{8.102}$$

Darin ist f_0 die Stokes-Frequenz, bei welcher der Raman-Koeffizient bei gegebener Pumpfrequenz f_P das Maximum γ_0 besitzt. Der Wurzelterm in Gl. (8.102) hat die Bedeutung einer effektiven Bandbreite B_{eff}, innerhalb der eine konstante Leistungsdichte $hf_0\,(1+N_{BE}(f_0))$ vorliegt. Um diese Bandbreite analytisch zu berechnen, wird für den Frequenzgang des Raman-Koeffizienten ein Lorentz-Profil $\gamma_L(f)$ angesetzt. Im Unterschied zu Gl. (8.44) wird jedoch nur eine Lorentz-Funktion mit Maximum bei f_0 für den Stokes-Fall verwendet. Dieses Profil kann im Maximum durch eine einfache Parabel genähert werden:

$$\gamma_L(f) = \gamma_0 \frac{1}{\left(\frac{f-f_0}{B_L/2}\right)^2+1} \approx \gamma_0\left[1-\left(\frac{f-f_0}{B_L/2}\right)^2\right], \tag{8.103}$$

mit der Breite (FWHM) des Lorentz-Profils B_L. Sowohl das Lorentz-Profil als auch die Parabelnäherung haben im Maximum die gleiche zweite Ableitung

$$\left.\frac{\mathrm{d}^2}{\mathrm{d}f^2}\gamma_L(f)\right|_{f_0} = -\frac{8\gamma_0}{B_L^2}. \tag{8.104}$$

Eingesetzt in Gl. (8.102) kann damit die effektive Bandbreite der VSpRS bestimmt werden:

$$B_{\text{eff}} = \frac{\sqrt{\pi}}{2} \frac{B_{\text{L}}}{\sqrt{\gamma_0 P_0 L_{\text{eff}}}} k_{\text{MSD}}. \tag{8.105}$$

Der Faktor k_{MSD} wird hier eingeführt, um den Fehler zu kompensieren, der durch die MSD-Abschätzung des Integrals entsteht. Für ein Lorentz-Profil und mit typischen Parametern in der Nähe der SRS-Schwelle beträgt der Faktor $k_{\text{MSD}} \approx 1{,}06$. Dieser Wert wurde durch einen Vergleich der MSD-Näherung nach Gl. (8.102) mit einer numerischen Integration von Gl. (8.101) bestimmt. Für die Parabelnäherung in der Linienmitte wäre die MSD-Abschätzung zwar exakt, jedoch entsteht durch die Parabelnäherung an sich der gleiche Fehler wie bei der MSD-Abschätzung des Lorentz-Profils. Insgesamt betrachtet ist der Fehler durch die Sattelpunktnäherung bei großer Raman-Verstärkung sehr klein.

Mit der effektiven Bandbreite kann die Leistung der VSpRS bei der Faserlänge L angegeben werden:

$$P_{\text{S}}(L) = hf_0 B_{\text{eff}} \,(1 + N_{\text{BE}}(f_0))\, \mathrm{e}^{\gamma_0 P_0 L_{\text{eff}}}\, \mathrm{e}^{-aL} \tag{8.106a}$$

$$= P_{\text{S,eff}}(0) G_0\, \mathrm{e}^{-aL}, \tag{8.106b}$$

mit der effektiven Stokes-Eingangsleistung

$$P_{\text{S,eff}}(0) = hf_0 B_{\text{eff}} \,(1 + N_{\text{BE}}(f_0)). \tag{8.107}$$

Beispiel 8.15

Wir betrachten als Beispiel die Parameter des Simulationsmodells aus Kap. 8.5.3: $\gamma_0 = 10\,(\text{W} \cdot \text{km})^{-1}$, $a = 2\,\text{dB/km}$, $P_0 = 10\,\text{W}$, $\lambda_{\text{P}} = 1100\,\text{nm}$. Für das Lorentz-Profil gilt $B_{\text{L}} = 9{,}95\,\text{THz}$. In den Simulationen wurde die SRS-Schwelle bei $L = 177\,\text{m}$ erreicht. Bei dieser Position ergibt sich daraus nach Gl. (8.105) eine effektive Bandbreite $B_{\text{eff}} = 2{,}27\,\text{THz}$, in sehr guter Übereinstimmung mit den spektral aufgelösten Simulationen, in denen $B_{\text{eff}} = 2{,}3\,\text{THz}$ bestimmt wurde. Auch die nicht-spektral aufgelöste Simulation in Abb. 8.24 ergibt mit genau dieser effektiven Bandbreite die gleiche SRS-Schwelle. Die effektive Eingangsleistung der VSpRS beträgt mit diesen Parametern $P_{\text{S,eff}}(0) = 443\,\text{nW}$ bei Raumtemperatur $T = 296\,\text{K}$.

8.5.4.3 Definition der SRS-Schwelle und Zahlenbeispiele

Als Raman- oder SRS-Schwelle (engl. *Raman threshold*) bezeichnet man diejenige Pumpleistung $P_0 = P_{\text{R,th}}$ am Fasereingang bei $z = 0$, bei der bei gegebener Faserlänge L die Leistung der Stokes-Welle der VSpRS $P_{\text{S}}(L)$ gleich der restlichen Pumpleistung $P_{\text{P}}(L)$ am Faserausgang bei $z = L$ ist:

$$P_{\text{S}}(L) = P_{\text{P}}(L). \tag{8.108}$$

Durch Gleichsetzen von Gl. (8.106a) und (8.94) erhält man als mathematisch sinnvolle Definition der SRS-Schwelle

$$hf_0 B_{\mathrm{eff}}\,(1+N_{\mathrm{BE}})\,\mathrm{e}^{\gamma_0 P_{\mathrm{R,th}} L_{\mathrm{eff}}}\,\mathrm{e}^{-aL} = P_{\mathrm{R,th}}\,\mathrm{e}^{-a_{\mathrm{P}} L}. \tag{8.109}$$

Exkurs 8.11
Der Term der Faserdämpfung e^{-aL} kann auf beiden Seiten gekürzt werden. Trotzdem verbleibt ein Einfluss der Faserdämpfung über die effektive Länge L_{eff}. In [18] wird die Stokes-Leistung von vorne herein ohne dem Term e^{-aL} angesetzt, so dass bei der SRS-Schwelle die so definierte Stokes-Leistung direkt mit der Pumpleistung am Eingang verglichen wird. Diese Definition ist jedoch missverständlich. Daher ist die Definition nach Gl. (8.108) mit den Leistungen am Faserausgang bei der Länge L zu bevorzugen.

Mit der Definition eines kritischen Faktors der SRS-Schwelle

$$C_{\mathrm{R,th}} = \gamma_0 P_{\mathrm{R,th}} L_{\mathrm{eff}} \tag{8.110}$$

erhält man aus Gl. (8.109) nach Einsetzen von Gl. (8.105) und kurzer Umformung eine Bestimmungsgleichung für diesen Faktor:

$$C_{\mathrm{R,th}}^{\frac{3}{2}}\mathrm{e}^{-C_{\mathrm{R,th}}} = k_{\mathrm{MST}}\frac{\sqrt{\pi}}{2}\,hf_0 B_{\mathrm{L}}(1+N_{\mathrm{BE}})\,\gamma_0 L_{\mathrm{eff}}. \tag{8.111}$$

Diese transzendente Gleichung muss numerisch gelöst werden, z. B. mit dem nichtlinearen LEVENBERG-MARQUARDT-Algorithmus. Abbildung 8.26 zeigt das Ergebnis in Abhängigkeit von der Faserlänge und für beispielhafte Faserparameter. Bemerkenswerterweise zeigt der kritische Faktor der SRS-Schwelle $C_{\mathrm{R,th}}$ nur eine geringe Variation im Bereich von $14\ldots23$, obwohl sich die Faserparameter auf der rechten Seite von Gl. (8.111) um eine Größenordnung sowie die Faserlänge um viele Größenordnungen ändern. Dies liegt am steilen Abfall des Terms mit $-C_{\mathrm{R,th}}$ im Exponenten auf der linken Seite von Gl. (8.111), so dass kleine Variationen von $C_{\mathrm{R,th}}$ große Variationen auf der rechten Seite ausgleichen. Mit gleichem Argument ist auch der Einfluss des Bose-Einstein-Faktors N_{BE} sowie des Korrektur-Faktors k_{MST} auf die Bestimmung der SRS-Schwelle sehr gering. Trotzdem ist die Variation des kritischen Faktors der SRS-Schwelle erheblich größer, als gemeinhin in der Literatur angenommen [40].

Mit dem kritischen Faktor $C_{\mathrm{R,th}}$ kann auf einfache Weise bei gegebener Länge L die Schwellenleistung $P_{\mathrm{R,th}}$ oder bei gegebener Pumpleistung am Eingang P_0 die Schwellenlänge $L_{\mathrm{R,th}}$ bestimmt werden, ab der ein erheblicher Teil der Pumpleistung durch VSpRS in eine leistungsstarke Stokes-Welle überführt wird:

$$P_{\mathrm{R,th}} = C_{\mathrm{R,th}}\frac{1}{\gamma_0 L_{\mathrm{eff}}}, \qquad L_{\mathrm{R,th}} = C_{\mathrm{R,th}}\frac{1}{\gamma_0 P_0}. \tag{8.112}$$

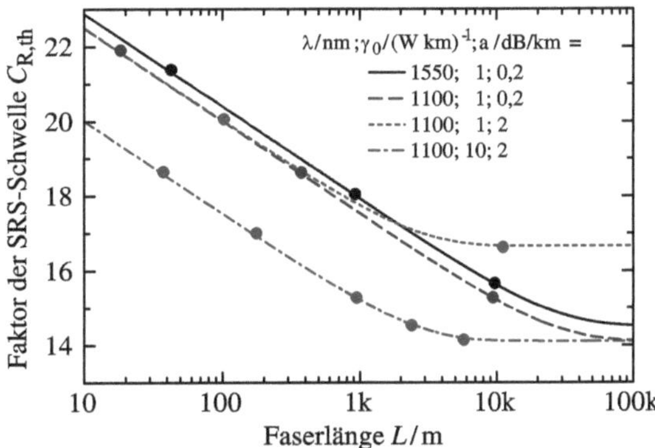

Abb. 8.26 Kritischer Faktor der SRS-Schwelle $C_{R,th}$ in Abhängigkeit von Faserparametern und der Wellenlänge. Linien: Ergebnis der analytischen Rechnung nach Gl. (8.111), gilt auch unter Berücksichtigung der Sättigung nach Kap. 8.5.4.4. Punkte: Ergebnisse aus spektral aufgelösten Simulationen der gekoppelten Leistungsgleichungen Gl. (8.87) wie in Kap. 8.5.3 beschrieben

Beispiel 8.16

Wir betrachten die gleiche Faser wie in Bsp. 8.11 mit einem Raman-Koeffizienten $\gamma_R = 10\,(\mathrm{W{\cdot}km})^{-1}$, einer Dämpfung ${}^{\ell}a = 2\,\mathrm{dB/km}$ und einer Länge $L = 300\,\mathrm{m}$. Nach Abb. 8.26 und Gl. (8.112) ergibt sich daraus ein kritischer Faktor $C_{R,th} = 16{,}4$ und eine Schwellenleistung $P_{R,th} = 5{,}85\,\mathrm{W}$.

8.5.4.4 Berücksichtigung der Sättigung

Bei der Herleitung der SRS-Schwelle und des Raman-Faktors wurde der Abbau der Pumpe durch die Stokes-Welle vernachlässigt. Dies wäre nur bei großen Faserdämpfungen ${}^{\ell}a$ korrekt, stünde aber in Widerspruch zur Näherung für kleine Faserdämpfungen, die zu Gl. (8.96) führt. Weiterhin werden die nach Gl. (8.94) und Gl. (8.106) berechneten Leistungen der Pump- und Stokes-Welle bei Annäherung an die SRS-Schwelle falsch und physikalisch unmöglich, da die Summe der so berechneten Leistungen viel größer als die Pumpleistung P_0 werden kann. Die Definitionsgleichung der SRS-Schwelle Gl. (8.109) ist somit für dämpfungsarme Fasern nur mathematisch möglich, physikalisch jedoch nicht plausibel.

Tatsächlich wurde aber bereits in [26] gezeigt, dass sich mit Gl. (8.107) auch unter Berücksichtigung des Pumpabbaus in Fasern mit niedriger Dämpfung die effektive Eingangsleistung $P_{S,eff}(0)$ der VSpRS im Fall großer Raman-Verstärkung berechnen lässt. Die Leistungsverläufe der Pump- und Stokes-Welle ergeben sich dann mit den Formeln aus Kap. 8.4.3.1 zur Beschreibung vorwärts gepumpter Raman-Verstärker im Großsignalfall unter Verwendung der effektiven Stokes-Eingangsleistung $P_{S,eff}(0)$. Im Ergebnis gilt z. B. Gl. (8.106b) weiterhin, wenn anstelle der Kleinsignalverstärkung G_0 die gesättigte Verstärkung G_R nach Gl. (8.77) eingesetzt wird. Bestimmt man durch Gleichsetzen der so

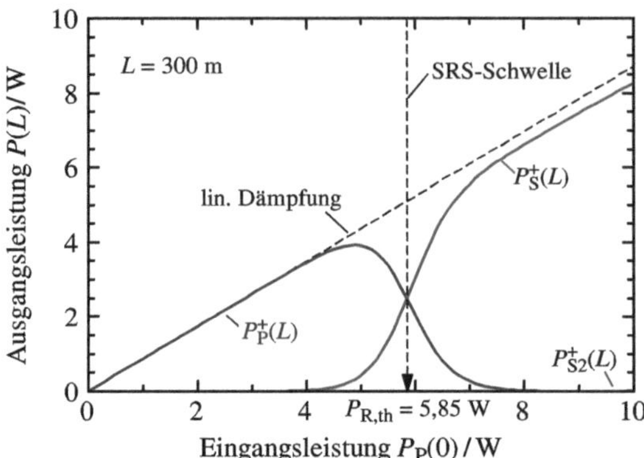

Abb. 8.27 Numerisch berechnete Ausgangsleistung der stimuliert verstärkten spontanen Raman-Streuung $P_S(L)$ sowie der restlichen Pumpleistung $P_S(L)$ einer Faser nach Bsp. 8.16 bei Variation der Eingangsleistung $P_P(0)$. Aus dem Abszissenwert des Kurvenschnittpunktes ergibt sich der Zahlenwert der SRS-Schwelle $P_{R,th}$, in diesem Beispiel 5,85 W, identisch zu Bsp. 8.16

berechneten Leistungsverläufe erneut den kritischen Faktor $C_{R,th}$, so erhält man die identischen Zahlenwerte wie in der Rechnung ohne Sättigung, wie sie in Abb. 8.26 dargestellt sind.

8.5.4.5 Vergleich mit numerischen Lösungen der CPE

Verwendet man die effektive Bandbreite nach Gl. (8.105) in den gekoppelten Leistungsgleichungen ohne spektrale Auflösung nach Gl. (8.86), so kann damit der komplette Leistungsverlauf der Pump- und Stokes-Welle numerisch berechnet werden. Die Leistungen stimmen insbesondere im Bereich der SRS-Schwelle mit der analytischen Lösung unter Berücksichtigung der Sättigung überein. Ein Beispiel zeigt Abb. 8.27.

Als aufwendigste numerische Methode können die gekoppelten Leistungsgleichungen mit spektraler Auflösung der Stokes-Welle nach Kap. 8.5.2.3 gelöst werden. Dabei sind keine Näherungen bezüglich der spektralen Abhängigkeit des Raman-Koeffizienten, der Größe der Dämpfung sowie des Einflusses der Sättigung erforderlich. Leitet man aus solchen Simulationen den kritischen Faktor der SRS-Schwelle $C_{R,th}$ ab, so ergeben sich Zahlenwerte, die sich nur geringfügig von der analytischen Näherung unterscheiden.

Beispiel 8.17

Mit gleichen Faserparametern wie in Bsp. 8.16 wurde in den spektral aufgelösten numerischen Simulationen in Kap. 8.5.3 bei einer Pumpleistung von $P_0 = 10\,\mathrm{W}$ eine Schwellenlänge von $L_{R,th} = 177\,\mathrm{m}$ bestimmt. Der sich daraus ergebende kritische Raman-Faktor von $C_{R,th} = 17{,}0$ ist in sehr guter Übereinstimmung mit den Ergebnissen aus Gl. (8.111) in Abb. 8.26.

Weitere Ergebnisse beispielhafter Simulationen sind in Abb. 8.26 als Punkte eingezeichnet.

8.5.4.6 Einfluss der Polarisation auf die SRS-Schwelle

In den vorangegangenen Abschnitten wurde der vektorielle Charakter der SRS und damit die Polarisation der Pump- und Stokes-Welle nicht berücksichtigt. Wie in Kap. 8.3.8 beschrieben, hat die Polarisation einen großen Einfluss auf den effektiven Raman-Koeffizienten $\gamma_{R,eff}$ einer Faser. Bei der stimuliert-verstärkten spontanen Raman-Streuung (VSpRS) ist die spontane Raman-Streuung in einem Fasersegment zunächst im Wesentlichen gleich polarisiert wie die Pumpwelle. Im weiteren Verlauf durch die Faser können sich dann aber unterschiedliche Polarisationszustände zwischen der Stokes-Welle und der verstärkenden Pumpwelle ergeben, wie in Kap. 8.3.8 beschrieben. Auch hier können zwei Grenzfälle unterschieden werden:

- **Kurze Faserlängen oder Pumpe in einer Hauptachse einer PM-Faser**: Ist die Faserlänge sehr viel kürzer als die Diffusionslänge Λ_d, oder ist die Pumpwelle linear polarisiert in eine der Hauptachsen einer PM-Faser eingekoppelt, so laufen Pumpwelle sowie die aus dem Rauschen entstehende VSpRS weitgehend parallel zueinander. Der effektive Raman-Koeffizient entspricht dem Maximum für parallele Wellen $\gamma_{R,eff} = \gamma_0$. Die SRS-Schwelle nach Gl. (8.112) bleibt dadurch unverändert.
- **Große Faserlängen oder Pumpe nicht in einer Hauptachse einer PM-Faser**: Für große Faserlängen in nicht-PM-Fasern oder für eine Pumpe, die nicht linear polarisiert in eine der Hauptachsen einer PM-Faser eingekoppelt wird, reduziert sich der effektive Raman-Koeffizient wie in Kap. 8.3.8.3 beschrieben gemäß $\gamma_{R,eff} = \gamma_0/\xi$. Im Grenzfall $L \gg \Lambda_d$ oder einer Einkoppelung der Pumpe unter 45° relativ zu den Hauptachsen einer PM-Faser gilt $\xi = 2$. Die SRS-Schwelle ist dann doppelt so groß wie mit Gl. (8.112) berechnet.

Im Übergangsbereich zwischen diesen Grenzfällen stellt somit eine unbekannte Polarisationsentwicklung entlang der Faser eine erhebliche Unsicherheit bei der Bestimmung der SRS-Schwelle dar.

8.5.4.7 Einfluss von Rückreflexionen

In der Nähe der SRS-Schwelle nimmt die Kleinsignalverstärkung bei einmaligem Durchgang durch die Faser sehr große Zahlenwerte an:

$$G_{R,th} = e^{C_{R,th}} \approx 10^7, \quad {}^{\ell}G_{R,th} \approx 70 \text{ dB}. \tag{8.113}$$

Bereits kleinste Reflexionen, die sich in der Praxis oft nicht vermeiden lassen, können dann zu einer Rückkopplung der VSpRS und einem laserähnlichen Anschwingen der Raman-Streuung führen. Dadurch kann die Leistungsschwelle, ab der VSpRS in einem unerwünschten Maß auftritt, signifikant reduziert werden. Im Extremfall sehr langer Fasern reicht dazu die Rückstreuung aufgrund der Rayleigh-Streuung aus, deren Rückstreudämpfung sich bei langen Fasern an Werte um 30 dB annähert (s. Bsp. 4.3) [79].

8.5.4.8 Zusammenfassung zur SRS-Schwelle

Zusammenfassend kann die SRS-Schwelle mit Gl. (8.112) und mit dem Zahlenwert des kritischen Faktors nach Abb. 8.26 als Ergebnis der analytischen Rechnung zuverlässig theoretisch bestimmt werden, trotz der Vielzahl an Näherungen, insbesondere der Vernachlässigung des Pumpabbaus. Bei der analytischen Berechnung der Leistungen der Pump- und Stokes-Welle ist bei Annäherung an die SRS-Schwelle allerdings der Pumpabbau und die Sättigung der Verstärkung zu berücksichtigen, wie in Kap. 8.5.4.4 beschrieben. Der Ansatz einer effektiven Eingangsleistung Gl. (8.107) und effektiven Bandbreite Gl. (8.105) gilt für beide analytische Rechnungen, immer unter der Voraussetzung einer großen Raman-Verstärkung.

Numerische Simulationen der gekoppelten Leistungsgleichungen ohne spektrale Auflösung Gl. (8.86) liefern das gleiche Ergebnis bzw. die gleiche SRS-Schwelle, wenn als effektive Bandbreite diejenige aus der analytischen Näherung Gl. (8.105) verwendet wird. Spektral aufgelöste Simulationen nach Kap. 8.5.2.3 liefern fast identische Zahlenwerte für die SRS-Schwelle, korrekte Zahlenwerte der Stokes-Leistung auch bei kleiner Raman-Verstärkung und zusätzlich eine Information über die Entwicklung des Spektrums in Ausbreitungsrichtung.

Vergleicht man den Wertebereich des kritischen Faktors $C_{\mathrm{R,th}}$ in Abb. 8.26 von 14 ... 23 mit dem Standard-Literaturwert von 16 [40] oder dem Wertebereich 15 ... 17 in [18], so ergibt sich daraus eine wesentlich größere Variation der SRS-Schwelle in Abhängigkeit der Faserparameter als üblicherweise angenommen wird. Dies gilt insbesondere für kurze Faserlängen und damit einhergehend sehr großen Pumpleistungen, die seit einigen Jahren mit Hochleistungs-Faserlasern verfügbar sind. In der Praxis können sich jedoch durch im Aufbau nicht kontrollierte Polarisationsverhältnisse oder Reflexionen deutliche Abweichungen von der theoretischen SRS-Schwelle sowohl nach oben als auch nach unten ergeben.

Beispiel 8.18

In Faserlasern oder für Transportfasern von Leistungslasern werden Glasfasern mit einer Länge im Bereich von 10 m verwendet. Gleichzeitig kommen dort Fasern mit großer Modenfläche und kleinem Raman-Koeffizienten zum Einsatz, da für diese Anwendungen die SRS-Schwelle nicht überschritten werden darf, um unerwünschte spektrale Veränderungen der Laserwellenlänge zu vermeiden. Nach Abb. 8.26 ist unter diesen Bedingungen der kritische Faktor der SRS-Schwelle im Bereich $C_{\mathrm{R,th}} \approx 22$. Die SRS-Schwelle ist somit um ca. 40 % größer als mit dem üblichen Zahlenwert $C_{\mathrm{R,th}} \approx 16$ abgeschätzt. Da bei kurzen Längen in schwach doppelbrechenden Fasern nur wenig Polarisationsmodendispersion statt findet, wird diese Schwelle durch Polarisationseffekte nicht signifikant angehoben.

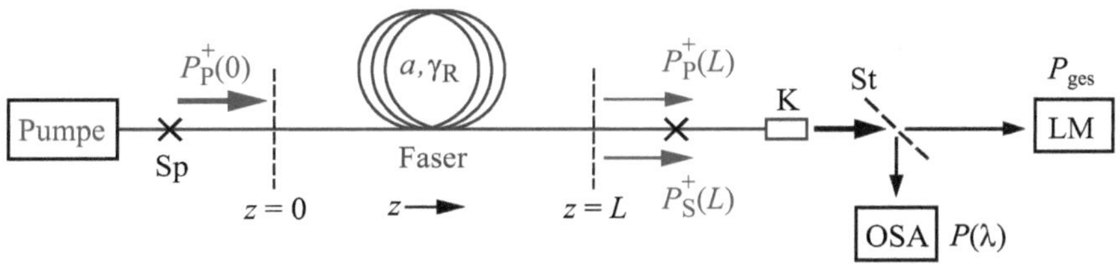

Abb. 8.28 Aufbau und Messanordnung zur Charakterisierung eines faserbasierten Raman-Superstrahlers

8.5.5 Raman-Superstrahler

Während in mit Seltenerdmetallen dotierten Faserlasern sowie in Transportfasern für Leistungslaser die VSpRS unerwünscht ist, werden sogenannte Raman-Superstrahler bewusst oberhalb der SRS-Schwelle betrieben. Bei Pumpleistungen oberhalb der SRS-Schwelle kann auch ohne eine eingestrahlte Stokes-Lichtwelle ein großer Teil der Pumpleistung auf eine Stokes-Welle übertragen werden, die durch stimuliert-verstärkte spontane Raman-Streuung entsteht. Damit können effiziente Wellenlängenkonverter von der Pump- zur Stokes-Wellenlänge realisiert werden (engl. *Raman shifter*), wobei der Wellenlängen- bzw. der Frequenzversatz durch den materialspezifischen Raman-Frequenzversatz f_R gegeben ist. Durch die stimulierte Verstärkung über große Längen im aktiven Medium hat die Emission eines Superstrahlers den gerichteten Charakter ähnlich einem Laserstrahl in Freistrahltechnik bzw. der Grundmode bei Verwendung einer Singlemodefaser. Gleichzeitig fehlen aber die Kohärenzeigenschaften und die Resonatoreigenfrequenzen eines echten Lasers. Superstrahler verbinden somit eine gute Strahlqualität und große Leistungen in einer Singlemodefaser mit einem vergleichsweise breiten Spektrum. Andere Beispiele neben einem Raman-Superstrahler sind ASE-Quellen (engl. *amplified spontaneous emission*) auf Basis Seltenerdmetall-dotierter Faserverstärker oder Superlumineszenzdioden (SLED) auf Halbleiterbasis. In Abb. 8.28 ist ein Aufbau zur Charakterisierung eines Raman-Superstrahlers dargestellt. Ein Quelle, z. B. ein Faserlaser der Wellenlänge λ_P, pumpt mit einer Leistung $P_P^+(0)$ eine Raman-Faser mit Dämpfung a, Raman-Koeffizienten γ_R und Länge L. Die Ausgangsstrahlung aus der Faser wird mit einem Kollimator (K) gebündelt und über einen Strahlteiler (St) zu einem Leistungsmesser (LM) sowie einem optischen Spektralanalysator (OSA) geführt. Mit der gemessenen Gesamtleistung P_{ges} sowie der spektralen Verteilung $P(\lambda)$ kann bei bekannter Dämpfung eventueller Spleißstellen (Sp) die restliche Pumpleistung $P_P^+(L)$ sowie die Leistung der stimuliert verstärkten Raman-Streuung $P_P^+(L)$ bei der Stokes-Wellenlänge λ_S bestimmt werden.

Als Beispiel betrachten wir einen Raman-Superstrahler auf Basis einer $L = 500\,\text{m}$ langen HI-Faser mit großer Ge-Dotierung [63]. Bei einer Pumpwellenlänge $\lambda_P = 1100\,\text{nm}$ beträgt der faserspezifische Raman-Koeffizient $\gamma_R \approx 7{,}5\,\text{W}^{-1}\text{km}^{-1}$, die Dämpfung für Pump- und Stokes-Wellenlänge beträgt ${}^{\ell}a = 2\,\text{dB/km}$.

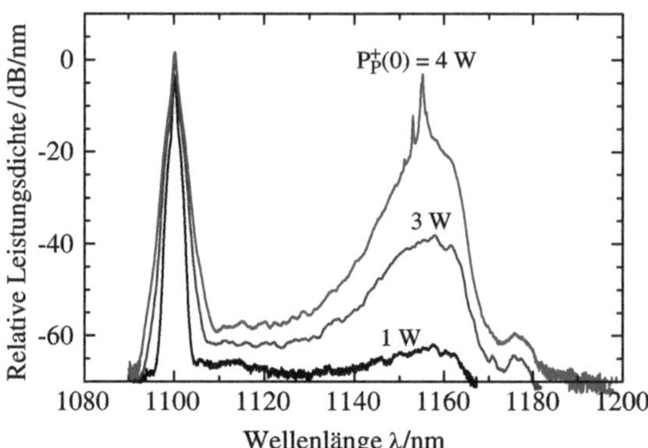

Abb. 8.29 Ausgangsspektren eines Raman-Superstrahlers mit einer 500 m langen HI-Faser [63] bei verschiedenen Pumpleistungen $P_P^+(0)$. Neben der Pumpe bei 1100 nm entsteht durch stimuliert-verstärkte Raman-Streuung eine starke Emission bei der Stokes-Wellenlänge um 1155 nm

In Abb. 8.29 sind gemessene Leistungsdichtespektren $p(f)$ für verschiedene Pumpleistungen P_0 dargestellt. Ab einer Pumpleistung von 4 W setzt verstärkte spontane Raman-Streuung ein, unter Ausbildung eines schmalen Maximums im Stokes-Spektrum. Die gesamte Leistung der Stokes-Welle ist dann vergleichbar zu restlichen Pumpleistung am Faserausgang. Im Vergleich zur theoretischen SRS-Schwelle $P_{th,R} = 4{,}8$ W setzt VSpRS hier sogar bei niedrigeren Leistungen ein, trotz des nicht mehr als stets parallel anzunehmenden Polarisationszustandes von Pump- und Stokes-Welle bei dieser Faserlänge. Dies kann durch kleine parasitäre Reflexionen im Aufbau verursacht werden, wie in Kap. 8.5.4.7 beschrieben.

8.5.6 Rauschen in Raman-Verstärkern

8.5.6.1 Analytische Lösungen der CPE

Die verstärkte spontane Raman-Streuung erzeugt in Raman-Faserverstärkern ein Rauschen, das inbesondere in Anwendungen für die optische Nachrichtentechnik störend ist. Eine Analyse dieses Rauschens basiert auf den gekoppelten Leistungsgleichungen Gl. (8.85) aus Kap. 8.5.2.1 für den Fall kleiner betrachteter optischer Bandbreiten B_{opt} eines Empfängers. Frequenzabhängige Größen wie der Raman-Koeffizient γ_R oder der Bose-Einstein-Faktor N_{BE} können innerhalb dieser Bandbreite als konstant angenommen werden. Die Stokes-Welle wird in eine Signalleistung P_S sowie in eine spektrale Leistungsdichte des Rauschen p_N getrennt. Wir betrachten dabei nur in Richtung des Empfängers laufende Signal- und Rauschwellen, die willkürlich als in $+z$-Richtung laufend gewählt werden und in der Schreibweise nicht weiter gekennzeichnet werden. Bei der Pumpwelle unterscheiden wir weiterhin zwischen den beiden Möglichkeiten eines vorwärts $(+z)$ oder rückwärts $(-z)$ gepumpten Verstärkers. Aufgrund der stets kleinen Signalleistung und dem notwendigerweise großen Abstand der Pumpleistung zu der SRS-Schwelle zur Vermeidung exzessiver VSpRS kann der Pumpabbau durch die Stokes-Wellen vernachlässigt werden. Die CPE lauten unter diesen Bedingungen

$$\frac{\mathrm{d}P_{\mathrm{P}}^{\pm}}{\mathrm{d}z} = \mp a_{\mathrm{P}} P_{\mathrm{P}}^{\pm}, \tag{8.114a}$$

$$\frac{\mathrm{d}P_{\mathrm{S}}}{\mathrm{d}z} = -a_{\mathrm{S}} P_{\mathrm{S}} + \gamma_{\mathrm{R}} (P_{\mathrm{P}}^{+} + P_{\mathrm{P}}^{-}) P_{\mathrm{S}}, \tag{8.114b}$$

$$\frac{\mathrm{d}p_{\mathrm{N}}}{\mathrm{d}z} = -a_{\mathrm{S}} p_{\mathrm{N}} + \gamma_{\mathrm{R}} (P_{\mathrm{P}}^{+} + P_{\mathrm{P}}^{-}) p_{\mathrm{N}} + \gamma_{\mathrm{R}}\, h f_{\mathrm{S}} (1 + N_{\mathrm{BE}}) (P_{\mathrm{P}}^{+} + P_{\mathrm{P}}^{-}). \tag{8.114c}$$

Durch Vernachlässigung des Pumpabbaus (engl. *undepleted pump approximation*) sind die Differentialgleichungen der Pumpen von den Stokes-Wellen entkoppelt und haben die Lösung

$$P_{\mathrm{P}}^{\pm}(z) = P_{\mathrm{P0}}^{\pm}\, \mathrm{e}^{\mp a z}, \tag{8.115}$$

mit den Pumpleistungen $P_{\mathrm{P0}}^{+} = P_{\mathrm{P}}^{+}(0)$ der Vorwärtspumpe am Fasereingang bei $z = 0$ sowie $P_{\mathrm{P0}}^{-} = P_{\mathrm{P}}^{-}(L)$ der Rückwärtspumpe am Faserausgang bei $z = L$.

Die Leistung der Signalwelle am Faserausgang bei gegebener Eingangsleistung P_{S0} ergibt sich nach Gl. (8.69) zu

$$P_{\mathrm{S}}(L) = P_{\mathrm{S0}}\, G, \tag{8.116}$$

mit dem Nettogewinn

$$G = \mathrm{e}^{-a_{\mathrm{S}} L}\, \mathrm{e}^{\gamma_{\mathrm{R}} (P_{\mathrm{P0}}^{+} + P_{\mathrm{P0}}^{-}) L_{\mathrm{eff}}}. \tag{8.117}$$

Zur Bestimmung der Rauschleistungsdichte am Ausgang $p_{\mathrm{N}}(L)$ betrachten wir die Fälle der Vor- und Rückwärtspumpe getrennt. Setzt man die Lösung der Vorwärtspumpe aus Gl. (8.115) in Gl. (8.114c) ein, so kann diese Differentialgleichung unter Annahme gleicher Dämpfung $a = a_{\mathrm{P}} = a_{\mathrm{S}}$ nach [80] analytisch gelöst werden:

$$\begin{aligned} p_{\mathrm{Nv}}(L) = {} & \gamma_{\mathrm{R}}\, h f_{\mathrm{S}} (1 + N_{\mathrm{BE}}) P_{\mathrm{P0}}^{+} \exp\left(-aL - \frac{\gamma_{\mathrm{R}} P_{\mathrm{P0}}^{+}}{a} \mathrm{e}^{-aL}\right) \\ & \cdot \left\{ \mathrm{Ei}\left(\frac{\gamma_{\mathrm{R}} P_{\mathrm{P0}}^{+}}{a}\right) - \mathrm{Ei}\left(\frac{\gamma_{\mathrm{R}} P_{\mathrm{P0}}^{+}}{a} \mathrm{e}^{-aL}\right) \right\}, \end{aligned} \tag{8.118}$$

mit der Integralexponentialfunktion $\mathrm{Ei}(x)$ [81, 82]. Für große Verstärkungen G geht Gl. (8.118) unter Berücksichtigung der asymptotischen Eigenschaften der Integralexponentialfunktion $\mathrm{Ei}(x) \approx \mathrm{e}^{x}/x$ in Gl. (8.98) über, die bei der Herleitung der SRS-Schwelle verwendet wurde.

Für rückwärts gepumpte Verstärker existiert nach [83] eine analytische Lösung auch für verschiedene Dämpfungen $a_\mathrm{P} \neq a_\mathrm{S}$ für Pump- und Signalwelle:

$$p_\mathrm{Nr}(L) = hf_\mathrm{S}(1+N_\mathrm{BE})\left(\frac{a_\mathrm{P}}{\gamma_\mathrm{R} P_\mathrm{P0}^-}\right)^{\frac{a_\mathrm{S}}{a_\mathrm{P}}} \exp\left(\frac{\gamma_\mathrm{R} P_\mathrm{P0}^-}{a_\mathrm{P}}\right) \Gamma\left(1+\frac{a_\mathrm{S}}{a_\mathrm{P}}\right) \cdot \left\{\Gamma_\mathrm{u}\left(1+\frac{a_\mathrm{S}}{a_\mathrm{P}}, \frac{\gamma_\mathrm{R} P_\mathrm{P0}^-}{a_\mathrm{P}}\right) - \Gamma_\mathrm{u}\left(1+\frac{a_\mathrm{S}}{a_\mathrm{P}}, \frac{\gamma_\mathrm{R} P_\mathrm{P0}^-}{a_\mathrm{P}} \mathrm{e}^{-aL}\right)\right\}, \tag{8.119}$$

mit der Gamma-Funktion $\Gamma(x)$ und der unvollständigen Gamma-Funktion $\Gamma_\mathrm{u}(a,x)$ [81]. Werden gleiche Dämpfungen $a = a_\mathrm{P} = a_\mathrm{S}$ für Pump- und Stokes-Welle angenommen, so ergibt sich folgende einfachere Gleichung [83]:

$$p_\mathrm{Nr}(L) = hf_\mathrm{S}(1+N_\mathrm{BE})\left\{\left(1+\frac{a_\mathrm{P}}{\gamma_\mathrm{R} P_\mathrm{P0}^-}\mathrm{e}^{aL}\right) G - \left(1+\frac{a_\mathrm{P}}{\gamma_\mathrm{R} P_\mathrm{P0}^-}\right)\right\}. \tag{8.120}$$

Damit sind die Signal- und Rauschleistungen innerhalb einer optischen Bandbreite B_opt am Ausgang eines Raman-Verstärkers bestimmt.

8.5.6.2 Rauschzahl eines Raman-Faserverstärkers

Die Rauschzahl eines optischen Verstärkers wird analog wie bei elektrischen Verstärkern als das Verhältnis der Signal-Rausch-Verhältnisse (engl. *signal-to-noise ratio*, *SNR*) am Eingang und Ausgang des Verstärkers definiert [84]:

$$F = \frac{SNR_\mathrm{e}}{SNR_\mathrm{a}}. \tag{8.121}$$

Wünschenswert ist dabei eine kleine Rauschzahl.

Exkurs 8.12
Es ist aufgrund der in [76] getroffenen Konventionen üblich, die Signal-Rausch-Verhältnisse und damit die Rauschzahl nicht auf der optischen Seite, sondern nach Detektion durch einen idealen Photodetektor auf der elektrischen Seite zu definieren. Auf die daraus resultierenden Konsequenzen wird im weiteren Text hingewiesen. Die eigentlich näher liegende Definition eines *SNR* auf der optischen Seite, wie in [85] beschrieben, wird selten verwendet.

Als Referenz SNR_e für die Rauschzahl wird das Verhältnis der elektrischen Signalleistung zur Rauschleistung im Photostrom einer idealen Photodiode verwendet, auf die eine unverstärkte und rauschfreie mittlere Signal-Lichtleistung P_S0 trifft (Abb. 8.30):

$$SNR_\mathrm{e} = \frac{I_\mathrm{PD,0}^2}{\overline{i_\mathrm{S}^2}} = \frac{(P_\mathrm{S0}\mathcal{R})^2}{\overline{i_\mathrm{S}^2}} = \frac{P_\mathrm{S0}\mathcal{R}}{2q\,B_\mathrm{el}}. \tag{8.122}$$

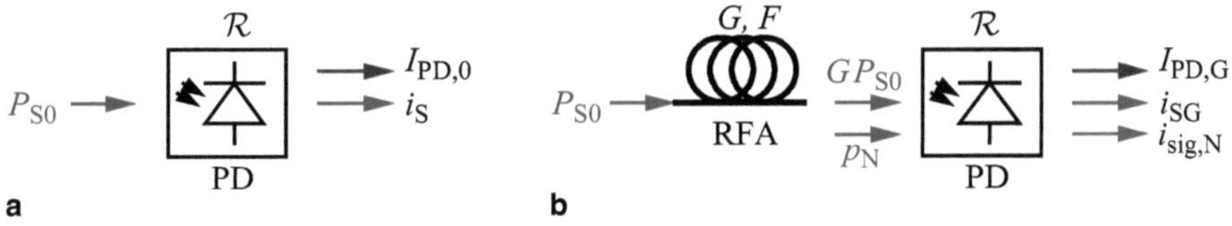

Abb. 8.30 Optische und elektrische Größen zur Definition des Signal-Rauschverhältnisses bei der Detektion mit einer Photodiode (PD) mit Empfindlichkeit $\mathcal{R}$. **a**) Idealer Photodetektor; **b**) Detektion nach einem Raman-Faserverstärker (RFA) mit Gewinn G und Rauschzahl F

Darin ist $I_{\mathrm{PD},0} = P_{\mathrm{S}0}\mathcal{R}$ der mittlere Photodiodenstrom und $i_{\mathrm{S}}^2 = 2q\, I_{\mathrm{PD},0}\, B_{\mathrm{el}}$ das Leistungsäquivalent des Schrotrauschens (engl. *shot noise*) im Photostrom. Dieses resultiert aus der Quantisierung des Stroms im pn-Übergang der Photodiode in Ladungsträger der Elementarladung q. B_{el} ist die elektrische Bandbreite des Photodetektors (Photodiode mit Beschaltung), die in der Regel kleiner als die optische Bandbreite B_{opt} ist und somit die hier bestimmende Bandbreite für das Rauschen ist. Die Empfindlichkeit der Photodiode $\mathcal{R}$ (engl. *responsivity*) ist gegeben durch

$$\mathcal{R} = \frac{\eta_{\mathrm{q}}\, q}{h f_{\mathrm{S}}}, \tag{8.123}$$

wobei in einer idealen Photodiode für den Quantenwirkungsgrad $\eta_{\mathrm{q}} = 1$ gilt. Eingesetzt in Gl. (8.122) ergibt sich damit das SNR eines idealen Photodetektors

$$SNR_{\mathrm{e}} = \frac{P_{\mathrm{S}0}}{2 h f_{\mathrm{S}}\, B_{\mathrm{el}}}. \tag{8.124}$$

Nach Netto-Verstärkung mit Faktor G durch einen Raman-Faserverstärker ergibt sich folgendes SNR nach Photodetektion (Abb. 8.30):

$$SNR_{\mathrm{a}} = \frac{(G\, P_{\mathrm{S}0}\mathcal{R})^2}{i_{\mathrm{SG}}^2 + i_{\mathrm{sig,N}}}. \tag{8.125}$$

Darin ist i_{SG} das Schrotrauschen bei der Detektion der verstärkten Signalleistung

$$i_{\mathrm{SG}}^2 = 2q\, G P_{\mathrm{S}0} \mathcal{R}\, B_{\mathrm{el}}. \tag{8.126}$$

$i_{\mathrm{sig,N}}$ ist der Rauschbeitrag des Mischprodukts aus der verstärkten Signalwelle $GP_{\mathrm{S}0}$ mit dem Rauschen der verstärkten spontanen Raman-Streuung p_{N} am Ausgang (engl. *signal-spontaneous beat noise*) [76, 86]:

$$i_{\mathrm{sig,N}}^2 = 4\mathcal{R}^2\, G\, P_{\mathrm{S}0} p_{\mathrm{N}}\, B_{\mathrm{el}}. \tag{8.127}$$

Dabei wurde in Gl. (8.125) der Rauschbeitrag des Mischproduktes der spontanen Raman-Streuung mit sich selbst $i_{\mathrm{N,N}}$ vernachlässigt, da dieser Beitrag bei ausreichend großer Signalleistung klein ist [84]. Nur mit dieser Näherung wird die daraus resultierende Rauschzahl leistungsunabhängig und kann sinnvoll in der Kaskaden-Formel Gl. (8.132) für eine

Kette von Komponenten verwendet werden. Damit ergibt sich das SNR am Ausgang eines Raman-Faserverstärkers nach Detektion mit einer idealen Photodiode zu

$$SNR_\mathrm{a} = \frac{G\,P_{\mathrm{S0}}}{2hf_\mathrm{S}\,B_\mathrm{el} + 4\,p_\mathrm{N}\,B_\mathrm{el}}. \tag{8.128}$$

Einsetzen der bisherigen Ergebnisse in Gl. (8.121) liefert die Rauschzahl eines Raman-Faserverstärkers

$$F = \frac{1}{G} + \frac{2\,p_\mathrm{N}}{hf_\mathrm{S}G}. \tag{8.129}$$

Für die Rauschleistungsdichte p_N der verstärkten spontanen Emission müssen die entsprechenden Zahlenwerte für vor- oder rückwärts gepumpte Verstärker nach Gl. (8.118) oder Gl. (8.120) eingesetzt werden. Die Rauschzahl kann dabei gegen eins gehen, im trivialen Grenzfall einer sehr kurzen Faser mit kleiner Dämpfung und verschwindender Raman-Verstärkung. Für sinnvolle Betriebszustände wird die Rauschzahl umso kleiner, je kleiner die Faserdämpfung a und je größer der Netto-Gewinn G ist. Im Grenzfall verschwindender Faserdämpfung und großer Verstärkung gilt für die Rauschleistungsdichte

$$p_\mathrm{N} \approx hf_\mathrm{S}(1 + N_\mathrm{BE})\,G, \tag{8.130}$$

und die minimal mögliche Rauschzahl eines Raman-Faserverstärkers wird zu

$$F_\mathrm{min} = 2\,(1 + N_\mathrm{BE}). \tag{8.131}$$

Im Bereich des Maximums des Raman-Koeffizienten bei einem Frequenzabstand zwischen Pumpe und Signal-Stokes-Welle von $\Delta f \approx 13\,\mathrm{THz}$ ist der Bose-Einstein-Faktor nach Gl. (8.7) bei Raumtemperatur mit $N_\mathrm{BE} = 0{,}13$ deutlich kleiner als eins. Es ergibt sich somit eine minimale Rauschzahl von $F_\mathrm{min} \approx 2$ und entsprechend ${}^{\ell}F_\mathrm{min} \approx 3\,\mathrm{dB}$. Dies entspricht der minimal möglichen Rauschzahl eines idealen, vollständig invertierten EDFAs [76] beziehungsweise allgemein von nicht-phasensensitiven optischen Verstärkern. Neben den hier besprochenen Rauschquellen gibt es weitere Einflüsse wie Interferenz durch Mehrwegeausbreitung, insbesondere durch doppelte Rayleigh-Streuung. Eine Übersicht dazu ist in [70] zu finden.

Exkurs 8.13

Eine zahlenmäßige Überprüfung der Näherung in Gl. (8.130) zeigt, dass diese nur dann gilt, wenn für die Länge des Fasersegmentes $L \ll 1/a$ gilt. Dann sind mit üblichen Fasern aber sehr hohe Pumpleistungen erforderlich, um eine signifikante Raman-Verstärkung zu erzielen. Der Grenzwert ${}^{\ell}F_\mathrm{min} \approx 3\,\mathrm{dB}$ ist daher in der Praxis kaum erreichbar.

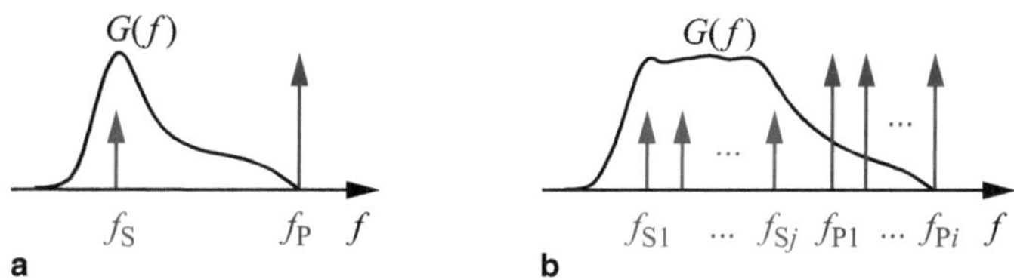

Abb. 8.31 Raman-Verstärker mit nur einer Pumpe (**a**) sowie mehreren Pumpen (**b**), um einen breiteren Bereich der Verstärkung $G(f)$ zu erzielen

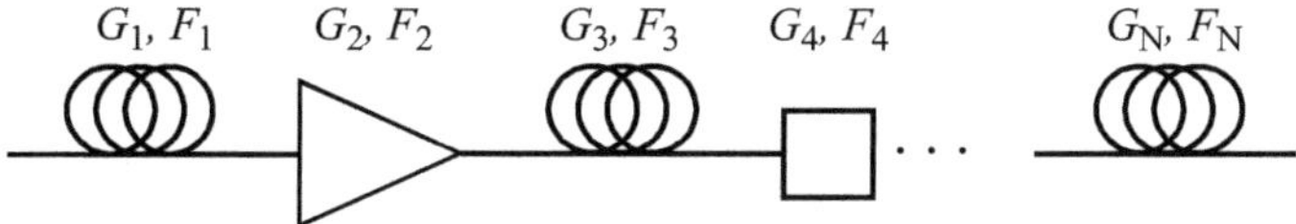

Abb. 8.32 Kette aus N faseroptischen Elementen mit Netto-Gewinn G_i und Rauschzahl F_i, zur Definition der Kaskaden-Formel der Rauschzahl Gl. (8.132). Die Fasersegmente können sowohl passiv als auch aktiv durch verteilte Raman-Verstärkung sein. Die dazwischen geschaltenen Elemente können optische Verstärker (EDFA, Raman, Halbleiter) oder passive Elemente (z. B. Koppler, Steckverbinder, Dispersionskompensation) sein

Ist der Frequenzabstand von Pump- und Signalwelle deutlich kleiner als $\Delta f \approx 13\,\text{THz}$, so nimmt der Bose-Einstein-Faktor größere Zahlenwerte an, die nicht mehr vernachlässigt werden können. Die minimal mögliche Rauschzahl eines idealen Raman-Faserverstärkers und Detektors steigt dann an. Problematisch ist das in Konfigurationen, bei denen mehrere Pumpfrequenzen verwendet werden, um Signal-Stokes-Wellen in einem breiten Spektralbereich zu verstärken (Abb. 8.31). Die Pumpwelle mit der kleinsten Frequenz f_{P1} beeinträchtigt dann z. B. das Signal-Rauschverhältnis der Signalwelle mit der größten Frequenz $f_{\text{S}j}$ ungünstig. Dies setzt Grenzen bei der gleichzeitigen Optimierung der Bandbreite von Raman-Verstärkern und der minimal möglichen Rauschzahl [19].

Beispiel 8.19

Beträgt der Abstand zwischen Pumpe und Signal-Stokes-Welle nur $\Delta f = 2\,\text{THz}$, so ist $N_{\text{BE}} = 2{,}61$ (s. a. Bsp. 8.13). Daraus würde eine theoretische minimale Rauschzahl ${}^{\ell}F_{\text{min}} = 8{,}6\,\text{dB}$ resultieren, wenn nur diese eine Pumpe vorhanden wäre.

Die besondere praktische Bedeutung der Rauschzahl F ist, das mit ihr und einer aus der Hochfrequenztechnik bekannten Formel die Gesamtrauschzahl einer Kette von N Komponenten wie in Abb. 8.32 dargestellt bestimmt werden kann [87]:

$$F_{\text{g}} = F_1 + \frac{F_2 - 1}{G_1} + \frac{F_3 - 1}{G_1 G_2} + \ldots + \frac{F_N - 1}{G_1 G_2 \ldots G_{N-1}}. \tag{8.132}$$

Abb. 8.33 Ein Raman-Faserverstärker (RFA) mit Gewinn G_R und Rauschzahl F_R kann alternativ als Kettenschaltung der ungepumpten passiven Faser mit G_f und F_f sowie einem nachgeschaltetem virtuellen Verstärker mit Gewinn G_eff und effektiver Rauschzahl F_eff dargestellt werden

Diese Kaskaden-Formel gilt jedoch nur, wenn unter Vernachlässigung des Mischproduktes der spontanen Raman-Streuung mit sich selbst $i_\mathrm{N,N}$ die Rauschzahl gemäß Gl. (8.129) leistungsunabhängig wird. Bei der Definition von SNR und Rauschzahl auf der optischen Seite entsteht dieses Problem nicht. Eine weitere Diskussion der Rauschzahl erfolgt z. B. in [84, 88].

8.5.6.3 Rauschzahl eines verteilten Raman-Faserverstärkers

Ein passives Fasersegment der Länge L mit Dämpfungsbelag a hat einen Netto-„Gewinn“ $G_\mathrm{f} = \mathrm{e}^{-aL} < 1$. Die entsprechende Rauschzahl einer passiven Komponente ist $F_\mathrm{f} = 1/G_\mathrm{f} > 1$. Dies kann verwendet werden, um eine effektive Rauschzahl eines verteilten Raman-Faserverstärkers zu definieren. Dazu betrachten wir ein Fasersegment, dass durch Einkoppeln einer Pumpwelle einen Nettogewinn G_R und eine Rauschzahl F_R besitzt. Der Gewinn kann dabei auch kleiner als 1 sein, wenn das Fasersegment nicht vollständig entdämpft wurde. Ersatzweise kann diese Anordnung als passives Fasersegment mit nachgeschaltetem Verstärker mit Gewinn $G_\mathrm{eff} = G_\mathrm{R}/G_\mathrm{f}$ und effektiver Rauschzahl F_eff betrachtet werden (Abb. 8.33). Damit die Rauschzahlen beider Anordnungen gleich ist, muss gelten:

$$F_\mathrm{R} = F_\mathrm{f} + \frac{F_\mathrm{eff} - 1}{G_\mathrm{f}}. \tag{8.133}$$

Daraus folgt für die effektive Rauschzahl:

$$F_\mathrm{eff} = G_\mathrm{f} F_\mathrm{R}. \tag{8.134}$$

Die effektive Rauschzahl F_eff kann auch kleiner als 1 sein, für den entsprechenden logarithmischen Wert ${}^{\ell}F_\mathrm{eff}$ ergeben sich dann negative Zahlenwerte. Dies drückt die Verbesserung des Signal-Rauschverhältnisses durch einen Raman-Faserverstärker vor der Detektion aus. Ein weiterer Vorteil der optischen Verstärkung vor der Detektion ist, dass damit der Einfluss des thermischen Rauschens eines realen Photodetektors reduziert wird. Eine weitere ausführliche Diskussion des Rauschens in optischen Übertragungssystemen erfolgt z. B. in [89].

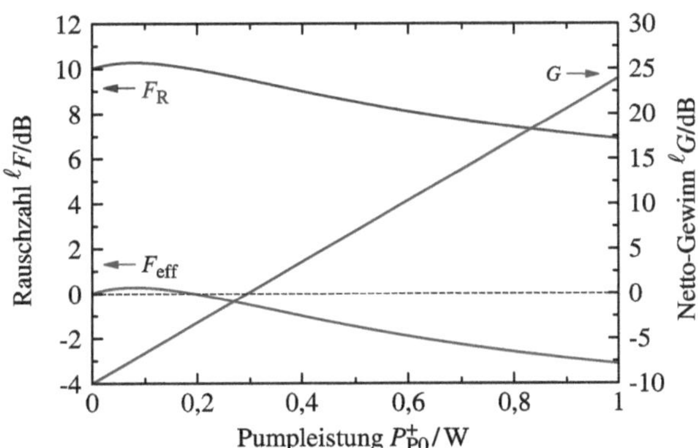

Abb. 8.34 Rauschzahl eines Raman-Faserverstärkers F_{R}, dessen effektive Rauschzahl F_{eff} im Vergleich zu der passiven Faser und Netto-Gewinn G in Abhängigkeit der Pumpleistung mit Parametern aus Bsp. 8.20

Beispiel 8.20

Wir betrachten ein Fasersegment der Länge $L = 50\,\text{km}$ einer Standardfaser mit Dämpfung $^{\ell}a = 0{,}2\,\text{dB/km}$ und einem Raman-Koeffizienten im unpolarisiertem Fall von $\gamma_{\text{R}} = 0{,}4\,\text{W}^{-1}\text{km}^{-1}$ bei einer Pumpwellenlänge von $\lambda_{\text{P}} = 1450\,\text{nm}$ und einer Stokes-Wellenlänge $\lambda_{\text{S}} = 1550\,\text{nm}$. Damit ergibt sich im ungepumpten passiven Zustand eine als Gewinn ausgedrückte Dämpfung von $G_{\text{f}} = 0{,}1$ bzw. $^{\ell}G_{\text{f}} = -10\,\text{dB}$ sowie eine Rauschzahl $F_{\text{f}} = 10$ bzw. $^{\ell}F_{\text{f}} = 10\,\text{dB}$. Bei einer Pumpleistung $P^{-}_{\text{P0}} = 1\,\text{W}$ in Rückwärtsrichtung ergibt sich eine Netto-Verstärkung $G_{\text{R}} = 248$ bzw. $^{\ell}G_{\text{R}} = 24\,\text{dB}$. Die Rauschleistungsdichte der verstärkten spontanen Raman-Streuung am Ausgang beträgt bei Raumtemperatur $p_{\text{N}} = 77{,}4\,\mu\text{W/THz}$. Die Rauschzahl dieses Raman-Faserverstärkers ist $F_{\text{R}} = 4{,}87$ oder $^{\ell}F_{\text{R}} = 6{,}9\,\text{dB}$. Die effektive Rauschzahl berechnet sich schließlich zu $F_{\text{eff}} = 0{,}487$ bzw. $^{\ell}F_{\text{eff}} = -3{,}1\,\text{dB}$. Durch Raman-Verstärkung wird in diesem Beispiel das SNR nach Photodetektion um den Faktor 2 verbessert. Die Abhängigkeit dieser Größen von der Pumpleistung P_{P0} ist in Abb. 8.34 dargestellt.

8.5.7 Kaskadierte Raman-Streuung

Bei großen Leistungen der Stokes-Welle erster Ordnung wird diese selbst zur Pumpe für eine weitere Stokes-Welle höherer Ordnung. Diese Stokes-Welle zweiter Ordnung ist dann gegenüber der Stokes-Welle erster Ordnung um den typischen Frequenzversatz der SRS f_{R} verschoben und kann aus dem Rauschen der SpRS entstehen. Mehrfach fortgesetzt kann so eine Kaskade an höheren Stokes-Ordnungen $i = 1 \ldots n$ bei Frequenzen $f_i = f_{\text{P}} - i f_{\text{R}}$ entstehen. Die gekoppelten Leistungsgleichungen für diesen kaskadierten Fall ergeben mit den Rauschleistungen der SpRS pro Längenelement dz

$$P'_{\text{r},i} = \gamma_i h f_i B(1 + N_{\text{BE}}(\Delta f))(P^{+}_{i-1} + P^{-}_{i-1}) = R_{\text{sp},i}(P^{+}_{i-1} + P^{-}_{i-1}) \tag{8.135}$$

und mit den Dämpfungs- sowie Raman-Koeffizienten

$$a_i = a(f_i), \qquad \gamma_i = \gamma_{\text{R}}(f_{i-1}, f_i) \tag{8.136}$$

das folgende Gleichungssystem:

$$\frac{\mathrm{d}P_{\mathrm{P}}^{\pm}}{\mathrm{d}z} = \mp a_{\mathrm{P}} P_{\mathrm{P}}^{\pm} \mp \gamma_1 \frac{f_{\mathrm{P}}}{f_1} P_{\mathrm{P}}^{\pm} \left(P_1^+ + P_1^-\right), \tag{8.137a}$$

$$\frac{\mathrm{d}P_1^{\pm}}{\mathrm{d}z} = \mp a_1 P_1^{\pm} \pm \gamma_1 \left(P_{\mathrm{P}}^+ + P_{\mathrm{P}}^-\right) P_1^{\pm} \mp \gamma_2 \frac{f_1}{f_2} P_1^{\pm} \left(P_2^+ + P_2^-\right) \pm P'_{\mathrm{r},1}, \tag{8.137b}$$

$\ldots,$

$$\begin{aligned} \frac{\mathrm{d}P_i^{\pm}}{\mathrm{d}z} &= \overbrace{\mp a_i P_i^{\pm}}^{\text{Abs.}} \overbrace{\pm \gamma_i \left(P_{i-1}^+ + P_{i-1}^-\right) P_i^{\pm}}^{\text{Gepumpt von } (i-1)} \\ &\quad \underbrace{\mp \gamma_{i+1} \frac{f_i}{f_{i+1}} P_i^{\pm} \left(P_{i+1}^+ + P_{i+1}^-\right)}_{\text{Pumpe für } (i+1)} \underbrace{\pm P'_{\mathrm{r},i}}_{\text{Rauschen}}, \end{aligned} \tag{8.137c}$$

$\ldots,$

$$\frac{\mathrm{d}P_n^{\pm}}{\mathrm{d}z} = \mp a_n P_n^{\pm} \pm \gamma_n \left(P_{n-1}^+ + P_{n-1}^-\right) P_n^{\pm} \pm P'_{\mathrm{r},n}, \tag{8.137d}$$

Das Gleichungssystem Gl. (8.137) kann auch in Matrixform geschrieben werden. Es stellt einen Sonderfall der allgemeinen CPE Gl. (8.87) dar, wobei in den Matrizen der Raman-Koeffizienten sowie der Rauschkoeffizienten nur Elemente der Nebendiagonalen ungleich null sind, da nur die Verkopplung benachbarter Teilwellen, in diesem Fall verschiedener Stokes-Ordnungen, berücksichtigt werden.

In dieser Form können die CPE verwendet werden, um z. B. bei einem Raman-Faserverstärker oder Raman-Faserlaser das Auftreten einer meist unerwünschten zweiten Stokes-Ordnung zu berechnen. Soll kaskadierte Raman-Streuung gezielt ausgenutzt werden, kann auch diese mit Gl. (8.137) berechnet werden. Dabei ist in Glasfasern zu beachten, dass durch die große Breite des Raman-Spektrums die verstärkte SpRS einer Stokes-Ordnung i stets eine größere Bandbreite besitzt als die entsprechende Pumpe der Stokes-Ordnung $i-1$. Der Grund dafür ist, dass das effektive Verstärkungsspektrum einer Ordnung i sich durch Faltung des Pumpleistungsdichtespektrums der Ordnung $i-1$ mit dem Raman-Koeffizienten der der Ordnung i ergibt. Dadurch nimmt die Effizienz der VSpRS mit jedem Schritt ab, da weniger Pumpleistung innerhalb des Maximums des Raman-Koeffizienten zur Verfügung steht. Die CPE Gl. (8.137) berücksichtigen diesen Effekt nicht. Für eine Modellierung dieses spektralen Effektes kann ein spektral aufgelöster Ansatz mit den allgemeinen CPE nach Gl. (8.87) und einer großen simulierten Bandbreite über mehrere Stokes-Ordnungen verwendet werden.

8.6 Beispiel für einen Raman-Leistungsverstärker

Als ein Beispiel betrachten wir einen Raman-Leistungsverstärker mit einer experimentellen Glasfaser vom Typ PM-HNLF [66]. Dabei handelt es sich um eine hochnichtlineare polarisationserhaltende (PM) Faser mit elliptischen Kern nach Abb. 4.15 d mit einem Brechzahlunterschied $\Delta n = 2{,}8 \cdot 10^{-4}$ zwischen langsamer und schneller Achse. Die Faser hat durch eine Ge-Dotierung von ca. 20 % sowie einer kleinen Modenfläche von 5,5 μm^2 bei einer Wellenlänge von 1100 nm eine große Raman-Verstärkung. Diese wurde messtechnisch mit einem Aufbau und mit Definitionen nach Abb. 8.16 bestimmt. Die Faserlänge betrug hierbei 120 m. Mit einem Dämpfungsbelag von $a = 2$ dB/km ergibt sich eine effektive Länge von $L_{\text{eff}} = 117$ m. Als Pumplichtquelle wurde ein Ytterbium-Faserlaser bei einer Wellenlänge von $\lambda_{\text{P}} = 1100$ nm und einer Leistung $P_{\text{P}}^{+}(0) = 1{,}1$ W verwendet. Ein HeNe-Laser mit einer Wellenlänge $\lambda_{\text{S}} = 1152$ nm kam als zu verstärkende Lichtquelle zum Einsatz, da dessen Wellenlänge sehr nahe am Maximum der Raman-Verstärkung bei der gegebenen Pumpwellenlänge liegt. Die eingekoppelte Stokes-Leistung $P_{\text{S}}^{+}(0) \approx 5\ \mu$W war ausreichend klein, um Kleinsignalbedingungen zu gewährleisten. Durch einen Vergleich der Stokes-Ausgangsleistung mit und ohne Pumpe nach Gl. (8.72) wurde experimentell ein Raman-Koeffizient von $\gamma_{\text{R}} = 15{,}4\ \text{W}^{-1}\text{km}^{-1}$ für kopolarisierte Pump- und Stokes-Wellen bestimmt.

Zur Demonstration der Raman-Leistungsverstärkung sowie der kaskadierten Raman-Streuung wurde in diese Testfaser eine Stokes-Wellenlänge $\lambda_{\text{S1}} = 1156$ nm mit einer Leistung $P_{\text{S}}^{+}(0) = 0{,}93$ W eingekoppelt. Die Pumpleistung betrug $P_{\text{P}}^{+}(0) = 4{,}1$ W bei $\lambda_{\text{P}} = 1100$ nm. Bei Kopolarisation wurde eine maximale Stokes-Ausgangsleistung $P_{\text{S}}^{+}(L) = 4{,}6$ W erzielt. Als Konversionseffizienz eines Raman-Leistungsverstärkers definieren wir das Verhältnis des Leistungszuwachses der Stokes-Welle zur Pumpleistung am Eingang

$$\eta_{\text{R}} = \frac{P_{\text{S1}}^{+}(L) - P_{\text{S1}}^{+}(0)}{P_{\text{P}}^{+}(0)}, \tag{8.138}$$

die im Beispiel $\eta_{\text{R}} = 77$ % beträgt. Ein Großteil der Pumpleistung ist somit auf die Stokes-Welle übertragen worden. Die restliche Pumpleistung am Ausgang betrug $P_{\text{P}}^{+}(L) = 0{,}2$ W. Zusätzlich wurde durch VSpSR bei der 2. Stokes-Ordnung bei $\lambda_{\text{P}} = 1217$ nm eine Leistung von $P_{\text{S2}}^{+}(L) = 0{,}34$ W beobachtet.

Abbildung 8.35 zeigt ein Ausgangsspektrum des Raman-Leistungsverstärkers, gemessen mit einem optischen Spektralanalysator (OSA) mit einer Auflösungsbandbreite *RBW* = 0,1 nm. Dominiert wird das Spektrum von der ersten Stokes-Ordnung S1, die deutlich leistungsstärker als der Rest der Pumpe ist. Durch kaskadierte VSpRS entstehen weitere Stokes-Ordnungen S2, S3 und S4, die mit zunehmender Ordnung immer stärker verbreitert sind und in der Leistung deutlich abnehmen. Dieser Raman-Verstärker wird somit noch unterhalb der SRS-Schwelle der höheren Stokes-Ordnungen betrieben. Bei $\lambda_{\text{AS}} = 1050$ nm wird eine schwache Antistokes-Welle beobachtet. Diese resultiert aus der spontanen Antistokes-Raman-Streuung, die durch SRS aber stark gedämpft wird und Leistung zugunsten der Pumpe verliert. Zusätzlich kommt bei dieser Wellenlänge ein Beitrag

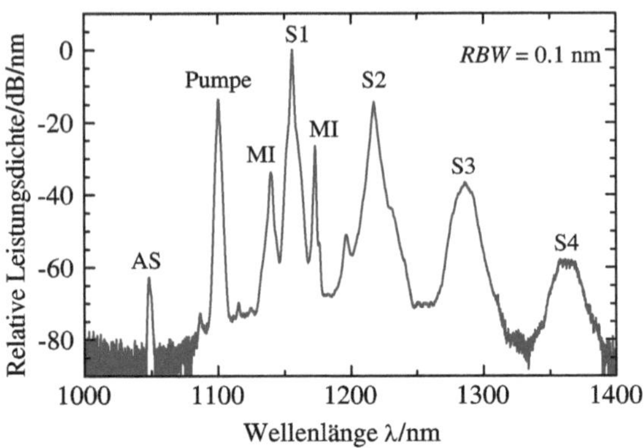

Abb. 8.35 Kaskadierte Raman-Streuung in einem Raman-Leistungsverstärker bis zur 4. Stokes-Ordnung. Neben der ersten Stokes-Ordnung bei 1154 nm sind zwei Seitenbänder durch vektorielle Modulationsinstabilität (MI) zu erkennen

durch entartete Vierwellenmischung (FWM) zwischen Pumpe und erster Stokes-Ordnung hinzu.

Auffallend sind zwei Seitenbänder um die Stokes-Ordnung S1, die nur dann zu beobachten waren, wenn die Pump- und Stokes-Welle wie im gezeigten Spektrum nicht nur in die langsame Achse der PM-Faser, sondern gleichzeitig in beide Achsen eingekoppelt wurden. Dann ist eine Phasenanpassung der vektoriellen Modulationsinstabilität (MI) möglich, wie in Kap. 7.4.2 beschrieben. Der gemessene Frequenzversatz der Seitenbänder $\Omega = 2\pi\, 3{,}8$ THz passt gut zum theoretischen Wert nach Gl. (7.60), der sich aus der Doppelbrechung der Faser $\Delta n = 2,8 \cdot 10^{-4}$ und einem GVD-Parameter von $\beta_2 \approx 40\,\mathrm{ps}^2/\mathrm{km}$ ergibt. Alternativ kann dies auch als parametrische Verstärkung oder FWM bezeichnet werden, die nach Kap. 7.3.2.3 durch Doppelbrechung phasenangepasst wird. Bei beiden Betrachtungsweisen wird Rauschen der spontanen Raman-Streuung der Stokes-Welle S1, das zu beiden Seiten von S1 im Spektrum entsteht, durch MI oder FWM verstärkt. Die Asymmetrie der Leistungen von oberen und unterem Seitenband resultiert aus den Unterschieden der Stokes- und Antistokes-Welle bezüglich spontaner und stimulierter Raman-Streuung.

Literatur

1. A. Smekal, Zur Quantentheorie der Dispersion. Naturwissenschaften **11**(43), 873–875 (1923)
2. C. Raman, A new radiation. Indian J. Phys. **2**, 387–398 (1928)
3. C. Raman, K. Krishnan, A new type of secondary radiation. Nature **121**, 501–502 (1928)
4. G. Landsberg, L. Mandelstam, Eine neue Erscheinung bei der Lichtzerstreuung in Krystallen. Naturwissenschaften **16**(28), 557–558 (1928)
5. I.L. Fabelinskii, The discovery of combination scattering of light in Russia and India. Phys. Usp. **46**(10), 1105 (2003)
6. *Nobel Lectures Physics, 1922–1941*. (Elsevier, Amsterdam, 1965)
7. R.H. Stolen, E.P. Ippen, A.R. Tynes, Raman oscillation in glass optical waveguide. Appl. Phys. Lett. **20**(2), 62–64 (1972)

8. R. Smith, Optical power handling capacity of low loss optical fibers as determined by stimulated Raman and Brillouin scattering. Appl. Opt. **11**(11), 2489–2494 (1972)
9. G. Placzek, Rayleigh-Streuung und Raman-Effekt, in *Handbuch der Radiologie* 2, Bd. VI. Hrsg. von E. Marx (Akademische Verlag-Gesellschaft, Leipzig, 1934)
10. D.J. Griffiths, *Elektrodynamik: Eine Einführung* (Pearson, München, 2011)
11. G. Herzberg, *Molecular spectra and molecular structure I: Spectra of diatomic molecules, und: Molecular spectra and molecular structure II: Infrared and Raman spectra of polyatomic molecules*. 2. Aufl. (Krieger, Malabar, 1989)
12. W. Demtröder, *Molekülphysik: Theoretische Grundlagen und experimentelle Methoden*, 2. Aufl. (Oldenbourg, München, 2013)
13. U. Scherz, Bergmann, Schaefer: Lehrbuch der Experimentalphysik Band 6: Festkörper, in *Grundlagen der Festkörperphysik*, 2. Aufl. Hrsg. von R. Kassing (de Gruyter, Berlin, 2005), 3–110
14. S.-Y. Lee, E. Heller, Time-dependent theory of Raman scattering. J. Chem. Phys. **71**(12), 4777–4788 (1979)
15. E. Heller, R. Sundberg, D. Tannor, Simple aspects of Raman scattering. J. Phys. Chem. **86**(10), 1822–1833 (1982)
16. C.R. Menyuk, M.N. Islam, J.P. Gordon, Raman effect in birefringent optical fibers. Opt. Lett. **16**(8), 566–568 (1991)
17. S. Kinoshita, Y. Sakai, J. Miyazaki, J. Watanabe, Fundamental aspects of light scattering and optical Kerr effect spectroscopy: From basic phenomena to non-quantum behaviors. Eur. Phys. J. Spec. Top. **209**(1), 1–100 (2012)
18. R. Stolen, Raman Amplifiers for Telecommunications 1, in *Fundamentals of Raman Amplification in Fibers*, Hrsg. von M. Islam (Springer, New York, 2004), 35–59
19. C. Fludger, V. Handrek, R. Mears, Fundamental Noise Limits in Broadband Raman Amplifiers. Optical Fiber Communication conference (OFC), Baltimore, Ma5–1, 2000
20. A. Hartog, A. Leach, M. Gold, Distributed temperature sensing in solid-core fibers. Electron. Lett. **21**(23), 1061–1062 (1985)
21. K. Grattan, T. Sun, Fiber optic sensor technology: An overview. Sens. Actuators A **82**(1), 40–61 (2000)
22. D. Hollenbeck, C. Cantrell, Multiple-vibrational-mode model for fiber-optic Raman gain spectrum and response function. J. Opt. Soc. Am. B **19**(12), 2886–2892 (2002)
23. R. Stolen, C. Lee, Development of the stimulated Raman spectrum in single-mode silica fibers. J. Opt. Soc. Am. B **1**(4), 652–657 (1984)
24. R. Stolen, J. Gordon, Raman response function of silica-core fibers. J. Opt. Soc. Am. B **6**(6), 1159–1166 (1989)
25. R. Stolen, Relation between the effective area of a single-mode fiber and the capture fraction of spontaneous Raman scattering. J. Opt. Soc. Am. **19**(3), 498–501 (2002)
26. J. AuYeung, A. Yariv, Spontaneous and stimulated Raman scattering in long low loss fibers. IEEE J. Quantum Electron. **14**(5), 347–352 (1978)
27. B. Crisignani, P. Di Porto, Influence of guiding structures on spontaneous and stimulated emission: Raman scattering in optical fibers. Phys. Rev. A **21**(2), 594–598 (1980)
28. K. Rottwitt, J. Bromage, A. Stentz, L. Leng, M. Lines, H. Smith, Scaling of the Raman gain coefficient: Applications to germanosilicate fibers. J. Lightwave Technol. **21**(7), 1652–1662 (2003)
29. C. Headley, G. Agrawal, Noise characteristics and statistics of picosecond stokes pulses generated in optical fibers through stimulated Raman scattering. IEEE J. Quantum Electron. **31**(11), 2058–2067 (1995)

30. Y. Shen, N. Bloembergen, Theory of stimulated Brillouin and Raman scattering. Phys. Rev. **137**(6A), A1787–A1805 (1965)
31. W. Johnston, I. Kaminov, Temperature dependence of Raman and Rayleigh scattering in $LiNbO_3$ and $LiTaO_3$. Phys. Rev. **168**(3), 1045–1054 (1968)
32. W. Johnston, I. Kaminov, Temperature dependence of Raman and Rayleigh scattering in $LiNbO_3$ and $LiTaO_3$: Erratum. Phys. Rev. **169**(3), 178 (1969)
33. S. Lewis, S. Chernikov, J. Taylor, Temperature-dependent gain and noise in fiber Raman amplifiers. Opt. Lett. **24**(24), 1823–1825 (1999)
34. R. Hellwarth, J. Cherlow, T. Yang, Origin and frequency dependence of nonlinear optical susceptibilities of glasses. Phys. Rev. B **11**(2), 964–967 (1975)
35. I. Cacciari, Third-order optical susceptibility: A comparison among various terms. Optik **121**(1), 94–96 (2010)
36. A. Penzkofer, A. Laubereau, W. Kaiser, High intensity Raman interactions. Prog. Quantum Electron. **6**(2), 55–140 (1979)
37. R. Sutherland, *Handbook of Nonlinear Optics* (Marcel Dekker, New York, 1996)
38. K. Rottwitt, J. Povlsen, Analyzing the fundamental properties of Raman amplification in optical fibers. J. Lightwave Technol. **23**(11), 3597–3605 (2005)
39. Q. Lin, G. Agrawal, Raman response function for silica fibers. Opt. Lett. **31**(21), 3086–3088 (2006)
40. G. Agrawal, *Nonlinear Fiber Optics*, 5. Aufl. (Academic, Amsterdam, 2013)
41. K. Blow, D. Wood, Theoretical description of transient stimulated Raman scattering in optical fibers. IEEE J. Quantum Electron. **12**(25), 2665–2673 (1989)
42. J. Piper, H. Pask, Crystalline Raman lasers. IEEE J. Sel. Top. Quantum Electron. **13**(3), 692–704 (2007)
43. S. Sharma, D. Matson, J. Philpotts, T. Roush, Raman study of the structure of glasses along the join SiO_2–GeO_2. J. Non-Cryst. Solids **68**, 99–114 (1984)
44. F. Galeener, J. Mikkelsen Jr., R. Geils, W. Mosby, The relative Raman cross sections of vitreous SiO_2, GeO_2, B_2O_3 and P_2O_5. Appl. Phys. Lett. **32**(1), 34–36 (1978)
45. N. Shibata, M. Horiguchi, T. Edahiro, Raman spectra of binary high-silica glasses and fibers containing GeO_2, P_2O_5 and B_2O_3. J. Non-Cryst. Solids **45**(1), 115–126 (1981)
46. E. Dianov, Advances in Raman fibers. J. Lightwave Technol. **20**(8), 1457–1462 (2002)
47. E. Dianov, V. Mashinsky, Germania-based core optical fibers. J. Lightwave Technol. **23**(11), 3500–3508 (2005)
48. S. Davey, D. Williams, B. Ainslie, W. Rothwell, B. Wakefield, Optical gain spectrum of GeO_2–SiO_2 Raman fibre amplifiers. IEE Proc. J. Optoelectron. **136**(6), 301–306 (1989)
49. T. Nakashima, S. Seikai, M. Nakazawa, Dependence of Raman gain on relative index difference for GeO_2-doped single-mode fibers. Opt. Lett. **10**(8), 420–422 (1985)
50. C. Fukai, K. Nakajima, J. Zhou, K. Tajima, K. Kurokawa, I. Sankawa, Effective Raman gain characteristics in germanium- and fluorine-doped optical fibers. Opt. Lett. **29**(6), 545–547 (2004)
51. J. Bormage, K. Rottwitt, M. Lines, A method to predict the Raman gain spectra of germanosilicate fibers with arbitrary index profiles. IEEE Photonics Technol. Lett. **14**(1), 24–26 (2002)
52. W. Urquhart, P. Layborn, Effective core area for stimulated Raman scattering in single-mode optical fibres. IEE Proc. J. Optoelectron. **132**(4), 201–204 (1985)
53. R. Hellwarth, Third-order optical susceptibilities of liquids and solids. Prog. Quantum Electron. **5**, 1–68 (1977)
54. Q. Lin, G.P. Agrawal, Vector theory of stimulated Raman scattering and its application to fiber-based Raman amplifiers. J. Opt. Soc. Am. B **20**(8), 1616–1631 (2003)
55. R.H. Stolen, Polarization effects in fiber Raman and Brillouin lasers. IEEE J. Quantum Electron. **15**(10), 1157–1160 (1979)

56. M. Martinelli, M. Cirigliano, M. Ferrario, L. Marazzi, P. Martelli, Evidence of Raman-induced polarization pulling. Opt. Express **17**(2), 947–955 (2009)
57. V.V. Kozlov, J. Nuño, J.D. Ania-Castañón, S. Wabnitz, Theory of fiber optic Raman polarizers. Opt. Lett. **35**(23), 3970–3972 (2010)
58. V.V. Kozlov, J. Nuño, J.D. Ania-Castañón, S. Wabnitz, Analytic theory of fiber-optic Raman polarizers. Opt. Express **20**(24), 27242–27247 (2012)
59. M.M. Bubnov, E.M. Dianov, O.N. Egorova et al., Fabrication and investigation of single-mode highly phosphorus-doped fibers for Raman lasers. Conference on Advances in Fiber Optics, Bd. 4083. Proceedings SPIE - International Society of Optical Engineering, Moskau, 12–22, 2000
60. N. Broderick, H. Offerhaus, D. Richardson, R. Sammut, J. Caplen, L. Dong, Large mode area fibers for high power applications. Opt. Fiber Technol. **5**(2), 185–196 (1999)
61. Recommendation ITU-T G.652: Characteristics of a single-mode optical fibre and cable. Telecommunication Standardization Sector of ITU (International Telecommunication Union). 2009
62. Produktinformation Fa. Corning. *SMF-28e Optical Fiber*. Techn. Ber. 2005
63. Produktinformation Fa. Corning. *Corning HI 1060 FLEX & RC HI 1060 FLEX Specialty Optical Fibers*. Techn. Ber. 2010
64. L. Gruener-Nielsen, M. Wandel, P. Kristensen et al., Dispersion-compensating fibers. J. Lightwave Technol. **23**(11), 3566–3579 (2005)
65. Produktinformation Fa. Nufern. *PM980-XP Polarization Maintaining Telecommunication on Fibers*. Techn. Ber. 2013
66. Produktinformation Fa. OFS Specialty Fibers. *PM-HNLF Polarization Maintaining Highly Non-Linear Fiber*. Techn. Ber. 2008
67. Produktinformation Fa. OFS Specialty Fibers. *PM-Raman Polarization-Maintaining Raman Fiber*. Techn. Ber. 2008
68. Produktinformation Fa. Nufern. *25/250 Precision Matched Passive LMA Double Clad Fibers*. Techn. Ber. 2013
69. P. Russell, Photonic-crystal fibers. J. Lightwave Technol. **24**(12), 4729–4749 (2006)
70. J. Bromage, Raman amplification for fiber communications systems. J. Lightwave Technol. **22**(1), 79–93 (2004)
71. M. Islam, Raman amplifiers for telecommunications. IEEE J. Sel. Top. Quantum Electron. **8**(3), 548–559 (2002)
72. M. Islam Hrsg., *Raman Amplifiers for Telecommunications 1 – Physical Principles* (Springer, New York, 2004)
73. M. Islam Hrsg., *Raman Amplifiers for Telecommunications 2 – Sub-Systems and Systems* (Springer, New York, 2004)
74. R. Billington, Measurement Methods for Stimulated Raman and Brillouin Scattering in Optical Fibres. National Physical Laboratory (NPL) Report, Centre for Optical and Environmental Metrology (COEM), UK, Bd. 31, 1–34 (1999)
75. C. Fludger, V. Handerek, R. Mears, Pump to signal RIN transfer in Raman fiber amplifiers. J. Lightwave Technol. **19**(8), 1140–1148 (2001)
76. E. Desurvire, *Erbium-Doped Fiber Amplifiers: Principles and Applications* (Wiley, New York, 1994)
77. J. Zyskind, A. Srivastava Hrsg., *Optically Amplified WDM Networks* (Elsevier, Burlington, 2001)
78. J. Kierzenka, L. Shampine, A BVP solver based on residual control and the MATLAB PSE. ACM Trans. Math. Softw. **27**(3), 299–316 (2001)
79. S. Turitsyn, S. Babin, A. El-Taher et al., Random distributed feedback fibre laser. Nature Photonics **4**(4), 231–235 (2010)

80. M. Dakks, P. Melman, Amplified spontaneous Raman scattering and gain in fiber Raman amplifiers. J. Lightwave Technol. **3**(4), 806–813 (1985)
81. M. Abramowitz, I. Stegun Hrsg., *Handbook of Mathematical Functions*, 10. Aufl. (National Bureau of Standarts, Washington, 1972) (Applied Mathematics Series 55)
82. E. Zeidler Hrsg., *Springer-Handbuch der Mathematik I* (Springer, Wiesbaden, 2013)
83. S. Chinn, Analysis of counter-pumped small-signal fibre Raman amplifiers. Electron. Lett. **33**(7), 607–608 (1997)
84. C. Fludger, *Raman Amplifiers for Telecommunications 1. in Linear Noise Characteristics*, Hrsg. von M. Islam (Springer, New York, 2004), 91–120
85. H. Haus, The noise figure of optical amplifiers. IEEE Photonics Technol. Lett. **10**(11), 1602–1604 (1998)
86. D. Derickson Hrsg., *Fiber Optic Test and Measurement* (Prentice-Hall, Upper Saddle River, 1998) (Hewlett-Packard Professional Books)
87. O. Zinke, H. Brunswig, *Hochfrequenztechnik 2: Elektronik und Signalverarbeitung*, 5. Aufl. Hrsg. von A. Vlcek, H. Hartnagel, K. Mayer (Springer, Berlin, 1998)
88. H. Haus, Noise figure definition valid from RF to optical frequencies. IEEE J. Sel. Top. Quantum Electron. **6**(2), 240–247 (2000)
89. R. Noé, *Essentials of Modern Optical Fiber Communication* (Springer, Berlin, 2010)

9 Stimulierte Brillouin-Streuung

Brillouin-Streuung resultiert aus der Streuung von Lichtwellen an hochfrequenten Schallwellen in einem Medium. Die theoretische Vorhersage der spontanen Lichtstreuung an thermisch angeregten Schallwellen erfolgte namensgebend im Jahr 1922 durch L. Brillouin [1]. Eine frühere Beschreibung des Effektes durch L.I. Mandelstam wurde erst 1926 publiziert [2, 3]. Der experimentelle Nachweis der spontanen Brillouin-Streuung gelang im Jahr 1930 [4]. Der Prozess der stimulierten Brillouin-Streuung (SBS) wurde erstmalig nach Erfindung des Lasers experimentell beobachtet [5]. SBS in Glasfasern sowie das Schwellenverhalten der stimuliert-verstärkten spontanen Brillouin-Streuung, die sogenannte SBS-Schwelle, ist seit Anfang der 1970er Jahre bekannt [6, 7]. Die Bedeutung der SBS in Glasfasern für optische Kommunikationssysteme wurde erstmalig in [8] ausführlich beschrieben, einige aktuelle Aspekte der SBS sind in [9] zusammengefasst.

In diesem Kapitel wird zunächst eine Übersicht der Effekte der Brillouin-Streuung und deren Merkmale gegeben. Anschließend werden mit der Ausbreitung von Schallwellen in festen Medien, mit dem photoelastischen und mit dem akustooptischen Effekt die Grundlagen der Brillouin-Streuung dargelegt. Nach der spontanen Brillouin-Streuung wird die stimulierte Brillouin-Streuung sowie die zugrunde liegende Elektrostriktion eingehend behandelt. Anschließend werden Merkmale und Anwendungen der Brillouin-Streuung in Glasfasern diskutiert. Ein wesentlicher Punkt ist dabei die Bestimmung der SBS-Schwelle sowie Maßnahmen, unerwünschte Auswirkungen der SBS in Glasfasern zu vermeiden.

9.1 Brillouin-Streuung: Eine Übersicht

Die Brillouin-Streuung ist wie die Raman-Streuung ein inelastischer Streuprozess (s. Kap. 8.1.1). Analog zur Raman-Streuung können auch bei der Brillouin-Streuung folgende spontane und stimulierte Streuprozesse unterschieden werden:

R. Engelbrecht, *Nichtlineare Faseroptik*,
DOI 10.1007/978-3-642-40968-4_9

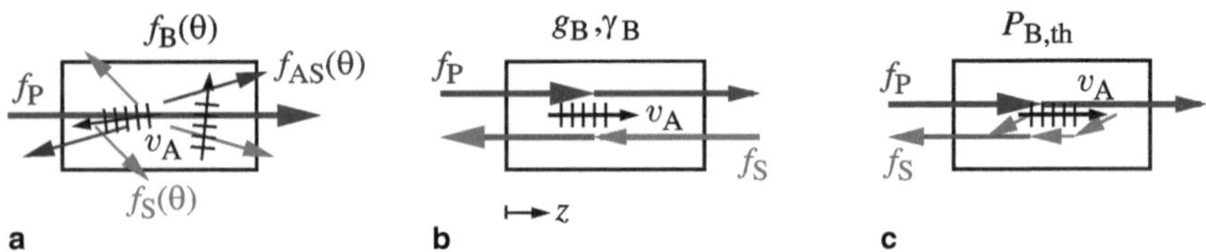

Abb. 9.1 Brillouin-Streuprozesse. **a** Spontane Brillouin-Streuung (SpBS). **b** Stimulierte Brillouin-Streuung (SBS). **c** Stimuliert-verstärkte spontane Brillouin-Streuung (VSpBS)

- **Spontane Brillouin-Streuung (SpBS)** bezeichnet die Streuung einer Lichtwelle mit Frequenz f_P an thermisch angeregten Schallwellen in einem Medium (Abb. 9.1a). Schallwellen breiten sich im Medium mit einer Geschwindigkeit v_A aus und modulieren den Brechungsindex eines Mediums. An dieser periodischen Brechzahlmodulation wird eine Lichtwelle mit der Wellenlänge λ_P gestreut, wenn die BRAGG-Bedingung erfüllt ist:

$$\lambda_P = 2n\,\lambda_A \sin\frac{\theta}{2}. \tag{9.1}$$

Darin ist λ_A die Wellenlänge der Schallwelle, n ist der Brechungsindex des Mediums und θ ist der Winkel zwischen der gestreuten Welle und der einfallenden Lichtwelle. Die gestreute Lichtwelle hat einen vom Streuwinkel θ abhängigen Frequenzversatz $f_B(\theta)$ aufgrund des DOPPLER-Effektes

$$f_B(\theta) = 2n\frac{v_A}{c_0}f_P \sin\frac{\theta}{2}. \tag{9.2}$$

Sowohl STOKES-Streuung zu kleineren Frequenzen $f_S(\theta) = f_P - f_B(\theta)$ als auch Antistokes-Streuung zu größeren Frequenzen $f_{AS}(\theta) = f_P + f_B(\theta)$ wird beobachtet, in Abhängigkeit von der Orientierung der Ausbreitungsrichtungen von Licht- und Schallwelle. Der maximale Frequenzversatz tritt bei Streuung in entgegengesetzter Richtung zur Pumpwelle auf ($\theta = \pi$) und ist in Festkörpern in der Größenordnung von $f_B \approx 10$ GHz, abhängig von der Schallgeschwindigkeit v_A im Medium. Nur ein kleiner Anteil der Lichtleistung wird durch SpBS gestreut, so dass dieser Effekt an sich von geringer technischer Bedeutung ist. Die SpBS kann aber stimuliert verstärkt werden und dann in vielen Anwendungen stören.
- **Stimulierte Brillouin-Streuung (SBS)**: Zwei gegenläufige Lichtwellen mit Frequenzen f_P und f_S erzeugen ein Interferenzmuster, das sich genau dann mit der Schallgeschwindigkeit v_A im Medium bewegt, wenn der Frequenzunterschied $f_P - f_S$ der beiden Lichtwellen exakt f_B beträgt. Das Interferenzmuster treibt durch Elektrostriktion eine Schallwelle an, an der Leistung von der Lichtwelle mit der größeren Frequenz f_P (Pumpe) in die gegenläufige Stokes-Lichtwelle mit der kleineren Frequenz f_S gestreut wird (Abb. 9.1b). Die Stokes-Welle erfährt somit eine Verstärkung durch die Pumpwelle. Der materialspezifische Brillouin-Gewinnkoeffizient g_B sowie der faserspezifische

SBS-Koeffizient in Glasfasern γ_B beschreiben die Verstärkung der Intensität I_S bzw. der Leistung P_S der Stokes-Welle in $-z$-Richtung durch die Pumpwelle:

$$-\frac{d}{dz}I_S = g_B I_P I_S, \quad -\frac{d}{dz}P_S = \gamma_B P_P P_S. \tag{9.3}$$

Im Vergleich zu den entsprechenden Raman-Koeffizienten oder denen des Kerr-Effektes sind die SBS-Koeffizienten um einige Zehnerpotenzen größer. Die SBS ist daher im Vergleich zu anderen nichtlinearen optischen Effekten derjenige, der bereits bei vergleichsweise kleinen Lichtleistungen signifikante Auswirkungen haben kann. Der geringe Frequenzversatz $f_B \approx 10$ GHz zwischen Pump- und Stokes-Welle sowie die sehr kleine spektrale Bandbreite $B_B \approx 25$ MHz der Verstärkung durch SBS limitieren aber den Einsatz in optischen Faserverstärkern und Faserlasern. Da der SBS-Versatz f_B abhängig von der Schallgeschwindigkeit v_A und somit von der Temperatur T, der Dehnung S sowie der Zusammensetzung eines Materials ist, kann die SBS zur faseroptischen Messung dieser Größen verwendet werden.

- **Stimuliert verstärkte spontane Brillouin-Streuung (VSpBS)**: Eine kräftige Lichtwelle mit der Frequenz f_P erzeugt zunächst durch SpBS eine sehr schwache Stokes- und Antistokes-Lichtwelle. Die Stokes-Lichtwelle in Rückwärtsrichtung mit Frequenz f_S kann im weiteren Verlauf durch SBS kräftig verstärkt werden, so dass ein erheblicher Teil der Leistung der Pumpwelle wieder am Eingang austritt (Abb. 9.1c). Eine wichtige Beschreibungsgröße ist die als SBS-Schwelle $P_{B,th}$ bezeichnete Leistung der Pumpwelle, ab der signifikante Leistungsanteile der Pumpwelle durch VSpBS reflektiert werden:

$$P_{B,th} = C_{B,th}\frac{1}{\gamma_B L_{eff}}. \tag{9.4}$$

Darin ist L_{eff} die effektive Faserlänge aufgrund der Dämpfung, und $C_{B,th}$ ist ein kritischer Faktor, der sich je nach den Fasereigenschaften im Bereich 10...20 bewegt. Diese Schwelle stellt eine Grenze für die übertragbare Lichtleistung dar, denn oberhalb der Schwelle wird die zusätzlich in das Medium eingekoppelte Leistung nicht mehr transmittiert, sondern mit einer Brillouin-verschobenen Frequenz $f_S = f_P - f_B$ reflektiert. In den meisten Anwendungen ist dieser Effekt unerwünscht, z. B. in Faserlasern und -verstärkern, in Transportfasern für Leistungslaser sowie bei der optischen Datenübertragung.

Die Abhängigkeit der Brillouin-Streuprozesse von der Polarisation der Licht- und der Schallwellen wurde in dieser einleitenden Darstellung vernachlässigt.

Viele Phänomene der Brillouin-Streuung sowie deren mathematische Beschreibung sind sehr ähnlich zu den Prozessen der Raman-Streuung. Allerdings gibt es einige signifikante Unterschiede. So ist beispielsweise der Frequenzversatz der Brillouin-Streuung in Quarzglas mit $f_B \approx 11$ GHz um drei Größenordnungen kleiner als bei der Raman-Streuung mit $f_R \approx 13$ THz. Die spektrale Breite der Brillouin-Streuung ist mit $B_B \approx 25$ MHz sogar um fünf Größenordnungen kleiner als bei Raman-Streuung. Daher tritt Brillouin-Streuung bevorzugt bei der Verwendung spektral schmalbandiger Lichtquellen auf. Der materialspezifische Brillouin-Gewinnkoeffizient g_B ist um drei Größenordnungen höher als g_R, so dass sich stimulierte Brillouin-Streuung im Vergleich zur stimulierten Raman-Streuung bei deutlich kleineren Leistungsdichten bemerkbar macht. Während Raman-Streuung in Glasfasern sowohl zwischen gleich- und entgegengesetzt laufenden Lichtwellen stattfinden kann, tritt Brillouin-Streuung ausschließlich bei gegenläufigen Lichtwellen auf. Im quantenelektronischen Modell spricht man bei Brillouin-Streuung von der Streuung von Photonen an akustischen Phononen, also den Quasiteilchen der quantisierten Schallwellen. Im Gegensatz dazu resultiert Raman-Streuung aus der Streuung von Photonen an quantisierten Molekülschwingungen, die als optische Phononen bezeichnet werden.

In diesem Kapitel werden die Effekte der Brillouin-Streuung grundlegend untersucht. Zunächst werden in Kap. 9.2 mit der Ausbreitung von Schallwellen in Medien, dem photoelastischen und dem akustooptischen Effekt und den akustischen Wellenleitermoden in Glasfasern die Grundlagen gelegt. Darauf aufbauend wird in Kap. 9.3 die spontane Brillouin-Streuung im Volumenmaterial und in Glasfasern vorgestellt. Nach Beschreibung der Elektrostriktion wird in Kap. 9.4 die stimulierte Brillouin-Streuung anhand gekoppelter Wellengleichungen hergeleitet. Der SBS in Glasfasern wird mit Kap. 9.5 ein eigenes Unterkapitel gewidmet, wobei die Messtechnik sowie die Polarisationsabhängigkeit eingehend diskutiert wird. In Kap. 9.6 wird die stimuliert-verstärkte spontane Brillouin-Streuung sowie die SBS-Schwelle untersucht. Sensoranwendungen, wichtige Maßnahmen zur SBS-Unterdrückung und dynamische Aspekte der SBS schließen das Kapitel ab.

9.2 Grundlagen der Brillouin-Streuung

9.2.1 Schallwellen in Festkörpern

9.2.1.1 Hydrodynamischer Ansatz

Schallwellen in Gasen und Flüssigkeiten sind longitudinale Dichtewellen, deren Ausbreitungseigenschaften mit einem hydrodynamischen Ansatz im jeweiligen Medium berechnet werden können [10]. Auch in Festkörpern können viele Effekte der Brillouin-Streuung mit einem hydrodynamischen Ansatz erfasst werden [11, 12]. Zur Beschreibung der Schallwelle verwenden wir die zeit- und ortsvariable Dichte des Mediums $\underset{\sim}{\bar{\varrho}}\,(t,z)$. Damit verbundene Zustandsgrößen der Schallwelle sind die Schallschnelle $\underset{\sim}{\bar{v}}(t,z)$ sowie der Schalldruck $\underset{\sim}{\bar{p}}(t,z)$. Diese Größen sind gemäß der Navier-Stokes-Gleichung der Hydrodynamik verknüpft:

$$\underset{\sim}{\bar{\varrho}}\left((\underset{\sim}{\bar{v}}\cdot\nabla)\underset{\sim}{\bar{v}}+\frac{\partial}{\partial t}\underset{\sim}{\bar{v}}\right)=\underset{\sim}{f}-\nabla\underset{\sim}{\bar{p}}+\eta\,\nabla^2\underset{\sim}{\bar{v}}. \tag{9.5}$$

Hierin wurde zusätzlich eine externe Volumenkraftdichte $\underset{\sim}{f}$ zur späteren Berücksichtigung der Elektrostriktion eingeführt, die für die stimulierte Brillouin-Streuung verantwortlich ist

[12, 13]. Gleichung (9.5) entspricht der EULERschen Bewegungsgleichung. Die Terme auf der linken Seite beschreiben die Trägheitskräfte innerhalb des massebehafteten Mediums, die Terme auf der rechten Seite die extern einwirkende Volumenkraftdichte $\underset{\sim}{f}$, die internen Druckkräfte $\nabla \underset{\sim}{\bar{p}}$ sowie einen Reibungsterm $\eta\, \nabla^2 \underset{\sim}{\bar{\boldsymbol{v}}}$. Darin ist η die dynamische Viskosität, die in Festkörpern ein Maß für die innere Reibung bei einer Kompression ist.

Die Navier-Stokes-Gleichung ist zu ergänzen mit der Kontinuitätsgleichung, die die Erhaltung der Masse beschreibt:

$$\frac{\partial}{\partial t}\underset{\sim}{\bar{\varrho}} + \nabla(\underset{\sim}{\bar{\varrho}}\underset{\sim}{\bar{\boldsymbol{v}}}) = 0. \tag{9.6}$$

Die beiden Gleichungen Gl. (9.5) und (9.6) sind nichtlinear gekoppelt, da sie Produkte der gesuchten Größen $\underset{\sim}{\bar{\boldsymbol{v}}}$ und $\underset{\sim}{\bar{\varrho}}$ enthalten. Die Gleichungen können für Schallwellen mit kleiner Amplitude durch die akustische Näherung linearisiert werden [10]. Dabei wird angenommen, dass alle gesuchten Zustandsgrößen nur kleine Änderungen $\underset{\sim}{v}, \underset{\sim}{\varrho}, \underset{\sim}{p}$ bezüglich der mittleren Werte v_0, ϱ_0, p_0 ohne Schallwelle aufweisen. Für den eindimensionalen Fall einer ebenen Longitudinalwelle in $+z$-Richtung setzen wir daher an:

$$\underset{\sim}{\bar{\boldsymbol{v}}} = v_0 + \underset{\sim}{v}(z,t)\,\boldsymbol{e}_z, \tag{9.7a}$$

$$\underset{\sim}{\bar{\varrho}} = \varrho_0 + \underset{\sim}{\varrho}\,(z,t), \tag{9.7b}$$

$$\underset{\sim}{\bar{p}} = p_0 + \underset{\sim}{p}\,(z,t). \tag{9.7c}$$

Eingesetzt in Gl. (9.5) und (9.6) ergibt sich unter Vernachlässigung des dann sehr kleinen konvektiven Beschleunigungsterms $(\underset{\sim}{\boldsymbol{v}} \cdot \nabla)\,\underset{\sim}{\boldsymbol{v}}$ und nach Linearisierung der Kontinuitätsgleichung

$$\varrho_0 \left(\frac{\partial}{\partial t}\underset{\sim}{v}\right) = \underset{\sim}{f} - \frac{\partial}{\partial z}\underset{\sim}{p} + \eta \frac{\partial^2}{\partial z^2}\underset{\sim}{v}, \tag{9.8}$$

$$\frac{\partial}{\partial t}\underset{\sim}{\varrho} + \varrho_0 \frac{\partial}{\partial z}\underset{\sim}{v} = 0. \tag{9.9}$$

Zusammen mit der adiabatischen Zustandsgleichung für schnelle Änderungen, die ohne Energieaustausch mit der Umgebung stattfinden:

$$\underset{\sim}{p} = v_{\mathrm{A}}^2\, \underset{\sim}{\varrho}, \tag{9.10}$$

sind dies die Grundgleichungen für akustische Dichtewellen. Darin ist v_{A} die Schallgeschwindigkeit im jeweiligen Medium. Die Zustandsgleichung Gl. (9.10) wird nun in Gl. (9.8) eingesetzt. Nach Bilden der zweiten Zeitableitung in Gl. (9.9) kann die Schallschnelle v eliminiert werden und man erhält folgende Gesamtgleichung:

$$\frac{\partial^2}{\partial t^2}\underset{\sim}{\varrho} - \frac{\eta}{\varrho_0}\frac{\partial}{\partial t}\frac{\partial^2}{\partial z^2}\underset{\sim}{\varrho} - v_{\mathrm{A}}^2 \frac{\partial^2}{\partial z^2}\underset{\sim}{\varrho} = -\frac{\partial}{\partial z}\underset{\sim}{f}\,. \tag{9.11}$$

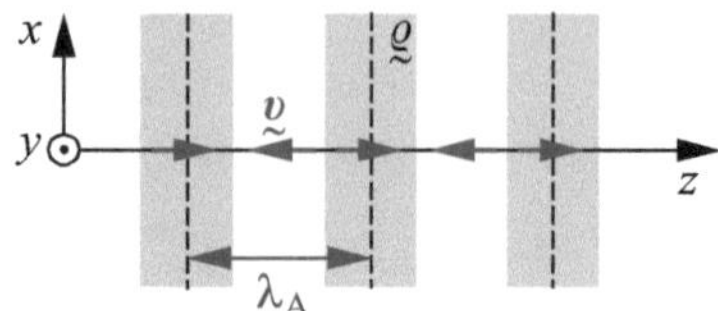

Abb. 9.2 Orts- und zeitvariable Dichte $\underset{\sim}{\varrho}$, Schallschnelle $\underset{\sim}{\upsilon}$ und Wellenlänge λ_A einer ebenen hydrodynamischen Dichtewelle mit Ausbreitung in $+z$-Richtung. Gestrichelte Linien: Orte gleicher Phase (Phasenfronten)

Diese Gleichung hat die Form einer Wellengleichung mit Dämpfungsterm sowie mit einer externen Kraft als Antrieb. Lichtwellen können durch die in Kap. 9.4.1 beschriebene Elektrostriktion eine solche Kraft erzeugen. Dies ist die Grundlage zur Herleitung der stimulierten Brillouin-Streuung in Kap. 9.4.3.

Zunächst betrachten wir als einfachen Fall ein Medium ohne akustische Dämpfung, in dem die Viskosität zu null gesetzt wird, und ohne externe Krafteinwirkung. Damit erhalten wir die lineare und skalare akustische Wellengleichung im eindimensionalen Fall

$$\frac{\partial^2}{\partial t^2}\underset{\sim}{\varrho} - \upsilon_A^2 \frac{\partial^2}{\partial z^2}\underset{\sim}{\varrho} = 0. \tag{9.12}$$

Eine Lösung bei harmonischer Anregung mit einer akustischen Frequenz $\Omega = 2\pi f_A$ ist eine ebene Dichtewelle mit Ausbreitung in $+z$-Richtung (Abb. 9.2)

$$\underset{\sim}{\varrho}(z,t) = \varrho \cos(\Omega t - k_A z), \tag{9.13}$$

mit Amplitude ϱ und der akustischen Ausbreitungskonstante $k_A = \Omega/\upsilon_A$ sowie der akustischer Wellenlänge $\lambda_A = \upsilon_A/f_A$.

Die zeitvariable Schallschnelle $\underset{\sim}{\upsilon}$ eines Teilchens im Medium ergibt sich mit Hilfe der Bewegungsgleichung Gl. (9.8) unter Verwendung der Zustandsgleichung Gl. (9.10):

$$\frac{\partial}{\partial t}\underset{\sim}{\upsilon} = -\frac{1}{\varrho_0}\nabla \underset{\sim}{p} = -\frac{\upsilon_A^2}{\varrho_0} k_A\, \varrho \sin(\Omega t - k_A z)\boldsymbol{e}_z, \tag{9.14}$$

mit der Lösung

$$\underset{\sim}{\upsilon} = v_A \frac{\varrho}{\varrho_0}\cos(\Omega t - k_A z)\boldsymbol{e}_z. \tag{9.15}$$

Sowohl Dichtevariation als auch die lokale Teilchenbewegung erfolgen parallel zur Ausbreitungsrichtung der Schallwelle und senkrecht zu den Phasenfronten. Dies entspricht einer reinen Longitudinalwelle. Derartige Dichte- bzw. Longitudinalwellen sind maßgeblich für die Brillouin-Streuung in Glasfasern.

9.2.1.2 Tensorieller Ansatz in Festkörpern

In Festkörpern treten anstelle der Größen Druck, Schallschnelle und Dichte vektorielle und tensorielle Größen. Der Vektor der Auslenkung $\boldsymbol{u}$ beschreibt die lokale Verschiebung (engl. *displacement*) eines Teilchens im Schallfeld. Daraus abgeleitet ergibt sich der Dehnungstensor $\boldsymbol{S}$ (engl. *strain*) mit Elementen S_{ij} gemäß [10]

$$S_{ij} = \frac{1}{2}\left(\frac{\partial u_i}{\partial j} + \frac{\partial u_j}{\partial i}\right), \quad i,j \in \{x,y,z\}, \tag{9.16a}$$

$$\boldsymbol{S} = \boldsymbol{\nabla}_{\mathrm{S}}\, \boldsymbol{u}, \tag{9.16b}$$

mit $\boldsymbol{\nabla}_{\mathrm{S}}$ definiert als symmetrischer Anteil des Gradientenoperators $\boldsymbol{\nabla}$. Die Elemente s_{ii} sind Normalendehnungen (engl. *normal strain*), die Elemente s_{ij} Scherdehnungen (engl. *shear strain*). Durch die Dehnung entsteht im Festkörper eine mechanische Spannung (engl. *stress*), beschrieben durch einen Spannungstensor $\boldsymbol{\sigma}$. Dessen Elemente sind mit den Dehnungselementen durch den Tensor der Elastizitätskoeffizienten c_{ijkl} verknüpft:

$$\sigma_{ij} = c_{ijkl} S_{kl}, \quad i,j,k,l \in \{x,y,z\}. \tag{9.17}$$

Die Diagonalelemente σ_{ii} sind Normalenspannungen (Zug, Druck, engl. *normal stress*), die Nebendiagonalelemente σ_{ij} Schub- oder Scherspannungen (engl. *shear stress*).

Aufgrund von Symmetriebetrachtungen sind die Indizes *ijkl* paarweise vertauschbar, es gilt z. B. $\sigma_{ij} = \sigma_{ji}$ oder $c_{ijkl} = c_{jilk}$, und können daher in der sogenannten VOIGT-Notation jeweils paarweise zusammengefasst werden, wie in Tab. 9.1 dargestellt [10].

Die Tensoren zweiter Ordnung $\boldsymbol{S}$ und $\boldsymbol{\sigma}$ werden damit zu Spaltenvektoren mit sechs Elementen, der Tensor vierter Ordnung der Elastizitätskoeffizienten $\boldsymbol{c}$ zu einer 6×6-Matrix:

$$\sigma_{\mathrm{m}} = c_{mn} S_n, \quad m,n \in \{1,2,\ldots 6\}. \tag{9.18}$$

Dabei sind in allen Festkörpern viele der Elemente c_{mn} null. In isotropen Festkörpern wie kubischen Kristallen oder amorphen spannungsfreien Gläsern sind zusätzlich viele der Elemente c_{mn} linear abhängig, so dass die elastischen Eigenschaften eines solchen Materials vollständig mit den zwei skalaren LAMÉ-Koeffizienten λ_{L} und μ_{L} oder mit Funktionen $c_{ij} = f(\lambda_{\mathrm{L}}, \mu_{\mathrm{L}})$ bestimmt sind [14]. Die Lamé-Koeffizienten ergeben sich aus den Materialeigenschaften isotroper Festkörper gemäß

$$\mu_{\mathrm{L}} = c_{44} = G, \tag{9.19a}$$

$$\lambda_{\mathrm{L}} = c_{11} - 2c_{44} = 2G\frac{\nu}{1-2\nu} = \frac{Y}{1+\nu}\frac{\nu}{1-2\nu}. \tag{9.19b}$$

Tab. 9.1 Kontraktion der Indizes in der Voigt-Notation

ij oder *kl*	xx	yy	zz	yz,zy	xz,zx	xy,yx
m oder *n*	1	2	3	4	5	6

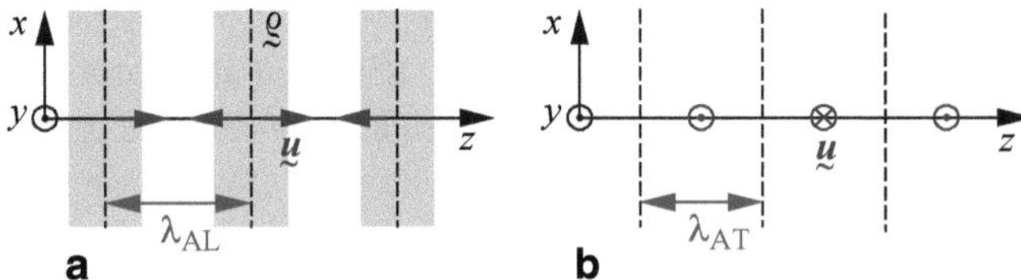

Abb. 9.3 Orts- und zeitvariable Auslenkung $\underset{\sim}{u}$ und Dichte $\underset{\sim}{\varrho}$ einer ebenen longitudinalen Dichtewelle (a) sowie einer in y-Richtung polarisierten transversalen Scherwelle (b), beide mit Ausbreitung in $+z$-Richtung und mit Wellenlängen λ_{AL} sowie λ_{AT}. Gestrichelte Linien: Orte gleicher Phase (Phasenfronten)

Darin ist Y der Elastizitätsmodul (engl. *Young's modulus*) und ν ist die Querkontraktionszahl (engl. *Poisson's ratio*). G ist der Schubmodul (engl. *shear modulus*), für den im isotropen Fall $G = Y/(2+2\nu)$ gilt.

Mit diesen Größen kann die tensorielle akustische Wellengleichung der Auslenkung u in isotropen Festkörpern wie folgend geschrieben werden [10]:

$$\mu_{\mathrm{L}} \nabla \cdot (\nabla \boldsymbol{u}) + (\lambda_{\mathrm{L}} + \mu_{\mathrm{L}}) \nabla (\nabla \cdot \boldsymbol{u}) = \varrho_0 \frac{\partial^2}{\partial t^2} \boldsymbol{u}. \tag{9.20}$$

Zur Lösung von Gl. (9.20) wird ein HELMHOLTZ-Separationsansatz verwendet. Dazu wird die Auslenkung $\boldsymbol{u} = \boldsymbol{u}_{\mathrm{L}} + \boldsymbol{u}_{\mathrm{T}}$ in ein wirbelfreies Feld $\nabla \times \boldsymbol{u}_{\mathrm{L}} = 0$ und ein quellenfreies Feld $\nabla \cdot \boldsymbol{u}_{\mathrm{T}} = 0$ zerlegt. Damit ergeben sich in unendlich ausgedehnten Festkörpern bei harmonischer Anregung mit Frequenz Ω zwei unterschiedliche akustische Wellentypen, zum einen longitudinale Dichtewellen $\boldsymbol{u}_{\mathrm{L}}$ und zum anderen transversale Scherwellen $\boldsymbol{u}_{\mathrm{T}}$. Alle Schwingungsmoden in räumlich begrenzten Festkörpern können durch Überlagerung derartiger Wellen beschrieben werden.

Für in $+z$-Richtung fortschreitende ebene Longitudinalwellen gilt beispielsweise für die Auslenkung $\underset{\sim}{\boldsymbol{u}}_{\mathrm{L}}$, Dehnung $\underset{\sim}{S}$ und Dichte $\underset{\sim}{\varrho}$ (Abb. 9.3a)

$$\underset{\sim}{\boldsymbol{u}}_{\mathrm{L}}(t,z) = \hat{u} \cos(\Omega t + k_{\mathrm{AL}} z)\, \boldsymbol{e}_z, \tag{9.21a}$$

$$\underset{\sim}{S}_3(t,z) = S_{zz}(t,z) = -\hat{S}_3 \sin(\Omega t + k_{\mathrm{AL}} z), \tag{9.21b}$$

$$\underset{\sim}{\varrho}_{\mathrm{L}}(t,z) = -\varrho_0 \nabla \cdot \underset{\sim}{\boldsymbol{u}}(t,z) = -\hat{\varrho} \sin(\Omega t + k_{\mathrm{AL}} z), \tag{9.21c}$$

mit skalaren und reellwertigen Amplituden $\hat{u}$, $\hat{S}_3$ und $\hat{\varrho}$. Alle anderen Komponenten des Spannungstensors außer s_{zz} sind gleich null. $k_{\mathrm{AL}} = \Omega / \upsilon_{\mathrm{AL}}$ ist die akustische Ausbreitungskonstante der Longitudinalwelle mit der entsprechenden Schallgeschwindigkeit [10]

$$\upsilon_{\mathrm{AL}} = \sqrt{\frac{Y(1-\nu)}{(1+\nu)(1-2\nu)\varrho_0}} = \sqrt{\frac{2\mu_{\mathrm{L}} + \lambda_{\mathrm{L}}}{\varrho_0}} = \sqrt{\frac{c_{11}}{\varrho_0}}. \tag{9.22}$$

Die Longitudinalwellen in Festkörpern entsprechen den hydrodynamischen Longitudinalwellen in Gasen und Flüssigkeiten. Da die stimulierte Brillouin-Streuung in Glasfasern aus der Reflexion einer Lichtwelle an der periodischen Dichte- und Brechzahlmodulation einer Longitudinalwelle resultiert, wird für die theoretische Beschreibung der Brillouin-Streuung in Gläsern oft ein hydrodynamischer Ansatz gewählt. Die maßgebliche Schallgeschwindigkeit ist dann durch $\upsilon_\mathrm{A} = \upsilon_\mathrm{AL}$ gegeben.

Für eine in $+z$-Richtung fortschreitende ebene Transversalwelle $\boldsymbol{u}_\mathrm{T}$ sind zwei orthogonale Richtungen x und y der Scherschwingung möglich. Für eine Polarisation in y-Richtung gilt beispielsweise (Abb. 9.3b)

$$\underset{\sim}{\boldsymbol{u}}_\mathrm{T}(t,z) = \hat{u}_\mathrm{T} \cos(\Omega t + k_\mathrm{AT} z)\,\boldsymbol{e}_y, \tag{9.23a}$$

$$\underset{\sim}{S}_4(t,z) = S_{yz}(t,z) = S_{zy}(t,z) = -\hat{S}_4 \sin(\Omega t + k_\mathrm{AT} z), \tag{9.23b}$$

$$\underset{\sim}{\varrho}_\mathrm{T}(t,z) = -\varrho_0\, \nabla \cdot \underset{\sim}{\boldsymbol{u}}_\mathrm{T}(t,z) = 0, \tag{9.23c}$$

mit Ausbreitungskonstante $k_\mathrm{AT} = \Omega / v_\mathrm{AT}$ und der transversalen Schallgeschwindigkeit [10]

$$\upsilon_\mathrm{AT} = \sqrt{\frac{G}{\varrho_0}} = \sqrt{\frac{\mu_\mathrm{L}}{\varrho_0}} = \sqrt{\frac{c_{44}}{\varrho_0}}. \tag{9.24}$$

Dabei ist stets die Ausbreitungsgeschwindigkeit der Longitudinalwelle υ_AL größer als die der Transversalwelle υ_AT.

Beispiel 9.1

Die Zahlenwerte aus der Literatur sowohl für die mechanischen Eigenschaften [15–18] als auch für die Ausbreitungsgeschwindigkeiten [19–22] in Quarzglas variieren. Mit typischen Werten für den Elastizitätsmodul $Y = 73$ GPa und für die Querkontraktionszahl $\upsilon = 0{,}17$ ergibt sich ein Schubmodul $G = 31{,}2$ GPa. Die damit berechneten Ausbreitungsgeschwindigkeiten $v_\mathrm{AL} = 5970$ m/s und $v_\mathrm{AT} = 3760$ m/s sind in guter Übereinstimmung mit den Literaturangaben.

Die Schallgeschwindigkeiten nach Gl. (9.22) und (9.24) gelten exakt nur in homogenen unendlich ausgedehnten Festkörpern. In Medien, die in der Ebene senkrecht zur Schallausbreitungsrichtung begrenzt oder bezüglich der Stoffeigenschaften inhomogen sind, ergeben sich Abweichungen von diesen Geschwindigkeiten durch akustische Wellenleitereffekte. Diese werden für den Fall von Glasfasern in Kap. 9.2.5 diskutiert.

Exkurs 9.1

Gelegentlich wird in der Literatur im Zusammenhang mit der Brillouin-Streuung die Schallgeschwindigkeit zu $\upsilon_\mathrm{A} = \sqrt{Y/\varrho_0}$ angegeben. Diese Gleichung gilt nur für Dichtewellen in dünnen zylindrischen Stäben, wenn deren Durchmesser D deutlich kleiner als die akustische Wellenlänge λ_A ist [23]. Diese Bedingung ist aber für Glasfasern nicht gegeben, da selbst in Singlemodefasern allein der Kerndurchmesser D_K einige Wellenlängen λ der Lichtwelle im Material beträgt. Da im Fall der Brillouin-Streuung in Rückwärtsrichtung $\lambda_A = \lambda/2$ gilt, ist auch $D_K > \lambda_A$. Für den Fasermantel gilt dann $D_M \gg \lambda_A$, so dass diese Angabe der Schallgeschwindigkeit nicht korrekt ist.

Mit den Schallgeschwindigkeiten v_{AL} und v_{AT} und der Beziehung $\nabla \cdot (\nabla \boldsymbol{F}) = \nabla\,(\nabla \cdot \boldsymbol{F}) - \nabla \times (\nabla \times \boldsymbol{F})$ kann die lineare akustische Wellengleichung in isotropen Festkörpern Gl. (9.20) umgeformt werden zu

$$v_{AL}^2\,\nabla\,(\nabla \cdot \boldsymbol{u}) - v_{AT}^2\,\nabla \times (\nabla \times \boldsymbol{u}) = \frac{\partial^2}{\partial t^2}\boldsymbol{u}. \tag{9.25}$$

Diese Form erweist sich als günstig, um die akustischen Dämpfungen der longitudinalen und transversalen Wellen aufgrund der inneren Reibung im Festkörper zu berücksichtigen. Die innere Reibung wird durch den Tensor $\boldsymbol{\eta}$ der viskoelastischen Koeffizienten η_{ijkl} beschrieben und liefert nach [24] einen zusätzlichen Beitrag zum Tensor der mechanischen Spannung $\boldsymbol{\sigma}$ bei einer zeitlichen Änderung der Dehnung $\boldsymbol{S}$:

$$\boldsymbol{\sigma} = \boldsymbol{c}\boldsymbol{S} + \boldsymbol{\eta}\,\frac{\partial}{\partial t}\boldsymbol{S}. \tag{9.26}$$

In Voigt-Notation nach Kontraktion der Indizes gemäß Tab. 9.1 gilt

$$\sigma_m = c_{mn}S_n + \eta_{mp}\,\frac{\partial}{\partial t}S_p, \quad m, n, p \in \{1, 2, \ldots 6\}. \tag{9.27}$$

Die viskoelastischen Eigenschaften eines isotropen Festkörpers werden durch zwei Koeffizienten vollständig beschrieben. Dies sind η_{11} für die innere Reibung bei einer Normalendehnung sowie η_{44} bei einer Scherdehnung. Die Wellengleichung in isotropen viskoelastischen Festkörpern lautet damit [25]

$$\left(v_{AL}^2 + \frac{\eta_{11}}{\varrho_0}\frac{\partial}{\partial t}\right)\nabla\,(\nabla \cdot \boldsymbol{u}) - \left(v_{AT}^2 + \frac{\eta_{44}}{\varrho_0}\frac{\partial}{\partial t}\right)\nabla \times (\nabla \times \boldsymbol{u}) = \frac{\partial^2}{\partial t^2}\boldsymbol{u}. \tag{9.28}$$

Der Koeffizient η_{11} ist proportional zur Dämpfung der Longitudinalwelle, η_{44} zur Dämpfung der Transversalwelle [24]. Diese Koeffizienten bestimmen die spektrale Breite der Brillouin-Streuung, wie in Kap. 9.3 und 9.4 beschrieben.

9.2.2 Photoelastischer Effekt

Als photoelastischer Effekt wird die Änderung der dielektrischen Materialeigenschaften durch eine Änderung der Dichte des Mediums $\Delta\varrho$ in Gasen und Flüssigkeiten oder durch eine mechanische Dehnung $\boldsymbol{S}$ in Festkörpern bezeichnet. In Gasen und Flüssigkeiten wird dies durch einen skalaren Ansatz für die Änderung des Brechungsindex Δn in Abhängigkeit von der Änderung der Dichte $\Delta\varrho$ beschrieben [26]:

$$\Delta n = -p\,\frac{n_0^3}{2\varrho_0}\,\Delta\varrho. \tag{9.29}$$

Darin ist p der dimensionslose skalare photoelastische Koeffizient, und n_0 sowie ϱ_0 sind die Ausgangswerte des Brechungsindex und der Dichte.

In Festkörpern ist eine tensorielle Beschreibung erforderlich. Der Tensor der photoelastischen Koeffizienten $\boldsymbol{p}$ verknüpft den Tensor der Dehnung $\boldsymbol{S}$ mit der Änderung des inversen Permittivitätstensors $\boldsymbol{\zeta} = \boldsymbol{\varepsilon}_\mathrm{r}^{-1}$, auch Impermittivitätstensor genannt [26]:

$$\zeta_{kl} = \zeta_{kl,0} + \Delta\zeta_{kl} = \zeta_{kl,0} + p_{ijkl}\,S_{ij}. \tag{9.30}$$

Dabei sind $\zeta_{kl,0}$ die Elemente des Impermittivitätstensors ohne Dehnung, und $\Delta\zeta_{kl}$ die aus einer Dehnung resultierenden Änderungen. Durch Kontraktion der Indizes ergibt sich in Voigt-Notation eine 6×6-Matrix der photoelastischen Koeffizienten p_{mn}. Damit gilt

$$\Delta\zeta_\mathrm{m} = p_{mn}\,S_n. \tag{9.31}$$

Viele der photoelastischen Koeffizienten sind je nach Kristallsymmetrie gleich null, wie z. B. in kubischen Kristallen [27] mit

$$\boldsymbol{p} = \begin{pmatrix} p_{11} & p_{12} & p_{12} & 0 & 0 & 0 \\ p_{12} & p_{11} & p_{12} & 0 & 0 & 0 \\ p_{12} & p_{12} & p_{11} & 0 & 0 & 0 \\ 0 & 0 & 0 & p_{44} & 0 & 0 \\ 0 & 0 & 0 & 0 & p_{44} & 0 \\ 0 & 0 & 0 & 0 & 0 & p_{44} \end{pmatrix}. \tag{9.32}$$

In isotropen Festkörpern wie Gläsern gilt zusätzlich $p_{44} = \frac{1}{2}(p_{11} - p_{12})$. Somit sind zwei linear unabhängige Koeffizienten ausreichend zur Beschreibung des photoelastischen Effektes in Gläsern.

Exkurs 9.2
Der photoelastische Effekt darf nicht mit dem piezoelektrischen Effekt verwechselt werden. Bei Letzterem erzeugt eine Dehnung $\boldsymbol{S}$ direkt einen Beitrag zur dielektrischen Verschiebung $\boldsymbol{D}$ im Medium. Dieser Effekt ist nur in anisotropen Kristallen

vorhanden. Im Gegensatz dazu beeinflusst beim photoelastischen Effekt die Dehnung $\boldsymbol{S}$ lediglich die Permittivität $\varepsilon_{\mathrm{r}ij}$, ohne direkt eine dielektrische Verschiebung zu erzeugen. Dieser Effekt ist in allen Medien vorhanden, also auch in isotropen Gläsern.

Der Permittivitätstensor $\boldsymbol{\varepsilon}_{\mathrm{r}}$ kann stets auf eine diagonale Form gebracht werden, z. B. durch Hauptachsentransformation in anisotropen Medien oder generell in isotropen Medien (s. Kap. 2.2.6). Dann gilt für die Elemente des Impermittivitätstensors $\zeta_{ii} = \varepsilon_{\mathrm{r}ii}^{-1} = n_{ii}^{-2}$ und $\zeta_{ij} = 0$ für $i \neq j$. Werden durch den Einfluss einer Dehnung nur die Diagonalelemente ζ_{ii} (ζ_1, ζ_2, ζ_3 in Voigt-Notation) geändert, so bleibt die Diagonalform erhalten. Dies ist genau dann der Fall, wenn der Tensor der Dehnung $\boldsymbol{S}$ keine Nebendiagonalelemente enthält bzw. wenn $S_4, S_5, S_6 = 0$ gilt. Ein solcher Fall ist bei longitudinalen Dichtewellen entlang einer der Hauptachsen gegeben. Die mathematische Inversion des Impermittivitätstensors $\boldsymbol{\zeta} = \boldsymbol{\zeta}_0 + \Delta\boldsymbol{\zeta}$ zur Bestimmung des durch die Schallwelle veränderten Permittivitätstensors $\boldsymbol{\varepsilon}_{\mathrm{r}}$ ist dann einfach möglich. Da weiterhin die elementweisen Änderungen der dielektrischen Eigenschaften sehr klein sind, kann die Beziehung

$$\varepsilon_{\mathrm{r},m} = \frac{1}{\zeta_{0,m} + \Delta\zeta_m} = (n_m + \Delta n_m)^2 \tag{9.33}$$

nach Entwicklung in eine Taylorreihe linearisiert werden. Daraus erhält man für die Änderungen der Brechungsindizes Δn_m durch eine Dehnung S_n:

$$\Delta n_m \approx -\frac{1}{2} n_m^3 \Delta\zeta_m = -\frac{1}{2} n_m^3 p_{mn} S_n. \tag{9.34}$$

Wir betrachten nun die aus longitudinalen und transversalen Schallwellen resultierenden Brechzahlmodulationen Δn. Für eine sich in $+z$-Richtung ausbreitende Longitudinalwelle gilt für die Dehnung

$$\underset{\sim}{S}_3(t, z) = \hat{S}_3 \cos(\Omega t + k_{\mathrm{AL}} z). \tag{9.35}$$

Daraus ergeben sich folgende räumliche und zeitliche Modulationen der Brechungsindizes durch eine Longitudinalwelle in einem isotropen Festkörper mit Brechungsindex n :

$$\Delta n_x = -\frac{1}{2} n^3 p_{21} \hat{S}_3 \cos(\Omega t + k_{\mathrm{AL}} z), \tag{9.36a}$$

$$\Delta n_y = -\frac{1}{2} n^3 p_{21} \hat{S}_3 \cos(\Omega t + k_{\mathrm{AL}} z), \tag{9.36b}$$

$$\Delta n_z = -\frac{1}{2} n^3 p_{11} \hat{S}_3 \cos(\Omega t + k_{\mathrm{AL}} z). \tag{9.36c}$$

Transversale Scherwellen werden durch Nebendiagonalelemente S_{ij} des Dehnungstensors $\boldsymbol{S}$ beschrieben. Dementsprechend werden auch Nebendiagonalelemente ζ_{ij} im Impermittivitätstensor $\boldsymbol{\zeta}$ erzeugt, selbst wenn sich die Schallwelle entlang einer der Hauptachsen des

Mediums ausbreitet. Die Matrixinversion und Bestimmung der Brechzahländerung liefert dann ein komplizierteres Ergebnis. In isotropen Medien kann durch eine Hauptachsentransformation auf ein neues Koordinatensystem x', y', z' die Brechzahländerung wieder in einfacher Weise dargestellt werden [27]. Als Beispiel betrachten wir eine in y-Richtung polarisierte und sich in $+z$-Richtung ausbreitende Scherwelle in einem isotropen Medium

$$\underset{\sim}{S}_4(t,z) = \hat{S}_4 \cos(\Omega t + k_{\mathrm{AT}} z). \tag{9.37}$$

Die resultierenden neuen Hauptachsen x', y', z' des Brechzahltensors ergeben sich dann durch eine Rotation des ursprünglichen Systems x, y, z um 45° um die x-Achse [27], mit folgenden modulierten Brechungsindizes:

$$\Delta n_{x'} = n, \tag{9.38a}$$

$$\Delta n_{y'} = -\frac{1}{2} n^3 p_{44} \hat{S}_4 \cos(\Omega t + k_{\mathrm{AT}} z), \tag{9.38b}$$

$$\Delta n_{z'} = +\frac{1}{2} n^3 p_{44} \hat{S}_4 \cos(\Omega t + k_{\mathrm{AT}} z). \tag{9.38c}$$

Obwohl eine Transversalwelle als akustische Scherwelle keine Dichtemodulation aufweist, entsteht auch bei diesem Wellentyp eine räumliche und zeitliche Modulation des Brechungsindex, an der eine Lichtwelle gebeugt und gestreut werden kann. Allerdings unterscheiden sich die Geometrien der Streuprozesse an einer Longitudinal- und einer Transversalwelle deutlich, wie im nächsten Abschnitt dargestellt.

9.2.3 Akustooptischer Effekt und Brillouin-Streuung

Schallwellen erzeugen aufgrund des photoelastischen Effektes eine periodische Modulation des Brechungsindex n eines Mediums, wie in Kap. 9.2.2 beschrieben. An diesen können Lichtwellen gebeugt und in Amplitude, Phase und Polarisation verändert werden. Dies wird allgemein als akustooptischer Effekt bezeichnet. Eine ausführliche Darstellung erfolgt z. B. in [26–28]. Darauf basierende akustooptische Modulatoren sind wichtige Elemente der Optik und Lasertechnik. Brillouin-Streuung entsteht durch Reflexion und Frequenzverschiebung von Lichtwellen an Schallwellen in einem Medium. Hierfür ist in Glasfasern im Wesentlichen die sogenannte BRAGG-Reflexion an longitudinalen Dichtewellen verantwortlich. Daneben spielt die sogenannte RAMAN-NATH-Beugung an longitudinalen und transversalen Schallwellen eine Rolle bei der Lichtstreuung in Vorwärtsrichtung an geführten akustischen Moden in einer Glasfaser (engl. *guided acoustic-wave Brillouin scattering*, GAWBS).

Im nächsten Abschnitt wird zunächst in skalarer Theorie die Bragg-Reflexion als Grundlage der Brillouin-Streuung erläutert. Anschließend wird aus einer tensoriellen Betrachtung abgeleitet, unter welchen geometrischen Bedingungen und für welche Polarisationen der Licht- und Schallwelle Bragg-Reflexion und damit Brillouin-Streuung in Festkörpern möglich ist. Danach wird die Polarisations- und Phasenmodulation im Raman-Nath-Fall sowie an stehenden Schallwellen diskutiert.

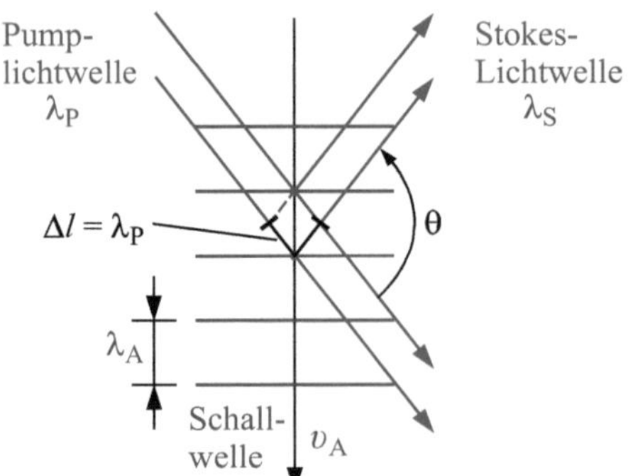

Abb. 9.4 Reflexion einer Lichtwelle an einer Schallwelle, die durch ihre Phasenfronten mit gleichen Dichte- bzw- Brechzahlgradienten dargestellt ist. Teilreflexionen der Pumplichtwelle an gleichen Brechzahlgradienten im Abstand λ_A der Schallwelle überlagern sich dann konstruktiv zu einer gestreuten Stokes-Welle, wenn deren gesamter Weglängenunterschied $\Delta l = \lambda_P$ beträgt. Daraus folgt die Bragg-Bedingung Gl. (9.39)

9.2.3.1 Bragg-Reflexion an Schallwellen

Bei der Bragg-Reflexion an Schallwellen wird angenommen, dass eine Lichtwelle mit einer räumlich unbegrenzten Schallwelle wechselwirkt. Da in allen Medien die Schallgeschwindigkeit v_A sehr viel kleiner als die Lichtgeschwindigkeit c ist, kann in sehr guter Näherung eine quasistatische Beschreibung gewählt werden. Dann resultiert aus der Schallwelle eine stationäre Brechzahlmodulation. Die Beugung und Reflexion von Lichtwellen an stationären periodischen Brechzahlgittern ist in der Wellentheorie als BRAGG-Reflexion gut bekannt [26]. Die Bewegung der Schallwelle wird erst nachträglich durch den DOPPLER-Effekt berücksichtigt, der einen Frequenzversatz der gestreuten Welle bewirkt. Im Gegensatz zu akustooptischen Modulatoren, z. B. in Form einer sog. Bragg-Zelle, wird bei der Brillouin-Streuung die Schallwelle nicht mit einer externen Schallquelle angeregt, sondern die Schallwellen entstehen aus dem thermischen Rauschen der Molekülbewegung (spontane Brillouin-Streuung) oder durch die Lichtwelle aufgrund des Effektes der Elektrostriktion (stimulierte Brillouin-Streuung). Aus diesem Grund wird die einfallende Lichtwelle Pumpwelle genannt.

Die Wellenlänge der Schallwelle λ_A bestimmt die räumliche Periode der Brechzahlmodulation. An einem derartigen periodischen Brechungsindex wird eine Pumplichtwelle der Vakuum-Wellenlänge λ_P reflektiert, wenn die Bragg-Bedingung erfüllt ist:

$$\lambda_P = 2n_P\,\lambda_A \sin\frac{\theta}{2}. \tag{9.39}$$

Darin ist n_P der optische Brechungsindex des Mediums der einfallenden Pumpwelle, und θ ist der Winkel zwischen der Ausbreitungsrichtung des einfallenden und des reflektierten Strahles gemäß Abb. 9.4. Die Ausbreitungsrichtung der Schallwelle ist in isotropen Medien stets senkrecht zur Winkelhalbierenden von θ.

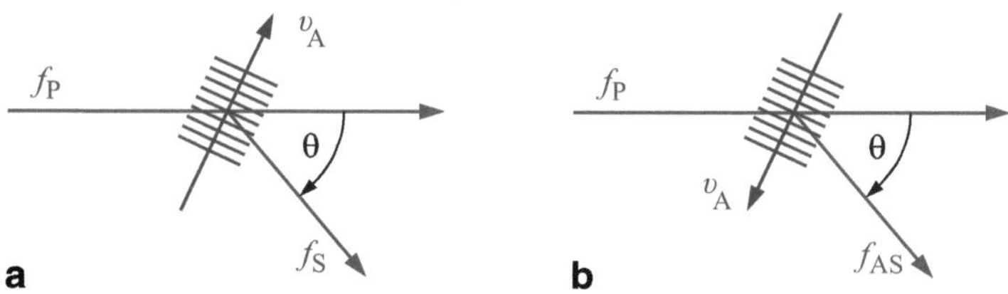

Abb. 9.5 Je nach Ausbreitungsrichtung der Schallwelle bezüglich der Pumplichtwelle mit Frequenz f_P entsteht durch Brillouin-Streuung bei einem Streuwinkel θ eine Stokes-Welle (**a**) mit kleinerer Frequenz f_S oder eine Antistokes-Welle (**b**) mit größerer Frequenz f_{AS} im Vergleich zu f_P

Beispiel 9.2

Für die Reflexion von Lichtwellen im nahen Infrarot bei einer Vakuum-Wellenlänge $\lambda_P \approx 1\,\mu$m sind je nach Streuwinkel und Brechungsindex Schallwellen mit einer Wellenlänge im Bereich um $\lambda_A \approx 500$ nm relevant. Bei einer Schallgeschwindigkeit in Gläsern von grob $v_A \approx 5000$ m/s entspricht dies überschlagsweise Schallfrequenzen $f_A = v_A/\lambda_A$ im Bereich von 10 GHz. Dieser Frequenzbereich für Schallwellen wird Hyperschall genannt (engl. *hypersound*).

Die gestreute Lichtwelle erfährt durch die Reflexion an der akustischen Welle, die sich mit Schallgeschwindigkeit v_A ausbreitet, eine Frequenzverschiebung aufgrund des Doppler-Effektes:

$$f_S = f_P \left(1 - 2n\,\frac{v_A}{c_0}\sin\frac{\theta}{2}\right) = f_P - f_B(\theta), \tag{9.40a}$$

$$f_{AS} = f_P \left(1 + 2n\,\frac{v_A}{c_0}\sin\frac{\theta}{2}\right) = f_P + f_B(\theta), \tag{9.40b}$$

wobei bei gleichem Streuwinkel θ eine Stokes-Welle mit kleinerer Frequenz f_S entsteht, wenn sich die Schallwelle von der Pumpwelle wegbewegt, und eine Antistokes-Welle mit größerer Frequenz f_{AS}, wenn sich die Schallwelle auf die Pumplichtwelle zubewegt (Abb. 9.5). Der maximale Frequenzversatz tritt bei Streuung in Rückwärtsrichtung mit $\theta = \pi$ auf und wird als materialspezifischer Brillouin-Frequenzversatz f_B oder kurz Brillouin-Frequenz bezeichnet, mit Kreisfrequenz Ω_B:

$$f_B = 2n\frac{v_A}{c_0}f_P, \qquad \Omega_B = 2\pi f_B. \tag{9.41}$$

Exkurs 9.3

Für eine bessere Übersicht werden im Folgenden Differenzen von Kreisfrequenzen mit einem großen Symbol Ω bezeichnet, z. B. in Gl. (9.41) die Differenz der Kreisfrequenzen $\Omega_B = \omega_P - \omega_S$ der Pump- und Stokes-Welle der Brillouin-Streuung.

Ein Vergleich mit Gl. (9.39) zeigt, dass für $\theta = \pi$ der Brillouin-Frequenzversatz f_B gleich der akustischen Frequenz f_A der Schallwelle ist. Dieser Sachverhalt kann auch unter Verwendung der Sätze zur Impuls- und Energieerhaltung im Teilchenbild in Kap. 9.3.2 hergeleitet werden.

Beispiel 9.3

In Quarzglas mit einem Brechungsindex n=1,445 und einer Schallgeschwindigkeit $v_{AL} = 5960\,\mathrm{m/s}$ ergibt sich für $\theta = \pi$ bei einer Wellenlänge $\lambda_P = 1550\,\mathrm{nm}$, entsprechend $f_P = 193{,}4$ THz, ein Brillouin-Frequenzversatz $f_B = 11{,}1$ GHz. Verursacht wird dies durch eine Schallwelle mit genau dieser Frequenz $f_A = f_B$.

Der Brillouin-Frequenzversatz f_B ist typischerweise um drei Größenordnungen kleiner als der Frequenzversatz der Raman-Streuung f_R. Während der Raman-Frequenzversatz unabhängig von der Pumpfrequenz eine Materialkonstante ist, ist der Brillouin-Frequenzversatz direkt proportional zur Pumpfrequenz f_P.

9.2.3.2 Relativistische Betrachtung der Bragg-Reflexion an Schallwellen

Da die Schallwellen sich mit der akustischen Geschwindigkeit v_A bewegen, darf die Bragg-Bedingung nach Gl. (9.39) streng genommen nur im mitbewegten Bezugssystem der Schallwelle ausgewertet werden. Die Frequenzen und Wellenlängen der Wellen müssen unter Berücksichtigung relativistischer Effekte in dieses Bezugssystem transformiert werden. Damit ergibt sich bei senkrechtem Einfall mit $\theta = \pi$ eine korrekte Bragg-Bedingung für die Licht- und Schallwellenlängen im ruhenden Bezugssystem, wobei zwischen Stokes- und Antistokes-Fall unterschieden werden muss:

$$\lambda_P = 2n_P\,\lambda_{A,S}\frac{c}{c+v_A}, \qquad \lambda_P = 2n_P\,\lambda_{A,AS}\frac{c}{c-v_A}. \tag{9.42}$$

Da die Schallgeschwindigkeit v_A aber erheblich kleiner als die Lichtgeschwindigkeit im Medium c ist, sind die dadurch resultierenden Abweichungen von Gl. (9.39) sehr gering und werden in der Praxis vernachlässigt. Bei der theoretischen Herleitung der stimulierten Brillouin-Streuung aufgrund der Interferenz gegenläufiger Lichtwellen ist die Bragg-Bedingung aber nur im relativistischen Fall nach Gl. (9.42) analytisch exakt erfüllt.

Die Gleichungen für die Doppler-Frequenzverschiebung Gl. (9.40) und den Brillouin-Frequenzversatz Gl. (9.41) sind ebenfalls nur Näherungen aufgrund der Tatsache, dass die Schallgeschwindigkeit $v_A \ll c$ sehr viel kleiner als die Lichtgeschwindigkeit im Medium ist. Der eigentlich korrekte Ansatz des relativistischen Doppler-Effektes für Lichtwellen führt für $\theta = \pi$ zu folgenden Frequenzen der Stokes- und Antistokes-Wellen:

$$f_{S,r} = f_P\,\frac{c-v_A}{c+v_A}, \qquad f_{AS,r} = f_P\,\frac{c+v_A}{c-v_A}. \tag{9.43}$$

Der relative Fehler durch die Näherung ist kleiner als 10^{-5} und beträgt für das Zahlenbeispiel Bsp. 9.3 nur 319 kHz für die Stokes-Welle. Dies ist in praktischen Anwendungen vernachlässigbar. Als weitere Konsequenz ergibt sich aus der relativistischen Rechnung ein unterschiedlicher Betrag des Brillouin-Frequenzversatzes für die Stokes- und Antistokes-Streuung

$$f_{\mathrm{B,S}} = |f_{\mathrm{P}} - f_{\mathrm{S,r}}| = \frac{2v_{\mathrm{A}}}{c + v_{\mathrm{A}}} f_{\mathrm{P}}, \quad f_{\mathrm{B,AS}} = |f_{\mathrm{P}} - f_{\mathrm{AS,r}}| = \frac{2v_{\mathrm{A}}}{c - v_{\mathrm{A}}} f_{\mathrm{P}}. \tag{9.44}$$

Der Unterschied zwischen $f_{\mathrm{B,S}}$ und $f_{\mathrm{B,AS}}$ beträgt für Bsp. 9.3 genau 638 kHz und ist ebenfalls nur schwer messbar. Die so bestimmten Brillouin-Frequenzverschiebungen der Stokes- bzw. Antistokes-Wellen $f_{\mathrm{B,S}}$ und $f_{\mathrm{B,AS}}$ entsprechen exakt den Frequenzen $f_{\mathrm{A,S}}$ und $f_{\mathrm{A,AS}}$ derjenigen Schallwellen, deren Wellenlängen $\lambda_{\mathrm{A}} = v_{\mathrm{A}}/f_{\mathrm{A}}$ die relativistischen Bragg-Bedingungen Gl. (9.42) bei gegebener Vakuum-Pumpwellenlänge λ_{P} erfüllen. Im bewegten Bezugssystem der Schallwelle haben Pump- und Stokes-Welle sowie Pump- und Antistokes-Welle die gleiche Frequenz und erfüllen an der jeweiligen Schallwelle die Bragg-Bedingung.

Exkurs 9.4

In Gl. (9.40)–(9.44) wurde der Brechungsindex n und die Lichtgeschwindigkeit im Medium c als konstant für alle beteiligten Frequenzen und Wellen angenommen, was aufgrund der kleinen Frequenzunterschiede zwischen Pump-, Stokes- und Antistokes-Welle eine gerechtfertigte Näherung ist. Zusätzlich zur relativistischen Rechnung entsteht eine weitere kleine Abweichung, wenn die Dispersion des Brechungsindex $n(f)$ berücksichtigt wird [29, 30]. Auch dies wird in der Praxis meist vernachlässigt.

9.2.3.3 Tensorielle Beschreibung der Bragg-Reflexion

Die Gleichungen der Bragg-Bedingung und des Brillouin-Frequenzversatzes sind unabhängig vom Typ der Schallwelle und der Polarisation der Licht- und Schallwellen. Daher ist für die Bestimmung dieser Größen ein skalarer Ansatz ausreichend, solange je nach Schallwellentyp die passende Schallgeschwindigkeit v_{AL} oder v_{AT} sowie die daraus resultierende Wellenlänge der Schallwelle λ_{A} eingesetzt wird. Zur korrekten Bestimmung der Amplituden und Leistungen der gestreuten Wellen in einem Festkörper ist aber ein tensorieller Ansatz erforderlich [31]. Hierzu betrachten wir eine Schallwelle mit Frequenz Ω, die sich in $+z$-Richtung ausbreitet. Für den Wellenvektor der Schallwelle gilt dann $\boldsymbol{k}_{\mathrm{A}} = k_{\mathrm{A}}\boldsymbol{e}_z$ mit dem Betrag $k_{\mathrm{A}} = \Omega/v_{\mathrm{A}}$ als Ausbreitungskonstante. Einfallende und gestreute Lichtwelle mit Wellenvektoren $\boldsymbol{k}_{\mathrm{P}}$ und $\boldsymbol{k}_{\mathrm{S}}$ sollen in der xz-Ebene liegen. Diese Wahl kann in isotropen Medien stets durch Drehung des Koordinatensystems eingestellt werden und ist daher in diesen Medien allgemeingültig. Der Streuwinkel θ zwischen Pump- und Stokes-Lichtwelle (Streulichtwelle) kann beliebige Werte zwischen 0 ($\boldsymbol{k}_{\mathrm{P}} \perp \boldsymbol{k}_{\mathrm{A}}$) und π ($\boldsymbol{k}_{\mathrm{P}} \| \boldsymbol{k}_{\mathrm{A}}$) annehmen (Abb. 9.6). Stets sei dabei die Bragg-Bedingung Gl. (9.39) erfüllt. Bei konstanter Lichtwellenlänge ist dann je nach Winkel θ eine Schallwelle mit angepasster

Wellenlänge $\lambda_A(\theta)$ erforderlich. Diese wäre für $\theta = 0$ unendlich groß, so dass für $\theta = 0$ keine Bragg-Reflexion, sondern nur Raman-Nath-Beugung auftreten kann (s. Kap. 9.2.3.4).

Die Polarisation der Schallwelle, beschrieben durch den Vektor der Auslenkung $\boldsymbol{u}$ mit Amplitude u, kann longitudinal $\boldsymbol{u}_L = u\,\boldsymbol{e}_z$, transversal in x-Richtung $\boldsymbol{u}_{Tx} = u\,\boldsymbol{e}_x$ oder transversal in y-Richtung $\boldsymbol{u}_{Ty} = u\,\boldsymbol{e}_y$ sein. Lichtwellen, deren E-Feld in der von $\boldsymbol{k}_P$ und $\boldsymbol{k}_S$ aufgespannten Ebene schwingt, sind horizontal polarisiert (Index H), Lichtwellen, die senkrecht zu dieser Ebene schwingen, werden als vertikal polarisiert bezeichnet (Index V). $\boldsymbol{e}_P$ und $\boldsymbol{e}_S$ sind Einheitsvektoren in Richtung dieser Polarisationsmöglichkeiten für die Pump- und Stokes-Welle (Abb. 9.6).

Der Leistungsanteil der gestreuten Stokes-Welle $\mathrm{d}P_S$ pro differentiellem Streuvolumenelement $\mathrm{d}V$ und pro differentiellem Raumwinkel $\mathrm{d}\Theta$ ist bei gegebener Intensität der Pumpwelle I_P gemäß [3, 31, 32] proportional zu

$$\frac{\mathrm{d}P_S}{\mathrm{d}V\mathrm{d}\Theta} \sim \lambda_S^{-4}(k_A u)^2 \left|\boldsymbol{e}_S\,\boldsymbol{T}\,\boldsymbol{e}_P\right|^2 I_P. \tag{9.45}$$

Darin ist $\boldsymbol{T}$ ein Tensor zweiter Stufe, der in normierter Form die Verkopplung der Polarisationszustände $\boldsymbol{e}_S$ und $\boldsymbol{e}_P$ durch den photoelastischen Effekt bei gegebenem Spannungstensor der Schallwelle $\boldsymbol{S}$ beschreibt:

$$T_{ij} = n_i^2 n_j^2\,\frac{\Delta\zeta_{ij}}{k_A u}, \tag{9.46}$$

$$= n_i^2 n_j^2\,\frac{p_{ijkl}S_{kl}}{k_A u}. \tag{9.47}$$

In [31] ist der Tensor $\boldsymbol{T}$ für die drei Polarisationsarten der Schallwelle und für verschiedene Kristall-Symmetrieklassen tabelliert. Für die hier diskutierten isotropen Medien und für Ausbreitung der Schallwelle in $+z$-Richtung gilt

$$\boldsymbol{T}_L = n^4 \begin{pmatrix} p_{12} & 0 & 0 \\ 0 & p_{12} & 0 \\ 0 & 0 & p_{11} \end{pmatrix}, \tag{9.48}$$

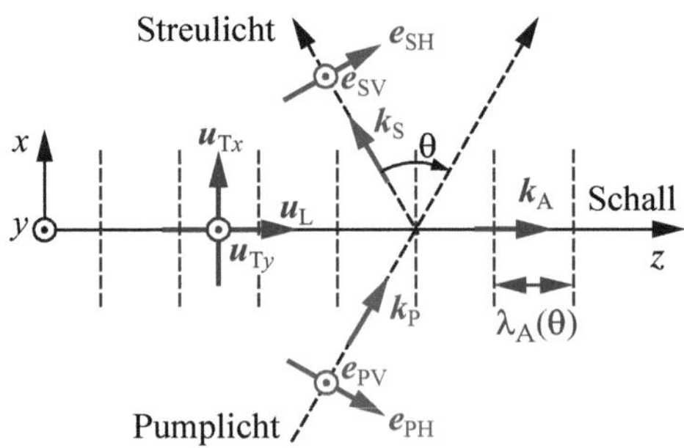

Abb. 9.6 Zur Definition der Polarisationen bei der Bragg-Streuung einer Pumplichtwelle $\boldsymbol{k}_P$ in eine Stokes-Lichtwelle $\boldsymbol{k}_S$ an einer Schallwelle mit Wellenvektor $\boldsymbol{k}_A$

$$\boldsymbol{T}_{\mathrm{T},x} = n^4 \begin{pmatrix} 0 & 0 & p_{44} \\ 0 & 0 & 0 \\ p_{44} & 0 & 0 \end{pmatrix}, \quad \boldsymbol{T}_{\mathrm{T},y} = n^4 \begin{pmatrix} 0 & 0 & 0 \\ 0 & 0 & p_{44} \\ 0 & p_{44} & 0 \end{pmatrix}.$$

Damit kann ein effektiver photoelastischer Koeffizient p_{eff} für verschiedene Konstellationen der Polarisationszustände und Ausbreitungsrichtungen definiert werden:

$$p_{\mathrm{eff}}(\theta) = \frac{1}{n^4}(\boldsymbol{e}_{\mathrm{S}}\, \boldsymbol{T}\, \boldsymbol{e}_{\mathrm{P}}). \tag{9.49}$$

In Tab. 9.2 sind die Ergebnisse für die möglichen Konstellationen der Polarisationen von Licht- und Schallwellen in isotropen Medien dargestellt. Für die gestreute Leistung erhält man damit

$$\mathrm{d}P_{\mathrm{S}}(\theta) \sim \lambda_{\mathrm{S}}^{-4}(k_{\mathrm{A}}u)^2 n^4\, |p_{\mathrm{eff}}(\theta)|^2 I_{\mathrm{P}}\, \mathrm{d}V \mathrm{d}\Theta. \tag{9.50}$$

Daraus können folgende für die Brillouin-Streuung relevante Schlüsse gezogen werden:

- Haben eine longitudinale Schallwelle und eine Lichtwelle eine parallele oder antiparallele Ausbreitungsrichtung ($\theta = \pm\pi$), so wird die Lichtwelle unabhängig von ihrer Polarisation mit stets dem gleichen effektiven photoelastischen Koeffizienten p_{12} an der Schallwelle gestreut. Dabei findet keine Streuung zwischen orthogonalen Polarisationen statt. Diese Konstellation ist für die Brillouin-Rückstreuung in Glasfasern verantwortlich.
- Für Winkel $\theta \neq \pm\pi$ ist die Stärke der Streuung an longitudinalen Schallwellen in Festkörpern abhängig von der Polarisation der Lichtwelle. Diese Konfiguration ist in Glasfasern jedoch von geringer Bedeutung.
- An transversalen Schallwellen, die parallel zur Ebene der Ausbreitungsrichtungen der Lichtwellen polarisiert sind, findet keine Streuung statt.
- An transversalen Schallwellen, die senkrecht zur Ebene der Ausbreitungsrichtungen der Lichtwellen polarisiert sind, findet eine Streuung nur für Winkel $\theta \neq \pm\pi$ statt. Auch dies ist in Glasfasern wenig relevant.
- An einer transversalen Schallwelle findet Streuung nur in orthogonale Feldkomponenten der Lichtwelle statt.

Gleiche Auswahlregeln der Verkopplung der Licht- und Schallwellen gelten auch bei der Elektrostriktion und somit für die stimulierte Brillouin-Streuung, die mit dem photoelastischen Effekt eng verkoppelt ist (s. Kap. 9.4.1). Für die Brillouin-Streuung in Glasfasern ist die Streuung in Rückwärtsrichtung zur Pumplichtwelle relevant. Diese erfolgt somit ausschließlich an longitudinalen Dichtewellen. Daher wird häufig ein vereinfachter hydrodynamischer Ansatz zur Beschreibung der SBS gewählt.

Tab. 9.2 Effektive photoelastische Koeffizienten p_{eff} der Brillouin-Streuung für verschiedene Polarisationsarten der Schallwelle (L, T_x,T_y) und verschiedene Polarisationen (V, H) der Pump- und Stokes-Lichtwelle in Abhängigkeit vom Streuwinkel θ in isotropen Medien

Polarisation	V→V	H→H	V→H, H→V
L	p_{12}	$p_{44} + (p_{12} + p_{44}) \cos\theta$	0
T_x	0	0	0
T_y	0	0	$p_{44} \cos\frac{\theta}{2}$

Exkurs 9.5
Sollen in einem Medium intensive transversale Schallwellen bei extrem hohen akustischen Frequenzen angeregt werden, die von mechanischen piezoelektrischen Schwingern nicht erzeugt werden können, so kann dies durch Elektrostriktion erfolgen. Hierzu sind aufgrund der beschriebenen Auswahlregeln räumlich gekreuzte Laserstrahlen mit orthogonaler Polarisation erforderlich [33].

Auf Basis von Gl. (9.50) kann die in einem differentiellen Volumenelement dV an einer lokalen Schallwelle gestreute Leistung bestimmt werden. Bei der spontanen Brillouin-Streuung sind die Streuwellen aus benachbarten Volumenelementen sowie Streuwellen in unterschiedlichen Raumrichtungen nicht korreliert, da diese aus dem räumlich und zeitlich unkorrelierten Rauschen der thermischen Molekülbewegung resultieren. Die unkorrelierte Überlagerung der Streuanteile aus unterschiedlichen Volumenelementen und Raumrichtungen erfolgt daher durch Addition der quadratischen Mittelwerte der Amplituden und somit durch Addition der Leistungen der gestreuten Lichtwellen. Die gesamte Streuleistung ergibt sich also durch Integration der Leistung dP_S über das gesamte Streuvolumen V und über den vollen Raumwinkel Θ. Damit kann in Kap. 9.3 der Streukoeffizient der spontanen Brillouin-Streuung an thermisch angeregten Schallwellen definiert werden.

Anders verhält es sich bei der Beugung und Reflexion eines Laserstrahls an einer extern angeregten, kohärenten Schallwelle, wie z. B. in einem akustooptischen Modulator. Hier müssen die gestreuten Feldanteile pro Volumenelement nach Betrag und Phase überlagert werden. Die mathematische Beschreibung erfolgt über gekoppelte Wellengleichungen für die einfallende und die gebeugte Welle, wobei die Kopplung durch die periodische Brechzahlmodulation der Schallwelle erfolgt [27, 28]. Damit kann beispielsweise die Beugungseffizienz eines akustooptischen Modulators bei gegebener Amplitude der Schallwelle und gegebenen geometrischen Abmessungen bestimmt werden. Auch bei der stimulierten Brillouin-Streuung erfolgt eine Reflexion an einer durch die Lichtwellen angeregten kohärenten Schallwelle. Die mathematische Beschreibung der SBS mit Hilfe der gekoppelten Wellengleichungen erfolgt in Kap. 9.4.3.2.

Für einen Streuwinkel $\theta = 0$, also einer Lichtausbreitungsrichtung senkrecht zur Schallwelle, entsteht in der Bragg-Theorie gemäß Gl. (9.40) kein Frequenzversatz, und es wäre

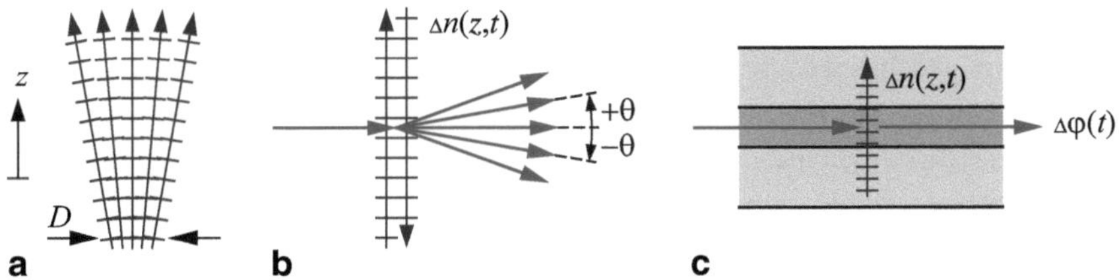

Abb. 9.7 Raman-Nath-Beugung. **a** Divergenz einer Schallwelle mit begrenzter Breite D. **b** Streuung an einer stehenden Welle. **c** Phasenmodulation durch eine Schallwelle im Kern einer Glasfaser

eine Schallwelle mit unendlich großer Wellenlänge zur Erfüllung der Bragg-Bedingung Gl. (9.39) erforderlich. Dies gilt jedoch nur für transversal unendlich ausgedehnte Schallwellen. An räumlich begrenzten Schallwellen kann auch bei senkrechtem Lichteinfall eine Streuung entstehen, die RAMAN-NATH-Streuung genannt wird.

9.2.3.4 Raman-Nath-Beugung an einer Schallwelle

Betrachtet man statt einer transversal unendlich ausgedehnten Schallwelle eine begrenzte Schallwelle mit Breite D und Wellenlänge λ_A, so ist diese Welle aufgrund der elementaren Beugungstheorie divergent mit einem Winkel [26]

$$\Delta\theta_A \approx \frac{\lambda_A}{D_A}, \tag{9.51}$$

mit genauen Zahlenwerten je nach Geometrie der Schallwelle. Eine derartige divergente Welle kann als Überlagerung von lokalen ebenen Wellen mit einer Variation der Ausbreitungsrichtung innerhalb der Grenzen $\pm\Delta\theta_A$ angesehen werden (Abb. 9.7a). Selbst bei senkrechtem Einfall einer Lichtwelle mit Vakuum-Wellenlänge λ_0 kann dann für eine dieser lokalen Schallwellen die Bragg-Bedingung für einen Streuwinkel θ erfüllt sein:

$$\pm\theta = 2\arcsin\frac{\lambda_0}{2n\lambda_A} \approx \frac{\lambda_0}{n\lambda_A}, \tag{9.52}$$

mit der Nebenbedingung $\theta < 2\,\Delta\theta_A$. Der Winkel ist positiv bzw. negativ, wenn sich die Schallwelle im Bild in $+z$-Richtung bzw. $-z$-Richtung ausbreitet. An einer stehenden Welle mit gegenlaufenden Schallwellen entstehen beide Beugungsrichtungen gleichzeitig (Abb. 9.7b). Bei Schallwellen mit kleinen Breiten D können auch höhere Beugungsordnungen bei ganzzahligen Vielfachen $m\,\theta$ entstehen.

Diese Art der Beugung einer Lichtwelle an einer Schallwelle wird RAMAN-NATH-Beugung genannt. Sie entspricht der Beugung einer Lichtwelle an einer Phasenmaske. Je nach Phasenhub $\Delta\phi$, der proportional zur Brechzahlmodulation Δn und damit zur Amplitude der Schallwelle ist, wird unterschiedlich viel Leistung in die einzelnen Beugungsordnungen m gestreut. Im Gegensatz zur Bragg-Reflexion, bei der bei gegebenem Winkel zwischen Licht- und Schallwelle eine feste Beziehung zwischen der Licht- und Schallwellenlänge besteht, kann für Raman-Nath-Beugung die Wellenlänge der Schallwelle bei gegebener Lichtwellenlänge beliebige Werte annehmen.

In Glasfasern spielt die Raman-Nath-Beugung eine untergeordnete Rolle. Durch Streuung von im Kern geführten Licht an einer thermisch angeregten Schallwelle mit senkrechter Ausbreitungsrichtung zur Faserachse werden im Vergleich zur Rayleigh-Streuung nur unwesentliche Anteile der Lichtleistung aus dem Kern gestreut. Wie alle Beugungsordnungen $m > 0$ ist auch der nicht gebeugte Strahl aufgrund des zeitvariablen Brechungsindex $\Delta n(t)$ durch die Schallwelle phasenmoduliert (Abb. 9.7c). Dabei kann auch die Polarisation der Lichtwelle moduliert werden, da in einem Festkörper sowohl eine Longitudinalwelle gemäß Gl. (9.36) als auch eine Transversalwelle gemäß Gl. (9.38) eine zeitvariable Anisotropie des Brechungsindex erzeugen, wenn die Ausbreitungsrichtungen der Schall- und Lichtwelle senkrecht zueinander sind. Beide Effekte lassen sich bei phasen- oder polarisationssensitiver Detektion der transmittierten Lichtwelle beobachten. Dies ist die Ursache für die Streuung in Vorwärtsrichtung an geführten akustischen Wellen (GAWBS) im Faserquerschnitt, die in Kap. 9.3.3.3 besprochen werden. Mit Anregung der Schallwelle durch eine externe Quelle können auf Basis des Prinzips in Abb. 9.7c auch faserbasierte Phasenmodulatoren realisiert werden [34–36].

9.2.4 Abhängigkeit der Schallgeschwindigkeit von der Dotierung

Eine wesentliche Größe zur Beschreibung der Wechselwirkung zwischen Schall und Licht wie z. B. der Brillouin-Streuung ist die Schallgeschwindigkeit v_A im Medium. In Quarzglas ist diese ebenso wie der Brechungsindex n abhängig von der Dotierung wie z. B. mit Germanium, das üblicherweise für die Anhebung des Brechungsindex im Kern verwendet wird. Für kleine molare Konzentrationen x_D eines Dotierstoffes kann die Abhängigkeit der Schallgeschwindigkeit von der Dotierung linearisiert werden:

$$v_A(x_D) = v_{A,SiO_2}(1 + C_A x_D) = v_{A,SiO_2} + \Delta v_A. \tag{9.53}$$

Zahlenwerte der Dotierungskoeffizienten C_A für verschiedene Dotierstoffe wurden in [37] durch Messung der Ausbreitungsgeschwindigkeit von verschiedenen Typen an Oberflächenwellen bestimmt. Dabei kann zwischen einem Dotierungskoeffizient der Schallgeschwindigkeit C_{AL} der Longitudinalwelle und C_{AT} der Transversalwelle unterschieden werden. Neuere Messungen basierend auf dem Frequenzversatz der Brillouin-Streuung kommen zum einen zu deutlich anderen Zahlenwerten als in [37] und zeigen zum anderen eine deutlich ausgeprägte nichtlineare Abhängigkeit von der Dotierstoffkonzentration x_D. Diese Abhängigkeit muss mit im Vergleich zu Gl. (9.53) aufwendigeren Mischungsmodellen beschrieben werden. In Tab. 9.3 sind daher für eine Reihe an Dotierstoffen nur die Vorzeichen der Änderung Δv_A sowie entsprechende Literaturquellen mit quantitativen Modellen angegeben. Für reine Oxide der Dotierstoffe wie GeO_2, P_2O_5 oder B_2O_3, die wie SiO_2 ein Glas bilden, bietet deren longitudinale Schallgeschwindigkeit v_{AL} sowie deren Brechzahl n einen guten Anhaltspunkt für den Effekt einer jeweiligen Dotierung. Der Einfluss weiterer Dotierstoffe wie Neodym (Nd) oder Ytterbium (Yb) wurde in [38] und [39] untersucht.

Tab. 9.3 Tabelle relevanter Materialeigenschaften für die Brillouin-Streuung. Zahlenwerte für die longitudinale Schallgeschwindigkeit υ_{AL}, Brechzahl n, Brillouin-Linienbreite Γ_B, den photoelastischen Koeffizient p_{12} und die Dichte ϱ_0 nach [39], Vorzeichen der Änderungen $\Delta\upsilon_A$ und Δn durch Dotierstoffe in SiO_2 nach [37, 40], sowie Referenzen für eine quantitative Beschreibung der Dotierung

Material	SiO_2	GeO_2	P_2O_5	B_2O_3	Al_2O_3	TiO_2	F
υ_{AL} (m/s)	5970	3510	3936	3315	(9790)		
n	1,444	1,571	1,488	1,410	(1,653)		
$\Delta\upsilon_A$		–	–	–	+	–	–
Δn		+	+	–	+	+	–
Γ_B (MHz)	21	124	177	428			
p_{12}	0,25	0,268	0,255	0,298			
ϱ_0 (g/cm^3)	2,2	3,65	2,39	1,82	(3,35)		
Referenzen	[39]	[22]	[41]	[42]	[43]	[37]	[44]

Durch die übliche Dotierung einer Glasfaser mit GeO_2 wird im Kern der optische Brechungsindex erhöht und gleichzeitig die Schallgeschwindigkeit reduziert. Dadurch entsteht im Kern sowohl ein optischer als auch ein akustischer Wellenleiter. Die darin geführten akustischen Moden wechselwirken bei der Brillouin-Streuung besonders effektiv mit der Lichtwelle. Dies wird in Kap. 9.2.5 weiter diskutiert. Alternativ kann der optische Wellenleiter auch durch eine Dotierung des Kerns mit Aluminium in Form von Al_2O_3 oder des Mantels mit Fluor (F) erzeugt werden. In beiden Fällen ist die Schallgeschwindigkeit im Kern größer als im Mantel, so dass die akustische Welle weniger gut im Kern geführt wird. Dies kann zur Reduktion der stimulierten Brillouin-Streuung genutzt werden, wie in Kap. 9.8.1 besprochen.

9.2.5 Akustische Moden in Glasfasern

Eine Glasfaser ist sowohl ein optischer als auch ein akustischer Wellenleiter. Dazu betrachten wir eine Glasfaser als langen Zylinder mit kreisförmigen Querschnitt. Aus der akustischen Wellengleichung Gl. (9.25) ergeben sich zusammen mit akustischen Rand- und Stetigkeitsbedingungen an Materialdiskontinuitäten die akustischen Wellenleitermoden [19, 45]. Eine Mode X_{mn} wird mit einem Buchstaben X bezeichnet, der den Schwingungstyp charakterisiert, z. B. R für überwiegend radiale Moden oder T für Torsionsmoden. m ist die umfangsseitige Modenordnung mit einer funktionalen Abhängigkeit des Schallfeldes gemäß $\sin m\varphi$ oder $\cos m\varphi$ vom umfangsseitigen Winkel φ. n ist die radiale Modenordnung, mit einer entsprechenden radialen Abhängigkeit, die durch Bessel-Funktionen unterschiedlicher Ordnungen beschrieben wird. Derartige akustische Moden in zylindrischen Stäben haben bezüglich der Geometrie und der Ausbreitungseigenschaften Ähnlichkeiten, aber auch Unterschiede zu den optischen Wellenleitermoden nach Kap. 3. Ein wesentlicher

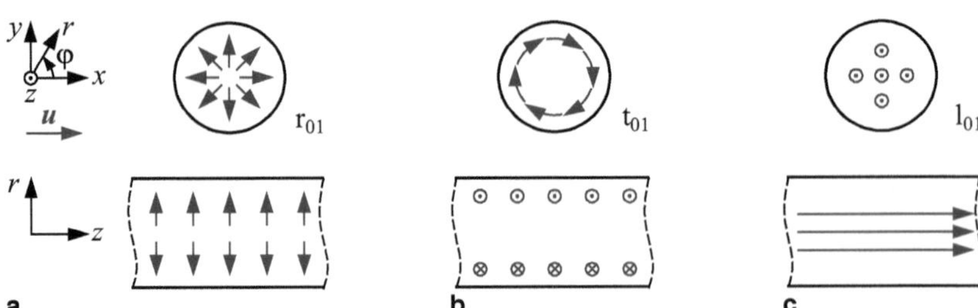

Abb. 9.8 Skizze des Auslenkungsvektors ***u*** für umfangsseitig resonante akustische Schwingungen in Glasfasern: Radialmoden (r), Torsionsmoden (t) und Longitudinalmoden (l). Dargestellt ist jeweils die Mode niedrigster Ordnung

Unterschied ist, dass es akustische Moden mit dominierenden longitudinalen Komponenten gibt, die keine optische Entsprechung haben [46].

Nachfolgend werden einige wichtige Merkmale diskutiert, die für die Brillouin-Streuung in Glasfasern relevant sind. Einfache rotationssymmetrische Stufenindexfasern können dabei mit Hilfe analytischer Moden im Mantel und im Kern beschrieben werden. Kompliziertere Brechzahl- und Schallgeschwindigkeitsprofile erfordern jedoch numerische Verfahren zur Bestimmung der Eigenschaften der optischen und akustischen Moden [47–49].

9.2.5.1 Umfangsseitig resonante Schwingungsmoden

Zunächst können umfangsseitig resonante Schwingungsmoden eines Kreiszylinders betrachtet werden, die keine Abhängigkeit von der z-Koordinate (Faserachse) haben. Diese sind in der xy- bzw. $r\varphi$-Querschnittsebene rein radiale Dichteschwingungsmoden (Abb. 9.8a) und rein tangentiale Scherungs- oder Torsionsmoden (Abb. 9.8b), sowie in der rz-Längsebene rein axiale Scherschwingungsmoden (Abb. 9.8c). Alle diese Moden können als stehende Wellen von umfangsseitig entlang der φ-Koordinate geführten Schallwellen betrachtet werden. Die Resonanzfrequenzen dieser Moden befinden sich bei üblichen Abmessungen einer Glasfaser im Bereich einiger 10 MHz bis einige GHz [16, 21]. Die Streuung von Lichtwellen an solchen akustischen Schwingungen wird daher auch Streuung an geführten akustischen Wellen (engl. *guided acoustic wave Brillouin scattering*, GAWBS) genannt, obwohl bei diesen akustischen Moden keine Wellenausbreitung in Ausbreitungsrichtung der Lichtwelle stattfindet (z-Koordinate in Abb. 9.8).

9.2.5.2 Akustische Mantelmoden

Neben diesen resonanten umfangsseitigen Stehwellen gibt es fortschreitende akustische Wellenleitermoden mit Ausbreitung in axialer Richtung (z-Koordinate). Wie bei optischen Wellenleitern ist auch bei akustischen Wellenleitern eine verlustfreie Wellenführung möglich, wenn die Schallgeschwindigkeit v_A im Wellenleiter kleiner als im umgebenden Medium ist. Dies ist für Mantelmoden, die an der äußeren Mantel-Grenzfläche der Glas-

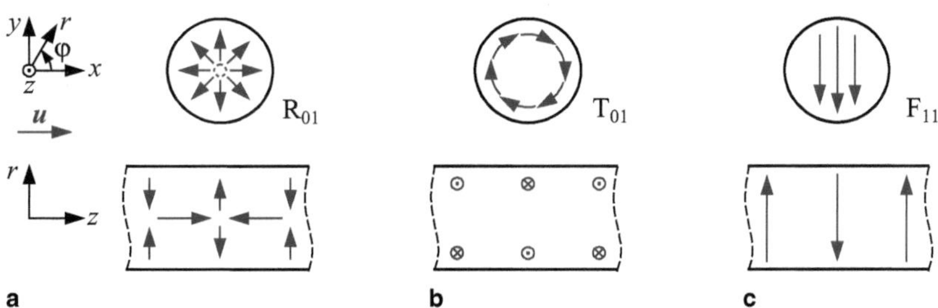

Abb. 9.9 Skizze des Auslenkungsvektors $\boldsymbol{u}$ für wellenausbreitungsfähige akustische Moden im Mantel einer Glasfaser: Radial-axiale Moden (R), Torsionsmoden (T) und Biegemoden (F). Dargestellt ist jeweils die Mode niedrigster Ordnung

faser geführt werden, sowohl für longitudinale als auch für transversale Schallwellentypen der Fall. Solche Mantelmoden erstrecken sich dann über den gesamten Faserquerschnitt. Derartige Moden in kreiszylindrischen Stäben werden POCHHAMMER-Moden genannt [50]. Nach der Geometrie der Moden können diese in radial-axiale Moden R_{mn} (Abb. 9.9a), in Torsionsmoden T_{mn} (Abb. 9.9b) und in Biegemoden F_{mn} (engl. *flexure*, Abb. 9.9c) eingeteilt werden. F- und T-Moden sind überwiegend vom Typ einer Scherwelle. R-Moden sind gemischte Scher- und Dichtewellen mit unterschiedlichen Anteilen einer radialen und longitudinalen Komponente der Schallauslenkung $\boldsymbol{u}$, je nach Frequenz und Geometrie. Deshalb werden diese R-Moden in einigen Quellen auch als L-Moden bezeichnet [19]. Da das Schallfeld der akustischen Mantelmoden im gesamten Faserquerschnitt verteilt ist, ist die Verkopplung einzelner akustischer Mantelmoden mit nur im Kern geführten optischen Moden und somit deren Einfluss auf die Brillouin-Streuung gering.

9.2.5.3 Transversale akustische Kernmoden

Durch die Dotierung des Faserkerns z. B. mit Germanium, um den optischen Brechungsindex zur optischen Wellenführung anzuheben, wird gemäß Tab. 9.3 gleichzeitig die Schallgeschwindigkeit reduziert. Dadurch ist die transversale Schallgeschwindigkeit im Kern $\upsilon_{\mathrm{AT,K}} < \upsilon_{\mathrm{AT,M}}$ kleiner als im Mantel, so dass im Kern vorwiegend transversale Moden vom Typ R, T, und F geführt werden können. Deren Geometrie ist ähnlich der Mantelmoden in Abb. 9.9. Unterschiede zu den Mantelmoden ergeben sich durch die schwache Führung im Kern aufgrund des geringen Unterschieds der Dichten und Schallgeschwindigkeiten von Kern und Mantel [51]. Die Kernmoden haben daher auch im Mantel signifikante Schallfeldanteile. Die F- und T-Kernmoden und selbst die radial-axialen Kernmoden R haben unter diesen Bedingungen eine nur sehr geringe longitudinale Feldkomponente. Daher spielen diese transversalen Kernmoden keine Rolle für die Brillouin-Streuung.

9.2.5.4 Longitudinale akustische Kernmoden, Leckwellen

Longitudinale Moden können nicht abstrahlungsfrei im Kern von einfachen Stufenindexfasern geführt werden, da deren Ausbreitungsgeschwindigkeit $\upsilon_{\mathrm{AL,K}} > \upsilon_{\mathrm{AT,M}}$ größer als die transversale Schallgeschwindigkeit im Mantel ist, so dass Abstrahlung in den Mantel erfolgt [45]. Dies liegt daran, dass die longitudinale Schallgeschwindigkeit v_{AL} allgemein deutlich größer als die transversale Geschwindigkeit v_{AT} ist, so dass die Dotierung des Kerns nichts an diesem Verhältnis ändert (s. Bsp. 9.1).

Für den Fall der schwachen Wellenführung und der Bedingung, dass zusätzlich die longitudinale Geschwindigkeit im Kern $v_{AL,K} < v_{AL,M}$ kleiner als im Mantel ist (s. Abb. 9.10a), können sich jedoch überwiegend longitudinale Moden L_{mn} im Kern ausbreiten, die nur eine geringe Dämpfung durch Abstrahlung haben und als Leckwellen bezeichnet werden [52]. Die Ausbreitungsgeschwindigkeit dieser Moden bewegt sich je nach Frequenz und Modenordnung der Schallwelle zwischen der longitudinalen Schallgeschwindigkeit des Mantels und des Kerns:

$$v_{AL,K} < v_{L,mn}(\Omega) < v_{AL,M}. \tag{9.54}$$

Beispiel 9.4

Für die Schallgeschwindigkeit der niedrigsten akustischen Mode L_{01} in einer Standard-Singlemodefaser gilt nach [22] $v_A = 5838\,\text{m/s}$, wenn die akustische Frequenz $f_A = 11\,\text{GHz}$ ist. Dies entspricht der Frequenz einer Schallwelle, die bei der Brillouin-Streuung einer Lichtwelle mit Wellenlänge $\lambda \approx 1550$ nm in solchen Fasern auftritt.

Ein beispielhaftes Dispersionsdiagramm der Schallgeschwindigkeit v_A dieser Moden in Abhängigkeit des Produktes aus akustischer Frequenz und Kernradius af_A (normierte Frequenz) ist in Abb. 9.11 dargestellt. Die Grundmode L_{01} besitzt keine Grenzfrequenz und ist stets mit geringen Verlusten ausbreitungsfähig. Diese Mode ist die Hauptursache der spontanen und stimulierten Brillouin-Streuung in Standard-Singlemodefasern [53]. Je nach akustischer Frequenz, Dotierprofil und Kernabmessungen können sich aber auch die höheren Moden L_{0m} ausbreiten, die geringfügig andere Schallgeschwindigkeiten als die

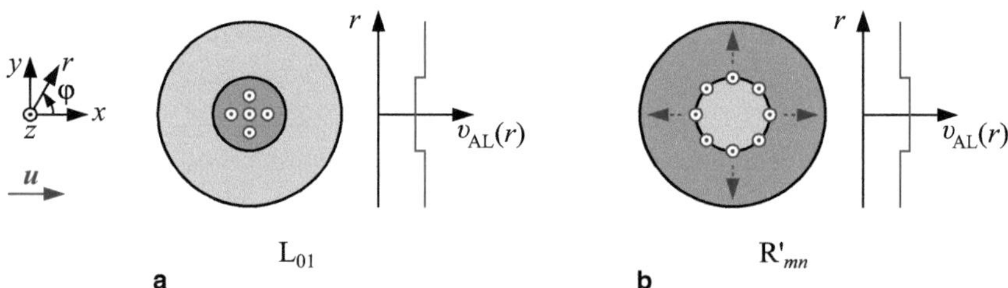

Abb. 9.10 Skizze des Auslenkungsvektors $\boldsymbol{u}$ für wellenausbreitungsfähige akustische Moden im Kernbereich einer Glasfaser: Grundmode einer longitudinalen Leckwelle (L) für einen akustisch wellenleitenden Faserkern $v_{AL,K} < v_{AL,M}$, sowie höhere Mantelmoden mit longitudinalen Feldkomponenten in der Nähe des Kernbereichs (R'_{mn}) in einem akustisch nicht-wellenleitenden Faserkern $v_{AL,K} > v_{AL,M}$

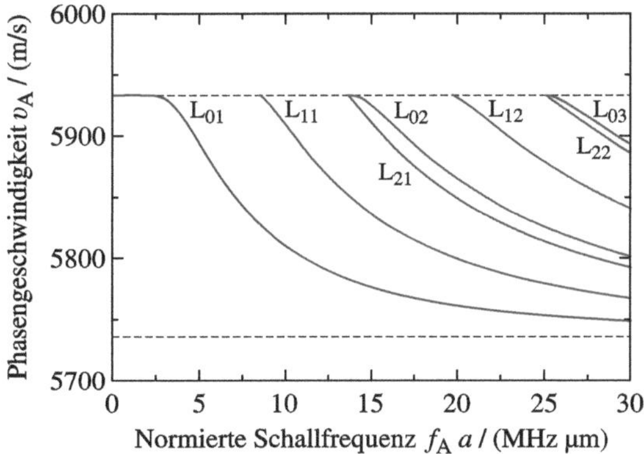

Abb. 9.11 Phasengeschwindigkeit einiger longitudinaler Leckwellenmoden L_{mn} im Kern einer speziellen Singlemodefaser in Abhängigkeit der normierten Schallfrequenz af_A nach [52]. Materialparameter, Kern: $v_{AT,K} = 3625$ m/s, $v_{AL,K} = 5736$ m/s, $\varrho_K = 2{,}213$ g/cm^3; Mantel: $v_{AT,M} = 3764$ m/s, $v_{AL,M} = 5933$ m/s, $\varrho_M = 2{,}202$ g/cm^3

Grundmode haben. Daraus resultieren leicht verschobene akustische Frequenzen $f_{A,m}$, bei denen diese Moden die Bragg-Bedingung zur Streuung einer Lichtwelle mit gegebener Wellenlänge λ erfüllen. Dies ist die Ursache für Nebenmaxima im Brillouin-Spektrum einiger Glasfasern [54].

9.2.5.5 Akustisch nicht-führende Fasern

Gemäß Tab. 9.3 gibt es Dotierstoffe für den Kern (z. B. Al_2O_3) oder für den Mantel (z. B. F oder B_2O_3), so dass gleichzeitig der Brechungsindex und die Schallgeschwindigkeit im Kern größer als im Mantel ist. Eine solche Faser besitzt zwar eine optische Wellenführung im Kern, hat aber dort keine akustischen Wellenleitereigenschaften. Solche Fasern sind interessant zur Unterdrückung der Brillouin-Streuung (s. Kap. 9.8.1.3). Es gibt in solchen Fasern jedoch radial-axiale Mantelmoden R'_{mn} niedriger Ordnung, die ähnlich einer Oberflächenwelle an der Grenzfläche zwischen Kern und Mantel geführt werden [55, 56], wie in Abb. 9.10b dargestellt. Weiterhin gibt es radial-axiale Mantelmoden hoher Ordnung, die eine signifikante longitudinale Schallkomponente im Kern aufweisen [57]. Daher findet auch in solchen Fasern Brillouin-Streuung durch Wechselwirkung der Lichtwelle mit der Schallwelle statt, wenn auch in geringerem Maße wie in Standardfasern mit Ge-dotierten Kern und undotiertem Mantel.

9.3 Spontane Brillouin-Streuung

Bei der spontanen Brillouin-Streuung werden die Schallwellen durch das thermische Rauschen der sehr schnellen und zufälligen Brownschen Molekularbewegung angeregt und besitzen im betrachteten akustischen Frequenzbereich ein weißes Leistungsdichtespektrum. Weiterhin sind die Ausbreitungsrichtungen der thermischen Schallwellen in allen Raumrichtungen gleichverteilt. Es sind daher für beliebige optische Wellenlängen λ_P und Streuwinkel θ stets Schallwellen mit einer passenden Wellenlänge λ_A vorhanden, so dass die Bragg-Bedingung Gl. (9.39) erfüllt ist. In Abhängigkeit vom Streuwinkel θ beobachtet man daher einen material- und wellenlängenabhängigen Frequenzversatz des Streulichtes (Stokes-Lichtwelle). Dies ist die wesentliche Vorhersage aus [1] von LEON BRILLOUIN, die namensgebend für die Brillouin-Streuung ist.

9.3.1 Spontane Brillouin-Streuung im Volumenmaterial

Für die mittlere Energie einer thermisch angeregten akustischen Mode der Frequenz Ω gilt im thermodynamischen Gleichgewicht bei einer Temperatur T nach [31]

$$\varrho_0 \Omega^2 \langle u^2 \rangle \mathrm{d}V = \frac{1}{2} k_\mathrm{B} T. \tag{9.55}$$

Darin ist k_B die Boltzmann-Konstante, ϱ_0 die mittlere Dichte und $\mathrm{d}V$ ein differentielles Volumenelement. u ist die Auslenkung der thermisch angeregten Schallwelle und der Erwartungswert $\langle u^2 \rangle$ ist ein Maß für deren Energie. Eingesetzt in Gl. (9.45) sowie unter Verwendung der Bragg-Bedingung Gl. (9.39) für die akustische Frequenz Ω ergibt sich damit nach [3, 58] ein Streukoeffizient σ'_B der Brillouin-Streuung

$$\sigma'_\mathrm{B}(\theta) = \frac{\pi^2 k_\mathrm{B} T}{2\lambda_\mathrm{S}^4 \varrho_0 \upsilon_\mathrm{A}^2} \left| \boldsymbol{e}_\mathrm{S}\, \boldsymbol{T}\, \boldsymbol{e}_\mathrm{P} \right|^2 = \frac{\pi^2 k_\mathrm{B} T n^8}{2\lambda_\mathrm{S}^4 \varrho_0 \upsilon_\mathrm{A}^2} |p_\mathrm{eff}(\theta)|^2, \tag{9.56}$$

der den pro Volumenelement $\mathrm{d}V$ in einen Raumwinkel $\mathrm{d}\Theta$ gestreuten Leistungsanteil $\mathrm{d}P_\mathrm{S}$ angibt, wenn in das Volumenelement eine Pumpintensität I_P eingestrahlt wird (Abb. 9.12):

$$\frac{\mathrm{d}P_\mathrm{S}}{\mathrm{d}V \mathrm{d}\Theta} = \sigma'_\mathrm{B}(\theta) I_\mathrm{P}. \tag{9.57}$$

Dieser ist abhängig vom betrachteten Streuwinkel θ, da p_eff gemäß Tab. 9.2 je nach Konstellation vom Streuwinkel abhängt. Dabei ist zu beachten, dass je nach betrachteter Polarisation von Pump- und Streuwelle ein anderer Streukoeffizient beobachtet wird. Da durch thermisches Rauschen sowohl Longitudinal- als auch Transversalwellen jeweils gemäß Gl. (9.55) angeregt werden, ist die gesamte Streuleistung $P_\mathrm{S,ges}$ durch Addition aller möglichen Streuprozesse in isotropen Medien zu bilden:

$$P_\mathrm{S,ges} = P_\mathrm{S}(\mathrm{L}, \mathrm{VV}) + P_\mathrm{S}(\mathrm{L}, \mathrm{HH}) + P_\mathrm{S}(\mathrm{T}, \mathrm{VH}) + P_\mathrm{S}(\mathrm{T}, \mathrm{HV}). \tag{9.58}$$

Betrachtet man ein quaderförmiges Volumenelement $\mathrm{d}V = \mathrm{d}A\, \mathrm{d}z$ mit Querschnitt $\mathrm{d}A$ und Länge $\mathrm{d}z$, so gilt für die gestreute Leistung pro Raumwinkelelement $\mathrm{d}\Theta$ und pro Längenelement $\mathrm{d}z$ bei einer Pumpleistung $P_\mathrm{P} = I_\mathrm{P}\, \mathrm{d}A$ (Abb. 9.12):

$$\frac{\mathrm{d}P_\mathrm{S}}{\mathrm{d}z \mathrm{d}\Theta} = \sigma'_\mathrm{B}(\theta) P_\mathrm{P}. \tag{9.59}$$

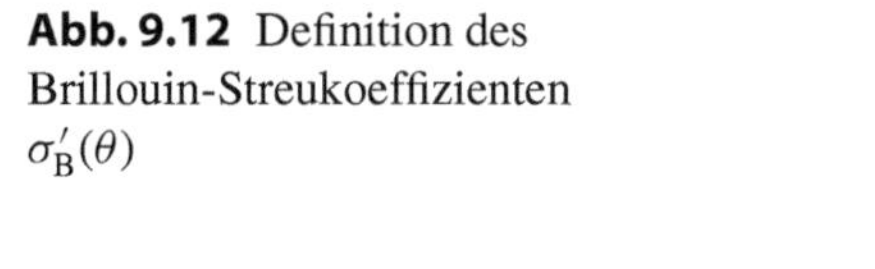

Abb. 9.12 Definition des Brillouin-Streukoeffizienten $\sigma_B'(\theta)$

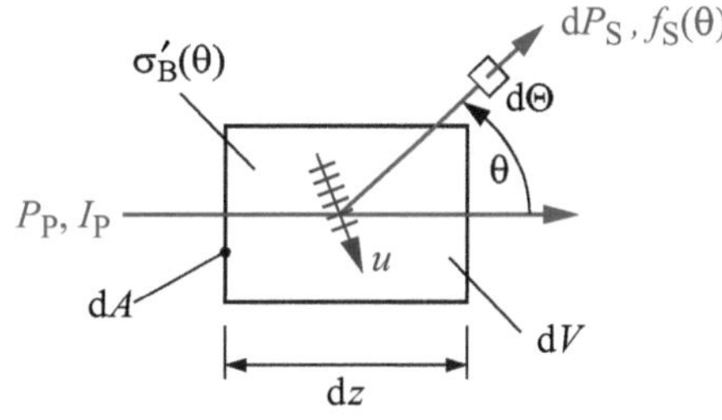

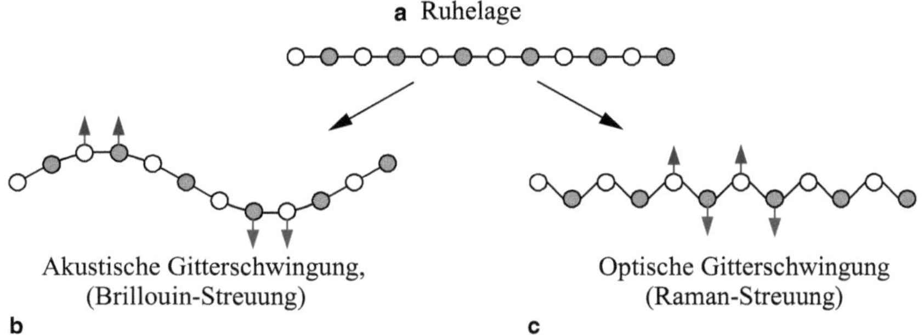

Abb. 9.13 Gitterschwingungen in Festkörpern am Beispiel einer Bindungskette mit alternierenden Atomsorten, z. B. Si-O-Bindungsketten in Quarzglas

Die mit Gl. (9.57) und (9.56) definierte gestreute Leistung dP_S gilt für die Leistung sowohl der Stokes- als auch der Antistokes-Welle, wenn λ_S durch λ_{AS} ersetzt wird. Da der Unterschied der Wellenlängen sehr klein ist, sind die Leistungen der spontanen Brillouin-Streuung in die Stokes- und Antistokes-Welle fast gleich. Der Streukoeffizient σ_B' entspricht formal dem Streukoeffizienten σ_S' der spontanen Raman-Streuung nach Gl. (8.12). Im Gegensatz zu σ_S' beschreibt der hier definierte Streukoeffizient der Brillouin-Streuung σ_B' aber keine spektrale Dichte der Streuung in einem Frequenzintervall df, da bei einem bestimmten Streuwinkel θ die dorthin gestreuten Frequenzen $f_S(\theta)$ oder $f_{AS}(\theta)$ durch die Bragg-Bedingung genau festgelegt sind. Erst wenn wie in Kap. 9.4.3 die Dämpfung der akustischen Welle berücksichtigt wird, entsteht eine spektrale Verbreiterung, die mit typischen Werten unterhalb von 100 MHz deutlich kleiner als bei der spontanen Raman-Streuung mit einer Bandbreite einiger THz ist.

9.3.2 Spontane Brillouin-Streuung im Teilchenbild

Im Teilchenbild kann die spontane Brillouin-Streuung durch Wechselwirkung von Photonen der Lichtwelle mit akustischen Phononen beschrieben werden. Akustische Phononen sind die Quasiteilchen der quantisierten Gitterschwingungen (Abb. 9.13). Im Gegensatz zu den optischen Phononen, die eine Vibration der Molekülbindung quantisieren und für die

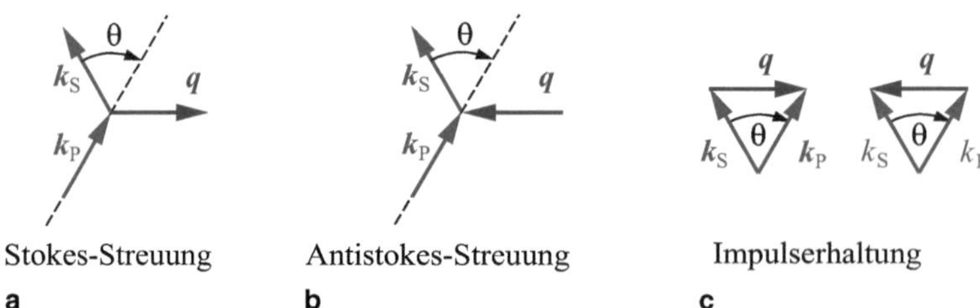

Abb. 9.14 Impulsvektoren des Pumpphotons $\boldsymbol{k}_{\mathrm{P}}$, des gestreuten Photons $\boldsymbol{k}_{\mathrm{S}}$ sowie des Phonons $\boldsymbol{k}_{\mathrm{A}}$ bei der Brillouin-Streuung

Raman-Streuung verantwortlich sind, sind die akustischen Phononen die Quantisierung einer Schallwelle, die eine Bewegung des Massenschwerpunktes eines Moleküls verursacht [59]. Impuls, gegeben durch den Wellenvektor $\boldsymbol{k}_{\mathrm{A}}$, und Energie W_{A} eines akustischen Phonons in einer Schallwelle sind gegeben durch

$$\boldsymbol{k}_{\mathrm{A}} = \frac{2\pi f_{\mathrm{A}}}{\upsilon_{\mathrm{A}}} \boldsymbol{e}_{\mathrm{A}}, \tag{9.60a}$$

$$W_{\mathrm{A}} = h f_{\mathrm{A}}, \tag{9.60b}$$

mit der Frequenz f_{A} und dem Einheitsvektor der Ausbreitungsrichtung $\boldsymbol{e}_{\mathrm{A}}$ der korrespondierenden Schallwelle. Im Falle der Stokes-Streuung wird ein Photon der Pumplichtwelle unter Erzeugung eines Phonons gestreut, bei der Antistokes-Streuung wird ein Phonon vernichtet, wie jeweils in Abb. 9.14 dargestellt. Bei jedem Streuprozess gilt die Energie und Impulserhaltung:

$$\begin{aligned} f_{\mathrm{S}} &= f_{\mathrm{P}} - f_{\mathrm{A}} \\ \boldsymbol{k}_{\mathrm{S}} &= \boldsymbol{k}_{\mathrm{P}} - \boldsymbol{k}_{\mathrm{A}} \end{aligned} \quad \text{Stokes} - \text{Streuung}, \tag{9.61a}$$

$$\begin{aligned} f_{\mathrm{S}} &= f_{\mathrm{P}} + f_{\mathrm{A}} \\ \boldsymbol{k}_{\mathrm{S}} &= \boldsymbol{k}_{\mathrm{P}} + \boldsymbol{k}_{\mathrm{A}} \end{aligned} \quad \text{Antistokes} - \text{Streuung}. \tag{9.61b}$$

Damit kann eine Bedingung für die beteiligten Frequenzen bei gegebenem Streuwinkel θ und gegebener Pumpfrequenz f_{P} abgeleitet werden. Bei der Auswertung der Impulserhaltung geht man dabei näherungsweise von gleichen Frequenzen der Pump- und Stokes-Wellen aus, so dass die Vektorsumme grafisch durch ein gleichschenkliges Dreieck mit $\boldsymbol{k}_{\mathrm{P}} \approx \boldsymbol{k}_{\mathrm{S}}$ dargestellt wird (Abb. 9.14c). Daraus ergibt sich mit Hilfe der trigonometrischen Formeln die benötigte Schallfrequenz f_{A} für einen Streuprozess, die gleichzeitig der Frequenzversatz zwischen Pump- und Stokes-Welle $f_{\mathrm{B}}(\theta)$ ist:

$$f_{\mathrm{A}} = 2n \frac{v_{\mathrm{A}}}{c_0} \sin\frac{\theta}{2} f_{\mathrm{P}} = f_{\mathrm{B}}(\theta). \tag{9.62}$$

Dies ist in Übereinstimmung mit Gl. (9.39) und (9.40) aufgrund der Bragg-Bedingung und des nicht-relativistischen Doppler-Effektes im Wellenbild.

Die Rate der Stokes-Streuprozesse und damit die Intensität des Streulichtes ist wie bei der spontanen Raman-Streuung proportional zu $N_{\mathrm{BE}} + 1$, die Rate der Antistokes-Prozesse zu N_{BE}. Darin ist N_{BE} der Bose-Einstein-Faktor

$$N_{\mathrm{BE}}(f_{\mathrm{A}}) = \frac{1}{\mathrm{e}^{hf_{\mathrm{A}}/k_{\mathrm{B}}T} - 1} \approx \frac{k_{\mathrm{B}}T}{hf_{\mathrm{A}}}, \tag{9.63}$$

wobei diese Näherung für den Fall der Brillouin-Streuung aufgrund $hf_{\mathrm{A}}/k_{\mathrm{B}}T \ll 1$ erfolgen kann.

Beispiel 9.5

Für einen Frequenzversatz von $f_{\mathrm{A}} = 11{,}1$ GHz nach Bsp. 9.3 für Brillouin-Streuung in Quarzglas bei $\lambda_{\mathrm{P}} = 1550$ nm ergibt sich bei Raumtemperatur $T = 296$ K ein Bose-Einstein-Faktor $N_{\mathrm{BE}} = 555$.

Die Intensitäten von Stokes- und Antistokes-Streuung sind somit im Fall der spontanen Brillouin-Streuung näherungsweise gleich, da für deren Verhältnis gilt:

$$\frac{N_{\mathrm{BE}} + 1}{N_{\mathrm{BE}}} \approx 1. \tag{9.64}$$

Dies ist im Gegensatz zur spontanen Raman-Streuung, bei der die Stokes-Streuung bei Raumtemperatur deutlich dominiert (s. Bsp. 8.2).

9.3.3 Spontane Brillouin-Streuung in Glasfasern

Spontane Brillouin-Streuung an thermisch angeregten Schallwellen findet auch in Glasfasern statt. Aufgrund der Wellenleitereigenschaften mit Lichtführung in z-Richtung ist nur die Vorwärtsstreuung in gleicher Richtung sowie die Rückstreuung in entgegengesetzter Richtung zu der im Kern geführten Pumplichtwelle relevant. Eine seitliche Streuung mit großem Winkel bezüglich der Faserachse wird nicht im Kern geführt, sondern in den Mantel und in die Umgebung abgestrahlt (Abb. 9.15a). Der wichtigste Prozess ist die Rückstreuung (Streuwinkel $\theta = \pi$) einer Pumplichtwelle an einer longitudinalen Schallwelle mit Ausbreitung in z-Richtung (Abb. 9.15b). Derart gestreutes Licht wird im Kern geführt und kann sich über große Längen akkumulieren. Dieser Streuprozess ist in der Regel gemeint, wenn von spontaner Brillouin-Streuung (SpBS) in Glasfasern gesprochen wird. Weiterhin entsteht durch Lichtstreuung in Vorwärtsrichtung ($\theta = 0$) an Schallwellen, die quer zur Faserachse laufen, eine Phasen- und Polarisationsmodulation der Pumpwelle (Abb. 9.15c). Dieser Prozess wird mit der Abkürzung GAWBS (engl. *guided acoustic wave Brillouin scattering*) bezeichnet, zur Unterscheidung von der gewöhnlichen spontanen Brillouin-Streuung. Nachfolgend werden beide Prozesse untersucht.

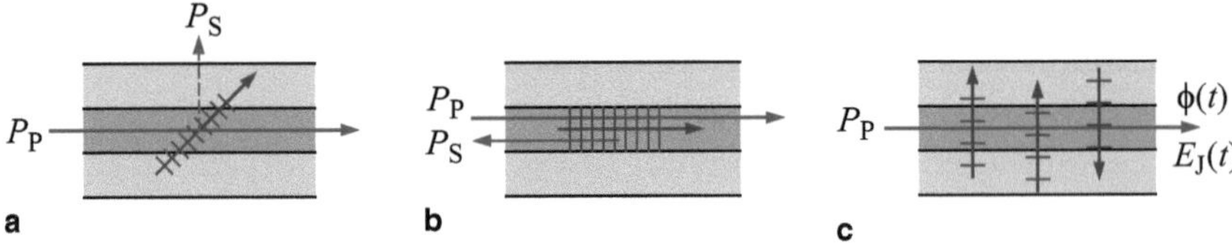

Abb. 9.15 Spontane Brillouin-Streuung (SpBS) in Glasfasern: Dämpfung durch seitliche Streuung (**a**), im Kern geführte SpBS bei Rückwärtsstreuung (**b**) sowie Phasen- und Polarisationsmodulation durch GAWBS (**c**)

9.3.3.1 Spontane Brillouin-Streuung in Rückwärtsrichtung

Spontane Brillouin-Streuung in Rückwärtsrichtung ($\theta = \pi$) findet gemäß Kap. 9.2.3.3 nur an longitudinalen Schallwellen statt, die sich in z-Richtung entlang der Faserachse ausbreiten. Für eine Pumplichtwelle der Frequenz f_P mit Ausbreitung in $+z$-Richtung verursacht eine Schallwelle mit gleicher Ausbreitungsrichtung eine Rückstreuung der Pumpe in eine Stokes-Welle mit kleinerer Frequenz $f_S = f_P - f_A$. Eine entgegengesetzt in $-z$-Richtung laufende Schallwelle ist für die Rückstreuung in die Antistokes-Welle mit größerer Frequenz $f_{AS} = f_P + f_A$ verantwortlich. Die akustische Frequenz f_A muss die Bragg-Bedingung erfüllen und ist identisch mit dem spektralen Versatz f_B der gestreuten Lichtwellen relativ zur Pumpwelle aufgrund der Brillouin-Streuung

$$f_{A,ij} = 2n_{\text{eff},i}\frac{\upsilon_{AL,j}}{c_0}f_P = f_{B,ij}. \tag{9.65}$$

Darin ist $n_{\text{eff},i}$ der effektive Brechungsindex einer Mode i der Lichtwelle, und $\upsilon_{AL,j}$ ist die Phasengeschwindigkeit einer longitudinalen akustischen Mode j, wie in Kap. 9.2.5 beschrieben. In optisch und akustisch mehrmodigen Fasern entstehen dadurch viele Kombinationsmöglichkeiten mit unterschiedlichen Frequenzen $f_{B,ij}$ im Spektrum der spontanen Brillouin-Streuung. Wir beschränken uns im Nachfolgenden auf die optische Grundmode LP_{01} einer Singlemodefaser sowie auf die dominierende akustische L_{01}-Leckwellenmode.

Beispiel 9.6

Für die Schallgeschwindigkeit der niedrigsten akustischen Mode L_{01} in einer Standard-Singlemodefaser gilt nach [22] $\upsilon_A = 5838$ m/s (s.Bsp. 9.4). Mit einem effektiven Brechungsindex von $n_{\text{eff}} = 1{,}4466$ der LP_{01}-Mode ergibt die Bragg-Bedingung bei einer optischen Wellenlänge $\lambda_B = 1530$ nm eine akustische Frequenz $f_B = 11{,}04$ GHz, bei der Brillouin-Streuung auftritt. Dies ist in sehr guter Übereinstimmung mit SBS-Messungen in Kap. 9.5.5.

Spontane Brillouin-Streuung tritt verteilt über den gesamten lichtführenden Faserquerschnitt auf. Unabhängig von der Intensitätsverteilung im Querschnitt gilt für die Lichtleistung, die nach Gl. (9.56) und (9.59) pro Fasersegment dz in ein Raumwinkelelement dΘ

gestreut wird:

$$\frac{dP_S}{dz d\Theta} = \sigma'_B(\pi) P_P = \frac{\pi^2 k_B T n^8}{2\lambda_S^4 \varrho_0 v_A^2} |p_{eff}|^2 P_P. \tag{9.66}$$

Für den Fall der Rückwärtsstreuung ($\theta = \pi$) an einer Longitudinalwelle ist nach Tab. 9.2 der effektive photoelastische Koeffizient $|p_{eff}| = |p_{12}|$ unabhängig von der Polarisation der Lichtwelle. Dies gilt selbst dann näherungsweise, wenn leicht von $\theta = \pi$ abweichende Streuwinkel betrachtet werden. Derart gestreutes Licht hat einen kleinen Winkel $\phi = \pi - \theta$ relativ zur Faserachse, so dass es im Kern geführt werden kann. Ähnlich wie bei der Rayleigh-Streuung oder der spontanen Raman-Streuung kann auch für die Brillouin-Streuung eine Effizienz η berechnet werden, mit der das Licht der spontanen Brillouin-Streuung von der im Kern geführten optischen LP_{01}-Mode eingefangen wird. Diese Effizienz ergibt sich aus dem Raumwinkel $d\Theta$, der dem Raumwinkel eines Kreiskegels mit Divergenzhalbwinkel θ_D entspricht:

$$\eta_B = d\Theta = 4\pi \sin^2 \frac{\theta_D}{2}. \tag{9.67}$$

Der Divergenzwinkel θ_D ist derjenige Winkel, mit dem sich die LP_{01}-Mode bei gegebenem Modenfeldradius w_{PII} bzw. bei gegebener effektiver Fläche A_{eff} in der Glasfaser ohne Wellenführung aufweiten würde (s. Kap. 3.6.5). Setzt man den Divergenzwinkel nach Gl. (3.68) in Gl. (9.67) ein, so erhält man die Sammeleffizienz der Brillouin-Streuung

$$\eta_B = \frac{\lambda_0^2}{n^2 A_{eff}}. \tag{9.68}$$

Exkurs 9.6
Diese Definition der Sammeleffizienz der Brillouin-Streuung weicht von der Definition $\eta = 3\lambda_0^2/(8\pi n^2 A_{eff})$ bei der Rayleigh-Streuung in Gl. (4.6) oder der spontanen Raman-Streuung in Gl. (8.19) ab. Bei den beiden letzteren Streuprozessen wird in Rechnungen üblicherweise der totale Streukoeffizient σ verwendet, der durch Integration des richtungsabhängigen Streukoeffizienten $\sigma'(\theta)$ über alle Streuwinkel im Raum entsteht (s. Gl. (8.15)). Für die Streuung in Rückwärtsrichtung muss dann für diese Streuprozesse die Richtcharakteristik mit einem entsprechenden Faktor wieder berücksichtigt werden. Dieser beträgt nach Gl. (8.15) $3/8\pi$ für eine Dipolcharakteristik.

Damit kann nun die pro Fasersegment dz gestreute Leistung berechnet werden:

$$\frac{dP_S}{dz} = \eta \sigma'_B P_P = \frac{\pi^2 k_B T n^6}{2 A_{eff} \lambda_S^2 \varrho_0 v_A^2} |p_{eff}|^2 P_P. \tag{9.69}$$

Dies gilt sowohl für die Stokes- wie auch für die Antistokes-Welle. Wie bei der Rayleigh-Streuung oder der spontanen Raman-Streuung ist auch bei der spontanen Brillouin-Streuung die in der Glasfaser geführte Leistung der gestreuten Welle proportional zu λ_S^{-2}, während die Leistung der Volumenstreuung $\sim \lambda_S^{-4}$ ist.

Alternativ kann wie bei der spontanen Raman-Streuung (s. Kap. 8.2.4) ein quantenelektronischer Ansatz zur Bestimmung der Streuleistung verwendet werden [7, 60]. Dieser geht davon aus, dass das Quantenrauschen der Stokes-Welle mit einer spektralen Leistungsdichte hf_S, entsprechend einem Photon pro transversaler und longitudinaler Mode des elektromagnetischen Feldes, beschrieben werden kann. Dieses wird durch Wechselwirkung mit thermisch angeregten Phononen mit einem Populationsfaktor $(1 + N_{BE}(f_A))$ stimuliert verstärkt, angetrieben von der Pumpwelle mit Leistung P_P:

$$\frac{dP_S}{dz} = hf_S B_{eff}\Big(1 + N_{BE}(f_A)\Big)\frac{g_{B0}}{A_{eff,B}}\,P_P. \tag{9.70}$$

Darin ist g_{B0} das Maximum des materialspezifischen Gewinnkoeffizienten der stimulierten Brillouin-Streuung nach Gl. (9.129b), und $A_{eff,B}$ ist die in Kap. 9.5.8.2 definierte effektive Modenfläche der Brillouin-Streuung, die in einfachen Stufenindexfasern näherungsweise gleich der üblichen effektiven Modenfläche A_{eff} ist. $B_{eff} = \pi B_B/2$ ist eine effektive Bandbreite der Brillouin-Streuung. Sie ergibt sich aus der Integration eines Lorentz-Profils $\mathcal{L}(f)$ mit einer Bandbreite (FWHM) B_B, das gemäß Gl. (9.129a) die spektrale Verteilung der Brillouin-Streuung beschreibt. Damit erhält man die Gesamtleistung der spontanen Brillouin-Streuung pro Fasersegment, die nach Einsetzen aller Größen in Gl. (9.70) identisch zu dem wellentheoretischen Ansatz Gl. (9.69) ist.

Beispiel 9.7

Mit den typischen akustischen und optischen Eigenschaften einer Standard-Singlemodefaser bei Raumtemperatur ergibt sich für den Term $\eta\sigma_B'$ in Gl. (9.69) ein Zahlenwert von $5 \cdot 10^{-10}\,\mathrm{m}^{-1}$. Bei einer Pumpleistung von $P_P = 1\,\mathrm{W}$ entsteht also eine Streuleistung pro Fasersegmentlänge von 0,5 nW/m. Dies ist kleiner, aber in gleicher Größenordnung wie die Gesamtleistung der spontanen Raman-Streuung pro Länge in Bsp. 8.14. Dies gilt aber nur, wenn die gesamte Bandbreite von etwa 10 THz der Raman-Streuung erfasst wird. Für ein Faserstück von 1 m Länge ergibt sich das Leistungsverhältnis von Streuwelle zu Pumpwelle zu $^{\ell}(P_S/P_P) = -93\,\mathrm{dB}$. Dies ist um zwei Größenordnungen oder 20 dB kleiner als der entsprechende Zahlenwert der Rayleigh-Streuung in Bsp. 4.3.

Wegen der inkohärenten Natur der spontanen Brillouin-Streuung überlagern sich entlang einer Faser die Leistungen, und nicht wie bei einer kohärenten Beugung die Amplituden der lokal gestreuten Teillichtwellen. Aufgrund der sehr kleinen Zahlenwerte ist die spontane Brillouin-Streuung (SpBS) an sich wenig bedeutsam. Die Stokes-Welle wird jedoch während der weiteren Ausbreitung entlang der Faser durch stimulierte Brillouin-Streuung

(SBS) verstärkt. Dadurch kann die Leistung der Stokes-Welle in die gleiche Größenordnung wie die Pumpwelle kommen. Dieser Prozess wird als stimuliert-verstärkte spontane Brillouin-Streuung bezeichnet (VSpBS) und in Kap. 9.6 analysiert.

9.3.3.2 Landau-Placzek-Verhältnis

Das Verhältnis der Leistungen von Rayleigh- zu spontaner Brillouin-Streuung wird LANDAU-PLACZEK-Verhältnis genannt. Die Rayleigh-Streuung in einem Glas ist nur wenig von der Umgebungstemperatur T abhängig, sie wird statt dessen durch die sehr viel größere fiktive Temperatur T_{f} zum Zeitpunkt des Einfrierens der Dichtefluktuationen der Schmelze bestimmt [61]. Die Leistung der Brillouin-Streuung in die Stokes- wie auch in die Antistokes-Welle ist dagegen proportional zur Temperatur T, wie in Gl. (9.69) zu sehen ist. Dies kann für eine verteilte faseroptische Temperaturmessung in Glasfasern genutzt werden [62, 63]. Bessere Ergebnisse erhält man jedoch, wenn statt der Intensität der spontanen Brillouin-Streuung der Frequenzversatz der Brillouin-Streuung f_{B} als Messgröße genutzt wird, der ebenfalls von physikalischen Größen wie Temperatur oder Dehnung abhängt (s. Kap. 9.7). Da dieser Frequenzversatz eine leistungsunabhängige Größe ist und auch durch die sehr effektive stimulierte Brillouin-Streuung beobachtet werden kann, weist dieses Messprinzip ein deutlich besseres Signal- zu Rauschverhältnis auf.

9.3.3.3 Vorwärtsstreuung und GAWBS

GAWBS ist die Abkürzung für engl. *guided acoustic wave Brillouin scattering*. Damit wird die Streuung einer Lichtwelle in Vorwärtsrichtung an umfangsseitig resonanten Schwingungsmoden des Fasermantels bezeichnet (s. Kap. 9.2.5.2). Dabei entsteht keine neue Welle, die sich in Richtung oder Mittenfrequenz von der Pumpwelle unterscheidet. Vielmehr wird die transmittierte Pumpwelle in der Phase oder in der Polarisation moduliert. Durch die Phasenmodulation entstehen spektrale Seitenbänder im Spektrum der transmittierten Welle, die bei phasensensitiver Detektion des Lichtes beobachtet werden können. Phasensensitive Detektoren sind z. B. Zweistrahl-Interferometer mit einer Laufzeitverzögerung einer Teilwelle und anschließender Überlagerung der Teilwellen auf einem Leistungsdetektor, oder heterodyne Detektion durch Mischen mit einem optischen Lokaloszillator an einer Photodiode. Die Polarisationsmodulation kann beobachtet werden, wenn mit einem Polarisationsfilter die dominierende Polarisation der unmodulierten Pumplichtwelle geblockt wird, so dass dazu orthogonale Feldkomponenten deutlich hervortreten. Im Spektrum des Photodiodenstroms entstehen in beiden Fällen Spektrallinien im Radiofrequenzbereich, die den akustischen Resonanzfrequenzen des Glasfasermantels entsprechen.

Nach [21] sind für GAWBS im Wesentlichen zwei Familien an umfangsseitig resonanten Schwingungsmoden der gesamten Glasfaser verantwortlich. Dies sind zum einen radiale Dichteschwingungen r_{0n} wie in Kap. 9.2.5.2 beschrieben, zum anderen Kombinationsschwingungen tr_{2n} aus radialer Mode und Torsionsmode. $n = 0, 1, 2, 3 \ldots$ ist dabei der radiale Modenindex, der die Anzahl der radialen Maxima der akustischen

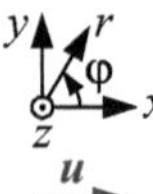

Abb. 9.16 Grundmode der radialen resonanten Mantelschwingung r_{01} sowie der radial-torsionalen Kombinationsschwingung tr_{21} nach [64]

Schwingungsamplitude angibt. Abbildung 9.16 zeigt die jeweils niedrigste Mode dieser Schwingungen.

Die Moden r_{0n} erzeugen im Faserkern eine Dichtemodulation, die eine transversal isotrope Brechzahlmodulation bewirkt. Dadurch entsteht eine Phasenmodulation der Lichtwelle, die wie oben beschrieben detektiert werden kann. Da keine Änderung des Polarisationszustandes oder des Polarisationsgrades der Lichtwelle erfolgt, wird dies auch als polarisierte GAWBS bezeichnet. Aus der Randbedingung, dass bei dieser Schwingungsmode die Außenfläche des Fasermantels frei von Dehnung ist, kann eine charakteristische Gleichung abgeleitet werden [21]:

$$(1 - \alpha^2)J_0(y) - \alpha^2 J_2(y) = 0. \tag{9.71}$$

Darin sind J_i die Bessel-Funktionen der Ordnung i, und $\alpha = \upsilon_{\mathrm{AT}}/\upsilon_{\mathrm{AL}}$ ist das Verhältnis von transversaler zu longitudinaler Schallgeschwindigkeit im Material des Fasermantels. Die Lösungen y_n dieser Gleichungen bestimmen die Resonanzfrequenzen der Moden r_{0n}:

$$f_{\mathrm{r},n} = y_n \frac{\upsilon_{\mathrm{AL}}}{2\pi a_{\mathrm{M}}}. \tag{9.72}$$

Die Resonanzfrequenzen sind also bei gegebenem Material durch den Radius a_{M} des Mantels bestimmt. Da der Kern einer Singlemodefaser sehr klein im Vergleich zum Mantel ist, und dessen akustische Eigenschaften nur geringfügig vom Mantel abweichen, kann der Einfluss des Kerns auf die GAWBS-Resonanzfrequenzen vernachlässigt werden. Abbildung 9.17 zeigt ein berechnetes Linienspektrum der Resonanzfrequenzen polarisierter GAWBS durch Streuung an r_{0n}-Moden. Dieses ist typisch für alle Glasfasern mit einem Manteldurchmesser von 125 µm, sofern der Mantel aus reinem SiO_2-Glas besteht. Bei phasensensitiver Detektion der transmittierten Pumplichtleistung kann im elektrischen Spektrum des Photodiodenstroms auf dem Hintergrund des Schrotrauschens eine Serie schmaler Spektrallinien beobachtet werden, deren Frequenzen genau den Resonanzfrequenzen $f_{\mathrm{r},n}$ entsprechen.

Die Kombinationsschwingungen tr_{2m} erzeugen im Bereich des Faserkerns eine anisotrope Dehnung und Scherung, die zu einer transversalen Anisotropie des Brechungsindex führt. Durch diese induzierte Doppelbrechung kann die Pumplichtwelle in ihrem Polarisationszustand moduliert werden. Da aufgrund des azimutalen Modenindex $m = 2$ die Kombinationsschwingungen nicht rotationssymmetrisch sind (Abb. 9.16), entstehen durch die thermische Anregung nicht nur unkorrelierte Amplituden und Phasen der Schwingung,

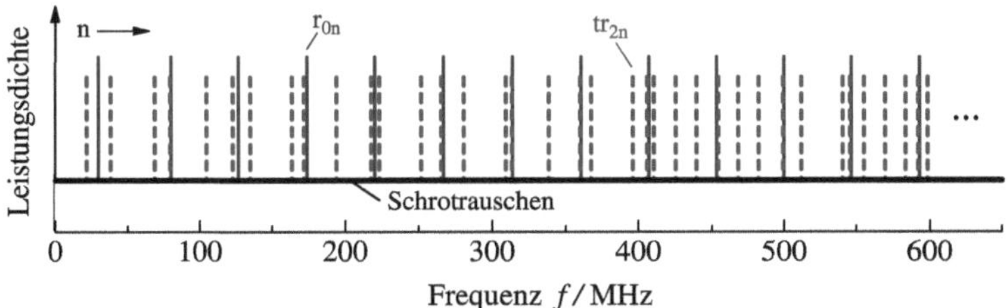

Abb. 9.17 Strichplot der Resonanzfrequenzen im GAWBS-Spektrum einer SiO_2-Glasfaser mit 125 µm Durchmesser nach [21]. Die Amplituden der Resonanzen sind auf Einheitswerte normiert

sondern auch unkorrelierte Ausrichtungen der Hauptachsen der induzierten Doppelbrechung. Dadurch wird eine vollständig polarisierte Pumpwelle im Verlauf der Ausbreitung geringfügig depolarisiert. Ist die Pumpwelle ursprünglich linear polarisiert, so entsteht durch depolarisierende GAWBS ein Leistungsanteil in der orthogonalen Polarisation, der zusätzlich mit der Schwingungsfrequenz einer Mode tr_{2m} moduliert ist.

Aus der Randbedingung, dass für die Kombinationsschwingungen tr_{2m} die Auslenkung an der Außenfläche des Fasermantels gleich null ist, ergibt sich folgende charakteristische Gleichung [21]:

$$\begin{vmatrix} (3 - y^2/2)J_2(\alpha y) & (6 - y^2/2)J_2(y) \\ J_2(\alpha y) - \alpha y J_3(\alpha y) & (2 - y^2/2)J_2(y) + yJ_3(y) \end{vmatrix} = 0 \tag{9.73}$$

Aus den Lösungen y_n können die Resonanzfrequenzen der Moden tr_{2m} bestimmt werden:

$$f_{\mathrm{t},n} = y_n \frac{v_{\mathrm{AT}}}{2\pi a_{\mathrm{M}}}. \tag{9.74}$$

Wegen der komplexeren Geometrie dieser Kombinationsschwingungen ergibt sich eine Vielzahl an unregelmäßig angeordneten Resonanzfrequenzen, wie in Abb. 9.17 dargestellt.

Die Anregung der umfangsseitig resonanten Schwingungsmoden durch die thermische Molekülbewegung erfolgt an unterschiedlichen Orten entlang der Faser mit unterschiedlichen Amplituden und unkorrelierten Phasen. Die Spektralanteile aufgrund der Phasen- und Polarisationsmodulation akkumulieren sich daher über der Länge nicht kohärent durch Addition ihrer Amplituden nach Betrag und Phase, sondern inkohärent durch Addition ihrer Leistungsdichten pro Fasersegment, wie im Fall der SpBS. Daher ist die Gesamtleistung einer durch GAWBS erzeugten Spektrallinie proportional zur Faserlänge L. Der Streukoeffizient für GAWBS liegt im Bereich von $10^{-10}\,\mathrm{m}^{-1}$ [21, 65], und ist somit in einer vergleichbaren Größenordnung wie die rückwärtige SpBS. Allerdings findet im Gegensatz zur SpBS bei GAWBS keine stimulierte Verstärkung statt, so dass die Absolutleistung der GAWBS-Spektrallinien sehr gering ist.

In Abb. 9.17 sind die Leistungsdichten der einzelnen GAWBS-Spektrallinien mit willkürlichen und konstanten Werten relativ zum Hintergrund des Schrotrauschens dargestellt. Ihre tatsächliche Stärke kann mit Hilfe der Geometrie der akustischen Moden und mit deren thermischer Anregung berechnet werden [21]. Die Leistung der Moden nimmt zunächst mit der Modenordnung n zu. Bei großen Modenindizes n liegen aber innerhalb des Faserkerns mehrere Maxima der Schallamplitude mit entgegengesetztem Vorzeichen, so dass sich im Querschnitt der Effekt der Brechzahlmodulation für eine optische Mode ausmittelt. Abhängig vom Kerndurchmesser erstreckt sich das gemessene GAWBS-Spektrum daher nur bis zu Frequenzen von etwa 1,5 GHz [66].

Die spektrale Bandbreite einer Resonanzlinie im GAWBS-Spektrum wird zum einen durch die Dämpfung der jeweiligen Schwingungsmode bestimmt. Im Radiofrequenzbereich unterhalb von 1 GHz ist die Dämpfung der akustischen Welle erheblich kleiner als bei der normalen Brillouin-Streuung (sowohl SpBS als auch SBS) mit $f_A = 11$ GHz, da die akustische Dämpfung näherungsweise $\sim f_A^2$ ist. Die spektralen Breiten werden somit weniger durch die Dämpfung der Schallwelle verursacht, sondern durch Längsinhomogenitäten des Faserradius a, der stark die Resonanzfrequenzen beeinflusst. Die resultierenden Linienbreiten sind im Bereich von einigen 10 kHz bis einigen 100 kHz [66], und somit deutlich kleiner als bei der SpBS und SBS in Rückwärtsrichtung (s. Kap. 9.4.3.4). Diese Zahlenwerte gelten jedoch nur für Fasern ohne Polymerschutzmantel (engl. *coating*) der Glasfaser. Fasern, die mit dem üblichen Polymercoating versehen sind, weisen erheblich verbreitete Linien im GAWBS-Spektrum auf [66]. Ursache ist die starke Dämpfung der Mantelschwingungen durch das weiche Material des Polymercoatings.

GAWBS macht sich nur in Systemen mit phasen- oder polarisationssensitiver Detektion der Lichtwelle bemerkbar. Aufgrund der kleinen Leistungen der GAWBS-Effekte sind außerdem Lichtdetektoren mit geringem thermischen Eigenrauschen sowie große Lichtleistungen am Detektor erforderlich. Zusätzlich muss zur Beobachtung von GAWBS die Pumplichtquelle selbst in Amplitude, Phase und Polarisation rauscharm sein. Unter diesen Bedingungen überwiegt im elektrischen Spektrum des Photodiodenstromes das Schrotrauschen. Das Schrotrauschen stellt eine quantentheoretische Untergrenze für das Detektorrauschen dar. Negative Einflüsse von GAWBS sind daher vor allem bei Messungen nahe am Quantenlimit des Schrotrauschens zu erwarten [67]. Störend macht sich GAWBS z. B. in Experimenten zu sogenannten gequetschten Lichtzuständen bemerkbar, bei denen durch nichtlineare optische Effekte entweder das Phasenrauschen oder das Amplitudenrauschen einer Lichtquelle kleiner als das Schrotrauschen gemacht wird [68–70]. Ein weiteres Beispiel ist die optische Quantenkryptographie [71, 72].

Durch gezielte Formung der akustischen Moden z. B. in mikrostrukturierten Fasern (engl. *photonic crystal fiber*, PCF) können GAWBS-Effekte reduziert werden [73]. In vielen faseroptischen Anwendungen sind jedoch die Bedingungen zur Beobachtung von GAWBS-Effekten ohnehin nicht erfüllt, so dass dort GAWBS keine Rolle spielt. Weiterhin kann GAWBS im Gegensatz zur rückwärtigen SpBS nicht durch einen stimulierten Prozess verstärkt werden.

In einigen Anwendungen kann GAWBS jedoch auch gezielt genutzt werden. Da die Resonanzfrequenzen der r_{0m}-Moden stark von der longitudinalen Schallgeschwindigkeit v_{AL} abhängen, und die der tr_{2m}-Moden maßgeblich von der transversalen Schallgeschwindigkeit v_{AT} beeinflusst werden, können durch die Messung des GAWBS-Spektrums diese wichtigen Materialparameter bestimmt werden [16]. Weitere Anwendungen sind faseroptische Sensoranwendungen, da die Resonanzfrequenzen im GAWBS-Spektrum abhängig von der Dehnung und der Temperatur der Faser sind [64, 74, 75].

9.4 Stimulierte Brillouin-Streuung

Durch stimulierte Brillouin-Streuung (SBS) kann eine Pumpwelle mit Frequenz f_P eine entgegengesetzt laufende Stokes-Welle mit Frequenz f_S verstärken. Die Verkopplung der beiden Wellen erfolgt durch den Effekt der Elektrostriktion, der eine Dichtemodulation des Mediums durch die lokale Intensität der elektromagnetischen Welle beschreibt. Voraussetzung für das Auftreten von SBS ist, dass der Frequenzunterschied von Pumpwelle und Stokes-Welle $f_\text{P} - f_\text{S}$ gleich dem Frequenzversatz der Brillouin-Streuung f_B ist, der bereits für die spontane Brillouin-Streuung in Rückwärtsrichtung hergeleitet wurde. Dieser Frequenzversatz ergibt sich aus dem Doppler-Effekt und der Schallgeschwindigkeit v_A im betrachteten Medium. Nachfolgend wird eine quantitative Beschreibung dieses Effektes gegeben. Dazu wird zunächst in Kap. 9.4.1 der Effekt der Elektrostriktion betrachtet. Anschließend wird in Kap. 9.4.2 das Interferenzmuster zweier gegenläufiger Lichtwellen mit unterschiedlichen Frequenzen untersucht. Auf dieser Basis können dann in Kap. 9.4.3 die gekoppelten Amplituden- und Intensitätsgleichungen für die Licht- und Schallwellen abgeleitet werden.

9.4.1 Elektrostriktion

9.4.1.1 Grundlagen der Elektrostriktion

Aus der Energiebilanz dielektrischer Medien in elektrischen Feldern können die mechanischen Kräfte auf das Medium berechnet werden [76]. Diese Kräfte haben die Tendenz, ein dielektrisches Medium in Bereiche einer hohen Energiedichte $\sim |\boldsymbol{E}|^2$ des elektrischen Feldes zu bewegen. Die resultierende mechanische Zustandsänderung im Medium wird als Elektrostriktion bezeichnet. Mechanische Zustandsgrößen sind die Tensoren der mechanischen Dehnung $\boldsymbol{S}$ und mechanischen Spannung $\boldsymbol{\sigma}$ in Festkörpern oder skalare Größen wie Druck p und Dichte ϱ in Gasen und Flüssigkeiten.

Exkurs 9.7

Sprachlich und inhaltlich ist die hier relevante Elektrostriktion zu unterscheiden vom inversen piezoelektrischen Effekt. Der piezoelektrische Effekt sowie dessen inverser Effekt tritt nur in Festkörpern ohne Symmetriezentrum auf [77], z. B. in kristallinem α-Quarz oder in Ferroelektrika. Im Fall des inversen piezoelektrischen

Effektes sind die mechanischen Zustandsänderungen z. B. der Spannung σ proportional zur Feldstärke E [14, 77]. Eine Vorzeichenumkehr der elektrischen Feldstärke bewirkt eine Vorzeichenumkehr der mechanischen Zustandsgrößen. In zentrosymmetrischen Medien wie z. B. in isotropen Gasen, Flüssigkeiten, amorphen Gläsern oder kubischen Kristallen gibt es aus Symmetriegründen keinen piezoelektrischen Effekt [77]. Als Effekt zweiter Ordnung existiert in allen dielektrischen Medien jedoch die Elektrostriktion, bei der die mechanische Zustandsänderung proportional zum Betragsquadrat $|E|^2$ der elektrischen Feldstärke ist. Eine Vorzeichenumkehr des elektrischen Feldes ändert hier nichts an den resultierenden mechanischen Zustandsänderungen, und es existiert kein inverser Effekt zur Elektrostriktion. In der Literatur wird der inverse piezoelektrische Effekt gelegentlich lineare Elektrostriktion genannt, und der hier für SBS relevante Effekt wird auch als quadratische Elektrostriktion bezeichnet.

Elektrostriktion beruht auf der Tatsache, dass eine elektrische Feldkomponente E_k durch Verschiebung der Elektronenhülle Dipolmomente im Medium erzeugt. Dies erfolgt auch in unpolaren Medien und in zentrosymmetrischen Festkörpern ohne permanentem inneren Dipolmoment. Auf diese Dipole übt dann entweder die gleiche oder eine andere Feldkomponente E_l eine Kraft aus. Beide Effekte wirken multiplikativ, daraus resultiert die quadratische Abhängigkeit der elektrostriktiven Kraftdichte im Volumen f_e von der elektrischen Feldstärke E.

9.4.1.2 Hydrodynamische Elektrostriktion

Zum Verständnis der Elektrostriktion sowie der stimulierten Brillouin-Streuung ist zunächst ein hydrodynamischer Ansatz mit skalaren Zustandsgrößen wie Druck p und Dichte ϱ ausreichend [11, 12]. Dieser gilt näherungsweise auch in isotropen Festkörpern wie Gläsern, obwohl für Festkörper eigentlich ein tensorieller Ansatz erforderlich ist (s. Kap. 9.4.1.3). Ausgangspunkt ist die Kraft pro Volumenelement $\underset{\sim}{f}_\mathrm{e}$, die das elektrische Feld auf ein homogenes dielektrisches Medium ausübt. Diese kann mit elementaren Rechnungen zu Kräften auf Dipolen im elektromagnetischen Feld bestimmt werden [78], oder mit einem energetischen Ansatz wie in [76]:

$$\underset{\sim}{f}_\mathrm{e} = \frac{\varepsilon_0 \gamma_e}{2} \nabla \langle \underset{\sim}{E}\, \underset{\sim}{E} \rangle, \tag{9.75}$$

wobei der Erwartungswert $\langle \underset{\sim}{E}\, \underset{\sim}{E} \rangle$ hier über einige Perioden des optischen Feldes zu bilden ist. Maßgeblich für die Elektrostriktion ist somit die entsprechend zeitgemittelte Intensität $I \sim \langle \underset{\sim}{E}^2 \rangle$.

γ_e ist der dimensionslose skalare Elektrostriktions-Koeffizient, definiert durch

$$\gamma_e = \varrho_0 \frac{\partial \varepsilon_\mathrm{r}}{\partial \varrho}. \tag{9.76}$$

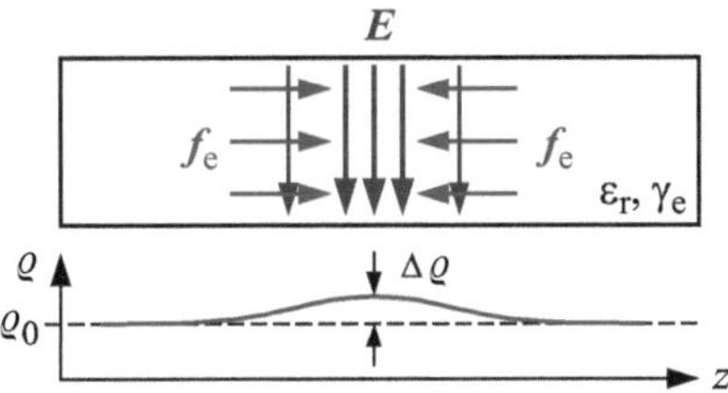

Abb. 9.18 Eindimensionale Prinzipskizze der statischen Elektrostriktion im hydrodynamischen Modell

Der skalare Elektrostriktions-Koeffizient γ_e lässt sich in Gasen und Flüssigkeiten durch die CLAUSIUS-MOSSOTTI-Beziehung (CM) in Abhängigkeit des Brechungsindex n ausdrücken [78]:

$$\gamma_e = \frac{1}{3}\left(n^2 - 1\right)\left(n^2 + 2\right). \tag{9.77}$$

Beispiel 9.8

Mit einem Brechungsindex von $n = 1{,}444$ bei $\lambda = 1550$ nm würde für reines Quarzglas aus der CM-Beziehung ein Elektrostriktions-Koeffizient $\gamma_e = 1{,}48$ resultieren. Dieser Zahlenwert ist jedoch deutlich größer als $\gamma_e \approx 1$, wie in optischen Experimenten beobachtet. Die CM-Beziehung liefert für Festkörper keine hinreichend genauen Zahlenwerte. Stattdessen ist der Elektrostriktions-Koeffizient mit Hilfe der photoelastischen Koeffizienten zu bestimmen, wie in Kap. 9.4.1.3 beschrieben.

Die Volumenkraftdichte $\underset{\sim}{f_e}$ aus Gl. (9.75) wirkt auf Bereiche mit hoher Feldintensität, wie in Abb. 9.18 dargestellt. Dadurch wird das Medium lokal verdichtet. Für statische elektrische Felder gilt [12, 79]

$$\Delta\varrho = \frac{1}{2}\varepsilon_0\varrho_0 C_\mathrm{T}\gamma_\mathrm{e}|\boldsymbol{E}|^2, \tag{9.78}$$

mit der Dichte des Mediums ohne Feldeinwirkung ϱ_0 sowie der isothermischen Kompressibilität

$$C_\mathrm{T} = \frac{2(1 - 2\nu)}{Y}, \tag{9.79}$$

die in isotropen Festkörpern mit der Querkontraktionszahl ν und dem Elastizitätsmodul Y definiert ist. Für Elektrostriktion aufgrund des schnell oszillierenden Feldes von Lichtwellen gilt [12, 79]

$$\underset{\sim}{\varrho} = \frac{1}{2}\varepsilon_0\varrho_0 C_\mathrm{S}\gamma_\mathrm{e}\langle\underset{\sim}{\boldsymbol{E}}\,\underset{\sim}{\boldsymbol{E}}\rangle, \tag{9.80}$$

wobei C_S die adiabatische Kompressibilität ist:

$$C_S = \frac{1}{\varrho_0 v_{AL}^2}, \tag{9.81}$$

mit der Schallgeschwindigkeit v_{AL} einer longitudinalen Dichtewelle.

Gleichung (9.80) gilt exakt nur für das elektrische Feld einer monofrequenten Lichtwelle mit zeitlich konstantem Erwartungswert, d. h. mit konstanter Amplitude. Für Lichtwellen mit schnell variabler Amplitude muss wegen der mechanischen Trägheit des Mediums die zeitliche Dichteänderung $\underset{\sim}{\varrho}$ aufgrund der Volumenkraftdichte $\underset{\sim}{\boldsymbol{f}}_e$ mit einem dynamischen Ansatz bestimmt werden. Eine weiterführende Untersuchung des dynamischen Verhaltens erfolgt z. B. in [80]. Ein Ergebnis daraus ist, dass Gl. (9.80) für Lichtpulse mit einer Dauer t_p angewendet werden kann, die größer als die akustische Relaxationszeit $\tau_A \approx 10$ ns ist. Für sehr viel kürzere Lichtpulse kann das Medium aufgrund der mechanischen Trägheit und aufgrund der Dämpfung durch innere Reibung der elektrostriktiven Kraft nicht mehr folgen.

Enthält das elektromagnetische Feld $\underset{\sim}{\boldsymbol{E}}$ zeitharmonische Anteile bei zwei verschiedenen Frequenzen f_1 und f_2 bei gleicher Polarisation, so enthält der Erwartungswert $\langle \underset{\sim}{\boldsymbol{E}}\, \underset{\sim}{\boldsymbol{E}} \rangle$ zeitharmonische Anteile bei der Differenzfrequenz $f_1 - f_2$. Aus Gl. (9.75) resultiert dann eine elektrostriktive Kraft, die mit der Differenzfrequenz $f_1 - f_2$ oszilliert. Dies ist eine der Grundlagen für die mathematische Beschreibung der stimulierten Brillouin-Streuung (SBS). Aufgrund der großen Differenzfrequenz bei der SBS ist der quasistatische Ansatz für die Dichte in Gl. (9.80) jedoch nicht mehr gültig, sondern es muss in Kap. 9.4.3 ein dynamischer Ansatz mit gekoppelten Wellengleichungen erfolgen.

9.4.1.3 Tensorielle Beschreibung der Elektrostriktion

In Festkörpern ist im Allgemeinen ein tensorieller Ansatz zur Beschreibung der Elektrostriktion erforderlich [81]. Bei optischen Frequenzen ist der Beitrag der Elektrostriktion zu den Tensorelementen der mechanischen Spannung $\sigma_{e,ij}$ im Festkörper gegeben durch [82]

$$\sigma_{e,ij} = \frac{1}{2} e_{ijkl} \langle \underset{\sim}{E}_k\, \underset{\sim}{E}_l \rangle, \tag{9.82}$$

mit den Feldkomponenten $\underset{\sim}{E}_k$ und $\underset{\sim}{E}_l$ des anregenden elektrischen Feldes. Die Tensorelemente der Elektrostriktion e_{ijkl} sind definiert durch

$$e_{ijkl} = \frac{\partial^2 \sigma_{ij}}{\partial E_k\, \partial E_l}. \tag{9.83}$$

Die Elemente des Elektrostriktionstensors sind proportional zu den in Kap. 9.2.2 beschriebenen photoelastischen Koeffizienten gemäß

$$e_{ijkl} = \varepsilon_0\, n_{kl}^4\, p_{ijkl}, \quad e_{mn} = \varepsilon_0\, n^4 p_{mn}, \tag{9.84}$$

wobei die Definition auf der rechten Seite in Voigt-Notation für isotrope Festkörper gültig ist. In isotropen Festkörpern werden also sowohl die mechanischen als auch die photoelastischen und elektrostriktiven Eigenschaften jeweils durch zwei Tensorelemente vollständig beschrieben (s. Kap. 9.2.2). Bestimmt man mit Hilfe der Divergenz des Spannungstensors [14] die elektrostriktive Volumenkraftdichte $\underset{\sim}{f}_e$, so erhält man

$$\underset{\sim}{f}_e = \nabla \cdot \boldsymbol{\sigma} = \frac{1}{2}\nabla \cdot \left(e\langle \underset{\sim}{\boldsymbol{E}} \cdot \underset{\sim}{\boldsymbol{E}}^T\rangle\right), \tag{9.85}$$

mit dem dyadischen Vektorprodukt $\underset{\sim}{\boldsymbol{E}} \cdot \underset{\sim}{\boldsymbol{E}}^T$. In isotropen Medien kann dies unter Verwendung der Symmetrieeigenschaften des Elektrostriktionstensors wie folgend geschrieben werden:

$$\underset{\sim}{f}_e = \frac{e_{12}}{2}\nabla\langle \underset{\sim}{E}^2\rangle + e_{44}\nabla \cdot \left(\langle \underset{\sim}{\boldsymbol{E}} \cdot \underset{\sim}{\boldsymbol{E}}^T\rangle\right). \tag{9.86}$$

Der Term $\nabla \cdot \left(\langle \underset{\sim}{\boldsymbol{E}} \cdot \underset{\sim}{\boldsymbol{E}}^T\rangle\right)$, die Divergenz eines Tensorfeldes

$$\nabla \cdot \left(\langle \underset{\sim}{\boldsymbol{E}} \cdot \underset{\sim}{\boldsymbol{E}}^T\rangle\right) = \begin{pmatrix} \frac{\partial}{\partial x}\langle \underset{\sim}{E_x}^2\rangle + \frac{\partial}{\partial y}\langle \underset{\sim}{E_x}\underset{\sim}{E_y}\rangle + \frac{\partial}{\partial z}\langle \underset{\sim}{E_x}\underset{\sim}{E_z}\rangle \\ \frac{\partial}{\partial x}\langle \underset{\sim}{E_x}\underset{\sim}{E_y}\rangle + \frac{\partial}{\partial y}\langle \underset{\sim}{E_y}^2\rangle + \frac{\partial}{\partial z}\langle \underset{\sim}{E_y}\underset{\sim}{E_z}\rangle \\ \frac{\partial}{\partial x}\langle \underset{\sim}{E_x}\underset{\sim}{E_z}\rangle + \frac{\partial}{\partial y}\langle \underset{\sim}{E_y}\underset{\sim}{E_z}\rangle + \frac{\partial}{\partial z}\langle \underset{\sim}{E_z}^2\rangle \end{pmatrix}, \tag{9.87}$$

enthält für transversale E-Felder mit $E_z = 0$ nur transversale Ableitungen. Für ebene Wellen verschwindet dieser Term somit vollständig. Für optische Wellenleitermoden, bei denen die transversalen Ortsableitungen kleiner als die longitudinalen sind, kann dieser Term und somit der Beitrag des Tensorelementes e_{44} ebenfalls näherungsweise vernachlässigt werden. Ein Vergleich mit dem hydrodynamischen Ansatz in Gl. (9.75) ergibt dann für den Elektrostriktions-Koeffizienten $\gamma_e = e_{12}/\varepsilon_0 = n^4 p_{12}$. Dieser wäre aber nur in einem ebenfalls tensoriellen Ansatz der Ausbreitung der Schallwelle gültig, der die Querkontraktion in Festkörpern berücksichtigt. Soll in Festkörpern näherungsweise ein hydrodynamischer Ansatz verwendet werden, so ist in Gl. (9.75) der hydrodynamische Elektrostriktions-Koeffizient zu verwenden [79, 83, 84]:

$$\gamma_e = \frac{n^4}{3}(p_{11} + 2p_{12}). \tag{9.88}$$

Beispiel 9.9

Mit photoelastischen Koeffizienten $p_{11} = 0{,}121$ und $p_{12} = 0{,}27$, die in [15] an SiO_2-Glas als Volumenmaterial bestimmt wurden, ergibt sich eine elektrostriktive Konstante von $\gamma_e = 0{,}96$. In einer Singlemodefaser mit reinem SiO_2-Glaskern und B_2O_3 dotiertem Mantel wurde in [85] $p_{11} = 0{,}113$ und $p_{12} = 0{,}252$ bestimmt, daraus ergibt sich ein etwas kleinerer Wert $\gamma_e = 0{,}895$. Damit berechnete Brillouin-Koeffizienten von Glasfasern sind in guter Übereinstimmung mit Messungen.

Die Volumenkraftdichte $\underset{\sim}{f}_e$ aus Gl. (9.86) kann in einem dynamischen und vektoriellen Ansatz verwendet werden, um die resultierende Auslenkung $\underset{\sim}{\boldsymbol{u}}$ zu bestimmen (s. Gl. (9.169) in Kap. 9.5.8.3). Daraus resultiert ebenso ein Beitrag zur nichtlinearen Polarisierung im Medium, wie aus der Dichteänderung $\underset{\sim}{\varrho}$ im skalaren hydrodynamischen Ansatz.

9.4.1.4 Nichtlineare Polarisierung durch Elektrostriktion

Die Dichteänderung $\underset{\sim}{\varrho}$ aufgrund der Elektrostriktion bewirkt eine zeitliche Veränderung der dielektrischen Eigenschaften, da bei höherer Dichte mehr polarisierbare Atome und Moleküle pro Volumenelement vorhanden sind. Im hydrodynamischen Ansatz gilt für die Suszeptibilität eines elektrostriktiven Mediums

$$\underset{\sim}{\chi} = \chi^{(1)} + \underset{\sim}{\chi}_e^{(NL)}, \quad \underset{\sim}{\chi}_e^{(NL)} = \frac{\partial \varepsilon_r}{\partial \varrho}\underset{\sim}{\varrho} = \frac{\gamma_e}{\varrho_0}\underset{\sim}{\varrho}. \tag{9.89}$$

Darin ist $\chi^{(1)}$ die lineare Suszeptibilität und $\underset{\sim}{\chi}_e^{(NL)}$ die Änderung durch die Dichtemodulation der Elektrostriktion, analog zu Gl. (5.14). Die dadurch erzeugte nichtlineare Polarisierung im Medium lautet

$$\underset{\sim}{\mathcal{P}}_e^{(NL)} = \varepsilon_0\,\underset{\sim}{\chi}_e^{(NL)}\,\underset{\sim}{\boldsymbol{E}} = \varepsilon_0 \frac{\gamma_e}{\varrho_0}\,\underset{\sim}{\varrho}\,\underset{\sim}{\boldsymbol{E}}. \tag{9.90}$$

Dadurch entsteht eine weitere Verkopplung der Licht- und Schallwellen in einem elektrostriktiven Medium. Die durch Elektrostriktion erzeugten Dichtevariationen $\underset{\sim}{\varrho}$ wirken über den photoelastischen Effekt zurück auf die elektrische Polarisierung $\underset{\sim}{\mathcal{P}}$ der Lichtwelle.

Für die nichtlineare Polarisierung in einem tensoriellen Ansatz erhält man in Abhängigkeit von der durch die elektrostriktive Kraft erzeugte Auslenkung $\underset{\sim}{\boldsymbol{u}}$ [25]

$$\underset{\sim}{\mathcal{P}}_e^{(NL)} = -e_{12}(\nabla\cdot\underset{\sim}{\boldsymbol{u}})\underset{\sim}{\boldsymbol{E}} - e_{44}(\nabla_s\underset{\sim}{\boldsymbol{u}})\cdot\underset{\sim}{\boldsymbol{E}}. \tag{9.91}$$

Darin ist ∇_s der in Gl. (9.16) definierte symmetrische Gradientenoperator. Betrachtet man näherungsweise rein longitudinale Schallwellen und rein transversale elektromagnetische Wellen, so verschwindet auch hier der Beitrag des Elektrostriktionselementes e_{44}. Mit der Beziehung $\nabla\cdot\underset{\sim}{\boldsymbol{u}} = -\underset{\sim}{\varrho}/\varrho_0$ nach Gl. (9.21c) ist dann der tensorielle Ansatz identisch zum hydrodynamischen Ansatz Gl. (9.90).

9.4.1.5 Nichtlinearer Brechungsindex und Suszeptibilität durch Elektrostriktion

Wir betrachten nun den Einfluss einer einzelnen Lichtwelle mit der lokalen skalaren Feldstärke $\underset{\sim}{E} = E_0\cos(\omega t)$ auf die dielektrischen Eigenschaften des Mediums aufgrund der Elektrostriktion. Dazu wird die Dichtemodulation der Elektrostriktion aus Gl. (9.80) in Gl. (9.89) eingesetzt:

$$\underset{\sim}{\chi}_e^{(NL)} = \frac{1}{2}\varepsilon_0 C\gamma_e^2\langle\underset{\sim}{\boldsymbol{E}}\,\underset{\sim}{\boldsymbol{E}}\rangle. \tag{9.92}$$

Aus dem statischen Erwartungswert $\langle \underset{\sim}{E}^2 \rangle = \frac{1}{2}|E_0|^2$ einer einzelnen Lichtwelle entsteht dann ein zeitlich konstanter Anteil, der die Suszeptibilität des Mediums verändert:

$$\underset{\sim}{\chi}_{\mathrm{e}}^{(\mathrm{NL})} = \frac{1}{4}\varepsilon_0 C_{\mathrm{S}} \gamma_{\mathrm{e}}^2 |E_0|^2. \tag{9.93}$$

Dadurch entsteht ein Beitrag zum intensitätsabhängigen Brechungsindex $n(I) = n + \Delta n = n_0 + n_2^I I$, der in Kap. 5.3 im Wesentlichen auf Grundlage der nichtlinearen Polarisierbarkeit der Elektronenhülle diskutiert wurde. Mit $\Delta n = \chi^{(\mathrm{NL})}/(2n)$ nach Gl. (5.16) ergibt sich für die Änderung des Brechungsindex

$$\Delta n = \frac{1}{8n}\varepsilon_0 C_{\mathrm{S}} \gamma_{\mathrm{e}}^2 |E_0|^2. \tag{9.94}$$

Mit der Intensität $I = \frac{1}{2}c_0\varepsilon_0 n|E_0|^2$ erhalten wir schließlich den intensitätsbezogenen nichtlinearen Brechzahlkoeffizient aufgrund der Elektrostriktion

$$n_{2\mathrm{e}}^I = \frac{C_{\mathrm{S}}\gamma_{\mathrm{e}}^2}{4n^2 c_0}. \tag{9.95}$$

Beispiel 9.10

Mit $\gamma_{\mathrm{e}} = 0{,}895$ aus Bsp. 9.9 und $C_{\mathrm{S}} = 1{,}28 \cdot 10^{-11}\,\mathrm{Pa}^{-1}$ ergibt sich $n_{2\mathrm{e}}^I = 0{,}41 \cdot 10^{-20}\mathrm{m}^2/\mathrm{W}$. Zum Vergleich: Der dominierende Beitrag der Elektronenhülle zum nichtlinearen Brechungsindex beträgt $n_2^I = 1{,}8 \cdot 10^{-20}\,\mathrm{m}^2/\mathrm{W}$. Dies ist in guter Übereinstimmung mit Messungen nach [80], nach denen im cw-Betrieb etwa 20 % des gesamten nichtlinearen Brechungsindex auf Elektrostriktion zurückzuführen sind.

Die Elektrostriktion trägt wegen der mechanischen Trägheit des Mediums nur für Lichtpulse mit einer zeitlichen Dauer größer als die akustische Relaxationszeit $\tau_{\mathrm{A}} \approx 10\,\mathrm{ns}$ zum nichtlinearen Brechungsindex bei [80]. Der nach Bsp. 9.10 bestimmte Zahlenwert ist in guter Übereinstimmung mit gemessenen Unterschieden des nichtlinearen Brechungsindex n_2^I für Pulse deutlich länger und kürzer als τ_{A}, wie in Gl. (5.27) nach [86] beschrieben.

Ein Vergleich mit Gl. (2.48) zeigt, dass der Effekt der Elektrostriktion auch mit einer nichtlinearen Suszeptibilität dritter Ordnung $\chi_{\mathrm{e}}^{(3)}$ im Frequenzbereich beschrieben werden kann:

$$\mathcal{P}_{\mathrm{e}}^{(\mathrm{NL})} = \varepsilon_0 \chi_{\mathrm{e}}^{(\mathrm{NL})} E = \varepsilon_0 \frac{D^{(3)}}{4} \chi_{\mathrm{e}}^{(3)}(\omega; \omega_1, -\omega_2, \omega_3) E_1 E_2^* E_3, \tag{9.96}$$

mit dem Entartungsfaktor $D^{(3)}$ wie in Gl. (2.49) definiert. Dabei sind E_1, E_2, E_3 komplexwertige Amplituden von bis zu drei unterschiedlichen Lichtwellen. Die Frequenz der nichtlinearen Polarisierung $\mathcal{P}_{\mathrm{e}}^{\mathrm{NL}}$ ergibt sich dabei gemäß $\omega = \omega_1 - \omega_2 + \omega_3$ aus den Frequenzen der Lichtwellen.

Bei der Wechselwirkung einer Lichtwelle mit sich selbst gilt $\omega = \omega - \omega + \omega$ sowie $E_1 = E_3 = E$, $E_2 = E^*$ und somit $D^{(3)} = 3$. Aus Gl. (9.93) ergibt sich dafür folgender Zusammenhang der nichtlinearen Suszeptibilität mit dem Elektrostriktions-Koeffizienten:

$$\chi_e^{(3)}(\omega; \omega, -\omega, \omega) = 3\varepsilon_0 C_S \gamma_e^2. \tag{9.97}$$

Für den hier betrachteten Fall der quasistatischen Wechselwirkung einer Welle mit sich selbst ist $\chi_e^{(3)}$ rein reellwertig und beeinflusst somit nur die Phase der Lichtwelle. Für die Wechselwirkung von Lichtwellen mit unterschiedlichen Frequenzen kann Gl. (9.97) nicht verwendet werden. Stattdessen muss zunächst der zeit- und ortsvariable Erwartungswert des Produktes zweier Felder $\langle \underset{\sim}{E}_1 \underset{\sim}{E}_2 \rangle$ bestimmt werden, um dann mit einer dynamischen Rechnung die Verkopplung aller elektrischen Felder und der akustischen Dichtewelle zu bestimmen.

9.4.2 Interferenz zweier gegenläufiger Wellen mit unterschiedlichen Frequenzen

Der Antrieb für die Elektrostriktion bei der stimulierten Brillouin-Streuung ist ein bewegtes Interferenzmuster zweier gegenläufiger Wellen mit unterschiedlichen Frequenzen. Voraussetzung für Interferenz ist, dass beide Wellen den gleichen Polarisationszustand haben. Wir nehmen im Folgenden an, dass alle Lichtwellen linear und parallel zueinander polarisiert sind, so dass ein skalarer Ansatz ausreichend ist. Daher setzen wir für die elektrischen Felder der Pump- und Stokes-Lichtwelle an:

$$\underset{\sim}{E}_P(t,z) = E_P \cos(\omega_P t - k_P z) = \frac{1}{2}\left(E_P\, e^{j(\omega_P t - k_P z)} + \text{c.c.}\right), \tag{9.98a}$$

$$\underset{\sim}{E}_S(t,z) = E_S \cos(\omega_S t + k_S z) = \frac{1}{2}\left(E_S\, e^{j(\omega_S t + k_S z)} + \text{c.c.}\right), \tag{9.98b}$$

mit den Kreisfrequenzen $\omega_i = 2\pi f_i$ und den Ausbreitungskonstanten $k_i = \omega_i / c$, wobei $c = c_0/n_{\text{eff}}$ die Phasengeschwindigkeit der Lichtwellen ist. Mit c.c. wird der Term der konjugiert-komplexen Ergänzung abgekürzt (s. Anhang A.1.1). Wir setzen dabei voraus, dass die Frequenzen f_P und f_S die exakte relativistische Bragg-Bedingung der Brillouin-Streuung erfüllen, so dass nach Gl. (9.44) $\omega_P - \omega_S = \Omega_{B,S}$ gilt.

Ohne Beschränkung der Allgemeinheit nehmen wir für eine einfachere weitere Rechnung an, dass beide Wellen die gleiche Amplitude $E_P = E_S = E_0$ haben (s. Abb. 9.19a). Die Überlagerung der beiden Wellen ergibt das Gesamtfeld

$$\begin{aligned}\underset{\sim}{E}_g(t,z) &= \underset{\sim}{E}_P(t,z) + \underset{\sim}{E}_S(t,z)\\ &= 2E_0 \cos\left(\frac{\omega_P - \omega_S}{2} t - \frac{k_P + k_S}{2} z\right) \cos\left(\frac{\omega_P + \omega_S}{2} t - \frac{k_P - k_S}{2} z\right)\\ &= \underbrace{2E_0 \cos\left(\Omega_b t - K_b z\right)}_{E_b(t,z)} \underbrace{\cos\left(\Omega_m t - K_m z\right)}_{H_E(t,z)}.\end{aligned} \tag{9.99}$$

Zeitlich betrachtet ergibt sich an einem Ort eine schnelle Schwingung mit der Mittenfrequenz $\Omega_\mathrm{m} = (\omega_\mathrm{P} + \omega_\mathrm{S})/2$, die wie die ursprünglichen Frequenzen der beteiligten Wellen im optischen Frequenzbereich liegt. Diese ist moduliert mit einer deutlich langsameren Schwebung $E_\mathrm{b}(t,z)$ (engl. *beat*) mit der Frequenz $\Omega_\mathrm{b} = (\omega_\mathrm{P} - \omega_\mathrm{S})/2$. Über der Ausbreitungskoordinate z betrachtet weist der Cosinus-Term der Mittenfrequenz eine kleinere Ausbreitungskonstante $K_\mathrm{m} = (k_\mathrm{P} - k_\mathrm{S})/2$ auf, im Vergleich zur Ausbreitungskonstante der Schwebung $K_\mathrm{b} = (k_\mathrm{P} + k_\mathrm{S})/2$. Der Cosinus-Term der Mittenfrequenz kann daher räumlich als eine Hüllkurve $H_\mathrm{E}(t,z)$ betrachtet werden (s. Abb. 9.19b), die sich aufgrund der schnellen zeitlichen Oszillation mit großer Phasengeschwindigkeit v_H in $+z$-Richtung ausbreitet:

$$v_\mathrm{H} = \frac{\Omega_\mathrm{m}}{K_\mathrm{m}} = \frac{\omega_\mathrm{P} + \omega_\mathrm{S}}{\omega_\mathrm{P} - \omega_\mathrm{S}}\, c. \tag{9.100}$$

Exkurs 9.8
Die Phasengeschwindigkeit der Hüllkurve ist formal um ein Vielfaches größer als die Lichtgeschwindigkeit im betreffenden Medium. Die Hüllkurve ist jedoch keine eigenständige elektromagnetische Welle, sondern nur eine mathematische Konsequenz der Überlagerung zweier kontinuierlicher Wellen, so dass damit kein Transport von Leistung oder Information mit Überlichtgeschwindigkeit verbunden ist.

Die Phasengeschwindigkeit v_b der Schwebung ergibt sich zu

$$v_\mathrm{b} = \frac{\Omega_\mathrm{b}}{K_\mathrm{b}} = \frac{\omega_\mathrm{P} - \omega_\mathrm{S}}{\omega_\mathrm{P} + \omega_\mathrm{S}}\, c \equiv v_\mathrm{A}, \tag{9.101}$$

wobei ein Vergleich mit Gl. (9.43) für den relativistischen Doppler-Versatz von Pump- und Stokes-Welle bei der spontanen Brillouin-Streuung zeigt, dass die Phasengeschwindigkeit der Schwebung v_b exakt der Schallgeschwindigkeit im Medium v_A entspricht, wenn die initial getroffene Voraussetzung $\omega_\mathrm{P} - \omega_\mathrm{S} = \Omega_\mathrm{B,S}$ gilt.

Für die Elektrostriktion ist die Intensität I bzw. das Betragsquadrat der elektrischen Feldstärke $|\underset{\sim}{E}|^2$ maßgeblich:

$$\begin{aligned} \underset{\sim}{I}(z,t) \sim |\underset{\sim}{E}(z,t)|^2 &= \overbrace{E_0^2\,\{1 + \cos[(\omega_\mathrm{P} - \omega_\mathrm{S})t - (k_\mathrm{P} + k_\mathrm{S})z]\}}^{I_\mathrm{A}(t,z)} \\ &= \underbrace{\{1 + \cos[(\omega_\mathrm{P} + \omega_\mathrm{S})t - (k_\mathrm{P} - k_\mathrm{S})z]\}}_{H_\mathrm{I}(t,z)} \\ &= E_0^2\,\{1 + \cos(\Omega_\mathrm{A} t - K_\mathrm{A} z)\}\, H_\mathrm{I}(t,z). \end{aligned} \tag{9.102}$$

Die Intensität lässt sich wie die elektrische Feldstärke in eine Schwebung $I_\mathrm{A}(t,z)$ mit Frequenz Ω_A und Ausbreitungskonstante K_A sowie eine schnell zeitvariable Hüllkurve $H_\mathrm{I}(t,z)$

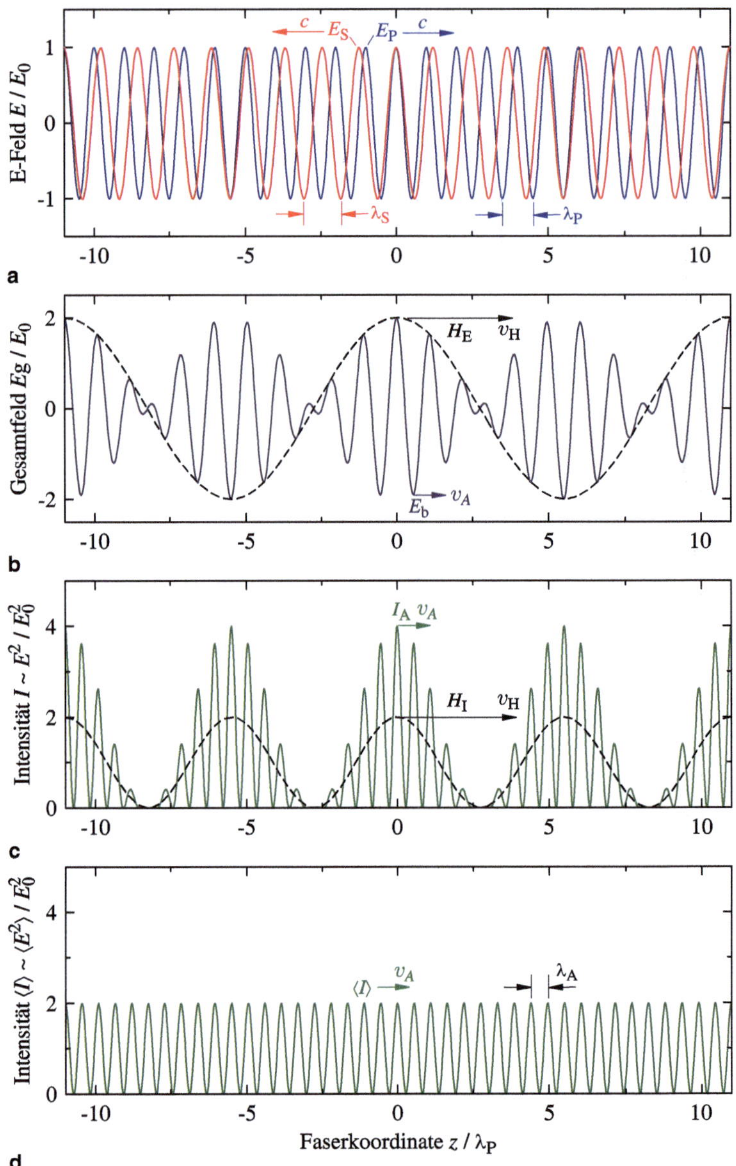

Abb. 9.19 E-Felder und Intensitäten, die zur stimulierten Brillouin-Streuung führen

zerlegen (s. Abb. 9.19c). Die Hüllkurve der Intensität $H_I(t,z)$ bewegt sich räumlich mit der gleich großen Phasengeschwindigkeit v_H wie die Hüllkurve des elektrischen Gesamtfeldes, und oszilliert an einem Ort mit näherungsweise dem Doppelten der Frequenzen der Lichtwellen. Für die Elektrostriktion ist nur die dagegen langsamere Schwebung $I_A(t,z)$ relevant, da das Material des Mediums der schnellen zeitlichen Oszillation und räumlichen

Ausbreitung der Hüllkurve aufgrund der Massenträgheit nicht folgen kann. Wir definieren daher eine mittlere Intensität $\langle \underset{\sim}{I}(z,t)\rangle$, wobei der zeitliche Erwartungswert $\langle\ldots\rangle$ über einige Schwingungsperioden der schnellen Hüllkurvenoszillation zu bilden ist:

$$\begin{aligned}\langle \underset{\sim}{I}(z,t)\rangle \sim \langle|\underset{\sim}{E}(z,t)|^2\rangle &= E_0^2\,\{1+\cos\left[(\omega_\mathrm{P}-\omega_\mathrm{S})t-(k_\mathrm{P}+k_\mathrm{S})z\right]\}\\ &= E_0^2\,\{1+\cos\left(\Omega_\mathrm{A}t-K_\mathrm{A}z\right)\}.\end{aligned} \tag{9.103}$$

Der Wechselanteil des Erwartungswertes der Intensität ist in diesem Beispiel proportional zu E_0^2. Haben Pump- und Stokes-Welle unterschiedliche Beträge und Phasen, so ist dieser Term durch $E_\mathrm{P}E_\mathrm{S}^*$ gemäß des Ansatzes Gl. (9.98) zu ersetzen.

Das für die Elektrostriktion relevante Interferenzmuster $\langle \underset{\sim}{I}(z,t)\rangle$ breitet sich ebenfalls mit Schallgeschwindigkeit υ_A aus (s. Abb. 9.19d):

$$\frac{\Omega_\mathrm{A}}{K_\mathrm{A}} = \frac{\omega_\mathrm{P}-\omega_\mathrm{S}}{\omega_\mathrm{P}+\omega_\mathrm{S}}\,c \equiv \upsilon_\mathrm{A}. \tag{9.104}$$

Das Interferenzmuster oszilliert gemäß Gl. (9.103) an einem Punkt im Raum mit einer Frequenz $f_\mathrm{A} = f_\mathrm{P} - f_\mathrm{S}$, die unter den initial getroffenen Voraussetzungen der Brillouin-Frequenz $f_\mathrm{B,S}$ entspricht. Die räumliche Periode des Interferenzmusters

$$\Lambda_\mathrm{A} = \frac{2\pi}{K_\mathrm{A}} = \frac{c}{f_\mathrm{P}+f_\mathrm{S}} = \frac{c+\upsilon_\mathrm{A}}{2f_\mathrm{P}} = \frac{\upsilon_\mathrm{A}}{f_\mathrm{B,S}} = \frac{\upsilon_\mathrm{A}}{f_\mathrm{A}} \equiv \lambda_\mathrm{A} \tag{9.105}$$

entspricht exakt der Wellenlänge einer Schallwelle mit Frequenz $f_\mathrm{A} = f_\mathrm{B,S}$, unter Verwendung der exakten relativistischen Doppler-Gleichungen Gl. (9.43) und (9.44). Zusammengefasst gilt also:

- Ist der Frequenzunterschied zweier gegenläufiger Lichtwellen $f_\mathrm{P} - f_\mathrm{S}$ gleich dem Brillouin-Frequenzversatz $f_\mathrm{B,S}$, so breitet sich das entstehende Interferenzmuster mit Schallgeschwindigkeit υ_A im Medium aus und hat eine räumliche Periode, die genau der Wellenlänge einer Schallwelle λ_A mit Frequenz $f_\mathrm{A} = f_\mathrm{B,S}$ entspricht. Das Interferenzmuster kann daher eine synchron laufende Schallwelle durch Elektrostriktion antreiben.
- Gleichzeitig erfüllt die Pumpwelle im mitbewegten Bezugssystem der Schallwelle die Bragg-Bedingung, so dass diese effizient reflektiert wird.
- Durch den Doppler-Effekt bei Reflexion an der bewegten Schallwelle wird die Pumpwelle im ruhenden äußeren Bezugssystem genau auf die Frequenz der Stokes-Welle verschoben, so dass Leistung von der Pumpwelle auf die Stokes-Welle übertragen werden kann. Dies ist die wesentliche Auswirkung der stimulierten Brillouin-Streuung (SBS).
- Ist der Frequenzunterschied zweier gegenläufiger Lichtwellen $f_\mathrm{P} - f_\mathrm{S}$ ungleich dem Brillouin-Frequenzversatz $f_\mathrm{B,S}$, gelten alle diese Aussagen nicht mehr.

Diese analytischen Ergebnisse und Identitäten gelten nur dann exakt, wenn die relativistischen Bragg-Bedingungen aus Kap. 9.2.3.2 verwendet werden. In der Praxis ist es ausreichend, die Näherungen aus Kap. 9.2.3.1 zu verwenden.

Exkurs 9.9
Im mitbewegten Bezugssystem der Schallwelle erfüllen sowohl die Pump- als auch die Stokes-Welle die Bragg-Bedingung. Es ist daher zunächst nicht einsichtig, warum nur die Pumpwelle durch Reflexion Leistung auf die Stokes-Welle übertragen soll. Zudem sind alle Wellen (Pumpe, Stokes, Interferenzmuster) mit dem gewählten Ansatz punktsymmetrisch zu $z = 0$. Erst eine analytische Rechnung mit Hilfe der gekoppelten Wellengleichungen zeigt in Kap. 9.4.3.3, dass die Schallwelle zeitlich und räumlich gegenüber den Lichtwellen so versetzt ist, dass sich die Reflexion der Pumpwelle konstruktiv mit der Stokes-Welle überlagert, die Reflexion der Stokes-Welle jedoch destruktiv zur Pumpwelle erfolgt.

Um die Verkopplung von Pump- und Signalwelle durch SBS quantitativ zu berechnen, muss nun die Amplitude der durch Elektrostriktion angeregten Schallwelle nach Betrag und Phase bestimmt werden. Aufgrund der sehr hohen Frequenz der Schallwelle unterliegt diese einer starken Dämpfung durch innere Reibung, so dass die Dichtemodulation oder die Auslenkung der Schallwelle nicht einfach wie im statischen Fall mit Gl. (9.80) berechnet werden kann. Dafür ist eine dynamische Lösung unter Verwendung der elektrostriktiven Kraft aus Gl. 9.75 erforderlich, wie im nächsten Abschnitt beschrieben.

9.4.3 Ausbreitungsgleichungen der stimulierten Brillouin-Streuung

9.4.3.1 Wellengleichung der Schallwelle für SBS

Zur Herleitung der stimulierten Brillouin-Streuung aufgrund der Verkopplung von Licht- und Schallwellen durch Elektrostriktion gehen wir zunächst von einem hydrodynamischen und skalaren Ansatz für die Dichte im Medium gemäß Gl. (9.11) aus:

$$\frac{\partial^2}{\partial t^2}\underset{\sim}{\varrho} - \frac{\eta}{\varrho_0}\frac{\partial}{\partial t}\frac{\partial^2}{\partial z^2}\underset{\sim}{\varrho} - \upsilon_{\mathrm{A}}^2\frac{\partial^2}{\partial z^2}\underset{\sim}{\varrho} = -\frac{\partial}{\partial z}\underset{\sim}{f}. \tag{9.106}$$

Mit der elektrostriktiven Kraft aus Gl. (9.75)

$$\underset{\sim}{f_{\mathrm{e}}} = \frac{\varepsilon_0\gamma_e}{2}\frac{\partial}{\partial z}\langle\underset{\sim}{\boldsymbol{E}}\,\underset{\sim}{\boldsymbol{E}}\rangle \tag{9.107}$$

erhält man folgende Differentialgleichung für die orts- und zeitvariable Dichte in einem elektrostriktiven Medium:

$$\frac{\partial^2}{\partial t^2}\underset{\sim}{\varrho} - \frac{\eta}{\varrho_0}\frac{\partial}{\partial t}\frac{\partial^2}{\partial z^2}\underset{\sim}{\varrho} - \upsilon_{\mathrm{A}}^2\frac{\partial^2}{\partial z^2}\underset{\sim}{\varrho} = -\frac{\varepsilon_0\gamma_e}{2}\frac{\partial^2}{\partial z^2}\langle\underset{\sim}{\boldsymbol{E}}\,\underset{\sim}{\boldsymbol{E}}\rangle. \tag{9.108}$$

Eine mögliche Lösung von Gl. (9.108) ist eine harmonische akustische Dichtewelle, nachfolgend als Schallwelle bezeichnet, die sich mit Schallgeschwindigkeit υ_{A} ausbreitet.

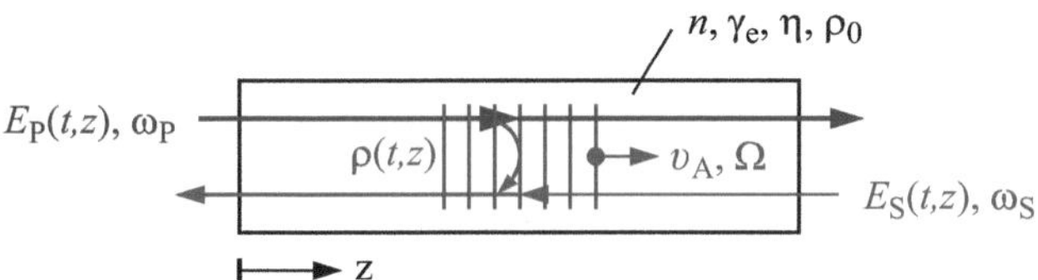

Abb. 9.20 Skizze der Ausbreitungsrichtungen und Beschreibungsgrößen der Licht- und Schallwellen sowie der relevanten Materialeigenschaften der SBS

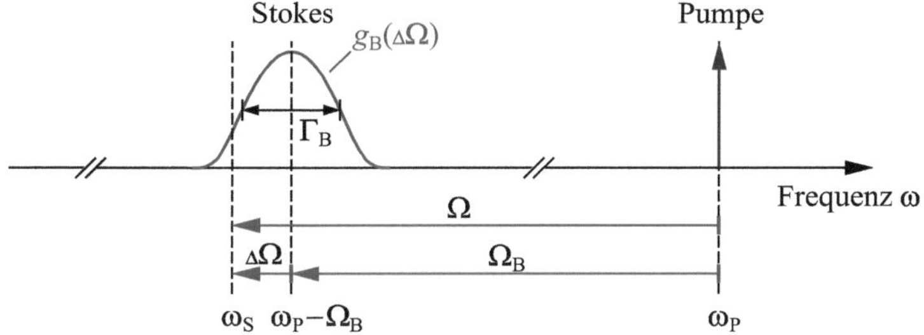

Abb. 9.21 Definition der Frequenzen bei der SBS: Der Abstand zwischen der Pumpfrequenz ω_P und der Stokesfrequenz ω_S wird mit Ω bezeichnet. $\Delta\Omega$ ist der Unterschied von Ω zum materialspezifischen Brillouin-Frequenzversatz (kurz: Brillouin-Frequenz) Ω_B

Diese wird über Zeit und Ort aufgrund der Reibung η gedämpft. Die elektrischen Felder auf der rechten Seite stellen aufgrund der Elektrostriktion eine Quelle zur Anregung der Dichtewelle dar. Dadurch ist eine Kopplung der Schallwelle an Lichtwellen gegeben.

9.4.3.2 Gekoppelte SBS-Gleichungen für Licht- und Schallwellen

Gesucht ist nun die Verkopplung einer Pumplichtwelle $\underset{\sim}{E}_P(t,z)$ mit einer Stokes-Lichtwelle $\underset{\sim}{E}_S(t,z)$ durch eine Schallwelle mit orts- und zeitvariabler Dichte $\underset{\sim}{\varrho}\,(t,z)$ und mit Ausbreitungsrichtungen wie in Abb. 9.20 dargestellt. Zur Lösung der Ausbreitungsgleichungen wird zunächst für die Dichte der Schallwelle eine harmonische Welle mit nur langsam orts- und zeitvariabler komplexer Amplitude $\varrho(z,t)$ angesetzt, die die Hüllkurve der Schallwelle darstellt:

$$\underset{\sim}{\varrho}\,(t,z) = \frac{1}{2}\Big(\varrho(z,t)\,\mathrm{e}^{\,\mathrm{j}(\Omega t - k_A z)} + \text{c.c.}\Big), \tag{9.109}$$

mit der konjugiert-komplexen Ergänzung c.c. nach Anhang A.1.1. Die Frequenz der Schallwelle Ω, die gemäß Kap. 9.4.2 durch die Differenz der Frequenzen der Pump- und Stokes-Welle $\omega_P - \omega_S$ gegeben ist, soll dabei leicht von der Brillouin-Frequenz Ω_B abweichen können (s. Abb. 9.21). Die Ausbreitungskonstante $k_A = \Omega_B/v_A$ wird jedoch als konstant angenommen und entspricht der Ausbreitungskonstante einer Schallwelle der Brillouin-Frequenz Ω_B.

Für die elektrischen Felder der Pump- und Stokes-Welle setzen wir an:

$$\underset{\sim}{E}_{\mathrm{P}}(t,z) = \frac{1}{2}\Big(E_{\mathrm{P}}(t,z)\,\mathrm{e}^{\,\mathrm{j}(\omega_{\mathrm{P}}t-k_{\mathrm{P}}z)} + \mathrm{c.c.}\Big), \tag{9.110a}$$

$$\underset{\sim}{E}_{\mathrm{S}}(t,z) = \frac{1}{2}\Big(E_{\mathrm{S}}(t,z)\,\mathrm{e}^{\,\mathrm{j}(\omega_{\mathrm{S}}t-k_{\mathrm{S}}z)} + \mathrm{c.c.}\Big), \tag{9.110b}$$

Dabei wird angenommen, dass beide Lichtwellen stets linear und parallel zueinander polarisiert sind, so dass ein skalarer Ansatz ausreichend ist.

Gesucht ist nun die komplexwertige Dichteamplitude $\varrho(z,t)$ der Schallwelle sowie deren Verkopplung mit den Feldamplituden $E_{\mathrm{P}}(t,z)$ und $E_{\mathrm{S}}(t,z)$ der Lichtwellen in Abhängigkeit von Ort und Zeit. Dazu wird die Intensität des bewegten Interferenzmusters aus Kap. 9.4.2 als derjenige Anteil des Erwartungswertes des Betragsquadrates des E-Feldes angesetzt, der mit der Differenzfrequenz $\Omega = \omega_{\mathrm{P}} - \omega_{\mathrm{S}}$ oszilliert:

$$\langle \underset{\sim}{E}\,\underset{\sim}{E} \rangle = \frac{1}{2}\Big(E_{\mathrm{P}}E_{\mathrm{S}}^{*}\,\mathrm{e}^{\,\mathrm{j}(\Omega t-k_{\mathrm{A}}z)} + \mathrm{c.c.}\Big). \tag{9.111}$$

Nach Einsetzen der Ansätze in Gl. (9.108) werden nun einige Näherungen in der Wellengleichung der Schallwelle vorgenommen. Verglichen mit der schnellen Ausbreitung der Lichtwelle findet auf kleinen Zeitskalen keine nennenswerte Ausbreitung der Schallwelle statt. Außerdem ist bei den hohen Brillouin-Frequenzen im Bereich von $\Omega_{\mathrm{B}} \approx 10\,\mathrm{GHz}$ die Dämpfung der Schallwelle so groß, dass ohnehin keine Wellenausbreitung der Schallwelle über größere Strecken erfolgt. Daher werden für die Amplitude der Schallwelle $\varrho(z,t)$ alle Ortsableitungen der Dichte und des E-Feldes vernachlässigt. Dies entspricht einem lokalen Modell der dynamischen Elektrostriktion, bei dem die lokale Dichte nur von der an einem Ort herrschenden Feldstärke angetrieben wird:

$$\frac{\partial^2}{\partial t^2}\varrho + 2\mathrm{j}\Omega\frac{\partial}{\partial t}\varrho - \left(\Omega^2 - \Omega_{\mathrm{B}}^2 - \mathrm{j}\Omega\frac{\eta}{\varrho_0}k_{\mathrm{A}}^2\right)\varrho = \frac{\varepsilon_0\gamma_e}{2}k_{\mathrm{A}}^2 E_{\mathrm{P}}E_{\mathrm{S}}^{*}. \tag{9.112}$$

Für nicht zu kurze Lichtpulse sind auch die zeitlichen Änderungen der Amplituden $\varrho(z,t)$ klein, so dass hier wie bei der Näherung der langsam veränderlichen Hüllkurve des E-Feldes (s. Kap. 2.5.3) die zweite Zeitableitung vernachlässigt werden kann. Die erste Zeitableitung wird beibehalten, um eine langsame räumliche und zeitliche Änderung der Amplitude $\varrho(z,t)$ der Schallwelle zu erlauben:

$$\frac{\partial}{\partial t}\varrho + \left(\mathrm{j}\Delta\Omega + \frac{\eta}{2\varrho_0}k_{\mathrm{A}}^2\right)\varrho = -\mathrm{j}\frac{\varepsilon_0\gamma_e}{4v_{\mathrm{A}}}k_{\mathrm{A}}E_{\mathrm{P}}E_{\mathrm{S}}^{*}. \tag{9.113}$$

Darin ist $\Delta\Omega$ die Abweichung des aktuellen Frequenzabstandes von Pump- und Stokes-Welle Ω zum materialspezifischen Brillouin-Frequenzversatz Ω_{B}, die nach folgender Näherung in Gl. (9.113) verwendet wird:

$$\Omega^2 - \Omega_{\mathrm{B}}^2 = (\Omega + \Omega_{\mathrm{B}})(\Omega - \Omega_{\mathrm{B}}) \approx 2\Omega_{\mathrm{B}}\Delta\Omega. \tag{9.114}$$

In Abb. 9.21 sind die Definitionen der beteiligten Frequenzen bei der SBS dargestellt.

Die Dichtevariation $\underset{\sim}{\varrho}$ verursacht gemäß Gl. (9.89) eine Modulation der dielektrische Eigenschaften und erzeugt damit eine nichtlineare Polarisierung im Medium:

$$\underset{\sim}{\mathcal{P}}_{\mathrm{e}}^{(\mathrm{NL})} = \varepsilon_0 \frac{\partial \varepsilon_{\mathrm{r}}}{\partial \varrho} \underset{\sim}{\varrho}\, \underset{\sim}{E} = \varepsilon_0 \frac{\gamma_e}{\varrho_0} \underset{\sim}{\varrho}\, \underset{\sim}{E}, \tag{9.115}$$

wobei für die elektrische Feldstärke die Summe aus $\underset{\sim}{E}_{\mathrm{P}} + \underset{\sim}{E}_{\mathrm{S}}$ nach Gl. (9.110) einzusetzen ist. Durch die Multiplikation von zeitharmonischen Größen $\underset{\sim}{\varrho}$ und $\underset{\sim}{E}$ mit unterschiedlichen Frequenzen entstehen mehrere Anteile i der nichtlinearen Polarisierung, für die jeweils eine eigene Welle angesetzt wird:

$$\underset{\sim}{\mathcal{P}}_i^{(\mathrm{NL})}(t, \boldsymbol{r}) = \frac{1}{2} \left(\mathcal{P}_i^{(\mathrm{NL})}(z, t)\, \mathrm{e}^{\mathrm{j}(\omega_i t - k_i^{\mathrm{NL}} z)} + \mathrm{c.c.} \right). \tag{9.116}$$

Darin werden mit den Ansätzen für die Pump-, Stokes- und Schallwelle diejenigen Anteile bestimmt, die mit den Frequenzen der Pump- und Stokes-Welle schwingen:

$$\mathcal{P}_{\mathrm{P}}^{(\mathrm{NL})} = \varepsilon_0 \frac{\gamma_e}{2\varrho_0} E_{\mathrm{S}} \varrho \qquad \mathcal{P}_{\mathrm{S}}^{(\mathrm{NL})} = \varepsilon_0 \frac{\gamma_e}{2\varrho_0} E_{\mathrm{P}} \varrho^*. \tag{9.117}$$

Die Ergebnisse aus Gl. (9.117) werden nun eingesetzt in die Hüllkurvengleichung Gl. (2.99) der nichtlinearen Wellenausbreitung jeweils für die Pump- und Stokes-Welle. Die Bedingung der Phasenanpassung $k_i - k_i^{(\mathrm{NL})} = 0$ ist dabei stets gegeben, wenn $\omega_{\mathrm{P}} - \omega_{\mathrm{S}} = \Omega_{\mathrm{B}}$ ist:

$$k_{\mathrm{P}}^{(\mathrm{NL})} = k_{\mathrm{S}} + k_{\mathrm{A}} = k_{\mathrm{P}}, \quad k_{\mathrm{S}}^{(\mathrm{NL})} = k_{\mathrm{P}} - k_{\mathrm{A}} = k_{\mathrm{S}}. \tag{9.118}$$

In Verbindung mit Gl. (9.113) für die Amplitude der Schalldichte ergibt sich mit den Hüllkurvengleichungen für die Pump- und Stokes-Welle folgendes nichtlinear gekoppeltes Differentialgleichungssystem:

$$\frac{\partial}{\partial z} E_{\mathrm{P}} + \frac{n}{c_0} \frac{\partial}{\partial t} E_{\mathrm{P}} + \frac{a}{2} E_{\mathrm{P}} = -\mathrm{j} \frac{\omega_{\mathrm{P}} \gamma_e}{4 c_0 n \varrho_0} E_{\mathrm{S}} \varrho, \tag{9.119a}$$

$$-\frac{\partial}{\partial z} E_{\mathrm{S}} + \frac{n}{c_0} \frac{\partial}{\partial t} E_{\mathrm{S}} + \frac{a}{2} E_{\mathrm{S}} = -\mathrm{j} \frac{\omega_{\mathrm{S}} \gamma_e}{4 c_0 n \varrho_0} E_{\mathrm{P}} \varrho^*, \tag{9.119b}$$

$$\frac{\partial}{\partial t} \varrho + \left(\mathrm{j} \Delta\Omega + \frac{\eta}{2\varrho_0} k_{\mathrm{A}}^2 \right) \varrho = -\mathrm{j} \frac{\varepsilon_0 \gamma_e}{4 v_{\mathrm{A}}} k_{\mathrm{A}} E_{\mathrm{P}} E_{\mathrm{S}}^*. \tag{9.119c}$$

Mit diesem Gleichungssystem können sowohl statische wie auch dynamische SBS-Prozesse beschrieben werden.

9.4.3.3 Statische Lösung der SBS-Gleichungen: Schallwelle

Eine Lösung von Gl. (9.119) für beliebige Pulsformen der Pump- und Stokes-Welle ist nur numerisch möglich. Für kontinuierliche Wellen kann analytisch eine statische Lösung bestimmt werden, indem sämtliche Zeitableitungen zu null gesetzt werden. Daraus kann direkt die statische Dichteamplitude der Schallwelle bestimmt werden:

$$\varrho = -\mathrm{j}\frac{\varepsilon_0 \gamma_e}{4 v_\mathrm{A}} k_\mathrm{A} \left(\frac{1}{\mathrm{j}\Delta\Omega + \Gamma_\mathrm{B}/2} \right) E_\mathrm{P} E_\mathrm{S}^* \tag{9.120a}$$

$$= -\mathrm{j}\frac{\varepsilon_0 \Omega_\mathrm{B} \gamma_e}{2 v_\mathrm{A}^2 \Gamma_\mathrm{B}} \left(\frac{1}{1 + \mathrm{j}2\Delta\Omega/\Gamma_\mathrm{B}} \right) E_\mathrm{P} E_\mathrm{S}^* \tag{9.120b}$$

$$= -\mathrm{j}\frac{\varepsilon_0 n \omega_\mathrm{P} \gamma_e}{c_0 v_\mathrm{A} \Gamma_\mathrm{B}} \left(\frac{1}{1 + \mathrm{j}2\Delta\Omega/\Gamma_\mathrm{B}} \right) E_\mathrm{P} E_\mathrm{S}^* . \tag{9.120c}$$

Darin ist Γ_B die Halbwertsbreite (FWHM), auch Linienbreite genannt, des lorentzförmigen Frequenzganges der stimulierten Brillouin-Streuung, wie in der weiteren Rechnung in Gl. (9.129a) zu erkennen ist:

$$\Gamma_\mathrm{B} = \frac{\eta k_\mathrm{A}^2}{\varrho_0} . \tag{9.121}$$

Die Amplitude der Schallwelle wird offensichtlich maximal, wenn $\Delta\Omega = 0$ ist, also genau dann, wenn der Frequenzabstand der Pump- und Stokes-Welle gemäß $\Omega = \Omega_\mathrm{B}$ der Brillouin-Frequenz entspricht.

Betrachtet man die Amplitude $\varrho(t)$ einer vorhandenen Schallwelle mit der Brillouin-Frequenz Ω_B ohne weiteren Antrieb durch Elektrostriktion, so wird deren Zeitverhalten nach Gl. (9.119c) mit folgender Differentialgleichung beschrieben:

$$\frac{\partial}{\partial t}\varrho(t) + \frac{\Gamma_\mathrm{B}}{2}\varrho(t) = 0, \tag{9.122}$$

mit der Lösung

$$\varrho(t) = \varrho(0)\,\mathrm{e}^{-\Gamma_\mathrm{B} t/2} = \varrho(0)\,\mathrm{e}^{-t/2\tau_\mathrm{A}} . \tag{9.123}$$

Die Intensität der Schallwelle ist proportional zum Quadrat der Schalldichte im Wellenbild und zur Dichte der akustischen Phononen im Teilchenbild. Daher gilt für die Lebensdauer der Phononen bzw. für die Abklingzeit der Intensität der akustischen Welle

$$\tau_\mathrm{A} = \frac{1}{\Gamma_\mathrm{B}}, \tag{9.124}$$

und es ergibt sich folgender Zusammenhang zwischen dem intensitätsbezogenen Dämpfungskoeffizienten der akustischen Welle a_A, der Linienbreite der SBS Γ_B bzw. der Phononenlebensdauer τ_A:

$$a_\mathrm{A} = \frac{\Gamma_\mathrm{B}}{v_\mathrm{A}} = \frac{1}{\tau_\mathrm{A} v_\mathrm{A}} = \frac{\eta}{\varrho_0 v_\mathrm{A}^3}\Omega^2 . \tag{9.125}$$

Ersetzt man auch in Gl. (9.121) die Ausbreitungskonstante der Schallwelle k_A durch die Frequenzen, so erhält man für die Linienbreite

$$\Gamma_\mathrm{B} = \frac{\eta \Omega_\mathrm{B}^2}{\varrho_0 v_\mathrm{A}^2} = \frac{4 n^2 \eta \omega_\mathrm{P}^2}{\varrho_0 c_0^2} . \tag{9.126}$$

Die Linienbreite der SBS nimmt somit quadratisch mit der Pumpfrequenz ω_P zu, da die Dämpfung der Schallwelle a_A ebenfalls quadratisch mit der akustischen Frequenz zunimmt. Bezüglich der Wellenlänge der Pumpe gilt $\Gamma_B \sim \lambda_P^{-2}$. Experimentell wird diese theoretische Abhängigkeit sowohl in Volumenglas wie auch in Glasfasern beobachtet [87].

Exkurs 9.10
Die Abhängigkeit des Brillouin-Frequenzversatzes f_B bzw. Ω_B von der Schallgeschwindigkeit im Medium v_A sowie die Abhängigkeit der Linienbreite Γ_B von der Viskosität η bzw. von der Dämpfung der akustischen Welle a_A erlaubt eine messtechnische Bestimmung dieser wichtigen mechanischen Materialkennwerte durch Spektralanalyse der Brillouin-Streuung. Umgekehrt bietet eine gezielte Beeinflussung der Schallgeschwindigkeit v_A sowie der akustischen Dämpfung die Möglichkeit, das Brillouin-Spektrum zu beeinflussen.

Beispiel 9.11

In [58] wurde in reinem SiO_2-Glas eine Linienbreite der SBS von $\Gamma_B/2\pi = 170$ MHz bei einer Pumpwellenlänge $\lambda_P = 486$ nm bestimmt. Bei einer Wellenlänge von 1550 nm resultiert daraus eine Linienbreite von $\Gamma_B/2\pi = 16{,}7$ MHz. Dies entspricht einer Phononenlebensdauer $\tau_A = 9{,}5$ ns.

Beispiel 9.12

Der Zahlenwert der Viskosität beträgt mit gleichen Parametern aus Bsp. 9.11 $\eta = 1{,}7 \cdot 10^{-3}$ Pa · s, abgeleitet aus Gl. (9.126). Dieser Wert ist in der gleichen Größenordnung wie die dynamische Viskosität in flüssigem Wasser. Im Gegensatz zu Wasser bezeichnet η in Glas weit unterhalb der Erweichungstemperatur keine Reibung bei der Fließbewegung einer Flüssigkeit, sondern die innere Reibung bei der Kompression eines Festkörpers.

Beispiel 9.13

Mit angenommenen Feldstärken der Pump- und Stokes-Welle $E_P = E_S = 81{,}7$ kV/m, die nach Bsp. 3.9 einer Leistung von 1 mW in einer Standard-Singlemodefaser entsprechen, ergibt sich bei einer Wellenlänge von 1550 nm mit Zahlenwerten aus den vorhergehenden Beispielen für $\Delta\Omega = 0$ eine Schalldichte $\varrho = 4{,}9 \cdot 10^{-10}$ g/cm^3, ein Schalldruck $p = 17{,}6$ Pa sowie eine mittlere Schallintensität $I_A = p^2/(2\varrho_0 v_A) = 11{,}7\,\mu\text{W/m}^2$. Diese würde in Luft dem Schalldruck $p_L = 0{,}1$ Pa einer lauten Unterhaltung entsprechen [10]. Die mittlere Leistung der Schallwelle ist freilich gering und beträgt $P = I \cdot A_{\text{eff}} \approx 10^{-15}\,\text{W}$, wenn man für die Schallwelle von einer ähnlichen effektiven Querschnittsfläche A_{eff} wie für die Lichtwelle ausgeht.

Nimmt man ohne Beschränkung der Allgemeinheit an, dass die Phasen der Pump- und Stokes-Welle in Gl. (9.120) gleich null sind, so erkennt man, dass die Schallwelle gegenüber den Lichtwellen um $\pi/2$ in der Phase verzögert ist. Räumlich entspricht das einem Versatz von $\lambda_A/4$ bezüglich dem erregenden Interferenzmuster. Dieser Versatz bricht die Symmetrie zwischen Pump-, Stokes- und Schallwelle und bewirkt in der anschaulichen Herleitung in Kap. 9.4.2, dass die an der Schallwelle reflektierte Pumpwelle sich konstruktiv mit der Stokes-Welle überlagert, die reflektierte Stokes-Welle jedoch destruktiv mit der Pumpwelle interferiert. Dadurch wird stets Leistung von der Pumpwelle mit der größeren Frequenz auf die Stokes-Welle mit der kleineren Frequenz übertragen.

Exkurs 9.11
Betrachtet man die Differentialgleichungen Gl. (9.119c) oder (9.122) aus systemtheoretischer Sicht, so entsprechen diese einem Tiefpass 1. Ordnung mit Grenzfrequenz $\Gamma_B/2$ bzw. einer Zeitkonstante $2\tau_A$ bezüglich der Amplituden. Einzelne Lichtpulse, deren Pulsdauer deutlich kürzer als τ_A ist, können keine signifikante Schallwelle und damit keine SBS anregen. Signifikant längere Pulse als τ_A oder allgemein die zeitlich über einige τ_A gemittelte Leistung einer Welle können dagegen effektiv eine Schallwelle für SBS erzeugen.

9.4.3.4 Statische Lösung der SBS-Gleichungen: Lichtwellen

Die statische Lösung der Amplitude der Schalldichte kann nun in die statischen Hüllkurvengleichungen der Pump- und Stokes-Welle eingesetzt werden:

$$\frac{\partial}{\partial z}E_P + \frac{a}{2}E_P = -\frac{\varepsilon_0\omega_P^2\gamma_e^2}{4c_0^2\varrho_0 v_A \Gamma_B}\left(\frac{1}{1+\mathrm{j}2\Delta\Omega/\Gamma_B}\right)|E_S|^2 E_P, \tag{9.127a}$$

$$-\frac{\partial}{\partial z}E_S + \frac{a}{2}E_S = +\frac{\varepsilon_0\omega_S\omega_P\gamma_e^2}{4c_0^2\varrho_0 v_A \Gamma_B}\left(\frac{1}{1-\mathrm{j}2\Delta\Omega/\Gamma_B}\right)|E_P|^2 E_S. \tag{9.127b}$$

Dies stellt ein nichtlinear gekoppeltes System an Amplitudengleichungen dar. Ist die Differenz der Pump- und Stokes-Frequenz Ω gleich der Brillouin-Frequenz Ω_B, so ist $\Delta\Omega = 0$ und die Terme auf der rechten Seite sind rein reellwertig. Die Pumpwelle verliert in $+z$-Richtung an Amplitude zugunsten der Stokes-Welle, die sich in $-z$-Richtung ausbreitet. Geht man zu den Intensitäten der Lichtwelle über, so erhält man unter Verwendung von $I = \frac{1}{2}\varepsilon_0 c_0 n|E|^2$

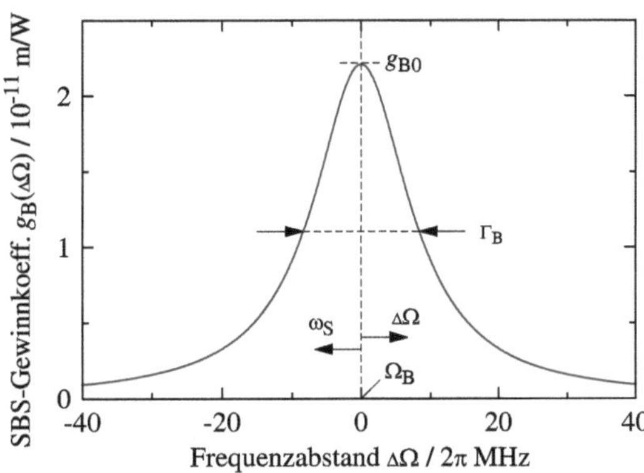

Abb. 9.22 Berechneter materialspezifischer SBS-Gewinnkoeffizient g_B von SiO_2-Glas in Abhängigkeit von der Frequenzabweichung $\Delta\Omega$ von der Brillouin-Frequenz Ω_B. Zahlenwerte nach Bsp. 9.14

$$\frac{\partial}{\partial z} I_P = -aI_P - g_B(\Delta\Omega) I_S I_P, \tag{9.128a}$$

$$-\frac{\partial}{\partial z} I_S = -aI_S + g_B(\Delta\Omega) I_P I_S. \tag{9.128b}$$

Darin ist $g_B(\Delta\Omega)$ der materialspezifische Brillouin-Gewinnkoeffizient (kurz: SBS-Gewinnkoeffizient), dessen Frequenzabhängigkeit in Abb. 9.22 beispielhaft dargestellt ist:

$$g_B(\Delta\Omega) = g_{B0} \frac{1}{1 + (2\Delta\Omega/\Gamma_B)^2}, \tag{9.129a}$$

$$\text{mit Maximum bei } \Delta\Omega = 0: \quad g_{B0} = \frac{\omega_P^2 \gamma_e^2}{c_0^3 n \varrho_0 \upsilon_A \Gamma_B} = \frac{\gamma_e^2}{4 c_0 \upsilon_A n^3 \eta}. \tag{9.129b}$$

Aus den gekoppelten Intensitätsgleichungen Gl. (9.128) ist ebenso wie aus den gekoppelten Amplitudengleichungen eine Verstärkung der Stokes-Welle durch eine entgegengesetzt laufende Pumpwelle ersichtlich. Die Gleichungen Gl. (9.128) entsprechen denen eines rückwärts gepumpten Raman-Faserverstärkers aus Kap. 8.4.3.2, jedoch mit hier vertauschten Ausbreitungsrichtungen der Pump- und Stokes-Welle. Weiterhin wurde das Verhältnis der Pump- und Stokes-Frequenzen f_P/f_S als Faktor im Term $-g_B(\Delta\Omega)I_S I_P$ des Abbaus der Pumpwelle vernachlässigt, da er bei der SBS wegen des kleinen Frequenzversatzes sehr nahe an eins ist.

Im Gegensatz zur stimulierten Raman-Streuung ist das Maximum g_{B0} des Brillouin-Gewinnkoeffizienten nicht abhängig von der Pumpfrequenz, wie in Gl. (9.129b) zu erkennen ist. Dafür nimmt die Breite Γ_B des SBS-Linienprofiles wie bereits diskutiert proportional zum Quadrat der Frequenz zu, so dass die Fläche unter dem Linienprofil $g_B(\Delta\Omega)$ proportional zu ω_P^2 ist.

Beispiel 9.14

Mit $v_A = 5960\,\text{m/s}$, $n = 1{,}444$, $\gamma_e = 0{,}895$ aus Bsp. 9.9 sowie $\eta = 1{,}7 \cdot 10^{-3}$ Pa · s aus Bsp. 9.12 ergibt sich rechnerisch in reinem SiO_2-Glas ein SBS-Gewinnkoeffizient $g_{B0} = 2{,}21 \cdot 10^{-11}\,\text{m/W}$.

Der oft in der Literatur verwendete Wert $g_{B0} = 5 \cdot 10^{-11}\,\text{m/W}$ [86] ist deutlich zu groß im Vergleich zu Messwerten an Glasfasern und im Vergleich zu Bsp. 9.14. Der nach diesem theoretischen Beispiel bestimmte Brillouin-Gewinnkoeffizient ist in guter Übereinstimmung mit dem Zahlenwert $g_{B0} = 2{,}6 \cdot 10^{-11}\,\text{m/W}$, der in [88] an verschiedenen Glasfasern mit variabler Germanium-Dotierung bestimmt wurde. Dabei wurde keine signifikante Abhängigkeit des SBS-Gewinnkoeffizienten g_{B0} von der Ge-Dotierung festgestellt. Diese Zahlenwerte sind um mehr als zwei Ordnungen größer als der materialspezifische Gewinnkoeffizient der stimulierten Raman-Streuung nach Bsp. 8.4. SBS ist somit einer der stärksten nichtlinearen Effekte. Bestimmte Flüssigkeiten sowie Gläser auf Basis von $As_2S_{(3-x)}Se_x$ (Chalkogenid-Gläser, engl. *soft glasses*) haben sogar noch erheblich größere Brillouin-Gewinnkoeffizienten [78, 89].

Der Brillouin-Gewinnkoeffizient $g_B(\Delta\Omega)$ besitzt ein lorentzförmiges spektrales Profil mit einer Halbwertsbreite Γ_B, wie in Abb. 9.22 dargestellt. Diese Bandbreite ist, wie bereits in Bsp. 9.4.3.3 diskutiert, nach Gl. (9.126) abhängig von der Pumpfrequenz und beträgt im nahen Infrarot in Quarzglas einige 10 MHz [58]. Die im Vergleich zur stimulierten Raman-Verstärkung um fast drei Größenordnungen geringere Bandbreite macht eine Anwendung der SBS als optische Verstärker in breitbandigen optischen Übertragungssystemen unmöglich. Die große mögliche Verstärkung bei entsprechender Pumpleistung in Verbindung mit der geringen Bandbreite macht aber die Realisierung aktiver optischer Filter mit sehr guter Wellenlängenselektion möglich, die für die optische Spektralanalyse genutzt werden können (Brillouin optischer Spektralanalysator, BOSA, s. Kap. 9.5.10.2) [90].

9.4.3.5 Nichtlineare Suszeptibilität der SBS

Setzt man in die nichtlineare Polarisierung der Stokes-Welle aus Gl. (9.117) die statische Lösung der Schalldichte aus Gl. (9.120) ein und vergleicht das Ergebnis

$$\mathcal{P}_S^{(NL)} = j\frac{\varepsilon_0^2 n\omega_P\gamma_e^2}{2c_0\varrho_0 v_A\Gamma_B}\left(\frac{1}{1 - j2\Delta\Omega/\Gamma_B}\right)E_P E_P^* E_S \qquad (9.130)$$

mit der skalaren nichtlinearen Polarisierung für drei unterscheidbare Felder nach Gl. (2.48):

$$\mathcal{P}_S^{(3)} = \varepsilon_0\,\frac{6}{4}\,\chi^{(3)}(-\omega_S;\omega_P,-\omega_P,\omega_S)E_P E_P^* E_S, \qquad (9.131)$$

so erkennt man, dass die SBS mit einer nichtlinearen Suszeptibilität dritter Ordnung $\chi_S^{(3)}$ beschrieben werden kann:

$$\chi_S^{(3)} = j\frac{\varepsilon_0 n\omega_P\gamma_e^2}{3c_0 v_A\varrho_0\Gamma_B}\left(\frac{1}{1 - j2\Delta\Omega/\Gamma_B}\right). \qquad (9.132)$$

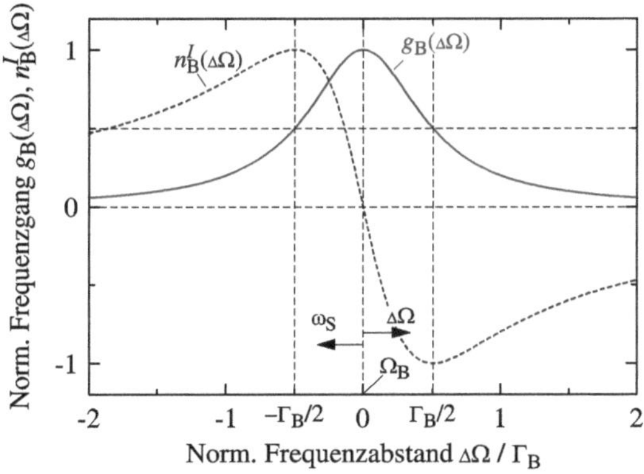

Abb. 9.23 Auf die Maxima normierte Frequenzgänge des SBS-Gewinnkoeffizienten $g_B(\Delta\Omega)$ sowie des nichtlinearen SBS-Brechungsindex $n_B^I(\Delta\Omega)$

Diese hat für die Stokes-Welle bei $\Delta\Omega = 0$ einen positiven Imaginärteil und stellt somit eine Verstärkung für die Stokes-Welle dar. Wie in Gl. (8.41b) bei der stimulierten Raman-Streuung gilt auch hier für den Zusammenhang des SBS-Gewinnkoeffizienten mit der nichtlinearen Suszeptibilität dritter Ordnung

$$g_B(\Delta\Omega) = \frac{3\omega_S}{c_0^2\varepsilon_0 n^2}\text{Im}\left\{\chi_R^{(3)}(\Delta\Omega)\right\}, \tag{9.133}$$

mit gleichem Ergebnis wie Gl. (9.129).

Wie im Fall der stimulierten Raman-Streuung nach Gl. (8.5) entsteht auch durch SBS ein nichtlinearer Brechungsindex

$$\Delta n_B(\Delta\Omega) = \frac{3}{2c_0\varepsilon_0 n^2}\,\text{Re}\left\{\chi_B^{(3)}(\Delta\Omega)\right\} I_P \tag{9.134a}$$

$$= \frac{c_0 g_{B0}}{2\omega_p}\frac{-2\Delta\Omega\,\Gamma_B}{\Gamma_B^2 + 4\Delta\Omega^2}\,I_P \tag{9.134b}$$

$$= n_B^I(\Delta\Omega)\,I_P. \tag{9.134c}$$

Der Betrag des intensitätsbezogenen nichtlinearen Brechzahlkoeffizienten der SBS $n_B^I(\Delta\Omega)$ hat dabei genau dann ein Maximum, wenn der Frequenzabstand Ω von Pump- und Stokes-Welle genau um $\pm\Gamma_B/2$ von der Brillouin-Frequenz Ω_B abweicht, also bei $\Delta\Omega = \pm\Gamma_B/2$, wie in Abb. 9.23 zu erkennen ist.

Beispiel 9.15

Bei einer Wellenlänge von 1550 nm und mit dem rechnerischen SBS-Gewinnkoeffizienten für SiO_2-Glas $g_{B0} = 2{,}6 \cdot 10^{-11}$ m/W aus Bsp. 9.14 ergibt sich bei $\Delta\Omega = \pm\Gamma_B/2$ ein nichtlinearer Brechzahlkoeffizient $n_B^I = \mp 1{,}4 \cdot 10^{-18}\,\text{m}^2/\text{W}$.

Vergleicht man das mit dem nichtlinearen Brechungsindex aufgrund der Polarisierung der Elektronenhülle, so ist der Zahlenwert des nichtlinearen Brechungsindex der SBS um fast vier Ordnungen größer. Dies gilt aber nur in einem sehr kleinen Frequenzbereich mit $\Delta\Omega = \pm\Gamma_B/2$. Die starke Frequenzabhängigkeit (Dispersion) insbesondere in der Nähe von $\Delta\Omega = 0$ verursacht auch einen großen nichtlinearen Gruppenindex. Dadurch kann die Ausbreitungsgeschwindigkeit von Lichtpulsen gezielt beeinflusst werden. Dies wird in Kap. 9.5.11 unter dem Schlagwort „Slow Light" weiter diskutiert.

9.4.4 Einfluss der Polarisation

Abweichend von dem bisher betrachteten skalaren Ansatz müssen in allen Medien die vektoriellen Eigenschaften der Lichtwelle berücksichtigt werden. Dazu betrachten wir den Term $\langle \underset{\sim}{\boldsymbol{E}}^2 \rangle = \langle \underset{\sim}{\boldsymbol{E}} \cdot \underset{\sim}{\boldsymbol{E}} \rangle$, der sowohl im hydrodynamischen Ansatz Gl. (9.80) als auch im tensoriellen Ansatz Gl. (9.86) zur Beschreibung der Elektrostriktion enthalten ist. Setzt sich das elektrische Gesamtfeld $\underset{\sim}{\boldsymbol{E}}$ aus zwei Feldern $\underset{\sim}{\boldsymbol{E}}_\mathrm{P}$ und $\underset{\sim}{\boldsymbol{E}}_\mathrm{S}$ mit Frequenzen ω_P und ω_S sowie Amplituden E_P und E_S zusammen, können z. B. die Grenzfälle linear paralleler

$$\begin{aligned}\langle \underset{\sim}{\boldsymbol{E}}^2 \rangle &= \langle [E_\mathrm{P} \cos(\omega_\mathrm{P} t)\boldsymbol{e}_x + E_\mathrm{S} \cos(\omega_\mathrm{S} t)\boldsymbol{e}_x]^2 \rangle \\ &= \frac{1}{2}E_\mathrm{P}^2 + \frac{1}{2}E_\mathrm{S}^2 + E_\mathrm{P}E_\mathrm{S} \cos(\omega_\mathrm{P} - \omega_\mathrm{S})t \end{aligned} \tag{9.135}$$

und linear orthogonaler Polarisationen

$$\begin{aligned}\langle \underset{\sim}{\boldsymbol{E}}^2 \rangle &= \langle [E_\mathrm{P} \cos(\omega_\mathrm{P} t)\boldsymbol{e}_x + E_\mathrm{S} \cos(\omega_\mathrm{S} t)\boldsymbol{e}_y]^2 \rangle \\ &= \frac{1}{2}E_\mathrm{P}^2 + \frac{1}{2}E_\mathrm{S}^2 \end{aligned} \tag{9.136}$$

betrachtet werden. Nur im Fall paralleler Polarisationszustände entsteht ein für die SBS relevanter Term, der mit der Differenzfrequenz $\omega_\mathrm{P} - \omega_\mathrm{S}$ oszilliert und über Elektrostriktion eine akustische Welle antreibt. Bei orthogonaler Polarisation verbleibt nur der zeitlich konstante Anteil, mit dem beide Wellen additiv einen Beitrag zum nichtlinearen Brechungsindex liefern.

Die Begriffe der Parallelität und Orthogonalität können mit Hilfe der Jones-Vektoren verallgemeinert werden. So sind an einem Ort zeitlich gleichsinnig drehende zirkular polarisierte Felder ebenfalls parallel, und gegensinnig drehende Felder orthogonal. Bei entgegengesetzt laufenden Wellen bedeutet dies, dass räumlich rechts- und linkszirkular polarisierte Wellen zueinander parallel sind, wenn die Polarisationszustände im jeweils entgegengesetzt orientierten Bezugssystem der beiden Wellen definiert sind (s. a. Abb. 9.33). Eine ausführliche Diskussion der Polarisationsabhängigkeit der SBS unter Berücksichtigung der doppelbrechenden Eigenschaften einer Glasfaser erfolgt in Kap. 9.5.9.

9.5 Stimulierte Brillouin-Streuung in Glasfasern

9.5.1 Faserspezifischer Brillouin-Koeffizient

In Standard-Singlemodefasern (SSMF) mit einem einfachen Stufenindex-Brechzahlprofil kann das elektromagnetische Feld einer optischen LP_{01}-Mode gut durch eine rein transversale Welle beschrieben werden. Die ebenfalls im Kern geführte akustische Grundmode L_{01} ist in guter Näherung eine rein longitudinale Dichtewelle. Daher kann auch in Glasfasern näherungsweise der hydrodynamische Ansatz aus Kap. 9.4 zur Beschreibung der stimulierten Brillouin-Streuung verwendet werden. Die transversalen Geometrien der Lichtwelle und der Schallwelle werden mit einer effektiven Modenfläche der Brillouin-Streuung $A_{\mathrm{eff,B}}$ berücksichtigt, die in Kap. 9.5.8.2 mit dem Überlappintegral der Amplituden der Licht- und Schallwellen definiert ist. In einfachen Stufenindexfasern ist diese Modenfläche näherungsweise gleich der effektiven Modenfläche A_{eff} nach Gl. (3.77). Daraus kann mit dem materialspezifischen Brillouin-Gewinnkoeffizienten g_{B} aus Gl. (9.129a) der faserspezifische Brillouin-Koeffizient (kurz: SBS-Koeffizient) definiert werden:

$$\gamma_{\mathrm{B}}(f) = \frac{g_{\mathrm{B}}(f)}{A_{\mathrm{eff,B}}} = \gamma_{\mathrm{B0}} \frac{1}{1 + 4(f - f_{\mathrm{P}} + f_{\mathrm{B}}/B_{\mathrm{B}})^2}. \tag{9.137}$$

Ebenso wie der materialspezifische Brillouin-Gewinnkoeffizient weist der faserspezifische Brillouin-Koeffizient eine Frequenzabhängigkeit auf, die durch ein Lorentz-Profil mit der Halbwertsbreite (FWHM) B_{B} gegeben ist.

Beispiel 9.16

Für Quarzglas als Volumenmaterial beträgt nach Bsp. 9.11 die Halbwertsbreite $B_{\mathrm{B}} = \Gamma_{\mathrm{B}}/2\pi = 16{,}7$ MHz. Durch unvermeidliche Inhomogenitäten entlang der Faserachse beträgt diese Breite in Glasfasern typischerweise $B_{\mathrm{B}} \approx 25$ MHz. Die Zahlenwerte gelten für eine Pumpwellenlänge $\lambda_{\mathrm{P}} = 1550$ nm und sind wie in Kap. 9.4.3.3 beschrieben $\sim \lambda_{\mathrm{P}}^{-2}$ [87].

Bei gegebener Pumpfrequenz f_{P} ist der faserspezifische Brillouin-Koeffizient maximal, wenn die Frequenz $f = f_{\mathrm{S}}$ einer gegenläufigen Stokes-Welle gleich derjenigen der Pumpwelle f_{P} abzüglich des Brillouin-Frequenzversatzes f_{B} ist. Der Zahlenwert im Maximum beträgt dann $\gamma_{\mathrm{B0}} = g_{\mathrm{B0}}/A_{\mathrm{eff,B}}$.

Beispiel 9.17

Mit einer Halbwertsbreite $B_{\mathrm{B}} = 25$ MHz, einer Schallgeschwindigkeit der akustischen L_{01}-Mode von $v_{\mathrm{A}} = 5838$ m/s und einem effektiven Brechungsindex der optischen LP_{01}-Mode von $n_{\mathrm{eff}} = 1{,}447$ in einer SSMF ergibt sich für das Maximum des materialspezifischen Brillouin-Gewinnkoeffizienten nach Gl. (9.129b) bei $\lambda_{\mathrm{P}} = 1550$ nm ein Zahlenwert $g_{\mathrm{B0}} = 1{,}5 \cdot 10^{-11}$ m/W, der aufgrund der größeren Linienbreite kleiner ist

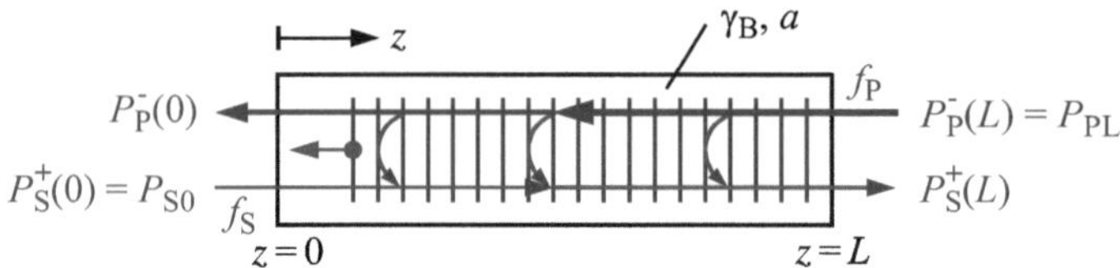

Abb. 9.24 Verstärkung der Leistung einer Stokes-Welle mit Frequenz f_S durch eine entgegengesetzt laufende Pumpwelle mit Frequenz f_P in einer Glasfaser mit faserspezifischem SBS-Koeffizienten γ_B und Dämpfung a

als im Volumenmaterial nach Bsp. 9.14. Unter Verwendung der effektiven Modenfläche $A_{\text{eff,B}} \approx A_{\text{eff}} = 78{,}2\ \mu\text{m}^2$ resultiert daraus ein faserspezifischer Brillouin-Koeffizient $\gamma_{B0} = 200\ \text{km}^{-1}\ \text{W}^{-1}$. Dies ist in guter Übereinstimmung mit Messungen in Kap. 9.5.5.

Der Zahlenwert des SBS-Koeffizienten γ_B ist somit je nach Fasertyp um mehr als zwei Ordnungen größer als die faserspezifischen Koeffizienten der stimulierten Raman-Verstärkung (SRS) und der nichtlinearen Phasendrehung aufgrund des nichtlinearen Brechungsindex, die jeweils im Bereich $\gamma \approx 1\ \text{km}^{-1}\ \text{W}^{-1}$ bis $10\ \text{km}^{-1}\ \text{W}^{-1}$ liegen. SBS ist somit der stärkste nichtlineare Effekt in einer Glasfaser.

Im Gegensatz zur stimulierten Raman-Streuung ist der materialspezifische Brillouin-Gewinnkoeffizient g_B nur wenig von der Dotierung des Kerns z. B. mit Germanium abhängig [88]. Es muss daher bezüglich der SBS-Materialeigenschaften nicht zwischen Anteilen der Lichtwelle im Kern und Mantel unterschieden werden. Der faserspezifische SBS-Koeffizient γ_B ist aber sehr wohl von dem Dotierungsprofil des Kerns abhängig, da durch die Dotierung die Geometrien der akustischen und optischen Moden in unterschiedlicher Weise beeinflusst werden und sich somit deutliche Änderungen der effektiven Modenfläche $A_{\text{eff,B}}$ der SBS ergeben. Dies wird in Kap. 9.5.8.2 diskutiert.

9.5.2 Gekoppelte Leistungsgleichungen

Wir betrachten nun die Verstärkung einer in $+z$-Richtung laufenden Stokes-Welle durch eine entgegengesetzt in $-z$-Richtung laufende Pumpwelle wie in Abb. 9.24 dargestellt. Der Verlauf der Stokes- und der Pumpleistung über der Faserkoordinate z wird beschrieben durch die gekoppelten Leistungsgleichungen (engl. *coupled power equations*, CPE)

$$\frac{dP_P^-}{dz} = +aP_P^- + \frac{\gamma_B(f)}{\xi} P_S^+ P_P^-, \tag{9.138a}$$

$$\frac{dP_S^+}{dz} = -aP_S^+ + \frac{\gamma_B(f)}{\xi} P_S^+ P_P^-. \tag{9.138b}$$

Die Dämpfung der Glasfaser a kann dabei aufgrund des kleinen Frequenzunterschiedes der bei der SBS beteiligten Wellen als gleich für beide Wellen angenommen werden. ξ ist ein

Faktor, der die Polarisationseigenschaften der Pump- und Stokes-Welle sowie der Glasfaser berücksichtigt, z. B. $\xi = 1$ für stets parallele Polarisation von Pump- und Stokes-Welle. Dies wird ausführlich in Kap. 9.5.9 diskutiert. Zunächst untersuchen wir jedoch einfache Lösungen der CPE.

9.5.3 Kleinsignalverstärkung

Zur Charakterisierung der SBS ist in vielen Fällen die Kleinsignalverstärkung relevant. Dabei wird angenommen, dass in der gesamten Länge der Faser die Stokes-Leistung deutlich kleiner als die Pumpleistung ist. Dann kann die Abnahme der Pumpleistung durch Leistungsübertrag auf die Stokes-Welle vernachlässigt werden (engl. *undepleted pump approximation*, UPA). Für den Leistungsverlauf der Pumpwelle ergibt sich unter diesen Bedingungen die einfache Lösung

$$P_{\mathrm{P}}^{-}(z) = P_{\mathrm{PL}} \mathrm{e}^{-a(L-z)}. \tag{9.139}$$

Die Leistung der Stokes-Welle hat dann die Lösung

$$P_{\mathrm{S}}^{+}(z) = P_{\mathrm{S0}}\, \mathrm{e}^{-az}\, \mathrm{e}^{\gamma_{\mathrm{B}} P_{\mathrm{P}}^{-}(z) L_{\mathrm{eff}}(z)/\xi}, \tag{9.140}$$

mit der effektiven Länge am Ort z

$$L_{\mathrm{eff}}(z) = (1 - \mathrm{e}^{-az})/a. \tag{9.141}$$

Als Brillouin-Verstärkung der gesamten Faserstrecke L im Kleinsignalfall (KS) definieren wir

$$G_{\mathrm{B0}} = \frac{P_{\mathrm{S}}(L, P_{\mathrm{PL}})}{P_{\mathrm{S}}(L, P_{\mathrm{PL}} = 0)} = \exp\left(P_{\mathrm{PL}} \frac{\gamma_{\mathrm{B}}}{\xi} L_{\mathrm{eff}}\right), \tag{9.142}$$

mit der gesamten effektiven Länge $L_{\mathrm{eff}} = (1 - \mathrm{e}^{-aL})/a$. Diese Definition vergleicht die Leistung der Stokes-Welle am Faserausgang mit und ohne Pumpleistung (engl. *on-off gain*). Die lineare Faserdämpfung ist darin nicht enthalten. Gleichung 9.142 ist daher gut geeignet, um aus experimentell bestimmten Leistungen der Pump- und Stokes-Wellen den faserspezifischen Brillouin-Koeffizienten γ_{B} zu bestimmen.

Beispiel 9.18

Bei einer Faserlänge $L = 1$ km und Faserdaten $\gamma_{\mathrm{B}} = 200\ \mathrm{km}^{-1}\ \mathrm{W}^{-1}$, ${}^{\ell}a = 0{,}2$ dB/km ergibt sich für parallele Polarisationszustände ($\xi = 1$) bei einer Pumpleistung $P_{\mathrm{P0}} = 50$ mW eine Brillouin-Verstärkung von ${}^{\ell}G_{\mathrm{B0}} = 42{,}4$ dB.

Die SBS-Verstärkung kann Werte um 50 dB nicht wesentlich überschreiten, da sonst die SBS-Schwelle der verstärkten spontanen Emission überschritten wird (s. Kap. 9.6). Wegen des im Vergleich zur SRS um mehr als zwei Ordnungen größeren Gewinnkoeffizienten der SBS sind für derart große Verstärkungen relativ kleine Pumpleistungen oder kurze Faserlängen erforderlich. Die Verstärkung $G_{B0}(f)$ ist aufgrund des frequenzabhängigen SBS-Koeffizienten $\gamma_B(f)$ ebenfalls frequenzabhängig. Da $\gamma_B(f)$ im Exponenten der e-Funktion steht, und sich das Lorentz-Profil von $\gamma_B(f)$ in Linienmitte durch eine Parabel $\gamma_B(f) \sim -f^2$ annähern lässt, hat $G_{B0}(f)$ bei großen Verstärkungen einen gaußförmigen Frequenzgang, dessen Halbwertsbreite B_{BG} mit zunehmender Verstärkung immer kleiner im Vergleich zur Lorentz-Bandbreite B_B des SBS-Koeffizienten $\gamma_B(f)$ wird.

9.5.4 Großsignalverstärkung

Im allgemeinen Fall kann die Abnahme der Pumpleistung (engl. *pump depletion)* durch SBS zugunsten der Stokes-Welle nicht vernachlässigt werden. Dies ist speziell dann der Fall, wenn die Stokes-Leistung entlang der Faser vergleichbar zur Leistung der Pumpe ist (Großsignalverstärkung). Die gekoppelten Leistungsgleichungen (CPE) der SBS entsprechen denen eines rückwärts gepumpten Raman-Faserverstärkers (s. Kap. 8.4). Dabei wird durch die CPE sowie durch die beidseitig eingekoppelten Leistungen der Pumpwelle $P_P^-(L) = P_{PL}$ und der Stokes-Welle $P_S^+(0) = P_{S0}$ ein Randwertproblem definiert, das im allgemeinen Fall numerisch gelöst werden muss. Zur Lösung derartiger Randwertprobleme können verschiedene Algorithmen eingesetzt werden, z. B. das Programmpaket `bvp4c` in MATLAB© [91]. Analytische Lösungen für den Großsignalfall sind in Integralform in [92] angegeben, für vernachlässigbare Verluste kann auch eine geschlossene analytische Darstellung gefunden werden [93]. Im verlustfreien Fall gilt, dass die Differenz der Leistungen der Pump- und Stokes-Welle an allen Orten z in der Faser konstant ist. Allerdings muss zur Lösung neben der Pumpleistung P_{PL} auch die verstärkte Ausgangsleistung der Stokes-Welle am Faserausgang $P_S^+(L) = P_{SL}$ vorgegeben werden. Daraus kann dann der Leistungsverlauf und die hierzu benötigte Stokes-Eingangsleistung $P_S^+(0) = P_{S0}$ berechnet werden:

$$P_P^-(z) = (P_{PL} - P_{SL}) \frac{P_{PL} \exp\left[\gamma_{B0}(P_{PL} - P_{SL})(L-z)\right]}{P_{PL} \exp\left[\gamma_{B0}(P_{PL} - P_{SL})(L-z)\right] - P_{SL}}, \tag{9.143a}$$

$$P_S^+(z) = (P_{PL} - P_{SL}) \frac{P_{SL}}{P_{PL} \exp\left[\gamma_{B0}(P_{PL} - P_{SL})(L-z)\right] - P_{SL}}. \tag{9.143b}$$

Durch den Pumpabbau wird die gesättigte Verstärkung $G_{B,sat}$, auch Großsignalverstärkung genannt, im Vergleich zur Kleinsignalverstärkung G_{B0} reduziert:

$$G_{B,sat} = \frac{P_{SL}}{P_{S0}} = \frac{P_{PL} \exp\left[\gamma_{B0}(P_{PL} - P_{SL})L\right] - P_{SL}}{P_{PL} - P_{SL}}. \tag{9.144}$$

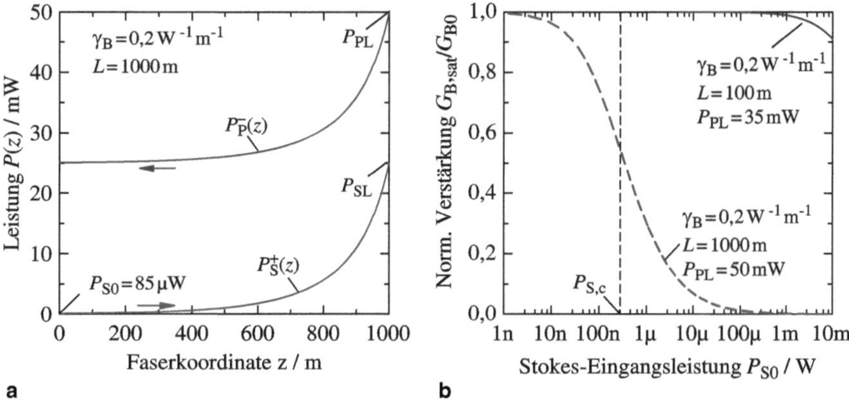

Abb. 9.25 **a** Leistungsverlauf der Pump- und Stokes-Welle nach Bsp. 9.19 in einem gesättigten SBS-Verstärker. **b** Sättigung der Verstärkung $G_{B,sat}$ ausgehend von der Kleinsignalverstärkung G_{B0} in Abhängigkeit von der Stokes-Eingangsleistung P_{S0}. (- - -): Zahlenwerte wie in Bsp. 9.19; (—): Zahlenwerte wie bei den SBS-Messungen in Kap. 9.5.5

Beispiel 9.19

Wir betrachten die gleichen Parameter wie in Bsp. 9.18, allerdings unter Vernachlässigung der Dämpfung: $L = 1\,\text{km}$, $\gamma_B = 0{,}2\ \text{W}^{-1}\ \text{m}^{-1}$, $\xi = 1$, $P_{PL} = 50\,\text{mW}$ mit ${}^{\ell}G_{B0} = 43{,}4\,\text{dB}$. Für eine Ausgangsleistung der Stokes-Welle von $P_{SL} = 25\,\text{mW}$ ist eine Eingangsleistung von $85\,\mu\text{W}$ erforderlich. Die Verstärkung beträgt dann nur noch ${}^{\ell}G_{B0} = 24{,}7\,\text{dB}$, dies entspricht 1,3% der KS-Verstärkung. Der resultierende Leistungsverlauf ist in Abb. 9.25a dargestellt.

In stark gesättigten Verstärkern mit $P_{S0} \gg P_{PL}/G_{B0}$ findet der wesentliche Leistungsübertrag von der Pumpe auf die Stokes-Welle nur im letzten Teil der Faser auf der Einkoppelseite der Pumpwelle statt, wie im Beispiel in Abb. 9.25a zu sehen ist. Mit $P_{S,c} = P_{PL}/(10G_{B0})$ kann eine Grenzleistung für den Übergang vom Kleinsignalbetrieb zum Großsignalbetrieb abgeschätzt werden. Für sehr viel kleinere Leistungen gilt näherungsweise die KS-Verstärkung, für sehr viel größere Leistungen wird der SBS-Verstärker in Sättigung betrieben.

Beispiel 9.20

Für die Zahlenwerte aus Bsp. 9.19 beträgt diese Grenzleistung $P_{S,c} \approx 0{,}2\,\mu\text{W}$. Dies ist in guter Übereinstimmung mit Abb. 9.25b.

Da Brillouin-Faserverstärker im Gegensatz zu Raman-Faserverstärkern nur eine geringe praktische Bedeutung haben, ist der SBS-Großsignalfall im Wesentlichen nur mit folgenden Aspekten relevant: Zur korrekten Messung des SBS-Koeffizienten muss die Kleinsignalbedingung eingehalten werden, und in Brillouin-optischen Spektralanalysato-

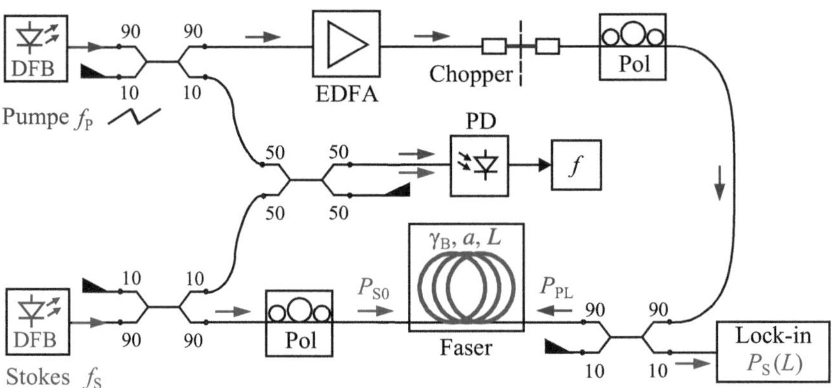

Abb. 9.26 Aufbau zur Messung des SBS-Koeffizienten einer Faser. Die Leistung eines Lasers bei der Stokesfrequenz f_S wird von der Leistung eines Pumplasers bei f_P verstärkt und anschließend gemessen

ren (s. Kap. 9.5.10.2) mit großer SBS-Verstärkung muss gegebenenfalls das Messergebnis zur Berücksichtigung der Sättigung numerisch korrigiert werden.

9.5.5 Messung des SBS-Koeffizienten einer Faser

9.5.5.1 Messaufbau mit zwei Lasern

Abbildung 9.26 zeigt ein Beispiel für einen Aufbau zur Messung des faserspezifischen SBS-Koeffizienten $\gamma_B(f)$ einer Faser der Länge L. Zwei DFB-Laserdioden mit Lichtemission bei den optischen Frequenzen f_P und f_S bei etwa 196,2 THz ($\lambda = 1528$ nm) sind über eine präzise Strom- und Temperaturregelung so abgestimmt, dass deren Differenzfrequenz $f = f_P - f_S$ der Brillouin-Frequenz $f_B \approx 11$ GHz der Glasfaser entspricht. Zusätzlich wird die Pumplaserdiode über den Strom langsam in der Frequenz moduliert, um ein SBS-Spektrum $\gamma_B(f)$ aufnehmen zu können. Die Leistung des Pumplasers wird mit einem Erbium-dotierten Faserverstärker (EDFA) auf 50 mW verstärkt. Der EDFA wird in Sättigung betrieben, so dass Leistungsvariationen des Pumplasers aufgrund der Strommodulation unterdrückt werden. Der Pumplaser wird mit einem sich drehenden Chopperrad in einer Freiraumstrecke schnell an- und ausgeschaltet, ohne dass dadurch transiente Leistungs- und Frequenzänderungen entstehen. Dadurch wird eine Messung der Brillouin-Verstärkung gemäß Gl. (9.142) möglich. Die wirksame Pumpleistung P_{PL} beträgt 35 mW. Die Leistung der Stokes-Welle am Fasereingang $P_{S0} = 1$ mW wird so gewählt, dass bei der zu erwartenden Verstärkung ein Kleinsignalbetrieb gewährleistet ist. Die Stokes-Welle wird innerhalb der Glasfaser auf einen Wert $P_S(L)$ verstärkt und anschließend detektiert. Mit einem auf das Chopperrad synchronisierten Lock-in-Verstärker wird selektiv die Amplitude der Leistungsmodulation der Stokes-Welle aufgrund der Modulation der Pumpleistung gemessen. Rauschen und Nullpunktdriften werden dadurch unterdrückt.

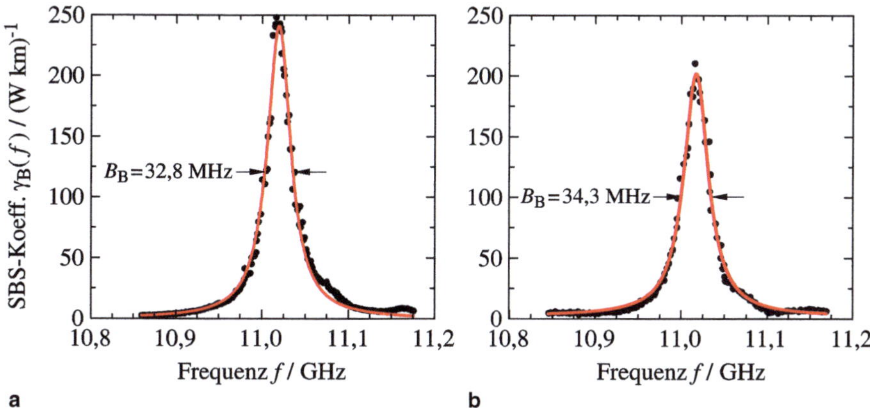

Abb. 9.27 Gemessene Spektren(•) und angepasste Lorentz-Fitfunktion (—) des faserspezifischen SBS-Koeffizienten $\gamma_B(f)$ zweier Fasern. **a** SMF SieCor 10/125. **b** SSMF

Mit der gleichzeitig gemessenen mittleren Leistung der Stokes-Welle kann damit das Leistungsverhältnis $P_S(L, P_{PL})/P_S(L, P_{PL} = 0)$ bestimmt werden. Dies erfolgt wiederholt für verschiedene Differenzfrequenzen $f = f_P - f_S$. Diese kann durch heterodyne Mischung (Schwebung, engl. *beat*) der beiden Laser an einer schnellen Photodiode (PD) und mit einem Mikrowellenfrequenzzähler (f) gemessen werden. Mit Hilfe von Gl. (9.142) kann schließlich der faserspezifische SBS-Koeffizient $\gamma_B(f)$ berechnet werden.

Stets ist bei derartigen Messungen die Polarisationsabhängigkeit der SBS zu beachten. Dazu können sowohl die Pumplichtwelle als auch die Stokes-Lichtwelle mit Polarisationsstellern (Pol) auf eine bestimmte Polarisation am Fasereingang gebracht werden. Alternativ können an diesen Stellen auch Polarisationsmodulatoren zur schnellen Mittelung über alle möglichen Polarisationszustände eingebracht werden (engl. *polarisation scrambling*). Je nach dem muss in Gl. (9.142) ein entsprechender Polarisationsfaktor ξ verwendet werden, wie in Kap. 9.5.9.5 ausführlich beschrieben. Für die nachfolgenden Messungen wurde die Stokes-Lichtwelle polarisationsmoduliert, so dass für kleine SBS-Verstärkungen der Faktor $\xi = 2$ gilt.

Abbildung 9.27 zeigt damit gemessene Spektren des faserspezifischen SBS-Koeffizienten $\gamma_B(f)$ für zwei verschiedene Fasern. Die Faserlänge betrug jeweils $L = 100$ m. Beide Fasern wurden zur Vermeidung von Dehnungen lose ausgelegt. Die Faser SieCor 10/125 ist eine Singlemodefaser mit etwas kleinerem Modenfeldradius als die Standard-Singlemodefaser (SSMF). Daher besitzt diese einen größeren Zahlenwert des SBS-Koeffizienten im Vergleich zur SSMF. Das Spektrum wird sehr gut durch eine Lorentz-Funktion beschrieben, mit gemessenen Halbwertsbreiten B_B wie in Abb. 9.27 markiert. Zu beachten ist, dass die mit dieser Methode gemessenen Spektren durch die Linienbreiten der beiden Laser sowie durch Fluktuationen der Frequenzdifferenz der Laser zusätzlich verbreitert sind. Die wahren Linienbreiten B_B sind daher um etwa 5 MHz bis 7 MHz kleiner als in Abb. 9.27 gezeigt. Typische Zahlenwerte für Singlemodefasern sind bei $\lambda_P \approx 1550$ nm allgemein im Bereich von 20 MHz bis 30 MHz [9, 88].

Weiterhin sind durch diese künstliche Verbreiterung die wahren Maxima der SBS-Koeffizienten etwas größer als in Abb. 9.27 dargestellt. Der daraus abgeleitete Zahlenwert $\gamma_{B0} \approx 220\ \mathrm{W^{-1}km^{-1}}$ für eine SSMF bei Wellenlängen um $\lambda = 1550$ nm ist zum einen in guter Übereinstimmung mit den theoretischen Rechnungen in Bsp. 9.17 und zum anderen in sehr guter Übereinstimmung mit Rechnungen und Messungen zur SBS-Schwelle in Kap. 9.6.2.5.

Das SBS-Spektrum von einfachen Stufenindex-Fasern wird von der longitudinalen akustischen Grundmode L_{01} dominiert (s. Abb. 9.10). Die gemessene Mittenfrequenz ist in guter Übereinstimmung mit einem theoretischen Zahlenwert von 11,04 GHz, wenn wie in Bsp. 9.6 eine Schallgeschwindigkeit der akustischen L_{01}-Mode von $v_A = 5838$ m/s angenommen wird [22].

Ansatzweise sind in Abb. 9.27 bei 11,08 GHz und 11,15 GHz Abweichungen von der Fitfunktion mit nur einem Lorentz-Profil zu erkennen. Diese Abweichungen können auf höhere akustische Moden zurückgeführt werden. Aufgrund deren größerer Phasengeschwindigkeit (s. Abb. 9.11) ist auch die SBS-Frequenz f_B dieser Moden größer als bei der akustischen Grundmode. Da in den Normen zur Festlegung der Eigenschaften einer SSMF nur optische Eigenschaften, aber nicht deren Realisierung durch ein bestimmtes Dotierungs- und Brechzahlprofil festgelegt sind, können sich SSMFs verschiedener Hersteller und Produktlinien durchaus in ihren akustischen Eigenschaften unterscheiden. Diese Unterschiede machen sich insbesondere in der Ausprägung der höheren akustischen Moden im SBS-Spektrum bemerkbar.

Das gezeigte Verfahren eignet sich durch die Verwendung einer Lock-in-Detektion gut zur Messung kleiner SBS-Verstärkungen. Weiterhin ist G_{B0} in Gl. (9.142) bei kleinen Verstärkungen nur wenig größer als eins. Die natürliche Logarithmus-Funktion $\gamma_B \sim \ln(G_{B0})$, die dann zur Bestimmung von γ_B benötigt wird, hat um diesen Wert eine näherungsweise lineare Steigung von ebenfalls eins. Dies bedeutet, dass Rauschen und Nullpunktfehler während der Messung von G_{B0} gleich gewichtet in das Ergebnis von γ_B eingehen wie der gemessene Maximalwert der Verstärkung. Dies ist ein Vorteil zu der im nächsten Abschnitt vorgestellten Messmethode.

9.5.5.2 Messaufbau mit einem Laser und Modulator

Ein Nachteil des im vorhergehenden Abschnitt vorgestellten Messaufbaus ist die Verbreiterung des gemessenen SBS-Spektrums durch die Spektren der beiden Laser sowie durch deren gegenseitige Frequenzfluktuationen. Ein Verfahren, das dieses Problem vermeidet, ist in Abb. 9.28 dargestellt [88]. Als Lichtquelle wird eine gitterabstimmbare Laserdiode (engl. *tunable laser source*, TLS) verwendet, die sich durch eine geringe Linienbreite von ca. 100 kHz auszeichnet. Ein Teil der Lichtwelle wird nach Verstärkung mit einem EDFA als Pumpe mit Frequenz f_P und einem monofrequenten Spektrum am Punkt A verwendet. Ein anderer Teil der Lichtwelle wird mit einem Mach-Zehnder-Modulator (MZM) amplitudenmoduliert. Der Arbeitspunkt des MZM ist so eingestellt, dass die Pumpwelle bei f_P als Träger unterdrückt wird und durch Modulation mit der Frequenz f zwei gleichstarke Sei-

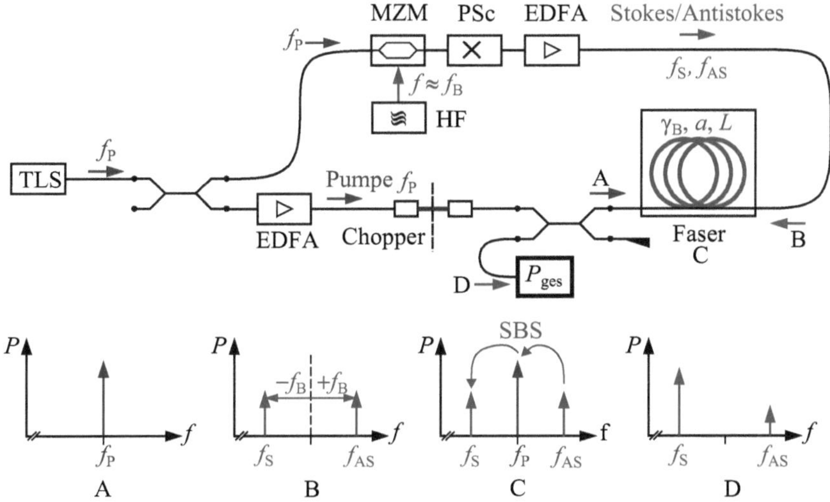

Abb. 9.28 Aufbau zur Messung des SBS-Koeffizienten einer Faser mit nur einem Laser. Eine TLS wird als Pumpe mit Frequenz f_P verwendet. Durch eine hochfrequente Amplitudenmodulation (HF+MZM) mit der Frequenz $f \approx f_B$ werden aus einem Laser eine Stokes- und eine Antistokes-Welle mit Frequenzen f_S und f_{AS} erzeugt. Relevante Spektren sind an den Punkten A, B, C und D im Aufbau dargestellt

tenbänder entstehen (Spektrum B). Durch einen HF-Generator (HF) mit variabler Frequenz f kann der Abstand der Seitenbänder im Bereich der Brillouin-Frequenz $f_B \approx 11$ GHz so variiert werden, dass unteres und oberes Seitenband als Messproben für das Stokes- und Antistokes-Spektrum bei den Frequenzen f_S und f_{AS} wirken. Frequenzfluktuationen der TLS beeinflussen das Messergebnis nur wenig, da der Abstand der Seitenbänder relativ zur Pumpwelle nur durch den frequenzstabilen HF-Generator vorgegeben ist. In der Faser gibt durch SBS das obere Seitenband als Antistokes-Welle Leistung an die Pumpwelle ab. Diese wiederum verstärkt die Leistung des unteren Seitenbandes als Stokes-Welle (Spektrum C). Bei gegebener Leistung der Pumpwelle P_{P0} am Punkt A gilt für die Leistungen der Stokes- und Antistokes-Welle an den Punkten B und A vor und nach dem SBS-Einfluss

$$P_{S,A}(f) = P_{S,B} \exp\left(-aL + \gamma_B(f) P_{P0} L_{eff}/\xi\right), \tag{9.145a}$$

$$P_{AS,A}(f) = P_{AS,B} \exp\left(-aL - \gamma_B(f) P_{P0} L_{eff}/\xi\right). \tag{9.145b}$$

Mit einem idealen MZM entstehen in dem gewählten Arbeitspunkt zwei gleichstarke Seitenbänder, so dass $P_{S,B} = P_{AS,B}$ gilt. Da die Stokes-Welle mehr an Leistung gewinnt als die Antistokes-Welle an Leistung abgibt, entsteht eine Änderung der Gesamtleistung am Punkt D durch die SBS:

$$P_{ges}(f, P_{P0}) = P_{S,A}(f) + P_{AS,A}(f) = 2P_{S,B}\, e^{-aL} \cosh\left(\gamma_B(f) P_{P0} L_{eff}/\xi\right). \tag{9.146}$$

Durch Modulation der Pumpe mit einem Chopperrad sowie einem der Leistungsmessung nachgeschaltetem Lock-In-Verstärker kann das Verhältnis der Gesamtleistung mit und ohne

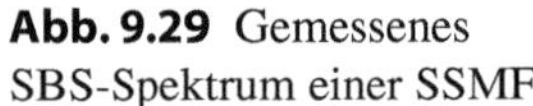

Abb. 9.29 Gemessenes SBS-Spektrum einer SSMF

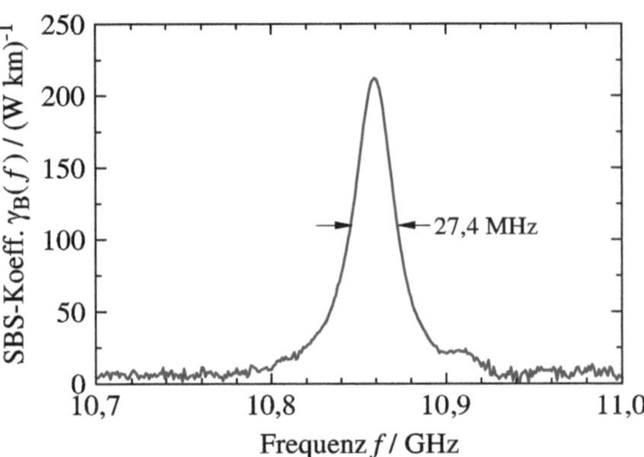

Pumpwelle und daraus der SBS-Koeffizient bestimmt werden:

$$\gamma_B(f) = \frac{\xi}{P_{P0}L_{eff}} \operatorname{arcosh}\left(\frac{P_{ges}(f, P_{P0})}{P_{ges}(f, 0)}\right). \tag{9.147}$$

Aufgrund der Verwendung eines Polarisationsscramblers (PSc) für die Stokes-Welle gilt auch hier $\xi = 2$, solange nur kleine SBS-Verstärkungen gemessen werden.

Abbildung 9.29 zeigt ein gemessenes SBS-Spektrum einer SSMF mit einer Länge von $L = 100$ m, die zur Vermeidung von Dehnungen lose ausgelegt wurde. Aufgrund der schmalen Linienbreite der TLS sowie der Vermeidung von Frequenzfluktuationen zweier individueller Laser ist die gemessene Linienbreite von 27,4 MHz die wahre Breite des intrinsischen Spektrums des SBS-Koeffizienten. Das Maximum in Linienmitte beträgt $\gamma_{B0} = 210\,\mathrm{W}^{-1}\mathrm{km}^{-1}$. Die im Vergleich zu Abb. 9.27 kleinere SBS-Frequenz von 10,86 GHz ergibt sich aus der Verwendung einer Wellenlänge $\lambda_P = 1550$ nm der TLS.

Ein Nachteil dieser Messmethode resultiert aus der Areakosinus-Hyperbolicus-Funktion in Gl. (9.147). Die Funktion arcosh(x) hat eine sehr große Steigung um den Wert von $x = 1$ sowie ein stark nichtlineares Verhalten mit abnehmender Steigung hin zu größeren x-Werten. Dadurch beeinflussen Rauschen und Nullpunktfehler in der Messung des Leistungsverhältnisses $P_{ges}(f, P_{P0})/P_{ges}(f, 0)$ überproportional das Ergebnis von γ_B, wie auch am Rauschsockel in Abb. 9.29 zu erkennen ist. Aus diesem Grund ist das in Abb. 9.26 gezeigte Verfahren besser geeignet, um sehr kleine und breitbandige SBS-Verstärkungen zu messen, wie es für verbreiterte SBS-Spektren in Kap. 9.8 der Fall ist. Durch die Verwendung komplexerer optischer Modulatoren wie z. B. einem optischen Einseitenbandmodulator können jedoch die Vorteile beider Messmethoden kombiniert werden [94].

9.5.6 Einfluss der spektralen Breite der Pumplichtwelle

Bei allen bisherigen Überlegungen zur SBS wurde stets von einer perfekt monochromatischen Pumplichtwelle ausgegangen. Reale Lichtquellen und Laser haben jedoch eine gewisse spektrale Breite B_P, die durch verschiedene modellhafte Profilfunktionen $S(\Delta f)$ der spektralen Leistungsdichte beschrieben werden können. Darin ist $\Delta f = f - f_\mathrm{P}$ die Frequenzabweichung von der Mittenfrequenz f_P der Pumpwelle.

So hat z. B. jede Mode eines Lasers ein intrinsisch lorentzförmiges Profil, das aus der Überlagerung der inkohärenten spontanen Emission mit der monofrequenten Laseremission resultiert [95]:

$$S_\mathrm{Lo}(\Delta f) = \frac{2}{\pi B_\mathrm{p}} \frac{1}{1 + (2\Delta f / B_\mathrm{P})^2}. \tag{9.148}$$

Durch externe Einflüsse entstehen zufallsverteilte Frequenzvariationen einer Lasermode, die durch ein Gauß-Profil beschrieben werden können [96, 97]:

$$S_\mathrm{Ga}(\Delta f) = \frac{1}{\sqrt{\pi} B_\mathrm{p}} \exp\left(-\frac{\Delta f^2}{B_\mathrm{P}^2}\right). \tag{9.149}$$

Zum Vergleich betrachten wir weiterhin eine rechteckförmige spektrale Leistungsdichteverteilung

$$S_\mathrm{Re}(\Delta f) = \begin{cases} 1/B_\mathrm{P} & \text{für } |\Delta f| < B_\mathrm{P}/2, \\ 0 & \text{sonst.} \end{cases} \tag{9.150}$$

Weitere Formen des Leistungsdichtespektrums resultieren beispielsweise aus einer anwendungsbedingten Modulation des Pumplasers in Amplitude, Frequenz oder Phase, z. B. in der optischen Nachrichtentechnik [98] oder in der Messtechnik. Dadurch kann auch gezielt die spektrale Breite des Pumplasers vergrößert werden. Alle Verteilungen sind so normiert, dass gilt:

$$\int_{-\infty}^{\infty} S(\Delta f)\,\mathrm{d}\Delta f = 1. \tag{9.151}$$

Das effektive Spektrum des SBS-Koeffizienten $\gamma_\mathrm{B,eff}(\Delta f)$ ergibt sich aus der Faltung des intrinsischen SBS-Koeffizienten der Faser $\gamma_\mathrm{B}(f)$ mit dem Spektrum der Pumplichtquelle [8] zu

$$\gamma_\mathrm{B,eff}(\Delta f) = \gamma_\mathrm{B}(\Delta f) * S(\Delta f) = \int_{-\infty}^{\infty} \gamma_\mathrm{B}(f) S(\Delta f - f)\,\mathrm{d}f. \tag{9.152}$$

Im Argument von $\gamma_\mathrm{B,eff}(\Delta f)$ ist Δf die Frequenzablage von der Frequenz des Maximums des SBS-Koeffizienten $f_\mathrm{S} = f_\mathrm{P} - f_\mathrm{B}$.

Exkurs 9.12
Für eine Betrachtung der frequenzabhängigen Leistungsverstärkung ist eine reellwertige Beschreibung wie hier ausreichend. Soll auch der Phasengang und die Dispersion durch SBS unter dem Einfluss einer spektral breitbandigen Pumpe berechnet werden, so muss der SBS-Koeffizient komplexwertig angesetzt werden, wie in [86] beschrieben. Der Realteil des Faltungsintegrals gibt dann das Spektrum der Leistungsverstärkung, der Imaginärteil den Phasengang bzw. die Dispersion.

Aus der Faltung resultiert ein verbreitertes Spektrum des SBS-Koeffizienten. Ist das Spektrum der Pumplichtwelle lorentzförmig wie das des intrinsischen SBS-Koeffizienten, so ist das resultierende effektive SBS-Spektrum $\gamma_{\mathrm{B,eff}}(\Delta f)$ wiederum lorentzförmig mit spektraler Breite

$$B_{\mathrm{eff}} = B_{\mathrm{B}} + B_{\mathrm{P}}, \tag{9.153}$$

mit den Breiten des intrinsischen SBS-Spektrums B_{B} und der Pumpwelle B_{P}. Der Maximalwert in der Linienmitte wird im gleichen Verhältnis reduziert, wie die Bandbreite ansteigt:

$$\gamma_{\mathrm{B0,eff}} = \gamma_{\mathrm{B0}} \frac{B_{\mathrm{B}}}{B_{\mathrm{eff}}} = \frac{\gamma_{\mathrm{B0}}}{1 + (B_{\mathrm{P}}/B_{\mathrm{B}})}. \tag{9.154}$$

Daraus ist ersichtlich, dass mit zunehmender Breite der Pumplichtwelle der effektive SBS-Koeffizient abnimmt. Für $B_{\mathrm{P}} \gg B_{\mathrm{B}}$ gilt eine indirekte Proportionalität $\gamma_{\mathrm{B0,eff}} \approx \gamma_{\mathrm{B0}}\, B_{\mathrm{B}}/B_{\mathrm{P}}$. Mit breitbandigen Lichtquellen wird also ein deutlich geringerer SBS-Koeffizient beobachtet. Dies ist zum einen der Grund, dass in vielen praktischen Fällen die SBS keine Rolle spielt. Zum anderen gibt dies einen Hinweis, wie die SBS durch spektrale Verbreiterung der Pumplichtwelle unterdrückt werden kann, wenn SBS in einer Anwendung stört. Für die gezielte Anwendung der SBS z. B. in der Sensorik müssen dagegen spektral schmalbandige Lichtquellen verwendet werden, z. B. DFB-Laserdioden oder Laserdioden mit externem gitterabstimmbaren Resonator (engl. *external cavity laser*, ECL oder engl. *tunable laser source*, TLS).

Beispiel 9.21

In Abb. 9.30 ist das berechnete Maximum des effektiven SBS-Koeffizienten $\gamma_{\mathrm{B0,eff}}$ in Abhängigkeit der spektralen Breite der Pumplichtwelle B_{P} für verschiedene Profilfunktionen der Pumpe dargestellt. Ist die spektrale Breite der Pumpe größer als die intrinsische Breite der SBS $B_{\mathrm{B}} = 25$ MHz in einer SSMF, so wird der effektive SBS-Koeffizient mit zunehmender Bandbreite der Pumpe stark reduziert.

Dabei spielt die spektrale Form der Pumpwelle keine große Rolle, lediglich das Extrembeispiel eines rechteckförmigen Pumpspektrums bewirkt in dieser Rechnung eine geringere

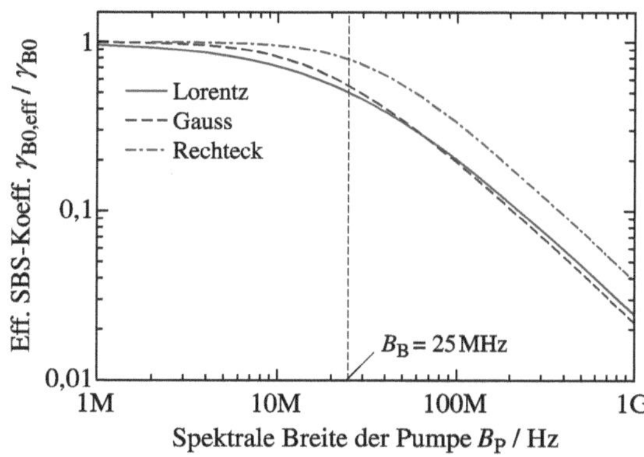

Abb. 9.30 Berechnetes Maximum des effektiven SBS-Koeffizienten $\gamma_{B0,eff}$ in Abhängigkeit der spektralen Breite der Pumplichtwelle für eine intrinsische Breite des SBS-Spektrums $B_B = 25$ MHz

Reduktion des SBS-Koeffizienten als die Lorentz- oder Gauß-Form. Dies liegt an der Flächennormierung der Definitionen in Gl. (9.148)–(9.150). Dadurch hat das Rechteckprofil eine größere Amplitude bei kleinen Frequenzabweichungen Δf, während beim Gauß- und Lorentz-Profil ein erheblicher Anteil der Leistung auf größere Frequenzabweichungen Δf verteilt ist. Begrenzt man das Pumpspektrum auf einen Bereich $\Delta f = \pm B_P/2$, so bietet ein rechteckförmiges Pumpspektrum die größte Reduktion des SBS-Koeffizienten. Für große spektrale Breiten B_P gilt dann $\gamma_{B0,eff} \approx \gamma_{B0}\,(2B_B/\pi B_P)$, wobei der Formfaktor $2/\pi$ aus dem Unterschied der Form des SBS-Lorentz-Profils zu einem Rechteckprofil der Pumpe resultiert.

In Gl. (9.148)–(9.150) wurden für die Spektren der Pumpe $S(\Delta f)$ kontinuierliche Leistungsdichteverteilungen angenommen. Gleichung (9.152) gilt auch dann noch, wenn das Spektrum der Pumpe aus vielen diskreten Frequenzen f_q besteht. Dies ist typisch für longitudinal multimodige Laser, bei denen mehrere Resonatoreigenfrequenzen f_q mit einem Frequenzabstand Δf_q anschwingen, der durch die Resonatorlänge L_{res} und den Brechungsindex des aktiven Mediums n gegeben ist:

$$\Delta f_q = \frac{c_0}{2n\,L_{res}}. \tag{9.155}$$

Ist der Abstand Δf_q deutlich kleiner als die SBS-Linienbreite B_B und beschreibt $S_P(\Delta f)$ die quasi-kontinuierliche Leistungsverteilung auf die einzelnen Frequenzen (Abb. 9.31a), so ergibt sich das effektive SBS-Spektrum wie im kontinuierlichen Fall [99]. Ist dagegen der Abstand der diskreten Frequenzen im Pumpspektrum Δf_q deutlich größer als die SBS-Bandbreite B_B, so sind die einzelnen Frequenzen f_q bezüglich der SBS entkoppelt. Jede Frequenz f_q der Pumpe erzeugt dann bei einer dazu passenden Stokesfrequenz $f_{S,q} = f_q - f_B$ ein SBS-Spektrum, deren Verstärkung durch die Leistung der einzelnen Frequenz P_q gegeben ist (Abb. 9.31b). Ist die Gesamtleistung der Pumpe P_{ges} auf N solcher Frequenzen gleichverteilt, so ist der effektive SBS-Koeffizient, mit dem die Gesamtleistung verstärkt wird, gegeben durch [99, 100]:

$$\gamma_{B,eff} = \frac{\gamma_{B0}}{N}. \tag{9.156}$$

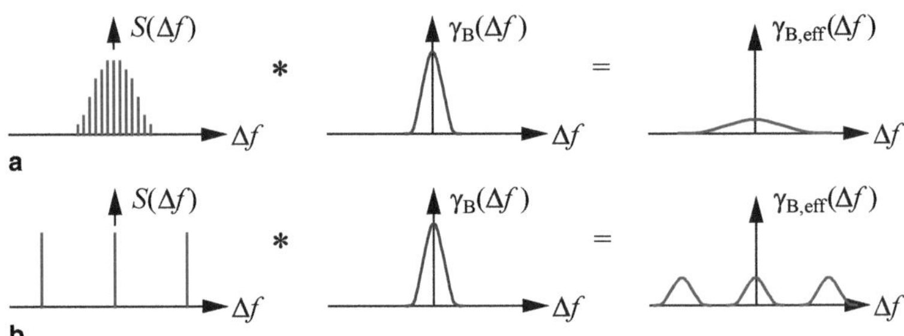

Abb. 9.31 Effektives Spektrum des SBS-Koeffizienten $\gamma_{B,\mathrm{eff}}(\Delta f)$ für Pumpspektren $S(\Delta f)$ mit kleinem Abstand (**a**) und großem Abstand (**b**) diskreter Frequenzen f_q

Beispiel 9.22

Für einen Raman-Faserlaser mit einer Resonatorlänge $L_{\mathrm{res}} = 100\,\mathrm{m}$ und $n \approx 1{,}5$ ergibt sich ein Eigenfrequenzabstand $\Delta f_q \approx 1\,\mathrm{MHz}$. Das Spektrum eines solchen Lasers kann bezüglich der SBS mit einer typischen Bandbreite $B_B \approx 25\,\mathrm{MHz}$ als quasi-kontinuierlich betrachtet werden. Es gilt dann Gl. (9.154) für den effektiven SBS-Koeffizienten.

Beispiel 9.23

Eine Fabry-Perot-Laserdiode mit einer Länge $L_{\mathrm{res}} = 1\,\mathrm{mm}$ und einem Brechungsindex $n \approx 3{,}5$, typisch für InGaAsP-Verbindungshalbleiter, hat einen Eigenfrequenzabstand von $\Delta f_q \approx 43\,\mathrm{GHz}$. Hier sind die einzelnen Emissionsfrequenzen bezüglich der SBS entkoppelt. Nimmt man eine Emissionsbandbreite eines solchen Lasers von $\Delta\lambda \approx 3\,\mathrm{nm}$ an, entsprechend $B_P \approx 0{,}37\,\mathrm{THz}$ bei $\lambda_P = 1550\,\mathrm{nm}$, so können darin $N \approx 8$ Eigenfrequenzen anschwingen. Je nach Verteilung der Gesamtleistung auf diese Frequenzen wird der effektive SBS-Koeffizient um etwa diesen Faktor reduziert, der aber viel kleiner als das Verhältnis der Bandbreiten B_P/B_B ist. Eine weitere Reduktion des SBS-Koeffizienten kann durch eine individuelle Verbreiterung der einzelnen Frequenzen f_q entstehen.

Die betrachteten Spektren gelten jeweils als zeitliche Mittelwerte der spektralen Leistungsdichteverteilung der Pumpwelle. Es gibt jedoch einen Sonderfall, bei dem die momentane Frequenz des Pumplasers eine Rolle spielt. Für den Fall, dass die Kohärenzlänge L_{coh} des Pumplasers

$$L_{\mathrm{coh}} = \frac{c_0}{2nB_P} \tag{9.157}$$

sehr viel größer als eine charakteristische Länge L_c der Glasfaser ist, so hat die Pumplichtwelle zu jedem Zeitpunkt die gleiche momentane Frequenz innerhalb dieser Länge, und der SBS-Koeffizient wird nicht reduziert, selbst wenn über längere Zeiten gemittelt $B_P > B_B$ gilt [101–103]. Die maßgebliche charakteristische Länge L_c ist bei sehr kleiner SBS-Verstärkung $\gamma_{B0}P_P \ll a$ durch die übliche effektive Länge L_{eff} aufgrund der Dämpfung a bestimmt. Für große SBS-Verstärkungen bei großen Pumpleistungen P_P ist L_c als diejenige Länge definiert, innerhalb derer die Leistung der Stokes-Welle eine signifikante Änderung erfährt:

$$L_c = \frac{1}{\gamma_{B0}P_P}. \tag{9.158}$$

Beispiel 9.24

Bei einer Bandbreite der Pumpe von $B_P = 1$ GHz beträgt die Kohärenzlänge in einer Glasfaser $L_{coh} \approx 10$ cm. Für kleine Pumpleistungen ist die charakteristische Länge in üblichen faseroptischen Systemen sehr viel größer, so dass der effektive SBS-Koeffizient gemäß Gl. (9.154) reduziert wird. Bei einer sehr großen Pumpleistung von $P_P = 100$ W wäre bei einem SBS-Koeffizienten $\gamma_B = 0{,}22\ \mathrm{W^{-1}km^{-1}}$ die charakteristische Länge $L_c = 5$ cm kleiner als die Kohärenzlänge, so dass annähernd der volle SBS-Koeffizient wirksam wäre, z. B. für die Bestimmung der SBS-Schwelle in Kap. 9.6.2.5.

9.5.7 Einfluss der Pulsdauer

Bei gepulsten Lichtwellen ist die effektive Länge der SBS-Wechselwirkung durch die Länge der Fasersegmente bestimmt, in denen sich die Pump- und Stokes-Welle begegnen. Für einen Einzelpuls ist diese Länge gemäß $L_P \approx c_0 t_P/n$ gegeben, wobei t_P die Pulsdauer ist.

Da die Stokes-Welle der Pumpwelle entgegenläuft, resultiert bei einer periodisch gepulsten Pumpe mit Pulsabständen T_P, die deutlich kleiner als die Lichtlaufzeit $t_L = nL/c_0$ in der Faserstrecke sind, eine mittlere Länge $\bar{L}_P$. Diese ergibt sich aus der Gesamtlänge der Faser L multipliziert mit dem Puls-Pausen-Verhältnis (Tastverhältnis, engl. *duty-cycle*) der Pumpe. Das ist äquivalent zu dem Ansatz, die mittlere Leistung einer gepulsten Pumpe $\bar{P}_P$ über die volle Faserlänge L zur Berechnung der SBS-Verstärkung zu verwenden. In optischen Übertragungssystemen mit sehr hohen Datenraten ist ebenfalls die mittlere optische Leistung des Senders für die SBS relevant.

Für Pulse mit einer Dauer t_P, die deutlich kleiner als die Zeitkonstante der akustischen Welle $\tau_A \approx 10$ ns aus Gl. (9.124) ist, ist die SBS-Verstärkung ebenfalls stark reduziert. Die Pulsdauer ist dann zu kurz, um an einem Ort eine Schallwelle anzuregen. Äquivalent dazu kann der Einfluss der Pulsdauer auch im Frequenzbereich wie in Kap. 9.5.6 bestimmt werden, da die spektrale Breite B_P mit abnehmender Pulsdauer gemäß $\sim 1/t_P$ zunimmt.

Beispiel 9.25

Die spektrale Bandbreite eines Pulses mit einer Dauer $t_P = 1$ ns beträgt je nach Pulsform $B_P \approx 1$ GHz. Dieser Wert ist 40 mal größer als die SBS-Bandbreite $B_B = 25$ MHz, mit einem entsprechend reduzierten effektiven SBS-Koeffizienten nach Gl. (9.154). Für einen Einzelpuls beträgt die effektive Länge $L_\mathrm{P} \approx 50$ cm. Um innerhalb dieser Länge nennenswerte SBS-Effekte auszubilden, ist eine Pulsleistung $P_\mathrm{P} \approx 1/(\gamma_{\mathrm{B,eff}} L_\mathrm{P}) \approx 360$ W erforderlich, wenn der SBS-Koeffizient der Faser $\gamma_{\mathrm{B0}} = 0{,}22\ \mathrm{W}^{-1}\mathrm{km}^{-1}$ beträgt. Die sogenannte SBS-Schwelle, ab welcher der Puls aus dem Rauschen der spontanen Brillouin-Streuung selbstständig eine kräftige Stokes-Welle erzeugt, ist mindestens eine Größenordnung höher (s. Kap. 9.6.2.5).

Derartige Pulsmerkmale wie in Bsp. 9.25 werden z. B. von gütegeschalteten Lasern (engl. *Q-switched laser*) erreicht. Dabei treten transiente SBS-Prozesse auf, wie in [104] und [86] beschrieben.

9.5.8 Einfluss der Dotierung und Fasergeometrie auf die SBS

9.5.8.1 Germanium-Dotierung

Verschiedene Dotierstoffe beeinflussen die Schallgeschwindigkeit und den Brechungsindex von Quarzglas. Damit einher geht eine Verschiebung des Brillouin-Frequenzversatzes f_B in Glasfasern, die erstmalig in [105] und [106] beschrieben wurde. In [88] wurde systematisch die Abhängigkeit der Brillouin-Frequenz von der Germanium-Konzentration in Gewichtsprozent w_{Ge} bei einer Wellenlänge von $\lambda_\mathrm{P} = 1320$ nm bestimmt:

$$\left.\frac{\mathrm{d}f_\mathrm{B}}{\mathrm{d}w_{\mathrm{Ge}}}\right|_{1320\ \mathrm{nm}} = -94\ \mathrm{MHz/Gew.\%}. \tag{9.159}$$

Gleichzeitig nimmt die Linienbreite aufgrund der größeren akustischen Dämpfung in GeO_2-Glas zu:

$$\left.\frac{\mathrm{d}B_\mathrm{B}}{\mathrm{d}w_{\mathrm{Ge}}}\right|_{1320\ \mathrm{nm}} = 1{,}4\ \mathrm{MHz/Gew.\%}. \tag{9.160}$$

Diese Ergebnisse sind in qualitativ guter Übereinstimmung mit neueren Untersuchungen [107] mit einer Pumpwellenlänge $\lambda_\mathrm{P} = 1534$ nm, bei denen die Konzentration x_{Ge} in mol% verwendet wird:

$$\left.\frac{\mathrm{d}f_\mathrm{B}}{\mathrm{d}x_{\mathrm{Ge}}}\right|_{1534\ \mathrm{nm}} = -68\ \mathrm{MHz/mol\%}, \tag{9.161}$$

$$\left.\frac{\mathrm{d}B_\mathrm{B}}{\mathrm{d}x_{\mathrm{Ge}}}\right|_{1534\ \mathrm{nm}} = 1{,}3\ \mathrm{MHz/mol\%}. \tag{9.162}$$

Der Brillouin-Frequenzversatz kann bereits an Faserstücken mit einer Länge von wenigen Metern präzise bestimmt werden. Somit ist eine Kontrolle der Germanium-Dotierung einer Faser möglich, z. B. bei der Faserherstellung. Da ein großer Ge-Anteil auch den Gewinnkoeffizienten γ_R der stimulierten Raman-Streuung (SRS) erhöht (s. Kap. 8.3.7.2), können mit einer solchen Messung der Brillouin-Frequenz gut geeignete Fasern für Raman-Faserverstärker und Raman-Faserlaser identifiziert werden, ohne dass große Faserlängen oder hohe Pumpleistungen zur Messung der SRS benötigt werden [108].

Neben einer Veränderung der Brillouin-Frequenz verursacht die Dotierung des Kerns mit Ge oder mit anderen Stoffen eine Inhomogenität des Brechungsindex und der Schallgeschwindigkeit im Faserquerschnitt. Daraus resultieren die optischen und akustischen Wellenleitereigenschaften sowie die Ausbildung von optischen und akustischen Wellenleitermoden. Deren Geometrien weichen von einer homogenen ebenen Welle ab, und beeinflussen die Stärke der SBS in einer Glasfaser. Dies wird im nächsten Abschnitt untersucht.

9.5.8.2 Effektive akustooptische Modenfläche der SBS

Die Herleitung der stimulierten Brillouin-Streuung erfolgt in Kap. 9.4 mit dem Modell ebener Licht- und Schallwellen. Dieses Modell wird in Gl. (9.137) mit Hilfe einer effektiven Modenfläche auf Glasfasern übertragen. Die akustooptische Modenfläche $A_{\text{eff,B}}$, die für die SBS maßgeblich ist, weicht jedoch von der effektiven Modenfläche A_{eff} der Kerr-Nichtlinearität ab, die in Kap. 3.6.6 definiert wurde. Die effektive Modenfläche A_{eff} berücksichtigt zwar die Intensitätsverteilung der Lichtwelle im Faserquerschnitt, nicht aber die Verteilung der Schallamplitude der akustischen Fasermoden, die in Kap. 9.2.5 beschrieben wurden. Um dies zu diskutieren, gehen wir zunächst von den skalaren und hydrodynamischen Wellengleichungen der Schall- und Lichtwelle im Zeitbereich aus. Die Schallwelle wird dabei beschrieben durch die lokale Amplitude der Dichtewelle $\underset{\sim}{\varrho}$, die Lichtwelle durch die skalare elektrische Feldstärke $\underset{\sim}{E}$. Aus der hydrodynamischen Wellengleichung der Dichte inklusive der Elektrostriktionskräfte Gl. (9.108) und der elektrischen Wellengleichung Gl. (2.93) mit der nichtlinearen Polarisierung aufgrund der Elektrostriktion gemäß Gl. (9.90) erhalten wir für verlustfreie Dielektrika

$$\frac{\partial^2}{\partial t^2}\underset{\sim}{\varrho} - \frac{\eta}{\varrho_0}\frac{\partial}{\partial t}\nabla^2\underset{\sim}{\varrho} - \upsilon_{\text{A}}^2\nabla^2\underset{\sim}{\varrho} = -\frac{\varepsilon_0\gamma_e}{2}\nabla^2\langle\underset{\sim}{E}^2\rangle, \tag{9.163a}$$

$$\nabla^2\underset{\sim}{E} - \frac{n^2}{c_0^2}\frac{\partial^2}{\partial t^2}\underset{\sim}{E} = \varepsilon_0\mu_0\frac{\gamma_e}{\varrho_0}\frac{\partial^2}{\partial t^2}(\underset{\sim}{\varrho}\,\underset{\sim}{E}). \tag{9.163b}$$

Beide Differentialgleichungen sind über den Elektrostriktions-Koeffizienten γ_e nichtlinear verkoppelt. Zur Lösung geht man davon aus, dass durch die Elektrostriktion die Geometrie der optischen und akustischen Moden nicht verändert wird. Diese Moden stellen somit eine sehr gute Näherungslösung von Gl. (9.163) dar, wenn deren Amplituden als ortsvariabel aufgrund der aus der Elektrostriktion resultierenden SBS angesetzt werden:

$$\underset{\sim}{\varrho}(r,z,t) = \varrho(r,\theta)A_{\text{A}}(z,t)\cos(\Omega t - k_{\text{A}}z), \tag{9.164a}$$

$$\underset{\sim}{E}(r,z,t) = E(r,\theta)\left[A_{\text{P}}(z,t)\cos(\omega_{\text{P}}t - k_{\text{P}}z) + A_{\text{S}}(z,t)\cos(\omega_{\text{S}}t - k_{\text{S}}z)\right]. \tag{9.164b}$$

Darin sind $A_\text{A}, A_\text{P}, A_\text{S}$ die langsam zeit- und ortsvariablen Amplituden der Schall-, Pump- und Stokes-Welle; $\Omega, \omega_\text{P}, \omega_\text{S}$ sind deren Kreisfrequenzen und $k_\text{A}, k_\text{P}, k_\text{S}$ deren Ausbreitungskonstanten. $\varrho(r,\theta)$ ist die reellwertige transversale Strukturfunktion mit der Abhängigkeit der Amplitude der Dichtewelle einer longitudinalen akustischen Mode L_{mn} über dem Faserquerschnitt. $E(r,\theta)$ ist die reellwertige transversale Strukturfunktion der elektrischen Feldstärke einer skalaren LP_{mn}-Mode der Lichtwelle. Eingesetzt in Gl. (9.163) ergibt sich nach einiger Rechnung in [109, 110] das gleiche Ergebnis für die gekoppelten Leistungsgleichungen der Pump- und Stokes-Lichtwellen wie in Gl. (9.138) und mit dem SBS-Koeffizienten aus Gl. (9.137)

$$\gamma_\text{B}(f) = \frac{g_\text{B}(f)}{A_\text{eff,B}}, \tag{9.165}$$

wenn für die akustooptische Modenfläche der SBS folgende Definition gilt [110]:

$$A_\text{eff,B} = \frac{\left(\iint |E|^2\, r\text{d}r\text{d}\theta\right)^2}{\left|\iint \varrho |E|^2\, r\text{d}r\text{d}\theta\right|^2} \iint |\varrho|^2\, r\text{d}r\text{d}\theta. \tag{9.166}$$

Alternativ kann dies mit der konventionellen effektiven Modenfläche A_eff nach Gl. (3.77) und einem akustooptischen Überlappfaktor F_ao geschrieben werden:

$$\gamma_\text{B}(f) = \frac{g_\text{B}(f)}{A_\text{eff}} F_\text{ao}, \tag{9.167}$$

wobei der Faktor F_ao als akustooptisches Überlappintegral definiert ist:

$$F_\text{ao} = \frac{\left|\iint \varrho |E|^2\, r\text{d}r\text{d}\theta\right|^2}{\iint |E|^4\, r\text{d}r\text{d}\theta \iint |\varrho|^2\, r\text{d}r\text{d}\theta}. \tag{9.168}$$

Beispiel 9.26

Für den Überlappfaktor der akustischen und optischen Grundmoden in einer SSMF wurde in [109] ein Zahlenwert $F_\text{ao} = 0{,}964$ bestimmt. Dies bedeutet, dass in einer SSMF $A_\text{eff,B} \approx A_\text{eff}$ gilt. Allgemein sind die Abweichungen für einfache schwach dotierte Stufenindex-Singlemodefasern zwischen $A_\text{eff,B}$ und A_eff gering. Dies gilt nicht für Fasern mit komplexen radialen Dotierprofilen wie z. B. dispersionsverschobene Fasern (s. Kap. 4.2.2). Für eine engl. *non-zero dispersion shifted fiber* (NZDSF) beträgt der Zahlenwert nach [109] $F_\text{ao} = 0{,}663$. Dies ist der Grund, warum bei einer NZDSF ein geringerer faserspezifischer SBS-Koeffizient γ_B als in einer SSMF beobachtet wird, obwohl die NZDSF eine kleinere effektive Modenfläche A_eff als eine SSMF aufweist (Abb. 9.32).

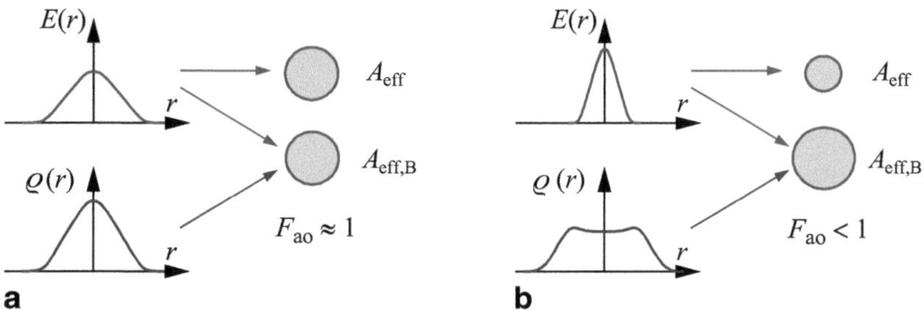

Abb. 9.32 Effektive Modenfläche A_{eff} und akustooptische Modenfläche der SBS $A_{\text{eff,B}}$ für große (**a**) und kleine (**b**) Überlappfaktoren F_{ao} des optischen Feldes $E(r)$ und der Schallwelle $\varrho(r)$

Für einfache Stufenindexfasern können sowohl die optischen als auch die akustischen Moden analytisch bestimmt und mit Hilfe von Bessel-Funktionen angegeben werden. Für komplexere Dotierprofile ist das nicht immer möglich. Dann müssen zunächst für diese Dotierprofile lineare Lösungen der Wellengleichungen Gl. (9.163) unter Vernachlässigung der Kopplung durch Elektrostriktion bestimmt werden. Anschließend kann aus den so berechneten Strukturfunktionen $E(r, \theta)$ sowie $\varrho(r, \theta)$ der SBS-Koeffizient berechnet werden [48, 49, 56]. Dabei müssen auch höhere akustische Moden berücksichtigt werden, selbst wenn der optische Wellenleiter einmodig ist.

9.5.8.3 Tensorielle Beschreibung der SBS in Glasfasern

Auch bei der Definition der effektiven Modenfläche der SBS nach Gl. (9.166) wurde die skalare und hydrodynamische Näherung für die Ausbreitung und Wechselwirkung der optischen und akustischen Wellen verwendet. Dabei werden rein longitudinale Schallwellen vorausgesetzt. In [47] wurde am Beispiel einer engl. *non-zero dispersion shifted fiber* (NZDSF) gezeigt, dass durch die Vernachlässigung radialer Komponenten der Schallwelle Fehler bei der Berechnung des SBS-Spektrums in Fasern mit komplexen Dotierprofilen entstehen. In solchen Fasern muss ein allgemeiner tensorieller Ansatz zur Beschreibung der akustooptischen Wechselwirkung und der Elektrostriktion verwendet werden. In Glasfasern ist dabei eine Beschränkung auf isotrope Festkörper ohne dielektrische Verluste möglich. Dazu ergänzt man die tensorielle Wellengleichung der Schallauslenkung $\underset{\sim}{\boldsymbol{u}}$ aus Gl. (9.28) mit dem Vektor der Elektrostriktionskraft $\underset{\sim}{\boldsymbol{f}}_{\text{e}}$ aus Gl. (9.86), und setzt in die nichtlineare Wellengleichung des E-Feldes $\underset{\sim}{\boldsymbol{E}}$ der Lichtwelle Gl. (2.93) die nichtlineare Polarisierung durch Elektrostriktion $\underset{\sim}{\mathcal{P}}^{\text{NL}}$ aus Gl. (9.91) ein:

$$\varrho_0 \frac{\partial^2}{\partial t^2} \boldsymbol{u} - \left(\varrho_0 v_{\text{AL}}^2 + \eta_{11} \frac{\partial}{\partial t}\right) \nabla (\nabla \cdot \boldsymbol{u}) + \left(\varrho_0 v_{\text{AT}}^2 + \eta_{44} \frac{\partial}{\partial t}\right) \nabla \times (\nabla \times \boldsymbol{u})$$
$$= \frac{e_{12}}{2} \nabla \langle \boldsymbol{E}^2 \rangle + e_{44} \nabla \cdot \left(\langle \underset{\sim}{\boldsymbol{E}} \cdot \underset{\sim}{\boldsymbol{E}}^T \rangle \right), \tag{9.169a}$$

$$\nabla^2 \underset{\sim}{\boldsymbol{E}} - \frac{n^2}{c_0^2} \frac{\partial^2}{\partial t^2} \underset{\sim}{\boldsymbol{E}} = -\mu_0 \frac{\partial^2}{\partial t^2} \left(e_{12} (\nabla \cdot \underset{\sim}{\boldsymbol{u}}) \underset{\sim}{\boldsymbol{E}} + e_{44} (\nabla_{\text{s}} \underset{\sim}{\boldsymbol{u}}) \cdot \underset{\sim}{\boldsymbol{E}} \right). \tag{9.169b}$$

Darin ist ϱ_0 die Dichte des Materials, v_{AL} und v_{AT} sind die longitudinale und die transversale Schallgeschwindigkeit, und η_{11} sowie η_{44} sind die Tensorelemente der dynamischen Viskosität. n ist der Brechungsindex, und e_{12} sowie e_{44} sind die Tensorelemente der Elektrostriktion, wie in Kap. 9.4.1.3 beschrieben. Alle diese Materialeigenschaften können in allgemeinen Wellenleitern im Querschnitt ortsabhängig sein, z. B. in mikrostrukturierten Fasern. Häufig ist es jedoch ausreichend, nur die Parameter n sowie v_{AL} und v_{AT}, die die optischen und akustischen Wellenleitereigenschaften definieren, als ortsvariabel anzusetzen und die restlichen Eigenschaften als konstant anzunehmen. Mit verschiedenen numerischen Verfahren kann dann das Gleichungssystem Gl. (9.169) gelöst werden, z. B. mit Algorithmen für Randwertprobleme in [47] zur präzisen Bestimmung des SBS-Spektrums von NZDS-Fasern, oder mit einer Finite-Elemente-Methode für akustisch mikrostrukturierte Fasern in [111]. In beiden Fasergeometrien würde eine skalar-hydrodynamische Rechnung zu falschen oder zu gar keinen Ergebnissen führen.

Im Grenzfall geringer transversaler Inhomogenitäten der Materialeigenschaften geht Gl. (9.169) in den hydrodynamischen Ansatz Gl. (9.163) über, wenn Schallwellen mit vorwiegend longitudinalen Charakter wie die Leckwellenmoden L_{mn} in schwach akustisch führenden Fasern betrachtet werden [25].

9.5.9 Polarisation und SBS in Glasfasern

9.5.9.1 Parameter zur Beschreibung der Polarisationsabhängigkeit

Wie bereits in Kap. 9.4.4 beschrieben, entsteht stimulierte Brillouin-Streuung nur zwischen parallelen Polarisationszuständen der beiden Lichtwellen. In Glasfasern ist der Polarisationszustand einer Lichtwelle jedoch in der Regel nicht konstant. Nichtpolarisationserhaltende Glasfasern können durch eine kleine lokale Doppelbrechung in einem Fasersegment Δz beschrieben werden, die entlang der Faser in Stärke und Ausrichtung statistisch variiert (s. Kap. 4.3). Polarisationserhaltende Glasfasern haben zwar eine definierte und starke Doppelbrechung, aber auch in diesen ist der Polarisationszustand in Ausbreitungsrichtung variabel, wenn das Licht nicht ausschließlich in eine der Achsen der Doppelbrechung eingekoppelt wird. Durch diese Effekte ergeben sich entlang der Glasfaser für entgegengesetzt laufende Wellen Bereiche mit zueinander parallelen und orthogonalen Polarisationszuständen (Abb. 9.33). Dieser Effekt kann als interne Polarisationsdurchmischung bezeichnet werden (engl. *internal polarization scrambling*). Bereichsweise kann dementsprechend SBS stattfinden oder nicht. Zur Beschreibung des Polarisationszustandes einer Lichtwelle wird nachfolgend alternativ zum Jones-Vektor der Stokes-Vektor verwendet [112].

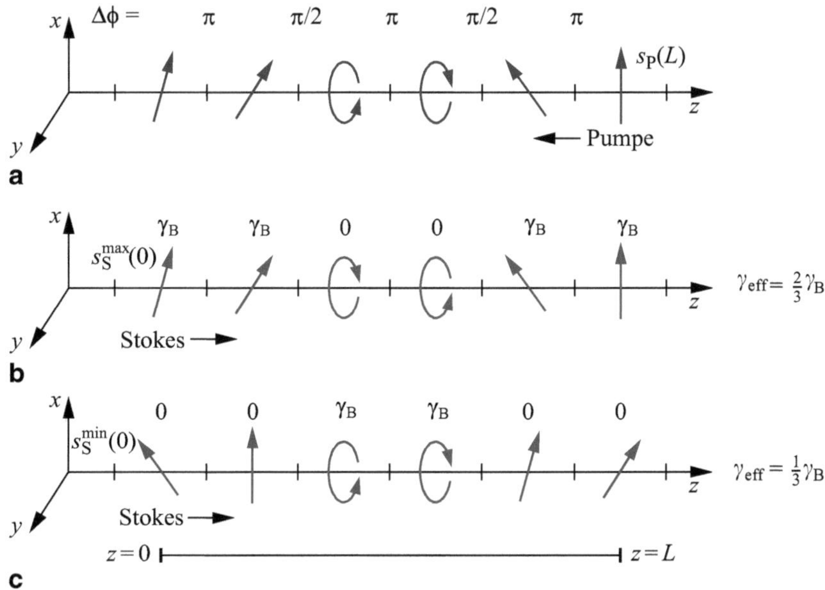

Abb. 9.33 Effektiver SBS-Koeffizient γ_{eff} nach [113] für eine Stokes-Welle, die an den Faserenden entweder parallel (**b**) oder orthogonal (**c**) zu einer Pumpe (**a**) in eine Glasfaser mit variabler Doppelbrechung eingekoppelt wird. Der Phasenwinkel $\Delta\phi$ bezeichnet den Phasenunterschied zwischen der Ausbreitung der Feldkomponenten in der schnellen und der langsamen Achse eines doppelbrechenden Fasersegmentes

Exkurs 9.13
Der hier verwendete normierte Stokes-Vektor ist ein Spaltenvektor mit drei Elementen $\boldsymbol{s} = (s_1, s_2, s_3)^T$ und kann grafisch als ein Vektor in einem 3D-Koordinatensystem dargestellt werden, der einen bestimmten Polarisationszustand auf der sog. Poincaré-Kugel symbolisiert [112]. Mathematisch orthogonale Polarisationszustände $\boldsymbol{s}_a \perp \boldsymbol{s}_b$ (z. B. linear *x*/linear *y* oder rechts/linksdrehend zirkular) befinden sich bezüglich des Kugelmittelpunktes auf entgegengesetzten Punkten der Poincaré-Kugel, so dass $\boldsymbol{s}_a = -\boldsymbol{s}_b$ gilt. Für orthogonale Jones-Vektoren $\boldsymbol{E}_{J,a} \perp \boldsymbol{E}_{J,b}$ gilt hingegen $\boldsymbol{E}_{J,a} \cdot \boldsymbol{E}_{J,b} = 0$. Sprachlich ist im Folgenden zu beachten, dass der Stokes-Vektor ganz allgemein Polarisationszustände beliebiger Lichtwellen beschreiben kann, also auch den der Pumpwelle und nicht nur den der SBS-Stokes-Welle.

Durch Mittelung (d. h. Bilden des Erwartungswertes) über eine große Faserstrecke L kann der Effekt der Polarisationsdurchmischung mit einem effektiven SBS-Koeffizienten $\gamma_{B,\text{eff}}$

und einem Polarisationsfaktor ξ beschrieben werden [113, 114]:

$$\gamma_{\mathrm{B,eff}} = \langle \gamma_{\mathrm{B}} \rangle_L = \tfrac{1}{2}(1 + \langle \boldsymbol{s}_{\mathrm{P}}(z) \cdot \boldsymbol{s}_{\mathrm{S}}(z) \rangle_L)\, \gamma_{\mathrm{B}} = \eta\, \gamma_{\mathrm{B}} = \frac{\gamma_{\mathrm{B}}}{\xi}. \tag{9.170}$$

Darin ist $\eta = 1/\xi$ die polarisationsabhängige SBS-Effizienz, die alternativ zum Polarisationsfaktor ξ verwendet werden kann. Der Erwartungswert $\mu = \langle \boldsymbol{s}_{\mathrm{P}}(z) \cdot \boldsymbol{s}_{\mathrm{S}}(z) \rangle_L$ des Skalarproduktes der Stokes-Vektoren von Pump- und Stokes-Welle wird durch Mittelung entlang z über die ganze Faserlänge L gebildet. Für stets parallele Polarisationszustände entlang z ist $\mu = 1$, für stets orthogonale Zustände gilt $\mu = -1$.

Der Erwartungswert μ sowie die daraus resultierenden Polarisationsparameter ξ oder η sind keine reinen Fasereigenschaften, da sie neben den Doppelbrechungseigenschaften der Glasfaser auch von den eingekoppelten Polarisationszuständen der Pump- und Stokes-Lichtwelle abhängen. Da μ eine bestimmte Konfiguration der Polarisation der Pumpwelle sowie der Doppelbrechung charakterisiert, wird μ im Weiteren auch als Betriebsparameter bezeichnet.

9.5.9.2 Extremwerte der Polarisationsparameter

Für beliebige Doppelbrechungseigenschaften der Glasfaser kann allgemein hergeleitet werden, dass es bei gegebenem eingekoppelten Polarisationszustand (engl. *state of polarization*, SOP) der Pumpwelle $\boldsymbol{s}_{\mathrm{P}}(L)$ stets einen SOP der eingekoppelten Stokes-Welle mit Stokes-Vektor $\boldsymbol{s}_{\mathrm{S}}^{\max}(0)$ gibt, für den der Erwartungswert μ maximal wird [113, 114]:

$$\mu_{\max} = \langle \boldsymbol{s}_{\mathrm{P}}(z) \cdot \boldsymbol{s}_{\mathrm{S}}^{\max}(z) \rangle \tag{9.171}$$

Dann gilt für die maximale SBS-Effizienz unter diesen Betriebsbedingungen

$$\eta_{\max} = \tfrac{1}{2}(1 + \mu_{\max}). \tag{9.172}$$

Weiterhin kann gezeigt werden, dass für einen dazu orthogonalen SOP der eingekoppelten Stokes-Welle $\boldsymbol{s}_{\mathrm{S}}^{\min}(0) = -\boldsymbol{s}_{\mathrm{S}}^{\max}(0)$ der Erwartungswert μ minimal wird. Aufgrund der Transmissionseigenschaften doppelbrechender Segmente in Glasfasern bleibt die Orthogonalität zwischen diesen beiden SOPs der Stokes-Welle in Ausbreitungsrichtung z selbst in Fasern mit zufallsverteilter Doppelbrechung erhalten. Dann gilt für deren Stokes-Vektoren und für den Erwartungswert

$$\mu_{\min} = \langle \boldsymbol{s}_{\mathrm{P}}(z) \cdot \boldsymbol{s}_{\mathrm{S}}^{\min}(z) \rangle = -\langle \boldsymbol{s}_{\mathrm{P}}(z) \cdot \boldsymbol{s}_{\mathrm{S}}^{\max}(z) \rangle = -\mu_{\max}. \tag{9.173}$$

Die minimale SBS-Effizienz für diesen SOP der Stokes-Welle ist dann

$$\eta_{\min} = \tfrac{1}{2}(1 + \mu_{\min}) = \tfrac{1}{2}(1 - \mu_{\max}). \tag{9.174}$$

Stets gilt dabei $\eta_{\max} + \eta_{\min} = 1$ und $\frac{1}{2}(1 - \mu_{\max}) \leq \eta \leq \frac{1}{2}(1 + \mu_{\max})$.

9.5.9.3 Beispielhafte Betriebszustände

Beispielhaft können folgende Grenzfälle der Doppelbrechungseigenschaften und der Polarisationszustände von Pump- und Stokes-Welle unterschieden werden [113], charakterisiert durch den Betriebsparameter μ :

- **Keine Doppelbrechung** ($\mu_{\max} = 1$): Wäre in der Glasfaser keine Doppelbrechung vorhanden, so wäre der Polarisationszustand entlang der gesamten Faser konstant. Je nach relativem Polarisationszustand der eingekoppelten Pump- und Stokes-Welle ergibt sich

$$\eta = \begin{cases} 1, & \text{Stokes-Welle parallel zur Pumpe,} \quad (9.175a) \\ 0, & \text{Stokes-Welle orthogonal zur Pumpe.} \quad (9.175b) \end{cases}$$

- **Starke definierte Doppelbrechung, Pumpe in einer Achse** ($\mu_{\max} = 1$): Wird in eine Faser mit starker und definiert ausgerichteter Doppelbrechung, z. B. in eine polarisationserhaltende Faser, die Leistung der Pumpwelle linear in eine Hauptachse der Doppelbrechung eingekoppelt, so gilt wie im Fall ohne Doppelbrechung

$$\eta = \begin{cases} 1, & \text{parallel,} \quad (9.176a) \\ 0, & \text{orthogonal.} \quad (9.176b) \end{cases}$$

- **Starke definierte Doppelbrechung, Pumpe in beiden Achsen** ($\mu_{\max} = 0$): Wird in eine Faser mit starker und definierter Doppelbrechung die Leistung der Pumpwelle zu gleichen Teilen in beide Hauptachsen der Doppelbrechung eingekoppelt, so gilt unabhängig von der Polarisation der Stokes-Welle

$$\eta = 1/2. \tag{9.177}$$

- **Zufallsverteilte Doppelbrechung** ($\mu_{\max} = \frac{1}{3}$): Bei zufällig in Stärke und Ausrichtung verteilter Doppelbrechung entlang der Faser gilt

$$\eta = \begin{cases} 2/3, & \text{parallel,} \quad (9.178a) \\ 1/3, & \text{orthogonal.} \quad (9.178b) \end{cases}$$

Letzterer Fall mit zufallsverteilter Doppelbrechung kann heuristisch veranschaulicht werden wie in Abb. 9.33 dargestellt. Wir betrachten dazu eine Pumpwelle, die am Ende einer Glasfaser bei $z = L$ z. B. in x-Richtung linear polarisiert eingekoppelt wird. In der Faser herrscht segmentweise eine variable Doppelbrechung, wobei zur Veranschaulichung Segmente mit einer alternierenden Phasenverzögerung $\Delta\phi$ der Feldkomponenten in der schnellen und langsamen Achse sowie mit unterschiedlicher Ausrichtung betrachtet werden, so dass sich für die Pumpwelle der gezeichnete Verlauf der Polarisation ergibt. Am Fasereingang bei $z = 0$ sei die Polarisation wiederum linear, mit einem Winkel von $-45°$

zur x-Achse. Wird eine Stokes-Welle am Fasereingang mit gleicher Polarisation wie die dort austretende Pumpe eingekoppelt, so durchläuft die Stokes-Welle die gleichen doppelbrechenden Segmente in entgegengesetzter Richtung. Aufgrund der entgegengesetzten Ausbreitungsrichtung ergeben sich aber nur in einigen Segmenten parallele Polarisationen mit gleichen Ortskurven der $\boldsymbol{E}$-Felder der Pump- und Stokes-Wellen im Raum. Dies ist im Mittel in $\eta_{\max} = 2/3$ der Fasersegmente der Fall, während sich an anderen Stellen orthogonale Polarisationen ergeben. Für eine Stokes-Welle, die orthogonal zur Pumpwelle bei $z = 0$ eingekoppelt wird, ergibt sich aus gleichen Überlegungen ein Faktor von $\eta_{\min} = 1/3$.

Exkurs 9.14
Die Gleichheit der doppelbrechenden Eigenschaften für die Pump- und Stokes-Welle ergibt sich im Fall der SBS daraus, dass Pump- und Stokes-Welle nur einen sehr kleinen Frequenzunterschied haben. Die chromatische Dispersion der Doppelbrechung kann dann vernachlässigt werden. Trotz zufallsverteilter doppelbrechender Eigenschaften der Faser sind diese für beide Wellen gleich, so dass deren relativer Polarisationszustand nicht vollständig dekorreliert ist. Im Gegensatz dazu sind bei der stimulierten Raman-Streuung (SRS) die Frequenzunterschiede zwischen Pump- und Stokes-Welle so groß, dass beide Wellen ein unterschiedliches Muster der zufallsverteilten Doppelbrechung durchlaufen und somit über größere Strecken (s. Gl. (4.40)) der Polarisationszustand der Wellen vollständig dekorreliert.

Diese heuristischen Überlegungen wurden in [114] mit Hilfe einer statistischen Beschreibung der Doppelbrechung in Glasfasern verifiziert und verallgemeinert. So ergibt sich die maximale SBS-Effizienz mit $\eta_{\max} = 2/3$, entsprechend $\xi = 1{,}5$, stets dann, wenn die Stokes-Welle einen konjugierten Polarisationszustand $\boldsymbol{E}_{\mathrm{J,S}}^{\max} = \boldsymbol{E}_{\mathrm{J,P}}^{*}$ zur Pumpwelle bei $z = 0$ annimmt. Dies bedeutet gleiche Ausrichtung der Halbachsen und gleiche Elliptizität, aber einen entgegengesetzten Drehsinn bei allgemein elliptischen Polarisationszuständen. Für eine dazu orthogonale Polarisation $\boldsymbol{E}_{\mathrm{J,S}}^{\min} \perp \boldsymbol{E}_{\mathrm{J,P}}^{*}$ ergibt sich stets die minimale SBS-Effizienz von $\eta_{\min} = 1/3$, entsprechend $\xi = 3$. Diese Grenzwerte gelten jedoch nur, wenn die Faserlänge L deutlich größer als die Schwebungslänge der Doppelbrechung Λ_{P} ist, deren Mittelwert in Standardfasern $\Lambda_{\mathrm{P}} \approx 40$ m beträgt. In diesem Fall spricht man von einer vollständigen internen Polarisationsdurchmischung (engl. *internal polarization scrambling*).

9.5.9.4 Polarisationsabhängige Verstärkung, Polarisationsangleichung

Bei festem Eingangspolarisationszustand der Pumpwelle ergeben sich in Fasern mit zufallsverteilter Doppelbrechung also stets zwei zueinander orthogonale Polarisationszustände der Stokes-Welle, deren effektive SBS-Koeffizienten $\gamma_{\mathrm{B,eff}} = \gamma_{\mathrm{B}}/\xi$ sich um den Faktor 2 unterscheiden. Da dieser in Gl. (9.142) im Exponent der Absolutverstärkung steht, ergeben sich für große Verstärkungen große Abweichungen der Absolutwerte, z. B. ${}^{\ell}G = 40$ dB für den Zustand $\boldsymbol{E}_{\mathrm{J,S}}^{\max}$ und ${}^{\ell}G = 20$ dB für den orthogonalen Zustand $\boldsymbol{E}_{\mathrm{J,S}}^{\min}$. SBS zeichnet sich selbst unter dem Einfluss der internen Polarisationsdurchmischung (engl. *internal polarization scrambling*) in schwach doppelbrechenden Fasern durch eine stark polarisationsabhängige Verstärkung aus (engl. *polarization dependent gain*, PDG).

Beliebige Polarisationszustände der Stokes-Welle $\boldsymbol{E}_{\mathrm{J,S}}(0)$ am Fasereingang lassen sich stets in die beiden orthogonalen Extremzustände zerlegen:

$$\boldsymbol{E}_{\mathrm{J,S}}(0) = A_1 \boldsymbol{E}_{\mathrm{J,S}}^{\max} + A_2 \boldsymbol{E}_{\mathrm{J,S}}^{\min}, \tag{9.179}$$

wobei die Betragsquadrate der komplexwertigen Koeffizienten $|A_1|^2$ und $|A_2|^2$ proportional zu den Leistungsanteilen P_1 und P_2 in den beiden Polarisationszuständen sind. Wegen der Orthogonalität der beiden Zustände nicht nur am Ort der Einkopplung, sondern entlang der gesamten Lichtausbreitungsstrecke, sind diese bezüglich der SBS entkoppelt. Beide SOPs werden unabhängig mit ihrem jeweiligen effektiven SBS-Koeffizienten verstärkt. Die Gesamtausgangsleistung der Stokes-Welle bei gegebener Pumpleistung P_{P0} ergibt sich somit zu

$$P_{\mathrm{S}}(L) = P_1 \exp\left(\frac{2}{3}\gamma_{\mathrm{B}} P_{\mathrm{P0}} L\right) + P_2 \exp\left(\frac{1}{3}\gamma_{\mathrm{B}} P_{\mathrm{P0}} L\right). \tag{9.180}$$

Bei großen Verstärkungen kann der Leistungsbeitrag der Polarisation $\boldsymbol{E}_{\mathrm{J,S}}^{\min}$ vernachlässigt werden. Die Stokes-Welle nimmt dann am Faserausgang bei $z = L$ einen Polarisationszustand ein, der ebenfalls konjugiert parallel zu dem der Pumpwelle bei $z = L$ ist. Dadurch kann eine Stokes-Welle mit beliebigem Eingangspolarisationszustand $\boldsymbol{E}_{\mathrm{J,S}}(0)$ mit Hilfe der Brillouin-Streuung auf einen von der Pumpwelle vorgegebenen Polarisationszustand $\boldsymbol{E}_{\mathrm{J,S}}(L) = \boldsymbol{E}_{\mathrm{J,P}}^{*}(L)$ am Faserausgang gezogen werden. Dies ist eine anschauliche Beschreibung des in [114] mit Hilfe numerischer Simulationen beschriebenen Effektes der Polarisationsangleichung (engl. *polarization pulling*) durch SBS. Voraussetzung dafür ist, dass die Stokes-Welle am Fasereingang zumindest einen kleinen Leistungsanteil bei $\boldsymbol{E}_{\mathrm{J,S}}^{\max}$ hat, und dass eine ausreichende interne Polarisationsdurchmischung durch Doppelbrechung statt findet [115].

Für beliebige Doppelbrechungseigenschaften und für einen beliebigen, aber konstanten Polarisationszustand der Pumpe kann Gl. (9.180) verallgemeinert werden:

$$P_{\mathrm{S}}(L) = P_1 \exp(\eta_{\max}\gamma_{\mathrm{B}} P_{\mathrm{P0}} L) + P_2 \exp(\eta_{\min}\gamma_{\mathrm{B}} P_{\mathrm{P0}} L), \tag{9.181}$$

mit den SBS-Effizienzen $\eta_{\max}$ und $\eta_{\min}$ aus Kap. 9.5.9.3, wenn weiterhin P_1 und P_2 die Leistungen der Stokes-Welle in den zugehörigen extremen Polarisationszuständen sind. Für den Betriebsfall $\mu_{\max} = 1$, z. B. durch eine Pumpwelle in genau einer Hauptachse einer stark doppelbrechenden Faser, ergibt sich mit $\eta_{\max} = 1$ und $\eta_{\min} = 0$ eine maximale Auswirkung des PDG und maximale Polarisationsangleichung. Für $\mu_{\max} = 0$, z. B. gleiche Leistungen der Pumpwelle in beiden Hauptachsen einer stark doppelbrechenden Faser, verschwindet der Effekt vollständig.

In [116] wird gezeigt, dass die Zerlegung der Stokes-Welle in zwei orthogonale Polarisationszustände mit minimaler und maximaler SBS-Verstärkung auch für den Fall einer Sättigung der Verstärkung durch den Abbau der Pumpwelle gültig ist.

9.5.9.5 Externe Polarisationsdurchmischung

Die Polarisationsabhängigkeit der SBS-Verstärkung stört in einigen Anwendungen, z. B. der Dehnungs- und der Temperatursensorik, oder bei der messtechnischen Bestimmung des SBS-Koeffizienten γ_B einer Glasfaser. Wie bereits beschrieben, verschwindet die Abhängigkeit vom SOP der Stokes-Welle, wenn die Pumpwelle mit gleicher Leistung in beide Hauptachsen einer doppelbrechenden Faser eingekoppelt wird. In Fasern mit zufallsverteilter Doppelbrechung gibt es für jeden SOP der Stokes-Welle bei $z = 0$ einen SOP der Pumpwelle bei $z = L$, der maximale SBS-Verstärkung erzeugt. Wird die gleiche Pumpleistung in den dazu orthogonalen SOP eingekoppelt, so verschwindet auch hier die Polarisationsabhängigkeit. Dies kann für beliebige SOPs der Stokes-Welle im zeitlichen Mittel nur dadurch erreicht werden, indem eine schnelle externe zufallsverteilte Polarisationsmodulation der Pumpwelle erfolgt (externe Polarisationsdurchmischung, engl. *external polarization scrambling*).

Exkurs 9.15
Entsprechende Geräte, sog. Polarisationsscrambler verwenden zur Polarisationsdurchmischung mehrere Piezoelemente, die durch seitlichen Druck aus unterschiedlichen Richtungen eine schnell modulierte Doppelbrechung in der Faser erzeugen, und die mit verschiedenen Frequenzen möglichst ohne gemeinsamen Teiler angesteuert werden. Eine besonders effiziente Reduktion des PDG erfolgt dann, wenn die Polarisationsmodulation deutlich schneller erfolgt als die Lichtlaufzeiten der Pump- und der Stokes-Welle in der Glasfaser.

Ein anderes Verhalten ergibt sich, wenn anstelle der Pumpwelle die Stokes-Welle extern polarisationsdurchmischt wird. Bei festem SOP der Pumpwelle bei $z = L$ ergeben sich am Einkoppelort bei $z = 0$ wieder zwei ausgezeichnete Polarisationszustände mit maximaler und minimaler SBS-Effizienz. Die Leistung der verstärkten Stokes-Welle ist gemäß Gl. (9.180) gegeben. Durch das externe Polarisationsscrambling der Stokes-Welle sind lediglich im zeitlichen Mittel die Leistungen $P_1 = P_2 = \frac{1}{2}P_{S0}$ in beiden extremen SOPs gleich, so dass gilt:

$$P_S(L) = \frac{P_{S0}}{2}\left[\exp\left(\eta_{max}\gamma_B P_{P0} L\right) + \exp\left(\eta_{min}\gamma_B P_{P0} L\right)\right] \tag{9.182a}$$

$$= P_{S0}\exp\left(\frac{\gamma_B}{\xi_{eff}} P_{P0} L\right). \tag{9.182b}$$

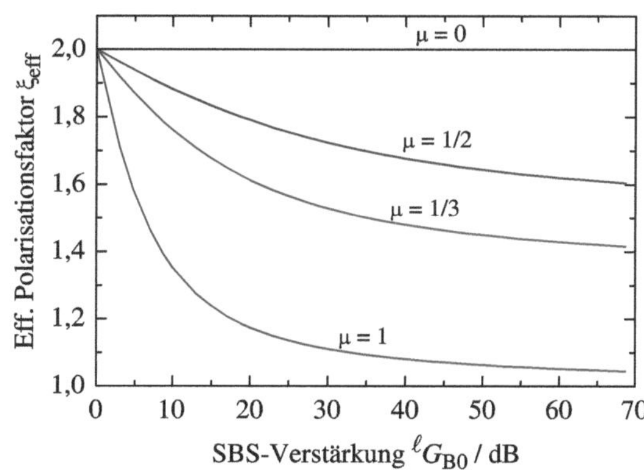

Abb. 9.34 Effektiver Polarisationsfaktor ξ_{eff} in Abhängigkeit von der SBS-Verstärkung $^{\ell}G_{B0}$ in Glasfasern, wenn die Stokes-Welle schnell und zufällig extern polarisationsmoduliert wird (externes Polarisationsscrambling), für verschiedene Betriebsparameter μ

Darin ist ξ_{eff} ein effektiver Polarisationsfaktor für externes Polarisationsscrambling der Stokes-Welle gemäß

$$\xi_{eff} = \left[\ln \left(\frac{1}{2} G_{B0}^{\eta_{max}} + \frac{1}{2} G_{B0}^{\eta_{min}} \right) \right]^{-1} \ln G_{B0}, \qquad (9.183)$$

wobei $G_{B0} = \exp(\gamma_B P_{P0} L)$ die Verstärkung für konstant parallele Polarisationszustände ist. Wie in Abb. 9.34 dargestellt, ist der effektive Polarisationsfaktor unter diesen Bedingungen abhängig von der SBS-Verstärkung bei gegebener Pumpleistung P_{P0}. Überraschenderweise ergibt sich nur für sehr kleine Verstärkungen ein effektiver Polarisationsfaktor $\xi = 2$ wie im Fall von Polarisationsscrambling der Pumpe. Bereits bei moderaten Verstärkungen weicht ξ von diesem Zahlenwert ab, wie er für zufallsverteilte Polarisationszustände zu erwarten wäre. Bei sehr großen Verstärkungen nähert sich ξ dem Zahlenwert an, der für den SOP mit maximaler SBS-Effizienz bei gegebenem Betriebsparameter μ zu erwarten wäre. Das Polarisationsscrambling der Stokes-Welle wird dann aufgrund der polarisationsabhängigen Verstärkung durch die Pumpe aufgehoben. Es ist daher bei auf SBS beruhenden Anwendungen zur Vermeidung der Polarisationsabhängigkeit meist besser, die Pumpe durchzumischen. Nur bei sehr kleinen SBS-Verstärkungen kann alternativ die Stokes-Welle durchgemischt werden. Dies ist bei Messungen mit dem in Abb. 9.26 gezeigten Aufbau zu berücksichtigen.

9.5.10 Brillouin-Faserverstärker, -Filter und -Faserlaser

9.5.10.1 Brillouin-Faserverstärker

Die Leistungsverstärkung eines optischen Verstärkers auf Basis der SBS kann große Werte von 40 dB und mehr annehmen. Wegen des im Vergleich zur SRS um mehr als zwei Ordnungen größeren Gewinnkoeffizienten der SBS sind dazu relativ kleine Pumpleistungen oder kurze Faserlängen erforderlich. Aufgrund der geringen Bandbreite des SBS-Koeffizienten mit $B_B \approx 25$ MHz und der deutlich größeren spektralen Rauschleistungsdichte der SBS im

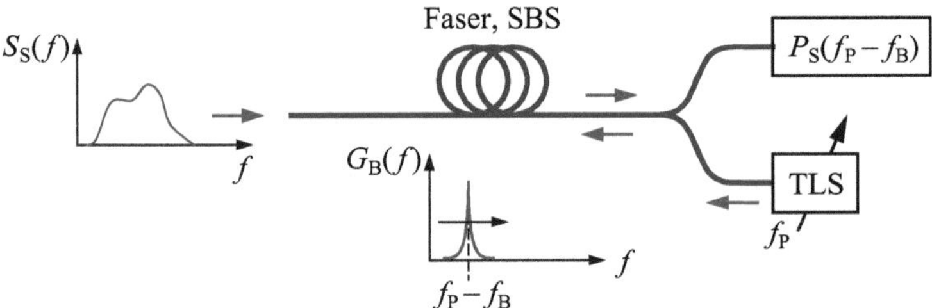

Abb. 9.35 Prinzip eines Brillouin-optischen Spektralanalysators (BOSA)

Vergleich zur SRS hat die stimulierte Brillouin-Streuung keine Bedeutung als Verstärker für die optische Nachrichtentechnik. Weiterhin ist der Frequenzunterschied zwischen Pump- und Stokes-Welle mit $f_B \approx 10\,\text{GHz}$ bis 20 GHz, je nach Pumpwellenlänge, im Vergleich zur SRS sehr klein. Daher kann mit SBS im Gegensatz zur SRS auch nicht die Leistung einer starken Pumpwelle auf eine Stokes-Welle in einem anderen Spektralbereich übertragen werden, in dem keine aktiven Lasermedien zur Erzeugung großer optischer Leistungen bekannt sind.

9.5.10.2 Brillouin-optische Spektralanalysatoren

Eine Anwendung, die gezielt die große Verstärkung und gleichzeitig schmale Bandbreite der SBS ausnutzt, sind Brillouin-optische Spektralanalysatoren (BOSA) [90, 117]. Der schmalbandige Frequenzgang der SBS-Verstärkung $G_B(f)$ kann dabei als hochselektives und aktives (d. h. verstärkendes) optisches Filter genutzt werden, das über ein zu messendes Spektrum geschoben wird. Hierbei wird dieses Spektrum $S_S(f)$ auf der einen Seite in eine Glasfaser eingekoppelt (Abb. 9.35). Auf der anderen Seite wird als Pumpe die Leistung einer abstimmbaren Laserquelle (engl. *tunable laser source*, TLS) mit variabler Frequenz f_P eingebracht. Durch SBS wird selektiv der spektrale Anteil $S_S(f_P - f_B)$ innerhalb der SBS-Bandbreite B_{BS} verstärkt und kann am Ausgang mit der Leistung $P_S(f_P - f_B) = S_S(f_P - f_B) B_{BG} G_{B0}$ gemessen werden. f_B ist hierbei der SBS-Frequenzversatz. Durch Abstimmen der Pumpfrequenz f_P derart, dass $f_P - f_B$ den kompletten zu messenden Frequenzbereich des Spektrums $S_S(f)$ überstreicht, kann das Spektrum bei bekanntem Maximum der SBS-Verstärkung G_{B0} aus $P_S(f_P - f_B)$ bestimmt werden. Die Bandbreite der Verstärkung B_{BG} ist dabei kleiner als die intrinsische Bandbreite des SBS-Koeffizienten, wie in Kap. 9.5.3 diskutiert. Somit können optische Spektralanalysatoren (OSA) mit einer Auflösungsbandbreite (engl. *resolution bandwidth*, RBW) von etwa $B_{RBW} \approx 10$ MHz realisiert werden. Diese ist um etwa zwei Größenordnungen kleiner als bei OSAs auf Basis eines Gittermonochromators, deren beste Auflösung nur etwa $B_{RBW} \approx 2$ GHz beträgt. Anwendungen sind spektral hochaufgelöste Untersuchungen von Lasern sowie von modulierten Lichtwellen für die optische Datenübertragung.

9.5.10.3 Brillouin-Faserlaser

Brillouin-Faserlaser (BFL) sind Laser, die SBS als Verstärkungsmechanismus ausnutzen. Die möglichen Anwendungen werden durch den geringen spektralen Versatz zur Pumpwelle eingeschränkt, so dass die Emission eines BFL oft keinen Vorteil gegenüber der direkten Emission des Pumplasers bringt. Brillouin-Ringlaser zeichnen sich durch sehr schmale Emissionsspektren aus, die für messtechnische Anwendungen interessant sein können [118]. Eine Anwendung sind bidirektionale Ringlaser, die als faseroptisches Gyroskop eingesetzt werden können [119]. Aktuell wurden schmalbandige Distributed-Feedback (DFB) Brillouin-Faserlaser mit ebenfalls sehr kleiner spektraler Breite und geringer Schwellpumpleistung demonstriert [120, 121].

9.5.10.4 Weitere Anwendungsaspekte der SBS

Eine wichtige Anwendung der SBS ist die Messung von physikalischen Größen wie Dehnung und Temperatur entlang einer Glasfaserstrecke. Dies wird in Kap. 9.7 vorgestellt. Eine derzeit noch experimentelle Anwendung ist das sogenannte Slow-Light. Damit ist eine Verzögerung der Lichtwelle relativ zur normalen Gruppengeschwindigkeit in der Glasfaser durch eine SBS-induzierte Dispersion gemeint, wie in Kap. 9.5.11 beschrieben. Eine andere interessante Anwendung der SBS ist die Erzeugung von elektromagnetischen Millimeterwellen durch Mischung zweier durch SBS erzeugter oder verstärkter Frequenzen an schnellen Photodetektoren [122, 123].

In vielen Anwendungen macht sich SBS jedoch störend bemerkbar, wenn die Stokes-Welle aus dem Rauschen der spontanen Brillouin-Streuung entsteht und durch SBS weiter verstärkt wird. Dadurch entsteht eine unerwünschte Lichtwelle mit entgegengesetzter Ausbreitungsrichtung zur transmittierten Lichtwelle, die dieser Leistung entzieht und Rauschen verursacht. Dies wird in Kap. 9.6 ausführlich untersucht.

9.5.11 Slow Light

In allen vorangegangenen Abschnitten des Kap. 9.5 wurde im Wesentlichen nur die Verstärkung einer Lichtwelle durch SBS betrachtet, beschrieben durch einen faserspezifischen SBS-Koeffizienten γ_B. Dieser ergibt sich aus dem Imaginärteil der durch SBS erzeugten nichtlinearen Suszeptibilität $\chi_\mathrm{S}^{(3)}$, wie in Kap. 9.4.3.5 beschrieben. Gemäß der Kramers-Kronig-Relation (s. Kap. 2.2.4) muss aufgrund der stark frequenzabhängigen Verstärkung auch eine signifikante Dispersion des Brechungsindex vorhanden sein. Aus dem Realteil von $\chi_\mathrm{S}^{(3)}$ folgt aus Gl. (9.134a) eine Änderung des Brechungsindex $\Delta n_\mathrm{B}(\Delta f)$ durch SBS, die in Glasfasern wie folgend gegeben ist:

$$\Delta n_\mathrm{B}(\Delta f) = \gamma_\mathrm{B0} P_\mathrm{P} \frac{c_0}{2\pi f_\mathrm{S}} \frac{\Delta f B_\mathrm{B}}{B_\mathrm{B}^2 + 4\Delta f^2}. \tag{9.184}$$

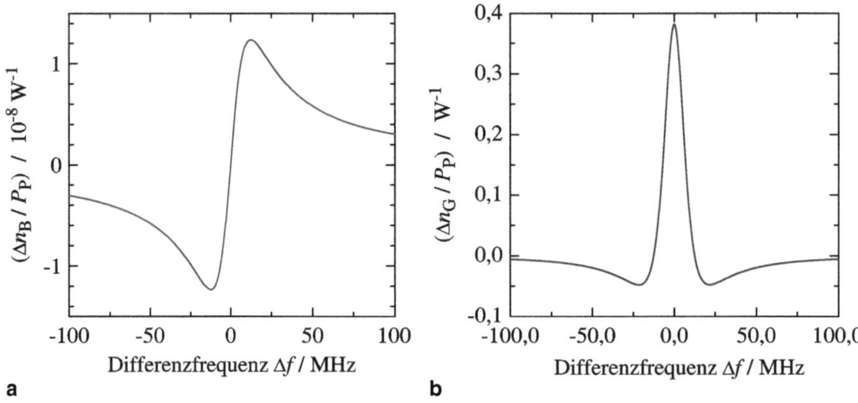

Abb. 9.36 **a** Auf die Pumpleistung P_P normierte nichtlineare Änderung des Brechungsindex $\Delta n_\mathrm{B}(\Delta f)$ aufgrund der SBS. **b** Daraus resultierende Änderung des Gruppenindex $\Delta n_\mathrm{G}(\Delta f)$. Berechnet mit Beispieldaten einer SSMF ($\gamma_\mathrm{B} = 0{,}2\ \mathrm{W}^{-1}\ \mathrm{m}^{-1}$, $B_\mathrm{B} = 25$ MHz, $\lambda = 1550$ nm)

Darin ist $\gamma_{\mathrm{B}0}$ der SBS-Koeffizient in Linienmitte, P_P die Leistung der Pumplichtwelle und B_B die Halbwertsbreite eines lorentzförmig angenommenen SBS-Spektrums. $\Delta f = f - f_\mathrm{S}$ ist der Frequenzabstand zur Stokesfrequenz f_S.

Mit typischen Beispieldaten einer SSMF ergibt sich eine auf die Pumpleistung normierte Brechzahländerung wie in Abb. 9.36a dargestellt. Obwohl der Zahlenwert des SBS-Koeffizienten um einige Größenordnungen über dem nichtlinearen Koeffizienten des Kerr-Effektes liegt, sind die Änderungen des Brechungsindex Δn_B durch SBS selbst bei Lichtleistungen im Watt-Bereich sehr klein.

Für die Geschwindigkeit der Ausbreitung kurzer Lichtpulse ist die Gruppengeschwindigkeit $v_\mathrm{G} = c_0/n_\mathrm{G}$ maßgeblich. Die durch SBS induzierte Änderung $\Delta n_\mathrm{G}(\Delta f)$ des Gruppenindex n_G ist gemäß Gl. (4.16)

$$\Delta n_\mathrm{G}(\Delta f) = \Delta n_\mathrm{B}(\Delta f) + f\frac{\mathrm{d}}{\mathrm{d}f}\Delta n_\mathrm{B}(\Delta f) = c_0\gamma_{\mathrm{B}0}P_\mathrm{P}B_\mathrm{B}\frac{B_\mathrm{B}^2 - 4\Delta f^2}{2\pi(B_\mathrm{B}^2 + 4\Delta f^2)^2}, \tag{9.185}$$

wobei im Term auf der rechten Seite der sehr kleine Beitrag von $\Delta n_\mathrm{B}(\Delta f)$ ohne Frequenzableitung vernachlässigt wurde.

Aufgrund der starken Frequenzabhängigkeit sowohl des SBS-Koeffizienten $\gamma_\mathrm{B}(f)$ als auch der nichtlinearen SBS-Brechzahländerung $\Delta n_\mathrm{B}(\Delta f)$ nimmt die Änderung des Gruppenindex $\Delta n_\mathrm{G}(\Delta f)$ in Linienmitte signifikante Zahlenwerte an, wie in Abb. 9.36b für eine SSMF dargestellt. Dadurch kann die Gruppengeschwindigkeit der Stokes-Lichtwelle durch SBS in Abhängigkeit von der Pumpleistung P_P deutlich reduziert werden [124, 125]. Dafür wurde in der Literatur der Begriff „Slow Light" geprägt [126]. Für die Antistokes-Welle ergibt sich durch SBS neben einer Dämpfung ein reduzierter Gruppenindex, so dass diese Lichtwelle im Vergleich zu einer ungepumpten Glasfaser beschleunigt wird („Fast Light"), wie in Abb. 9.37 zu sehen ist.

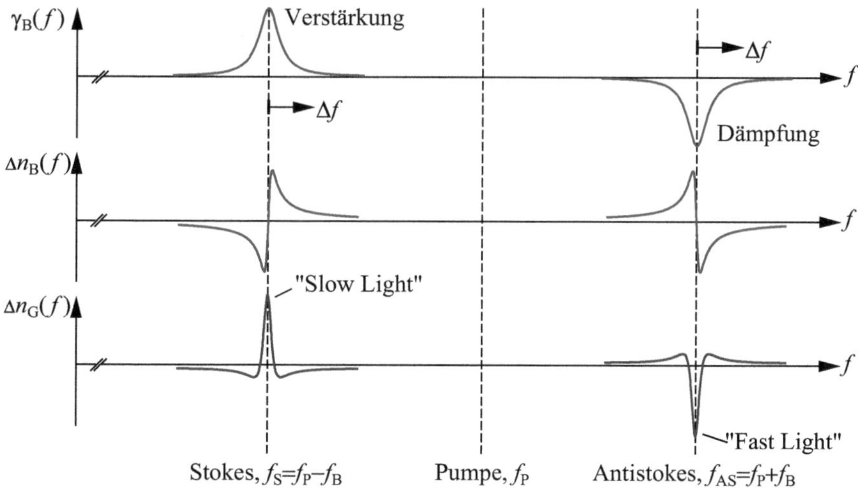

Abb. 9.37 SBS-Koeffizient γ_B, Änderung des Brechungsindex $\Delta n_B(\Delta f)$ sowie des Gruppenindex $\Delta n_G(\Delta f)$ durch SBS für die Stokes- und die Antistokes-Welle

Beispiel 9.27

Mit einer Pumpleistung $P_P = 1$ W ergibt sich in Linienmitte der Stokes-Welle bei $\Delta f = 0$ eine maximale Änderung des Gruppenindex $\Delta n_{G0}(\Delta f) = 0{,}38$. Dies bedeutet im Vergleich zum linearen Gruppenindex $n_G = 1{,}47$ bei einer Wellenlänge von 1550 nm eine Reduktion der Gruppengeschwindigkeit v_G um 20 %.

Die Änderung der Pulslaufzeit Δt nach einer Faserstrecke L beträgt in Linienmitte bei $\Delta f = 0$

$$\Delta t = \frac{\Delta n_{G0} L}{c_0} = \frac{\gamma_{B0} P_P L}{2\pi B_B}. \qquad (9.186)$$

Beispiel 9.28

Wir betrachten eine Beispiel-SSMF ($\gamma_B = 0{,}2\,\mathrm{W}^{-1}\,\mathrm{m}^{-1}$, $B_B = 25$ MHz, $\lambda = 1550$ nm) mit einer Länge $L = 1$ km und einer Pumpleistung $P_P = 50$ mW. Daraus ergibt sich eine Zeitverzögerung der Lichtpulse der Stokes-Welle um $\Delta t = 64$ ns.

Gleichzeitig findet in Linienmitte eine Verstärkung statt, die im logarithmischen Maß gegeben ist durch

$$\frac{^{\ell}G_B}{\mathrm{dB}} = 10 \log \mathrm{e}^{\gamma_B P_P L} = \frac{10}{\ln 10} \gamma_B P_P L. \qquad (9.187)$$

Daraus ergibt sich eine interessante Beziehung, wenn die Zeitverzögerung pro dB an SBS-Verstärkung bestimmt wird:

$$\frac{\Delta t}{^{\ell}G_{\mathrm{B}}} = \frac{\ln 10}{20\pi B_{\mathrm{B}}}. \tag{9.188}$$

Beispiel 9.29

Mit einer intrinsischen Bandbreite des SBS-Spektrums von $B_{\mathrm{B}} = 25$ MHz ergibt sich daraus eine Zeitverzögerung von 1,46 ns/dB unabhängig von der Faserlänge. Mit einer maximal sinnvollen SBS-Verstärkung von 50 dB, um ausreichend Abstand zur SBS-Schwelle zu halten, ergeben sich damit für Glasfasern maximale Verzögerungszeiten um $\Delta t_{\mathrm{max}} = 75$ ns.

In diesem Abschnitt wurde bis hierhin die Dämpfung sowie der Einfluss der Polarisation vernachlässigt. Diese Effekte können in allen Gleichungen durch Verwendung der effektiven Länge L_{eff} anstelle von L sowie Division von γ_{B} durch den Polarisationsfaktor ξ erfolgen. Zusammen mit einer Verbreiterung des SBS-Spektrums durch Biegung und Dehnung entlang langer, auf Trommeln gewickelter Fasern ergeben sich in der Praxis kleinere Verzögerungen von etwa 1ns/dB [124].

Mit keinem anderen Effekt kann in Glasfasern eine derart große, optisch steuerbare Verzögerung der Gruppengeschwindigkeit erzielt werden. Mögliche Anwendungen sind z. B. steuerbare optische Datenpuffer zur Synchronisation in optischen Kommunikationssystemen, optische Prozessierung von auf die Lichtwelle modulierten Mikrowellensignalen oder die Steigerung anderer nichtlinearer Wechselwirkungen [127].

Ein wesentlicher Nachteil, der bisher eine praktische Anwendung verhindert, ist die geringe Bandbreite des Gruppenindex von etwa 10 MHz, innerhalb derer eine Lichtverzögerung oder Beschleunigung möglich ist. Damit können Lichtpulse mit einer Zeitdauer von einigen zehn ns verzögert werden. Für hochbitratige Kommunikationssysteme werden aber erheblich kürzere Pulse und entsprechend größere Bandbreiten benötigt. Dies kann mit einer Verbreiterung des SBS-Spektrums durch spektrale Verbreiterung des Pumpspektrums, z. B. durch Phasenmodulation [128], oder durch Verwendung mehrerer Pumpwellen erfolgen [127, 129]. Durch Verwendung von zwei Pumpen oder eines anderen optischen Verstärkungsmechanismus zusätzlich zur SBS kann steuerbar schnelles und langsames Licht auch ohne Verstärkungs- oder Dämpfungsvariationen realisiert werden [130]. Eine Übersicht über weitere Aspekte und Literaturquellen gibt [131].

9.6 Stimuliert-verstärkte spontane Brillouin-Streuung

Wie im Fall der stimulierten Raman-Streuung (s. Kap. 8.5) kann auch bei der Brillouin-Streuung die spontane Streuung stimuliert verstärkt werden und beträchtliche Leistungen annehmen. Dies wird als stimuliert-verstärkte spontane Brillouin-Streuung (VSpBS) bezeichnet. Abbildung 9.38 zeigt das Prinzip. Läuft eine Pumplichtwelle mit Frequenz f_{P}

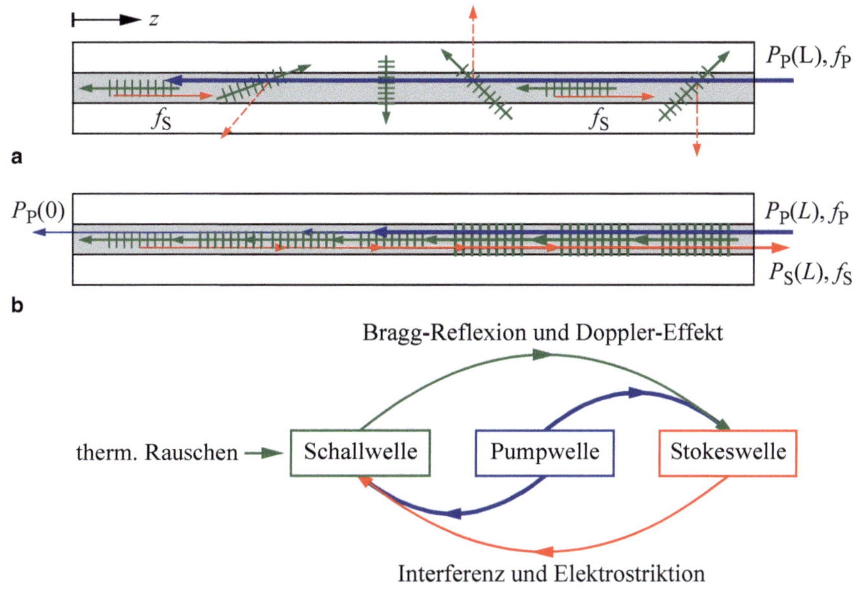

Abb. 9.38 **a** Eine kräftige Pumpwelle mit Leistung $P_P(L)$ wird entlang einer Glasfaser an thermisch angeregten Schallwellen spontan gestreut (SpBS). **b** Durch stimulierte Brillouin-Streuung (SBS) wird die SpBS verstärkt, so dass diese am Faserausgang eine mit der Pumpleistung vergleichbare Leistung $P_S(L)$ annehmen kann. Die transmittierte Leistung der Pumpe $P_P(0)$ ist dann klein. **c** Wechselseitige Verkopplung der Licht- und Schallwellen

durch eine Glasfaser, so wird diese wie in Kap. 9.3 beschrieben an thermisch angeregten Schallwellen spontan gestreut (SpBS). Ein kleiner Teil der SpBS breitet sich genau entgegengesetzt zu der Pumpe aus, hat eine Frequenz f_S und wird im Kern geführt (Abb. 9.38a). Dieser kleine Leistungsanteil wird im weiteren Verlauf durch stimulierte Brillouin-Streuung (SBS) verstärkt, da bei SpBS in Rückwärtsrichtung durch den Doppler-Effekt die genau passende Stokesfrequenz entsteht, so dass $f_P - f_S = f_B$ gilt. Gleichzeitig wird durch die am SBS-Prozess beteiligte Elektrostriktion eine Schallwelle bei der Frequenz f_B im Kern angetrieben, an der ein noch größerer Anteil der Pumpwelle in die rücklaufende Stokes-Welle gestreut wird (Abb. 9.38b). Durch Verkopplung aufgrund des Doppler-Effektes und der Elektrostriktion regen sich Schallwelle und Stokes-Lichtwelle angetrieben durch die Pumplichtwelle wechselseitig an, so dass ein erheblicher Anteil der Pumpwelle in eine um f_B frequenzverschobene Stokes-Welle reflektiert wird (Abb. 9.38c).

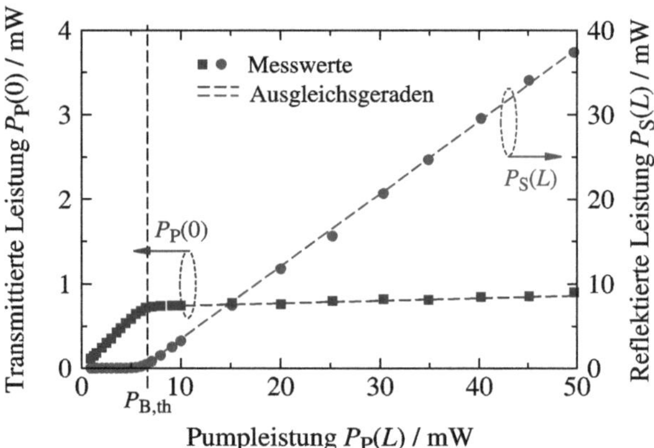

Abb. 9.39 Gemessene transmittierte Pumpleistung und reflektierte Stokes-Leistung in einer 40,1 km langen SSMF. Ab der SBS-Schwelle $P_{B,th}$ nimmt die reflektierte Leistung stark zu, während die transmittierte Leistung stagniert

9.6.1 SBS-Schwelle

Übersteigt die eingekoppelte Pumpleistung $P_P(L)$ einen bestimmten Schwellwert $P_{B,th}$, so steigt die Leistung der stimuliert-verstärkten spontanen Brillouin-Streuung $P_S(L)$ stark an. Bei einer weiteren Erhöhung der Pumpleistung wird linear zunehmend mehr Leistung reflektiert, während die transmittierte Leistung $P_P(0)$ stagniert. Abbildung 9.39 zeigt ein beispielhaftes Messergebnis an einer 40,1 km langen Standard-Singlemodefaser (SSMF). Als Lichtquelle für die Pumpwelle wurde hierbei eine DFB-Laserdiode bei $\lambda = 1528$ nm verwendet, die mit einem EDFA auf Leistungen bis zu 50 mW verstärkt wurde.

Exkurs 9.16
Dieser Prozess der VSpBS oberhalb der Schwellenleistung $P_{B,th}$ wird oft als „die SBS" bezeichnet. Der Grund ist, dass die in der Regel ungewollte Reflexion der Lichtwelle ab einer gewissen Schwellenleistung die technisch wichtigste Auswirkung der Brillouin-Streuprozesse in der Faseroptik ist. Dagegen hat die blanke Verstärkung einer Lichtwelle durch die eigentliche SBS eine geringe Bedeutung. Dementsprechend spricht man auch verkürzt von SBS-Schwelle, wenn die Schwelle der VSpBS gemeint ist. Die eigentliche Verstärkung durch SBS besitzt kein Schwellenverhalten.

Dieses Schwellenverhalten wurde in [6,7] erstmalig beschrieben und analysiert. Die kritische Schwellenleistung der VSpBS kann wie folgend bestimmt werden:

$$P_{B,th} = C_{B,th} \frac{\xi}{\gamma_{B0} L_{eff}}. \tag{9.189}$$

Darin ist γ_{B0} das Maximum des SBS-Koeffizienten der Faser, und L_{eff} ist die bekannte effektive Länge. Der Polarisationsfaktor ξ nimmt in Fasern mit zufallsverteilter Doppelbrechung den Wert $\xi = 1{,}5$ an [113]. Für den kritischen Faktor der SBS $C_{B,th}$ wird in [7] ein oft zitierter Wert $C_{\mathrm{B,th}} \approx 21$ bestimmt. Dabei wurden jedoch viele Näherungen getroffen, z. B. eine große optische Dämpfung a der Faser, Vernachlässigung des Pumpabbaus durch Leistungsübertragung auf die Stokes-Welle, Berücksichtigung nur einer Polarisationsmode mit $\xi = 1$ und näherungsweise Integration des lorentzförmigen SBS-Spektrums im Exponenten der Gewinnfunktion, wie bereits bei der SRS-Schwelle in Gl. (8.102) besprochen. Weiterhin wurde folgende Definition der SBS-Schwelle eingeführt:

$$P_{\mathrm{S}}(L) = \mu_{\mathrm{th}} P_{\mathrm{P}}(L) = \mu_{\mathrm{th}} P_{\mathrm{B,th}}. \tag{9.190}$$

Dabei wurde für die mathematische Herleitung in [7] ein Zahlenwert des Schwellenleistungsverhältnisses $\mu_{\mathrm{th}} = 1$ verwendet, der aufgrund der Faserdämpfung physikalisch nicht möglich ist. Tatsächlich ergibt sich in Fasern mit starker Dämpfung trotz dieser Annahme eine brauchbare Näherung der SBS-Schwelle, bei der real aber $\mu_{\mathrm{th}} \approx 10\,\%$ gilt. In vielen Anwendungen, z. B. in der optischen Nachrichtentechnik, stören schon kleinere reflektierte Leistungsanteile. Daher wurde in [132] ein Schwellenleistungsverhältnis $\mu_{\mathrm{th}} = 1\,\%$ zur Definition der SBS-Schwelle eingeführt. Damit wurde ein kritischer Faktor $C_{\mathrm{B,th}} \approx 18$ bestimmt, unter Verwendung von einigen Näherungen und Parametern für moderne Fasern mit geringer Dämpfung. Schließlich wurde in [133] gezeigt, dass $C_{\mathrm{B,th}}$ keine Konstante ist, sondern z. B. von der Faserlänge abhängt. Bei großen Faserlängen ab 20 km konvergiert demnach der Wert gegen $C_{\mathrm{B,th}} \approx 16$. Im nächsten Abschnitt wird der kritische Faktor mit Hilfe eines rigorosen numerischen Modells untersucht.

9.6.2 Mathematische Beschreibung und Modellierung

9.6.2.1 Spektrale Leistungsdichte einer Polarisationsmode

Zunächst bestimmen wir die spektrale Leistungsdichte der spontanen Brillouin-Streuung, die pro Fasersegment der Länge Δz und pro transversaler Mode entsteht. Aus Gl. (9.70) ergibt sich unter Verwendung des faserspezifischen SBS-Koeffizienten $\gamma_{\mathrm{B}}(f)$, der eine beliebige Frequenzabhängigkeit haben kann:

$$\left.\frac{\mathrm{d}p_{\mathrm{S}}(f)}{\mathrm{d}z}\right|_{\mathrm{SpBS}} = hf_{\mathrm{S}}(1+N_{\mathrm{BE}})\frac{\gamma_{\mathrm{B}}(f)}{\xi}P_{\mathrm{P}}. \tag{9.191}$$

Dabei werden im Folgenden die gleichen Definitionen der Leistungsdichten wie bei der SRS nach Tab. 8.3 verwendet. ξ ist der Polarisationsfaktor, der die mittlere Anregung der spontanen Brillouin-Streuung in einer Polarisationsmode berücksichtigt, wie für die SBS in Kap. 9.5.9 diskutiert.

Dieser Beitrag überlagert sich in jedem Fasersegment mit bereits vorhandener Leistung der SpBS aus anderen Fasersegmenten, die im Intervall Δz durch SBS verstärkt und mit a linear gedämpft wird:

$$\frac{\mathrm{d}p_{\mathrm{S}}(f)}{\mathrm{d}z} = -ap_{\mathrm{S}} + \frac{\gamma_{\mathrm{B}}(f)}{\xi}\left[p_{\mathrm{S}}(f) + hf_{\mathrm{S}}(1+N_{BE})\right]P_{\mathrm{P}}. \tag{9.192}$$

Diese Differentialgleichung ist verknüpft mit derjenigen der Pumpe

$$\frac{\mathrm{d}P_\mathrm{P}}{\mathrm{d}z} = +a_\mathrm{P} P_\mathrm{P} + P_\mathrm{P} \int \frac{\gamma_\mathrm{B}(f)}{\xi}(f) p_\mathrm{S}(f)\,\mathrm{d}f. \tag{9.193}$$

Exkurs 9.17
Die beiden Gleichungen (9.192) und (9.193) bilden ein äquivalentes Gleichungssystem zu Gl. (8.91) bei der Bestimmung der SRS-Schwelle in Kap. 8.5.4. Wesentliche Unterschiede sind hier die entgegengesetzt in $-z$-Richtung laufende Pumpwelle und die Vernachlässigung des Frequenzverhältnisses $f_\mathrm{P}/f_\mathrm{S}$, das im Fall der SBS sehr nahe an eins ist. Weiterhin wird im Fall der VSpBS der Polarisationsfaktor explizit in die Gleichungen aufgenommen, während er im Fall der VSpRS bereits bei der Definition des faserspezifischen SRS-Koeffizienten berücksichtigt wurde. Der Grund ist der komplexere Einfluss der Doppelbrechung und Polarisation auf die Brillouin-Streuung im Vergleich zur Raman-Streuung.

Gleichung (9.192) hat die allgemeine Lösung

$$p_\mathrm{S}(f) = hf_\mathrm{S}\,(1 + N_\mathrm{BE})\,\frac{\gamma_\mathrm{B}(f)}{\xi} \cdot \int_0^L P_\mathrm{P}(z) \exp\left(-a(L-z) + \frac{\gamma_\mathrm{B}(f)}{\xi} \int_z^L P_\mathrm{P}(\zeta)\,\mathrm{d}\zeta\right) \mathrm{d}z. \tag{9.194}$$

Wird zur Definition der SBS-Schwelle das Leistungsverhältnis $\mu_\mathrm{th} = 1\,\%$ gewählt, so ist die Leistung der Stokes-Welle stets viel kleiner als die der Pumpwelle. Dann gilt wieder die Näherung des vernachlässigbaren Pumpabbaus (engl. *undepleted pump approximation*) nach Gl. (9.139) aus Kap. 9.5.3 mit folgender Lösung für eine Pumpwelle mit Eingangsleistung $P_\mathrm{PL} = P_\mathrm{P}(L)$:

$$P_\mathrm{P}(z) = P_\mathrm{PL}\,\mathrm{e}^{-a(L-z)}. \tag{9.195}$$

Eingesetzt in Gl. (9.192) ergibt sich folgende spektrale Leistungsdichte der Stokes-Welle am Faserausgang, in Übereinstimmung mit [7]:

$$p_\mathrm{S}(f) = P_\mathrm{PL}\,\frac{\gamma_\mathrm{B}(f)}{\xi}\,hf_\mathrm{S}\,(1 + N_\mathrm{BE}) \int_0^L \exp\left(P_\mathrm{PL}\frac{\gamma_\mathrm{B}(f)}{\xi}\frac{1-\mathrm{e}^{-az}}{a} - 2az\right) \mathrm{d}z. \tag{9.196}$$

In Abb. 9.40 sind numerisch berechnete Leistungsdichtespektren der VSpBS für verschiedene Exponenten $C_\mathrm{B} = P_\mathrm{PL}\gamma_\mathrm{B0}L_\mathrm{eff}/\xi$ der SBS-Verstärkung $G_\mathrm{B0} = \exp(C_\mathrm{B})$ dargestellt. Um diese trotz großer Leistungsunterschiede in ein gemeinsames Diagramm einzeichnen zu können, wurde jeweils auf den Maximalwert normiert. Für kleine Verstärkungen

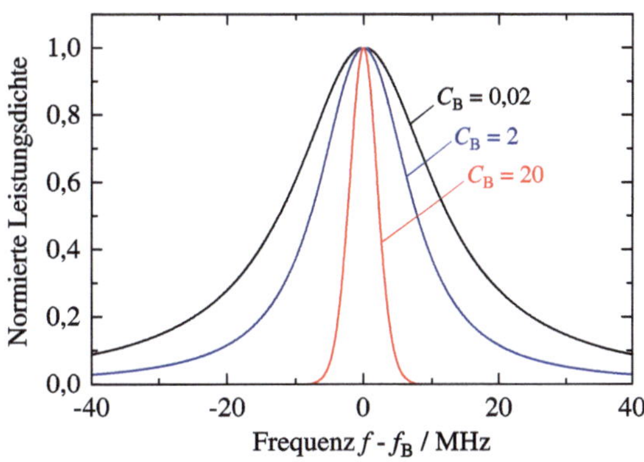

Abb. 9.40 Normierte spektrale Leistungsdichte der stimuliert-verstärkten spontanen Brillouin-Streuung in einer SSMF ($B_B = 25$ MHz) für drei verschiedene Exponenten der Brillouin-Verstärkung: Weit unterhalb der SBS-Schwelle ($C_B = 0,02$), Übergangsbereich ($C_B = 2$) und leicht oberhalb der SBS-Schwelle ($C_B = 20$)

kann der SBS-Term im Exponenten des Integranten vernachlässigt werden, und es dominiert die spontane Brillouin-Streuung mit dem rein lorentzförmigen Linienprofil des SBS-Koeffizienten $\gamma_B(f)$ mit Breite B_B. Für große Verstärkungen dominiert zunehmend der Term $\sim e^{\gamma_B(f)}$ im Integranten das Spektrum. Nähert man das Lorentz-Profil des SBS-Koeffizienten im Maximum mit einer Parabel gemäß $\gamma_B(f) \sim (-f^2)$, so ist ersichtlich, dass in diesem Fall das Spektrum mit zunehmender Verstärkung eine Gauß-Form e^{-f^2} annimmt. Gleichzeitig nimmt die spektrale Bandbreite ab, das Spektrum schnürt sich zunehmend ein. Eine analytische Beschreibung erfolgt in [134]. Bei großen Verstärkungen $C_B \gg 20$ weit oberhalb der SBS-Schwelle gilt jedoch die Voraussetzung der UPA nicht mehr, so dass in der Praxis die spektrale Breite der VSpBS bei einer noch weiteren Erhöhung der Pumpleistung nicht weiter abnimmt.

9.6.2.2 Leistung einer Polarisationsmode

Zur Bestimmung der Gesamtleistung einer transversalen Mode i der Stokes-Welle am Faserausgang muss deren spektrale Leistungsdichte über alle Frequenzen integriert werden:

$$P_{S,i}(L) = \int_0^\infty p_{S,i}(f)\, df. \tag{9.197}$$

Hierbei entsteht ein Term, welcher den von der Integrationsvariable f abhängigen SBS-Koeffizienten $\gamma_B(f)$ zum Exponenten enthält:

$$P_{S,i}(L) \sim \int_0^\infty e^{\gamma_B(f)}\, df. \tag{9.198}$$

Für lorentzförmige Spektren des SBS-Koeffizienten $\gamma_B(f)$ kann wie im Fall der Raman-Streuung in Kap. 8.5.4.2 eine analytische Näherungslösung mit Hilfe der im Anhang A.4 beschriebenen Sattelpunktnäherung (engl. *method of steepest decent*, MSD) gefunden werden. Damit wurde in [7] unter Verwendung weiterer Annahmen sowie historischer Fasereigenschaften der bekannte Zahlenwert des kritischen Faktors $C_{B,th} = 21$ der SBS-Schwelle in Gl. (9.189) bestimmt. In [135] wurde eine analytisch exakte Lösung unter

Verwendung von BESSEL-Funktionen gefunden. Sollen ausschließlich Fasern mit lorentzförmigen SBS-Spektren berechnet werden, so hat diese analytische Lösung einen großen Vorteil in der Rechengeschwindigkeit gegenüber einer numerischen Integration von Gl. (9.196) und (9.197). Für beliebige SBS-Spektren ist jedoch eine numerische Lösung dieser Gleichungen erforderlich. Hierzu wurde für die im Weiteren gezeigten Ergebnisse ein numerisches Integrationsverfahren mit adaptiver Schrittweite verwendet. Damit kann die Gesamtleistung der VSpBS $P_S(L)$ für beliebige SBS-Spektren berechnet werden [136].

9.6.2.3 Gesamtleistung und Einfluss der Polarisation

Die Gesamtleistung der VSpBS setzt sich aus den Leistungen aller transversalen Moden zusammen. In Singlemodefasern sind dies die beiden orthogonalen Polarisationsmoden mit maximaler und minimaler SBS-Verstärkung bei gegebener Polarisation der Pumpe:

$$P_S(L) = \sum_i P_{S,i}(L) = \int_0^\infty p_{S,max}(f)\,df + \int_0^\infty p_{S,min}(f)\,df. \tag{9.199}$$

In [9] wird diese Addition durch einen zusätzlichen Faktor N_p in einer zu Gl. (9.197) äquivalenten Gleichung berücksichtigt:

$$P_S(L) = N_p \int_0^\infty p_{S,max}(f)\,df, \tag{9.200}$$

und ohne weitere Diskussion der Zahlenwert $N_p = 2$ verwendet. Dies ist aber nur für einen Sonderfall korrekt, da im Allgemeinen die beiden Polarisationsmoden eine unterschiedliche Leistung haben. Dennoch ist der Modenfaktor N_p hilfreich, um in einer kompakten Schreibweise unterschiedliche Polarisationsverhältnisse beschreiben zu können. Diese werden nachfolgend diskutiert.

Für sehr kleine SBS-Verstärkungen, z. B. bei kleinen Pumpleistungen oder in kurzen Fasern, kann in Gl. (9.196) der Term der SBS mit γ_B im Exponent des Integranten vernachlässigt werden. Es verbleibt der Term der SpBS, aufintegriert über der Länge und der Frequenz, für eine Polarisationsmode i:

$$P_{S,i}(L) = \int_0^\infty hf_S(1 + N_{BE})\frac{\gamma_B(f)}{\xi} P_{PL} L_{eff}(2a)\,df, \tag{9.201}$$

wobei $L_{eff}(2a)$ die effektive Länge unter Verwendung der doppelten Dämpfung ist.

Betrachtet man SBS in schwach doppelbrechenden Fasern, so gilt $\xi_{max} = 1{,}5$ und $\xi_{min} = 3$. Die Leistung der VSpBS ist dann in der einen Mode mit $P_{S,max}$ doppelt so groß wie die Leistung $P_{S,min}$ in der dazu orthogonalen Mode. In Gl. (9.200) gilt dann für den Modenfaktor $N_p = 1{,}5$. Dies ist konsistent mit der experimentellen Beobachtung, dass die SpBS bei kleinen Pumpleistungen ebenso wie die Rayleigh-Streuung einen Polarisationsgrad (engl. *degree of polarisation*, DOP) von 33 % hat [113, 137]:

$$DOP = \frac{P_{S,max} - P_{S,min}}{P_{S,max} + P_{S,min}}. \tag{9.202}$$

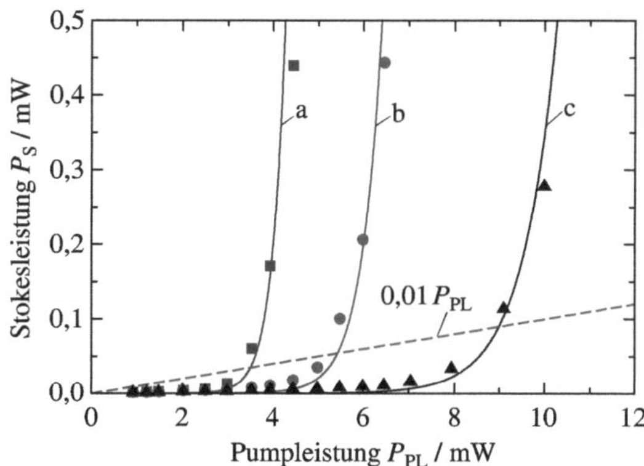

Abb. 9.41 Gemessene (•) und berechnete (—) Leistung der stimuliert-verstärkten spontanen Brillouin-Streuung für drei unterschiedliche Fasern bei $\lambda_P = 1528$ nm: **a** 44,5 km TrueWave; **b** 40,1 km SSMF; **c** 11 km SieCor. Faserdaten siehe Tab. 9.4. Die SBS-Schwelle ergibt sich aus dem Schnittpunkt der Kurven mit der Geraden $P_S = 0{,}01 P_{PL}$

Bei einer sehr großen SBS-Verstärkung, wie es in der Nähe der SBS-Schwelle der Fall ist, dominiert in schwach doppelbrechenden Fasern ausschließlich die Polarisationsmode mit der größten Verstärkung, für die $\xi = 1{,}5$ gilt. Die Leistung der orthogonalen Polarisationsmode kann vernachlässigt werden. Dann ist der Modenfaktor $N_p = 1$ und der Polarisationsgrad der reflektierten Welle nähert sich dem Wert $DOP = 100\,\%$ an.

In stark doppelbrechenden Fasern ergeben sich unabhängig von der SBS-Verstärkung und damit unabhängig von der Pumpleistung zwei Grenzfälle. Wird die Pumpwelle mit linearer Polarisation nur in eine Hauptachse eingekoppelt, gibt es nur eine relevante Polarisationsmode und es gilt $\xi = 1$, $N_p = 1$ und $DOP = 100\,\%$. Wird die Pumpwelle mit exakt gleichen Leistungsanteilen in beide Hauptachsen eingekoppelt, so haben beide Polarisationsmoden die gleiche Leistung. Nur dann gilt $N_p = 2$ und $\xi = 2$. Der Polarisationsgrad ist in diesem Fall stets $DOP = 0$.

Zusammenfassend gilt also für den in der Praxis häufigen Fall der Bestimmung der SBS-Schwelle in langen Fasern mit zufallsverteilter schwacher Doppelbrechung $\xi = 1{,}5$ und $N_p = 1$.

9.6.2.4 Vergleich mit Messwerten

In Abb. 9.41 sind gemessene und berechnete Zahlenwerte der reflektierten Leistung der Stokes-Welle der VSpBS in Abhängigkeit der Pumpleistung für drei Fasern unterschiedlichen Typs und Länge dargestellt. Für die Messung wurde wie für Abb. 9.39 eine DFB-Laserdiode bei $\lambda = 1528$ nm mit einem EDFA auf Leistungen bis zu $P_{P0} = 50$ mW verstärkt. Da alle Fasern eine zufallsverteilte Doppelbrechung aufweisen, gilt für die Berechnung im Bereich der SBS-Schwelle $\xi = 1{,}5$ und $N_p = 1$. Die für die Berechnung verwendeten Eigenschaften der Fasern nach Tab. 9.4 liefern einerseits eine gute Übereinstimmung mit den Messwerten, und sind andererseits im Fall der Fasertypen SieCor und SSMF konsistent mit gemessenen Spektren des SBS-Koeffizienten γ_B in Kap. 9.5.5, wenn dort die Verbreiterung aufgrund der Messmethode berücksichtigt wird. Die Zahlenwerte für die TrueWave-Faser relativ zu einer SSMF sind in sehr guter Übereinstimmung mit [138].

Tab. 9.4 Zahlenwerte zur SBS-Schwelle unterschiedlicher Fasern in Abb. 9.41

	Faser	L	A_{eff}	γ_{B}	B_{B}	ℓ_a	$P_{\text{B,th}}$	$C_{\text{B,th}}$
		km	μm^2	$\text{W}^{-1}\,\text{km}^{-1}$	MHz	dB/km	mW	–
a)	TrueWave	44,5	55	350	25	0,25	3,5	13,1
b)	SSMF	40,1	78	220	27	0,23	5,4	13,2
c)	SieCor	11	68	260	25	0,25	9,0	12,7

9.6.2.5 Bestimmung der SBS-Schwelle

Zur Bestimmung der Leistung der SBS-Schwelle $P_{\text{B,th}}$ muss diese als Lösung der folgenden Gleichung in Abhängigkeit von der Pumpleistung P_{PL} bestimmt werden:

$$P_{\text{S}}(P_{\text{PL}}) = \mu_{\text{th}} P_{\text{PL}}. \tag{9.203}$$

Eine grafische Lösung ist für ein Schwellenverhältnis $\mu_{\text{th}} = 1\,\%$ in Abb. 9.41 eingezeichnet. Analytisch kann dies mit gleichen Methoden und Näherungen wie bei der SRS-Schwelle der Raman-Streuung nach Kap. 8.5.4 gelöst werden. Daraus wurde in [7] der kritische Faktor $C_{\text{B,th}} \approx 21$ abgeleitet, mit den bereits diskutierten Näherungen für stark verlustbehaftete Fasern. Eine verbesserte analytische Näherungslösung für moderne Fasern mit geringen Verlusten ist in [135] beschrieben. Diese analytischen Lösungen sind jedoch auf die Annahme eines lorentzförmigen SBS-Spektrums angewiesen. Um diese Einschränkung und Näherungen zu umgehen, kann Gl. (9.203) numerisch mit einem nichtlinearen LEVENBERG-MARQUARDT-Algorithmus gelöst werden [136]. Resultierende Zahlenwerte sind in Tab. 9.4 aufgeführt.

Berechnet man aus dem Ergebnis den kritischen Faktor der SBS-Schwelle $C_{\text{B,th}} = \gamma_{\text{B}} P_{\text{B,th}} L_{\text{eff}} / \xi$, so ist das Ergebnis in allen drei gezeigten Fällen deutlich niedriger als der aus [7] bekannte Faktor 21. Um diesen Sachverhalt zu untersuchen, wurde Gl. (9.203) für eine Reihe an verschiedenen Parametern gelöst. Die Ergebnisse für den kritischen Faktor $C_{\text{B,th}}$ sowie für die Leistung der SBS-Schwelle $P_{\text{B,th}}$ sind in Abb. 9.42a und b dargestellt.

Kurve (a) ist dabei eine Standard-Singlemodefaser (SSMF), die als Referenz für die Variation einzelner Parameter in den anderen Kurven dient. Für die Berechnung wurde eine Pumpwellenlänge $\lambda_{\text{P}} = 1530$ nm sowie ein Schwellenleistungsverhältnis $\mu_{\text{th}} = 1\,\%$ zur Definition der SBS-Schwelle verwendet. Unter Annahme einer beliebigen, aber zeitlich konstanten Polarisation der eingekoppelten Pumplichtwelle sowie unter Annahme einer zufallsverteilten schwachen Doppelbrechung in der Glasfaser gilt $\xi = 1{,}5$ und $N_{\text{P}} = 1$. Bereits an Kurve (a) ist erkennbar, dass der kritische Faktor $C_{\text{B,th}}$ keine Konstante ist, sondern deutlich von der Faserlänge L abhängt. Das Minimum von $C_{\text{B,th}}$ liegt dabei stets bei Längen, die etwas kleiner als der Kehrwert des Dämpfungsbelags $1/a$ sind. Die kritische Schwellenleistung $P_{\text{B,th}}$ nimmt bei kurzen und mittleren Faserlängen etwas stärker über der Länge ab, als aufgrund der Proportionalität $P_{\text{B,th}} \sim 1/L_{\text{eff}}$ zu erwarten wäre. Für sehr große Faserlängen stagniert $P_{\text{B,th}}$ bei kleinen Zahlenwerten, da sich L_{eff} einem festen Grenzwert annähert (s. Tab. 4.1).

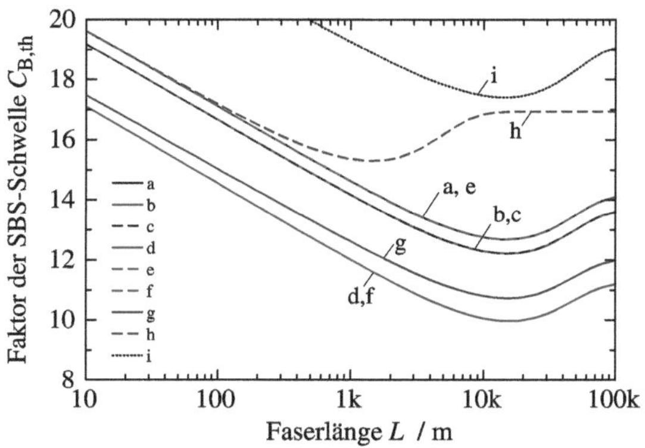

Faktor der SBS-Schwelle $C_{B,th}$.

a

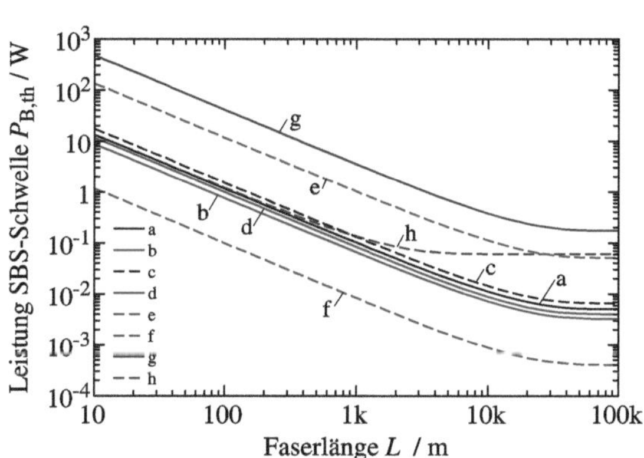

Leistung der SBS-Schwelle $C_{B,th}$.

b

Abb. 9.42 Vergleich des Faktors $C_{B,th}$ und der Leistung der SBS-Schwelle $P_{B,th}$ in Abhängigkeit von der Faserlänge L für verschiedene Faserparameter. Referenz ist eine SSMF bei $\lambda_P = 1530$ nm und ein Schwellenleistungsverhältnis $\mu = 1\,\%$.
a) Referenz: $\gamma_{ref} = 220\ W^{-1}km^{-1}$, $B_{ref} = 27$ MHz, ${}^{\ell}a_{ref} = 0{,}23$ dB/km, $\xi = 1{,}5$, $N_P = 1$.
b) Stark doppelbrechende Faser, Pumpe in einer Hauptachse: $\xi = 1$, $N_P = 1$.
c) Stark doppelbrechende Faser, Pumpe gleich in beiden Achsen: $\xi = 2$, $N_P = 2$.
d) Linienbreite $B_B = 10\,B_{ref} = 270$ MHz.
e) Linienbreite $B_B = 10\,B_{ref}$ und SBS-Koeff. $\gamma_B = 1/10\,\gamma_{ref} = 22\ W^{-1}km^{-1}$.
f) SBS-Koeff. $\gamma_B = 10\,\gamma_{ref} = 2{,}2\ (Wm)^{-1}$.
g) Linienbreite $B_B = 1{,}7$ GHz mit Rechteckprofil und SBS-Koeff. $\gamma_B = 5{,}5\ W^{-1}km^{-1}$.
h) Dämpfung ${}^{\ell}a = 10\,{}^{\ell}a_{ref} = 2{,}3$ dB/km.
i) Vergleich mit [7]: $\xi = 1$, $N_P = 1$ und Schwellenleistungsverhältnis $\mu = 1$

Betrachtet man eine stark doppelbrechende Faser, so kann in einem Grenzfall (b) die Pumpquelle vollständig in eine Hauptachse eingekoppelt werden ($\xi = 1$, $N_P = 1$), oder im anderen Grenzfall (c) gleich auf beide Achsen verteilt werden ($\xi = 2$, $N_P = 2$). Beide Fälle haben den gleichen kritischen Faktor $C_{B,th}$, der nur unwesentlich kleiner als für zufallsverteilte Doppelbrechung (a) ist. Da die Schwellenleistung $P_{B,th} \sim \xi$ proportional zum Polarisationsfaktor ist, ergibt sich im Fall (b) eine um 33 % kleinere Schwellenleistung $P_{B,th}$, und im Fall (c) eine um 33% größere Schwellenleistung als für zufallsverteilte Doppelbrechung (a). Die Einflüsse der Polarisation und der Doppelbrechungseigenschaften auf die SBS-Schwelle sind somit zwar signifikant, verschieben aber die SBS-Schwelle nicht in eine andere Größenordnung.

Veränderungen des SBS-Koeffizienten γ_B und der Linienbreite B_B des SBS-Spektrums beeinflussen den kritischen Faktor nicht, wenn das Produkt beider Größen $\gamma_B B_B$ konstant ist und das Linienprofil lorentzförmig bleibt, wie aus den Kurven (d), (e) und (f) zu erkennen ist. Die SBS-Schwelle $P_{B,th}$ ist nur sehr wenig von der Linienbreite B_B abhängig (Vergleich (a) und (d)), ist aber proportional zu γ_B (Vergleich (a) mit (e) und (f)). Daher bietet eine simultane Verbreiterung des SBS-Spektrums mit einhergehender Reduktion des Maximalwertes in Linienmitte eine effiziente Methode, die SBS-Schwelle zu erhöhen. Dies ist die Grundlage für viele Verfahren zur Unterdrückung der SBS, wie in Kap. 9.8.1 beschrieben.

Besonders interessant ist die Untersuchung einer Formänderung des SBS-Spektrums bei der Verbreiterung, wie sie z. B. in variabel verspannten Fasern zur SBS-Unterdrückung auftritt. Kurve (g) zeigt die Ergebnisse für ein rechteckförmiges SBS-Spektrum mit einer großen Bandbreite von $B_{BR} = 1{,}7$ GHz und einem stark reduzierten SBS-Koeffizienten von $\gamma_{BR} = 5{,}5\ \mathrm{W}^{-1}\mathrm{km}^{-1}$, ausgehend von Messergebnissen von verspannten Fasern in Kap. 9.8.3. Durch diese Maßnahme wird zwar der kritische Faktor $C_{B,th}$ im Vergleich zu (a) erkennbar reduziert, aber die SBS-Schwelle steigt trotzdem um mehr als eine Größenordnung an. Eine ausführliche Untersuchung der SBS-Unterdrückung in verspannten Fasern erfolgt in Kap. 9.8.4.

Weiterhin kann der Einfluss der Faserdämpfung a untersucht werden. Wie in Kurve (h) zu sehen, macht sich die Dämpfung bei großen Faserlängen durch größere Zahlenwerte für den kritischen Faktor und der SBS-Schwelle bemerkbar. Letzteres liegt an der geringeren effektiven Faserlänge L_{eff}, so dass die SBS-Verstärkung der spontanen Emission nur über eine kleinere Faserlänge wirksam ist.

Abschließend zeigt Kurve (i) den kritischen Faktor $C_{B,th}$, wenn wie in [7] ein Schwellenverhältnis von $\mu_{th} = 1$ zur Definition der SBS-Schwelle verwendet wird, und wenn von stets kopolarisierter Pump- und Stokes-Welle ausgegangen wird ($\xi = 1$, $N_P = 1$). Abweichend von [7] werden hier aber ansonsten moderne Faserparameter wie bei (a) angesetzt. Auch unter diesen Voraussetzungen ist der bekannte Faktor von 21 nicht mehr gültig und muss daher als historisch bedingt und veraltet gelten.

Beispiel 9.30

Für lange dämpfungsarme Singlemodefasern beträgt $C_{\mathrm{B,th}} \approx 13$. Der kritische Faktor ist auch der Exponent der Kleinsignalverstärkung bei der SBS-Schwelle $G_{\mathrm{B,th}} = \mathrm{e}^{C_{\mathrm{B,th}}}$. Daraus ergibt sich ein Zahlenwert von ${}^{\ell}G_{\mathrm{B,th}} \approx 56\,\mathrm{dB}$. Dies ist ausreichend, um das Rauschen der spontanen Brillouin-Streuung auf signifikante Zahlenwerte zu verstärken.

Bei allen Betrachtungen zur SBS-Schwelle ist zu berücksichtigen, dass für eine spektral breitbandige Pumpe oder für eine gepulste Pumpe das Spektrum des effektiven SBS-Koeffizienten für die Berechnung der SBS-Schwelle maßgeblich ist, wie in Kap. 9.5.6 und 9.5.7 beschrieben.

9.6.3 SBS-Schwelle in aktiven Fasern

Die bisherigen Ausführungen in Kap. 9.6.2 gelten für passive Fasern mit einem Dämpfungskoeffizienten a. Zur Berechnung der SBS-Schwelle ist der Verlauf der Pumpwelle $P_{\mathrm{P}}(z)$ unter Anwendung der UPA allein durch die Dämpfung gemäß Gl. (9.195) gegeben. In aktiven Fasern, z. B. in Ytterbium- oder Erbium-dotierten Faserverstärkern sowie in Raman-Faserverstärkern, ergibt sich statt der Dämpfung eine Zunahme der Leistung der Pumpwelle während der Ausbreitung in der Glasfaser (hier: $-z$-Richtung). Die Pumpwelle bezüglich der SBS stellt dabei meist das gewünschte zu verstärkende Signal im Verstärker dar. Die SBS-Schwelle soll bei dieser Anwendung in der Regel nicht überschritten werden. Durch die Verstärkung der Pumpwelle nimmt deren Leistung und damit die von ihr verursachte spontane und stimulierte Brillouin-Streuung zu. Zusätzlich wird auch die Stokes-Welle der Brillouin-Streuung in gleicher Weise durch die aktive Faser verstärkt, wie in Abb. 9.43 dargestellt. In Summe wird in aktiven Fasern und daher in allen optischen Faserverstärkern die SBS-Schwelle stark reduziert, im Vergleich zu passiven Fasern.

Zur quantitativen Beschreibung gehen wir von einem beliebigen Leistungsverlauf der Pumpwelle in der aktiven Faser aus:

$$P_{\mathrm{P}}(z) = P_{\mathrm{PL}}\, G_{\mathrm{A}}(z), \tag{9.204}$$

wobei $G_{\mathrm{A}}(z)$ die Verstärkung der Leistung P_{PL} der bei $z = L$ eingekoppelten Pumpwelle bis zu einer Faserkoordinate z ist (s. Abb. 9.43). Gilt für die Verstärkung der Pumpe durch das aktive Medium der Kleinsignalfall (KS), ist die Verstärkung und der Verlauf der Pumpwelle gegeben durch

$$G_{\mathrm{A}}(z) = \mathrm{e}^{g_{\mathrm{A}}(L-z)}, \quad P_{\mathrm{P}}(z) = P_{\mathrm{PL}}\mathrm{e}^{g_{\mathrm{A}}(L-z)}, \tag{9.205}$$

mit dem KS-Verstärkungskoeffizienten des aktiven Mediums g_{A}. Für die Leistung der stimuliert-verstärkten spontanen Brillouin-Streuung P_{S} gelten dann alle Gleichungen wie

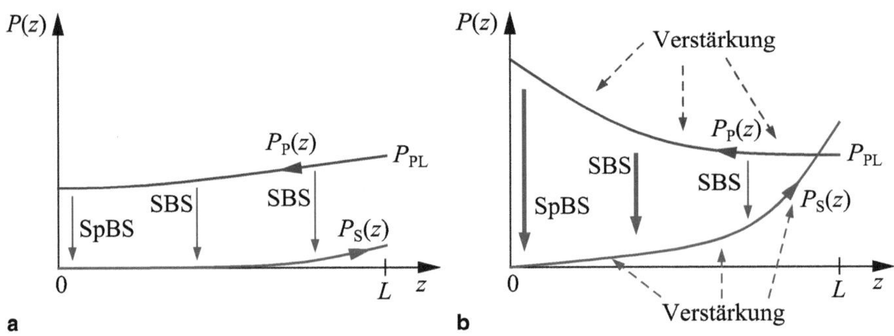

Abb. 9.43 **a** In einer passiven Faser entsteht am Faserende durch SpBS eine Stokes-Welle, die im weiteren Verlauf durch SBS verstärkt wird. **b** In einer aktiven Faser wird zum einen die Pumpwelle der SBS verstärkt und damit sowohl SpBS als auch SBS vergrößert, zum anderen wird auch die Stokes-Welle direkt verstärkt

im passiven Fall in Kap. 9.6.2, wenn für die aktive Faser der Dämpfungsbelag durch den Verstärkungskoeffizienten ersetzt wird:

$$a = -g_A. \tag{9.206}$$

Damit kann mit Gl. (9.196) und (9.200) die Gesamtleistung der VSpBS in einer aktiven Faser im KS-Betrieb berechnet werden, und mit Gl. (9.203) schließlich die SBS-Schwelle.

Beispiel 9.31

Wir betrachten eine SSMF mit gemessenen SBS-Parametern aus Tab. 9.4 und einer Länge von $L = 200$ m. Die SBS-Schwelle beträgt für die passive Faser $P_{B,th} = 560$ mW, mit einem kritischen Faktor der SBS-Schwelle von $C_{B,th} = 16{,}3$. In einer aktiven Faser mit gleichen SBS-Parametern und einem KS-Verstärkungskoeffizienten $g_A = 0{,}01\ \mathrm{m}^{-1}$, z. B. in einem stark gepumpten Raman-Verstärker, sinkt die SBS-Schwelle auf $P_{th,B} = 137$ mW, mit einem kritischen Faktor $C_{B,th} = 12{,}9$.

Zur Bestimmung der SBS-Schwelle könnte weiterhin Gl. (9.189) verwendet werden, wenn die effektive Länge L_{eff} anstelle der Dämpfung a mit der Verstärkung g_A berechnet wird:

$$L_{eff} = (1 - e^{g_A L})/g_A. \tag{9.207}$$

Beispiel 9.32

Für eine passive SSMF mit $L = 200$ m und ${}^{\ell}a = 0{,}23$ dB/km ergibt sich eine effektive Länge $L_{eff} = 199$ m. Im aktiven Fall mit $g_A = 0{,}01\ \mathrm{m}^{-1}$ resultiert eine effektive Länge $L_{eff} = 639$ m. Die vergrößerte effektive Länge ergibt in Gl. (9.189) die Reduktion der SBS-Schwelle.

Allerdings ändert sich in einer aktiven Faser auch der kritische Faktor $C_{\mathrm{B,th}}$ stark, wie in Bsp. 9.31 angegeben. Daher ist eine Berechnung der SBS-Schwelle mit Gl. (9.194) und (9.200) vorzuziehen.

In Faserverstärkern, die in Sättigung betrieben werden, weicht der Leistungsverlauf der SBS-Pumpwelle von Gl. (9.205) ab. Beispiele sind Raman-Leistungsverstärker im Großsignalfall, wie in Kap. 8.4.3 beschrieben. Die SBS-Schwelle muss dann mit Hilfe der allgemeinen Gleichung der VSpBS Gl. (9.194) berechnet werden, wenn darin der bekannte Leistungsverlauf der Pumpwelle $P_{\mathrm{P}}(z)$ (entspricht der Signalwelle im Faserverstärker) eingesetzt wird, und wenn ein ortsvariabler Verstärkungskoeffizient $g_{\mathrm{A}}(z)$ des aktiven Mediums verwendet wird:

$$g_{\mathrm{A}}(z) = -\frac{\frac{\mathrm{d}}{\mathrm{d}z} P_{\mathrm{P}}(z)}{P_{\mathrm{P}}(z)} = -\frac{\mathrm{d}}{\mathrm{d}z} \ln\left[G_{\mathrm{A}}(z)\right]. \tag{9.208}$$

Das negative Vorzeichen resultiert hier aus der Ausbreitung der Pumpwelle in $-z$-Richtung.

Mit einer effektiven Länge kann im Großsignalfall nicht gerechnet werden, da diese einen exponentiellen Leistungsverlauf der Pumpwelle voraussetzt. Stattdessen kann ein effektiver SBS-Koeffizient der aktiven Faser definiert werden:

$$\gamma_{\mathrm{B,A}} = \frac{1}{L} \int_0^L \gamma_{\mathrm{B0}}\, G_{\mathrm{A}}(z)\, \mathrm{d}z. \tag{9.209}$$

Beispiel 9.33

Ein effektiver SBS-Koeffizient in aktiven Fasern kann auch für den KS-Fall bestimmt werden. Wir betrachten dazu eine passive Faser mit Länge $L = 200$ m und einem SBS-Koeffizienten $\gamma_{\mathrm{B0}} = 0{,}22\ \mathrm{W^{-1}\,m^{-1}}$. Im aktiven Fall mit $g_{\mathrm{A}} = 0{,}01\ \mathrm{m^{-1}}$ und einer Verstärkung gemäß Gl. (9.205) ergibt sich ein effektiver SBS-Koeffizient $\gamma_{\mathrm{B,A}} = 0{,}7\ \mathrm{W^{-1}\,m^{-1}}$.

Zusammenfassend ergibt sich in aktiven Fasern eine deutlich reduzierte SBS-Schwelle, die durch eine vergrößerte effektive Länge oder durch einen erhöhten effektiven SBS-Koeffizienten beschrieben werden kann. Quantitativ korrekte Zahlenwerte der SBS-Schwelle erhält man durch Einsetzen des Leistungsverlaufs $P_{\mathrm{P}}(z)$ und des Verstärkungskoeffizienten des aktiven Mediums $g_{\mathrm{A}}(z)$ in Gl. (9.194). In Faserverstärkern für schmalbandige Lichtwellen und mit hohen Leistungen können daher besondere Maßnahmen zur SBS-Unterdrückung erforderlich werden, wie in Kap. 9.8 beschrieben.

9.6.4 Bedeutung der SBS-Schwelle

Die stimuliert-verstärkte spontane Brillouin-Streuung (VSpBS) begrenzt die maximale Leistung, die durch eine Glasfaser übertragen werden kann. Die maximale Leistung am Fasereingang ist durch die Leistung der SBS-Schwelle $P_{\mathrm{B,th}}$ gegeben, die in Kap. 9.6.1

definiert wurde. Maßgeblich ist dabei das Produkt $P_\mathrm{P}L_\mathrm{eff}$ aus Lichtleistung und effektiver Faserlänge. Aufgrund der Überlegungen in Kap. 9.5.6 und 9.5.7 tritt VSpBS bevorzugt im cw- oder quasi-cw-Betrieb sowie bei starken schmalbandigen Anteilen im Leistungsdichtespektrum der Pumpwelle auf. Die VSpBS stört vor allem bei folgenden faseroptischen Anwendungen:

- **Optische Nachrichtentechnik:** In der optischen Nachrichtentechnik werden sehr große Faserstreckenlängen verwendet, mit Einzelstreckenlängen im Bereich von $L = 50$ km und mehr, so dass sich die effektive Länge L_eff dem dämpfungsbedingten Grenzwert $L_\mathrm{eff} = 1/a \approx 20$ km annähert. Bei derart großen Längen reichen Leistungen im mW-Bereich, um eine signifikante Stokes-Welle durch VSpBS zu erzeugen. Diese kann zum einen zu Instabilitäten des Sendelasers führen und zum anderen das Spektrum des optischen Datensignals verzerren, wenn spektral schmalbandige Anteile nicht übertragen, sondern reflektiert werden [8, 25, 98].
- **Radio over fiber:** Durch Modulation eines Lasers mit Frequenzen im Mikrowellenbereich können höchstfrequente Signale mit geringer Dämpfung über faseroptische Strecken und Netzwerke verteilt werden (engl. *radio over fiber*). Anwendung findet dies in lokalen und regionalen Netzwerken für Kabelfernsehen (engl. *cable TV*, CATV), oder in den Zuleitungen von Basisstationen zu Sendeeinheiten für Mobil- und Richtfunkstrecken [139–142]. Aufgrund des analogen Übertragungsformates können bereits bei optischen Leistungen im mW-Bereich Verzerrungen und Qualitätseinbußen durch SBS entstehen.
- **Schmalbandige Faserlaser mit großer Leistung:** Auf Basis von mit Seltenerdmetallen dotierten Doppelkernfasern können Faserlaser mit Leistungen im kW-Bereich realisiert werden [143]. Solange das Spektrum eines derartigen Lasers breitbandig ist, begrenzen andere Effekte wie SRS oder Zerstörung der Faserendflächen die maximale Leistung solcher Laser [144]. Für Anwendungen in der Materialbearbeitung ist die spektrale Breite auch nicht relevant. Spektral schmalbandige Hochleistungslaser werden für spezielle Anwendungen benötigt [145]. Ein Beispiel ist die phasenrichtige Überlagerung und damit kohärente Kombination (engl. *coherent beam combining*) mehrerer Laser zur Steigerung der Gesamtleistung bei gleichzeitig guter Strahlqualität [146–148]. Ein weiteres Beispiel ist die optische Frequenzverdopplung von infraroten Faserlasern. Damit kann Licht hoher Leistung und bester Strahlqualität im sichtbaren Spektralbereich erzeugt werden [149, 150]. In solchen Systemen stellt die SBS trotz Verwendung kurzer Fasern im Bereich einiger Meter sowie von Fasern mit großem Modenfelddurchmesser eine signifikante Leistungsgrenze dar [151].
- **Frequenzverdoppelte Raman-Faserlaser:** Eine besondere Bauform von Lasern sind Raman-Faserlaser. Für einen großen Raman-Koeffizienten werden Fasern mit kleinem Modenfelddurchmesser verwendet, so dass auch der SBS-Koeffizient groß wird. Gleichzeitig werden wegen der vergleichsweise kleinen Raman-Verstärkung größere Faserlängen als bei Seltenerdmetall-dotierten Faserlasern benötigt. Sollen solche Faserlaser frequenzverdoppelt werden, ist wiederum eine kleine spektrale Bandbreite

erforderlich. Daher ist die SBS-Schwelle in solchen Systemen ein besonderes Problem [152–155], selbst wenn die optische Leistung nur im Bereich um 10 W ist.

- **Optisch-parametrische Verstärker und Wellenlängenumsetzer:** Auf Basis der Vierwellenmischung können optisch-parametrische Verstärker und Frequenzumsetzer für Anwendungen in der optischen Nachrichtentechnik realisiert werden [156–158]. Hierzu muss eine Glasfaser mit kleinem Modenfelddurchmesser mit spektral schmalbandigen Lasern gepumpt werden. Bei den gegebenen Fasereigenschaften und Längen im Bereich von 100 m sind die für parametrische Prozesse benötigten Pumpleistungen im Bereich von 1 W bereits kritisch bezüglich der VSpBS.

Bei all diesen Verfahren und Systemen sind Maßnahmen zur Kontrolle und Unterdrückung der VSpBS erforderlich, um die Systemeigenschaften zu gewährleisten oder um die Leistungsgrenzen zu erhöhen. Geeignete Methoden werden in Kap. 9.8 diskutiert.

9.7 Sensoranwendungen der Brillouin-Streuung

Der Brillouin-Frequenzversatz f_B sowohl bei der spontanen als auch bei der stimulierten Brillouin-Streuung ist eine messtechnisch gut bestimmbare Größe. Beeinflussen physikalische Größen die Brillouin-Frequenz f_B, so können damit faseroptische Sensoren realisiert werden. Zur Analyse betrachten wir die Brillouin-Frequenz für Rückwärtsstreuung in Glasfasern

$$f_B = 2n_{\text{eff}} \frac{v_{AL}}{\lambda_P}. \tag{9.210}$$

Darin ist n_{eff} der effektive Brechungsindex einer optischen Mode, λ_P ist die Pumpwellenlänge im Vakuum. Die longitudinale Schallgeschwindigkeit v_{AL} ist gegeben durch

$$v_{AL} = \sqrt{\frac{Y(1-\nu)}{(1+\nu)(1-2\nu)\varrho_0}}, \tag{9.211}$$

wobei wir Abhängigkeiten von den akustischen Wellenleitereigenschaften der Glasfaser hier vernachlässigen. Jede physikalische Größe, die Parameter wie den Brechungsindex n_{eff}, den Elastizitätsmodul Y, die Querkontraktionszahl ν oder die Dichte ϱ_0 beeinflusst, kann prinzipiell mit einer Messung der Brillouin-Frequenz beobachtet werden.

9.7.1 Dehnungs- und Temperatur-Koeffizienten der Brillouin-Streuung

Von besonderem Interesse für Sensoranwendungen ist die Dehnungs- und Temperaturabhängigkeit der Brillouin-Frequenz . Dafür werden in [159] folgende Koeffizienten für eine

Temperaturänderung ΔT und eine relative Dehnung S angegeben:

$$f_\mathrm{B}(S) = f_\mathrm{B0}(1 + C_\mathrm{S} S), \qquad C_\mathrm{S} = 4{,}6, \tag{9.212a}$$

$$f_\mathrm{B}(T) = f_\mathrm{B0}(1 + C_\mathrm{T} \Delta T), \qquad C_\mathrm{T} = 9{,}4 \cdot 10^{-5}\,\mathrm{K}^{-1}. \tag{9.212b}$$

Die Abhängigkeit von der Dehnung S wurde erstmalig in [18] beschrieben. Dabei wurde festgestellt, dass der größte Einfluss der Dehnung aus der Dehnungsabhängigkeit der elastischen Eigenschaften Y und ν resultiert [160]. Die Temperaturabhängigkeit der SBS-Frequenz in der Glasfaser, die erstmalig in [161] untersucht wurde, ist im Wesentlichen auf die Temperaturabhängigkeit des Brechungsindex n zurück zu führen. Der Effekt der Temperatur ist jedoch abhängig von der Art des Polymercoatings, das die Glasfaser in der Regel zu Schutzzwecken umgibt [162, 163]. Mechanische Spannungen, die aus unterschiedlichen Wärmeausdehnungskoeffizienten des Polymercoatings und der Glasfaser entstehen, verändern die SBS-Frequenz stärker als der intrinsische Temperatureffekt in einer blanken Glasfaser. Einen besonders großen Einfluss hat dabei ein Nylon-Coating mit 900 μm Durchmesser, während ein UV-ausgehärtetes Acrylat-Coating mit 250 μm nur einen geringen Einfluss auf das Temperaturverhalten hat [88, 162].

Die absolute Änderung der Brillouin-Frequenz ist proportional zur Frequenz der Pumplichtwelle und somit umgekehrt proportional zur Wellenlänge. Typische Zahlenwerte bei einer Pumpwellenlänge von 1320 nm sind [88]

$$K_\mathrm{T}(1320\,\mathrm{nm}) = \frac{\mathrm{d}f_\mathrm{B}}{\mathrm{d}T} = 1{,}36\,\mathrm{MHz/K}, \tag{9.213a}$$

$$K_\mathrm{S}(1320\,\mathrm{nm}) = \frac{\mathrm{d}f_\mathrm{B}}{\mathrm{d}S} = 594\,\mathrm{MHz/\%}. \tag{9.213b}$$

In [163] wurden je nach Fasertyp und Coating leicht abweichende Koeffizienten bei dieser Wellenlänge bestimmt. Entsprechende Zahlenwerte bei einer Pumpwellenlänge 1554 nm sind nach [164]

$$K_\mathrm{T}(1554\,\mathrm{nm}) = \frac{\mathrm{d}f_\mathrm{B}}{\mathrm{d}T} = 1{,}1\,\mathrm{MHz/K}, \tag{9.214a}$$

$$K_\mathrm{S}(1554\,\mathrm{nm}) = \frac{\mathrm{d}f_\mathrm{B}}{\mathrm{d}S} = 483\,\mathrm{MHz/\%}. \tag{9.214b}$$

Die Koeffizienten sind nach [165] auch abhängig von der Germanium-Dotierung des Faserkerns sowie von der Zugspannung bei der Faserherstellung.

Diese Abhängigkeiten von der Temperatur und der Dehnung sind die Grundlage zum einen für die Anwendung der SBS als faseroptischer Sensor für Temperatur und Dehnung entlang einer Glasfaser. Zum anderen kann durch den Einfluss der Temperatur und der Dehnung auf das SBS-Spektrum eine Unterdrückung der stimuliert-verstärkten spontanen Brillouin-Streuung und damit eine Erhöhung der SBS-Schwelle erfolgen.

9.7.2 Einfluss von Druck und Biegung

Wenn eine Faser axial gedehnt wird, so geht dies aufgrund der Querkontraktion mit einer radialen Kontraktion einher. Das Verhältnis von axialer Dehnung zu radialer Kontraktion wird durch die Querkontraktionszahl (engl. *Poisson's ratio*) beschrieben, die in Quarzglas typischerweise $\nu = 0{,}16$ beträgt [16]. Der Einfluss der Dehnung auf die Brillouin-Frequenz kann daher in zwei Beiträge zerlegt werden:

$$K_\mathrm{S} = K_\mathrm{S,a} - \nu K_\mathrm{S,r}, \tag{9.215}$$

wobei $K_\mathrm{S,a} = 530\ \mathrm{MHz}/\%$ der Einfluss der rein axialen Dehnung bei einer Pumpwellenlänge von 1552 nm ist, und $K_\mathrm{S,r} = 290\ \mathrm{MHz}/\%$ der Beitrag einer symmetrischen radialen Dehnung ist [166]. Mit den elastischen Eigenschaften von Quarzglas kann dies umgerechnet werden in eine Abhängigkeit der Brillouin-Frequenz vom radialsymmetrischen Druck p:

$$K_\mathrm{p}(1552\ \mathrm{nm}) = \frac{\mathrm{d}f_\mathrm{B}}{\mathrm{d}p} = -0{,}752\ \mathrm{MHz/MPa}. \tag{9.216}$$

Dies wird als hydrostatische Druckabhängigkeit bezeichnet, da sich ein derartiger radialsymmetrischer Kompressionszustand nur durch Einbetten der Glasfaser in ein gasförmiges oder flüssiges Medium mit entsprechend hohem Druck realisieren lässt [166]. Dies darf nicht verwechselt werden mit dem einseitigen radialen Druck, der bei der Wicklung von Glasfasern auf Wickelkörpern auftritt.

In [167] wurde die Abhängigkeit der Brillouin-Frequenz von einer Biegung der Faser untersucht. Die Änderung $\mathrm{d}f_\mathrm{B}$ ist jedoch sehr klein und beträgt etwa 1,6 MHz bei einem Biegeradius von $r = 12{,}5$ mm. Dieser Einfluss kann in der Regel vernachlässigt werden. Trotzdem sollten zu starke Biegungen bei Fasern für präzise Brillouin-Sensoranwendungen vermieden werden.

9.7.3 Ortsaufgelöste verteilte Sensorverfahren

Eine wichtige Anwendung der Brillouin-Streuung ist die Messung von Dehnung und Temperatur entlang einer Faserstrecke (engl. *distributed sensing*) . Dafür muss ortsaufgelöst das lokale Brillouin-Spektrum des SBS-Koeffizienten $\gamma_\mathrm{B}(f,z)$ bzw. die lokale Brillouin-Frequenz $f_\mathrm{B}(z)$ bestimmt werden. Hierfür gibt es eine Vielzahl an Methoden, die wie folgend klassifiziert werden können:

- **Pulslaufzeitverfahren:** Dabei wird z. B. die Pumplichtwelle mit kurzer Zeitdauer gepulst betrieben. Die Stokes-Welle wird zeitaufgelöst detektiert und bezüglich des Frequenzversatzes zur Pumpwelle analysiert. Aus der Lichtlaufzeit kann die Position bestimmt werden, und aus dem Frequenzversatz Dehnung oder Temperatur. Derartige Verfahren werden als Brillouin-optische Zeitbereichsverfahren bezeichnet (engl. *Brillouin optical time-domain*, BOTD) [168–171].

- **Frequenzmodulationsverfahren:** Hier wird die Pumplichtwelle extern in der Intensität moduliert, wobei die elektronische Modulationsfrequenz f_{el} selbst zeitlich moduliert wird (FM). Durch SBS entsteht an einem Ort z eine Übertragung der Pumpmodulation auf die Stokes-Welle, die je nach Ort z und Modulationsfrequenz f_{el} mit einer anderen Phasenlage detektiert wird. Diese Methode entspricht dem aus der Radar-Technik bekannten FM-CW Verfahren und wird als Brillouin-optisches Frequenzbereichsverfahren bezeichnet. (engl. *Brillouin optical frequency-domain*, BOFD) [172, 173].
- **Korrelations- oder Kohärenzverfahren:** Hierbei werden Pump- und/oder Stokes-Welle direkt in Phase oder Frequenz moduliert und deren relative Frequenz- und Phasenlage wird kohärent durch Mischung beider Wellen an einer schnellen Photodiode bestimmt. Durch die Phasen- oder Frequenzmodulation kann in Verbindung mit der Lichtlaufzeit erreicht werden, dass Pump- und Stokes-Lichtwelle nur an bestimmten Orten mit der Brillouin-Frequenz korrelieren. Diese Verfahren werden als Kohärenzbereichsverfahren bezeichnet (engl. *Brillouin optical coherence-domain*, BOCD) [174–177].

Weiterhin können die Messsysteme eingeteilt werden in:

- **Analysatoren**, bei denen die Fasermessstrecke von zwei Seiten zugänglich ist. An einer Seite kann die Pumplichtwelle, an der anderen Seite die Stokes-Lichtwelle eingekoppelt werden (BOTDA, BOFDA, BOCDA) [168–171]. Durch die starke stimulierte Brillouin-Streuung ergibt sich ein gutes Signal-Rauschverhältnis und beste Messgenauigkeit in solchen Systemen. Ein Nachteil ist, dass die Faser als Schleife in die zu überwachende Struktur eingebracht werden muss. Wird durch einen Defekt diese Schleife unterbrochen, ist keine Messung und keine Lokalisation der Fehlerstelle möglich.
- **Reflektometer**, bei denen die Faser nur von einer Seite zugänglich ist (BOTDR, BOCDR) [170, 177]. Dabei kann nur die schwache spontane Brillouin-Streuung gemessen werden, was ein geringeres Signal-Rauschverhältnis und eine etwas geringere Messgenauigkeit zur Folge hat. Ein Vorteil ist die einfachere Installation, da keine Rückleitung erforderlich ist. Im Fehlerfall kann bis zur Bruchstelle gemessen und diese lokalisiert werden.

Einen Überblick über erste faseroptische Sensoranwendungen auf Basis der SBS geben [159, 161, 168]. Eine Übersicht über aktuelle Aspekte ist in [30] und in [178] zu finden. Kommerzielle Systeme erreichen eine Ortsauflösung bis zu 10 cm, maximale Streckenlängen bis 100 km, eine Temperaturauflösung von 0,1 °C und eine Dehnungsauflösung von $2 \cdot 10^{-6}$, wobei je nach Konfiguration und Anwendung nicht alle Werte gleichzeitig ihre Bestmarken erreichen. Ein Problem ist die gleichzeitige Empfindlichkeit gegenüber Temperatur und Dehnung, die durch die Applikation der Sensorfaser auf das Messobjekt (fest/lose oder Kombination zweier unterschiedlicher Sensoren/Sensorbrücken) diskriminiert werden muss. Anwendungen sind die Überwachung von großen baulichen Strukturen (Brücken, Hochhäuser), von Gas- und Ölpipelines oder von Hochspannungsleitungen. Insbesondere für große Streckenlängen sind Brillouin-Sensoren vorteilhaft.

9.8 Maßnahmen zur SBS-Unterdrückung

9.8.1 SBS-Unterdrückung: Eine Übersicht

In vielen faseroptischen Anwendungen kann sich die stimuliert-verstärkte spontane Brillouin-Streuung störend bemerkbar machen, wie in Kap. 9.6.4 beschrieben. Daher wurden verschiedene Verfahren entwickelt, um den Einfluss der SBS zu reduzieren und die Leistungsschwelle der SBS anzuheben. Nachfolgend wird ein Überblick über diese Verfahren gegeben. Ein spezielles Verfahren basierend auf einer longitudinalen Variation der Faserdehnung wird anschließend ausführlich theoretisch analysiert. Eine Wickelmaschine zur Realisierung derartiger Dehnungsverteilungen wird in Kap. 9.8.2 beschrieben. Experimentelle Ergebnisse werden ab Kap. 9.8.5 mit der theoretischen Analyse verglichen.

9.8.1.1 Verbreiterung des Spektrums des Pumplasers

Ist die spektrale Breite des Pumplasers B_P deutlich größer als die intrinsische Bandbreite des SBS-Koeffizienten B_B, so wird der effektive SBS-Koeffizient näherungsweise um den Faktor $B_\mathrm{P}/B_\mathrm{B}$ reduziert und damit die SBS-Schwelle um den gleichen Faktor erhöht.

In optischen Übertragungssystemen entsteht eine spektrale Verbreiterung schon aufgrund der Modulation der Lichtwelle durch das Datensignal. Allerdings verbleibt bei einer externen zufallsverteilten NRZ-Intensitätsmodulation (engl. *non-return to zero*) eine Spektrallinie mit halber Leistung des Trägers im Spektrum, die die Berechnung der SBS-Schwelle dominiert [98]. In solchen Systemen kann eine ausreichende spektrale Verbreiterung durch eine kleine niederfrequente Modulation des Stroms einer Sende-Laserdiode erreicht werden (engl. *dithering*) [179–181], wie in Abb. 9.44a dargestellt. Aufgrund eines thermischen Effektes wird dadurch neben der Leistung auch die optische Frequenz des Lasers moduliert. Die effektive Bandbreite der Pumpe B_P ergibt sich aus der zeitlichen Mittelung des Spektrums über der Lichtlaufzeit innerhalb der Faser. Daher sind in optischen Übertragungssystemen mit großen Streckenlängen Modulationsfrequenzen im kHz-Bereich ausreichend. Eine Modulation im Bereich um 100 kHz ist vorteilhaft, da diese oberhalb der Relaxationsfrequenz der als optische Verstärker eingesetzten EDFAs ist. Gleichzeitig ist diese Frequenz kleiner als die untere Grenzfrequenz der Empfänger, so dass die Datenübertragung nicht gestört wird.

Alternativ kann ein Laser durch eine schnelle externe Phasenmodulation spektral verbreitert werden [181]. Durch Überlagerung mehrerer Modulationsfrequenzen entsteht ein quasi-kontinuierliches, stark verbreitertes Spektrum (Abb. 9.44b). Damit kann z. B. der Pumplaser eines optisch-parametrischen Verstärkers so verbreitert werden, dass größere Pumpleistungen verwendet werden können [182, 183]. Modulationsformate unter Verwendung einer Phasenmodulation sind daher in der optischen Nachrichtentechnik neben anderen Gründen auch deswegen vorteilhaft gegenüber einer reinen Intensitätsmodulation, da durch die Form des Spektrums die SBS-Schwelle erhöht wird [98].

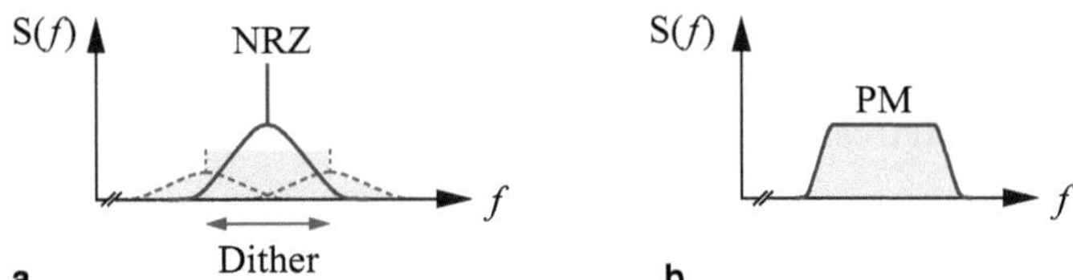

Abb. 9.44 **a** Bei der NRZ-Intensitätsmodulation eines Lasers entsteht ein Spektrum $S(f)$ mit einer dominierenden leistungsstarken Spektrallinie. Durch eine langsame Frequenzmodulation des Lasers (Dithering) kann zur Reduktion der SBS das Spektrum im zeitlichen Mittel verbreitert werden (grau hinterlegt). **b** Durch Phasenmodulation (PM) eines optischen Trägers mit mehreren Modulationsfrequenzen oder mit einer zufälligen Datensequenz entsteht ein kontinuierliches verbreitertes Spektrum mit reduziertem effektiven SBS-Koeffizienten

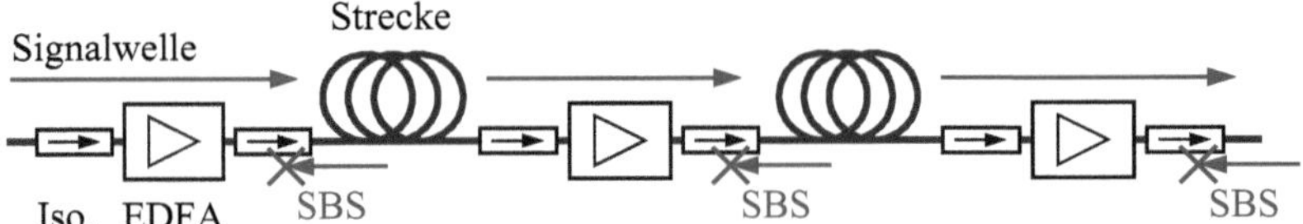

Abb. 9.45 In optischen Übertragungssystemen wechseln sich optische Verstärker (EDFA) und Streckenabschnitte mit Übertragungsfasern ab. Die optischen Isolatoren der EDFA-Module verhindern eine Ausbreitung und Verstärkung der rücklaufenden Stokes-Welle der SBS über große Strecken

9.8.1.2 Dämpfung der Stokes- oder der Schallwelle

Eine effektive Unterdrückung der SBS kann erreicht werden, indem die rückwärtig laufende Stokes-Welle gedämpft wird, so dass diese nicht in die Größenordnung der Pumpwelle kommt.

Eine einfache Methode ist das periodische Einfügen von optischen Isolatoren (Richtungsleitungen), die nur die Pumpwelle, aber nicht die entgegengesetzt laufende Stokes-Welle transmittieren [184]. In optischen Übertragungsstrecken sind in den EDFAs zur Vermeidung einer Selbstoszillation ohnehin Isolatoren verbaut. Dadurch werden die einzelnen Übertragungsstreckenabschnitte (engl. *spans*) wirkungsvoll bezüglich der SBS entkoppelt (Abb. 9.45). Da Isolatoren auch in Transmissionsrichtung eine gewisse Einfügedämpfung haben, und in der maximal zulässigen Verlustleistung begrenzt sind, können Isolatoren nicht in Systemen mit sehr großen optischen Leistungen zur SBS-Unterdrückung eingesetzt werden.

In [185] wurde vorgeschlagen, die entgegengesetzt zur Pumpwelle laufende Stokes-Welle mit einem schmalbandigen, über die ganze Länge verteilten Faser-Bragg-Gitter zu reflektieren. Damit könnte die SBS unterdrückt werden, da eine Stokes-Welle gleichlaufend zur Pumpe nicht durch SBS verstärkt werden kann. In [185] wurde die Wirkung dieser Methode nur simulativ für die Transmission kurzer Pulse über Faserlängen von einigen Metern diskutiert. Ein praktischer Nachweis oder eine Diskussion für den cw-Betrieb fehlt jedoch. Für die Wirksamkeit müsste die komplette Faserlänge mit einem homogenen FBG

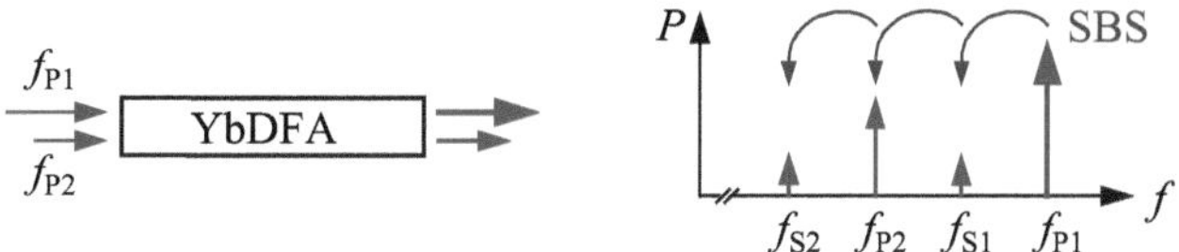

Abb. 9.46 Wird in einem Ytterbium-dotierten Faserverstärker (YbDFA) für große Leistungen zusätzlich zu der eigentlich zu verstärkenden Frequenz f_{P1} eine zweite Frequenz $f_{P2} = f_{P1} - 2\, f_B$ eingekoppelt, so kann die SBS der leistungsstärkeren Frequenz f_{P1} unterdrückt werden

versehen werden, was schwierig herstellbar ist. Die Alternative, mehrere über die Länge verteilte kurze FBGs zu verwenden, ist nicht sinnvoll, da diese FBGs Resonatoren für die Stokes-Welle bilden und die Ausbildung der SBS im cw-Betrieb begünstigen. Tatsächlich wurden inzwischen Distributed-Feedback (DFB) Brillouin-Faserlaser auf Basis der SBS in Faser-Bragg-Gittern demonstriert [120, 121]. FBGs, die unter einem kleinen Winkel zur Faserachse eingeschrieben werden (engl. *tilted FBG*), könnten prinzipiell die Stokes-Welle in den Mantel streuen und eine Rückkopplung der SBS im Kern vermeiden. Allerdings haben derartige FBGs durch die Ankopplung an die Mantelmoden ein breites Spektrum, dass sich zu kleineren Wellenlängen erstreckt und somit auch die Pumpwelle bedämpfen würde [186]. FBGs sind aus diesen Gründen nicht geeignet, auf einfache Weise die SBS zu unterdrücken.

Eine interessante Möglichkeit der SBS-Unterdrückung wird in [187] für Faserverstärker gezeigt. Eine zu verstärkende Welle mit Frequenz f_{P1} erzeugt in der Faser eine ungewollte Stokes-Welle bei der Frequenz $f_{S1} = f_{P1} - f_B$. Wird zusätzlich eine zweite zu verstärkende Frequenz $f_{P2} = f_{S1} - f_B = f_{P1} - 2f_B$ eingekoppelt, so wird diese von der Stokes-Welle f_{S1} gepumpt und entzieht dieser die Leistung (Abb. 9.46). Die gesamte Verstärkerausgangsleistung wird dadurch um einen Faktor zwei bis drei erhöht [187, 188].

Eine naheliegende Methode zur Dämpfung der an der SBS beteiligten Schallwelle wären periodische Unterbrechungen der Faser mit linsengekoppelten Freiraumstrecken. Allerdings wird dadurch die Stokes-Welle nicht unterdrückt, die im benachbarten Fasersegment durch Überlagerung mit der Pumpwelle und Elektrostriktion sofort eine neue Schallwelle erzeugt. Außerdem sind die typischen Einfügeverluste von 0,5 dB solcher linsengekoppelter Freiraumstrecken für viele Anwendungen zu groß.

Eine Möglichkeit zur Dämpfung der Schallwelle ist die Dotierung des Faserkerns mit Bor (B_2O_3). Boroxid-Glas hat eine deutlich größere akustische Dämpfung als Quarzglas. Damit konnten Fasern realisiert werden, die einen um 4 dB kleineren SBS-Koeffizienten im Vergleich zu Standardfasern haben [42].

9.8.1.3 Reduktion der akustooptischen Modenfläche

Eine wirksame Möglichkeit der SBS-Unterdrückung ist die Reduktion des faserspezifischen SBS-Koeffizienten gemäß Gl. (9.165) durch Vergrößerung der akustooptischen Modenfläche Gl. (9.166). In einfachen Stufenindexfasern kann dies durch Vergrößerung des Kernradius a_K bei gleichzeitiger Reduktion der normierten Brechzahldifferenz Δ erfolgen,

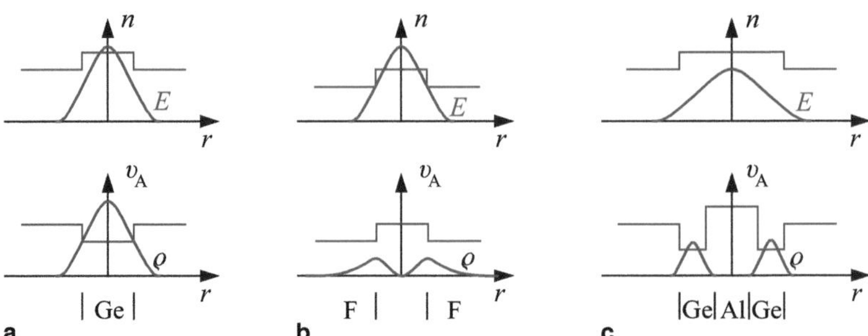

Abb. 9.47 Brechzahlprofile n sowie Schallgeschwindigkeitsprofile v_A und resultierende Verteilung der optischen (E) und akustischen (ϱ) Feldamplituden. **a** Konventionelle im Kern Ge-dotierte Faser. **b** F-dotierter Mantel. **c** LMA-Faser mit Al/Ge-Dotierung im Kern

um trotz des größeren Faserkerns die Einmodenbedingung zu erfüllen. Durch die größere effektive optische Modenfläche A_{eff}, die in solchen Fasern näherungsweise gleich der akustooptischen Modenfläche $A_{\text{eff,B}}$ ist, werden sowohl der faserspezifische SBS-Koeffizient als auch die anderen nichtlinearen Koeffizienten (Raman, Kerr) reduziert. Derartige engl. *large mode-area* (LMA) Fasern werden bevorzugt für Faserlaser mit hohen Leistungen verwendet [189].

In Fasern mit einem Dotierprofil, das von der einfachen Stufenform abweicht, ergeben sich unterschiedliche transversale Amplitudenverteilungen der optischen und akustischen Felder. Dadurch wird in Gl. (9.168) das Überlappintegral F_{ao} deutlich kleiner als eins, und die für SBS maßgebliche akustooptische Modenfläche $A_{\text{eff,B}}$ wird größer als die effektive Modenfläche A_{eff}. Beispiele dafür sind bestimmte Typen von NZDS (engl. *non-zero dispersion shifted*) Fasern, die einen kleineren SBS-Koeffizienten als eine SSMF aufweisen, obwohl deren optischer Modenfelddurchmesser etwas kleiner als bei einer SSMF ist [47, 109, 190]. Auf dieser Basis können auch Fasern realisiert werden, die optisch die gleichen Eigenschaften haben wie eine SSMF gemäß [191], aber eine um den Faktor 2 erhöhte SBS-Schwelle aufweisen [110, 192].

Bei allen bisher genannten Fasern in diesem Abschnitt wird im Wesentlichen eine Germanium-Dotierung zur Erzeugung des Brechzahlprofiles verwendet. Germanium (Ge) erhöht den Brechungsindex n und reduziert die Schallgeschwindigkeit v_A in SiO_2-Quarzglas. Dadurch entsteht sowohl ein optischer als auch ein akustischer Wellenleiter im Kern der Glasfaser, wie in Kap. 9.2.5 diskutiert und in Abb. 9.47a dargestellt. Wird nur der Faserkern anstelle von Ge mit Aluminium (Al) dotiert, oder alternativ nur der Fasermantel mit Fluor (F) dotiert (s. Abb. 9.47b), so entsteht gemäß Tab. 9.3 durch diese Dotierungsprofile ein Faserkern, in dem sowohl der Brechungsindex n als auch die Schallgeschwindigkeit v_A gegenüber dem Mantel erhöht sind. Solche Fasern sind optisch im Faserkern wellenführend, aber akustisch nicht-wellenführend (engl. *anti-guiding*) [55, 193]. Trotzdem findet stets eine Führung akustischer Wellen im Fasermantel statt. Einige der höheren akustischen Mantelmoden haben nur eine geringe Amplitude an der äußeren Mantelfläche und werden daher von dem Polymercoating der Faser nur schwach bedämpft. Gleichzeitig können diese eine große longitudinale Komponente aufweisen, die bevorzugt an der Kern-Mantelgrenzfläche geführt wird [55]. Weiterhin gibt es analytisch schwer zu beschreibende akustische Leckwellenmoden in solchen Fasern, die mit numerischen Methoden gefunden werden können. Aufgrund dieser Mantel- und Leckwellenmoden tritt auch in derartig dotierten Fasern SBS auf, jedoch mit gegenüber einer normalen Ge-dotierten SMF mit reduzierter Intensität und erhöhter SBS-Schwelle.

Durch gleichzeitige Dotierung mit Al und Ge können komplexe akustische und optische Profile realisiert werden. Wird dabei im radialen Dotierprofil Ge durch Al ersetzt, so kann bereichsweise der gleiche Brechungsindex mit gleichzeitig veränderter lokaler Schallgeschwindigkeit realisiert werden, wie in Abb. 9.47c dargestellt [194]. Damit können LMA-Fasern realisiert werden mit kleiner Überlappung der optischen und akustischen Wellen und dadurch stark reduziertem SBS-Koeffizienten. Mit solchen Fasern werden monofrequente Faserlaser und Faserverstärker mit Leistungen bis zu 1kW möglich, ohne die SBS-Schwelle zu überschreiten [195].

9.8.1.4 Longitudinale Variation der Brillouin-Frequenz

Eine effektive Methode der SBS-Unterdrückung besteht darin, entlang der Lichtausbreitungsrichtung bereichsweise oder kontinuierlich den Brillouin-Frequenzversatz $f_B(z)$ zu verändern. Die Stokes-Welle mit einer Frequenz $f_{S1} = f_P - f_B(z_1)$, die an einem Ort z_1 aus dem Rauschen der spontanen Brillouin-Streuung durch eine Pumpwelle f_P erzeugt wurde, kann dann an einem anderen Ort z_2 nicht durch SBS weiter verstärkt werden, da dort $f_{S1} \neq f_P - f_B(z_2)$ gilt (Abb. 9.48a). Dies kann z. B. dadurch realisiert werden, indem die gesamte Faserstrecke aus unterschiedlichen Fasertypen mit unterschiedlichen SBS-Spektren zusammengesetzt wird [196].

Alternativ kann durch eine kontinuierlich longitudinal variable Brillouin-Frequenz $f_B(z)$ das gesamte SBS-Spektrum der Faser verbreitert und gleichzeitig der maximale SBS-Koeffizient reduziert werden (Abb. 9.48b). Die lokale Variation der SBS-Frequenz kann durch verschiedene Methoden realisiert werden:

- **Longitudinale Temperaturverteilung:** Da die Temperatur T gemäß Gl. (9.212) den Brillouin-Frequenzversatz f_B beeinflusst, kann durch eine longitudinale Temperaturverteilung $T(z)$ eine entsprechende Verteilung $f_B(z)$ der SBS-Frequenz erzeugt werden [197–199].
- **Longitudinale Dehnungsverteilung:** Analog zu einer Temperaturverteilung kann eine variable Dehnung $S(z)$ entlang der Faser eine Variation der Brillouin-Frequenz $f_B(z)$ erzeugen. Die variable Dehnung kann dabei während der Verseilung einer Glasfaser [200] zu einem Kabel entstehen. Weitere Möglichkeiten sind das Wickeln mit variabler Zugkraft auf eine Fasertrommel [136, 201–203] oder das Aufspreizen eines Wickelrahmens [204].
- **Longitudinale Strukturvariation:** Durch eine Variation der Faserstruktur entlang der Faserachse kann ebenfalls die Brillouin-Frequenz variiert werden. Beispiele sind Va-

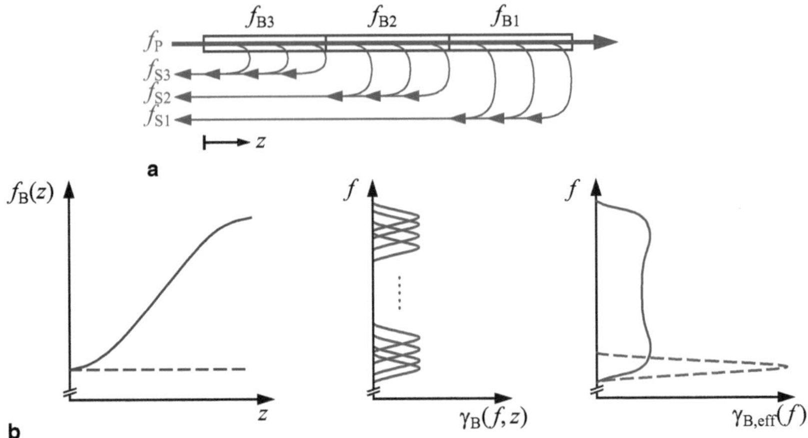

Abb. 9.48 Unterdrückung der SBS durch longitudinale Variation der Brillouin-Frequenz f_B: **a** Segmentierte Faser, so dass die Stokes-Welle aus einem Segment in einem anderen nicht weiter verstärkt wird. **b** Kontinuierliche Verteilung $f_B(z)$ und resultierendes verbreitertes Spektrum des SBS-Koeffizienten. Zum Vergleich, gestrichelt: Konstante SBS-Frequenz

riationen des Kernradius [205] oder der Dotierung [206, 207] sowie der Struktur von mikrostrukturierten Fasern [208].

Die Methode der Temperaturverteilung und der Dehnungsverteilung kann auf beliebige Fasern angewendet werden. Im Gegensatz dazu müssen für die Strukturvariation Sonderfasern hergestellt werden. Maßgeblich für die SBS-Unterdrückung ist der maximale Frequenzunterschied $\Delta f_{B,max}$ der SBS-Frequenz, der entlang der Faser realisiert werden kann. Von allen beschriebenen Methoden kann dies am besten mit einer Dehnungsverteilung erfolgen. Diese Methode wird in den nächsten Abschnitten ausführlich theoretisch untersucht und mit experimentellen Ergebnissen verglichen.

9.8.2 Wickelmaschine zur Herstellung von verspannten Fasern

9.8.2.1 Aufbau der Wickelmaschine

Mit einer longitudinalen Variation der Dehnung kann das SBS-Spektrum geformt werden. Eine Methode zur Realisierung ist das Aufwickeln der Glasfaser auf eine Trommel mit variabler Zugkraft. Durch Reibung der Faser an dem Wickelkörper wird eine Relaxation der so erzeugten Dehnung verhindert, wenn der Gradient der Dehnung nicht zu groß ist. Abbildung 9.49 zeigt den Aufbau einer beispielhaften Wickelmaschine zur Herstellung von verspannten Glasfasern mit einer dauerhaften longitudinalen Dehnungsverteilung [209]. Als Wickelkörper dienen z. B. Messingtrommeln, deren Durchmesser für die folgenden Beispiele 84 mm beträgt. Die zu wickelnde Faser befindet sich auf einer drehbaren

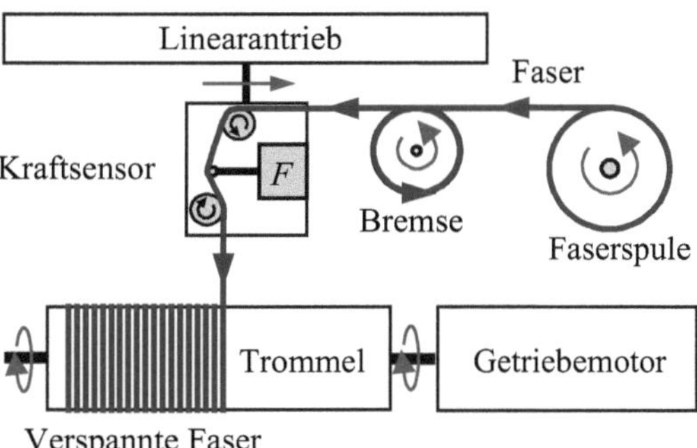

Abb. 9.49 Wickelmaschine zur Herstellung von verspannten Glasfasern

Vorratstrommel. Der Antrieb erfolgt über einen langsam drehenden Getriebemotor mit hohem Drehmoment. Mit einem Linearantrieb wird eine dichte einlagige Wicklung ohne Überlappung ermöglicht. Durch eine elektronisch steuerbare Hysterese-Bremse mit Rechnersteuerung können frei programmierbare Verläufe der Zugkraft und damit der Dehnung während des Wickelns der Faser erzeugt werden. Die Zugkraft wird permanent mit einem kapazitiven Drucksensor gemessen, der vor jedem Wickelvorgang genullt und mit Referenzgewichten kalibriert wird. Damit kann die Zugkraft über die Rechnersteuerung geregelt werden. Mit einer derartigen Maschine können bis zu 300 m Glasfaser mit einer maximalen Zugkraft von $F_{\max} = 50$ N und mit frei programmierbaren Dehnungsverläufen gewickelt werden. Allerdings steigt die Wahrscheinlichkeit eines sofortigen Faserbruchs für Zugkräfte größer als 30 N stark an. Die spezifizierte dauerhafte Zugspannungsfestigkeit normaler Glasfasern beträgt 100 kpsi bzw. 6,9 MPa, was bei einem Glasdurchmesser von 125 μm einer Zugkraft von 8.5 N entspricht. Eine Reihe von Fasern für besondere Anwendungen werden auch mit einer Zugfestigkeit von 200 kpsi spezifiziert.

9.8.2.2 Kraft-Dehnungsbeziehung von Standardfasern

Für die Verschiebung der SBS-Frequenz ist die aus der Zugkraft resultierende Dehnung S, definiert als relative Längenänderung $\Delta l/l$, maßgeblich. Die Spannungs-Dehnungsbeziehung $\sigma(S)$ für Glasfasern ist für große Spannungen leicht nichtlinear aufgrund des nichtlinearen Elastizitätsmoduls von Glas [210, 211]:

$$\sigma(S) = Y_0 \left(S + \tfrac{1}{2} d\, S^2\right), \tag{9.217}$$

mit dem Elastizitätsmodul für kleine Dehnungen Y_0 und dem Nichtidealitätskoeffizienten $d \approx 6$ [160], der die Abweichung von der Linearität beschreibt. Für die Zugspannung gilt außerdem $\sigma = F/A$, mit der Zugkraft F und der Querschnittsfläche A. Daraus kann die relative Dehnung $S(F)$ in Abhängigkeit der Kraft berechnet werden:

$$S(F) = \frac{1}{d}\left(\sqrt{1 + 2d\frac{\mathrm{F}}{AY_0}} - 1\right). \tag{9.218}$$

Abbildung 9.50 zeigt Messungen der Dehnung in Abhängigkeit der Zugkraft an verschiedenen Glasfasern mit 125 μm Durchmesser und 250 μm Polymercoating. Die Messwerte sind

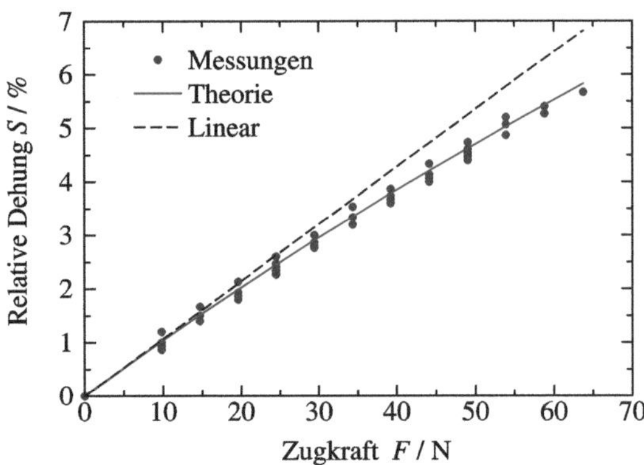

Abb. 9.50 Relative Dehnung S einer 125 μm Glasfaser in Abhängigkeit von der Zugkraft F

in guter Übereinstimmung mit der Theorie für einen Elastizitätsmodul von $Y_0 = 76$ GPa und $d = 6$. Der so bestimmte Zahlenwert für Y_0 ist etwas größer als der Zahlenwert von Quarzglas aus Bsp. 9.1, was auf den Beitrag des dort nicht berücksichtigten Polymercoatings mit 250 μm Durchmesser zurückzuführen ist.

Für kleine Zugkräfte kann Gl. (9.218) linearisiert werden zu

$$S(F) = \alpha F, \quad \alpha = 0{,}107\ \%/\mathrm{N}. \tag{9.219}$$

Mit diesen Beziehungen kann die Zugkraft in eine für die Verschiebung der SBS-Frequenz maßgebliche Dehnung umgerechnet werden.

9.8.2.3 Abhängigkeit der SBS-Frequenz von der Zugkraft beim Faserwickeln

Zur Bestimmung der Dehnungsabhängigkeit der SBS-Frequenz f_B wurden Faserspulen mit 200 m einer Singlemodefaser mit unterschiedlicher, aber über der Länge konstanter Zugkraft F gewickelt. Abbildung 9.51 zeigt SBS-Spektren, die mit dem in Kap. 9.5.5 beschriebenen Aufbau gemessen wurden. Die SBS-Frequenz in Abhängigkeit von der Zugkraft ändert sich im Rahmen der Messgenauigkeit linear mit einem Koeffizienten von $K_F = 58{,}5$ MHz/N. Mit dem linearisierten Kraft-Dehnungskoeffizienten aus Gl. (9.219) ergibt dies einen Dehnungskoeffizient der SBS-Frequenz von $K_S = 547$ MHz/%. Das ist signifikant mehr als der Literaturwert für eine reine axiale Dehnung bei einer vergleichbaren Wellenlänge in Gl. (9.214b) nach [164]. Da die reine Biegung der Faser einen vernachlässigbaren Einfluss hat (s. Kap. 9.7.2), kann dies nur auf den Einfluss einseitig radialer Druckkräfte durch das enge Wickeln auf die Fasertrommel zurückgeführt werden.

9.8.2.4 Einfluss auf Dämpfung, Doppelbrechung und chromatische Dispersion.

Neben der SBS-Frequenz beeinflusst die Wicklung der Faser mit hoher Zugkraft auf eine Trommel auch die Dämpfung, die Doppelbrechung und die chromatische Dispersion der Glasfaser.

Die Dämpfung durch Biegungsverluste wird dabei von dem Biegeradius R_K und damit vom Radius des Wickelkörpers bestimmt, wie in Kap. 4.1.4 beschrieben. Für einen Radius

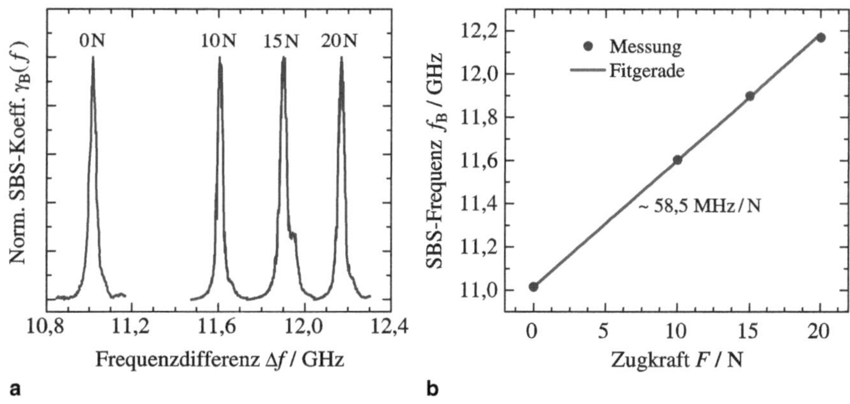

Abb. 9.51 **a** SBS-Spektren von Fasern mit unterschiedlicher, aber über der Länge konstanter Zugkraft F. **b** Abhängigkeit der SBS-Frequenz f_B von der Zugkraft F

von 42 mm der Messingtrommeln der in Kap. 9.8.2 vorgestellten Wickelmaschine ist die zusätzliche Dämpfung für eine SSMF vernachlässigbar klein.

Die Doppelbrechung einer gewickelten Glasfaser setzt sich aus einem Beitrag der Faserkrümmung und einem Beitrag durch die radiale Anpresskraft auf die Fasertrommel zusammen [212]. Die gesamte Phasenmaßdifferenz $\Delta\beta$ der schnellen und langsamen Achse in Abhängigkeit von der Zugkraft F beim Wickeln ist demnach gegeben durch

$$\Delta\beta = \frac{2}{\lambda} n_\mathrm{eff}^3 p_{44} \frac{(1+\nu)(2-3\nu)}{(1-\nu)Y} \frac{1}{a_\mathrm{M} R_\mathrm{K}} F. \tag{9.220}$$

Darin ist λ die Vakuumwellenlänge der Lichtwelle, n_eff der effektive Brechungsindex der Grundmode, und p_{44} ist einer der photoelastischen Koeffizienten (s. Kap. 9.2.2). ν ist die Querkontraktionszahl und Y ist der Elastizitätsmodul des Glasmaterials, und a_M sowie R_K sind die Radien des Glasfasermantels und des Wickelkörpers.

Dies kann mit Gl. (4.33) umgerechnet werden in eine Schwebungslänge $\Lambda_\mathrm{P} = 2\pi/|\Delta\beta|$. Die Schwebungslänge kann auch messtechnisch bestimmt werden [213]. Hierzu wird eine wellenlängenabstimmbare Lichtquelle mit einer Mittenwellenlänge λ_m in eine Faser der Länge L eingekoppelt. Bei einer Wellenlängenvariation um λ_m wiederholt sich der Polarisationszustand der ausgekoppelten Lichtwelle periodisch in einem Abstand $\Delta\lambda$. Die Schwebungslänge ergibt sich damit zu

$$\Lambda_\mathrm{P,mess} = \left|\frac{\Delta\lambda}{\lambda_\mathrm{m}} L\right|. \tag{9.221}$$

Beispiel 9.34

Bei $\lambda_0 = 1545$ nm ergibt sich mit $n_{\mathrm{eff}} = 1{,}447$, $p_{44} = -0{,}07$ (s. Bsp. 9.9), $\nu = 0{,}17$ und $Y = 73$ GPa (s. Bsp. 9.1) für eine Standardfaser mit $a_{\mathrm{M}} = 67{,}5\,\mu$m auf einem Wickelkörper mit $R_{\mathrm{K}} = 42$ mm bei einer Zugkraft von $F_1 = 9$ N eine berechnete Schwebungslänge $\Lambda_1 = 23{,}2$ cm, und $\Lambda_2 = 10{,}4$ cm bei einer Kraft $F_2 = 20$ N. Messtechnisch wurden Zahlenwerte $\Lambda_{1,\mathrm{mess}} = 21{,}5$ cm und $\Lambda_{2,\mathrm{mess}} = 10{,}4$ cm bestimmt, in guter Übereinstimmung mit der Rechnung.

Die Doppelbrechung einer mit derart großen Kräften gewickelten Faser lässt sich also gut mit Gl. (9.220) bestimmen. Die Schwebungslängen Λ im Bereich von 10 cm sind erheblich kleiner als die intrinsische Schwebungslänge einer unverspannten Standardfaser, sind aber immer noch deutlich größer als bei kommerziellen polarisationserhaltenden Glasfasern, die Schwebungslängen im mm-Bereich aufweisen. Diese definierte Doppelbrechung ist bei der messtechnischen Bestimmung der SBS-Verstärkung sowie bei der Berechnung der SBS-Schwelle in Kap. 9.8.5.2 durch entsprechende Polarisationsfaktoren zu berücksichtigen.

Neben der Doppelbrechung wird auch die chromatische Dispersion durch die Dehnung verändert. Dies kann messtechnisch besonders gut anhand der Wellenlänge λ_{D} der Nullstelle der Dispersion (engl. *zero-dispersion wavelength*, ZDW) beobachtet werden, und im Wellenlängenbereich um 1550 nm daher besonders gut an dispersionsverschobenen Glasfasern (engl. *dispersion-shifted fiber*, DSF). In [214] wurde an einer DSF eine dehnungsbedingte Änderung der ZDW von $\mathrm{d}\lambda_0/\mathrm{d}S = 1{,}7$ nm/% bestimmt. Die ZDW ist besonders für parametrische Faserverstärker relevant, da die Vierwellenmischung ein phasensensitiver Prozess ist (s. Kap. 7.3.2.1). Daher kann eine längsvariable Dehnung zur Kompensation von Fluktuationen der ZDW in parametrischen Faserverstärkern verwendet werden [215]. Durch die Kombination mit der SBS-Unterdrückung in variabel verspannten Glasfasern können damit die Verstärkung und Bandbreite parametrischer Verstärker und Wellenlängenumsetzer optimiert werden [216, 217].

9.8.2.5 Beispiele für Wickelkraftprofile

Neben konstanten Zugkräften können durch die Rechnersteuerung beliebige Zugkraft- und Dehnungsverläufe gewickelt werden. Aufgrund der Reibung des Polymercoatings an der Trommel sind drei Windungen der Glasfaser ausreichend, um eine maximale Zugkraft von 50 N an einem Faserende zu halten, selbst wenn das andere Faserende kraftfrei und lose ist. Dies bestimmt die Obergrenze für den Dehnungsgradienten $\mathrm{d}S/\Delta z$ in der Faser. Die Dehnungsverteilung relaxiert nach dem Wickelvorgang nur unwesentlich, solange die Faserenden fixiert werden und eine minimale Zugkraft von $F_0 = 1$ N nicht unterschritten wird.

Abbildung 9.52 zeigt beispielhaft drei verschiedene analytische Wickelprofile der Zugkraft $F(z)$ in Fasern mit einer Gesamtlänge $L = 200$ m. Alle Wickelprofile sind spiegelsymmetrisch zur Fasermitte bei $z = 100$ m. Dadurch sind beide Faserenden spannungsfrei, was die Handhabung erleichtert. Details der Wickelprofile und deren Anwendung zur SBS-

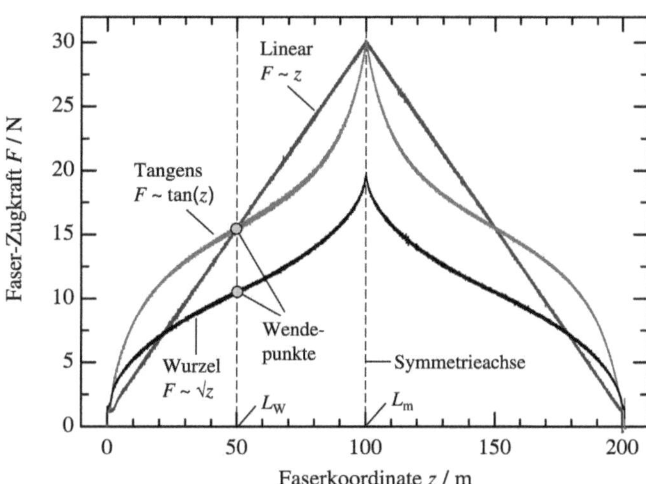

Abb. 9.52 Gemessene Zugkräfte $F(z)$ während des Wickelvorgangs für drei verschiedene analytische Profile: Lineare Rampe $F \sim z$, Wurzelfunktion $F \sim \sqrt{z}$ und Tangens-Funktion $F \sim \tan z$

Unterdrückung und zur Formung des SBS-Spektrums werden in Kap. 9.8.5 und 9.8.6 beschrieben.

9.8.3 Effektiver SBS-Koeffizient in Fasern mit ortsvariabler Dehnung

Wir betrachten eine Glasfaser mit einer longitudinalen Variation der axialen Dehnung $S(z)$. Die lokale SBS-Frequenz $f_B(z)$ ist dann gegeben durch:

$$f_B(z) = f_{B0} + \Delta f_B(z) = f_{B0} + K_S\, S(z). \tag{9.222}$$

Darin ist f_{B0} die Brillouin-Frequenz der unverspannten Faser, und $\Delta f_B(z)$ ist die SBS-Frequenzabweichung durch die Dehnung. K_S ist der Dehnungskoeffizient der Brillouin-Frequenz aus Gl. (9.214b). An jedem Ort hat das SBS-Spektrum immer noch das intrinsische lorentzförmige SBS-Spektrum aus Gl. (9.137) mit konstanter Breite B_B, da die spektrale Breite der SBS nicht dehnungsabhängig ist [88]. Das Spektrum ist jedoch verschoben auf die lokale SBS-Frequenz

$$\gamma_B(f, z) = \gamma_B\Big(f - \Delta f_B(z)\Big). \tag{9.223}$$

Der Exponent der SBS-Verstärkung in Gl. (9.142) ist dann durch Integration der lokalen SBS-Verstärkung $\gamma_B(f, z)\, P_P(z)$ über die gesamte Faserlänge gegeben [200], so dass für das Spektrum der Absolutverstärkung der SBS gilt:

$$G(f) = \exp\left(\int_0^L \gamma_B(f, z)\, P_P(z)\, dz\right), \tag{9.224}$$

mit dem Verlauf der Leistung der Pumpwelle $P_P(z)$ entlang der Faser. Gleichung (9.224) gilt allgemein, also auch in Faserverstärkern mit großen Gradienten der Pumpleistung. Eine Vereinfachung ist möglich, wenn der Leistungsverlauf der Pumpe analytisch bekannt ist, z. B. in passiven Fasern mit $P_P = P_{P0} \exp(-az)$. Dann kann ein effektiver SBS-Koeffizient $\gamma_{B,eff}(f)$ der gesamten Faserstrecke bestimmt werden:

$$\gamma_{B,eff}(f) = \frac{1}{L} \int_0^L \gamma_B(f, z)\, e^{-az}\, dz \approx \frac{1}{L} \int_0^L \gamma_B(f, z)\, dz. \tag{9.225}$$

Damit können generell die SBS-Spektren von Fasern mit einer beliebigen Verteilung der SBS-Frequenz aufgrund einer variablen Temperatur, Dehnung oder Struktur berechnet werden [198, 204, 206]. Im weiteren wird die Faserdämpfung a vernachlässigt, da diese in Fasern mit einer maximalen Länge von einigen 100 m keine Rolle spielt. Fasern in diesem Längenbereich werden üblicherweise für Faserlaser, Faserverstärker oder parametrische Verstärker verwendet. Auch für die ab Kap. 9.8.2 diskutierten verspannten Glasfasern ist diese Näherung zulässig. Für große Faserlängen sowie in Fasern mit starker Dämpfung oder in aktiven Fasern mit einem Verstärkungskoeffizienten $g = -a$ ist diese Näherung nicht mehr zulässig. Dann muss eine Berechnung der SBS gemäß Kap. 9.8.7 erfolgen.

Weiterhin wird in Gl. (9.225) eine Normierung auf die Faserlänge L eingeführt, um effektive SBS-Koeffizienten von variabel verspannten Fasern mit verschiedenen Längen vergleichen zu können. Der so definierte effektive SBS-Koeffizient kann direkt in Gl. (9.142) verwendet werden, um die Absolutverstärkung der SBS bei gegebener Pumpleistung P_{P0} zu berechnen. Mit dem Maximum $\gamma_{B0,eff} = \max\{\gamma_{B,eff}(f)\}$ kann mit Hilfe von Gl. (9.189) die Leistung der SBS-Schwelle bestimmt werden, wobei je nach spektraler Form von $\gamma_{B,eff}(f)$ der entsprechende kritische Faktor C_{th} aus Gl. (9.203) verwendet werden muss.

9.8.4 Berechnung des SBS-Spektrums mit einer Dichtefunktion

Eine alternative Berechnungsmethode zu Gl. (9.225) für das effektive SBS-Spektrum in Fasern mit einer variablen SBS-Frequenz ist die Verwendung der Dichtefunktion $\Phi_z(f)$ der SBS-Frequenzabweichung Δf_B entlang der Faserkoordinate z [136]. $\Phi_z(f)$ ist ein Maß für die effektiv wirksame Faserlänge in einem Frequenzintervall mit Mittenfrequenz $f = \Delta f_B$ und ist folgendermaßen definiert:

$$\Phi_z(f) = \frac{d}{df} z(f) \tag{9.226a}$$

$$= \left[\frac{d}{d\,\Delta f_B} \Delta f_B^{-1}(z)\right]_{\Delta f_B \to f} \tag{9.226b}$$

$$= \frac{1}{K_S} \left[\frac{d}{dS} S^{-1}(z)\right]_{S \to f}. \tag{9.226c}$$

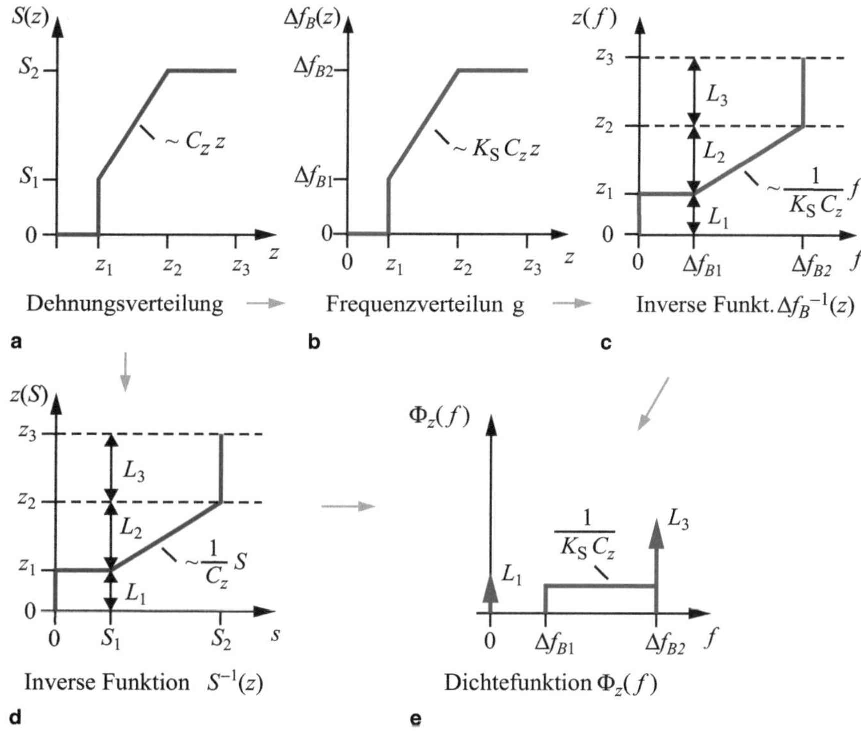

Abb. 9.53 Grafisches Beispiel für die Berechnung der Dichtefunktion $\Phi z(f)$

Darin ist $x^{-1}(z) = z(x)$ jeweils die inverse Funktion einer lokalen Größe, in diesem Fall also entweder der lokalen SBS-Frequenzabweichung $\Delta f_{\mathrm{B}}(z)$ oder der lokalen Dehnung $S(z)$. Die Dichtefunktion ist also gegeben durch die Ableitung der Umkehrfunktion einer lokalen Größe x, wobei nach der Ableitung diese Größe x mit der Frequenz f substituiert werden muss. Wenn die Funktion $x(z)$ nicht streng monoton ist, z. B. im Fall eines periodisch variablen Dehnungsverlaufs $S(z)$, dann muss die Umkehrfunktion in jedem Monotonitätsintervall i einzeln gebildet werden. Die Dichtefunktion $\Phi_z(f)$ ist dann die Summe aller Dichtefunktionen $\Phi_{z,i}(f)$ über alle Fasersegmente i.

Abbildung 9.53 zeigt ein grafisches Berechnungsbeispiel. Ausgehend von der Verteilung der Dehnung $S(z)$ (a) kann zunächst die lokale Abweichung der SBS-Frequenz Δf_{B} (b) bestimmt werden. Nach Inversion (c), Ableitung und Variablensubstitution erhält man in (d) die Dichtefunktion $\Phi_z(f)$. Alternativ kann auch direkt die Umkehrfunktion der Dehnungsverteilung $S^{-1}(z)$ (e) gebildet werden, aus der sich nach Ableitung und Substitution ebenfalls die Dichtefunktion ergibt.

Der effektive SBS-Koeffizient kann nun durch Faltung des intrinsischen SBS-Spektrums $\gamma_{\mathrm{B}}(f)$ mit der Dichtefunktion $\Phi_z(f)$ bestimmt werden:

$$\gamma_{\mathrm{B,eff}}(f) = \frac{1}{L}\, \gamma_{\mathrm{B}}(f) * \Phi_z(f) \tag{9.227a}$$

$$= \frac{1}{L} \int_{-\infty}^{\infty} \gamma_{\mathrm{B}}(f) \cdot \Phi_z(f - f')\, \mathrm{d}f'. \tag{9.227b}$$

Wenn die spektrale Breite des intrinsischen SBS-Spektrums $\gamma_{\mathrm{B}}(f)$ viel kleiner als die Breite der Dichtefunktion $\Phi_z(f)$ ist, so kann diese bezüglich der Faltung mit einer DIRACschen Delta-Funktion bei der Brillouin-Frequenz f_{B0} genähert werden:

$$\gamma_{\mathrm{B}}(f) \approx \Gamma_{\mathrm{L}}\, \delta(f_{\mathrm{B0}}). \tag{9.228}$$

Darin ist Γ_L die Fläche unter dem Lorentz-Profil $\mathcal{L}(f)$ des SBS-Koeffizienten $\gamma_B(f)$ mit Maximum γ_{B0} und Breite B_{B}:

$$\Gamma_{\mathrm{L}} = \int_{-\infty}^{\infty} \gamma_{\mathrm{B}}(f)\, \mathrm{d}f = \gamma_{\mathrm{B0}} \int_{-\infty}^{\infty} \mathcal{L}(f)\, \mathrm{d}f = \gamma_{\mathrm{B0}} \frac{\pi B_{\mathrm{B}}}{2}. \tag{9.229}$$

Mit dieser Dirac-Näherung wird die Faltung in (9.227) eine einfache Multiplikation. Die Form des effektiven SBS-Spektrums $\gamma_{\mathrm{B,eff}}(f)$ ist dann allein durch die Form der Dichtefunktion $\Phi_z(f)$ gegeben:

$$\gamma_{\mathrm{B,eff}}(f + f_{\mathrm{B0}}) \approx \frac{1}{L} \gamma_{\mathrm{B0}} \frac{\pi B_{\mathrm{B}}}{2} \Phi_z(f) \tag{9.230a}$$

$$= \frac{1}{L} \gamma_{\mathrm{B0}} \frac{\pi B_{\mathrm{B}}}{2} \frac{\mathrm{d}}{\mathrm{d}f} z(f) \tag{9.230b}$$

$$= \frac{1}{L} \gamma_{\mathrm{B0}} \frac{\pi B_{\mathrm{B}}}{2} \frac{1}{K_S} \left[\frac{\mathrm{d}}{\mathrm{d}S} S^{-1}(z) \right]_{S \to f}. \tag{9.230c}$$

Mit dieser Gleichung kann das effektive SBS-Spektrum von Fasern mit beliebiger Dehnungsverteilung bestimmt werden. Dies ist zwar auch mit Gl. (9.227) oder mit Gl. (9.225) möglich, die Form in Gl. (9.230c) gibt aber eine intuitive Einsicht, wie das SBS-Spektrum mit einer geeigneten Verteilung der Dehnung geformt werden kann.

9.8.5 SBS-Unterdrückung mit einer linearen Dehnungsverteilung

9.8.5.1 Theoretische Beschreibung der SBS-Unterdrückung

Mit Hilfe von Gl. (9.230) kann die SBS-Unterdrückung in einer Faser mit einer linearen Verteilung der SBS-Frequenz bestimmt werden. Wir betrachten hierzu eine Faser der Länge L mit einem linearen Verlauf der Dehnung $S(z)$ bis zu einer maximalen Dehnung $S_{\max}$ (Abb. 9.54a)

$$S(z) = \frac{S_{\max}}{L} z = C_z\, z, \quad 0 \le z \le L. \tag{9.231}$$

Für die Dichtefunktion ergibt sich damit

$$\Phi_z(f) = \frac{L}{K_S\, S_{\max}}, \quad 0 \le z \le L. \tag{9.232}$$

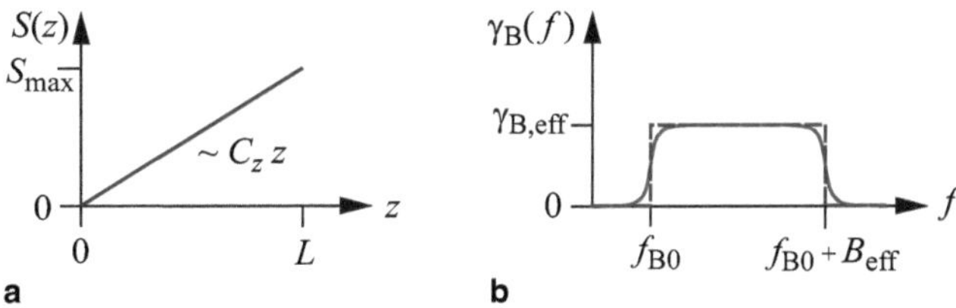

Abb. 9.54 **a** Lineare Dehnungsverteilung zur SBS-Unterdrückung. **b** Effektiver SBS-Koeffizient; durchgezogene Linie: exakt; gestrichelt: Dirac-Näherung

Daraus resultiert aus Gl. (9.230a) ein flaches SBS-Spektrum, das sich von f_{B0} bis $f_{B0} + B_{eff}$ erstreckt, mit einer effektiven Bandbreite $B_{eff} = K_s S_{max}$ (Abb. 9.54b). Der effektive SBS-Koeffizient innerhalb dieses Frequenzbereichs ist:

$$\gamma_{B,eff} = \gamma_{B0} \frac{\pi B_B}{2} \frac{1}{K_S S_{max}}, \quad f_{B0} \leq f \leq f_{B0} + B_{eff}. \tag{9.233}$$

Damit kann ein Unterdrückungsverhältnis V_γ für den SBS-Koeffizienten definiert werden, der sich aus dem Verhältnis der SBS-Koeffizienten von verspannter und unverspannter Faser ergibt:

$$V_\gamma = \frac{\gamma_{B0}}{\gamma_{B,eff}} = \frac{2}{\pi} \frac{B_{eff}}{B_B} = \frac{2}{\pi} \frac{K_S S_{max}}{B_B}. \tag{9.234}$$

Alternativ kann dies auch mit der maximalen Zugkraft F_{max} beim Wickeln ausgedrückt werden:

$$V_\gamma = \frac{2}{\pi} \frac{K_F (F_{max} - F_0)}{B_B}, \tag{9.235}$$

wobei K_F der Wickelkraftkoeffizient der SBS-Frequenz ist (Kap. 9.8.2.3), und mit F_0 berücksichtigt wird, dass eine minimale Zugkraft zur Fixierung der Kraft- und Dehnungsverteilung nicht unterschritten werden darf.

Der SBS-Koeffizient wird offensichtlich umso stärker unterdrückt, je mehr das SBS-Spektrum durch die Dehnung verbreitert wird. Das Unterdrückungsverhältnis V_γ hängt auch von der intrinsischen SBS-Bandbreite B_B ab. Fasern mit einem bereits verbreiterten SBS-Spektrum durch zufallsverteilte longitudinale Inhomogenitäten der Geometrie oder der Dotierung können nur weniger SBS-reduziert werden. Wenn diese Inhomogenität der Geometrie oder Dotierung aber definiert eingebracht wurde, wie z. B. in [207] beschrieben, dann kann durch richtige Überlagerung beider Effekte die SBS-Unterdrückung durch eine zusätzliche ortsvariable Dehnung weiter gesteigert werden.

Das Unterdrückungsverhältnis V_{th} der Leistungen der SBS-Schwelle einer verspannten Faser $P_{th,s}$ zu einer unverspannten Faser $P_{th,0}$ ist näherungsweise durch das Verhältnis der SBS-Koeffizienten V_γ gegeben. Allerdings muss gemäß Kap. 9.6.2.5 auch das Verhältnis der kritischen Faktoren $C_{th,s}$ und $C_{th,0}$ beider Fälle sowie mögliche Unterschiede im

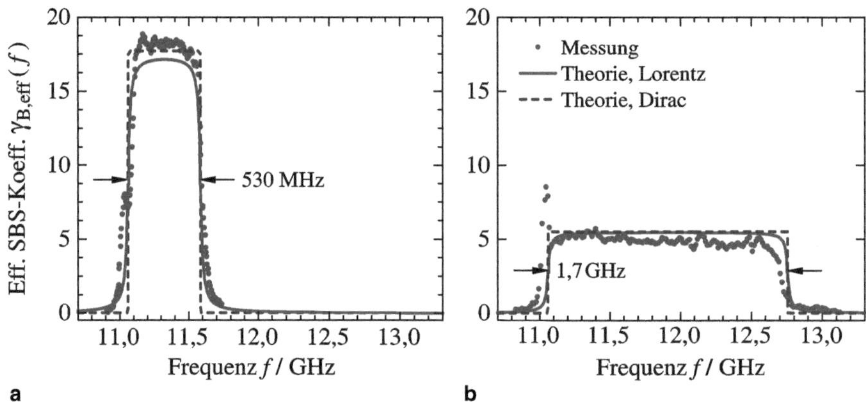

Abb. 9.55 Gemessene und berechnete SBS-Spektren für linear rampenförmig verspannte Fasern mit einer maximalen Zugkraft von 10 N (**a**) und 30 N (**b**)

Polarisationsfaktor ξ berücksichtigt werden [136]:

$$V_{\text{th}} = V_\gamma \frac{C_{\text{th,s}}}{C_{\text{th,0}}} \frac{\xi_s}{\xi_0}. \tag{9.236}$$

Damit ist eine zuverlässige Vorhersage der Anhebung der SBS-Schwelle in Fasern mit einem linearen Dehnungsprofil möglich.

9.8.5.2 Vergleich mit experimentellen Messungen

Zum Test der Methode wurde mit der Wickelmaschine aus Kap. 9.8.2 eine SSMF der Länge $L = 200$ m mit einer rampenförmigen Zugkraftverteilung gewickelt, die von einer minimalen Zugkraft $F_0 = 1$ N linear bis zu einer maximalen Kraft F_m bei $z = L_m = L/2$ ansteigt:

$$F(z) = F_0 + C_{\text{lin}}\, z, \quad C_{\text{lin}} = 2\,\frac{F_{\max} - F_0}{L}. \tag{9.237}$$

Darin ist C_{lin} die Steigung der Rampe. Der Verlauf wird in der Fasermitte bei $z = L/2$ gespiegelt, wie in Abb. 9.52 dargestellt, um zu große Kräfte an den Faserenden zu vermeiden. Neben einer Spule mit einer maximalen Kraft $F_{\text{m}} = 30$ N wurde eine weitere Spule mit $F_m = 10$ N gewickelt.

Mit dieser analytischen Kraftverteilung $F(z)$ wurde mit dem Koeffizienten $\alpha = 0{,}107\,\%/\text{N}$ die Dehnungsverteilung $S(z)$ und damit wiederum das resultierende effektive Spektrum des SBS-Koeffizienten $\gamma_{\text{B,eff}}(f)$ berechnet. Dabei wurde für die unverspannte Faser ein lorentzförmiges SBS-Spektrum mit einem Maximum von $\gamma_{\text{B0}} = 220\ \text{W}^{-1}\ \text{km}^{-1}$ sowie eine intrinsische Breite $B_{\text{B}} = 27$ MHz verwendet. Für die Abhängigkeit der SBS-Frequenz von der Dehnung wurde der in Kap. 9.8.2.3 bestimmte Koeffizient $K_s = 547\ \text{MHz}/\%$ angewandt. Bei der theoretischen Berechnung wird hier der effektive SBS-Koeffizient für stets kopolarisierte Pump- und Stokes-Wellen bestimmt. Abbildung 9.55

zeigt die Ergebnisse für die Dirac-Näherung aus Gl. (9.230a) und für die exakte Faltung mit einem Lorentz-Profil nach Gl. (9.227). Mit grünen Punkten ist zum Vergleich das Messergebnis mit dem Aufbau aus Kap. 9.5.5 dargestellt. Aufgrund der Verwendung eines Polarisationsscramblers für die Signalwelle wurde bei der Berechnung des SBS-Koeffizienten aus Messdaten ein Polarisationsfaktor $\xi = 2$ in Gl. (9.142) angenommen. Dies ist aufgrund der kleinen SBS-Verstärkung trotz der in Kap. 9.5.9.5 beschriebenen Effekte zulässig. Die Übereinstimmung zwischen der theoretischen Berechnung und den experimentellen Ergebnissen sind für beide maximalen Zugkräfte gut. Bemerkenswert ist die kleine Spitze bei 11 GHz in der Messung mit der maximalen Zugkraft $F_m = 30$ N. Diese resultiert aus einigen Metern unverspannter Faser im Messaufbau, die hier einen größeren Beitrag zum gemessenen SBS-Spektrum liefern als die 200 m lange linear verspannte Glasfaser.

Der gemessene effektive SBS-Koeffizient für $F_m = 30\,\mathrm{N}$ beträgt $\gamma_{\mathrm{B,eff}} \approx 5{,}4\,\mathrm{W}^{-1}\,\mathrm{km}^{-1}$. Im Vergleich zu einer unverspannten Faser mit $\gamma_{\mathrm{B0}} = 220\,\mathrm{W}^{-1}\,\mathrm{km}^{-1}$ ergibt sich daraus ein Unterdrückungsverhältnis $V_\gamma = 40{,}7$. Dies ist in sehr guter Übereinstimmung mit dem theoretischen Wert $V_\gamma = 40{,}0$ aus Gl. (9.235). Der kritische Faktor der SBS-Schwelle beträgt für die unverspannte Faser mit dieser Länge $C_{\mathrm{th,0}} = 16{,}3$ und für die verspannte Faser $C_{\mathrm{th,s}} = 14{,}3$. Die berechnete SBS-Schwelle für die unverspannte Faser beträgt $P_{\mathrm{th,0}} = 560$ mW, für die verspannte Faser $P_{\mathrm{th,s}} = 20$ W. Daraus ergibt sich ein Unterdrückungsverhältnis der SBS-Schwelle $V_{\mathrm{th}} = 35{,}6$ oder ${}^{\ell}V_{\mathrm{th}} = 15{,}5$ dB.

Dabei wurde angenommen, dass sich die verspannt gewickelte Faser wie eine Faser mit zufallsverteilter Doppelbrechung verhält. Dies ist jedoch durch die zunehmende Wickelkraft und damit dem radialen Druck der Fasertrommel nicht über die gesamte Faserlänge der Fall. Nimmt man stattdessen eine über die komplette Länge definiert doppelbrechende Faser an, so ergibt sich zum einen ein leicht anderer kritischer Faktor von $C_{\mathrm{th,s}} = 13,9$. Zum anderen muss noch das Verhältnis der Polarisationsfaktoren zwischen der unverspannten Faser $\xi = 1{,}5$ und der verspannten Faser berücksichtigt werden, für die je nach Polarisation der Pumpe relativ zu den Hauptachsen der Doppelbrechung $\xi = 1$ bis $\xi = 2$ gilt. Das resultierende SBS-Unterdrückungsverhältnis liegt dann im Bereich von $V_{\mathrm{th}} = 23$ bis46.

9.8.6 Beliebige spektrale Formung der SBS

9.8.6.1 Analytische Dehnungsverläufe zur Formung des SBS-Spektrums

Die Realisierung beliebiger Dehnungsverläufe $S(z)$ in einer Glasfaser bietet die Möglichkeit, beliebige Formen des SBS-Spektrums $\gamma_{\mathrm{BW}}(f)$ zu erzeugen [136]. Dies wird aus Gl. (9.230c) ersichtlich. Hierzu muss das gewünschte SBS-Spektrum $\gamma_{\mathrm{BW}}(f)$ gemäß Gl. (9.230b) über alle Frequenzen integriert werden, um zunächst die inverse Funktion der ortsabhängigen SBS-Frequenz zu erhalten:

$$z(f) = \frac{1}{\gamma_{\mathrm{B0}}} L \frac{2}{\pi B_{\mathrm{B}}} \int_0^f \gamma_{\mathrm{BW}}(f' + f_{\mathrm{B0}})\,\mathrm{d}f'. \tag{9.238}$$

Darin ist γ_{B0} das Maximum, B_B die Bandbreite und f_{B0} die Mittenfrequenz des intrinsischen SBS-Spektrums, L ist die zur Verfügung stehende Faserlänge. Diese Funktion muss invertiert und mit dem entsprechenden Koeffizienten skaliert werden, um die benötigte Dehnungsverteilung $S(z)$ oder die Zugkraftverteilung $F(z)$ beim Wickeln zu erhalten:

$$\Delta f_B(z) = \{z(f)\}^{-1}, \quad S(z) = \frac{1}{K_S}\,\Delta f_B(z), \quad F(z) = \frac{1}{K_F}\,\Delta f_B(z). \tag{9.239}$$

Da die Zahlenwerte des gewünschten SBS-Spektrums $\gamma_{BW}(f)$ stets positiv sind, ist das Integral und somit $z(f)$ stets eine monoton ansteigende Funktion, die stets invertierbar ist. Daher können mit dieser Methode prinzipiell beliebige SBS-Spektren erzeugt werden. Die Grenzen der maximalen Bandbreite werden dabei von der maximalen Zugkraft F gesetzt, bis zu der die Faser ohne unmittelbaren Bruch belastbar ist, und durch die intrinsische spektrale Breite B_B, welche die schmalest möglichen Bestandteile des synthetischen SBS-Spektrums bestimmt.

Einige interessante Beispiele sind in Tab. 9.5 zusammengefasst. Für ein rechteckförmiges SBS-Spektrum ist eine linear zunehmende Dehnung erforderlich, wie bei der SBS-Unterdrückung diskutiert. Da das Integral einer Lorentz-Funktion die Arkus-Tangens-Funktion ist, kann mit einer tangensförmigen Dehnungsverteilung $s \sim \tan(z)$ ein synthetisches Lorentz-Spektrum mit beliebiger Bandbreite erzeugt werden. Ein dreieckförmiges SBS-Spektrum kann aus einer linear steigenden und einer linear fallenden Funktion im Spektrum zusammengesetzt werden. Dies entspricht einer Dehnungsverteilung gemäß einer Wurzelfunktion $S \sim \pm\sqrt{z}$. Gaußförmige SBS-Spektren entstehen durch eine Dehnungsverteilung mit der Form einer inversen Fehlerfunktion $S \sim \mathrm{erf}^{-1}(z)$. Sinusförmige Dehnungsverteilungen wurden bereits zur SBS-Unterdrückung in verkabelten Glasfasern untersucht [200], sowie aktuell in einer Sensoranwendung zur Messung der Deformation ringförmiger Baustrukturen [218]. Weitere Korrespondenzen sind in Tab. 9.5 zu finden.

Tab. 9.5 Analytische Funktionen der Dehnungsverteilung zur Erzeugung synthetischer Formen des SBS-Spektrums. z und f sind hier dimensionslose normierte Koordinaten und Frequenzen

Form des SBS-Spektrums $\gamma_{BW}(f) \sim$	Integrierte Funktion $z(f) \sim$	Dehnungsfunktion $S(z) \sim$
Rechteck	f	z 
Lorentz	$\arctan(f)$	$\tan(z)$ 
Linear/Dreieck	$(\pm f)^2$	$\pm\sqrt{z}$ 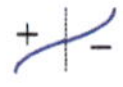
Gauß	$\mathrm{erf}(f)$	$\mathrm{erf}^{-1}(z)$ 
Parabel	f^3	$\sqrt[3]{z}$ 
$1/\sqrt{1+f^2}$	$\mathrm{arcsinh}(f)$	$\sinh(z)$ 
$1/\sqrt{1-f^2}$	$\arcsin(f)$	$\sin(z)$

9.8.6.2 Experimentelle Ergebnisse der SBS-Formung

Als ein Beispiel betrachten wir ein synthetisches lorentzförmiges SBS-Spektrum. Hierzu ist eine tangensförmige Dehnungs- bzw. Zugkraftverteilung erforderlich. Bei einer Faserlänge $L = 200$ m wurde im Bereich $0 \leq z \leq L_\mathrm{m}$ folgender Kraftverlauf gewickelt, der bereits in Abb. 9.52 dargestellt wurde:

$$F(z) = F_0 + \frac{F_\mathrm{max}}{2}\left(1 + \frac{\tan\left[(z/L_\mathrm{W} - 1)\Theta_\mathrm{max}\right]}{\tan\Theta_\mathrm{max}}\right), \tag{9.240}$$

mit der minimalen Wickelkraft $F_0 = 1$ N und der maximalen Kraft $F_\mathrm{max} = 30$ N bei der halben Faserlänge $z = L_\mathrm{m} = L/2$. $L_\mathrm{W} = L_\mathrm{m}/2$ ist der Wendepunkt der Tangens-Funktion und entspricht der Nullstelle ihres Argumentes. Θ_max ist die maximale Phase im Argument der Tangens-Funktion. Diese wurde mit $\Theta_\mathrm{max} = 0{,}8\,\pi/2$ so gewählt, dass an den Faserenden keine zu steilen Gradienten der Dehnung auftreten. Der Kraftverlauf ist in der zweiten Hälfte der Faserstrecke wiederum gespiegelt. Das resultierende Spektrum des SBS-Koeffizienten $\gamma_\mathrm{B,eff}(f)$ ist mit Hilfe der Dichtefunktion $\Phi_z(f)$ analytisch gegeben durch

$$\gamma_\mathrm{B,eff}(f) \sim \Phi_z(f) = \begin{cases} \dfrac{\Phi_0}{1 + \left(\dfrac{2(f - f_\mathrm{c})}{B_\mathrm{Lo}}\right)^2}, & f_0 \leq f \leq f_\mathrm{max}, \\ 0\,, & \text{sonst.} \end{cases} \tag{9.241}$$

Innerhalb der Eckfrequenzen $f_0 = f_\mathrm{B0} + K_F F_0$ und $f_\mathrm{max} = f_\mathrm{B0} + K_F F_\mathrm{max}$ ist die Dichtefunktion eine Lorentz-Funktion mit Mitte bei $f_\mathrm{c} = f_0 + f_\mathrm{max}/2$, einer Höhe von

$$\Phi_0 = \frac{4\,L_\mathrm{W}\tan\Theta_\mathrm{max}}{f_\mathrm{max}\Theta_\mathrm{max}}, \tag{9.242}$$

und einer spektralen Halbwertsbreite (FWHM) von

$$B_\mathrm{Lo} = \frac{f_\mathrm{max}}{\tan\Theta_\mathrm{max}} = \frac{K_F F_\mathrm{max}}{\tan\Theta_\mathrm{max}}. \tag{9.243}$$

Die Halbwertsbreite beträgt mit den gegebenen Parametern $B_\mathrm{Lo} = 550$ MHz, in sehr guter Übereinstimmung mit experimentellen Ergebnissen in Abb. 9.56a. Neben dem gemessenen SBS-Spektrum sind zum Vergleich die theoretischen SBS-Spektren unter Verwendung der Faltung mit einem Lorentz-Profil gemäß Gl. (9.227) sowie mit der Dirac-Näherung nach Gl. (9.230a) dargestellt. Mit dieser Methode wurde somit ein synthetisches lorentzförmiges SBS-Spektrum mit einer Bandbreite realisiert, die 20-mal so groß ist wie das intrinsische SBS-Spektrum einer unverspannten Faser.

Als ein weiteres Beispiel betrachten wir ein dreieckförmiges synthetisches SBS-Spektrum. Dabei wird für die aufsteigende Flanke des Spektrums ein Dehnungs- und Kraftverlauf $\sim +\sqrt{z}$ benötigt, und für die absteigende Flanke eine stetige Fortsetzung $\sim -\sqrt{z}$:

$$F(z) = \begin{cases} F_0 + \sqrt{C_\mathrm{sq}\,z}\,, & 0 \leq z \leq L_\mathrm{W}, \\ F_\mathrm{max} - \sqrt{C_\mathrm{sq}\,(L_\mathrm{m} - z)}\,, & L_\mathrm{W} < z \leq L_\mathrm{m}. \end{cases} \tag{9.244}$$

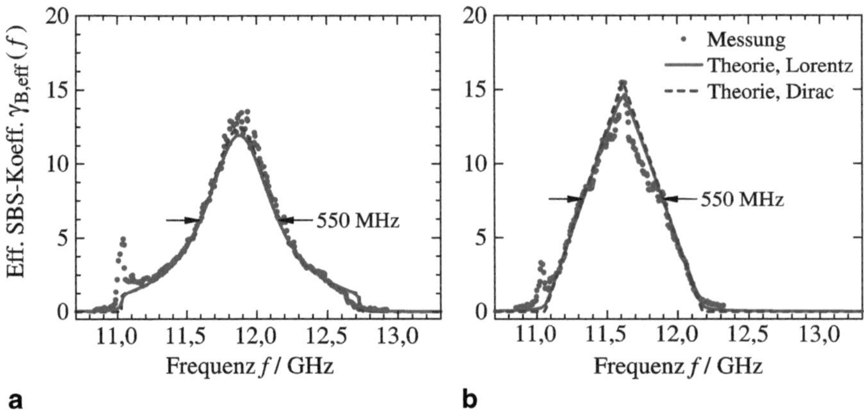

Abb. 9.56 Gemessene und berechnete SBS-Spektren für tangensförmig verspannte Fasern mit einer maximalen Zugkraft von 30 N (**a**) und wurzelförmig verspannte Fasern mit maximal 20 N (**b**)

Darin ist $F_0 = 1$ N wiederum die minimale und $F_{\max} = 20$ N die maximale Wickelkraft bei der halben Faserlänge $z = L_m = L/2$. $L_W = L_m/2$ kennzeichnet wieder den Wendepunkt, wie in Abb. 9.52 dargestellt. $C_{sq} = (F_{\max} - F_0)^2/4\,L_W$ ist ein Formfaktor für die wurzelförmige Verteilung.

In Abb. 9.56b sind gemessene und berechnete SBS-Spektren dargestellt. Sowohl die Form als auch die berechnete Halbwertsbreite $B_T = K_F\,(F_{\max} - F_0)/2 = 556$ MHz stimmen gut mit den Messergebnissen überein.

9.8.7 Optimierte Verspannung in aktiven Fasern

9.8.7.1 Optimierte Profile der SBS-Frequenzverschiebung

Bei der Herleitung des effektiven SBS-Koeffizienten in Gl. (9.225) wurde die Ortsabhängigkeit der Pumpleistung durch Dämpfung vernachlässigt. Dies gilt nicht mehr in sehr langen Fasern mit signifikanter Gesamtdämpfung (z. B. $L > 1$ km einer SSMF), die aber aufgrund der großen Länge für das Wickeln mit variabler Dehnung nicht relevant sind. Ein anderer wichtiger Fall mit stark ortsvariabler SBS-Pumpleistung $P_P(z)$ sind aktive Fasern, z. B. in Ytterbium- oder Erbium-dotierten Faserverstärkern sowie in Raman-Faserverstärkern. Diese SBS-Pumpleistung stellt hierbei die eigentlich zu verstärkende Signalwelle im Faserverstärker dar, und ein Überschreiten der SBS-Schwelle ist zu vermeiden. In solchen Fasern ist die SBS-Schwelle durch die Verstärkung deutlich reduziert, wie in Kap. 9.6.3 beschrieben. Zur SBS-Unterdrückung können auch hier variabel verspannte Glasfasern mit einer ortsabhängigen Verschiebung $\Delta f_B(z)$ der Brillouin-Frequenz verwendet werden, die proportional zur Dehnung $S(z)$ ist. Wie in [154, 155] experimentell

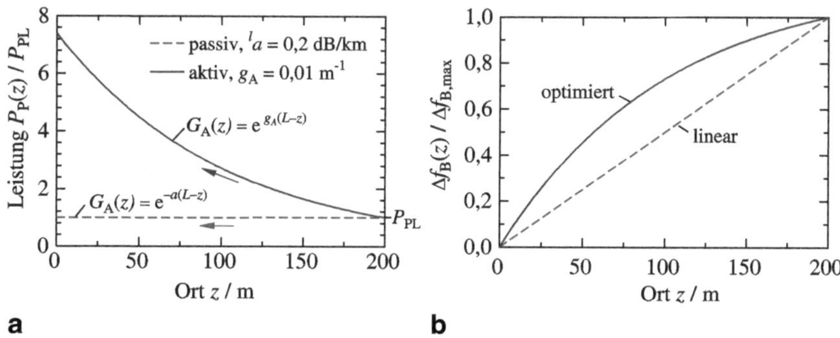

Abb. 9.57 **a** Beispiel für den normierten Leistungsverlauf der Pumpwelle in einer passiven und einer aktiven Faser. **b** Lineares und optimiertes Profil der SBS-Frequenzverschiebung zur SBS-Unterdrückung in aktiven Fasern

gezeigt, sind zur SBS-Unterdrückung in aktiven Fasern von einem linearen Verlauf abweichende Profile der Dehnung bzw. der Brillouin-Frequenz optimal. Dies wird nachfolgend analytisch begründet.

In Abb. 9.57 ist beispielhaft der Verlauf einer in $-z$-Richtung laufenden Pumpwelle $P_P(z) = P_{PL}\, G_A(z)$ für eine passive und eine aktive Faser dargestellt. $G_A(z)$ ist dabei die Leistungsverstärkung der bei $z = L$ eingekoppelten Pumpleistung P_{PL} bis zum Ort z. Damit gilt für den effektiven SBS-Koeffizient einer aktiven Faser mit ortsvariabler Brillouin-Frequenz $f_B(z)$:

$$\gamma_{B,eff}(f) = \frac{1}{L} \int_0^L \gamma_B\Big(f - f_B(z)\Big)\, G_A(z)\, dz. \tag{9.245}$$

Als Beispiel betrachten wir zunächst eine SSMF mit einer Länge $L = 200$ m und mit einer linear zunehmenden Verschiebung der SBS-Frequenz, wie in Abb. 9.57b dargestellt. Die maximale Verschiebung der SBS-Frequenz beträgt hier $\Delta f_{B,max} = 1{,}7$ GHz, bedingt durch die maximal sinnvolle Dehnung einer SSMF. In Abb. 9.58a ist das resultierende Spektrum des effektiven SBS-Koeffizienten für den passiven Fall dargestellt. Der SBS-Koeffizient wird dadurch um den Faktor $S_\gamma = 40$ von $\gamma_{B0} = 220\,\mathrm{W}^{-1}\,\mathrm{km}^{-1}$ auf $\gamma_{B,eff} = 5{,}5\ \mathrm{W}^{-1}\ \mathrm{km}^{-1}$ reduziert.

Nun betrachten wir eine gleich verspannte aktive Faser mit gleichen SBS-Parametern und einem Verstärkungskoeffizienten $g_A = 0{,}01\ \mathrm{m}^{-1}$. Der normierte Leistungsverlauf ist in Abb. 9.57a zu sehen. Im Fall eines linearen Profils der SBS-Frequenzverschiebung ergibt sich der effektive SBS-Koeffizient nach Abb. 9.58b. Für die Berechnung der SBS-Schwelle ist im Wesentlichen das Maximum im Spektrum des SBS-Koeffizienten maßgeblich. Dieses beträgt hier $\gamma_{B,eff} = 34{,}6\ \mathrm{W}^{-1}\ \mathrm{km}^{-1}$. Im Vergleich zum effektiven SBS-Koeffizienten einer gleichen, aber unverspannten aktiven Faser $\gamma_{B,A} = 703\ \mathrm{W}^{-1}\ \mathrm{km}^{-1}$ aus Bsp. 9.33 bedeutet dies eine Unterdrückung des SBS-Koeffizienten mit einem Verhältnis $V_\gamma = 20$. Dies ist nur die Hälfte der SBS-Unterdrückung der passiven Faser.

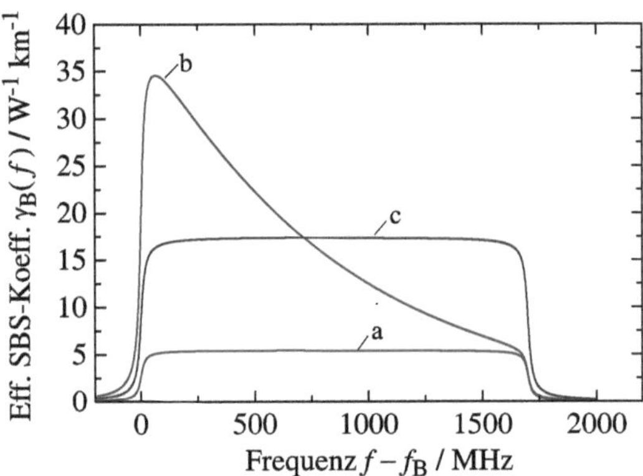

Abb. 9.58 Beispiel für den effektiven SBS-Koeffizienten in Fasern mit ortsvariabler SBS-Frequenz: **a** Passive, verlustfreie Faser mit linearem Frequenzverlauf. **b** Aktive Faser mit linearem Frequenzverlauf. **c** Aktive Faser mit optimiertem Frequenzverlauf

Zur Herleitung eines optimierten Profils der SBS-Verschiebung $\Delta f_{\mathrm{B,opt}}(z)$ betrachten wir die Dirac-Näherung des effektiven SBS-Koeffizienten einer aktiven Faser, analog zu Gl. (9.230a) im passiven Fall:

$$\gamma_{\mathrm{B,eff}}(f + f_{\mathrm{B0}}) \approx \frac{1}{L}\,\gamma_{\mathrm{B0}}\frac{\pi B_{\mathrm{B}}}{2}\,\Phi_z(f)G_{\mathrm{A}}(z(f)). \tag{9.246}$$

Die Verstärkung $G_{\mathrm{A}}(z(f))$ ist proportional zur Leistung der Pumpwelle an einem Ort $z(f)$, der für SBS bei der Frequenz f verantwortlich ist. Die Funktion $z(f)$ ist dabei die inverse Funktion zum Profil der SBS-Verschiebung $\Delta f_{\mathrm{B}}(z)$. $\Phi_z(f)$ ist die bekannte Dichtefunktion, welche die effektive Faserlänge für eine SBS-Frequenz f beschreibt. Anschaulich werden also Faserlängen mit einer lokalen SBS-Frequenz f stärker gewichtet, wenn dort die Leistung der Pumpwelle größer ist.

Wir machen nun Gebrauch vom Zusammenhang der Ableitung einer Funktion mit der Ableitung der inversen Funktion:

$$\Phi_z(f) = \frac{\mathrm{d}}{\mathrm{d}f}z(f) = \frac{1}{\left.\dfrac{\mathrm{d}}{\mathrm{d}z}\Delta f_{\mathrm{B}}(z)\right|_{z(f)}}. \tag{9.247}$$

Für beliebige Profile $\Delta f_{\mathrm{B}}(z)$ ist die Fläche unter dem Spektrum des effektiven SBS-Koeffizienten $\gamma_{\mathrm{B,eff}}(f)$ konstant. Um einen möglichst niedrigen Maximalwert $\gamma_{\mathrm{B,eff}}$ zu erreichen, muss das SBS-Spektrum rechteckförmig sein. In Gl. (9.246) muss daher für ein optimiertes Profil $\Delta f_{\mathrm{opt}}(z)$ gelten:

$$\Phi_z(f)\,G_{\mathrm{A}}(z(f)) = \frac{1}{\dfrac{\mathrm{d}}{\mathrm{d}z}\Delta f_{\mathrm{opt}}(z)}\,G_{\mathrm{A}}(z) = C_{\mathrm{opt}}, \tag{9.248}$$

mit einer noch zu bestimmenden Konstante C_{opt}. Damit erhalten wir eine Bestimmungsgleichung für das optimale Profil der SBS-Frequenz

$$\frac{\mathrm{d}}{\mathrm{d}z}\Delta f_{\mathrm{opt}}(z) = C_{\mathrm{opt}}G_{\mathrm{A}}(z). \tag{9.249}$$

Anschaulich bedeutet dies, dass sich die SBS-Frequenz über dem Ort z um so stärker ändern muss, je größer dort die lokale Leistung der Pumpwelle $P_\mathrm{P}(z) \sim G_\mathrm{A}(z)$ ist. Integration von Gl. (9.249) liefert das gesuchte optimale Profil der SBS-Frequenzverschiebung

$$\Delta f_\mathrm{opt}(z) = C_\mathrm{opt} \int_0^z G_\mathrm{A}(\zeta)\,\mathrm{d}\zeta + C_0. \tag{9.250}$$

Die Konstante C_0 wird so bestimmt, dass die Frequenzverschiebung am Faseranfang $\Delta f_\mathrm{opt}(0) = 0$ wird. Daraus folgt direkt $C_0 = 0$. C_opt wird so gewählt, dass am Faserende $\Delta f_\mathrm{opt}(L) = \Delta f_\mathrm{B,max}$ ist, und somit der maximal realisierbaren SBS-Frequenzverschiebung durch die maximal mögliche Dehnung beim Wickeln entspricht.

Als Beispiel betrachten wir einen Faserverstärker mit KS-Verstärkungskoeffizienten $g_\mathrm{A} = 0{,}01\,\mathrm{m}^{-1}$ und folgendem Leistungsverlauf der Pumpwelle

$$P_\mathrm{P}(z) = P_\mathrm{PL}\,\mathrm{e}^{g_\mathrm{A}(L-z)}. \tag{9.251}$$

Der optimale Verlauf der SBS-Frequenzverschiebung lautet dann

$$\Delta f_\mathrm{opt}(z) = C_\mathrm{opt} \int_0^z \mathrm{e}^{g_\mathrm{A}(L-\zeta)}\,\mathrm{d}\zeta = \Delta f_\mathrm{B,max} \frac{1-\mathrm{e}^{-g_\mathrm{A} z}}{1-\mathrm{e}^{-g_\mathrm{A} L}} \tag{9.252}$$

wie in Abb. 9.57b gezeichnet. Dieses Profil $\Delta f_\mathrm{opt}(z)$ muss dann durch ein entsprechendes Wickelprofil der Zugkraft $F(z)$ und damit der Dehnung $S(z)$ realisiert werden. Das resultierende berechnete Spektrum des effektiven SBS-Koeffizienten ist in Abb. 9.58c dargestellt. Es ist wie gefordert rechteckförmig und hat einen Maximalwert von $\gamma_\mathrm{B0} = 17{,}4\ \mathrm{W}^{-1}\ \mathrm{km}^{-1}$. Das ist mit einem Unterdrückungsverhältnis $V_\gamma = 40$ reduziert im Vergleich zu der gleichen aktiven, aber unverspannten Faser aus Bsp. 9.33.

9.8.7.2 SBS-Schwelle in aktiven Fasern mit variabler SBS-Frequenz

Die Leistungsdichte der Brillouin-Streuung kann in Fasern mit starker Änderung der Pumpleistung über dem Ort und mit einer örtlichen Variation der SBS-Frequenz nur näherungsweise mit Gl. (9.194) berechnet werden, indem für den SBS-Koeffizienten $\gamma_\mathrm{B}(f)$ der effektive SBS-Koeffizient aus Gl. (9.245) eingesetzt wird. Der Grund ist, dass sich die Form des Spektrums des effektiven SBS-Koeffizienten in Abhängigkeit der Faserkoordinate z ändert. Für eine korrekte Rechnung muss statt dessen folgender allgemeine Ansatz gewählt werden:

$$p_\mathrm{S}(f) = hf_\mathrm{S}\,(1+N_\mathrm{BE}) \cdot \int_0^L \frac{\gamma_\mathrm{B}(f,z)}{\xi} P_\mathrm{P}(z) \exp\left(g_\mathrm{A}(z)\,(L-z) + \int_z^L \frac{\gamma_\mathrm{B}(f,z)}{\xi} P_\mathrm{P}(\zeta)\,\mathrm{d}\zeta\right) \mathrm{d}z. \tag{9.253}$$

Darin ist $\gamma_\mathrm{B}(f,z) = \gamma_\mathrm{B}(f - \Delta f_\mathrm{B}(z))$ das lokale, mit dem Profil $\Delta f_\mathrm{B}(z)$ verschobene SBS-Spektrum. $P_\mathrm{P}(z)$ ist der Leistungsverlauf der Pumpwelle in der aktiven Faser, und $g_\mathrm{A}(z)$ ist der lokale Verstärkungskoeffizient der aktiven Faser aus Gl. (9.208). Durch Integration über alle Frequenzen und Moden kann die Gesamtleistung der VSpBS und die SBS-Schwelle bestimmt werden.

Für die Zahlenbeispiele aus dem vorhergehenden Abschnitt Kap. 9.8.7.1 und aus Kap. 9.6.3 ergibt sich für die 200 m lange unverspannte, passive SSMF eine SBS-Schwelle von $P_{\mathrm{th,B}} = 560$ mW. Im aktiven Kleinsignalfall mit $g_{\mathrm{A}} = 0{,}01\ \mathrm{m}^{-1}$ sinkt die Schwelle auf $P_{\mathrm{th,B}} = 140$ mW. Bei linearer Verspannung mit einer maximalen Verschiebung der SBS-Frequenz um $\Delta f_{\mathrm{B,max}} = 1{,}7$ GHz steigt die SBS-Schwelle auf $P_{\mathrm{th,B}} = 20$ W in der passiven Faser und auf $P_{\mathrm{th,B}} = 2{,}8$ W in der aktiven Faser. Durch ein optimiertes Dehnungsprofil kann die SBS-Schwelle der aktiven Faser auf $P_{\mathrm{th,B}} = 5{,}0$ W angehoben werden. Dies entspricht einer theoretischen Anhebung der SBS-Schwelle der optimal verspannten aktiven Faser um den Faktor $V_{\mathrm{th}} = 36$.

Exkurs 9.18
Die Herleitung des optimalen Profils der SBS-Frequenzverschiebung $\Delta f_{\mathrm{opt}}(z)$ nach Gl. (9.250) berücksichtigt nur die stimulierte Brillouin-Streuung, nicht aber die spontane Brillouin-Streuung wie Gl. (9.253) zur Bestimmung der SBS-Schwelle. Tatsächlich ist rechnerisch eine minimale weitere Anhebung der SBS-Schwelle möglich, wenn bei kleinen Faserkoordinaten die Variation der SBS-Frequenz etwas größer als mit $\Delta f_{\mathrm{opt}}(z)$ berechnet ist. Dies liegt an der SpBS, die besonders in den ersten Metern der Faser die Quelle der Stokes-Welle darstellt.

Zusammenfassend ist damit gezeigt, dass in aktiven Fasern mit optimierten Dehnungsprofilen das gleiche Verhältnis der Reduktion des effektiven SBS-Koeffizienten sowie der Anhebung der SBS-Schwelle realisiert werden kann wie in passiven Fasern. Allerdings ist selbst in der optimiert verspannten aktiven Faser der effektive SBS-Koeffizient immer noch größer als in einer linear verspannten passiven Faser, aufgrund der Verstärkung sowohl der Pump- als auch der Stokes-Welle.

Exkurs 9.19
Maßgeblich für die SBS-Unterdrückung ist die maximale SBS-Frequenzänderung, die in Verfahren mit verspannten Fasern durch die maximale in die Faser eingebrachte Dehnung gegeben ist. Hochleistungs-Faserlaser verwenden Fasern mit deutlich größeren Manteldurchmessern von z. B. 400 μm im Vergleich zu Standardfasern mit 125 μm. Dadurch sind sehr große Kräfte notwendig, um eine signifikante Dehnung in der Faser zu erzeugen. Weiterhin ist die Länge typischer Seltenerdmetall-dotierter Faserlaser im Bereich von einigen Metern bis zehn Metern, so dass unter Berücksichtigung des erforderlichen größeren Biegeradius ein einfaches verspanntes Wickeln auf Trommeln schwierig ist.

9.8.8 Zusammenfassung der SBS-Formung in verspannten Fasern

Mit einer Wickelmaschine für große Zugkräfte können Fasern mit einer beliebigen Verteilung der longitudinalen Dehnung gewickelt werden. Mit einem rampenförmigen linearen Verlauf und mit einer maximalen Zugkraft von 30 N kann eine SBS-Unterdrückung von 15,5 dB erzielt werden [136]. Dies ist mehr als mit dem gleichen oder mit anderen Verfahren bisher demonstriert wurde. Da die Zugkraft von 30 N eine mechanische Spannung erzeugt, die größer als die spezifizierte maximale Spannung für optische Fasern ist, stellt dies auch eine Obergrenze dar. Die berechnete SBS-Schwelle für eine 200 m lange derartig verspannte Faser ist mit $P_{\text{th,s}} = 20$ W bereits so hoch, dass für einen experimentellen Nachweis monofrequente Laser oder Faserverstärker mit großer Ausgangsleistung erforderlich sind. Die Wirksamkeit der SBS-Unterdrückung in variabel verspannten Fasern wurde bereits in einigen Anwendungen demonstriert, z. B. in monofrequenten Ytterbium-dotierten Hochleistungs-Faserverstärkern [151, 154], in Raman-Faserverstärkern [155] oder in optisch-parametrischen Verstärkern [216, 217, 203]. Mit optimierten Dehnungsprofilen kann auch in aktiven Fasern der gleiche Faktor der SBS-Unterdrückung realisiert werden wie in passiven Fasern.

Weiterhin können mit dieser Methode und mit den vorgestellten analytischen Rechnungen SBS-Spektren mit fast beliebiger Form realisiert werden [136]. Dies ist interessant für Anwendungen, bei denen die Form des SBS-Spektrums eine Rolle spielt. Ein Beispiel sind Experimente zur Verzögerung und Beschleunigung von Lichtwellen durch die mit der SBS einhergehenden Dispersion. Ein weiteres Beispiel sind optische Spektralanalysatoren, die die Frequenzabhängigkeit der SBS-Verstärkung als optische Filterfunktion nutzen (Brillouin-optischer Spektralanalysator, BOSA) [90, 117]. Hierfür könnten mit der vorgestellten Methode optische Filter mit definierbarer Bandbreite und Filterfunktion realisiert werden. Eine derartige Flexibilität der Filterfunktion ist für elektronische Filter problemlos, im optischen Spektralbereich dagegen nur schwierig anderweitig realisierbar.

9.9 Dynamik der SBS

Bisher wurden in diesem Kapitel ausschließlich statische Lösungen der stimulierten Brillouin-Streuung betrachtet, die sich nach langer Zeit einstellen. Tatsächlich ist SBS ein hochdynamischer Vorgang, insbesondere wenn sie aus dem Rauschen der spontanen Brillouin-Streuung entsteht. Das zeitliche Verhalten wird beschrieben durch die gekoppelten Amplitudengleichungen Gl. (9.119) im Zeitbereich, die zur Beschreibung des thermischen Rauschens der Dichte mit einem sog. LANGEVIN-Rauschterm $F(t,z)$ ergänzt werden [219]:

$$\frac{\partial}{\partial z}E_{\text{P}} + \frac{n}{c_0}\frac{\partial}{\partial t}E_{\text{P}} + \frac{a}{2}E_{\text{P}} = -\text{j}\frac{\omega_{\text{P}}\gamma_e}{4c_0 n \varrho_0}E_{\text{S}}\varrho, \tag{9.254a}$$

$$-\frac{\partial}{\partial z}E_S + \frac{n}{c_0}\frac{\partial}{\partial t}E_S + \frac{a}{2}E_S = -j\frac{\omega_S \gamma_e}{4c_0 n \varrho_0}E_P \varrho^*, \tag{9.254b}$$

$$\frac{\partial}{\partial t}\varrho + \left(j\Delta\Omega + \frac{\eta}{2\varrho_0}k_A^2\right)\varrho = -j\frac{\varepsilon_0 \gamma_e}{4v_A}k_A E_P E_S^* + F(t,z). \tag{9.254c}$$

Der Langevin-Rauschterm $F(t,z)$ ist eine normalverteilte Rauschquelle, die mittelwertfrei ist:

$$\langle F(t,z)\rangle = 0, \tag{9.255}$$

wobei der Erwartungswert $\langle \ldots \rangle$ sowohl über der Zeit t als auch über den Ort z gebildet werden kann. Die Varianz der Rauschquelle F als ein Maß ihrer Energie ist gegeben durch [220]

$$\langle F(t_1,z_1)F^*(t_2,z_2)\rangle = Q\delta(t_1-t_2)\delta(z_1-z_2). \tag{9.256}$$

Die Dirac-Delta-Funktionen beschreiben einen Rauschprozess, der zu verschiedenen Orten und Zeiten vollständig dekorreliert ist. Das Energiemaß Q kann aus thermodynamischen Überlegungen bestimmt werden zu [219]

$$Q = \frac{4\pi k_B T \varrho_0 B_B}{v_a^2 A_{\text{eff,B}}}. \tag{9.257}$$

Darin ist k_B die Boltzmann-Konstante, T die Fasertemperatur, ϱ_0 die mittlere Dichte und B_B die Bandbreite des SBS-Koeffizienten. v_a ist die Schallgeschwindigkeit der akustischen Mode und $A_{\text{eff,B}}$ ist die akustooptische Modenfläche.

Dynamische Lösungen dieser Differentialgleichungen können mit RUNGE-KUTTA-Verfahren [221] oder mit Finite-Differenzen-Methoden wie z. B. dem impliziten EULER-Verfahren [222] gewonnen werden. Das Rauschen kann dabei durch eine unabhängige gaußsche Zufallsvariable in jedem Orts- und Zeitschritt modelliert werden. Die Erwartungswerte der Amplituden erfüllen die statischen Lösungen in Kap. 9.4.3.4. Insbesondere die Erwartungswerte der spontanen Brillouin-Streuung aus dem dynamischen Ansatz in Gl. (9.254) und dem stationären Ansatz in Kap. 9.6.2 sind identisch.

Wesentliche Merkmale der dynamischen Lösungen der stimulierten Brillouin-Streuung sind:

- Die stimuliert-verstärkte spontane Brillouin-Streuung entsteht aus den im Zeitbereich statistisch fluktuierenden thermischen Dichteschwankungen im Medium. Diese Fluktuationen werden durch den SBS-Prozess verstärkt, der mit einem nicht-linear gekoppelten Differentialgleichungssystem beschrieben wird. Dadurch können chaotische Musterfunktionen mit nichtlinear verstärkten Pulsspitzen für die Zeitverläufe der Licht- und Schallwellen entstehen [223].
- Die Dämpfungszeitkonstante τ_A der akustischen Welle ist im Bereich von 10 ns, die spektrale Bandbreite B_B des SBS-Koeffizienten ist im Bereich von einigen 10 MHz.

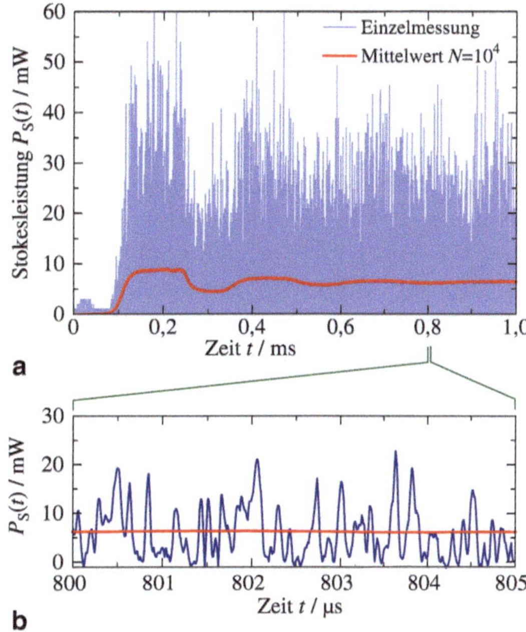

Abb. 9.59 Gemessenes dynamisches Verhalten der Leistung der rückgestreuten Stokes-Welle bei einer Pumpleistung $P_\mathrm{P} = 20$ mW in eine 25 km lange SSMF deutlich oberhalb der SBS-Schwelle

Chaotische Oszillationen innerhalb dieser Zeiten und Bandbreiten können mit Photodioden leicht detektiert werden [219].

- SBS findet nur zwischen gegenlaufenden Wellen statt. Dadurch kann es zu Oszillationen kommen, wenn die Stokes-Welle der Pumpwelle auf der Einkoppelseite Leistung entzieht. Die geschwächte Pumpwelle läuft dann durch die Faser und bewirkt am anderen Ende der Faser eine geringere Anregung und Verstärkung der Stokes-Welle. Die reduzierte Stokes-Welle läuft zurück zur Einkoppelseite zur Pumpe und verursacht eine geringere Schwächung der Pumpwelle usw. [224].

Als Beispiel betrachten wir die mit einer schnellen Photodiode zeitaufgelöst gemessene Leistung $P_\mathrm{S}(t)$ der Stokes-Welle, die bei einer Pumpleistung von $P_\mathrm{P} = 20\,\mathrm{mW}$ deutlich oberhalb der SBS-Schwelle in einer SSMF der Länge $L = 25\,\mathrm{km}$ aus dem stimuliert-verstärkten Rauschen der spontanen Brillouin-Streuung (VSpBS) entsteht. Die Pumpleistung wurde hierbei zum Zeitpunkt $t = 0$ schnell angeschaltet. Dies wurde periodisch wiederholt und pro Einschaltvorgang wurde ein Zeitverlauf $P_\mathrm{S}(t)$ der VSpBS aufgenommen.

In Abb. 9.59a ist eine Einzelmessung hell schattiert dargestellt. Ein einzelner VSpBS-Prozess zeigt ein rauschartiges Verhalten mit Leistungsspitzen bis zum 10-fachen der stationären Leistung. Im vergrößerten Zeitauschnitt Abb. 9.59b ist ein chaotisches, von Pulsspitzen geprägtes Verhalten mit charakteristischen Pulsdauern und Anstiegzeiten im Bereich von einigen 10 ns zu erkennen. Die Zeitverzögerung bis zur Ausbildung der SBS nach dem Einschalten der Pumpe resultiert daher, dass die Pumpwelle zunächst bis zu einer gewissen Länge L_{th} in die Faser eindringen muss, bevor die SBS-Schwelle mit dieser Faserlänge überschritten wird. Anschließend muss die Stokes-Welle, die zu diesem Zeitpunkt im Wesentlichen aus der SpBS bei L_{th} entsteht, wieder zum Faserausgang zurück laufen.

Bildet man den Mittelwert aus sehr vielen Messungen, so ist nach dem Einschalten eine leichte Oszillation zu erkennen, deren Periode der Pulsumlaufzeit $t = 2n_G L/c_0 = 245\ \mu s$ der Lichtwelle in der Glasfaser entspricht. Diese Oszillation resultiert aus der Anregung der Stokes-Welle durch die vorwärts laufende Pumpwelle und einer anschließenden Schwächung der Pumpe durch die rückwärts laufende Stokes-Welle.

Die Leistungsspitzen der dynamischen Fluktuationen der Stokes-Welle bei einem Betrieb oberhalb der SBS-Schwelle reduzieren die Zerstörschwelle von optischen Fasern bei hohen Lichtleistungen [225]. Dies ist neben der reduzierten Transmission der Pumpwelle und einer Beeinflussung der Pumplichtquelle durch die Stokes-Welle ein weiterer Grund, eine Überschreitung der SBS-Schwelle zu vermeiden.

Die dynamische Form der gekoppelten Amplitudengleichungen Gl. (9.254) ist weiterhin geeignet, um die Ausbreitung optischer Pulse unter dem Einfluss der SBS zu berechnen, wie in [86, 104] am Beispiel von Pulsen eines gütegeschalteten Lasers mit einer Zeitdauer von einigen 10 ns diskutiert. Für schnelle Pulsfolgen mit einer Pulsdauer unterhalb von 1 ns, wie in der optischen Nachrichtentechnik verwendet, ist aufgrund der großen akustischen Zeitkonstante $\tau_A \approx 10$ ns nur die entsprechend zeitgemittelte Leistung der Lichtwelle für die SBS relevant. Trotzdem können auch in hochbitratigen Übertragungssystemen dynamische Fluktuationen der Phase und Amplitude der transmittierten Lichtwelle (Signalwelle) entstehen, wenn diese durch spontane und stimulierte Brillouin-Streuung eine gegenlaufende Stokes-Welle anregt. [25, 226–228]. SBS wird daher in optischen Übertragungssystemen durch eine langsame Modulation der optischen Signalfrequenz vermieden, wie in Kap. 9.8.1.1 beschrieben.

Literatur

1. L. Brillouin, Diffusion de la lumière et des rayons X par un corps transparent homogène, influence de l'agitation thermique. Annales de Physique (Paris) **17**, 88–122 (1922)
2. L. Mandelstam, Light scattering by inhomogeneous media. Zh. Russ. Fiz-Khim. Ova. **58**, 381 (1926)
3. I.L. Fabelinskii, *Molecular Scattering of Light* (Springer-Plenum, New York, 1968)
4. E. Gross, Change of wave-length of light due to elastic heat waves at scattering in liquids. Nature **126**, 201–202 (1930)
5. R.Y. Chiao, C.H. Townes, B.P. Stoicheff, Stimulated Brillouin scattering and coherent generation of intense hypersonic waves. Phys. Rev. Lett. **12**(21), 592–595 (1964)
6. E. Ippen, R. Stolen, Stimulated Brillouin scattering in optical fibers. Appl. Phys. Lett. **21**(11), 539–541 (1972)

7. R. Smith, Optical power handling capacity of low loss optical fibers as determined by stimulated Raman and Brillouin scattering. Appl. Opt. **11**(11), 2489–2494 (1972)
8. D. Cotter, Stimulated Brillouin scattering in monomode optical fiber. J. Opt. Commun. **4**(1), 10–19 (1983)
9. A. Kobyakov, M. Sauer, D. Chowdhury, Stimulated Brillouin scattering in optical fibers. Adv. Opt. Photonics **2**(1), 1–59 (2010)
10. R. Lerch, G.M. Sessler, D. Wolf, *Technische Akustik* (Springer, Berlin, 2009)
11. M. Damzen, V. Vlad, V. Babin, A. Mocofanescu, *Stimulated Brillouin Scattering* (Institute of Physics Publishing, Bristol, 2003)
12. R.W. Boyd, *Nonlinear Optics*, 3. Aufl. (Academic, Amsterdam, 2008)
13. L. Landau, E. Lifschitz, Course on theoretical physics, in *Fluid Mechanics*, 2. Aufl., Bd. 6, Hrsg. von J. Sykes, W. Reid (Pergamon, Oxford, 1987)
14. M. Kaltenbacher, *Numerical Simulation of Mechatronic Sensors and Actuators*, 2. Aufl. (Springer, Berlin, 2007)
15. W. Primak, D. Post, Photoelastic constants of vitreous silica and its elastic coefficient of refractive index. J. Appl. Phys. **30**(5), 779–788 (1959)
16. K. Shiraki, M. Ohashi, Sound velocity measurement based on guided acoustic-wave Brillouin scattering. IEEE Photonics Technol. Lett. **4**(10), 1177–1180 (1992)
17. Heraeus Produktinformation, *Quarzglas für die Optik - Daten und Eigenschaften*. Techn. Ber. Heraeus Quarzglas GmbH Co. KG 2011
18. T. Horiguchi, T. Kurashima, M. Tateda, Tensile strain dependence of Brillouin frequency shift in silica optical fibers. IEEE Photonics Technol. Lett. **1**(5), 107–108 (1989)
19. R. Thurston, Elastic waves in rods and optical fibers. J. Sound Vib. **159**(3), 441–467 (1992)
20. P.J. Thomas, N.L. Rowell, H.M. van Driel, G.I. Stegeman, Normal acoustic modes and Brillouin scattering in single-mode optical fibers. Phys. Rev. B **19**(10), 4986–4998 (1979)
21. R.M. Shelby, M.D. Levenson, P.W. Bayer, Guided acoustic-wave Brillouin scattering. Phys. Rev. B **31**(8), 5244–5252 (1985)
22. P.D. Dragic, The acoustic velocity of Ge-doped silica fibers: A comparison of two models. Int. J. Appl. Glass Sci. **1**(3), 330–337 (2010)
23. J. Achenbach, *Wave Propagation in Elastic Solids* (Elsevier, New York, 1987)
24. R.E. Newnham, *Properties of Materials: Anisotropy, Symmetry, Structure* (Oxford University Press, New York, 2005)
25. E. Peral, A. Yariv, Degradation of modulation and noise characteristics of semiconductor lasers after propagation in optical fiber due to a phase shift induced by stimulated Brillouin scattering. IEEE J. Quantum Electron. **35**(8), 1185–1195 (1999)
26. B. Saleh, M. Teich, *Grundlagen der Photonik*, 2. Aufl. (Wiley-VCH, Weinheim, 2008)
27. A. Yariv, P. Yeh, *Optical Waves in Crystals: Propagation and Control of Laser Radiation* (Wiley-VCH, Weinheim, 2002)
28. A. Korpel, *Acousto-Optics*, 2. Aufl. (Marcel Dekker, New York, 1997)
29. V. Chandrasekharan, The exact equation for Brillouin shifts. J. Phys. **26**(11), 655–658 (1965)
30. X. Bao, L. Chen, Recent progress in Brillouin scattering based fiber sensors. Sensors **11**(4), 4152–4187 (2011)
31. H. Cummins, P. Schoen, Linear scattering from thermal fluctuations, in *Laser Handbook*, Bd. 2. Hrsg. von R. Arecchi, E. Schulz-Dubois (North Holland, Amsterdam, 1972), 1029–1075
32. L. Landau, E. Lifschitz, *Electrodynamics of Continuous Media*, 2. Aufl., Bd. 8. Course of Theoretical Physics (Pergamon, Oxford, 1984)
33. K.A. Nelson, Stimulated Brillouin scattering and optical excitation of coherent shear waves. J. Appl. Phys. **53**(9), 6060–6063 (1982)
34. S. Kingsley, Optical-fibre phase modulator. Electron. Lett. **11**(19), 453–454 (1975)

35. K. Nosu, H. Taylor, S. Rashleigh, J. Weller, Acousto-optic phase modulator for single-mode fibres. Electron. Lett. **19**(16), 605–607 (1983)
36. H. Taylor, Acoustooptic modulators for single-mode fibers. J. Lightwave Technol. **5**(7), 990–992 (1987)
37. C.-K. Jen, C. Neron, A. Shang, K. Abe, L. Bonnell, J. Kushibiki, Acoustic characterization of silica glasses. J. Am. Ceram. Soc. **76**(3), 712–716 (1993)
38. P.D. Dragic, Brillouin spectroscopy of Nd–Ge co-doped silica fibers. J. Non-Cryst. Solids **355**(7), 403–413 (2009)
39. J. Ballato, P. Dragic, Rethinking optical fiber: New demands, old glasses. J. Am. Ceram. Soc. **96**(9), 2675–2692 (2013)
40. C.-K. Jen, J.E.B. Oliveira, N. Goto, K. Abe, Role of guided acoustic wave properties in single-mode optical fibre design. Electron. Lett. **24**(23), 1419–1420 (1988)
41. P.-C. Law, Y.-S. Liu, A. Croteau, P.D. Dragic, Acoustic coefficients of P_2O_5-doped silica fiber: Acoustic velocity, acoustic attenuation, and thermo-acoustic coefficient. Opt. Mater. Expr. **1**(4), 686–699 (2011)
42. P. Dragic, Brillouin gain reduction via B_2O_3 doping. J. Lightwave Technol. **29**(7), 967–973 (2011)
43. P. Dragic, J. Ballato, A. Ballato et al., Mass density and the Brillouin spectroscopy of aluminosilicate optical fibers. Opt. Mater. Express **2**(11), 1641–1654 (2012)
44. T.-C. Wei, Acoustic properties of silica glass doped with fluorine. J. Non-Cryst. Solids **321**(1–2), 126–133 (2003)
45. R.N. Thurston, Elastic waves in rods and clad rods. J. Acoust. Soc. Am. **64**(1), 1–37 (1978)
46. C.-K. Jen, Similarities and differences between fiber acoustics and fiber optics, *IEEE Ultrasonics Symposium*, San Francisco, 1128–1133, 1985
47. A. McCurdy, Modeling of stimulated Brillouin scattering in optical fibers with arbitrary radial index profile. J. Lightwave Technol. **23**(11), 3509–3516 (2005)
48. W. Zou, Z. He, K. Hotate, Two-dimensional finite-element modal analysis of Brillouin gain spectra in optical fibers. IEEE Photon. Technol. Lett. **18**(23), 2487–2489 (2006)
49. L. Dong, Formulation of a complex mode solver for arbitrary circular acoustic waveguides. J. Lightwave Technol. **28**(21), 3162–3175 (2010)
50. L. Pochhammer, Ueber die Fortplanzungsgeschwindigkeiten kleiner Schwingungen in einem unbegrenzten isotropen Kreiscylinder. J. Rein. Angew. Math. **1876**(81), 324–336 (1876)
51. A. Safaai-Jazi. C.-K. Jen, G. Farnell, Analysis of weakly guiding fiber acoustic waveguide. IEEE Trans. Ultrason. Ferroelect. Freq. Contr. **33**(1), 59–68 (1986)
52. C.-K. Jen, A. Safaai-Jazi, G. Farnell, Leaky modes in weakly guiding fiber acoustic waveguides. IEEE Trans. Ultrason. Ferroelect. Freq. Contr. **33**(6), 634–643 (1986)
53. N. Shibata, Y. Azuma, T. Horiguchi, M. Tateda, Identification of longitudinal acoustic modes guided in the core region of a single-mode optical fiber by Brillouin gain spectra measurements. Opt. Lett. **13**(7), 595–597 (1988)
54. N. Shibata, K. Okamoto, Y. Azuma, Longitudinal acoustic modes and Brillouin-gain spectra for GeO_2-doped-core single-mode fibers. J. Opt. Soc. Am. B **6**(6), 1167–1174 (1989)
55. Y. Koyamada, S. Sato, S. Nakamura, H. Sotobayashi, W. Chujo, Simulating and designing Brillouin gain spectrum in single-mode fibers. J. Lightwave Technol. **22**(2), 631 (2004)
56. Y.S. Mamdem, X. Pheron, F. Taillade et al., Two-dimensional FEM analysis of Brillouin gain spectra in acoustic guiding and antiguiding single mode optical fibers. *COMSOL Multiphysics Conference*, Paris, 111–124, 2010
57. L. Tartara, C. Codemard, J.-N. Maran, R. Cherif, M. Zghal, Full modal analysis of the Brillouin gain spectrum of an optical fiber. Opt. Commun. **282**(12), 2431–2436 (2009)

58. D. Heiman, D.S. Hamilton, R.W. Hellwarth, Brillouin scattering measurements on optical glasses. Phys. Rev. B **19**(12), 6583–6592 (1979)
59. U. Scherz, Grundlagen der Festkörperphysik, in *Bergmann, Schaefer: Lehrbuch der Experimentalphysik, Bd. 6: Festkörper*, 2. Aufl., Hrsg. von R. Kassing (de Gruyter, Berlin, 2005), 3–110
60. J. AuYeung, A. Yariv, Spontaneous and stimulated Raman scattering in long low loss fibers. IEEE J. Quantum Electron. **14**(5), 347–352 (1978)
61. J. Schroeder, R. Mohr, P.B. Macedo, C.J. Montrose, Rayleigh and Brillouin scattering in K_2O–SiO_2 glasses. J. Am. Ceram. Soc. **56**(10), 510–514 (1973)
62. P. Wait, T. Newson, Landau Placzek ratio applied to distributed fibre sensing. Opt. Commun. **122**(4–6), 141–146 (1996)
63. P. Wait, K.D. Souza, T. Newson, A theoretical comparison of spontaneous Raman and Brillouin based fibre optic distributed temperature sensors. Opt. Commun. **144**(1–3), 17–23 (1997)
64. Y. Tanaka, H. Yoshida, T. Kurokawa, Guided-acoustic-wave Brillouin scattering observed backward by stimulated Brillouin scattering. Meas. Sci. Technol. **15**(8), 1458–1461 (2004)
65. A.J. Poustie, Guided acoustic-wave Brillouin scattering with optical pulses. Opt. Lett. **17**(8), 574–576 (1992)
66. A.J. Poustie, Bandwidth and mode intensities of guided acoustic-wave Brillouin scattering in optical fibers. J. Opt. Soc. Am. B **10**(4), 691–696 (1993)
67. A. Sizmann, Quantum solitons: Experimental progress and perspectives. Appl. Phys. B **65**(6), 745–753 (1997)
68. K. Bergman, H. Haus, M. Shirasaki, Analysis and measurement of GAWBS spectrum in a nonlinear fiber ring. Appl. Phys. B **55**(3), 242–249 (1992)
69. K. Bergman, H. Haus, E. Ippen, M. Shirasaki, Squeezing in a fiber interferometer with a gigahertz pump. Opt. Lett. **19**(4), 290–292 (1994)
70. M. Meissner, K. Sponsel, K. Cveck, B. Schmauss, G. Leuchs, Influence of phase noise on squeezing generated by a fiber Sagnac interferometer. *European Quantum Electronics Conference (EQEC '05)*, München, 286, 2005
71. T.C. Ralph, Continuous variable quantum cryptography. Phys. Rev. A **61**(1), 103031–103034 (2000)
72. Q.D. Xuan, Z. Zhang, P.L. Voss, A 24 km fiber-based discretely signaled continuous variable quantum key distribution system. Opt. Express **17**(26), 24244–24249 (2009)
73. D. Elser, U.L. Andersen, A. Korn et al., Reduction of guided acoustic wave Brillouin scattering in photonic crystal fibers. Phys. Rev. Lett. **97**(13), 4 (2006)
74. Y. Tanaka, K. Ogusu, Temperature coefficient of sideband frequencies produced by depolarized guided acoustic-wave Brillouin scattering. IEEE Photon. Technol. Lett. **10**(12), 1769–1771 (1998)
75. Y. Tanaka, K. Ogusu, Tensile-strain coefficient of resonance frequency of depolarized guided acoustic-wave Brillouin scattering. IEEE Photon. Technol. Lett. **11**(7), 865–867 (1999)
76. J.A. Stratton, *Electromagnetic Theory*. Neuauflage 2007. IEEE Press Series on Electromagnetic Wave Theory. (Wiley, Hoboken, 1944)
77. G. Fasching, *Werkstoffe für die Elektrotechnik*, 4. Aufl. (Springer, Wien, 2005)
78. R. Sutherland, *Handbook of Nonlinear Optics* (Marcel Dekker, New York, 1996)
79. A. Melloni, M. Frasca, A. Garavaglia, A. Tonini, M. Martinelli, Direct measurement of electrostriction in optical fibers. Opt. Lett. **23**(9), 691–693 (1998)
80. E.L. Buckland, R.W. Boyd, Electrostrictive contribution to the intensity-dependent refractive index of optical fibers. Opt. Lett. **21**(15), 1117–1119 (1996)
81. J. Nye, *Physical Properties of Crystals* (Oxford University Press, New York, 1985)

82. G. Kloos, On photoelasticity and the quadratic electrostrictive effect. J. Phys. D Appl. Phys. **30**(10), 1536 (1997)
83. G.B. Benedek, K. Fritsch, Brillouin scattering in cubic crystals. Phys. Rev. **149**(2), 647–662 (1966)
84. G. Kloos, Relation of the hydrostatic electrostrictive coefficient of cubic dielectrics with other material constants. Cryst. Res. Technol. **31**(6), 795–804 (1996)
85. A. Bertholds, R. Dändliker, Detennination of the individual strain-optic coefficients in single-mode optical fibers. J. Lightwave Technol. **6**(1), 17–20 (1988)
86. G. Agrawal, *Nonlinear Fiber Optics*, 5. Aufl. (Academic, Amsterdam, 2013)
87. Y. Azuma, N. Shibata, T. Horiguchi, M. Tateda, Wavelength dependence of Brillouin-gain spectra for single-mode optical fibres. Electron. Lett. **24**(5), 250–252 (1988)
88. M. Niklès, L. Thévenaz, P.A. Robert, Brillouin gain spectrum characterization in single-mode optical fibers. J. Lightwave Technol. **15**(10), 1842–1851 (1997)
89. J. Sanghera, C. Florea, L. Shaw et al., Non-linear properties of chalcogenide glasses and fibers. J. Non-Cryst. Solids **354**(2–9), 462–467 (2008)
90. J.M. Subias Domingo, J. Pelayo, F. Villuendas, C.D. Heras, E. Pellejer, Very high resolution optical spectrometry by stimulated Brillouin scattering. IEEE Photonics Technol. Lett. **17**(4), 855–857 (2005)
91. J. Kierzenka, L. Shampine, A BVP solver based on residual control and the MATLAB PSE. ACM Trans. Math. Softw. **27**(3), 299–316 (2001)
92. L. Chen, X. Bao, Analytical and numerical solutions for steady state stimulated Brillouin scattering in a single-mode fiber. Opt. Commun. **152**(1–3), 65–70 (1998)
93. C.L. Tang, Saturation and spectral characteristics of the Stokes emission in the stimulated Brillouin process. J. Appl. Phys. **37**(8), 2945–2955 (1966)
94. A. Loayssa, R. Hernández, D. Benito, S. Galech, Characterization of stimulated Brillouin scattering spectra by useof optical single-sideband modulation. Opt. Lett. **29**(6), 638–640 (2004)
95. K. Petermann, *Laser Diode Modulation and Noise*. Advances in Optoelectronics (ADOP), Bd. 3. (Kluwer, Dordrecht, 1988)
96. K. Kikuchi, Effect of 1/f-type FM noise on semiconductor-laser linewidth residual in high-power limit. IEEE J. Quantum Electron. **25**(4), 684–688 (1989)
97. R. Engelbrecht, B. Lins, P. Zinn, R. Buchtal, B. Schmauss, Line shapes of near-infrared DFB and VCSEL diode lasers under the influence of system back reflections. Appl. Phys. B **109**(3), 441–452 (2012)
98. Y. Aoki, K. Tajima, I. Mito, Input power limits of single-mode optical fibers due to stimulated Brillouin scattering in optical communication systems. J. Lightwave Technol. **6**(5), 710–719 (1988)
99. E. Lichtman, A. Friesem, Stimulated Brillouin scattering excited by a multimode laser in single-mode optical fibers. Opt. Commun. **64**(6), 544–548 (1987)
100. Y. Aoki, K. Tajima, Stimulated Brillouin scattering in a long single-mode fiber excited with a multimode pump laser. J. Opt. Soc. Am. B **5**(2), 358–363 (1988)
101. G. Valley, A review of stimulated Brillouin scattering excited with a broad-band pump laser. IEEE J. Quantum Electron. **22**(5), 704–7 12 (1986)
102. P. Narum, M. Skeldon, R. Boyd, Effect of laser mode structure on stimulated Brillouin scattering. IEEE J. Quantum Electron. **22**(11), 2161–2167 (1986)
103. E. Lichtman, A.A. Friesem, R.G. Waarts, H.H. Yaffe, Stimulated Brillouin scattering excited by two pump waves in single-mode fibers. J. Opt. Soc. Am. B **4**(9), 1397–1403 (1987)
104. H. Li, K. Ogusu, Dynamic behavior of stimulated Brillouin scattering in a single-mode optical fiber. Jpn. J. Appl. Phys. **38**(Part 1, No. 11), 6309–6315 (1999)

105. R. Tkach, A. Chraplyvy, R. Derosier, Spontaneous Brillouin scattering for single-mode optical-fibre characterisation. Electron. Lett. **22**(19), 1011–1013 (1986)
106. N. Shibata, R.G. Waarts, R.P. Braun, Brillouin-gain spectra for single-mode fibers having pure-silica, GeO_2-doped, and P_2O_5-doped cores. Opt. Lett. **12**(4), 269–271 (1987)
107. P.D. Dragic, Estimating the effect of Ge doping on the acoustic damping coefficient via a highly Ge-doped MCVD silica fiber. J. Opt. Soc. Am. B **26**(8), 1614–1620 (2009)
108. R. Engelbrecht, J. Hagen, M. Polster, C. Albrecht, Experimental comparison of the frequency shift of Brillouin scattering and the Raman gain measured in short fibers with different germanium content. *Conference Lasers Electro-Optics Europe (CLEO/Europe)*, München, 563, 2005
109. A. B. Ruffin. M.-J. Li, X. Chen, A. Kobyakov, F. Annunziata, Brillouin gain analysis for fibers with different refractive indices. Opt. Lett. **30**(23), 3123–3125 (2005)
110. A. Kobyakov, S. Kumar, D. Chowdhury et al., Design concept for optical fibers with enhanced SBS threshold. Opt. Express **13**(14), 5338–5346 (2005)
111. C.G. Carlson, R.B. Ross, J.M. Schafer, J.B. Spring, B.G. Ward, Full vectorial analysis of Brillouin gain in random acoustically microstructured photonic crystal fibers. Phys. Rev. B **83**(23), 235110, 1–9 (2011)
112. D. Derickson (Hrsg.), *Fiber Optic Test and Measurement*. Hewlett-Packard Professional Books (Prentice-Hall, Upper Saddle River, 1998)
113. M. van Deventer, A. Boot, Polarization properties of stimulated Brillouin scattering in single-mode fibers. J. Lightwave Technol. **12**(4), 585–590 (1994)
114. A. Zadok, E. Zilka, A. Eyal, L. Thévenaz, M. Tur, Vector analysis of stimulated Brillouin scattering amplification in standard single-mode fibers. Opt. Express **16**(26), 21692–21707 (2008)
115. L. Ursini, M. Santagiustina, L. Palmieri, Polarization-dependent Brillouin gain in randomly birefringent fibers. IEEE Photonics Technol. Lett. **22**(10), 712–714 (2010)
116. O. Shlomovits, M. Tur, Vector analysis of depleted stimulated Brillouin scattering amplification in standard single-mode fibers with nonzero birefringence. Opt. Lett. **38**(6), 836–838 (2013)
117. T. Tanemura, Y. Takushima, K. Kikuchi, Narrowband optical filter, with a variable transmission spectrum, using stimulated Brillouin scattering in optical fiber. Opt. Lett. **27**(17), 1552–1554 (2002)
118. S.P. Smith, F. Zarinetchi, S. Ezekiel, Narrow-linewidth stimulated Brillouin fiber laser and applications. Opt. Lett. **16**(6), 393–395 (1991)
119. F. Zarinetchi, S.P. Smith, S. Ezekiel, Stimulated Brillouin fiber-optic laser gyroscope. Opt. Lett. **16**(4), 229–231 (1991)
120. K.S. Abedin, P.S. Westbrook, J.W. Nicholson, J. Porque, T. Kremp, X. Liu, Single-frequency Brillouin distributed feedback fiber laser. Opt. Lett. **37**(4), 605–607 (2012)
121. H.G. Winful, I.V. Kabakova, B.J. Eggleton, Model for distributed feedback Brillouin lasers. Opt. Express **21**(13), 16191–16199 (2013)
122. T. Schneider, D. Hannover, M. Junker, Investigation of Brillouin scattering in optical fibers for the generation of Millimeter waves. J. Lightwave Technol. **24**(1), 295–304 (2006)
123. S. Preußler, N. Wenzel, R.-P. Braun et al., Generation of ultra-narrow, stable and tunable millimeter- and terahertz- waves with very low phase noise. Opt. Express **21**(20), 23950–23962 (2013)
124. M. González-Herráez, K.-Y. Song, L. Thévenaz, Optically controlled slow and fast light in optical fibers using stimulated Brillouin scattering. Appl. Phys. Lett. **87**, 081113 (2005)
125. Y. Okawachi, M.S. Bigelow, J.E. Sharping et al., Tunable all-optical delays via Brillouin slow light in an optical fiber. Phys. Rev. Lett. **94**(15), 153902 (2005)
126. R. Boyd, D. Gauthier, Slow and fast light. Prog. Opt. **43**(C), 497–530 (2002)

127. L. Thévenaz, Slow and fast light in optical fibres. Nat. Photonics **2**(8), 474–481 (2008)
128. M.G. Herráez, K.Y. Song, L. Thévenaz, Arbitrary-bandwidth Brillouin slow light in optical fibers. Opt. Express **14**(4), 1395–1400 (2006)
129. T. Schneider, R. Henker, K.-U. Lauterbach, M. Junker, Adapting Brillouin spectrum for slow light delays. Electron. Lett. **43**(12), 682–683 (2007)
130. S. Chin, M. Gonzalez-Herraez, L. Thévenaz, Zero-gain slow & fast light propagation in an optical fiber. Opt. Express **14**(22), 10684–10692 (2006)
131. A. Zadok, A. Eyal, M. Tur, Stimulated Brillouin scattering slow light in optical fibers. Appl. Opt. **50**(25), E38–E49 (2011)
132. P. Bayvel, P.M. Radmore, Solutions of the SBS equations in single mode optical fibres and implications for fibre transmission systems. Electron. Lett. **26**(7), 434–436 (1990)
133. S. Le Floch, P. Cambon, Theoretical evaluation of the Brillouin threshold and the steady-state Brillouin equations in standard single-mode optical fibers. J. Opt. Soc. Am. A **20**(6), 1132–1137 (2003)
134. A. Yeniay, J.-M. Delavaux, J. Toulouse, Spontaneous and stimulated Brillouin scattering gain spectra in optical fibers. J. Lightwave Technol. **20**(8), 1425 (2002)
135. A. Kobyakov, S. Darmanyan, D. Chowdhury, Exact analytical treatment of noise initiation of SBS in the presence of loss. Opt. Commun. **260**(1), 46–49 (2006)
136. R. Engelbrecht, Analysis of SBS gain shaping and threshold increase by arbitrary strain distributions. J. Lightwave Technol. **32**(9), 1698–1700 (2014)
137. M. van Deventer, Polarization properties of Rayleigh backscattering in single-mode fibers. J. Lightwave Technol. **11**(12), 1895–1899 (1993)
138. C. Lee, S. Chi, Measurement of stimulated-Brillouin-scattering threshold for various types of fibers using Brillouin optical-time-domain reflectometer. IEEE Photon. Technol. Lett. **12**(6), 672–674 (2000)
139. H. Al-Raweshidy, S. Komaki, Hrsg., *Radio Over Fiber Technologies for Mobile Communication Networks* (Artech House, Boston, 2001)
140. L. Noë, Novel techniques for high-capacity 60-GHz fiber-radio transmission systems. IEEE Trans. Microw. Theory Tech. **45**(8 Part 2), 1416–1423 (1997)
141. M. Sauer, A. Kobyakov, J. George, Radio over fiber for picocellular network architectures. J. Lightwave Technol. **25**(11), 3301–3320 (2007)
142. J. Yao, Microwave photonics. J. Lightwave Technol. **27**(3), 314–335 (2009)
143. J. Limpert, F. Röser, S. Klingebiel et al., The rising power of fiber lasers and amplifiers. IEEE J. Sel. Top. Quantum Electron. **13**(3), 537–545 (2007)
144. J.W. Dawson, M.J. Messerly, R.J. Beach et al., Analysis of the scalability of diffraction-limited fiber lasers and amplifiers to high average power. Opt. Express **16**(17), 13240–13266 (2008)
145. Y. Jeong, J. Nilsson, J. Sahu et al., Power scaling of single-frequency ytterbium-doped fiber master-oscillator power-amplifier sources up to 500 W. IEEE J. Sel. Top. Quantum Electron. **13**(3), 546–550 (2007)
146. V. A. Kozlov, J. Hernández-Cordero, T.F. Morse, All-fiber coherent beam combining of fiber lasers. Opt. Lett. **24**(24), 1814–1816 (1999)
147. T. Fan, Laser beam combining for high-power, high-radiance sources. IEEE J. Sel. Top. Quantum Electron. **11**(3), 567–577 (2005)
148. S. J. Augst, J.K. Ranka, T. Y. Fan, A. Sanchez, Beam combining of ytterbium fiber amplifiers (Invited). J. Opt. Soc. Am. B **24**(8), 1707–1715 (2007)
149. A. Liu, M. Norsen, R. Mead, 60-W green output by frequency doubling of a polarized Yb-doped fiber laser. Opt. Lett. **30**(1), 67–69 (2005)
150. A. Bouchier, G. Lucas-Leclin, P. Georges, J. Maillard, Frequency doubling of an efficient continuous wave single-mode Yb-doped fiber laser at 978 nm in a periodically-poled MgO:LiNbO$_3$ waveguide. Opt. Express **13**(18), 6974–6979 (2005)

151. J.E. Rothenberg, P.A. Thielen, M. Wickham, C.P. Asman, Suppression of stimulated Brillouin scattering in single-frequency multi-kilowatt fiber amplifiers. Conf. Fiber Lasers V: Technology, Systems, and Applications. Bd. 6873. *Proceedings SPIE - The International Society for Optical Engineering*, San Jose, 68730O, 2008
152. Y. Feng, L. Taylor, D. Bonaccini Calia, Multiwatts narrow linewidth fiber Raman amplifiers. Opt. Express **16**(15), 10927–10932 (2008)
153. A. Friedenauer, V. Karpov, D. Wei et al., RFA-based 589-nm guide star lasers for ESO VLT, a paradigm shift in performance, operational simplicity, reliability and maintenance. Conference on Adaptive Optics Systems III, Bd. 8447. *Proceedings SPIE - The International Society for Optical Engineering*, Amsterdam, 84470F, 2012
154. L. Zhang, J. Hu, J. Wang, Y. Feng, Stimulated-Brillouin-scattering-suppressed high-power single-frequency polarization-maintaining Raman fiber amplifier with longitudinally varied strain for laser guide star. Opt. Lett. **37**(22), 4796–4798 (2012)
155. L. Zhang, S. Cui, C. Liu, J. Zhou, Y. Feng, 170 W, single-frequency, single-mode, linearly-polarized, Yb-doped all-fiber amplifier. Opt. Express **21**(5), 5456–5462 (2013)
156. J. Marconi, J. Boggio, H.L. Fragnito, Narrow linewidth fibre-optical wavelength converter with strain suppression of SBS. Electron. Lett. **40**(19), 1213–1214 (2004)
157. S. Radic, Parametric amplification and processing in optical fibers. Laser Photonics Rev. **2**(6), 498–513 (2008)
158. Z. Tong, C. Lundström, P. Andrekson, M. Karlsson, A. Bogris, Ultralow noise, broadband phase-sensitive optical amplifiers, and their applications. IEEE J. Sel. Top. Quantum Electron. **18**(2), 1016–1032 (2012)
159. T. Horiguchi, K. Shimizu, T. Kurashima, M. Tateda, Y. Koyamada, Development of a distributed sensing technique using Brillouin scattering. J. Lightwave Technol. **13**(7), 1296–1302 (1995)
160. F. Mallinder, B. Proctor, Elastic constants of fused silica as a function of large tensile strain. Phys. Chem. Glasses **5**(4), 91–103 (1964)
161. D. Culverhouse, F. Farahi, C. Pannell, D. Jackson, Potential of stimulated Brillouin scattering as sensing mechanism for distributed temperature sensors. Electron. Lett. **25**(14), 913–915 (1989)
162. T. Kurashima, M. Tateda, Thermal effects on the Brillouin frequency shift in jacketed optical silica fibers. Appl. Opt. **29**(15), 2219–2222 (1990)
163. K. Brown, A.W. Brown, B.G. Colpitts, Characterization of optical fibers for optimization of a Brillouin scattering based fiber optic sensor. Opt. Fiber Technol. **11**(2), 131–145 (2005)
164. T.R. Parker, M. Farhadiroushan, V.A. Handerek, A.J. Rogers, Temperature and strain dependence of the power level and frequency of spontaneous Brillouin scattering in optical fibers. Opt. Lett. **22**(11), 787–789 (1997)
165. W. Zou, Z. He, K. Hotate, Experimental study of Brillouin scattering in fluorine-doped single-mode optical fibers. Opt. Express **16**(23), 18804–18812 (2008)
166. H. Gu, H. Dong, G. Zhang, Y. Dong, J. He, Dependence of Brillouin frequency shift on radial and axial strain in silica optical fibers. Appl. Opt. **51**(32), 7864–7868 (2012)
167. A. Minardo, R. Bernini, L. Zeni, Bend-induced Brillouin frequency shift variation in a single-mode fiber. IEEE Photonics Technol. Lett. **25**(23), 2362–2364 (2013)
168. M. Tateda, T. Horiguchi, T. Kurashima, K. Ishihara, First measurement of strain distribution along field-installed optical fibers using Brillouin spectroscopy. J. Lightwave Technol. **8**(9), 1269–1272 (1990)
169. X. Bao, D. J. Webb, D.A. Jackson, 22-km distributed temperature sensor using Brillouin gain in an optical fiber. Opt. Lett. **18**(7), 552–554 (1993)
170. H. Ohno, H. Naruse, M. Kihara, A. Shimada, Industrial applications of the BOTDR optical fiber strain sensor. Opt. Fiber Technol. **7**(1), 45–64 (2001)

171. W. Li, X. Bao, Y. Li, L. Chen, Differential pulse-width pair BOTDA for high spatial resolution sensing. Opt. Express **16**(26), 21616–21625 (2008)
172. D. Garus, K. Krebber, F. Schliep, T. Gogolla, Distributed sensing technique based on Brillouin optical-fiber frequency-domain analysis. Opt. Lett. **21**(17), 1402–1404 (1996)
173. R. Bernini, A. Minardo, L. Zeni, Distributed sensing at centimeter-scale spatial resolution by BOFDA: Measurements and signal processing. IEEE Photonics J. **4**(1), 48–56 (2012)
174. K.-Y. Song, Z. He, K. Hotate, Effects of intensity modulation of light source on Brillouin optical correlation domain analysis. J. Lightwave Technol. **25**(5), 1238–1246 (2007)
175. Y. Mizuno, W. Zou, Z. He, K. Hotate, Proposal of Brillouin optical correlation-domain reflectometry (BOCDR). Opt. Express **16**(16), 12148–12153 (2008)
176. Y. Mizuno, Z. He, K. Hotate, Measurement range enlargement in Brillouin optical correlation-domain reflectometry based on temporal gating scheme. Opt. Express **17**(11), 9040–9046 (2009)
177. K. Hotate, Fiber distributed Brillouin sensing with optical correlation domain techniques. Opt. Fiber Technol. **19**(6, Part B), 700–719 (2013)
178. C.A. Galindez-Jamioy, J. M. López-Higuera, Brillouin distributed fiber sensors: An overview and applications. J. Sens. **2012**, 204121 (2012)
179. A. Hirose, Y. Takushima, T. Okoshi, Suppression of stimulated Brillouin scattering and Brillouin crosstalk by frequency-sweeping spread-spectrum scheme. J. Opt. Commun. **12**(3), 82–85 (1991)
180. D. Fishman, J. Nagel, Degradations due to stimulated Brillouin scattering in multigigabit intensity-modulated fiber-optic systems. J. Lightwave Technol. **11**(11), 1721–1728 (1993)
181. F. Willems, W. Muys, J.S. Leong, Simultaneous suppression of stimulated Brillouin scattering and interferometric noise in externally modulated lightwave AM-SCM systems. IEEE Photonics Technol. Lett. **6**(12), 1476–1478 (1994)
182. J. Hansryd, P. Andrekson, Broad-band continuous-wave-pumped fiber optical parametric amplifier with 49-dB gain and wavelength-conversion efficiency. IEEE Photonics Technol. Lett. **13**(3), 194–196 (2001)
183. S. Radic, C. McKinstrie, R. Jopson et al., Selective suppression of idler spectral broadening in two-pump parametric architectures. IEEE Photonics Technol. Lett. **15**(5), 673–675 (2003)
184. Y. Takushima, T. Okoshi, Suppression of stimulated Brillouin scattering using optical isolators. Electron. Lett. **28**(12), 1155–1157 (1992)
185. H. Lee, G. Agrawal, Suppression of stimulated Brillouin scattering in optical fibers using fiber Bragg gratings. Opt. Express **11**(25), 3467–3472 (2003)
186. T. Erdogan, J.E. Sipe, Tilted fiber phase gratings. J. Opt. Soc. Am. A **13**(2), 296–313 (1996)
187. P. Weßels, P. Adel, M. Auerbach, D. Wandt, C. Fallnich, Novel suppression scheme for Brillouin scattering. Opt. Express **12**(19), 4443–4448 (2004)
188. I. Dajani, C. Zeringue, T. Bronder, T. Shay, A. Gavrielides, C. Robin, A theoretical treatment of two approaches to SBS mitigation with two-tone amplification. Opt. Express **16**(18), 14233–14247 (2008)
189. N. Broderick, H. Offerhaus, D. Richardson, R. Sammut, J. Caplen, L. Dong, Large mode area fibers for high power applications. Opt. Fiber Technol. **5**(2), 185–196 (1999)
190. Produktinformation Fa. Corning, *LEAF Optical Fiber*. Techn. Ber. 2007
191. International Telecommunication on Union, *Recommendation ITU-T G.652: Characteristics of a single-mode optical fibre and cable*. Telecommunication Standardization Sector of ITU (2009)
192. Produktinformation Fa. Corning, *SMF-28e+ Optical Fiber with NexCor Technology*. Techn. Ber. 2007

193. M.D. Mermelstein, SBS threshold measurements and acoustic beam propagation modeling in guiding and anti-guiding single mode optical fibers. Opt. Express **17**(18), 16225–16237 (2009)
194. M.-J. Li, X. Chen, J. Wang et al., Al/Ge co-doped large mode area fiber with high SBS threshold. Opt. Express **15**(13), 8290–8299 (2007)
195. S. Gray, D. Walton, X. Chen et al., Optical fibers with tailored acoustic speed profiles for suppressing stimulated Brillouin scattering in high-power, single-frequency sources. IEEE J. Sel. Top. Quantum Electron. **15**(1), 37–46 (2009)
196. T. Sugie, Suppression of SBS by discontinuous Brillouin frequency shifted fibre in CPFSK coherent lightwave system with booster amplifier. Electron. Lett. **27**(14), 1231–1233 (1991)
197. Y. Imai, N. Shimada, Dependence of stimulated Brillouin scattering on temperature distribution in polarization-maintaining fibers. IEEE Photonics Technol. Lett. **5**(11), 1335–1337 (1993)
198. J. Hansryd, F. Dross, M. Westlund, P. Andrekson, S. Knudsen, Increase of the SBS threshold in a short highly nonlinear fiber by applying a temperature distribution. J. Lightwave Technol. **19**(11), 1691–1697 (2001)
199. M. Lorenzen, D. Noordegraaf, C. Nielsen, O. Odgaard, L. Gruner-Nielsen, K. Rottwitt, Suppression of Brillouin scattering in fibre-optical parametric amplifier by applying temperature control and phase modulation. Electron. Lett. **45**(2), 125–126 (2009)
200. N. Yoshizawa, T. Imai, Stimulated Brillouin scattering suppression by means of applying strain distribution to fiber with cabling. J. Lightwave Technol. **11**(10), 1518–1522 (1993)
201. R. Engelbrecht, M. Bayer, L.-P. Schkmidt, Numerical calculation of stimulated Brillouin scattering and its suppression in Raman fiber amplifiers. *Conference Lasers Electro-Optics Europe (CLEO/Europe)*, München, 641, 2003
202. R. Engelbrecht, J. Hagen, M. Schmidt, SBS-suppression in variably strained fibers for fiber-amplifiers and fiber-lasers with a high spectral power density. XV Int. Symp. Gas Flow, Chemical Lasers, and High-Power Lasers (GCL/HPL). Bd. 5777. *Proceedings SPIE - The International Society for Optical Engineering*. Prag, Tschechische Republik, 795–798, 2004
203. C. Lundström, R. Malik, L. Gruner-Nielsen et al., Fiber optic parametric amplifier with 10-dB net gain without pump dithering. IEEE Photonics Technol. Lett. **25**(3), 234–237 (2013)
204. J.M.C. Boggio, J.D. Marconi, H.L. Fragnito, Experimental and numerical investigation of the SBS-threshold increase in an optical fiber by applying strain distributions. J. Lightwave Technol. **23**(11), 3808–3814 (2005)
205. K. Shiraki, M. Ohashi, M. Tateda, Suppression of stimulated Brillouin scattering in a fibre by changing the core radius. Electron. Lett. **31**(8), 668–669 (1995)
206. K. Shiraki, M. Ohashi, M. Tateda, SBS threshold of a fiber with a Brillouin frequency shift distribution. J. Lightwave Technol. **14**(1), 50–57 (1996)
207. A. Evert, A. James, T. Hawkins et al., Longitudinally-graded optical fibers. Opt. Express **20**(16), 17393–17401 (2012)
208. J.C. Beugnot, T. Sylvestre, D. Alasia et al., Complete experimental characterization of stimulated Brillouin scattering in photonic crystal fiber. Opt. Express **15**(23), 15517–15522 (2007)
209. R. Engelbrecht, M. Müller, B. Schmauss, SBS shaping and suppression by arbitrary strain distributions realized by a fiber coiling machine. *Conference IEEE/LEOS Winter Topicals*, Innsbruck, 248–249, 2009
210. G.S. Glaesemann, S.T. Gulati, J.D. Helfinstine, Effect of strain and surface composition on Young's modulus of optical fibers. *Optical Fiber Communication Conference (OFC)*, New Orleans, TuG5, 1988
211. E. Suhir, Predicted stresses and strains in fused biconical taper couplers subjected to tension. Appl. Opt. **32**(18), 3237–3240 (1993)

212. S.C. Rashleigh, R. Ulrich, High birefringence in tension-coiled single-mode fibers. Opt. Lett. **5**(8), 354–356 (1980)
213. K. Kikuchi, T. Okoshi, Wavelength-sweeping technique for measuring the beat length of linearly birefringent optical fibers. Opt. Lett. **8**(2), 122–123 (1983)
214. K. Byron, M. Bedgood, A. Finney, C. McGauran, S. Savory, I. Watson, Shifts in zero dispersion wavelength due to pressure, temperature and strain in dispersion shifted singlemode fibres. Electron. Lett. **28**(18), 1712–1714 (1992)
215. E. Myslivets, C. Lundstrom, J. Aparicio et al., Spatial equalization of zero-dispersion wavelength profiles in nonlinear fibers. IEEE Photonics Technol. Lett. **21**(24), 1807–1809 (2009)
216. M. Takahashi, M. Tadakuma, T. Yagi, Dispersion and Brillouin managed HNLFs by strain control techniques. J. Lightwave Technol. **28**(1), 59–64 (2010)
217. C. Lundström, E. Myslivets, A.O. Wiberg et al., Tension-optimized highly nonlinear fiber for parametric applications. *European Conference and Exhibition on Optical Communication* (ECOC), Amsterdam, We.1.F.2, 2012
218. Y. Hayase, H. Naruse, Shape variation of Brillouin gain spectrum caused by sinusoidal-like strain distribution. *Conference on Lasers and Electro-Optics/Pacific Rim*, Kyoto, WPF-19, 2013
219. R.W. Boyd, K. Rzaęwski, P. Narum, Noise initiation of stimulated Brillouin scattering. Phys. Rev. A **42**(9), 5514–5521 (1990)
220. A.L. Gaeta, R.W. Boyd, Stochastic dynamics of stimulated Brillouin scattering in an optical fiber. Phys. Rev. A **44**(5), 3205–3209 (1991)
221. A.A. Fotiadi, R. Kiyan, O. Deparis, P. Mégret, M. Blondel, Statistical properties of stimulated Brillouin scattering in single-mode optical fibers above threshold. Opt. Lett. **27**(2), 83–85 (2002)
222. M. Hermann, *Numerik gewöhnlicher Differentialgleichungen: Anfangs- und Randwertprobleme* (Oldenbourg, München, 2004)
223. R.G. Harrison, J.S. Uppal, A. Johnstone, J.V. Moloney, Evidence of chaotic stimulated Brillouin scattering in optical fibers. Phys. Rev. Lett. **65**(2), 167–170 (1990)
224. I. Bar-Joseph, A.A. Friesem, E. Lichtman, R.G. Waarts, Steady and relaxation oscillations of stimulated Brillouin scattering in single-mode optical fibers. J. Opt. Soc. Am. B **2**(10), 1606–1611 (1985)
225. A.V. Smith, B. Do, G. Hadley, R.L. Farrow, Optical damage limits to pulse energy from fibers. IEEE J. Sel. Top. Quantum Electron. **15**(1), 153–158 (2009)
226. M. Horowitz, A. Chraplyvy, R. Tkach, J. Zyskind, Broad-band transmitted intensity noise induced by Stokes and anti-Stokes Brillouin scattering in single-mode fibers. IEEE Photonics Technol. Lett. **9**(1), 124–126 (1997)
227. A. Djupsjobacka, G. Jacobsen, B. Tromborg, Dynamic stimulated Brillouin scattering analysis. J. Lightwave Technol. **18**(3), 416–424 (2000)
228. A. David, M. Horowitz, Low-frequency transmitted intensity noise induced by stimulated Brillouin scattering in optical fibers. Opt. Express **19**(12), 11792–11803 (2011)

Raman-Faserlaser 10

Raman-Faserlaser sind Laser, die auf der Lichtverstärkung durch stimulierte Raman-Streuung in einer Glasfaser basieren. Wie bei jedem Laser entsteht auch in einem Raman-Faserlaser durch frequenzselektive Rückkopplung der optischen Verstärkung eine kontinuierliche Oszillation bei optischen Frequenzen. Die ersten Raman-Faserlaser wurden in den Jahren nach 1970 realisiert, nachdem ausreichend verlustarme Glasfasern zur Verfügung standen [1–3]. Raman-Faserlaser dienen als leistungsstarke und effiziente faserbasierte Wellenlängenkonverter in spektralen Bereichen, in denen keine anderen effizienten Laserquellen zur Verfügung stehen. In diesem Kapitel werden Aufbau und Merkmale von Raman-Faserlasern vorgestellt. Analytische sowie simulative Verfahren zur Dimensionierung dieses interessanten Lasertyps werden besprochen. Ein Schwerpunkt liegt dabei in den spektralen Eigenschaften von Raman-Faserlasern. Linear polarisierte Raman-Faserlaser mit schmaler spektraler Bandbreite sind gut für eine nachfolgende optische Frequenzverdopplung geeignet, wie am Ende dieses Kapitels am Beispiel der Erzeugung gelber Laserstrahlung gezeigt wird.

10.1 Aufbau und Merkmale von Raman-Faserlasern

10.1.1 Aufbau eines einfachen Raman-Faserlasers

Abbildung 10.1 zeigt eine Prinzipskizze eines einfachen nur in Vorwärtsrichtung gepumpten Raman-Faserlasers (RFL). Als aktives Medium wird eine Glasfaser mit vorzugsweise großem SRS-Koeffizienten γ_R und geringem Dämpfungsbelag a verwendet. Die Faserlänge L ist häufig im Bereich $10\,\text{m} \ldots 1000\,\text{m}$, da die längenbezogene Raman-

R. Engelbrecht, *Nichtlineare Faseroptik*,
DOI 10.1007/978-3-642-40968-4_10

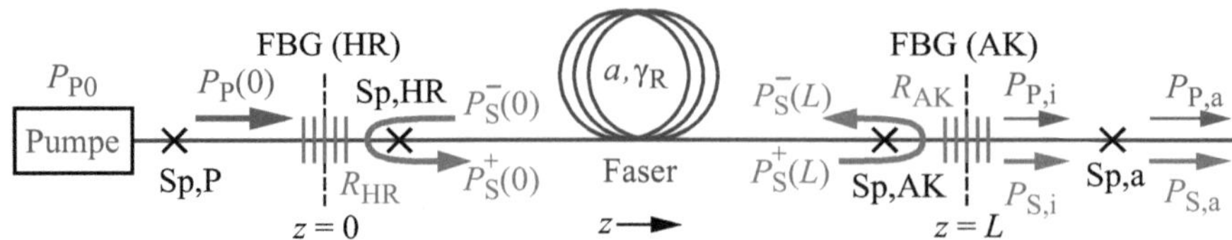

Abb. 10.1 Prinzipskizze eines einfachen Raman-Faserlasers sowie Definitionen wichtiger Parameter

Verstärkung betragsmäßig klein ist. Leistungsstarke Laserdioden oder Faserlaser auf Basis von Seltenerdmetall-dotierten Glasfasern dienen als Pumplichtquelle. Die Pumpe wird charakterisiert durch ihre Wellenlänge λ_P sowie ihre Leistung P_{P0}. Als Resonatorspiegel bei der Stokes-Wellenlänge λ_S kommen Faser-Bragg-Gitter (FBGs) zum Einsatz. FBGs sind periodische Brechzahlmodulationen im Kern einer Glasfaser, die eine spektral schmalbandige Reflexion bei der Stokes-Wellenlänge λ_S erzeugen, und somit für die Pumpwellenlänge λ_P transparent sind. Eines der beiden FBGs hat typischerweise eine große Leistungs-Reflektivität R_{HR} und wird als hochreflektierend (HR) bezeichnet. Das andere FBG hat eine kleinere Reflektivität R_{AK} und wird Auskoppel-FBG (AK) genannt, da an diesem FBG die transmittierte nutzbare Leistung $P_{S,a}$ des RFLs ausgekoppelt wird. Gegebenenfalls sind Spleißverluste zwischen den einzelnen Faserstücken zu berücksichtigen, wenn aktive Faser und FBG-Faser herstellungsbedingt unterschiedlich sind. In Abb. 10.1 sind einige typische Spleißstellen (Sp) vor und nach den FBGs eingezeichnet. Die FBGs bilden zusammen einen sog. Fabry-Perot-Resonator (FP). Durch die resonante Rückkopplung der Raman-Verstärkung bei der Stokes-Wellenlänge λ_S kann der Raman-Faserlaser aus dem Rauschen der spontanen Raman-Streuung heraus anschwingen. Es entsteht eine stationäre und kontinuierliche Stokes-Welle im Resonator, die zwischen den FBGs zirkuliert. Bei geeigneter Dimensionierung kann damit ein Großteil der Leistung des Pumplasers $P_P(0)$ in nutzbare Ausgangsleistung $P_{S,a}$ bei der Stokes-Wellenlänge konvertiert werden.

Zur weiteren Verbesserung der Konversionseffizienz kann ein zusätzliches FBG bei der Pumpwellenlänge λ_P am Ende des RFLs platziert werden, um restliche Pumpleistung am Ausgang $P_{P,a}$ zurück in den RFL zu reflektieren. Da SRS auch für gegenläufige Wellen statt findet, kann auch diese restliche Leistung auf die Stokes-Welle übertragen werden. Sollte der RFL jedoch nicht anschwingen, wird in dieser Konfiguration das Pumplicht fast vollständig in den Pumplaser reflektiert. Der Pumplaser ist dann durch optische Isolatoren vor einer zu großen reflektierten Leistung zu schützen. Prinzipiell sind auch rückwärts oder beidseitig gepumpte RFLs möglich. Allerdings sind dann WDM-Koppler wie in Abb. 8.16 für Raman-Faserverstärker gezeigt erforderlich, um am RFL-Ausgang Pump- und Stokes-Licht zu trennen. Diese stehen jedoch häufig nicht für die großen Leistungen und besonderen Wellenlängen zur Verfügung, die mit RFLs erzeugt werden können. Die vorwärtsgepumpte Konfiguration in Abb. 10.1 ist daher typisch für die meisten Raman-Faserlaser.

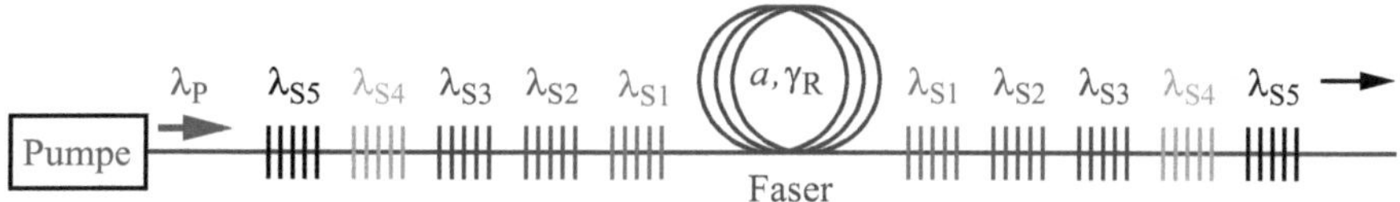

Abb. 10.2 Kaskadierter Raman-Faserlaser. Alle FBGs sind hochreflektierend, mit Ausnahme des FBGs bei der Zielwellenlänge λ_{S5} auf der Auskoppelseite

10.1.2 Kaskadierte Raman-Faserlaser

Sind beide FBGs bei einer ersten Stokes-Wellenlänge λ_{S1} hochreflektierend, so schwingt der RFL mit großer resonatorinterner Leistung und geringen Auskoppelverlusten bei dieser Wellenlänge an. Dadurch wird resonatorintern diese erste Stokes-Wellenlänge ihrerseits zur Pumpe für eine nächsthöhere Stokes-Ordnung λ_{S2}. Wird diese Ordnung ebenfalls mit einem Paar an passenden FBGs resonant gehalten, so kann diese Ordnung ebenfalls im Laserbetrieb anschwingen. Durch Verwendung von Paaren an hochreflektierenden FBGs bei den Wellenlängen der jeweiligen Stokes-Ordnungen können kaskadierte Raman-Faserlaser realisiert werden, wie in Abb. 10.2 dargestellt [4]. Die gewünschte Stokes-Ordnung wird durch Verwendung eines nur teilreflektierenden FBGs bei der Wellenlänge dieser Ordnung ausgekoppelt.

Da die einzelnen Konversionsschritte mit großer Effizienz erfolgen, kann eine Gesamteffizienz der 5. Stokes-Ordnung von 50 % erreicht werden [5]. Kaskadierte Raman-Faserlaser mit einer Ausgangsleistung von 104 W bei 1480 nm wurden demonstriert, ausgehend von einem Ytterbium-Faserlaser (YbFL) bei 1117 nm als Pumpe [6].

Eine mögliche Anwendung solcher kaskadierten RFLs ist das Pumpen von Erbium-dotierten Faserlasern (ErFL) und Faserverstärkern (EDFA) mit großer Ausgangsleistung [7]. Bei der optimalen Pumpwellenlänge dieser Systeme von 1480 nm sind leistungsstarke Pumplaserdioden sehr teuer, so dass der Weg über einen diodengepumpten YbFL und einen kaskadierten RFL wirtschaftlicher sein kann.

10.1.3 Merkmale von Raman-Faserlasern

Der Aufbau eines Raman-Faserlasers (RFL) ist prinzipiell ähnlich zu Faserlasern auf Basis von mit Seltenerdmetallen (SE) dotierten Glasfasern, z. B. des Ytterbium-Faserlasers (YbFL) oder Erbium-Faserlasers (ErFL). Allen Faserlasern ist gemeinsam, dass ein komplett faserbasierter Aufbau möglich ist. Insbesondere durch Verwendung der FBGs können externe Resonatorspiegel vermieden werden, die in nicht-faserbasierten Lasern potentiell anfällig gegen mechanische Dejustierung ihrer Ausrichtung bezüglich des Laserstrahls sind. Koppelverluste zwischen dem aktiven Medium und den Resonatorspiegeln können daher vernachlässigt werden. Gegebenenfalls müssen kleine Spleißverluste zwischen einzelnen Faserabschnitten berücksichtigt werden. Da das aktive Medium eines Faserlasers auf einer

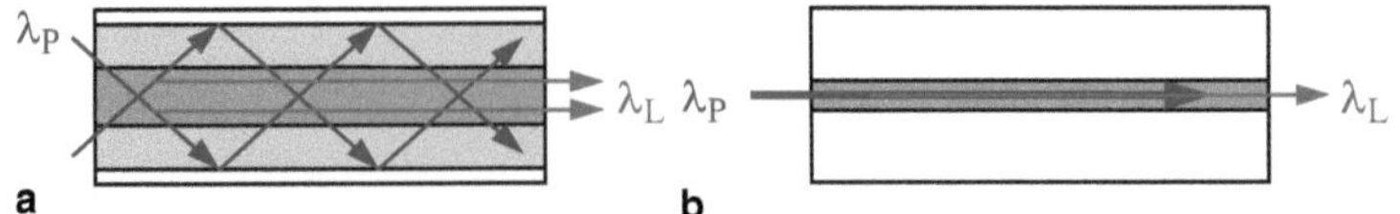

Abb. 10.3 **a** Typischer mit Seltenerdmetallen (*SE*) dotierter Faserlaser mit Doppelkernfaser. Durch einen multimodigen Pumpkern mit großem Durchmesser kann Pumplicht bei λ_P mit schlechter Strahlqualität periodisch durch den SE-dotierten aktiven Kern laufen und dort einmodige Laserstrahlung hoher Strahlqualität bei λ_L erzeugen. **b** Typischer Raman-Faserlaser. Da SRS hohe Intensitäten von Pump- und Stokes-Welle benötigt, müssen beide Wellenlängen λ_P und λ_S in Singlemodefasern mit geringem Modenfelddurchmesser geführt werden

Trommel aufgewickelt werden kann, ohne signifikante Verluste zu erzeugen (s. Kap. 4.1), können große Längen eines aktiven Mediums bei gleichzeitig kompaktem und robustem Aufbau realisiert werden.

SE-Faserlaser können unter Verwendung des Prinzips der Doppelkernfaser [8] das multimodige Pumplicht preisgünstiger Hochleistungs-Laserdioden in einmodige Laserstrahlung konvertieren, wie in Abb. 10.3 dargestellt. Aufgrund der hohen Pumplicht-Absorption der SE-Ionen kann trotz einer geringen Überlappung des Pumplichtes mit dem aktiven Kern eine effiziente Anregung des Lasers bei moderaten Faserlängen im Bereich von einigen Metern erfolgen. Der dabei erzielte große Gewinn an Strahlqualität im Vergleich zu den Pumplaserdioden und zu anderen Festkörperlasern selbst bei sehr hohen Laserleistungen ist Hauptgrund für den Erfolg der SE-Faserlaser in vielen Anwendungen [9–11]. Durch die große Länge des aktiven Mediums mit kleinem Durchmesser ist eine effiziente Kühlung des Lasers zur Abfuhr der Verlustleistung möglich. Zur Vermeidung nichtlinearer optischer Effekte wird die effektive Modenfläche eines SE-Faserlasers so groß wie möglich gewählt, um gerade noch Singlemode-Betrieb zu gewährleisten. Damit können Leistungen bis zu 1 kW im cw-Betrieb erzielt werden.

Im Gegensatz dazu werden bei Raman-Faserlasern Glasfasern mit kleinen effektiven Modenflächen bevorzugt, um große faserspezifische SRS-Koeffizienten γ_R zu erzielen. Phosphor-dotierte Spezialfasern bieten zwar einige interessante Vorteile für RFLs [12] wegen des großen materialspezifischen Raman-Gewinnkoeffizienten (s. Kap. 8.3.7.2). Aufgrund geringerer Verluste und zuverlässigerer Herstellung basieren die meisten publizierten RFLs jedoch auf Ge-dotierten SiO_2-Glasfasern.

Da der Prozess der stimulierten Raman-Streuung proportional zum Produkt der Pump- und Stokes-Intensitäten ist, müssen sowohl das Pump- als auch das Stokes-Licht im gleichen Kern einer Singlemodefaser geführt werden. Daher müssen Pumplichtquellen von Raman-Faserlasern bereits die gleiche Strahlqualität wie der Raman-Faserlaser selbst besitzen. Bevorzugt kommen hierbei SE-Faserlaser zum Einsatz. Wegen der geringen Lichtverstärkung pro Faserlänge durch SRS sind die Längen von Raman-Faserlasern typischerweise deutlich länger als in SE-Faserlasern. Nichtlineare Effekte wie stimulierte Brillouin-Streuung oder Vierwellenmischung sind in RFLs wegen der benötigten kleinen Modenfläche und großen Länge kritischer als in SE-Faserlasern.

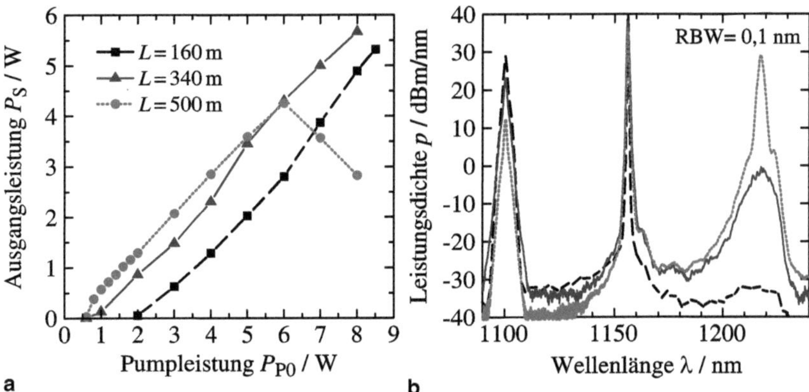

Abb. 10.4 **a** Ausgangsleistung $P_{S,a}$ eines beispielhaften Raman-Faserlaser in Abhängigkeit der Pumpleistung P_{P0} für verschiedene Faserlängen L. **b** Ausgangsspektrum der Raman-Faserlaser mit gleichen Längen wie in *a* bei $P_{P0} = 8$W. (RBW: engl. *resolution bandwidth*, Auflösungsbandbreite des OSA)

Raman-Faserlaser bieten somit keine Steigerung der Strahlqualität oder der Ausgangsleistung bezüglich der als Pumpquelle verwendeten SE-Faserlaser. Raman-Faserlaser werden in der Regel nur dann eingesetzt, wenn Wellenlängen benötigt werden, die mit üblichen SE-Faserlasern oder anderen Lasersystemen nicht direkt erzeugt werden können. Sie dienen dann als effiziente Wellenlängenkonverter nachgeschaltet zu einem Pumplaser.

10.1.4 Beispiel für einen Raman-Faserlaser

Als Beispiel betrachten wir einen einfachen Raman-Faserlaser, der wie in Abb. 10.1 aufgebaut ist. Als Pumplaser kommt ein Ytterbium-Faserlaser mit einer maximalen Ausgangsleistung von $P_{P0} = 8{,}5$ W zum Einsatz. Als Raman-aktive Faser wird eine Singlemodefaser mit erhöhter Ge-Dotierung im Kern und kleinem Modenfelddurchmesser eingesetzt (HI-Faser, [13]). Die Reflektivitäten der Resonator-FBGs betragen $R_{HR} > 99\,\%$ und $R_{AK} = 10\,\%$ mit einer spektralen Bandbreite (FWHM) $B_{FBG} = 0{,}03$ nm.

Die Gesamtleistung am Ausgang des Raman-Faserlasers kann mit einem wellenlängenunabhängigen thermischen Leistungsmesser gemessen werden. Diese Leistung enthält neben restlicher Pumpleistung $P_{P,a}$ und der gewünschten Leistung der ersten Stokes-Ordnung $P_{S,a}$ unter Umständen auch Leistungsanteile bei höheren Stokes-Ordnungen. Daher wird zusätzlich ein kleiner Teil der Lichtemission des Raman-Faserlasers zur Messung der relativen spektralen Leistungsdichteverteilung mit einem optischen Spektralanalysator (OSA) verwendet. Mit Hilfe der bekannten Gesamtleistung kann daraus die absolute spektrale Leistungsdichte bestimmt werden, und die Gesamtleistung kann spektral in die Leistungsbeiträge der Pumpe sowie der einzelnen Stokes-Ordnungen zerlegt werden.

In Abb. 10.4 ist die Ausgangsleistung der ersten Stokes-Ordnung und das Emissionsspektrum für verschiedene Faserlängen L in Abhängigkeit von der Pumpleistung dargestellt.

Die maximale Ausgangsleistung $P_{S,a} = 5{,}7\,\mathrm{W}$ der ersten Stokes-Ordnung bei einer Wellenlänge $\lambda_S = 1156\,\mathrm{nm}$ wird in diesem Beispiel für eine Faserlänge $L = 340\,\mathrm{m}$ erreicht. Die Konversionseffizienz beträgt im Maximum $\eta = P_{S,a}/P_{P0} = 71\,\%$. Noch größere Konversionseffizienzen könnten mit breitbandigeren FBGs auf Kosten einer größeren Emissionsbandbreite oder unter Verwendung von Fasern mit größerem Raman-Koeffizienten γ_R erzielt werden. Die spektrale Bandbreite der ersten Stokes-Ordnung beträgt in diesem Beispiel abhängig von der Pumpleistung im Maximum etwa 0,5 nm. Dies ist deutlich mehr, als aufgrund der Bandbreite der verwendeten FBGs zu erwarten wäre. Das spektrale Verhalten von Raman-Faserlasern wird in Kap. 10.5 weiter untersucht.

Bei einer kleineren Faserlänge $L = 160\,\mathrm{m}$ werden kleinere Leistungen und Effizienzen erreicht, da nur ein geringerer Teil der Pumpleistung umgesetzt wird und ein größerer Rest der Pumpe bei $\lambda_P = 1100\,\mathrm{nm}$ im Ausgangsspektrum vorhanden ist. Die größte Faserlänge $L = 500\,\mathrm{m}$ bietet bereits bei mittleren Pumpleistungen eine Konversionseffizienz von 73 %. Allerdings nimmt bei großen Pumpleistungen die Ausgangsleistung bei $\lambda_S = 1156\,\mathrm{nm}$ sogar wieder ab. Dies liegt am Anschwingen der zweiten Stokes-Ordnung bei $\lambda_{S2} \approx 1220\,\mathrm{nm}$ aus dem Rauschen der spontanen Emission, da aufgrund der großen Faserlänge die resonatorinterne Leistung der ersten Stokes-Ordnung die SRS-Schwelle der 2. Ordnung überschreitet, obwohl für diese Ordnung kein Resonator vorhanden ist.

An diesem Beispiel wird qualitativ deutlich, dass wichtige Größen wie Ausgangsleistung, Konversionseffizienz und Spektrum durch Parameter des Raman-Faserlasers wie Faserlänge, FBG-Reflektivitäten, Pumpleistung und Fasereigenschaften beeinflusst werden. Die quantitative Beschreibung dieser Effekte ist Gegenstand von Kap. 10.2 bis 10.5.

10.1.5 Spezielle Raman-Faserlaser

Das Beispiel in Kap. 10.1.4 ist typisch für lange Raman-Faserlaser mit geringer Reflektivität des Auskoppel-FBGs. Eine Besonderheit des Beispiels ist die Verwendung schmalbandiger FBGs, die in der gezeigten Konfiguration aber noch nicht zu einer besonders schmalbandigen Lichtemission führen. Neben diesem allgemeinen Beispiel können einige Sonderfälle und spezielle Konfigurationen von Raman-Faserlasern (RFLs) unterschieden werden:

- **Spektral schmalbandige und linear polarisierte RFLs:** Für die optische Frequenzverdopplung der typischerweise infraroten RFLs in den sichtbaren Spektralbereich wird eine geringe spektrale Bandbreite sowie eine stabile lineare Polarisation des RFL benötigt. Dies kann durch entsprechend schmalbandige FBGs mit einer optimal abgestimmten RFL-Konfiguration erreicht werden [14]. Sowohl der Pumplaser als auch der RFL müssen polarisationserhaltende Glasfasern verwenden.
- **Raman-Faserlaser mit hoher Leistung:** Aufgrund der großen Effizienz von Raman-Faserlasern und der entsprechend geringen Verlustleistung pro Faserlänge können damit prinzipiell Faserlaser mit sehr großer Ausgangsleistung realisiert werden. Raman-

Faserlaser mit einer Leistung von 150 W und einem optischen Wirkungsgrad von 85 % wurden demonstriert, limitiert nur von der verfügbaren Pumpleistung eines Singlemode-Ytterbium-Faserlasers [15].

- **Kurze RFLs, DBR- und DFB-RFL:** Mit Fasern, die einen sehr großen SRS-Koeffizienten haben, unter Verwendung von hochreflektierenden Resonator-FBGs und durch Minimierung weiterer resonatorinterner Verluste können sehr kurze RFLs mit Resonatorlängen von wenigen Metern realisiert werden. Zu diesem Zweck können die FBGs direkt in die ramanaktive Faser eingeschrieben werden, um verlustbehaftete Spleißverbindungen im Resonator zu vermeiden [16]. Bei sehr kurzen Resonatoren tragen dann bereits die kleinen Längen der FBGs signifikant zur Gesamtlänge des aktiven Mediums bei [17]. Solche Laser sind unter der Bezeichnung engl. *distributed Bragg reflection* oder kurz DBR-Laser bekannt. Die sogenannten engl. *distributed feedback* oder DFB-Raman-Faserlaser stellen den Sonderfall dar, dass ein langes FBG ($\approx$ 10 cm bis 20 cm) in einer ramanaktiven Faser sowohl das aktive Medium als auch die verteilte Rückkopplung innerhalb des FBGs darstellt [18–21]. Mit solchen Lasern kann ebenfalls eine schmalbandige Lichtemission erreicht werden, die im Fall der DFB-Laser sogar monofrequent ist.
- **Raman-Ringlaser:** In faserbasierten Ringlasern wird die Rückkopplung ohne Verwendung von Resonator-FBGs realisiert, indem über einen Faserkoppler ein Teil der Lichtemission am Faserende wieder in den Faseranfang eingespeist wird. Das Pumplicht wird über einen wellenlängenselektiven Koppler (WDM) in den Ring eingekoppelt. In solchen Ringlasern können viele Wellenlängen innerhalb der Verstärkungsbandbreite des Raman-Spektrums anschwingen, das sehr viel breiter als die Reflexionsspektren üblicher FBGs ist [22, 23]. Da sich Faserringlaser gut für eine passive Modenkopplung eignen, können damit gepulste Raman-Faserlaser mit einer extrem hohen Pulswiederholrate von 100 GHz realisiert werden [24].
- **Lange Raman-Faserlaser mit zufälliger Rückkopplung:** Ein anderer Extremfall sind Raman-Faserlaser mit sehr großen Faserlängen im Bereich vieler 10 km. Die Rückkopplung erfolgt hier ohne FBGs durch die Rayleigh-Streuung der ersten Stokes-Ordnung. Aufgrund der inkohärenten statistischen Natur der Rayleigh-Streuung über große Faserlängen entsteht dadurch ein Laser mit einer chaotischen, rauschartigen Lichtemission (engl. *random laser*) [25].

10.2 Quantitative Beschreibung von Raman-Faserlasern

Raman-Faserlaser zeigen wie alle anderen Laser ein typisches Schwellwertverhalten der Laserausgangsleistung $P_{S,a}$ in Abhängigkeit von der Pumpleistung $P_{P(0)}$ (Abb. 10.5). Oberhalb einer für den Laserbetrieb mindestens erforderlichen Schwellpumpleistung P_{th} steigt die Laserleistung näherungsweise linear mit der Pumpleistung an. Für die quantitative

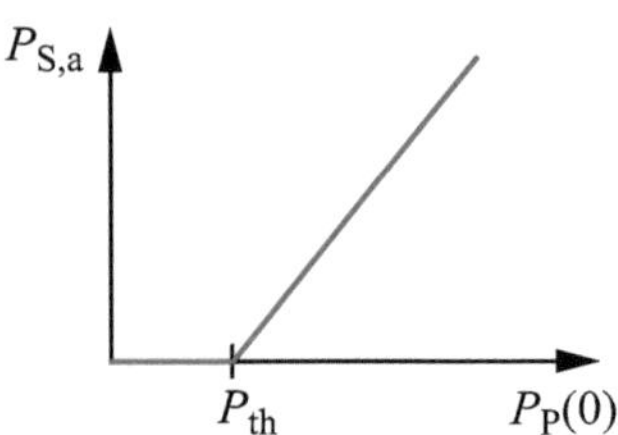

Abb. 10.5 Typische Abhängigkeit der Laserleistung $P_{S,a}$ von der Pumpleistung $P_P(0)$ eines Raman-Faserlasers

Beschreibung untersuchen wir zunächst Bedingungen, die für ein Anschwingen des Lasers erforderlich sind. Anschließend werden die gekoppelten Leistungsgleichungen zur Beschreibung der Leistungen in einem RFL vorgestellt. Nach einigen analytischen Vorüberlegungen wird ein numerisches Verfahren zur Lösung dieser Gleichungen entwickelt und beispielhafte Ergebnisse werden dargestellt.

10.2.1 Schwingbedingung

10.2.1.1 Stationäre Leistungsbedingung

Wir betrachten einen einfachen vorwärts gepumpten Raman-Faserlaser nach Abb. 10.1. Im stationären Laserbetrieb muss sich die Lichtleistung der Stokes-Welle nach einem Resonatorumlauf reproduzieren. Für die Verstärkung G der Stokes-Welle bei einem Durchgang in Vorwärts- oder Rückwärtsrichtung (engl. *single-pass gain*) gilt

$$G = \exp\left(\gamma_R \int_0^L P_P^+(z)\,dz\right). \tag{10.1}$$

Diese Verstärkung muss die Verluste aufgrund der Faserdämpfung, der Transmission durch die FBGs sowie die Transmissionsverluste eventueller Spleißstellen im Resonator kompensieren. Für einen kompletten Resonatorumlauf erhält man folgende allgemeine Bedingung für einen stationären Laserbetrieb:

$$R_{HR} R_{AK} T_{Sp}^2 \exp\left(2\gamma_R \int_0^L P_P^+(z)\,dz - 2aL\right) = 1. \tag{10.2}$$

Darin sind R_{HR} und R_{AK} die Leistungsreflektivitäten der FBGs. γ_R ist der faserspezifische Raman-Koeffizient (kurz: Raman- oder SRS-Koeffizient) gemäß Kap. 8.3.7. Zur Berücksichtigung von Polarisationseffekten ist dieser hier und im Folgenden durch den effektiven Koeffizienten $\gamma_{R,eff} = \gamma_R/\xi$ zu ersetzen, mit dem Polarisationsfaktor ξ der Raman-Streuung, wie in Kap. 8.3.8 diskutiert. $T_{Sp} < 1$ ist ein Transmissionsfaktor, der alle Spleißverluste im Resonator bei einmaligem Durchgang berücksichtigt:

$$T_{Sp} = T_{Sp,AK} T_{Sp,HR}. \tag{10.3}$$

L ist die geometrische Länge der aktiven Faser. Der konkrete Verlauf der Pumpleistung $P_P^+(z)$ ist im Allgemeinen nicht analytisch bekannt, sondern ergibt sich durch ortsabhängige Leistungsübertragung auf vor- und rücklaufende Stokes-Welle durch SRS. Im stationären

Fall muss sich immer ein Verlauf $P_\mathrm{P}^+(z)$ so einstellen, dass Gl. (10.2) erfüllt ist. Bei geringer Pumpleistung am Eingang kann die Verstärkung jedoch zu klein sein, um die Umlaufverluste im Resonator zu kompensieren. In diesem Fall würde der Laser nicht anschwingen, und Gl. (10.2) wäre nicht erfüllt.

10.2.1.2 Schwellpumpleistung

Zur Herleitung der Anschwingbedingung betrachten wir den Grenzfall, dass die Pumpleistung am Eingang $P_\mathrm{P}^+(0)$ gerade so groß ist, dass der RFL noch anschwingen kann. Im Resonator kann sich in diesem Grenzfall aber keine signifikante Leistung der Stokes-Welle ausbilden, so dass die Pumpwelle keine Abnahme durch SRS, sondern nur durch lineare Dämpfung erfährt. Die Verstärkung ist dann gleich der Kleinsignalverstärkung gemäß Gl. (8.72). Für die Anschwingbedingung eines RFL ausgehend von der Leistungsbilanz bei einem Resonatorumlauf erhalten wir

$$R_\mathrm{HR} R_\mathrm{AK} T_\mathrm{Sp}^2 \exp\left(2\gamma_\mathrm{R} P_\mathrm{P}^+(0) L_\mathrm{eff} - 2aL\right) \geq 1, \tag{10.4}$$

mit der effektiven Länge L_eff nach Gl. (8.71). Definieren wir als Kleinsignalgewinn G_0 bei einem kompletten Resonatorumlauf

$$G_0 = \exp\left(2\gamma_\mathrm{R} P_\mathrm{P}^+(0) L_\mathrm{eff}\right), \tag{10.5}$$

und als Verlust V pro Umlauf

$$V = \frac{1}{R_\mathrm{HR} R_\mathrm{AK} T_\mathrm{Sp}^2} \exp(2aL), \tag{10.6}$$

so können wir eine alternative Anschwingbedingung formulieren:

$$G_0 \geq V. \tag{10.7}$$

Damit können wir die zum Anschwingen mindestens notwendige Schwellpumpleistung P_th (engl. *threshold pump power*) bestimmen:

$$P_\mathrm{th} = \frac{1}{2\gamma_\mathrm{R} L_\mathrm{eff}} \ln\left(\frac{1}{R_\mathrm{HR} R_\mathrm{AK} T_\mathrm{Sp}^2}\right) + \frac{a}{\gamma_\mathrm{R}} \frac{L}{L_\mathrm{eff}}, \tag{10.8a}$$

$$\approx \frac{1}{2\gamma_\mathrm{R} L} \ln\left(\frac{1}{R_\mathrm{HR} R_\mathrm{AK} T_\mathrm{Sp}^2}\right) + \frac{a}{\gamma_\mathrm{R}}, \tag{10.8b}$$

wobei in Gl. (10.8b) die Näherung $L \approx L_\mathrm{eff}$ für schwach verlustbehaftete Fasern und für sinnvolle, nicht zu lange Faserlängen L verwendet wird.

Beispiel 10.1

Für eine Standard-Singlemodefaser (SSMF) nehmen wir folgende Zahlenwerte an: SRS-Koeffizient $\gamma_R = 0{,}83\,\mathrm{W}^{-1}\,\mathrm{km}^{-1}$ und Dämpfungsbelag ${}^{\ell}a = 0{,}23\,\mathrm{dB/km}$. Da diese Faser über große Längen nicht gewährleistet, dass Pumpe und Stokes-Welle kopolarisiert sind, reduziert sich der SRS-Koeffizient um den Polarisationsfaktor $\xi = 2$. Aufgrund der guten Spleißbarkeit dieser Faser können Spleißverluste vernachlässigt werden. Für eine Faserlänge von $L = 1000\,\mathrm{m}$ und FBG-Reflektivitäten von $R_{\mathrm{HR}} = 99\,\%$ und $R_{\mathrm{AK}} = 90\,\%$ ergibt sich eine Schwellpumpleistung von $P_{\mathrm{th}} = 274\,\mathrm{mW}$. Wird die Faserlänge auf $L = 100\,\mathrm{m}$ reduziert, steigt die Schwellpumpleistung auf $P_{\mathrm{th}} = 1{,}52\,\mathrm{W}$.

Selbst mit einer SSMF sind trotz kleinem SRS-Koeffizienten Raman-Faserlaser realisierbar, die mit fasergekoppelten Laserdioden gepumpt werden können. Es sind jedoch hohe FBG-Reflektivitäten und große Faserlängen erforderlich. Kürzere Längen und kleinere FBG-Reflektivitäten sind mit Fasern mit größerer Ge-Dotierung im Kern möglich, wie in Kap. 10.1.4 beschrieben.

Beispiel 10.2

Für eine HI-Faser [13] gilt gemäß Tab. 8.2 für nicht-polarisationserhaltende Aufbauten ein Raman-Koeffizient von $\gamma_R = 3{,}8\,\mathrm{W}^{-1}\,\mathrm{km}^{-1}$ bei $\lambda_S = 1155\,\mathrm{nm}$. Mit den FBG-Daten $R_{\mathrm{HR}} = 99\,\%$ und $R_{\mathrm{AK}} = 10\,\%$ aus Kap. 10.1.4 und mit einer Faserdämpfung ${}^{\ell}a = 1{,}5\,\mathrm{dB/km}$ ergeben sich für Resonatorlängen L von 160 m, 340 m und 500 m die Schwellpumpleistungen P_{th} zu 2,0 W, 1,0 W und 0,76 W, in guter Übereinstimmung mit Messergebnissen in Abb. 10.4.

Unter Verwendung von polarisationserhaltenden Spezialfasern mit sehr großem SRS-Koeffizienten und unter Verwendung von hochreflektierenden FBGs können sehr kurze RFLs realisiert werden [16].

Beispiel 10.3

Wir betrachten eine polarisationserhaltende Faser (PM-Raman [26] aus Tab. 8.2) mit großem SRS-Koeffizienten $\gamma_R = 17\,\mathrm{km}^{-1}\,\mathrm{W}^{-1}$ und einem Dämpfungsbelag ${}^{\ell}a = 2\,\mathrm{dB/km}$. Für eine Faserlänge von $L = 6\,\mathrm{m}$ und FBG-Reflektivitäten von $R_{\mathrm{HR}} = 99\,\%$ und $R_{\mathrm{AK}} = 80\,\%$ ergibt sich ohne zusätzliche Spleißverluste eine Schwellpumpleistung von $P_{\mathrm{th}} = 1{,}2\,\mathrm{W}$. Bereits eine zusätzliche Spleißdämpfung von ${}^{\ell}a_{\mathrm{Sp}} = 0{,}2\,\mathrm{dB}$ bzw. $T_{\mathrm{Sp}} = 0{,}955$ erhöht die Schwellpumpleistung auf $P_{\mathrm{th}} = 1{,}6\,\mathrm{W}$.

Insbesondere bei kurzen Raman-Faserlasern mit geringer Verstärkung pro Resonatorumlauf oder bei Konfigurationen mit geringen Resonatorverlusten sind Spleißverluste innerhalb des Resonators kritisch. Daher werden die FBGs vorteilhaft direkt in die aktive Raman-Faser eingeschrieben, wie in Kap. 10.4 erläutert. Aus den Beispielen wird auch deutlich, dass

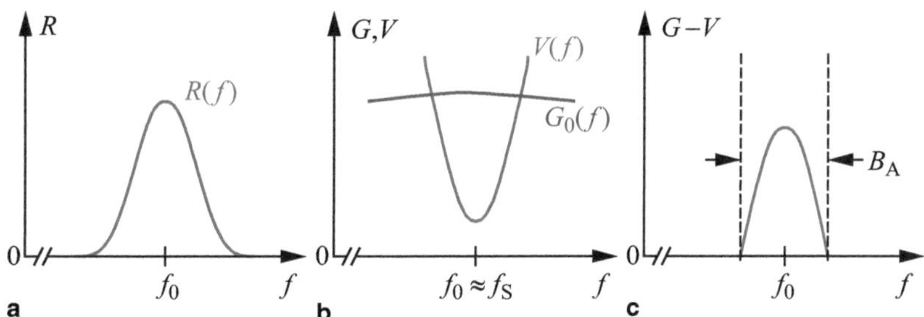

Abb. 10.6 Beispiel der Frequenzabhängigkeit der Anschwingbedingung eines RFL. **a** Reflektivität $R(f)$ eines FBGs. **b** Resonatorverlust $V(f)$ und Kleinsignalgewinn $G_0(f)$, **c** anschwingfähiger Frequenzbereich B_A

aufgrund der geringen Dämpfungsverluste auch mit Fasern mit kleinem SRS-Koeffizienten RFLs realisiert werden können. Ein großer SRS-Koeffizient einer Faser ist nur dann sinnvoll, wenn durch die hierfür erforderliche Dotierung z. B. mit Germanium oder mit Phosphor die Dämpfung nicht übermäßig erhöht wird. Als Qualitätskriterium zum Vergleich verschiedener Fasern kann daher das Verhältnis γ_R/a verwendet werden. Dieses Verhältnis hat für die drei Fasern und Wellenlängen aus den Beispielen Bsp. 10.1 bis 10.3 die Zahlenwerte 7,8 W^{-1}, 11 W^{-1} und 37 W^{-1}. Insbesondere letztere Faser ist somit besonders gut für Raman-Faserverstärker und -Faserlaser geeignet.

Weiterhin muss berücksichtigt werden, dass sowohl der SRS-Koeffizient $\gamma_R(f)$ und in noch stärkerem Maße auch die FBG-Reflektivitäten $R(f)$ wellenlängen- bzw. frequenzabhängig sind. Die Anschwingbedingung wird daher nur in einem Intervall mit kleiner Bandbreite B_A um die Frequenz der maximalen FBG-Reflektivität f_0 erfüllt, wie in Abb. 10.6 dargestellt. f_0 entspricht sinnvollerweise der Stokes-Frequenz f_S mit maximaler Raman-Verstärkung bei gegebener Pumpfrequenz f_P.

Beispiel 10.4

Typische Halbwertsbreiten der FBGs und damit in grober Näherung Bandbreiten des Anschwingbereiches üblich dimensionierter RFLs sind im Bereich um $\Delta\lambda_a \approx 0{,}1$ nm. Das entspricht bei einer Stokes-Wellenlänge von $\lambda_S = 1\,\mu$m einer Bandbreite $B_A \approx$ 30 GHz.

10.2.1.3 Resonatoreigenfrequenzen

Neben der Leistung und damit der Amplitude der Stokes-Welle muss sich nach einem Resonatorumlauf auch die Phase reproduzieren, da sich sonst keine stehende Welle mit großer Amplitude im Resonator ausbilden kann. Daraus erhält man die Phasenbedingung

$$e^{j\varphi_{HR}} e^{j\varphi_{AK}} e^{2j\beta(\omega)L} = 1, \tag{10.9a}$$

$$\text{oder} \quad \varphi_{HR} + \varphi_{AK} + 2\beta(\omega)L = 2\pi q. \tag{10.9b}$$

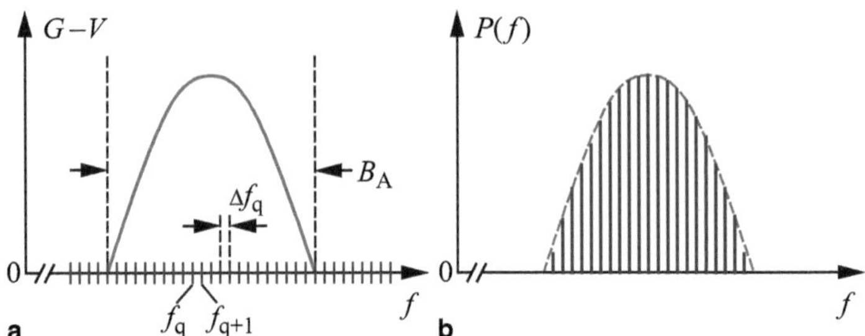

Abb. 10.7 Innerhalb des anschwingfähigen Bereiches eines langen RFL (**a**) befinden sich eine Vielzahl von Resonatoreigenfrequenzen fq, so dass ein quasi-kontinuierliches Emissionsspektrum resultiert (**b**)

Hier ist $\beta(\omega)$ das Phasenmaß der betrachteten Mode. φ_{HR} und φ_{AK} sind die Phasen der Reflexion an den FBGs. q ist eine ganzzahlige Ordnungszahl, die der Anzahl der halben Wellenlängen innerhalb der Resonatorlänge L entspricht. Durch Auflösen erhält man die Eigenfrequenzen des Resonators f_q:

$$f_q = \left(q - \frac{\varphi_{\text{HR}} + \varphi_{\text{AK}}}{2\pi}\right) \frac{c_0}{2n_{\text{eff}}(f)L}. \tag{10.10}$$

Darin ist $n_{\text{eff}}(f)$ der effektive Brechungsindex einer Mode. Durch geeignete Wahl der Bezugsebenen für $z = 0$ und $z = L$ in Abb. 10.1 können die FBG-Phasen φ_{HR} sowie φ_{AK} für eine Frequenz f zu Null gesetzt werden. Bei üblichen Faserlängen L ist die Ordnungszahl q sehr groß, so dass auch die verbleibende Frequenzabhängigkeit der FBG-Phasen im Rahmen der betrachteten kleinen anschwingfähigen Bandbreite B_{A} eine geringe Rolle spielt und nun vernachlässigt wird. Nimmt man weiterhin den effektiven Brechungsindex als konstant innerhalb dieser Bandbreite an, so ergibt sich für die Eigenfrequenzen die bekannte Formel

$$f_q = q\frac{c_0}{2n_{\text{eff}}L}. \tag{10.11}$$

Diese sind äquidistant mit dem Eigenfrequenzabstand

$$\Delta f_q = \frac{c_0}{2n_{\text{eff}}L}. \tag{10.12}$$

Beispiel 10.5

Mit einem beispielhaften effektiven Brechungsindex $n_{\text{eff}} \approx 1{,}45$ der Grundmode einer SSMF bei $\lambda = 1550\,\text{nm}$ ergibt sich bei einer Faserlänge von $L = 100\,\text{m}$ ein Eigenfrequenzabstand von $\Delta f_q \approx 1\,\text{MHz}$. Dieser ist um viele Größenordnungen kleiner als die übliche anschwingfähige Bandbreite B_{A}, so dass innerhalb dieser eine Vielzahl an Resonatoreigenfrequenzen anschwingen kann (Abb. 10.7).

Lange Raman-Faserlaser zeigen daher ein quasi-kontinuierliches Emissionsspektrum. Erst bei sehr kleinen Resonatorlängen können diskrete Eigenfrequenzen beobachtet werden.

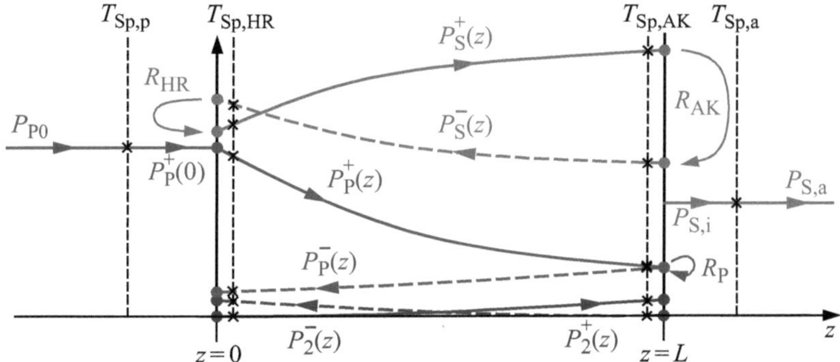

Abb. 10.8 Prinzipielle Leistungsverläufe $P_i(z)$ der beteiligten Wellen eines Raman-Faserlasers der 1. Stokes-Ordnung sowie Randbedingungen durch FBG-Reflektivitäten R_i und Spleißtransmissionen T_i

Dies wird zusammen mit den spektralen Eigenschaften von Raman-Faserlasern in Kap. 10.5 diskutiert.

10.2.2 Beschreibung durch gekoppelte Leistungsgleichungen

Zur Bestimmung der Ausgangsleistung eines RFLs muss der Leistungsverlauf aller beteiligter Wellen $P_i(z)$ innerhalb des Resonators bestimmt werden. Zur weiteren Diskussion betrachten wir einen RFL der ersten Stokes-Ordnung mit einem Paar an FBGs für die Stokes-Wellenlänge λ_S. Abbildung 10.8 zeigt prinzipielle Leistungsverläufe innerhalb und außerhalb des Resonators. Diese werden durch die gekoppelten Leistungsgleichungen (CPE) analog zu denen eines Raman-Faserverstärkers nach Gl. (8.137) beschrieben [27]. Im Laserbetrieb dominiert in der ersten Stokes-Ordnung die stimulierte Raman-Streuung (SRS) gegenüber der spontanen Raman-Streuung (SpRS), so dass dort die SpRS vernachlässigt werden kann. Wird jedoch die resonatorinterne Leistung der ersten Stokes-Ordnung zu groß, so kann die zweite Stokes-Ordnung durch stimuliert-verstärkte spontane Raman-Streuung aus dem Rauschen heraus entstehen, selbst wenn kein FBG-Resonator für diese Wellenlänge λ_2 vorhanden ist. Die zweite Ordnung muss also inklusive SpRS berücksichtigt werden. Höhere Stokes-Ordnungen können aber vernachlässigt werden. Damit lauten die CPE für einen derartigen Raman-Faserlaser

$$\frac{\mathrm{d}P_P^\pm}{\mathrm{d}z} = \mp a_P P_P^\pm \mp \gamma_S \frac{f_P}{f_S} P_P^\pm \left(P_S^+ + P_S^-\right), \tag{10.13a}$$

$$\frac{\mathrm{d}P_S^\pm}{\mathrm{d}z} = \mp a_S P_S^\pm \pm \gamma_S \left(P_P^+ + P_P^-\right) P_S^\pm \mp \gamma_2 \frac{f_S}{f_2} P_S^\pm \left(P_2^+ + P_2^-\right), \tag{10.13b}$$

$$\frac{\mathrm{d}P_2^\pm}{\mathrm{d}z} = \mp a_2 P_2^\pm \pm \gamma_2 \left(P_S^+ + P_S^-\right) P_2^\pm \pm P_2^\mathrm{r}, \tag{10.13c}$$

mit den Definitionen der Raman-Koeffizienten γ_i nach Gl. (8.136) und der Rauschleistungsdichte P_2^{r} nach Gl. (8.135), wie bei einem Raman-Faserverstärker. Dieses Differentialgleichungssystem muss für einen Laser unter Verwendung folgender Randbedingungen gelöst werden:

$$P_{\mathrm{P}}^{+}(0) = P_{\mathrm{P}0} T_{\mathrm{Sp,P}}, \qquad P_{\mathrm{P}}^{-}(L) = P_{\mathrm{P}}^{+}(L) R_{\mathrm{P}} T_{\mathrm{Sp,AK}}^{2}, \tag{10.14a}$$

$$P_{\mathrm{S}}^{+}(0) = P_{\mathrm{S}}^{-}(0) R_{\mathrm{HR}} T_{\mathrm{Sp,HR}}^{2}, \qquad P_{\mathrm{S}}^{-}(L) = P_{\mathrm{S}}^{+}(L) R_{\mathrm{AK}} T_{\mathrm{Sp,AK}}^{2}, \tag{10.14b}$$

$$P_{2}^{+}(0) = 0, \qquad P_{2}^{-}(L) = 0. \tag{10.14c}$$

Darin ist $P_{\mathrm{P}0}$ die gesamte Pumpleistung, und R_{P} ist die Reflektivität eines eventuell vorhandenen Pumpreflektors am Faserausgang. $T_{\mathrm{Sp,i}}$ sind die Transmissionen eventueller Spleißverbindungen innerhalb und außerhalb des Resonators nach Abb. 10.1 und 10.8.

Nach Lösen der CPE unter den gegebenen Randbedingungen erhält man die gesuchte Ausgangsleistung des Raman-Faserlasers zu

$$P_{\mathrm{S,a}} = P_{\mathrm{S}}^{+}(L)(1 - R_{\mathrm{AK}}) T_{\mathrm{Sp,AK}} T_{\mathrm{Sp,a}}. \tag{10.15}$$

Die gekoppelten Leistungsgleichungen und Randbedingungen können mit weiteren Stokes-Ordnungen erweitert werden, um kaskadierte Raman-Faserlaser zu beschreiben [27–29]. Ein Lösungsverfahren und Ergebnisse werden in Kap. 10.3 diskutiert.

10.2.3 Analytische Überlegungen

Die CPEs eines Raman-Faserlasers können im Allgemeinen nur numerisch gelöst werden. Einige Einsichten erhält man durch Betrachtung des Sonderfalls, dass kein Pumpreflektor vorhanden ist und dass aufgrund begrenzter Leistung der Stokes-Welle im Resonator keine zweite Ordnung berücksichtigt werden muss [30]. Für die vorlaufende Pumpwelle sowie für die hin- und rücklaufende Stokes-Welle ergibt sich das vereinfachte Gleichungssystem

$$\frac{\mathrm{d}P_{\mathrm{P}}^{+}}{\mathrm{d}z} = -a_{\mathrm{P}} P_{\mathrm{P}}^{+} - \gamma_{\mathrm{S}} \frac{f_{\mathrm{P}}}{f_{\mathrm{S}}} P_{\mathrm{P}}^{+} \left(P_{\mathrm{S}}^{+} + P_{\mathrm{S}}^{-}\right), \tag{10.16a}$$

$$\frac{\mathrm{d}P_{\mathrm{S}}^{+}}{\mathrm{d}z} = -a_{\mathrm{S}} P_{\mathrm{S}}^{+} + \gamma_{\mathrm{S}} P_{\mathrm{P}}^{+} P_{\mathrm{S}}^{+}, \tag{10.16b}$$

$$\frac{\mathrm{d}P_{\mathrm{S}}^{-}}{\mathrm{d}z} = +a_{\mathrm{S}} P_{\mathrm{S}}^{-} - \gamma_{\mathrm{S}} P_{\mathrm{P}}^{+} P_{\mathrm{S}}^{-}. \tag{10.16c}$$

Betrachtet man die DGls der vor- und rücklaufenden Stokes-Wellen, so unterscheiden diese sich nur durch die Ausbreitungsrichtung. Dividiert man Gl. (10.16b) und (10.16c) durch die jeweiligen Stokes-Leistungen, so erhält man die äquivalente Beziehung

$$\frac{\mathrm{d}P_{\mathrm{S}}^{+}(z)/\mathrm{d}z}{P_{\mathrm{S}}^{+}(z)} = -a_{\mathrm{S}} + \gamma_{\mathrm{S}} P_{\mathrm{P}}^{+} = -\frac{\mathrm{d}P_{\mathrm{S}}^{-}(z)/\mathrm{d}z}{P_{\mathrm{S}}^{-}(z)}. \tag{10.17}$$

Die relativen Steigungen der Ortsfunktionen von vor- und rücklaufender Stokes-Welle haben entgegengesetzte Vorzeichen. Steigt die vorlaufende Welle in einem Intervall Δz in $+z$-Richtung um den Faktor m, so muss auch die rücklaufende Welle im selben Intervall in $-z$-Richtung um den Faktor m steigen. Dies entspricht einer Abnahme der rücklaufenden Welle in $+z$-Richtung um den gleichen Faktor m. Gleichung (10.17) ist nur dann erfüllt, wenn gilt:

$$P_{\mathrm{S}}^{+}(z)P_{\mathrm{S}}^{-}(z) = C, \tag{10.18}$$

mit einer ortsunabhängigen Konstante C. Der Beweis ist einfach durch Bilden der Ortsableitung von Gl. (10.18) zu führen. Zusammen mit den Randbedingungen der FBG-Reflektivitäten nach Gl. (10.14) ergibt sich

$$\frac{P_{\mathrm{S}}^{+}(0)}{P_{\mathrm{S}}^{+}(L)} = \frac{P_{\mathrm{S}}^{-}(L)}{P_{\mathrm{S}}^{-}(0)} = \sqrt{R_{\mathrm{HR}}R_{\mathrm{AK}}}T_{\mathrm{Sp,HR}}T_{\mathrm{Sp,AK}}. \tag{10.19}$$

Diese Beziehungen liefern selbst keine Absolutwerte für die Randwerte oder Funktionsverläufe der gesuchten Leistungen. In [30] und [31] werden darauf aufbauend analytische Lösungen der vereinfachten CPEs Gl. (10.16) abgeleitet. Diese liefern jedoch komplizierte Lösungsformeln unter Verwendung von numerisch zu lösenden Integralen, so dass daraus wenig direkte Einsicht in das Verhalten eines RFLs entsteht. Gleichung (10.18) und (10.19) können aber gut verwendet werden, um sinnvolle Startwerte für eine iterative numerische Lösung der CPEs zu wählen.

10.3 Simulative Berechnung der Ausgangsleistung

Zur Bestimmung der Ausgangsleistung eines Raman-Faserlasers müssen die gekoppelten Leistungsgleichungen Gl. (10.13) mit Randbedingungen Gl. (10.14) gelöst werden. Derartige Randwertprobleme können mit Kollokationsmethoden [32] gelöst werden, die als Pakete in vielen Mathematikprogrammen enthalten sind, wie z. B. der BVP-Solver `bvp4c` in MATLAB© [33]. Mit solchen Verfahren wurden in [27, 34] gute Übereinstimmungen mit experimentellen Ergebnissen erzielt. Die Konvergenz der Kollokationsverfahren hängt dabei stark von der Qualität der initialen Schätzung der Randwerte sowie des Leistungsverlaufs innerhalb des Resonators ab.

Zur Berücksichtigung der spektralen Verbreiterung durch Vierwellenmischung sind diese Pakete aber nicht geeignet, da sich Lösungsverfahren für die nichtlineare Schrödinger-Gleichung wie z. B. das Split-Step-Fourier-Verfahren nicht einfach in diese Pakete integrieren lassen. Alternativ kann ein sogenanntes Schießverfahren verwendet werden, das mit geringem Programmierungsaufwand implementiert werden kann und in Kap. 10.5 zur Berücksichtigung der spektralen Verbreiterung erweitert wird.

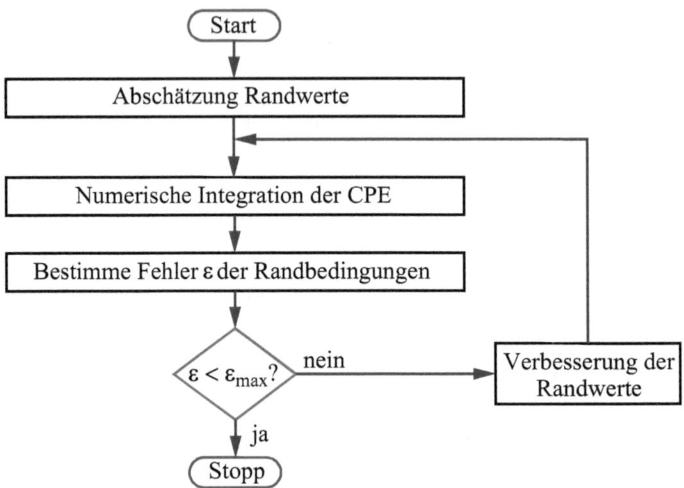

Abb. 10.9 Flussdiagramm der Schießmethode zur Lösung der gekoppelten Leistungsgleichungen (CPE) eines Raman-Faserlasers mit gegebenen Randbedingungen

10.3.1 Simulation mit dem Schießverfahren

Das Schießverfahren (engl. *shooting method*) beruht auf der wiederholten numerischen Integration der gekoppelten Leistungsgleichungen (CPE) nach Gl. (10.13) ausgehend von ständig verbesserten Schätzwerten der Randwerte, solange bis die Randbedingungen mit ausreichend kleinem Fehler erfüllt sind. Dadurch wird das Randwertproblem auf ein Anfangswertproblem zurückgeführt. Abbildung 10.9 zeigt ein Flussdiagramm der Schießmethode.

10.3.1.1 Initiale Abschätzung der Randwerte

Für das Schießverfahren werden zunächst initiale Schätzwerte für die Leistungen der Stokes-Wellen an den Rändern bei $z = 0$ und $z = L$ benötigt. Ein geeigneter erster Schätzwert für die Ausgangsleistung eines Raman-Faserlasers der 1. Stokes-Ordnung ist

$$P^0_{\mathrm{S,a}} = \frac{f_\mathrm{S}}{f_\mathrm{P}}(P_{\mathrm{P0}} - P_{\mathrm{th}}). \tag{10.20}$$

Unter Verwendung von Gl. (10.15) und den analytischen Überlegungen aus Gl. (10.19) ergibt sich ein Schätzwert der vorlaufenden Stokes-Welle bei $z = 0$ zu

$$P^{+,0}_\mathrm{S}(0) = P^0_{\mathrm{S,a}} \frac{\sqrt{R_{\mathrm{HR}} R_{\mathrm{AK}}}}{(1 - R_{\mathrm{AK}})}. \tag{10.21a}$$

Mit den Randbedingungen Gl. (10.14) ist damit auch ein Schätzwert der rücklaufenden Stokes-Welle bei $z = 0$ festgelegt:

$$P^{-,0}_\mathrm{S}(0) = \frac{P^{+,0}_\mathrm{S}(0)}{R_{\mathrm{HR}}}. \tag{10.22}$$

Es sei betont, dass auch mit anderen Schätzwerten eine Konvergenz des Schießverfahrens möglich ist. Durch diese sinnvolle Wahl wird aber die Konvergenz beschleunigt und es werden numerische Instabilitäten durch nicht sinnvoll gewählte Schätzwerte vermieden.

10.3.1.2 Iteration und Verbesserung der Startwerte

Ausgehend von den bekannten Randwerten der Pumpleistung $P_{\mathrm{P}}^{+}(0) = P_{\mathrm{P0}} T_{\mathrm{Sp,P}}$ und der zweiten Stokes-Ordnung $P_2^{+}(0) = P_2^{-}(L) = 0$ sowie den initialen Schätzwerten der Stokes-Leistung $P_{\mathrm{S}}^{+,0}(0)$ und $P_{\mathrm{S}}^{-,0}(0)$ werden nun die CPE nach Gl. (10.13) in Vorwärtsrichtung numerisch aufintegriert, z. B unter Verwendung des Solvers `ode45` in MATLAB©. Dadurch erhält man Randwerte der Stokes-Welle $P_{\mathrm{S}}^{+,0}(L)$ und $P_{\mathrm{S}}^{-,0}(L)$ bei $z = L$, die in der Regel bei der initialen Lösung die Randbedingungen bei $z = L$ noch nicht erfüllen:

$$P_{\mathrm{S}}^{-,0}(L) \neq P_{\mathrm{S}}^{+,0}(L) R_{\mathrm{AK}} T_{\mathrm{Sp,AK}}^2. \tag{10.23}$$

Die Schätzwerte für die Randwerte bei $z = L$ müssen daher vor der nächsten Iteration in Rückwärtsrichtung verbessert werden. Folgende Methoden können verwendet werden:

- Direkte Methode (a): Der Zahlenwert der vorlaufenden Stokes-Welle wird als Schätzwert der nächsten Iteration beibehalten:

  $$P_{\mathrm{S}}^{+,1}(L) = P_{\mathrm{S}}^{+,0}(L), \tag{10.24}$$

  es wird lediglich ein neuer Schätzwert der rücklaufenden Welle bestimmt, der die Randbedingungen (RBD) erfüllt:

  $$P_{\mathrm{S}}^{-,1}(L) = P_{\mathrm{S}}^{+,0}(L) R_{\mathrm{AK}} T_{\mathrm{Sp,AK}}^2. \tag{10.25}$$

- Mittelwert-Methode (b): Aus der vorlaufenden Welle wird ein Zwischenwert der rücklaufenden Welle berechnet, der die Randbedingungen erfüllen würde:

  $$P_{\mathrm{S}}^{-,z}(L) = P_{\mathrm{S}}^{+,0}(L) R_{\mathrm{AK}} T_{\mathrm{Sp,AK}}^2. \tag{10.26}$$

  Dann wird als verbesserter Wert der rücklaufenden Welle für die nächste Iteration ein Mittel aus diesem Zwischenwert und dem Ergebnis der ersten Iteration gebildet:

  $$P_{\mathrm{S}}^{-,1}(L) = \frac{1}{2} P_{\mathrm{S}}^{-,z}(L) + \frac{1}{2} P_{\mathrm{S}}^{-,0}(L), \tag{10.27}$$

  und aus diesem ein ebenfalls neuer Schätzwert der vorlaufenden Welle für die nächste Iteration unter Erfüllung der Randbedingungen:

  $$P_{\mathrm{S}}^{+,1}(L) = P_{\mathrm{S}}^{-,1}(L) / R_{\mathrm{AK}} T_{\mathrm{Sp,AK}}^2. \tag{10.28}$$

- Physikalische Methode (c): Die Randwerte für vor- und rücklaufende Welle werden so verändert, dass deren Produkt konstant bleibt:

  $$P_{\mathrm{S}}^{-,1}(L) P_{\mathrm{S}}^{+,1}(L) = P_{\mathrm{S}}^{-,0}(L) P_{\mathrm{S}}^{+,0}(L), \tag{10.29}$$

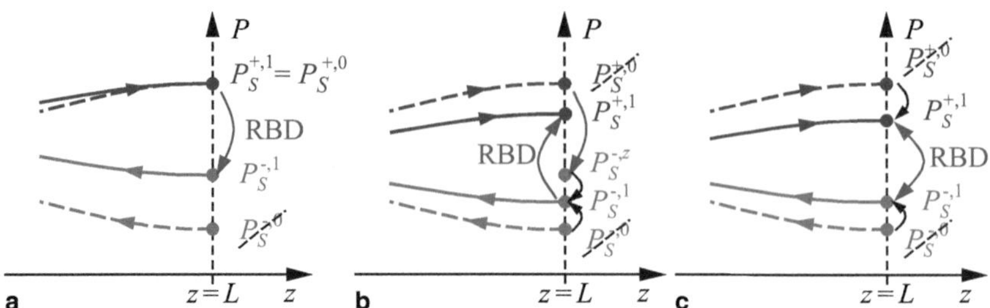

Abb. 10.10 Verschiedene Methoden zur Verbesserung der Schätzwerte der Randwerte der Stokes-Welle. Gestrichelte Linie: Leistungsverlauf der vorhergehenden Iteration; durchgezogene Linie: Leistungsverlauf der nächsten Iteration. RBD: Randbedingungen

und gleichzeitig das neue Wertepaar die Randbedingungen erfüllt:

$$P_{\mathrm{S}}^{+,1}(L) = P_{\mathrm{S}}^{-,1}(L)/R_{\mathrm{AK}}T_{\mathrm{Sp,AK}}^{2}. \tag{10.30}$$

Abbildung 10.10 zeigt grafisch die verschiedenen Methoden. Die Methoden zur Anpassung der Randwerte können auf die Pumpwelle bei Verwendung eines Pumpreflektors sowie höhere Stokes-Ordnungen erweitert werden.

Anschließend werden mit den neuen Randwerten bei $z = L$ die Differentialgleichungen in Rückwärtsrichtung numerisch gelöst. Bei $z = 0$ findet nun die gleiche Verbesserung der Randwerte wie bereits für $z = L$ beschrieben statt. Dort werden jedoch vor- und rücklaufende Wellen in den Methoden vertauscht. Danach startet der nächste Durchgang mit numerischer Integration in Vorwärtsrichtung usw. Die Iterationen werden so lange fortgeführt, bis die Randwerte die Randbedingungen mit ausreichender Genauigkeit erfüllen. Hierfür wird als Fehlerkriterium definiert:

$$\epsilon = \frac{R_{\mathrm{AK}}P_{\mathrm{S}}^{+}(L) - P_{\mathrm{S}}^{-}(L)}{P_{\mathrm{S}}^{-}(L)} \tag{10.31}$$

Ist dieses Kriterium in drei folgenden Iterationen kleiner als ein vorgegebener Maximalwert, z. B. $\epsilon_{\max} = 10^{-2}$, so wird die Simulation abgebrochen. Die Leistungsverläufe werden gespeichert und die Ausgangsleistung des RFL wird mit Hilfe von Gl. (10.15) bestimmt.

Je nach Laserkonfiguration führen unterschiedliche Methoden der Verbesserung der Randwerte zu einer schnelleren Konvergenz. Für kurze Raman-Faserlaser mit hohen Spiegelreflektivitäten und unter Verwendung gut gewählter initialer Startwerte liefert Methode a) eine schnelle Konvergenz, wobei auch Methoden b) und c) konvergieren. Mit willkürlichen initialen Schätzwerten wird nur dann Konvergenz erzielt, wenn die Differentialgleichungen Gl. (10.13) in Vorwärts- und Rückwärtsrichtung getrennt berechnet werden, und dabei jeweils auf gespeicherte Leistungsverläufe der entgegengesetzten Welle aus einer vorhergehenden Iteration zurück gegriffen wird.

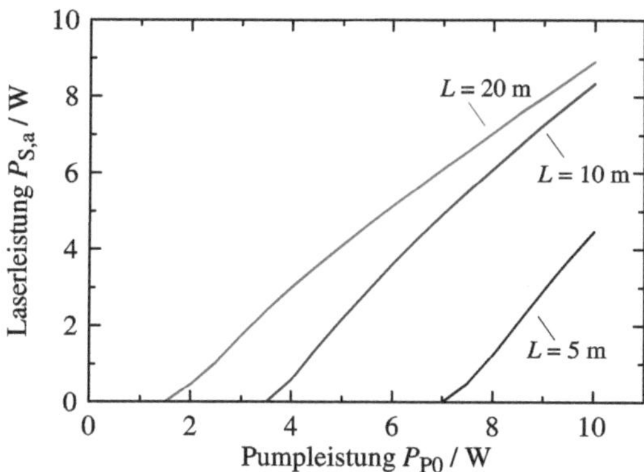

Abb. 10.11 Simulationsbeispiel der Ausgangsleistung eines RFLs nach Bsp. 10.6 bei Variation der Pumpleistung

10.3.2 Simulationsbeispiele

Zur Diskussion typischer Eigenschaften eines Raman-Faserlasers der 1. Stokes-Ordnung betrachten wir folgende beispielhafte Konfiguration:

Beispiel 10.6

Als aktives Medium wird eine polarisationserhaltende Glasfaser mit einem SRS-Koeffizienten von $\gamma_R = 10\,\text{km}^{-1}\,\text{W}^{-1}$ verwendet. Der Dämpfungsbelag der Faser beträgt ${}^{\ell}a = 2\,\text{dB/km}$. Die FBG-Reflektivitäten bei der Wellenlänge der 1. Stokes-Ordnung betragen $R_{HR} = 99\,\%$ und $R_{AK} = 50\,\%$. Ein FBG zur Reflexion restlicher Pumpleistung am Faserende ist nicht vorhanden. Spleißverluste werden vernachlässigt.

Abbildung 10.11 zeigt die simulierte Ausgangsleistung eines RFLs mit Daten nach Bsp. 10.6 in Abhängigkeit von der Pumpleistung für drei verschiedene Längen der aktiven Faser. Je länger der Resonator ist, um so kleiner ist die Schwellpumpleistung. Für die Faserlängen 10 m und 20 m kann ein Großteil der Pumpleistung in Stokes-Leistung umgesetzt werden. Für $L = 20\,\text{m}$ ist bei großen Pumpleistungen die Steigung der Kennlinie kleiner als bei den anderen Konfigurationen. Dies resultiert aus der größeren Dämpfung durch Absorption in der längeren Faser sowie aus beginnender Übertragung der Leistung von der ersten auf die zweite Stokes-Ordnung.

Steht eine bestimmte Pumpleistung zur Verfügung, so gibt es eine davon abhängige optimale Länge des RFLs, wie in Abb. 10.12 zu erkennen. Bei zu kleiner Länge des Lasers wird die Pumpleistung nicht vollständig in Stokes-Leistung umgewandelt, da die Wechselwirkungslänge zu klein ist. Ist der RFL zu lang, spielen Absorptionsverluste und Konversion in höhere Stokes-Ordnungen eine zunehmende Rolle, ohne dass durch die Länge mehr Ausgangsleistung bei der gewünschten Stokes-Ordnung erzeugt werden kann. Das Maximum der Ausgangsleistung bei der optimalen Länge ist sehr flach, so dass die Wahl der Faserlänge unkritisch erscheint. Bei zu großen Längen spielen allerdings andere nichtlineare

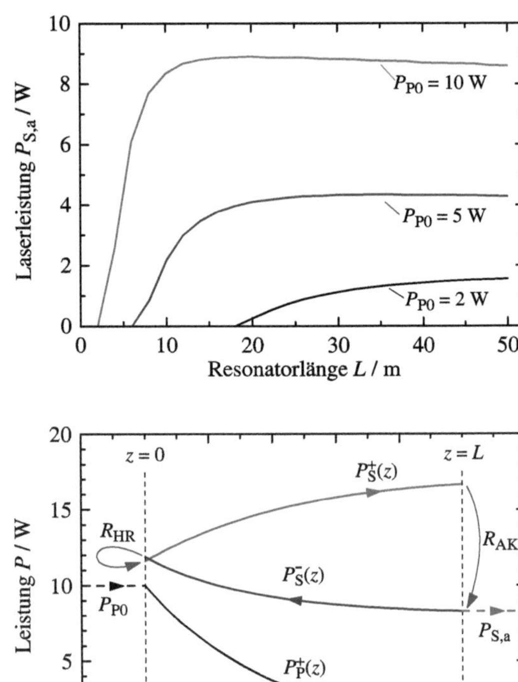

Abb. 10.12 Simulationsbeispiel der Ausgangsleistung eines RFLs nach Bsp. 10.6 bei Variation der Resonatorlänge

Abb. 10.13 Simulationsbeispiel der internen Leistungsverteilung eines RFLs nach Bsp. 10.6 mit einer Resonatorlänge von $L = 10\,\mathrm{m}$ und einer Pumpleistung $P_{P0} = 10\,\mathrm{W}$

Effekte wie Vierwellenmischung oder stimulierte Brillouin-Streuung eine immer größere Rolle.

Abbildung 10.13 zeigt den internen Leistungsverlauf eines RFLs nach Bsp. 10.6 mit einer Resonatorlänge von $L = 10\,\mathrm{m}$ und einer Pumpleistung $P_{P0} = 10\,\mathrm{W}$. In diesem Beispiel wird ein Großteil der Pumpleistung entlang des Resonators durch SRS in Stokes-Leistung überführt. Anhand dieses Simulationsergebnisses kann auch verifiziert werden, dass das Produkt aus vor- und rücklaufender Stokes-Welle konstant ist, wie in Gl. (10.18) hergeleitet. Die Leistung der 2. Stokes-Ordnung ist an jedem Ort so klein, dass sie nicht dargestellt werden kann.

Mit den beschriebenen Methoden können prinzipielle Erkenntnisse über die Abhängigkeit der Leistung eines Raman-Faserlasers von den Parametern der Komponenten gewonnen werden. Eine Information über das Ausgangsspektrum ist damit noch nicht möglich. Hierzu müssen die spektralen Eigenschaften der Faser-Bragg-Gitter als Resonatorspiegel sowie die nichtlineare spektrale Verbreiterung durch Vierwellenmischung im Resonator berücksichtigt werden. Diese spektralen Effekte beeinflussen auch die Laserleistung, wie im Folgenden beschrieben.

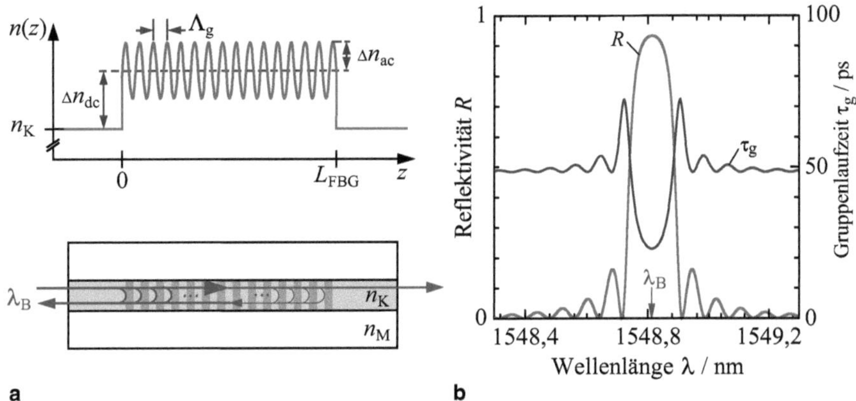

Abb. 10.14 **a** Struktur und Brechzahlmodulation eines Faser-Bragg-Gitters (FBG). **b** Leistungsreflektivität und Gruppenlaufzeit eines FBGs nach Bsp. 10.7

10.4 Faser-Bragg-Gitter für Raman-Faserlaser

Faser-Bragg-Gitter (FBG) sind periodische Brechzahlgitter im lichtführenden Kernbereich einer Glasfaser. Eine ausführliche Beschreibung der FBG-Technologie erfolgt in [35–39]. FBGs werden als Sensoren für physikalische Größen wie Dehnung und Temperatur, als wellenlängenselektive Filter und zur Dispersionskompensation in der optischen Nachrichtentechnik, sowie als Resonatorspiegel in Faserlasern [40] eingesetzt. Nachfolgend werden einige wichtige Eigenschaften von FBGs in Hinblick auf Raman-Faserlaser vorgestellt.

10.4.1 Grundlagen von Faser-Bragg-Gittern

Abbildung 10.14a zeigt den prinzipiellen Brechungsindexverlauf $n(z)$ über der Faserkoordinate z. Bei einer bestimmten Lichtwellenlänge λ_B überlagern sich alle Teilreflexionen an gleichen Brechzahlgradienten konstruktiv, so dass trotz kleiner Einzelreflexionen eine große Gesamtreflektivität R resultiert. λ_B ist gegeben durch die BRAGG-Bedingung

$$\lambda_B = 2n_{eff}\Lambda_g. \quad (10.32)$$

Darin ist Λ_g die geometrische Periode der Brechzahlmodulation $n(z)$. n_{eff} ist der effektive Brechungsindex einer optischen Wellenleitermode, der sich gemäß der Wellenleitertheorie aus den Brechungsindizes von Kern und Mantel n_K und n_M ergibt. Zusätzlich muss die herstellungsbedingte mittlere Anhebung (Offset, Gleichanteil mit Index „dc") des Brechungsindex Δn_{dc} im Kernbereich berücksichtigt werden. Das Reflexionsspektrum $R(\lambda)$ im Allgemeinen sowie die maximale Reflektivität R_{max} und die spektrale Bandbreite $\Delta\lambda_{FBG}$ im Speziellen sind bestimmt durch die Amplitude der Brechzahlmodulation Δn_{ac}

(Wechselanteil, Index „ac"), dem Offset Δn_{dc} sowie durch die Länge L_{FBG} des FBGs. Die mathematische Beschreibung erfolgt durch gekoppelte Wellengleichungen der vorlaufenden und reflektierten Welle in einem Medium mit periodischem Brechungsindex $n(z)$ [41, 42]. Für FBGs mit kleiner Brechzahlmodulation ist das FBG-Spektrum $R(\lambda)$ näherungsweise durch eine FOURIER-Transformation (FT) mit dem ortsvariablen Brechungsindex $n(z)$ verknüpft. Für uniforme FBGs, bei denen die Parameter Δn_{dc} und Δn_{ac} nicht ortsvariabel sind, gibt es auch für beliebig große Modulationsamplituden Δn_{ac} analytische Lösungen für das Reflexionsspektrum [36].

Beispiel 10.7

Wir betrachten ein uniformes FBG mit einer Länge $L_{FBG} = 10$ mm und einer geometrischen Gitterperiode $\Lambda_g = 534\,\text{nm}$, eingeschrieben in eine Singlemodefaser mit $n_{eff} = 1{,}45$ der Grundmode. Mit einer Brechzahlmodulation $\Delta n_{ac} = 1 \cdot 10^{-4}$ und einem Offset $\Delta n_{dc} = 2 \cdot 10^{-4}$ ergibt sich analytisch das in Abb. 10.14b gezeigte Reflexionsspektrum. Die maximale Reflektivität beträgt $R_{max} = 93\,\%$. Die Bandbreite (FWHM) ist $\Delta\lambda_{FBG} = 0{,}15\,\text{nm}$ entsprechend $B_{FBG} = 19\,\text{GHz}$ bei einer Bragg-Wellenlänge $\lambda_B = 1548{,}8\,\text{nm}$.

Zu beachten ist, dass neben der Leistungsreflektivität $R(\lambda)$ auch die Phase $\phi(\lambda)$ der reflektierten Welle eine Wellenlängenabhängigkeit aufweist. Die daraus resultierende Dispersion wird meist durch die wellenlängenabhängige Gruppenlaufzeit $\tau_g(\lambda)$ charakterisiert, wie in Abb. 10.14b am Beispiel der reflektierten Welle dargestellt.

Beispiel 10.8

Der Offset der Gruppenlaufzeit von $\tau_{g0} = 48{,}4\,\text{ps}$ in Abb. 10.14b entspricht der Lichtlaufzeit einer Welle, die bei $z = 0$ in das FBG eindringt und effektiv bei $z = L_{FBG}/2$ reflektiert wird. Die kleinere Gruppenlaufzeit bei der Bragg-Wellenlänge λ_B resultiert daraus, dass die Welle effektiv weniger tief in das FBG eindringt, wenn die Bragg-Bedingung exakt erfüllt ist.

Größere Reflektivitäten nahe an $100\,\%$ können durch eine größere Brechzahlmodulation Δn_{ac} erzielt werden, kleinere Bandbreiten durch eine größere Länge L_{FBG}. Typisch für uniforme FBGs sind die periodischen Nebenmaxima im Reflexionsspektrum. Diese resultieren aus der rechteckförmigen Fensterung der Brechzahlmodulation Δn_{ac}, die gemäß der Eigenschaften der Fourier-Transformation einer $|\text{sinc}|^2$-Funktion in der Form des Spektrums der Leistungsreflektivität $R(\lambda)$ entspricht. Diese Nebenmaxima können vermieden werden, wenn andere Fensterfunktionen gewählt werden, z. B. eine Gauß-Funktion oder ein rechteckförmiges Fenster mit kosinusförmigen Flanken (engl. *raised-cosine*), so dass die Parameter $\Delta n_{ac}(z)$ und $\Delta n_{dc}(z)$ ortsvariabel sind. Dies wird Apodisierung genannt. Durch die Apodisierung wird allerdings bei gegebener Länge des FBGs die maximale Reflektivität etwas reduziert und die spektrale Breite vergrößert. Ist auch die Gitterperiode $\Lambda_g(z)$

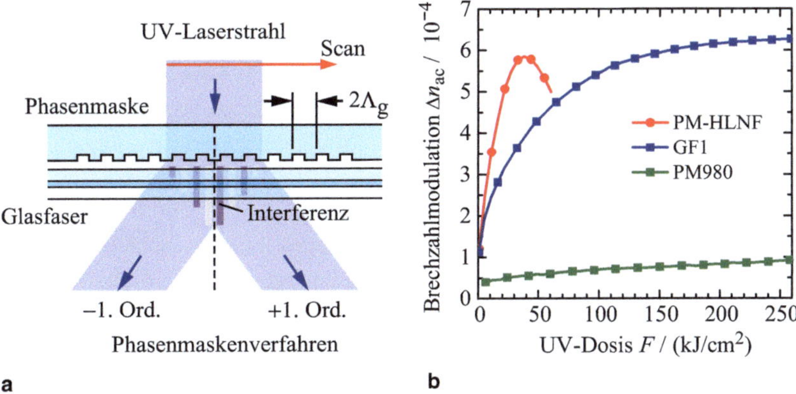

Abb. 10.15 **a** Phasenmaskenmethode zum Einschreiben von FBGs in Glasfasern mit Hilfe eines UV-Lasers. **b** Resultierende Brechzahlmodulation Δn_{ac} in Abhängigkeit von der akkumulierten UV-Dosis F für verschiedene Fasertypen

ortsvariabel, so wird dies als Chirp bezeichnet. Insgesamt können damit vielfältige Formen der Reflexionsspektren realisiert werden. Zur mathematischen Beschreibung und für das FBG-Design gibt es zahlreiche Verfahren, wie z. B. die Transfer-Matrix-Methode (TMM) [42].

10.4.2 Photosensitivität und Schreibprozess von FBGs

Die Herstellung der Brechzahlmodulation basiert auf der Photosensitivität Germanium-dotierter Glasfasern [36, 43, 44]. Durch Belichtung mit intensivem kurzwelligem Licht entstehen im Glasvolumen dauerhafte Veränderungen der Molekülbindungen und der Glasmatrix, die mit einer permanenten Brechzahländerung einher gehen. Geeignete Lichtquellen sind z. B. der KrF-Excimerlaser bei einer Wellenlänge von 248 nm oder frequenzverdoppelte Argon-Ionenlaser bei 244 nm. Diese Wellenlängen liegen in der Nähe eines Absorptionsbandes bei 242 nm in Ge-dotiertem Quarzglas aufgrund von Sauerstoff-Fehlstellen in GeO_2 [45, 46]. Da in üblichen Fasern nur der Kernbereich mit Ge dotiert ist, findet im Wesentlichen nur dort eine UV-Absorption und Brechzahlmodulation statt. Reines SiO_2-Glas hat bei dieser Wellenlänge nur eine kleine Absorption, so dass der Fasermantel unbeeinflusst bleibt.

Zur Realisierung eines Brechzahlgitters kann das Interferenzmuster zweier gekreuzter Teilstrahlen aus einer UV-Laserquelle verwendet werden [44]. Die Gitterperiode des Interferenzmusters Λ_g und damit die Bragg-Wellenlänge λ_B kann durch den Winkel zwischen den Strahlen eingestellt werden. Ein alternatives Verfahren nutzt das Interferenzmuster in der Nähe einer Phasenmaske, wie in Abb. 10.15a dargestellt [47]. Dieses Verfahren ist mechanisch robuster als das interferometrische Verfahren, allerdings ist hier die Gitterperiode

Λ_g durch die halbe Periode der Phasenmaske festgelegt. Die Glasfaser wird bei beiden Verfahren in das Interferenzmuster platziert und einige Zeit belichtet, bis die gewünschte Brechzahlmodulation in die Faser eingeschrieben ist. Durch Abscannen der Phasenmaske mit dem UV-Laserstrahl können lange FBGs realisiert werden, begrenzt nur durch die Abmessungen der Phasenmaske. Je nach Photosensitivität der Faser, Leistungsmerkmale und Fokussierung des Lasers sowie der gewünschten FBG-Parameter ergeben sich Schreibdauern von wenigen Sekunden bis zu einer Stunde. Ein Sonderfall sind FBGs, die mit einem einzigen energiereichen Puls eines Excimerlasers eingeschrieben werden [48, 49].

Ein Maß für die Photosensitivität ist die mit einer bestimmten akkumulierten UV-Dosis F (auch Bestrahlung genannt) erzielte Brechzahländerung Δn. Zur Bestimmung der Photosensitivität wurde in den nachfolgenden Beispielen ein Phasenmasken-Verfahren mit einem KrF-Excimerlaser [50] verwendet. Aus den gemessenen Reflexionsspektren uniformer Gitter wurde analytisch auf die erzeugten Brechzahländerungen nach verschiedenen Schreibzeiten rückgerechnet. Standardfasern mit einer geringen Ge-Dotierung zeigen dabei nur eine mäßige Photosensitivität, wie in Abb. 10.15b am Beispiel einer Messung an einer polarisationserhaltenden Standardfaser (PM980 [51]) dargestellt.

Die Sensitivität kann durch Eindiffusion von Wasserstoff (H_2) aus einer Flamme [52] oder durch Lagerung in einer H_2-Atmosphäre bei hohem Druck [53] beträchtlich gesteigert werden. Alternativ kann eine Bor-Kodotierung verwendet werden [54, 55], wie z. B. bei dem Fasertyp GF1 [56]. In Glasfasern mit großem SRS-Koeffizienten γ_R ist aufgrund einer starken Ge-Dotierung keine weitere Sensitivierung erforderlich, da aufgrund der Ge-Dotierung ohnehin eine starke UV-Absorption mit einhergehender Photosensitivität vorhanden ist. So zeigt der für Raman-Anwendungen gut geeignete Fasertyp PM-HNLF [57] aus Tab. 8.2 eine noch höhere Photosensitivität bei gleicher maximaler Brechzahländerung wie der Bor-dotierte Fasertyp GF1 [58, 59]. Derartige Fasern sind somit gut geeignet, um die Resonator-FBGs eines Raman-Faserlasers direkt in die ramanaktive Faser einzuschreiben. Damit können resonatorinterne Spleißverbindungen vermieden werden, die bei angespleißten FBGs eingeschrieben in einem anderen Fasertyp erforderlich wären.

Exkurs 10.1

Eine alternative Methode der FBG-Herstellung ist die Verwendung von Kurzpulslasern, sog. Femtosekundenlasern (fs-Laser) mit Lichtemission im nahen Infrarot [60, 61]. Durch nichtlineare Mehrphotonenabsorption aufgrund der extremen Intensität im Fokus eines solchen Pulses kann ebenfalls eine dauerhafte Material- und Brechzahlveränderung im Volumen erzeugt werden. Dieses Verfahren funktioniert auch in reinem Quarzglas ohne Ge-Dotierung und ist daher für mikrostrukturierte Fasern (Photonische Kristallfasern, PCFs) geeignet [62].

10.4.3 Einfluss von Dehnung und Temperatur

Eine Temperaturänderung ΔT sowie eine Dehnung, definiert als relative Längenänderung $S = \Delta L/L$, verändern sowohl die geometrische Gitterperiode Λ_g als auch den Brechungsindex n_{eff} der Glasfaser. Die resultierende Änderung der Bragg-Wellenlänge $\Delta\lambda_B$ ist gegeben durch [63]

$$\frac{\Delta\lambda_B}{\lambda_{B0}} = \left(\alpha_T + \frac{1}{n_{eff0}}\frac{dn_{eff}}{dT}\right) T + (1-p_{eff})\,S. \qquad (10.33)$$

Darin sind λ_{B0} die Bragg-Wellenlänge und n_{eff0} der effektive Modenindex ohne Dehnung und bei einer Referenztemperatur T_0, bezüglich der die Änderung ΔT definiert ist. $\alpha_T = 0{,}52 \cdot 10^{-6}\,K^{-1}$ ist der thermische Ausdehnungskoeffizient von Quarzglas, der im Vergleich zum thermooptischen Koeffizienten des Brechungsindex $dn_{eff}/dT = 11 \cdot 10^{-6}\,K^{-1}$ eine untergeordnete Rolle spielt [36]. Die Dehnung S beeinflusst mit einem Faktor eins direkt die Gitterperiode und damit die Bragg-Wellenlänge. Dies wird teilweise durch den photoelastischen Effekt kompensiert, der mit einem effektiven Koeffizienten p_{eff} aufgrund der Querkontraktion eines axial gedehnten dünnen Stabes beschrieben werden kann [63]:

$$p_{eff} = \frac{n_{eff0}^2}{2}(p_{12} - \nu(p_{11}+p_{12})), \qquad (10.34)$$

mit der Querkontraktionszahl $\nu = 0{,}17$ aus Kap. 9.2.1.2 und den photoelastischen Tensorelementen von Quarzglas $p_{11} = 0{,}113$ und $p_{12} = 0{,}252$ aus Kap. 9.2.2 und Bsp. 9.9. Daraus ergeben sich mit $n_{eff0} = 1{,}45$ folgende typische Zahlenwerte des Einflusses von Temperaturänderung ΔT und Dehnung S:

$$\frac{\Delta\lambda_B}{\lambda_{B0}} = 8{,}1 \cdot 10^{-6}\,K^{-1}\,\Delta T + 0{,}80\,S. \qquad (10.35)$$

Dies ist die Grundlage für die große Bedeutung von FBGs in der Sensorik [36, 64]. Eine interessante Möglichkeit zur simultanen Messung von Dehnung und Temperatur ist die Kombination von FBGs in mehrmodigen Fasern mit dem Prinzip des Modeninterferenz-Sensors aus Kap. 4.2.1 [65–68]. Für den Einsatz der FBGs als Resonatorspiegel in spektral schmalbandigen Faserlasern müssen die FBGs gegen äußere Einflüsse isoliert oder in der Temperatur stabilisiert werden, um eine unerwünschte Verschiebung der Bragg-Wellenlänge zu vermeiden.

10.4.4 Nachbearbeitung und Feinabstimmung von FBGs

Die erzeugte Brechzahländerung Δn in Abhängigkeit der akkumulierten UV-Dosis F zeigt in Abb. 10.15 ein deutliches Sättigungsverhalten mit abnehmender Photosensitivität bei hohen Dosen. Dies kann ausgenützt werden, um nachträglich die Reflektivität eines FBGs zu

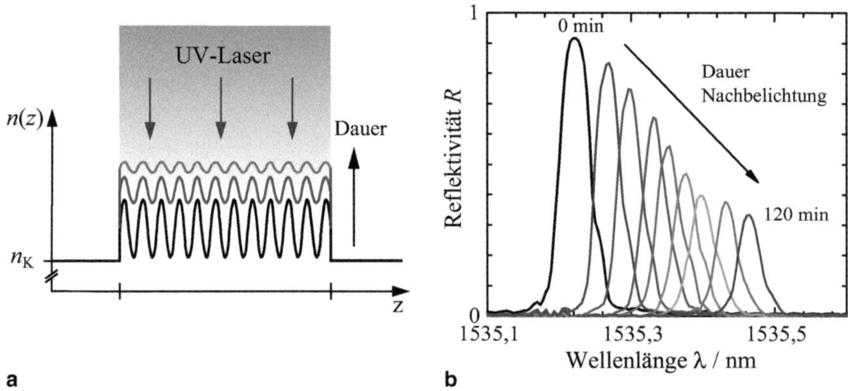

Abb. 10.16 **a** Durch homogene Nachbelichtung werden aufgrund der Sättigung der Photosensitivität die Minima des Brechungsindex stärker angehoben als die Maxima. **b** Dadurch nimmt mit zunehmender Dauer der Nachbelichtung die Reflektivität ab und die Bragg-Wellenlänge steigt

verändern. Hierzu wird zunächst ein hochreflektierendes FBG mit der Phasenmaskenmethode hergestellt. Anschließend wird das gleiche FBG nochmal mit dem UV-Laser belichtet, allerdings mit einer homogenen Intensitätsverteilung ohne Interferenzmuster und ohne Phasenmaske. Die Maxima der Brechzahlmodulation $n(z)$ werden dabei wenig verändert, da diese sich bereits im Sättigungsbereich der Photosensitivität befinden. Die Minima dagegen werden aufgefüllt, da hier noch eine Brechzahlanhebung möglich ist (Abb. 10.16a). In der Summe wird durch die homogene UV-Nachbelichtung die Amplitude der Brechzahlmodulation Δn_{ac} und damit die Reflektivität $R_{\max}$ reduziert und gleichzeitig der Offset Δn_{dc} und damit die Bragg-Wellenlänge λ_{B} erhöht. Abbildung 10.16b zeigt dies am Beispiel eines 45 mm langen FBGs mit Gauß-Apodisierung in einer GF1-Faser [59]. Durch Nachbelichtung kann die Reflektivität von anfänglich 92 % auf 33 % abgesenkt werden. Gleichzeitig bleibt die spektrale Breite mit $\Delta\lambda_{\mathrm{FBG}} \approx 0{,}04$ nm klein und nimmt mit der Nachbelichtungsdauer tendenziell ab.

Die Methode der Nachbelichtung ermöglicht eine Feinabstimmung der Konfiguration eines Faserlasers nach der Herstellung. Ausgehend von einer zunächst bewusst zu groß gewählten Reflektivität des Auskoppel-FBGs wird dieses soweit abgeschwächt, bis die gewünschten Merkmale bezüglich Ausgangsleistung oder Spektrum erreicht sind. Alternativ können mit dieser Methode Parametervariationen der FBG-Reflektivitäten durchgeführt werden, ohne dass eine komplette Neukonfiguration mit neuen Spleißverbindungen erforderlich ist.

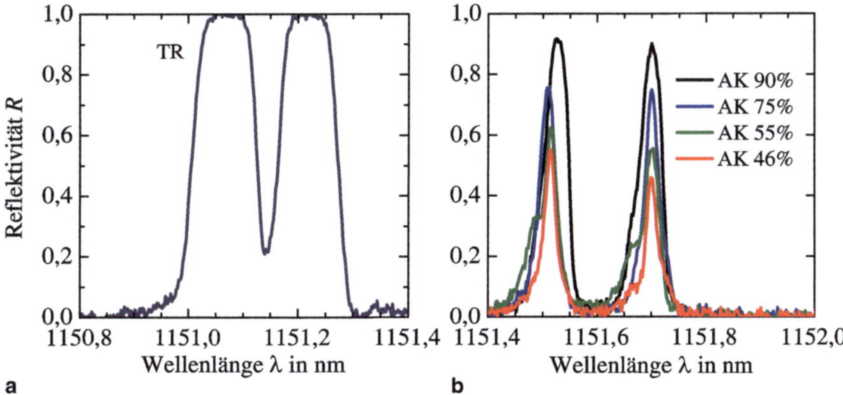

Abb. 10.17 Gemessene Reflexionsspektren eines Totalreflektor-FBGs (**a**), sowie eines Auskoppel-FBGs (**b**), mit verschiedenen durch Nachbelichtung eingestellten Reflektivitäten in einer Faser vom Typ PM-Raman

Exkurs 10.2
Eine alternative Methode der Beeinflussung der FBG-Reflektivität ist eine kontinuierliche Temperaturvariation entlang des FBGs. Dies kann mit thermoelektrischen Heiz- und Kühlelementen (Peltier-Elemente) realisiert werden. Aufgrund der Temperaturabhängigkeit der Bragg-Wellenlänge Gl. (10.35) entsteht dadurch ein Chirp, der die maximale Reflektivität absenkt, aber gleichzeitig auch die Bandbreite vergrößert. Auch damit ist eine kontrollierte Feinabstimmung von Raman-Faserlasern möglich [69, 70].

10.4.5 FBGs für Raman-Faserlaser

Faser-Bragg-Gitter in Standardfasern inklusive polarisationserhaltender Fasern [71, 72] sind heute kommerziell von einigen Anbietern erhältlich. FBGs in Spezialfasern müssen hingegen oft experimentell entwickelt werden. Ein Beispiel hierfür sind FBGs in Fasern mit großer Ge-Dotierung für Raman-Faserlaser. Dies gilt insbesondere für FBGs in polarisationserhaltenden Raman-Fasern mit sehr kleinem elliptischen Kern, die für spektral schmalbandige und linear polarisierte RFLs verwendet werden können.

Abbildung 10.17 zeigt gemessene Reflexionsspektren eines Totalreflektor- (TR) und eines Auskoppel-FBGs (AK), die beide in die selbe Faser vom Typ PM-Raman (s. Tab. 8.2 u. [26]) eingeschrieben wurden [59]. Das FBG-Paar bildet somit den Resonator eines Faserlasers ohne resonatorinterne Spleiße. Die Länge der FBGs beträgt 50 mm mit einer gaußförmigen Apodisierung unter Verwendung einer Phasenmaske mit einer Periode $\Lambda_{\mathrm{M}} = 2\Lambda_{\mathrm{g}} = 788{,}72\,\mathrm{nm}$. Die Spektren in Reflexion und Transmission wurden mit einer breitbandigen Lichtquelle (Superkontinuum-Weißlichtquelle) und einem optischen Spektralanalysator gemessen. Um die Spektren der beiden FBGs in der selben Faser für die Messung zu trennen, wurde das TR-FBG mechanisch verspannt und dadurch zu einer kleineren Wellenlänge relativ zum AK-FBG verschoben. Die Reflektivität des Auskoppel-FBGs wurde durch Nachbelichtung sukzessive reduziert, um ohne weitere Modifikationen verschiedene Konfigurationen eines Raman-Faserlasers zu testen.

Beide FBGs zeigen zwei Maxima der Reflektivität. Dies ist typisch für FBGs in PM-Fasern, da aufgrund der Polarisationsmodendispersion die beiden orthogonalen Polarisationszustände unterschiedliche effektive Brechungsindizes n_{eff} und damit gemäß Gl. (10.32) unterschiedliche Bragg-Wellenlängen λ_{B} aufweisen.

Beispiel 10.9

Die Bragg-Wellenlängendifferenz $\Delta\lambda_{\mathrm{B,PM}} = 0{,}18\,\mathrm{nm}$ der Maxima in Abb. 10.17 entspricht gemäß Gl. (10.32) einem Unterschied des effektiven Brechungsindex $\Delta n_{\mathrm{PM}} = 2{,}2 \cdot 10^{-4}$ der Polarisationsmoden.

Die geringen spektralen Breiten des Totalreflektors von $\Delta\lambda_{\mathrm{TR}} = 106\,\mathrm{pm}$ und des Auskoppel-FBGs von $\Delta\lambda_{\mathrm{AK90}} = 46\,\mathrm{pm}$ bis $\Delta\lambda_{\mathrm{AK46}} = 26\,\mathrm{pm}$ sind gut für spektral schmalbandige RFLs geeignet. Um Toleranzen bei der Fertigung und durch äußere Einflüsse wie Temperatur und Dehnung auszugleichen, müssen derart schmalbandige FBGs in einer temperaturstabilisierten Halterung betrieben werden, damit TR- und AK-FBG für die gleiche Polarisation bei der gleichen Wellenlänge einen Resonator bilden.

10.5 Spektrale Eigenschaften von Raman-Faserlasern

In Kap. 10.2 wurden die Eigenschaften eines Raman-Faserlasers im Wesentlichen durch die Leistungen der Pump- und Stokes-Welle beschrieben. Tatsächlich beeinflussen die spektralen Eigenschaften eines RFLs auch signifikant die Leistungsmerkmale [69, 73, 74].

10.5.1 Verbreiterung durch FWM

Innerhalb der anschwingfähigen Bandbreite B_{A} eines Raman-Faserlasers kann eine Vielzahl an Resonatoreigenfrequenzen f_q anschwingen, wie in Kap. 10.2.1.3 beschrieben. Die zu erwartende spektrale Breite der Laseremission B_{S0} ist dabei ungefähr durch die Bandbreite B_{FBG} der verwendeten Resonator-FBGs gegeben. Mit zunehmender Pumpleistung wird auch der anschwingfähige Frequenzbereich größer, da mit steigender Verstärkung durch SRS auch Eigenfrequenzen an den spektralen Flanken des FBGs bei einer niedrigeren Reflektivität anschwingen können. Zusätzlich findet eine starke spektrale Verbreiterung durch

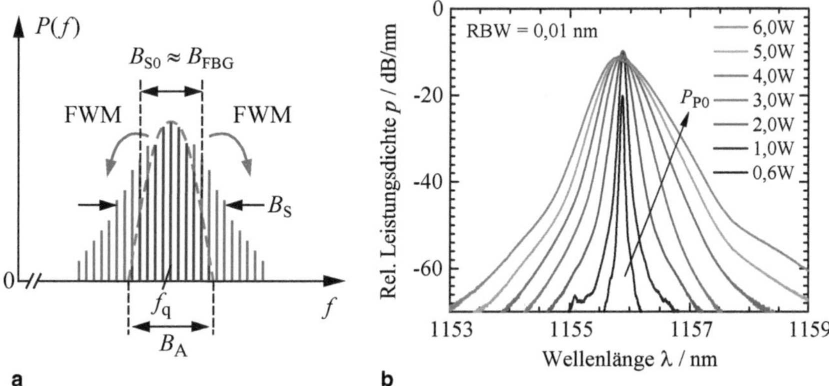

Abb. 10.18 **a** Spektrale Verbreiterung eines RFL durch Vierwellenmischung (FWM). **b** Gemessenes Ausgangsspektrum in Abhängigkeit der Pumpleistung eines 500 m langen RFLs aus Kap. 10.1.4

Vierwellenmischung (FWM) statt (s. Kap. 7.3). Durch FWM der Resonatoreigenfrequenzen entstehen neue Frequenzen außerhalb der Anschwingbandbreite des RFL, die zu einer spektralen Verbreiterung der Stokes-Welle führen, wie in Abb. 10.18a dargestellt. Dieser Effekt ist umso größer, je größer die effektive Faserlänge und je größer die Leistung innerhalb des Resonators ist. Weiterhin macht sich die Verbreiterung umso stärker bemerkbar, je kleiner die spektrale Bandbreite der verwendeten FBGs ist.

Abbildung 10.18b zeigt das gemessene Spektrum der Stokes-Welle am Ausgang eines 500 m langen RFLs aus dem Beispiel in Kap. 10.1.4 (HI-Faser, $R_{HR} > 99\,\%$, $R_{AK} = 10\,\%$, $B_{FBG} = 0{,}03\,\text{nm}$). Bei einer Pumpleistung von $P_{P0} = 0{,}6\,\text{W}$ knapp unterhalb der Schwellpumpleistung bildet sich ein Spektrum aus, das im Wesentlichen durch das Reflexionsspektrum der Resonator-FBGs bestimmt ist. Die spektrale Bandbreite (FWHM) beträgt dabei $\Delta\lambda_S \approx 30\,\text{pm}$. Mit zunehmender Pumpleistung steigt die Bandbreite auf einen Wert von $\Delta\lambda_S = 560\,\text{pm}$ bei einer Pumpleistung von $P_{P0} = 6\,\text{W}$.

Exkurs 10.3

Aufgrund der minimal möglichen Auflösebandbreite (engl. *resolution bandwidth*, RBW) eines gitterbasierten optischen Spektralanalysators (OSA), die in diesem Beispiel 10 pm ($\hat{=}$ 2,2 GHz bei 1155 nm) beträgt, können die einzelnen Resonatoreigenfrequenzen eines so langen Resonators nicht spektral aufgelöst werden, da deren Abstand nur $\Delta f_q \approx 200\,\text{kHz}$ beträgt.

Die spektrale Verbreiterung durch FWM tritt prinzipiell in allen Faserlasern auf. Sie ist jedoch in Raman-Faserlasern besonders ausgeprägt, da der Raman-Koeffizient γ_R in der gleichen Größenordnung wie der für FWM maßgebliche nichtlineare Koeffizient γ des Kerr-Effektes ist. Die Leistung eines FWM-Produktes ist gemäß Gl. (7.40) proportional zu

$(\gamma L)^2 P_{S,q}^3$, wobei $P_{S,q}$ die als gleich angenommene Leistung der beteiligten Eigenfrequenzen ist. Um eine gute Konversionseffizienz zu erreichen, sind bei RFLs größere Produkte an resonatorinterner Leistung P_S und Resonatorlänge L erforderlich wie bei Seltenerdmetall-dotierten Faserlasern. Daher macht sich in RFLs die spektrale Verbreiterung durch FWM auch stärker bemerkbar.

10.5.2 Effektive Reflektivität der Resonator-FBGs

Für die Simulationen in Kap. 10.3 wurde eine frequenz- und leistungsunabhängige Reflektivität der FBGs angenommen. Zur realistischen Modellierung der Leistungen und der spektralen Effekte in einem RFL muss jedoch sowohl die Stokes-Welle im Resonator als auch die Reflektivität der FBGs frequenzabhängig angesetzt werden. Durch die Verbreiterung innerhalb des Resonators aufgrund der FWM entstehen Spektralanteile, die von den FBGs nur gering oder gar nicht reflektiert werden. Dies reduziert deren effektive Reflektivität [69, 73, 74], die nachfolgend definiert wird.

Bezeichnen wir mit $P_{S,q}^{\pm}(z)$ die Leistung einer Resonatoreigenfrequenz f_q der Stokes-Welle am Ort z, erhält man mit den Reflektivitäten der FBGs $R_{TR}(f_q)$ bei $z = 0$ und $R_{AK}(f_q)$ bei $z = L$ folgende Randbedingungen für die vor- und rücklaufende Stokes-Welle an den Faserenden:

$$P_{S,q}^{+}(0) = P_{S,q}^{-}(0)\, R_{TR}(f_q), \quad P_{S,q}^{-}(L) = P_{S,q}^{+}(L)\, R_{AK}(f_q). \tag{10.36}$$

Für die Gesamtleistungen der Stokes-Wellen gilt jeweils

$$P_S^{\pm}(z) = \sum_q P_{S,q}^{\pm}(z). \tag{10.37}$$

Die Gesamtleistungen an den FBGs sollen mit effektiven Reflektivitäten als Randbedingungen verknüpft sein:

$$P_S^{+}(0) = P_S^{-}(0)\, R_{TR,eff}, \quad P_S^{-}(L) = P_S^{+}(L)\, R_{AK,eff}. \tag{10.38}$$

Die effektiven Reflektivitäten sind somit definiert als

$$R_{TR,eff} = \frac{\sum_q P_{S,q}^{-}(0)\, R_{TR}(f_q)}{\sum_q P_{S,q}^{-}(0)}, \quad R_{AK,eff} = \frac{\sum_q P_{S,q}^{+}(L)\, R_{AK}(f_q)}{\sum_q P_{S,q}^{+}(L)}. \tag{10.39}$$

Das Konzept der effektiven Reflektivität kann auf kontinuierliche spektrale Verteilungen der Stokes-Welle übertragen werden, indem die Leistungen $P_{S,q}^{\pm}(z)$ durch die spektrale Leistungsdichte $p_S^{\pm}(f, z)$ und die Summationen durch eine Integration über der Frequenz f ersetzt werden.

Mit den effektiven Reflektivitäten kann die Auswirkung der spektralen Verbreiterung in den Randbedingungen Gl. (10.14) der gekoppelten Leistungsgleichungen Gl. (10.13) berücksichtigt werden. Dadurch entsteht eine weitere Komplikation, da die Randbedingungen nun abhängig von den gesuchten Größen, der resonatorinternen Stokes-Leistung sowie deren Spektrum, sind. Weiterhin muss zur Definition der effektiven Reflektivität das Spektrum der Stokes-Welle bekannt sein.

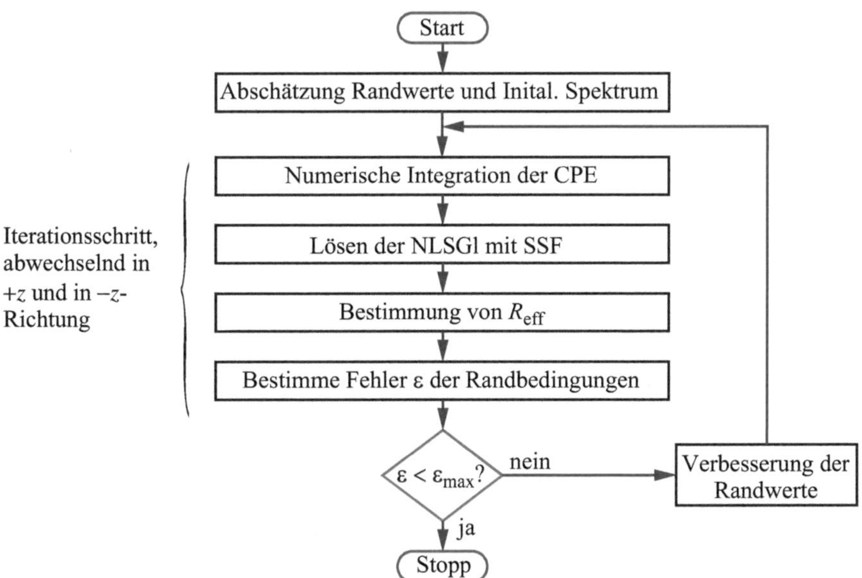

Abb. 10.19 Erweitertes Schießverfahren zur Simulation von Leistung und Spektrum eines Raman-Faserlasers

10.5.3 Mathematisches Simulationsmodell

Zur Beschreibung der spektralen Verbreiterung in Raman-Faserlasern gibt es einige Modelle, die jedoch auf empirischen Annahmen und nachträglich eingeführten Korrekturfaktoren beruhen [73] oder analytische Näherungen für sehr große FBG-Reflektivitäten [75] verwenden. Daher wurde ein rigoroses physikalisches Simulationsmodell entwickelt [16, 69, 76], das im Folgenden beschrieben wird. Ähnliche Ansätze, aber abweichende Lösungsverfahren verwenden Modelle, die in [77–79] beschrieben sind.

10.5.3.1 Erweitertes Schießverfahren

Zur simultanen Bestimmung sowohl der Leistung als auch des Spektrums wird das Schießverfahren aus Kap. 10.3.1 um zwei Schritte erweitert, wie in Abb. 10.19 dargestellt [16, 69, 76]. Zunächst wird in jedem Iterationsschritt der Leistungsverlauf der Pump- und Stokes-Wellen durch numerische Integration der gekoppelten Leistungsgleichungen (CPE) bestimmt. Anschließend wird die bei diesem Leistungsverlauf resultierende spektrale Verbreiterung durch Lösen der nichtlinearen Schrödinger-Gleichung (NLSGl) mit Hilfe des Split-Step-Fourier-Algorithmus (SSF) berechnet (s. Kap. 6). Damit kann die effektive Reflektivität der FBGs berechnet und die Randbedingungen überprüft werden. Falls das Fehlerkriterium ϵ noch nicht ausreichend klein ist, wird mit verbesserten Randwerten für Leistung und Spektrum der nächste Iterationsschritt gestartet.

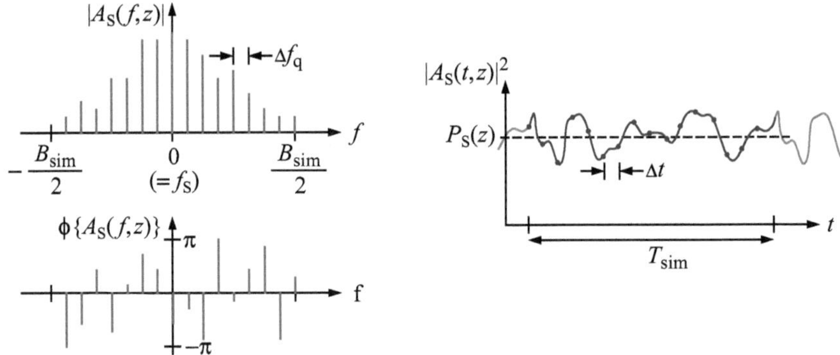

Abb. 10.20 Betrag $|A_S^{\pm}(f,z)|$ und Phase $\phi\{A_S^{\pm}(f_q,z)\}$ des Spektrums der Stokes-Welle sowie korrespondierende Zeitfunktion $A_S^{\pm}(t,z)$ mit Erwartungswert $P_S(z)$

Im Folgenden werden Spleißverluste nicht explizit berücksichtigt. Diese können wie bei dem spektral nicht aufgelösten Modell in Kap. 10.2 an entsprechender Stelle eingefügt werden.

10.5.3.2 Ansatz für die Leistungen und für das Spektrum

Der resonatorinterne Verlauf der Leistungen der Pump- und Stokes-Wellen wird bei dem beschriebenen Verfahren weiterhin nur durch die gekoppelten Leistungsgleichungen (CPE) nach Gl. (10.13) beschrieben [76]. Dies ist zulässig, da die Frequenzabhängigkeit des SRS-Koeffizienten γ_R innerhalb der relevanten Bandbreite der Stokes-Welle im Raman-Faserlaser vernachlässigbar klein ist. Variationen des Spektrums der Pump- und der Stokes-Welle haben daher keinen Einfluss auf die CPE und umgekehrt, maßgeblich für die CPE ist allein deren Gesamtleistung $P_S^{\pm}(z)$ und $P_P^{\pm}(z)$. Dies wurde auch in [79] gezeigt.

In jedem Iterationsschritt liegt damit zunächst ein Leistungsverlauf der Pumpwellen $P_P^{\pm}(z)$ und der Stokes-Wellen $P_S^{\pm}(z)$ vor (s. Abb. 10.21). Zur anschließenden Simulation der Spektren der vor- und rücklaufenden Stokes-Welle werden diese durch je einen Vektor mit komplexwertigen Amplituden $A_q^{\pm}(z) = A_S^{\pm}(f_q,z)$ dargestellt, die mit den Leistungen der Resonatoreigenfrequenzen $P_{S,q}^{\pm}(z)$ und der Gesamtleistung $P_S^{\pm}(z)$ der Stokes-Wellen wie folgend verknüpft sind:

$$|A_q^{\pm}(z)|^2 = P_{S,q}^{\pm}(z), \quad P_S^{\pm}(z) = \sum_q |A_q^{\pm}(z)|^2. \tag{10.40}$$

Die korrespondierenden Frequenzen f_q zu $A_q^{\pm}(z)$ sind die Resonatoreigenfrequenzen nach Gl. (10.11), so dass mit dieser Methode sämtliche Eigenfrequenzen des Resonators und sämtliche Vierwellenmischprodukte erfasst werden, da diese wiederum auf einer Eigenfrequenz landen (s. Kap. 7.3.1). Zur Simulation mit dem Split-Step-Fourier-Algorithmus wird das Spektrum jedoch in das Basisband verschoben, wie in Abb. 10.20 dargestellt.

Die Anzahl N der simulierten Frequenzen $q = 1 \ldots N$ muss wegen der im Split-Step-Fourier-Algorithmus verwendeten FFT/IFFT-Operationen einer Zweierpotenz 2^m

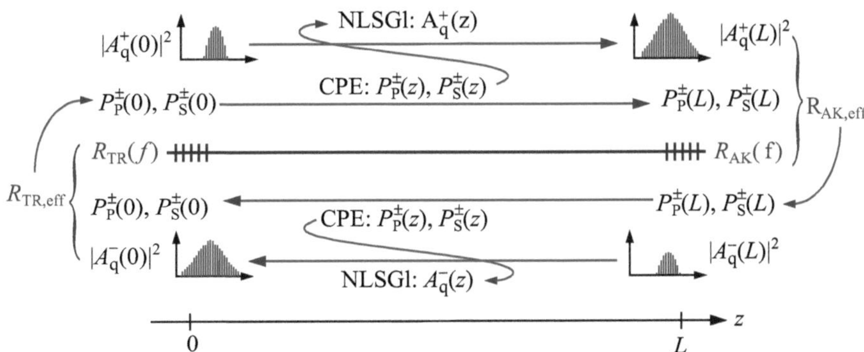

Abb. 10.21 Erweitertes Schießverfahren zur Simulation von Leistung und Spektrum eines Raman-Faserlasers

entsprechen. Die gesamte Bandbreite der Simulation ergibt sich zu

$$B_{\text{sim}} = 2^m \Delta f_q. \tag{10.41}$$

Die Bandbreite der Simulation muss ausreichend groß gewählt werden, um das Spektrum des Raman-Faserlasers inklusive der spektralen Verbreiterung durch FWM mit ausreichender Dynamik erfassen zu können.

Beispiel 10.10

Bei einer Resonatorlänge von 160 m ergibt sich ein Eigenfrequenzabstand von $\Delta f_q = 646\,\text{kHz}$, der gleichzeitig auch die spektrale Auflösung der Simulation festlegt. Um eine spektrale Bandbreite von $\Delta\lambda_{\text{sim}} = 3\,\text{nm}$ zu simulieren, die bei $\lambda_S = 1155\,\text{nm}$ einem Frequenzbereich von $B_{\text{sim}} = 674\,\text{GHz}$ entspricht, sind $N = 2^{20} \approx 10^6$ Eigenfrequenzen erforderlich. Diese große Anzahl bestimmt den Rechenaufwand der FFTs im SSF-Algorithmus und damit wesentlich die Rechenzeit der gesamten Simulation.

Bei Anwendung des SSF-Algorithmus wird das Spektrum $A_S^\pm(f_q, z)$ mit Hilfe einer IFFT-Operation in den Zeitbereich transformiert. Die resultierende diskrete Zeitfunktion $A_S^\pm(t, z)$ wird benötigt, um mit dem nichtlinearen Operator $\mathcal{N}(t, z)$ gemäß Gl. (6.34b) die Auswirkung der Kerr-Nichtlinearität zu berechnen, aus der die Vierwellenmischung resultiert.

Beispiel 10.11

Mit den Zahlenwerten aus Bsp. 10.10 ergibt sich mit Gl. (6.41) eine Länge des simulierten Zeitintervalls von $T_{\text{sim}} = 1/\Delta f_q = 1{,}5\,\mu\text{s}$ und eine zeitliche Auflösung von $\Delta t = 1{,}5\,\text{ps}$.

Da hier ein cw-Laser simuliert wird, ist die Zeitfunktion $A_S^\pm(t,z)$ an sich von untergeordneter Bedeutung, im Gegensatz zu Simulationen der nichtlinearen Pulsausbreitung in Glasfasern. Aufgrund der zufällig verteilten Phasen $\phi\{A_S(f,z)\}$ der Resonatoreigenfrequenzen eines cw-Lasers resultiert im Zeitbereich ein rauschartiger Zeitverlauf der komplexen Amplitude und der momentanen Leistung $P_S^\pm(t,z) = |A_S^\pm(t,z)|^2$, der mit T_{sim} periodisch fortgesetzt wird (Abb. 10.20). Der zeitliche Erwartungswert des Betragsquadrates entspricht der mittleren Leistung der Stokes-Lichtwelle am Ort z

$$P_S^\pm(z) = \langle |A_S^\pm(t,z)|^2 \rangle_t. \tag{10.42}$$

10.5.3.3 Initialisierung des Spektrums

Zu Beginn der Iterationen kann das Spektrum der Stokes-Welle mit einer willkürlichen spektralen Leistungsverteilung initialisiert werden, deren Gesamtleistung dem ersten Schätzwert des Randwertes entspricht. Die Konvergenz des Schießverfahrens wird jedoch erheblich beschleunigt, wenn als erster Schätzwert für die Form des Leistungsspektrums die spektrale Reflektivität eines der Resonator-FBGs angenommen wird. Die Phasen ϕ_q der komplexen Amplituden $A_q^\pm$ werden zufällig im Intervall $[-\pi,\pi]$ gleichverteilt, da kein modengekoppelter Zustand [80] der Stokes-Welle mit unrealistisch großen Pulsspitzen im Zeitbereich simuliert werden soll, sondern ein rauschartiger Verlauf der Leistung um einen Mittelwert im cw-Betrieb (s. Abb. 10.20). Durch diese zufällige initiale Wahl der Phasen im Spektrum ergeben sich von Simulation zu Simulation leicht unterschiedliche Ergebnisse. Aufgrund der sehr großen Anzahl N der Abtastwerte im Zeit- und im Frequenzbereich sind die Variationen der mittleren Leistungen sowie der globalen Form der Spektren von Simulation zu Simulation sehr klein.

10.5.3.4 Berechnung des Spektrums während einer Iteration

Die spektrale Verbreiterung wird nun mit einem Gesamtfeldansatz des Spektrums $A_S^\pm(f,z)$ bzw. der korrespondierenden komplexwertigen Einhüllenden des optischen Feldes im Zeitbereich $A_S^\pm(t,z)$ mit Hilfe der nichtlinearen Schrödinger-Gleichung Gl. (6.26) bestimmt:

$$\begin{aligned} &\pm \frac{\partial A_S^\pm(t,z)}{\partial z} - \frac{\mathrm{j}\beta_2}{2}\frac{\partial^2 A_S^\pm(t,z)}{\partial t^2} - \frac{\beta_3}{6}\frac{\partial^3 A_S^\pm(t,z)}{\partial t^3} \mp \frac{g_{\mathrm{eff}}^\pm(z)}{2} A_S^\pm(t,z) \\ &= -\mathrm{j}\gamma |A_S^\pm(t,z)|^2 A_S^\pm(t,z). \end{aligned} \tag{10.43}$$

Darin beschreiben β_2 und β_3 die chromatischen Dispersionseigenschaften der Faser, und γ ist der nichtlineare Faserkoeffizient des Kerr-Effektes (s. Kap. 5.4), der die spektrale Verbreiterung verursacht. Diese Gleichung wird nun mit Hilfe des Split-Step-Fourier-Algorithmus gelöst, wie in Kap. 6 beschrieben.

Dabei wird davon ausgegangen, dass die stimulierte Raman-Streuung innerhalb der betrachteten Bandbreite keine Auswirkungen auf das Spektrum hat, sondern nur die Leistung und damit die Amplitude $A_S^\pm(t,z)$ verändert. Die Änderung der Amplitude beeinflusst jedoch den nichtlinearen Operator, so dass die Raman-Verstärkung in der NLSGl berücksichtigt werden muss. Dazu wird anstelle der Dämpfung a ein ortsvariabler effektiver

Verstärkungskoeffizient $g_{\mathrm{eff}}(z)$ in Gl. (10.43) eingeführt, der aus den zuvor berechneten Leistungsverläufen der Stokes-Welle $P_{\mathrm{S}}^{\pm}(z)$ bestimmt wird. Da sowohl der Solver für die CPE als auch der SSF-Algorithmus die Spektren in räumlichen Schritten Δz berechnet, ergibt sich z. B. für die vorlaufende Stokes-Welle mit Leistungen $P_{\mathrm{S}}^{+}(z)$ und $P_{\mathrm{S}}^{+}(z+\Delta z)$ ein Verstärkungskoeffizient

$$g_{\mathrm{eff}} = \frac{1}{\Delta z} \ln \left(\frac{P_{\mathrm{S}}^{+}(z+\Delta z)}{P_{\mathrm{S}}^{+}(z)} \right). \tag{10.44}$$

g_{eff} beinhaltet sowohl die Raman-Verstärkung inklusive des Einflusses des Pumpabbaus entlang des Faserlasers als auch die Dämpfung, da alle diese Effekte in den CPE zur Bestimmung von $P_{\mathrm{S}}^{\pm}(z)$ enthalten sind. Damit kann die NLSGl entlang der Faserachse gelöst werden und man erhält ein neues Spektrum am gegenüberliegenden Faserende unter Berücksichtigung von Dispersion, Dämpfung, Raman-Verstärkung und nichtlinearer spektraler Verbreiterung (s. Abb. 10.21).

10.5.3.5 Ablauf und Konvergenz der Simulation

In aufeinanderfolgenden Iterationsschritten werden die CPE und die NLSGl abwechselnd in $+z$-Richtung für $A_{\mathrm{S}}^{+}(t,z)$ und $-z$-Richtung für $A_{\mathrm{S}}^{-}(t,z)$ gelöst (s. Abb. 10.21). Jeweils bei $z = L$ bzw. $z = 0$ werden die Randbedingungen Gl. (10.38) überprüft. Die Iterationen werden fortgesetzt, wenn gemäß Gl. (10.31) der Fehler ϵ der Randbedingungen Gl. (10.38) unter Verwendung der effektiven Reflektivitäten Gl. (10.39) größer als ein vorgegebener Wert ϵ_{max} ist. Wie in Kap. 10.3.1.2 beschrieben, werden dann die Randwerte der Leistungen der Stokes-Welle verbessert. Das Spektrum der Stokes-Welle wird so umskaliert, dass die Gesamtleistung dem verbesserten Randwert der Stokes-Leistung entspricht. Damit wird die nächste Iteration in entgegengesetzter Richtung gestartet.

Sind die Randbedingungen mit ausreichend kleinem Fehler erfüllt, werden die Iterationen abgebrochen. Ausgangsleistung $P_{\mathrm{S,a}}$ und Ausgangsspektrum $p_{\mathrm{S,a}}(f_q)$ des RFLs ergeben sich aus den letzten Lösungen der resonatorinternen Stokes-Leistung $P_{\mathrm{S}}^{+}(L)$ und des Spektrums $|A_{\mathrm{q}}^{+}(L)|^2$ zu

$$P_{\mathrm{S,a}} = P_{\mathrm{S}}^{+}(L)(1-R_{\mathrm{AK,eff}}), \tag{10.45}$$

$$p_{\mathrm{S,a}}(f_q) = |A_{\mathrm{q}}^{+}(L)|^2\,(1-R_{\mathrm{AK}}(f_q)). \tag{10.46}$$

Ein Vergleich von Simulationsergebnissen mit experimentellen Messergebnissen erfolgt in Kap. 10.5.5.

10.5.4 Schrittweitensteuerung

10.5.4.1 Faserlaser mit großen räumlichen Leistungsvariationen

Die Wahl der Schrittweite Δz hat einen großen Einfluss auf die Genauigkeit des Split-Step-Fourier-Algorithmus, wie in Kap. 6.3.3.1 diskutiert. Das leistungsbasierte Kriterium der

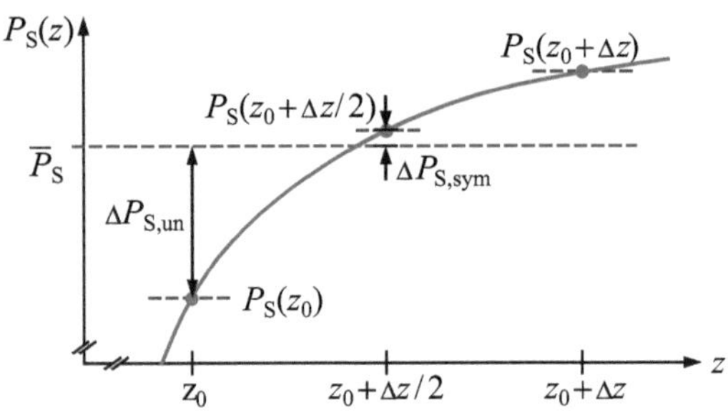

Abb. 10.22 Verlauf der Stokes-Leistung $P_S(z)$ in einem Fasersegment Δz sowie Leistungsfehler im unsymmetrischen SSF-Algorithmus $\Delta P_{S,un}$ und im symmetrischen SSF-Algorithmus $\Delta P_{S,sym}$

maximalen nichtlinearen Phasendrehung Gl. (6.58) aus Kap. 6.3.3.5 liefert aufgrund der großen Leistungen in einem Raman-Faserlaser sehr kleine Schrittweiten. Da hier nicht die Ausbreitung und Pulsverformung von Solitonen oder anderen kurzen Lichtpulsen, sondern die Ausbreitung eines im Zeitbereich rauschenden cw-Lasers simuliert werden soll, entsteht durch die zu klein gewählte Schrittweite ein unnötiger Rechenaufwand aufgrund der Vielzahl an FFT/IFFT-Operationen. Sinnvoller ist die Prüfung des dispersionsbasierten Kriteriums zur Vermeidung der künstlichen Vierwellenmischung Gl. (6.51) aus Kap. 6.3.3.2, da die reale Verbreiterung durch FWM das Ziel der Simulation ist. Aufgrund der nicht zu großen spektralen Bandbreite der RFL-Simulationen im Bereich von $B_{sim} = 3\,\text{nm}$ entstehen bei üblichen Dispersionseigenschaften der verwendeten Fasern Schrittweiten Δz im Bereich von 10 m. Für sehr lange Raman-Faserlaser ist das ausreichend klein. In kurzen Faserlasern entstehen aber innerhalb dieser Länge erhebliche Variationen der Leistung der Stokes-Welle $P_S(z)$, die den nichtlinearen Operator $\mathcal{N}(t,z)$ im SSF-Algorithmus beeinflussen und zu Fehlern führen. Ein beispielhafter Leistungsverlauf innerhalb einer Schrittweite Δz ist in Abb. 10.22 dargestellt. In cw-Faserlasern mit großen räumlichen Leistungsvariationen muss daher für den SSF-Algorithmus ein anderes Kriterium zur Schrittweitensteuerung verwendet werden als bei der Ausbreitung kurzer Lichtpulse in schwach verlustbehafteten passiven Fasern [81].

10.5.4.2 Nichtlinearer Operator in Fasern mit großer Leistungsvariation

Zur weiteren Diskussion betrachten wir ohne weitere Kennzeichnung die vorlaufende Stokes-Welle, analoge Ergebnisse ergeben sich für die rücklaufende Stokes-Welle. Der nichtlineare Operator $\mathcal{N}(t,z)$ wirkt im Zeitbereich auf die zeit- und ortsvariable Amplitude $A_S(z,t)$ gemäß der Differentialgleichung

$$\frac{\partial}{\partial z}A_S(t,z) = \mathcal{N}(t,z)A_S(t,z) = -\mathrm{j}\gamma P_S(t,z)A_S(t,z). \tag{10.47}$$

Gleichung (10.47) hat innerhalb der Schrittweite Δz die exakte Lösung:

$$A_S(t,z_0+\Delta z) = A_S(t,z_0)\exp\left\{\mathrm{j}\gamma\int_{z_0}^{z_0+\Delta z} P_S(t,z)\,\Delta z\right\} \tag{10.48}$$

$$= A_S(t,z_0)\exp\left\{\mathrm{j}\gamma\bar{P}_S(t)\Delta z\right\}, \tag{10.49}$$

wobei $\bar{P}_S(t)$ die mittlere Leistung im Intervall Δz ist (s. Abb. 10.22):

$$\bar{P}_S(t) = \frac{1}{\Delta z} \int_{z_0}^{z_0+\Delta z} P_S(t,z)\,dz. \tag{10.50}$$

Dies sind die exakten Lösungen, wenn der kontinuierliche Leistungsverlauf $P_S(t,z)$ bekannt wäre.

10.5.4.3 Fehler im nichtlinearen Operator des SSFA durch Leistungsvariationen

Bei dem Split-Step-Fourier-Verfahren wird in jedem nichtlinearem Schritt zu jedem Zeitpunkt t nicht der komplette Leistungsverlauf oder die mittlere Leistung verwendet, die sich erst aus der Lösung des folgenden linearen Schrittes ergeben würden, sondern die Leistung zu Beginn des nichtlinearen Schrittes. Dadurch entsteht ein Fehler, der sich jedoch abschätzen und kontrollieren lässt.

Im Folgenden wird der Übersichtlichkeit wegen die Zeitabhängigkeit von $P_S(t,z)$ nicht ausgeschrieben. Alle Gleichungen sind dennoch zu allen Zeiten t innerhalb des simulierten Zeitfensters auszuwerten. Dies unterscheidet diese Leistungen innerhalb des SSF-Algorithmus von den rein ortsabhängigen Leistungen, die aus der Lösung der CPE im ersten Teil einer Iteration resultieren.

Zur Fehlerabschätzung entwickeln wir den Leistungsverlauf $P_S(z)$ in eine TAYLOR-Reihe:

$$P_S(z) = P_S(z_0) + P_S'\,[z-z_0] + \frac{1}{2}P_S''\,[z-z_0]^2 + \frac{1}{6}P_S'''\,[z-z_0]^3 + \ldots, \tag{10.51}$$

wobei $P_S^{(n)}$ mit der Anzahl der Striche n die n-te Ortsableitung der momentanen Leistung am Ort z_0 bezeichnet:

$$P_S^{(n)} = \left.\frac{d^n P_S(z)}{\Delta z^n}\right|_{z=z_0}. \tag{10.52}$$

Setzt man die Taylor-Entwicklung in Gl. (10.50) ein, so ergibt sich für die mittlere Leistung

$$\bar{P}_S = P_S(z_0) + \frac{1}{2}P_S'\,\Delta z + \frac{1}{6}P_S''\,\Delta z^2 + \frac{1}{24}P_S'''\,\Delta z^3 + \ldots. \tag{10.53}$$

Bei dem unsymmetrischen SSF-Algorithmus nach Abb. 6.3 wird die Leistung $P_S(z_0)$ zu Beginn eines Schrittes zur Definition des nichtlinearen Operators $\mathcal{N}(z)$ verwendet. Dadurch entsteht ein Fehler der Leistung $\Delta P_{S,un}$, wie in Abb. 10.22 dargestellt, der sich wie folgend berechnet:

$$\Delta P_{S,un} = \bar{P}_S - P_S(z_0) = \frac{1}{2}P_S'\,\Delta z + \frac{1}{6}P_S''\,\Delta z^2 + \frac{1}{24}P_S'''\,\Delta z^3 + \ldots. \tag{10.54}$$

Der den Fehler dominierende erste Term ist proportional zur ersten Ortsableitung der Leistung P_S' und zur Schrittweite Δz. Die lokale Fehlerordnung ist somit $\mathcal{O}(\Delta z)$. Dies würde eine nur mäßige Konvergenz des Verfahrens gegen die exakte Lösung bei einer Reduktion der Schrittweite Δz bedeuten und somit kleine Schrittweiten erforderlich machen.

Bei dem reduzierten symmetrischen SSF-Algorithmus gemäß Abb. 6.5 wird die Leistung in der Mitte eines Schrittes $P_S(z+\frac{1}{2}\Delta z)$ verwendet. Auch beim vollständigen symmetrischen SSF-Algorithmus nach Abb. 6.4 ist dies möglich. Die Leistung $P_S(z+\frac{1}{2}\Delta z)$ ergibt sich nach Reihenentwicklung zu

$$P_S(z+\frac{1}{2}\Delta z) = P_S(z_0) + \frac{1}{2}P'_S\,\Delta z + \frac{1}{8}P''_S\,\Delta z^2 + \frac{1}{48}P'''_S\,\Delta z^3 + \ldots . \tag{10.55}$$

Damit beträgt der Fehler $\Delta P_{S,sym}$ bezüglich der mittleren Leistung

$$\Delta P_{S,sym} = \bar{P}_S - P_S(z+\frac{1}{2}\Delta z) = \frac{1}{24}P''_S\,\Delta z^2 + \frac{1}{48}P'''_S\,\Delta z^3 + \ldots . \tag{10.56}$$

Der Fehler ist kleiner als beim unsymmetrischen SSFA, wie auch in Abb. 10.22 dargestellt. Die lokale Fehlerordnung ist $\mathcal{O}(\Delta z^2)$, was eine gute Konvergenz bei Schrittweitenreduktion ermöglicht. Der Fehler ist zudem proportional zur zweiten Ortsableitung P''_S, die an den meisten Orten im RFL kleiner als die erste Ableitung ist.

10.5.4.4 Maximaler Phasenfehler und Schrittweitensteuerung

Der Leistungsfehler ΔP_S führt zu einem Fehler der nichtlinearen Phasendrehung

$$\epsilon_\phi = \gamma\,|\Delta P_S|\,\Delta z, \tag{10.57}$$

mit einer lokalen Fehlerordnung $\mathcal{O}(\Delta z^3)$ für den symmetrischen SSFA. Die globale Fehlerordnung ist jedoch nur $\mathcal{O}(\Delta z^2)$, da bei kleinerer Schrittweite der Fehler in einer größeren Anzahl an Schritten erfolgt. Der Fehler kann für den symmetrischen SSF-Algorithmus unter Vernachlässigung der höheren Ableitungen in Gl. (10.56) zuverlässig abgeschätzt werden:

$$\epsilon_\phi \approx \frac{1}{24}\gamma\,|P''_S|\,\Delta z^3. \tag{10.58}$$

Die zweite Ortsableitung P''_S am Ort z_0 kann aus den diskreten Stützstellen der Leistung $P_S(z_i)$ nur ungenau bestimmt werden. Sie lässt sich aber mit Hilfe der CPE Gl. (10.13) analytisch bestimmen, wenn am Ort z_0 alle Leistungen der vor- und rücklaufenden Pump- und Stokes-Wellen bekannt sind. Dies ist durch die vorangegangene Lösung der CPE gegeben. Durch nochmaliges Ableiten von Gl. (10.13b) nach dem Ort, nach Einsetzen aller Terme und unter Vernachlässigung des Einflusses der zweiten Stokes-Ordnung ergibt sich z. B. für die zweite Ortsableitung der vorwärts laufenden Stokes-Welle:

$$\begin{aligned} P_S^{+\prime\prime}(z,t) = {} & P_S^+(z,t)\left[-\alpha_S + \gamma_R\left(P_P^+(z,t) + P_P^-(z,t)\right)\right]^2 \\ & + \gamma_R P_S^+(z,t)\left(P_P^+(z,t) + P_P^-(z,t)\right) \\ & \cdot \left[-\alpha_S - \frac{f_P}{f_S}\gamma_R\left(P_S^+(z,t) + P_S^-(z,t)\right)\right]. \end{aligned} \tag{10.59}$$

Der maximale Fehler entsteht zu dem Zeitpunkt innerhalb des simulierten Zeitbereiches T_{sim}, an dem die zweite Ableitung ihren Maximalwert hat. Sind zudem innerhalb des Intervalls des SSFA von z_0 bis $z_0+\Delta z$ mehrere Stützstellen z_i aus der Lösung der CPE vorhanden, wird auch darin das Maximum bestimmt:

$$\epsilon_{\mathrm{max},\phi} = \frac{1}{24}\gamma \max_{T_{\mathrm{sim}},\Delta z} \left|P_{\mathrm{S}}''\right| \Delta z^3. \tag{10.60}$$

Durch Vorgabe eines zulässigen maximalen Phasenfehlers $\epsilon_{\mathrm{max},\phi}$ kann damit eine zulässige Schrittweite für den SSF-Algorithmus bestimmt werden:

$$\Delta z_{\mathrm{max}} = \sqrt[3]{\frac{24\epsilon_{\mathrm{max},\phi}}{\gamma \max\limits_{T_{\mathrm{sim}},\Delta z} \left|P_{\mathrm{S}}''\right|}}. \tag{10.61}$$

Zusammenfassend kann durch eine dynamische Schrittweitensteuerung in jedem Schritt des SSF-Algorithmus die Schrittweite Δz_{max} so angepasst werden, dass in cw-Faserverstärkern oder -lasern einerseits kein zu großer Fehler aufgrund der örtlichen Leistungsvariation entsteht, und andererseits werden unnötig kleine Schrittweiten vermieden, die für cw-ähnliche Lichtwellen im Zeitbereich nicht erforderlich sind. In Testsimulationen wurden durch Beschränkung des Phasenfehlers auf $\epsilon_{\mathrm{max},\phi} = 10^{-2}$ Ergebnisse erzielt, die sich bei weiterer Reduktion von $\epsilon_{\mathrm{max},\phi}$ nicht wesentlich veränderten.

10.5.5 Simulations- und Messergebnisse

10.5.5.1 Lange, nicht-polarisierte Raman-Faserlaser

Zunächst betrachten wir lange Raman-Faserlaser unter Verwendung von nicht-polarisationserhaltenden Fasern. Obwohl nicht explizit für Raman-Anwendungen hergestellt, sind biegeunempfindliche HI-Fasern (engl. *high-index*, [13]) aufgrund der hohen Ge-Dotierung im Kern gut geeignet. Wesentliche Daten der Faser sind in Tab. 10.1 zusammengefasst. $\gamma_{\mathrm{R,eff}} = \gamma_{\mathrm{R}}/\xi$ ist der effektive SRS-Koeffizient, mit $\xi = 2$ für lange, nicht polarisationserhaltende Glasfasern. Damit wurden zwei Raman-Faserlaser mit einer Faserlänge $L = 160$ m und $L = 340$ m untersucht. Für beide RFLs wurde ein hochreflektierendes FBG mit $R_{\mathrm{HR}} = 99\,\%$ und ein Auskoppel-FBG mit $R_{\mathrm{AK}} = 10\,\%$ sowie einer spektralen Bandbreite von jeweils $\Delta\lambda_{\mathrm{FBG}} = 30$ pm verwendet. Aufgrund von Herstellungsparametern wird für die FBGs ein gaußförmiges spektrales Profil angesetzt. Die FBGs wurden in die Strecke eingespleißt, so dass vor und nach jedem FBG eine gleiche Spleißtransmission von $T_{\mathrm{Sp}} = 0{,}982$, entsprechend einer Spleißdämpfung ${}^{\ell}a_{\mathrm{Sp}} = 0{,}08$ dB basierend auf Messungen angenommen wurde. Als Pumplaser kommt ein Yb-Faserlaser mit einer maximalen Pumpleistung $P_{\mathrm{P0}} = 8{,}5$ W bei $\lambda_{\mathrm{P}} = 1100$ nm zum Einsatz.

Abbildung 10.23 und 10.24 zeigen gemessene und simulierte Ausgangsleistungen (a) und spektrale Halbwertsbreiten (b) dieser Raman-Faserlaser [76]. Die generelle Übereinstimmung ist gut. Unterschiede zwischen Messung und Simulation ergeben sich aus einigen

Tab. 10.1 Faserdaten zur Simulation von Raman-Faserlasern ($\lambda_P = 1100\,\text{nm}$, $\lambda_S = 1155\,\text{nm}$)

Fasertyp	ℓ_a dB/km	β_2 ps²/km	γ W⁻¹ km⁻¹	$\gamma_{R,eff}$ W⁻¹ km⁻¹	ξ
HI [13]	1,3	29	11	3,8	2
PM-Raman [26]	2	49,4	21,5	17	1

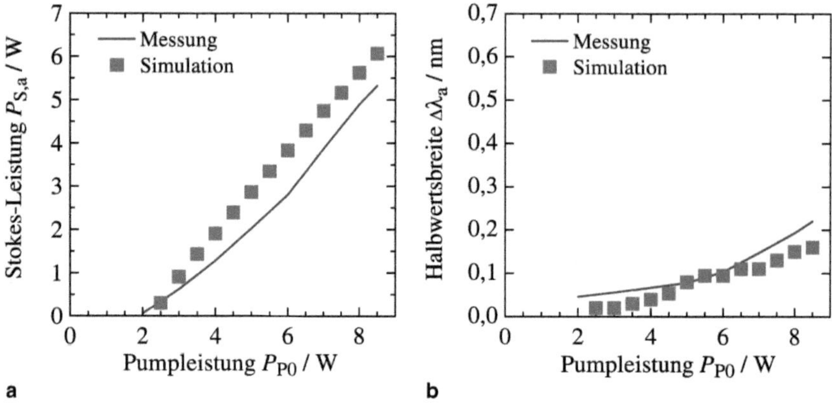

Abb. 10.23 RFL, Fasertyp HI 1060 Flex $L = 160\,\text{m}$, $R_{HR} = 99\,\%$, $R_{AK} = 10\,\%$

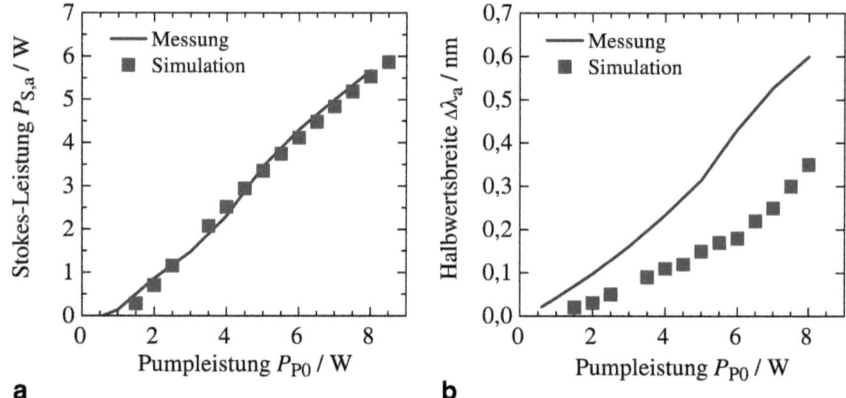

Abb. 10.24 RFL, Fasertyp HI 1060 Flex $L = 340\,\text{m}$, $R_{HR} = 99\,\%$, $R_{AK} = 10\,\%$

nicht berücksichtigten Effekten. So wird in der Simulation die Polarisationsabhängigkeit der Vierwellenmischung (s. Kap. 7.3.3.4) sowie die Brillouin-Streuung nicht berücksichtigt. Insbesondere bei dem RFL mit der großen Länge $L = 340\,\text{m}$ wurden experimentell größere Bandbreiten als simuliert beobachtet. Bei dieser Länge wäre auch ohne FBGs die SRS-Schwelle zu einem Superstrahler überschritten, wie in Kap. 8.5.5 beschrieben.

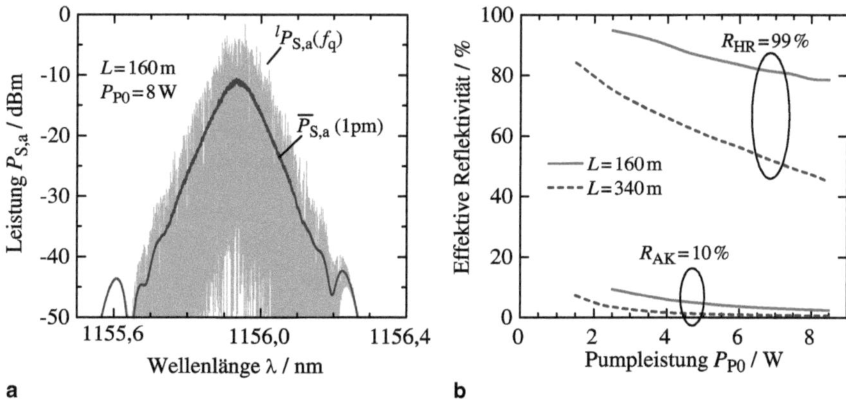

Abb. 10.25 **a** Simuliertes Ausgangsspektrum für den RFL mit 160 m HI-Faser bei einer Pumpleistung $P_{P0} = 8$ W, Rohdaten mit den Leistungen $P_{S,a}(f_q)$ aller Eigenfrequenzen sowie über $\Delta\lambda = 1$ pm gemittelt. **b** Simulierte effektive FBG-Reflektivitäten für beide RFL-Längen in Abhängigkeit von der Pumpleistung P_{P0}

Die stimuliert-verstärkte spontane Raman-Streuung in Verbindung mit den spektralen Flügeln der FBG-Reflektivität abseits der Mittenwellenlänge, die bei den verwendeten sehr schmalbandigen FBGs schwer zu erfassen sind, können eine zusätzliche Verbreiterung bewirken. Generell haben die in der Simulation verwendeten spektralen Formen der FBGs bei vergleichbarer Bandbreite einen großen Einfluss, wie auch in [79] beobachtet.

Die Dispersion hat mit zunehmender Faserlänge einen starken Einfluss auf die Effizienz der Vierwellenmischung (FWM, s. Kap. 7.3.3) und auf die spektrale Verbreiterung von Lichtquellen, die sich aus vielen diskreten Spektrallinien zusammensetzen [78, 82]. Eine Abweichung bei dem aus Herstellerangaben und eigenen Rechnungen zur Dispersion in Stufenindex-Fasern bestimmten GVD-Parameter β_2 würde insbesondere die Simulationsergebnisse des $L = 340$ m langen RFLs verändern. In sehr langen Raman-Faserlasern entstehen zusätzlich zu diesen Aspekten turbulente und zunehmend inkohärente Interaktionen zwischen Dispersion, Raman-Streuung und Kerr-Effekt sowie durch eine inkohärente Rückkopplung durch die Rayleigh-Streuung [25, 83].

Trotz gewisser Abweichungen zu Messungen können mit dem Simulationsmodell prinzipielle Erkenntnisse über das Verhalten von Raman-Faserlasern gewonnen werden. Abbildung 10.25a zeigt das simulierte Ausgangsspektrum des $L = 160$ m langen RFLs bei einer Pumpleistung $P_{P0} = 8$ W. Die Leistungen benachbarter Resonatoreigenfrequenzen $P_{S,a}(f_q)$ zeigen Schwankungen im Bereich von 30 dB. Dies liegt an den zufallsverteilten Phasen bei der Initialisierung des Spektrums und der Phasensensitivität der FWM. Erst durch eine Mittelung der spektralen Leistungsverteilung über eine Bandbreite von $\Delta\lambda = 1$ pm entsteht ein auswertbares Spektrum $\bar{P}_{S,a}(\lambda)$, das eine Bestimmung der Bandbreite ermöglicht, ohne die Simulation mit unterschiedlichen Zufallsphasen zu wiederholen.

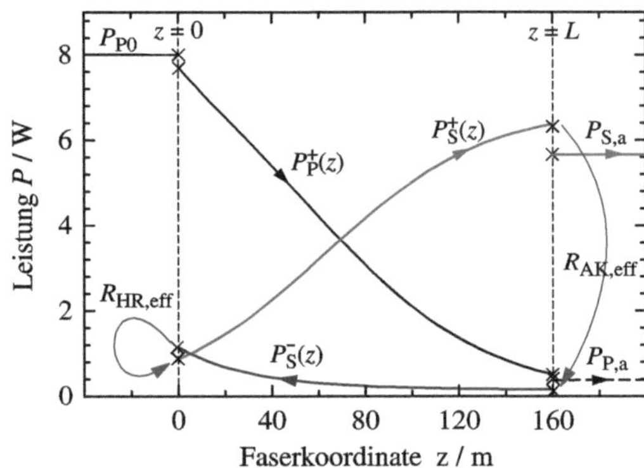

Abb. 10.26 Simulierter resonatorinterner Leistungsverlauf der Pump- und Stokes-Wellen des RFLs mit 160 m HI-Faser bei einer Pumpleistung $P_{P0} = 8\,\mathrm{W}$

Mit den resonatorinternen Spektren können die in Kap. 10.5.2 beschriebenen effektiven Reflektivitäten der FBGs bestimmt werden, wie in Abb. 10.25b dargestellt. Aufgrund der bei diesen RFLs verwendeten schmalbandigen FBGs mit $\Delta\lambda = 30\,\mathrm{pm}$ und der spektralen Verbreiterung durch FWM findet eine Überstrahlung an den spektralen Rändern und eine reduzierte effektive Reflektivität bereits bei Pumpleistungen P_{P0} statt, die nur wenig größer als die Schwellpumpleistungen sind. Einfache Simulationen mit festen FBG-Reflektivitäten, wie in Kap. 10.3 zunächst beschrieben, müssen daher zu Fehlern führen.

Abbildung 10.26 zeigt den simulierten resonatorinternen Leistungsverlauf des RFLs mit $L = 160\,\mathrm{m}$ bei einer Pumpleistung $P_{P0} = 8\,\mathrm{W}$. Der wesentliche Leistungsübertrag von der Pump- auf die Stokes-Welle findet für die vorlaufende Stokes-Welle statt. Die Faserlänge ist ausreichend, um eine gute Konversionseffizienz bei moderat schmaler spektraler Bandbreite $\Delta\lambda_{S,a} \approx 0{,}2\,\mathrm{nm}$ zu erreichen. Eine größere Faserlänge könnte zwar noch verbleibende Reste der Pumpleistung bei $z = L$ in die Stokes-Welle überführen. Gleichzeitig würde aber auch die spektrale Bandbreite durch FWM zunehmen, da dann im Resonator über eine größere Länge eine hohe Stokes-Leistung $P_S^+(z)$ herrscht. Gleiches gilt für größere Reflektivitäten des Auskoppel-FBGs.

Der Polarisationsgrad (DOP) der Lichtemission bei diesen RFLs beträgt nur ca. 50 % aufgrund der nicht-polarisationserhaltenden Faser und trotz eines linear polarisierten Pumplasers. Der Polarisationszustand des polarisierten Leistungsanteils ist zudem zeitlich nicht konstant. Spielt die Polarisation eines RFLs eine Rolle, z. B. für eine nachfolgende optische Frequenzverdopplung, so müssen RFLs auf Basis polarisationserhaltender Glasfasern verwendet werden.

10.5.5.2 Kurze, polarisationserhaltende Raman-Faserlaser

Für eine stabile lineare Polarisation eines RFLs müssen polarisationserhaltende Glasfasern verwendet werden, wie in Kap. 4.3.5 beschrieben. Werden zusätzlich Spezialfasern mit großem faserspezifischen Raman-Koeffizienten verwendet, können im Vergleich zu konventionellen Fasern sehr kurze RFLs realisiert werden. Ein Beispiel hierzu ist der Fasertyp PM-Raman [26] mit einem elliptischen Kern und großer Ge-Dotierung. Wesentliche Da-

Tab. 10.2 Maximale Reflektivität R und spektrale Bandbreite $\Delta\lambda$ des HR-FBGs sowie des AK-FBGs für verschiedene Längen L der RFLs

L	3 m, HR	3 m, AK				6 m, HR	6 m, AK		
$R/\%$	>99	90	75	55	46	>99	96	86,6	80
$\Delta\lambda/\text{pm}$	106	46	32	34	26	160	78	82	113

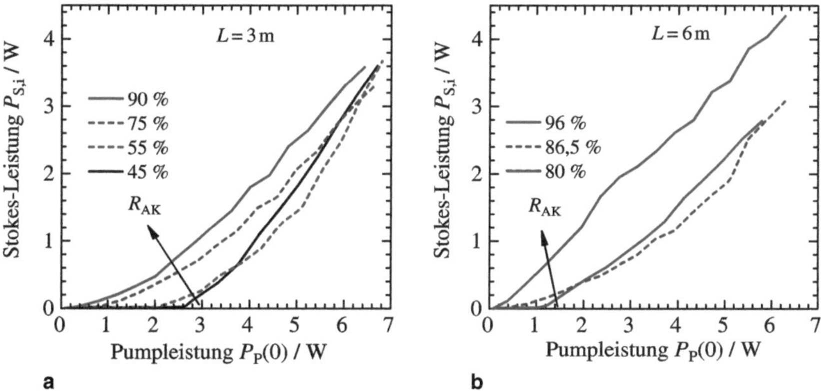

Abb. 10.27 Leistung von Raman-Faserlasern unterschiedlicher Länge und Reflektivitäten des Auskoppel-FBGs unter Verwendung des Fasertyps PM-Raman

ten sind in Tab. 10.1 zusammengefasst. Aufgrund der großen Ge-Dotierung eignet sich dieser Fasertyp auch sehr gut zum direkten Einschreiben von Faser-Bragg-Gittern sowie nachträglicher Veränderung der Reflektivität (s. Kap. 10.4.5). Damit werden Spleißverluste innerhalb des Resonators vermieden. Nachteilig an dieser Faser sind große Spleißverluste zu Standardfasern, z. B. vom Typ PM980 [51] am Ausgang des Yb-Faserlasers sowie am Ausgang das RFLs zur Messung von Leistung und Spektrum. Die wirksame Pumpleistung $P_P(0)$ sowie die gemessene Ausgangsleistung $P_{S,a}$ sind daher um ca. 1 dB, entsprechend einer Spleißtransmission $T_{Sp} \approx 80\,\%$ kleiner als die Leistung des Pumplasers P_{P0} sowie die tatsächliche Leistung des RFLs $P_{S,i}$, wie zu Beginn in Abb. 10.1 definiert.

Wir betrachten nun RFLs mit einer Faserlänge $L = 3$ m und $L = 6$ m und verschiedenen FBGs mit gemessenen Eigenschaften gemäß Tab. 10.2 [16]. Derart kurze Raman-Faserlaser waren bis dato nur in Fasern mit reinem GeO_2-Glas bekannt [84]. Trotz der kurzen Faserlänge zeigen diese RFLs bemerkenswert niedrige Schwellpumpleistungen (s. Abb. 10.27 und 10.28) aufgrund des großen Raman-Koeffizienten des Fasertyps PM-Raman, der großen FBG-Reflektivitäten sowie der direkt eingeschriebenen FBGs ohne Spleißverluste. Die spektrale Bandbreite des 3 m langen RFLs ist für alle FBG-Reflektivitäten sehr klein, insbesondere für die Version mit einer Auskoppel-Reflektivität $R_{AK} = 46\,\%$. Die spektrale Verbreiterung durch Vierwellenmischung kann also in kurzen Raman-Faserlasern unter Verwendung von Fasern mit großem Raman-Koeffizienten, schmalbandigen FBGs ohne Spleißverluste sowie optimierten Reflektivitäten vermieden werden. Die Konversionseffi-

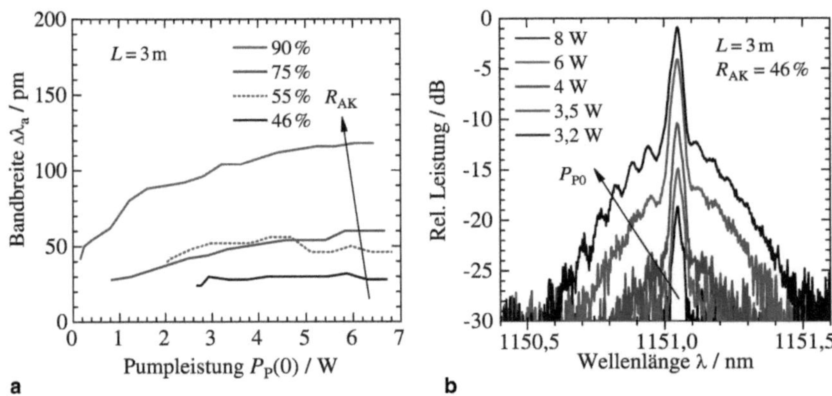

Abb. 10.28 Spektrale Eigenschaften eines RFL mit $L = 3$ m PM-Raman-Faser

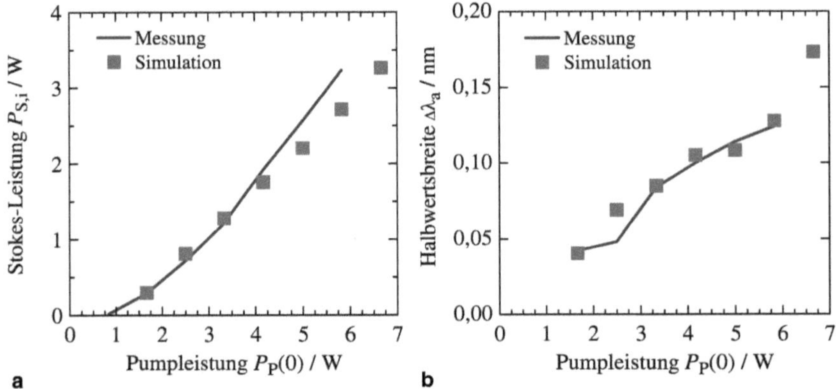

Abb. 10.29 RFL, Fasertyp PM-Raman $L = 6$ m, $R_{AK} = 80$ %

zienz ist mit ca. 55 % bei einer Länge $L = 3$ m jedoch nur mäßig, so dass am Faserausgang noch erhebliche Reste der Pumpleistung vorhanden sind. Dies bietet Potential für eine weitere Verstärkung durch direkt angeschlossene Raman-Faserverstärker.

Auch diese Faserlaser-Konfigurationen wurden mit der spektral aufgelösten Simulationsmethode untersucht. Für die meisten Konfigurationen ergibt sich eine gute Übereinstimmung der simulierten Ausgangsleistung sowie der spektralen Bandbreite mit Messergebnissen, wie in Abb. 10.29 dargestellt. Für einige Konfigurationen ergeben sich Abweichungen, wobei in der Simulation die spektrale Verbreiterung unterschätzt wird. Eine wesentliche Ursache sind auch hier Unsicherheiten der spektralen Eigenschaften der Resonator-FBGs, obwohl für die Simulation individuelle Messdaten der FBG-Reflektivitäten verwendet wurden. Ein Vergleich der simulierten und gemessenen Spektren in Abb. 10.30 zeigt vor allem an den spektralen Flügeln größere spektrale Leistungsdichten in der Messung, wobei die Simulation die prinzipiellen Effekte der Verbreiterung trotzdem richtig wiedergibt.

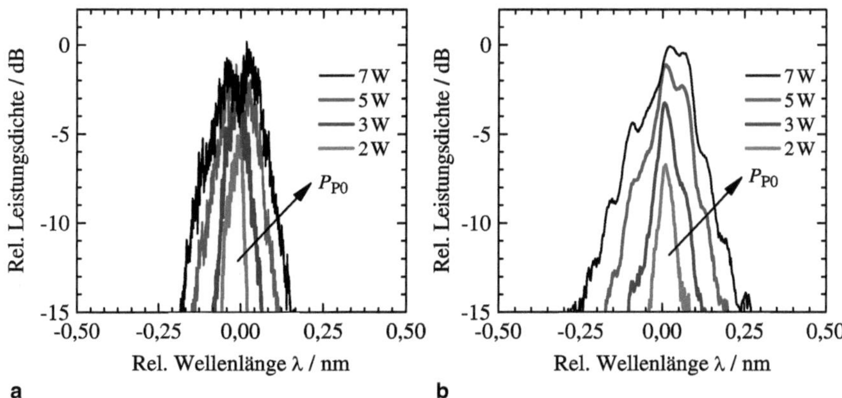

Abb. 10.30 Vergleich von simulierten (**a**) und gemessenen (**b**) Ausgangsspektren eines RFLs mit 6 m PM-Raman-Faser und $R_{AK} = 80\,\%$

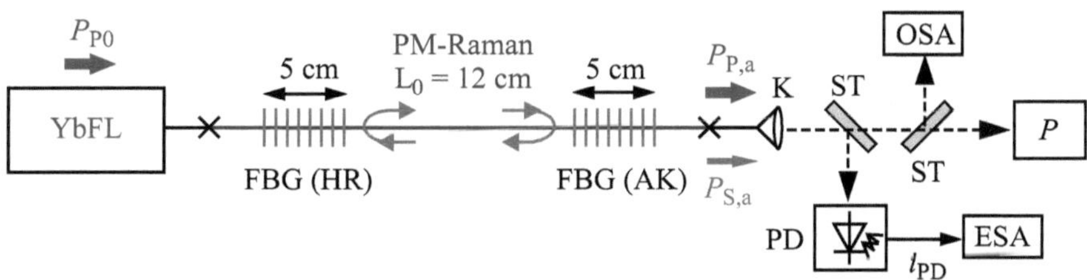

Abb. 10.31 Kurzer DBR-Raman-Faserlaser. Messung der gesamten Ausgangsleistung (P), optisches Spektrum (OSA) sowie elektrisches Spektrum (ESA) des Photodiodenstroms i_{PD} zur Beobachtung der Differenzfrequenzen der Resonatoreigenfrequenzen

10.5.6 DBR- und DFB-Raman-Faserlaser

Durch direktes Einschreiben der Resonator-FBGs in Fasern mit großem SRS-Koeffizienten γ_R können sehr kurze Raman-Faserlaser realisiert werden. Diese haben spezielle spektrale Eigenschaften, wie nachfolgend an einem Beispiel beschrieben. Abbildung 10.31 zeigt Aufbau und Messanordnung zur Charakterisierung eines RFLs mit einer $L_0 = 12\,\text{cm}$ langen Faser vom Typ PM-Raman [17]. Diese FBGs haben eine Länge von 5 cm und große Reflektivitäten von $R_{HR} > 99\,\%$ und $R_{AK} = 96\,\%$ bei einer Bandbreite $\Delta\lambda = 100\,\text{pm}$. Als Pumplaser dient ein Yb-Faserlaser (YbFL) bei $\lambda_P = 1100\,\text{nm}$ mit einer maximalen Ausgangsleistung $P_{P0} = 8\,\text{W}$ wie in den vorangegangenen Beispielen. Zur Charakterisierung wird die Ausgangsleistung mit einem Kollimator (K) zu einem Freistrahl geformt und mit einem thermischen Leistungsmesser (*P*) die Gesamtleistung bestimmt. Über Strahlteiler (ST) werden kleine Teile der Leistung zur Messung des optischen Spektrums $P(\lambda)$ mit einem OSA abgetrennt. Durch Vergleich des Spektrums mit der Gesamtleistung kann die Leistung der Pump- und der Stokes-Welle am Ausgang des RFLs berechnet werden. Zu-

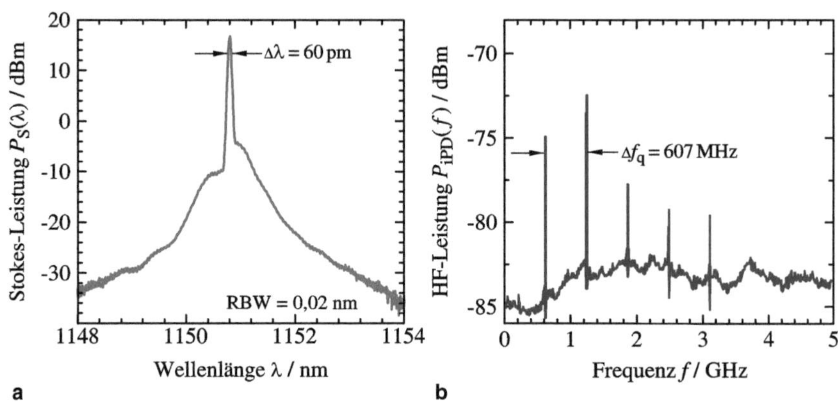

Abb. 10.32 **a** Leistungsspektrum eines $L_0 = 12$ cm kurzen DBR-Raman-Faserlasers bei $P_{P0} = 8$W. **b** HF-Spektrum des Photodioden-Stromes $P_{iPD}(f)$ mit den Differenzfrequenzen der Resonatoreigenfrequenzen

sätzlich wird ein kleiner Teil der Ausgangsleistung mit einer breitbandigen Photodiode (PD) detektiert. Durch Mischung an der Photodiode entstehen im elektrischen Spektrum des Photodiodenstroms $i_{PD}(f)$ alle möglichen Differenzfrequenzen $f_i - f_j$ der optischen Resonatoreigenfrequenzen f_q des RFLs. Zur Messung des hochfrequenten Spektrums des Photodiodenstroms $P_{iPD}(f) \sim |i_{PD}(f)|^2$ wird ein elektrischer Spektralanalysator (ESA) verwendet.

Trotz der kurzen Faserlänge beträgt die Schwellpumpleistung dieses RFLs nur $P_{th} = 4$ W. Die gemessene maximale Ausgangsleistung bei einer Pumpleistung $P_{P0} = 8$ W ist mit $P_{S,a} = 0{,}7$ W niedrig im Vergleich zu längeren RFLs. Die niedrige Konversionseffizienz ist auch an der restlichen Pumpleistung am Ausgang zu erkennen, die dann noch $P_{P,a} = 5{,}6$ W beträgt. Dafür bleibt die spektrale Bandbreite mit $\Delta\lambda_S = 60$ pm über den gesamten Pumpleistungsbereich konstant schmal (Abb. 10.32a). Betrachtet man das Spektrum des Photodiodenstromes $P_{iPD}(f)$ $P_{iPD}(f)$ in Abb. 10.32b, so erkennt man diskrete Spektrallinien, die den Differenzfrequenzen diverser optischer f_q des RFLs entsprechen. Berechnet man mit Gl. (10.12) aus dem gemessenen Eigenfrequenzabstand $\Delta f_q = 607$ MHz die Resonatorlänge, so erhält man mit $L = 17$ cm eine deutlich größere Länge im Vergleich zu der Länge $L_0 = 12$ cm des Faserstückes zwischen den FBGs. Dies liegt an der effektiven Eindringtiefe einer Lichtwelle in ein FBG, die in diesem Fall ca. 2,5 cm pro FBG beträgt und zur effektiven Resonatorlänge beiträgt [17, 85]. Die FBGs stellen bei der kurzen Faserlänge keine lokalisierten Reflektoren dar, sondern über eine gewisse Länge verteilte Reflektoren (engl. *distributed Bragg reflector*, DBR-Laser). Gleichzeitig sind die FBGs auch Teil des aktiven Mediums, da sie direkt in die aktive Faser einstrukturiert sind. Aufgrund der Länge und dem gemessenen Eigenfrequenzabstand von $\Delta f_q = 607$ MHz ist dieser DBR-Raman-Faserlaser aber noch nicht longitudinal einmodig, da innerhalb der gemessenen spektralen Bandbreite der Stokes-Welle von $\Delta\lambda = 60$ pm, entsprechend $B = 13{,}6$ GHz, theoretisch

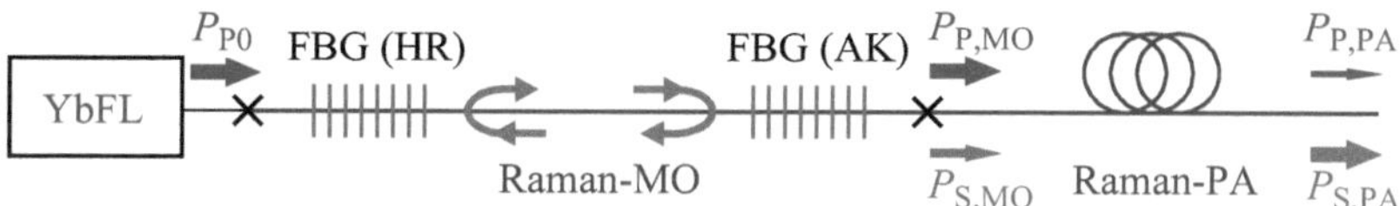

Abb. 10.33 Prinzip eines Raman-MOPAs mit einem Master-Oszillator (MO) und einem Leistungsverstärker (PA) in der gleichen ramanaktiven Faser

$n = 22$ Eigenfrequenzen enthalten sein können. Da das Differenzfrequenz-Spektrum eine Spektrallinie bei $5\Delta f_q$ enthält, schwingen tatsächlich mindestens sechs Eigenfrequenzen.

Um einen longitudinal einmodigen und somit monofrequenten Laserbetrieb zu erreichen, muss die Resonatorlänge weiter verkürzt werden. Für den Grenzfall $L_0 \to 0$ erhält man sogenannte DFB-Faserlaser (engl. *distributed feedback*), bei denen die Faser-Bragg-Gitter sowohl die ortsverteilte Rückkopplung als auch das aktive Medium für eine innerhalb des FBGs hin- und rücklaufende Stokes-Welle darstellen. In aktiven Medien wie Halbleitern (DFB-Laserdiode) oder Seltenerdmetall-dotierte Fasern (Er- oder Yb-DFB-Faserlaser) sind derartige DFB-Laser seit langem bekannt [86–91]. DFB-Raman Faserlaser wurden zunächst nur theoretisch in [18, 19] analysiert, da diese sehr lange FBGs in Fasern mit hohem Raman-Koeffizienten und große Pumpleistungen erfordern. Die experimentelle Realisierung von DFB-Raman-Faserlasern gelang erst vor kurzer Zeit [20, 92]. Diese Laser haben eine longitudinal einmodige Lichtemission mit einer sehr kleinen Bandbreite von z. B. 4 MHz. Aufgrund der kleinen Länge ist die Konversionseffizienz mit ca. 10 % aber wie bei den DBR-Raman-Faserlasern gering.

Zusammenfassend kann mit kurzen DBR-Raman-Faserlasern spektral schmalbandiges und mit DFB-Raman-Faserlasern monofrequentes Laserlicht in Spektralbereichen erzeugt werden, in denen keine anderen effizienten Lasermedien verfügbar sind.

10.5.7 Raman-MOPA

Die in Kap. 10.5.6 diskutierten kurzen DBR- und DFB-Raman-Faserlaser zeichnen sich zwar durch eine geringe spektrale Bandbreite aus, haben jedoch eine geringe Konversionseffizienz der optischen Pumpleistung. Am Ausgang dieser Laser steht neben der erzeugten Stokes-Lichtwelle noch ein erheblicher Teil der Pumpleistung zur Verfügung. Diese kann zur Leistungsverstärkung in einer angespleißten Verstärkerfaser genutzt werden, wie in Abb. 10.33 gezeigt. Derartige Systeme sind z. B. auf Basis von Seltenerdmetall-dotierten Glasfasern als MOPA-Laser bekannt (engl. *master-oscillator power-amplifier*), [93, 94]. Mit diesem Konzept können Parameter der spektralen Eigenschaften, vorgegeben durch den Master-Oszillator, und der Ausgangsleistung, vorgegeben durch den Leistungsverstärker, getrennt optimiert werden. Im Prinzip kann jedes System, das einen Raman-Faserverstärker mit großer Leistung verwendet, als Raman-MOPA bezeichnet werden. Als Master-Oszillatoren können dabei beliebige andere Laser verwendet werden. Im

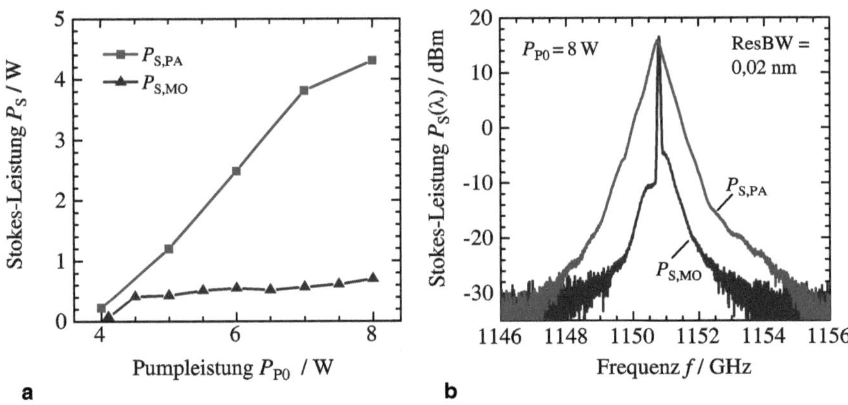

Abb. 10.34 Beispiel für die Ausgangsleistung und das Spektrum eines Master-Oszillators (MO) und Leistungsverstärkers (PA) eines faserbasierten Raman-MOPAs

Weiteren werden mit Raman-MOPA nur solche Systeme bezeichnet, bei denen sowohl der MO als auch der PA auf stimulierter Raman-Streuung in Glasfasern basieren [70].

Als Beispiel betrachten wir den DBR-Raman-Faserlaser aus Kap. 10.5.6 mit einer Länge $L_0 = 12$ cm, an den $L_{PA} = 55$ m der gleichen Faser vom Typ PM-Raman angespleißt wurde, wie für den DBR-RFL verwendet. Abbildung 10.34 zeigt gemessene Ausgangsleistungen und Spektren am Ausgang des Master-Oszillators (MO) und des Leistungsverstärkers (PA). Durch das MOPA-Konzept kann die Konversionseffizienz der Pump- in Stokes-Leistung auf 54 % erhöht werden, ausgehend von nur 9 % des MO. Die interne Konversionseffizienz ist höher, wird aber extern durch die Spleißverluste von ca 0,5 dB bis 1,0 dB zwischen der PM-Raman-Faser und der PM980-Faser auf beiden Seiten, sowohl am Pumplaser als auch bei der Auskopplung zur Messung, reduziert. Allerdings steigt auch die Bandbreite der Stokes-Welle von $\Delta\lambda_{MO} = 60$ pm auf $\Delta\lambda_{PA} = 300$ pm an. Der Grund ist die Vierwellenmischung, die auch in der Verstärkerfaser zu einer spektralen Verbreiterung der Stokes-Welle führt. Obwohl in dem kurzen DBR-RFL nur wenige Resonatoreigenfrequenzen f_q schwingen, ist die Verbreiterung in etwa genauso stark ausgeprägt wie bei der Verwendung von längeren MOs mit deutlich mehr Frequenzen im Emissionsspektrum [70]. Diese verteilen sich auf etwa die gleiche Leistung und Bandbreite, so dass im Fall des kurzen DBR-RFLs die einzelnen Frequenzen mehr Leistung aufweisen und eine stärkere FWM verursachen.

Bezeichnet man mit n die Anzahl der schwingenden Frequenzen f_q, so nimmt die Anzahl der durch FWM erzeugten Mischprodukte gemäß Gl. (7.22) näherungsweise mit der dritten Potenz von n zu. Gemäß Gl. (7.40) ist die Leistung der FWM-Mischprodukte proportional zu P_q^3, wobei sich die Leistung einer Eigenfrequenz zu $P_q = P_{ges}/n$ aus der Gesamtleistung P_{ges} abschätzen lässt. Die Leistung eines einzelnen FWM-Mischproduktes nimmt demnach mit der dritten Potenz von n ab. In einem gegebenen Frequenzintervall df entstehen bei der spektralen Verbreiterung durch FWM somit $\sim n^3$ neue Frequenzen mit Leistung $\sim n^{-3}$. Für die Gesamtleistung der spektralen Verbreiterung ist es somit unerheblich, wie viele Frequenzen n innerhalb einer gegebenen Bandbreite und konstanter Gesamtleistung schwingen. Daher bringt die Verwendung eines sehr kurzen DBR-RFLs mit wenigen Eigenfrequenzen und anschließender Nachverstärkung keinen wesentlichen Vorteil hinsichtlich der spektralen Leistungsdichte im Vergleich zu längeren Master-Oszillatoren mit vielen Eigenfrequenzen.

Dies gilt auch generell im Vergleich dieser Raman-MOPAs zu längeren RFLs ohne Nachverstärkung, wenn die Länge und FBG-Reflektivitäten des RFLs optimiert sind. Innerhalb des RFL-Resonators findet die Konversion von Pump- zu Stokes-Leistung effizienter statt als im Leistungsverstärker. Daher kann trotz stärkerer FWM-Effekte im RFL-Resonator mit einem optimierten RFL in etwa das gleiche Ergebnis bezüglich maximaler Leistung innerhalb einer möglichst schmalen Bandbreite erzielt werden, wie mit einem Raman-MOPA.

10.6 Frequenzverdopplung von Raman-Faserlasern

Durch optische Frequenzverdopplung von Raman-Faserlasern im nahen Infrarot in den sichtbaren Spektralbereich können Strahlquellen bei Wellenlängen realisiert werden, die anderweitig nur schwer zu erzeugen sind, z. B. gelbes Laserlicht. Diese Technik, engl. *second harmonic generation* (SHG) genannt, ist für viele Lasersysteme bereits Standard, aber für Raman-Faserlaser noch im Zustand der Entwicklung. Nachfolgend werden einige Grundlagen der SHG, mögliche Anwendungen von SHG-RFLs sowie Beispiele für frequenzverdoppelte Raman-Faserlaser vorgestellt.

10.6.1 Optische Frequenzverdopplung

Im nahen Infrarot sowie im roten Spektralbereich gibt es zahlreiche leistungsstarke, effiziente und kompakte Laserstrahlquellen, wie z. B. den Nd:YAG-Laser, den Yb-Faserlaser oder Laserdioden. Im sichtbaren gelben, grünen und blauen sowie im ultravioletten Spektralbereich existieren außer einigen wenig kompakten Gaslasern jedoch keine leistungsstarken festkörperbasierten Strahlquellen. Daher ist eine nichtlineare optische Frequenzumsetzung wie die optische Frequenzverdopplung (SHG) attraktiv. Ausgangspunkt ist eine leistungsstarke Grundwelle, auch als erste Harmonische oder Fundamentale bezeichnet, im Infraroten mit Frequenz ω. Durch SHG in einem nichtlinearen Kristall mit großer nichtlinearer Suszeptibilität 2. Ordnung $\chi^{(2)}$ (s. Kap. 2.3.4) erhält man eine zweite Harmonische bei der doppelten Frequenz 2ω im sichtbaren Spektralbereich. Geeignete nichtlineare Kristallmaterialien sind z. B. KTP (Kaliumtitanylphosphat, $KTiOPO_4$), BBO (Beta-Bariumborat, β-BaB_2O_4), LN (Lithiumniobat, $LiNbO_3$) oder LBO (Lithiumborat, LiB_3O_5) [95]. Diese werden im Folgenden als SHG-Kristalle bezeichnet.

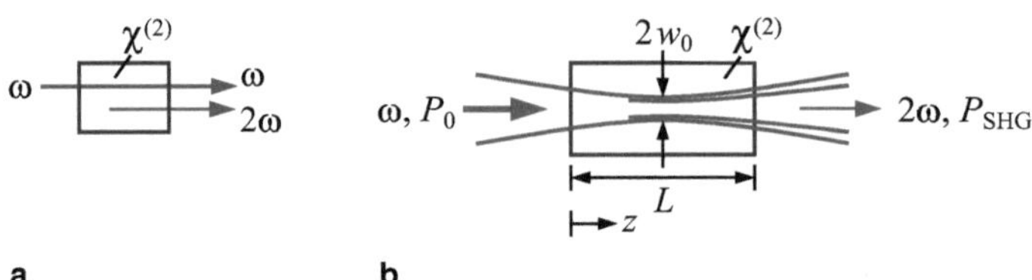

Abb. 10.35 **a** Prinzip der optischen Frequenzverdopplung (SHG) bei einmaligem Durchgang. **b** Fokussierung eines TEM_{00} Gauß-Strahles in einem SHG-Kristall

Abbildung 10.35 zeigt die prinzipiellen Anordnungen zur optischen Frequenzverdopplung. Im einfachsten Fall wird die Grundwelle bei einem einmaligen Durchgang durch den SHG-Kristall frequenzverdoppelt (Abb. 10.35a). Da die Intensität der SHG-Welle bei der SHG proportional zum Quadrat der Intensität der Grundwelle ist, muss die Grundwelle geeignet in den nichtlinearen Kristall fokussiert werden, um eine große Intensität zu erzielen (Abb. 10.35b). Eine optimale Konversionseffizienz wird erreicht, wenn die Grundwelle das Strahlprofil eines TEM_{00} Gauß-Strahles hat. Gleichzeitig muss der Taillenradius w_0 im Fokus so gewählt werden, dass die resultierende RAYLEIGH-Länge

$$z_R = \frac{\pi n_\omega w_0^2}{\lambda_0} = \frac{\omega n_\omega w_0^2}{2c_0} \approx \frac{L}{2\,C_{KB}} \tag{10.62}$$

einem bestimmten Bruchteil der Kristall-Länge L entspricht [95, 96]. Darin ist λ_0 die Wellenlänge der Fundamentalen ω im Vakuum, und n_ω der entsprechende Brechungsindex des Mediums. C_{KB} ist eine Konstante, die für verschwindenden Einfluss der Doppelbrechung den Wert $C_{KB} = 2,84$ annimmt [96]. Dies wurde experimentell auch für die SHG eines Yb-Faserlasers in periodisch-gepolten Materialien (s. Kap. 10.6.2) bestätigt [97].

Unter diesen Bedingungen kann die Leistung der frequenzverdoppelten Welle P_{SHG} in Abhängigkeit von der fundamentalen Leistung P_0 wie folgend geschrieben werden, wenn der Abbau der Fundamentalen durch die zweite Harmonische vernachlässigt und daher die Leistung P_0 über der Ausbreitungsrichtung z als konstant angenommen wird:

$$P_{SHG} = \eta'_{SHG}\, L\, P_0^2. \tag{10.63}$$

Darin ist η'_{SHG} die spezifische nichtlineare Konversionseffizienz eines bestimmten SHG-Kristallmaterials. Typische Zahlenwerte für die bereits genannten nichtlinearen Materialien sind $10^{-4}\,W^{-1}\,cm^{-1}$. Die absolute Konversionseffizienz η_{SHG} berechnet sich damit zu

$$\eta_{SHG} = \frac{P_{SHG}}{P_0} = \eta'_{SHG}\, L\, P_0. \tag{10.64}$$

Zusätzlich zur optimalen Fokussierung muss die Bedingung der Phasenanpassung erfüllt sein. Grundwelle ω und zweite Harmonische 2ω müssen sich mit gleicher Phasengeschwindigkeit im Medium ausbreiten, damit an jedem Ort in Ausbreitungsrichtung z die lokale nichtlineare Polarisierung

$$\mathcal{P}^{(2)}_{2\omega,i}(z) = \frac{1}{2}\varepsilon_0\chi^{(2)}_{ijk}E_{\omega,j}(z)E_{\omega,k}(z), \quad i,j,k \in \{x,y,z\}, \tag{10.65}$$

einen konstruktiven Beitrag zu der elektrischen Feldstärke $E_{2\omega}(z)$ der verdoppelten Welle liefert. Dies ist gleichbedeutend mit der Forderung, dass die Brechungsindizes beider Wellen gleich sein müssen:

$$n_\omega = n_{2\omega}. \tag{10.66}$$

Aufgrund der chromatischen Materialdispersion ist dies in allen genannten Materialien nicht automatisch der Fall. Eine Möglichkeit, trotzdem Phasenanpassung zu erzielen, ist die Ausnutzung der doppelbrechenden Eigenschaften dieser Materialien. Haben die elektrischen Felder der Wellen bei ω und 2ω zueinander orthogonale Feldkomponenten, so kann eine Ausbreitungsrichtung der Grundwelle bezüglich der Hauptachsen eines doppelbrechenden SHG-Kristalls gefunden werden, so dass der Brechzahlunterschied der Doppelbrechung gerade die Dispersion kompensiert und Phasenanpassung gemäß Gl. (10.66) gilt [80, 95, 98]. Diese Bedingung wird nur für genau eine Frequenz ω, für genau eine Ausbreitungsrichtung des Strahles bezüglich der Kristall-Hauptachsen und für einen bestimmten Polarisationszustand der Grundwelle erfüllt. Man spricht daher von kritischer Winkel-Phasenanpassung. Diese erfordert möglichst schmalbandige Laser zur Erzeugung der Grundwelle sowie eine präzise Ausrichtung von Kristall, Polarisationszustand und Laserstrahl. Aufgrund unvermeidlicher Toleranzen kann diese Phasenanpassung oft nur über wenige Millimeter Kristall-Länge aufrecht erhalten werden. Daher resultieren aus Gl. (10.64) nur sehr kleine Konversionseffizienzen für den einmaligen Durchgang durch einen SHG-Kristall, sofern nicht extreme Leistungen wie z. B. von gütegeschalteten oder modengekoppelten Lasern verwendet werden.

Beispiel 10.12

Für eine fundamentale Leistung $P_0 = 1$ W und eine Länge $L = 5$ mm des SHG-Kristalls ergibt sich mit dem typischen Wert $\eta'_{\mathrm{SHG}} = 10^{-4}\,\mathrm{W}^{-1}\,\mathrm{cm}^{-1}$ eine Konversionseffizienz von $\eta_{\mathrm{SHG}} = 0{,}005\,\%$ und eine Leistung der zweiten Harmonischen von $P_{\mathrm{SHG}} = 50\,\mu\mathrm{W}$. Für $P_0 = 1\,\mathrm{kW}$ beträgt η_{SHG} immerhin 5 % und $P_{\mathrm{SHG}} = 50\,\mathrm{W}$. In beiden Zahlenbeispielen ist aufgrund der kleinen Konversionseffizienz die Voraussetzung $P_0(z) \approx$ const. für die Gültigkeit von Gl. (10.63) erfüllt.

Um eine größere Konversionseffizienz zu erreichen, kann der SHG-Kristall in einen optischen Resonator bestehend aus zwei Spiegeln (Sp) platziert werden (Abb. 10.36a). Beide Spiegel haben dabei eine große Reflektivität bei der Grundwelle ω, so dass eine große Resonatorgüte resultiert. Gleichzeitig ist einer der Spiegel transparent für die zweite Harmonische bei 2ω. Trifft die extern eingestrahlte Grundwelle ω eine Eigenfrequenz des Resonators, so bildet sich im Resonator eine stehende Welle bei der Frequenz ω mit großer Feldstärke und Intensität aus. Dadurch ist eine effiziente SHG mit moderaten externen

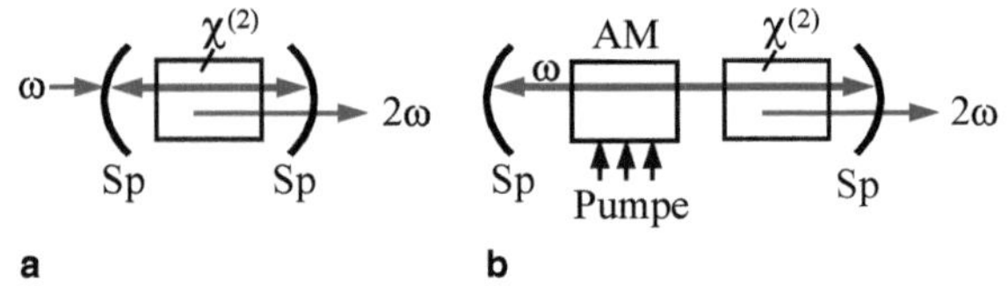

Abb. 10.36 **a** Resonante Frequenzverdopplung. **b** Intrakavitäre Frequenzverdopplung eines Lasers

Leistungen der Grundwelle möglich. Diese Anordnung erfordert allerdings monofrequente Laser und eine exakte Abstimmung der Frequenz ω auf den Resonator.

Besonders effizient ist die Frequenzverdopplung eines Lasers, wenn der SHG-Kristall direkt in den Resonator, auch Kavität genannt, eines Lasers platziert wird. Das Prinzip dieser sogenannten intrakavitären Frequenzverdopplung ist in Abb. 10.36b dargestellt. Eine Pumpe regt ein aktives Medium (AM) in einem Spiegelresonator zur Laseremission bei einer oder mehreren Frequenzen ω an, die den Eigenfrequenzen des Resonators entsprechen. Beide Spiegel sind hochreflektierend bei der Frequenz ω, so dass eine sehr hohe Intensität bei dieser Frequenz im Resonator herrscht. SHG kann dann effizient stattfinden. Die eigentliche Auskopplung des Lasers erfolgt über die zweite Harmonische bei 2ω, für die mindestens einer der Spiegel transparent ist.

Exkurs 10.4
Ein Laser, bei dem häufig intrakavitäre Frequenzverdopplung eingesetzt wird, ist der Nd:YAG-Laser mit einer Grundwellenlänge $\lambda_0 = 1064\,\text{nm}$. Durch SHG erhält man eine zweite Harmonische bei der halben Wellenlänge $\lambda_{SHG} = 532\,\text{nm}$, die visuell grün erscheint. Anwendungen solcher SHG Nd:YAG-Laser reichen von batteriebetriebenen grünen Laserpointern bis hin zu leistungsstarken Lasern für die Materialbearbeitung, da sich zum einen die kleinere Wellenlänge der zweiten Harmonischen besser fokussieren lässt als die Fundamentale, und zum anderen einige Werkstoffe wie z. B. Kupfer eine größere Absorption im grünen Spektralbereich haben.

Sowohl bei der resonanten als auch bei der intrakavitären Frequenzverdopplung entstehen in einem Stehwellenresonator für ω zusätzlich zu den in Abb. 10.36 gezeigten Richtungen auch harmonische Wellen bei 2ω in entgegengesetzter Richtung. Soll dies vermieden werden, können Ringresonatoren verwendet werden, in denen die Lichtwelle bei ω nur in einer Richtung umläuft.

Für nicht-monofrequente Raman-Faserlaser sind aufgrund der spektralen Breite sowohl die SHG bei einmaligem Durchgang durch einen homogenen SHG-Kristall als auch die resonante SHG wenig effizient. Die intrakavitäre SHG wäre zwar auch bei Faserlasern möglich, erfordert aber eine Einkopplung der Freiraum-Lichtwelle zurück in die Faser, was mit signifikanten Verlusten behaftet ist. Eine gute Alternative bilden periodisch gepolte SHG-Kristalle, wie im nächsten Abschnitt beschrieben.

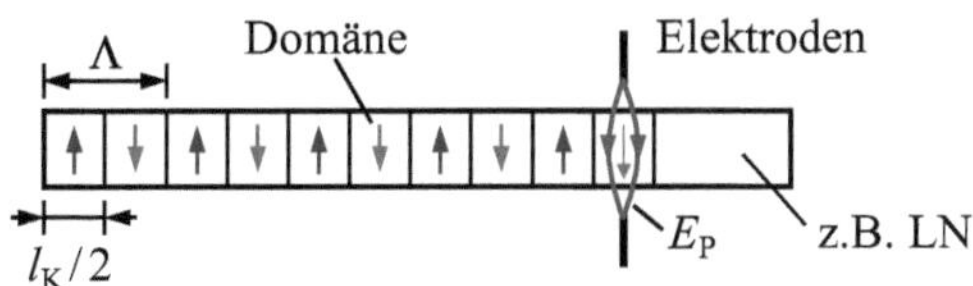

Abb. 10.37 Periodisch gepolter Kristall. Die Pfeile geben die Polarität der ferroelektrischen Domänen und damit die Orientierung des Kristallgitters an

10.6.2 SHG in periodisch gepolten Kristallen

Mit sogenannten periodisch gepolten Kristallen (engl. *periodically poled*, PP, Abb. 10.37) kann zum einen die Phasenanpassung vereinfacht werden, und zum anderen eine größere nutzbare SHG-Kristall-Länge L sowie eine größere spezifische SHG-Effizienz η'_{SHG} erzielt werden [99–102]. Dabei nimmt man zunächst das Auseinanderlaufen der Phasen der von der Grundwelle E_ω erzeugten nichtlinearen Polarisierung $\mathcal{P}^{(2)}_{2\omega}(z)$ und der zweiten Harmonischen $E_{2\omega}$ aufgrund der chromatischen Dispersion in Kauf. Die Phasendifferenz zwischen $\mathcal{P}^{(2)}_{2\omega}(z)$ und $E_{2\omega}(z)$ erreicht nach einer halben Kohärenzlänge $l_\mathrm{K}/2$ in Ausbreitungsrichtung einen Wert von π, d. h. die Polarisierung wirkt dann gegenphasig und destruktiv auf die Feldstärke der zweiten Harmonischen. Diese Kohärenzlänge ist definiert gemäß

$$l_\mathrm{K} = \frac{\lambda_0}{2|n_\omega - n_{2\omega}|}. \tag{10.67}$$

Ab dem Ort $l_\mathrm{K}/2$ wird bei der periodischen Polung nun die räumliche Orientierung des Kristallgitters des SHG-Kristalls ebenfalls um π gedreht, wie in Abb. 10.37 dargestellt. Dabei werden diejenigen Elemente des Tensors der nichtlinearen Suszeptibilität $\boldsymbol{\chi}^{(2)}$, die in Gl. (10.65) für SHG maßgeblich sind, im Vorzeichen invertiert, so dass die nichtlineare Polarisierung $\mathcal{P}^{(2)}_{2\omega}(z)$ an diesem Ort wieder einen gleichphasigen und konstruktiven Beitrag zu $E_{2\omega}(z)$ liefert. Diese Drehungen der Kristallorientierung müssen in Ausbreitungsrichtung periodisch mit $\Lambda_\mathrm{P} = l_\mathrm{K}$ wiederholt werden. Da dabei nicht an jedem Ort exakte Phasenanpassung herrscht, wird diese Methode Quasi-Phasenanpassung genannt.

Typische Kohärenzlängen l_K und damit Polungsperioden Λ_P aufgrund der chromatischen Dispersion sind im Bereich von $10\,\mu\mathrm{m}$. Innerhalb so kurzer Längen kann die Orientierung des Kristallgitters in ferroelektrischen Materialien wie KTP oder LN durch räumlich begrenztes, kurzzeitiges Anlegen eines starken äußeren elektrischen Polungsfeldes E_P zwischen zwei Hochspannungselektroden gedreht werden [102, 103] (Abb. 10.37). Durch periodische Wiederholung dieser Umpolung im Abstand Λ_P entstehen dauerhafte ferroelektrische Domänen mit alternierender Orientierung und somit die gewünschte periodische Polung.

Derartig periodisch gepolte Materialien werden z. B. PPKTP oder PPLN genannt. Diese Materialien besitzen im Vergleich zu ungepolten Materialien sowohl für die Richtung der Wellenausbreitung bezüglich der Kristallachsen als auch für die Wellenlänge λ_0 der Grundwelle eine größere Akzeptanzbandbreite, innerhalb derer effiziente Frequenzverdopplung möglich ist. Gleichzeitig können im nichtlinearen Suszeptibilitätstensor $\boldsymbol{\chi}^{(2)}$ auch diejenigen Elemente mit großen Zahlenwerten ausgenutzt werden, die durch Doppelbrechung nicht phasenangepasst werden können, z. B. das Element $\chi^{(2)}_{zzz}$ ($\chi^{(2)}_{33}$ in kontrahierter Notation) in Lithiumniobat. In Summe bieten diese PP-Materialien große nutzbare spezifische SHG-Effizienzen η'_{SHG} und Kristall-Längen L.

Beispiel 10.13

Ein beispielhafter Zahlenwert für die Akzeptanzbandbreite der Wellenlänge zur SHG in PPLN ist $\Delta\lambda = 0{,}15\,\text{nm}$, ein typischer Wert für die spezifische SHG-Effizienz ist $\eta'_{SHG} = 0,014\ W^{-1}\ \text{cm}^{-1}$. Für eine fundamentale Leistung $P_0 = 1\,\text{W}$ und eine nutzbare Länge $L = 2\,\text{cm}$ des SHG-Kristalls ergibt sich eine Konversionseffizienz von $\eta_{SHG} = 2{,}8\,\%$ und eine Leistung der zweiten Harmonischen von $P_{SHG} = 28\,\text{mW}$, deutlich mehr als in Bsp. 10.12.

Auch in periodisch gepolten Materialien wird die Konversionseffizienz und die Absolutleistung mit steigender Leistung der Fundamentalen P_0 innerhalb der Akzeptanzbandbreite $\Delta\lambda$ deutlich größer. Ausreichend kleine Bandbreiten und große Leistungen sind auch mit Raman-Faserlasern erreichbar, die damit frequenzverdoppelt werden können.

10.6.3 Gelbe Strahlquellen durch SHG eines Raman-Faserlasers

Ausgehend von einen Yb-Faserlaser als Pumplaser bei $\lambda_P = 1100\,\text{nm}$ erhält man durch Frequenzverdopplung von Raman-Faserlasern bei fundamentalen Wellenlängen von 1150 nm bis 1160 nm SHG-Wellenlängen im Bereich von 575 nm bis 580 nm. Dieser Wellenlängenbereich wird visuell als gelb wahrgenommen. Abgesehen von ebenfalls frequenzverdoppelten, optisch gepumpten Halbleiterlasern (engl. *optically pumped semiconductor laser*, OPSL) [104, 105] gibt es für diesen Spektralbereich keine kompakten, effizienten und leistungsstarken Laserstrahlquellen. Krypton-Ionenlaser, Kupferdampf- bzw. CuBr-Laser oder Farbstofflaser emittieren zwar im gelben Spektralbereich [106], sind aber sehr ineffizient und nicht kompakt.

Für einige Anwendungen hat gelbes Laserlicht Vorteile gegenüber anderen Wellenlängen. So hat beispielsweise der rote Blutfarbstoff Hämoglobin ein Absorptionsmaximum sowohl im gelben als auch im grünen Spektralbereich [107, 108]. Da im gelben Spektralbereich die Absorption der Hautpigmente wie z. B. Melanin geringer als im grünen ist, können mit gelben Lasern sehr gute Ergebnisse bei der dermatologischen Therapie von unerwünschten oberflächennahen Blutgefäßen oder Feuermalen erzielt werden [110–111].

Eine andere Anwendung für eine gelbe Strahlquelle sind künstliche Leitsterne (engl. *laser guide star*) für adaptive Optiken von astronomischen Großteleskopen zum Ausgleich der Luftunruhe [110–115]. Dabei wird mit einem gelben Laser bei 589 nm die Natrium-Schicht in 90 km Höhe vom Erdboden aus punktuell zur resonanten Fluoreszenz angeregt. Dadurch entsteht vom Boden aus gesehen ein künstlicher Leitstern, aus dessen Beobachtung die Luftunruhe bestimmt und mit der adaptiven Optik sowohl für den Laserleitstern als auch für das beobachtete astronomische Objekt ausgeregelt werden kann. Für einen Laserleitstern sind Lichtleistungen von einigen 10 W und ein besonders schmales Emissi-

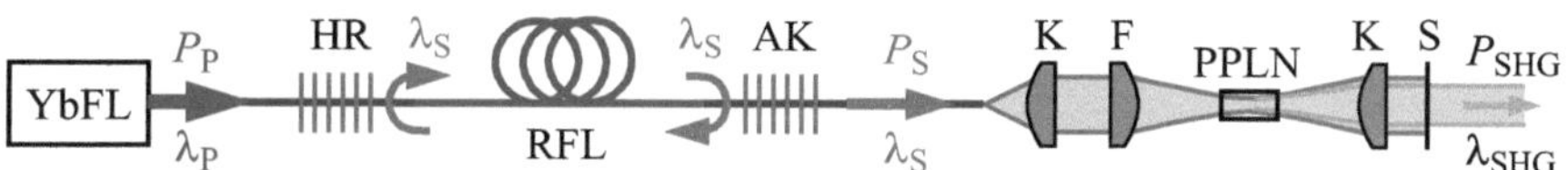

Abb. 10.38 Prinzip eines frequenzverdoppelten Raman-Faserlasers

onsspektrum erforderlich, da die Bandbreite der sog. Natrium-D-Absorptionslinie in dieser Höhe mit $\Delta\lambda \approx 1$ pm, entsprechend $B \approx 1$ GHz, sehr klein ist [116, 117].

10.6.4 Beispiel für einen SHG-Raman-Faserlaser

Abbildung 10.38 zeigt das Prinzip eines frequenzverdoppelten Raman-Faserlasers. Ein Pumplaser mit Wellenlänge λ_P pumpt einen Raman-Faserlaser bei λ_S, der faserextern in Freistrahltechnik in einem nichtlinearen Kristall zu λ_{SHG} frequenzverdoppelt wird.

Als Beispiel betrachten wir einen Raman-Faserlaser (RFL) bei einer Stokes-Wellenlänge $\lambda_S = 1155$ nm, gepumpt von einem linear polarisierten Ytterbium-Faserlaser (YbFL) mit einer maximalen Leistung von $P_P = 8{,}3$ W bei einer Wellenlänge $\lambda_P = 1100$ nm. Der RFL besteht aus $L = 13{,}5$ m einer polarisationserhaltenden Standardfaser vom Typ PM980 [51]. Diese Faser hat mit $\gamma_R = 2{,}2\,\mathrm{W}^{-1}\,\mathrm{km}^{-1}$ zwar einen sehr viel kleineren faserspezifischen SRS-Koeffizienten als Spezialfasern wie z. B. der Typ PM-Raman (s. Tab. 8.2). Jedoch sind die Spleißverluste der PM980-Faser sowohl zum Pumplaser als auch zu den Kollimatoroptiken mit 0,07 dB deutlich kleiner als bei Verwendung der PM-Raman-Faser mit ca. 1 dB, da diese Komponenten ebenfalls PM980-Fasern verwenden. Obwohl mit der PM-Raman-Faser intern ein größerer Wirkungsgrad und potenziell geringere spektrale Verbreiterung durch Vierwellenmischung erzielt wird, kann aufgrund der geringeren Spleißverluste mit der PM980-Faser extern eine größere absolute Stokes-Leistung innerhalb einer bestimmten Bandbreite erzielt werden. Die FBGs, eingeschrieben in eine PM980-Faser, haben Reflektivitäten $R_{HR} > 99\,\%$ und $R_{AK} = 90\,\%$ bei einer Bandbreite $\Delta\lambda = 30$ pm.

Für die anschließende Frequenzverdopplung ist die Stokes-Leistung $P_{S,150}$ innerhalb einer Akzeptanzbandbreite $\Delta\lambda_S = 150$ pm des zur SHG verwendeten PPLN-Kristalls relevant. Der RFL wurde mit den Methoden, die in den vorhergehenden Kapiteln beschrieben wurden, hinsichtlich dieser Leistung optimiert. Die beschriebene Konfiguration des RFLs liefert eine maximale Stokes-Leistung von $P_{S,150} = 3{,}4$ W bei einer gesamten Stokes-Leistung von $P_S = 4{,}1$ W und einer spektralen Halbwertsbreite von $\Delta\lambda = 80$ pm. Somit sind 85 % der Leistung innerhalb des für SHG nutzbaren Spektralbereiches.

Zur optischen Frequenzverdopplung wurde die aus der Faser austretende Ausgangsleistung des RFLs mit einem Kollimator (K) zu einem Freistrahl kollimiert. Mit einer weiteren Linse (F) wurde der Strahl so in einen $L = 2$ cm langen periodisch gepolten Lithiumniobat-Kristall (PPLN) zur Frequenzverdopplung fokussiert, dass mit einem Taillenradius $w_0 = 25\,\mu$m eine maximale Konversionseffizienz erzielt wird. Bei dem verwendeten PPLN-Kristall handelt es sich um kongruentes Lithiumniobat, das zur Re-

Tab. 10.3 Vergleich von Leistungen und nichtlinearen Effizienzen gelber frequenzverdoppelter Raman-Faserlasersysteme

Literatur	$\frac{P_P}{W}$	$\frac{P_S}{W}$	$\frac{P_{SHG}}{W}$	$\frac{\eta_Q}{\%/W}$	Lasertyp	SHG
	8,3	4,1	0,45	0,64	Raman-Faserlaser	SP-PPLN
[119]	40	23	3	0,18	Raman-Faserlaser	SP-PPLN
[120]	40		4	0,25	DFB-LD/Raman-MOPA	SP-PPLN
[121]	150	29,5	25,4	0,11	DFB-LD/Raman-MOPA	Reso-LBO
[122]	105	44	24,3	0,22	DFB-LD/Raman-MOPA	Reso-LBO

duktion photorefraktiver Schäden aufgrund der großen Lichtintensität schwach mit MgO dotiert ist (PP-MgO:CLN) [117]. Die Polungsperiode $\Lambda = 8{,}77\,\mu\text{m}$ wurde auf Quasi-Phasenanpassung bei Wellenlängen um 1156 nm ausgelegt. Durch elektrisch beheizte Temperierung kann die Wellenlänge der besten Phasenanpassung mit einem Koeffizienten 0,06 nm/K mit der Temperatur variiert und auf die Stokes-Wellenlänge λ_S des RFLs abgestimmt werden. Nach dem PPLN-Kristall wird der Strahl wieder kollimiert und mit einem spektralen Filter (S) wird die restliche Pump- und Stokes-Leistung abgetrennt. Maximal wurde so eine SHG-Leistung bei der gelben Wellenlänge $\lambda_{SHG} = 577{,}5$ nm von $P_{SHG} = 445$ mW erzielt. Verwendet man in Gl. (10.63) für die Grundwellenleistung P_0 die Stokes-Leistung innerhalb der Akzeptanzbandbreite $P_{S,150} = 3{,}4$ W, so ergibt sich für die spezifische SHG-Effizienz ein Zahlenwert $\eta'_{SHG} = 1{,}4\,\%/(\text{W} \cdot \text{cm})$. Dies entspricht den Herstellerangaben des PPLN-Kristalls und ist ein sehr guter Wert für die SHG bei einmaligen Durchgang durch einen nichtlinearen Kristall.

Der absolute Wirkungsgrad von verfügbarer Pumpleistung des Yb-Faserlasers zu gelber Ausgangsleistung ist mit $\eta_{abs} = P_{SHG}/P_P = 5{,}7\,\%$ gering. Dies liegt an der quadratischen Abhängigkeit von der Stokes-Leistung in Gl. (10.63), wobei die Stokes-Leistung eines funktionierenden RFLs stets in der Größenordnung der Pumpleistung liegt. Bei den hier vorgestellten Ergebnissen wird dies durch die maximale Leistung des verfügbaren Yb-Faserlasers von 8,3 W limitiert. Mit größerer Pumpleistung kann mehr Stokes-Leistung und deutlich mehr SHG-Leistung erzielt werden. Es ist daher naheliegend, als ein Qualitätsmerkmal für das Design eines SHG-RFLs folgende nichtlineare Effizienz zu definieren:

$$\eta_Q = \frac{P_{SHG}}{P_P^2}. \tag{10.68}$$

Diese beträgt für das Beispiel $\eta_Q = 0{,}64\,\%/\text{W}$. Dies ist ein sehr guter Wert, wie ein Vergleich mit anderen publizierten gelben Strahlquellen auf Basis von Raman-Faserlasern (RFLs) bzw. auf Basis von Raman-Leistungsverstärkern mit DFB-Laserdioden als Master-Oszillatoren (DFB-LD/Raman-MOPA) in Tab. 10.3 zeigt. SP-PPLN bezeichnet dabei die SHG bei einmaligen Durchgang (engl. *single pass*, SP) durch PPLN, und Reso-LBO die resonante SHG eines monofrequenten Lasers in Lithiumborat. Dabei ist zu berücksichtigen, dass es mit zunehmender Leistung wie in [119] schwieriger wird, die spektrale Verbreiterung durch FWM zu beherrschen als bei kleineren Leistungen. Unter Verwendung einer DFB-Laserdiode als monofrequenten Master-Oszillator spielt FWM keine Rolle, jedoch muss in dem Raman-Leistungsverstärker die SBS mit den in Kap. 9.8.5 und 9.8.7 beschriebenen Methoden der variabel verspannten Fasern unterdrückt werden [120–122]. Diese Systeme wurden in Hinblick auf einen Einsatz als Laserleitstern entwickelt [123].

Literatur

1. R.H. Stolen, E.P. Ippen, A.R. Tynes, Raman oscillation in glass optical waveguide. Appl. Phys. Lett. **20**(2), 62–64 (1972)
2. R. Stolen, The early years of fiber nonlinear optics. J. Lightwave Technol. **26**(9), 1021–1031 (2008)
3. C. Headley, M. Mermelstein, J.-C. Bouteiller, Raman fiber lasers, in *Raman Amplifiers for Telecommunications 2*, Hrsg. von M. Islam (Springer, New York, 2004), S. 353–382
4. S.G. Grubb, T.A. Strasser, W.Y. Cheung et al., High power 1.48 µm cascaded Raman laser in germanosilicate fibers. Conference on Optical Amplifiers and Their Applications, Paper SaA4, Davos, 1995
5. J.W. Nicholson, M.F. Yan, P. Wisk et al., Raman fiber laser with 81 W output power at 1480 nm. Opt. Lett. **35**(18), 3069–3071 (2010)
6. V.R. Supradeepa, J.W. Nicholson, C. Headley, Y.-W. Lee, B. Palsdottir, D. Jakobsen, Cascaded Raman fiber laser at 1480 nm with output power of 104 W. Conference on Fiber Lasers IX: Technology, Systems, and Applications. Conf. Photonics West, Bd. 8237. Proceedings of SPIE - International Society for Optical Engineering, San Francisco, 82370J, 2012
7. V. Supradeepa, J. Nicholson, K. Feder, Continuous wave Erbium-doped fiber laser with output power of >100 W at 1550 nm in-band core-pumped by a 1480 nm Raman fiber laser. Conference on Lasers Electro-Optics (CLEO), San Jose, CM2N.8, 2012
8. L. Zenteno, High-power double-clad fiber lasers. J. Lightwave Technol. **11**(9), 1435–1446 (1993)
9. A. Tünnermann, T. Schreiber, F. Röser et al., The renaissance and bright future of fibre lasers. J. Phys. B At. Mol. Opt. Phys. **38**(9), 681–693 (2005)
10. J. Limpert, F. Röser, S. Klingebiel et al., The rising power of fiber lasers and amplifiers. IEEE J. Sel. Topics Quantum Electron. **13**(3), 537–545 (2007)
11. J.W. Dawson, M.J. Messerly, R.J. Beach et al., Analysis of the scalability of diffraction-limited fiber lasers and amplifiers to high average power. Opt. Express **16**(17), 13240–13266 (2008)
12. E. Dianov, M. Grekov, I. Bufetov et al., CW high power 1.24 µm and 1.48 µm Raman lasers based on low loss phosphosilicate fibre. Electron. Lett. **33**(18), 1542–1544 (1997)
13. Produktinformation Fa. Corning. *Corning HI 1060 FLEX & RC HI 1060 FLEX Specialty Optical Fibers*. Techn. Ber. 2010
14. Y. Feng, L. Taylor, D. Bonaccini Calia, Multiwatts narrow linewidth fiber Raman amplifiers. Opt. Express **16**(15), 10927–10932 (2008)
15. Y. Feng, L.R. Taylor, D.B. Calia, 150 W highly-efficient Raman fiber laser. Opt. Express **17**(26), 23678–23683 (2009)
16. R. Engelbrecht, A. Siekiera, R. Bauer, R. Neumann, B. Schmauss, *Characterization of Short PM Raman Fiber Lasers with a Small Spectral Bandwidth.* Optical Fiber Communication Conference (OFC), Los Angeles, OMQ2, 2011

17. A. Siekiera, R. Engelbrecht, A. Nothofer, B. Schmauss, Short 17-cm DBR Raman fiber laser with a narrow spectrum. IEEE Photon. Technol. Lett. **24**(2), 107–109 (2012)
18. V. Perlin, H. Winful, Distributed feedback fiber Raman laser. IEEE J. Quantum Electron **37**(1), 38–47 (2001)
19. Y. Hu, N. Broderick, Improved design of a DFB Raman fibre laser. Opt. Commun. **282**(16), 3356–3359 (2009)
20. P. Westbrook, K. Abedin, J. Nicholson, T. Kremp, J. Porque, Raman fiber distributed feedback lasers. Opt. Lett. **36**(15), 2895–2897 (2011)
21. J. Shi, S.-u. Alam, M. Ibsen, Highly efficient Raman distributed feedback fibre lasers. Opt. Express **20**(5), 5082–5091 (2012)
22. Y.-G. Han, C.-S. Kim, J. Kang, U.-C. Paek, Y. Chung, Multiwavelength Raman fiber-ring laser based on tunable cascaded long-period fiber gratings. IEEE Photon. Technol. Lett. **15**(3), 383–385 (2003)
23. C.-S. Kim, R. Sova, J. Kang, Tunable multi-wavelength all-fiber Raman source using fiber Sagnac loop filter. Opt. Commun. **218**(4–6), 291–295 (2003)
24. J. Schröder, S. Coen, F. Vanholsbeeck, T. Sylvestre, Passively mode-locked Raman fiber laser with 100 GHz repetition rate. Opt. Lett. **31**(23), 3489–3491 (2006)
25. S. Turitsyn, S. Babin, A. El-Taher et al., Random distributed feedback fibre laser. Nature Photon. **4**(4), 231–235 (2010)
26. Produktinformation Fa. OFS Specialty Fibers. *PM-Raman Polarization-Maintaining Raman Fiber*. Techn. Ber. 2008
27. M. Rini, I. Cristiani, V. Degiorgio, Numerical modeling and optimization of cascaded CW Raman fiber lasers. IEEE J. Quantum Electron **36**(10), 1117–1122 (2000)
28. S.D. Jackson, P.H. Muir, Theory and numerical simulation of *n*th-order cascaded Raman fiber lasers. J. Opt. Soc. Am. B **18**(9), 1297–1306 (2001)
29. Q. Zujun, Z. Xiaojun, L. Qing, W. Haocheng, Z. Zili, An improved theoretical model of *n*th-order cascaded Raman fiber lasers. J. Lightwave Technol. **25**(6), 1555–1560 (2007)
30. J. AuYeung, A. Yariv, Theory of CW Raman oscillation in optical fibers. J. Opt. Soc. Am. **69**(6), 803–807 (1979)
31. J. Zhou, J. Chen, X. Li, G. Wu, Y. Wang, Exact analytical solution for Raman fiber laser. IEEE Photon. Technol. Lett. **18**(9), 1097–1099 (2006)
32. U. Ascher, J. Christiansen, R. Russel, Collocation software for boundary-value ODEs. ACM Trans. Math. Softw. **7**(2), 209–222 (1981)
33. J. Kierzenka, L. Shampine, A BVP solver based on residual control and the MATLAB PSE. ACM Trans. Math. Softw. **27**(3), 299–316 (2001)
34. M. Rini, I. Cristiani, V. Degiorgio, A.S. Kurkov, V.M. Paramonov, Experimental and numerical optimization of a fiber Raman laser. Opt. Commun. **203**, 139–144 (2002)
35. A. Othonos, K. Kalli, *Fiber Bragg Gratings—Fundamentals and Applications in Telecommunications and Sensing* (Artech House, Boston, 1999)
36. R. Kashyap, *Fiber Bragg Gratings*, 2. Aufl. (Academic, Burlington, 2010)
37. K.O. Hill, G. Meltz, Fiber Bragg grating technology fundamentals and overview. J. Lightwave Technol. **15**(8), 1263–1276 (1997)
38. K.O. Hill, Photosensitivity in optical fiber waveguides: From discovery to commercialization. IEEE J. Sel. Top. Quantum Electron. **6**(6), 1186–1189 (2000)
39. J. Skaar, Synthesis and characterization of fiber Bragg gratings, PhD Thesis (The Norwegian University of Science and Technology, Trondheim, 2000)
40. J.-L. Archambault, S. Grubb, Fiber gratings in lasers and amplifiers. J. Lightwave Technol. **15**(8), 1378–1390 (1997)
41. T. Erdogan, Fiber grating spectra. J. Lightwave Technol. **15**(8), 1277–1294 (1997)

42. J. Skaar, L. Wang, T. Erdogan, On the synthesis of fiber Bragg gratings by layer peeling. IEEE J. Quantum Electron. **37**(2), 165–173 (2001)
43. K.O. Hill, Y. Fujii, D.C. Johnson, B.S. Kawasaki, Photosensitivity in optical fiber waveguides: Application to reflection filter fabrication. Appl. Phys. Lett. **32**(10), 647–649 (1978)
44. G. Meltz, W.W. Morey, W.H. Glenn, Formation of Bragg gratings in optical fibers by a transverse holographic method. Opt. Lett. **14**(15), 823–825 (1989)
45. H. Hosono, Y. Abe, D.L. Kinser, R.A. Weeks, K. Muta, H. Kawazoe, Nature and origin of the 5-eV band in SiO_2:GeO_2 glasses. Phys. Rev. B **46**(18), 11445–11451 (1992)
46. D.N. Nikogosyan, Multi-photon high-excitation-energy approach to fibre grating inscription. Meas. Sci. Technol. **18**(1), R1–R18 (2007)
47. K.O. Hill, B. Malo, F. Bilodeau, D.C. Johnson, J. Albert, Bragg gratings fabricated in monomode photosensitive optical fiber by UV exposure through a phase mask. Appl. Phys. Lett. **62**(10), 1035–1037 (1993)
48. J.-L. Archambault, L. Reekie, P. Russell, 100 % reflectivity Bragg reflectors produced in optical fibres by single excimer laser pulses. Electron. Lett. **29**(5), 453–455 (1993)
49. C. Chojetzki, M. Rothhardt, J. Ommer, S. Unger, K. Schuster, H.-R. Mueller, High-reflectivity draw-tower fiber Bragg gratings—Arrays and single gratings of type II. Opt. Eng. **44**(6), 1–2 (2005)
50. Produktinformation Fa. Coherent. *BraggStar Industrial Excimer Laser*. Techn. Ber. 2008
51. Produktinformation Fa. Nufern. *PM980-XP Polarization Maintaining Telecommunication on Fibers*. Techn. Ber. 2013
52. F. Bilodeau, B. Malo, J. Albert et al., Photosensitization of optical fiber and silica-on-silicon/silica waveguides. Opt. Lett. **18**(12), 953–955 (1993)
53. P. Lemaire, R. Atkins, V. Mizrahi, W. Reed, High pressure H_2 loading as a technique for achieving ultrahigh UV photosensitivity and thermal sensitivity in GeO_2 doped optical fibres. Electron. Lett. **29**(13), 1191–1193 (1993)
54. D. Williams, B. Ainslie, J. Armitage, R. Kashyap, R. Campbell, Enhanced UV photosensitivity in boron codoped germanosilicate fibres. Electron. Lett. **29**(1), 45–47 (1993)
55. M. Konstantaki, G. Tamiolakis, A. Argyris, A. Othonos, A. Ikiades, Effects of Ge concentration, boron co-doping, and hydrogenation on fiber Bragg grating characteristics. Microw. Opt. Technol. Lett. **44**(2), 148–152 (2005)
56. Produktinformation Fa. Nufern. *GF1 Photosensitive Single-Mode Low-NA Fiber*. Techn. Ber. 2013
57. Produktinformation Fa. OFS Specialty Fibers. *PM-HNLF Polarization-Maintaining Highly Non-Linear Fiber*. Techn. Ber. 2008
58. A. Siekiera, R. Engelbrecht, E. Mueller, B. Schmauss, Fiber-Bragg-Grating writing in highly nonlinear PM fibers for Raman fiber lasers. Conference IEEE/LEOS Winter Topicals, Innsbruck, 2009, S. 243–244
59. A. Siekiera, R. Engelbrecht, R. Neumann, B. Schmauss, Fiber Bragg gratings in polarization maintaining specialty fiber for Raman fiber lasers. Phys. Proc. **5**(2), 671–677 (2010) (Proc. Conf. Laser Assisted Net Shape Engineering, LANE)
60. S.J. Mihailov, C.W. Smelser, P. Lu et al., Fiber Bragg gratings made with a phase mask and 800-nm femtosecond radiation. Opt. Lett. **28**(12), 995–997 (2003)
61. S. Nolte, A. Tuennermann, Femtosecond laser induced Bragg gratings—Status and prospects. Bragg Gratings, Photosensitivity, and Poling in Glass Waveguides Conference, Karlsruhe, Optical Society of America, BWA2, 2010
62. J. Canning, N. Groothoff, K. Cook et al., Gratings in structured optical fibres. Laser Chem. **2008**, Art. 239417, 1–19 (2008)

63. A.D. Kersey, M.A. Davis, H.J. Patrick et al., Fiber grating sensors. J. Lightwave Technol. **15**(8), 1442–1463 (1997)
64. Y.-J. Rao, In-fibre Bragg grating sensors. Meas. Sci. Technol. **8**(4), 355–375 (1997)
65. D.-P. Zhou, L. Wei, W.-K. Liu, Y. Liu, J.W.Y. Lit, Simultaneous measurement for strain and temperature using fiber Bragg gratings and multimode fibers. Appl. Opt. **47**(10), 1668–1672 (2008)
66. A. Siekiera, R. Engelbrecht, L. Buethe, B. Schmauss, Simultaneous sensing of temperature and strain by combined FBG and mode-interference sensors. Bragg Gratings, Photosensitivity, and Poling in Glass Waveguides Conference (BGPP), Colorado Springs, BTu2E.6, 2012
67. A. Siekiera, R. Engelbrecht, L. Buethe, B. Schmauss, Numerical and experimental investigation of a fiber-optic sensor consisting of a fiber Bragg grating in a two-mode fiber for simultaneous sensing of temperature and strain. OPTO 2013 Conference, Nürnberg, AMA Service GmbH, Wunstorf, 2013, S. 11–16
68. A. Siekiera, *Faser-Bragg-Gitter in Multimodefasern zur simultanen Messung von Dehnung und Temperatur.* Dissertation, Technische Fakultät, Friedrich-Alexander-Universität Erlangen-Nürnberg. In: Optische Hochfrequenztechnik und Photonik; Hrsg. von B. Schmauss, R. Engelbrecht. (Shaker, Aachen, 2015)
69. J. Hagen, *Spektral beherrschter Raman-Faserlaser.* Dissertation, Technische Fakultät, Friedrich-Alexander-Universität Erlangen-Nürnberg. In: Optische Hochfrequenztechnik und Photonik; Hrsg. von B. Schmauss, R. Engelbrecht. (Shaker, Aachen, 2007)
70. J. Hagen, R. Engelbrecht, B. Lins, B. Schmauss, L. Grüner-Nielsen, Optimization of the Power spectral density of Raman-MOPAs using Fiber Bragg gratings with tunable chirp. Optical Fiber Communication Conference (OFC), San Diego, OThN4, 2008
71. P. Niay, P. Bernage, T. Taunay et al., Polarization selectivity of gratings written in Hi–Bi fibers by the external method. IEEE Photon. Technol. Lett. **7**(4), 391–393 (1995)
72. M. Wuilpart, C. Caucheteur, S. Bette, P. Mégret, M. Blondel, Polarization properties of uniform fiber Bragg gratings written in highly birefringent fibers. Opt. Commun. **247**(4–6), 239–245 (2005)
73. J.-C. Bouteiller, Spectral modeling of Raman fiber lasers. IEEE Photon. Technol. Lett. **15**(12), 1698–1700 (2003)
74. P. Suret, S. Randoux, Influence of spectral broadening on steady characteristics of Raman fiber lasers: From experiments to questions about validity of usual models. Opt. Commun. **237**(1–3), 201–212 (2004)
75. S. Babin, D. Churkin, A. Ismagulov, S. Kablukov, E. Podivilov, Spectral broadening in Raman fiber lasers. Opt. Lett. **31**(20), 3007–3009 (2006)
76. J. Hagen, R. Engelbrecht, O. Welzel, A. Siekiera, B. Schmauss, Numerical modeling of intracavity spectral broadening of Raman fiber lasers. IEEE Photon. Technol. Lett. **19**(21), 1759–1761 (2007)
77. E.G. Turitsyna, S.K. Turitsyn, V.K. Mezentsev, Numerical investigation of the impact of reflectors on spectral performance of Raman fibre laser. Opt. Express **18**(5), 4469–4477 (2010)
78. D.B.S. Soh, J.P. Koplow, S.W. Moore, K.L. Schroder, W.L. Hsu, The effect of dispersion on spectral broadening of incoherent continuous-wave light in optical fibers. Opt. Express **18**(21), 22393–22405 (2010)
79. D. Churkin, S. Smirnov, Numerical modelling of spectral, temporal and statistical properties of Raman fiber lasers. Opt. Commun. **285**(8), 2154–2160 (2012)
80. G. Reider. *Photonik*, 3. Aufl. (Springer, Wien, 2012)
81. R. Engelbrecht, B. Trabold, B. Schmauss, Adaptive step-size and error control of the split-step Fourier algorithm in fibers with a large gain. To be published.
82. D.B.S. Soh, J.P. Koplow, Analysis of spectral broadening of incoherent light in optical fibers with nonzero dispersion. Opt. Eng. **50**(11), Art. 111602, 1–16 (2011)

83. S.A. Babin, V. Karalekas, E.V. Podivilov et al., Turbulent broadening of optical spectra in ultralong Raman fiber lasers. Phys. Rev. A **77**(3), Art. 033803 (2008)
84. L. Bufetov, V. Mashinsky, V. Neustruev et al., Three meter long efficient Germania-based core fiber Raman laser. Conference on Lasers Electro-Optics (CLEO), San Francisco, 2004, S. CMD1
85. Y. Barmenkov, D. Zalvidea, S. Torres-Peiró, J. Cruz, M. Andrés, Effective length of short Fabry–Perot cavity formed by uniform fiber Bragg gratings. Opt. Express **14**(14), 6394–6399 (2006)
86. H. Kogelnik, C. Shank, Coupled-wave theory of distributed feedback lasers. J. Appl. Phys. **43**(5), 2327–2335 (1972)
87. J. Zyskind, V. Mizrahi, D. DiGiovanni, J. Sulhoff, Short single frequency erbium-doped fibre laser. Electron. Lett. **28**(15), 1385–1387 (1992)
88. J. Kringlebotn, J. Archambault, L. Reekie, D. Payne, Er^{3+}:Yb^{3+}-codoped fiber distributed-feedback laser. Opt. Lett. **19**(24), 2101–2103 (1994)
89. A. Asseh, H. Storoy, J. Kringlebotn et al., 10 cm Yb^{3+} DFB fibre laser with permanent phase shifted grating. Electron. Lett. **31**(12), 969–970 (1995)
90. V. Lauridsen, J. Povlsen, P. Varming, Design of DFB fibre lasers. Electron. Lett. **34**(21), 2028–2030 (1998)
91. K. Yelen, M. Zervas, L. Hickey, Fiber DFB lasers with ultimate efficiency. J. Lightwave Technol. **23**(1), 32–43 (2005)
92. J. Shi, S.-U. Alam, M. Ibsen, Highly efficient Raman distributed feedback fibre lasers. Opt. Express **20**(5), 5082–5091 (2012)
93. A. Liem, J. Limpert, H. Zellmer, A. Tünnermann, 100-W single-frequency master-oscillator fiber power amplifier. Opt. Lett. **28**(17), 1537–1539 (2003)
94. Y. Jeong, J. Nilsson, J. Sahu et al., Power scaling of single-frequency ytterbium-doped fiber master-oscillator power-amplifier sources up to 500 W. IEEE J. Sel. Top. Quantum Electron. **13**(3), 546–550 (2007)
95. R. Sutherland, *Handbook of Nonlinear Optics* (Marcel Dekker, New York, 1996)
96. G.D. Boyd, D.A. Kleinman, Parametric interaction of focused Gaussian light beams. J. Appl. Phys. **39**(8), 3597–3639 (1968)
97. S.C. Kumar, G.K. Samanta, M. Ebrahim-Zadeh, High-power, single-frequency, continuous-wave second-harmonic-generation of ytterbium fiber laser in PPKTP and MgO:sPPLT. Opt. Express **17**(16), 13711–13726 (2009)
98. R.W. Boyd, *Nonlinear Optics*, 3. Aufl. (Academic, Amsterdam, 2008)
99. S. Somekh, A. Yariv, Phase matching by periodic modulation of the nonlinear optical properties. Opt. Commun. **6**(3), 301–304 (1972)
100. A. Szilagyi, A. Hordvik, H. Schlossberg, A quasi-phase-matching technique for efficient optical mixing and frequency doubling. J. Appl. Phys. **47**(5), 2025–2032 (1976)
101. M. Fejer, G. Magel, D.H. Jundt, R. Byer, Quasi-phase-matched second harmonic generation: Tuning and tolerances. IEEE J. Quantum Electron. **28**(11), 2631–2654 (1992)
102. L.E. Myers, R.C. Eckardt, M.M. Fejer, R.L. Byer, W.R. Bosenberg, J.W. Pierce, Quasi-phase-matched optical parametric oscillators in bulk periodically poled LiNbO3. J. Opt. Soc. Am. B **12**(11), 2102–2116 (1995)
103. M. Yamada, N. Nada, M. Saitoh, K. Watanabe, First-order quasi-phase matched $LiNbO_3$ waveguide periodically poled by applying an external field for efficient blue second-harmonic generation. Appl. Phys. Lett. **62**(5), 435–436 (1993)
104. M. Fallahi, L. Fan, Y. Kaneda et al., 5-W yellow laser by intracavity frequency doubling of high-power vertical-external-cavity surface-emitting laser. IEEE Photon. Technol. Lett. **20**(20), 1700–1702 (2008)

105. C. Hessenius, P. Guinet, M. Lukowski, J. Moloney, M. Fallahi, 589 nm single-frequency VECSEL for sodium guidestar applications. Conference on Vertical External Cavity Surface Emitting Lasers (VECSELs) II, Bd. 8242, Proceedings of SPIE - International Society for Optical Engineering, San Francisco, 82420E, 2012
106. H.-J. Eichler, J. Eichler, *Laser - Bauformen, Strahlführung, Anwendungen*, 7. Aufl. (Springer, Berlin, 2010)
107. R. Anderson, J. Parrish, The optics of human skin. J. Invest. Dermatol. **77**(1), 13–19 (1981)
108. A. Roggan, M. Friebel, K. Dörschel, A. Hahn, G. Müller, Optical properties of circulating human blood in the wavelength range 400–2500 nm. J. Biomed. Opt. **4**(1), 36–46 (1999)
109. M.B. Wimmershoff, M. Wenig, U. Hohenleutner, M. Landthaler, Die Behandlung von Feuermalen mit dem blitzlampengepumpten gepulsten Farbstofflaser. Ergebnisse aus 5 Jahren klinischer Erfahrung. Hautarzt **52**(11), 1011–1015 (2001).
110. N. Sadick, R. Weiss, The utilization of a new yellow light laser (578 nm) for the treatment of class I red telangiectasia of the lower extremities. Dermatol. Surg. **28**(1), 21–25 (2002)
111. M. Landthaler, U. Hohenleutner, *Lasertherapie in der Dermatologie*, 2. Aufl. (Springer, Berlin, 2006)
112. C. Max, S. Olivier, H. Friedman et al., Image improvement from a sodium-layer laser guide star adaptive optics system. Science **277**(5332), 1649–1652 (1997)
113. P. Wizinowich, D. Le Mignant, A. Bouchez et al., The W. M. Keck observatory laser guide star adaptive optics system: Overview. Publ. Astron. Soc. Pac. **118**(840), 297–309 (2006)
114. R. Arsenault, P.-Y. Madec, N. Hubin et al., ESO adaptive optics facility. Conference on Adaptive Optics Systems, Bd. 7015, Proceedings of SPIE - International Society for Optical Engineering 24, Marseille, 2008, S. 701524
115. R. Arsenault, P.-Y. Madec, J. Paufique et al., ESO adaptive optics facility progress report. Conference on Adaptive Optics Systems III, Bd. 8447, Proceedings of SPIE - International Society for Optical Engineering, Amsterdam, 84470J, 2012
116. C.S. Gardner, Sodium resonance fluorescence lidar applications in atmospheric science and astronomy. Proc. IEEE **77**(3), 408–418 (1989)
117. R. Holzlöhner, S. Rochester, D. Bonaccini Calia, D. Budker, J. Higbie, W. Hackenberg, Optimization of CW sodium laser guide star efficiency. Astron. Astrophys. **510**(1), A20, 1–24 (2010)
118. L. Pálfalvi, J. Hebling, G. Almási et al., Nonlinear refraction and absorption of Mg doped stoichiometric and congruent $LiNbO_3$. J. Appl. Phys. **95**(3), 902–908 (2004)
119. D. Georgiev, V. Gapontsev, A. Dronov et al., Watts-level frequency doubling of a narrow line linearly polarized Raman fiber laser to 589 nm. Opt. Express **13**(18), 6772–6776 (2005)
120. Y. Feng, W. Hackenberg, D. Bonaccini, S. Chernikov, Multi-watt 589 nm laser by frequency doubling of a fibre Raman MOPA. 2nd EPS-QEOD Europhoton Conference on Solid-State and Fiber Coherent Light Sources, WeE6, Pisa, WeE6, 2006
121. Y. Feng, L. Taylor, D. Calia, 25 W Ramkan-fiber-amplifier-based 589 nm laser for laser guide star. Opt. Express **17**(21), 19021–19026 (2009)
122. L. Zhang, J. Hu, J. Wang, Y. Feng, Stimulated-Brillouin-scattering-suppressed high-power single-frequency polarization-maintaining Raman fiber amplifier with longitudinally varied strain for laser guide star. Opt. Lett. **37**(22), 4796–4798 (2012)
123. A. Friedenauer, V. Karpov, D. Wei et al., RFA-based 589-nm guide star lasers for ESO VLT, a paradigm shift in performance, operational simplicity, reliability and maintenance. Conference on Adaptive Optics Systems III, Bd. 8447, Proceedings of SPIE - International Society for Optical Engineering, Amsterdam, 84470F, 2012

Anhang A: Definitionen und mathematische Hilfsmittel

A.1 Konventionen im Zeit- und Frequenzbereich

Die Definition von Größen harmonischer Schwingungen und Wellen im Zeit- und Frequenzbereich sowie der Fourier-Transformation ist in der Literatur nicht einheitlich. Im Folgenden werden die Definitionen dargestellt, wie sie in diesem Buch verwendet werden, um Verwechslungen zu vermeiden. Die Definitionen orientieren sich an der elektrotechnisch geprägten Literatur [1–3].

A.1.1 Harmonische Schwingungen skalarer Größen

Eine mit beliebiger Frequenz ω_0 harmonisch schwingende Größe im Zeitbereich $\underset{\sim}{X}(t)$ wird charakterisiert durch ihre Amplitude als Spitzenwert $\hat{X}$ sowie ihre Phase φ_X:

$$\underset{\sim}{X}(t) = \hat{X}\cos(\omega_0 t + \varphi_X). \tag{A.1}$$

Betrag und Phase werden für die komplexe Rechnung zu einer komplexwertigen Amplitude X mit Realteil X_r und Imaginärteil X_i zusammengefasst:

$$X = \hat{X}\,\mathrm{e}^{\,\mathrm{j}\varphi_X} = X_\mathrm{r} + \mathrm{j}X_\mathrm{i}. \tag{A.2}$$

Damit gilt folgender Zusammenhang der Größen im Zeitbereich und der komplexen Darstellung:

$$\underset{\sim}{X}(t) = \mathrm{Re}\left\{X\,\mathrm{e}^{\,\mathrm{j}\omega_0 t}\right\} \tag{A.3a}$$

$$= \frac{1}{2}\left(X\,\mathrm{e}^{\,\mathrm{j}\omega_0 t} + X^*\,\mathrm{e}^{-\mathrm{j}\omega_0 t}\right) \tag{A.3b}$$

$$= \frac{1}{2}\left(X\,\mathrm{e}^{\,\mathrm{j}\omega_0 t} + \mathrm{c.c.}\right), \tag{A.3c}$$

R. Engelbrecht, *Nichtlineare Faseroptik*,
DOI 10.1007/978-3-642-40968-4

mit der Abkürzung c.c. für die konjugiert-komplexe Ergänzung, die gelegentlich zur Vereinfachung der Schreibweise verwendet wird.

A.1.2 Fourier-Transformation

Als FOURIER-Transformierte einer beliebigen Zeitfunktion $\underset{\sim}{X}(t)$ wird definiert:

$$X(\omega) = \mathcal{F}\{\underset{\sim}{X}(t)\} = \int_{-\infty}^{\infty} \underset{\sim}{X}(t)\,\mathrm{e}^{-\mathrm{j}\omega t}\mathrm{d}t. \tag{A.4}$$

$X(\omega)$ wird als das Spektrum der Zeitfunktion $\underset{\sim}{X}(t)$ bezeichnet. Rechnungen und Methoden, die $X(\omega)$ anstelle von $\underset{\sim}{X}(t)$ verwenden, werden sprachlich „im Frequenzbereich“ ausgeführt.

Die Umkehroperation, die inverse Fourier-Transformation lautet

$$\underset{\sim}{X}(t) = \mathcal{F}^{-1}\{X(\omega)\} = \frac{1}{2\pi}\int_{-\infty}^{\infty} X(\omega)\,\mathrm{e}^{\,\mathrm{j}\omega t}\mathrm{d}\omega. \tag{A.5}$$

Die Fourier-Transformierte der Zeitfunktion in Gl. (A.1) ist beispielsweise

$$X(\omega) = \pi\left(X\delta(\omega-\omega_0) + X^*\delta(\omega+\omega_0)\right). \tag{A.6}$$

Dies ist formal ähnlich zu Gl. (A.3b), da in beiden Gleichungen X der selbe Amplitudenkoeffizient ist. Daher werden gelegentlich auch Rechnungen und Methoden, die in der komplexen Darstellung ausgeführt werden, als Frequenzbereichsverfahren bezeichnet. $\underset{\sim}{X}(t)$ und $X(\omega)$ bilden ein korrespondierendes Paar bezüglich der Fourier-Transformation:

$$\underset{\sim}{X}(t) \circ\!\!-\!\!- X(\omega). \tag{A.7}$$

Durch Bilden der Zeitableitung von Gl. (A.3b) erkennt man, dass der Differentialoperator nach der Zeit $\frac{\partial}{\partial t}$ im Zeitbereich mit einer Multiplikation mit $\mathrm{j}\omega$ im Frequenzbereich korrespondiert:

$$\frac{\partial}{\partial t}\underset{\sim}{X}(t) \circ\!\!-\!\!- \mathrm{j}\omega X(\omega). \tag{A.8}$$

Dies gilt sowohl für die komplexe Darstellung harmonischer Zeitfunktionen als auch für die Fourier-Transformierte beliebiger zeitvariabler Größen.

Das Spektrum $X(\omega)$ ist im Allgemeinen komplexwertig, und kann als Real- und Imaginärteil oder als Betrag und Phase dargestellt werden. Dies gilt auch für reellwertige physikalische Größen im Zeitbereich wie Ströme, Spannungen oder Feldstärken, wobei für die Spektren derartiger reellwertiger Zeitfunktionen die folgende wichtige Symmetriebeziehung zwischen positiven und negativen Frequenzen gilt (s. a. Abb. A.2):

$$X(-\omega) = X^*(\omega). \tag{A.9}$$

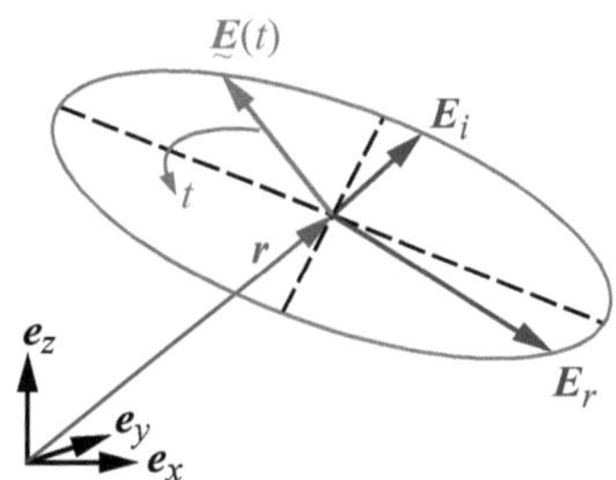

Abb. A.1 Beispiel eines komplexwertigen Vektorzeigers der elektrischen Feldstärke $\boldsymbol{E} = \boldsymbol{E}_r + \mathrm{j}\boldsymbol{E}_i$ sowie momentaner Vektor der zeitharmonischen elektrischen Feldstärke $\underset{\sim}{E}(t)$

A.1.3 Komplexwertige Vektorzeiger

Elektromagnetische vektorielle Felder können bei harmonischer Schwingung mit einer beliebigen Frequenz ω_0 durch komplexwertige Vektorzeiger dargestellt werden. Diese haben unabhängige Beträge und Phasen der drei Raumkomponenten und lassen sich in einen Realteil- und Imaginärteilvektor zerlegen, z. B. für die elektrische Feldstärke $\boldsymbol{E}$ in rechtwinkligen Koordinaten

$$\boldsymbol{E} = \begin{pmatrix} \hat{E}_x \,\mathrm{e}^{\,\mathrm{j}\varphi_x} \\ \hat{E}_y \,\mathrm{e}^{\,\mathrm{j}\varphi_y} \\ \hat{E}_z \,\mathrm{e}^{\,\mathrm{j}\varphi_z} \end{pmatrix} = \boldsymbol{E}_\mathrm{r} + \mathrm{j}\boldsymbol{E}_\mathrm{i} = \begin{pmatrix} E_{x,\mathrm{r}} \\ E_{y,\mathrm{r}} \\ E_{z,\mathrm{r}} \end{pmatrix} + \mathrm{j} \begin{pmatrix} E_{x,\mathrm{i}} \\ E_{y,\mathrm{i}} \\ E_{z,\mathrm{i}} \end{pmatrix}. \tag{A.10}$$

An einem beliebigen Ort im Raum $\boldsymbol{r}$ spannen $\boldsymbol{E}_\mathrm{r}$ und $\boldsymbol{E}_\mathrm{i}$ eine Ebene auf, in welcher der zeitabhängige Vektor $\underset{\sim}{\boldsymbol{E}}(t)$ im Allgemeinen eine elliptische Schwingung beschreibt (Abb. A.1). Mit komplexwertigen Vektorzeigern sind also nicht nur die Beträge der Felder und daraus abgeleitet Energiedichten und Intensitäten der Lichtwellen beschrieben, sondern über die Phasen der einzelnen Komponenten auch der Polarisationszustand an einem Punkt im Raum. Die Umrechnung in den zeitabhängigen Vektor $\underset{\sim}{\boldsymbol{E}}(t)$ erfolgt analog zum skalaren Fall mit

$$\underset{\sim}{\boldsymbol{E}}(t) = \mathrm{Re}\left\{\boldsymbol{E}\,\mathrm{e}^{\,\mathrm{j}\omega_0 t}\right\} \tag{A.11a}$$

$$= \frac{1}{2}\left(\boldsymbol{E}\,\mathrm{e}^{\,\mathrm{j}\omega_0 t} + \boldsymbol{E}^*\,\mathrm{e}^{\,-\mathrm{j}\omega_0 t}\right). \tag{A.11b}$$

A.2 Konventionen für Wellen

A.2.1 Skalare Welle

Eine skalare harmonische Wellengröße, z. B. eine Komponente der elektrischen oder magnetischen Feldstärke sowie z. B. die variable Dichte einer longitudinalen akustischen

Dichtewelle, ist im Zeitbereich wie folgend definiert:

$$\underset{\sim}{X}(t,z) = \hat{X}\cos(\omega_0 t - \beta_0 z + \varphi_X). \tag{A.12}$$

Darin ist β_0 das Phasenmaß der Welle bei der Frequenz ω_0, und z ist eine lineare Koordinate in Ausbreitungsrichtung der Welle. In der komplexen Darstellung harmonischer Wellen ist die Phase der Welle ortsabhängig:

$$X = \hat{X}\,\mathrm{e}^{\mathrm{j}\varphi_X}\,\mathrm{e}^{-\mathrm{j}\beta_0 z} = X_0\,\mathrm{e}^{-\mathrm{j}\beta_0 z}, \tag{A.13}$$

wobei X_0 eine orts- und zeitunabhängige komplexe Amplitude der Welle am Ort $z = 0$ ist. Es gilt auch hier folgender Zusammenhang der Größen im Zeitbereich und der komplexen Darstellung:

$$\underset{\sim}{X}(t,z) = \mathrm{Re}\left\{X\,\mathrm{e}^{\mathrm{j}\omega_0 t}\right\} = \mathrm{Re}\left\{X_0\,\mathrm{e}^{\mathrm{j}\omega_0 t}\,\mathrm{e}^{-\mathrm{j}\beta_0 z}\right\} \tag{A.14a}$$

$$= \frac{1}{2}\left(X\,\mathrm{e}^{\mathrm{j}\omega_0 t} + X^*\,\mathrm{e}^{-\mathrm{j}\omega_0 t}\right). \tag{A.14b}$$

An dieser Stelle wird darauf hingewiesen, dass dies der elektrotechnisch übliche Ansatz einer Welle ist. Physikalisch geprägte Literaturquellen wie z. B. [4] verwenden häufig umgekehrte Vorzeichen der Zeit- und Ortsabhängigkeit der Phasenterme. Beide Darstellungen unterscheiden sich daher durch zueinander konjugiert-komplexe Feldgrößen X in der komplexen Darstellung bzw. durch invertierte Vorzeichen bei Phasentermen in Zeitbereichsdarstellungen.

A.2.2 Vektorielle Welle

Für eine Welle in einem isotropen Medium ist das Phasenmaß β für alle Feldkomponenten und Ausbreitungsrichtungen gleich. Eine vektorielle Welle mit Ausbreitung in $+z$-Richtung hat dann folgenden komplexwertigen Ansatz:

$$\boldsymbol{X} = \boldsymbol{X}_0\,\mathrm{e}^{-\mathrm{j}\beta_0 z}, \tag{A.15}$$

mit dem Vektorzeiger $\boldsymbol{X}_0$ am Ort $z = 0$. Auch hier gilt der Zusammenhang mit dem Vektor im Zeitbereich

$$\underset{\sim}{\boldsymbol{X}}(t,z) = \mathrm{Re}\left\{\boldsymbol{X}\,\mathrm{e}^{\mathrm{j}\omega_0 t}\right\} = \mathrm{Re}\left\{\boldsymbol{X}_0\,\mathrm{e}^{\mathrm{j}\omega_0 t}\,\mathrm{e}^{-\mathrm{j}\beta_0 z}\right\} \tag{A.16a}$$

$$= \frac{1}{2}\left(\boldsymbol{X}\,\mathrm{e}^{\mathrm{j}\omega_0 t} + \boldsymbol{X}^*\,\mathrm{e}^{-\mathrm{j}\omega_0 t}\right). \tag{A.16b}$$

A.3 Modulierte Lichtwellen im Zeit- und Frequenzbereich

Zur Herleitung der nichtlinearen Schrödinger-Gleichung sowie zur Diskussion diverser faseroptischer Effekte werden Lichtwellen in Wellenleitern mit zeit- und ortsvariabler Amplitude sowie Phase benötigt. Der in diesem Buch gewählte Ansatz sowie die Leistungsnormierung der Amplitude werden nachfolgend erläutert.

A.3.1 Modulierte Lichtwellen im Zeitbereich

Die Amplitude $\hat{A}$ und Phase φ einer Lichtwelle der Frequenz ω_0 können zeitlich moduliert sein, z. B. bei gepulsten Lasern oder zur Informationsübertragung in optischen Kommunikationssystemen. Lineare und nichtlineare faseroptische Effekte wie Dämpfung, Dispersion oder Selbstphasenmodulation ändern Amplitude und Phase einer Lichtwelle in Abhängigkeit vom Ort und der Zeit während der Wellenausbreitung. Zur Beschreibung einer zeitlichen Frequenzvariation der Trägerlichtwelle (engl. *Chirp*) ist ebenfalls eine zeitabhängige Phase erforderlich. Auch die Überlagerung vieler Lichtwellen in einem Spektralbereich um eine Mittenfrequenz ω_0 kann als eine einzige Lichtwelle mit Frequenz ω_0 und mit zeit- und ortsvariabler Amplitude und Phase dargestellt werden. Für eine derart in Amplitude $\hat{A}(t,z)$ und Phase $\varphi(t,z)$ variable Lichtwelle in einem Wellenleiter wählen wir daher folgenden skalaren Ansatz für die elektrische Feldstärke im Zeitbereich:

$$\underset{\sim}{E}(t,\boldsymbol{r}) = N\hat{A}(t,z)\,\Psi(x,y)\cos\left(\omega_0 t - \beta_0 z + \varphi(t,z)\right). \tag{A.17}$$

Darin ist ω_0 die Kreisfrequenz der Trägerlichtwelle oder die Mittenfrequenz eines interessierenden Spektralbereichs. Die transversale Strukturfunktion $\Psi(x,y)$ ist eine Lösung der skalaren Wellengleichung Gl. (3.37) eines Wellenleiters, die wir hier in kartesischen Koordinaten und unter expliziter Kennzeichnung der Frequenzabhängigkeiten betrachten:

$$\left\{\nabla_t^2 + k_0^2 n(\omega)^2 - \beta^2(\omega)\right\}\Psi(x,y) = 0. \tag{A.18}$$

Darin ist $k_0 = \omega/c_0$ die Ausbreitungskonstante im Vakuum. $n(\omega)$ ist der Brechungsindex, der im Querschnitt eines Wellenleiters in der Näherung der Skalarmoden eine nur geringe Ortsabhängigkeit aufweist. $\Psi(x,y)$ entspricht somit der Strukturfunktion der skalaren LP-Wellenleitermoden aus Kap. 3.5. Die Lösung von Gl. (A.18) liefert wie in Kap. 3.5 beschrieben neben der Strukturfunktion das zugehörige Phasenmaß $\beta(\omega)$ einer Mode, das sowohl Material- als auch Wellenleiterdispersion enthält (s. Kap. 4.2). Im Ansatz Gl. (A.17) ist $\beta_0 = \beta(\omega_0)$ somit das Phasenmaß der unmodulierten Trägerwelle bei ω_0. N ist ein Normierungsfaktor, so dass für die über mehrere Perioden der Lichtwelle gemittelte Leistung der Welle gilt:

$$P(t,z) = [\hat{A}(t,z)]^2. \tag{A.19}$$

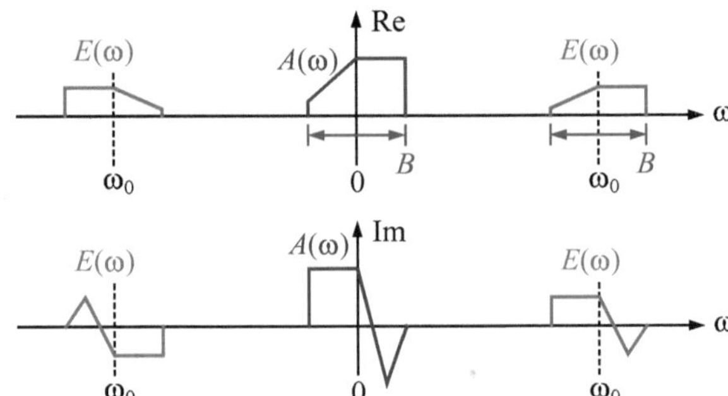

Abb. A.2 Beispiel für Real- und Imaginärteil des Spektrums $E(\omega)$ der elektrischen Feldstärke einer Lichtwelle mit Mittenfrequenz ω_0 und Bandbreite B sowie entsprechendes Basisbandspektrum $A(\omega)$ am Ort $\boldsymbol{r} = 0$

Die korrespondierende komplexwertige Darstellung lautet

$$E(t, \boldsymbol{r}) = N\, A(t, z)\, \Psi(x, y)\, \mathrm{e}^{-\mathrm{j}\beta_0 z}, \tag{A.20}$$

die mit Hilfe von Gl. (A.14) in die Zeitbereichsdarstellung überführt werden kann. $A(t, z) = \hat{A}(t, z)\, \mathrm{e}^{\,\mathrm{j}\varphi(t,z)}$ ist die komplexwertige zeit- und ortsvariable Hüllkurvenamplitude der Lichtwelle, die auch komplexe Einhüllende oder Basisband- bzw. Tiefpass-Signal genannt wird. Auch in der komplexen Darstellung gilt mit Hilfe eines Normierungsfaktors N für die Leistung

$$P(t, z) = |A(t, z)|^2. \tag{A.21}$$

Die Hüllkurvenamplitude $A(t, z)$ soll dabei gegenüber der schnellen Oszillation der Trägerlichtwelle nur langsam zeit- und ortsveränderlich sein. Dies ist die Voraussetzung für die Näherung der langsam veränderlichen Hüllkurve (engl. *slowly varying envelope approximation*, SVEA), die z. B. bei der Herleitung der nichtlinearen Schrödinger-Gleichung in Kap. 6.1 oder der stimulierten Brillouin-Streuung in Kap. 9.4 verwendet wird.

A.3.2 Modulierte Lichtwellen im Frequenzbereich

Zur Bestimmung des Spektrums der modulierten Lichtwelle bilden wir zunächst die Fourier-Transformierte der komplexwertigen Hüllkurvenamplitude im Zeitbereich

$$A(\omega, z) = \int_{-\infty}^{\infty} A(t, z)\, \mathrm{e}^{-\mathrm{j}\omega t} \mathrm{d}t. \tag{A.22}$$

$A(\omega, z)$ wird als das Spektrum der Lichtwelle im Basisband bezeichnet, weil es um die Frequenz $\omega = 0$ liegt (Abb. A.2). Da die Hüllkurvenamplitude $A(t, z)$ im Allgemeinen komplexwertig ist, gilt die Symmetriebeziehung Gl. (A.9) zwischen positiven und negativen Frequenzen nicht für $A(\omega, z)$.

Das Spektrum des elektrischen Feldes $E(\omega, \boldsymbol{r})$ der modulierten Lichtwelle ergibt sich aus dem Basisbandspektrum zu

$$E(\omega, \boldsymbol{r}) = N \left(A(\omega - \omega_0, z) + A^*(-\omega + \omega_0, z) \right) \Psi(x, y)\, \mathrm{e}^{-\mathrm{j}\beta_0 z}. \tag{A.23}$$

Eine Funktion mit einem derartigen Spektrum wird als Bandpass-Signal bezeichnet, da es nur Spektralanteile innerhalb einer gewissen Bandbreite B hat. Dies trifft auf alle praktischen Fälle der Lichtausbreitung in Glasfasern zu.

Da der spektrale Anteil bei den negativen Frequenzen für reellwertige physikalische Größen keine zusätzliche Information trägt, und da die Spektralanteile bei negativen Frequenzen genauso alle Feld- und Ausbreitungsgleichungen erfüllen wie die positiven Anteile, ist es für viele Rechnungen ausreichend, nur die positiven Spektralanteile zu verwenden:

$$E_{\mathrm{a}}(\omega, \boldsymbol{r}) = N\, A(\omega - \omega_0, z)\, \Psi(x, y)\, \mathrm{e}^{-\mathrm{j}\beta_0 z}. \tag{A.24}$$

Eine derartige auf das positive Frequenzspektrum beschränkte Funktion wird in der Systemtheorie auch als das analytische Signal bezeichnet. Für die Herleitung der nichtlinearen Schrödinger-Gleichung in Kap. 6.1 wird genau dieser Ansatz für eine modulierte Lichtwelle in einem Lichtwellenleiter gewählt.

Exkurs A.1
Die Normierungsfaktoren N in allen vorangegangenen Gleichungen sind nicht notwendigerweise identisch. Sie sind stets so zu wählen, dass die Leistungsnormierung Gl. (A.21) sowie Pulsenergie-Normierung Gl. (A.26) erfüllt sind.

A.3.3 Pulsenergie, mittlere Leistung, Leistungsdichtespektrum

Als Energiedichtespektrum $S(\omega, z)$ im Basisband definieren wir das Betragsquadrat des Amplitudenspektrums $A(\omega, z)$:

$$S(\omega, z) = |A(\omega, z)|^2. \tag{A.25}$$

Gemäß des PARSEVALschen Theorems gilt für die Gesamtenergie W_p eines Pulses für Hüllkurven mit zeitlich begrenzter Amplitude $A(t, z)$:

$$W_{\mathrm{P}}(z) = \int_{-\infty}^{\infty} |A(t, z)|^2 \mathrm{d}t = \frac{1}{2\pi} \int_{-\infty}^{\infty} |A(\omega, z)|^2 \mathrm{d}\omega = \frac{1}{2\pi} \int_{-\infty}^{\infty} S(\omega, z) \mathrm{d}\omega. \tag{A.26}$$

Wiederholt sich der Puls $A(t, z)$ an einem Ort zeitlich periodisch mit einer Repetitionsrate f_{R}, so ergibt sich die mittlere Leistung $\bar{P}(z) = W_{\mathrm{P}}(z)\, f_{\mathrm{R}}$ und das mittlere Leistungsdichtespektrum zu $\bar{p}(\omega) = S(\omega)\, f_{\mathrm{R}}$.

A.3.4 Spezielle Pulsformen: Gauß, Supergauß und Sekans Hyperbolicus

Einige spezielle Pulsformen der Hüllkurvenamplitude spielen eine große Rolle, da mit ihnen eine einfache Analyse von Ausbreitungsvorgängen möglich ist, z. B. der Dispersion in Kap. 4.2.3. Ein gaußförmiger Puls ist im Zeitbereich wie folgend definiert:

$$A_{\mathrm{G}}(t) = A_0 \exp\left(-\frac{t^2}{2T_{\mathrm{e}}^2}\right). \tag{A.27}$$

Der zeitliche Intensitäts- bzw. Leistungsverlauf ist gemäß $P(t) = |A(t)|^2$ proportional zum Betragsquadrat der Hüllkurvenamplitude. Mit T_e bezeichnen wir die halbe Breite des zeitlichen Leistungsverlaufs $P(t)$ vom Maximum P_0 bei $t = 0$ bis zum Abfall auf den Wert $(1/\mathrm{e})P_0$ des Maximums. Für die Amplitude entspricht dies dem Punkt $\sqrt{1/\mathrm{e}}\,A_0 \approx 0{,}607\,A_0$. Mit der vollen Halbwertsbreite T_FWHM des zeitlichen Leistungsverlaufs besteht der Zusammenhang $T_\mathrm{FWHM} = 2\sqrt{\ln 2}\,T_\mathrm{e} \approx 1{,}665\,T_\mathrm{e}$.

Für das Amplitudenspektrum eines Gauß-Pulses im Basisband erhalten wir analytisch

$$A_\mathrm{G}(\omega) = \int_{-\infty}^{\infty} A_\mathrm{G}(t)\,\mathrm{e}^{-\mathrm{j}\omega t}\mathrm{d}t = \sqrt{2\pi}A_0 T_\mathrm{e} \exp\left(-\frac{1}{2}\omega^2 T_\mathrm{e}^2\right). \tag{A.28}$$

Das Spektrum ist wiederum gaußförmig, und umso breiter, je kleiner die Pulsdauer im Zeitbereich T_e ist. Gaußsche Pulse zeichnen sich dabei gegenüber allen anderen Pulsformen durch eine minimale spektrale Bandbreite bei gegebener Pulsdauer aus.

Eine weitere wichtige Familie an Pulsformen sind supergaußförmige Pulse

$$A_\mathrm{SG}(t) = A_0 \exp\left[-\frac{1}{2}\left(\frac{t}{T_\mathrm{e}}\right)^{2m}\right]. \tag{A.29}$$

Für $m = 1$ entspricht dies dem einfachen Gauß-Puls A_G. Für $m > 1$ ergeben sich Pulse mit steileren Flanken und einem Plateau im Maximum, die eine Annäherung an reale Pulsformen der Praxis sind. Damit kann z. B. der nichtlineare Chirp an Pulsflanken in Kap. 7.1.1 abgeleitet werden. Für $m \gg 1$ erhält man annähernd rechteckförmige Pulse.

Schließlich sind noch Sekans-Hyperbolicus-Pulse (kurz: sech-Pulse) zu erwähnen, die sich als Eigenlösung der nichtlinearen Schrödinger-Gleichung für Solitonen ergeben (Kap. 7.1.2):

$$A_\mathrm{sech}(t) = \sqrt{P_0}\,\mathrm{sech}(t/T_\mathrm{e}) = \sqrt{P_0}\,\frac{2}{\exp(t/T_\mathrm{e}) + \exp(-t/T_\mathrm{e})}. \tag{A.30}$$

T_e ist wieder ein Maß für die Pulsdauer und steht mit der Halbwertsbreite (FWHM) der Leistungshüllkurve gemäß $T_\mathrm{FWHM} \approx 1{,}76\,T_\mathrm{e}$ im Zusammenhang.

A.4 Sattelpunktmethode

Bei der Berechnung der SBS- und SRS-Schwelle in Kap. 8.5.4 und 9.6.2 sind Integrale zu lösen, die als LAPLACE-Integrale bezeichnet werden:

$$I(\lambda) = \int_a^b f(x)\,\mathrm{e}^{\lambda\phi(x)}\,\mathrm{d}x. \tag{A.31}$$

Wenn die Funktion $\phi(x)$ im Intervall $[a, b]$ nur ein lokales Maximum bei x_0 hat, so hat das Integral für große Werte von $\lambda > 0$ eine asymptotische Näherungslösung, die mit der

Sattelpunktmethode (engl. *method of steepest decent*, MSD) bestimmt werden kann [5–7]:

$$I(\lambda) \approx f(x_0)\, \mathrm{e}^{\lambda\phi(x_0)} \sqrt{\frac{2\pi}{\lambda|\phi''(x)|}}, \tag{A.32}$$

wobei $\phi''(x)$ die zweite Ableitung von $\phi(x)$ nach x bezeichnet.

Literatur

1. R. Unbehauen, *Systemtheorie – Bd. 1, Allgemeine Grundlagen, Signale und lineare Systeme im Zeit- und Frequenzbereich*, 8. Aufl. (Oldenbourg, München, 2002)
2. K.-D. Kammeyer, *Nachrichtenübertragung*, Hrsg. von M. Bossert, N. Fliege. 5. Aufl. (Vieweg+Teubner, Wiesbaden, 2011)
3. G. Reider, *Photonik*, 3. Aufl. (Springer, Wien, 2012)
4. G. Agrawal, *Nonlinear Fiber Optics*, 5. Aufl. (Academic, Amsterdam, 2013)
5. E.T. Copson, *Asymptotic Expansions*. Cambridge Tracts in Mathematics, Bd. 555 (Cambridge University Press, Cambridge, 1965)
6. R. Wong, *Asymptotic Approximations of Integrals*. Classics in Applied Mathematics, Bd. 34 (Society for Industrial and Applied Mathematics, Philadelphia, 2001)
7. G. Walz (Hrsg.), *Lexikon der Mathematik* (Spektrum Akademischer, Heidelberg, 2001)

Sachverzeichnis

R. Engelbrecht, *Nichtlineare Faseroptik*,
DOI 10.1007/978-3-642-40968-4

C

D

G

N

T

U

V

W

Y

Z

MIX
Papier aus verantwortungsvollen Quellen
Paper from responsible sources
FSC® C105338

If you have any concerns about our products,
you can contact us on
ProductSafety@springernature.com

In case Publisher is established outside the EU,
the EU authorized representative is:
Springer Nature Customer Service Center GmbH
Europaplatz 3, 69115 Heidelberg, Germany

Printed by Libri Plureos GmbH
in Hamburg, Germany